材料科学与工程著作系列
HEP Series in Materials Science and Engineering

HEP MSE

赵新华　等　编著

固体无机化学基础及新材料的设计合成

The Foundation of Solid-State Inorganic Chemistry and the Design Synthesis of Novel Materials

GUTI WUJI HUAXUE JICHU JI XINCAILIAO DE SHEJI HECHENG

高等教育出版社·北京
HIGHER EDUCATION PRESS BEIJING

图书在版编目(CIP)数据

固体无机化学基础及新材料的设计合成/赵新华等编著. --北京:高等教育出版社,2012.3
ISBN 978-7-04-034128-7

Ⅰ. ①固… Ⅱ. ①赵… Ⅲ. ①无机化学-新材料应用 Ⅳ. ①O61②TB3

中国版本图书馆 CIP 数据核字(2012)第 008365 号

策划编辑 刘剑波　　责任编辑 焦建虹　　封面设计 张 志　　版式设计 杜微言
责任校对 胡晓琪　　责任印制 朱学忠

出版发行 高等教育出版社
社　　址 北京市西城区德外大街 4 号
邮政编码 100120
印　　刷 河北鹏盛贤印刷有限公司
开　　本 787mm×1092mm 1/16
印　　张 40
字　　数 730 千字
购书热线 010-58581118

咨询电话 400-810-0598
网　　址 http://www.hep.edu.cn
　　　　 http://www.hep.com.cn
网上订购 http://www.landraco.com
　　　　 http://www.landraco.com.cn
版　　次 2012 年 3 月第 1 版
印　　次 2012 年 3 月第 1 次印刷
定　　价 69.00 元

物 料 号 34128-00

主要编著者简介(按照姓氏拼音顺序)

陈　玲　中国科学院福建物质结构研究所研究员(邮箱为 chenl@fjirsm. ac. cn)。

曹永革　中国科学院福建物质结构研究所研究员(邮箱为 caoyongge@fjirsm. ac. cn)。

毛江高　中国科学院福建物质结构研究所研究员,2007 年入选“新世纪百千万人才工程”国家级人选,2008 年获得国家杰出青年基金资助(邮箱为 mjg@ fjirsm. ac. cn)。

吴立明　中国科学院福建物质结构研究所研究员(邮箱为 liming_wu@fjirsm. ac. cn)。

王元生　中国科学院福建物质结构研究所研究员(邮箱为 yswang@fjirsm. ac. cn)。

岳文博　北京师范大学化学学院副教授(邮箱为 wbyue @bnu. edu. cn)。

杨晓晶　北京师范大学化学学院教授(邮箱为 yang. xiaojing @bnu. edu. cn)。

赵景泰　中国科学院上海硅酸盐研究所研究员,2006 年入选“新世纪百千万人才工程”国家级人选,2000 年获得国家杰出青年基金资助(邮箱为 jtzhao@ mail. sic. ac. cn)。

赵新华　北京师范大学化学学院教授(邮箱为 xinhuaz @bnu. edu. cn)。

前　言

固体化学是一门崭新的交叉学科，是材料科学的基础之一。我是从 1986 年北京大学苏勉曾教授编著的第一本国内著作《固体化学导论》中接触到这门学科的。作为固体化学的重要组成部分，固体无机化学以现代无机化学为基础，结合固体物理、现代物理分析方法以及晶体物理和化学的理论和成果，把无机固体材料的设计、合成和制备、改性和性能测定、结构与性质之间的关系联系起来。进入 21 世纪，各高新技术领域不断对无机材料科学提出新的要求和急需解决的问题，要解决这些问题、设计新的无机材料都离不开固体无机化学。

本书的第一篇——固体无机化学基础，是我在理解前辈们所阐述的原理的基础上，根据近 20 年的教学经验和体会编写而成的。在理论的阐述过程中，尽量避免艰深的数学公式，兼顾基础性和前沿性，并具有可读性和启发性，便于读者自学。作为基础课教材，本书只对原理进行了实用性的阐述。为了便于有兴趣的读者更深入地学习，在书中每章结尾列举了进一步阅读的参考书。

由于计算化学在固体无机化学中的作用越来越重要，我特邀了计算化学领域的专家编写了“固体材料电子结构的量子化学研究方法”一章。这种尝试在国内同类著作中尚属首次。如何用有限的篇幅，叙述如此艰深的内容，还需要在实践中积累经验，恳请读者提出宝贵意见和建议。结晶化学是同类著作的重要内容，我邀请了结晶化学领域的专家从另一个视角来阐述化学键与晶体结构的关系，希望能够扩展读者的视野，深入理解新材料中丰富的晶体结构的特点。

为了便于学生对基本原理的练习与自查，大部分章后附有习题或思考题。书中有重要的物理数据作为附录，还有基本概念的索引附在书末。因此，本书是一本无机化学、材料化学及相关学科大学高年级专业选修课和研究生专业基础课的教材。

无机固体化合物的设计合成是固体无机化学的中心任务，紧紧围绕着这个中心，在本书的第二篇——无机新材料的设计合成，就一些典型的新材料，我特邀国内相关领域的学科带头人参与撰写。在这一篇，综合运用固体无机化学的理论，突出材料设计的理念，强调理论对实践的指导作用和实践对理论的引导作用，同时反映了固体无机化学和材料化学在相关材料领域的最新研究成果和新材料、新工艺的发展动向。为便于读者进一步深入地理解科学事实，进行独立深入的思考，书中提供了420余篇重要数据来源和重要实例的参考文献，因此，本书也可以作为材料领域科技人员的参考书和材料科学工作者的科学读物。

本书第一篇由赵新华（第1、2、3、5、7、9章）、赵景泰和王晨阳（第4章）、吴立明（第6章）、杨晓晶（第8章）编著；第二篇由赵新华（第10章），陈玲（第11章），毛江高、胡婷、孔芳（第12章），曹永革、黄秋凤、郭旺（第13章的13.1、13.2.2、13.2.3），赵景泰、陈昊鸿（第13章的13.2.1），王元生、陈大钦（第13章的13.3），杨晓晶（第14章），岳文博（第15章）编著；附录由赵新华编写。全书由赵新华统稿。

非常感谢特邀作者们将自己科学研究的精华凝练成比较通俗的语言，呈现到这本科学读物中来，使广大具有大学专业知识的读者能够顺利地理解材料科学的创新思想基础和研究前沿动向。由于专业知识的局限性，我在统编其他作者的作品中可能会有瑕疵，敬请原作者和读者谅解。

感谢北京大学苏勉曾教授多年来给予的指导与支持。感谢我的导师北京师范大学王世华教授的教诲和鼓励，在她的启蒙下，我才开始了固体无机化学的科研和教学，因此也才开始了这部书的写作。本书的出版也受到了北京大学苏勉曾教授和北京师范大学方维海教授的推荐，在此一并表示感谢！本书作者们感谢中国科学院科学出版基金学科专家评审组对本书的具体建议。按照专家们的建议，作者们将无机新材料的设计合成扩充为由6章构成的第二篇内容。

本书引用了大量参考书和参考文献的研究成果，原创著作的作者众多，本书作者在此一并表示感谢！本书第一篇在近20届教学实践中与同事和学生充分交流、讨论，受益匪浅；研究生们对本书的编写也做了许多具体细致的工作，无法一一列举。在此向对本书作出贡献的老师和学生一并表示衷心的感谢！最后，我还要感谢我的家人何静、赵斐始终如一的理解、关心与支持。由于我的学识水平有限，书中不当之处在所难免，殷切希望读者给予批评指正。

赵新华

2011年9月4日于京师园

目　录

第一篇　固体无机化学基础

第二篇 无机新材料的设计合成

第一篇

固体无机化学基础

第一篇

第1章 绪论

1.1 固体化学与固体无机化学

1.1.1 固体化学

地球主要是由固态、液态和气态物质构成的星球。固体化学，顾名思义，是研究涉及固态物质的组成、合成、结构和性质的科学。

随着半导体材料、光学材料、磁学材料、信息材料、高技术陶瓷材料、复合材料的发展，传统的无机非金属材料工业已经从对天然材料简单的加工和制备的氧化物陶瓷和玻璃的制备工业，发展成为能够有目的地设计、合成和制备具有一定结构和性能的功能材料，或合成和制备同时具有多种能量形式转换的多功能材料的材料科学。化学作为中心科学在材料科学中担当着重要的角色，因此固体化学应运而生。固体化学是无机化学在固体物理、结构化学、物理化学、材料工程等多学科基础上建立起来的交叉学科。固体化学是材料科学的基础。固体化学从一诞生，就禀赋着交叉学科的特点。因此固体化学始终是一个开放的科学平台，并且还在不断地充实和丰富着学科的研究内容。

由于有机场效应晶体管和有机发光二极管等有机固体材料和制药学的快速发展，固体化学又增加了有机固体化学的内容。中国科学院化学研究所在 1991 年成立了有机固体实验室，该实验室于 2001 年成为中国科学院有机固体重点实验室。

1.1.2　固体无机化学的研究内容

由于大密度集成晶体管芯片、绝缘栅双极晶体管、手机和显示器中的器件，以及太阳光伏、全固态发光、数据存储等新材料的快速发展，再加上象征新材料前沿的量子光学元件的出现，固体无机化学仍然处于强劲发展的阶段。

固体无机化学与材料科学中其他相关学科之间的研究内容不尽相同。固体无机化学主要的研究内容包括以下几个方面。

1. 合成化学和新材料的合成与表征

物质的合成是化学学科的基础。合成是发现新物质的开始，也是发现新材料的基础。只有合成了新的物质，才能够以它为对象，开展各种理论和技术上的研究。新的合成方法和技术往往能够合成出新的物质或者制备出多种复合功能的材料，因此创造新的合成方法和制备工艺永远是固体无机化学的主要研究内容。

通常采取的合成方法是探索性合成方法。运用这种方法人们已经合成了许多重要的固体化合物。然而，人们还需要进一步理解合成过程和机理，这将有助于人们深入理解合成反应，指导人们合成新的化合物和新材料，控制和改善合成方法与制备工艺。

定向合成具有指定结构和性质的固体材料，是固体化学家始终追求的目标。虽然这是一项极具挑战性的工作，但是现在已经取得一些进展。例如，多孔材料和分子筛的设计合成、等电子元素的取代、固体插层化合物的合成、建立在固体材料结构基础上的配位固体的合成和模板材料的组装等。本书中对上述合成方法都有一定的描述。

固体化学的合成方法包括高温直接合成、通过液相和熔体合成、水热合成等传统方法。在实践中还要发现新的合成方法。一些有苗头的合成方法包括由金属纳米前驱体或在分散相中合成合金[1]、大分子构筑块直接组装扩展骨架合成[2]、低温纳米结构金属氧化物和硫属化合物的合成[3]、多孔材料制备技术的模板合成等[4]。在合成化学中还要善于运用“化合物形成”的概念设计合成，

[1]　(a) Leonard B M, Bhuvanesh N S P, Schaak R E. J. Am. Chem. Soc., 2005, 127: 7326. (b) Karkamkar A J, Kanatzidis M G. J. Am. Chem. Soc., 2006, 128: 6002. (c) Schaak R E, Sra A K, Leonard B M, et al. J. Am. Chem. Soc., 2005, 127: 3506.

[2]　(a) Chen B, Eddaoudi M, Hyde S T, et al. Science, 2001, 291: 1021. (b) Biradha K, Hongo Y, Fujita M. Angew. Chem. Int. Ed., 2000, 39: 3843.

[3]　(a) Iancu N, Sharma R, Seo D-K. Chem. Commun., 2004: 2298. (b) Wang Q, Iancu N, Seo D-K. Chem. Mater., 2005, 17: 4762. (c) Wu L-M, Seo D-K. J. Am. Chem. Soc., 2004, 126: 4676.

[4]　(a) Yang H, Zhao D. J. Mater. Chem., 2005, 15: 1217. (b) Lebeau B, Parmentier J, Soulard M, et al. C. R. Chim., 2005, 8: 597. (c) Lu A-H, Schueth F. C. R. Chim., 2005, 8: 609.

例如，运用相的同构性设计新的结构块并且构筑新的化合物。

固体无机合成化学的目的是发现具有新颖性质的新材料，调制和改善材料的性质，设计、制备具有指定功能的材料。例如，热电材料是一种可以将热能直接转换为电能或者直接用电能制冷的材料。要想实现高的热电品质因子，就要求材料的泽贝克系数大，电导率大，但是热导率小。在物理原理上，这些独立的物理特性很难最优化地组合在同一种材料中，获得高的热电品质因子。但是科学家们在传统的热电材料 PbTe 中掺杂 Ag 和 Sb 的实验中，有时会观察到反常高的热电品质因子。借助高分辨率电子显微镜(HRTEM)和 X 射线数据的对分布函数(PDF)分析，人们发现，在一定的制备条件下，在基质 PbTe 中，掺入的杂质富集，形成 $AgSbTe_2$ 纳米晶。正是这些纳米晶改善了热电性质。因此开辟了研究热电材料的新思路[5]。多铁性物质是一种同时具有自发极化、自发磁化或自发应变性质的物质。但是由于多铁性物质中共存的磁有序和铁电有序没有发生强烈的耦合，没有成为多功能材料。在稀土亚锰酸盐中巨磁介电或电容效应的发现又唤起了科学家们研究多功能磁电复合材料的极大兴趣[6]。磁电复合材料是集铁电性和铁磁性于一身的多功能材料。近期研究发现，在 $BaTiO_3$ 或 $BiFeO_3$ 基质中 $CoFe_2O_4$ 的纳米尺度的柱状复合材料显示出积极的结果。复合物的合成是依靠在气体沉积物上的相分解，相当偶然地形成纳米柱并且在铁电和磁性材料之间实现了紧密的晶格耦合[7]。

以上的两个实例说明了固体合成化学对发现新材料的重要性以及新材料的合成对科学技术的推动作用是十分巨大的。新材料的合成和制备始终都离不开对材料的组成、结构和性质的表征。两个实例中新材料的表征都不能单纯依靠传统的衍射和化学分析的方法，而是要利用先进的现代物理分析方法，才能观察到材料的局域结构，观察到纳米尺度的效应，进而深入理解在偶然中发现的反常现象，从中找出必然的自然规律，反过来促进人们有目的地设计合成新材料。

2. 结构与性质的关系

在新材料的设计、合成和改性的过程中，始终都紧紧围绕着认识和理解材料的结构与性质之间的关系这一条主线，因此结构与性质的关系也始终是固体化学的中心内容。在固体化学中所涉及的结构既包括原子结构、分子结构、能带结构和晶体结构等化学结构，也包括表面结构、缺陷结构等物理结构；既包

[5] Hsu K F, Loo S, Guo F, Chen W, Dyck J S, Uher C, et al. Science, 2004, 303: 818.

[6] (a) Hur N, Park S, Sharma P A, Guha S, Cheong S W. Phys. Rev. Lett., 2004, 93: 107207/1. (b) Fiebig M, Lottermoser T, Frohlich D, Goltsev A V, Pisarev R V. Nature, 2002, 419: 818.

[7] (a) Zheng H, Wang J, Lofland S E, Ma Z, Mohaddes-Ardabili L, Zhao T, et al. Science, 2004, 303: 661. (b) Zavaliche F, Zheng H, Mohaddes-Ardabili L, Yang S Y, Zhan Q, Shafer P, et al. Nano Lett., 2005, 5: 1793.

括微观结构，也包括介观(纳米)结构。固体无机化学既关心结构与化学性质的关系，也关心结构与物理性质和材料功能性的关系。固体化学家在非常广泛的材料科学领域对材料的结构、物理和化学性质开展着卓越的工作。为了理解结构与性质的关系在固体无机化学中的作用，下面仅举出几个具体事例加以说明。

(1) 催化剂是能源材料中十分重要的化学助剂。催化剂在石油工业、化学工业等领域的重要性是不言而喻的。在新型燃料和化工产品的烷烃选择氧化、燃料电池和光解水等新能源领域，仍然期待着新型高效催化剂的诞生。

例如，氧化物催化剂的催化动力学过程通常可以分解为由氧空位控制、由掺杂的电子缺陷控制和由与氧化物最外层的组成/结构有关的表面控制(氧和碳氢化物吸附、活化和氧化还原过程)的多因素(阳离子迁移率、氧离子和质子迁移率、电子电导率)过程。块状晶体、电子结构和表面性质之间在操作条件下的耦合决定了催化作用的动力学行为。目前还不完全了解这种耦合行为，特别是对表面结构的了解，不足以预言或者理解材料的行为。因此结构与性质之间的关系仍然是固体化学的重要研究课题。

(2) H_2/O_2 燃料电池主要由传导质子或氧离子的膜和电极组成。电极既起到催化剂作用($H_2 \longrightarrow 2H^+ + 2e^-$ 或 $O_2 + 4e^- \longrightarrow 2O^{2-}$)，又起到电子导体的作用。目前流行的质子燃料电池(使用 H_2 和甲醇为燃料，DMFC 电池)，由于以 Pt 为催化剂，高昂的费用限制了它的推广。目前确认，新鲜、有序的合金(例如 PtBi、RuPt)有可能用于 DMFC 燃料电池催化剂[8]。在发现新的催化剂的同时，新的问题也摆在人们面前。例如，如何认识催化剂的表面结构？如何改善这些新型催化剂的长期稳定性？如何保持在操作条件下和电极过程中的催化稳定性和如何认识电子结构与催化性质之间的关系？

(3) 相变材料(PCM)是一种潜在的新材料，这种材料受热和冷却可以在无定形和晶体两种状态之间转换。转换前后，两种状态的光吸收、折射率或电阻都不同，并且这种变化可以用物理方法检测出来。在商业上使用硫属化合物基的这种材料制成 PCM 膜，其中最引人注目的是 $Ga_2Sb_2Te_5$。$Ga_2Sb_2Te_5$ 相变前后两种状态的电阻大约有四个数量级的变化，同时有大的折射指数的变化[9]，可以作为可擦写光介质(CD - RW、DVD - RW、DVR)，已经引起了重视。25 年来相变材料始终是处于经验的模式，还没有在原子和分子水平上得到深刻的认识。事实上这类材料的应用走在基础研究之前，有许多问题有待研究。例如，对无定型形态的认识、转变机理的阐明和动力学的研究、减少重复操作的

[8] Casado-Rivera E, Volpe D J, Alden L, et al. J. Am. Chem. Soc., 2004, 126: 4043.

[9] Ohta T J. Optoelectron. Adv. Mater. 2001, 3: 609.

电流密度(现在约是 10^{12} A/m^2)、加快读/写的速率、防止材料退化(氧化、电磁化、在电极和 PCM 界面的热效应)等。只有充分认识了在各个层次的结构与性质之间的关系，才有可能进一步改善相变材料的性能，也才有可能发明新的相变材料。

上面只是为了说明结构和性质之间的关系是固体无机化学的研究内容而举了几个有限的例子。固体无机化学中结构与性质的关系在电池材料、热电材料、光伏材料、发光材料、介电材料、超导材料、薄膜晶体管材料、透明电子材料、磁性材料、纳米结构材料等各个领域都是核心问题。

建立结构与性质的关系，离不开对各种材料结构的测定。除了要使用 X 射线衍射和中子衍射方法表征晶体的平均结构以外，纳米颗粒的结构和表面缺陷的结构还要使用大型电子显微镜测定。对于固体的近邻结构还要使用固体 NMR、X 射线吸收精细结构谱、中子散射等大型现代物理分析方法和仪器。在许多情况下，要发现在材料工作状态(温度、压力、气氛)下的结构与性质的关系，还需要变温、变压力、控制气氛条件下的原位测定。

3. 理论模拟和预言

伴随着计算化学理论和计算方法的发展以及计算能力的大幅提高，对固体材料的结构和性质进行理论模拟和预言已经发展成为固体无机化学的重要内容。目前预言和指导化学合成，在例如电池材料合成[10]、有机金属骨架拓扑合成和杂化材料制备[11]、多功能材料化合物的设计与合成方面[12]都发挥了重要的作用。

在固体化学中，计算化学可以综合考虑结构配置、振动、电子和磁子自由度的贡献来计算固体的热力学模型，从而在无法通过实验判断的相近的固体体系中判断稳定化合物。例如，在计算化学的指导下，储氢材料从过渡金属氢化物合金的研究转向了轻元素氢化物(Li、Na、Mg、B、Al)。近些年大量的工作集中在 $A^{I}AlH_4$(A^{I} = 碱金属)、$Mg(Al_4)_2$ 和 MgH_2 类型化合物[13]。计算和实验的结合提高了新型材料的研究效率。

计算化学在解释结构与性质的关系方面发挥重要的作用。密度泛函(DFT)计算一直用于评估完美晶体的内禀性质，例如能带隙、能带结构以及能带结构与热电性质的关系。一个非常有意义的例子是，实验表明，$\beta-Zn_4Sb_3$ 是窄带

[10] Kang K, Meng Y S, Breger J, et al. Science, 2006, 311: 977.

[11] Draznieks C M, Newsam J M, Gorman A M, et al. Angew. Chem. Int. Ed., 2000, 39: 2270.

[12] Spaldin N A, Pickett W E. J. Solid State Chem., 2003, 176: 615.

[13] (a) Fossdal A, Brinks H W, Fichtner M et al. J. Alloys Compd., 2005, 404-406: 752. (b) Blanchard D, Brinks H W, Hauback B C et al. J. Alloys Compd., 2005, 404-406: 743. (c) Charbonnier J, de Rango P, Fruchart D, et al. J. Alloys Compd., 2005, 404-406: 541. (d) Vajeeston P, Ravindran P, Kjekshus A, et al. J. Alloys Compd., 2005, 404-406: 377.

半导体，有希望成为中等温度热电材料。DFT 计算表明，β - Zn_4Sb_3 是非化学计量化合物 $Zn_{3.9}Sb_3$（ = $Zn_{13}Sb_{10}$）。结构中有大量 Zn 原子空位缺陷和 Zn 原子填隙缺陷。正是这些缺陷及其无序的分布导致异常低的热导率。DFT 的计算也表明，非化学计量化合物 $Zn_{3.9}Sb_3$ 的费米能级移动，使其电导率比类盐组成化合物的高[14]。因此理论计算解释了 β - Zn_4Sb_3 的结构与热电性质之间的关系。

多铁性是很少见的物理现象，从一开始计算化学就对此给予了关注，并且认为多铁性复合材料将是一类潜在的多功能重要材料，因此引起固体化学家的极大兴趣。在计算化学和实验化学的共同关注下，现在已经发现了 $BiMnO_3$ 和 $BiFeO_3$ 等化合物的多铁性[15]，解释了多铁性与电子结构、晶体结构的关系。计算化学和实验化学还将继续共同致力于铁电性和磁电性的耦合机理，合成磁电复合多功能材料[16]。

计算化学指导新材料的合成，预言和解释材料的结构与性质之间的关系，是设计、合成新材料的重要环节，因此是固体化学中重要的组成部分。

1.2　固体无机化学与相关学科

固体无机化学是无机化学与固体物理、现代物理分析方法和材料工程的交叉学科。区别于其他相关学科，固体无机化学将新型化合物与新材料的合成和表征作为学科的重要内容。固体无机化学为相关学科的研究提供完整的单晶材料、新颖的多晶材料或非晶态材料。完整的单晶材料是固体物理深入研究新材料电、光、磁性质的理想物质；新颖的多晶材料和非晶态材料为超导、磁阻、反常热膨胀、新型铁电等新材料和多功能系统的研究和设计提供了物质基础。此外，固体无机化学在新兴的分子电子学、量子计算、自旋电子学等新型半导体材料的研究中也发挥着重要的作用。

矿物学是一门比固体化学久远的学科，固体无机化学与矿物学密切相关，矿物学是研究地质条件下的固体无机化学。两者有许多相同的研究领域和研究方法。例如，固体无机化学对于晶体的研究，就吸收了矿物学的理论和研究方法。核废料的处理方式一般采取地下仓库长时间埋藏的方法，但是将核废料转化成何种固体形式和如何转化，也是当前固体化学要解决的问题。

[14]　(a) Snyder G J, Christensen M, Nishibori E, et al. Nat. Mater., 2004, 3: 458. (b) Mikhaylushkin A S, Nylen J, Häussermann U. Chem-Eur. J., 2005, 11: 4912.

[15]　(a) Seshadri R, Hill N A. Chem. Mater., 2001, 13: 2892. (b) Neaton J B, Ederer C, Waghmare U V, et al. Phys. Rev. B: Condens. Matter. Mater. Phys., 2005, 71: 014113/1.

[16]　(a) Kimura T, Goto T, Shintani H, et al. Nature, 2003, 426: 55. (b) Lottermoser T, Lonkai T, Amann U, et al. Nature, 2004, 430: 541.

固体无机化学是材料科学的基础。材料、能源、信息是当代物质文明的三大支柱，材料是基础。新材料的研制是固体无机化学的发展动力，而固体无机化学的发展对新材料的研制、开发和生产又会产生重要影响。因此固体无机化学的研究对高、新技术产业的发展具有重要意义。此外，固体无机化学还与目前十分活跃的纳米科学、分子和高分子材料、环境科学、能源和储能材料密切相关。

提高广大人民群众的科技水平，特别是提高专业科技人员的专业技术水平，需要宣传固体无机化学的基础知识。特别是在大学本科和研究生教育阶段，丰富青年学生的理论水平和研究能力，开阔青年学生的视野，开设固体无机化学基础的课程是有益的。

进一步阅读的参考书

[1] CAVA R J, DISALVO F J, BRUS L E, et al. Future directions in solid state chemistry: report of the NSF-sponsored workshop[J]. Progress in Solid State Chemistry, 2002, 30: 1-101.

[2] KANATZIDIS M G, POEPPELMEIER K R. Report from the third workshop on future directions of solid-state chemistry: The status of solid-state chemistry and its impact in the physical sciences[J]. Progress in Solid State Chemistry, 2007, 36: 1-133.

[3] 苏勉曾. 固体化学导论[M]. 北京: 北京大学出版社, 1986.

[4] WEST A R. 固体化学及其应用[M]. 苏勉曾, 谢高阳, 申泮文, 译. 上海: 复旦大学出版社, 1989.

[5] 吕孟凯. 固态化学[M]. 济南: 山东大学出版社, 1996.

[6] 林建华, 荆西平. 无机材料化学[M]. 北京: 北京大学出版社, 2006.

第2章 凝聚体系相图及其应用

2.1 相平衡与相律

相平衡是固体无机化学和材料化学的基础，无机化合物的合成和无机材料的制备、改性与应用都离不开对相平衡的认识和运用。

相平衡图也简称为相图或状态图。它以几何图形的方式描述了一个体系处于平衡状态下物质的组分、物相和外界条件的相互关系。通常条件下，外界条件包括对物质的组成和物相影响较大的温度和压力条件。对于凝聚态体系，由于压力对体系的性质影响较小，外界条件仅限于体系的温度。

相图研究平衡条件下体系状态的变化，是材料和化学产品的成分选择、制备工艺和应用的重要指南。虽然在实际生产和实验过程中，化合物和材料的合成与制备大都是非平衡过程，但是大量实验证明，在一般的非平衡过程中，相图仍然有着重要的参考作用。必要时，在一些实用性很强的平衡相图中，非平衡过程的相边界也以一定的方式(例如不同的线型)标注在平衡相图中。相图被形象地比喻为合成与材料科学工作者的工作地图。鉴于相图在自然科学各个领域和国民经济各个部门的重要性，国际和国内分别设有合金相图国际委员会(APDIC)和中国物理学会相图委员会。

2.1.1　相与相平衡

物相即相，是指在体系中物理和化学性质完全均匀的部分，相与相之间有明显的分界面。在相界面处，物质的宏观性质发生突变。除了人们熟悉的同种物质气、液、固三种存在状态为三种不同的相之外，结晶态物质还会由于组成或晶体结构的不同区分为不同的晶相。相同组成的物质由于晶体结构的差异形成同质异构体。例如，一些准金属单质同质异构体可以从非金属转化为金属，SiO_2 的同质异构体有石英、鳞石英和方石英等。同质异构体之间的晶胞参数在一般情况下会发生突变，因此同质异构体之间的密度也会发生突变。

从某种意义上来说，固溶体是固态的溶液，与水溶液是浓度可变的单相体系类似，固溶体也是组成可变的单相体系。固溶体的晶胞参数和密度随着溶质的浓度发生连续、均匀的变化。图 2.1 表明，$CsSmI_3-CsYbI_3$ 体系分别形成以 $CsSmI_3$ 为基质的固溶体 $CsSm_{1-x}Yb_xI_3$（$0<x<0.33$，空间群 *Cmcm*）和以 $CsYbI_3$ 为基质的固溶体 $CsSm_{1-x}Yb_xI_3$（$0.45<x<1.0$，空间群 *Pnma*）。在 $x<0.3$ 和 $x>0.45$ 区间，不同固溶体系列的密度随溶质浓度变化的线性关系不同。

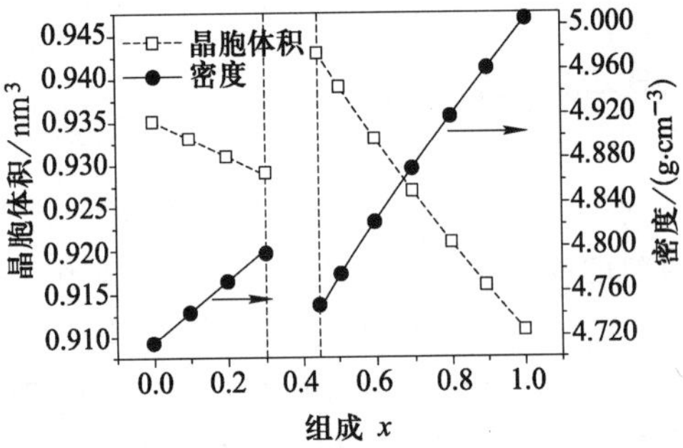

图 2.1　$CsSm_{1-x}Yb_xI_3$（$0<x<0.33$，$0.45<x<1.0$）固溶体的晶胞体积和密度随组成 x 的变化[17]

除固溶体以外，不同组成的化合物就是不同的相。广义上来说，化学反应过程都是相变的过程。固相化学反应的热力学平衡体系也是多相体系的相平衡体系。根据热力学的基本原理，在相平衡多相体系中，每个相的温度 T、压强 p 以及每个组分在所有相中的化学势 μ 均相等，体系的性质不随时间而变化。具有给定能量的热力学平衡体系的吉布斯自由能 G 小于在相同条件下其他状态的吉布斯自由能 G'。

根据相平衡的特点，可以断定相组成及相结构随时间发生变化的体系一定没有达到相平衡；但是相组成及相结构不随时间发生变化的体系也不一定达到

[17]　王世华．变价稀土碘化物的固体化学．北京：北京师范大学出版社，2000：147.

了相平衡。例如，在室温和常压热力学平衡状态下，碳的稳定存在状态是石墨，但是一旦在高压下形成金刚石，减小压力，金刚石仍然稳定存在。这种情况下，金刚石由于动力学稳定而处于热力学介稳态。这种热力学平衡体系的吉布斯自由能随反应进度的曲线一般具有如图 2.2 所示的特点，其中吉布斯自由能的最小值相应于热力学平衡态，另一个吉布斯自由能极小值相应于热力学介稳态。在吉布斯自由能极小值和最小值之间存在一个能量势垒，当热力学介稳态的体系不具有跃过势垒进入热力学平衡稳定态的能量时，就会以动力学稳定态形式存在。因此金刚石是碳的动力学稳定态。在固体化学中，由于动力学因素，介稳态是经常出现的。在实验中需要用各种方法，仔细判断物质是否达到热力学平衡的固体状态。

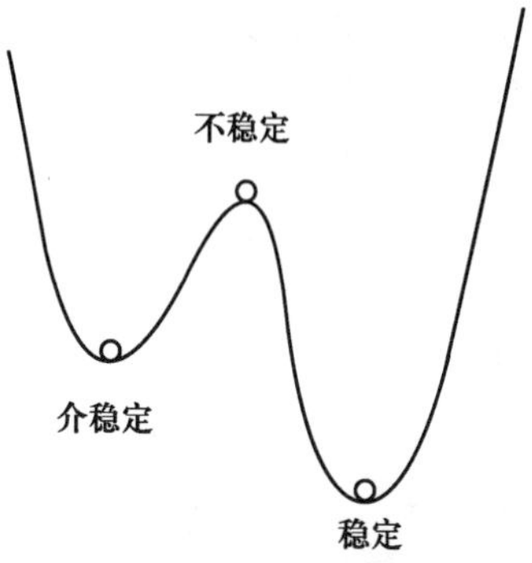

图 2.2　稳定、不稳定和介稳定条件示意图

在实验过程中，为了使体系达到热力学平衡状态，通常要选择适宜的退火温度和退火时间，对样品进行化学成分的均匀化处理。经过均匀化处理的样品有可能达到了相平衡，但是有一些固体体系要达到相平衡甚至需要在一定温度下保持更长的时间。例如，Cu－Au 二元系固溶体样品在 170 ℃相变温度以下进行一年的热处理还未能完全达到相平衡。

2.1.2　相律

可以证明，在一定的外界条件下，相平衡体系中，体系的独立组分和物相的数目之间有一定的关系，即相律为

$$\phi + f = C + 2 \qquad (2-1-1)$$

式中：ϕ 表示体系中物相的数目；f 是体系中独立变量的数目，即自由度，通常的独立变量可以取体系的温度、压力或物相的组成等；C 是体系的独立组分数目。组分表示的是构成一个体系的那些不同的元素、化合物或原子、分子、离子等化学物质的种类（物种）。由于化学反应的计量关系，这些组分并不一定都是独立的。如果 N 个组分之间存在 r 个独立化学反应，即 r 个化学平衡条件，如果再加上浓度间的其他限制条件，而且这些限制条件的数目为 Z，则独立组分数由焦盖特（Jouguet）法计算：

$$C = N - r - Z \qquad (2-1-2)$$

独立组分数的布林克利（Brinkley）计算法为

$$C = M + r^{*} - Z \qquad (2-1-3)$$

式中：M 是体系中元素的种类数；Z 是组分浓度之间的其他限制条件；r^{*} 是由

于体系中存在某些力学条件的限制，导致某些本来是独立的化学反应而不能进行的数目[18]。

对于凝聚体系，由于压力对相平衡的影响不大，可以近似认为只有温度是影响相平衡的外部条件，相律方程式可以写为

$$\phi + f^* = C + 1 \qquad (2-1-4)$$

其中条件自由度 $f^* = f - 1$。

体系的独立组分数为 1、2、3 的体系分别为单组分、二组分和三组分体系。单组分、二组分和三组分体系的相平衡关系可以用单组分、二组分和三组分体系的相图表示，而更高组分的相平衡一般需要基于多组分体系的拓扑分析理论。

2.2　单组分体系相图

任何相平衡体系中最小的相数都为 1，根据式(2－1－1)，单组分体系的自由度最大为 2，为双变量体系。影响单组分体系相平衡的两个独立变量为温度与压力，处于平衡状态下某一固定组成的物相和外界条件的相互关系可以用一个直角坐标系图形来描述。对于凝聚体系，根据式(2－1－4)单组分体系的条件自由度最大为 1，平衡体系的相图为一条温度直线。

2.2.1　压力－温度相图

单组分体系的压力－温度相图($p-T$ 图)描述单质或具有固定组成的化合物在相平衡状态下，其气、液、固三态及同质异构体与温度和压力的依赖关系。图 2.3、图 2.4、图 2.5 分别为碳、水、SiO_2 的 $p-T$ 图。图中任何几何位置上的一个点都代表了某一物种在一定温度和压力下的状态。这种代表一定条件下某一体系状态的点称为体系点。

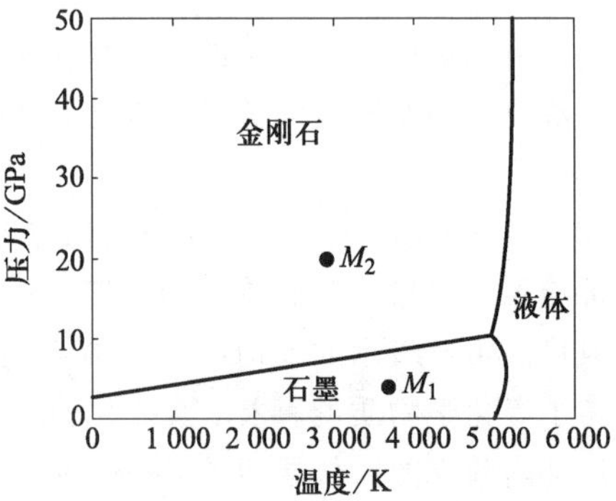

图 2.3　碳的压力－温度相图($p-T$ 图)[19]

例如图 2.3 中，$M_1(p_1, T_1)$ 和 $M_2(p_2, T_2)$ 分别表示在 p_1 压力和 T_1 温度下的石墨和在 p_2 压力和 T_2 温度下的金刚石。在相图中，体系点是布

[18]　赵慕愚，宋利珠．相图的边界理论及其应用．北京：科学出版社，2004：1－19.

[19]　Bundy F P, Bassett W A, Weathers M S, et al. Carbon, 1996, 34(2): 141－153.

满于整个相图空间的。在单组分体系相图中，有一部分体系点形成一个边界，将相图平面分割为不同大小的区域，每一个区域为一个单相区(例如石墨区、金刚石区或液相区)。在这个温度、压力区域内，不论体系点如何变动，体系均含有相同的相。这样的一个相图的区域称为相区。在相区内的任一体系点到另一体系点均无新相的形成和旧相的消失；越过这个相区的边界到另一个相区，则有新相的形成或旧相的消失。对于单组分体系，体系点所处于的相区与物种的相是一致的，即体系点与相点是重合的；而在多组分体系，体系点在多相平衡中将分裂为共轭的相平衡点。

根据相律，即式(2-1-1)，单相区的自由度为2，是双变量体系。在有限的温度与压力范围内，独立地改变压力和温度不会发生相的改变。在边界线上的体系点处于两相的平衡状态，因此该边界线也是两相平衡的压力-温度曲线。根据相律，相边界上的体系为单变量体系，在两相共存的状态下，不能独立地改变温度或压力。换言之，改变两相平衡的温度，必然伴随着两相平衡压力自发地改变。三相共存体系的自由度等于零，称为无变量体系。在单组分相图中无变量体系表现为三条相边界的交点，或称无变量点。在单组分体系中，相邻相区的边界既可以是一维的几何线，也可以是零维的几何点。例如图2.4中水的气、液、固三相共存的无变量点 O 位于273.16 K、611.73 Pa。图2.4中高压下，固态水(冰)存在多种同质异构体，相图中详细地描述了液态水与五种冰的同质异构体之间的五个无变量点和四种冰之间的同质异构体的两个无变量点。另外，还应注意到，在通常压力下，冰-水的固-液平衡线的斜率为负，即随着压力增加，熔点下降；但是其他冰的同质异构体的固-液平衡线斜率为正。图2.4也表示出气、液、固三相共存的无变量点与熔点和沸点的区别。

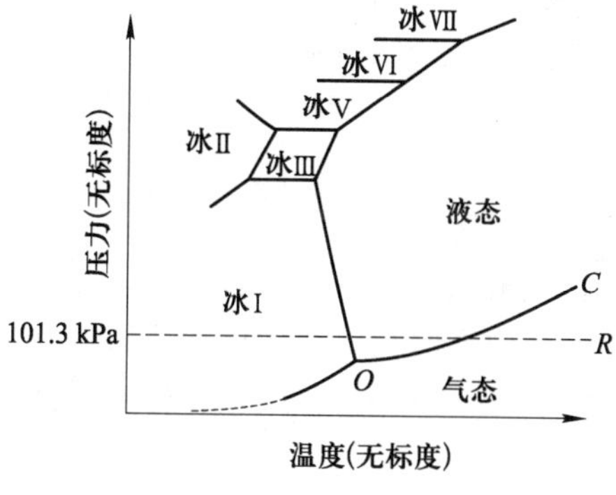

图2.4 水的压力-温度相图示意图[20]

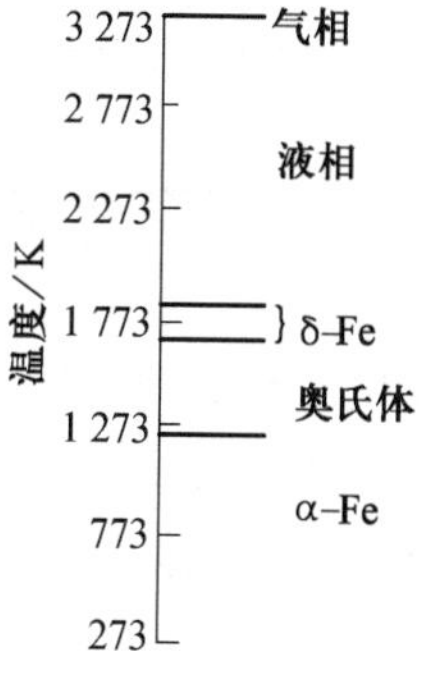

图2.5 铁的温度相图

[20] Petrucci R H, Harwood W S, Herring F G. General Chemistry: Principles and Modern Applications. 8th, ed. 影印版. 北京：高等教育出版社，2004：495.

如果不考虑压力的影响，单组分凝聚体系的相图为一条直线。图 2.5 所示为铁的温度(T)相图，表示了铁的同质异构体与固、液、气相存在的温度范围和两相共存的相转变温度。在普通化学中单组分体系的温度相图可以表示为相变的流程图。

2.2.2　两相平衡线的变化趋势

热力学平衡理论可以证明，对于一级相变，在单组分体系中，任意平衡的两相，其蒸气压 p 与温度 T(K)的关系由克拉珀龙 - 克劳修斯(Clapeyron-Clausius)方程确定：

$$dp/dT = \Delta H/T\Delta V \qquad (2-2-1)$$

式中，ΔH 为摩尔相变焓，ΔV 为摩尔体积变化。

式(2-2-1)表明，两相共存的平衡线的斜率取决于物质状态变化过程的相变热和体积的变化。一般而言，液相→气相和固相→气相的转变，在吸热($\Delta H>0$)的同时，体积总是增加的($\Delta V>0$)。因此液 - 气平衡(蒸发)线和固 - 气平衡(升华)线的斜率应为正值。同时由于升华热大于蒸发热，所以升华线的斜率要大于蒸发线的斜率。固 - 液平衡(熔化)线的斜率取决于吸热过程($\Delta H>0$)体积的变化(ΔV)。若体积缩小，熔化曲线的斜率为负，如在低压下，冰融化为水时体积缩小；随着压力的增加，冰的熔点降低。晶体由低温变体向高温变体的转变总是伴随着吸热过程($\Delta H>0$)，所以晶型转变平衡线的变化斜率取决于低温变体向高温变体转变的体积变化(ΔV)。对于热膨胀的晶型转变，晶型转变平衡线的变化斜率为正；对于热收缩的晶型转变，晶型转变平衡线的变化斜率为负。对于热效应非常小的晶型转变($\Delta H\approx 0$)，其晶型转变平衡线几乎为一条平行于温度轴的水平线；而对于体积变化非常小的晶型转变($\Delta V\approx 0$)，其晶型转变平衡线几乎为一条平行于压力轴的平行线。

2.3　二组分凝聚体系相图

由于多相体系的相数最小为 1，根据凝聚体系相律，即式(2-1-4)，二组分体系的条件自由度最大为 2。二组分体系的相图通常以体系的组成为横坐标轴，以温度为纵坐标轴。单相区的自由度为 2，二相区和三相区的自由度分别为 1 和 0。

2.3.1　几种典型的无固溶体体系相图

两种晶体结构和化学性质都不同的化合物相互之间的固溶度都非常小，以致在实践中无法测定两种化合物的固溶度。无固溶体体系的相图类型就是描述在这种理想状态下，多相体系相平衡与温度的关系。

1. 简单低共熔二组分体系

图 2.6 所示为只有一个最低共熔点(E)的 A、B 二组分体系相图。横坐标轴以质量分数或摩尔分数表示 A－B 体系的组成，即各组分在体系中的含量(x_A 或 x_B，$x_A+x_B=1$)；纵坐标轴为温度，纵坐标分别相应于 A 和 B 两个单组分体系的温度相图。T_A 和 T_B 分别为 A 和 B 组分的熔点。在熔点温度，固体 A 和 B 分别熔融成同组成的液体 A 和 B，因此固体 A 和 B 都称为固液同组成化合物。如图 2.6(a)所示，简单低共熔二组分体系相图由 T_AE 和 T_BE 两条边界线将固－液两相区和液相区分割开；T_1ET_1'为固相(A)－固相(B)两相区、两个固液(A＋L，B＋L)两相区和液相单相区共同的界线；三条边界线相交于 E 点，形成三个两相区和一个单相区共同的边界点。相邻相区的边界将相图分隔成一个单相区 T_AET_B(液相区，$f=2$)、两个固－液两相区 T_AET_1'和 T_BET_1 及一个固－固两相区 $AT_1'ET_1B$($f=1$)。

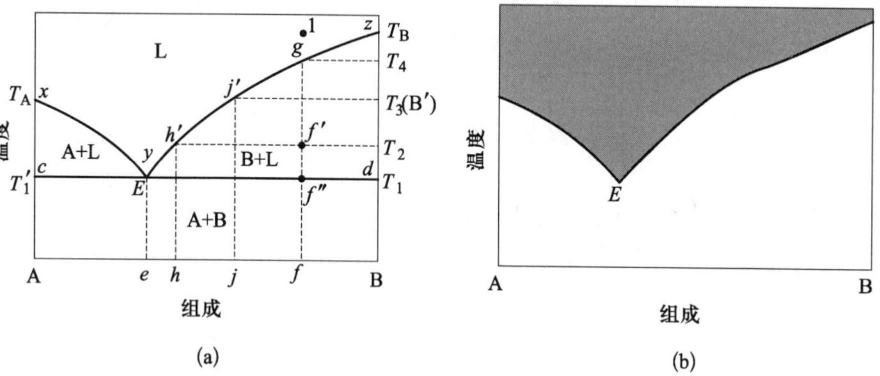

图 2.6 (a) 简单低共熔二组分体系相图和(b)相点存在区域

假设在图 2.6(a)中，体系点 1 处于单相区，以熔体状态存在。处于一定条件下的液相的组成称为液相点。液相点 1 与体系点 1 的组成相同，因此在单相区内液相点与体系点重合。当体系点 1 的温度下降到 T_4，与边界线 T_BE 相交于 g 时，体系的液相和固相 B 建立了固－液平衡：L $\rightleftharpoons$ B。固相点的组成 B 与液相点 g 分离。随着体系的温度继续降低，体系点 1 的液相点沿着 $j'h'E$ 的相边界线下降。在 T_BET_1 固－液两相区内，体系的相平衡没有改变，固相组成始终是固体 B。在温度 T_3、T_2 下，与固相 A 平衡的液相组成分别为 j、h。联结固－液两相组成的线 B′j'为等温结线。当温度降至 T_1(T_1')时，液相组成为 E。此时体系达成 L $\rightleftharpoons$ A＋B 三相平衡，条件自由度等于零，体系的温度和液相组成都不再改变，只是随着冷却的进行，凝固相的量增加。直到液相完全凝固后，条件自由度又改变成 $f^*=1$，温度才继续下降，进入 A 和 B 的两相区。

在相图中，将在多相平衡体系中处于一定条件下的某一个相的代表点(T, $x_{i,j}$)定义为相点。处于边界上的体系的平衡相点的集合定义为相边界。相边界与边界线的概念不完全相同，A + L 两相区的相边界为 T_AE 一维的线，但是不包括两个端点 T_A 和 E；T_A 为 A 组分的固 - 液相边界。B + L 两相区的相边界为 T_BE 一维的线，也不包括两个端点 T_B 和 E；T_B 为 B 组分的固 - 液相边界。相邻相区的边界线 T_1ET_1' 不是相边界，该边界线上的所有体系点处于固体 A、B 和组成为 e 的液相的三相平衡，其三相边界为零维的 E 点(在 $T-p-x_i$ 相图中，E 点是三相平衡体系的低共熔线在某一压力下的结点。当温度不变时，体系自由度 $f=1$，组成 x_i 随着饱和蒸气压 p 改变，直到完全凝固)。如图 2.6(b)所示，相点仅存在单相区(阴影部分)和相界线上。

由于体系点在多相平衡相区内与相点不重合，为了明确表示在结晶或熔融过程中多相区内相点的变化，可以用体系点结晶(熔融)过程表达式明确表示固相点和液相点的变化轨迹。以上述过程为例，体系点 1 在降温(或升温)过程中，固相点和液相点的变化轨迹可以用下列结晶过程表达式表示：

$$\mathrm{L}: g \xrightarrow[\text{沿 } gE \text{ 曲线}, f^*=1]{\mathrm{L} \rightleftharpoons \mathrm{B}} E\left(\begin{array}{c}\mathrm{L} \rightleftharpoons \mathrm{A}+\mathrm{B} \\ \text{至结晶结束}\end{array}\right)$$

$$\mathrm{S}: \mathrm{B} \longrightarrow \mathrm{A}+\mathrm{B} \qquad (2-3-1)$$

结晶(熔融)相平衡过程表达式的书写规则如下：

(1) 表达式分别表示固相点和液相点的运动轨迹，箭头两侧分别为相点与不同相边界的起点和终点。

(2) 箭头下方分别表示固相点和液相点沿着边界线的变化轨迹和条件自由度。

(3) 箭头上方表示固相点和液相点分别达成的相平衡关系式。

(4) 结晶或熔融过程结束，相点不再变化，在这个相点旁边说明此时的平衡关系。

(5) 固相点和液相点的表达式要分别表达，固、液相点的位置要对应；相同的平衡关系可以简化或省略。

图 2.7 为具有一个固液同组成熔融化合物的二组分体系相图。它可以分解为 A - AB 和 AB - B 两个简单低共熔两组分体系来研究。A - AB 和 AB - B 两个相图的三相点组成分别为 e_1 和 e_2。分别冷却体系点 1 和 2 到体系点 $1a$ 和 $2b$

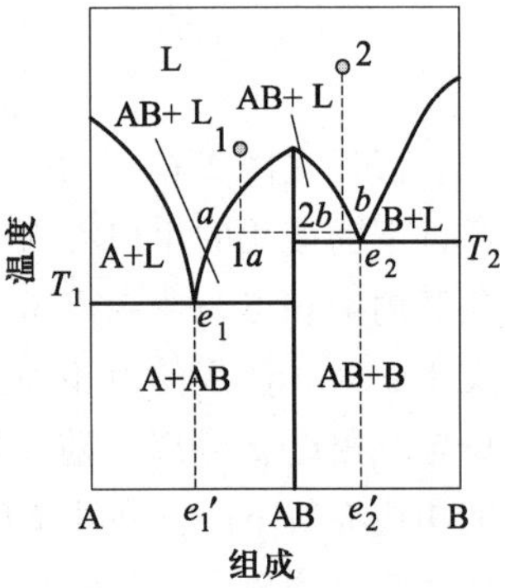

图 2.7　具有一个固液同组成熔融化合物的二组分体系相图

时，体系点 $1a$ 和 $2b$ 都达成两相平衡，液相点分别为 a 和 b，但固相点都为固体 AB。显然组成在 e_1'和 e_2'之间的体系点，当熔体冷却结晶时，都首先析出晶体 AB。因此 $e_1'-e_2'$组成所包含的浓度区间为固体 AB 的初晶区。同理，A $-e_1'$和 $e_2'-$B 分别为 A 和 B 的初晶区。温度分别低于低共熔温度 T_1 和 T_2 后，体系点分别进入了 A + AB 和 AB + B 两个固相区。在两个相区内，两相的质量关系符合杠杆规则。例如，体系点 $1a$ 达成两相平衡后，固体 AB 的质量/液相的质量 = 线段$(1a-a)$/线段$(0.5-1a)$。

2. 固液异组成熔融化合物的二组分体系

图 2.8 为具有一个固液异组成熔融化合物 AB 的二组分体系相图。与图 2.7 比较，AB 化合物在 T_2 温度发生转熔反应（一种高温分解反应）：AB $\rightleftharpoons$ A + L。其中，L 是溶液，其液相点是浓度为 x'的 x。在 P 点，AB、A 与 L 达成平衡，因此 P 为三组分转熔点。A $-x'$、$x'-m'$、$m'-$B 浓度范围分别为化合物 A、化合物 AB 和化合物 B 的初晶区。化合物 AB 的组成不包括在化合物 AB 的初晶区浓度范围以内，这是判断固液异组成熔融化合物的根据。与此相对应的是，固液同组成熔融化合物的组成包括在该化合物自身的初晶区浓度范围以内，如图 2.7 所示。

由于在实验过程中，转熔反应的速率很慢，经常没有达到热力学平衡状态，因而容易得到一些介稳态固体。例如：① 在 x'组成冷却体系，最终得到 A、B 和 AB 三个化合物。这是因为 A 和液相的转熔反应进行得慢，尤其当 A 的密度较大，沉降到样品的底部时，来不及发生转熔反应。因此化合物 A 为介稳态。② 也有可能 AB 化合物在冷却过程中结晶被抑制，而只得到 A + B 晶相化合物。

3. 具有一个低温稳定、高温分解化合物的二组分体系

图 2.9 所示为具有一个稳定性上限的固体化合物的二组分体系相图。化合物 AB 在 T_1 温度与 A 和 B 化合物达成平衡，三相平衡点为 M。温度稍高于 T_1，化合物 AB 分解为 A 和 B 化合物；温度再高的相图为 A、B 二组分体系的低共熔体系相图。

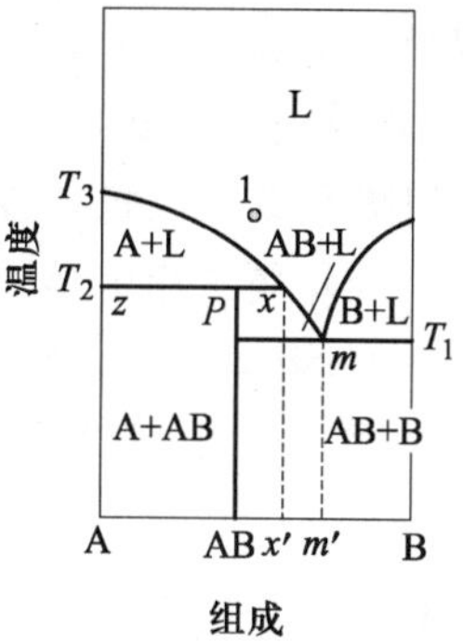

图 2.8 固液异组成熔融化合物的二组分体系相图

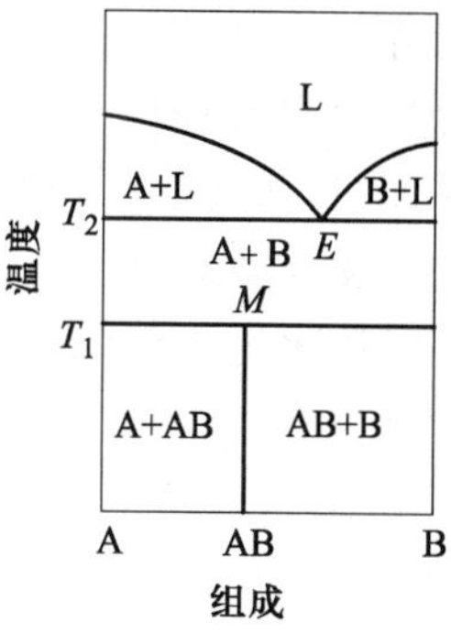

图 2.9 具有一个稳定性上限的固体化合物的二组分体系相图

4. 固相晶型转变的二组分体系

在相图中可以明确地表示物质的一级相变，图 2.10 表示了具有 α、β 和 δ 三种晶型转变的化合物 A 和具有 α、β 两种晶型转变的化合物 B 组成的二组分体系相图。

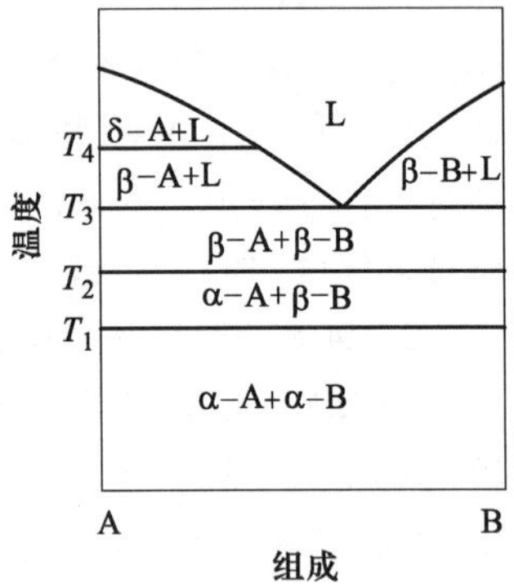

图 2.10　固相发生晶型转变的二组分体系相图

化合物 A 和 B 的晶型转变可以用单组分体系温度一维相图表示：

$$\alpha - \mathrm{B} \xrightarrow{T_1} \beta - \mathrm{B} \text{ 和 } \alpha - A \xrightarrow{T_2} \beta - \mathrm{A} \xrightarrow{T_4} \delta - \mathrm{A}$$

对于单组分体系 B，在 T_1 温度时（$C=1$，$f=0$，$\phi=2$）α、β 两相共存；对于单组分体系 A，在 T_2 和 T_4 温度时（$C=1$，$f^*=0$，$\phi=2$）α、β 两相和 β、δ 两相分别共存。在 A－B 二组分体系相图中，A 和 B 的单组分体系一维相图分别作为两端的纵轴。在 $f^*=0$ 的相邻固相区边界线上，$\phi=3$；在 $f^*=1$ 的固体相区内，$\phi=2$（$C=2$）；因此在相邻固相区中必定有一个相是相同的，而那两个不相同的相为同质异构化合物。据此可以判断 T_1 为 B 的晶型转变温度，T_2、T_4 为 A 的晶型转变温度。

5. $CaO-SiO_2$ 二组分体系

在硅酸盐物理化学中，最重要的二组分体系相图之一是 $CaO-SiO_2$ 相图，如图 2.11 所示。

在 $CaO-SiO_2$ 相图中存在两个固液同组成熔融化合物 Ca_2SiO_4（C_2S）和 $CaSiO_3$（CS），它们分别在 1 723 K 和 1 448 K 发生由 $\alpha'-Ca_2SiO_4$ 到 $\alpha-Ca_2SiO_4$ 和由 $\beta-CaSiO_3$ 到 $\alpha-CaSiO_3$ 的晶型转变。在分析比较复杂的二组分体系相图时，可以首先将固液同组成熔融化合物看成是一个独立组分，与相邻的相图部分组成两个简单的赝二组分体系相图进行分析。因此可以将 $CaO-SiO_2$ 体系相图分解为 $CaO-Ca_2SiO_4$、$Ca_2SiO_4-CaSiO_3$ 和 $CaSiO_3-SiO_2$ 三个赝二组分体系相图。$CaO-Ca_2SiO_4$ 赝二组分体系相图中有一个稳定性下限的固液异组成熔融化合物 Ca_3SiO_5（C_3S）；$Ca_2SiO_4-CaSiO_3$ 赝二组分体系为具有一个固液异组成熔融化合物 $Ca_3Si_2O_7$（C_3S_2）的相图；$CaSiO_3-SiO_2$ 赝二组分体系中，SiO_2 存在方石英、鳞石英和石英三种晶型；在富石英组成的熔体中还出现液相部分互溶的区域（这部分在后面章节讨论）。

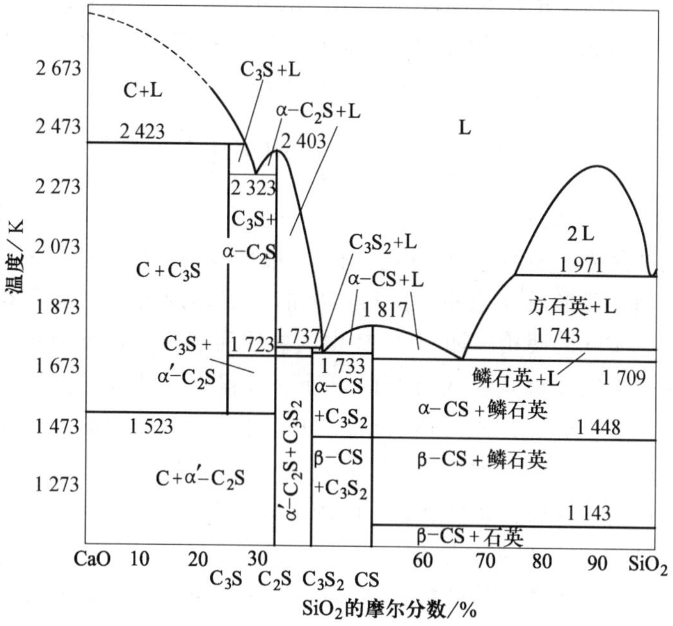

图 2.11　CaO－SiO_2 二组分体系相图[21]

2.3.2　几种典型的固溶体体系相图

1. 二组分连续固溶体体系

最简单的固溶体体系相图是二组分连续固溶体体系相图，如图 2.12 所示。

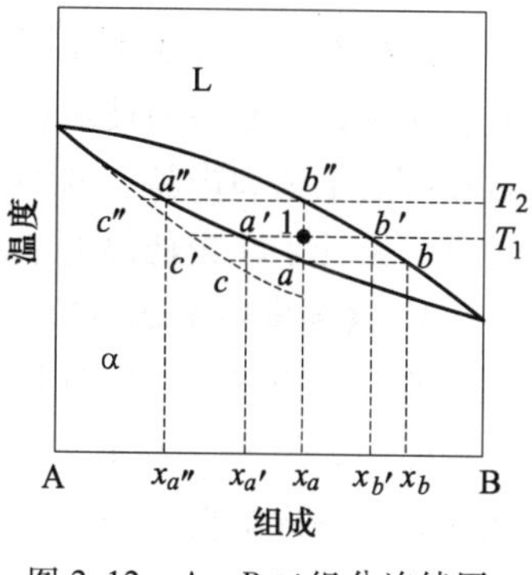

图 2.12　A－B 二组分连续固溶体体系相图

一个梭形的两相平衡区将该相图分隔出一个液相单相区和一个固相单相区（即固溶体单相区）。在单相区内 $f^*=2$，温度和组成同时改变也不会发生物相的改变。两相区内体系点 1 的组成为 x_a；在 T_1 温度，固相点 a' 与液相点 b' 的组成分别为 $x_{a'}$ 和 $x_{b'}$。根据杠杆规则，体系点 1 和相点 a'、b' 在一条直线上。在确定温度下，两相区内联结 $a'-b'$ 共轭固－液相平衡点的直线称为联结线（或结线）。体系点 1 中达成平衡的固相 a' 和液相 b' 的质量比可以用杠杆规则（$x_{b'}-x_a/x_a-x_{a'}$）计算。随着

[21]　Philips B，Muna A. J. Am. Ceram. Soc.，1959，42(9)：414.

温度升高，液相的质量越来越多，液相中组分 B 的含量越来越少；直至到达 T_2 温度，固相点为 a''，液相点为 b''，根据结线 $a''-b''$ 计算，固体全部熔融，熔体的组成为 x_a。这个熔融过程用熔融过程表达式表示为

$$\begin{aligned} &S:\alpha(a) \xrightarrow[\text{沿 } aa''\text{ 线}, f^*=1]{\alpha \rightleftharpoons L} \alpha(a'')\left(\begin{matrix}\text{至全部}\\ \text{熔融}\end{matrix}\right) \\ &L:b \xrightarrow{\qquad\qquad\qquad} b'' \end{aligned} \qquad (2-3-2)$$

由液相结晶为固相的过程，由于固体扩散的速率较慢，如果不是相当慢的冷却速率，则可能形成介稳相，使得实际的固溶体的组成更富含高熔点组分（c，c'，c''），实际的两相区如图 2.12 中的虚线所示。介稳态的相平衡线与工艺条件有关，由实验确定。在合金的热处理过程中，常常根据材料性能的要求，采取“退火”工艺，使固溶体的组成“均匀化”。地壳中的岩石在从岩浆骤冷而形成固溶体后，经常发生“分级结晶”。岩石的核心主要由高熔点组分组成，从核心向岩石外层，高熔点组分的浓度放射性地下降，形成浓度梯度。

2. 二组分液相部分互溶体系

液相不完全混溶体系是硅酸盐富 SiO_2 体系的重要特点，表现为在液相区有一个两相区将单相区分隔开，如图 2.11 中所示。图 2.13 是二组分液相部分互溶体系相图示意图。在 T_2 温度，体系点 a 与固体 A、液体 a 和 c 的三相达成平衡。液体 a 和 c 的组成不同，分别为 x_a 和 x_c。组成不同的液相具有不同的密度，因此表现为液相分层。位于液态两相区内的体系点，在 T_3 温度分离为液相 L′和 L″。随着温度升高，液相点的浓度逐渐靠近，到温度 T_4 时，两层液相点在 b 相点重合，浓度差为零，液相完全混溶，b 点称为汇熔点，对应的温度为最高汇熔温度。

液相部分互溶体系相图对玻璃材料的制备十分重要，若玻璃熔体进入液相分层体系，则制备的玻璃将不均匀。但是巧妙地利用玻璃相的分相，也能设计出独特的工艺和产品。例如，利用 $SiO_2-Na_2B_8O_{13}$赝二组分体系的玻璃相分相性质，设计了在较低温度下制备高硅含量维克（Vycor）玻璃的工艺。

3. 只具有一个低共熔点的有限固溶体的二组分体系

若没有固溶体，在只具有一个低共熔点的二组分体系（如图 2.6（a）所示）的相图中，组分 A 和 B 的温度相图分别用一条竖线表示；若组分 A 和 B 相互之间有一些固溶度，则固溶体 $A_{s.s.}$ 和 $B_{s.s.}$ 在相图中将分别表示为具有一定宽度的、自由度 $f^*=2$ 的单相区。只具有一个低共熔点的有限固溶体二组分体系相图如图 2.14 所示。

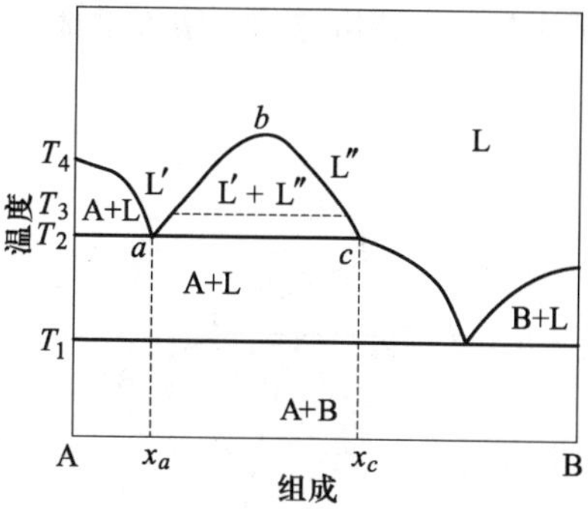

图 2.13　二组分液相部分互溶体系相图

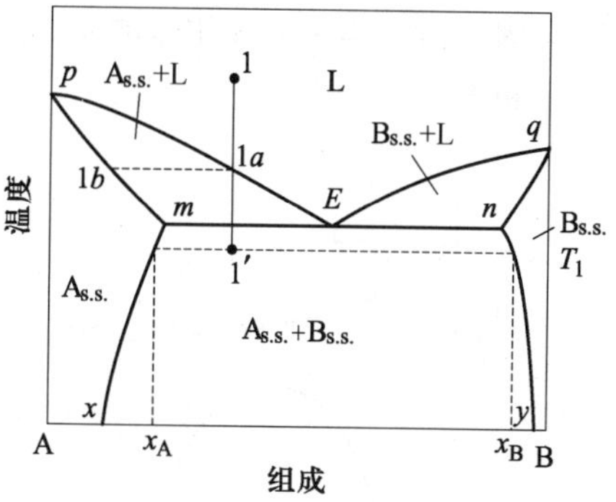

图 2.14　只具有一个低共熔点的有限固溶体二组分体系相图

图 2.14 中有两个固溶单相区 $A_{s.s.}$ 和 $B_{s.s.}$、一个液相单相区 L、一个固 - 固两相区（$A_{s.s.}+B_{s.s.}$）、两个固 - 液两相区（$A_{s.s.}+L$、$B_{s.s.}+L$）。*mx* 曲线和 *ny* 曲线分别为 $A_{s.s.}$ 和 $B_{s.s.}$ 的固溶度 - 温度曲线，随着温度升高，固溶体的固溶度增加。$A_{s.s.}$ 固溶体和 L 单相区由 $A_{s.s.}+L$ 两相区分隔开，其中曲线 *pm* 和 *pE* 分别为固相线和液相线。同理，*qn* 和 *qE* 为 $B_{s.s.}+L$ 两相区的固相线和液相线。体系点 1 冷却结晶的过程表示为

$$\mathrm{L}:1a \xrightarrow[\text{沿 }1aE\text{ 曲线}, f^*=1]{\mathrm{L}\rightleftharpoons \mathrm{A_{s.s.}}} E\left(\begin{matrix}\mathrm{L}\rightleftharpoons \mathrm{A_{s.s.}}+\mathrm{B_{s.s.}}\\ \text{至结晶结束}\end{matrix}\right)$$

$$\mathrm{S}:\mathrm{A_{s.s.}}(1b) \xrightarrow[\text{沿 }1bm\text{ 曲线}, f^*=1]{} \mathrm{A_{s.s.}}(m)+B_{s.s.}(n) \qquad (2-3-3)$$

在固 - 液两相区中，$A_{s.s.}$ 固相点的晶体结构没有改变，但是溶质的浓度由 1b 变为 *m*，结晶表达式中将固相点表示为 $A_{s.s.}(1b)$ 和 $A_{s.s.}(m)$。体系点在 *mEn* 边界线上时，$A_{s.s.}(m)$ 固溶体、$B_{s.s.}(n)$ 固溶体和浓度为 *E* 的液相达成平衡。此时随着冷却，液相的量越来越少，$A_{s.s.}(m)$ 固溶体和 $B_{s.s.}(n)$ 固溶体共同结晶。全部凝固后，$f^*=1$，体系继续冷却。在热力学平衡状态下，固溶体 $A_{s.s.}$ 和 $B_{s.s.}$ 的固溶度随着温度下降而发生变化。例如，在 T_1 温度时，$A_{s.s.}$ 固溶体的固溶度为 x_A，而 $B_{s.s.}$ 固溶体的固溶度为 x_B，$A_{s.s.}$ 固溶体和 $B_{s.s.}$ 固溶体的相对质量可以通过杠杆规则计算。

加热过程中，与具有确定组成的化合物有确定的熔点不同，具有一定组成的固溶体有一定的熔程，熔程的宽度取决于与浓度相关的两相区的宽度。

4. 具有一个转熔点的有限固溶体二组分体系

图 2.15(a) 所示为低温在固溶体相区中分相、高温分相消失形成连续固溶

体的二组分体系相图。假设固溶体分相区的最高汇熔温度升高，即汇熔点 b 升高，与固－液两相区的固相线相交，就得到具有一个转熔点的有限固溶体二组分体系相图，如图 2.15(b)所示。

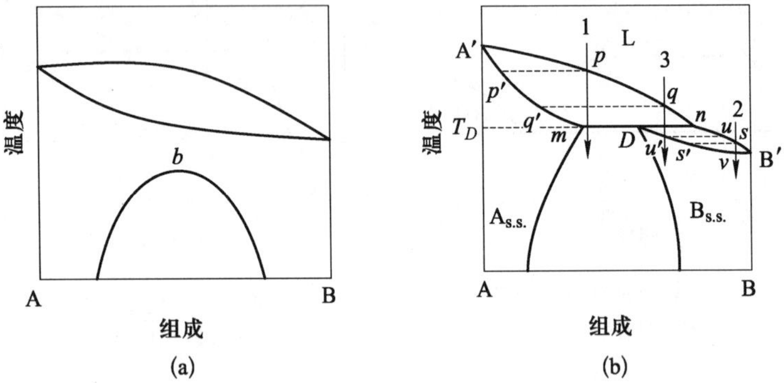

图 2.15　(a) 低温在固溶体相区中分相、高温分相消失形成连续固溶体的二组分体系相图，(b) 具有一个转熔点的有限固溶体二组分体系相图

在图 2.15(b)中，D 点为三相点，在 T_D 温度，$L + A_{s.s.} \rightleftharpoons B_{s.s.}$ 三相平衡，液相 L、固溶体 $A_{s.s.}$ 和 $B_{s.s.}$ 的溶质浓度分别为 n、m 和 D。

这种体系熔体冷却有三种情况，分别用结晶过程表达式表示如下：

① 体系点 1：

$$\mathrm{L}: p \xrightarrow[\text{沿 } pn \text{ 曲线}, f^* = 1]{\mathrm{L} \rightleftharpoons \mathrm{A_{s.s.}}} n \left(\begin{array}{c} \mathrm{L} + \mathrm{A_{s.s.}} \rightleftharpoons \mathrm{B_{s.s.}} \\ \text{至液相耗尽}, \mathrm{A_{s.s.}} + \mathrm{B_{s.s.}} \text{ 两相} \end{array} \right)$$

$$\mathrm{S}: \mathrm{A_{s.s.}}(p') \xrightarrow[\text{沿 } p'm \text{ 曲线}, f^* = 1]{} \mathrm{A_{s.s.}}(m) + \mathrm{B_{s.s.}}(D) \qquad (2-3-4)$$

② 体系点 2：

$$\mathrm{L}: s \xrightarrow[\text{沿 } sB' \text{ 曲线}, f^* = 1]{\mathrm{L} \rightleftharpoons \mathrm{B_{s.s.}}} B' \left(\begin{array}{c} \mathrm{L} \rightleftharpoons \mathrm{B_{s.s.}} \\ \text{至全部结晶} \end{array} \right)$$

$$\mathrm{S}: \mathrm{B_{s.s.}}(s') \xrightarrow[\text{沿 } s'v \text{ 曲线}, f^* = 1]{} \mathrm{B_{s.s.}} \qquad (2-3-5)$$

③ 体系点 3：

$$\mathrm{L}: q \xrightarrow[\text{沿 } qn \text{ 曲线}, f^* = 1]{\mathrm{L} \rightleftharpoons \mathrm{A_{s.s.}}} n \left(\begin{array}{c} \mathrm{L} + \mathrm{A_{s.s.}} \rightleftharpoons \mathrm{B_{s.s.}} \\ \text{包晶，至 } \mathrm{A_{s.s.}} \text{ 全部耗尽} \end{array} \right) \xrightarrow[\text{沿 } nu \text{ 曲线}, f^* = 1]{\mathrm{L} \rightleftharpoons \mathrm{B_{s.s.}}} u \left(\begin{array}{c} \mathrm{L} \rightleftharpoons \mathrm{B_{s.s.}} \\ \text{至全部结晶} \end{array} \right)$$

$$\mathrm{S}: \mathrm{A_{s.s.}}(q') \xrightarrow[\text{沿 } q'm \text{ 曲线}, f^* = 1]{} \mathrm{B_{s.s.}}(D) \xrightarrow[\text{沿 } Du' \text{ 曲线}, f^* = 1]{} \mathrm{B_{s.s.}}(u')$$

(2－3－6)

在实际的结晶过程中，$m-n$ 组成范围内的转熔反应通常在非平衡态下进行，在 $A_{s.s.}$ 固溶体的外层包上一层 $B_{s.s.}$ 固溶体，因此称为包晶反应。

5. 多晶相变的固溶体二组分体系

图 2.16 所示是三类常见的多晶相变的固溶体二组分体系相图。在图 2.16(a)中，组分 A 和 B 都有 α 到 β 的相变。α－A 和 α－B 可以形成连续固溶体 α，同样β－A 和 β－B 也可以形成连续固溶体 β。α→β→L 的相变温度随温度而改变。在三个单相区 α、β 和 L 之间由两个两相区 α＋β 和 β＋L 分隔。α 和 β 两个固溶体共存的浓度范围会随着温度的升高而改变。

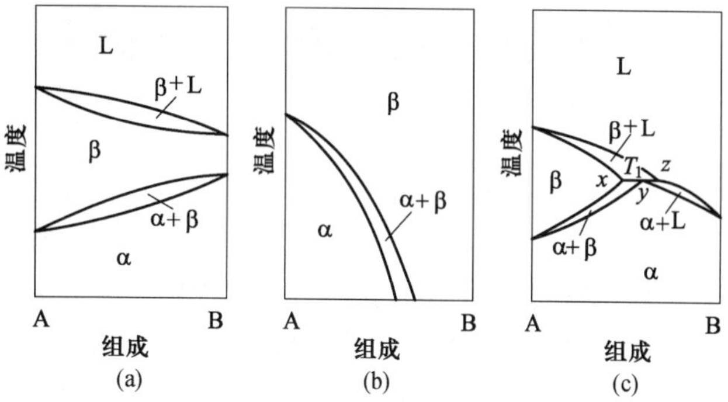

图 2.16　(a)(b)(c)具有晶型转变的固溶体二组分体系

图 2.16(b)中，只有组分 A 有 α－A 到 β－A 的相变，组分 B 没有相变。在低温，α－A 与 B 形成有限固溶体 α 与 β；随着温度升高，β 固溶体的固溶度逐渐增大，α 和 β 固溶体两相区逐渐随温度升高变窄，在高温，β 固溶体与 β－A 形成连续固溶体 β。

若图 2.16(a)中的 α＋β 两相区的相界线与 β＋L 两相区的相界线相交，就得到图 2.16(c)所示的有一个固溶体有晶型转变，又有转熔点的固溶体体系相图。在较低温度，α－A 和 B 完全互溶形成固溶体 α；温度升高，α－A 晶型转变为β－A，固溶体 α 转变为 β。因此存在 α、β、L 三个单相区和 α＋β、α＋L 和 β＋L 三个两相区。在转熔温度，发生转熔反应：$L+\beta \rightleftharpoons \alpha$；$\alpha(y)$、$\beta(x)$、$L(z)$三个相的组成都是确定的，因此 $f^*=0$。

6. 熔体结晶过程中的反应

总结二组分体系相图中发生的相平衡，随着温度的下降，熔体会发生不同类型的结晶反应。不同的二组分体系相图具有特征的结晶反应类型。

(1) 初晶反应：当熔体进入固－液两相平衡相区时，在每一种相图中都会发生的反应为

$$L = A(\alpha) \quad 或 \quad L = B(\beta) \tag{2-3-7}$$

该反应的特点是熔体结晶产物为某一种组分（或固溶体）的晶相。在两相平衡区，固 - 液两相质量比符合杠杆规则。

(2) 共晶反应：在简单低共熔两组分体系相图和具有一个低共熔点的有限固溶体二组分体系相图中，当体系的温度处于低共熔温度时，会发生共晶反应：

$$L = A(\alpha) + B(\beta) \qquad (2-3-8)$$

该反应的特点是熔体结晶产物为两种组分的晶体（固溶体）。每种物质的质量比符合杠杆规则。低于共熔温度，液相消失，两种固相的质量比也符合杠杆规则。

(3) 包晶反应：在固液异组成熔融化合物的二组分体系相图和具有一个转熔点的有限固溶体二组分体系相图中，当体系的温度处于转熔温度时，会发生包晶反应：

$$L + A(\alpha) = B(\beta) \qquad (2-3-9)$$

该反应的特点是熔体与一种组分晶体（固溶体）反应，生成一种新的固液异组成化合物（固溶体）。每种物质的质量比符合杠杆规则。低于转熔温度，物质的量相对较少的物质耗尽，其余两相处于平衡。

(4) 偏晶反应：在二组分液相部分互溶体系相图中，当分层液相与固相达成平衡时，发生偏晶反应：

$$L_1 = L_2 + A(\alpha) \qquad (2-3-10)$$

该反应的特点是一种具有一定组成的熔体分解为另一种新的组成的熔体和晶体（固溶体）。与包晶反应不同的是，在这个三相平衡中，有两个液相和一个晶相。

以上结晶反应类型既适用于只具有化合物的二组分体系，也适用于有固溶体生成的体系；既适用于简单二组分体系，也适用于由简单体系组合成的复杂二组分体系。综晶反应 $L_1 + L_2 = \gamma$ 类型、共析反应 $s = \alpha + \beta$ 类型和包析反应 $s + \alpha = \beta$ 类型可以进一步阅读有关参考文献[6]。

2.4　二组分凝聚体系相图在材料化学中的应用

相图以直观的方式，全面、系统地描述了体系的组分与化合物的组成、温度、压力等热力学因素在平衡态下的关系。因此在新化合物的探索及单晶、粉末、薄膜各种材料的制备等化工、材料领域都具有重要指导意义。

2.4.1　单晶的制备

1. 配料成分的选择

(1) 由纯物质生长单晶：采取这种方法制备单晶，要求材料具有明显的熔点和固液同组成的性质，例如具有图 2.7 类型的相图。生长这种类型的单晶体要以纯化合物多晶体为原料，将多晶体熔融，再根据固－液平衡，从熔体中生长出单晶。通常采取的技术有提拉法、坩埚下降法、无坩埚区熔法、焰熔法。

铌酸锂实际上是一个固液同组成的固溶体，其相图如图 2.17 所示，固液同组成熔点(C)含摩尔分数为 48.6% 的 Li_2O。严格按照固液同组成的组分配料，固－液平衡在单相区进行，得到的单晶组成均匀，光学均匀性高。但是在准确测定其相图之前，人们错误地认为铌酸锂为 1∶1 化合物 $LiNbO_3$ (Li_2O∶Nb_2O_5)，导致配料偏离固液同组成熔点，固－液平衡在两相区进行。由于结晶过程中，温度的波动、结晶体化学组成的不均匀导致晶体光学均匀性下降。

(2) 助熔剂法生长单晶：在固态存在多型相变时，要加入第二组分，以使其凝固点下降到相变点以下结晶。例如，六方 $BaTiO_3$ 在 1 733 K 发生一级相变，低温下转变为立方相。低于 393 K 发生二级相变，立方相几乎瞬时就转变

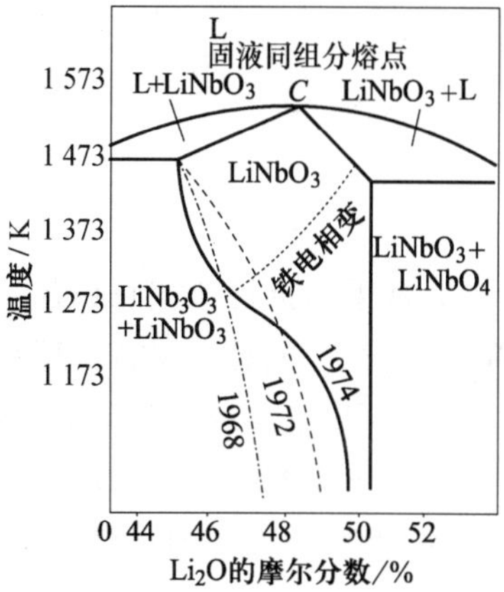

图 2.17　Li_2O－Nb_2O_5 二组分体系 $LiNbO_3$ 相区的相图[22]

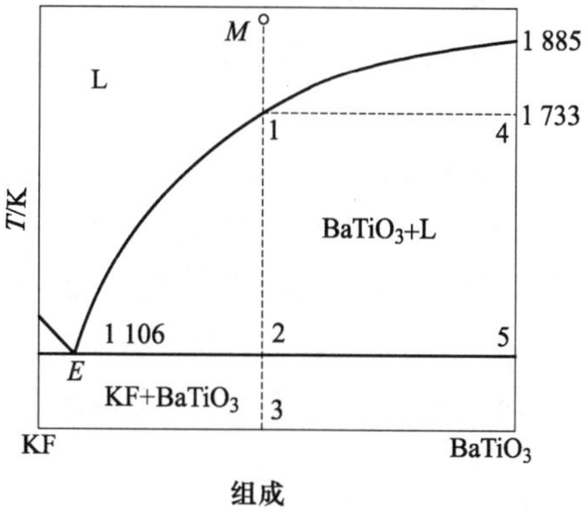

图 2.18　KF－$BaTiO_3$ 二组分体系相图[23]

[22]　Svaasand L O, et al. J. Crystl. Growth., 1974, 22: 230.
[23]　Karan C, Skinner B J. J. Chem. Phys., 1953, 21, 2225.

为具有铁电性的四方相。因此根据 KF－$BaTiO_3$ 的二组分体系相图（见图 2.18），可以在低共熔点和 1 733 K 所对应的饱和溶液浓度范围之内，在 1 106～1 733 K 温度范围之间，用提拉法制备 $BaTiO_3$ 的单晶。实验表明，最好的浓度范围为摩尔分数 55%～69% 的 Ba TiO_3 成分。

在包晶反应体系中制备固液异组成化合物单晶的配料成分和温度区间应选择该固液异组成化合物的初晶区。例如，图 2.19 所示为 $NaNbO_3$－$SrNb_2O_6$ 赝二组分体系相图。如要生长 $Sr_2NaNb_5O_{15}$ 单晶体，其配料成分为摩尔分数 55%～67% 的 $SrNb_2O_6$，温度范围为 1 688～1 726 K（见图 2.19 中的阴影部分）。

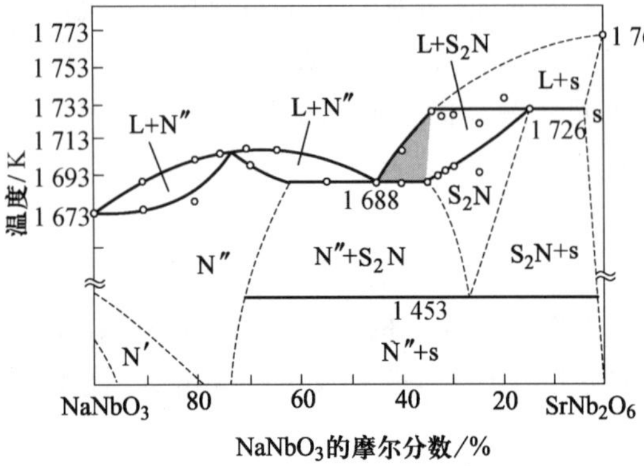

图 2.19　$NaNbO_3$－$SrNb_2O_6$ 赝二组分体系相图（N、N′、N″分别为具有不同结构的以 $NaNbO_3$ 为基的固溶体；S_2N 为 $Sr_2NaNb_5O_{15}$）[24]

2. 生长方法的选择

在没有固态相变、熔点也不太高的情况下，通常采用提拉法生长单晶体。但是很多化合物有复杂的晶型转变，低温晶型单晶必须在低温制备。例如，SiO_2 有复杂的晶型转变，要制备水晶，多采用以 Na_2CO_3 水溶液为溶剂的水热法，在846 K 以下，以石英砂为原料，制备大水晶。α－$LiIO_3$ 可以通过保持在 343～353 K 温度范围内蒸发溶剂的方法制备 70 mm 直径的大单晶，也是为了避免生成 β－$LiIO_3$。

3. 热处理工艺的确定

对于在高温生长、在室温稳定的晶体，降温过程中不存在相变和分解，一般应在比熔化温度低 50～100 K 的条件下进行长时间热处理（即退火处理），以清除热应力。特别是对于固溶体晶体和包晶晶体，由于生长过程中难以避免的

［24］　唐棣生，梁敬魁，等．物理学报，1979，28：62，229.

成分浓度差异，退火处理可以使成分均匀化。

对于在高温生长、在室温是介稳态的晶体，降温过程中存在相变或分解。因此应根据相图进行退火和淬火处理。例如，铌酸锶钠晶体在 1 453 K 以下发生分解，则根据相图(见图 2.19)，采取在 1 473 K 以上长时间退火，然后淬火到室温的工艺。

2.4.2　多晶材料的制备

二组分体系相图对陶瓷、玻璃、水泥、耐火材料等工业具有重要的指导意义，因此 $CaO-Al_2O_3$、$CaO-SiO_2$、$Al_2O_3-SiO_2$、Na_2O-SiO_2、$MgO-NiO$、$Al_2O_3-Cr_2O_3$、$MgO-CaO$、$MgO-SiO_2$ 和 $CaO-ZrO_2$ 等众多体系的相图都得到充分的研究，并且发挥着重要的作用。例如，$CaO-SiO_2$ 二组分体系是硅酸盐水泥的体系，如图 2.11 所示。

$CaO-SiO_2$ 体系中有四个化合物：C_3S_2 ($Ca_3Si_2O_7$)、C_3S (Ca_3SiO_5)、CS($CaSiO_3$)和 C_2S(Ca_2SiO_4)，其中前两个为固液异组成化合物，后两个为固液同组成化合物。C_2S 和 C_3S 是硅酸盐水泥凝固的主要组成。C_2S 有五种同质异构体，其中，$\gamma-C_2S$ (<998 K)、$\alpha'-C_2S$ (998 ~ 1 723 K) 和 $\alpha-C_2S$ (1 723 ~ 2 403 K)为热力学稳定相。在由高温 $\alpha'-C_2S$ 向低温 $\gamma-C_2S$ 相变的过程中还有α'_L-C_2S 和 $\beta-C_2S$ 为热力学介稳态，一般不在相图中表示出来。由于 $\beta-C_2S$ 比 $\gamma-C_2S$ 与水反应的胶凝性好，在水泥中是重要的有效成分。为了保持住 $\beta-C_2S$，阻止 $\gamma-C_2S$ 的生成，在硅酸盐水泥烧成时要采取急冷工艺。C_3S 也是硅酸盐水泥中重要的有效成分，为了保持住 C_3S，也必须采取急冷工艺。图 2.11 所示的相图中，在富 SiO_2 一侧，当温度高于 1 971 K 时，有一个液体分层相区。因此不可能在液体分层的组成范围内制备均匀的玻璃。

ZrO_2 具有非常高的熔点(2 953 K)，可作为超高温耐火材料及其他高温材料和氧离子固体电解质材料。ZrO_2 有三种同质异构体：

$$\text{单斜 } ZrO_2 \underset{\approx 1\,273\text{ K}}{\overset{\approx 1\,473\text{ K}}{\rightleftharpoons}} \text{四方 } ZrO_2 \xrightleftharpoons{2\,643\text{ K}} \text{立方 } ZrO_2$$

由于由单斜 ZrO_2 到四方 ZrO_2 的晶形转变伴随着 7% ~9% 的体积收缩，抗温度变化冲击性差，不适宜在高温下直接使用。

图 2.20 是 $CaO-ZrO_2$ 二组分体系相图富 ZrO_2 部分，由相图可见，形成 CaO 取代的立方 ZrO_2 固溶体可以由摩尔分数 16.3% 的 CaO 开始，在相当宽的浓度范围内，由室温一直到 2 473 K 之间都保持立方晶形，使 ZrO_2 高温材料的抗温度冲击性得到根本解决。

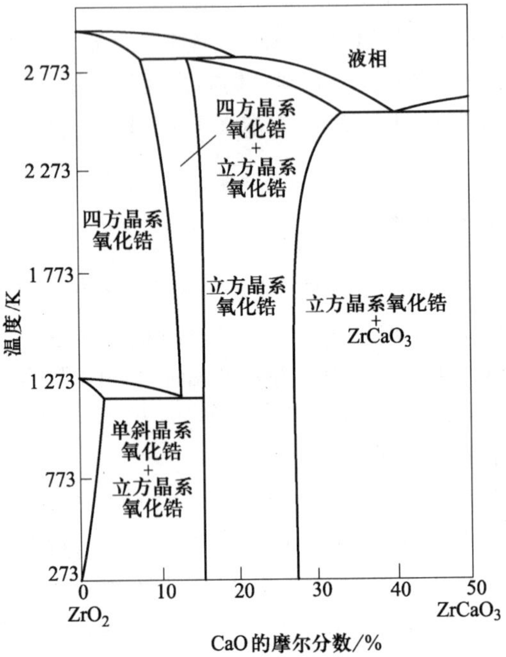

图 2.20　CaO－ZrO_2 二组分体系相图富 ZrO_2 部分[25]

2.4.3　二元组成－温度相图的测定和新化合物的探索

二元组成－温度相图的测定，往往伴随着发现新的化合物，因此这是一种比较传统的发现新化合物的方法。热力学平衡样品的制备，表面上似乎是一个十分简单的问题，实际上需要对所研究体系的物理化学性质有比较充分的了解，确保用于绘制相图的样品处于热力学平衡状态。要克服许多材料和技术方面的困难，尤其在高温制备样品时，要防止组分的升华及容器被腐蚀，要根据研究体系的化学性质和制备样品的实验条件，参考有关文献选择高温容器[26]。

组成－温度相图的图形是由液相线、固相线、溶度线和相变线所组成的。实验测定相图实际上就是测定这些相平衡线在组成－温度坐标系中的位置和走向。相图的测定方法有两类：静态法和动态法。

静态法又称淬冷法或间接法，适用于通过适当的淬冷技术，将体系的高温状态稳定到测定温度的体系。测定不同组成的体系在设定温度的相种类和相含

[25]　Duwez P, Odell F, Brown Jr F H. J. Amer. Ceram. Soc. , 1952, 25(2): 109.
[26]　梁敬魁 . 相图与相结构 . 上册 . 北京：科学出版社，2011：152－153.

量。这种方法适合于相变的速率随温度下降、快速减慢的体系，即能够通过淬冷保持高温热平衡状态的体系。淬冷的方法可分为样品落下法、样品冲出法、熔体喷射法等。冷却介质可以使用水、盐水、重油、液氮。

动态法又称直接法，在热平衡样品的升、降温过程中，原位地测量其相状态的变化。动态法最常用的实验技术是差热分析法和原位变温 X 射线粉末衍射法。

1. *差热分析法*

差热分析法(DTA)是测量样品与参比物的温度差随程序升温的变化。差热分析实验装置的基本原理如图 2.21 所示。

DTA 分析技术是采用联合热电偶来测量样品和参比物之间的微小的温度差，从而确定样品发生相变的温度。样品(S)和参比物(R)处于相同的加热(冷却)条件下，它们的温度应当相同，即温度差等于零。这就要选择那些在所研究的温度范围内不发生相变，并且最好和样品的热容尽量相近的物质为参比物。纯净的氧化铝、氧化镁是研究盐类体系时常用的参比物。随着温度的变化，在总成分不发生变化，但样品发生一级相变时，就会有潜热发生，这时样品和参比物的温度不同，在温差随温度的变化曲线上就会发生转折。

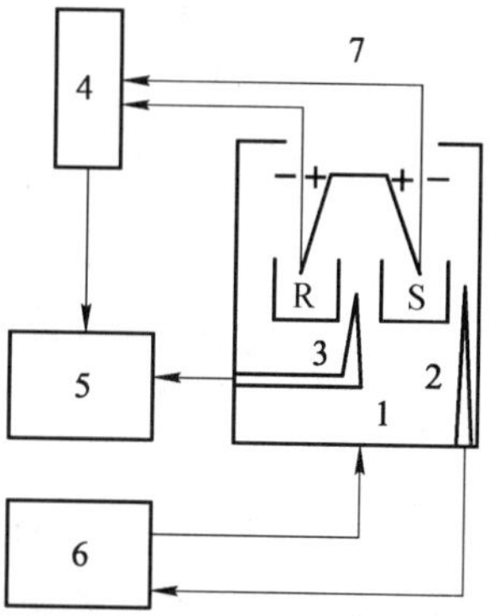

图 2.21　DTA 实验装置的基本原理示意图

1—温度调节器；2—控温电偶；3—测温电偶；4—放大器；5—记录器；6—升降温程序器；7—温差电偶。R—参比物；S—样品

对于二组分体系，若升、降温过程中总成分不发生变化，当样品发生状态变化时，DTA 曲线如图 2.22 所示。例如，成分为 d 的液体以一定的降温速率冷却到液相线温度 x 之前，若参比物与样品的热容量相同，则样品与参比物的温度差 Δt 为零，此时 DTA 曲线为一条平行于温度(横)坐标的基线；若参比物与样品的热容量稍有差异，则 DTA 曲线稍偏离基线。体系点降温到液相线温度 x 时，固溶体 α 开始结晶，必然有结晶潜热释放，使样品的温度高于参比物的温度，DTA 曲线出现放热峰。此时，体系的自由度等于 1，随着温度继续下降，继续有结晶物质生成，因此表示液相线的 DTA 曲线是一条起始点陡峭，随后逐渐趋向基线，甚至一直拖尾到低共熔温度的不对称形状的放热峰的曲线。当体系点的温度到达低共熔温度 t_e 时，β 相开始结晶，体系中 α、β 两种固溶体和液相共存，自由度等于零，样品的温度保持不变，而参比物的温度始终在下降，因此 DTA 曲线出现一个陡峭的放热峰。继续降温，体系全部结晶，DTA 曲线又恢复到水平基线。但是如果样品发生化学反应，反应物与产物的热容不完全

相同，则反应前后的基线位置会发生移动。根据相同的分析方法，分析通过液相线和固相线的组成 c、低共熔点组成 e 和纯组分 b 的 DTA 曲线，可以得到如图 2.22 所示的典型的 DTA 曲线类型。

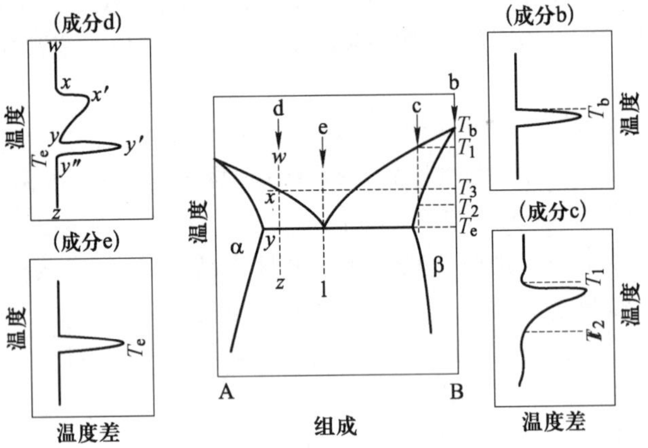

图 2.22　低共熔有限固溶体体系不同组成的样品在冷却时的 DTA 曲线
（温度纵坐标向上为升温过程）

使用不同组成的 DTA 曲线可以构筑相图中的相平衡线，相图与 DTA 曲线的关系见图 2.23。若做完 DTA 实验后，样品已经显示出经过了熔融状态，不同组成的 DTA 曲线的最高温度就是不同组成的熔点，将这些温度点连接起来就得到液相线。液相线的 DTA 峰面积与相变热的大小有关，当相变热较小时，相变峰的拐点不明显，会影响相变温度的确定。由于冷却曲线在结晶温度的转折一般比加热曲线的变化明显，所以通常用冷却曲线来确定液相线。相反测定固溶体的固相线，总是记录加热曲线，以排除结晶时的滞后现象。DTA 曲线通常是测定程序变温过程中体系的潜热效应。由于熔融体系的过热或过冷状态的存在，常常影响体系结晶过程达到真正的热平衡状态，也会使所得数据不够准确。程序升温速率、样品质量、气氛等因素都对 DTA 结果有影响，可参考相关的专门文献。DTA 曲线的温度数据必须在实验测定的条件下经过标准物质的校准。实验表明，DTA 曲线的外

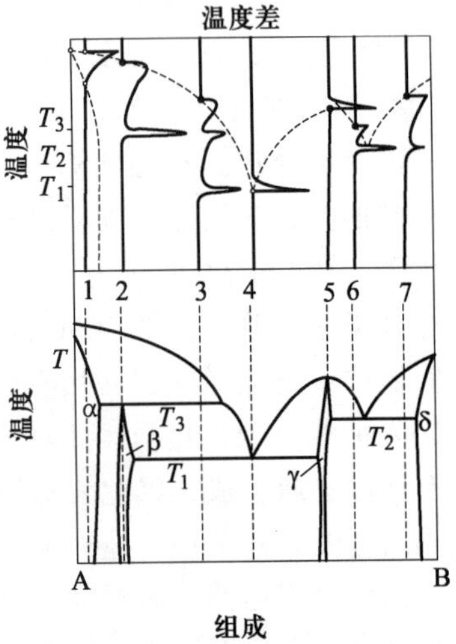

图 2.23　从 DTA 分析结果构筑相图

延起始温度受实验条件的影响较小，重复性好，因此通常取外延起始温度为相变温度。

2. 三相点的测定

在二组分体系中，当三相共存时，自由度等于零。在不同成分的 DTA 曲线上会表现为在相同的温度出现一个尖锐的放热或吸热峰，因此三相点的温度比较容易确定。处于平衡的三相点的组成则要利用其他方法确定。塔曼三角形法是根据 DTA 峰面积与产物相的量成正比，利用 DTA 峰面积估计三相点的组成的方法。作塔曼三角形的方法是取相同质量的不同组成的样品，在相同的测定条件下分别测定它们的 DTA 曲线，求出在相变温度下不同 DTA 峰的面积，将这些归一化的不同峰面积分数用归一化的不同长短的线段表示，画在相变温度的无变量线的相应组成的位置上。这些线段的一端顶在无变量线上，线段的另一端用直线将其连接起来，如图 2.24 所示，围成一个三角形。三角形的顶端对应的组成在三相平衡温度下生成产物的量最多，因此也就是三相点组成的位置。利用这种方法也可以判断发生多晶转变的变体的组成。

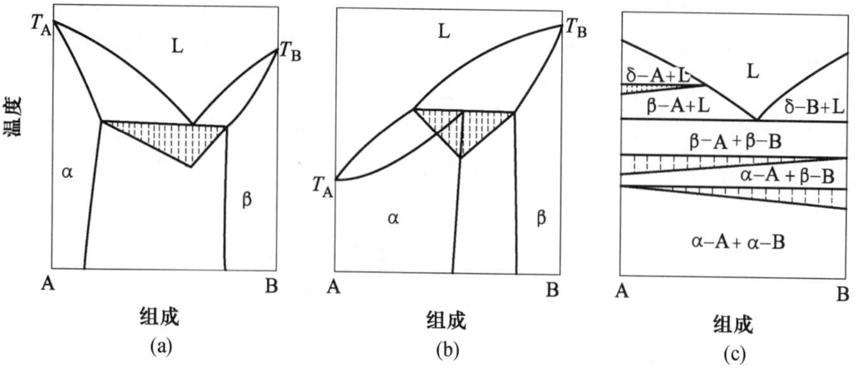

图 2.24　利用塔曼三角形确定相平衡点：(a) 低共熔部分互溶固溶体体系；(b) 转熔反应的部分互溶固溶体体系；(c) 有固相晶型转变的体系

虽然塔曼三角形法似乎也能确定无变量线两端的组成，但是结果很不准确，常常要使用其他方法。例如，用显微结构照片定量或定性分析来确定无变量线两端的组成，利用常温或变温原位 X 射线粉末衍射定性或定量相分析法确定晶型转变的变体等。

相图的实验测定除了经常使用 DTA 方法以外，其他热分析方法还有差示扫描量热法(DSC)、热重分析(TGA)、微分热重分析(DTG)、量热法、热机械分析(TMA)、动态热机械分析(DMA)。TMA 和 DMA 还可以观察到二级相变的物理量的变化。热光学法、热发声法可以测量样品的光学性质和声学性质随温度的变化，测定体系的相变信息。X 射线粉末衍射相分析法是除热分析法之外另一种测定相图的常用方法。在更多的情况下，相图的确定要联合使用 DTA 和 X 射线粉末衍射相分析法。X 射线粉末衍射相分析法将在有关书籍中介绍。

3. 二组分体系相图测定的实例

1) $RbI-SmI_2$ 二组分体系相图的测定

由于 SmI_2 在大气气氛中极不稳定，因此热分析样品都是在无氧、无水的手套箱中制备。DTA 测定是将样品装在石英真空容器中进行的。首先选择几个代表性的样品作反应物的 DTA 分析，确定反应的最低温度为 565 K，体系的最高熔点温度为 688 K。因此确定保温温度在 683 ~ 703 K，保温时间为 6 天。经过两次 DTA 测定，热分析结果重复，证明体系达到热平衡。将不同组成样品在升温过程中 DTA 峰的外延起始温度描到温度 - 组成坐标系中，得到如图 2.25 所示的 4 条液相线和 9 条三相无变量水平线。根据液相线的轮廓，可以将 $RbI-SmI_2$ 二组分体系相图分解为 $SmI_2-RbSm_2I_5$ 和 $RbSm_2I_5-RbI$ 两个赝二组分体系相图。每个赝二组分体系的最低共熔点根据塔曼三角形法确定分别为 692 K、摩尔分数 10% 的 RbI 和 718 K、摩尔分数 61% 的 RbI。三相无变量线的塔曼三角形端点粗略地将 $SmI_2-RbSm_2I_5$ 赝二组分体系相图的两相区划分为两部分，将 $RbSm_2I_5-RbI$ 赝二组分体系相图的两相区划分为四部分。在这六部分两相区的每部分相区中分别选出两个组成的样品，加上 $RbSm_2I_5$ 和 SmI_2，共 14 个样品，进行 X 射线粉末衍射相分析。相分析结果列于表 2.1 中。

表 2.1　$RbI-SmI_2$ 体系 X 射线衍射相分析结果

	RbI：SmI_2 组成			
	0:1	2:23	3:17	1:4
物相	SmI_2	$SmI_2+RbSm_2I_5$(弱)	$SmI_2+RbSm_2I_5$	SmI_2(弱)$+RbSm_2I_5$
	RbI：SmI_2 组成			
	1:2	2:3	9:11	1:1
物相	$RbSm_2I_5$	$RbSm_2I_5+RbSmI_3$(弱)	$RbSm_2I_5+RbSmI_3$(弱)	$RbSmI_3$
	RbI：SmI_2 组成			
	3:2	31:19	2:1	3:1
物相	$RbSmI_3+Rb_2SmI_4$(弱)	$RbSmI_3+Rb_2SmI_4$	$Rb_2SmI_4+RbI+Rb_4SmI_6$(弱)	$Rb_4SmI_6+Rb_2SmI_4$(弱)$+RbI$(弱)
	RbI：SmI_2 组成			
	4:1	9:1		
物相	Rb_4SmI_6+RbI	Rb_4SmI_6(弱)$+RbI$		

综合 DTA 热分析结果和 X 射线衍射相分析结果，RbI - SmI_2 二组分体系相图如图 2.25 所示。由于 Rb_2SmI_4 和 Rb_4SmI_6 分别为固液异组成化合物和高温分解的化合物，因此从熔体结晶的过程中产生包晶化合物，产物中始终残存少量 RbI 初晶产物，但是塔曼三角形证实化合物的组成分别为 Rb_2SmI_4 和 Rb_4SmI_6。SmI_2 - $RbSm_2I_5$ 赝二组分体系相图中的三相平衡固相线根据塔曼三角形判断为 SmI_2 的晶型转变和 $RbSm_4I_9$ 的高温分解。SmI_2 的高温相已由室温的 X 射线相分析证实，而 $RbSm_4I_9$ 虽经淬火，但无法保持到室温。RbI - SmI_2 二组分体系相图中各个化合物的高温相行为还需要进行原位高温 X 射线衍射相分析最后确证。

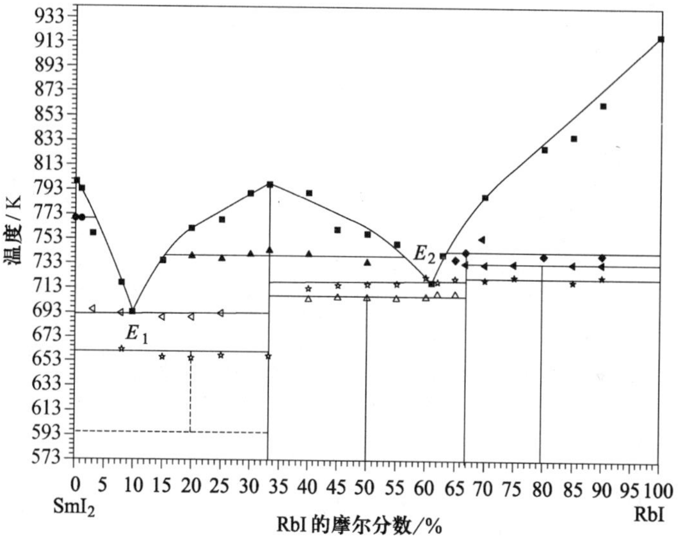

图 2.25 RbI - SmI_2 二组分体系相图[27]

2）$CsSmI_3$ - $CsYbI_3$ 赝二组分体系相图的测定

将经过高温处理后的不同组成 x 的 $CsSm_{1-x}Yb_xI_3$ 样品进行 DTA 分析，数据重复，表明样品达到相平衡。将相平衡的 DTA 数据描到图 2.26 温度 - 组成坐标系中，得到两条液相线和两条固相线。从液相线来看，在 $CsSmI_3$ 中加入 $CsYbI_3$ 始终使体系的熔点升高，而在 $CsYbI_3$ 中加入 $CsSmI_3$ 始终使体系的熔点降低。因此这是一类生成转熔固溶体型的相图。图 2.27 的 X 射线衍射相分析的结果表明，$CsSm_{1-x}Yb_xI_3$ 的晶胞体积随 x 增加分别在 $0 < x < 0.33$ 和 $0.45 < x < 1.0$ 范围内连续地减小。表明以 $CsSmI_3$ 为基质的固溶体 α 在室温的固溶度为

[27] Zhao X H, Wang S H, Jiang S B. Chem. J. Chinese University, 1988, 4(3): 62.

摩尔分数 33% $CsYbI_3$，以 $CsYbI_3$ 为基质的固溶体 β 在室温的固溶度为摩尔分数 55% $CsSmI_3$，在 $0.33<x<0.45$ 浓度范围内为 α 和 β 固溶体的两相区。根据这些数据，绘出 $CsYbI_3-CsSmI_3$ 赝二组分体系的转熔型固溶体体系相图，如图 2.26 所示。α 和 β 固溶体在高温的固溶度和转熔线的固相点及液相点的组成还有待原位高温 X 射线衍射定量相分析确证。

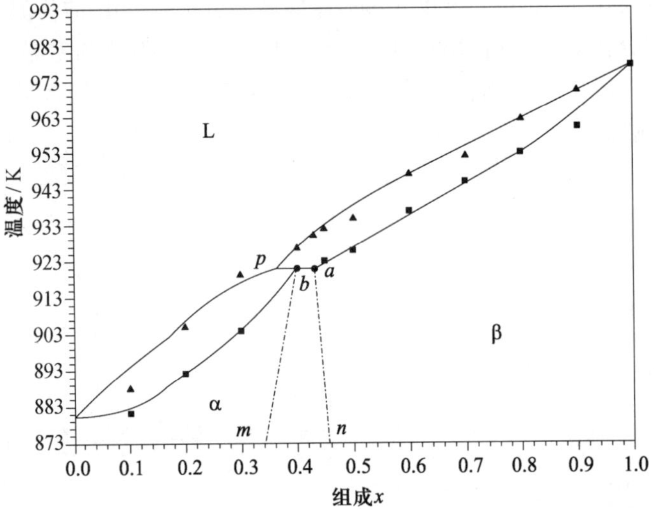

图 2.26　$CsSm_{1-x}Yb_xI_3$ 赝二组分体系相图[28]

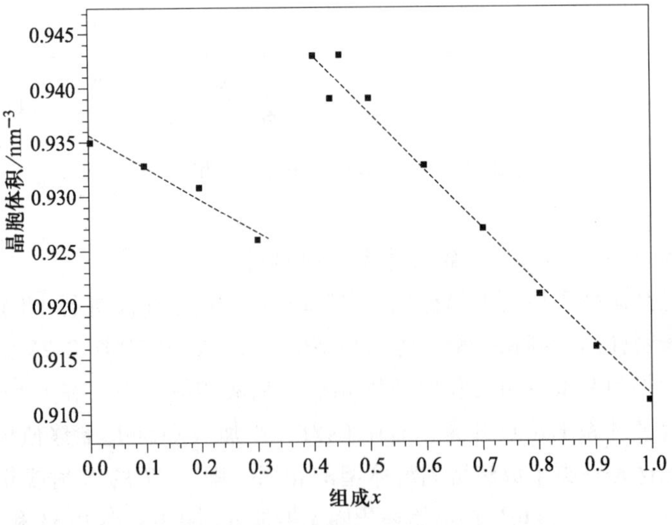

图 2.27　$CsSm_{1-x}Yb_xI_3$ 的晶胞体积与组成 x 的关系[17]

[28]　Xie Y F, Wang S H, Zhao X H. J. Alloys Compd., 1996, 241: 40.

3）$RbYbI_3-CsYbI_3$ 赝二组分体系相图的测定

图 2.28 中的 DTA 数据显示，$RbYbI_3-CsYbI_3$ 赝二组分体系相图是由具有一个转熔点的二组分有限固溶体体系和有多晶相转变的二组分固溶体体系组合在一起的相图。$RbYbI_3$ 在 737 K 发生晶型转变，低温 $RbYbI_3$ 相和高温 $RbYbI_3$ 相分别与 $CsYbI_3$ 形成 α_1 和 α_2 固溶体相。$CsYbI_3$ 与 $RbYbI_3$ 也形成以 $CsYbI_3$ 为基质的固溶体 β，在 900 K 发生包晶反应：$L+\beta=\!=\!=\alpha_2$。在 644 K，发生固溶体之间的包析反应：$\alpha_1+\beta=\!=\!=\alpha_2$。室温 X 射线衍射相分析结果证实了 α_1、α_2 和 β 固溶体的存在，各固溶体的晶胞参数随组成 x 的增加连续地变化，如图 2.29 所示。包晶反应和包析反应的相平衡点的组成还需要高温 X 射线衍射相分析给以确证。

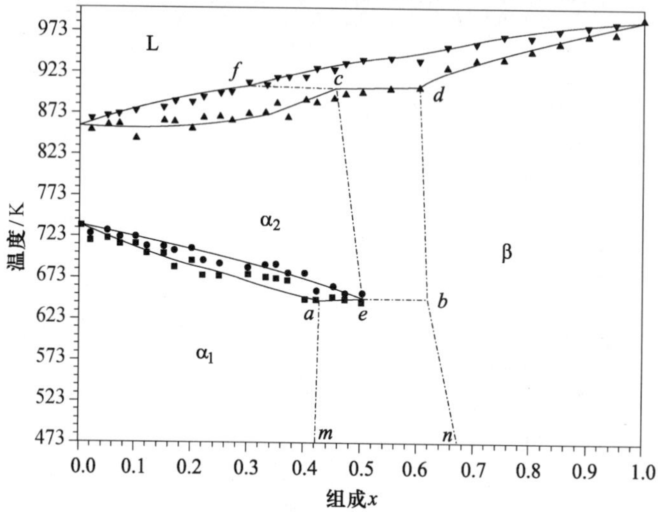

图 2.28　$RbYbI_3-CsYbI_3$ 赝二组分体系的相图[29]

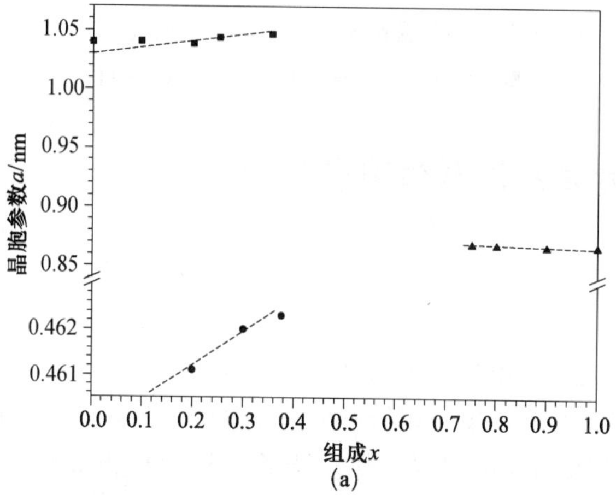

(a)

[29]　徐敏，王世华，王梅天. 高等学校化学学报，1998，19(8)：1296.

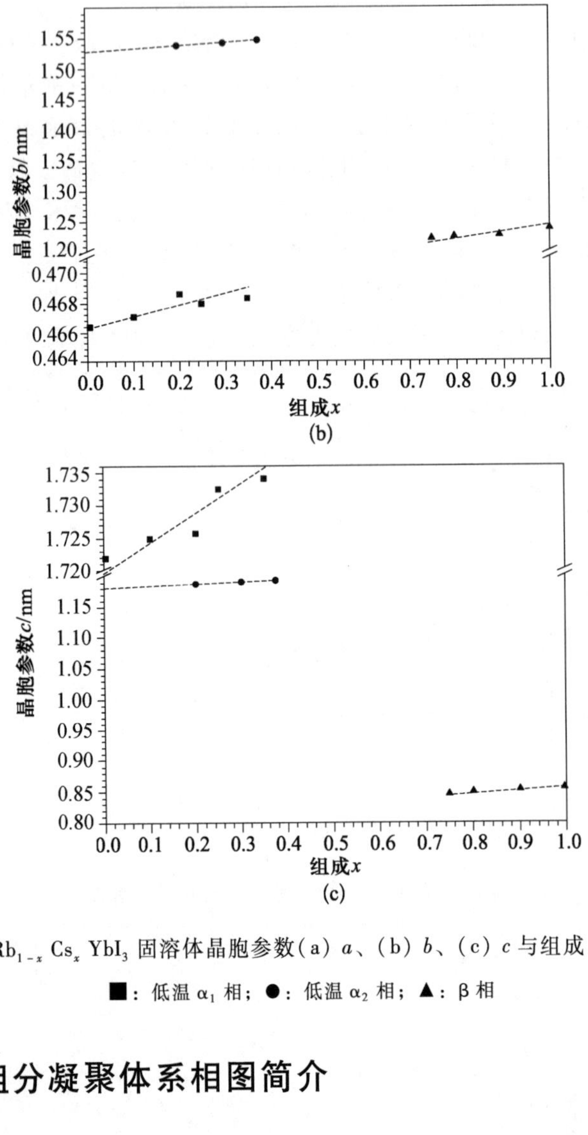

图 2.29　$Rb_{1-x}Cs_xYbI_3$ 固溶体晶胞参数(a) a、(b) b、(c) c 与组成 x 的关系[29]

■：低温 α_1 相；●：低温 α_2 相；▲：β 相

2.5　三组分凝聚体系相图简介

2.5.1　概述

根据相律，三组分凝聚体系的最大自由度 $f^* = C - \phi + 1 = 3$，即要表示三组分凝聚体系的组成、温度与相的关系，必须在三维空间的立体图中表示。由于三组分体系的组成表示为混合体系中各个组分所占的摩尔分数或百分数(x)，即 $x_A + x_B + x_C = 1$，所以必须有两个变量是独立的。等边三角形可以满足三组分体系组成之间的定量关系，其中每个顶点为纯组分；构成三角形的每条边都是一个由端点的组分构成的二组分体系；三角形内的任何一点都是一个由三个组分构成的三组分体系。

1. 三角坐标组成图的组成表示

处于三角坐标组成图中的三组分体系的组成有平行线法和重心法两种表示方法。表示方法的数学推引在物理化学书中已有介绍。以图 2.30 为例，说明可以用平行线法读取体系点各组成的方法；同样根据相反的过程，也可以将已知各组分体系点的组成描绘在三角坐标组成图上。

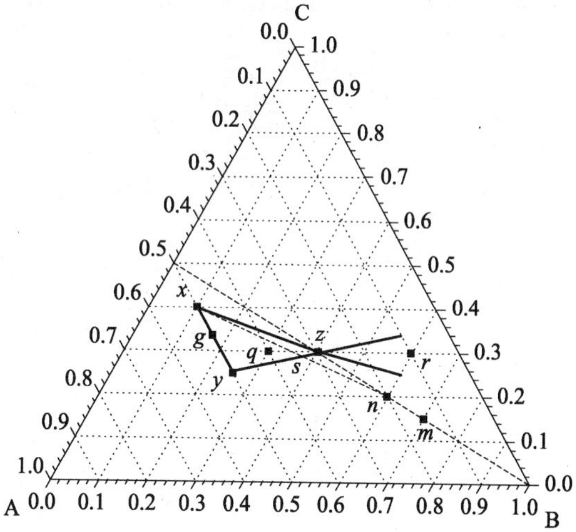

图 2.30　三角坐标组成图及体系点的表示

2. 杠杆规则和重心规则

如图 2.30 所示，用三角坐标组成图表示的三组分体系点具有以下规则，这些规则在物理化学书中已经证明。

① 位于平行于三角形某一边的直线上的体系点 x、g、y，含有 A 的摩尔分数相同。

② 凡位于通过顶点 B 的任一直线上的体系点 m 和 n，其中 B 的含量不同，但 A 和 C 两组分的摩尔分数之比相同。

③ 杠杆规则在等边三角形组成图中仍然有效，即比例关系为 x(质量)/y(质量) = yg(长度)/xg(长度)。

④ 由 x、y、z 三组分混合成的 q 体系点的组成必定位于 x、y、z 三点构成的三角形内(即重心规则)，q 点是 $\triangle xyz$ 的重心位置，$q = x + y + z$。其中，q、x、y 和 z 既表示组成又表示质量。处于 $\triangle xyz$ 以外的体系点，不可能由 x、y、z 三个体系混合而成。

⑤ 在△xyz 以外，有两种性质不同的位置：(a) 交叉位置 m 和 n，$n = y + z - x$；(b) 共轭位置 r，$r = z - (x + y)$。

2.5.2　三组分凝聚体系相图

1. 三组分低共熔相图

在三角坐标组成(平面)图的基础上，在每一个组分角顶上增加一个温度轴，就组成了一个三组分凝聚体系温度 - 组成三维相图。图 2.31 为只具有一个三组分最低共熔点的三组分凝聚体系温度 - 组成三维相图的透视图。

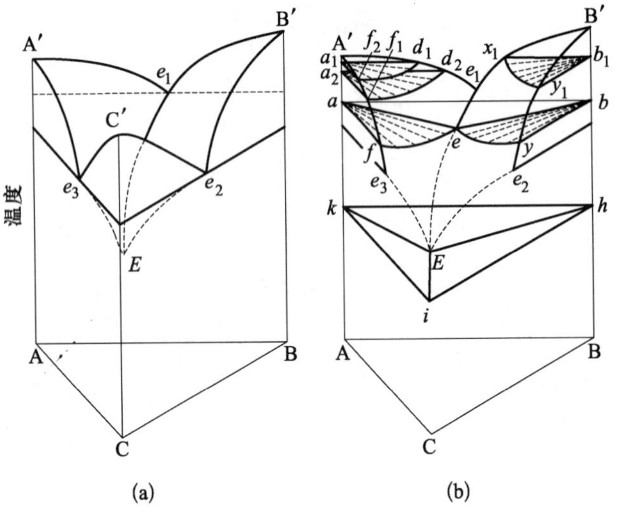

图 2.31　只具有一个三组分最低共熔点的三组分凝聚体系相图的(a)透视图和(b)结线扇形面

图 2.31 中的△ABC 是组成三角，与之垂直的 AA′、BB′、CC′线则是温度轴，同时也是 A、B、C 三个单纯组分的凝聚体系相图。在图 2.31(a)中的三维空间相图的三个侧面 A′ABB′、A′ACC′、C′CBB′是各相应二组分体系的组成 - 温度相图。在 A - B、B - C、A - C 三个二组分体系中分别只有 e_1、e_2、e_3 三个二组分低共熔点。当向二组分体系中加入第三个组分时，三组分体系点就进入组成三角中。在三组分体系相图中，某个相区内的体系点的自由度比在二组分体系相图中相应相区的自由度增加 1，如表 2.2 所示。

表 2.2 在三组分体系和二组分体系相图中自由度及相平衡关系的对比

	均相	两相	三相	四相
二组分体系 f^*	2	1	0	
相点的几何图形	平面	曲线	点	
平衡关系		L ══ A	L ══ A + B	
三组分体系 f^*	3	2	1	0
相点的几何图形	三角棱柱体(三组分低共熔点以下)	曲面	曲线	点
平衡关系		L ══ A	L ══ A + B	L ══ A + B + C

如图 2.31(b)所示，在一定温度，当固－液两相平衡时，液相面相点结线的一端汇集在纯组分一端，另一端与液相面曲面相交。由于体系的组成点位置可以连续变化，两相区中固－液两相的等温结线形成了一个结线扇形面，如图 2.31(b)中的 *afe*、*bye* 等温扇面。在等温截面上，液相曲面蜕变为一条曲线，自由度等于 1。随着温度的降低，结线扇形面沿着温度轴向下移动。在二组分低共熔点 e_1、e_2 和 e_3，当分别析出第二种固相时，体系中达到三相平衡，相邻的液相曲面相交，自由度等于 1，相邻液相面交于一条曲线，即形成三相低共熔线 e_1E、e_2E 和 e_3E。随着第二种固相的不断析出，三相平衡线的温度逐渐降低。最后三条三相低共熔线相交于四相平衡点，即无变量点 E，构成 $A'e_3Ee_1$、$B'e_2Ee_1$ 和 $C'e_2Ee_3$ 三个四边曲面。

由图 2.31 可见，三相低共熔线是一条连接二组分低共熔点和三组分低共熔点的曲线。等温结线扇形面在低于二组分低共熔温度以下的交点也是结线的交点。这两条结线与两纯组分连线连接成一个 *abe* 三角形，称为结线三角形，表示了两个纯组分与液相点的平衡。落在结线三角形中的体系点将分裂为三个相，它们的相点分别位于结线三角形的三个顶点上。结线三角形中体系的自由度等于 0。

2. 三组分体系相图的表示方式

三组分凝聚体系空间相图虽然能够完整地表示体系与温度的关系，但是对于稍微复杂一些的体系，相图的一些信息就不能清楚地表现出来，因此又产生了投影图、等温截面图、等温线图和变温截面图等。变温截面图是连接等温截面图，构成立体三组分体系相图的重要纽带，有关知识参阅相关文献。

1）投影图

在组成三角上，作空间图的正交投影图。图 2.31 的正交投影图如图 2.32 所示，其中 e_1E、e_2E、e_3E 等线及 E 点仍然和图 2.31 中的意义一样。但是二组分体系中所有的曲线都投影成直线，无变量点 e_1、e_2、e_3 与直线重叠。三组分体系的液相曲面投影成四边围成的平面；三相平衡的液相线仍然是曲线，相交于三组分低共熔点。可见三组分体系投影图对三组分体系的性质描述得比较清楚，但模糊了二组分体系的一些性质。为了弥补被投影图损失了的温度维度信息，有时在投影图的线上加上箭头表示温度下降的趋势。这种图可以给出液相线的性质和位置，给出化合物和无变量点的组成，但是不能给出结线和结线三角形。

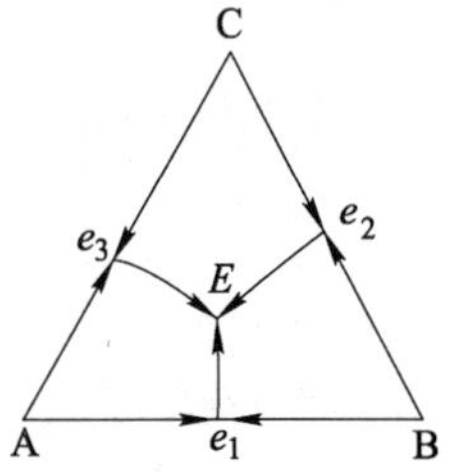

图 2.32　图 2.31 的正交投影图

2）等温截面图

表示在一定温度下三组分体系相区的分布。假设 $T_A > T_1 > T_C > T_2 > T_B > T_3 > e_1 > T_4 > e_2 > T_5 > e_3 > T_6 > T_E$，其中，$T_A$、$T_B$、$T_C$ 为组分 A、B、C 的熔点，e_1、e_2、e_3 为两组分体系的低共熔点，E 为三组分低共熔点。T_i（i = 1，2，3，4，5，6，E）分别为等温截面图的温度，其中 T_E 为三组分低共熔温度。图 2.33 为图 2.31 的等温截面图，有七种类型。

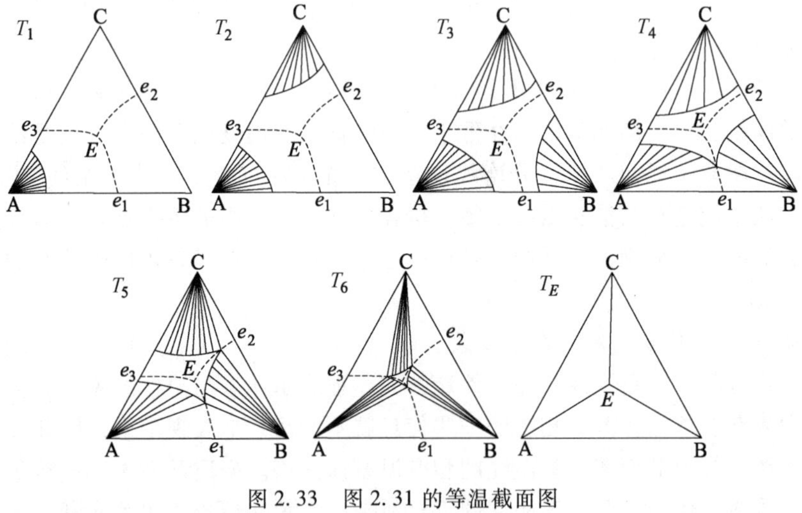

图 2.33　图 2.31 的等温截面图

体系温度高于二组分低共熔温度的等温截面（T_1，T_2，T_3）由结线扇形面两相区和均匀单相区构成；体系温度低于二组分低共熔温度、高于三组分低共熔点温度的等温截面（T_4，T_5，T_6）由结线扇形面两相区、结线三角形三相区和均匀单相区构成；体系温度等于三组分低共熔点温度的等温截面(T_E)为 A + B + C + L 的四相平衡区，自由度等于零；体系温度低于三组分低共熔点温度的等温截面为 A + B + C 组成三角形的三相区，自由度等于 1。

凝聚体系等温截面图的实验测定，就是利用 X 射线定性和定量分析的方法，测定两相区结线两端相点的组成和三相区结线三角相点的组成。由于两相区由晶相和非晶相构成，两相区结线的定量分析要利用内标法 X 射线定量相分析，从而分别定量计算出每一条结线的晶相和非晶相的含量。完整的液相线需要测定大量的结线数据，最后连接液相点构成。由于三相区由两个晶相和一个非晶相构成，自由度等于零，因此液相点的组成是不会改变的。在结线三角形中至少选择一个体系点，进行内标法 X 射线定量相分析，就可以同时测定不同晶相和非晶相的含量。若选择两个体系点进行上述测定，两条结线必定交于液相点，从而准确修正液相点的组成[30]。

3）等温线图

把若干温度时的等温截面图(往往是液相线)重叠投影到一个组成三角上，就得到如图 2.34 所示的等温线图。

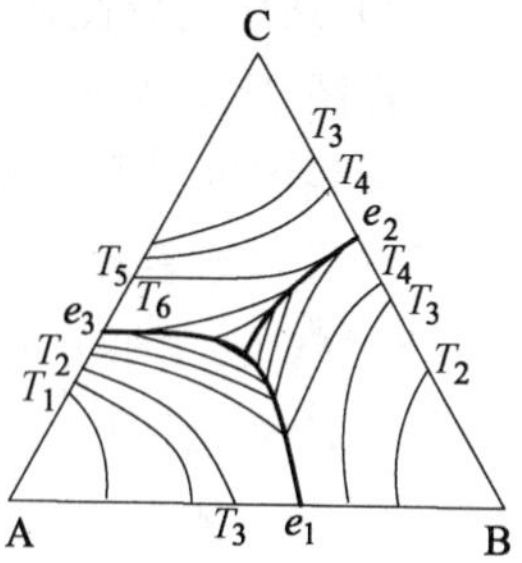

图 2.34 图 2.32 的等温线图

3. 结晶过程

1）利用空间相图研究结晶过程

如图 2.35 所示，体系点 a 位于 A、B、C 三组分体系相图的液相区。当体系点 a 降温、与 $A'e_1Ee_3A'$液相面上的 b 点相交时，液相将与固体 A 达成平衡，即 L $\rightleftharpoons$ A，因此组成 $A'e_1Ee_3A'$区域为 A 的一次结晶区(也称初晶区)。随着温度的下降，体系点进入两相区。随着 A 继续地析出，液相组成将沿着固 - 液相平衡曲面上的 bc 曲线远离 A 轴运动。当体系点到达 a'时，液相点为 b'，固相点仍然为 A，固相质量与液相质量的比例为 $b'a'$(长度)/$a'A''$(长度)。bc 曲线上的每一点都是通过该体系点的结线的液相点。体系的温度继续降低，最后液相点将与一条三相液相线相交于 c，此时开始与 B 建立三相平衡，即 L $\rightleftharpoons$ A + B。自由度由 2 变为 1。根据相律，此时液相点只能沿着液相线 cE 运动。与此同时，固相中，B 的含量越来越多，A 和 B 的比例逐渐减小。当体系点到达 a''时，液相点到达 c''，固相点到达 n。当温度降到三组分低共熔点温度 T_E 时，建立四相平衡，即 L $\rightleftharpoons$ A + B + C，自由度等于零，液相的组成和温度不再改变，但液相的质量越来越少直至全部凝固。这个结晶过程用表达式表示如下：

[30] Xiao Q G, Huang L, Zhao X H, et al. J. Alloys Compd., 2008, 452: 446-450.

$$\text{L}:b\xrightarrow[\text{沿 }bc\text{ 曲线},f^*=2]{\text{L}\rightleftharpoons\text{A}}c\xrightarrow[\text{沿 }cE\text{ 曲线},f^*=1]{\text{L}\rightleftharpoons\text{A}+\text{B}}E\left(\begin{matrix}\text{L}\rightleftharpoons\text{A}+\text{B}+\text{C}\\ \text{至结晶结束}\end{matrix}\right)$$

$$\text{S}:\text{A}\longrightarrow\text{A}+\text{B}\longrightarrow\text{A}+\text{B}+\text{C}\qquad(2-5-1)$$

根据杠杆规则，在两相平衡区中，固相点和液相点的结线经过体系点。固相和液相的质量比能够通过杠杆规则得到。当温度降到三组分低共熔温度 T_E 时，固相 A + B + C 和组成为 E 的液相共存，固相的质量与液相的质量之比可以由杠杆规则计算，固相中 A、B、C 各组分的质量分数可以在组成三角中读取。

2）利用投影图研究结晶过程

将图 2.35 所示的结晶过程垂直投影到组成三角上，可以得到三组分低共熔体系相图的投影图及其结晶过程相点的变化轨迹，如图 2.36 所示。从投影图可以清楚地表示出，以三条三相低共熔线为相界线，将组成三角分别划分为 A、B 和 C 三个组分的三个初晶区：Ae_1Ee_3、Be_1Ee_2 和 Ce_2Ee_3。体系点 a_1 位于组分 A 的初晶区内。不同温度的体系点在投影图中重叠在一起，标记为 a_1。在 t_{a_1} 温度，体系达成固 - 液平衡，结晶过程中，a_1 在投影图中的位置始终不变。体系点的温度降入两相区后，体系点在不同温度的结线也重叠在一起。随着温度的下降，液相点背离组分 A，沿着 Aa_1 射线延长，直到与液相线相交于 c_1 点。此规则也称为背向性规则。固相质量 A 与具有一定组成的液相的质量比例根据杠杆规则计算。温度继续降低，液相点 c_1 沿着液相线向低共熔点 E 移动，固相点向 n 点移动，A 和 B 的质量比例减小。表现在投影图上，Ac_1 直线以 a_1 点为轴逆时针转动，直到液相点到达 E 点，固相点到达 n 点，达成四相平衡。在低共熔温度，液相质量逐渐减少，固相中组分 C 的质量逐渐增加，最后完全凝固为组成为 a_1(A + B + C)的固体。

体系点 a_2 的一次结晶产物与体系点 a_1 的相同，但二次结晶产物是 C，三次结晶产物与体系点 a_1 的相同。可见将 A 初晶区中的纯组元顶角与三组分最低共熔点连接，可以将 A 初晶区又划分出 B 和 C 两个二次结晶区，其结晶过程如下所示：

$$\text{L}:a_2\xrightarrow[\text{沿 }Aa_2\text{ 射线},f^*=2]{\text{L}\rightleftharpoons\text{A}}c_3\xrightarrow[\text{沿 }c_3E\text{ 曲线},f^*=1]{\text{L}\rightleftharpoons\text{A}+\text{C}}E\left(\begin{matrix}\text{L}\rightleftharpoons\text{A}+\text{B}+\text{C}\\ \text{至结晶结束}\end{matrix}\right)$$

$$\text{S}:\text{A}\longrightarrow\text{A}+\text{C}\longrightarrow\text{A}+\text{B}+\text{C}\qquad(2-5-2)$$

高温熔体结晶要经过三次结晶过程，考察组成三角中全部组成的结晶过程，可以将该组成三角分别划分为三个由纯组分、二组分低共熔点、三组分低共熔点四条曲线围成的初晶区 Ae_1Ee_3、Be_1Ee_2 和 Ce_2Ee_3。它们分别是 A 初晶区 Ⓐ、B 初晶区 Ⓑ 和 C 初晶区 Ⓒ。每个初晶区还可以被一个纯组分与三组分低共熔点的连线划分为两个二次结晶区。两个 A 组分的二次结晶区是。BEe_1、

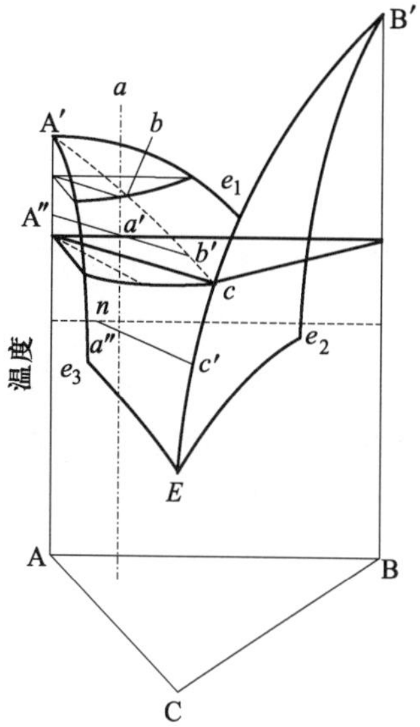

图 2.35 利用空间三组分低共熔体系相图研究结晶过程

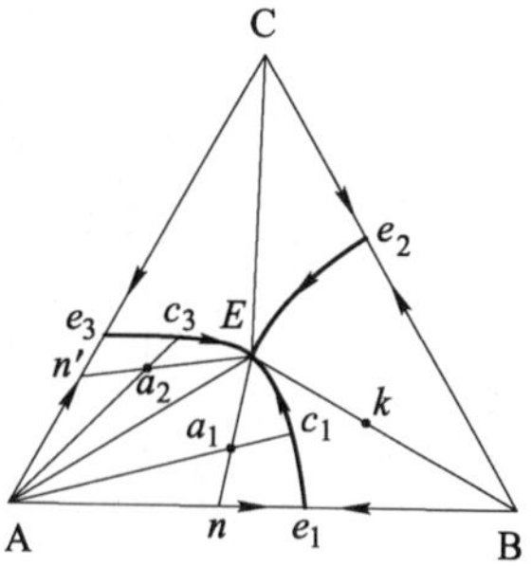

图 2.36 利用三组分低共熔体系相图的投影图研究结晶过程

CEe_3，两个 B 组分的二次结晶区是 AEe_1、CEe_2，两个 C 组分的二次结晶区是 AEe_3、BEe_2。任何组成的体系点在三组分低共熔温度都存在相同的四相平衡，因此三次结晶区就在三组分低共熔点。图 2.36 中的 k 点处于 B 初晶区，因此一次结晶为晶体 B；由于 k 点位于 BE 连线上，因此随着 B 晶体的析出，液相点逐渐趋向三组分无变量点 E。当液相组成到达 E 时，体系直接进入四相平衡。因此体系点 k 的结晶过程没有三相平衡过程。可见处于某些特殊位置的体系点的结晶过程将与一般体系点的结晶过程不同。

2.5.3 简单三组分凝聚体系相图类型

1. 具有一个一致熔融二元化合物的三组分体系相图

图 2.37 为在 A－B 二组分体系具有一个一致熔融二元化合物 S 的 A－B－C 三组分体系相图。这类相图的二元化合物 S 的组成位于它自己的初晶区之内，这是判断一致熔融化合物性质的主要特点。该相图由两个三组分低共熔点 E_1、E_2 和五条三相低共熔相界线划分为 A、B、C、S 四个初晶区：Ⓐ、Ⓑ、Ⓒ、Ⓢ；由四个组分点与两个三组分低共熔点连成的六条连接线，将投影图划分为两个 B 二次结晶区 SE_2e_2 和 CE_2e_3，两个 A 二次结晶区 CE_1e_4 和 SE_1e_1，四个 C 二次结晶区 BE_2e_3、SmE_2、SmE_1 和 AE_1e_4，四个 S 二次结晶区 AE_1e_1、

CE_1m、CE_2m 和 BE_2e_2。

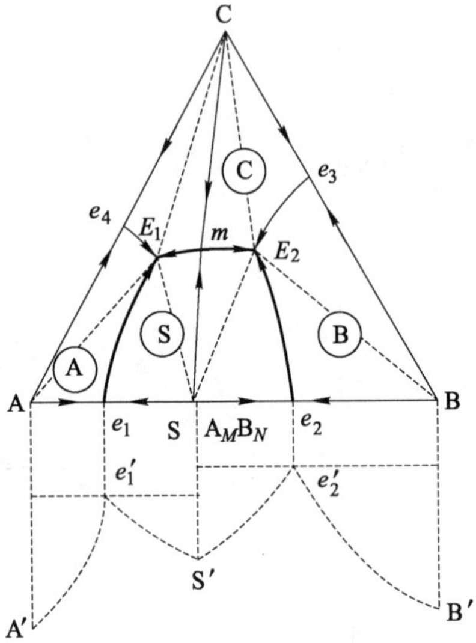

图 2.37　具有一个一致熔融二元化合物的三组分体系相图

由于 C 点和 S 点为固液一致熔融的化合物，因此 C 和 S 的连线也是一个二组分体系的组成 - 温度相图的投影图。CS 连线必然与组分 C 和 S 的相界线 E_1E_2 相交于 m 点。这个 m 点是一个鞍点，因此 m 点是 C - S 二组分体系相图的二组分低共熔点，其温度比三组分低共熔点 E_1 和 E_2 的高。

1) 连线规则

在三组分体系中，由两个初晶区相交而成的界线(或其延长线)，如果和这两个晶相组成点的连线(或其延长线)相交，则交点为鞍点，相界线上的温度随着离开鞍点而下降。根据连线规则，可以判断相界线上的温度变化趋势。图 2.38 表示出三种可能的相交方式。

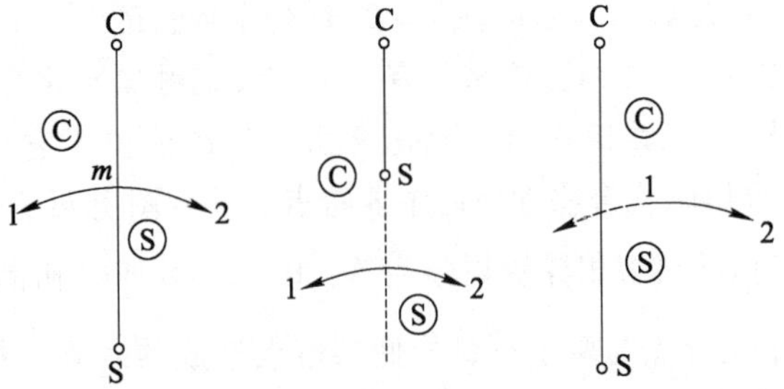

图 2.38　连线与相界线三种可能的相交方式

2）划分副三角形的规则

在复杂的相图中，常常有多个三组分无变量点，例如，图 2.37 中有 E_1 和 E_2 两个三组分低共熔点。与二组分体系相图的处理方法相似，这时可以将相图划分为若干个简单的副三角形，例如，在图 2.37 中划分为△ACS 和△BCS 两个副三角形。一般情况下(二元化合物在高温或低温分解的相图例外)，副三角形的数目与三组分无变量点的数目相同。正确划分副三角形的可能性只有一种，即副三角形的三个顶点为每个三组分无变量点的三个组分点。三组分无变量点可能在其副三角形之内，也可能在其副三角形之外。前者为具有固液同组成化合物的副三角形，后者为具有固液异组成化合物的副三角形。

3）三组分体系相图的分隔数目规则

三组分体系中存在二元或三元固液同成分熔融化合物时，三组分体系相图可以分解为副三角形相图的数目如下所示。

(1) 在不存在三元化合物的 A－B－C 体系中，如果有 b 个二元化合物，则副三角形的数目 n 有如下关系：$n=b+1$。

(2) 在不存在二元化合物的 A－B－C 体系中，如果有 t 个三元化合物，则副三角形的数目 n 有如下关系：$n=2t+1$。

(3) 如果在三组分体系中既存在 b 个二元化合物，又存在 t 个三元化合物，则副三角形的数目 n 有如下关系：$n=2t+b+1$。

如果已知三组分无变量点，则三组分体系相图可以按照划分副三角形的规则划分。但是在实际工作中常常不知道三组分无变量点的组成，这时，副三角形的划分要通过实验确定。数目相同的副三角形会有不同的分隔法，如图 2.39 所示，但只可能有一种是正确的。

通过实验可以确定哪种划分副三角形的方法是正确的。例如，图 2.39(b)和(c)为有两个二元化合物的两种分隔方法。制备成分为 xC 和 yB 两条直线交点组成的样品，当样品达到平衡时，经 X 射线衍射相分析，如果样品含 x 和 C 两相，则图 2－39(b)为正确分隔。若样品含 y 和 B 两相，则图 2.39(c)为正确分隔。

2. 具有一个不一致熔融二元化合物的三组分体系相图

图 2.40 为具有一个不一致熔融二元化合物 S 的三组分体系相图，p 点为二组分转熔点的投影。该相图有 E 和 P 两个三组分无变量点，因此划分为△ACS 和△BCS 两个副三角形。由于不一致熔融二元化合物 S 不能看做一个独立组分，因此 CS 连线也不是赝二组分体系组成－温度相图的投影图，CS 连线也不与 C、S 两初晶区的界线 EP 相交，因此没有鞍点。具有一个不一致熔融二元化合物的三组分体系相图的特征为二元化合物 S 的组成位于其初晶区之外。△BCS 的三组分无变量点 P 在其副三角形之外，与△BCS 呈交叉位置。

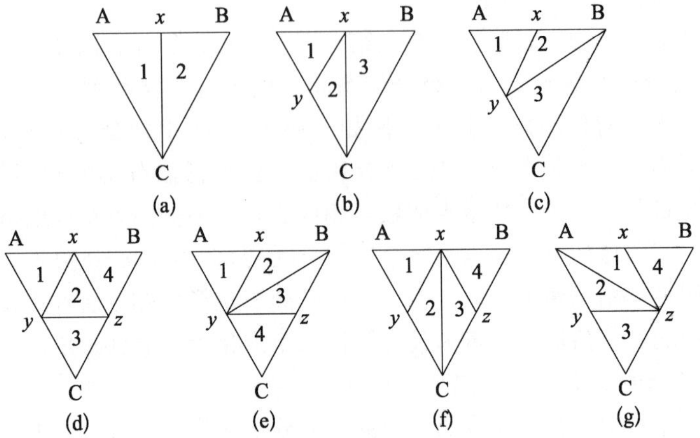

图 2.39　存在二元化合物的三组分体系可分隔为副三角形的种类：(a) 一个二元化合物；(b)、(c) 两个二元化合物；(d)、(e)、(f)、(g) 三个二元化合物

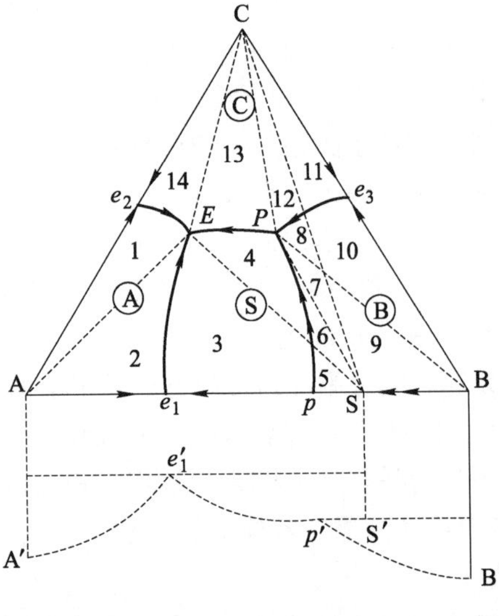

图 2.40　具有一个不一致熔融二元化合物 S 的三组分体系相图

1）切线规则

从相界线的任意一点作该界线的切线与该对应的连线(或其延长线)相交，若交点在相应的两个晶相组成点连线之间，则冷却时在切点处进行的是低共熔反应；若交点在相应的两个晶相组成点连线之外，则冷却时在切点处进行的是转熔反应，远离交点的那个晶相被转熔。

根据切线规则判断图 2.40 中的三相线，除 pP 三相线以外，其他三相线都是三相低共熔线。pP 线是 S 和 B 初晶区的界线，pP 线上的任何一点的切线都交于 BS 连线的延长线上，因此 pP 为三相转熔线，转熔反应为 $L_p + B = S$。为了区分不同三相液相线的性质，低共熔线用单箭头表示，转熔线用双箭头表示。

2）单转熔点

当液相点沿着三相转熔线移动到三组分无变量点 P 时，L_p、B、S 与组分 C 达成四相平衡，即 $L_p + B \xlongequal{} S + C$。转熔反应过程中，只有一种初晶相 B 被转熔，因此 P 点也称为单转熔点。在三组分低共熔点 E 处，三条液相线的温度都指向 E；而在单转熔点 P 处，有两条液相线温度指向 P，有一条液相线温度离开 P 点，指向 E，所以 P 点也称为双升点。

3）三角形规则

体系点所在的副三角形的三个组分点即为其最终结晶产物，副三角形所对应的三组分无变量点是四相平衡的液相组成即结晶结束点。根据三角形规则，图 2.40 中，B 初晶区中的体系点 5、6、7、8 和 9、10 完全结晶后，前者为 A + C + S 组分体系，而后者为 B + C + S 组分体系。

如图 2.40 所示，具有一个不一致熔融二元化合物 S 的三组分体系由四条低共熔线和一条转熔线划分为四个化合物的初晶区。每个初晶区又分别由不同副三角形的纯组分和相应的三组分无变量点的连线划分为二次结晶区。由于单转熔点在自己的副三角形外面，所以形成了如图 2.40 所示的复杂的 14 个二次结晶区。14 个二次结晶区中体系点的三次结晶的产物列于表 2.3 中。

表 2.3　具有一个不一致熔融二元化合物三组分体系 14 个二次结晶区中体系点的三次结晶产物

		二次结晶区													
		1	2	3	4	5	6	7	8	9	10	11	12	13	14
结晶产物	一次	A	A	S	S	B	B	B	B	B	B	C	C	C	C
	二次	C	S	A	C	S − B + A	S − B + C	S	C	S	C	B	B	S	A
	三次	S	C	C	A	C	A	C − B + A	S − B + A	C	S	S	S − B + A	A	S

在 14 个二次结晶区中，1、2、3、4、9、10、11、13、14 九个区的结晶过程和低共熔体系中的结晶过程相似。5、6 两个区的组成在二次结晶过程中发生单转熔反应；7、8、12 三个区的组成在三次结晶过程中发生转熔反应。最后全部结晶后的体系组分与体系所处于的副三角形的组分相同。例如，在 6、7、12 三个二次结晶区中体系点的结晶过程如图 2.41 所示。

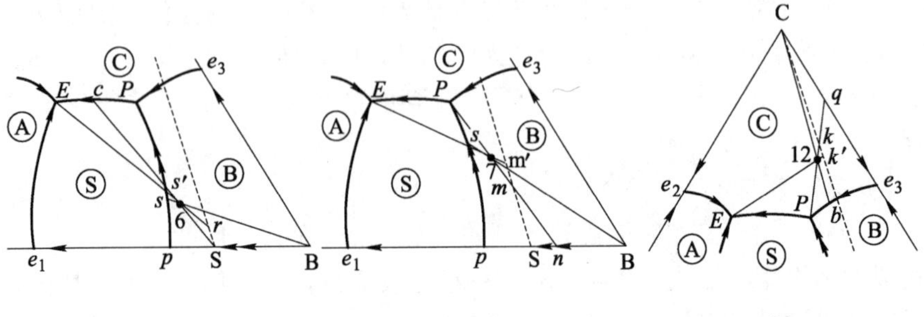

(a)　　　　(b)　　　　(c)

图 2.41　图 2.40 中 6、7、12 二次结晶区中体系点的结晶过程图示

结晶过程的相平衡过程表达式如下：

(a)

$$\mathrm{L}:6\xrightarrow[f^*=2]{\mathrm{L}\rightleftharpoons \mathrm{B}}s\xrightarrow[f^*=1]{\mathrm{L}\rightleftharpoons \mathrm{B+S}}s'\left(\begin{array}{c}\mathrm{B}\text{耗尽,}\\ \text{自由度增加}\end{array}\right)$$

$$\mathrm{S}:\mathrm{B}\longrightarrow \mathrm{B+S}\longrightarrow \mathrm{S}$$

$$\mathrm{L}:s'\xrightarrow[f^*=2]{\mathrm{L}\rightleftharpoons \mathrm{S}}c\xrightarrow[f^*=1]{\mathrm{L}\rightleftharpoons \mathrm{C+S}}E\left(\begin{array}{c}\text{全部凝固}\\ \mathrm{L}\rightleftharpoons \mathrm{A+C+S}\end{array}\right)$$

$$\mathrm{S}:\mathrm{S}\xrightarrow[\text{在}\triangle \mathrm{ACS}\text{中}]{}\mathrm{S+C}\longrightarrow \mathrm{A+S+C}\tag{2-5-3}$$

(b)

$$\mathrm{L}:7\xrightarrow[f^*=2]{\mathrm{L}\rightleftharpoons \mathrm{B}}s\xrightarrow[f^*=1]{\mathrm{L}\rightleftharpoons \mathrm{B+S}}p\left(\begin{array}{c}\mathrm{L}_p+\mathrm{B}=\!=\!=\mathrm{S+C}\\ f^*=0\end{array}\right)$$

$$\mathrm{S}:\mathrm{B}\longrightarrow \mathrm{B+S}\longrightarrow \mathrm{S+C}\left(\begin{array}{c}\mathrm{B}\text{耗尽,}\\ \text{自由度增加}\end{array}\right)$$

$$\mathrm{L}:P\xrightarrow[f^*=1]{\mathrm{L}\rightleftharpoons \mathrm{C+S}}E\left(\begin{array}{c}\text{全部凝固}\\ \mathrm{L}\rightleftharpoons \mathrm{A+C+S}\end{array}\right)$$

$$\mathrm{S}:\mathrm{S+C}\xrightarrow[\text{在}\triangle \mathrm{ACS}\text{中}]{}\mathrm{A+S+C}\tag{2-5-4}$$

$$\mathrm{L}:12\xrightarrow[f^*=2]{\mathrm{L}\rightleftharpoons \mathrm{C}}b\xrightarrow[f^*=1]{\mathrm{L}\rightleftharpoons \mathrm{B+C}}P\left(\begin{array}{c}\mathrm{L}_p+\mathrm{B}=\!=\!=\mathrm{S+C}\\ f^*=0\end{array}\right)$$

$$\mathrm{S}:\mathrm{C}\longrightarrow \mathrm{C+B}\longrightarrow \mathrm{S+C}\left(\begin{array}{c}\mathrm{B}\text{耗尽,}\\ \text{自由度增加}\end{array}\right)$$

$$\mathrm{L}:P\xrightarrow[f^*=1]{\mathrm{L}\rightleftharpoons \mathrm{C+S}}E\left(\begin{array}{c}\text{全部凝固}\\ \mathrm{L}\rightleftharpoons \mathrm{A+C+S}\end{array}\right)$$

$$\mathrm{S}:\mathrm{S+C}\xrightarrow[\text{在}\triangle \mathrm{ACS}\text{中}]{}\mathrm{A+S+C}\tag{2-5-5}$$

3. 具有一个不稳定二元化合物的三组分体系相图

（1）具有一个高温分解、低温稳定二元化合物的三组分体系。

图 2.42(a)表明，在 A－B 二组分体系有一个低于 T_R 温度稳定、高于 T_R 温度分解的化合物 S，$T_R < T_{e_3}$，T_R 温度等温截面与三组分液相线 e_3E 相交于 R 点。在 A－B 二组分体系中，S 不可能从熔体直接析出。但是由于组分 C 的加入，当熔点的温度降到在 T_R 分解温度以下时，在三组分体系熔体中就可能直接析出化合物 S。S 的初晶区不与三角形的任何一边接触，其液面温度低于 T_R，S 的组成点在 AB 边上，不在其相应的初晶区内，其投影图如图 2.42(b)所示。该投影图显示，该三组分体系有三个无变量点 P、R、E。但只能划分出与 P 点和 E 点对应的两个副三角形，即△ACS 和△BCS。与 R 点对应的三个晶相 A、B 和 S 的组成点都在同一条直线上，不能形成相应的副三角形。根据三角形规则，在此三角形中，任何组分的三次结晶只能在 P 点或 E 点结束，不可能在 R 点结束。由此可以推断在无变量点 R 处进行的四相平衡过程中，液相只起到介质的作用，而不发生量的变化，所以 R 点只是一种过渡点。在 R 点发生的四相平衡表示为

$$A + B \xrightarrow[T_R]{L} S \qquad (2-5-6)$$

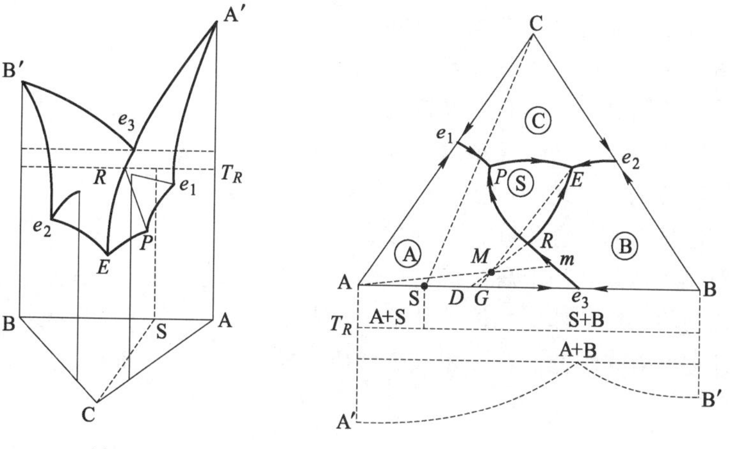

(a)　　　　(b)

图 2.42　(a) 具有一个高温分解、低温稳定二元化合物的三组分体系空间相图及其(b) 投影图

R 点具有双降点的形式，因此称为双降形式过渡点。在过渡点，A 和 B 两固相在液相介质中化合生成固相 S，显然也是一种双转熔过程，只是液相仅起

介质作用，不存在液相消失、结晶结束的情况。体系点 M 的结晶过程表示如下：

$$L: M \xrightarrow[f^*=2]{L \rightleftharpoons A} m \xrightarrow[f^*=1]{L \rightleftharpoons A+B} R\left(\begin{array}{c} A+B \xrightarrow[T_R]{L} S \\ \text{至 A 消耗尽} \end{array}\right)$$

$$S: A \longrightarrow A+B \longrightarrow S+B$$

$$L: R \xrightarrow[f^*=1]{L \rightleftharpoons S+B} E\left(\begin{array}{c} L \rightleftharpoons S+B+C \\ \text{至全部凝固} \end{array}\right)$$

$$S: S+B \longrightarrow S+B+C \qquad (2-5-7)$$

当液相点在 R 点处于四相平衡时，固相点在 D 的位置。由于产物 S 中 A 的含量大于固相点 D 中 A 的含量，因此反应结果是 A 先消耗尽。此时体系的自由度为 1，液相点继续向 E 移动，最后在 E 点结束结晶。根据切线规则，RE 线是三相低共熔线，即 L ══ B + S，RP 是单转熔线，即 L + A ══ S。

(2) 具有一个高温稳定、低温分解二元化合物的三组分体系相图如图 2.43 所示。

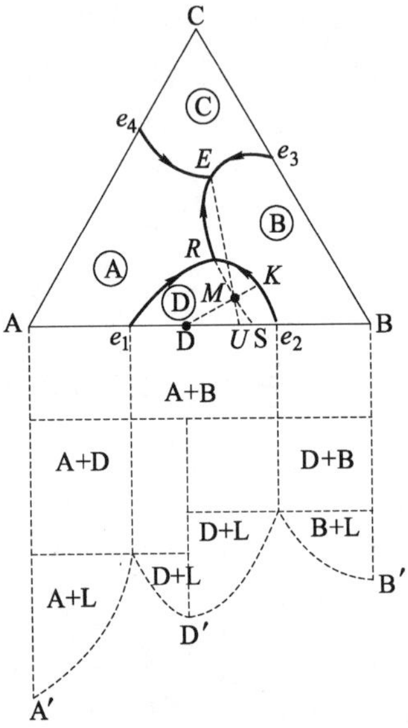

图 2.43　具有一个高温稳定、低温分解二元化合物的三组分体系相图

与图 2.42 不同，二元化合物 D 的组成落在其初晶区范围之内，具有高温稳定、固液同组成化合物的特点。双升点 R 没有对应的副三角形，所对应的 A、B、D 这三个晶相在一条直线上，这是二元化合物分解的特征。两个特征结合到一起是具有一个高温稳定、低温分解二元化合物的三组分体系相图的特征。R 点是一个双升过渡点，结晶时，液相只是介质，发生分解反应：

$$D \xrightarrow[T_R]{L} A+B \qquad (2-5-8)$$

体系点 M 的结晶过程可以根据背向性规则和杠杆规则判断，并且用结晶过程表达式表示：

$$
\mathrm{L}:M\xrightarrow[f^*=2]{\mathrm{L}\rightleftharpoons\mathrm{D}}K\xrightarrow[f^*=1]{\mathrm{L}\rightleftharpoons\mathrm{D+B}}R\left(\begin{array}{c}\mathrm{D}\xrightarrow[T_R]{\mathrm{L}}\mathrm{A+B}\\ \text{至 D 消耗尽}\end{array}\right)
$$

$$
\mathrm{S}:\mathrm{D}\longrightarrow\mathrm{D+B}\longrightarrow\mathrm{B+A}
$$

$$
\mathrm{L}:R\xrightarrow[f^*=1]{\mathrm{L}\rightleftharpoons\mathrm{A+B}}E\left(\begin{array}{c}\mathrm{L}\rightleftharpoons\mathrm{A+B+C}\\ \text{至全部凝固}\end{array}\right)
$$

$$
\mathrm{S}:\mathrm{B+A}\longrightarrow\mathrm{A+B+C}\qquad(2-5-9)
$$

4. 具有一个三元化合物的三组分体系相图

1）具有一个一致熔融三元化合物的三组分体系相图

图 2.44 为具有一个一致熔融三元化合物的三组分体系相图，其特点是三元化合物 S 的组成处于其初晶区之内，可以将三元化合物 S 看做一个纯组分，根据划分副三角形的规则，将相图划分为 ABS、ACS 和 BCS 三个赝三元简单低共熔体系相图。三条连线都是相应的二组分体系相图的投影，连线与相界线的交点为鞍点。

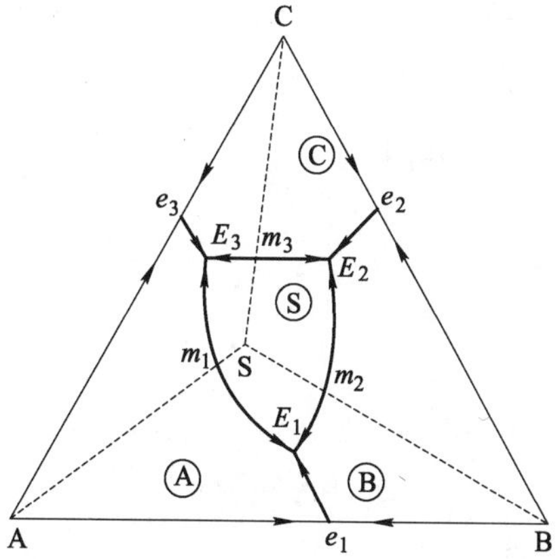

图 2.44　具有一个一致熔融三元化合物的三组分体系相图

2）具有一个不一致熔融三元化合物的三组分体系相图

在三组分体系中，三元化合物 S 的组成位于其初晶区以外，因此 S 为不一致熔融化合物。根据三个三组分无变量点所对应的组分，该相图划分为三个副三角形：ABS、ACS 和 BCS。三组分无变量点 E_1 和 E_2 在相应的副三角形中，因此是三组分低共熔点；三组分无变量点 $P(R)$ 在相应的副三角形之外，因此是转熔点。$P(R)$ 点相对于相应的副三角形，可能处于交叉的位置，也可能处于共轭的位置。图 2.45(a) 中的 P 点位于副三角形 ABS 的交叉位置，在 P 点发生单转熔反应：$L_P + A = S + B$。在图 2.45(b)中的 R 点位于副三角形 ABS 的共轭位置，在 R 点发生双转熔反应：$L_p + A + B = S$。在 $P(R)$ 点，根据杠杆规则，液相消耗尽以后，自由度等于 1，液相点沿着液相线移动。是移向 E_1 还是 E_2 方向，取决于固相点中组分 A 和 B 的相对含量。$P(R)E_1$ 和 $P(R)E_2$ 相平衡线性质也要根据切线规则，依据情况具体分析。当相平衡线的曲率较大时，也可能产生折点。折点为通过化合物 S 组成点作的相平衡线的切点，根据切线规则，折点将相平衡线分割为低共熔线和单转熔线。例如，F 点(图 2.45(a))和 H 点(图 2.45(b))都为折点。在 m_1F 和 m_1P(图 2.45(a))一段分别为单转熔线，在 FE_2(图 2.45(a))和 HE_1(图 2.45(b))一段分别为低共熔线。其余三元相平衡线的性质在图 2.45 中分别用单箭头和双箭头标出。

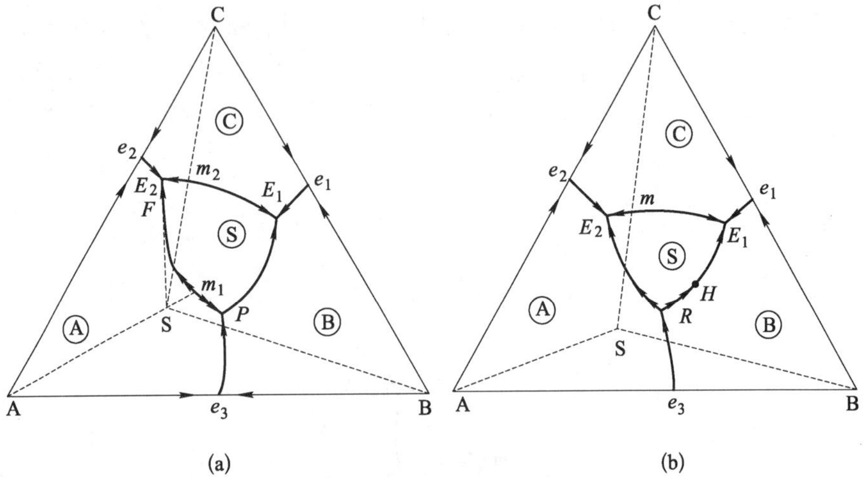

图 2.45　具有一个不一致熔融三元化合物的三组分体系相图：(a) 有双升点类型；(b) 有双降点类型

5. 连续固溶体三组分体系相图

连续固溶体三组分体系有图 2.46 类型的相图。相图中的每个组分都能生成连续固溶体，因此空间相图被一个凸起的液相面和一个凹下的固相面形成的一个固液两相区梭性体分隔开，形成液相区、两相区和固相区。

不同温度的等温截面图由相对的两条共轭的弧线组成，高温侧的为固相线，低温侧的为液相线。一般情况下，固相线和液相线不相交，只有在某一个组分熔点温度的等温截面图中，固相线和液相线才交于这个组分点上，例如，图 2.46 中 t_2 温度的等温截面图。两相区内的体系点分裂为固相点和液相点。由于不同温度的等温截面中结线的取向不尽相同，因此结线必须通过测定等温下体系的固相组成和液相组成确定。随着温度的降低，固相区逐渐扩大而液相区逐渐缩小，等温截面向低熔点组分偏移。

固溶体的结晶过程如图 2.47 所示。当熔体 M 冷却到 T_1，体系点到达液相面上的 l_1 点时，开始析出组成为 S_1 的固溶体。随着温度降低，在 T_2 温度时，$S_2M_2l_2$ 为一条结线，液相组成为 l_2，固相组成为 S_2。固相和液相的相对含量用杠杆规则计算。随着温度继续降低，体系的液相组成沿着 l_1l_N 移动，而固相组成沿着 S_1S_N 移动，液相的含量越来越少而固相的含量越来越多。最后在 T_N 温度，体系点与固相面相交，液相全部凝固，结晶结束。由于在结晶过程中，固相组成不断变化，而在固相中要通过扩散达到组成均匀是不容易的，所以在以通常速率冷却时，固液相常常不能达到平衡，也会类似于在二组分固溶体中出现的现象，发生浓度滞后和分级结晶。

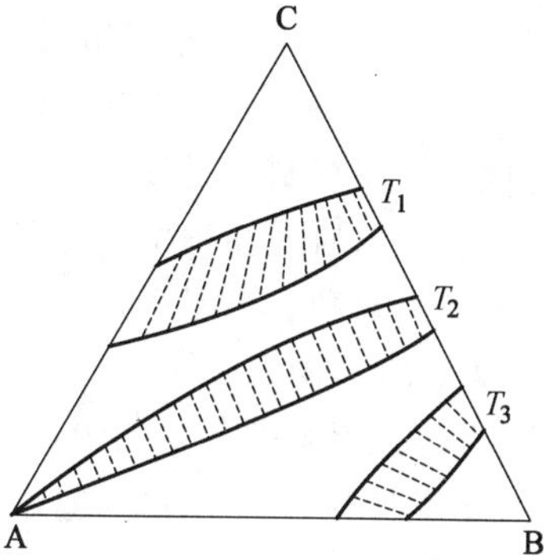

图 2.46　连续固溶体三组分体系相图

（$T_C > T_1 > T_A = T_2 > T_3 > T_B$）

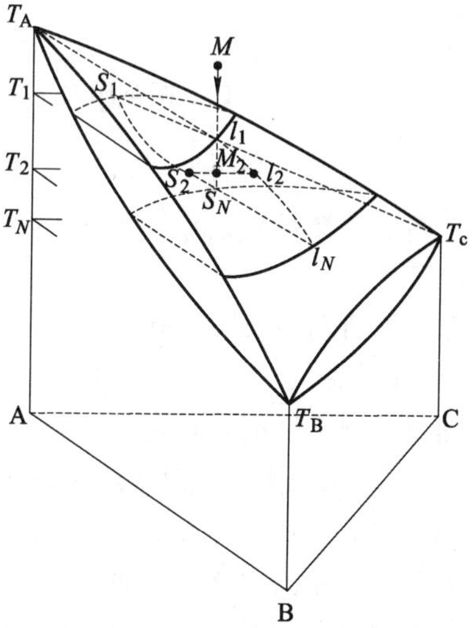

图 2.47　三组分生成连续固溶体三元系统立体图

6. 三组分体系中的四相平衡小结

在三组分体系中，组成－温度相图中的四相平衡发生在三组分无变量点状态。三组分无变量点有最低共熔点、单转熔点、双转熔点和过渡点四种类型，因此在结晶（熔融）过程中，三组分体系的四相平衡也有四种类型：

① 最低共熔点发生共晶反应：

$$L \xrightleftharpoons{T_e} \alpha + \beta + \gamma \qquad (2-5-10)$$

② 单转熔点发生单转熔反应：

$$L + \alpha \underset{}{\overset{T_P}{\rightleftharpoons}} \beta + \gamma \qquad (2-5-11)$$

③ 双转熔点发生双转熔反应：

$$L + \alpha + \beta \overset{T_P}{\rightleftharpoons} \gamma \qquad (2-5-12)$$

④ 过渡点发生以液相为介质的固相分解－化合反应：

$$\alpha + \beta \underset{T_R}{\overset{L}{\rightleftharpoons}} \gamma \qquad (2-5-13)$$

在第④种固相分解－化合反应类型中，液相只起到介质作用，不发生液相质量的变化。

2.5.4　三组分体系相图的应用

1. 组成－温度相图

相图是材料科学的基础，它涉及的内容很广。除和化学有密切关系以外，已涉及矿物学、地质学、生物、物理、陶瓷、冶金、材料科学等领域。对于那些在经济活动中长期占有重要地位的材料领域，虽然绘制三组分体系的组分－温度相图是一个复杂、庞大的工程，但是经过长期的研究和积累，许多体系的相图都得到了详细的研究。例如，大量的合金体系相图、水泥产业完整的 $CaO-Al_2O_3-SiO_2$ 体系相图、耐火材料和陶瓷材料领域的 $MgO-Al_2O_3-SiO_2$ 体系相图、玻璃工业的 $A_2O-CaO-SiO_2$（A = Na、K）体系相图、制盐工业的水盐体系相图。相图在现代功能材料领域，例如在半导体材料领域、超导材料领域、磁材料领域、光学和单晶材料领域、现代陶瓷材料领域也发挥着重大作用。

图 2.48 是 $MgO-Al_2O_3-SiO_2$ 体系相图。该相图明确地描述了在该三组分体系中存在着 $MgO\cdot SiO_2$（MS）、$2MgO\cdot SiO_2$（M_2S）、$MgO\cdot Al_2O_3$（MA）、$3Al_2O_3\cdot 2SiO_2$（A_3S_2）四个二元化合物和 $2MgO\cdot 2Al_2O_3\cdot 5SiO_2$（$M_2A_2S_5$）、$4MgO\cdot 5Al_2O_3\cdot 2SiO_2$（$M_4A_5S_2$）两个三元化合物以及三个原始组成氧化物与这些生成的二元、三元化合物在不同温度相互作用形成的复杂体系。这个三元复杂体系既包含了重要的方镁石（MgO）、镁橄榄石（M_2S）和莫来石（A_3S_2）等耐火材料体系，又包含了滑石瓷等电子陶瓷体系，还包含了低膨胀陶瓷和微晶玻璃中的堇青石相结构材料。因此这个相图是上述有关材料制备行业的重要技术资料。在此相图的指导下，各个行业确定出不同性能材料的配方组成和工艺条件以及对生产过程的控制和调整。

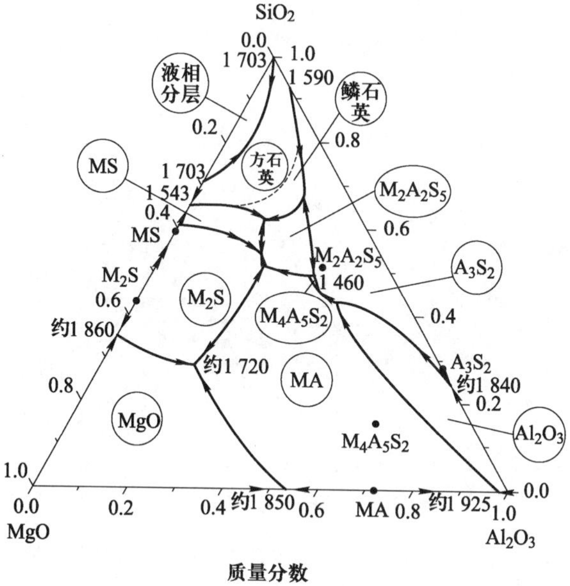

图 2.48 $MgO-Al_2O_3-SiO_2$ 系统相图

（圆圈中的符号意义见正文，其所在位置为圈中化合物的初晶区。温度标度为℃）[31]

2. 等温截面图

在化合物的合成和材料的制备领域，根据需要选择性地研究不同确定温度的三组分体系的等温截面图是一种有效和可靠的方法。同时，等温截面图也是绘制完整的组成-温度相图的基础。等温截面图表示在确定的温度下，三组分体系中的物相和各个物相的分布。在三元低共熔温度以下，等温截面图是由结面三角形和固溶区构成的。通过制作这类等温截面图，可以系统地寻找和发现新的结构类型化合物或物相。例如，图 2.49 为 $La_2O_3-CaO-Mn_3O_4$ 体系在 1 173 K 的等温截面图。图 2.49 表明，La_2O_3-CaO 两组分体系中没有二元化合物，$La_2O_3-Mn_3O_4$ 中有一个化合物 $LaMnO_3$，$CaO-Mn_3O_4$ 体系中有 6 个化合物。在三角形内有一个三元化合物，其组成的原子分数为 40% 的 La_2O_3、40% 的 CaO 和 20% 的 Mn_3O_4，因此化合物组成为 $La_2Ca_2MnO_7$（LCMT）。同时还可以发现，由于 $CaMnO_3$ 和 $LaMnO_3$ 都具有钙钛矿结构，形成完全互溶单相体系，在图中用虚线包围的区域表示。

[31] 陆佩文．无机材料科学基础．武汉：武汉理工大学出版社，1996.

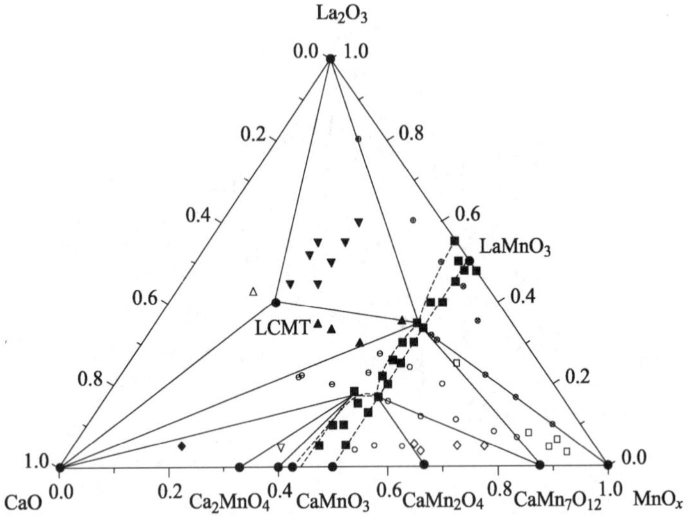

图 2.49　$La_2O_3-CaO-Mn_3O_4$ 体系在 1 173 K 的等温截面图[32]

三组分最低共熔点温度以上的等温截面图对于寻找新的玻璃体系具有指导作用。例如，$Cu_2O-Al_2O_3-SiO_2$ 三组分体系中的一些组成具有类似于熔融石英的很低的热膨胀系数，达到了 $5\times10^{-7}\sim10\times10^{-7}K^{-1}$，并且具有很低的熔化温度和黏度，是重要的低膨胀系数玻璃体系。在精密仪器的制造领域里，铜铝硅酸盐玻璃的这些特性对于满足这些精密仪器的抗热震性和调整微小尺寸变化的要求具有极强的优势。图 2.50 所示的 $Cu_2O-Al_2O_3-SiO_2$ 赝三组分体系在1 423 K 的等温截面图是对 58 个不同组成体系点的样品，进行 X 射线衍射定性和定量的相分析，结合电子显微镜形貌和微区组成定量分析的基础上确定的。

图 2.50 清楚地表示出，整个 $Cu_2O-Al_2O_3-SiO_2$ 赝三组分体系在 1 423 K 被划分为 13 个相区：两个单液相区（L_1 和 L_2）、一个具有双饱和液相的两相区（L_1+L_2）、4 个分别含一个晶相和一个液相的两相区［L_2 + 方石英（SiO_2）、L_2 + 莫来石（$Al_{4.54}Si_{1.46}O_{9.73}$）、$L_2$ + 刚玉（Al_2O_3）和 L_2 + 铜铁矿（$CuAlO_2$）］、4 个分别含一个液相和两个晶相的三相区［L_2 + 方石英（SiO_2）+ 莫来石（$Al_{4.54}Si_{1.46}O_{9.73}$）、$L_2$ + 莫来石（$Al_{4.54}Si_{1.46}O_{9.73}$）+ 刚玉（$Al_2O_3$）、$L_2$ + 铜铁矿（$CuAlO_2$）+ 刚玉（Al_2O_3）、L_2 + 铜铁矿（$CuAlO_2$）+ 尖晶石（$CuAl_2O_4$）］以及两个分别由两个液相和一个晶相组成的三相区［L_1+L_2 + 铜铁矿（$CuAlO_2$）和 L_1+L_2 + 方石英（SiO_2）］，其中三相区 L_2 + 铜铁矿（$CuAlO_2$）+ 尖晶石（$CuAl_2O_4$）的

［32］　林建华，荆西平．无机材料化学．北京：北京大学出版社，2006.

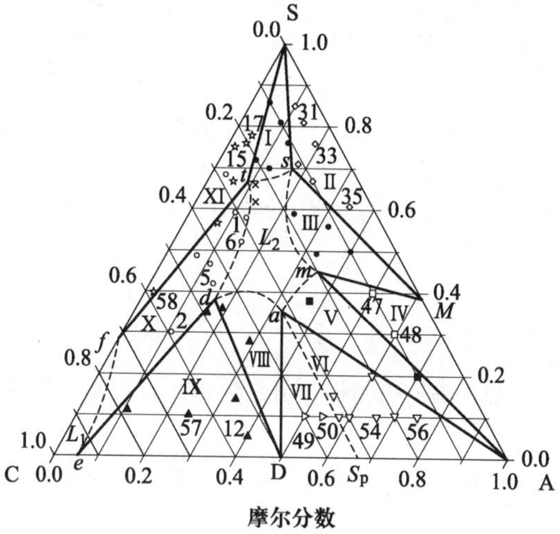

图 2.50　$Cu_2O-Al_2O_3-SiO_2$ 赝三组分体系 1 423 K 的等温截面图[33]

组成范围是嵌入在另一个三相区 L_2 + 铜铁矿($CuAlO_2$) + 刚玉(Al_2O_3)的组成范围内的。

正是由于各种类型相图对充分认识复杂的多组分体系的相互作用和物相之间关系方面的重要作用，国际合金相图国际委员会(APDIC)[34]定期组织年会，交换与材料和相图研究有关的进展。中国物理学会相图委员会每两年召开一次学术大会，交流和总结近期的研究成果。材料研究国际机构(the Materials Science International Team，MSIT)开辟国际服务，在网站上提供有关体系的相图信息。[35]

进一步阅读的参考书

[1]　傅献彩，等．物理化学[M]. 5 版．北京：高等教育出版社，2006.

[2]　WEST A R. 固体化学及其应用[M]. 苏勉曾，谢高阳，申泮文，译．上海：复旦大学出版社，1989.

[3]　吕孟凯．固态化学[M]. 济南：山东大学出版社，1996.

[4]　顾菡珍，叶于浦．相平衡和相图基础[M]. 北京：北京大学出版社，1991.

[5]　赵慕愚，宋利珠．相图的边界理论及其应用[M]. 北京：科学出版社，2004.

[33]　Xiao Q G，Ma H，Zhao X H. J. Am. Cera. Soc.，2008，91(1)：252－256.

[34]　http：//www. matport. com/communities/apdic. html.

[35]　http：//www. crct. polymtl. ca/FACT/documentation/.

[6] 梁敬魁．相图与相结构[M]．上册．北京：科学出版社，1993.
[7] 曾人杰．无机材料化学[M]．厦门：厦门大学出版社，2001.
[8] 王世华．变价稀土碘化物的固体化学[M]．北京：北京师范大学出版社，2000.
[9] 刘长俊．相律及相图热力学[M]．北京：高等教育出版社，1995.
[10] 叶于浦，顾菡珍，郑朝贵，等．无机化学丛书第十四卷，无机物相平衡，非整比化合物[M]．北京：科学出版社，1997.

思考题

1. 固溶体和化合物都是单一的物相，但是它们的性质却有许多差别。试总结它们之间的相同点和不同点。

2. 如何根据实验判断物相是否达到平衡状态？如何根据实验结果确定物相的均匀化条件？

3. 分别用焦盖特(Jouguet)法或布林克利(Brinkley)法计算石英、鳞石英和方石英(SiO_2)多相平衡体系，CaO、SiO_2、$CaSiO_3$、Ca_2SiO_4、Ca_3SiO_5 多相平衡体系和 MgO、Al_2O_3、SiO_2、$Al_6Si_4O_{17}$、Mg_2SiO_4、$Mg_2Al_2Si_5O_{15}$、$MgAl_2O_4$、$Mg_8Al_{10}Si_4O_{31}$ 多相平衡体系的独立组分数(C)。

4. 解释下列名词的概念：

物相、条件自由度、独立组分数、组分、组成、体系点、相点、相区、相边界、边界线、相结线、介稳态、同质异构体、固溶体、固液同组成熔融化合物、固液异组成熔融化合物、连续固溶体、有限固溶体、初晶区、二次结晶区、低共熔点、三组分单转熔点、汇熔点、初晶反应、共晶反应、包晶反应、偏晶反应、杠杆规则、重心规则、背向性规则、连线规则、切线规则、结线扇形面、结线三角形、连线、鞍点、双升点、过渡点、四组分单转熔点、三组分双转熔点、折点。

5. 试从液相线走向、自由度数和相平衡关系方面，列表比较二组分体系和三组分体系低共熔点、转熔点和同成分熔点的异同。

6. 根据图2－37，讨论哪些体系点的结晶要少于三个结晶过程。运用相平衡过程表达式，表示这些体系点的结晶过程。

习题

1. 根据克拉珀龙－克劳修斯方程，讨论图2.3、图2.4相图中的晶相由低温相转变为高温相的过程中，摩尔体积的变化趋势。

2. 根据 SiO_2 的相图(见习题图2.1)，讨论在高压条件下，晶体 SiO_2 以什么晶相稳定存在，及由高温相转变为低温相的过程中，摩尔体积的变化趋势。

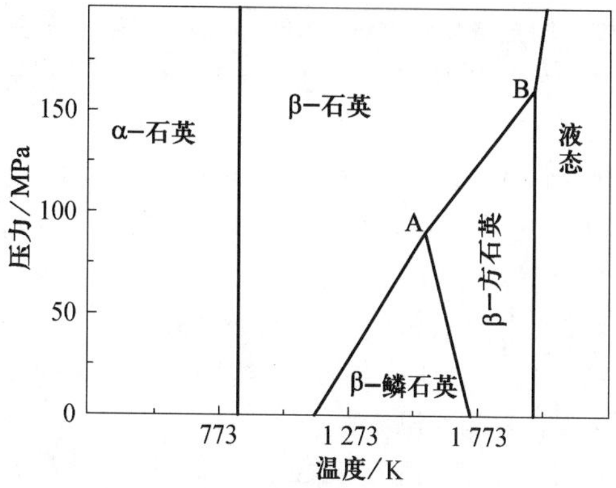

习题图 2.1

3. 利用杠杆规则计算图 2-6(a)中体系点 f' 的固相 B 与液相的质量比。判断体系点 f'' 在 T_1 温度存在哪些多相平衡。在两相区的冷却过程中，固相 B 与液相的质量比将如何变化？在 T_1 恒温冷却过程中，液相与固相的质量比例如何变化？当液相完全凝固后，温度继续下降，体系中由哪些物相组成？这些物相之间有什么样的质量比例关系？

4. 根据习题图 2.2，（1）判断加热 AB 化合物会发生哪些相变化。（2）运用熔融过程表达式表示加热体系点 1 至体系完全熔融，相点的变化。（3）运用结晶过程表达式表示冷却体系点 2 至体系完全凝固，相点的变化(自行增加相点与相界线的交点)。

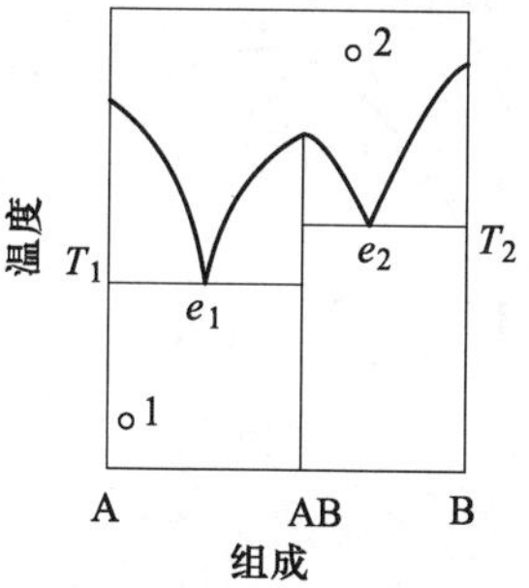

习题图 2.2

5. 根据图 2.8 和图 2.14，用结晶过程表达式表示体系点 1 由高温冷却、结晶至体系完全凝固过程中，相点的变化(自行增加相点与相界线的交点)。

6. 类似图 2.8 和图 2.9，画出具有一个稳定性下限的固液异组成熔融固体化合物的二组分体系相图。

7. 图 2.11 的 $CaO-SiO_2$ 二组分体系相图中有 7 个三相点。（1）在相图上标出它们的位置；（2）分别写出各个三相点状态的相平衡关系式。

8. 根据图 2.15(b)相图，用 A 和 B 组成为原料，制备纯净的 $B_{s.s.}$ 固溶体的配料方案。用结晶过程表达式表示结晶过程。

9. 已知 Al_2O_3 和 SiO_2 分别在 2 333 K 和 1 993 K 熔化，在 Al_2O_3 和 SiO_2 之间形成一

个熔点为 2 123 K 的固液同组成化合物 $Al_6Si_2O_{13}$，低共熔点出现在摩尔分数约为 5% 的 Al_2O_3、1 868 K 处和摩尔分数约为 67% 的 Al_2O_3、2 113 K 处。根据上述信息绘出 $Al_2O_3-SiO_2$ 体系的组成－温度相图。

10. 有三个二元化合物 A_2B、AB 和 AB_2、A_2B 和 AB_2 都是固液同组成熔融化合物，AB 固液异组成熔融生成 AB_2 和液相，AB 还有一个稳定性的下限。根据上述特征绘出 A－B 体系的组成－温度相图。

11. 根据图 2.36，判断体系点 a_2 的一次结晶产物、二次结晶产物和三次结晶产物。计算一次结晶的最大结晶率(一次结晶率＝一次结晶晶相质量/总质量)、二次结晶结束时晶相与液相的比例以及两种晶相质量的比例。

12. 根据习题图 2.3，说明：(1) S_1 和 S_2 的性质；(2) 在图中划分副三角形并用箭头表示各界线的温度下降方向和性质；(3) 指出各三组分无变量点的性质并写出各点发生的平衡过程；(4) 加热组成为 M_1 的三元固相混合物，预计会在哪一温度时开始出现液相？试分别用过程表达式表示体系点 M_1 的加热过程和体系点 M_2 的结晶过程。

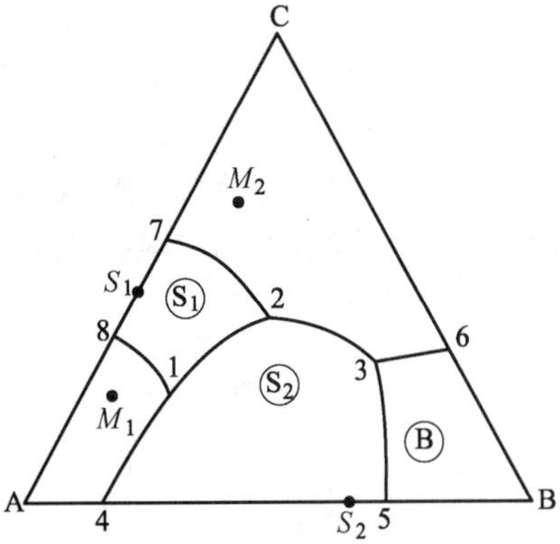

习题图 2.3

13. 用结晶过程表达式表示图 2.40 中 2、5、8、14 二次结晶区中的体系点的结晶过程，并总结不同组成体系点结晶过程的异同。

14. 根据图 2.42(b)判断当体系点在哪个组成范围内双转熔过程结束后，液相点组成会经过过渡点 R，然后沿着 RP 相界线变化。

15. 图 2.45(a)为有双升点的具有一个不一致熔融三元化合物的三组分体系相图。试分析体系点处于哪个范围内时，熔体在结晶过程中会穿越相区。图 2.45(b)为有双降点的具有一个不一致熔融三元化合物的三组分体系相图。试分析体系点处于哪个范围内时，熔体在结晶过程中会沿着 RE_2 相界线变化。

16. 讨论图 2.48 中二元和三元化合物的性质。该相图可以划分为几个副三角形？将该相图划分为基本的赝三组分体系相图。

第3章 晶体结构的对称性

自然界中的一切对称性来源于分子结构的对称性。当分子按照一定方式排列成为晶体时，表现出人们观察到的晶体的特征。

3.1 晶体的特征

3.1.1 晶体的宏观特征

1. 自范性

晶体具有自发地由平的晶面、直的晶棱和顶角等几何要素所包围、所封闭，形成封闭的几何多面体外形的习性。晶体的这种习性又称为晶体的自范性或封闭性。晶体的多面体外形表面光洁，线条笔直，对称排布，美丽而完整，是早期人们对晶体进行研究的内容，人们建立了几何晶体学，提出了许多重要定律。

1）Eular 定律

晶体凸多面体的晶面数(F)、晶棱数(E)和顶角数(V)存在着以下关系：

$$F + V = E + 2 \qquad (3-1-1)$$

2）晶面夹角守恒定律

在相同的温度和压力的条件下，同一物质同一晶型的所有晶体相应晶面(以及晶棱)之间的夹角恒定不变。图 3.1 为石英晶体在不同条件下生长的晶体。由于晶体在形成和发育过程中外界条件的差异，它们具有不同的晶面数目和外形，但是各个晶体相应晶面的夹角却始终不变。这条定律构成了晶体测量与投影的理论基础。

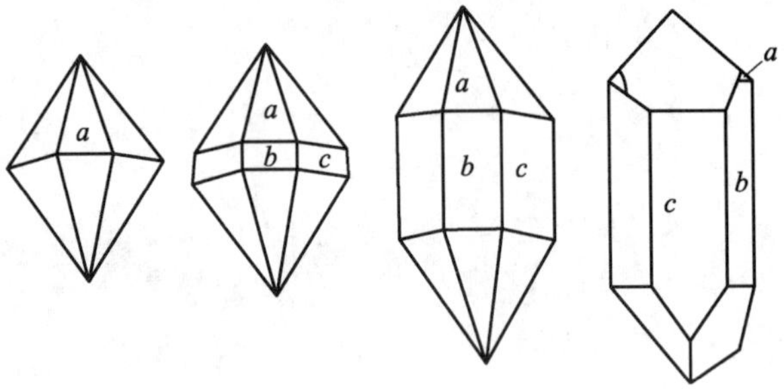

图 3.1　石英晶体在不同条件下生长的不同样品的外形

2. 各向异性

在一般情况下，晶体的性质随晶体方向的不同而存在差异。晶体的电导率、热膨胀系数、折光率和机械强度性质在晶体的不同方向上存在差异。例如，石墨的导电性和解理性都反映出石墨晶体的层型堆积结构特点。

3. 均匀性和具有确定的熔点

一块晶体内部各个部分的宏观性质是相同的，例如有着相同的化学组成、相同的密度等。晶体的均匀性来源于对晶体宏观性质的观察无法分辨晶体内部微观的不连续性。晶体确定的熔点也是由于晶体结构中原子处于最稳定的状态，原子的排列方式和结合力相同的结果。非晶体的原子处于不同的能量状态，在不同的温度，会有不同的原子先后熔化，因此非晶体逐渐变软而没有固定的熔点。

4. 对称性

晶体的对称性是指具有特定形状的晶体在经过一系列的操作以后，具有不可分辨的性质，例如将图 3.1 中的石英晶体围绕 z 轴旋转 $2\pi/3$，旋转前、后的晶体不可分辨的性质。晶体的对称性用晶体的对称操作来描述；实现对称操作要依赖晶体上的几何要素，这个几何要素称为对称元素。对称元素和对称操作总是相互依存、密切联系的，它们共同描述晶体的对称性。

5. 衍射性

将具有一定波长(一般为几十 pm 到几百 pm)的辐射照射到晶体上(例如，$K\alpha_1(\mathrm{Cu}) = 154.05\ \mathrm{pm}$)，晶体将对这些辐射产生弹性散射。散射光之间的干涉使在一定方向上的光干涉加强或削弱，因此产生晶体的衍射现象。图 3.2 为单晶体的衍射，它揭示了晶体的微观特征，即晶体的结构周期性或晶体结构的微观对称性。

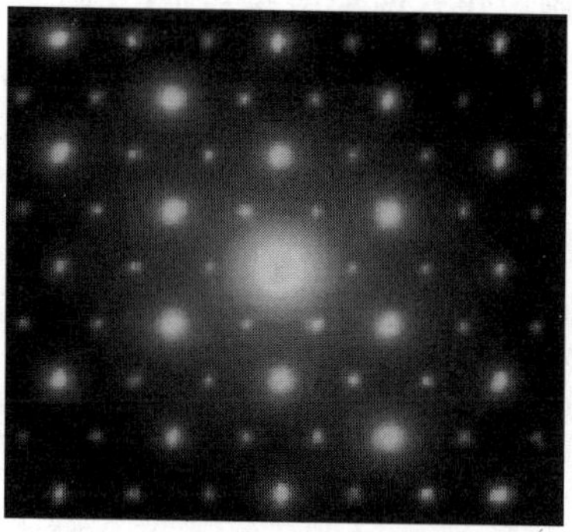

图 3.2　单晶体的衍射

3.1.2　晶体的微观特征

1. 结构基元和点阵

1）结构基元

晶体是原子或分子按照一定的周期性在空间排列形成的固体。晶体的周期性结构是晶体最基本的，也是最本质的微观特征。晶体的宏观特征是微观特征的表现。在晶体的三维空间中，原子排列的周期性要求原子的排列按照周期规律每隔一段距离重复出现一次。每个重复的单位相同，重复单位在空间的取向相同，各单位周围的环境也完全相同。显然在晶体中这个重复单位的化学组成必须相同；不仅如此，这个化学组成的结构和取向也必须相同。这个重复单位在晶体结构中称为结构基元。

2）点阵

为了研究晶体中结构基元重复的周期性，将每个结构基元抽象成一个几何上的点表示，不考虑结构基元中包含的具体内容和具体结构，而集中反映结构基元在晶体中的周期重复方式。这些从晶体中无数个结构基元抽象出来的一组点形成点阵。点阵是在空间任意方向上均为周期排布的无限个全同点的集合。

图 3.3 表示将各种类型的晶体结构抽象为点阵的图形。在不同的晶体结构中，点阵点所代表的结构基元不同：(a) 为 NaCl 晶体中一些晶棱方向上原子排列的情况，结构基元为相邻的一个 Na^+ 和一个 Cl^-；(b) 为伸展聚乙烯链的结构，结构基元为具有一定取向的—CH_2—CH_2—；(c) 为等径原子的最密堆积层的结构，虚线画出的平行四边形单位为一个结构基元，它包括一个原子；(d) 为层型石墨分子，其结构基元为虚线画出的单位，由两个 C 原子组成；

(e) 为 CsCl 结构，画虚线的立方体为一个结构基元，包括一个 Cs^+ 和一个 Cl^-；(f) 为金属钠的结构，属于立方体心结构，每一个原子为一个结构基元，在立方体画出的单位晶胞中包含两个结构基元；(g) 为金刚石结构，相邻两个 C 原子为一个结构基元，取顶角上和面心上的原子做点阵点，构成立方面心晶胞。

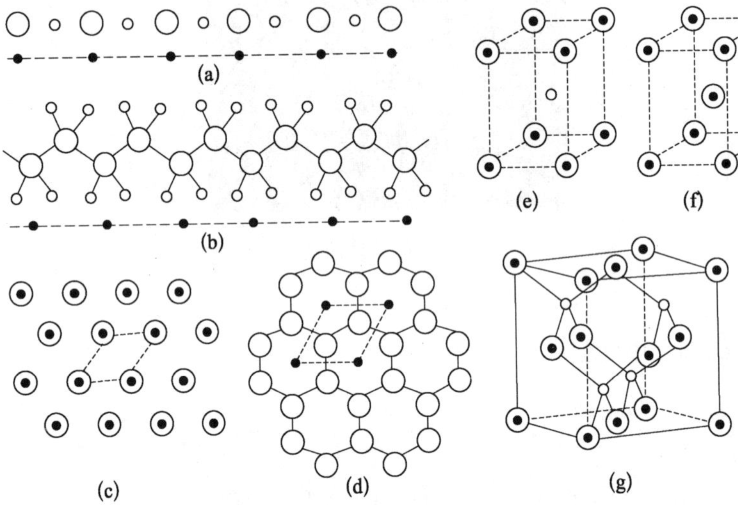

图 3.3　一维、二维和三维的周期结构和点阵

(圆圈为原子，黑点为阵点)

从上面的分析可以体会到，结构基元不同于化学组成的基本单位，例如，聚乙烯的基本单位为—CH_2—，而结构基元则为—CH_2—CH_2—。在石墨晶体中不能把每个 C 原子都作为一个点阵点，而只能按照虚线画出的单位定义为结构基元，只有这个结构基元才具有周期重复的性质。同样道理，在金刚石中，只能将具有相同 C—C 键取向的两个相邻 C 原子定义为一个结构基元。

2. 点阵单位和晶胞

如图 3.4(a)所示，在点阵中必可选择 3 个不共面的单位矢量 ***a***、***b***、***c*** 将空间点阵划分成并置的平行六面体单位，称为点阵单位。按照单位矢量将各点阵点连上线，空间点阵形成由连线分隔成的格子，称为晶格，如图 3.4(b)所示。点阵和晶格有着完全相同的意义，晶格和点阵相比，它用直线把晶体的周期性划分出一个一个并置排列的平行六面体，相互占满空间，没有任何空隙。

1) 点阵单位矢量的选择

单位矢量的选择不是唯一的，一般对单位矢量选择作出一定的要求：

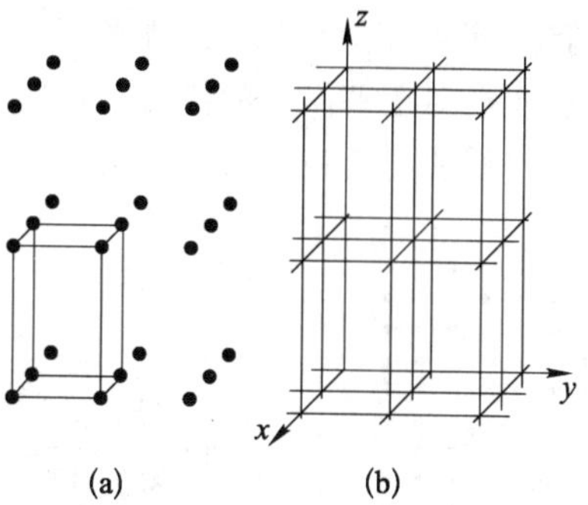

图 3.4 (a) 空间点阵与(b) 晶格

(1) 3 个不共面的单位矢量 **a**、**b**、**c** 尽可能的短，而且按照右手坐标轴系来定 **a**、**b** 和 **c**。

(2) 相应的单位尽可能反映晶体的对称性。

(3) 所选择的平行六面体中各棱边之间的直角的数目最多，不为直角者应尽量接近于直角。

2) 晶胞

从晶体结构角度来看，按点阵单位划分晶体的周期性结构所得到的重复单位，称为晶胞。晶胞不但包括了晶体的重复周期，而且包括了结构基元的具体化学内容，因此是具体的、实际的概念。按照晶胞进行平移堆积，就得到具体的晶体。单位矢量 **a**、**b**、**c** 既规定了点阵单位，也规定了晶胞。因此矢量 **a**、**b**、**c** 的长度 a、b、c 及其相互间的夹角 α、β、γ 既称为点阵参数，也称为晶胞参数：

$$a = |\boldsymbol{a}|, b = |\boldsymbol{b}|, c = |\boldsymbol{c}| \tag{3-1-2}$$

$$\alpha = \boldsymbol{b}\Lambda\boldsymbol{c}, \beta = \boldsymbol{a}\Lambda\boldsymbol{c}, \gamma = \boldsymbol{a}\Lambda\boldsymbol{b} \tag{3-1-3}$$

晶胞中原子的位置用(x, y, z)表示，其意义是指由晶胞原点指向原子的矢量 **r**，用单位矢量 **a**、**b**、**c** 表达：

$$\boldsymbol{r} = x\boldsymbol{a} + y\boldsymbol{b} + z\boldsymbol{c} \tag{3-1-4}$$

研究晶体的结构就是要了解晶胞的两个基本要素：

(1) 晶胞的大小和形状，即晶胞参数 a、b、c、α、β、γ。

(2) 晶胞内部各个原子的坐标位置，即(x, y, z)。

有了这两个方面的数据，整个晶体的空间结构就知道了。

3.1.3 晶面指标与晶面间距

1. 晶面指标

晶体的空间点阵可划分成一组平行且等间距的点阵平面，晶体的任意一组点阵面都将该晶体的所有点阵点包括无遗。例如图 3.5(a)所示，这是一组二维点阵，可以视为三维点阵空间在平面上的投影。这些点阵点排列可以分成许多不同行列的组，每一组内相邻的两列都有一特征的垂直距离 d。

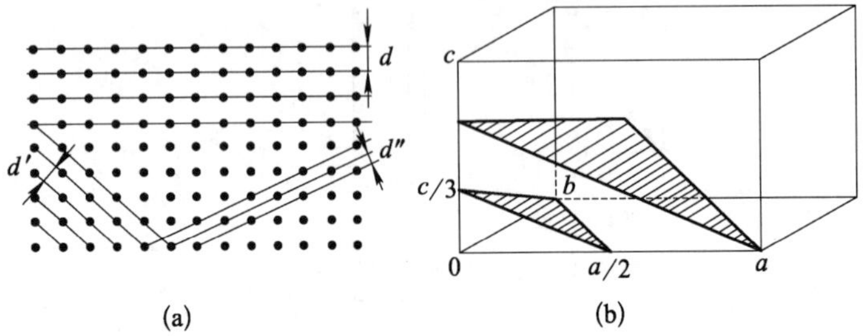

图 3.5　(a) 点阵面(点阵空间的投影)和一维点阵排列组；(b) 晶面指标的导出

在空间点阵中，二维点阵的一维点阵排列组就转变成点阵平面族，其中每对相邻的点阵面的间距都为 d。晶体中不同方向的点阵平面族或点阵面和晶体外形的晶面常用晶面指标(hkl)标记。晶面指标又称为密勒指数(Miller indices)，它是晶体学中非常重要的一种记号，用以表征该点阵平面族或晶面与晶轴之间的相互取向关系。

图 3.5(b)举例说明晶面指标的求法。晶体中有一间距为 d 的点阵平面族，其中有 2 个平面平行地斜着穿过晶胞。根据定义，第三个点阵面必定通过原点，而该点阵平面族的其他平面点阵不穿过这个指定的晶胞。但是根据晶体的周期性规律，每个晶胞中都有相同的点阵面配置。为了求出这一点阵平面族的指标，首先求出与通过原点的点阵面相邻的那个平面与三根晶胞轴的截距，并以晶胞单位矢量 $\boldsymbol{a}$、$\boldsymbol{b}$、$\boldsymbol{c}$ 的分数形式表示，即 1/2、1、1/3。这些分数的倒数(213)即为晶面指标(hkl)。当点阵面和单位矢量平行时，截距为无穷大，此截距的倒数为 0。晶面指标(hkl)是量纲为一的互质整数。

在三方晶系和六方晶系晶体中选择六方晶胞时，有时晶面指标用 4 个数字标记为($hkil$)，其中的 i 不是独立的，$i = -(h+k)$。

晶体外形中的每一个晶面都和一点阵平面族平行，所以(hkl)也作为和该点阵平面族平行的晶面外形的晶面指标。实际晶体中出现概率大的晶面，都是晶面指标(hkl)小的晶面。晶面指标越小，相应的点阵面上的点阵点的密度越大，该晶面出现的概率也越大。

在晶体的 X 射线衍射中，常用 hkl 表示衍射指标。衍射指标和晶面指标有三点不同：

(1) 表示方式不同，晶面指标是加圆括号的，而衍射指标不加圆括号。

（2）晶面指标标记的是该点阵平面族，每个晶面上都有点阵点；而和衍射指标相应的一组衍射面，虽然和点阵平面平行，但不一定有衍射点，即在有点阵点的点阵面之间再加上没有点阵点的平面。

（3）晶面指标中的 h、k、l 三个数值互质，而衍射指标则可以不互质。例如，对于(211)晶面，它的一级衍射指标为211，二级衍射指标为422，三级衍射指标为633。

晶面相交而成晶棱，晶棱指标和晶面指标相似，也用三个整数 u、v、w 并加方括号，即以[uvw]表示。由于晶棱一定和一组直线点阵平行，晶棱指标就是直线点阵的指标。记号为[uvw]的直线点阵，表示它和矢量 $u\boldsymbol{a}+v\boldsymbol{b}+w\boldsymbol{c}$ 平行。

2. 晶面间距

晶面间距 $d_{(hkl)}$ 实际上是晶体的(hkl)这族晶面中相邻两个晶面之间的垂直距离。当点阵参数 a、b、c 及其相互间的夹角 α、β、γ 已知时，计算晶面间距的通用公式，即适合于三斜晶系的公式为

$$d_{(hkl)}=V[h^2b^2c^2\sin^2\alpha+k^2a^2c^2\sin^2\beta+l^2a^2b^2\sin^2\gamma+2hkabc^2(\cos\alpha\cos\beta-\cos\gamma)+2kla^2bc(\cos\beta\cos\gamma-\cos\alpha)+2hlab^2c(\cos\alpha\cos\gamma-\cos\beta)]^{-1/2} \quad (3-1-5)$$

式中，$V=abc(1-\cos^2\alpha-\cos^2\beta-\cos^2\gamma+\cos\alpha\cos\beta\cos\gamma)^{1/2}$

对其他晶系可根据晶胞参数之间的关系予以简化。

立方晶系：

$$d_{(hkl)}=a(h^2+k^2+l^2)^{-1/2} \quad (3-1-6)$$

四方晶系：

$$d_{(hkl)}=[(h^2+k^2)/a^2+l^2/c^2]^{-1/2} \quad (3-1-7)$$

正交晶系：

$$d_{(hkl)}=[h^2/a^2+k^2/b^2+l^2/c^2]^{-1/2} \quad (3-1-8)$$

六方晶系：

$$d_{(hkl)}=[4(h^2+hk+k^2)/3a^2+l^2/c^2]^{-1/2} \quad (3-1-9)$$

单斜晶系：

$$d_{(hkl)}=\sin\beta(h^2/a^2+k^2\sin^2\beta/b^2+l^2/c^2-2hl\cos\beta/ac)^{-1/2} \quad (3-1-10)$$

三方晶系可取六方晶胞，按照六方晶系公式计算；也可取菱面体晶胞，按照 $a=b=c$，$\alpha=\beta=\gamma$ 代入三斜晶系公式简化而得。

点阵面(hkl)的 n 级衍射的衍射面间距 d_{hkl} 为点阵面间距 $d_{(hkl)}$ 的 $1/n$，因此也可以用上述公式计算得到。

3.2　对称操作、对称元素和晶体学点群

3.2.1　对称操作和对称元素

对称操作是能使一个客体复原的操作，是不改变客体内部任意两点间的距离，即客体不发生扭曲、压缩、变形等情况下使操作前后客体完全相同，恢复原来状态和方向的操作。实现对称操作所借助的点、线、面等几何要素称为对称元素。对称元素和对称操作总是相互依存、密切联系。图 3.6 表示出若干点对称元素的符号、点对称元素的图示和用这些对称操作联系着的图像。复原客体的对称操作分别为旋转、反演和反映，相应的对称元素为旋转轴、反演中心和对称面。

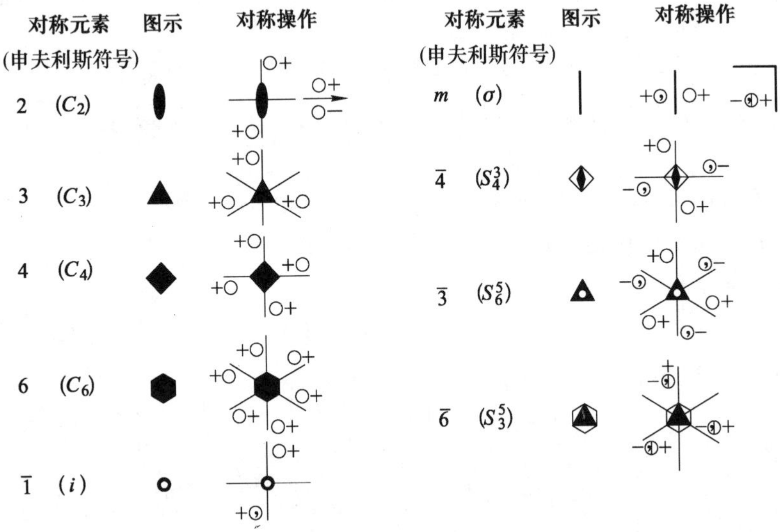

图 3.6　对称元素和对称操作

上述对称操作在对客体进行操作的过程中，客体内部至少有一点不产生位移。例如，反演过程中的对称中心、旋转过程中位于对称轴上的点、反映过程中位于对称面上的点均不发生位移，因此这类对称操作称为点对称操作，与对称操作相关的对称元素称为点对称元素。

晶体结构的周期性也是一种对称性，即平移对称性。由于晶体中重复的周期很小，与原子间的距离在同一个数量级，因此在 1 mm 边长的立方体中，包含的重复周期单位数目可达到 10^{18}。这个巨大的数目可以近似地认为晶体相对

于重复的周期是无限的，通过平移的对称操作可以使结构基元复原，晶体具有平移对称性。平移操作时，客体中没有不动的点，因而平移不是点操作。实现平移操作所借助的几何要素是点阵，点阵也是晶体结构中的对称元素。

3.2.2 晶体学点群

1. *点群*

群属于数学范畴，是群元素 $\boldsymbol{A}$，$\boldsymbol{B}$，$\boldsymbol{C}$，…的集合。群中的元素必须满足：① 封闭性；② 群中必有一个恒等元素 $\boldsymbol{E}$；③ 群中每一元素均存在逆元素；④ 群元素相乘满足结合律。

一个点对称元素系所对应的全部对称操作形成一个点对称操作群，简称点群。

2. *晶体结构的点对称元素*

晶体结构的基本特征是具有平移对称性，这必然制约着晶体结构所具有的点对称元素。图 3.7 的几何关系证明，晶体点阵中可能存在的旋转对称轴的轴次 n 只能为 1、2、3、4、6 等五个数值。

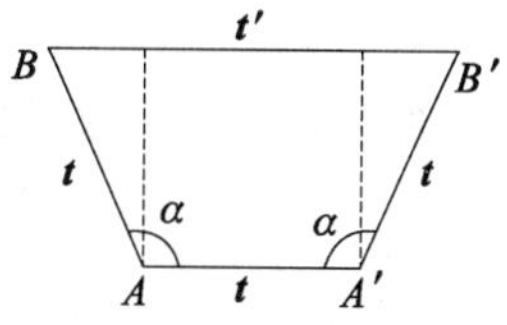

图 3.7 晶体中存在对称轴轴次的证明

图 3.7 中示出相距为单位平移矢量 $\boldsymbol{t}$ 的两个点阵点 A 和 A'。过 A 点垂直于 $\boldsymbol{t}$ 有旋转轴 C_n，绕轴进行旋转操作，旋转角度为 α，到点阵点 B。同样过 A'点垂直于 $\boldsymbol{t}$ 也有旋转轴 C_n，旋转角度为 $-\alpha$，到点阵点 B'。B'和 B 都是点阵点，这就要求 $\boldsymbol{t}'$和 $\boldsymbol{t}$ 平行，它们的间距 $\boldsymbol{t}'$是单位矢量 $\boldsymbol{t}$ 的整数倍：

$$\boldsymbol{t}' = m\boldsymbol{t} \qquad (3-2-1)$$

$$\boldsymbol{t}' = -2\boldsymbol{t}\cos\alpha + \boldsymbol{t} \qquad (3-2-2)$$

由式(3-2-1)和式(3-2-2)可得

$$\cos\alpha = (1-m)/2 \qquad (3-2-3)$$

式(3-2-3)中的 m 只能是整数，因而将 $\cos\alpha$、α 和旋转对称轴 C_n 的轴次 n 的取值列于表 3.1 中。

晶体结构中的点对称元素和点对称操作列于表 3.2 中。对应于一个点对称元素，只列出它的基本操作，例如 C_n 轴，只列出 C_n^1(或简记为 C_n)一个操作，而 C_n^2、C_n^3 等可通过重复 C_n^1 而实现。对称轴的下标 n 表示轴次，即 C_n 为 n 次旋转轴。

表 3.1　晶体中旋转轴的轴次

m	+3	+2	+1	0	−1
$\cos\alpha$	−1	−1/2	0	1/2	1
α	π	$2\pi/3$	$\pi/2$	$\pi/3$	0
n	2	3	4	6	0
申夫利斯符号	C_2	C_3	C_4	C_6	C_1
国际符号	2	3	4	6	1

表 3.2　晶体中的点对称元素和点对称操作

分类	点对称元素	符号	基本点对称操作的意义
第Ⅰ类	恒等元素	E	恒等操作
	n 次旋转轴(2, 3, 4, 6)	C_n	绕轴逆时针方向旋转 $2\pi/n$
第Ⅱ类	对称中心	i	相对于对称中心进行反演，即将客体中的每一点都反演到该点和对称中心连线另一端延长线的等距离处
	镜面	σ	相对于镜面进行反映，即将客体中的每一点都反演到该点到镜面垂线在镜面另一侧延长线的等距离处
	反轴	I_n	复合操作，绕反轴逆时针方向转 $2\pi/n$ 后，接着按轴的中心点进行反演，即 $I\cdot C_n$ 或 $C_n\cdot I$

表 3.2 中的反轴是旋转轴和对称中心的组合，反轴的点对称操作是一个复合操作，点对称操作的复合仍然是点对称操作。

根据镜面 σ 和主轴 C_n 在空间排布方式的不同，则以不同的下标表示。

① σ_h：当 σ 垂直于主轴 C_n 时，以 σ_h 表示，h 来源于 horizontal。

② σ_v：当 σ 通过主轴 C_n 时，以 σ_v 表示，v 来源于 vertical。

③ σ_d：当 σ 通过主轴 C_n，平分副轴(C_2 轴)的夹角时，以 σ_d 表示，d 来源于 dihedral。

3. 点对称操作的矩阵表示

点对称操作可理解为客体相对于固定的坐标系进行运动。所以点对称操作后，原来客体的坐标位置(x, y, z)变换为新的坐标位置($\tilde{x}$, $\tilde{y}$, $\tilde{z}$)。这种操作过程可以用操作矩阵 $\boldsymbol{W}$ 将新旧位置的坐标联系起来：

$$\begin{bmatrix}\tilde{x}\\\tilde{y}\\\tilde{z}\end{bmatrix}=\begin{bmatrix}W_{11}&W_{12}&W_{13}\\W_{21}&W_{22}&W_{23}\\W_{31}&W_{32}&W_{33}\end{bmatrix}\begin{bmatrix}x\\y\\z\end{bmatrix}\text{或}\ \tilde{x}=\boldsymbol{W}x \tag{3-2-4}$$

式中，$\boldsymbol{W}$ 称为操作矩阵。

恒等操作 $\boldsymbol{E}$ 的新旧坐标相同

$$\begin{bmatrix}\tilde{x}\\\tilde{y}\\\tilde{z}\end{bmatrix}=\begin{bmatrix}1&0&0\\0&1&0\\0&0&1\end{bmatrix}\begin{bmatrix}x\\y\\z\end{bmatrix} \tag{3-2-5}$$

所以恒等操作的矩阵表示：

$$\boldsymbol{E}=\begin{bmatrix}1&0&0\\0&1&0\\0&0&1\end{bmatrix} \tag{3-2-6}$$

附录 1 中列出了晶体中点对称元素的基本点对称操作的矩阵表示。通过比较点对称操作的表示，$\boldsymbol{I}_4$ 反轴的点对称操作产生了新的矩阵表示，因此 $\boldsymbol{I}_4$ 反轴是独立的点对称元素，而其他反轴的点对称操作没有产生新的点对称元素，而只是晶体的旋转轴和对称中心的复合操作：

$$\boldsymbol{I}_1=\boldsymbol{i},\quad \boldsymbol{I}_2=\boldsymbol{\sigma},\quad \boldsymbol{I}_3=\boldsymbol{C}_3+\boldsymbol{i},\quad \boldsymbol{I}_6=\boldsymbol{C}_3+\boldsymbol{\sigma}$$

点对称操作可以分为两类，如表 3－2 所示：第 I 类点对称操作能够在实际操作中付诸实施，例如可以拿着一个晶体模型任意地进行旋转；第 II 类点对称操作只能在想象中或数学变换中实现，但不能付诸实际操作。例如，一只左手通过镜面反映变换为右手，但不可能从实物左手变换出实物右手来。

4. 点对称操作的乘法

以简单的 NH_3 分子的结构及分子中存在的点对称元素来理解点对称操作的乘法。如图 3.8 所示，NH_3 分子中具有 C_3 对称轴和三个镜面 $\boldsymbol{\sigma}_a$、$\boldsymbol{\sigma}_b$ 和 $\boldsymbol{\sigma}_c$ 点对称元素。与这些点对称元素相应的点对称操作为 $\boldsymbol{E}$、$\boldsymbol{C}_3^1$、$\boldsymbol{C}_3^2$、$\boldsymbol{\sigma}_a$、$\boldsymbol{\sigma}_b$ 和 $\boldsymbol{\sigma}_c$。

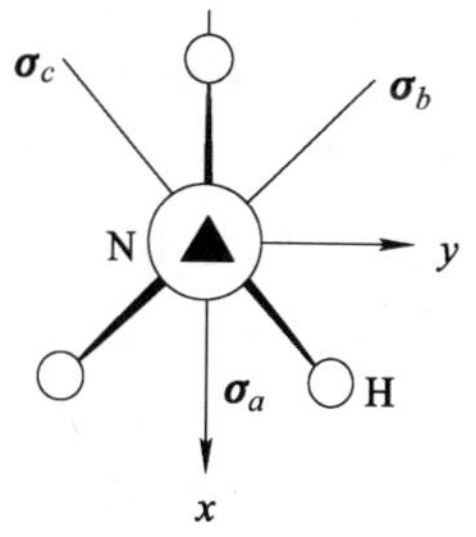

图 3.8　NH_3 分子的结构及分子中存在的点对称元素

将这些点对称操作单独地进行，或相继地进行，均可以使分子复原。而相继进行两个操作的结果总是等价于另一个单独操作的效果。例如：$\boldsymbol{E}\cdot\boldsymbol{C}_3^1=\boldsymbol{C}_3^1$，$\boldsymbol{C}_3^1\cdot\boldsymbol{C}_3^1=\boldsymbol{C}_3^2$，$\boldsymbol{C}_3^1\cdot\boldsymbol{\sigma}_a=\boldsymbol{\sigma}_c$，$\boldsymbol{\sigma}_a\cdot\boldsymbol{\sigma}_b=\boldsymbol{C}_3^1$。

不论这 6 个操作怎样组合相继进行，所得的操作依然是这 6 个中的一个，不可能出现新的超出这 6 个以外的操作。这 6 个操作形成一个点对称操作群，这种性质为点对称操作群的封闭性。由这 6 个操作所组

成的点群的符号为 C_{3v}，点群的阶次为 6。

连续进行两个点对称操作，相当于这些操作的乘积。C_{3v} 群中点对称操作的乘法可表达于表 3.3 中。

表 3.3　C_{3v} 群点对称操作的乘法表

C_{3v}	E	C_3^1	C_3^2	σ_a	σ_b	σ_c
E	E	C_3^1	C_3^2	σ_a	σ_b	σ_c
C_3^1	C_3^1	C_3^2	E	σ_c	σ_a	σ_b
C_3^2	C_3^2	E	C_3^1	σ_b	σ_c	σ_a
σ_a	σ_a	σ_b	σ_c	E	C_3^1	C_3^2
σ_b	σ_b	σ_c	σ_a	C_3^2	E	C_3^1
σ_c	σ_c	σ_a	σ_b	C_3^1	C_3^2	E

乘法表中行和列交叉点的元是由行上的元与列上的元相继进行组合所得的操作。例如先进行行上的 σ_a 操作，再进行 C_3^1 操作，得 σ_c，即 $C_3^1 \cdot \sigma_a = \sigma_c$。而先进行 C_3^1 操作，再进行 σ_a 操作，得 σ_b，即 $\sigma_a \cdot C_3^1 = \sigma_b$。所以点对称操作相继进行时，一般和操作次序有关，例如，$C_3^1 \cdot \sigma_a \neq \sigma_a \cdot C_3^1$。

由乘法表可知，两个第Ⅰ类点对称操作的乘积仍是第Ⅰ类点对称操作，相当于(+)·(+)=(+)；两个第Ⅱ类点对称操作的乘积是第Ⅰ类点对称操作，相当于(−)·(−)=(+)；只有第Ⅰ类点对称操作和第Ⅱ类点对称操作的乘积才是第Ⅱ类点对称操作，相当于(+)·(−)=(−)。

任一晶体学点群中任何两个点对称操作的乘积，可查专业书籍的晶体学点群的乘法表获得(参阅进一步阅读的参考书 2)。

5. 点对称操作的组合

1) 镜面和镜面的组合

两个镜面 σ_1 和 σ_2 相交成 $\alpha/2$ 角，它们的交线必然是旋转轴 C_n，其基转角为 α，即 $n = 2\pi/\alpha$，其证明如图 3.9 所示。

图中 σ_1 和 σ_2 是相交成 $\alpha/2$ 角的两个镜面，1、2、3 为任意形状的客体。客体 1 经 σ_1 反映得客体 2。客体 2 经 σ_2 反映得客体 3，它相当于将客体 1 转 α 角得客体 3。

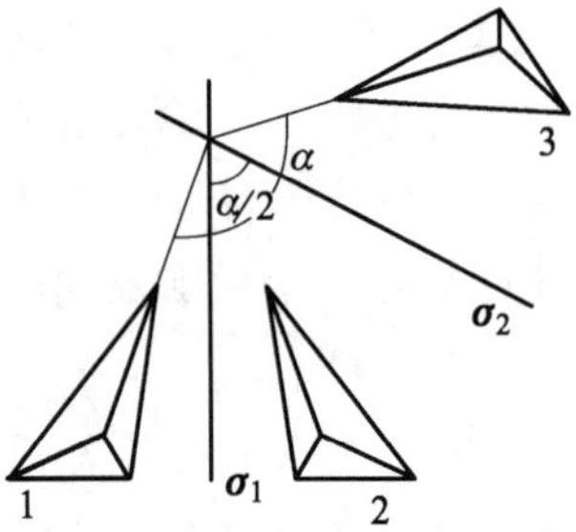

图 3.9　两个镜面的交线是 C_n 轴

2）偶次对称轴和垂直于它的镜面的组合

偶次对称轴 C_{2n} 和垂直于它的镜面 $\boldsymbol{\sigma}_h$ 的交点必为对称中心。因为任何偶次轴的操作中必含有 $\boldsymbol{C}_2^1(=C_{2n}^n)$ 操作。当该 C_{2n} 轴和 Z 轴重合，$\boldsymbol{C}_2^1$ 和 $\boldsymbol{\sigma}(xy)$ 的表示矩阵分别为

$$\boldsymbol{C}_2^1(z)=\begin{bmatrix}-1&0&0\\0&-1&0\\0&0&1\end{bmatrix},\quad \boldsymbol{\sigma}(xy)=\begin{bmatrix}1&0&0\\0&1&0\\0&0&-1\end{bmatrix}$$

$$\boldsymbol{C}_2^1(z)\cdot\boldsymbol{\sigma}(xy)=\begin{bmatrix}-1&0&0\\0&-1&0\\0&0&1\end{bmatrix}\begin{bmatrix}1&0&0\\0&1&0\\0&0&-1\end{bmatrix}=\begin{bmatrix}-1&0&0\\0&-1&0\\0&0&-1\end{bmatrix}=\boldsymbol{i}\qquad(3-2-7)$$

实际上 $\boldsymbol{\sigma}(xy)$、$\boldsymbol{C}_{2n}^n$ 和 i 三者中的任意两者的乘积都是第三者，即任意两者的组合都等于第三者。

3）旋转轴和旋转轴的组合

旋转轴 A 和旋转轴 B 相交于 O 点，A 的基转角为 α，B 的基转角为 β，这两种旋转操作的组合相当于通过 O 的第三个旋转轴 C，它的基转角为 γ。利用球面三角公式可以找出 A、B、C 三个旋转轴之间的夹角 u、v、w，以及此三轴的基转角 $\alpha=2U$，$\beta=2V$，$\gamma=2W$，如图 3.10 所示。

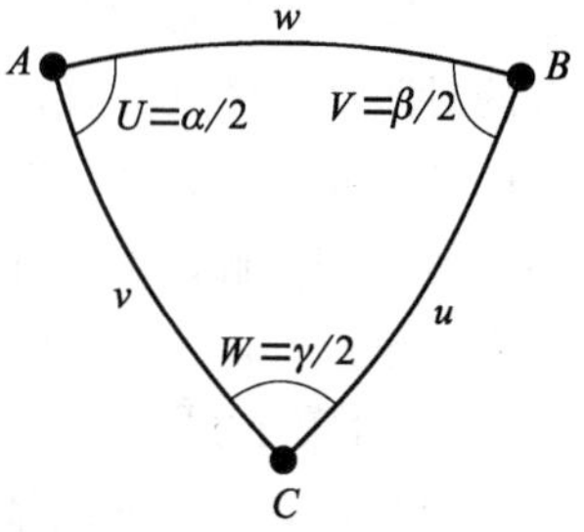

图 3.10 旋转轴的组合关系

球面三角形的角的余弦公式是：任一角的余弦等于另外两角余弦乘积的负值加上此两角的正弦及其夹边的余弦的连乘，即

$$\cos W=-\cos U\cos V+\sin U\sin V\cos w\qquad(3-2-8)$$

由此可得

$$\cos w=\frac{\cos W+\cos U\cos V}{\sin U\sin V}\qquad(3-2-9)$$

相似地可得

$$\cos u=\frac{\cos U+\cos W\cos V}{\sin W\sin V}\qquad(3-2-10)$$

$$\cos v=\frac{\cos V+\cos U\cos W}{\sin U\sin W}\qquad(3-2-11)$$

根据这些关系式，可以推出各种轴次的旋转轴组合情况，列于表 3.4 中。

表 3.4　晶体中旋转轴轴次的可能组合

点群*	三个轴的轴次	轴间夹角/(°)		
		W	*U*	*V*
D_2-222	222	90	90	90
D_3-32	223	60	90	90
D_4-422	224	45	90	90
D_6-622	226	30	90	90
$T-23$	233	54.73	70.53	54.73
$O-432$	234	35.26	54.73	45

注：* 表示点群的表示符号由申夫利斯符号－国际符号组成。

6. 晶体学点群

晶体学点群是指晶体的点对称操作的集合。点群的封闭性对应于对称元素系的封闭性，即在点群的任何点对称操作前后，对称元素系守恒，没有对称元素的产生和消失，也没有对称元素排布上出现的可区分的变化。所以对称元素系虽然不是点群，但它和点群包含着等价的对称性内容。常常从对称元素的组合来讨论点群。

1）含第Ⅰ类点对称操作的点群

（1）具有一个 n 次轴的点群，即循环群。由于晶体中存在的对称轴轴次只有 1、2、3、4、6 等 5 种，因此循环群为 C_1-1、C_2-2、C_3-3、C_4-4、C_6-6。

循环群的特点是：对称轴具有极性，其正负方向不等价，称为异极对称型点群。相应的晶体为极性晶体。

（2）具有一个 n 次轴和 n 个与之垂直的二次轴的点群，即双面群。这类点群将 n 次轴称为主轴，当点群中有一个二次轴与唯一的 n 次轴垂直相交，就有 n 个二次轴与该 n 次轴垂直相交而相邻两个二次轴的交角为 $2\pi/2n$，如表 3－5 所示。这类点群有 D_2-222、D_3-32、D_4-422、D_6-622。

（3）具有一个以上高次轴的组合，即立方群。如表 3－5 所示，具有一个以上高次轴的点群只有两种：$T-23$ 和 $O-432$。

2）含第Ⅱ类点对称操作的点群

（1）向每个循环群 C_n 加上和唯一的 n 次轴垂直的 σ_h，得 C_{nh} 点群：$C_s(=C_{1h})-m$、$C_{2h}-2/m$、$C_{3h}-\bar{6}$、$C_{4h}-4/m$、$C_{6h}-6/m$。

（2）向每个循环群 C_n 加上 σ_v，由于 $C_{1v}=C_s$，所以可得四个新点群：$C_{2v}-mm2$、$C_{3v}-3m$、$C_{4v}-4mm$、$C_{6v}-6mm$。

(3) 以反轴 I_n($\bar{n}$)代替 n 次旋转轴，可得三个点群：$C_i-\bar{1}$、$C_{3i}-\bar{3}$、$S_4-\bar{4}$。

(4) 将 σ_h 加到 D_n 点群中，可产生 4 个新点群：$D_{2h}-mmm$、$D_{3h}-\bar{6}m2$、$D_{4h}-4/mmm$、$D_{6h}-6/mmm$。其中，$D_{3h}-\bar{6}m2$ 包含有 $\bar{6}$，但没有对称中心，是属于六方晶系的非中心对称的点群。

(5) 在反轴群 $S_4-\bar{4}$ 和 $C_{3i}-\bar{3}$ 中加 σ_v 通过 $\bar{4}$ 和 $\bar{3}$，可得两个新点群：$D_{2d}-\bar{4}2m$ 和 $D_{3d}-\bar{3}m$。

(6) 在 T 和 O 点群中加 σ_h 得：$T_h-m\bar{3}$ 和 $O_h-m\bar{3}m$。在 T 点群中加 σ_d 得点群 $T_d-\bar{4}3m$。

以上共计 21 个非纯旋转的晶体学点群，其中包含 11 个中心对称的点群，又称劳埃(Laue)点群。在 11 个纯旋转的、非中心对称的晶体学点群上加对称中心同样也可以得到这 11 个中心对称的劳埃点群。表 3.5 列出 32 个晶体学点群以及它们的阶次。

表 3.5 晶体学点群推导

11 个纯旋转晶体学点群		21 个非纯旋转晶体学点群			
		中心对称的		非中心对称的	
点群	阶	点群	阶	点群	阶
C_1-1	1	$C_i-\bar{1}$	2	/	/
C_2-2	2	$C_{2h}-2/m$	4	C_s-m	2
C_3-3	3	$C_{3i}-\bar{3}$	6	/	/
C_4-4	4	$C_{4h}-4/m$	8	$S_4-\bar{4}$	4
C_6-6	6	$C_{6h}-6/m$	12	$C_{3h}-\bar{6}$	6
D_2-222	4	$D_{2h}-mmm$	8	$C_{2v}-mm2$	4
D_3-32	6	$D_{3d}-\bar{3}m$	12	$C_{3v}-3m$	6
D_4-422	8	$D_{4h}-4/mmm$	16	$C_{4v}-4mm$	8
D_6-622	12	$D_{6h}-6/mmm$	24	$D_{2d}-\bar{4}2m$	8
$T-23$	12	$T_h-m\bar{3}$	24	$C_{6v}-6mm$	12
$O-432$	24	$O_h-m\bar{3}m$	48	$D_{3h}-\bar{6}m2$	12
/	/	/	/	$T_d-\bar{4}3m$	24

由表 3.5 可见，循环点群(C_n)的阶与旋转轴的轴次相等，双面群(D_n)的

阶等于旋转轴的轴次的 2 倍，四面体群(T)的阶等于 12，八面体群(O)的阶等于 24。含第Ⅱ类点对称操作点群的阶，等于含有第Ⅰ类点对称操作点群的阶乘以第Ⅱ类点对称操作的阶。显然根据点群的申夫利斯符号判断点群的阶次更方便。

7. 点群国际符号中三个位的方向

点群的国际符号有完全的 HM 符号和简略的 HM 符号两种表示方法，通常都是由三组小写字母(或符号)表示在晶胞三个方向上所具有的基本点对称元素。由附录 2 的极射赤平投影图可见，晶体学点群中的全部点对称操作和点对称元素都可以由国际符号的基本点对称操作产生，那些生成的点对称元素不表示在国际符号中。例如，$O_h-4/m\bar{3}2/m$ 点群的简略 HM 符号为 $O_h-m\bar{3}m$。完全符号给出的信息更多，但那些省略掉的点对称元素都可以从简略符号中推导出来。对于不同的晶系，这三个位置代表的方向不同(如表 3.6 所示)。$O_h-4/m\bar{3}2/m$ 点群表明该晶体属于立方晶系，在 $\boldsymbol{a}$ 方向上有四重旋转轴和垂直于该轴的对称面，在$\boldsymbol{a}+\boldsymbol{b}+\boldsymbol{c}$ 方向上(体对角线方向)有三重反轴，在 $\boldsymbol{a}+\boldsymbol{b}$ 方向上(面对角线)有二重旋转轴和垂直于该轴的对称面。

表 3.6　点群国际符号中三个位的方向

晶系	国际符号中三个位的方向		
立方	$\boldsymbol{a}$	$\boldsymbol{a}+\boldsymbol{b}+\boldsymbol{c}$	$\boldsymbol{a}+\boldsymbol{b}$
六方	$\boldsymbol{c}$	$\boldsymbol{a}$	$2\boldsymbol{a}+\boldsymbol{b}$
四方	$\boldsymbol{c}$	$\boldsymbol{a}$	$\boldsymbol{a}+\boldsymbol{b}$
三方(H)*	$\boldsymbol{c}$	$\boldsymbol{a}$	
三方(R)*	$\boldsymbol{a}+\boldsymbol{b}+\boldsymbol{c}$	$\boldsymbol{a}-\boldsymbol{b}$	
正交	$\boldsymbol{a}$	$\boldsymbol{b}$	$\boldsymbol{c}$
单斜	$\boldsymbol{b}$		
三斜	$\boldsymbol{a}$		

注：* 表示三方晶系的点群可以分属于六方点阵格子或菱面体格子。

8. 晶体学点群的直观表示

极射赤平投影图是点群的直观表示。极射赤平投影的原则是将晶体的对称元素或晶体中原子的位置等三维结构，投影到规定的赤道平面上，形成二维的图形。极射赤平投影的方法是以宏观对称元素的交点为圆心，以任意半径作一个参考球面，称为投影球面。以球的赤道为投影面 Q，与 Q 垂直的直径为投影轴，投影轴与球面交于上投影极 N 和下投影极 S，如图 3.11 所示。

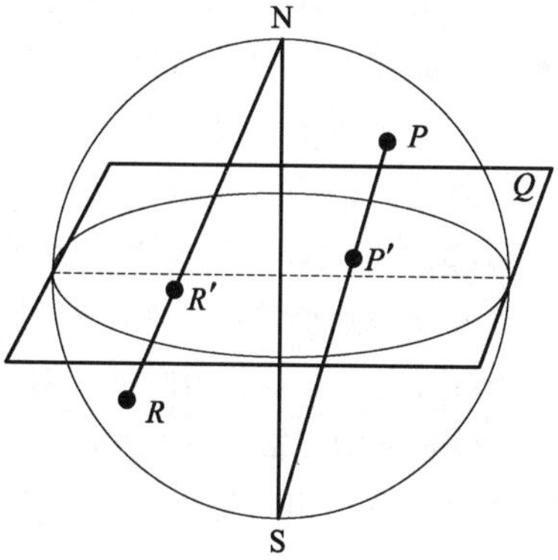

图 3.11 极射赤平投影原理

晶体的全部宏观对称元素都经过投影球面的圆心。通常将对称轴和对称面想象为无限长直线和无限大平面。这样晶体的对称轴和对称面就和投影球面分别相交为点或弧线。将上半球面上的点 P 和下投影极 S 直接相连，交投影面于 P'点，P'即 P 的极射赤平投影。同理，下半球面上的点 R 和上投影极 N 直线相连，交投影面于 R'点，R'点为 R 的投影。

图 3.6 的对称元素图示也表示了对称元素在极射赤平投影面上投影的各种符号表示。

（1）对称轴的极射赤平投影的位置为：

① 与投影面平行的轴的投影为轴自身，在投影圆的边界两边按轴的记号画出，并用细线相连()。

② 与投影面垂直的轴的投影位于投影圆的中心。

③ 一般位置的投影位于投影圆内某一点上。

（2）镜面的极射赤平投影的位置为：

① 与投影面平行的镜面的投影为投影面自身，将镜面投影用粗黑线画出()。

② 与投影面垂直的镜面的投影为过圆心的直线，用粗直线表示。

③ 过圆心的一般位置的镜面的投影为弧线，用粗弧线表示。对称中心一定位于投影圆的圆心，用小圆圈表示。

（3）晶体中原子的坐标位置的投影也按相似的方法进行，上半球中的原子和下投影极相连，投影点用实心原点(•)表示。下半球中的原子和上投影极相连，投影点用圆圈(○)表示。

附录 2 中示出 32 个晶体学点群的极射赤平投影图。图中左边的圆点的分布图为一般等效点系的分布图形。等效点是指在这套对称元素系中，当在某个坐标位置上有一个点时，由于对称性的要求，必然在另外一些坐标位置上也要有相同的点，这些点由对称元素联系起来，彼此是对称的等效点。相似地，也可以根据等效点的分布抽象出对称元素。所以每个点群中，左右两个投影图是相通的。等效点系配置图中点的数目直观地表示出该点群中互不相同的对称操作的个数即点群的阶数。对称元素配置图形象地表示对称元素之间的关系。附录 2 分别标出每个点群的序号及该点群的申夫利斯符号和国际符号。对于正交、四方、立方晶系的点群，是以正交坐标系表示图形。对六方晶系的点群给出以六方坐标系表示的图形。对单斜晶系的点群(3 ~5 号)只给出 b 轴作唯一性轴的图形。三方晶系的点群(16 ~20 号)只给出一种以六方坐标系表示的图形。

9. 晶体学点群的子群和母群

从一个点群中去掉某些点对称元素后剩下的点对称元素形成的点群，其对称性较低，称为前一个点群的子群。反之，在一个点群中增加某些点对称元素后形成新的点群，其对称性较高，称为前一个点群的母群。某点群的子群的子群仍是它的子群，只是多去掉一些点对称元素，最低的子群为 C_1-1。某点群的母群的母群仍是它的母群，只是多增加了一些点对称元素。最高的母群有两个，一个是 $O_h-m\bar{3}m$，另一个是 $D_{6h}-6/mmm$。

图 3.12 示出 32 个晶体学点群的子母群关系。图中圆圈表示的是点群的完

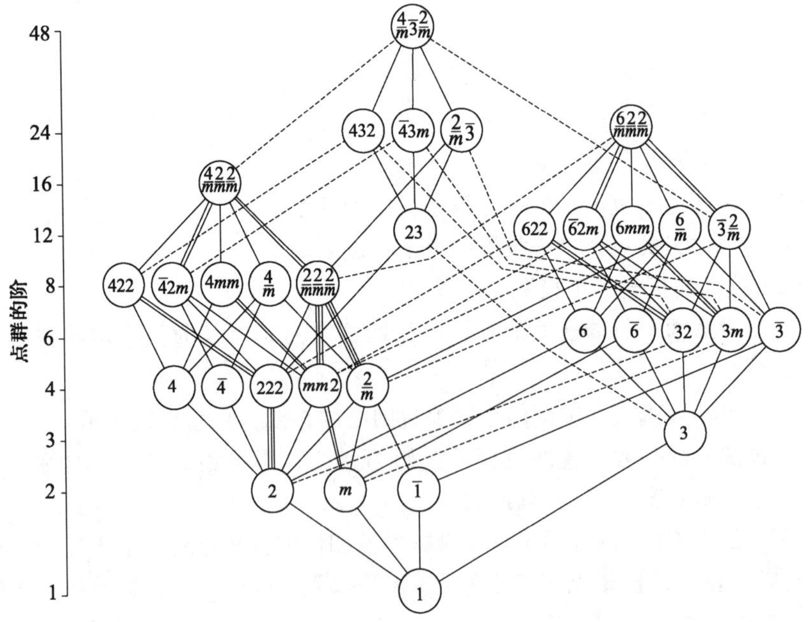

图 3.12　32 个晶体学点群的子母群关系

全国际符号。图左边的标尺示出群的阶，子母群的阶常是以2倍、3倍或4倍在增长。从任一点群出发，用线往下连着的点群是它的最大子群。用线往上连着的是它的最小母群。其中双实线或三实线则表示该点群的点对称元素有二种或三种不同的取向。虚线意味着一组相互共轭的最大子群。

3.3　晶系与晶体的空间点阵形式

晶体的宏观对称性由晶体的32个晶体学点群描述，但是由于晶体的点阵周期性，在晶体中既然存在平移周期 $\boldsymbol{t}$，必然也存在平移周期 $-\boldsymbol{t}$。当将晶体的三维周期性抽象为空间点阵，配位多面体的结构基元蜕化为点阵中的点阵点时，空间点阵的点群必然是晶体学点群中那11个有对称中心的点群。又由于对称性较低的结构基元蜕化为全对称的点阵点，因此其中有4种点群会自动上升为对称性更高的点群：

$$C_{4h}-4/m \rightarrow D_{4h}-\frac{4}{m}\frac{2}{m}\frac{2}{m};\ C_{3i}-\bar{3} \rightarrow D_{3d}-\bar{3}\frac{2}{m};$$

$$C_{6h}-\frac{6}{m} \rightarrow D_{6h}-\frac{6}{m}\frac{2}{m}\frac{2}{m};\ T_h-\frac{2}{m}\bar{3} \rightarrow O_h-\frac{4}{m}\bar{3}\frac{2}{m}。$$

这样空间点阵点群只有7种：$C_i-\bar{1}$、$C_{2h}-\frac{2}{m}$、$D_{2h}-\frac{2}{m}\frac{2}{m}\frac{2}{m}$、$D_{4h}-\frac{4}{m}\frac{2}{m}\frac{2}{m}$、$D_{3d}-\bar{3}\frac{2}{m}$、$D_{6h}-\frac{6}{m}\frac{2}{m}\frac{2}{m}$、$O_h-\frac{4}{m}\bar{3}\frac{2}{m}$。

当将点阵点赋予结构基元的实际原子配置之后，各种晶体的实际对称性没有能够高于这7种全对称点阵点群的。这7种点阵点群就是将32个晶体学点群分类成7个晶系的对称性基础。

能够满足上述7个空间点阵点群的空间格子有14个空间布拉维(Bravais)点格类型。这14个空间布拉维点格的推引是建立在5个平面点阵格子(如图3.13所示)的基础上，在第3个维度上引入第3个单位矢量 $\boldsymbol{t}_3$ 建立起来的。可以形象地描述为分别从5个平面点阵格子中选择一个与某一个空间点阵点群的对称性相容的平面格子，依一定的位置和取向再将这个平面格子按照 $\boldsymbol{t}_3$ 单位平移矢量堆垛成三维空间格子。在多数情况下，只要求点阵的堆垛具有该类点群中对称性最低的点群的对称性，即旋转轴的对称性。第3个平移矢量 $\boldsymbol{t}_3$ 的位置要求不破坏该空间点群的对称性。

平面点阵中斜交、正方、六角、简单矩形和c心矩形的点阵点群分别是2、4mm、6mm、2mm 和2mm。

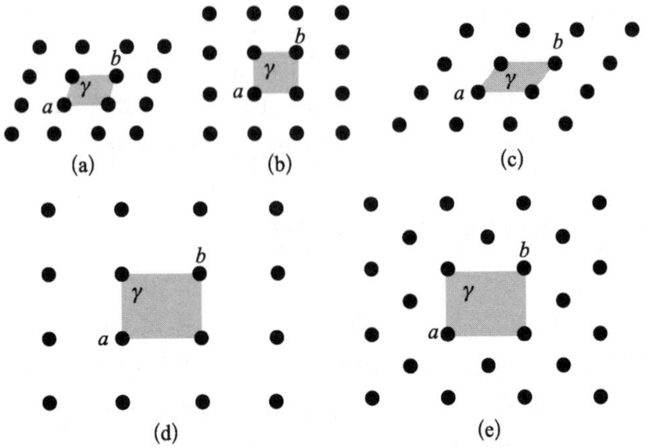

图 3.13　平面点阵：(a) 斜交(mP)；(b) 正方(tP)；(c) 六角(hP)；(d) 简单矩形(oP)；(e) c 心矩形(oC)点阵

斜交平面点阵(mP)点群对称性最低，相当于 $C_i-\bar{1}$空间点阵，1 次轴对 $\boldsymbol{t}_3$ 也没有限制，因此得到只有一次轴对称性的任意平行六面体空间布拉维点格(aP)。2 次轴也与斜交平面点阵(mP)相容，但是要求选择 $\boldsymbol{t}_3$ 的位置不破坏 2 对称性。这就要求 $\boldsymbol{t}_3$ 的位置与 mP 平面点阵的 2 次轴重合，即可以选择(0，0)、(1/2，0)、(0，1/2)和(1/2，1/2)位置。当 $\boldsymbol{t}_3$ 选择(0，0)位置时，得到简单单斜(mP)空间布拉维点格。当 $\boldsymbol{t}_3$ 选择(1/2，0)、(0，1/2)和(1/2，1/2)时，都需要重复两个 $\boldsymbol{t}_3$ 周期才能在 $\boldsymbol{c}$ 方向出现重复的点阵平面，显然三层点阵面堆垛得到的点阵格子为复格子。$\boldsymbol{t}_3$ 选择(1/2，0)和(0，1/2)分别得到 b 侧心和 a 侧心格子，$\boldsymbol{t}_3$ 选择(1/2，1/2)得到体心格子。但是如果重新划分二维格子，令 $a'=a$，$b'=a+b$，则侧心格子和体心格子可以互相变换，因此它们是等价的空间格子，习惯上表示为侧心单斜(mC)空间布拉维点格。

$mm2$ 对称性的空间点阵与矩形平面点阵(oP)和(oC)的对称性相容，但需要选择 $\boldsymbol{t}_3$ 的位置。对(oP)空间点阵，$\boldsymbol{t}_3$ 的位置选在(0，0)、(1/2，0)或等效的(0，1/2)和(1/2，1/2)得到简单正交(oP)；B 心或 A 心正交(oB 或 oA)和体心正交(oI)空间布拉维点格。$mm2$ 对称性的空间点阵对(oC)平面点阵而言，$\boldsymbol{t}_3$ 的位置选择在(0，1/2)或等效的(1/2，0)得到正交面心(oF)空间布拉维点格。

4 次轴只能选择(tP)平面点阵，$\boldsymbol{t}_3$ 的位置分别选择在(0，0)和(1/2，1/2)得到简单四方(tP)和体心四方(tI)布拉维点格。

6 次轴只能选择(hP)平面点阵，其二维坐标系为 120°菱形的六角坐标系。$\boldsymbol{t}_3$ 的位置只能选择在(0，0)得到简单六方(hP)布拉维点格。3 次轴也只能选择(hP)平面点阵，在二维菱形六角坐标系基础上，$\boldsymbol{t}_3$ 的位置即可以选择在(0，

0)位置，得到简单六方(hP)空间布拉维点格，也可以选择在(2/3，1/3)或等效的(1/3，2/3)，经过三次堆垛，得到菱面体(hR)空间布拉维点格，该格子在六角坐标系($a=b\neq c$；$\alpha=\beta=90°$，$\gamma=120°$)中的(0，0，0)、(2/3，1/3，1/3)和(1/3，2/3，2/3)处有三个点阵点，为三重复格子。如果选择菱形坐标系($a=b=c$，$\alpha=\beta=\gamma$)，hR 格子可以化简为菱面体素格子。这样就推引出 14 个与 7 个空间点阵点群相适应的空间布拉维点格，如表 3.7 所示。

表 3.7　晶系和点阵类型

晶系	点阵点群	特征对称元素	点阵类型	惯用坐标系		晶体学点群
				晶胞参数的限制	待测参数	
立方	$\frac{4}{m}\bar{3}\frac{2}{m}$	4 个按体对角线取向的 3 次对称轴	cP cI cF	$a=b=c$ $\alpha=\beta=\gamma=90°$	a	23、$m\bar{3}$、432 $\bar{4}3m$、$m\bar{3}m$
六角	$\frac{6}{m}\frac{2}{m}\frac{2}{m}$	1 个 6 次轴	hP	六角坐标 $a=b$ $\alpha=\beta=90°$ $\gamma=120°$	a，c	6、$\bar{6}$、$\frac{6}{m}$、622 $6mm$、$\bar{6}2m$、 $\frac{6}{m}mm$
三角	$\bar{3}\frac{2}{m}$	1 个 3 次轴	hR	菱面体坐标 $a=b=c$ $\alpha=\beta=\gamma$	a，α	3、$\bar{3}$、32 $3m$、$\bar{3}m$
四方	$\frac{4}{m}\frac{2}{m}\frac{2}{m}$	1 个 4 次轴	tP tI	$a=b$ $\alpha=\beta=\gamma=90°$	a，c	4、$\bar{4}$、$\frac{4}{m}$、422 $4mm$、$\bar{4}2m$、 $\frac{4}{m}mm$
正交	$\frac{2}{m}\frac{2}{m}\frac{2}{m}$	2 个互相垂直的对称面或 3 个互相垂直的 2 次轴	oP oA oI oF	$\alpha=\beta=\gamma=90°$	a，b，c	222、$mm2$ mmm
单斜	$\frac{2}{m}$	1 个对称面或 1 个 2 次轴	mP mC	$\alpha=\gamma=90°$	a，b，c β	2、m、$\frac{2}{m}$
三斜	$\bar{1}$	无	aP		a，b，c α，β，γ	1、$\bar{1}$

空间点阵点的对称性表示了点阵点之间位置的相关性，但是将其划分为空间格子的点阵单位矢量要按照在 3.1.2.2 小节介绍的原则定义。再次强调的

是，选择的单位矢量不能破坏空间点阵点群的对称性或特征对称元素。菱面体格子的惯用坐标系为菱面体坐标系，每个菱面体晶格为素格子。为了在绘图中便于表示，菱面体空间点阵(hR)的空间群更多的是采用六角坐标系，此时划分出一个三重复格子。菱面体空间点阵的素格子与其复格子的关系如图 3.14 所示。

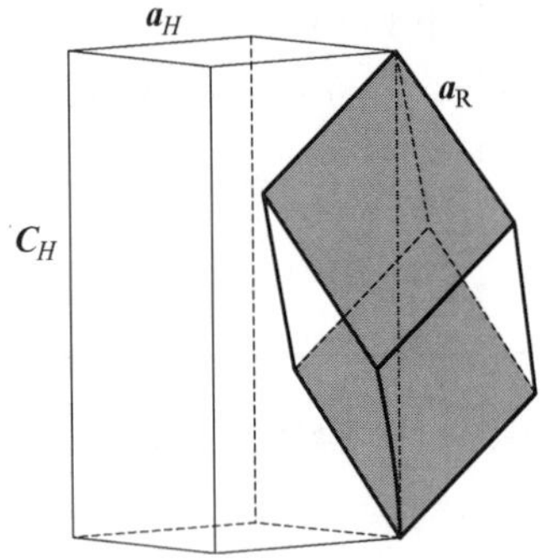

图 3.14　六方 R 心晶胞与菱面体晶胞的转换

菱面体坐标系与六角坐标系的单位矢量变换为

$$\boldsymbol{a}_{\mathrm{R}} = \sqrt{\frac{\boldsymbol{a}_H^2}{3} + \frac{\boldsymbol{c}_H^2}{9}} \qquad (3-3-1)$$

$$\sin\frac{\alpha}{2} = \frac{\boldsymbol{a}_H}{\boldsymbol{a}_{\mathrm{R}}} \qquad (3-3-2)$$

带心的形式除 hR 心外，还有：面心(F)，共有 4 个点阵点，坐标为(0，0，0)、(1/2，1/2，0)、(1/2，0，1/2)、(0，1/2，1/2)；体心(I)，共有 2 个点阵点，坐标为(0，0，0)、(1/2，1/2，1/2)；底心(C)，共有 2 个点阵点，坐标为(0，0，0)、(1/2，1/2，0)。B 心和 A 心与此相同，只是点阵点处在另外两个相对的面心上。

通常复格子更能表现空间格子的特征对称元素的性质，但是复格子的体积比素格子的大，因此复格子都可以定义为更小的素格子。惯用晶胞是在充分表现晶体特征对称元素前提下的最小晶胞。例如，立方面心格子可以重新定义为菱面体素格子和四方体心格子。重新定义的两种格子的体积都比立方面心格子的小，但是没有表现出四个 3 重旋转轴的特征对称元素，因此不是惯用晶胞。

3.4　晶体的微观对称元素和空间群

晶体具有平移周期性，平移就是一种对称操作，其对称元素是点阵或平移矢量 $\boldsymbol{t} = u\boldsymbol{a} + v\boldsymbol{b} + w\boldsymbol{c}$。晶体中的一个点，可能连续施以包括平移等对称操作，仍不能回到起始点，却得到了一个距起始点的距离为点阵平移周期整数倍的相同点。这种对称操作称为微观对称操作。微观对称操作除了点对称操作以外还包括螺旋旋转和滑移操作，其对称元素为螺旋轴和滑移面。

3.4.1　晶体的微观对称元素

1. *螺旋轴*

由于晶体对点对称性的制约，螺旋轴只能由 $n(n=1，2，3，4，6)$次旋转轴和平行于轴线方向的平移分矢量复合而成。n 次旋转轴的操作是每次旋转 $2\pi/n$ 度；连续进行的平移不能是任意的，必须满足 n 次平移后累积的平移量等于沿螺旋轴方向的点阵周期 $\boldsymbol{t}$ 的整数倍 m，即 $n\boldsymbol{\tau}=m\boldsymbol{t}$，因此 $\boldsymbol{\tau}=m\boldsymbol{t}/n$，$0<m<n$；其中 $\boldsymbol{\tau}$ 是螺距，为每螺旋旋转操作一次，客体平移的矢量。纯旋转轴是 $\boldsymbol{m}=0$ 的特例。$m>n$ 时相当于螺距加上周期平移 $\boldsymbol{t}$ 的整数倍。螺旋轴的符号表示为 $\boldsymbol{n}_m$，习惯上螺旋旋转操作是逆时针旋转 $2\pi/n$ 角度(右手螺旋)，并沿螺旋轴正向平移距离 $\boldsymbol{\tau}$。

图 3.15 给出晶体中各种螺旋轴和螺旋旋转操作后客体的轨迹。客体用圆圈表示，旁边的分数为平移矢量的分数坐标。圆圈相互之间的位置是对称操作的结果，因此称之为等效点位置。

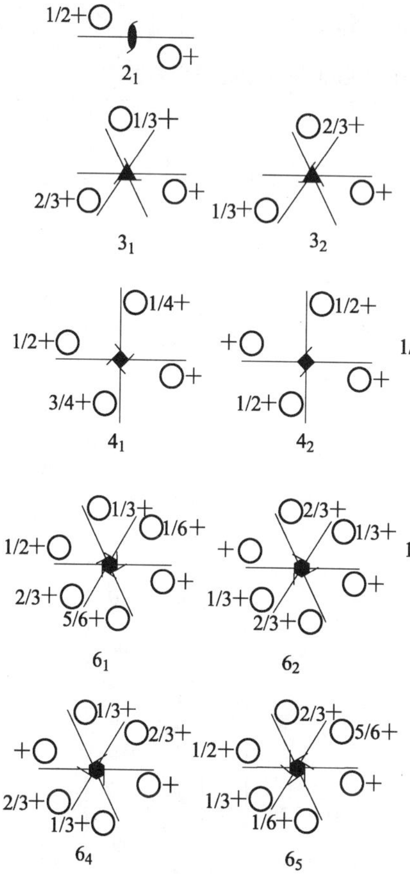

图 3.15 各种螺旋轴符号和螺旋旋转操作后客体的轨迹

如图 3.15 所示，3_1 螺旋轴与 3_2 螺旋轴有相同的螺距 $c/3$，但 3_1 为右手螺旋，而 3_2 为左手螺旋。对称操作的客体位置相当于互为相反方向的 3_1 螺旋旋转，右手螺旋的 3_1^1 操作记为 3_1^+，而左手螺旋的 3_1^1 操作记为 3_1^-。同样 4_1 和 4_3 也互为有手性的螺旋轴，4_1 为右手螺旋轴，4_3 为左手螺旋轴。4_2 螺旋轴没有手性。互为有手性的螺旋轴有相同的对称操作，例如 4_1 和 4_3 螺旋轴互为左、右手

的对称操作为 4_1^+、2_1、4_1^- 和 1 对称操作，只不过旋转的方向不同。而 4_1^2 的效果等同于 2_1 操作，没有左右手螺旋关系。六次螺旋轴中，6_5、6_1 互为左、右手关系；6_4、6_2 互为左、右手关系，6_3 为中性螺旋轴。因此，6_5、6_1 螺旋旋转的对称操作包括 6_1^-、6_1^+、3_1^-、3_1^+、2_1 和 1 对称操作。6_4、6_2 螺旋旋转的对称操作包括 6_2^-、6_2^+、3_2^-、3_2^+、2 和 1 对称操作。6_3 为中性螺旋轴，其操作包括 6_3^+、6_3^-、3^+、3^-、2_1 和 1 操作。总之当 $m<n/2$ 时，为右手螺旋，而当 $m>n/2$ 时，可看做是 $n_{(n-m)}$ 的左手螺旋。当 $m=n/2$ 时，没有左右手的区别，为中性螺旋轴。

各种螺旋轴的符号、图形和对称操作的符号、图示都示于表 3.8 中。

表 3.8　晶体中各种螺旋轴的符号和图形

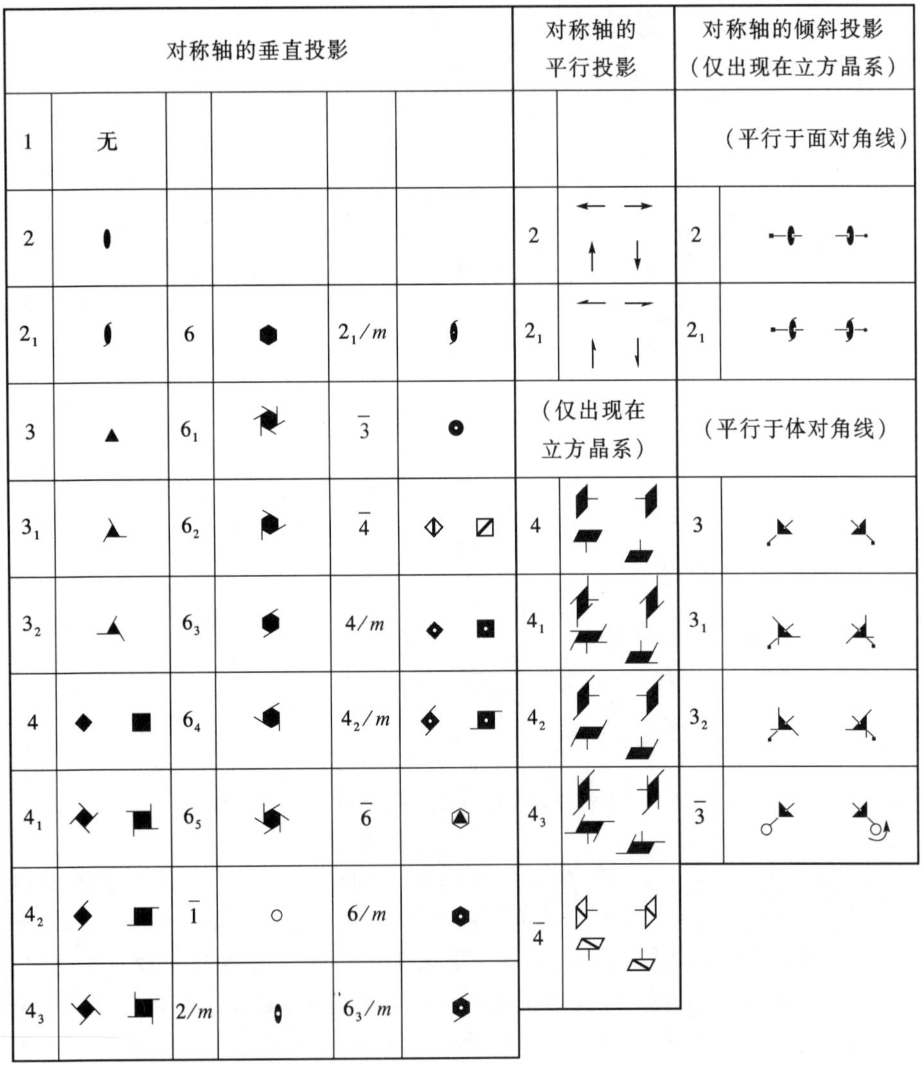

2. 滑移面

将反映和平行于镜面的平移分矢量复合，得到滑移反映操作，对称元素为滑移面。滑移反映操作是同时进行镜面反映和沿平行于镜面的某方向的平移，平移量是该方向平移周期的一半。

图 3.16 用垂直于 c 轴的 a[001]滑移面及其滑移反映操作客体的轨迹，说明滑移反映操作的特点。图中的圆圈和带撇的圆圈互为镜像关系。

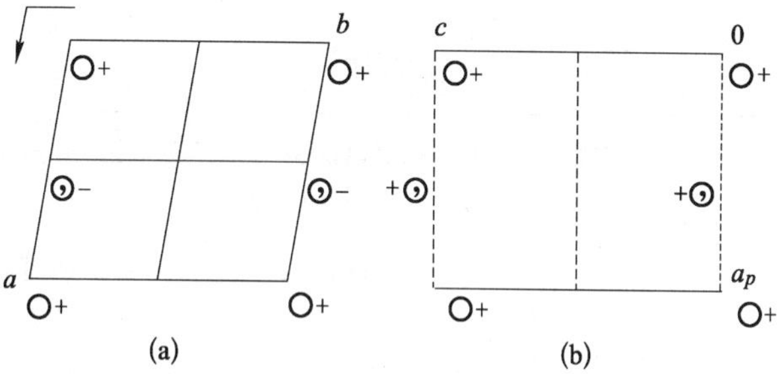

图 3.16　a[001]滑移面及其滑移反映操作客体的轨迹：(a) 沿 c 轴投影；(b) 沿 b 轴投影

滑移面的滑移方向可平行于晶胞的 a、b 或 c 棱边(轴向滑移)，也可平行于晶胞的面对角线或体对角线(对角滑移)。对角滑移的滑移量通常为晶胞相应对角线长度的一半。在立方面心点阵形式的金刚石滑移(d 滑移)的特殊情况下，滑移量为有关面心对角线中点的一半或晶胞相应对角线长度的 1/4。表 3.9 给出晶体中各种滑移面的符号和图形。

表 3.9　晶体中各种滑移面的符号和图形

	对称面	图示符号	滑移矢量(以平行于和垂直于投影面的点阵平移矢量为单位	印刷符号
垂直于投影面的对称面	镜面	——————（粗实线）	无	m
	轴向滑移面	– – – – – –（虚线）	平行于投影面某方向的 1/2	a、b 或 c
	轴向滑移面	……………（点线）	垂直于投影面某方向的 1/2	a、b 或 c
	对角滑移面	—·—·—（点划线）	平行于投影面某方向的 1/2 加上垂直于投影面方向的 1/2(一对面，仅出现在有心晶胞中)	n
	双滑移面	··—··—··（双点划线）	同时存在 a 和 b 滑移面	e
	金刚石滑移面	—·—·←·— —·—·→·—	平行于投影面某方向的 1/4 加上垂直于投影面方向的 1/4(箭头指示平行于投影面的方向，此时垂直分量为正)	d

续表

	对称面	图示符号	滑移矢量(以平行于和垂直于投影面的点阵平移矢量为单位	印刷符号
平行于投影面的对称面	镜面		无	m
	轴向滑移面		箭头方向的 1/2	a、b 或 c
	对角滑移面		箭头方向的 1/2	n
	双滑移面		(一对面，仅出现在有心晶胞中)两个箭头指向方向的 1/2	e
	金刚石滑移面		箭头方向的 1/2。滑移矢量总是面心矢量或体心矢量的一半，即惯用晶胞对角线的 1/4	d

3.4.2　螺旋旋转与滑移反映对称操作的矩阵表示

复合对称操作将客体的坐标$\begin{bmatrix} x \\ y \\ z \end{bmatrix}$变换到新坐标$\begin{bmatrix} \tilde{x} \\ \tilde{y} \\ \tilde{z} \end{bmatrix}$，其坐标变换矩阵用 Seitz 符号($\boldsymbol{W}$, $\boldsymbol{w}$)表示。因此新坐标与原坐标的关系为

$$\begin{bmatrix} \tilde{x} \\ \tilde{y} \\ \tilde{z} \end{bmatrix} = (\boldsymbol{W},\boldsymbol{w})\begin{bmatrix} x \\ y \\ z \end{bmatrix} \tag{3-4-1}$$

其运算法则为

$$\begin{bmatrix} \tilde{x} \\ \tilde{y} \\ \tilde{z} \end{bmatrix} = (\boldsymbol{W},\boldsymbol{w})\begin{bmatrix} x \\ y \\ z \end{bmatrix} = \boldsymbol{W}\begin{bmatrix} x \\ y \\ z \end{bmatrix} + \boldsymbol{w} \tag{3-4-2}$$

其中，$\boldsymbol{W}$ 为附录 1 中列出的点对称操作矩阵，$\boldsymbol{w}$ 为平移操作矩阵。以图 3.15 经过原点的 4_1 螺旋旋转对称操作为例：

$$\begin{bmatrix} \tilde{x} \\ \tilde{y} \\ \tilde{z} \end{bmatrix} = \begin{bmatrix} 0 & \bar{1} & 0 \\ 1 & 0 & 0 \\ 0 & 0 & 1 \end{bmatrix}\begin{bmatrix} x \\ y \\ z \end{bmatrix} + \begin{bmatrix} 0 \\ 0 \\ \frac{1}{4} \end{bmatrix} = \begin{bmatrix} -y \\ x \\ z+\frac{1}{4} \end{bmatrix} \tag{3-4-3}$$

平移操作矩阵 $\boldsymbol{w}$ 与螺距 $\boldsymbol{\tau}$ 的系数一致。

用 Seitz 符号$(\boldsymbol{W}, \boldsymbol{w})$表示的变换操作也可以用4×4 的增广矩阵 $\mathscr{W}$ 表示：

$$\mathscr{W}=\left[\begin{array}{c:c} \boldsymbol{W} & \begin{matrix} w_x \\ w_y \\ w_z \end{matrix} \\ \hdashline 0\ 0\ 0 & 1 \end{array}\right] \tag{3-4-4}$$

其中，左上角的 $\boldsymbol{W}$ 就是(3×3)的点对称操作矩阵；右上角的(3×1)的列矩阵代表平移分量，增广矩阵 $\mathscr{W}$ 的最下一行永远是(0 0 0 1)。类似地由点的坐标构成的(3×1)的列矩阵也应该增广成为(4×1)的列矩阵：

$$\boldsymbol{x}=\begin{bmatrix} x \\ y \\ z \\ 1 \end{bmatrix} \tag{3-4-5}$$

这样螺旋旋转操作对客体坐标 $\boldsymbol{x}$ 的变换可以用增广矩阵表示为

$$\begin{bmatrix} \tilde{x} \\ \tilde{y} \\ \tilde{z} \\ 1 \end{bmatrix}=\left[\begin{array}{c:c} \boldsymbol{W} & \begin{matrix} w_x \\ w_y \\ w_z \end{matrix} \\ \hdashline 0\ 0\ 0 & 1 \end{array}\right]\begin{bmatrix} x \\ y \\ z \\ 1 \end{bmatrix} \tag{3-4-6}$$

或简写为 $\tilde{\boldsymbol{x}}=\mathscr{W}\boldsymbol{x}$。

两个操作$(\boldsymbol{W}_2, \boldsymbol{w}_2)$和$(\boldsymbol{W}_1, \boldsymbol{w}_1)$的乘积$(\boldsymbol{W}_3, \boldsymbol{w}_3)$的增广矩阵 $\mathscr{W}_3$是这两个操作的增广矩阵 $\mathscr{W}_2$和 $\mathscr{W}_1$的乘积：

$$\mathscr{W}_3=\mathscr{W}_2\mathscr{W}_1 \tag{3-4-7}$$

例如，连续两次的 4_1 螺旋旋转操作，用增广矩阵 $\mathscr{W}$ 变换如下：

$$\begin{bmatrix} \tilde{x} \\ \tilde{y} \\ \tilde{z} \\ 1 \end{bmatrix}=\begin{bmatrix} 0 & \bar{1} & 0 & 0 \\ 1 & 0 & 0 & 0 \\ 0 & 0 & 1 & \frac{1}{4} \\ 0 & 0 & 0 & 1 \end{bmatrix}\begin{bmatrix} 0 & \bar{1} & 0 & 0 \\ 1 & 0 & 0 & 0 \\ 0 & 0 & 1 & \frac{1}{4} \\ 0 & 0 & 0 & 1 \end{bmatrix}\begin{bmatrix} x \\ y \\ z \\ 1 \end{bmatrix}=\begin{bmatrix} \bar{1} & 0 & 0 & 0 \\ 0 & \bar{1} & 0 & 0 \\ 0 & 0 & 1 & \frac{1}{2} \\ 0 & 0 & 0 & 1 \end{bmatrix}\begin{bmatrix} x \\ y \\ z \\ 1 \end{bmatrix} \tag{3-4-8}$$

$$\begin{bmatrix} \tilde{x} \\ \tilde{y} \\ \tilde{z} \end{bmatrix}=\begin{bmatrix} \bar{x} \\ \bar{y} \\ z+\frac{1}{2} \end{bmatrix} \tag{3-4-9}$$

式(3－4－9)所表示的操作等效于一次 2_1 螺旋旋转操作：

$$\begin{bmatrix} \tilde{x} \\ \tilde{y} \\ \tilde{z} \\ 1 \end{bmatrix} = \begin{bmatrix} \bar{1} & 0 & 0 & 0 \\ 0 & \bar{1} & 0 & 0 \\ 0 & 0 & 1 & \frac{1}{2} \\ 0 & 0 & 0 & 1 \end{bmatrix} \begin{bmatrix} x \\ y \\ z \\ 1 \end{bmatrix} = \begin{bmatrix} \bar{x} \\ \bar{y} \\ z + \frac{1}{2} \\ 1 \end{bmatrix} \qquad (3-4-10)$$

图 3.16 中 $\boldsymbol{a}[001]$ 滑移反映对称操作的坐标变换关系为

$$\begin{bmatrix} \tilde{x} \\ \tilde{y} \\ \tilde{z} \\ 1 \end{bmatrix} = \begin{bmatrix} 1 & 0 & 0 & \frac{1}{2} \\ 0 & 1 & 0 & 0 \\ 0 & 0 & \bar{1} & 0 \\ 0 & 0 & 0 & 1 \end{bmatrix} \begin{bmatrix} x \\ y \\ z \\ 1 \end{bmatrix} = \begin{bmatrix} x + \frac{1}{2} \\ y \\ \bar{z} \\ 1 \end{bmatrix} \qquad (3-4-11)$$

利用点操作矩阵和平移操作矩阵制备增广矩阵 $\mathscr{W}$ 具有普遍的意义，可以求得所有螺旋轴和滑移面的对称操作的坐标变换矩阵。在选用点操作矩阵和平移操作矩阵时要注意对称元素相对于坐标轴的取向不同时，矩阵的表示不同。附录 1 只是其中对称元素一种取向的矩阵表示，其他取向的矩阵形式可以类推出来或查阅进一步阅读的参考书 2。以上讨论的平移矢量仅限于平行于点对称元素取向的平移，因此产生了一系列螺旋轴和滑移面等微观对称元素。若平移是任意方向的矢量，则产生的微观对称元素的位置就会发生移动，深入的学习可参阅进一步阅读的参考书 1、2。

3.4.3　晶体的空间群

晶体的对称性既要满足晶胞中结构基元的对称性，即晶体学点群的对称性，又要满足空间点阵格子的对称性，即平移群的对称性。满足三维晶体对称性的对称操作必须是晶体的点对称操作（1，2，3，4，6，i，m，$\bar{4}$）与平移对称操作的复合操作。因此所谓晶体学空间群就是要使某个三维空间的客体（晶体）变换成它自己的几何对称操作（平移、点对称操作以及这两者的复合）的集合。

空间群可以分为点式空间群和非点式空间群两大类。对点式空间群而言，它的点群的对称操作也正好是空间群本身的对称操作。非点式空间群的点群对称操作中，总会有一些不是空间群本身的对称操作，例如，空间群 D_2^4 - $P2_12_12_1$(19) 中没有 2 次旋转轴点对称元素。

1. 点式空间群

由 14 个空间点阵平移群和与其协调的 32 个晶体学点群分别复合得到的新的空间群就是点式空间群。点式空间群的基本对称元素不会出现螺旋轴或滑移面。所谓平移群与晶体学点群的协调，表现在表 3.7 中。例如，正交晶系的空间点阵平移群为 oP、oA、oI、oF 四种空间格子，与之相协调的点群为 222、

*mm*2、*mmm* 三个点群。每一种空间格子的平移群分别与 222、*mm*2、*mmm* 三个点群相乘，就会得到 13 个独立的点式空间群。

1) C_{2v}^1-Pmm2(25)点式空间群推导

首先以 oP 空间格子与 *mm*2 点群复合为例，说明生成空间群 C_{2v}^1-Pmm2(25)的过程。C_{2v}^1-Pmm2 是序号为 25 的空间群，横线左边的是空间群的申夫利斯符号，C_{2v}为与其同态点群的申夫利斯符号，上角标 1 为这个点群的不同空间群的序号。横线右边是空间群的国际符号，由空间格子类型符号 *P* 和点群的国际符号 *mm*2 组成，一般在点群符号后面还用带圆括号的数字表示该空间群在 230 个空间群中的序号。

oP 空间格子与点群 *mm*2 的复合过程简述如下：

(1) 将 oP 格子沿着[001]方向投影到纸面上，然后将具有 *mm*2 对称性的客体(可以是分子或原子团)放到 oP 的一个点阵点上。放置时必须让客体的对称元素和 oP 点阵的对称元素重合，即客体的 2 次轴必须平行于点阵格子的 *c* 轴，两个镜面的法线必须分别平行于正交点阵晶胞的其余一个棱边。

(2) 由于点阵格子的周期性，必然在每一个点阵点处产生一个同样放置的客体。这样得到的晶体结构既有 oP 的平移对称性，每个点阵点周围的环境又具有点群 *mm*2 的对称性(如图 3.17(d)所示)。

(3) 该复合过程同样可以对客体的点群进行。客体的点群由基本对称元素 *mm*2 相交于一点组成，客体的点群复合到 oP 格子的一个点阵点上，此时必须遵循以上强调的对称元素重合原则(如图 3.17(a)所示)。图 3.17(a)、(b)、(c)和(d)分别称为 C_{2v}^1-Pmm2 空间群的对称元素配置图和等效点系配置图。

观察图 3.17(a)可以发现，由于对客体实施 oP 的平移操作，除了在其他三个点阵点处产生三个平行于 *c* 方向的 2 次旋转轴以外，又产生出新的 2 次旋转轴对称元素，这些产生的对称元素不是基本对称元素，在点群的国际符号中没有表示。可以证明(深入学习可参阅进一步阅读的参考书 2、3)，纯旋转操作和垂直于旋转轴方向的平移操作的组合会生成一个新的相同的旋转操作，产生的旋转轴距离平移矢量 $\boldsymbol{t}$ 中点的垂线距离 BB' 由下式计算出来：

$$BB' = (\boldsymbol{t}/2)\cot(\alpha/2) \qquad (3-4-12)$$

其中，α 为基本旋转操作的角度。

由于 2 次旋转轴的 $\alpha=180°$，$\cot 90°=0$，因此图 3.17 在每两个点阵点之间($\boldsymbol{a}/2$，$\boldsymbol{b}/2$，$(\boldsymbol{a}+\boldsymbol{b})/2$，$(\boldsymbol{a}/2)+\boldsymbol{b}$ 和 $\boldsymbol{a}+(\boldsymbol{b}/2)$)处产生出 5 个平行于 $\boldsymbol{c}$ 方向的 2 次旋转轴，即 C_{2v}^1-Pmm2 空间群的对称元素配置图中共有 9 个 2 次旋转轴。

由图 3.17 显示出，由于 oP 格子对 *mm*2 点群实施了垂直于镜面取向的平移操作，也产生了新的镜面。同样可以证明(参阅进一步阅读的参考书 2、3)

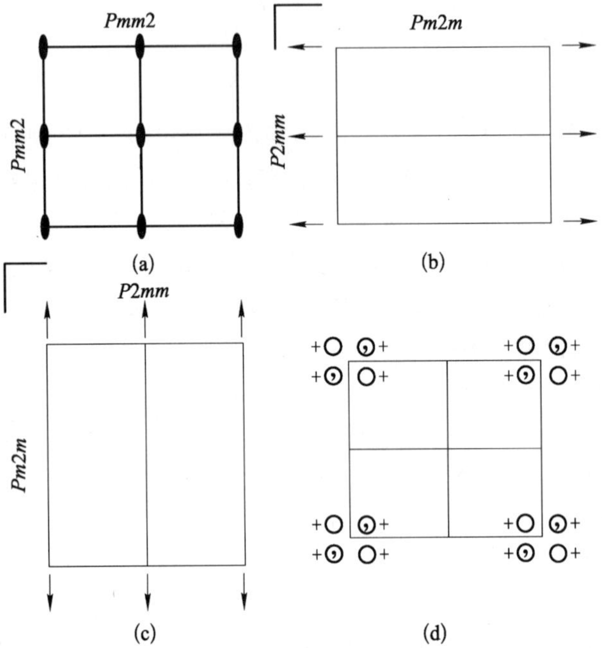

图 3.17　(a)、(b)、(c) C_{2v}^1 – $Pmm2$ 空间群的对称元素配置图；
(d) 等效点系配置图

镜面与垂直于镜面取向的平移操作复合可以产生新的同样的镜面，镜面的位置相交于两个点阵点连线之间。因此在图 3.17 中共有 6 个镜面，其中交于 $\boldsymbol{a}/2$ 和 $\boldsymbol{b}/2$ 的镜面为产生的镜面。

以上点操作与平移操作组合，具有一般的意义。如果点操作与任意方向的平移操作组合，总可以分别分解为点操作与垂直分量 $\boldsymbol{t}_{\perp}$ 及平行分量 $\boldsymbol{t}_{/\!/}$ 的组合。在 3.5.1 小节和 3.5.2 小节将介绍点操作与平行分量 $\boldsymbol{t}_{/\!/}$ 的组合将产生滑移面或螺旋轴。这一节简单介绍了点操作与垂直分量 $\boldsymbol{t}_{\perp}$ 的组合将决定产生的新的对称元素的位置。

以 oP 空间格子分别与 222 和 mmm 点群复合，仿照上述过程可以得到 D_2^1 – $P222$(16) 和 D_{2h}^1 – $Pmmm$(47) 空间群。依次将其余的 oA、oI、oF 三种空间格子与 222、$mm2$、mmm 三个点群复合，可以得到正交晶系的其他点式空间群。

2) C_{2v}^{14} – $Amm2$(38) 与 C_{2v}^{11} – $Cmm2$(35) 点式空间群推导

由 C_{2v}^1 – $Pmm2$ 空间群为起点，推导 C_{2v}^{14} – $Amm2$(38) 的对称元素和等效点系，只要在 A 心(0, 1/2, 1/2)处增加一个点阵点，在这个 A 侧心的点阵点上必然产生一组 $mm2$ 点群，与此同时产生一组具有 $mm2$ 对称性的客体(如

图 3.18(a)、(b)所示)。根据点阵点与平移操作组合的规则，**b**/2 和 **c**/2 矢量分量分别与 $m[010]$镜面的取向垂直和平行，因此在 **b**/4 处产生一个 c 滑移面。而 **b**/2 和 **c**/2 矢量分量分别与 2[001]旋转轴的取向垂直和平行，因此必然在 **b**/4 处产生一个 $2_1[001]$螺旋轴。点对称元素旋转轴和镜面又将新产生的螺旋轴和滑移面移动到对称的位置，如图 3.18 所示。

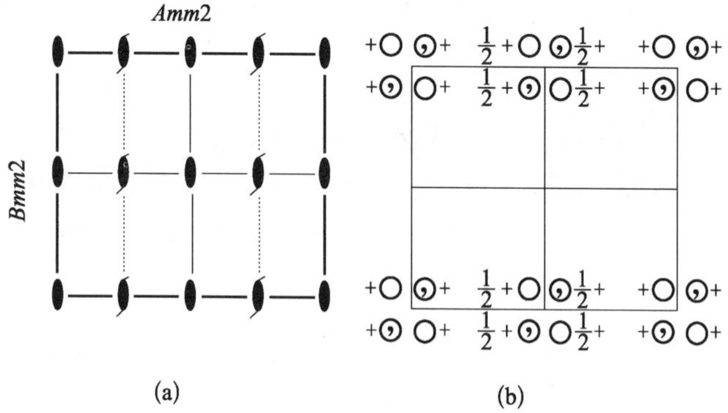

图 3.18　(a) $C_{2v}^{14}-Amm2$ 空间群的对称元素配置图；(b) 等效点系配置图

在点阵格子中，由于点阵点的全对称性，oA、oB 和 oC 格子是等价的。但是在与 $mm2$ 点群复合时，2 次轴相对于侧心点阵点的位置不同，使得 oC 格子与 $mm2$ 点群复合得到的空间群 $C_{2v}^{11}-Cmm2(35)$与 $C_{2v}^{14}-Amm2(38)$的空间群是不等价的，它们分别是独立的空间群(如图 3.19(a)、(b)所示)。因此正交晶系的 4 种空间格子与 3 种点群复合得到 13 个正交点式空间群。

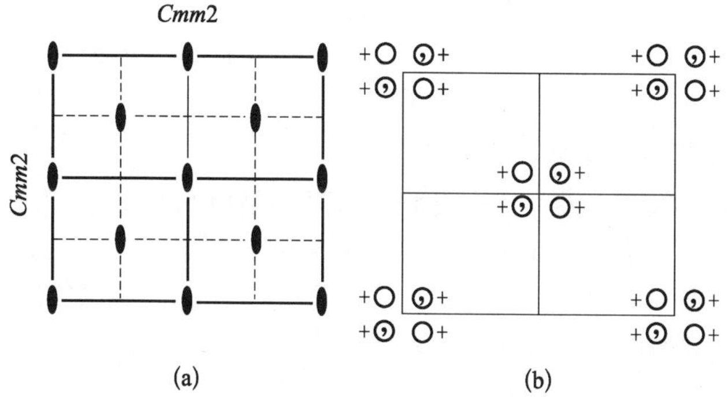

图 3.19　(a) $C_{2v}^{11}-Cmm2$ 空间群的对称元素配置图；(b) 等效点系配置图

在立方晶系中，与$\bar{4}3m$ 和 $m\bar{3}m$ 点群同态的空间群中存在的、与投影面斜交的对称面的图示可参阅进一步阅读的参考书 1。

2. 非点式空间群与空间群的分类

非点式空间群可以由点式空间群推导而得。推导方法是将点式空间群中的点式基本对称元素逐一地用与它同形的对称元素替换，抛弃其中不可能的组合，归并相同的空间群，这样就可以由 7 个晶系推导出 230 个空间群。

例如，$D_4^1 - P422$ 点式空间群分别用 4_1、4_2、4_3 代替 4，用 2_1 代替 2，进行替换，抛弃不可能的组合，归并相同的空间群，得到下面 7 个非点式空间群：$D_4^2 - P42_12$、$D_4^3 - P4_122$、$D_4^4 - P4_12_12$、$D_4^5 - P4_222$、$D_4^6 - P4_22_12$、$D_4^7 - P4_322$、$D_4^8 - P4_32_12$。

在 230 个空间群中有 11 对空间群互成镜像关系。例如，$P3_1$ 和 $P3_2$ 就是互成镜像的一对。这类空间群不应含第Ⅱ类对称动作，而必须含有 3_1 或 3_2、4_1 或 4_3、6_1 或 6_5、6_2 或 6_4 等螺旋轴。11 对互成镜像的空间群列于表 3.10 中。

表 3.10　11 对互成镜像的空间群

互成镜像的空间群		互成镜像的空间群	
$C_3^2 - P3_1(144)$	$C_3^3 - P3_2(145)$	$D_4^3 - P4_122(91)$	$D_4^7 - P4_322(95)$
$C_4^2 - P4_1(16)$	$C_4^4 - P4_3(78)$	$D_4^4 - P4_12_12(92)$	$D_4^8 - P4_32_12(96)$
$C_6^2 - P6_1(169)$	$C_6^3 - P6_5(170)$	$D_6^2 - P6_122(178)$	$D_6^3 - P6_522(179)$
$C_6^4 - P6_2(171)$	$C_6^5 - P6_4(172)$	$D_6^4 - P6_222(180)$	$D_6^5 - P6_422(181)$
$D_3^3 - P3_112(151)$	$D_3^5 - P3_212(153)$	$O^6 - P4_332(212)$	$O^7 - P4_132(213)$
$D_3^4 - P3_121(152)$	$D_3^6 - P3_221(154)$		

属于这些空间群的晶体通常具有旋光性，而互成镜像的两个旋光方向相反。

3. 国际晶体学空间群表的识别

《国际晶体学表(A 卷)——空间群对称性》是由 Springer 出版公司为国际晶体学会出版的大型系列工具图书之一。书中内容包括了一维、二维和三维正空间的空间群和点群的对称性，尤其是对三维空间群进行了细致的分类和展示。识别和运用空间群图表是本章的主要目的。

晶体空间群表一般有左右两页篇幅，在其中涉及各个空间群的对称元素配置、一般等效点系位置的配置、一般和特殊等效点的对称性和坐标、反(衍)射出现的条件、空间群的子母群关系等。这些资料对于晶体结构的测定、认识、描述，对于相变的研究等，都是十分重要的。下面以常见的 $D_{2h}^{16} - Pnma$ 为例，对空间群图表的内容加以介绍。

Pnma D_{2h}^{16} *m m m* **正交晶系**

No.62 $P\frac{2_1}{n}\frac{2_1}{m}\frac{2_1}{a}$ Patterson 对称性 *Pmmm*

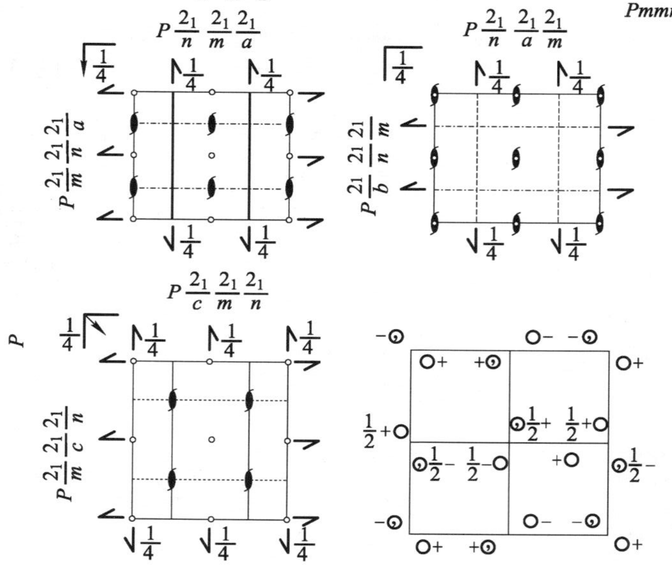

原点在12_11的$\bar{1}$上

无对称单元 $0\leqslant x\leqslant 1/2$；$0\leqslant y\leqslant 1/4$；$0\leqslant z\leqslant 1$

对称操作

(1) 1 (2) 2(0,0,1/2) 1/4,0,*z* (3) 2(0,1/2,0) 0,*y*,0 (4) 2(1/2,0,0) *x*,1/4,1/4

(5) $\bar{1}$ 0,0,0 (6) *a* *x*,*y*,1/4 (7) *m* *x*,1/4,*z* (8) *n*(0,1/2,1/2) 1/4,*y*,*z*

(a)

选用的生成操作　(1) ; $t(1,0,0)$; $t(0,1,0)$; $t(0,0,1)$; (2); (3); (5)

位置

多重性　　坐标　　反射条件

Wyckoff 字母

点对称性

位置	坐标	反射条件
8 *d* 1	(1) x,y,z　(2) $\bar{x}+1/2,\bar{y},z+1/2$　(3) $\bar{x},y+1/2,z+1/2$　(4) $x+1/2,\bar{y}+1/2,\bar{z}+1/2$ (5) $\bar{x},\bar{y},\bar{z}$　(6) $x+1/2,y,\bar{z}+1/2$　(7) $x,\bar{y}+1/2,z+1/2$　(8) $\bar{x}+1/2,y+1/2,z+1/2$	一般 $0kl$: $k+l=2n$ $hk0$: $h=2n$ $h00$: $h=2n$ $0k0$: $k=2n$ $00l$: $l=2n$
4 *c* .*m*.	$x,1/4,z$　$\bar{x}+1/2,3/4,z+1/2$　$\bar{x},3/4,z$　$\bar{x}+1/2,1/4,\bar{z}+1/2$	特殊：同上，加上 无额外条件
4 *b* $\bar{1}$	$0,0,1/2$　$1/2,0,0$　$0,1/2,1/2$　$1/2,1/2,0$	hkl: $h+l,k=2n$
4 *a* $\bar{1}$	$0,0,0$　$1/2,0,1/2$　$0,1/2,0$　$1/2,1/2,1/2$	hkl: $h+l,k=2n$

特殊投影对称性

沿[001]$p2gm$	沿[100]$c2mm$	沿[010]$p2gg$
$a'=1/2a$　$b'=b$	$a'=b$　$b'=c$	$a'=c$　$b'=a$
原点在 $0,0,z$	原点在 $x,1/4,1/4$	原点在 $0,y,0$

最大不同构子群

Ⅰ
[2] $Pn2_1a$($Pna2_1$,33)　1;3;6;8
[2] $Pnm2_1$($Pmn2_1$,31)　1;2;7;8
[2] $P2_1ma$($Pmc2_1$,26)　1;4;6;7
[2] $P2_12_12_1$(19)　1;2;3;4
[2] $P1\,1\,2_1/a$($P2_1/c$,14)　1;2;5;6
[2] $P2_1/n\,1\,1$($P2_1/c$,14)　1;4;5;8
[2] $P1\,2_1/m\,1$($P2_1/m$,11)　1;3;5;7

Ⅱa　无

Ⅱb　无

最低指数的最大同构子群

Ⅱc　[3]$Pnma$($a'=3a$)(62); [3]$Pnma$($b'=3b$)(62); [3]$Pnma$($c'=3c$)(62)

最小不同构母群

Ⅰ　无

Ⅱ　[2]$Amma$($Cmcm$,63); [2]$Bbmm$($Cmcm$,63); [2]$Ccme$($Cmce$,64); [2]$Imma$(74); [2]$Pcma$($b'=\frac{1}{2}b$)($Pbam$,55); [2]$Pbma$($c'=\frac{1}{2}c$)($Pbcm$,57); [2]$Pnmm$($a'=\frac{1}{2}a$)($Pmmn$,59)

(b)

图 3.20　(a) 国际晶体学空间群表中 $D_{2h}^{16}-Pnma$ 空间群的左页，

(b) 国际晶体学空间群表中 $D_{2h}^{16}-Pnma$ 空间群的右页

空间群左页中由上至下的内容依次如下。

（1）标题：第一行的内容从左至右依次为空间群的简略符号、申夫利斯符号、同态点群的简略国际符号、晶系的名称。第二行依次是空间群的序号、空间群的完全国际符号、Patterson 对称性。

有些空间群的标题有第三行，其内容是原点的选择，或是坐标轴定向和晶胞的选择。

（2）晶胞投影图：立方、六方、四方、正交、单斜和三斜晶系都是沿着某个晶轴的方向向纸面投影。三斜和单斜晶胞的另两个晶轴会不平行于纸面，图中这样的坐标轴表示为 $\boldsymbol{a}_p$ 或 $\boldsymbol{b}_p$。菱面体晶胞是沿着菱面体坐标的[111]方向投影，三个晶轴不与投影面正交，因此表示为 $\boldsymbol{a}_p$、$\boldsymbol{b}_p$ 和 $\boldsymbol{c}_p$。低级晶系包含四幅图，中、高级晶系包含两幅图。在四幅图中，有三幅图是在不同方向投影的对称元素配置图，其中左上图为沿 c 轴的投影，矢量 $\boldsymbol{c}$ 垂直纸面朝上，矢量 $\boldsymbol{a}$ 沿纸面指向下，$\boldsymbol{b}$ 指向右；左下图是其正视图，即沿 a 轴投影，$\boldsymbol{b}$ 指向右，$\boldsymbol{c}$ 指向下；右上图是其侧视图，即沿 b 轴投影，$\boldsymbol{a}$ 指向下，$\boldsymbol{c}$ 指向左。在对称元素配置图中，一般情况下对称元素在投影面上。如果对称元素旁有分数，该分数则表示的是对称元素高于投影面的位置。右下图是对应于左上图沿 c 轴投影的一般等效点系配置图。在一般等效点系配置图中，用○表示客体的位置(x, y, z)，⊙表示和○成镜像关系；当存在着平行于投影面的镜像时，重叠的两个位置用“-◐+”表示。等效点位置旁边的分数 w 表示等效点的位置(x, y, $z+w$)[单斜晶系有可能是(x, $y+w$, z)]。等效点位置旁的加号“+”或减号“-”，表示等效点垂直于投影面的相对位置互为相反数。

（3）原点的位置选择：适当选择原点，有利于晶体结构的测定和对结构的描述和比较。通常情况下，选择原点的习惯是：① 对 90 种中心对称的空间群，原点选在对称中心上。② 对非中心对称的空间群，原点选在最高的对称位置上。若点对称性小于 2，原点选在螺旋轴、滑移面或对称元素的交点上。对类似于 $P2_12_12_1$ 这样的空间群，原点选在三对轴的中心位置。

（4）无对称单元：无对称单元是空间中最小的区域，由它出发经过该空间群的全部对称操作恰好充满整个空间。所以，无对称单元包含了描述晶体结构所需要的全部信息。由以上定义可知，镜面和旋转轴必定分别是无对称单元的界面和棱边。2 次轴可以平分一个界面。反演中心必定是无对称单元的顶点或者位于界面或棱边的中点。对于低级晶系，无对称单元选成平行六面体，它的一个顶点处在晶胞的原点，然后标出三个轴的边界。

（5）对称操作：这是标明这个空间群中各个对称元素在晶胞中的位置。每个对称元素都给予一个序号；对称元素申夫利斯符号后面紧跟着的括号里的数字是对称操作的平移分量，跟在括号后面的一组数是对称元素在晶胞中的位置和取向。例如，2(0，0，1/2)1/4，0，z 标明这是一个平行 $\boldsymbol{c}$ 矢量的 2_1 螺旋轴，螺旋轴交于 1/4$\boldsymbol{a}$。旋转轴则用“ + ”或“ - ”号表示右手旋转或左手旋转。

空间群图表右页包括的内容从上到下的意义如下。

(1) 标题：空间群的序号和简略的国际符号。

(2) 选用的生成操作：此行按照序号顺序列出了由一个一般点位置(x，y，z)依次进行对称操作，生成所有一般等效点位置的对称元素。例如，序号(1)的生成操作表明此图左页中的第一个对称元素，一般为恒等元素。此时一般等效点的位置对应于序号为①的位置坐标(x，y，z)。后面紧跟着空间点阵的平移矢量：$\boldsymbol{t}$(1，0，0)、$\boldsymbol{t}$(0，1，0)和 $\boldsymbol{t}$(0，0，1)。如果是体心格子，则给出 $\boldsymbol{t}$(1/2，1/2，1/2)矢量等。序号②的生成操作表明对已产生的一个一般点进行第②号对称元素的操作，产生序号为②的一般点位置坐标。序号③的生成操作表明对已产生的两个一般点进行第③号对称元素的操作，产生序号为③和④的一般点位置坐标。序号⑤的生成操作表明对已产生的四个一般点进行第⑤号对称元素的操作，产生序号为⑤、⑥、⑦、⑧的四个一般点位置坐标。这样通过这四个生成元的对称操作产生了全部八个一般等效点位置的坐标。

(3) 位置：没有高于恒等对称元素 $\boldsymbol{E}$ 以外对称元素的位置为一般位置(x，y，z)。用空间群的每一个对称操作依次对一般位置(x，y，z)进行变换得到的一组点的位置称为一般等效点位置。有 2 次旋转轴以上点对称元素的位置为特殊等效点位置。位于滑移面或 2_1、3_1、3_2、4_1、4_3、6_1、6_5 位置上的点不具有点对称元素，因此为一般位置。位置的内容从左到右分别给出位置的多重性、位置的 Wyckoff 符号(字母)、位置的对称性、等效点位置的坐标和反射条件等。

① 位置的多重性：每个单胞中等效点位置的数目。对于素格子，一般等效点位置的多重性等于与空间群同态的点群的阶。对于复格子，一般等效点位置的多重性等于与空间群同态的点群的阶与点阵点数目的乘积。由于点群将特殊点的位置变化为它自己，没有产生新的等效点，因此特殊等效点位置的多重性等于一般等效点位置的多重性与位置点群的阶的商。

② 位置的 Wyckoff 符号：标明某一个空间群的位置的符号，按英文字母顺序从下向上编排，位置的对称性从下向上减小。

③ 位置的对称性：位置对称性的点群是与该空间群同态的点群的同形子群。为了指明某位置的对称元素与该晶体点阵的对称元素的关系，图表中使用取向关系确定的对称性符号。该符号每一个位置的含义与表 3.6 中的一致。若位置对称群在某一组方向上没有对称元素，就用一个点代表位置。例如：(a) 空间群 $Cmm2$(35)中的 4d. m. 位置。在符号 m 前后各有一个点，说明 m 位于第二位对称方向，镜面垂直于[010]方向。第一和第三位没有对称元素。

位置对称群是单斜晶系的 m 点群。(b) 空间群 $Cmm2$(35)中的 $4em..$ 位置。在符号 m 之后有两个点，说明 m 位于第一位对称方向，镜面垂直于[100]方向。第二和第三位没有对称元素。因此空间群 $Cmm2$(35)中的 $4d$ 和 $4e$ 位置的对称性是不同的。(c) 空间群 $P42_12$(90)中的 $2a$ 2.22 位置。符号中部的点表示沿四方晶系第二位方向[100]和[010]无对称元素；点后面的 22 是表示沿[110]和[$1\bar{1}0$]两个方向的对称性。因此位置的对称点群是正交晶系的 222。

④ 等效点位置的坐标：等效点坐标的组数与位置的多重性相同。一般位置坐标的序号和左页中对称操作的序号相对应。相同等效点不同位置的坐标变换，实际上就是对称操作的结果，因此在数学上表示为对称操作增广矩阵对坐标变换的结果(可参阅进一步阅读的参考书 1、2)。

⑤ 反射条件：给出各种等效位置的 X 射线衍射可能出现的条件。一般位置的反射条件为一般条件，它适用于该空间群全部等效点系。对带心的点阵给出 hkl 的整体反射条件，对于素点阵不存在 hkl 类型消光，就不列出了。$0kl$、$h0l$、$hk0$ 表示螺旋轴存在时衍射的出现条件，$h00$、$0k0$、$00l$ 表示滑移面存在时衍射的出现条件。特殊位置可能有附加的额外的衍射出现的条件。

(4) 特殊投影的对称性：每一空间群列出了沿三个方向的正交投影。内容包括投影方向、投影所得的平面群、投影晶胞的轴和原点等。

(5) 最大不同构子群：第Ⅰ类为平移同构子群或 t 群。这类子群与原空间群具有相同的平移对称操作，但是子群中的点群对称性降低。

第Ⅱ类为同晶类子群，保持点对称性不变，平移对称性降低。第Ⅱ类子群又可细分为：Ⅱa，子群保持原有的惯用晶胞；Ⅱb，子群的晶胞大于原来的晶胞。

(6) 最低指数的最大同构子群Ⅱc：最低指数的同晶类子群，与母群有相同的标准国际符号，但单胞增大。

(7) 最小不同构母群：第Ⅰ类同平移母群。第Ⅱ类同晶类母群。

3.5 空间群的应用

3.5.1 在晶体结构测定中的应用

自从瑞士晶体学家 Paul Niggli 首先指出了空间群理论在 X 射线衍射测定晶体中的应用以后，晶体学家总是先测定晶体的空间群，再在空间群有关规律的指导下初步推测并最终测定该晶体的结构。因此空间群理论成为晶体结构测定的基础之一。

在晶体结构的测定中，可以获得晶体的衍射数据，即晶体衍射对称性和衍射强度，因此可以获得晶体所属的晶系、晶胞参数、劳埃点群和衍射的系统消光规律。系统消光是指晶体的衍射中，有一部分衍射 hkl 的强度系统地、有规律地呈现零值。衍射系统消光的出现是因为晶体结构中存在螺旋轴、滑移面和带心点阵形式等晶体结构的微观对称元素，引起某一类衍射的结构因子为零值所致(详细论述阅读 X 射线衍射晶体结构测定的有关书籍，如进一步阅读的参考书 4、5、6)。在国际空间群图表中每个空间群的右页，位置一栏的最右部分都是发生衍射的条件。在国际空间群表的附录部分有关于发生衍射条件的总结表格。在许多参考书中将衍射条件改写为消光条件，更便于在实验中运用消光条件判断空间群(表 3.11)。

表 3.11　部分带心点阵形式和平移对称元素的系统消光

带心点阵	hkl 型衍射消光
I(体心)	$h+k+l=$奇数
A 面带心	$k+l=$奇数
B 面带心	$h+l=$奇数
C 面带心	$h+k=$奇数
F 面带心	h、k、l 不全为奇数或偶数

对称元素		螺旋轴衍射类型	系统消光
2_1、4_2 或 6_3 沿着	a	$h00$	$h=$奇数
	b	$0k0$	$k=$奇数
	c	$00l$	$l=$奇数
3_1、3_2、6_2 或 6_4 沿着	c	$00l$	l 不为 3 的倍数
4_1 或 4_3 沿着	a	$h00$	h 不为 4 的倍数
	b	$0k0$	k 不为 4 的倍数
	c	$00l$	l 不为 4 的倍数
6_1 或 6_5 沿着	c	$00l$	l 不为 6 的倍数

滑移面			
对称元素		衍射类型	系统消光
a 滑移面垂直于	b	$h0l$	$h=$奇数
	c	$hk0$	$h=$奇数
b 滑移面垂直于	a	$0kl$	$k=$奇数
	c	$hk0$	$k=$奇数
c 滑移面垂直于	a	$0kl$	$l=$奇数
	b	$h0l$	$l=$奇数
n 滑移面垂直于	a	$0kl$	$k+l=$奇数
	b	$h0l$	$h+l=$奇数
	c	$hk0$	$h+k=$奇数
d 滑移面垂直于	a	$0kl$	$k+l$ 不为 4 的倍数
	b	$h0l$	$h+l$ 不为 4 的倍数
	c	$hk0$	$h+k$ 不为 4 的倍数

根据晶体所属的劳埃点群和衍射的系统消光，可以唯一确定230个空间群中的68个空间群。但其他大部分空间群只能根据衍射系统消光分类，每一类有几个可能的空间群。然后借助于晶体的物理性质，区分中心对称与非中心对称的空间群，这样又可以进一步使同一类系统消光的空间群区分开。但是仍然有一些空间群无法区分。这时就需要试探性地分别用不同的空间群解析晶体结构，根据结构精修的结果是否合理，判断正确的空间群。晶体空间群的实验测定内容可参阅进一步阅读的参考书4、5、6。确定了晶体结构的空间群，就可以大大减少待测定的独立的原子坐标参数的数目，使得复杂晶体结构X射线衍射测定工作能够得以实现。

3.5.2 晶体结构的表征

1. 晶体结构表征的内容

晶体结构的表征主要包括以下内容：① 晶体化合物的化学式；② 晶系；③ 晶胞参数；④ 晶胞中包含的化学式的数目 Z；⑤ 空间群；⑥ 原子的坐标位置；⑦ 原子的位移参数(温度因子)；⑧ 原子晶格位置的原子占有率；等等。其中，① 晶体化合物的化学式，一般要通过化学分析获得。这项内容是表征晶体的物质基础。有时晶体组成要使用X射线荧光方法测定；有时晶体中元素的价态同样要引起重视，使用光电子能谱(XPS)或电子顺磁共振(PMR)等现代物理分析方法测定。②晶系和③晶胞参数，主要是利用晶体X射线衍射的方法，测定晶体的衍射数据，通过对晶体衍射数据的指标化，同时得到晶系和晶胞参数。④ 晶胞中包含的化学式的数目 Z，需要精确测量晶体化合物的密度 D(g/cm^3)。若晶胞体积为 V(10^{-3}nm^3)，则 $Z = DV/1.66 \times FW$，其中 FW 为式量(g/mol)。根据晶体化合物的化学式和晶胞中包含的化学式的数目 Z，就可以计算晶胞中各种原子的数目，从而进一步推测各种原子在晶胞中占据的Weckoff位置。⑤~⑧的信息是衍射法晶体结构分析的主要内容。前4项特征的确定一般可以确定晶体的物相；前7项特征表征了晶体详细的晶体结构，有时空间群只有在这一步才能最后确定；第⑧项特征对缺陷晶体或固溶体是十分必要的。例如，高温超导陶瓷 $YBa_2Cu_3O_{7-\delta}$ 的表征和结构信息如表3.12所示。

表 3.12　高温超导陶瓷 $YBa_2Cu_3O_{7-\delta}$ 的表征和晶体结构

化学式	$Y_{0.96}Ba_2Ca_{0.04}Cu_3O_{6.93}$					
晶系	正交晶系					
晶胞参数/10^{-1}nm	3.81239(7)	3.879 82(9)		11.6546(3)		
空间群	$D_{2h}^1 - Pmmm(47)$					
原子结构参数						
原子	位置符号	氧化态	坐标			位移参数* /10^{-2}nm^2	位置占有率
Y1	1*h*	3	*x*	*y*	*z*		
Ca1	1*h*	2	0.5	0.5	0.5	0.48(4)	0.96
Ba1	2*t*	2	0.5	0.5	0.5	0.48(4)	0.04
Cu1	1*a*	2.3	0.5	0.5	0.184 2(2)	0.30(4)	1
Cu2	2*q*	2.3	0	0	0	0.15(6)	1
O1	2*q*	−2	0	0	0.354 7(1)	0.36(3)	1
O2	2*s*	−2	0	0	0.159 9(2)	0.45(5)	1
O3	2*r*	−2	0.5	0	0.377 8(2)	0.54(4)	1
O4	1*e*	−2	0	0.5	0	0.4(1)	0.87(1)
O5	1*b*	−2	0.5	0	0	0.4(1)	0.06

注：* 表示在晶体结构中假设原子作各向同性的热振动，其振幅为 *B*。

2. 晶体结构数据库

1948 年国际晶体学会(International Union of Crystallography)[36]在发现 X 射线晶体衍射 20 多年以后，创办了学术刊物《Acta Crystallography》，发表晶体学研究在各领域的成果[37]。1968 年该刊物开始分刊为 A24、B24 二辑，分别刊登晶体学的基本理论和固态科学研究成果。1968 年开始增加了 C39 辑，刊登晶体结构通信；1993 年开始增加了 D49 辑，刊登生物大分子的测定和结构；2001 年开始增加了 E57 辑，以适应快速发展的无机、金属 - 有机、有机化合物晶体结构发表的需要；2005 年又开始增加了 F61 辑，刊登生物大分子结构和结晶的通信。到现在，《Acta Crystallography》已扩展成为 A、B、C、D、E、F 六辑的系列刊物，反映了晶体学在各个领域的重要意义。

现在每年大约报道一万个晶体结构的数据，截止到目前，大约已有 20 万种化合物通过衍射法测定出其晶体结构。由于晶体结构测定技术的快速发展，

[36]　http：//www. iucr. org/.
[37]　http：//journals. iucr. org/.

晶体化合物结果的快速涌现以及网络技术的发展，1991 年以后，国际上先后建立了几个晶体结构数据库，供科学家在网上查询数据处理软件，介绍数据库产品或者开通网上查询晶体结构数据。

（1）Inorganic Crystal Structures Database（ICSD）：包括自 1913 年以来，至少有一个金属元素，不含有 C—C 和 C—H 键的无机晶体化合物的结构、有关文献和合成方法[38,39]。每年更新两次数据，每次大约增加 3 000 个新化合物。

（2）Cambridge Structural Database（CSD）：包括 1935 年以来的有机化合物、金属配合物和金属 - 有机化合物的结构信息、化学键数据等。到 1992 年已达到 100 000 个化合物，现在每年还会收集大约 8 000 个化合物的信息[40]。

（3）NRCC Metal Crystallographic Data File（CRYSTMET）：包括金属和合金相的数据[41]。

（4）The International Centre for Diffraction Data（ICDD）收集、编辑了 ICSD、CSD 等国际数据中心的无机、有机、金属 - 有机等化合物的六十二万多个粉末衍射数据，用于晶态材料鉴定[42]。

蛋白质和核糖核酸的晶体结构也有各自的数据库。

3. 类质同晶

对各种金属单质的结构研究表明，虽然它们的化学成分各不相同，却分别属于几种有限的晶体结构类型，这种现象称为类质同晶现象；具有相同结构类型的不同单质互相成为类质同晶化合物。图 3.21 表明，金属单质主要分别以体心立方堆积（*bcc*）、立方最密堆积（*ccp*）、六方最密堆积（*hcp*）和六方 - 立方最密堆积（*hc*）晶体形式存在。例如，碱金属和碱土金属单质之间就具有类质同晶现象。

类质同晶化合物具有相同的化学式类型，组成原子占据同一空间群的相同等效点系，因此具有相同的结构类型。结构类型的命名一般以最先发现的典型化合物或矿物名称命名，例如 Cu 型、Mg 型或金刚石型。这种分类原则也延伸到简单或复杂化合物中，例如 NaCl 型、CsCl 型、萤石型等（可参阅进一步阅读的参考书 7、8、9）。

图 3.21 也表明，相同一种单质，也可以有不同的结构类型，例如，金属 Li、Na、Ca、Sr 等每种金属单质又可以具有不同的结构类型，这种现象称为同质多晶现象，化合物的同质多晶转变将在第 5 章讨论。

---

[38] http：//icsd. ill. eu/icsd/.

[39] http：//www. fiz-karlsruhe. de/icsd_ content. html.

[40] http：//www. ccdc. cam. ac. uk/.

[41] http：//www. tothcanada. com/.

[42] http：//www. icdd. com/.

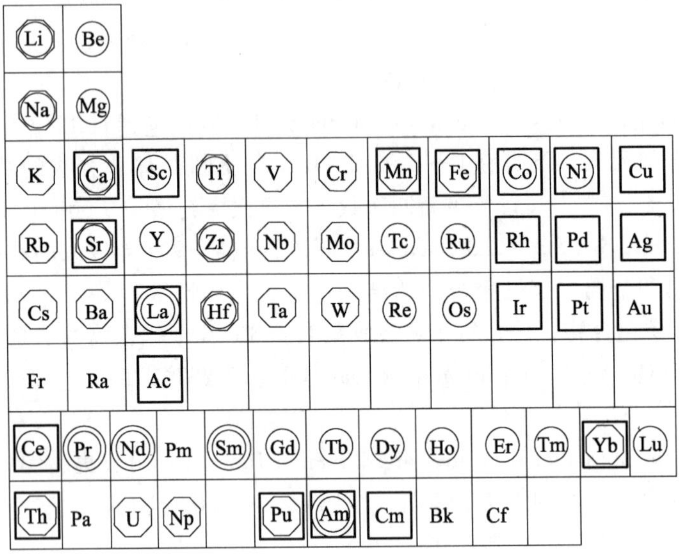

图 3.21　金属单质的晶体结构

（图中正八边形表示 bcc，正方形表示 ccp，单层圆圈表示 hcp，双层圆圈表示 hc）

晶体物质的表征不仅要刻画化合物的组成，还要刻画晶体结构类型。表 3.13 是典型的简单化合物的一部分结构类型。

表 3.13　典型的简单化合物结构类型

化学式	结构类型	空间群	坐标	典型化合物	说明
单质	A1	O_h^5 - $Fm\bar{3}m(225)$	4a(0, 0, 0); (1/2, 1/2, 0); (1/2, 0, 1/2); (0, 1/2, 1/2)	Cu	无参数结构
	A2	O_h^9 - $Im\bar{3}m(229)$	2a(0, 0, 0); (1/2, 1/2, 1/2)	W	
	A3	D_{6h}^4 - $P6_3/mmc(194)$	2d(0, 0, 0); (0, 0, 1/2)	Mg	
	A4	O_h^7 - $Fd\bar{3}m(227)$	(0, 0, 0) +, (1/2, 1/2, 0) +, (1/2, 0, 1/2) +, (0, 1/2, 1/2) +, 8a(0, 0, 0); (3/4, 1/4, 3/4)	金刚石	
	石墨	C_{6v}^4 - $P6_3mc(186)$	C1: 2a(0, 0, z_1); (0, 0, z_1 + 1/2) C2: 2b(1/3, 2/3, z_2)(2/3, 1/3, z_2 + 1/2)	石墨	双参数结构

续表

化学式	结构类型	空间群	坐标	典型化合物	说明
AB化合物	$B1$	O_h^5 − $Fm\bar{3}m(225)$	(0, 0, 0) +, (1/2, 1/2, 0) +, (1/2, 0, 1/2) +, (0, 1/2, 1/2) +, Cl^-: $4a$(0, 0, 0)	NaCl	无参数结构
	$B2$	O_h^1 − $Pm\bar{3}m(221)$	Na^+: $4b$(1/2, 1/2, 1/2) Cl^-: $1a$(0, 0, 0) Cs^+: $1b$(1/2, 1/2, 1/2)	CsCl	
	$B3$	T_d^2 − $F\bar{4}3m(216)$	(0, 0, 0) +, (1/2, 1/2, 0) +, (1/2, 0, 1/2) +, (0, 1/2, 1/2) +, Zn^{2+}: $4a$(0, 0, 0) S^{2-}: $4c$(1/4, 1/4, 1/4)	立方 ZnS	
	$B4$	C_{6v}^4 − $P6_3mc(186)$	Zn^{2+}: $2b$, S^{2-}: $2b$ $2b$: (0, 0, 1/2 + z); (2/3, 1/3, z).	六方 ZnS: $z_{Zn}=1/8$; $z_S=1/2$	双参数结构
	砷化镍	D_{6h}^4 − $P6_3/mmc(194)$	Ni: $2a$(0, 0, 0); (0, 0, 1/2); As: $2d$(1/3, 2/3, 3/4); (2/3, 1/3, 1/4)	NiAs	无参数结构
AB_2 或 A_2B 化合物	$C1$	O_h^5 − $Fm\bar{3}m(225)$	(0, 0, 0) +, (1/2, 1/2, 0) +, (1/2, 0, 1/2) +, (0, 1/2, 1/2) +, Ca^{2+}: $4a$(0, 0, 0); F^-: $8c$(1/4, 1/4, 1/4); (1/4, 1/4, 3/4)	CaF_2; Na_2O	
	$C2$	T_h^6 − $Pa\bar{3}(205)$	Fe: $4a$(0, 0, 0); (1/2, 1/2, 0); (0, 1.2, 1.2); (1/2, 0, 1/2) S: $8c$(x, x, x)(−x+1/2, −x, x+1/2); (−x, x+1/2, −x+1/2); (x+1/2, −x+1/2, −x); (−x, −x, −x); (x+1/2, x, −x+1/2); (x, −x+1/2, x+1/2); (−x+1/2, x+1/2, x);	FeS_2	单参数结构
	金红石	D_{4h}^{14} − $P4_2/mnm(136)$	Ti: $2a$(0, 0, 0); (1/2, 1/2, 1/2); O: $4f$(x, x, 0); (−x, −x, 0); (1/2 + x, 1/2 − x, 1/2); (1/2 − x, 1/2 + x, 1/2)	TiO_2 (x = 0.3) SnO_2 (x = 0.26) MgF_2 (x = 0.31)	
	碘化镉	D_{3d}^3 − $P\bar{3}m1(164)$	Cd: $1a$: (0, 0, 0); I: $2d$: (1/3, 2/3, z); (2/3, 1/3, −z).	CdI_2	

续表

化学式	结构类型	空间群	坐标	典型化合物	说明
AB_3	氧化铼	O_h^1 - $Pm\bar{3}m(221)$	Re：1a(0, 0, 0) O：3d(1/2, 0, 0)；(0, 1/2, 0)；(0, 0, 1/2)	ReO_3	无参数结构
A_2B_3	刚玉	D_{3d}^6 - $R\bar{3}c(167)$	(0, 0, 0) +, (2/3, 1/3, 1/3) +, (1/3, 1/3, 2/3) + Al：12c(0, 0, z)；(0, 0, $-z+1/2$)；(0, 0, $-z$)；(0, 0, $z+1/2$) O：18e(x, 0, 1/4)；(0, x, 1/4)；($-x$, $-x$, 1/4)；($-x$, 0, 3/4)；(0, $-x$, 3/4)；(x, x, 3/4)	Al_2O_3	双参数结构

如表 3.13 所示，对于有些结构类型的化合物，表征晶体化合物只需要确定化学式、晶体结构类型及晶胞参数。由于原子位于无坐标参数的晶格位置，因此原子坐标是确定的(参阅进一步阅读的参考书 3)。对于另一些结构类型，有待测定原子的坐标参数。由于对称性的限制，最大限度地减少了待测的坐标参数的分量，因此在表征化合物中原子在晶胞中的位置时，只要确定独立的原子坐标参数。例如，在纤锌矿和金红石结构中只分别需要测定二个(z)或一个(x)坐标分量。

4. 晶体结构的描述

空间群是描述晶体结构周期性的基本理论，空间群图表以主要的篇幅记载了晶体的对称性，其中一般等效点系配置图、对称元素配置图和 Wyckoff 位置、坐标分别以几何的形式和代数的形式表示了晶体的对称性。空间群的几何形式直观地表示了晶体中的对称元素和对称操作，以利于人们建立空间概念，理解晶体结构。对于化合物晶体结构的分类和空间描述，一直是晶体学家致力的工作。比较有代表性的早期著作有《Structure Reports》系列图书(进一步阅读的参考书 7)，《Crystal Structures》系列图书(进一步阅读的参考书 8)和《无机结构化学》(进一步阅读的参考书 9)。

空间群的代数形式包括位置的坐标、位置的对称性、对称操作等。在计算机时代的今天，可以利用专业的软件分析这些晶体结构数据信息，分析晶胞中的对称元素和对称操作，以及配位多面体的连接和密置层的堆积方式，完成复杂甚至有些烦琐的晶体结构的描述，构建化合物的三维晶胞立体图和在各方向上的投影图。现在在 CCP14 等相关的专业网站上[43]有许多晶体结构的绘图软件可以供学习和研究人员自由下载，例如，ATOMS[44]、BALLS & STICKS[45]、

[43] http://www.ccp14.ac.uk/.
[44] http://www.shapesoftware.com.
[45] http://www.toycrate.org/.

CARINE[46]、DIAMOND[47]等。利用这些软件和任何一个化合物的结构信息就可以绘制这种化合物的晶胞图或堆积图供人们研究。

例如，根据表 3.13 中金红石的结构类型，可以画出其沿 c 轴的投影图3.22(b)，原子附近的分数表示c轴的分数坐标。如图3.22(a)对称元素配

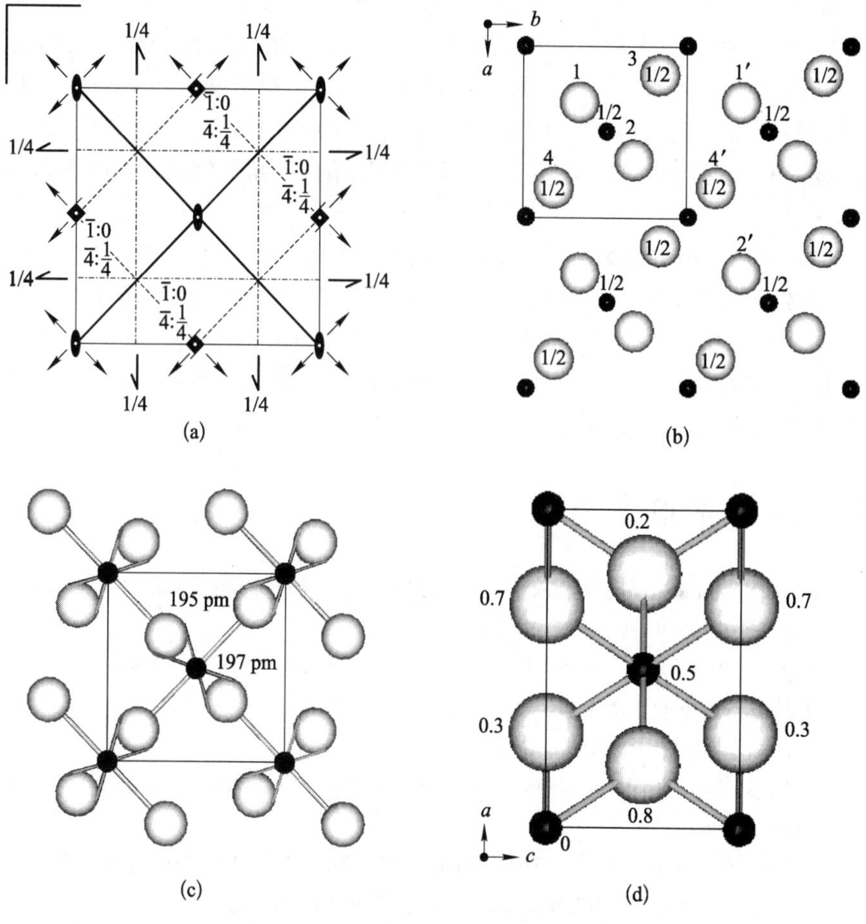

图 3.22　(a) 空间群 $D_{4h}^{14}-P4_2/mnm$(136)的对称元素配置图；(b) 金红石结构的投影和 TiO_2 的配位多面体沿(c)[001]和(d)[010]的投影

(方框内为一个晶胞，晶胞内容：○为 O^{2-}：2 a $m.mm$；●：Ti^{4+}：4 f $m.2m$。图中整数为原子位置序号，分数为原子位置在晶胞 c 轴的分数坐标)

[46]　http://www.esm-software.com/carine/.

[47]　http://www.crystalimpact.com/diamond/Default.htm.

置图所示，位于点对称元素交点上的 Ti^{4+} 位置为无参数坐标；O^{2-} 位于镜面 $m[001]$ 和镜面 $m[110]$ 的交线上，因此为单参数坐标。单胞中的 O^{2-} 位置1和2由 $2[00z]$ 旋转轴关联；O^{2-} 位置1、3和2、4分别通过 O^{2-} 位置1′和4′由 $4^+(0, 0, 1/2)0, 1/2, z$ 螺旋轴关联。图3.22(a)还表示了晶胞中全部的对称元素配置。对于化合物金红石(TiO_2)根据晶胞参数($a=459.4$ pm，$c=295.8$ pm)和测定的坐标参数($x=0.3$)，可以计算出任何两个原子之间的距离，并根据离子半径和长度判断原子之间的键长、键角和配位多面体，如图3.22(c)所示。Ti^{4+} 与6个 O^{2-} 配位形成压扁的八面体，Ti—O键长分别为197 pm×4和195 pm×2；O^{2-} 与3个 Ti^{4+} 形成平面三角形配位，如图3.22(d)所示。

空间群图表中的最大不同构子群、最小指数的最大同构子群和最小不同构母群表对于研究晶体相变，特别是那些空间群母群－子群相关联的相变是非常有用的。在研究未知结构化合物时，也常常利用空间群母群－子群的关联来确定晶体的结构模型。另外，空间群在不同方向上投影的对称性广泛用于研究晶体的表面结构。

进一步阅读的参考书

[1] HAHN T. International Tables For Crystallography, Volume A Space-Group Symmetry [S]. 5th ed. [s. l.]: Springer, 2005.

[2] 王仁卉，郭可信. 晶体学中的对称群[M]. 北京：科学出版社，1990.

[3] 麦松威，周公度，李伟基. 高等无机结构化学[M]. 北京，香港：北京大学出版社，香港中文大学出版社，2001.

[4] CLEGG W. Crystal Structure Determination [M]. Oxford: Oxford University Press, 1998.

[5] MASSA W. Crystal Structure Determination[M]. 2nd ed. [s. l.]: Springer, 2004.

[6] 周公度. 晶体结构测定[M]. 北京：科学出版社，1982.

[7] FERGUSON G, TROTTER J. Structure Reports [G]. Kluwer Academic Publishers, 1993.

[8] WYCKOFF R W G. Crystal Structures [G]. New York, London: Interscience Publishers, Inc., 1963.

[9] 周公度. 无机化学丛书第十一卷，无机结构化学[M]. 北京：科学出版社，1982.

[10] TILLEY Richard J D. Crystals and Crystal Structures[M]. West Sussex: John Wiley and Sons Ltd., 2006.

思考题

1. As 的菱形晶胞参数，$a_R = 0.412$ nm，$\alpha = 54.17°$。用矢量图形表示并测量菱形格子转化为六方格子的晶胞参数 a_H，然后用计算出来的 a_H 与之比较。最后计算六方格子晶胞参数 c_H。

2. 已知金属二氟化物(MF_2)具有四方金红石结构类型，晶胞参数为$a = 0.462\ 1$ nm，$c = 0.305\ 2$ nm；密度为 3 148 kg·m^{-3}。F 原子的摩尔质量为18.998 g·mol^{-1}。估算该金属(M)的摩尔质量并指出该金属为何种元素。

3. 思考题图 3.1 为空间点阵沿 c 轴投影到纸面上的二维点阵，每条直线为($hk0$)平面点阵的投影。根据定义的点阵参数，给出平面点阵($hk0$)的米勒指数。

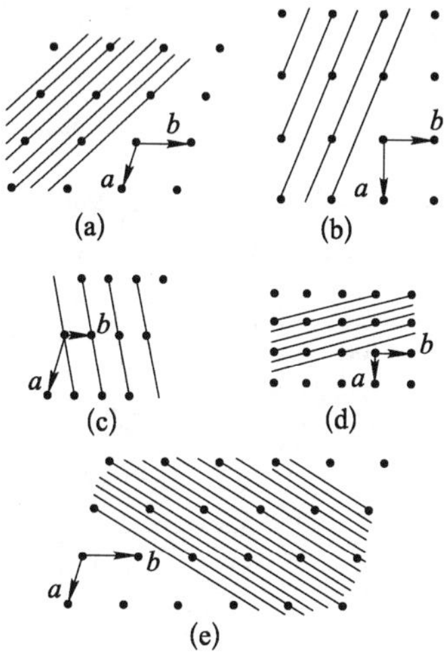

思考题图 3.1

4. 写出思考题图 3.2 分子中的对称元素，用申夫利斯符号和国际符号表示相应的点群。(a) $SiCl_4$，正四面体；(b) PCl_5，五角双锥体；(c) PCl_3，三角锥体；(d) SF_6，正八面体；(e) 苯，六角环。

5. 指出思考题图 3.3 中单斜晶体所处的点群：(a) 菱形格子，$\beta \neq 90°$；(b)、(c) 在菱形格子的不同方向上的顶角被相同的三角形面所替代。

6. 根据对称元素组合原理，有两个镜面相互成 90°、60°、45°、30°组合时产生什么点群?

7. 由两根相交的二重轴成 90°、60°、45°、30°组合时产生什么点群?

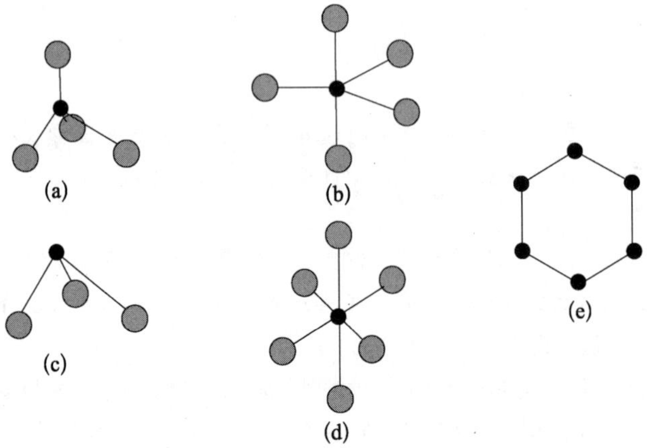

思考题图 3.2

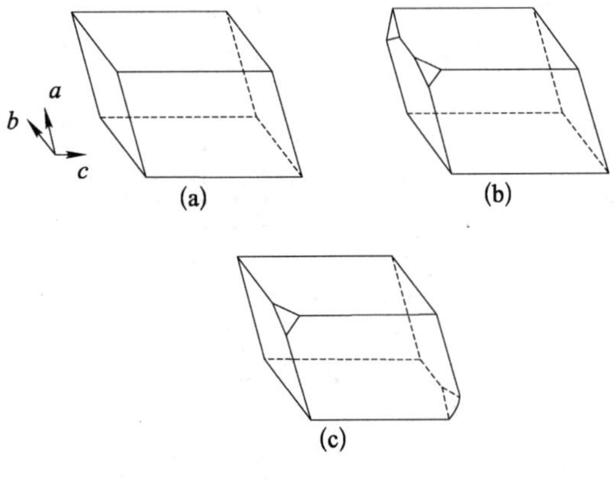

思考题图 3.3

习题

1. 锡石（SnO_2）属于金红石结构类型，四方晶胞参数 a = 0.473 8 nm，c = 0.318 7 nm，Sn 原子的坐标为（0，0，0）、（1/2，1/2，1/2），O 原子的坐标为（0.3，0.3，0）、（0.8，0.2，0.5）、（0.7，0.7，0）、（0.2，0.8，0.5）。以晶胞的一个顶点作为原点，测量原子的位置（以 nm 为单位），计算晶胞体积（以 nm^3 为单位）画出沿晶胞 c 轴的投影图（图形的标尺，1 dm 代表 1 nm）。

2. 计算下列化合物的密度：（a）氟化亚铁（FeF_2）：金红石结构类型，四方晶胞参数 a = 0.469 7 nm，c = 0.330 9 nm，Fe 的摩尔质量为 55.857 g · mol^{-1}，F 的摩尔质量为 18.998 g · mol^{-1}。（b）氟化钡（BaF_2）具有立方萤石结构，晶胞参数 a = 0.620 0 nm，Ba

的摩尔质量为 137.327 $g \cdot mol^{-1}$，F 的摩尔质量为18.998 $g \cdot mol^{-1}$。

3. $SrTiO_3$ 具有立方结构，晶胞参数 $a = 0.390\,5$ nm。原子的位置：Sr 为(0.5，0.5，0.5)；Ti 为(0，0，0)；O 为(0.5，0，0)，(0，0.5，0)，(0，0，0.5)。画出晶胞的三维图形。判断晶胞中含有多少个化学式单位数目 Z。

4. 氯化锶($SrCl_2$)具有萤石结构，密度 ρ 为 3 052 $kg \cdot m^{-3}$，Sr 原子的摩尔质量为 87.62 $g \cdot mol^{-1}$，Cl 原子的摩尔质量为 35.45 $g \cdot mol^{-1}$。估算化合物的晶胞参数 a。

5. 钼（Mo）具有 A2(W)类型结构。金属 Mo 的密度为 10 222 $kg \cdot m^{-3}$，立方晶胞参数 $a = 0.314\,7$ nm。估算 Mo 的摩尔质量。

6. 习题图 3.1 为空间点阵沿 c 轴投影到纸面上的二维点阵，给出图中每个矢量的方向指数(u，v，0)。c 轴方向垂直于纸面，因此 w 值为 0。

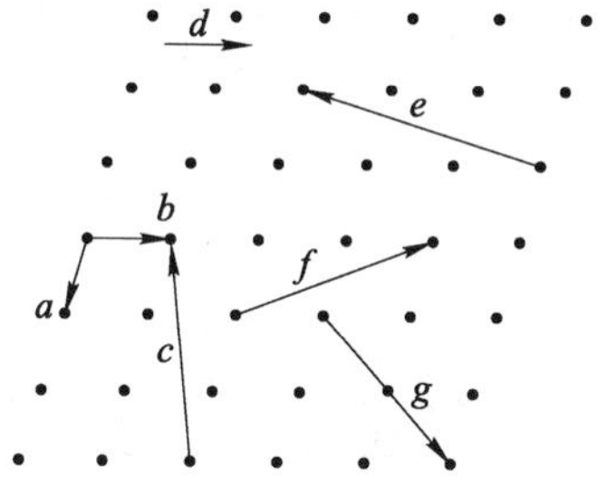

习题图 3.1

7. 计算下列空间格子的面间距 $d_{(hkl)}$。(a)(111)，立方晶系，$a = 0.365$ nm；(b)(210)，四方晶系，$a = 0.475$ nm，$c = 0.235$ nm；(c)(321)，正交晶系，$a = 1.204$ nm，$b = 0.821$ nm，$c = 0.652$ nm；(d)(111) 单斜晶系，$a = 0.981$ nm，$b = 0.365$ nm，$c = 0.869$ nm，$\beta = 127.5°$；(e)(110) 六方晶系，$a = 0.693$ nm，$c = 1.347$ nm.

8. 指出习题图 3.2 中所示的正交晶体所处的点群：(a) 正交格子；(b)、(c) 在正交格子不同方向上的顶角被相同的三角形面所替代。

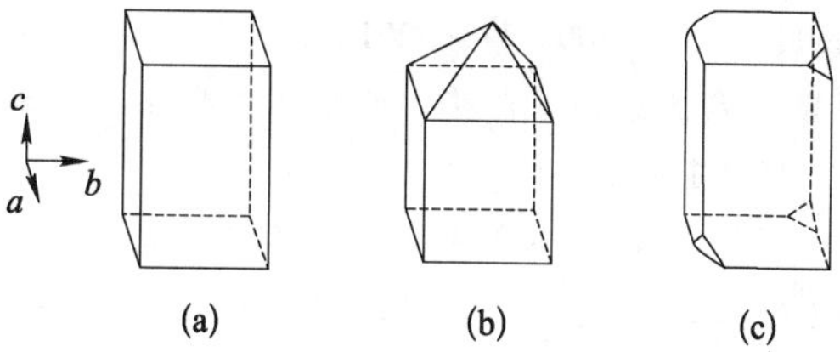

习题图 3.2

9. (a) 画出一个立方体(点群 $m\bar{3}m$)，并且画出所有对称轴和对称面的位置。(b) 在立方体的面上做记号，使得 $m\bar{3}m$ 点群变成 $m\bar{3}$点群。

10. 用图示表示环绕下列对称元素的对称操作：3、$\bar{3}$、3_1、3_2，并且写出对称操作的坐标变换矩阵。

11. 四方晶系的 79 号空间群国际符号为 $I4$。(a) 这个符号的意义是什么？(b) 画出该空间群的一般等效点系配置图和对称元素配置图。(c) 从配置图中发现生成了哪些对称元素？(d) 写出一般等效点系 Wyckoff 位置的坐标。

12. PuS_2 的结构数据如下：

晶系：四方晶系；$a=0.394\ 3$ nm；$c=0.796\ 2$ nm；空间群 $C_{4v}^1-P4mm(99)$。

原子	多重性和 Wyckoff 符号	原子坐标		
		x	y	z
Pu1	1a	0	0	0
Pu2	1b	1/2	1/2	0.464
S1	1a	0	0	0.367
S2	1b	1/2	1/2	0.097
S3	2c	1/2	0	0.732

查阅国际晶体学表 A 卷，回答下列问题：

(a) 空间群国际符号表示了哪些对称性质？

(b) 根据空间群表，发现该空间群有哪些生成对称元素？

(c) 一个晶胞中有几个 Pu 原子？有几个 S 原子？

(d) 写出晶胞中 Pu 和 S 原子的全部坐标参数。

13. 证明下列布拉维格子是等效的：(a) C－四方和 P－四方；(b) F－四方和 I－四方；(c) B－单斜和 P－单斜(b 是唯一轴)；(d) C－单斜和 I－单斜。

14. 根据表 3.12，给出下列可观察反射的晶体物质的可能点阵类型：

(a) 110、200、103、202、211；(b) 111、200、113、220、222；(c) 100、110、111、200、210；(d) 001、110、200、111、201。

15. 根据对称元素组合原理，把对称中心加到点群 1、2、3、$\bar{4}$、4、222、$mm2$、$4mm$、6、$\bar{6}$、$6m2$ 中，将产生什么点群？

16. Li_2PdO_2 具有正交晶胞，$a=0.374$ nm，$b=0.298$ nm，$c=0.935$ nm，$Z=2$，空间群为 $D_{2h}^{25}-I\ mmm(71)$。原子坐标为：(0，0，0)＋，(1/2，1/2，1/2)＋；Pd：2a(0，0，0)；Li：4i(0，0，z)，(0，0，$-z$)，$z=0.265$；O：4j(1/2，0，z)、(1/2，0，$-z$)，$z=0.143$。画出沿 c 轴晶胞的投影图，定出键长和配位数并描述其结构(J. Solid State Chem.，1973，6：329)。

17. ZrW_2O_8 具有立方晶胞，$a=0.915\ 75$ nm，空间群为 $T^4-P\,2_13(198)$，原子坐标为：Zr 4a，$x=0.000\ 4$；W1 4a，$x=0.340\ 9$；W2 4a，$x=0.600\ 9$；O3 4a，$x=$

0.494 1；O4 4a，x = 0.232 2；O1 12b，x = 0.052 9，y = −0.206 9；z = −0.061 9；O2 12b，x = 0.069 7，y = −0.057 5，z = 0.213 2。使用适宜的晶体结构绘图软件，画出晶胞沿[001]方向和[111]方向的投影图，求出键长和金属离子的配位数并描述其结构（Chem. Mater.，1996，8：2809）。

18. 氧化钠(Na_2O)具有反萤石结构，晶胞参数 a = 0.555 nm。根据表 3.13 的结构参数计算：(a) Na—O 键长；(b) 最近邻的 O—O 核间距；(c) Na_2O 的密度。

第4章 结晶化学

4.1 晶体结构类型

4.1.1 定义

两种晶体结构如果满足以下条件，则被认为具有同一结构类型(isotype)：它们具有相同的空间群，在晶胞中具有相同的原子数并占据相同的 Wyckoff 位置，而且这些位置具有相同或相近的位置坐标参数(x、y、z)，此外它们还应具有相同或相近的晶胞参数轴向比(c/a、a/b、b/c)和轴间夹角(α、β、γ)。

值得注意的是，晶体结构具有同一类型并不一定预示着结构中具有相似的成键，也不代表它们一定能够形成固溶体。因为形成同一结构类型的化合物往往含有许多不同特性，例如，虽然许多化合物具有简单的 NaCl 结构类型，但是这其中不仅有离子键型的 NaCl、KCl，还有金属键与共价键类型的 TiC 等化合物。虽然 NaCl 和 KCl 能够形成完全固溶体，但 KCl 和 TiC 完全不互溶；对于此类结构，价键规则并不适用于所有化合物。但对于另一结构类型的化合物，如闪锌矿 ZnS 结构，所有化合物具有相同的成键机理，化合物都具有半导体性质，因此这种类型的化合物可以用价键规则解释。

4.1.2　结构类型命名

命名一种结构类型有不同的方法，常用的方法有两种。一种是根据第一次所发现的具有特定原子排列的某种化合物(或元素)的化学式或常规名称来命名，例如 NaCl、CsCl、金红石、金刚石等。值得注意的是，有些结构类型是在不同地域针对不同化合物独立发现的，不同的人群可能会使用不同的结构类型名称，这在文献中也是屡见不鲜的，例如 $ThCr_2Si_2$ 和 $CeAl_2Ga_2$ 类型。另一种是根据德国发表的结构报告(Strukturbericht)来命名。这种命名法只包含一个字母和紧邻的一个数字。例如，对于元素结构，此命名法采用 A1 表示 Cu 结构类型，A2 表示 W 结构类型，A3 表示 Mg 结构类型，A4 表示金刚石结构类型。类似地，B1 表示 NaCl 结构类型，B2 表示 CsCl 结构类型，B3 表示闪锌矿，B4 表示纤锌矿等。几种常见的 AB_2 型如 C1(CaF_2)、C14($MgZn_2$)、C15($MgCu_2$)、C36($MgNi_2$)等。随着所发现的结构类型的增多，此类命名法由于无法提供有用的结构信息，而几乎不再被使用，现在只有少数冶金学家仍在使用。

4.1.3　结构类型分类[48]

从上面所讲的可以看出，一种结构类型的命名事实上没有给出真正有意义的结构信息，因此需要更加深入细致地对结构类型进行分类，以有助于读者从中获得有用的结构信息。晶体结构类型可以采用所谓 Pearson Code 或者根据空间群和 Wyckoff 系列来分类。

1. Pearson Code

这种分类名包含一个小写字母、一个大写字母和一个数字。小写字母代表晶系(如 a：三斜晶系；m：单斜晶系；o：正交晶系；t：四方晶系；h：三方或六方晶系；c：立方晶系)；大写字母代表布拉维格子类型(P：简单格子；S：底心格子；R：三方格子；F：面心格子；I：体心格子)；最后的数字指示晶胞中的原子数目。

考虑到 7 个晶系和 14 种布拉维格子的组合，可能存在的组合有 aP、mP、mS、oP、oS、oF、oI、tP、tI、hP、hR、cP、cF、cI(注意：对于目前采用的单斜晶系底心 mS 和正交晶系底心 oS，过去采用的标记直接指示出是哪种底心，分别计为 mC、oA、oB、oC 等)。采用这种分类方法，可以得到比前面提到的两种命名法多一些的基本结构信息，例如 Cu：cF4；Mg：hP2；W：cI2；金刚石 C：cF8；NaCl：cF8；闪锌矿 ZnS：cF8。但从这里也可以看出，金刚石、闪锌矿和 NaCl 具有同样的 Pearson Code，有时也会产生模糊认识，还需要进一步

[48] Lima de Faria J, Hellner E, Liebau F, et al, Acta. Cryst., 1990, A46: 1 - 11.

改进。

2. 空间群和 Wyckoff 系列

这是一种更加精细的晶体结构类型分类方法。这种方法的表述如下：Pearson Code +（空间群序号）+空间群符号 - Wyckoff 系列。例如：

金刚石 C：cF8(227)$Fd\overline{3}m-a$

闪锌矿 ZnS：cF8(216)$F\overline{4}3m-ca$

NaCl：cF8(225)$Fm\overline{3}m-ba$

这里需要注意的是，许多空间群具有多种原点等取法，为了比较所使用的 Wyckoff 系列，必须使用标准化的结构数据。另外，即使两种结构具有相同的分类符号，也不一定具有相同的结构类型。例如，FeS_2：cP12(205)$Pa\overline{3}-ca$和 CO_2：cP12(205)$Pa\overline{3}-ca$ 具有完全相同的分类符号，但具体结构分析表明两种化合物中原子成键等状况具有很大的区别，因此应该认为具有不同的晶体结构。例如，FeS_2 包含 FeS_6 八面体和 S_2 哑铃结构，而 CO_2中包含分立的 O ═ C ═ O 线性分子。由于这种情况下两种结构具有完全相同的分类符号且原子占据相同的等效点系，因此被称为“同点系结构”(isopointal)。

对于结构类型分类，还需要注意以下两点：

1）结构类型分支

有许多具有相同分类符号的结构类型，由于其轴比数值变化较大，虽然没有导致全新的结构特性出现，但显示出明显的结构差异，这种情况下可以将结构类型划分为不同分支。例如，CaC_2（见图 4.1(a)）、$MoSi_2$（见图 4.1(b)）、$TiPd_2$（见图 4.1(c)）和 XeF_2（见图 4.1(d)）具有相同的分类符号 tI6(139)$P4/mmm-ca$，但由于轴比(c/a)数值的变化(CaC_2：1.65、$MoSi_2$：2.45、$TiPd_2$：3.25、XeF_2：1.62)，使得 CaC_2 中具有 C_2 哑铃，中间两种不具有哑铃，而 XeF_2 中形成 F—Xe—F 线性分子。因此宜将具有上述几种结构的化合物分成为不同结构类型分支。值得注意的是上述划分没有绝对的标准。

2）反类型(antitype)

当两种离子(尤其是在离子型化合物中的正离子和负离子)在结构中所占据的位置交换时，即形成反类型。例如 BiF_3-Li_3Bi、CaF_2-Mg_2Si、$Mn_2O_3-Mg_3P_2$ 等。

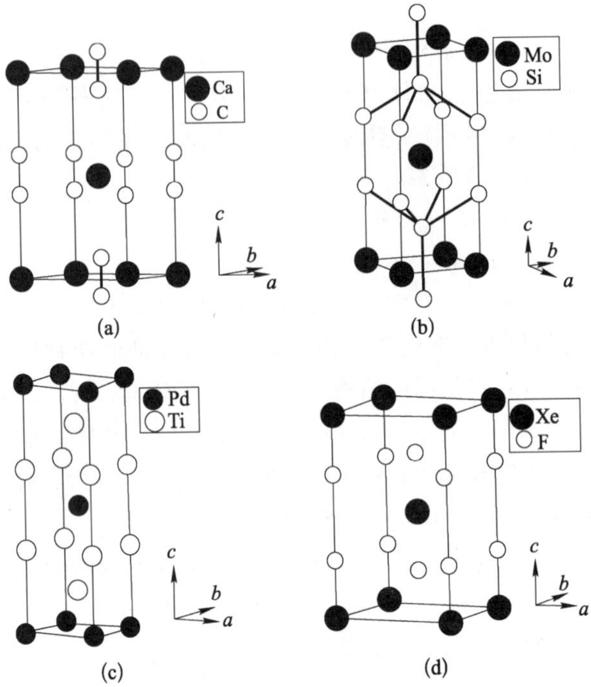

图 4.1　具有不同轴比(c/a)数值的晶胞[49]：(a) CaC_2(1.65)；(b) $MoSi_2$(2.45)；(c) $TiPd_2$(3.25)；(d) XeF_2(1.62)

4.2　晶体的结构化学式[48]

晶体的结构化学式表示对于理解晶体结构具有非常重要的意义。一种好的描述可以让人们直观地看出所描述的结构的基本特性，而不需要给出很复杂的解释。对于简单结构和复杂结构，需要采用不同层次的描述，才能得到需要的信息。下面简要介绍几个层次的结构联结方式的描述方法。

4.2.1　整体结构联结形式的表示

对于简单结构，采用整体结构联结表示就可以描述结构的基本结构特性。采用的方法是在化学式前面加上描述结构的几种符号，用于描述结构中原子或分子的联结特性，从而指示此结构的基本特征。下面即所采用的符号及其说明。

[49]　在本章节中所用到的晶体结构数据均取自 FindIt 晶体学数据库，晶体结构图均采用软件 Diamond 2.0 绘制。

$\overset{3}{\infty}$：用于描述三维联结的结构（此符号经常被省略）。

$\overset{2}{\infty}$：用于描述二维层状结构。

$\overset{1}{\infty}$：用于描述一维纤维状结构。

$[A_X]$：用于有限原子数组成的分子，即由 X 个 A 原子组成的分子晶体化学式。为了描述分子的形状，中括号之前还可以加上一个特殊符号，如下所示。

ˆ：用于表示有限长度的链状分子。

O：用于表示环状分子。

v：用于表示笼状分子（注意，对于笼状分子，从一个原子到另一个原子至少可以通过三个键，最简单的笼状分子是四面体分子）。

在有些情况下，也可以在上述描述分子形状的符号中加上一个数字，用于表示组成此链状、环状或笼状分子的原子个数。

下面是几个描述晶体整体结构的结构化学式的例子：金刚石 $\overset{3}{\infty}C$、石墨 $\overset{2}{\infty}C$、$\overset{1}{\infty}Se$、$\hat{2}Cl_2$、⑧S_8、$\overset{4}{v}P_4$（见图 4.2）。

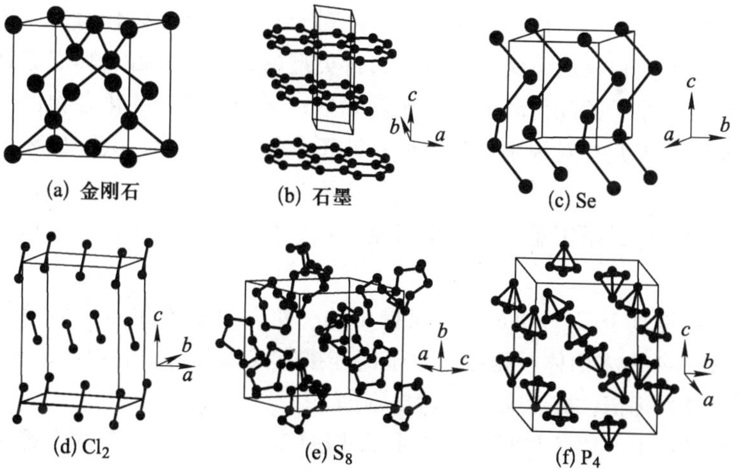

图 4.2　金刚石、石墨、Se、Cl_2、S_8 和 P_4 的晶体结构

4.2.2　部分结构联结形式的表示

对于多元化合物，往往需要指出一种原子和同种原子的联结方式，从而了解整体结构特性，这样需要在化学式的每种原子符号之前加上前面所采用的符

号，用于描述所组成的化合物晶体的部分结构联结方式，例如：ZnP_2(${}^{1}_{\infty}P$)，Cs_2S_6($\hat{6}S_6$)，Na_4Si_4(${}^{4}_{v}Si_4$)(见图 4.3)。

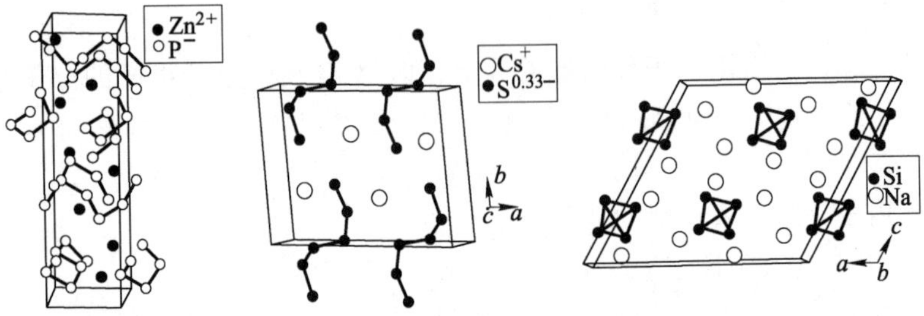

(a) ZnP_2　　(b) Cs_2S_6　　(c) Na_4Si_4

图 4.3　ZnP_2、Cs_2S_6、Na_4Si_4 晶体结构中的部分结构联结形式：(a) ${}^{1}_{\infty}P$(无限链结构)；(b) $\hat{6}S_6$(6 个原子组成有限链结构)；(c) ${}^{4}_{v}Si_4$(四面体结构)

4.2.3　单个原子的配位环境

化合物中原子的配位环境多种多样，对于不同种类的化合物，表现出的配位环境规律也大相径庭。例如：对于共价类型的化合物，由于其成键具有方向性和饱和性，原子的配位环境相对比较规则；而离子键型的化合物由于成键不具有方向性，因此相对规则性就差些；对于金属间化合物，其配位环境的变化就更加无规则。由于上述原因，对于原子配位环境的描述虽然有多种尝试，但得到统一的描述是很困难的，这里只是根据一种笔者认为比较好的描述方式作些介绍。

图 4.4 是基于 E. Parthé 的建议提出的一组常见的配位多面体及其表示符号[50]。图 4.4 中多面体根据配位原子的连接方式以及与中心原子的相对位置，采用不同符号标记，其含义和构建规则如下。

哑铃形：中心原子与两个配位原子共线(2l)，中心原子与两个配位原子不共线(2n)。

三角形：中心原子与 3 个配位原子共面(3l)，中心原子与 3 个配位原子不共面(3n)。

四边形：中心原子与 4 个配位原子共面(4s)，中心原子与 4 个配位原子不共面(4n)。

---

[50]　Parthé E. Elements of Inorganic Structural Chemistry. Sutter Parthé K. 49 Chemdn du Gué，CH－1213，Petit-Lancy，1996.

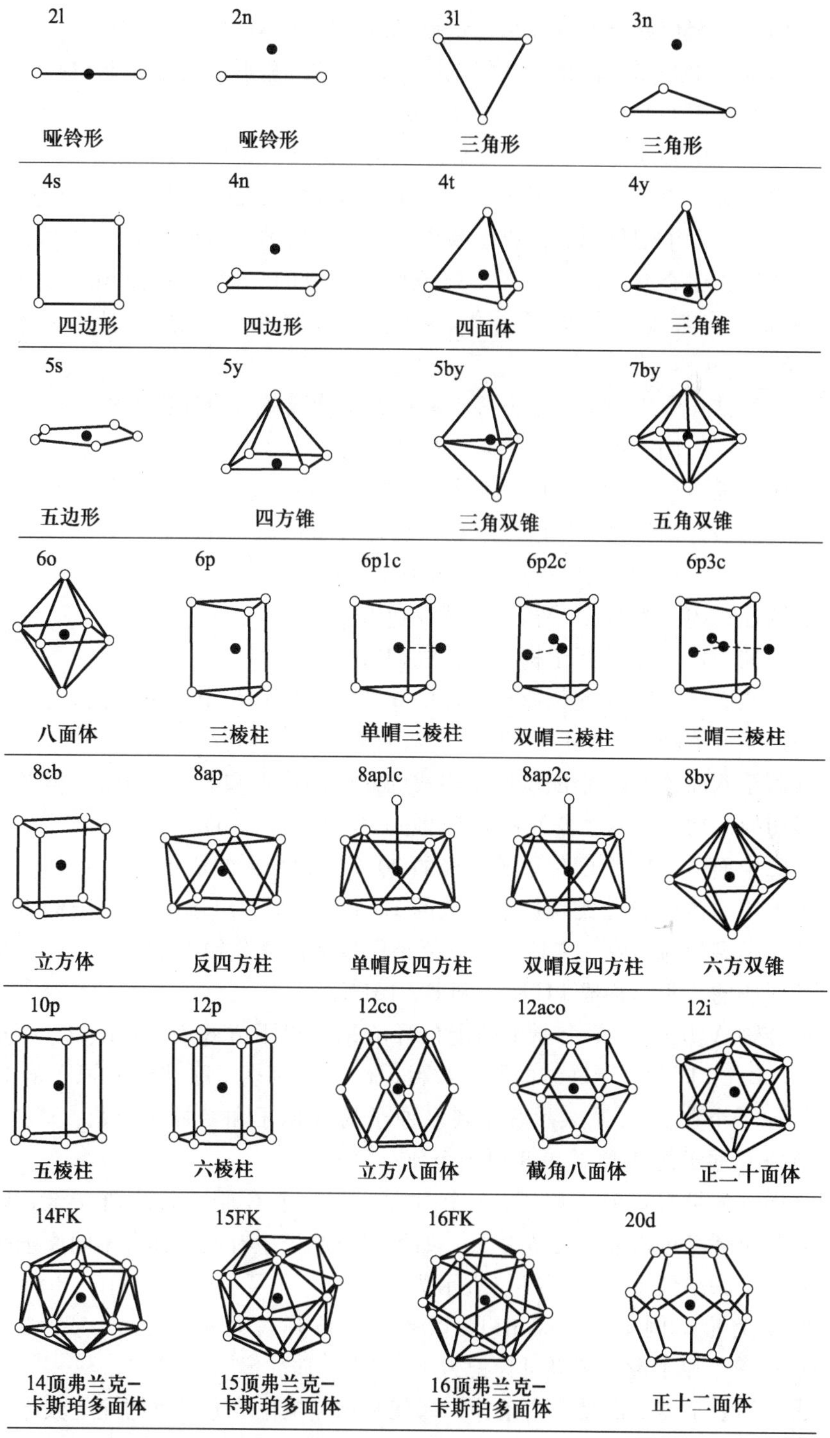

图 4.4 常见的配位多面体及其表示符号

四面体：配位原子形成 4 个三角形组成的四面体(4t)。

三角锥：中心原子位于 4 个配位原子构成的三角形的某个面上(4y)。

五边形：中心原子与 5 个配位原子共面(5s)。

四方锥：中心原子位于 5 个配位原子构成的四方锥中心(5y)。

三角双锥：中心原子位于 5 个配位原子构成的三角双锥的中心(5by)。

八面体：六个配位原子构成由 8 个三角形组成的八面体(6o)。

三棱柱：中心原子位于由 6 个配位原子构成的三棱柱中心(6p)，如果四边形侧面上有其他配位原子盖帽，则根据盖帽原子个数分别计为 6p1c、6p2c、6p3c。

五角双锥：中心原子位于由 7 个配位原子构成的五角双锥中心(7by)。

立方体：8 个配位原子构成立方体(8cb)。

反四方柱：8 个配位原子构成反四方柱(8ap)，如果四边形底面上有其他配位原子盖帽，则根据盖帽原子个数分别计为 8ap1c、8ap2c。

六方双锥：8 个配位原子构成六方双锥(8by)。

五棱柱：10 个配位原子构成五棱柱(10p)。

六棱柱：12 个配位原子构成六棱柱(12p)。

立方八面体：12 个配位原子构成的 6 个四边形和 8 个三角形(相当于用三角形切掉立方体的八个角)，组成立方八面体(12co)。

截角正八面体：12 个配位原子构成的 6 个四边形和 8 个三角形(相当于用四边形切掉八面体的六个角)，组成截角正八面体(12aco)。

正二十面体：12 个配位原子形成的 20 个三角形，组成正二十面体(12i)。

正十二面体：20 个配位原子形成的 12 个五边形，组成正十二面体(20d)。

其他类型的弗兰克－卡斯珀类型复杂配位多面体分别由 14 个、15 个和 16 个原子形成的三角形构成 14FK、15FK、16FK。

化合物 $A_mB_nC_o$ 中单个原子的配位环境采用以下方式表示：a、b、c 分别表示 A、B、C 同种原子联结的原子数目，x、y 分别表示联结到 A 原子的 B 原子和 C 原子个数，x'、y'表示联结到 B 原子的 A 原子和 C 原子个数，x''、y''表示联结到 C 原子的 A 原子和 B 原子个数。

这样，如果有 a 个 A 原子、x 个 B 原子和 y 个 C 原子联结到 A 上，则 A 原子的配位环境可以表示为 $A^{[x,y;a]}$，如果配位原子中有两类具有不同原子间距区间的原子联结到 A 上，则可以表示为 $A^{[(x_1+x_2),(y_1+y_2);(a_1+a_2)]}$。对于 B 和 C 原子，可以类推。例如，NaCl 中单个原子配位环境可标记为 $Na^{[6o;]}Cl^{[6o;]}$，$BaTiO_3$ 中单个原子配位环境可标记为 $Ba^{[(,12)co;]}Ti^{[(,6)o;]}O_3{}^{[(4,2)o;]}$。

这样的表示需要满足一个条件，那就是相互配位的原子对的配位数之和必须相等，也就是说，$mx = nx'$，$mx = oy''$，等等。

当然，在实际应用中，根据讨论问题的侧重，并不一定需要把化合物中所有原子的配位环境表示出来，一般情况下，尤其是离子型化合物，人们可能对负离子的配位环境更感兴趣。例如对于各类硅酸盐、磷酸盐、铝酸盐和硼酸盐化合物，人们讨论更多的是结构中的硅氧四面体、磷氧四面体、铝氧四面体、硼氧四面体和硼氧三角形。

4.3 元素的晶体结构

根据元素所遵循的结构化学规律的不同，元素的晶体结构可以分为两大类，一类元素其晶体结构遵循 8 - N 规则，剩下的另一类不遵守此规则，如图 4.5 所示(氢元素略去)。图 4.5 把这两类元素用一条粗折线分成两部分，图中粗折线中的元素遵守 8 - N 规则。下面就这两类元素的晶体结构分别进行介绍。

Li	Be											B	C	N	O	F	Ne
Na	Mg											Al	Si	P	S	Cl	Ar
K	Ca	Sc	Ti	V	Cr	Mn	Fe	Co	Ni	Cu	Zn	Ga	Ge	As	Se	Br	Kr
Rb	Sr	Y	Zr	Nb	Mo	Tc	Ru	Rh	Pd	Ag	Cd	In	Sn	Sb	Te	I	Xe
Cs	Ba	La	Hf	Ta	W	Re	Os	Ir	Pt	Au	Hg	Tl	Pb	Bi	Po	At	Rn

Ce	Pr	Nd	Pm	Sm	Eu	Gd	Tb	Dy	Ho	Er	Tm	Yb	Lu
Th	Pa	U	Np	Pu	Am	Cm	Bk	Cf	Es	Fm	Md	No	Lr

图 4.5 元素晶体结构的分类

（图中用粗折线分成的两部分，粗折线中的元素其晶体结构遵循 8 - N 规则）

4.3.1 金属元素结构

图 4.5 中粗折线左边的大部分元素为金属元素。金属元素由于其成键的特殊性，大部分都形成三种金属结构中的一种，即 A1(Cu，cF4)类型、A2(W，cI2)类型、A3(Mg，hP2)类型，见图 4.6。其中 A1 和 A3 都属于等径球最紧密堆积结构，原子的配位数都为 12，而 A2 结构为等径球密堆积的体心立方结

构，原子配位数为 8 或 6。其他元素，即 B、Ga、In、Hg、Mn，及镧系元素和锕系元素，形成其他类型的晶体结构。

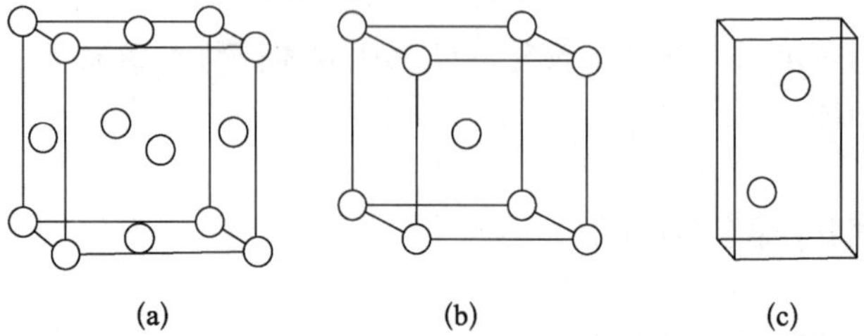

图 4.6　(a)Cu、(b)W 和(c)Mg 的晶体结构

4.3.2　遵循 8 - *N* 规则的元素结构

在图 4.5 中粗折线包围起来的元素遵循 8 - *N* 规则，*N* 是元素在周期表中的族数，对于第 *N* 族的元素，当形成晶体结构时，其最近邻的原子数(一般情况下为化学键数或者配位数)为 8 - *N*。图 4.2 中的实例说明了这些元素的结构。在后面的节中将看到，这个规则实际上反映了原子的成键与外层电子数之间存在的规律，因为 *N* 也是原子的价电子数。值得注意的是，随着元素金属性的增强，会出现不遵守 8 - *N* 规则的趋势，反映到结构中即出现同素异构体，例如锡有灰锡和白锡，灰锡具有金刚石结构，满足 8 - *N* 规则，而白锡结构则不满足，如图 4.7 所示。

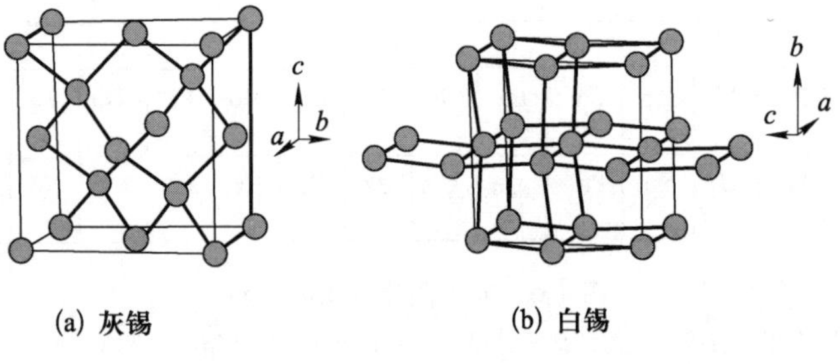

图 4.7　Sn 的两种同素异构体结构

4.4　离子键与离子化合物

4.4.1　离子键

当正、负离子结合在一起形成化合物时，正、负离子之间由静电力作用结

合在一起，这种化学键称为离子键。此类化合物称为离子化合物，它一般由电负性较小的金属元素与电负性较大的非金属元素生成。以离子键结合的化合物倾向于形成晶体，以使每个离子周围配位尽可能多的异性离子，降低体系能量。

许多离子晶体的结构为密堆积结构。当负离子的半径较大时，一般会把负离子看做等径球体密堆积，而正离子则有序地填充在空隙之中，这种情况出现得较多。而当正离子的半径较大时，也可以把正离子看做等径球体密堆积，负离子作填隙离子。

4.4.2 离子键化合物

离子键化合物是一类常见的化合物，表 4.1 为一些常见离子化合物的结构及其离子填充情况。

表 4.1 常见离子化合物的结构及其离子填充情况

填隙的类型和比例	ccp	hcp
全部八面体空隙	NaCl	NiAs
全部四面体空隙	CaF_2	—
$\frac{1}{2}$四面体空隙	立方 ZnS	六方 ZnS
$\frac{1}{2}$八面体空隙	—	金红石
$\frac{1}{2}$八面体空隙	$CdCl_2$	CdI_2

(1) NaCl 是典型的离子键化合物，其晶体结构属面心立方，Na^+ 与 Cl^- 交替排列，如图 4.8 所示，Na^+ 与 Cl^- 的配位数均为 6。NaCl 晶体结构可看成 Cl^- 作立方密堆积，Na^+ 填在 Cl^- 形成的八面体空隙中。许多碱金属的卤化物、氢化物，碱土金属的氧化物、硫化物、硒化物、碲化物，二价过渡金属的氧化物、硫化物，以及间隙型碳化物、氮化物都属于 NaCl 型结构。

(2) CsCl 型晶体属简单立方点阵，Cl^- 作简单立方堆积，Cs^+ 填在立方体空隙中，正、负离子配位数均为 8，晶胞只含 1 个 Cl^- 和 1 个 Cs^+（见图 4.9）。属于 CsCl 型晶体的化合物有 CsCl、CsBr、CsI、RbCl、TlCl、TlBr、TlI、NH_4Cl、NH_4Br、NH_4I 等。

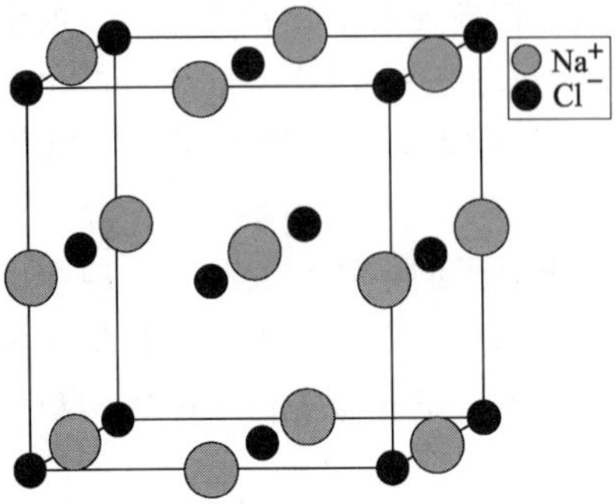

图 4.8　NaCl 的晶体结构

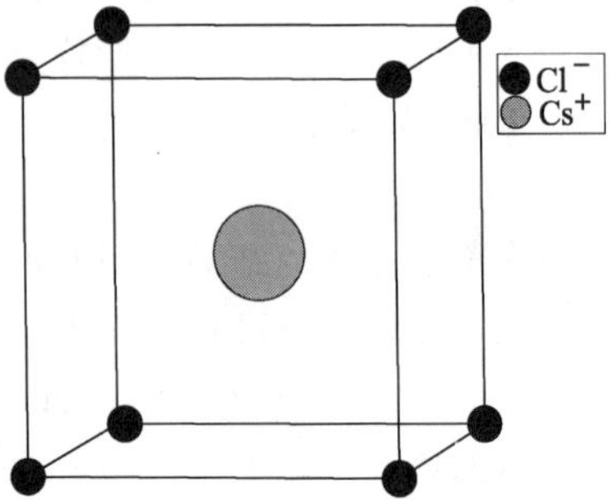

图 4.9　CsCl 的晶体结构

(3) CaF_2 晶体(萤石)为另一类典型的离子键化合物，其结构是面心立方，F^- 作简单立方堆积，Ca^{2+} 数目比 F^- 少一半，所以填了一半的立方体空隙。每一个 Ca^{2+} 由 8 个 F^- 配位，而每个 F^- 由 4 个 Ca^{2+} 配位，每个 CaF_2 晶胞有 4 个 Ca^{2+} 和 8 个 F^-(见图 4.10)。碱土金属氟化物，一些稀土元素如 Ce、Pr 的氟化物，过渡金属 Zr、Hf 的氟化物都属于 CaF_2 型晶体。另外，有些 A_2B 型化合物，一价正离子占据 F^- 的位置，二价负离子占据 Ca^{2+} 的位置，则负离子作面心立方堆积，正离子填在四面体空隙，称为反 CaF_2 型(反萤石)结构，如碱金属的氧化物、硫化物都是反 CaF_2 型晶体。

(4) 金红石型晶体。AB_2 型晶体中，最常见的结构是四方金红石(TiO_2)结构，见图 4.11。在此结构中 Ti^{4+} 处在略有变形的氧八面体中，即氧离子作假六方堆积，Ti^{4+} 填在它的准八面体空隙中，Ti^{4+} 配位数为 6，O^{2-} 与 3 个 Ti^{4+} 配位(3 个 Ti^{4+} 几乎形成等边三角形)。TiO_2 晶体属四方晶系，每个晶胞中有 2 个 Ti^{4+} 和 4 个 O^{2-}。一些过渡金属氧化物 TiO_2、VO_2、MnO_2 和氟化物 MnF_2、CoF_2、NiF_2 为金红石结构。

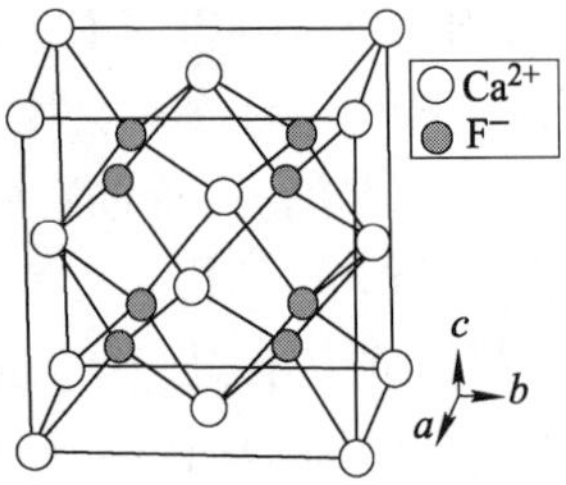

图 4.10　萤石 CaF_2 的晶体结构

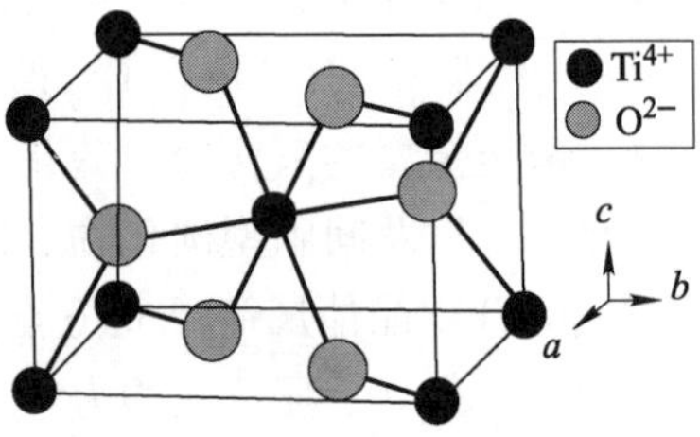

图 4.11　四方金红石 TiO_2 结构

(5) ZnS 化合物是一类由离子键向共价键过渡的化合物，其晶体结构有立方 ZnS 和六方 ZnS 两种形式。它们的化学键性质相同，都是离子键向共价键过渡，具有一定的方向性。Zn 原子和 S 原子的配位数都是 4，不同的是原子堆积方式有差别。在立方 ZnS(闪锌矿结构)中，S 原子作立方最密堆积，Zn 原子填在一半的四面体空隙中，形成面心立方点阵，见图 4.12(a)；在六方 ZnS(纤锌矿结构)中，S 原子作六方最密堆积，Zn 原子填在一半的四面体空隙中，形成六方点阵，见图 4.12(b)。属于立方 ZnS 结构的化合物有硼族元素的磷化物、砷化物，铜的卤化物，Zn、Cd 的硫化物和硒化物等。属于六方 ZnS 结构的化合物有 Al、Ga、In 的氮化物，铜的卤化物，Zn、Cd、Mn 的硫化物和硒化物等。

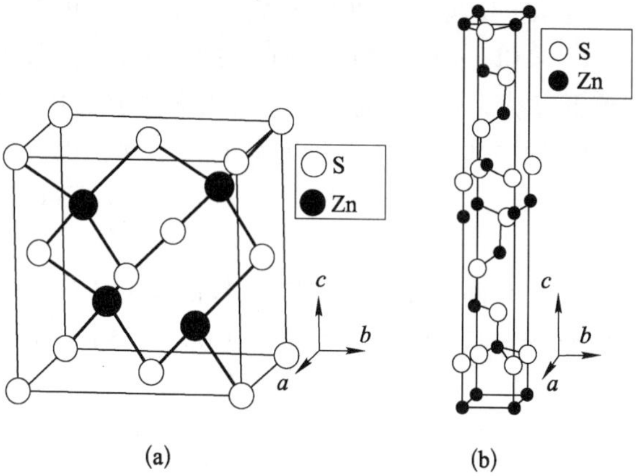

图 4.12 (a) 立方 ZnS 和(b) 六方 ZnS 的晶体结构

(6) 三元离子化合物的典型代表是钙钛矿型结构 ABO_3 化合物，其数量最多、研究领域最广泛。理想的钙钛矿结构属立方晶系，但许多属于这类结构的晶体却变型为四方、正交晶系，这种变型与晶体的压电、热释电和非线性光学性质密切相关，是一类十分重要的功能材料。以 $CaTiO_3$ 为例，它属正交晶系，每个晶胞中 Ca 处于体心位置，Ti 处于顶点位置，O 原子位于每条棱的中心位置，O 原子和 Ca 原子共同构成面心正交点阵，Ti 原子处在氧原子的八面体空隙中，配位数为 6，Ca 原子配位数为 12，见图 4.13。

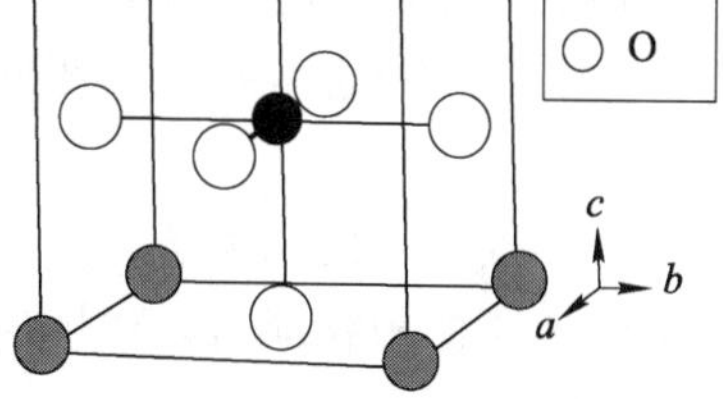

图 4.13 $CaTiO_3$ 的晶体结构

4.4.3　离子的极化和键型变异

在离子型晶体中，正、负离子在相反的电场作用下，可分别使正、负离子的电子云变形，离子的正、负电荷中心不重合，出现离子的极化现象。离子的极化使离子键向共价键过渡。

(1) 描述离子本身电子云变形性的物理量称为离子的极化率(α)。离子的极化率的大小一般存在如下规律：

① 离子半径 r 越大，α 越大。如下列离子的 α 有以下趋势：$Li^+ < Na^+ < K^+ < Rb^+ < Cs^+$，$F^- < Cl^- < Br^- < I^-$。阴离子的半径一般较大，外层有较多的电子，比阳离子更容易变形，因此负离子极化率大于正离子的极化率。

② 电子层结构相同的离子，随着负电荷的减小和正电荷的增加，变形性减小，α 有如下趋势：$\alpha(O^{2-}) > \alpha(F^-) > \alpha(Ne) > \alpha(Na^+) > \alpha(Mg^{2+}) > \alpha(Al^{3+}) > \alpha(Si^{4+})$。

③ 半径相近、电荷相同的离子，其极化率 α 与离子的电子构型有以下趋势：$(18+2)e$，$18e > 9\sim17e > 8e$。例如，$\alpha(Cd^{2+}) > \alpha(Ca^{2+})$、$\alpha(Cu^+) > \alpha(Na^+)$。

④ 复杂阴离子的变形性不大，而且复杂阴离子中心离子氧化数越高，变形性越小。

综上所述，下列离子的变形性顺序为 $I^- > Br^- > Cl^- > CN^- > OH^- > NO_3^- > F^- > ClO_4^-$。

(2) 描述一个离子使其他离子的电子云变形的能力称为该离子的极化力(f)。离子极化力(f)大小的一般规律如下：

① 一般阳离子的半径较小，它对周围的阴离子会起诱导作用，因此阳离子的主要作用是极化周围的阴离子。当电荷相同、电子层结构相同时，阳离子的半径 r 越小，极化力越大。例如，$Mg^{2+} > Ca^{2+} > Sr^{2+} > Ba^{2+}$。

② 电荷高的阳离子，其极化力大。例如，$Si^{4+} > Al^{3+} > Mg^{2+} > Na^+$。

③ 不同电子层结构的阳离子，极化力大小的顺序为：$(18+2)e$，$18e > 9\sim17e > 8e$。

当正、负离子混在一起时，着重考虑正离子的极化力和负离子的极化率，但是18e构型的正离子(Ag^+、Cd^{2+}等)也要考虑其变形性。

(3) 相互极化作用。

当阳离子也容易变形时，则变了形的阴离子也能引起阳离子变形。变形后的阳离子反过来又加强了对阴离子的极化能力，产生相互极化作用，这又称为附加极化作用。

相互极化作用有如下规律：

① 18e 与(18+2)e 电子构型的阳离子容易变形，容易引起相互极化作用。

② 周期系的同族元素中自上而下，18e 电子构型离子的相互极化作用递增，加强了这种离子同阳离子的总极化作用。

③ 在具有 18e 或(18+2)e 电子构型的阳离子化合物中，阴离子的变形性越大，相互极化作用越强。

正、负离子的极化作用和相互极化作用导致电子云的变形较大，在离子键中添加了共价键成分，使键长缩短。当共价键成分增加到一定程度时，由于共价键的方向性和饱和性，使离子配位数降低，晶体从离子型向共价型转变，然后进一步向分子晶体过渡。

例如，CaF_2 型晶体是典型的离子晶体，晶体中正、负离子的配位数比为 8:4；金红石晶体中 Ti^{4+} 与 O^{2-} 的配位数比为 6:3。随着离子极化程度提高，方石英(立方 SiO_2)的晶体结构为 A4 类型，与金刚石结构类型相同，形成三维骨架低密度结构，Si 与 O 的配位数比为 1:2，此时已完全过渡到共价晶体。又例如，AgX(X=F，Cl，Br，I)的阳离子具有较强的相互极化能力，随着在周期系中 X 元素的离子从上向下极化率增加，Ag—X 键的相互极化作用逐渐加强，AgX(X=F，Cl，Br)由具有 NaCl 型极化的离子型晶体结构，到 AgI 则转变为低配位数比(4:4)的 ZnS 型晶体结构。离子极化还可以使晶体的结构形式从高对称的三维立方构型向层状结构、链状结构、岛状结构转变。例如，金红石晶体是四方体心点阵，晶胞具有 D_{4h} 对称性，而 CdI_2 型晶体则因离子极化成为层状结构，层内每个 Cd 有 6 个 I 配位，每个 I 与 3 个 Cd 配位，原子间以共价键结合，层与层之间以范德华力结合。层状结构的晶体很多，还有 $CdCl_2$ 型、MoS_2 型。AB_2 型化合物中，随着正离子半径的缩小，极化程度加大，还可形成链型分子，如 $CuCl_2$ 晶体结构中形成$(CuCl_2)_n$ 长链。正、负离子配位数比为 4:2，$CuCl_2$ 为单斜晶系。

4.4.4 离子半径

1. 离子半径的划分

虽然电子在原子核外的分布是连续的，并无明确的界限，但由实验结果表明，可近似地将离子看做具有一定半径的弹性球。两个互相接触的球形离子的半径之和等于两个核间的平衡距离。

利用 X 射线等方法可以很精确地测定正、负离子间的平衡距离，而怎样把平衡距离划分为两个离子半径则有不同的方法：

(1) Goldschmidt 等以光学方法测得的 O^{2-} 的半径 132 pm、F^- 的半径 133 pm 为基准计算出 80 多种离子的半径。

(2) Pauling 从核电荷数和屏蔽常数的半经验关系出发，根据若干晶体的正、负离子的接触距离，推导离子半径。用这种方法计算出 O^{2-} 的半径为 140 pm，F^- 的半径为 136 pm。

(3) Shannon 等归纳整理实验测定的上千个氧化物和氟化物中正、负离子间的距离，考虑到离子的配位数、配位多面体的几何构型、离子的自旋情况等条件，按不同条件下的接触距离推导离子半径。一套以 Pauling 提出的 O^{2-} 半径是140 pm 为基准出发，经过多次修正提出了一套完整的离子半径数据，称为有效离子半径。所谓“有效”，是指这些数据的离子半径之和与实验测定的离子间距离符合得最好。另一套与从 X 射线电子密度图测定的值相关，以 O^{2-} 半径是 126 pm 为基准出发，得到晶体半径。只要人们只使用来自同一套基准的离子半径，而不是混用来自不同基准的离子半径，就都能得到正确的正、负离子的接触距离(有效离子半径见附录 4)。

2. 离子半径的变化趋势

离子半径的大小有下列变化趋势：

(1) 周期表中同族元素的离子半径随原子序数的增加而增大。

(2) 对于同一周期元素核外电子数相同的正离子，随着正电荷数的增加，离子半径明显减小。

(3) 对于同一种元素不同价态的离子，电子数越多，离子半径越大。

(4) 对于核外电子数相同的负离子对，随着负电价增加，半径略有增加，但增加值不大。

(5) 镧系元素三价正离子的半径从 La^{3+} 到 Lu^{3+} 依次下降，此为镧系收缩效应所引起。

4.4.5　Pauling 规则

在离子型晶体结构中，正离子倾向与较多的负离子接触，负离子也倾向与较多的正离子接触，从而使体系的总能量尽可能地降低，晶体趋于最稳定。Pauling 在总结大量含氧酸盐结构的基础上，总结出一整套关于离子型晶体结构的定性规则。

1. Pauling 第一规则(离子配位多面体规则)

这一规则指出，围绕每一个正离子，形成由负离子围成的配位多面体，正离子处于配位多面体的中心位置，负离子处于多面体的顶角；正、负离子的核间距决定于它们的半径之和，正离子的配位数则取决于它们的半径之比 r^+/r^-，与离子的价数无关。不同配位多面体的极限半径比列在表 4.2 中。

表 4.2 配位多面体的极限半径比

配位数	配位形式	r^+/r^-的最小值	配位数	配位形式	r^+/r^-的最小值
2	直线型	0	6	八面体形	0.414
3	平面三角形	0.155	8	四方反棱柱形	0.645
4	四面体形	0.225	8	立方体形	0.732
4	四方平面形		12	立方八面体形	1

2. Pauling 第二规则(离子电价规则)

在一个稳定的离子化合物结构中，对于一个负离子，从所有相邻接的正离子分配给该负离子的静电键强度的总和等于该负离子的电荷数，亦即每一负离子的电价等于或近乎等于从邻近的正离子到该负离子的各静电键的强度的总和。

中心正离子分配给每个配位负离子的静电键强度 S 的计算式为

$$S = Z^+ / CN^+ \tag{4-4-1}$$

其中，Z^+为正离子的电荷数，CN^+为正离子的配位数。

设负离子的电荷数为 Z^-，负离子的配位数为 CN^-，则有

$$Z^- = \sum_i S_i = \sum_i (Z_i^+ / CN_i^+) = \frac{Z^+}{CN^+} CN^- \tag{4-4-2}$$

3. Pauling 第三规则(离子配位多面体共用顶点、棱边和面的规则)

在一个配位多面体结构中，共边连接和共面连接会使结构的稳定性降低；而正离子的价数越高，配位数越小，这一效应就越显著。

此外，Pauling 还指出，在一个含有多种正离子的晶体中，电价高而配位数小的那些正离子所形成的配位多面体不倾向于相互直接连接；在一个晶体结构中，本质不同的结构组元的种类倾向于最少。

4.5 共价键与固体共价化合物

4.5.1 共价键

两个或多个原子共用它们的外层电子，在理想情况下达到电子饱和的状态，由此组成的比较稳定和坚固的化学键称为共价键。通常，可以认为当两元素电负性差值远大于 1.7 时，为离子键；当电负性差值远小于 1.7 时，为共价键；如果两元素电负性差值在 1.7 附近，则它们的成键具有离子键和共价键的双重特性，碘化银就是一个很好的例子，离子极化理论可以很好地解释这种

现象。

共价键的特点

价键理论认为，分子是由原子组成的，假定原子在未化合之前含有未成对的电子，且这些未成对的电子自旋相反，则这两个电子耦合形成一个共价键。按照价键理论，共价键有以下特点：

(1) 饱和性。每个原子所能提供的未成对电子数是一定的，在共价键的形成过程中，一个原子的一个未成对电子与其他原子的未成对电子配对后，就不能再与其他电子配对，即每个原子能形成的共价键总数是一定的，这就是共价键的饱和性。共价键的饱和性决定了各种原子形成分子时相互结合的数量关系，这是定比定律的内在原因之一。

(2) 方向性。除 s 轨道是球形的以外，其他原子轨道都有其固定的延展方向，所以共价键在形成时，轨道重叠也有固定的方向，共价键也有它的方向性，共价键的方向决定着分子的构型。

主要以共价键结合形成的化合物，称为共价化合物。不同种类非金属元素的原子结合形成的化合物(如 CO_2、ClO_2、B_2H_6、BF_3、NCl_3 等)和大多数有机化合物都属于共价化合物。而本书中主要讨论的是具有共价键(或部分共价键)结合的固体化合物，上述类型的化合物将不涉及。

4.5.2　正常价键化合物[51]

原子由于在不同化合物体系中得失电子的相对能力有差异，因此形式上表现出具有正离子或负离子的特性。正常价键化合物指的是化合物中所有这种所谓正离子的价电子全部提供给负离子，恰好满足负离子形成满壳层电子结构，而无须共用价电子。如化合物为 C_mA_n，其中 C 为正离子，其外层价电子数为 N_C，A 为负离子，其外层价电子数为 N_A，则对于正常价化合物，有 $mN_C = n(8-N_A)$。

如果只考虑主族元素形成的化合物，可以用元素的族数代替 C 和 A，例如，第 5 族负离子和第 2 族正离子形成化合物时，可以标记为 2_35_2，考虑到第 1、第 2、第 3 族元素不会形成负离子，则可能的二元正常价键化合物组合只有如下 18 种：

第 4 族负离子 1_44、2_24、3_44_3。

第 5 族负离子 1_35、2_35_2、35、4_35_4。

[51] (a) Hulliger F. Structure and Bonding in Crystals. New York: Acadeaic Press, 1981. (b) Hulliger F, Mooser E. Progr. Solid State Chem., 1965, 2: 330 - 377. (c) Lima-de-Faria J, Hellner E, Liebau F, et al. Acta. Cryst., 1959, 12: 1015 - 1022. (d) Pearson W B. Acta. Cryst., 1964, 17: 1 - 16. (e) Schäfer H, Eisenmann B, Müller W. Angew. Chem. Int. Edit. Engl., 1973, 12: 694 - 712. (f) von Schnering H G. Angew. Chem. Int. Edit. Engl., 1981, 20: 33 - 51.

第 6 族负离子 1_26、26、3_26_3、46_2、5_26_5。

第 7 族负离子 17、27_2、37_3、47_4、57_5、67_6。

当两种元素的电负性差别较大时，通常可以形成上述组成的简单二元化合物。例如化合物 Mg_3N_2（2_35_2）、NaCl（17）、Al_2O_3（3_26_3）、GaAs（35）、CdTe（26）等。

由于结构中不存在正离子-正离子或负离子-负离子接触，因此，此类化合物的结构遵循 Pauling 规则，化合物的键型从离子键到共价键过渡。例如，NaCl 是典型的离子键化合物，而 GaAs 已经是典型的共价键化合物。

根据 Pauling 规则的表 4.2，化合物配位环境稳定存在的条件取决于离子半径之比，对于 r_C/r_A，形成三角形[3l]、四面体[4t]、八面体[6o]和立方体[8cb]配位时存在以下要求：

$C^{[3l]}A_3$：>0.155；$C^{[4t]}A_4$：>0.225；$C^{[6o]}A_6$：>0.414；$C^{[8cb]}A_8$：>0.732。

例如，当形成 SiO_8 时，离子半径之比为 0.65，因此，SiO_8 配位不能形成。值得注意的是，Pauling 第二规则在有些情况下不能完全被遵守，例如低温相 $LiFeO_2$ 化合物结构。按照结构，存在两种不同配位环境的氧原子，其晶体结构式为 $Li^{[,6o;]}Fe^{[,6o;]}O^{[(2,4)o;]}O^{[(4,2)o;]}$，根据 Pauling 规则，得知两种氧原子的价键强度分别为 2.33 和 1.67，不满足 Pauling 第二规则。此外，当配位多面体存在畸变时，正离子-负离子间距为非等距离，为了满足 Pauling 规则，必须根据实验离子间距对各自键强度进行修正。

4.5.3 广义价键化合物[51]与 Zintl 化合物[52]

广义价键化合物，指的是出现以下几种情况时所形成的离子键（有时是金属键）到共价键过渡的化合物：① 正离子不把所有价电子转移给负离子，而是用于自己成键或者保留在非键轨道；② 由于负离子之间成键，从而不需要过多的电子就能满足满壳层结构。

同样设化合物为 C_mA_n，其中 C 为正离子，其外层价电子数为 N_C，A 为负离子，其外层价电子数为 N_A，则对于广义价键化合物有如下关系：

$$m(N_C - N_{CC}) = n(8 - N_A - N_{AA}) \qquad (4-5-1)$$

其中，N_{CC}是保留在每个正离子上的平均电子数，N_{AA}则是当负离子之间成键时每个负离子所需要的平均价电子数，这样上述公式的两边分别代表正离子转移给负离子的价电子数和负离子达到满壳层结构所需的价电子数。

一般情况下，N_{CC}和 N_{AA} 无法用实验得到数值。在特殊情况下，如当正离子间或负离子间形成的键是电子对成键时，这两个数值可以用另外两个数值

[52] (a) Schäfer H. Annu. Rev. Mater. Sci., 1985, 15: 1-41. (b) Schäfer H. J. Solid State Chem., 1985, 57: 97-111.

CC 和 AA 代替。CC 代表每个正离子的平均成键数或每个正离子上保留的非键价电子数，而 AA 则是每个负离子的平均成键数。这两个数通常可以从晶体结构中的原子位置及与其他原子间的间距分析得到。对于化合物 C_mA_n，引入一个分配在负离子上的价电子配分密度参数 VEC_A，

$$VEC_A = (mN_C + nN_A)/n \tag{4-5-2}$$

则利用上述关系式，可以得到：

$$VEC_A = 8 + (m/n)CC - AA \tag{4-5-3}$$

这被称为广义 8 – N 规则。满足这个规则的化合物被称为广义价键化合物。

例如化合物 CaSi，按照计算得知，$VEC_A = 6$，$AA = 2$，从晶体结构分析结果得知，每个 Si 与另外两个 Si 原子成键（间距为 242.7 pm），形成“之”字形链，与计算结果一致。

人们在文献中很多时候会碰到所谓 Zintl 化合物的表述，从本质上讲，这两种表述方式是统一的，化合物的内涵也是一致的。例如 NaTl 化合物，根据传统 Zintl 的概念，电正性的 Na 原子将外层价电子转移给 Tl，此时 Tl 与第 4 族的 Si 变成等电子体系，因此形成金刚石骨架结构，如图 4.14 所示。

值得注意的是，由于上述关于 CC 和 AA 的说明，此规则的应用只限于化合物中形成电子对成键以及非成键电子惰性保留在非键轨道的情况，此时，化合物应该具有半导体的性质。当化合物具有金属性时，此规则的适用性不能保证。随着人们对此类化合物理解的深入，有人提出了所谓金属性 Zintl 化合物的概念[53]，用以描述大量的表观成键状况满足上述规则，然而具有弱金属性的化合物，这对于拓展理解广义价键（Zintl）化合物成键的内涵具有实际意义。例如 La_3In_5 化合物，按照计算可以得知，如果 In_5 形成四方锥结构，则 La 将价电子转移给 In_5 多面体成键，这样就满足 Zintl 化合物对结构的要求，而且与实验得到的结构一致，如图 4.15 所示，但此化合物表现出弱金属性。

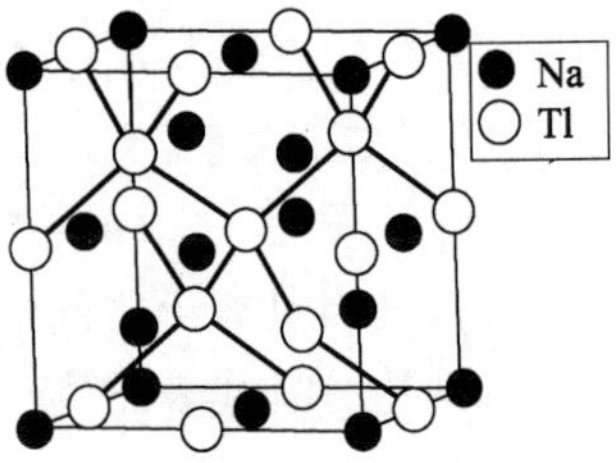

图 4.14　典型 Zintl 化合物 NaTl 的晶体结构

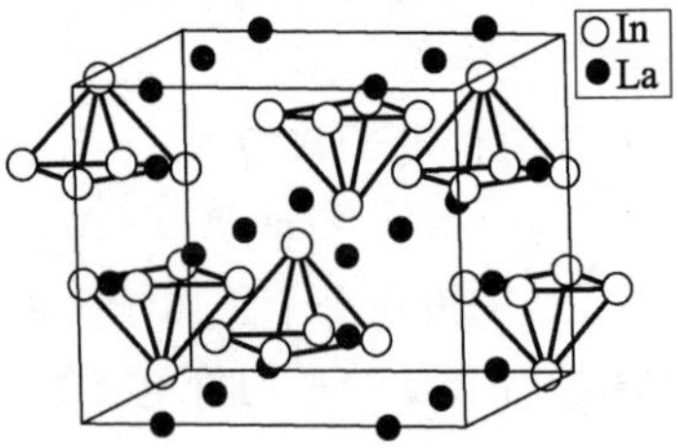

图 4.15　金属性 Zintl 化合物 La_3In_5 的晶体结构

[53]　Zhao J T, Corbett J D. Inorg. Chem., 1995, 34: 378.

针对上述 VEC_A 计算所得到的不同数值，可以将广义价键化合物分为三类。

$VEC_A=8$：正常价键化合物，此时 CC 和 AA 均为零。

$VEC_A<8$：聚负离子价键化合物，$AA>0$。

$VEC_A>8$：聚正离子价键化合物，$CC>0$。

前面已经对正常价键化合物做了介绍，下面就其他两种做简要介绍。

1. 聚负离子价键化合物

此时对于广义 $8-N$ 规则，最简单的情况是 $CC=0$，即化合物中只存在负离子－负离子成键，则

$$AA=8-VEC_A$$

对于不同的 AA 数值，化合物结构（负离子成键状况及构型）具有不同特性。

$AA=0$：孤立负离子，正常价键化合物。

$AA=1$：负离子二聚体。

$1<AA<2$：有限负离子链或同时具有有限和无限负离子链（环）。

$AA=2$：无限负离子链（环）。

$AA=3$：每个负离子与其他三个负离子成键。

$AA=4$：每个负离子与其他四个负离子成键。

如果需定义一个形成部分负离子结构的有限链（非环）的“分子”中平均原子数 $N_{A/M}$，则有

$$AA=[2(N_{A/M}-2)+2]/N_{A/M} \tag{4-5-4}$$

则对于 $1<AA<2$，有 $N_{A/M}=2/(2-AA)$。

值得注意的是，如果负离子形成两种有限链结构，则 $N_{A/M}$ 值对应于两种链结构中原子数的平均值。此外，此数值不适用于同时出现一种无限链结构和有限链（或环）结构的情况。

举例 1：

ZnP_2：$VEC_A=6$，$AA=2(CC=0)$。

最简单的负离子结构为 P 无限链，结构化学式为 $ZnP_2^{[;2]}$；或者是 P 有限环，结构化学式为 $Zn_nP_{2n}^{[;2]}$。

举例 2：

$LaAs_2$：$VEC_A=6.5$，$AA=1.5(3/2)$，$N_{A/M}=4$。

最简单的结构为四个 As 形成有限链的 $LaAs_2$ 低温结构。结构化学式为 $La_2[As_4]$。

较复杂的是具有两种有限 As 原子链的结构，$N_{A/M}=(3+5)/2$，As 形成三

个和五个有限原子链的 $LaAs_2$ 高温结构，如图 4.16 所示，此时结构化学式为 $La_4[As_3][As_5]$。

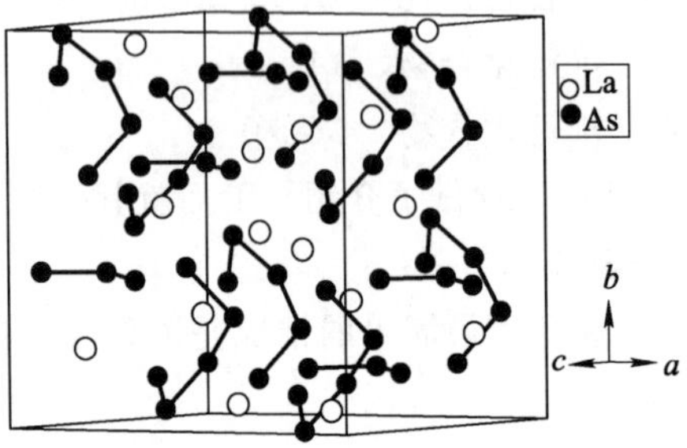

图 4.16　$LaAs_2$ 的高温结构

举例 3：

$GeAs_2$：$VEC_A=7$，$AA=1$。

最简单的结构为形成二聚体，$N_{A/M}=2$，结构化学式为 $Ge[As_2^{[;1]}]$，此结构尚未被发现。

更为复杂的结构是一半的 As 形成孤立原子，另一半 As 原子与两个 As 原子成键，形成一条无限原子链，$N_{A/M}=(0+2)/2$，结构化学式 $GeAsAs^{[;2]}$，此结构已在实验中被发现（如图 4.17 所示）。

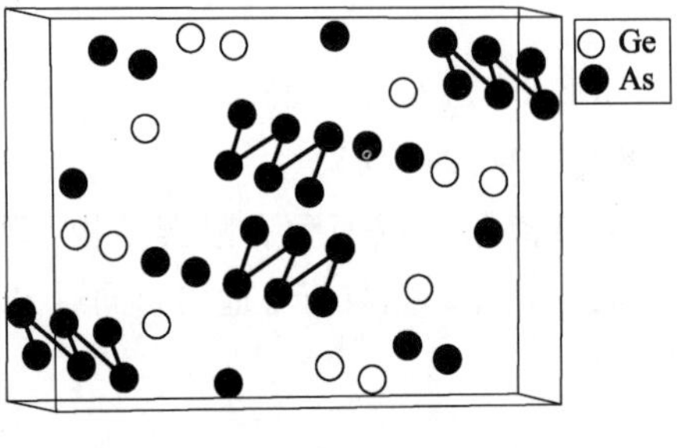

图 4.17　GeAsAs 的简单晶体结构

当化合物退化为负离子单质时，$VEC_A=N_A$，这时广义 $8-N$ 规则退化为 $N_A=8-AA$，或 $AA=8-N_A$，事实上，对于主族元素，最外层价电子数 N_A 就对应着元素的族数 N，因此自然得到 $AA=8-N$，即元素结构所遵循的规则。正如上面所提到的，随着元素金属性增强，会出现同素异构体，这点需要格外注意。

2. 聚正离子价键化合物

此时对于广义 $8-N$ 规则，最简单的情况是 $AA=0$，即化合物中只存在正

离子 - 正离子成键，则

$$CC = (n/m)(VEC_A - 8) \qquad (4-5-5)$$

对于不同的 CC 数值，化合物结构(正离子成键状况及构型)具有不同特性，简单的 CC 数值的对应关系如下。

$CC=0$：孤立正离子，正常价键化合物。

$CC=1$：正离子二聚体。

$CC=2$：无限正离子链(环)或一对孤对电子。

$CC=3$：每个正离子与其他三个正离子成键，或与一对正离子成键并保留一对孤对电子。

举例 1：

GaSe：$VEC_A=9$，$CC=1$。

最简单的结构是 Ga 形成二聚体，结构化学式为$[Ga_2^{[;1]}]Se_2$，见图 4.18。

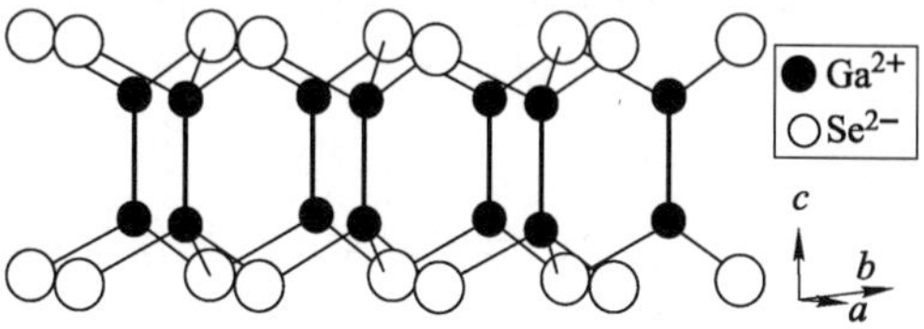

图 4.18　$[Ga_2]Se_2$ 的晶体结构

举例 2：

GeS：$VEC_A=10$，$CC=2$。

最简单的结构是 Ge 形成无限链或 Ge 上保留一对孤对电子，结构化学式为 $Ge^{[;2]}S$ 或 $Ge^{[;0]}S$。真正的 GeS 结构为第二种情况，晶体结构见图 4.19。

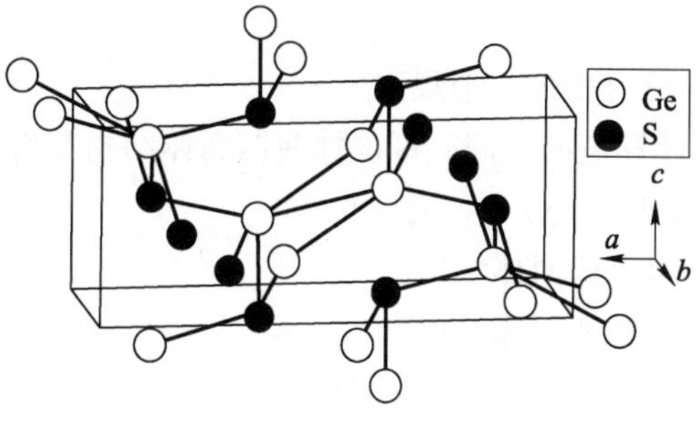

图 4.19　GeS 的晶体结构

值得注意的是，当两种原子的电负性差别大时，在正离子上保留孤对电子的可能性较小，因此出现第一种结构的可能性较大，由此可以推断等电子体系

SiO 的可能结构为第一种。

4.5.4　四面体结构化合物[54]

四面体结构化合物，指的是一类原子最多具有 4 个相邻原子且位于四面体顶点的结构的化合物。这类化合物包括两部分：正常四面体结构化合物和缺位四面体结构化合物。正常四面体结构化合物，顾名思义，就是每个原子都有 4 个相邻原子形成四面体，而缺位四面体结构化合物结构中相邻原子数少于 4 个。

四面体结构化合物是广义价键化合物的一种，因此化合物的键型也是从离子键型(或金属键型)到共价键型过渡。此类化合物也遵守广义 $8-N$ 规则，因此可以根据此规则推断化合物的结构特点。

对于化合物的共价键，每个原子形成电子对成键从而满足其满壳层结构，特别是当原子形成 sp^3 杂化时，与相邻四个原子的 sp^3 杂化轨道重叠，形成四面体配位环境，当某个轨道不用于成键时，则形成非键轨道，非键轨道可以间接从四面体结构中缺失的原子位置判断。

1. *四面体结构方程*

在四面体结构化合物 C_nA_m 中，形成四面体结构所提供和需要的价电子数有如下关系：

$$mN_C + nN_A = 4(m+n) + (m+n)N_{NBO} \qquad (4-5-6)$$

其中，N_{NBO}是化合物中原子平均非键轨道数。

引入总价电子配分密度参数 VEC，则

$$VEC = (mN_C + nN_A)/(m+n) \qquad (4-5-7)$$

则上述关系可变为

$$VEC = 4 + N_{NBO} \qquad (4-5-8)$$

称为四面体结构方程。

1) 四面体结构化合物的一般规则

根据上述方程计算值的不同，可以推断四面体结构是否能够形成以及形成何种四面体结构，具体如下。

$VEC<4$：不能形成四面体结构。

$VEC=4$：形成正常四面体结构，$N_{NBO}=0$。

$VEC>4$：形成缺位四面体结构，$N_{NBO}>0$。

对于四面体结构，可能的配位多面体只有四种，即四面体[4t]、三角形[3n](中心原子与配位原子非共面)、哑铃形[2n](中心原子与配位原子非共

[54]　(a) Parthé, E. Cristallochimie des Structures Tétraédriques. Paris: Gordon & Breach, 1972. (b) Parthé E. Acta. Cryst., 1973, B29: 2808－2815.

线）和单个原子[1]，而且出现在方括号中的数字与非键轨道数之和应该总是等于4。

举例1：

ZnP_2：$VEC=4$，$N_{NBO}=0$，$VEC_A=6$，$AA=2$。

最简单结构化学式为 $Zn^{[4t;]}P_2^{[(2,2)t]}$，结构图见图4.20。Zn原子与4个P原子配位形成四面体结构，而P原子与两个P原子成键形成无限原子链，当考虑与Zn的连接时，P的配位环境也可以认为是与两个Zn和两个P形成四面体配位，图中只是画出了负离子成键情况而没有画出原子配位情况。注意：等电子化合物 ZnP_2、CdP_2、$ZnAs_2$ 虽然具有不同的晶体结构，但具有相同的正离子结构，所以结构化学式相同。

举例2：

GaSe：$VEC=4.5$，$N_{NBO}=1/2$，$VEC_A=9$，$CC=1$。

最简单结构的化学式为 $[Ga_2^{[(3;1)t]}]Se_2^{[3n;]}$，结构见图4.21。其他等电子化合物InS、InSe、GaTe以及GaSe的多型化合物都具有相同的结构化学式。

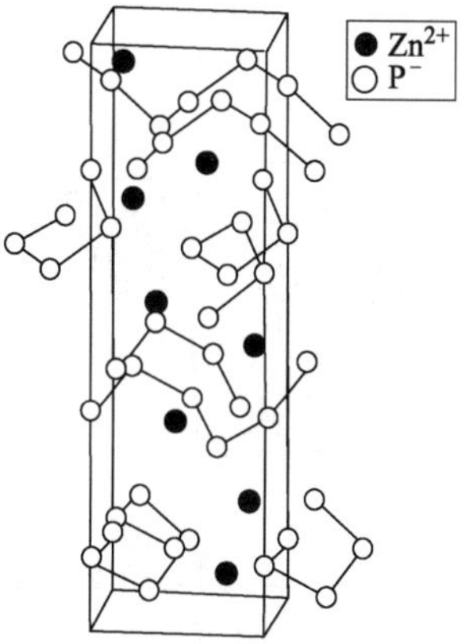

图4.20　ZnP_2 的简单晶体结构

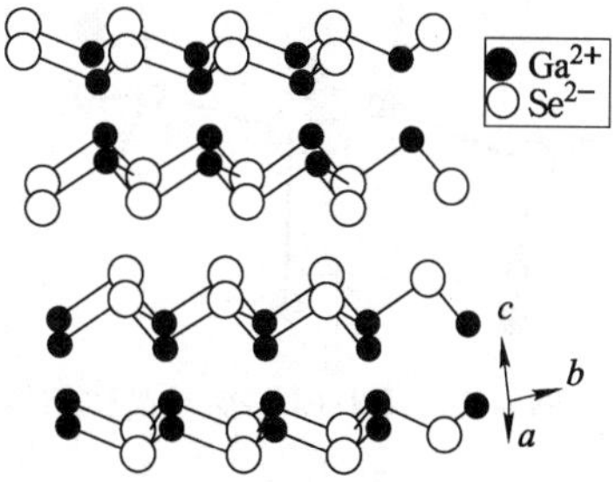

图4.21　$[Ga_2]Se_2$ 的简单晶体结构

举例3：

InTeCl：$VEC=5.333$，$N_{NBO}=4/3$，$VEC_A=8$，$AA=CC=0$。

最简单结构的化学式为 $In^{[(2,2)t;]}Te^{[2,]}Cl^{[2,]}$ 或 $In^{[(3,1)t;]}Te^{[3;]}Cl^{[1,;]}$。

由于Te和Cl之间的电负性差大，使得第二个化学式更加可能，而这个结构也正对应于实验观察到的结构，如图4.22所示。

2）分子型四面体结构的特殊规则

对于分子型四面体结构，可以把四面体结构方程写成如下形式：

$$4=(8-VEC)+N_{NBO} \qquad (4-5-9)$$

代表的意义是每个原子的轨道数等于每个原子成键轨道数与非键轨道数之和。如果 $VEC > 6$，则每个原子的成键轨道数 <2，意味着会形成非环状、具有有限原子组成的分子。对于这样的具有 $N_{A/M}$ 的分子，其具有 $N_{A/M}-1$ 个键，成键的数目与原子之比可以是 0/1，1/2，2/3，…，$(N_{A/M}-1)/N_{A/M}$。因为一个键是两个轨道融合的结果，所以每个原子平均成键轨道数是上述数目的两倍，即 $2(N_{A/M}-1)/N_{A/M}$，这时，有 $8-VEC=2(N_{A/M}-1)/N_{A/M}$，可简化为 $N_{A/M}=2(VEC-6)$。

据此知道了 VEC，就可以计算形成四面体结构非环状分子中的原子个数 $N_{A/M}$。

举例：

PI_2：$VEC=6.333$，$N_{NBO}=7/3$，$N_{A/M}=6$，$VEC_A=9.5$，$CC=3$（设 $AA=0$）。

此时晶体结构化学式为 $[P_2^{[(2;1)n]}I_4^{[1;]}]$，结构见图 4.23。

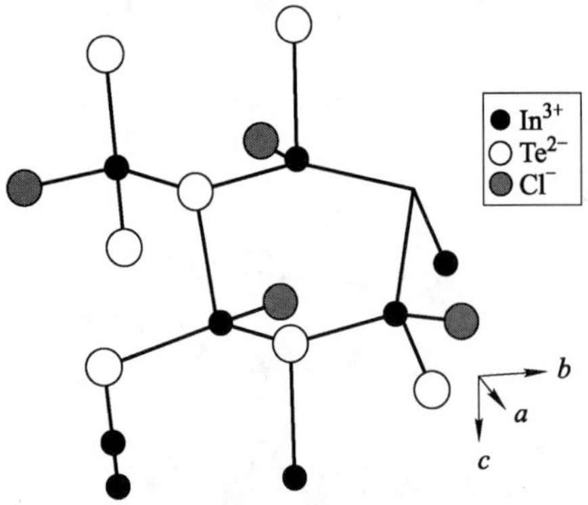

图 4.22　InTeCl 的简单晶体结构

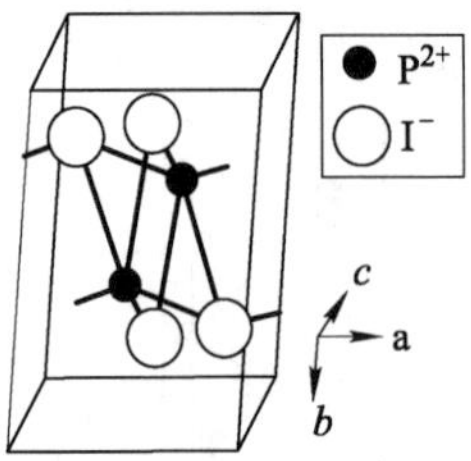

图 4.23　$[P_2I_4]$ 的晶体结构

存在一类部分负离子结构形成四面体的化合物，这类化合物的成键具有离子键到共价键过渡的特性。这类化合物中只有负离子形成四面体结构，可以假设正离子将所有价电子转移给负离子形成四面体结构，按照四面体结构价电子方程，可以定义一个参数 VEC'，$VEC'=(mN_C+nN_A)/n$。

参照上述讨论，可以得出此类化合物负离子结构的规则：

$$VEC' = 4 + N'_{NBO} \tag{4-5-10}$$

$$N'_{A/M} = 2(VEC' - 6) \tag{4-5-11}$$

由此可以推断负离子形成四面体结构的情况。

举例：

Ba_3As_4：$VEC=26/7<4$，因此四面体结构不能形成。但 $VEC'=6.5>6$，

$N'_{NBO}=5/2$，$N'_{A/M}=4$，因此可以期望负离子 As 形成有限原子组成的非环状四面体结构，此结构由 4 个 As 组成非环结构(见图 4.24)，包含 10 个非键轨道。

同样的结构也可以由广义价键化合物规则推出。

对于上述二元化合物，$VEC'=VEC_A$，但对于二元以上化合物，两项的意义不同。例如对于化合物 $C_mC'_{m'}A_n$，有

$$VEC'=(mN_C+m'N_{C'}+nN_A)/(m'+n) \tag{4-5-12}$$

而

$$VEC_A=(mN_C+m'N_{C'}+nN_A)/n \tag{4-5-13}$$

例如 $Mg_2P_2O_7$，$VEC=57/11>4$，四面体结构可能形成，但是只是负离子基团部分形成(Mg 除外)，因此有

$VEC'=6.222>6$，$N'_{NBO}=20/9$，$N'_{A/M}=8$，$AA=C'C'=CC=0$。
形成 P_2O_7 共顶点负离子基团四面体结构，如图 4.25 所示。

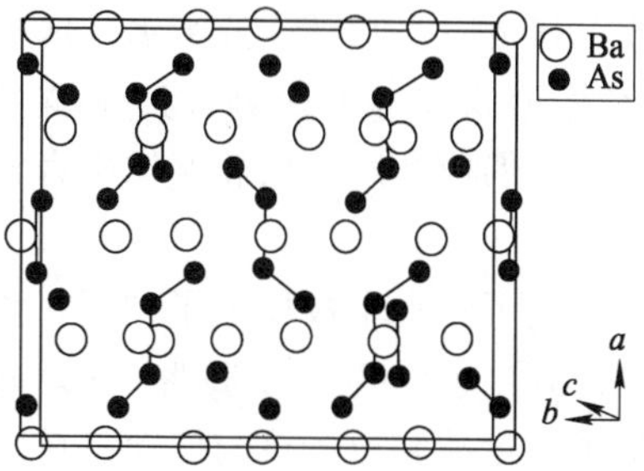

图 4.24 Ba_3As_4 的晶体结构

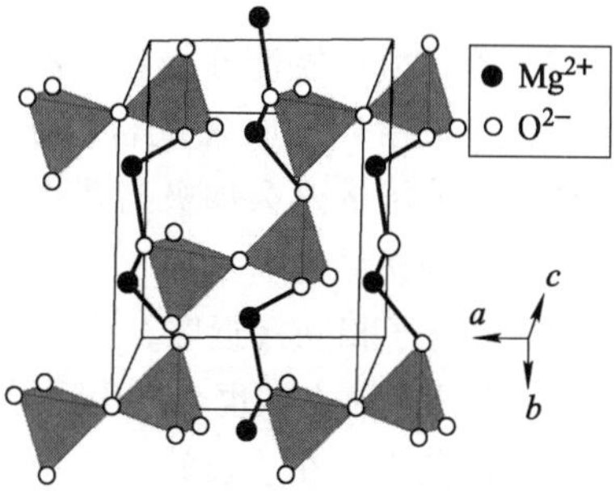

图 4.25 $Mg_2P_2O_7$ 的晶体结构

（图中四面体为 PO_4^{3-} 基团）

4.6 混合键型化合物

4.6.1 范德华键与分子晶体

1. 分子的极性

设想分子中有一个“正电荷中心”和一个“负电荷中心”，如果分子的正、负电荷中心重合，则为非极性分子；如果正、负电荷的中心不重合，则为极性分子。

双原子分子的极性决定于共价键的极性，如果共价键为极性键，则分子为极性分子；如果共价键为非极性键，则分子为非极性分子。而多原子分子的极性不仅与共价键的极性有关，还与分子的几何构型有关：如果分子中的共价键

为极性键，而分子的几何构型是完全对称的，则该分子为非极性分子；如果分子中的共价键为极性键，且分子的几何构型不对称，则为极性分子。

分子极性的大小通常用分子电偶极矩来衡量。分子电偶极矩 p 等于正电荷中心(或负电荷中心)的电量 q 与正、负电荷中心间的距离 d 的乘积，即$p=dq$。

分子电偶极矩越大，分子的极性就越大；分子电偶极矩越小，分子的极性就越小；分子电偶极矩为零的分子为非极性分子。

2. 分子间作用力

分子间作用力分为以下几种。

(1) 取向力：极性分子的正、负电荷中心不重合，则分子中存在永久偶极。当极性分子相互接近时，极性分子的永久偶极间同极相斥、异极相吸，在空间上处于异极相邻的状态。这种由于极性分子的永久偶极而产生的静电作用力称为取向力。取向力的本质是静电作用，显然，极性分子的分子电偶极矩越大，取向力越大。

(2) 诱导力：极性分子与非极性分子相互接近时，在极性分子永久偶极的影响下，非极性分子原来重合的正、负电荷中心发生相对位移而产生诱导偶极，在极性分子的永久偶极与非极性分子的诱导偶极之间产生静电作用力，这种作用力称为诱导力。

当极性分子相互接近时，在永久偶极的影响下，每个极性分子的正、负电荷中心的距离被拉大，也会产生诱导偶极，因此诱导力也存在于极性分子之间。

(3) 色散力：在非极性分子中，由于电子的运动和原子核的振动，在一瞬间分子的正、负电荷中心不重合，产生瞬间偶极。瞬间偶极诱导相邻分子产生相应的瞬间诱导偶极，这种瞬间偶极与瞬间诱导偶极之间的相互作用力称为色散力。虽然瞬间偶极存在时间极短，但是这种情况不断重复，因此色散力始终存在着。

由于极性分子也会产生瞬间偶极，因此，非极性分子与极性分子之间以及极性分子与极性分子之间也存在色散力。

综上所述，在非极性分子之间，只存在色散力；在极性分子与非极性分子之间，存在色散力和诱导力；在极性分子之间存在色散力、诱导力和取向力。对于大多数分子来说，色散力是主要的；只有当分子的极性很大时，取向力才比较明显；而诱导力通常很小。

在分子晶体的晶格结点上排列的微粒是分子，这种微粒之间的作用力是分子作用力和氢键。

4.6.2　氢键

当氢原子与电负性大、半径小的 X 原子形成共价键后，共用电子对偏向于 X 原子，氢原子几乎变成了“裸核”。“裸核”的体积很小，又没有内层电子，不被其他原子的电子所排斥，还能与另一个电负性大、半径小的 Y 原子中的孤对电子产生静电吸引作用 X—H ┈ Y，X 和 Y 都是 F、O、N、Cl 或 C 等电负性较高的原子。这种产生在氢原子与电负性大的元素原子的孤对电子之间的静电吸引称为氢键。

1. 氢键的方向性和饱和性

氢键的方向性是指形成氢键 X—H ┈ Y 时，X、H、Y 原子尽可能在一条直线上，这样可使 X 原子与 Y 原子之间距离最远，两原子间的斥力最小。氢键的饱和性是指一个 X—H 分子只能与一个 Y 原子形成氢键，当 X—H 分子与一个 Y 原子形成氢键 X—H ┈ Y 后，如果再有一个 Y 原子接近，则这个原子受到X—H ┈ Y 上的 X 和 Y 原子的排斥力远大于 H 原子对它的吸引力，使 H 原子不可能再与第二个 Y 原子形成第二个氢键。

2. 氢键的结构特征

氢键可分为分子间氢键和分子内氢键两种类型。一个分子的 X—H 键与另一个分子中的 Y 原子形成的氢键称为分子间氢键；一个分子的 X—H 键与同一分子内的 Y 原子形成的氢键称为分子内氢键。分子间氢键又可分为同种分子间的氢键和不同种分子间的氢键。同种分子间的氢键也可分为二聚分子中的氢键和多聚分子中的氢键。多聚分子中的氢键又分为链状结构、层状结构和立体结构。具有多聚分子中氢键链状结构的一个例子是固体氟化氢。在硼酸（H_3BO_3）晶体中，存在多聚分子中氢键的层状结构，如图 4.26(a)所示。具有多聚分子中氢键的立体结构的例子是冰，如图 4.26(b)所示。

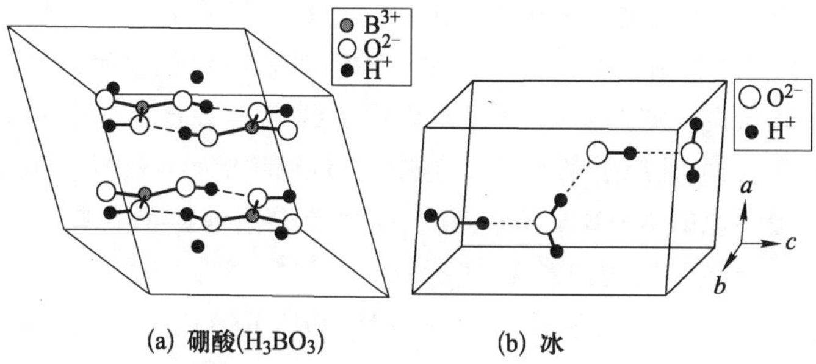

图 4.26 硼酸（H_3BO_3）和冰的晶体结构

在某些分子中，存在着分子内氢键。由于分子结构的限制，形成分子内氢键的三个原子不在同一直线上，键角一般约为 150°。

当化合物生成分子间氢键时，将使化合物的沸点和熔点升高。因为要使液体气化，必须破坏分子间氢键，需要消耗较多的能量；要使晶体熔化，也要破坏一部分分子间氢键，也需要消耗较多的能量。当生成分子内氢键时，必然使生成分子间氢键的机会减少，因此与形成分子间氢键的化合物相比较，其沸点和熔点就会降低。如果溶质分子与溶剂分子形成分子间氢键，则溶质在溶剂中的溶解度增大。如果溶质分子形成分子内氢键，则在极性溶剂中的溶解度减小，而在非极性溶剂中的溶解度增大。

氢键在生命过程中具有非常重要的意义。与生命现象密切相关的蛋白质和核酸分子中都含有氢键，氢键在决定蛋白质和核酸等分子的结构和功能方面起着极为重要的作用。在这些分子中，一旦氢键被破坏，分子的空间结构就要改变，生物活性就会丧失。

3. 非常规的氢键[55]

常规的氢键 X—H┈Y 是在一个质子给体(例如一个 O—H 或 N—H 基团)和一个质子受体原子(例如带有孤对电子的 O 或 N 原子)之间形成。近年来，发现了几种不属于上述常规氢键的体系。

(1) 在通常情况下，氢键中的 H 原子是二配位，但在有些氢键中 H 原子是三配位或四配位。对 X 射线和中子衍射测定的 889 个有机晶体的 1 509 个 NH┈O ═C 氢键统计分析，大约有五分之一(304 个)是三配位，6 个是四配位。

在大多数氢键中，只有一个 H 原子是直接指向 Y 上的孤对电子，但是在氨晶体中，每个 N 原子的孤对电子接受分属于其他氨分子的 3 个 H 原子。在尿素晶体中，每个 O 原子同样接受 4 个 H 原子。

(2) X—H┈π 氢键。在这种氢键中，π 键或离域 π 键体系作为质子的受体。例如，X 射线衍射法测定 2 - 丁炔 · 2HCl 的晶体结构表明，2HCl 与 2 - 丁炔的 π 键形成氢键，如图 4. 27 所示。H 原子到 C≡C 键上两个 C 原子的距离均等于 243 pm，而 Cl 原子到 C≡C 键中心点的距离为 347 pm。由苯基等芳香环的离域 π 键形成的 X—H┈π 氢键又称为芳香氢键。在甲苯 · 2HCl 晶体结构中 Cl—H┈π 氢键结构如图 4. 28 所示。

(3) X—H┈H—Y 二氢键。$H_3N—BH_3$ 晶体的熔点 377 K，远远高于等电子系列化合物的熔点(C_2H_6 的熔点为 92 K，H_3CF 的熔点为 132 K)。一系列 N—H┈H—B 体系的 H┈H 距离介于 175 ~ 190 pm(自由 H_2 分子的 H—H 距离为 74 pm，H 的范德华半径之和为 240 pm)。这些信息促使人们提出 X—H┈H—Y 二氢键的观点。结构测定表明，在二聚体[H_3NBH_3]中含有一

[55] 麦松威，周公度，李伟基. 高等无机结构化学. 2 版. 北京，香港：北京大学出版社，香港中文大学出版社，2006.

个 N—H ┄ H—B 二氢键，H ┄ H 距离为 182 pm，如图 4.29 所示。二氢键不仅存在于 $H_3N—BH_3$ 等化合物中，还存在于过渡金属配位化合物中。X 射线和中子衍射的研究已经证实存在着 N—H ┄ H—M 和 O—H ┄ H—M 二氢键，在其中，氢化物配位基团起着质子受体作用。

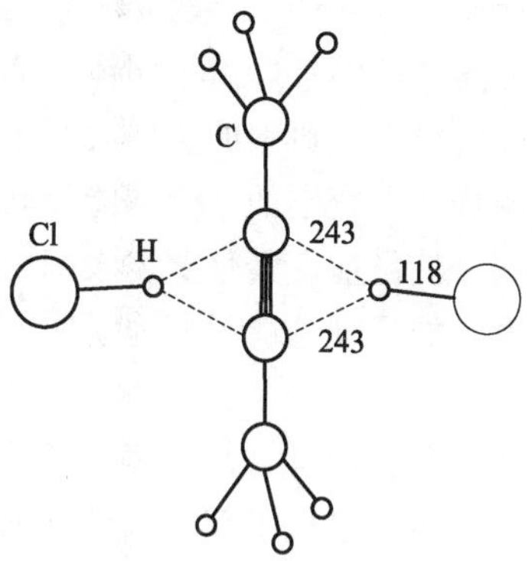

图 4.27　2－丁炔·2HCl 中的 Cl—H ┄ π 氢键(键长单位 pm)

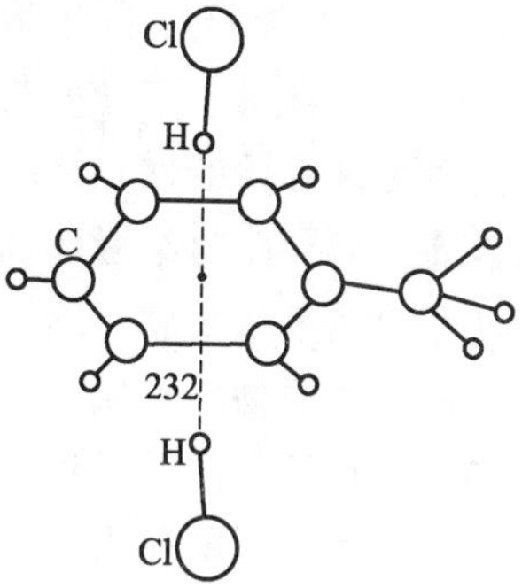

图 4.28　甲苯·2HCl 晶体中的 Cl—H ┄ π 氢键(键长单位 pm)

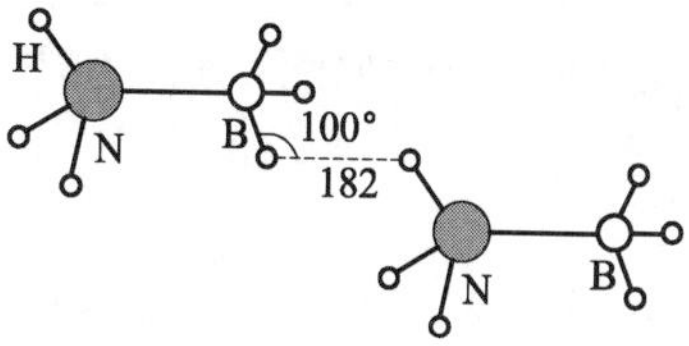

图 4.29　在二聚体[H_3NBH_3]中二氢键 X—H ┄ H—Y 的结构(键长单位 pm)

此外，在有机金属化合物中还发现与常规氢键类似的 X—H ┄ M(M 为过渡金属原子)非常规的氢键和 M—H ┄ O ═C 非常规的氢键。

4.7　金属键与金属间化合物

4.7.1　金属键

在金属晶体中，自由电子不专属于某个金属离子而为整个金属晶体所共有。这些自由电子与全部金属离子相互作用，从而形成某种结合，这种作用称为金属键。按照金属的自由电子模型，金属原子只有少数价电子能用于成键。金属在形成晶体时，倾向于构成极为紧密的结构，使每个原子都有尽可能多的相邻原子(金属晶体一般都具有高配位数和紧密堆积结构)，这样，电子能级可以得到尽可能多的重叠，从而形成金属键。由于电子的自由运动，金属键是非极性键，没有方向性。金属键与金属的金属性相关，一般金属的熔点、沸点随金属键的强度的增加而升高。

随着量子力学理论的发展和对材料微观性质的深入认识，建立了金属的能带理论。金属原子中电子的集体效应是形成准连续的能带。由于固体的能带结构不同，区分为金属，半导体与绝缘体。一般情况下，典型的金属具有未充满的导带，因此具有导电性；绝缘体具有充满的价带、全空的导带和能量间隔非常宽的禁带；半导体与绝缘体的能带结构相同，但是前者禁带宽度较窄，价带电子受较低的能量激发就可跃迁到导带而导电。能带理论能很好地说明金属的光、电、磁等共同物理性质。

能带理论对某些问题还难以说明，如某些过渡金属具有高硬度、高熔点等性质，有人认为这可能是由于原子的次外层电子参与形成了部分共价性的金属键。所以说，金属键理论仍在发展当中。

4.7.2　金属间化合物[56]

金属间化合物是由金属与金属，或金属与类金属元素之间形成的化合物，一般可以区分为正常价化合物、电子型化合物、间隙型化合物、拓扑密堆积型化合物以及复杂金属间化合物。

1. 正常价化合物

如前面所做的介绍，它们的形成主要是与电负性差有关，它们符合原子价规则。正常价化合物是由两种或多种电负性差值较大的元素按通常的化学价规律形成的化合物，其稳定性与各组元之间的电负性差的大小有关，电负性差值越大，稳定性越高，越接近离子键。正常价化合物包括从离子键、共价键过渡到金属键为主的一系列化合物，通常具有较高的强度和脆性，固溶度范围极小，在相图上为一条垂直线。

当两种电负性差异较小的金属元素形成化合物时，往往遵循金属元素结构的某些特征，例如趋向于形成密堆积结构。这类化合物可以认为是合金类型的化合物，例如 TiNi、TiAl、Cu_3Au、$TiNi_3$、Ni_3Al 等。这是一类具有重要应用的化合物，在现代科技领域(如航空航天领域)得到了广泛应用。

合金类型化合物中原子的成键主要是金属键型，因此化合物具有良好的导电、导热及高强度等金属特征。虽然化合物结构总体趋于形成密堆积，但由于形成化合物的原子具有一定差异，如尺寸和电负性，导致化合物形成有序排

[56]　Kasper J S. Theory of Alloy Phases. Am. Soc. Mat.，1954：264－278.

列。例如，Cu_3Au 长期退火时形成有序结构。AB_3 型化合物形成多种有序结构类型，如 Cu_3Au、$TiNi_3$、$TaNi_3$ 等。

2. 电子型化合物

当形成化合物的原子的电负性差异增大时，会形成一类所谓“电子化合物”，这类化合物遵循休姆-罗瑟里规则，化合物的结构与构成化合物的元素的价电子数目相关。事实上，这类化合物是从合金化合物到遵循价键规则的化合物的过渡。这类化合物的结构稳定性主要取决于电子浓度因素(化合物的价电子数与原子数之比 e/a)，在相图上的组成可以在一定范围内改变，结合性质为金属键，有明显的金属特性。例如 $\beta-Cu_5Sn$($e/a=3/2$)、$\gamma-Cu_{31}Sn_8$($e/a=21/13$)、$\varepsilon-Cu_3Sn$($e/a=7/4$)。

3. 间隙型化合物

间隙型化合物的形成主要取决于组成原子的尺寸因素。当两种元素形成金属间化合物时，如果它们之间的原子半径差别很大，便形成原子尺寸因素化合物。间隙型化合物在过渡族金属与 H、B、C、N 等原子半径很小的非金属元素之间形成。

(1) 简单填隙化合物：当 $\gamma_X/\gamma_M<0.59$ 时(γ_X/γ_M：非金属(X)与金属(M)的原子半径比值)，此类化合物具有比较简单的晶体结构。金属原子一般具有简单单质结构。而非金属原子位于其间隙位置，多数为面心立方和密排六方结构，少数具有体心立方和简单六方结构，总体形成新的结构类型，化学式一般为 M_4X、M_2X、MX 和 MX_2，成分可以在一定范围内变化。

(2) 复杂填隙化合物：当 $\gamma_X/\gamma_M>0.59$ 时，晶体结构变得很复杂，在碳钢和合金钢中复杂填隙相的典型结构主要有 M_3C、$M_{23}C$ 和 M_6C 三种类型，化合物可形成固溶体，其中的金属可被置换。例如 Fe_3C(图 4.30)、Mn_3C、Cr_7C_3、$Cr_{23}C_6$、Fe_3W_3C、Fe_4W_2C。

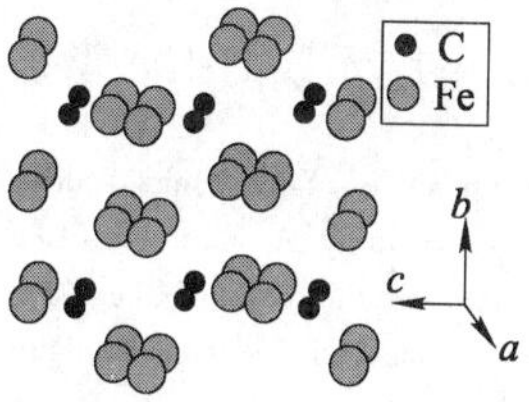

图 4.30 化合物 Fe_3C 的结构，C 原子(黑色)处于 Fe 原子(灰色)所形成的多面体中心，形成填隙化合物

4. 拓扑密堆积型化合物

主要是由大小不同的原子的适当配合而形成的高密排结构，其典型配比是 AB_2。如果用大小不同的两种原子进行最紧密堆垛，通过合理搭配，就有可能获得全部或大部分由四面体堆满整个空间，达到空间利用率和配位数都更高的密排结构。但这些四面体不一定都是等边四面体，这种密排结构称为“拓扑密堆结构”，配位数可达 12、14、15、16。典型的拓扑密堆积型化合物有 Laves 相[57]（见图 4.31）、Cr_3Si、Zr_4Al_3 等。

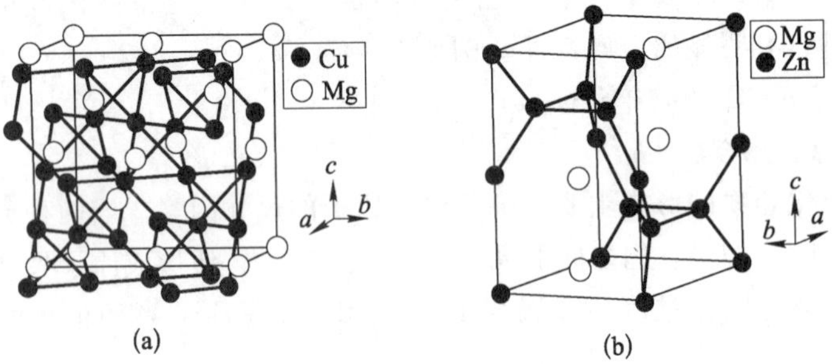

图 4.31　(a) 立方($MgCu_2$)和(b) 六方($MgZn_2$)Laves 相晶体结构

4.7.3　复杂金属间化合物[58]

由于通常情况下金属与类金属甚至金属元素之间形成化合物时具有一定成键的过渡性，即不一定形成纯粹的金属键，也不一定形成正常价化合物，因此所形成的化合物成键具有一定的方向性和饱和性。这也就导致了绝大部分金属间化合物具有比上述几类化合物复杂得多的组成和结构。在金属间化合物手册和各种相图手册中已经报道了十万多个金属间化合物，其中绝大部分都具有复杂结构，特别是包含过渡金属元素的三元化合物。例如，稀土金属和铁族以前的过渡金属很难形成化合物。主族元素的引入增加了原子成键的过渡特性，导

[57]　Laves F. Intermetallic Compounds. New York：John Wiley & Sons，Inc.，1967.

[58]　(a) Corbett J D, Garcia E, Guloy A M, et al. Chem. Mater.，1998，10：2824 – 2836. (b) Gladyshevskii R E. 4th All-Union Conf. on the Crystal Chemistry of Intermetallic Compounds，Collected Abstracts，1983. (c) Gladyshevskii E I, Bodak O I. Crystal Chemistry of Intermetallic Compounds of the Rare Earth Metals Lvov：Vishcha Shkola Publishing House，1982. (d) Leon-Escamilla E A，Corbett J D. J. Alloys Compd.，1994，206 (L15). (e) Leon-Escamilla E A，Corbett J D. J. Alloys Compd.，1998，265：104. (f) Leon-Escamilla E A，Hurng W M，Peterson E S，et al. Inorg. Chem.，1997，36：703. (g) Parthé E，Chabot B. Handbook on the physics and chemistry of rare earths North-Holland，1984，1.6：113 – 334. (h) Villars P A. J. Less-Common Met.，1983，92：215 – 238. (i) Villars P A. J. Less-Common Met.，1984，99：33 – 43. (j) Villars S. J. Less-Common Met.，1984，102：199 – 211. (k) Villars P，Calvert L D. Pearson's Handbook of Crystallographic Data for Intermetallic Phases. 2nd ed. American Society for Metals International：Metals Park，OH，1991.

致稳定结构化合物的形成。具有一定方向性和饱和性的过渡成键往往导致十分复杂的晶体结构以及特异的物理及化学性质。对这类化合物，现有理论在很大程度上既不能解释旧的，更不能预测新的化合物的存在及其结构，也无法对其性质与组成和结构的关系有规律性认识。然而研究已经证明此类化合物结构中的各种原子对其配位环境具有特定的选择性，并且这种选择性和原子的一些简单性质参数(如电负性、原子半径等)相关；化合物所形成的结构类型也具有一定选择性，这种选择性也与原子的一些简单性质参数(如电负性、原子半径等)相关。很多情况下，成键的过渡性是化合物形成的必要条件，例如，H 原子在许多金属间化物中起到稳定化合物的作用。此类化合物证明，当化合物中原子具有合适电负性差异时，氢原子的引入将使得化合物具有形成正常价化合物的趋势。例如，在 Ba-Ga 二元体系中，如果合成中没有 H 存在，将不能形成正常价的二元化合物“Ba_5Ga_6”，只有当 H 存在时，才能形成正常价化合物 $Ba_5Ga_6H_2$，在此结构中 Ga 形成成键的八面体结构，Ba 作为正离子提供电子，而 H 则处于 Ba 所形成的四面体间隙中起稳定结构的作用[59](见图 4.32)。稀土-铁基永磁材料，正是由于非金属元素 B、C、N 的引入而改变了体系的成键特性，从而形成了一系列具有复杂结构的化合物，如 $Nd_2Fe_{14}B$、$Sm_2Fe_{14}N$ 等。研究各种原子在金属间化合物中的结构化学特性对于探索新理论和预测及合成新材料具有重要意义。

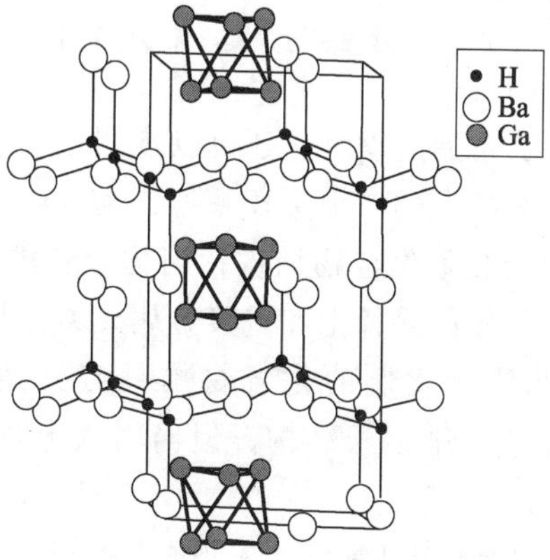

图 4.32 $Ba_5Ga_6H_2$ 的晶体结构

[59] Henning R W, Zhao J T, Corbett J D, et al. Inorg. Chem., 1997, 36: 1282.

4.7.4 结构的交叠生长[60]

在具有复杂结构的化合物中，许多化合物结构可以看做是由几种简单“母结构”的生长单元交叠生长所形成。生长单元可以是“零维”有限大小的柱体，也可以是“一维”无限柱体。例如，$Yb_7Al_5Ge_8$ 是由三种（CsCl、CrB 和 TiNiSi）类型的“一维”无限柱体交叠生长而形成（见图 4.33，图中取各自的代表性化合物如 ScSi、ScNiSi 画图）[61]。生长单元也可以是“二维”无限层。例如，$R_{n+2}T_2M_{n+2}$（R 代表稀土元素及大尺寸的前过渡金属元素，T 代表小尺寸后过渡金属元素，M 代表 Si、Ge 等主族元素）生长系列，是由一层 ScNiSi 加上 n 层 ScSi（CrB 结构类型）所形成，其中 ScNiSi 结构亦可以认为是 $ScNi_2Si_2$（$ThCr_2Si_2$ 结构类型）加上 Sc（W 结构类型）所形成，上述生长关系示于图 4.34 中[62]。

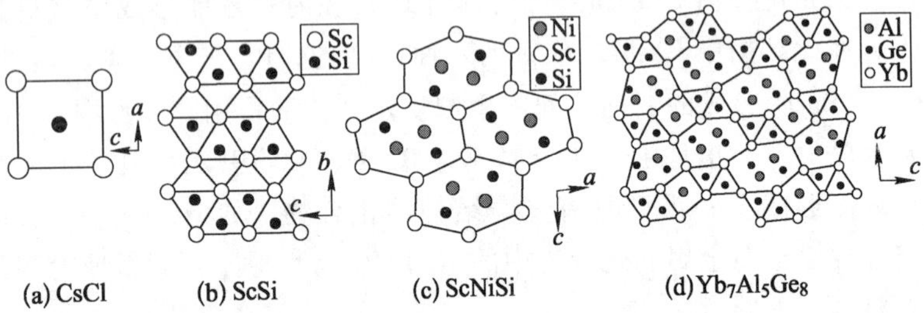

图 4.33　$Yb_7Al_5Ge_8$ 是由 CsCl、ScSi 和 ScNiSi 类型的“一维”无限柱体交叠生长而形成（所有结构在投影方向具有无限重复性）

基于对结构交叠生长系列的理解，还可以预测生长系列中尚未发现的化合物的基本结构。例如，对于上述二维生长系列，当 $n=0$ 和 $n=3$ 时化合物不存在，据此可以构建这两个假象化合物结构；当化合物的成分比为 RTM 时，由于此假设结构两层之间的界面是稀土和过渡金属元素，从化学角度来讲应该不稳定，因此所有具有此成分比例的化合物均具有其他结构类型（如 TiNiSi、CeScSi、CeFeSi），均形成一维生长结构，但当引入电负性元素 C 后，此假设

[60]　(a) Grin Yu N. The Intergrowth Concept As a Useful Tool to Interpret and Understand Complicated Intermetallic Structures in Modern Perspectives in Inorganic Crystal Chemistry, NATO ASI Series Kluwer 1992, C382: 77－96. (b) Grin Yu N, Gladyshevskii R E, Sobolev A N, et al. Sov. Phys. Crystallogr., 1984, 29: 531－533. (c) Grin Yu N, Yarmolyuk, Ya P, Gladyshevskii R E. Sov. Phys. Crystallogr., 1982, 27: 413－417. (d) Parthé E, Chabot B. Handbook on the Physics and Chemistry of Rare Earths, 1984, 6(48): 113－334. (e) Parthé E, Chabot B, Cenzual K. Chimia, 1985, 39: 164－174.

[61]　Zhao J T, Parthé E. Acta. Cryst., 1991, C47: 1－4.

[62]　(a) Zhao J T. Structure Determinations and Crystal Chemical Interpretations of New Compounds in the Rare Earth-transition Metal-aluminium, Silicon and Germanium Systems. University of Geneva, 1991. (b) Zhao J T, Parthé E. Acta. Cryst., 1989, C45: 1853－1856.

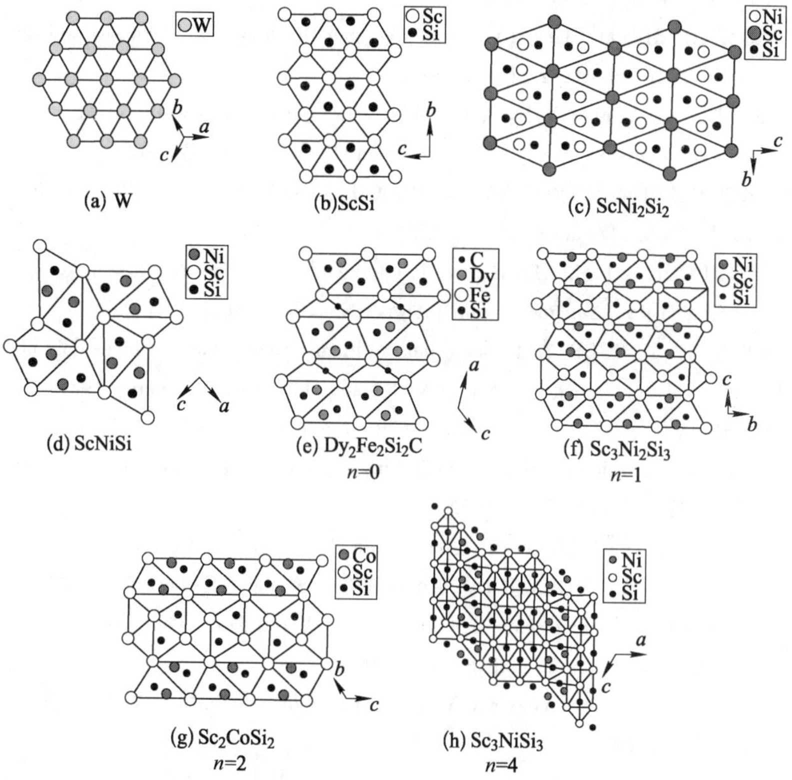

图 4.34　$R_{2+n}T_2M_{2+n}$"二维"无限层交叠生长结构系列

（所有结构在投影方向具有无限重复性）

结构即形成，如 $DyFeSiC_{0.5}$（图 4.34(e)），此时 C 占据稀土间隙位置；而迄今为止 $n=3$ 的假想结构仍未被发现，由此可见，在分析复杂结构时仍然需要考虑电子的因素，这也证实了复杂化合物结构的形成应该具有一定内在的化学规律性，而规律性的寻找正是此类复杂化合物的固体无机化学研究所急需的。

进一步阅读的参考书

[1]　ADAMS D M. Inorganic Solids[M]. New York: John Wiley & Sons, Inc., 1974.

[2]　CORBETT J D. Exploratory Synthesis in the Solid State. Endless Wonders. Inorg. Chem [J], 2000, 39, 5178-5191.

[3]　HYDE B G, ANDERSSON S. Inorganic Crystal Structures[M]. New York: John Wiley & Sons, Inc., 1989.

[4]　MACGILLAVRY C H. International Tables for X-ray Crystallography Vol. A[S]. [s. l.]:

Reidel D Publisher Co. , 1983.

[5] KAUZLARICH S M. Chemistry, Structure, and Bonding of Zintl Phases and Ions[M]. [s. l.]: VCH Publishing, Inc. , 1996.

[6] MEYER G, NAUMANN D, WESEMANN L. Inorganic Chemistry in Focus Ⅲ[M], Weiheim, Germany: Wiley-VCH Verlag GmbH and Co. KGaA, 2006.

[7] O'KEEFFE M, NAVROTSKY A, BLOCH A N. Structure and Bonding in Crystals [M]. New York: Acadeaic Press, 1981.

[8] WESTBROOK J H, FLEISCHER R L. Intermetallic Compounds: Principles and Practic [M]. Chichester, England: John Wiley, 1995, 343-362.

[9] DEB S K, ZUNGER A. Ternary and Multinary Compounds: Proceeding of the 7th International Conference[C]. Pittsburgh: Materials Research Society, 1987, 3-17.

[10] Parthé E, GELATO L M, CHABOT B. Structure Description Ambiguity Depending Upon Which Edition of International Tables for(X-ray) Crystallography is used[J]. Acta Cryst. , 1988, A44: 999-1002.

[11] PAULING L. The Nature of the Chemical Bond[M]. Ithaca: Cornell Univ. Press, 1960.

[12] TURCHI P E A, SHULL R D, GONIS A. The Science of Alloys for the 21st Century: A Hume-Rothery Symposium Celebration[C]. Warrendale, Pennsylvania, USA: The Minerals, Metals & Materials Society, 2000.

[13] WELLS A E. Three-dimensinal Nets and Polyhedra[M]. New York: John Wiley & Sons, Inc. , 1977.

[14] (a) WESTBROOK J H. Intermetallic Compounds[M]. New York: John Wiley & Sons, Inc. , 1967. (b) O'KEEFFE M, NAVROTSKY A. Structure and Bonding in Crystals [M]. New York: Academic Press, 1981, 73-132.

[15] KITTEL A. Introduction to Solid State Physics[M]. New York: John Wiley & Sons, Inc. , 1986.

思考题

1. 为什么形成同一类型结构的化合物不一定能够形成固溶体?
2. 化合物被分成不同结构类型分支的内在原因是什么?
3. $8-N$ 规则的内在含义是什么? 元素单质的晶体结构取决于该元素的什么性质?
4. 不同键型的化合物中原子的配位环境各自具有哪些特性? 为什么?
5. 简述离子极化率变化的一般规律。
6. 简述离子极化率对离子配位环境的影响。
7. Pauling 基于什么提出了关于离子晶体结构中的配位多面体及其连接所遵循的定性规则?
8. 广义价键规则的基础假设是什么?

9. 价键化合物分为正常价键、聚负离子价键和聚正离子价键，其划分的本质是什么?

10. 从轨道杂化的角度考虑，形成四面体化合物的本质是什么?

11. 简述极性分子和非极性分子间存在的各种力的特性及其产生的原因。

12. 分子内氢键和分子间氢键对化合物结构和性质的影响体现在哪些方面?

13. 从电子的角度阐述金属原子之间形成金属键的本质是什么，所形成的结构具有什么特征。

14. 为什么对于复杂结构金属间化合物不能用简单价键规则解释其形成与结构?

15. 考虑复杂化合物结构交叠生长与原子成键因素的结合，对新化合物材料设计的意义。

习题

1. 根据 $8-N$ 规则推导出 Ge、As、S 的结构。

2. 根据离子极化率的规律，举例阐述碱金属卤化物的性质随卤素元素离子变化的规律。

3. 基于 Pauling 第一规则，推导三角形、四面体、三棱柱、正十二面体、正二十面体配位的临界离子半径比。

4. 从电子和成键的角度，推导广义价键规则的表达式。

5. 写出下列广义价键化合物的结构化学式：BaP_3，AsS。

6. 写出下列四面体结构化合物的结构化学式：Si_2Te_3，InTeCl，Al_7Te_{10}，In_5S_4，SCl。

7. 举例说明分子型化合物结构中各种力对化合物结构和性质的影响。

8. 举例说明分子内氢键和分子间氢键对化合物结构和性质的影响。

9. 寻找一组 $T_{n+m}Al_mB_{2n}$（T 为过渡金属）系列的具有交叠生长结构的复杂金属间化合物。

10. 寻找一组 $C_{n+1}T_nA_{3n+1}$（C 为正离子，T 为过渡金属，A 为负离子）系列的具有交叠生长结构的复杂氧化物。

第5章

固体相变

相在物理化学领域内被定义为系统中的任一均匀部分。所谓均匀部分是指化学成分、晶体结构和性质均匀的部分。相与相之间以界面分隔，称为相界面。相与相之间的转变，或者说母相到新相的变化过程称为相变。

固体相变通常从三个角度认识：① 相变热力学说明相变为什么发生，朝什么方向发生；② 相变动力学说明相变是如何发生的，它的途径和速度如何；③ 相变的晶体学说明相变产物的结构特征及母相与新相之间的结构关系。

一般的相变过程包括以下三种变化：① 晶体结构的变化，包括组成相同、晶体结构不同的多型转变；② 化学成分的变化，例如固体的共析和偏析转变；③ 某种物理性质的跃变，例如原子排列的有序－无序转变、电子自旋的顺磁－铁磁相变等。在这三种变化中，只要发生一种变化，就可以认为发生了相变。有的相变可以同时发生多种变化，例如共析相变，在发生化学成分变化的同时也发生了晶体结构的变化。多型变体常常赋予化合物某种新的性质，使其成为技术材料，例如，低对称性晶体结构 $BaTiO_3$ 具有压电性质。相变也常常赋予固体材料以技术上有用的形态和微观结构，因此改善材料的某种性质，例如，金属与合金的马氏体相变提高了材料的力学强度。

5.1　相变的热力学分类与序参量

5.1.1　相变的热力学分类

在相变温度，两相（α 和 β）的吉布斯（Gibbs）自由能（G）及化学势（μ）相等，即 $G^{\alpha}=G^{\beta}$、$\mu^{\alpha}=\mu^{\beta}$，或表示为两相转变的吉布斯自由能的变化为零，即 $\Delta G=0$、$\Delta\mu=0$。热力学分类是按照两相转变的吉布斯自由能或化学势偏导数的关系来分类的。

1. 一级相变

一级相变定义为吉布斯自由能的一阶微商规定的热力学参量在相变过程中不连续，即

$$\left(\frac{\partial G^{\mathrm{I}}}{\partial T}\right)_p \neq \left(\frac{\partial G^{\mathrm{II}}}{\partial T}\right)_p,\quad -S^{\mathrm{I}} \neq -S^{\mathrm{II}},\quad \left(\frac{\mathrm{d}\Delta G}{\mathrm{d}T}\right)_p = \Delta S \neq 0 \tag{5-1-1}$$

$$\left(\frac{\partial G^{\mathrm{I}}}{\partial p}\right)_T \neq \left(\frac{\partial G^{\mathrm{II}}}{\partial p}\right)_T,\quad V^{\mathrm{I}} \neq V^{\mathrm{II}},\quad \left(\frac{\mathrm{d}\Delta G}{\mathrm{d}p}\right)_T = \Delta V \neq 0 \tag{5-1-2}$$

由上两式可见，一级相变前后有体积和熵的突变。由于在平衡态，$\Delta G=\Delta H-T\Delta S=0$，因此 $\Delta H=T\Delta S$。对于熵增加（$\Delta S>0$）的相变过程，焓变大于零（$\Delta H>0$），反之是一放热过程。图 5.1 表示了一级相变中热力学参量随温度的变化。假定在高温，焓值随温度变化不大，为一常数（图 5.1（a）），而对于实际体系的熵，随温度升高热振动熵增加，使熵值略有增加（图 5.1（b）），

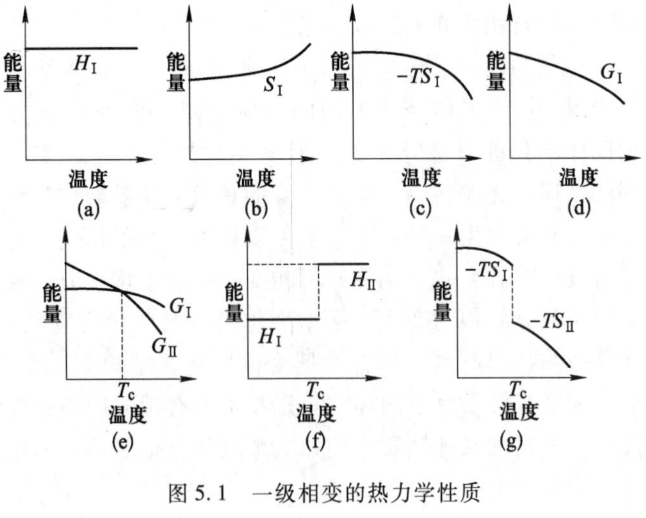

图 5.1　一级相变的热力学性质

$-TS$ 项必然随温度下降更快(图 5.1(c))，吉布斯自由能 G 随温度的变化趋势与 $-TS$ 曲线相同(图 5.1(d))，吉布斯自由能曲线的斜率就是相应物相的熵 $\left(\left(\frac{\partial G}{\partial T}\right)_p = -S\right)$。在这样的假设下，发生相变要求高温物相的熵大于低温物相的熵，即 $S_{\mathrm{II}} > S_{\mathrm{I}}$，即高温物相吉布斯自由能曲线 G_{II} 的斜率大于低温物相吉布斯自由能曲线 G_{I} 的斜率，两条曲线在相变温度 T_c 处相交(图 5.1(e))。在低温 $G_{\mathrm{I}} < G_{\mathrm{II}}$，因此低温物相更稳定。温度高于 T_c，$G_{\mathrm{II}} < G_{\mathrm{I}}$，高温物相稳定。在相变温度 T_c，$G_{\mathrm{I}} = G_{\mathrm{II}}$，$\Delta H_{\mathrm{I-II}} = T\Delta S_{\mathrm{I-II}}$，$\Delta S_{\mathrm{I-II}}$ 的突变(图 5.1(g))必然导致相变焓的不连续变化(图 5.1(f))。因此，差示扫描量热曲线在固体的相变

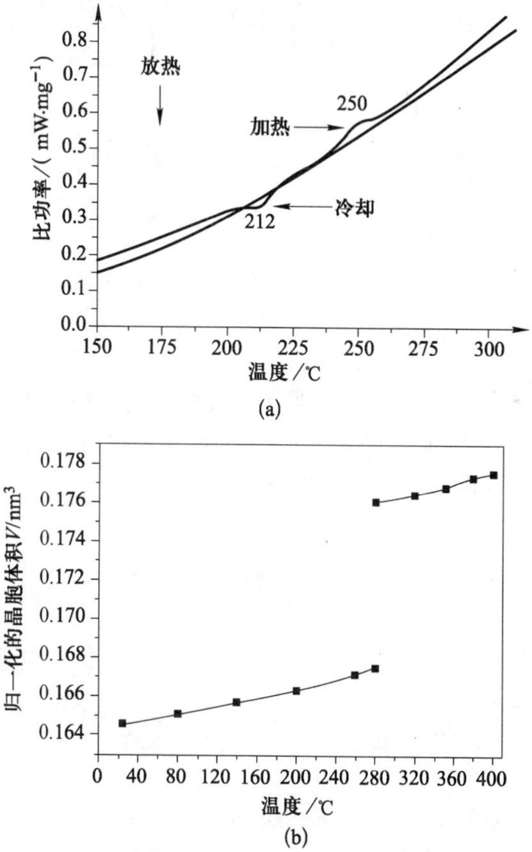

图 5.2 低温三方 $ZrWMoO_8$ 转变为高温三方 $ZrWMoO_8$ 的(a)差式扫描量热(DSC)曲线和(b)晶胞体积随温度的变化[63]

[63] Deng X B, Tao J Z, Zhao X H, et al. Chem. Mater., 2008, 20: 1733－1740.

温度发现明显的相变潜热效应，是一级相变的特征。相变前、后体积的突变是一级相变的另一个特征。例如，图 5.2(a) 为三方 $ZrWMoO_8$ 的 DSC 热分析数据。DSC 曲线表明，随温度升高，三方 $ZrWMoO_8$ 的低温变体在 250 ℃转变为高温变体。降温时，发生可逆的相变，在 212 ℃转变为低温变体。降温过程中的热滞后也是一级相变的特点。图 5.2(b) 表明，高温变体和低温变体的晶胞体积在相变温度发生突变。

2. 二级相变

二级相变定义为吉布斯自由能的一阶微商规定的热力学参量在相变过程中连续，但二阶微商不连续，即

$$\left(\frac{\partial^2 G}{\partial p^2}\right)_T = \left(\frac{\partial V}{\partial p}\right)_T = -V\beta, \quad \left(\frac{\partial^2 G^{\mathrm{I}}}{\partial p^2}\right)_T \neq \left(\frac{\partial^2 G^{\mathrm{II}}}{\partial p^2}\right)_T, \quad \beta^{\mathrm{I}} \neq \beta^{\mathrm{II}} \tag{5-1-3}$$

$$\frac{\partial^2 G}{\partial p \partial T} = \left(\frac{\partial V}{\partial T}\right)_p = -V\alpha, \quad \left(\frac{\partial^2 G^{\mathrm{I}}}{\partial p \partial T}\right) \neq \left(\frac{\partial^2 G^{\mathrm{II}}}{\partial p \partial T}\right), \quad \alpha^{\mathrm{I}} \neq \alpha^{\mathrm{II}} \tag{5-1-4}$$

$$\left(\frac{\partial^2 G}{\partial T^2}\right)_p = \left(\frac{\partial S}{\partial T}\right)_p = \frac{-C_p}{T}, \quad \left(\frac{\partial^2 G^{\mathrm{I}}}{\partial T^2}\right)_p \neq \left(\frac{\partial^2 G^{\mathrm{II}}}{\partial T^2}\right)_p, \quad C_p^{\mathrm{I}} \neq C_p^{\mathrm{II}} \tag{5-1-5}$$

式(5-1-3)～式(5-1-5)表明在二级相变过程中，无体积和熵的突变，但是体系的热容 C_p、膨胀系数 α 和压缩系数 β 不连续变化。在实际研究中，人们常用热容变化确定二级相变的相变温度。

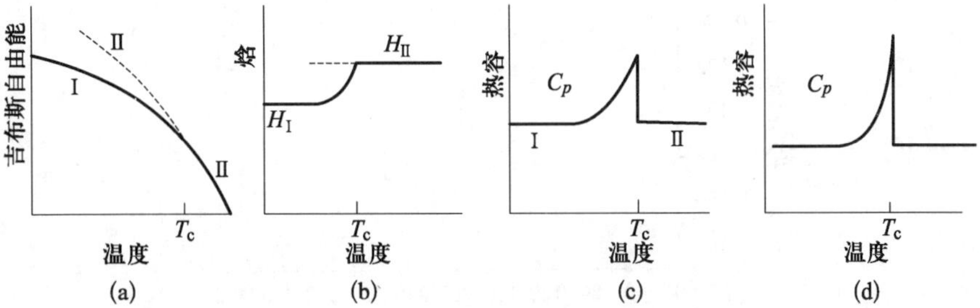

图 5.3　二级相变过程中的各种曲线：(a) $G-T$ 曲线；(b) $H-T$ 曲线；(c) C_p-T 曲线；(d) 一级相变过程中的 C_p-T 曲线

图 5.3(a) 示意地表示了体系发生二级相变的 $G=G(T)$ 关系。在相变温度 T_c，G_{I} 和 G_{II} 曲线的斜率相等，即它们的熵值相等，$\Delta S=0$。又由于在相变温度 T_c，$\Delta G=0$，所以 $\Delta H=0$。低于温度 T_c 时，$G_{\mathrm{I}}<G_{\mathrm{II}}$，多型变体相 I 稳定，多型变体相 II 为过冷的介稳相。高于温度 T_c 时，两条曲线重合，只有高温多

型变体相Ⅱ存在，而多型变体相Ⅰ是不存在的。这种热力学关系反映了许多高温有序结构向低温无序结构相变的性质。例如，$LiFeO_2$ 的低温结构可以看成是结构中 O^{2-} 以立方密堆积方式排列，Li^+ 和 Fe^{3+} 有序地占据 O^{2-} 形成的八面体格位，具有如图 5.4(a)所示的与 NaCl 结构相关的一种四方超结构。$LiFeO_2$ 在 700 ℃发生二级相变，Li 和 Fe 是完全无序的分布，具有 NaCl 结构(图 5.4(b))。$LiFeO_2$ 的相变温度比较低，可以用快速冷却的方法在室温下得到高温物相。$LiTiO_2$ 也发生与 $LiFeO_2$ 类似的相变，但由于相变温度比较高(1 213 ℃)，即使利用快速冷却也无法得到过冷的高温物相。

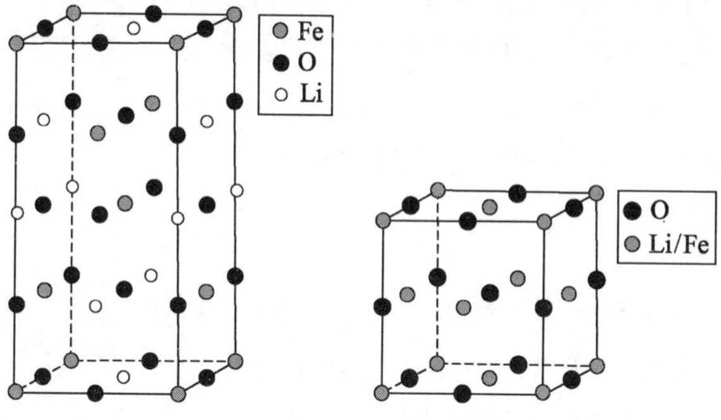

图 5.4 $LiFeO_2$ 的(a)低温物相和(b)高温物相的结构

从热力学观点看，较大的熵值意味着较低的有序程度。高于温度 T_c，$S_{Ⅱ} > S_{Ⅰ}$，反映了高温物相的有序程度小于低温物相的。在低温 $LiFeO_2$ 物相中，Li 原子和 Fe 原子有序地占据各自的原子格位，为有序相，熵值比较小。高温物相为无序相，Li 原子和 Fe 原子完全无序地、随机地占据相同的原子格位，构型熵已经达到最大。继续提高温度只是使原子振动熵增加，因此熵随温度继续增高而变化较小。由于$(\partial S/\partial T)_p = -C_p/T$，熵随温度的变化体现在热容随温度的变化率。在相变温度 T_c 以下，热容随温度的变化率将逐渐增大；到达相变温度 T_c，低温物相完全转化为无序的高温物相，热容随温度的变化率急剧减小，发生不连续变化。因此，二级相变的热容曲线在相变温度 T_c 附近呈现 λ 形状，如图 5.3(c)所示。一级相变的热容变化也不连续，但由于 $\Delta S \neq 0$，体系的 $\Delta S/\Delta T = \infty$，相变点的热容发散。因此，一级相变的热容在相变温度通常是一个很尖锐的峰(如图 5.3(d)所示)。由完全有序的低温物相逐渐转变为高温物相的过程中，焓值($H_{Ⅰ}$)随着温度升高连续提高，直至到达相变温度 T_c 时 $H_{Ⅰ} = H_{Ⅱ}$(如图 5.3(b)所示)，因此二级相变的 DSC 曲线在 T_c 温度观察不到明显的热效应。

如果相变时，吉布斯自由能的一阶和二阶微商规定的热力学参量在相变过程中都连续，但三阶微商不连续，则称为三级相变。以此类推，二级以上的相变称为高级相变，目前发现的高级相变极少。

当发生一级相变时，在单组分体系中，两个多型变体可以在相变温度或压力下共存(图 2.3～图 2.5)；在二元体系中，除相图上的极大点或极小点以外，两个单相区通常被一个由这两个单相组成的两相区隔开(如图 2.16 所示)。这说明，在平衡状态下一级相变的两个多型变体可以在一定条件下共存。如果是二级相变，由于两相不可能平衡共存，严格地说不能够表现在平衡相图中。如果借用相图的形式表示二级相变，则可以用一条虚线将两个单相区隔开(如图 5.5 所示)，这只表示了相变温度随组成的变化。

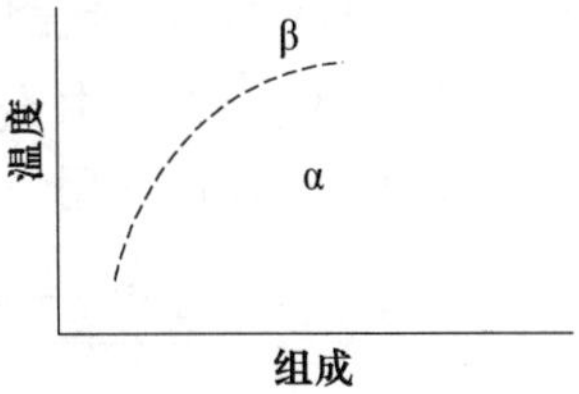

图 5.5　相图上二级相变的表示

5.1.2　序参量

有序－无序相转变的实质是原子由完全有序到无序排列的过程。所谓完全有序，是指原子的近邻都为异类原子，在点阵中原子各占据一定位置或点阵点。在热力学温度 0 K 时，各种不同的原子优先占据特定的位置；晶体是完美无缺、有序的。因此，为了描述晶体结构有序化的程度，在系统内部引入一个有序化程度的参量 η，即序参量。在高对称相中，序参量等于零($\eta=0$)；在低对称相中，序参量不等于零($\eta\neq 0$)；在完美无缺的相中，序参量等于 1($|\eta|=1$)。有序－无序相变即意味着序参量由 $\eta\neq 0$ 到 $\eta=0$ 的转变。

1. *短程有序度参数*

以 AB 二元合金为例，定义短程有序度参数 σ 为

$$\sigma=\frac{q-q_r}{q_m-q_r} \tag{5-1-6}$$

其中 q_m、q_r、q 分别表示完全有序时、完全无序时及实际存在的 A－B 键数占总键数的分数。

因此，若 $q=q_m$，则 $\sigma=1$，为短程完全有序固溶体；若 $q=q_r$，则 $\sigma=0$，为短程完全无序固溶体；当 $q_m\leqslant q\leqslant q_r$ 时，$1\geqslant\sigma\geqslant 0$，为短程部分有序固溶体。

对于 AB 二元合金，设总原子数为 N，则

$$q_r=\frac{Nx_AZ(1-x_A)}{\frac{1}{2}NZ}=2x_A(1-x_A) \tag{5-1-7}$$

$$q_m=\frac{Nx_AZ}{\frac{1}{2}NZ}=2x_A \tag{5-1-8}$$

式中，Z 为配位数，x_A 为 A 原子的原子百分数，$\frac{1}{2}NZ$ 为总原子对数。相同原子的总原子对数 $P_{AA}=\frac{1}{2}NZx_A^2$；$P_{BB}=\frac{1}{2}NZ(1-x_A)^2$，不同原子的总原子对数 $P_{AB}=Nx_AZ(1-x_A)$。

例如：① AB 型合金，$q_r=1/2$，$q_m=1$，则 $\sigma=2q-1$。② AB_3 型合金，$q_r=3/8$，$q_m=1/2$，则 $\sigma=8q-3$。

2. 长程有序度参数(LRO)

长程有序度参数

$$\omega=\frac{P-x_A}{1-x_A} \tag{5-1-9}$$

式中，P 为 A 原子在正确位置(完全有序时 A 原子占据的位置)上出现的概率，x_A 为 A 原子在合金或化合物中的原子分数。

例如 AB 二元合金，若 A 原子在其自身位置出现的概率为 1，则长程有序度参数 ω 为 1，即长程有序。若 A 原子在其自身位置出现的概率为 0.5，x_A 为 0.5，则长程有序度参数 ω 为 0，即长程无序。长程有序度参数由 0 到 1 连续增加。

3. 序参量的变化

以 CuZn 合金是有序－无序相变为例，当温度高于相变温度 T_c 时，无序相的 Cu 和 Zn 原子统计地占据相同的晶格位置，Cu 和 Zn 原子的格位占有率均为 1/2，$\omega=0$；低于相变温度 T_c 时，原子表现出长程有序的排列(long range order，LRO)。温度为热力学温度 0 K 时，Cu 和 Zn 原子分别占据自己特征晶格位置的占有率为 1，CuZn 合金是完全有序的，$\omega=1$，具有 CsCl 型简单立方结构。在 $0\ \mathrm{K}<T<T_c$ 温度区间，长程有序度参数 ω 随着晶格位置占有率而连续变化，如图 5.6 所示。这种状态为有序度参数小于 1 的部分有序状态。只有连续变化到 $\omega=0$ 的温度时，相变才完成，转变为更高对称性的无序状态。实验表明，当 ω 接近 0 时，短程有序度参数 σ 还可以保持相当的数值。这说明，此时晶体中原子的近邻结构仍然保持着一定程度的短程有序。

如图 5.6(a)所示，CuZn 合金在从热力学温度 0 K 到 T_c 这样非常宽的温度区间，ω 连续地由 1 减小为 0，始终处于有序相的有序度逐渐减小的转变过程中。一直到 T_c 温度，CuZn 合金对称性跳跃式地提高，$\omega=0$，完成了有序到无序的相转变。因此二级相变的有序度参量连续变化。

一级相变也可能伴随有序度参量的变化，但是一级相变发生时有序度参量一定发生突变。合金 Cu_3Au 有如图 5.6(b)所示的有序度参量变化的一级相变特点。在一级相变时，并不限定晶体对称性发生改变；在多数二级相变中，高

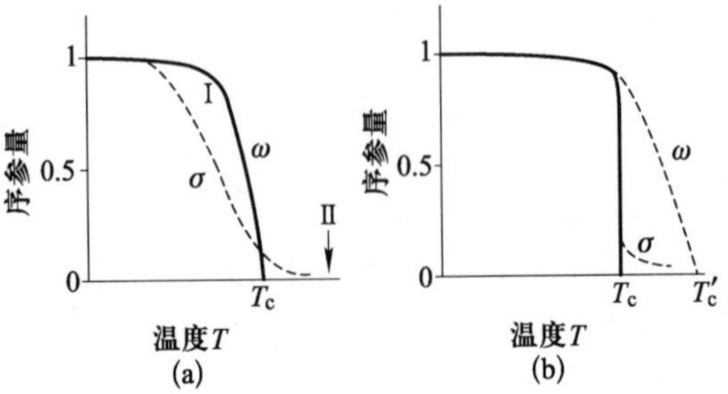

图 5.6　序参量与温度 T 的关系：(a) 二级相变；(b) 一级相变

温相(无序相)的对称性较高，低温相(有序相)的对称性较低，高温相的空间群和低温相的空间群具有母群 - 子群关系。

序参量可以根据晶体的不同物理性质，选择具有不同自由度的物理量。某些系统中序参量的物理量如表 5.1 所定义。

表 5.1　某些相变中的序参量的物理量

相变	序参量的物理量
晶体结构的有序 - 无序	长程有序度参数 ω
顺磁 - 铁磁	磁化强度 $\boldsymbol{M}$
顺电 - 铁电	电极化强度 $\boldsymbol{P}$
正常态 - 超导态	库柏对密度或能隙参数
液体 - 蒸气	密度差 $\Delta\rho$
调幅分解	物质的量浓度差 ΔC

注：表中 $\Delta\rho$ 和 ΔC 分别为两相共存线的密度差和物质的量浓度差。

序参量可以是标量，也可以是矢量。例如，磁化强度 $\boldsymbol{M}$ 和电极化强度 $\boldsymbol{P}$ 为矢量，密度差 $\Delta\rho$ 和浓度差 ΔC 为标量。在材料科学和固体物理中，铁磁相变、铁电相变和超导相变是重要的内容。在固体化学中，有序 - 无序相变和调幅分解是首先要学习的内容。

5.1.3 有序 - 无序相变的条件

在 $T<T_c$ 时，形成有序固溶体的必要条件是异类原子间的结合力大于同类原子间的结合力，或者说，异类原子之间的结合能低于同类原子之间的结合能。对于由 A、B 原子形成的固溶体，有

$$U_{AB} < \frac{1}{2}(U_{AA} + U_{BB}) \quad (5-1-10)$$

式中，U_{AB}、U_{AA}、U_{BB} 分别为异类原子 AB 和同类原子 AA 或 BB 之间的结合能。

若用混合能参数 U_m 表示 AB 合金的有序能，则

$$U_m = U_{AB} - \frac{1}{2}(U_{AA} + U_{BB}) < 0 \quad (5-1-11)$$

有序化时 U_m 为负值，它的降低构成了有序化的驱动力。形成有序固溶体除了要满足上述条件外，还要达到一定的原子比。

有序化的阻力是构型熵，$\Delta F = \Delta U - T\Delta S$，其中 ΔF 为自由能变。随着温度提高，ΔU 和 ΔS 都增大，而且熵($-T\Delta S$)的影响越来越大，对自由能的贡献也越来越大，达到临界温度时，$|-T\Delta S|$ 将大于 ΔU，这时就完成了有序到无序的转变。

5.2 相变热力学

5.2.1 相平衡及吉布斯自由能 - 组成曲线

由吉布斯自由能最低原理可知，任何一个体系，在一定的组成范围内，吉布斯自由能最低的相就是最稳定的相，吉布斯自由能高的相就是不稳定的相。吉布斯自由能 - 组成曲线对于理解相变非常有意义。

1. 二组分混合物体系的吉布斯自由能 - 组成曲线

若 A 和 B 二组分完全不互溶，则此混合体系的吉布斯自由能(G_0)等于二组分的化学势(μ_i^0)之和：

$$G_0 = x_A\mu_A^0 + x_B\mu_B^0 \quad (5-2-1)$$

式中，x_A 和 x_B 分别为 A 和 B 的摩尔分数。将式(5-2-1)作图，得到如图 5.7 所示的直线，这就是机械混合物体系的吉布斯自由能 - 组成图。

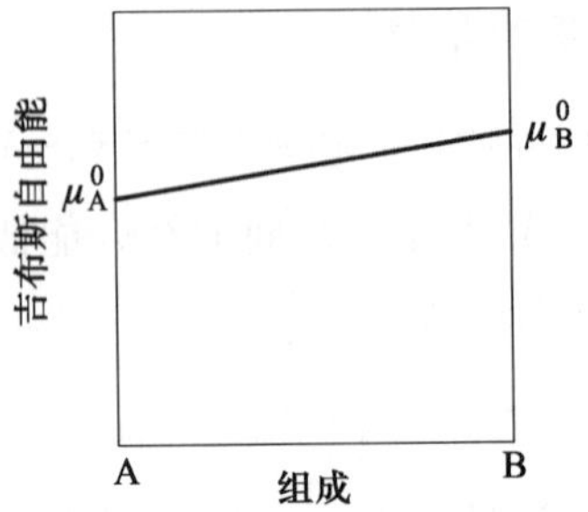

图 5.7　二组分完全不互溶体系的吉布斯自由能 - 组成图

2. 二组分规则固溶体的吉布斯自由能 - 组成曲线

设固溶前 A、B 两个组分机械混合体系的吉布斯自由能为 G_0，混合后形成固溶体的吉布斯自由能为 G，则混合吉布斯自由能 ΔG_m 为

$$\Delta G_m = G - G_0 \tag{5-2-2}$$

由热力学关系式，有

$$\Delta G_m = \Delta H_m - T\Delta S_m \tag{5-2-3}$$

式中，ΔH_m 为混合焓；ΔS_m 为混合熵，在规则体系中只有构型熵。

由化学热力学又知：

$$\Delta H_m = H - H_0 = \Omega X_A X_B \tag{5-2-4}$$

Ω 称为相互作用参数，即

$$\Omega = NZ[U_{AB} - (U_{AA} + U_{BB})/2] = NZU_m \tag{5-2-5}$$

式中，N 为固溶体中的原子总数，Z 为原子的配位数。

将式(5-2-3)、式(5-2-4)代入式(5-2-2)，有

$$G = G_0 + \Omega X_A X_B - T\Delta S_m \tag{5-2-6}$$

Ω 大于零或者小于零，决定了固溶体的原子近邻结构。若 $\Omega < 0$，即 $U_{AB} < (U_{AA} + U_{BB})/2$，固溶体的近邻微观结构呈短程有序或长程有序，即以异类原子为近邻。若 $\Omega = 0$，即 $U_{AB} = (U_{AA} + U_{BB})/2$，$\Delta H_m = 0$，溶质原子近邻结构呈无序分布，中心原子随机地与同类原子或异类原子为近邻。大多数热力学稳定的固溶体具有以上两种微观结构，其吉布斯自由能 - 组成曲线呈 U 字形，如图 5.8(a)、(b)所示。只有当 $\Omega > 0$ 时，即 $U_{AB} > (U_{AA} + U_{BB})/2$，吉布斯自由能 - 组成曲线呈 W 型。此种固溶体体系不稳定，任何微小成分起伏都会引发相分离，有关内容见调幅分解(8.5.1 小节)。

假设要讨论规则固溶体，即混合熵仅有组态熵一项，而混合焓可以等于零也可以不等于零。由化学热力学又可知：

$$\Delta S_m = S_0 = -R(x_A \ln x_A + x_B \ln x_B) \tag{5-2-7}$$

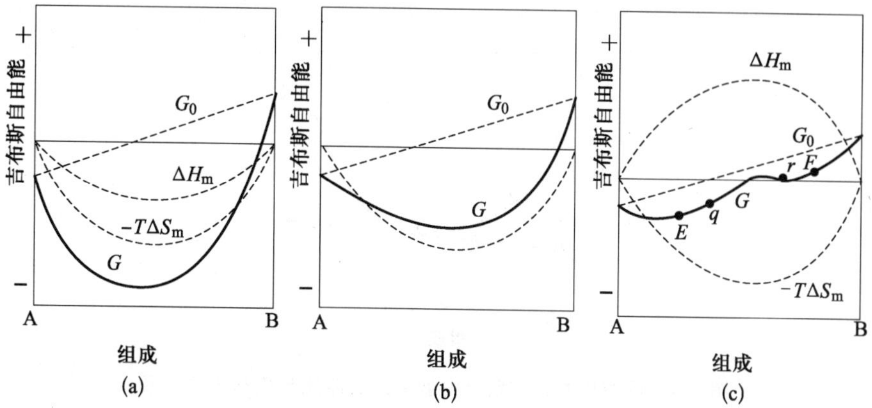

图 5.8　二组分规则固溶体的吉布斯自由能－组成曲线：
(a) $\Omega<0$；(b) $\Omega=0$；(c) $\Omega>0$

式中，S_0 为热力学温度 0 K 时的混合熵。

将式(5－2－7)代入式(5－2－6)得

$$G = G_0 + \Omega x_A x_B + RT(x_A \ln x_A + x_B \ln x_B) \quad (5-2-8)$$

混合吉布斯自由能

$$\Delta G_m = G - G_0 = \Omega x_A x_B + RT(x_A \ln x_A + x_B \ln x_B) \quad (5-2-9)$$

固相和液相的 $\Delta G_m - x$ 计算式分别为

$$\Delta G_{m(s)} = \Omega_{(s)} x_A x_B + RT(x_A \ln x_A + x_B \ln x_B) \quad (5-2-10)$$

$$\Delta G_{m(L)} = \Omega_{(L)} x_A x_B + \mathrm{R}T(x_A \ln x_A + x_B \ln x_B - 1) + RT_A x_A + RT_B x_B \quad (5-2-11)$$

其中，T_A、T_B 分别为 A、B 的熔点。

由此可见，在 Ω 为已知的情况下，连续固溶体的吉布斯自由能与温度和组成有关。

固溶体的吉布斯自由能是两个组分的化学势及组分含量的函数：

$$G = x_1\mu_1 + x_2\mu_2 \quad (5-2-12)$$

μ_1、μ_2 分别为固溶体中 A、B 组分的化学势，x_1、x_2 为 A、B 组分的摩尔分数。

假如 AB 固溶体的吉布斯自由能－组成曲线如图 5.9 所示，根据热力学平衡条件，可以证明(见进一步阅读的参考书 1)，在一定温度下，AB 固溶体的平衡浓度 x_2 成分的摩尔吉布斯自由能 G_m 为 x_2 点的垂线与吉布斯自由能曲线的交点 c 所对应的 Ac 或 Bc 值。

过 c 点，作吉布斯自由能－组成曲线的切线，分别交于 A、B 两个吉布斯自由能轴线与 a、b 两点，则 x_2 成分固溶体中 A 组分与 B 组分的化学势分别为 $\mu_A = \mathrm{A}a$，$\mu_B = \mathrm{B}b$。

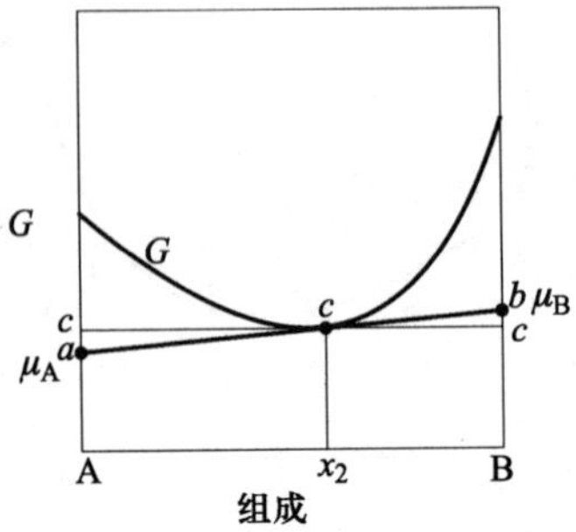

图 5.9 固溶体的吉布斯自由能 - 组成曲线与化学势的关系

3. 多相平衡时的吉布斯自由能 - 组成曲线

在一定温度下，处于两相平衡的二元体系吉布斯自由能 - 组成曲线如图 5.10 所示。

图 5.10(a)中，*amnb* 为两相固溶体吉布斯自由能 - 组成曲线的公切线，*m*、*n* 点为其公切点。经过公切点 *m* 和 *n* 作组成轴的垂线，垂足 x^{α} 和 x^{β} 分别为固溶体 α 相和 β 相的组成；公切点到垂足的长度决定了 α 和 β 两平衡相的吉布斯自由能数值。两相平衡的公切线与 A 轴和 B 轴的交点，即为两平衡相中 A 和 B 组分的化学势。相互平衡的两相中，各组分在各相中的化学势相等。这个法则为公切线法则。公切线法则同样适用于多相平衡的二元体系，如图 5.10(b)所示。

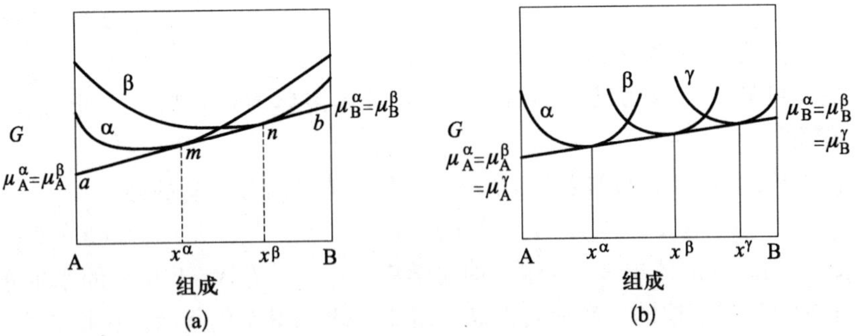

图 5.10 二元体系中多相平衡时的吉布斯自由能 - 组成曲线

图 5.10(b)中，α + β + γ 三相平衡，同样可用公切线法则求出三个平衡相的组成为 x^{α}、x^{β} 和 x^{γ}。公切点到垂足的长度决定了 α、β 和 γ 三个平衡相的吉布斯自由能数值。

4. 温度对吉布斯自由能曲线的影响

根据麦克斯韦关系(Maxwell relation)，有

$$\left(\frac{\partial G}{\partial T}\right)_{p,\sum n} = -S \tag{5-2-13}$$

当压力和各组分浓度不变而温度改变时，$G-x$ 曲线将会随温度升高而下移(因为熵总是正值)；反之，当温度下降时，曲线会上移。液相的熵总是大于固相的熵，所以液相的 $G-x$ 曲线随温度变化而上、下移动的幅度比固相的大。同理，因为固溶体的熵总是比混合物的大，所以固溶体的 $G-x$ 曲线随温度变化而上、下移动的幅度比混合物的大。

5.2.2 吉布斯自由能-组成曲线的应用

1. 平衡状态的确定

利用A、B二组分体系吉布斯自由能-组成曲线，可以判断不同组成 x_i 的平衡状态。图5.11中，x^α 和 x^β 分别为 G^α 和 G^β 吉布斯自由能-组成曲线与公切线交点的相组成。因此，在一定温度下，α和β两固溶体达成平衡的相组成分别为 x^α 和 x^β。

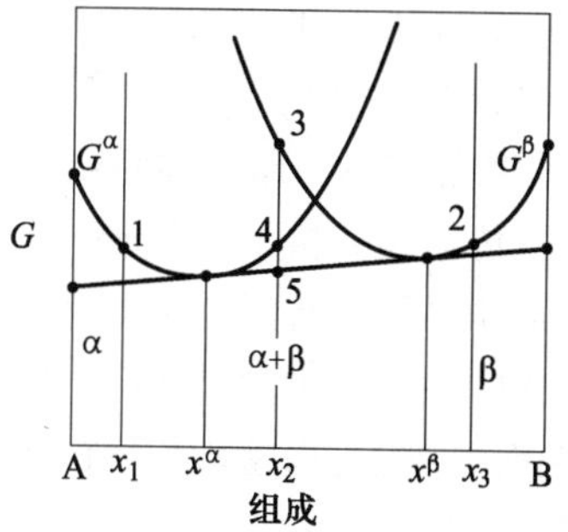

图5.11 二元体系中平衡状态的确定

x_1 在 x^α 的左侧，过 x_1 作横轴的垂线，交 G^α 于1点，而与 G^β 曲线的交点则远远高于1点，即 $G^\beta_{x_1} >> G^\alpha_{x_1}$，因此 x_1 组成体系以α固溶体稳定存在。同理，x_3 组成体系以β固溶体稳定存在。x_2 处于 x^α 和 x^β 之间，过 x_2 作横轴的垂线，分别交 G^β 和 G^α 曲线于3点和4点，交公切线于5点。表明 $G^\beta_{x_2} > G^\alpha_{x_2} > G^{\alpha+\beta}_{x_2}$。因此 x_2 组成体系以组成分别为 x^α 和 x^β 的α和β两相固溶体共存。

2. 吉布斯自由能-组成图与相图的关系

综上所述，吉布斯自由能-组成图有以下规律：

(1) $G-x$ 曲线总量呈U形，体系有一个使 G 值最低的组成，偏离该组成时体系的 G 都会连续地升高。

(2) 利用公切线法则可以确定平衡体系内部各平衡相的组成。

(3) 固溶体的 $G-x$ 曲线随温度上、下移动的幅度较大。

(4) 稳定相的 $G-x$ 曲线位于吉布斯自由能 - 组成图中最低点的位置。

根据以上规律，可以分析在不同组成下稳定相存在的组成范围，从而可以用 $G-x$ 图来得到相图。

图 5.12 表示了典型的二组分体系相图与吉布斯自由能 - 组成图之间的关系。最上面的是相图，下面的 4 个图是不同温度(T_1、T_2、T_3、T_4)下的吉布斯自由能 - 组成图。

由图 5.12(a)所见，在 T_1 温度时，固相的 $G-x$ 曲线位于液相的 $G-x$ 曲线的上方，液相是稳定相。只是在纯 B 时两条线相交，表示液、固两相的吉布斯自由能相等(即化学势相等)，这正好是纯 B 的熔点 $T_{1,B}$。当温度为 T_2 时，固相的 $G-x$ 曲线与纯 B 的纵坐标相交于 R 点，与纯 A 的纵坐标相交于 K 点。R 点代表了纯 B 的吉布斯自由能，若过 R 点对液相的 $G-x$ 曲线作一条切线相交于 n 点，则 n 点所对应的组成为与纯 B 相平衡的固溶体的组成。同样的，m 点所对应的组成为与纯 A 相平衡的固溶体的组成。当温度为 T_3 时，即低共熔点温度时，固相和液相的两条 $G-x$ 曲线相切于 e 点，与纵坐标分别交于 D 和 Q 点。可见，组成为 e 的液相与纯 A 和 B 两固相平衡，e 点为低共熔点。在温度为 T_4 时，液相的 $G-x$ 曲线在固相的上方，说明固相稳定，体系为两相混合物。图 5.12(b)为液、固态均互溶的二组分体系相图与吉布斯自由能 - 组成图之间的关系图，读者可以模仿上述分析予以理解。由以上的分析可见，相图上的平衡共存相就是该条件下体系的吉布斯自由能最低时的状态，这就是相图与吉布斯自由能 - 组成图之间的关系，也就是相图的热力学原理。利用相图的热力学原理可以计算和绘制相图，也可以检验相图的正确性。

3. 相变驱动力

1) 相变驱动力在吉布斯自由能 - 组成曲线上的表现

以图 5.13 所示的沉淀相变为例，说明用图解方法讨论相变驱动力。

A - B 二组分体系的 $T-x$ 相图如图 5.13(上图)所示，组成为 x_0 的 α 固溶体在 T_2 温度析出 β 相，对应的 T_2 温度的 $G-x$ 关系如图 5.13(下图)所示。

在 T_2 温度，组成为 x_0 的 α 固溶体析出 β 相，两相处于平衡状态。两相的 $G-x$ 曲线分别与公切线交于 A 点和 Q 点，对应的组成为 x_1 和 x_2。由 x_0 作横轴的垂线，交公切线于 D 点，交 G^{α} 线于 B 点。过 B 点作 G^{α} 曲线的切线，与过 x_2 点的横轴的垂线交于 P 点。相变完成时，系统的吉布斯自由能变化为 $\Delta G_0 = BD = G_D^{\alpha+\beta} - G_B^{\alpha} < 0$。而相变开始时，析出 1 mol β 相的驱动力为 $\Delta G_n = PQ < 0$(图解法的热力学证明，见进一步阅读的参考书 1)。

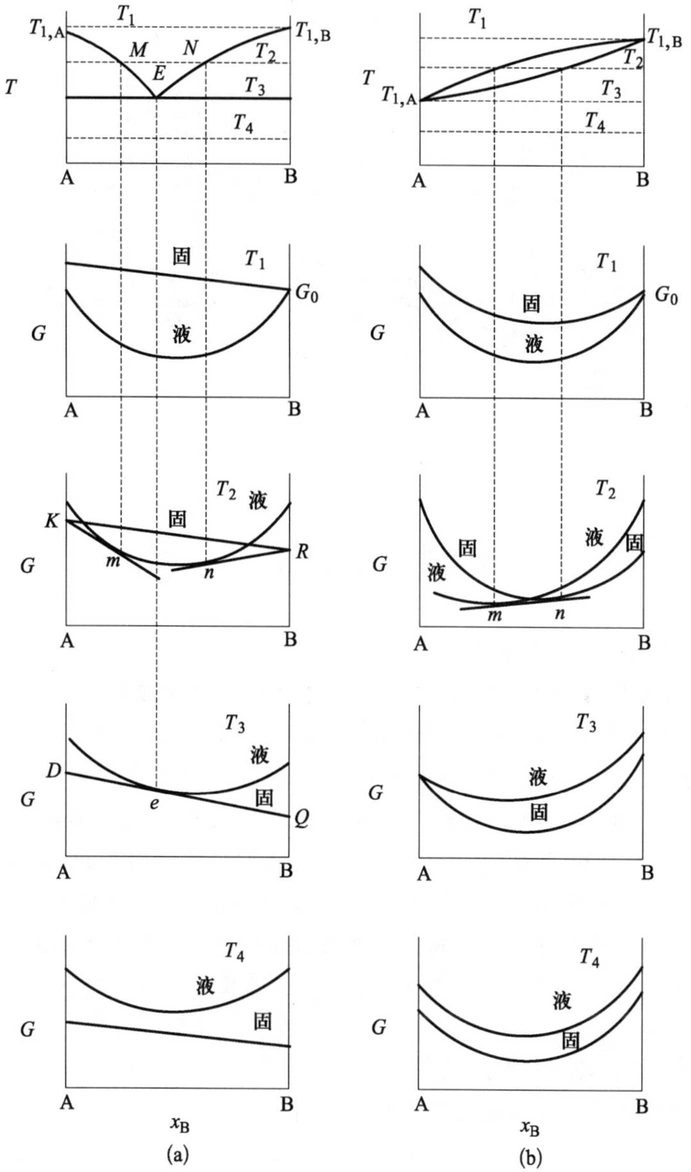

图 5.12　(a) 具有低共熔点的二组分体系相图与吉布斯自由能 - 组成图之间的关系图；
(b) 液、固态均互溶的二组分体系相图与吉布斯自由能 - 组成图之间的关系图

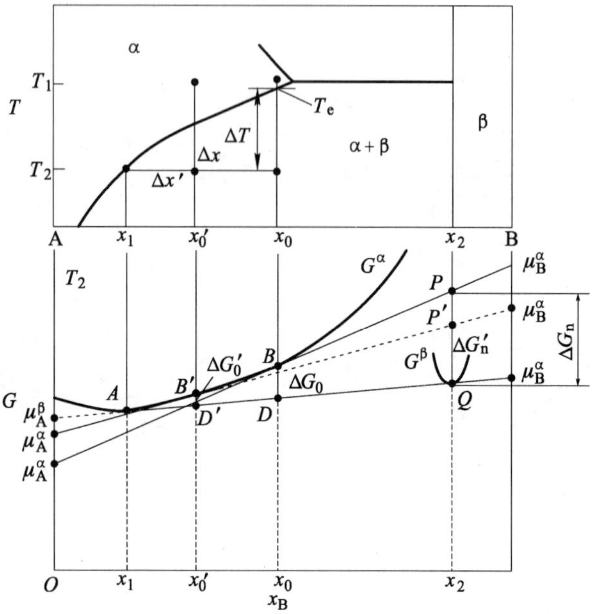

图 5.13　相变的自由能变化与相变驱动力

2）相变的驱动力与浓度或压力的关系

根据图 5.13，在 T_2 温度，还没有析出 β 相的过饱和溶液中，组成 x_1 为 α 相和 β 相达成平衡时的饱和溶液浓度，x_0'和 x_0 都为 α 相的过饱和溶液浓度（$x_0' < x_0$）。定义（$x_0 - x_1$）/x_1 和（$x_0' - x_1$）/x_1 为过饱和度，则（$x_0 - x_1$）/x_1 >（$x_0' - x_1$）/x_1。在图 5.13 上分别作图求出组成为 x_0 和 x_0'的相变驱动力，显然，$|\Delta G_n'| < |\Delta G_n|$ 和 $|\Delta G_0'| < |\Delta G_0|$。过饱和度越大，相变的 ΔG 值越负，驱动力越大。因此在溶液中相变的驱动力是过饱和溶液的过饱和度。

若在气相中生长晶体，则将浓度换为分压，也可以得到类似的结果。此时的过饱和度为$(p_1 - p_0)/p_0$，其中 p_0 为气－固平衡时的饱和蒸气压，p_1 为过饱和蒸气压。

3）相变的驱动力与温度的关系

由热力学可知，在等温等压条件下，有

$$\Delta G = \Delta H - T\Delta S \tag{5-2-14}$$

T_0 为相变温度，ΔH 为相变潜热。在此温度，$G^\alpha = G^\beta$，$\Delta G = 0$。因此

$$\Delta S = \Delta H / T_0 \tag{5-2-15}$$

当将温度降到 T_n 时，$G^\alpha < G^\beta$，β 相将转变为 α 相，此时有

$$\Delta G = \Delta H - T_n \Delta S \neq 0 \tag{5-2-16}$$

若 ΔH 和 ΔS 不随温度变化，将式(5－2－15)代入式(5－2－16)，得

$$\Delta G = \Delta H - \Delta H\, T_n/T_0 = \Delta H(T_0 - T_n)/T_0 = \Delta H \Delta T/T_0 \tag{5-2-17}$$

因此，过冷度定义为相变临界温度 T_0 与低温下实际转变温度 T_n 之差（见图5.14）：

$$\Delta T = T_0 - T_n \tag{5-2-18}$$

对于相变放出潜热的过程，$\Delta H<0$。发生相变，$\Delta G=\Delta H\Delta T/T_0<0$，要求 $\Delta T>0$，则过冷度是相变驱动力。ΔT 越大，相变驱动力越大。对于相变吸收潜热的过程，$\Delta H>0$，发生相变，要求 $\Delta T<0$，则过热度是相变的驱动力。

4. 新相的形成

在相变过程中所生成的核胚，不管是稳定相还是亚稳相，只要符合热力学条件，都能成核生长。如图5.15所示，该单元系在低温有4个固相，其中α相为稳定相，其他3个β、γ、δ固相为亚稳相。若温度低于各个相的熔点，只要符合热力学条件，尽管亚稳相的吉布斯自由能比稳定相的高，仍然有可能发生凝固。例如图5.15中，当温度低于 T_m^{γ} 熔点温度时，除δ相外的α、β、γ相都可能由液相析出。

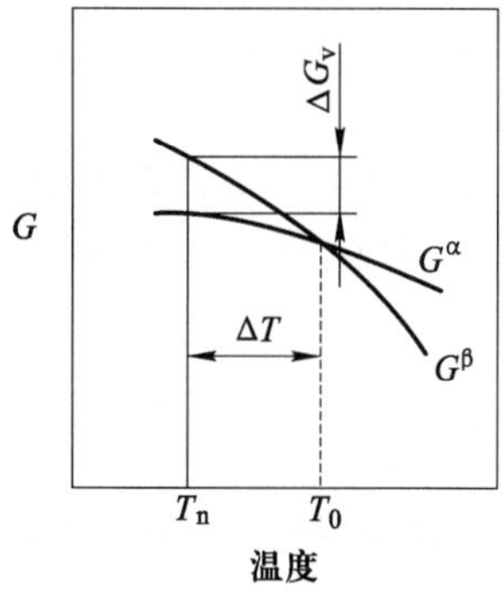

图5.14 G－T曲线

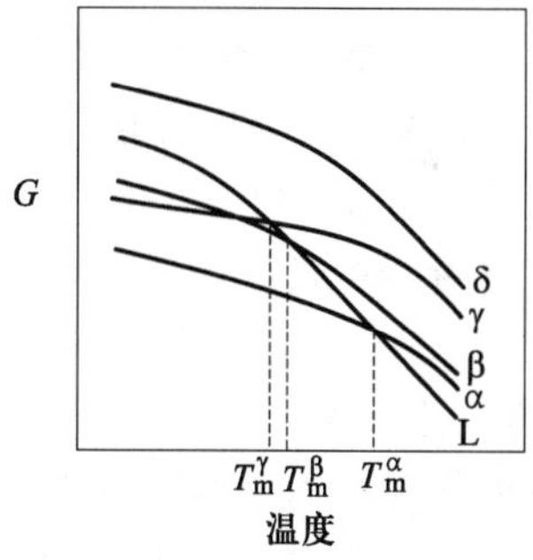

图5.15 具有几个亚稳相的单元系的吉布斯自由能

图5.16(a)显示，在一定温度下，α和β为达成平衡的稳定相。当母相α中出现很大过饱和度的另一相（γ相）的核胚时，其驱动力 $\Delta G^{\alpha\to\gamma}$ 比形成稳定的β相的驱动力 $\Delta G^{\alpha\to\beta}$ 更大。在这种条件下，就可能出现γ相和组成为 x_0 的α相形成亚稳平衡，使固溶体（合金）中形成亚稳平衡。

图5.16(b)显示，当相变时已存在一个亚稳平衡，γ亚稳相的组成为 x_0 时，稳定的β相因其吉布斯自由能较高（驱动力为正值）而不能形成，即使形成也将溶于γ相，直至驱动力较大的α相形成后，稳定的β相才能形成。这与共析转变相似，在共析转变温度以下，母相为亚稳相，有一个驱动力较大的领先相先析出，随后析出另一个稳定相。

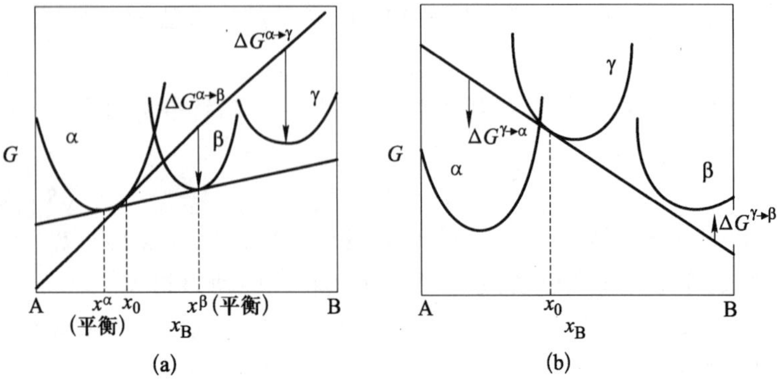

图 5.16　(a)具有很大过饱和度和(b)先存在亚稳定相时的多相平衡 $G-x$ 图

5.2.3　其他相变理论介绍

1. 朗道理论

朗道(Landau)曾提出描述相变过程的一般性理论。在朗道相变理论中，强调了对称性在相变中的重要作用，将高对称相中的对称破缺和有序相的出现联系在一起。虽然近期的研究工作表明，朗道理论对于定量地描述相变点热力学行为并不有效，但对于定性地描述相变中对称性的变化是成功的，因此并不妨碍这一理论在各种相变中的广泛应用。

朗道假定自由能(F)为序参量(η)和温度(T)的分析函数。他将自由能密度函数 $\phi(\eta, T)$($\phi(\eta, T)=F/V$，V 为体积)对序参量作级数展开。在最简单的情况下，序参量为标量，展开式为

$$\phi(\eta,T) = \phi_0 + a\eta + b\eta^2 + c\eta^3 + d\eta^4 + \cdots \qquad (5-2-19)$$

式中，ϕ_0 与其他各系数 a、b、c、d 等均为温度的分析函数。

在不存在外场时，稳定的高温无序相的 $\eta=0$。此时高温无序相的自由能密度函数 $\partial\phi/\partial\eta=0$，即式(5-2-19)对 η 的极小值为

$$\partial\phi/\partial\eta = a + b\eta + c\eta^2 + d\eta^3 = 0 \qquad (5-2-20)$$

则系数 $a=0$。

$$\phi(\eta,T) = \phi_0 + b\eta^2 + c\eta^3 + d\eta^4 + \cdots \qquad (5-2-21)$$

当 $T=T_c$ 发生二级相变时，由于 $\pm\eta$ 对应着一定的有序度，有相同的 ϕ 值，则系数 $c=0$。因此式(5-2-21)改写为

$$\phi(\eta,T) = \phi_0 + b\eta^2 + d\eta^4 + \cdots \qquad (5-2-22)$$

根据二级相变平衡态的条件，对式(5-2-22)微分，并忽略4次方以上各项，得到

$$\left(\frac{\partial\phi}{\partial\eta}\right)_{p,T} = 2b\eta + 4d\eta^3 = 0 \qquad (5-2-23)$$

$$\left(\frac{\partial^2\phi}{\partial\eta^2}\right)_{p,T} = 2b + 12d\eta^2 > 0 \qquad (5-2-24)$$

式(5-2-23)的两个解是：$\eta=0$，$\eta^2=-b/(2d)$。无序状态时，$\eta=0$，由式(5-2-24)，必须有 $b>0$。另一个解，$\eta^2=-b/(2d)$ 对应着有序状态，此时 $b<0$。在相变点时，$\eta=0$，$b=0$，则 $d>0$。

因此，朗道理论对不存在外场作用下二级相变的自由能密度函数形式为式(5-2-22)，且在无序状态时，$b>0$；有序状态时，$b<0$；在二级相变点，$b=0$，$d>0$。b 是温度的函数，可能形式为

$$b = a_0(T-T_c) \tag{5-2-25}$$

朗道假定，d、a_0、T_c 大于零，且为常数。

由式(5-2-23)和式(5-2-25)，可得

$$\eta^2 = -\frac{1}{2}(b/d) = \frac{1}{2}(a_0/d)(T_c-T),\quad T<T_c \tag{5-2-26}$$

所以

$$\eta = \pm\frac{\sqrt{2}}{2}[(a_0/d)(T_c-T)]^{1/2},\quad T<T_c \tag{5-2-27}$$

对于有序相，序参量的绝对值 $|\eta|$ 对温度呈连续变化，如图 5.17 所示。

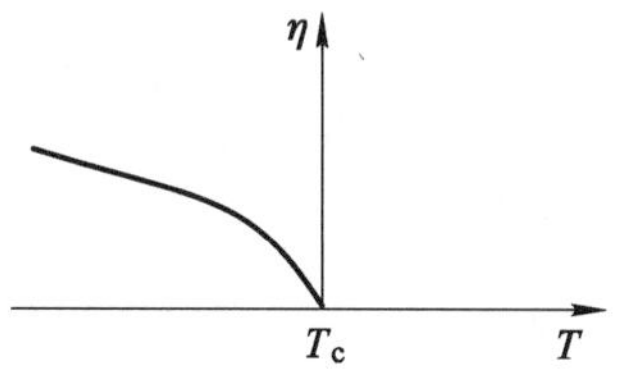

图 5.17 序参量与温度的关系

不同温度下的朗道自由能 ϕ 与 η 的函数关系曲线如图 5.18 所示。

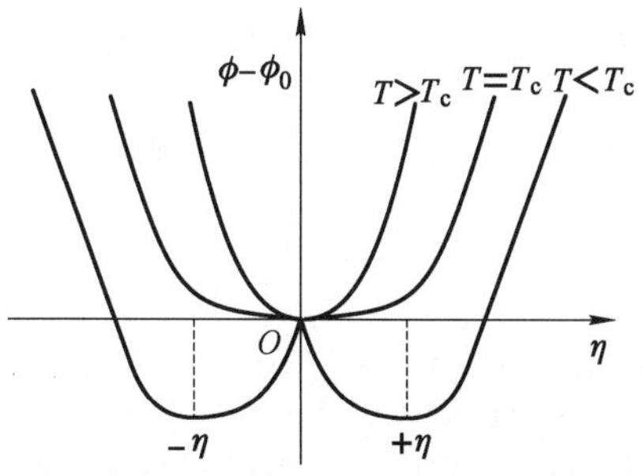

图 5.18 不同温度下朗道自由能与序参量的函数关系

由图 5.18 可见，不同温度下的 $\phi-\phi_0$ 曲线相对于 $\eta=0$ 对称，$\pm\eta$ 有相同的 ϕ 值。此时 $|\eta|$ 相同，只是体系的方向相反，但出现何种方向则不能预测，也可能分裂为不同位相的畴域。当 $T\geqslant T_c$，极小值在 $\eta=0$ 处，平衡相为无序相。当 T 越来越接近 T_c 时，自由能在极小值处变得更加平坦。当 $T<T_c$ 时，$\eta=0$ 处有极大值，而 $\eta=\pm\frac{\sqrt{2}}{2}[(a_0/d)(T_c-T)]^{1/2}$ 处有极小值。说明有序相为稳定相。随着 T 从 T_c 下降，η 从零按照 $|\eta|\propto(T_c-T)^{1/2}$ 增长，如图 5.17 所示。

朗道理论在式(5-2-20)自由能密度函数展开式的基础上，也可以按照

一级相变定义的条件，讨论朗道自由能与序参量的函数关系。根据该函数的特点可以讨论“不均匀相起伏”、一级相变、成核－长大特点和Spinodal有序化。电场、磁场等外场会对某些相变产生影响，这时要对朗道理论的自由能表达式进行修改。更深入的讨论可参见进一步阅读的参考书。

2. 布拉格－威廉斯理论

一维伊辛体系(Ising system)的布拉格－威廉斯(Bragg－Williams，BW)方程描述了在两种不同电子自旋取向的铁磁一维体系中的热力学。根据一维伊辛体系的布拉格－威廉斯方程[64]，序参量与温度的关系为

[64] 一维伊辛体系布拉格－威廉斯自由能密度与T、η函数关系的导出。

体系自由能密度函数f是温度T和序参量η的函数：

$$f(T,\ \eta)\equiv\frac{F(T,\ \eta)}{N}=\frac{E-TS}{N} \tag{1}$$

式中，E为体系的内能，S为熵，N为晶格位置总数。

在伊辛体系的相转变中(在最简单的平均场中，电子自旋的相互作用能$J>0$)，电子自旋向上($s_i=1$)的数目为N_+；电子自旋向下($s_i=-1$)的数目为N_-；$N=N_-+N_+$。序参量η定义为

$$\eta=(N_+-N_-)/N \tag{2}$$

于是

$$N_+=N(1+\eta)/2,\ N_-=N(1-\eta)/2 \tag{3}$$

假设忽略自旋中的相关性，一对相邻电子具有相同自旋方向的概率为$(N_+/N)^2+(N_-/N)^2$；一对相邻电子具有不同自旋方向的概率为$2N_+N_-/N^2$。则最近邻电子对的交换能为

$$\bar{E}=-\frac{zJ}{2N}[N_+^2+N_-^2-2N_+N_-]=-\frac{1}{2}NzJ\eta^2 \tag{4}$$

式中，z为原子紧邻的配位数。

又由于$S(\eta)=k_B\ln P$，P为体系中N_+、N_-的构型总数，所以

$$S=k_B\left(\frac{N!}{\left(\frac{N(1+\eta)}{2}\right)!\left(\frac{N(1-\eta)}{2}\right)!}\right) \tag{5}$$

式中，k_B为玻耳兹曼常数，数值是$1.380\ 658\times10^{-23}$ J/K。

将式(5)构型熵根据斯特林公式展开为*

$$\begin{aligned}s\equiv S/N&=-k_B/2\{[(1+\eta)/2]\ln[(1+\eta)/2]+[(1-\eta)/2]\ln[(1-\eta)/2]\}\\&=k_B[\ln2-[(1+\eta)/2]\ln[(1+\eta)]-[(1-\eta)/2]\ln[(1-\eta)]\end{aligned} \tag{6}$$

将式(4)和式(6)代入式(1)：

$$f(T,\ \eta)=[-\eta^2zJ/2]-k_BT\{\ln2-[(1+\eta)/2]\ln[(1+\eta)]-[(1-\eta)/2]\ln[(1-\eta)]\} \tag{7}$$

对于二级相变，$\partial f(T,\ \eta)/\partial\eta=0$，则

$$zJ\eta=k_BT\ln[(1+\eta)/(1-\eta)]/2 \tag{8}$$

在无外场作用的体系中，电子的相互作用能与相变温度相关，定义$k_BT_c=zJ$，所以，

$$T_c\eta=T\ln[(1+\eta)/(1-\eta)]/2$$

$$T/T_c=2\eta/\ln[(1+\eta)/(1-\eta)],\quad 1>\eta>0 \tag{9}$$

这就是布拉格－威廉斯方程。

*斯特林展开：

$$\begin{aligned}S&=k_B\{C-\{[(1+\eta)/2]\ln[(1+\eta)/2]-[(1+\eta)/2]+[(1-\eta)/2]\ln[(1-\eta)/2]-[(1-\eta)/2]\}\}\\&=-k_B/2\{[(1+\eta)/2]\ln[(1+\eta)/2]+[(1-\eta)/2]\ln[(1-\eta)/2]\end{aligned}$$

$$T/T_c = 2\eta/\ln[(1+\eta)/(1-\eta)],\quad 1>\eta>0 \qquad (5-2-28)$$

根据布拉格－威廉斯的长程有序理论，长程有序度参数 ω 与温度的布拉格－威廉斯方程表示为

$$T = -\frac{zU_m\omega}{k_B\ln\dfrac{1+\omega}{1-\omega}} \qquad (5-2-29)$$

通过适当处理，相变温度 $T_c = -zU_m/(2k_B)$，代入式(5－2－29)，得

$$\frac{T}{T_c} = \frac{2\omega}{\ln\dfrac{1+\omega}{1-\omega}} \qquad (5-2-30)$$

在相变温度 T_c 附近，η 非常小，因此构型熵密度函数可以展开为

$$s \equiv \frac{S(\eta)}{N} = S(0) + \frac{1}{2!}\left(\frac{\partial^2 s}{\partial\eta^2}\right)_{\eta=0}\omega^2 + \frac{1}{4!}\left(\frac{\partial^4 s}{\partial\eta^4}\right)_{\eta=0}\omega^4 + \cdots \qquad (5-2-31)$$

其中

$$\left(\frac{\partial^2 s}{\partial\eta^2}\right)_{\eta=0} = -k_B,\ \left(\frac{\partial^4 s}{\partial\eta^4}\right)_{\eta=0} = -2k_B$$

因此

$$s(\eta) = k_B\left[\ln 2 - \frac{1}{2}\eta^2 - \frac{1}{12}\eta^4 + \cdots\right] \qquad (5-2-32)$$

将式(5－2－32)代入上页页下注中的式(1)，得到

$$f(T,\eta) = -k_BT\ln 2 + \left(-\frac{1}{2}zJ + \frac{1}{2}k_BT\right)\eta^2 + \frac{1}{12}k_BT\eta^4 \qquad (5-2-33)$$

对于电子交换相互作用，相变温度 $k_BT_c = zJ$，因此

$$\frac{f(T,\eta)}{k_B} = \frac{1}{2}(T-T_c)\eta^2 + \frac{T\eta^4}{12} - T\ln 2 \qquad (5-2-34)$$

式(5－2－34)与式(5－2－22)有相同的函数形式。比较两式发现，式(5－2－34)解释了朗道热力学函数式(5－2－22)中各个系数的意义。布拉格－威廉斯理论得到的自由能－序参量函数关系曲线与图 5.18 所示朗道理论的自由能－序参量函数关系曲线相同，亦可得到当 $T>T_c$ 时，稳定的高温无序相的序参量为零。

在相变温度附近，朗道理论和布拉格－威廉斯理论的序参量与温度有相似的函数关系：

$$\eta^2 \propto (T_c - T),\quad T < T_c \qquad (5-2-35)$$

5.2.4　材料性质与有序－无序相变

1. 与合金性质的关系

有序化对合金材料的电阻率、磁性和强度都有较大的影响。图 5.19 是 Cu－Au 体系的电阻率与温度和组成的关系。

当固溶体有序化后，合金中异类原子之间的结合力加强，其中电子的结合也比无序态强，使自由电子数减少，电阻率增加，但同时晶体的离子势场在有序化时更为对称，使电子散射的概率大为降低，又使电阻率减小。在这一对矛盾因素中后者占优势，所以有序合金的电阻率较低，如图 5.19 所示。Cu_3Au、CuAu 有序态的电阻率仅为无序态的 1/3～1/2；有序态的电阻率随温度的升高连续增加，也与有序态的有序化程度随温度增加连续减小有关。

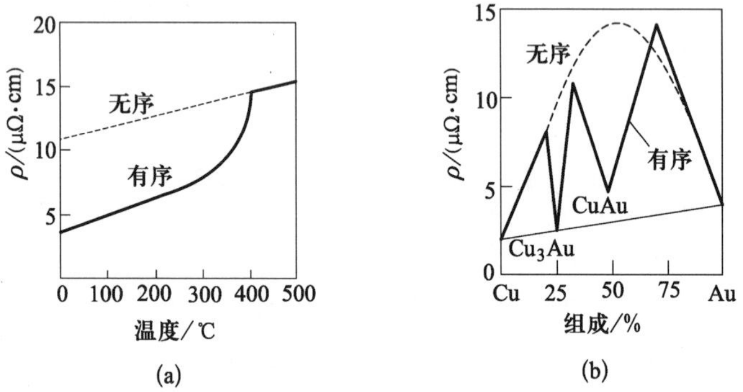

图 5.19　(a) Cu_3Au 的电阻率 ρ 与温度的关系；(b) Cu－Au 合金系的电阻率 ρ 与组成的关系

合金的有序化也会增强合金的磁性，Ni_3Mn 的合金有序化处理(退火)后比无序化处理(淬火)后的材料饱和磁矩增加，具有极大值，呈强铁磁性。合金的有序化一般也会增强弹性和硬度。例如 CuPt 合金，无序态时硬度为130 HB，经 500 ℃ 1 h 退火，形成有序态后硬度提高到 260 HB。

2. 铁电相变

铁电材料的一个重要宏观特性是电极化强度 $\boldsymbol{P}$ 在外电场中的电滞回线，图 5.20 给出了非铁电体和铁电体的电极化特性曲线。非铁电体材料的电极化强度 $\boldsymbol{P}$ 随电场强度 $\boldsymbol{E}$ 呈线性变化。图 5.20(a)中直线的斜率为材料的电极化率。铁电材料的电极化强度与电场强度为非线性关系，并呈现电滞回线特性，如图 5.20(b)所示。在没有外电场时，晶体中相邻电畴的自发极化方向是随机分布的，晶体的总电矩为零。增加外电场使得沿电场方向的电畴体积扩大，晶体的电极化强度随之增大，如图 5.20(b)中的 OA 段曲线。当外电场足够大时，晶体中所有的电畴都沿电场方向排列，电极化强度达到饱和 $\boldsymbol{P}_{max}$。在达到饱和情况下，将电极化强度曲线外推到电场为零可以得到饱和电极化强度 $\boldsymbol{P}_s$。当电场减小到零，电极化强度随之下降，但并不会到零，而是到达某一数值 $\boldsymbol{P}_r$，称为剩余电极化强度。若电场向相反方向增加，电极化强度将减小。当电场强度达到 $-\boldsymbol{E}_c$ 时，电极化强度下降为零，$\boldsymbol{E}_c$ 称为铁电体的矫顽场。负向电场继续增加，使材料达到负向饱和状态时，再改变电场方向则可以完成整个电滞回线。回线所包围的面积对应于电极化强度反转两次所需要的能量。

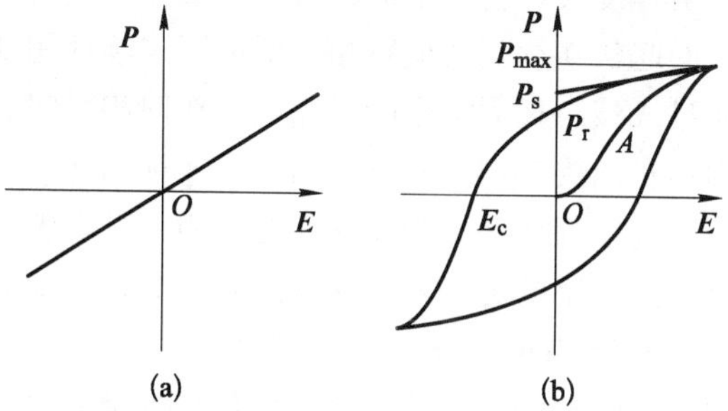

图 5.20 （a）非铁电体的电极化特性曲线（b）铁电体的电极化特性曲线

具有电滞回线的晶体为铁电体。有序－无序型铁电体的典型代表是 KH_2PO_4，简称 KDP。KDP 结构中存在氢键，高温下氢键中氢离子的位置是无序的，其平均位置在两个氧原子的中间，晶体没有自发极化。当温度降低到相变温度（123 K）以下时，氢原子偏离中心位置（O---H—O），使得 PO_4^{3-} 发生结构畸变，形成自发电偶极，导致顺电－铁电转变。在铁电态下，KDP 的自发电极化强度 $\boldsymbol{P}_s$ 与温度的关系如图 5.21 所示，具有二级相变的特点。铁电体的临界特性是指在顺电－铁电相变温度附近，出现物理性质的异常。材料的临界介电反常现象已经广泛应用于微型电子器件上。

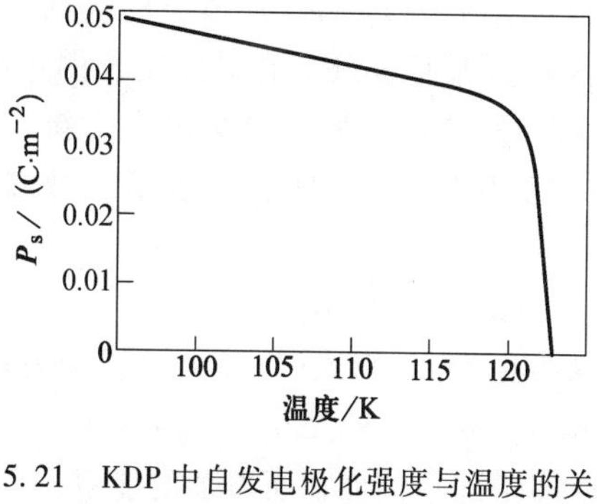

图 5.21 KDP 中自发电极化强度与温度的关系

多数铁电－顺电、铁磁－顺磁和超导态－正常态的二级相变实际上是一个有序化过程，因此二级相变在材料科学中具有重要意义。

5.3 相变动力学

5.3.1 不连续相变和连续相变

不连续相变是由程度大、范围小的起伏开始成核，随后长大；连续相变是由程度小、范围大的起伏连续长大成新相。所以不连续性相变又称为成核－长大型相变。相变通过成核、长大两个阶段完成，新旧相之间有界面分隔，界面两侧成分、结构均不相同或其中之一不相同，不连续相变由此而得名，大多数一级相变属于此类。连续相变又称为无核相变，相变是在整个母相体系中过饱和相内或过冷相内原始很小的起伏经过连续扩展而进行。此时，新旧相之间无明显的界面，调幅分解(Spinodal 分解)属于此类。

与上述分类相似，Christian 把相变分为非均匀相变和均匀相变。前者包括经典的均匀成核和非均匀成核，体系分为未转变部分和已转变部分，两部分之间有界面分隔。后者是指整个体系连续地发生相变。显然，前者属于不连续相变，后者属于连续相变。

5.3.2 新相核的形成和长大

1. 成核的热力学条件

若晶核在整个体系中均匀地形成，则称为均匀成核；若晶核在体系中某些区域择优、不均匀地形成，则称为非均匀成核。大多数相变的成核为非均匀成核。

1) 均匀成核

根据式(5－2－17)，当 $T_n < T_0$ 时，在体系的表面或某一些区域，由于具有相变的驱动力($\Delta G_v < 0$)而形成晶胚。在晶胚生长的过程中，晶胚界面增加，导致界面能($\Delta G_s > 0$)增加，这对相变来说是阻力。新旧相之间比体积和形状的差异也会引起弹性应变能(VG_ε)，因此对一般相变来说，系统自由能的变化表示为

$$\Delta G = V(\Delta G_v + G_\varepsilon) + \Delta G_s \tag{5-3-1}$$

若晶核为球形，其半径为 r，则式(5－3－1)转变为式(5－3－2)：

$$\Delta G = (4/3)\pi r^3(\Delta G_v + G_\varepsilon) + 4\pi r^2\sigma \tag{5-3-2}$$

式中，σ 为比界面能，即增加单位面积所增加的能量。

根据式(5－3－2)，用 ΔG 对晶核半径 r 作图，得到图 5.22。由图可见，

要想使 $V(\Delta G_v + G_\varepsilon)$ 为负值，必须使 $|\Delta G_v| > G_\varepsilon$，这样才能在 $r^*(n^*)$ 处有极大值 ΔG^*，r^* 称为临界核心半径。当 $r = r^*$ 时，核胚与母相处于不稳定平衡。当核胚半径小于或大于 r^* 时，系统自由能都将下降。但是当 $r < r^*$ 时，核胚不能长大，甚至会消失。只有当 $r > r^*$ 时，核胚才能长大为核心。r^* 对应的 ΔG^* 称为临界核心形成功($\Delta G^* > 0$)，这是系统成核时必须克服的能垒。由 $(\partial\Delta G/\partial r) = 0$，有

$$r^* = -2\sigma/(\Delta G_v + G_\varepsilon) \quad (5-3-3)$$

$$\Delta G^* = \frac{16\pi\sigma^3}{3(\Delta G_v + G_\varepsilon)^2} \quad (5-3-4)$$

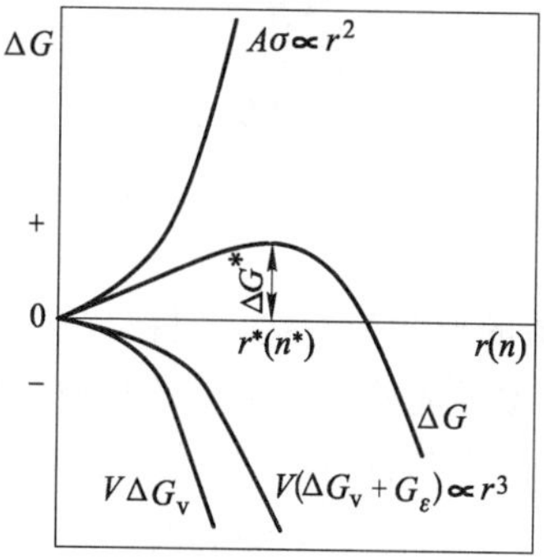

图 5.22 $\Delta G - r(n)$ 的变化曲线

把式(5-2-17)代入式(5-3-3)和式(5-3-4)，并忽略应变能 G_ε，得

$$r^* = -2\sigma T_0/(\Delta H \Delta T), \quad \Delta H < 0 \quad (5-3-5)$$

$$\Delta G^* = 16\pi\sigma^3 T_0^2/(3\Delta H^2 \Delta T)^2, \quad \Delta H < 0 \quad (5-3-6)$$

由式(5-3-5)和式(5-3-6)可见，ΔT 越大，r^* 和 ΔG^* 越小，成核越容易。

对于固态相变来说，$|\Delta G_v| > G_\varepsilon$ 才有相变的驱动力，当 $|\Delta G_v| = G_\varepsilon$ 时称为临界驱动力。这说明，如果应变能大到不能忽略时，固态相变不仅需要过冷度，而且要有临界过冷度 ΔT_c，只有 $\Delta T > \Delta T_c$，才有足够的驱动力发生固态相变。

过冷度是成核的热力学条件，也是必要条件。$\Delta G^* > 0$，说明形成临界晶核时必须克服一定的能垒，也说明成核时体自由能的下降不足以克服界面能。将式(5-3-3)代入界面能的公式，得到

$$\Delta G_s = 4\pi r^{*2}\sigma = 16\pi\sigma^3/(\Delta G_v + G_\varepsilon)^2 \quad (5-3-7)$$

与式(5-3-4)比较，$\Delta G^* = 1/3\Delta G_s$，这说明($\Delta G_v + G_\varepsilon$)只提供了界面能的 2/3，还有 1/3 的界面能需要另外补偿。由于母相中存在能量起伏，成核功可从能量起伏中获得。另外，母相中存在的结构起伏或相起伏是晶胚形成的基础。综

上所述，过冷度是成核的必要条件，而母相中的能量起伏或相起伏是成核的充分条件，对于有成分变化的相变来说，母相中的成分起伏也是成核的充分条件。

2）非均匀成核

在实际的生产过程中，通常都为非均匀成核。

（1）液－固相变（凝固）的非均匀成核：在凝固中，模壁或不溶于液相的杂质都可以作为成核的基底，固相晶核将依附在现存界面上形成，如图 5.23 所示。

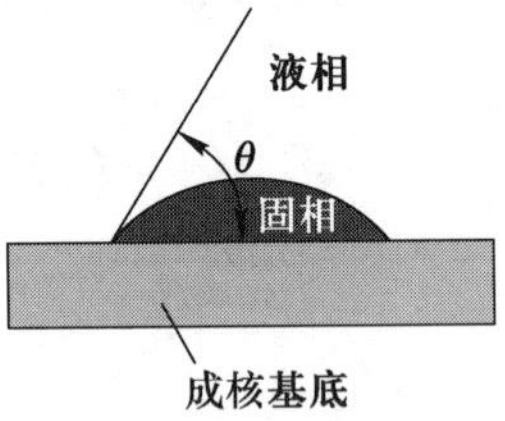

图 5.23　非均匀成核模型

图 5.23 所示固相晶核的形状为冠状，固相与基底间的接触角为 θ。可以证明，液－固非均匀成核的临界晶核尺寸表达式与均匀成核的临界晶核尺寸表达式相同，而非均匀成核的临界晶核形成功（$\Delta G^*_{非}$）则与接触角 θ 有关：

$$r^*_{非} = -2\sigma_{SL}/\Delta G_v \tag{5-3-8}$$

$$\Delta G^*_{非} = \Delta G^* f(\theta) \tag{5-3-9}$$

由于 $0<\theta<180°$，所以 $f(\theta)<1$。当 $\theta=0$ 时，$\Delta G^*_{非}=0$，为完全浸润。当 $\theta=180°$时，$\Delta G^*_{非}=\Delta G^*$，此时为完全不浸润。当部分浸润时，随着浸润角的增加，临界晶核形成功（$\Delta G^*_{非}$）逐渐增加，如图 5.24 所示。

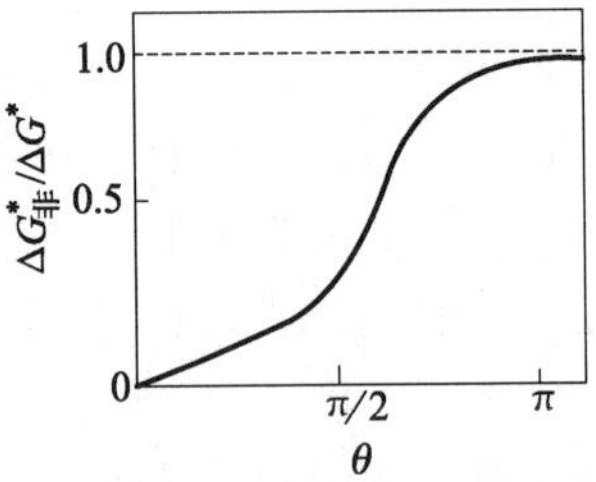

图 5.24　$\Delta G^*_{非}/\Delta G^*$ 与 θ 的关系

（2）固体相变的非均匀成核：晶体缺陷在固态相变的非均匀成核中扮演着重要角色。晶体中的内界面（晶界、相界、孪晶界）、位错、层错等都是相变优先成核的场所。因为在这些缺陷处成核可以释放出应变能而降低成核功，而且扩散也属于短路扩散，扩散激活能小，扩散系数增大。在晶体缺陷处成核时

系统的自由能变化为

$$\Delta G = V(\Delta G_{v} + G_{\varepsilon}) + \Delta G_{s} - \Delta G_{d} \qquad (5-3-10)$$

式中，ΔG_{d} 为缺陷释放出的能量，它可增大相变的驱动力，减小晶界的成核功。

成核时各种晶体缺陷释放出的能量按下列顺序增加：均匀成核部位 < 空位 < 位错 < 层错 < 晶界和相界 < 表面。成核功则按上述顺序下降。

晶界又分为界面、界棱、界隅三种情况。界面是两个晶粒相交而成的面，界棱是三个晶粒相交而成的棱线，界隅是四个晶粒相交而成的隅。不同晶界成核所释放出的能量也不相同，$\Delta G_{d}^{隅} > \Delta G_{d}^{棱} > \Delta G_{d}^{面}$，因此界面、界棱、界隅的成核功依次减小。在三种晶界上成核还与冷却速率有关。当冷却速率较小时，ΔG_{v} 小，驱动力小，易于在界隅上成核；随着冷却速率增大，依次在界棱和界面上成核。当冷却速率很大时，ΔG_{v} 很大，驱动力大，可发生均匀成核。

2. 晶体生长的界面过程

晶体的生长都是在晶体和环境相的界面上进行的，界面过程是晶体生长的最重要的基本过程，也是晶体生长理论的核心。当晶体生长的母相介质是气相或溶液相时，环境相和晶相的质点密度有很大差别，被称为稀薄环境相。稀薄环境相晶体生长动力学发展较早，也较为成熟，下面简单介绍这个理论的两个晶体生长模型。

1）理想完整晶体生长模型和科塞尔机制

图 5.25 代表具有简单立方结构的理想晶体的一个正在生长过程中的原子级光滑表面。立方体代表原子，原子是相同的并且紧密排列。原子间靠共价键或范德华力结合在一起。在该模型中，能量上最有利的位置应该是成键数目最多的位置。在图 5.25(a) 中 S 是一个台阶，它是在部分完成一个原子级光滑面时形成的，K 是台阶上的一个扭折(kink)，它是部分完成一行新的原子列时形成的。考虑最邻近的关系，台阶扭折处是附加新原子的有利位置，因为这里可和 3 个最近邻成键，它的结合能恰好是一个内部原子总结合能的一半，故又称半晶位置。原子在半晶位置结合或离开都会产生另一个半晶位置，而不改变悬挂键的数目，即不改变晶体的表面能。这就意味着扭折处原子的化学势等于晶体的化学势。在扭折处结合原子或是原子由扭折处进入母相介质，能量的变化等于原子与晶体的化学势之差。因此原子吸附到晶体表面上不叫晶体生长，而只有新的原子结合到扭折上去才能称为晶体生长。在原子级光滑面的台阶上由于热涨落存在着足够大的扭折密度。晶体生长机制大致可分为以下几个阶段：

① 原子由母相介质(稀薄环境相)吸附在生长晶面上。

② 二维扩散至台阶处并附着在台阶上。

③ 一维扩散至扭折处并稳定地堆砌在晶相上。

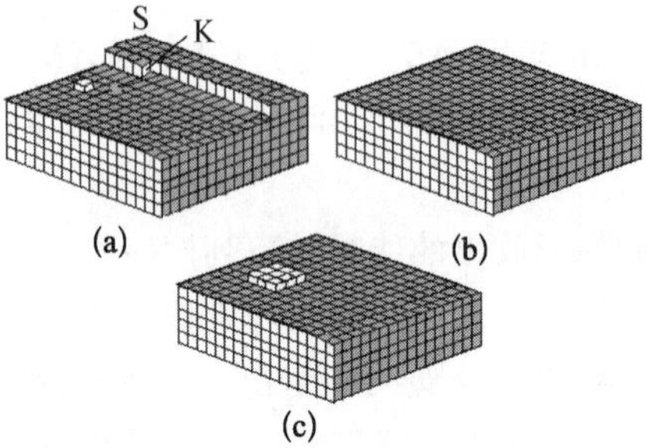

图 5.25 理想完整晶体生长模型：(a) 原子向折扭 K 移动；(b) 完成一层堆积；(c) 二维成核

由于这种扩散原子流而使扭折 K 沿台阶延伸，促使台阶 S－K 不断扩展，直至如图 5.25(b)所示那样完成整个原子层的堆砌，然后通过二维成核在光滑面上产生新的台阶，如图 5.25(c)所示，重新开始上述过程。这样通过层的生长逐层地增加晶体的厚度，使晶体沿着法线方向推移。这就是理想完整晶体生长的科塞尔机制。

在完成晶体界面过程的各个阶段中，二维成核是控制整个过程速率的阶段。根据科塞尔机制，要获得每月 1 μm 的生长速率，过饱和度为 25% ~ 50%。在低过饱和度下，理想完整晶体几乎不可能生长。这与许多实验事实不符，因此 Frank 提出了螺型位错生长机制。

2）螺型位错生长机制

Frank 指出，如果在原子级光滑面(低指数面)上有露头的螺型位错，它提供了台阶 OA(见图 5.26(a))。由于台阶各部分在生长过程中线速度相同，而角速度不同，使得台阶在运动过程中绕 O 点旋转，形状不断变化，直至形成角速度保持恒定的螺线为止。此后生长过程就由此稳定的螺旋线形台阶绕位错露头点不断旋转(实质上是螺型台阶层向上推进的结果)使晶面沿其法线方向不断增长(见图 5.26(b))。所以螺型位错为晶面生长提供了永不消失的生长台阶，无须二维成核。螺型位错生长机制成功解释了晶体在低饱和度下生长的事实，而且的确在大量实验中观察到晶面上的生长螺旋。

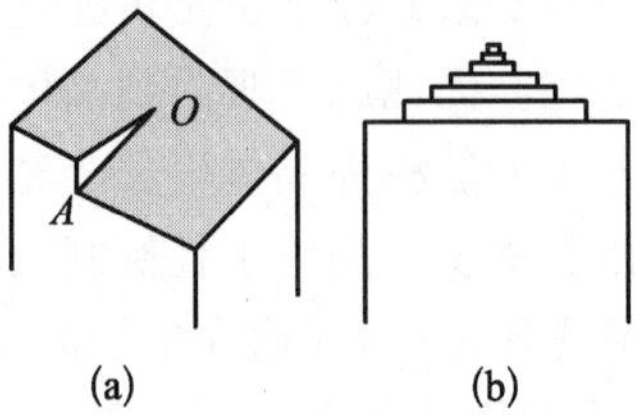

图 5.26 螺型位错生长模型：(a) 螺型位错台阶；(b) 螺型位错

3. 均匀成核的成核速率

成核速率是母相中单位体积、单位时间内所形成的晶核数，其单位为 $cm^{-3}\cdot s^{-1}$。由于产物的成核是热运动的结果，成核速率为

$$I = f_0 N_0 \exp\left(-\frac{\Delta G^*}{k_B T}\right) \qquad (5-3-11)$$

式中，ΔG^* 为临界成核功，N_0 为单位体积中的原子数目，f_0 是与原子振动频率、扩散激活能及晶核表面等有关的常数。对于凝聚态中的均匀成核，f_0 主要取决于扩散，因此式(5-3-11)可以写为

$$I = A\exp\left(-\frac{\Delta G^*}{k_B T}\right)\exp\left(-\frac{Q}{k_B T}\right) \qquad (5-3-12)$$

式中，Q 为扩散激活能，A 为常数。

随着温度的下降，扩散激活能 Q 增大，临界成核功 ΔG^* 会变小，它们有相反的变化，因此如图 5.27 所示，在某一个温度成核速率有极大值。

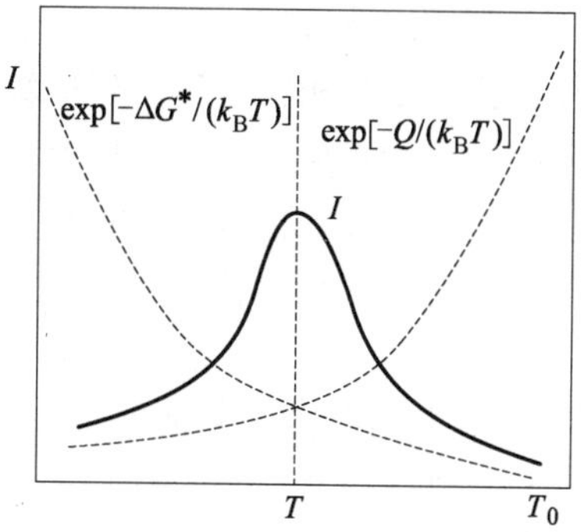

图 5.27 成核速率 I 与温度 T 的关系

对于固体 Ⅰ ⇌ Ⅱ 的可逆相变，变体之间的转变速率与温度的关系如图 5.28 所示。

在温度接近相变温度的 A 区，两个方向的转变速率都很慢，因为这时相变驱动力 $\Delta G_v \approx 0$。随着温度降低，高温相Ⅱ转变为低温相Ⅰ的速率增加(在 C 区)，在 T_n 温度有转变速率的极大值。如果有可能进一步降温，由于成核速率下降，转变速率将降低(进入 D 区)，固态相变受到抑制。如果低温相固态变体Ⅰ高于相变温度 T_0 转变为高温变体Ⅱ，高于相变温度 T_0 以后，随着温度的提高，扩散激活能 Q 减小，临界成核功 ΔG^* 会变大，则成核速率在温度高于相变温度 T_0 后，随温度迅速增加，不存在极大值(进入 B 区)。

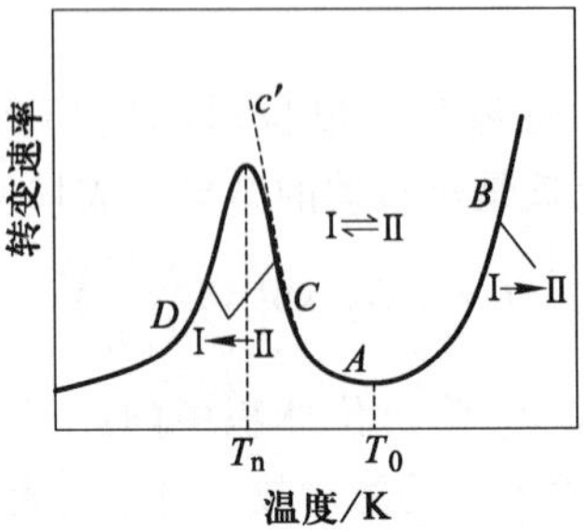

图 5.28　低温变体 I 和高温变体 II 的转变速率与温度的关系

4. 晶核的长大

新相长大的本质是母相的原子不断地转移到新相的过程，即相界面不断地向母相中迁移的过程，长大的驱动力仍旧是新旧相体自由能之差 $\Delta G_v < 0$。一般来说，对于扩散性相变，长大的速度主要取决于相变的驱动力和热激活原子的迁移过程，后者又与界面结构有密切关系。如果新、旧相有相同的化学成分，那么新相的长大速度受原子由母相穿过界面到达新相这一热激活的短程控制。如果新、旧相具有不同的化学成分，则新相长大不仅需要原子穿越界面之一环节，还需要依赖母相中原子的长程扩散，这时长大速度受以上两个过程中较慢者控制，在大多数情况下受控于长程扩散。

1）相界面的结构

在固态相变中，相界面的结构通常分为共格界面(coherent interface)、半共格界面(semicoherent interface)和非共格界面(incoherent interface)，如图 5.29 所示。

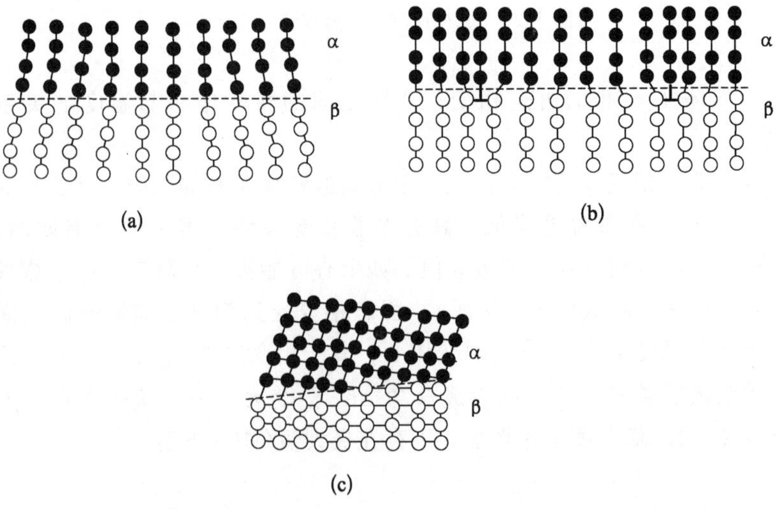

图 5.29　三种界面结构：(a) 共格界面；(b) 半共格界面；(c) 非共格界面

两相原子一对一相匹配，界面上的原子为两相所共有的界面称为共格界面，如图5.29(a)所示。由于两个相的晶体结构不同或结构相同但点阵常数不同，在匹配过程中会产生一定的弹性应变，弹性应变的大小与点阵错配度 δ 有关。δ 定义为

$$\delta = (a_\beta - a_\alpha)/a_\alpha = \Delta a/a_\alpha \qquad (5-3-13)$$

式中，a 为点阵常数或平行于界面方向的原子间距。

由式(5-3-13)可知，δ 随点阵常数差的增大而增大，而弹性应变又将随 δ 的增大而增大。当 δ 增大到一定程度，界面上的弹性应变会增大到共格界面不能维持，于是界面上会产生一些位错来抵消弹性应变，这样就会出现半共格界面。半共格界面由共格部分加位错部分组成，如图5.29(b)所示。错配度进一步增加，共格界面消失，界面完全错配，即形成非共格界面，如图5.29(c)所示。非共格界面与大角度晶界相似，由原子不规则排列的很薄的过渡层构成。一般认为，$\delta<0.05$ 时为共格界面，$0.05<\delta<0.25$ 时为半共格界面，$\delta>0.25$ 时为非共格界面。

2）晶核的长大机理

(1) 界面容纳因子：原子由母相转移到新相，新相接受由母相转移来的原子的难易程度称为界面容纳因子 A(accomodation factor)。A 为1时，表示新相完全接受母相转移来的原子；A 为0时表示新相不能接受由母相转移来的原子。对于非共格界面，A 接近于1，因为这种界面有一个很薄的过渡层，过渡层中原子排列不规则，新相能够接纳母相原子。对于共格界面和半共格界面，将出现不相容的情况，A 值会下降，新相不同程度地不接受母相转移来的原子。

(2) 界面控制性连续长大：对于扩散性相变，若新、旧相成分相同，形成非共格界面，此时由于界面的容纳因子大，长大可以连续进行，称为连续长大。因为长大时成分不改变，只需要界面附近的原子作近距离的扩散，完成点阵的改组，故这一长大仅受界面扩散控制。在新、旧相界面附近原子发生跃迁时，既有母相原子跳到新相上，也有新相上的原子跳回母相，其自由能的变化如图5.30所示。

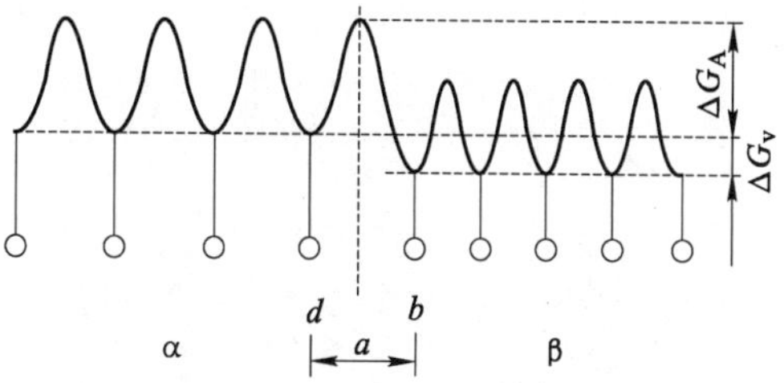

图5.30　晶核长大界面的扩散能垒

假设 α 相的原子跳到 β 相的能垒(扩散激活能)为 ΔG_A，而 β 相上的原子跳回到 α 相的能垒为 $\Delta G_A+\Delta G_v$，ΔG_v 为体积自由能差。可以证明界面的迁移速度 v 为

$$v = a v_0 p \exp\left(-\frac{\Delta G_A}{k_B T}\right)\left[1-\exp\left(-\frac{\Delta G_v}{k_B T}\right)\right] \tag{5-3-14}$$

式中，a 为 α 相和 β 相之间的原子层间距(此处假设相界无厚度，为共格界面情况)；v_0 为 α 相和 β 相中原子相同的振动频率；p 表示振动次数中，原子跳到界面方向上的概率。式(5-3-14)表明，每次净跃迁将使界面相 α 相推进 a 距离。

由式(5-2-17)可知，ΔG_v 随过冷度的增加而增加，因此按照 ΔG_v 的大小将界面迁移速度分为两种情况：

① 过冷度很小时，即 $\Delta G_v \ll k_B T$。此时式(5-3-14)变为

$$v = a v_0 p \frac{\Delta G_v}{k_B T}\exp\left(-\frac{\Delta G_A}{k_B T}\right) \tag{5-3-15}$$

式(5-3-15)表明，界面迁移速度与 ΔG_v 成正比，或与过冷度成正比，$\Delta G_v/k_B T$ 起主导作用。

② 过冷度很大时，$\Delta G_v \gg k_B T$。此时式(5-3-14)变为

$$v = a v_0 p \exp\left(-\frac{\Delta G_A}{k_B T}\right) \tag{5-3-16}$$

式(5-3-16)表明，界面迁移速度随着温度的进一步下降而下降，此时 $\Delta G_A/(k_B T)$ 起主导作用。因为温度进一步下降，ΔG_A 将增大，因此速度 v 下降，所以在 $v-T$ 关系中将出现一个极大值。

(3) 界面控制性台阶机制长大：若新、旧相为共格界面或半共格界面，且半共格界面上的位错不能作垂直于界面方向上的滑移或攀移，由于界面的容纳因子小，故不能进行连续长大，只能借用界面上的台阶进行扩散长大。

图 5.31 是一个垂直于表面的螺型位错缺陷的例子。可以看到，垂直晶体表面的螺型位错在表面形成螺旋线形台阶，晶体生长可以沿台阶不断扩展，螺型位错使晶体的生长速度加快，被认为是晶体生长的一种重要机理。

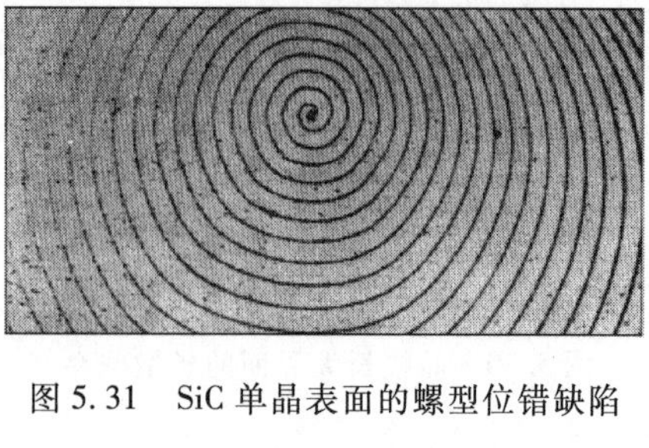

图 5.31　SiC 单晶表面的螺型位错缺陷

（4）扩散控制性长大：当新、旧相成分不同时，随着新相的长大，必须由原子长距离扩散以满足成分上的要求。当界面上的成分满足要求之后，界面迁移仍与界面结构有关。若点阵改组易于进行，那么长大主要取决于长距离扩散过程，所以称为扩散型长大。界面控制的界面迁移速率可表示为

$$v = AD^{V}\Omega_0 \tag{5-3-17}$$

式中，A 为常数，D^{V} 为体扩散系数，Ω_0 为过饱和度。

扩散控制的界面迁移速度受体扩散系数和作为长大驱动力的过饱和度的控制。

5.3.3 固态相变动力学的特征

（1）固态相变的动力学与溶液均相反应动力学有很大不同，在溶液均相反应中，浓度对于反应速率是关键的因素。但是对于固态相变，反应必须在相界面上进行，因此晶体的形状、表面和界面的结构及缺陷等因素十分重要。

（2）化学反应速率方程中的反应级数的概念在固体相变反应方程式中已经没有意义，取而代之的是固态相变动力学方程中的反应指数。反应指数依赖于反应机理和反应物颗粒的几何形状，可以通过实验测定。

5.3.4 等温相变动力学方程

新相的转变量主要与成核速率 I、长大速率 G^{*} 以及转变时间 t 有关。实验上经常通过测量产物相的体积分数与时间的关系来研究相变的速率问题。研究相变动力学方程的目的是为了求解“动力学三因子”(kinetic triplet)，即活化能、频率因子和反应速率方程，从而认识相变动力学的机理，获得相变动力学参数。

1. JMA 动力学方程的一般形式

Johnson 和 Mehl 以及 Avrami 早在 1939—1941 年就建立了等温相变动力学方程(JMA 动力学方程)。JMA 模型[65]是最早建立在实验基础上的成核－生长相变机理的固态相变动力学模型，其物理过程描述为三个阶段：① 首先由于在加工过程中温度或应力的作用，在旧相中随机地存在着缺陷，这些缺陷成为新相的成核中心(germ nuclei)；② 只有那些获得了活化能的被活化了的成核中心才有可能成长为新相的晶胚(growth nuclei)，而其他成核中心将会被晶胚在生长过程中融合和兼并(ingestion)；③ 晶胚随机地分布在旧相中，独立地成长为晶粒(grains)，晶粒连续生长直至被其他晶粒撞击所合并。

[65] (a) Avrami M. J. Chem. Phys., 1939, 7: 1103－1112. (b) Avrami M. J. Chem. Phys., 1940, 8: 212－224. (c) Avrami M. J. Chem. Phys., 1941, 9: 177－184.

在这种物理图像的指导下，Johnson 和 Mehl 以及 Avrami 建立了成核中心、晶胚与转化率之间的函数关系。JMA 动力学方程(关于 JMA 动力学方程的建立可参考进一步阅读的参考书 3)的一般形式为

$$\alpha(t) = V_{\beta}/V = 1 - \exp(-k_{A}t^{n}) \qquad (5-3-18)$$

式中，V 为初始相体积，V_{β} 是转变为新相的体积，$\alpha(t)$ 为相转变的转化率。k_{A} 是包括新相的核形成和新相生长的总的速率常数，t 为时间，n 为与成核和生长性质有关的反应指数。

Avrami 假定，成核只在体系中某些有利位置产生，这些位置将逐渐被消耗。假设成核速率 I 随时间呈指数衰减，则三维成核长大的反应指数 $3 \leqslant n \leqslant 4$(球形粒子)，二维成核长大的反应指数 $2 \leqslant n \leqslant 3$(圆盘粒子)，一维成核长大的反应指数 $1 \leqslant n \leqslant 2$(针状)。式(5－3－18)的动力学曲线($n \neq 1$)如图 5.32 所示。

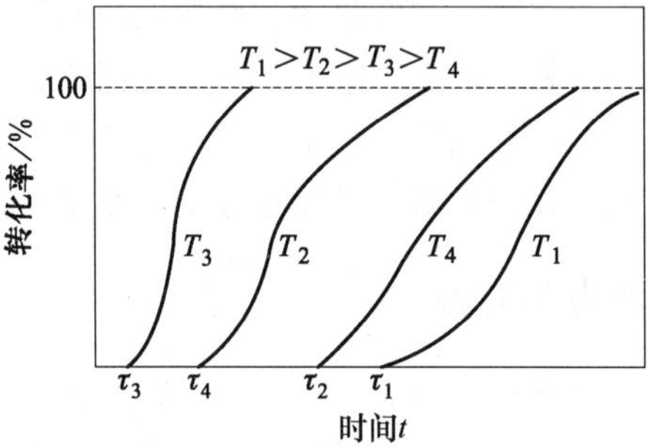

图 5.32　不同温度 T 下的等温相变动力学曲线

由图 5.32 可见，通常在相转变前有一个孕育期 τ(未察觉到相变)，即由核胚到稳定晶核形成的时间。当 $t = \tau$ 时开始观察到相变。$t > \tau$ 以后，动力学曲线为 S 形，即开始转变速率较慢，后来加快，最后又变慢。这与实验结果相符。这种曲线形状是成核－长大型相变的典型形状，温度较高(T_1)时，转变速率较慢，孕育期较长；温度较低(T_4)时，转变速率也较慢，孕育期也较长；只有转变温度为居中的某一温度(T_3)时，转变速率最快，孕育期最短。

2. *Cardew 动力学方程*

JMA 模型更适合于相变初期的多中心转变阶段和生长控制过程。Cardew 模型作为 JMA 模型的补充理论，通过使用成核速率常数 k_{N} 和生长速率常数 k_{G} 的比率 k_{N}/k_{G} 来描述体系的动力学行为，特别适合于固体粉末多晶型转变的相变动力学过程[66]。$k_{N} = 1/\tau_{N}$，τ_{N} 指的是粉末样品中 $1/e$ 分数的晶体成为新相

[66]　Cardew P T, Davey R J, Ruddick A J. J. Chem. Soc., Farad. Trans., 1984, 2(80): 659－668.

晶核所需要的时间，$\tau_N = \tau/m$，τ 是 $1/e$ 分数的成核中心被活化所需要的时间，m 是一个晶体中潜在的成核中心的数目。$k_G = 1/\tau_G$，τ_G 是一个被活化的成核中心生长直至充满整个晶体所需要的时间。成核速率常数和生长速率常数的比率 k_N/k_G 即为 τ_G/τ_N，被定义为粉末样品中一个晶体初始晶种的平均数目。

当 k_N/k_G 无穷大时，在每个晶粒内部有许多个晶核在生长，此时生长的晶核的撞击、合并作用成为相转变速率的控制步骤，动力学模型符合 JMA 模型；当 k_N/k_G 之比趋近于零时，每一个晶粒内部只一个晶核生长事件，相变动力学为成核控制，遵循一级反应动力学模型。Cardew 模型理论更适合于描述上述两种极端情况的中间状态的相转变行为，即更适合于描述 k_N/k_G 为一个有限的数值时的动力学。这时，k_N/k_G 与晶粒的尺寸有关：

$$k_N/k_G = (1/G^* \tau L_0^3)\, L^4 \qquad (5-3-19)$$

式中，G^* 为线生长速率，L_0 为晶种之间的平均距离，L 为晶体的线性长度。

当晶体尺寸减小时，晶体内部可能的成核单元减少，因而 k_N/k_G 的值减小。这种 k_N/k_G 与晶体尺寸之间的依赖关系使得 Cardew 模型更加适用于粉末样品。

符合 Cardew 模型的动力学满足下列方程：

$$\alpha(t) = \frac{k_N}{k_G}\exp(-k_N t)\int_0^{k_G t}\exp\left(\frac{k_N}{k_G}u\right)\phi(u)\,du \qquad (5-3-20)$$

式中，$\alpha(t)$是转化率，u 是反应速率($u = k_G t$)，ϕ 是晶粒的转化分数，t 是反应时间。可见，Cardew 模型可以给出独立的成核速率常数(k_N)和生长速率常数(k_G)，从而能够对成核活化能和生长活化能进行分析，而 Avrami 模型只能给出总的反应速率常数 k_A，即 $1/\tau_A$。

Cardew 动力学方程有两种极端条件下的形式：

(1) 当 $\tau_G/\tau_N \to \infty$ 时，在每一个晶体中，有多个位置成核，生长的不同晶核互相碰撞，相变处于生长控制阶段，式(5-3-20)演变为 JMA 方程：

$$\alpha(t) = (t/\tau_A)^4 \qquad (5-3-21)$$

式中，$\tau_A = (4\tau_N\tau_G^3/8)^{1/4}$

(2) 当 $\tau_G/\tau_N \to 0$ 时，每一个晶体中只有一个晶核，相变处于成核控制阶段，式(5-3-20)演变为

$$\alpha(t) = 1 - \exp(-t/\tau_N) \qquad (5-3-22)$$

(3) 在极端条件之间，粉末样品相变的转化率与相变时间的关系用式(5-3-20)描述。在 $t \leqslant \tau_G$ 时，$\alpha(t)$对 t 具有解析形式。当 $t > \tau_G$ 时，相转变处于生长控制阶段，式(5-3-20)转变为

$$\alpha(t) = 1 - [1 - f(a)]\exp[-(t-\tau_G)/\tau_N] \qquad (5-3-23)$$

式中，$f(a)$是在 $t=\tau_G$ 时已转变的体积分数，可以表示为

$$f(a) = a\exp(-a)\int_0^1 du\exp(au)\phi(u) \qquad (5-3-24)$$

因此，当相变发生了一段时间后，转化率与时间的关系曲线将有一个指数形式的拖尾。与成核控制模型不同，从指数形式向回外推将不经过原点，而是与时间轴相交，交点为诱导时间 τ_I：

$$\tau_I = \tau_G + \tau_N \log[1-f(a)] = \tau_N\{a + \log[1-f(a)]\} \qquad (5-3-25)$$

3. 等温相变的综合动力学曲线

将不同温度的相变动力学曲线的数据综合在温度 T－时间 t 图上，可以作出综合动力学曲线图，如图 5.33 所示。

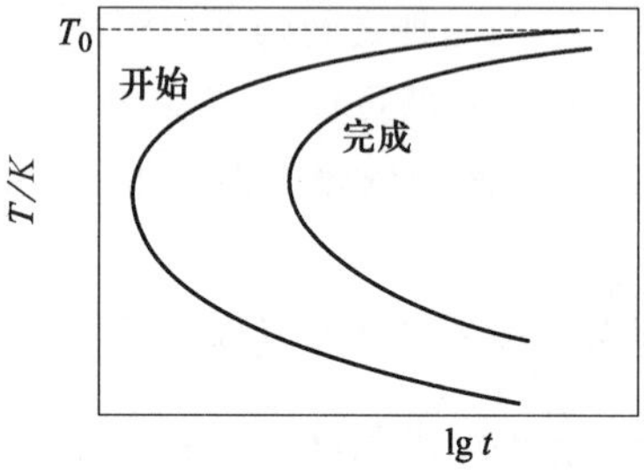

图 5.33　相变综合动力学曲线图

等温相变综合动力学曲线是温度－时间－转变量的关系曲线，所以称 3T (Temperature－Time－Transformation)图，又常称 C 曲线。图中开始线常取 $\alpha=0.05$ 的时间 $t_{0.05}$，完成线通常取 $\alpha=0.95$ 的时间 $t_{0.95}$。由 3T 图可以知道在不同等温温度时的孕育期的长短、开始转变的时间与转变完成的时间，这些信息是实验工作人员感兴趣的内容。

4. 相变动力学的分析

1）相变动力学模型的选择

由于固体相变的复杂性，相变动力学方程有很多函数形式：Taplin[67]和 Heide 等[68]提出反应指数的概念并且将动力学方程表示为速率方程的微分通式，Hancock 和 Sharp[69]提出反应动力学的积分通式，这些都列举于表 5.2 中。

[67]　Taplin J H. J. Amer. Ceram. Soc., 1974, 57(3): 140.

[68]　Heide K, et al. Thermochim Acta, 1975, 13: 365.

[69]　Hancock J D, Sharp J H. J. Amer. Ceram. Soc., 1972, 55(2): 74.

表 5.2　固态反应动力学方程及其微分和积分通式

控制区	符号	反应模型	微分通式					积分通式
			$\frac{d\alpha}{dt^z}=k(1-\alpha)^m$		$\frac{d\alpha}{dt}=k\alpha^m(1-\alpha)^n\times[-\ln(1-\alpha)]^p$			$\ln[-\ln(1-\alpha)]=\ln k+n\ln t$
			z	m	m	n	p	n
扩散控制	D_1	一维扩散	$\frac{1}{2}$	0	−1	0	0	0.62
	D_2	二维扩散	$\frac{1}{2}$	0.29	0	0	−1	0.57
	D_3	三维，Jander 方程	$\frac{1}{2}$	0.67	/	/	/	0.54
	D_4	三维，Gentling 方程	$\frac{1}{2}$	0.43	/	/	/	0.57
相界面控制	F_1	一级反应	1	1	0	1	0	1.00
	R_2	二维相边界（圆盘粒子）	1	0.5	0	$\frac{1}{2}$	0	1.11
	R_3	三维相边界（球形粒子）	1	0.67	0	$\frac{2}{3}$	0	1.07
	R_1	一维相边界（零级）	1	0	0	0	0	1.24
增长控制	A_2	Avrami	2	1	0	1	$\frac{1}{2}$	2.00
	A_3	Erofe'ev 方程	3	1	0	1	$\frac{2}{3}$	3.00

相变动力学模型的选择，就是为 $\alpha-t$ 实验数据选择匹配的反应速率方程的积分函数形式或为 $d\alpha/dt$ 选择匹配的微分函数形式。在处理转化率与时间的函数关系时，常常使用模式配合法和通式筛选法。前者是在一条等温的 $\alpha-t$ 曲线上选取一组 α、t 值代入用来尝试的不同模型的积分动力学方程函数中，或者在一条等温的 $\alpha-t$ 曲线上选取一组 $d\alpha/dt(d\alpha/dt^z)-\alpha$ 值代入用来尝试的不同模型的微分动力学方程函数中，根据数据拟合的匹配性选择动力学模型。也可以采取折合时间($t/t_{0.5}$)速率方程模式配合法。折合时间 $t/t_{0.5}$ 的定义为反应时间 t 与反应到 $\alpha=0.5$ 时的时间 $t_{0.5}$ 的比值。将表 5.2 中的速率方程积分形式表示为 $F(\alpha)=A(t/t_{0.5})$ 的折合时间积分形式列于表 5.3 中。A 值根据不同的速率方程而异。然后将 α、t 值代入折合时间速率方程进行模式配合。

表 5.3　折合时间表示式

反应模型	$A(t/t_{0.5})$	反应模型	$A(t/t_{0.5})$	反应模型	$A(t/t_{0.5})$
ϕ	$0.500\,0(t/t_{0.5})$	D_1	$0.250\,0(t/t_{0.5})$	D_2	$0.153\,4(t/t_{0.5})$
D_3	$0.042\,6(t/t_{0.5})$	D_4	$0.036\,7(t/t_{0.5})$	D_5	$1.940\,4(t/t_{0.5})$
F_1	$0.693\,1(t/t_{0.5})$	R_2	$0.292\,9(t/t_{0.5})$	R_3	$0.206\,3(t/t_{0.5})$
A_2	$0.832\,6(t/t_{0.5})$	A_3	$0.885\,0(t/t_{0.5})$	A_4	$-0.366\,5(\ln t/\ln t_{0.5})$
T_3(i)	$0.462\,1(\ln t/\ln t_{0.5})$	T_3(ii)	$0.462\,1(t/t_{0.5})$		

通式筛选法则是先将速率方程的微分通式取双对数，得到

$$\ln(\mathrm{d}\alpha/\mathrm{d}t^z) = \ln k_A + m\ln(1-\alpha) \tag{5-3-26}$$

或将 JMA 方程通式取双对数，得到

$$\ln[-\ln(1-\alpha)] = \ln k_A + n\ln t \tag{5-3-27}$$

再将一条等温 $\alpha-t$ 曲线上的一组 $\mathrm{d}\alpha/\mathrm{d}t^z$、$\alpha$ 值代入式(5－3－26)，或将一组 α、t 值代入式(5－3－27)中，拟合为一直线，由直线的斜率和截距获得反应速率常数 k_A 和反应指数 m 或 n。

根据表 5.2，通过对反应指数的分析，可以获得对相变机理的认识；对不同温度速率常数的阿伦尼乌斯分析，可以获得相变活化能和指前因子。

2) Cardew 动力学方程的分析

Cardew 动力学方程的相变转化率与时间的关系如图 5.34 所示。图中画出三条不同温度的 $\alpha(t)-t$ 曲线，以 t_1 温度的曲线为例介绍动力学方程的分析。在 $t\leqslant\tau_G$ 时，$\alpha(t)$ 对 t 具有式(5－3－20)形式的解析形式，从指数形式向回外推与时间轴相交，交点的时间为诱导时间 τ_I。当 $t>\tau_G$ 时，将式(5－3－23)两边取对数，得到 $-\ln(1-\alpha)$ 关于 t 的直线方程：

$$-\ln(1-\alpha) = (t-\tau_G)/\tau_N - \ln[1-f(a)],\quad t>\tau_G \tag{5-3-28}$$

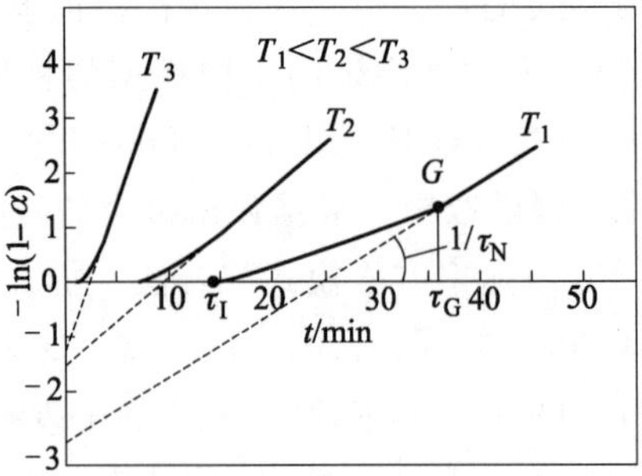

图 5.34　$-\ln(1-\alpha)$ 与相变时间 t 的关系(τ_I 为诱导时间，τ_G 为晶核生长时间)

直线的斜率为 $1/\tau_N$，直线与曲线的临界点 G 所对应的时间为 τ_G；对应的纵轴值为 $t=\tau_G$ 时的 $-\ln(1-\alpha)$ 值。

如果这组数据根据生长控制的 Avrami 模型，以 $\ln[-\ln(1-\alpha)]$ 对 $\ln t$ 作图，如图 5.35 所示。

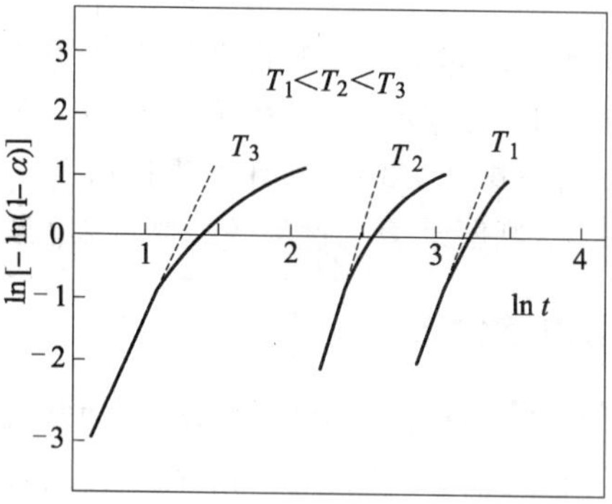

图 5.35 $\ln[-\ln(1-\alpha)]$ 与相变时间 $\ln t$ 的关系

如图 5.35 所示，在相变开始转化率较低时，$\ln[-\ln(1-\alpha)]$ 对 $\ln t$ 呈直线关系。转化率提高后，实验数据偏离了直线关系。根据式(5-3-27)，直线在 $\ln t$ 轴上的截距为 $\ln\tau_A(-\ln k_A)$，k_A 是总速率常数。根据不同的计算方法求出 k_G、k_N、k_A 后，可以用 k_A 与 k_N、k_G 的关系式 $k_A=(2k_Nk_G{}^3)^{1/4}$ 验证不同计算方法的合理性。从理论上来说，对于等动力学过程(isokinetic)，动力学参数是相变反应的特征常数。计算动力学参数是采用边界条件的方法求出的，因此使用不同的数学处理方法，动力学参数虽然会在一定的小范围内波动，但一定是在计算和实验误差范围内接近的。因此用不同的计算方法对同一组高质量的实验数据进行计算、核对动力学参数的可靠性和合理性是必要的。对比实验表明，在相变转化率小于 0.50 时，用 JMA 方程拟合实验数据得到一致性好的结果；而用 Cardew 方程拟合实验数据，在相变转化率 0.85 之内都得到很好的一致性结果[70]。

3）相变速率常数的分析

运用相变动力学方程分析不同温度的等温相变转化率-时间数据，可以得到不同温度总的相变速率常数 k_A，或者利用 Cardew 动力学方程分别获得不同温度的成核和生长的速率常数 k_N、k_G。

还有一种获得相变速率常数的方法为 $t_{0.63}$ 法。$t_{0.63}$ 法就是当生成相的转化率 $\alpha(t)=1-e^{-1}=0.63$ 时，式(5-3-18)简化为 $k_At_{0.63}=1$，即 $k_A=t_{0.63}{}^{-1}$，

[70] Sheridan A K, Anwar J. Chem. Mater., 1996, 8: 1042.

此时 k_A 只与转化率达到 0.63 时的时间有关，而与 n 无关；同理，对于转化相，可以使用 $t_{0.37}$ 的方法。

然后，根据阿伦尼乌斯(Arrhenius)方程

$$\ln k_A = \ln A - \frac{E_a}{RT} \tag{5-3-29}$$

式中，A 为指前因子，E_a 为 JMA 方程活化能，R 为摩尔气体常数。以不同温度的 $\ln k_T$ 对 $1/T$ 作图，作线性分析，斜率为 $-E_a/R$，截距为 $\ln A$。同样利用 k_N 和 k_G 的数据，可以利用式(5-3-29)计算成核和生长两个过程的活化能 E_N 和 E_G，还可以利用 k_N/k_G 判断动力学过程的控制步骤。

5.3.5　变温相变动力学介绍

随着热分析技术的日臻完善，热分析仪器已作为常规分析仪器配备在普通实验室中，再加上计算机技术的发展，使繁复的数据处理成为可能。变温动力学研究目前已成为活跃的研究领域。一条非定温的热分析曲线包含并代替多条定温曲线的信息和作用，使分析快速、简便。

由定温到非定温，在速率方程中反映定温过程的反应速率常数在非定温过程中是符合阿伦尼乌斯方程的温度的函数 $k(T)$（即式(5-3-29)）。将式(5-3-29)代入微分速率方程通式，则有

$$\mathrm{d}\alpha/\mathrm{d}t = f(\alpha) = k(T)f'(\alpha) = A f'(\alpha)\exp[-E/(RT)] \tag{5-3-30}$$

式(5-3-30)为变温速率方程的微分式。它描述了变温速率方程与转化率 α 和温度 T 的函数关系。应用此式需要满足两个条件：

① 在整个 α 值范围内，只有一种控制机理，即只有一个速率方程。

② 速率常数 $k(T)$ 满足式(5-3-29)，即阿伦尼乌斯关系式。

如果变温过程在温度 T_0 开始采用线性速率升温，经过时间 t 后，体系的温度 T 为

$$T = T_0 + b\,t \tag{5-3-31}$$

式中，$b = \mathrm{d}T/\mathrm{d}t$，称为升温速率。

转化率 α 与温度 T 的关系可表示为

$$\mathrm{d}\alpha/\mathrm{d}T = (\mathrm{d}\alpha/\mathrm{d}t)(\mathrm{d}t/\mathrm{d}T) = k(T)f'(\alpha)/b \tag{5-3-32}$$

由式(5-3-32)得到

$$k = (\mathrm{d}\alpha/\mathrm{d}T)b/f'(\alpha) \tag{5-3-33}$$

因此，只要知道变温过程的微分速率方程函数 $f'(\alpha)$、实验测得的升温速率常数 b 及转化率 α 的温度系数 $\mathrm{d}\alpha/\mathrm{d}T$，即可求得反应速率常数 $k(T)$。

若变温速率方程用积分式表示，将式(5-3-30)移项并积分，可得

$$kt = \int_0^{\alpha} \frac{d\alpha}{f'(\alpha)} \qquad (5-3-34)$$

将式(5-3-30)代入式(5-3-34)，并将积分速率函数通式表示为 $F(\alpha) = k(T)t$，得到

$$F(\alpha) = \int_0^{\alpha} \frac{d\alpha}{f'(\alpha)} = \frac{A}{b}\int \exp\left(-\frac{E}{RT}\right)dT \qquad (5-3-35)$$

这就是变温速率方程的积分形式。变温速率方程既可以利用微分式求解，也可以利用积分式求解，因此产生微分法和积分法两种处理方法。为求解每种处理方法的方程又产生众多的计算方法。有关研究工作仍然十分活跃，有兴趣的读者可查阅进一步阅读的参考书[7]。

5.4 相变晶体学

5.4.1 相变按原子迁动特征分类

Buerger(1961 年)最早按照晶体结构变化的特点，将相变区分为重构式相变和移位式相变。

1. 重构式相变

重构式相变(reconstructive transition)是原有中心原子与配位原子的配位关系重新构筑的相变，伴随着大量原有化学键的断裂和新的化学键的形成。重构式相变中，原子的配位数可能发生变化，原子的位移尺度接近于原子的核间距。相变前后两个变体的对称性或空间群之间通常没有关系。例如石墨转变为金刚石，晶体由层型结构转变为骨架型结构，碳原子由 sp^2 杂化轨道的三角形配位关系转变为 sp^3 杂化轨道的正四面体配位关系。由于化学键的重组和配位数的变化，重构式相变必然伴随着较大的相变活化能和相变潜热以及晶胞体积的变化。因此重构式相变经常是一级相变。

重构式相变可以采取膨胀式机理。例如，在等压下升高温度到 479 ℃，CsCl 发生膨胀式的一级相变，转变为 NaCl 结构类型。NaCl 结构类型的面心立方惯用晶胞中包含着一个三方素单胞(见图 5.36)，如果沿 CsCl 晶胞的三重轴方向拉长晶胞，使四个相邻的 CsCl 素晶胞具有面心立方对称性，则转变为 NaCl 结构类型。此时，有两个化学键断裂，并且重构。金属离子的配位数由 8 减小到 6，摩尔体积增加了 10.3 nm^3。膨胀式相变机理也可以解释具有 NaCl 结构类型的 KCl 相变。当压力增加到 8.86 GPa 时，KCl 的结构向体积减小、配位数增加的方向转变为 CsCl 结构类型。这是膨胀式一级相变机理的逆过程。相变之后，K^+ 由 6 配位转变为 8 配位。增加的两个配位离子来自于第二配位

层，原来第一配位层的化学键没有断裂，因此断裂的键数相对较少，不存在高能量的过渡态，转变速率是很快的。

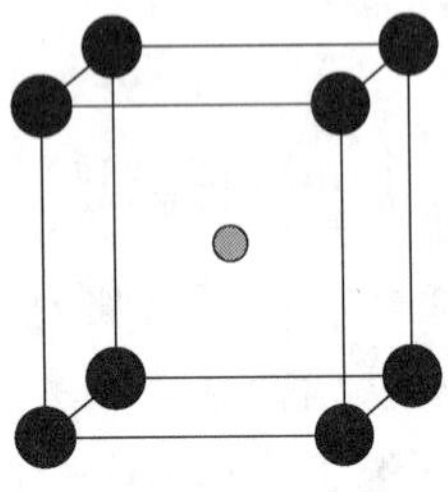

图 5.36　(a) CsCl 的结构与(b) NaCl 的结构

在 SiO_2 晶体结构中，晶体的基本结构单元是[SiO_4]硅氧四面体，中心原子 Si 的第一配位层是 4 个配位 O 原子，Si、O 之间形成 4 个共价键；距离中心 Si 原子稍远一些的次近邻 Si 原子称为第二配位层。两个相邻的[SiO_4]四面体以共用氧原子为桥相连。α－方石英中相邻的[SiO_4]四面体之间是反式配置的，两个四面体底面三角形的 O(B)原子和 O(B′)原子的指向相反。α－鳞石英两个四面体底面三角形的 O(B)原子和 O(B′)原子的指向相同。因此，α－方石英到 α－鳞石英之间的相转变，必然要使相邻的[SiO_4]四面体绕着对称轴，相对于另一个四面体旋转 π，反之亦然。这种转变必然涉及 Si—O 键的断裂，第一配位层原子的重构与形成新的 Si—O 键的过程如图 5.37(a)、(b)所示。由于键的断裂所需要的活化能高，反应速率通常相当缓慢，常常有高温相残留到低温形成介稳相的倾向。

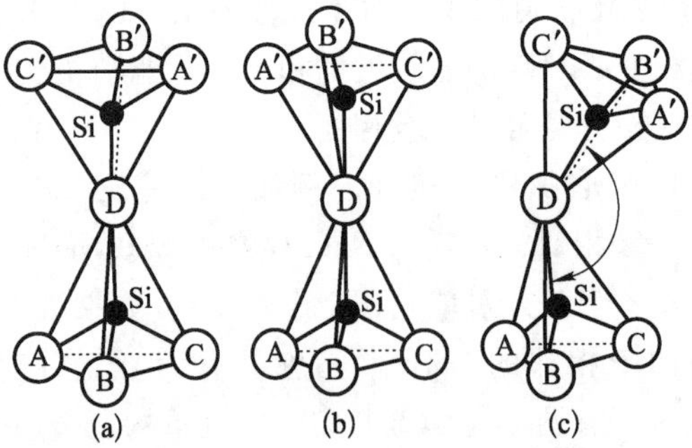

图 5.37　硅氧四面体的结合方式：(a) α－方石英；(b) α－鳞石英；(c) β－石英(A、B、C、D 为不同位置的氧)

2. 移位式相变

移位式相变(displacive transition)在转变前后不涉及化学键的破坏，第一配位层的配位关系变化也不大，相变所对应的原子位移很小，活化能也较低。相变前后的两个晶体结构间原子存在一一对应关系。晶体结构属于同一晶体结构族。

图5.37中α－方石英和β－石英之间的相转变不涉及[SiO_4]四面体第一配位层原子配置的改变，因此不涉及化学键的断裂与形成，称为移位式相变。新、旧相的空间群之间存在一定的母群－子群关系。两相结构的差别表现在Si—O—Si键角的变化，即第二配位层的变化，因此活化能小，相变速度快。随着温度的变化，移位式相变可以快速达成平衡。SiO_2有着丰富的多型变体，如图5.38所示。通常条件下，自然界中主要以稳定的低温型石英形式存在。由于方石英和鳞石英向石英的相转变属于重构式一级相变，在快速冷却过程中常常会以β－方石英和β－鳞石英介稳态存在。高温α型变体只能在相变温度以上存在。

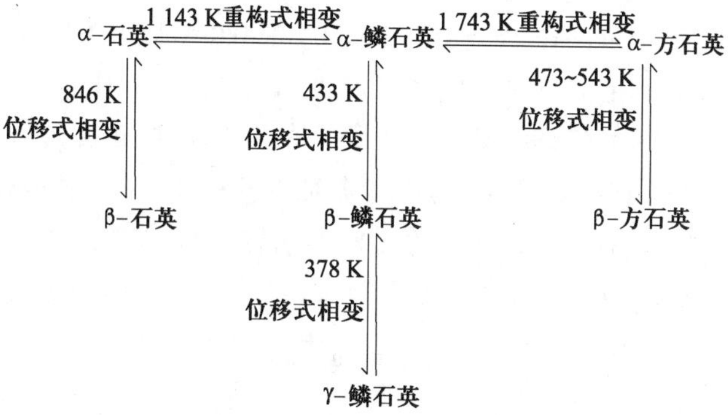

图5.38　SiO_2的多型转变(低温型：β－石英、γ－鳞石英、β－方石英。中温型：β－鳞石英。高温型：α－石英、α－鳞石英、α－方石英)

$BaTiO_3$的四种同素异构体属于同一晶体结构族，同素异构相变属于位移式相变(参阅5.4.3小节)。

3. 有序－无序相转变

有序－无序相转变的实质是原子由完全有序排列到完全无序排列的过程。所谓完全有序，是指原子的近邻都是异类原子，在晶格点阵中原子各占据一定位置或点阵点。

某些在较高温度下仍能保持短程有序或完全无序的固溶体，在某一临界温度T_c以下，当组成接近于一定原子比时可以转变为长程有序结构(有序固溶体)。此时，长程有序固溶体在X射线衍射图谱上会出现附加的衍射线条，称为超结构衍射，如图 5.39 所示。所以有序固溶体又称为超结构。

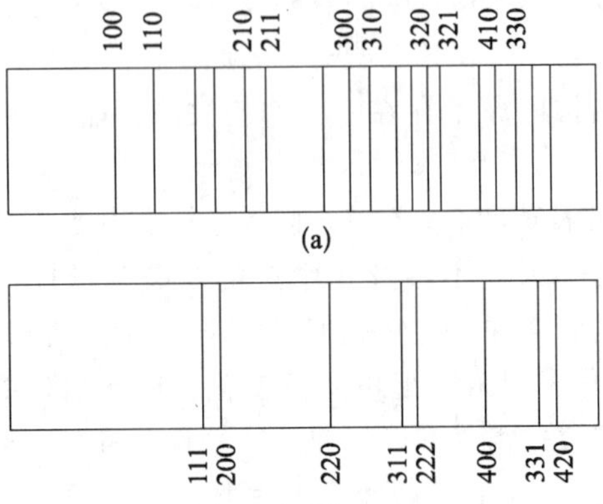

图 5.39　$AuCu_3$ 的 X 射线衍射示意图：(a) 有序；(b) 无序

有序－无序转变的合金系通常以 Cu－Au、Cu－Zn 为代表，它们的部分相图如图 5.40 所示。Cu－Au 合金(见图 5.40)在 420 ℃以上为连续 α 固溶体(无序相)，温度下降，在不同的组成区间发生不同的相变：组成 Au 的质量分数为 50.8% 的 α 固溶体在 390 ℃以下由无序的 α 固溶体转变为 α′有序固溶体($AuCu_3$ 相)；另一个是组成 Au 的质量分数为 75.6% 的 α 固溶体，在 410～380 ℃温度范围等温有序化，无序的 α 固溶体转变为有序 α_2''相。α_2''相为 AuCu Ⅱ相，其原子比为 1∶1；若在 380 ℃等温有序化，则 α 固溶体转变为有序 α_1''相

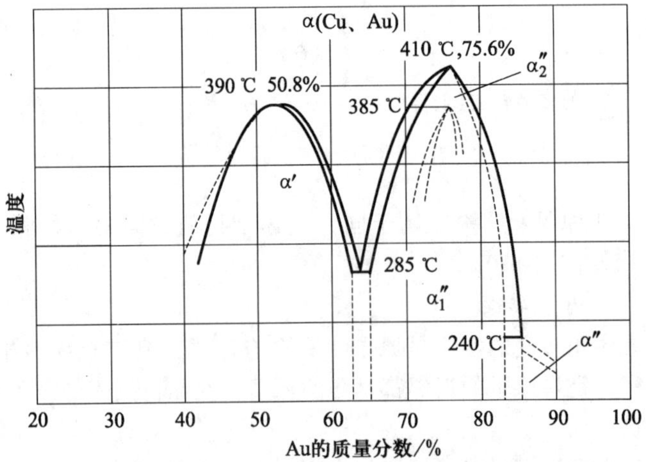

图 5.40　Cu－Au 合金系部分组成－温度相图

(AuCu Ⅰ相)。由图5.40的相图可见，在每两个单相区之间，都存在一个相邻单相的两相共存区，因此Cu－Au合金的有序－无序相变属于一级相变。

Cu－Zn合金的有序－无序相变是二级相变的例子。如图5.41所示，含质量分数为45.5%～48.9% Zn的无序β固溶体，在456～468 ℃以下转变为有序的固溶体β′，β′是CuZn相，原子比为1:1。由图5.41的相图可见，β和β′两个固溶体相区之间只是一条直线，可见它是二级相变。

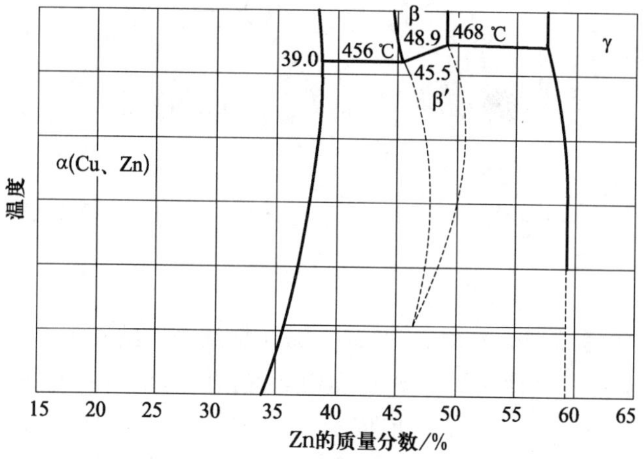

图5.41　Cu－Zn合金系部分组成－温度相图

除了一般意义上的原子排列顺序上的有序－无序相变以外，铁磁相变(电子自旋有序化)、铁电相变(偶极距的有序化)、超导相变(热激活电子的有序化)和玻璃态相变等二级相变都属于有序－无序相变。

以上只是针对相变过程中化合物的特定性质进行的分类。在实际的相变过程中，可能几种性质会同时发生变化。例如HCl在98.8 K发生相变，高于这个温度，HCl偶极统计随机地取向，无序分布，形成立方晶格；在相变温度，HCl偶极具有一定的取向有序性，有序度增加，发生有序－无序一级相变，转变为四方结构。

5.4.2　有序－无序相转变的晶体结构

1. 以体心立方为基的固溶体(*bcc*型)

1) CuZn型超结构

图5.42(a)为高温下Cu－Zn合金完全无序的β相的结构，属于体心立方(*bcc*)晶胞。图中每个原子相当于统计原子($Cu_{1/2}$，$Zn_{1/2}$)，随机地平均分布在每一个晶格阵点上，其原子比为1:1。低温下转变为有序的β′相，Cu和Zn原

子分别占据立方体心和顶角位置，呈 CsCl 型简单立方结构。

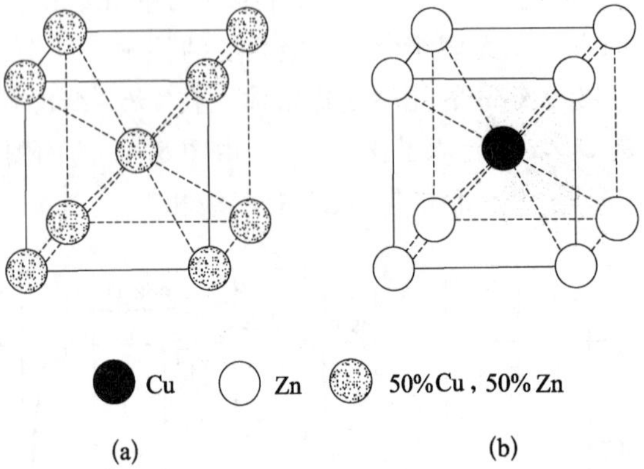

图 5.42　*bcc* 型固溶体的晶体结构。(a) 完全无序和(b) 完全有序的 CuZn 结构

2) Fe_3Al 型超结构

Fe_3Al 的无序结构为简单立方(*bcc*) CsCl 型结构，结构中，Fe 占据一套位置，另一套位置由统计原子($Fe_{1/2}$，$Al_{1/2}$)占据。低温时，Fe_3Al 为有序固溶体，其结构是由 8 个 *bcc* 晶胞堆成的大立方体，共有 16 个原子，12 个为 A(Fe)原子，4 个为 B(Al)原子。A 原子占据 *a*、*c*、*d* 三种位置，B 原子占据 *b* 位置，如图 5.43 所示。

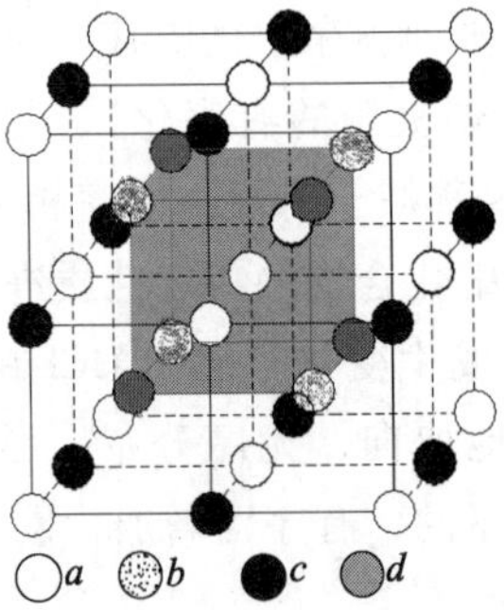

图 5.43　Fe_3Al 型有序固溶体

2. *以面心立方为基的固溶体(fcc 型)*

1) CuAu Ⅰ 型超结构

CuAu 的高温无序结构为面心立方(*fcc*)晶胞，每套晶格位置由统计原子($Cu_{1/2}$，$Au_{1/2}$)随机地平均占据。低温 α_1'' 相有 CuAu Ⅰ 型有序结构，Cu、Au 原子交替地排列在(001)晶面上，如图 5.44(b)所示，构成层型结构，属于四方

晶系，晶胞参数 c/a 的比值为0.93，接近于立方晶系。

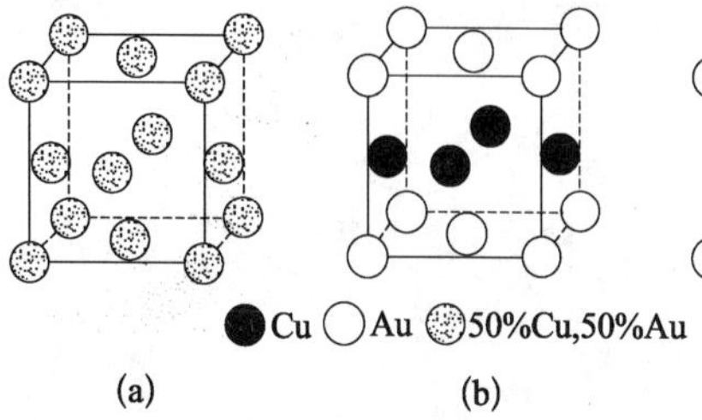

图5.44 CuAu合金的(a)无序、(b) CuAuⅠ型有序结构和(c)Cu_3Au型有序结构

2）CuAuⅡ型超结构

CuAuⅡ型是由10个CuAuⅠ型晶胞构成的长周期正交点阵，如图5.45所示。在长周期中每隔5个小晶胞，(001)面上的原子种类发生改变。这样一来便在长晶胞的一半处产生一个反相畴界，超晶胞的晶胞参数 $b_1=10\ b$。在畴界处原子排列顺序的改变相当于点阵(010)面沿1/2($a+c$)方向位移。

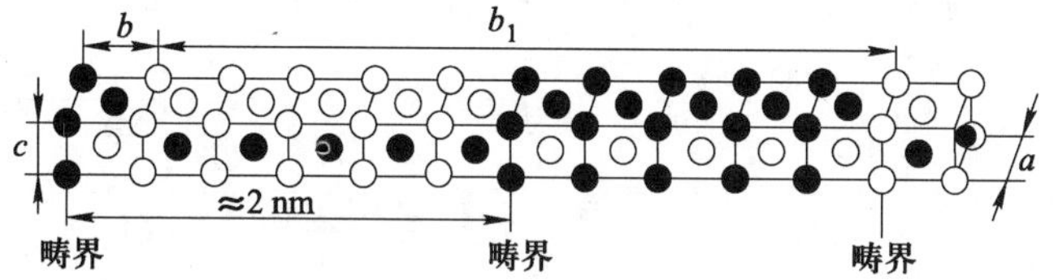

图5.45 CuAuⅡ型超结构

3）Cu_3Au 型超结构

Cu_3Au 的高温无序固溶体为面心立方结构，每一套晶格位置都由统计原子($Cu_{3/4}$，$Au_{1/4}$)随机占据。低温有序化，Cu原子占据6个面心位置，Au原子占据8个顶角位置，如图5.44(c)所示。

4）$LiInO_2$ 型超结构

$LiInO_2$ 的高温无序固溶体为面心立方NaCl结构类型固溶体，统计原子($Li_{1/2}$，$In_{1/2}$)随机地占据一套晶格位置，O原子占据另一套晶格位置，因此整个结构保持为($Li_{1/2}$，$In_{1/2}$)O的NaCl结构对称性。低温固溶体有序化，O^{2-}占据立方面心的12个棱边中点和体心，Li^+和In^{3+}分别占据1/2面心和1/2顶角。$LiInO_2$超结构失去了立方晶胞的三次轴对称性，只保持了一个四次轴，因此属于四方晶系，晶胞参数 c 是原立方晶胞参数的2倍，如图5.46所示。

$LiFeO_2$、Na_2SnO_3、Li_3TaO_4 等晶体的结构相当于低温的有序晶体，其高温晶型，正离子无序地互相置换，每一正离子位置分别相当于($Li_{1/2}$，$Fe_{1/2}$)、

$(Na_{2/3}, Sn_{1/3})$或$(Li_{3/4}, Ta_{1/4})$，类似于形成具有 NaCl 结构类型的无序固溶体。

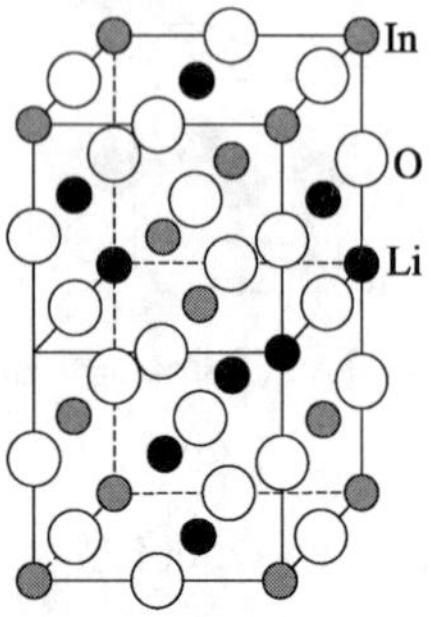

图 5.46　$LiInO_2$ 的超结构

3. 以 CaF_2 结构为基的有序固溶体

若干多元氟化物、氧化物和氟氧化物的结构与 CaF_2 型的结构密切相关。它们的正、负离子数之比为2:1。在高温，当正离子无序地占据阳离子晶格位置时，具有萤石结构；在低温，正离子有序化，生成具有不同晶胞大小的超结构，如图 5.47 所示。

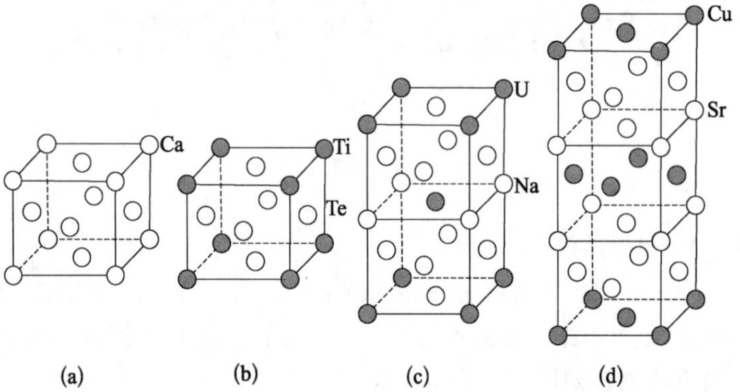

图 5.47　CaF_2 超结构的正离子排列：(a) CaF_2；(b) $TiTe_3O_8$；(c) Na_3UF_8；(d) Sr_2CuF_6

图 5.47 所示的 $TiTe_3O_8$ 超结构中，Ti^{4+} 占据顶角位置而 Te^{4+} 占据面心位置，失去了萤石结构的 $Fm\bar{3}m$ 对称性中的(1/2，1/2，0)、(1/2，0，1/2)、(0，1/2，1/2)平移周期性，虽然晶胞参数没有变化，但是对称性下降为 $Pm\bar{3}m$。Na_3UF_8 超结构中阳离子的有序化使超结构晶胞的 c 轴加倍，破坏了三次轴对称性，超结构晶胞转变为四方晶系；而 Sr_2CuF_6 的阳离子有序化使超结构晶胞的 c 轴增加了两倍。

4. *以密排六方为基的有序固溶体(hcp 型)*

Mg_3Cd 型固溶体为 *hcp* 结构，其 *a* 轴为无序固溶体的 2 倍，*c* 轴不变，相当于由 4 个 *hcp* 的亚晶胞组成，如图 5.48 所示。

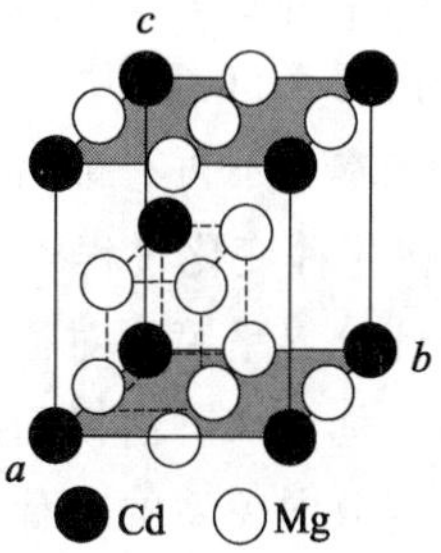

图 5.48 Mg_3Cd 型超结构

5. *以 ZnS 结构为基的有序固溶体*

黄铜矿 $CuFeS_2$ 和锡矿石 Cu_2FeSnS_4 的金属和非金属原子数目之比为 1∶1，在高温无序状态与立方 ZnS 结构相同，金属原子随机地占据 Zn^{2+} 的晶体学位置。低温有序化后，不同的金属原子占据各自的晶体学位置，三次轴对称性消失，转变为四方晶系，四方晶胞的 *c* 轴是立方晶胞 *a* 轴的 2 倍，如图 5.49 所示。

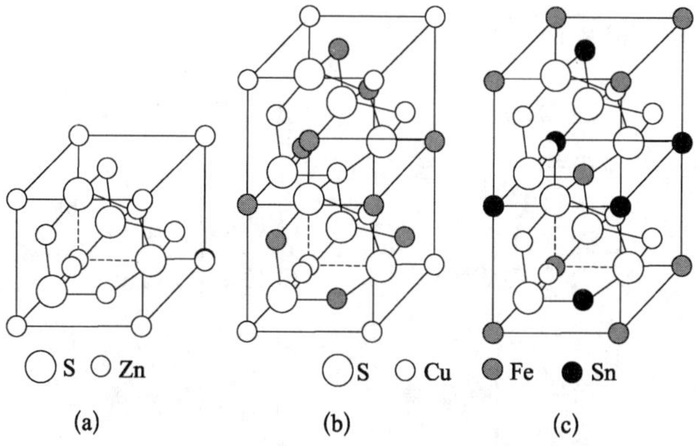

图 5.49 (a) 立方 ZnS 和立方 ZnS 超结构；(b) $CuFeS_2$；(c) Cu_2FeSnS_4

5.4.3 固体相变中的母群与子群的关系

在有序－无序相变、位移型相变和畸变型相变中，相变前后的晶体结构很相近，它们的空间群之间常常存在母群与子群的关系。下面以二维图像为例说明伴随着对称性降低的母群 - 子群关系以及在低对称性相中由此而形成的畴结构。

1. 二维点阵的母群 - 子群关系

图 5.50(a)中的二维图像的平面群是 *Pm*，这些图像除了平移对称 ***a*** 及 ***b*** 外，还有镜面反映对称关系。在图 5.50(b)中，由于图形的改变，平移对称关系不变，但是分界线两侧的图像本身不再有镜面对称关系，它的平面群为 *P*1，是 *Pm* 平面群的子群。不过，在这种变化过程中失去的对称元素 *m* 却再现在分界线上。分界线两侧的图像以此分界呈镜面对称关系。两侧的相同结构变体分别构成具有一定尺度的微区间，称为畴。由镜面、旋转轴和对称中心这些点对称元素的操作联系起来的有一定取向关系的畴称为取向畴或孪晶。

图 5.50(c)中分界线两侧的图像的平面群都是 *Pm*，与图 5.50(a)中的平面群相同，但是平移 $\boldsymbol{a}'=2\boldsymbol{a}$。尽管平面群的符号相同，但内容并不相同，原来的平移对称元素 ***a*** 在新的图像中不存在了。图 5.50(c)中的平移群($\boldsymbol{a}'$，***b***)是原来的平移群(***a***，***b***)的子群。失掉的平移元素 ***a*** 再现在分界线上，两侧的图像有相对平移 ***a*** 的关系。晶体学中称那个界面为反相畴界面或平移畴界面，它是有序化相变的产物。

图 5.50(d)中图像的平面群是 *P*1，同时单位平移 $\boldsymbol{a}'=2\boldsymbol{a}$。与图 5.50(a)相比，失掉的镜面 *m* 以及平移 ***a*** 结合在一起构成一个滑移反映面 *g* 再现在界面上。它既不是单纯的取向畴界面，也不是单纯的反相畴界面，而是兼而有之，有人称之为平移孪晶界面。

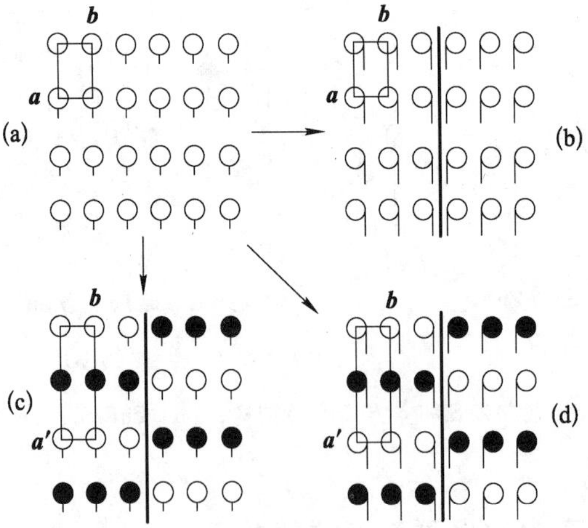

图 5.50　相变时对称性降低的三种方式示意图。平面群：(a) *Pm*；(b) *P*1，分界线是 *m*；(c) *Pm*，$\boldsymbol{a}'=2\boldsymbol{a}$，分界线是 ***a***；(d) *P*1，$\boldsymbol{a}'=2\boldsymbol{a}$，分界线是 *g*，$g=(m,\boldsymbol{a})$

2. 三维点阵的母群-子群关系

在三维空间群的母群-子群关系中，情况也类似，但更为复杂。将二维图形得到的概念延伸到三维空间，无论是空间群的平移对称性改变的有序化相变以及由此产生的平移畴，还是点对称元素改变的畸变型相变以及由此产生的取向畴，都是空间群母群-子群间对称元素消长的特例。

例如，高温无序相的 $AuCu_3$ 合金晶胞(见图 5.44(a))的空间群为 $Fm\bar{3}m$。有序化后，Au 原子的坐标为(0, 0, 0)；Cu 原子的坐标为(1/2, 1/2, 0)、(1/2, 0, 1/2)、(0, 1/2, 1/2)，分别形成①、②、③、④四个简单立方点阵(见图 5.51)。在这四个简单立方点阵中，原来的点阵平移(1, 0, 0)、(0, 1, 0)、(0, 0, 1)还在，但是原来的点阵平移(1/2, 1/2, 0)、(1/2, 0, 1/2)、(0, 1/2, 1/2)不存在了。虽然点群对称性不变，但是布拉维点阵类型由 *F* 格子改变为 *P* 格子，平移对称性减少。因此有序的 $AuCu_3$ 具有简单立方点阵，空间群是 $Pm\bar{3}m$，点阵常数仍是 $\boldsymbol{a}$。在这种 $F\to P$ 的有序相变中，*P* 点阵是 *F* 点阵中的一个亚点阵，*P* 平移群是 *F* 平移群的一个子群。

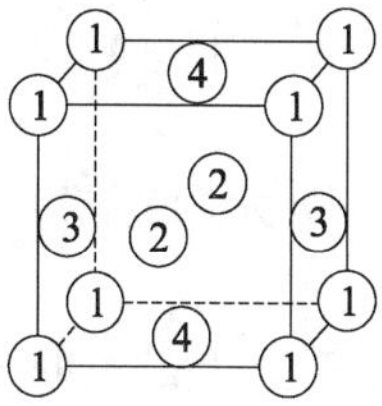

图 5.51 $AuCu_3$ 的有序结构

在有序化相变中，不但布拉维点阵类型会改变，点阵常数也会改变。在讨论点阵的平移对称性时就要综合考虑这两个因素。例如 Fe_3Al 就是这样一个例子。在无序状态下，Fe_3Al 的空间群是 $Im\bar{3}m$。有序化后的空间群是 $Fm\bar{3}m$，点阵常数加倍 $\boldsymbol{a}'=2\boldsymbol{a}$(见图 5.43 的 Fe_3Al 型有序固溶体)。有序化后，点阵类型由 $I\to F$。单从点阵类型来看似乎将伴随着点阵点数增加，其实不然。由于点阵常数加倍，原来的 8 个体心单胞中的 16 个点阵点在新的面心立方单胞中只剩下 4 个。

上述的例子说明，有序化相变的结果是：原来的点阵是一个超点阵，其中有若干个同类型的亚点阵，分别由不同类的原子占据。这种亚点阵也就是有序相的空间点阵，它的平移对称群是超点阵的平移对称群的一个子群。显然原来的一些点阵点及点阵平移矢量将会消失。在分析点阵平移对称性变化时，不但要考虑布拉维点阵类型，还要考虑单胞体积的变化。应当指出，平移群之间存在母群-子群的关系是无序-有序相变的一个必然结果，但并不一定是其全部内容。在这种相变中，点群也可能改变。也就是说，在有序相和无序相的点群之间还可能存在母群-子群关系。例如，无序的 AuCu 合金具有 $Fm\bar{3}m$ 空间群，而有序的 CuAu Ⅰ 型结构具有 $P4/mmm$ 空间群。$P4/mmm$ 空间群是 $Fm\bar{3}m$ 空间群的最大子群。

位移型相变的特点是晶体中原子或原子团仅有微小的位移，不需要长程扩散就得到新相的晶体结构，因此相变前、后的两个晶体结构间原子存在一一对应关系。尽管晶体结构的空间群改变了，但是原子之间的键合状态基本相同，即相变前、后的晶体结构属于同一种晶体结构族。以 $BaTiO_3$ 的相变为例，高温时 $BaTiO_3$ 的空间群为 $Pm\bar{3}m$，每个单胞中有一个化学式，如图 5.52 所示。

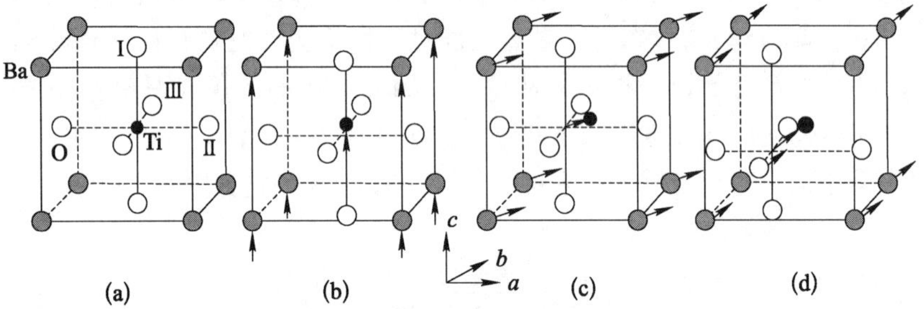

图 5.52　(a) 钙钛矿结构中阳离子沿下列方向的位移：(b) [001]；(c) [110]；(d) [111]

在 393 K 以上高温，$BaTiO_3$ 有立方晶系的 $Pm\bar{3}m$ 空间群（见图 5.52(a)）。温度降到 393～273 K 区间后，Ti^{4+} 与 Ba^{2+} 相对于氧八面体沿[001]方向位移不同的量（见图 5.52(b)）。这个新结构失去了对称中心，而且 c 轴与 a、b 轴不再等价了。由于位移是沿一个 4 次轴的方向，因此这个 4 次轴仍然保留，但垂直于它的另两个 4 次轴失去了。因此新的晶胞是四方晶系，空间群是 $P4mm$，仍然是初级晶胞。温度继续下降到 273～183 K，Ti^{4+} 与 Ba^{2+} 位移到[110]方向（见图 5.52(c)），点群 $m\bar{3}m$ 在这个方向的 2 次旋转轴及与此平行的镜面得以保存下来，形成新的点群 $mm2$。在正交晶系中，2 次旋转轴一般都选在正交坐标系的一个轴上，而不在面对角线上，因此改选 $\boldsymbol{a}'=\boldsymbol{c}$、$\boldsymbol{b}'=-\boldsymbol{a}-\boldsymbol{b}$，$\boldsymbol{c}'=\boldsymbol{a}-\boldsymbol{b}$ 为正交点阵的基矢，2 次轴与 $\boldsymbol{c}'$平行，空间群为 $Amm2$。尽管点阵由简单立方点阵 P 变到侧心正交点阵 A，但实际上点阵点数并没改变。温度降到 183 K 以下，位移发生在[111]方向，只有这个旋转轴及与此平行的镜面保留下来（见图 5.52(d)），新的结构具有菱面体点阵，空间群为 $R3m$。一般来说，这种微小的位移并不改变平移对称关系，只是点对称关系发生明显变化。显然，空间群 $P4mm$、$Amm2$、$R3m$ 的点群都是全对称点群 $m\bar{3}m$ 的子群，$BaTiO_3$ 的几种同素异构体都是直接由立方 $BaTiO_3$ 得出的，它们之间并不存在母群-子群关系。

此外，钙钛矿结构的阴离子八面体也可以分别绕不同的轴扭转(绕 4 次轴、绕 2 次轴或绕 3 次轴)，产生新的空间群，这就使 ABX_3 晶体结构族的结构类型非常多。但是它们的空间群都是 $Pm\bar{3}m$ 空间群的子群，它们的结构也都是由简单立方 ABX_3 衍生出来的，因此统称为钙钛矿结构族。

5.4.4 马氏体相变

马氏体相变作为无扩散性相变的典型代表以及它的切变机制一直受到材料科学家的关注。马氏体相变理论的研究取得了很大的进展，在工业界也获得广泛应用。例如，在金属材料中，马氏体相变可以增加材料的硬度、强度、耐腐蚀性和韧性。以马氏体相变为基础的形状记忆合金已成为金属材料的佼佼者，在航空航天和人工心脏领域发挥着独特的作用。在非金属材料领域，马氏体相变也为陶瓷增韧发挥了作用。纳米材料的马氏体相变研究为纳米材料的应用开辟了广阔的舞台。马氏体相变是固体物理与材料物理的重要研究内容，固体无机化学仅就基本概念给以介绍。

1. 马氏体相变的基本特征

人们都知道，钢淬火会变硬。为了纪念德国冶金学家 A. Martens 最早用光学显微镜观察钢的组织并成为这方面工作的先驱之一，1895 年把淬火后形成的相变称为马氏体相变。高碳钢中的马氏体为体心正方(*bct*)，是碳在 α - 铁中的过饱和固溶体。20 世纪 40 年代以后，马氏体相变在许多其他材料中也被发现，马氏体的概念扩展，凡符合马氏体相变基本特征的相变产物统称为马氏体。

马氏体相变有以下基本特征：

(1) 在相变中没有成分变化，且原子位移不超过一个原子间距，相变是无扩散性的，因此也称马氏体相变为无扩散型相变。表 5.4 给出部分突出的点阵变形相变的非金属实例。

(2) 具有形状改变，出现表面浮凸。

(3) 新、旧相沿半共格相界面具有相当严格的位向关系，保持新、旧相之间原子的互相对应。

(4) 相界面为非简单指数面，它不应变、不转动。

(5) 马氏体内往往有亚结构(孪晶与位错)。

2. 非金属材料中的无扩散型相变或马氏体相变

在非金属体系中研究得最多的马氏体相变或许就是 ZrO_2 的单斜 - 四方的转变。在碱金属和铵的卤化物中的相转变也可能经历了马氏体式的机理。

表 5.4　具有点阵变形相变的非金属

无机化合物		点阵变形
碱金属卤化物	MX，NH_4X	NaCl(立方)↔CsCl(立方)
硝酸盐	$RbNO_3$	NaCl(立方)↔菱形↔CsCl(正交)
	$TlNO_3$，$AgNO_3$	正交↔菱形
硫化物	MnS	闪锌矿型↔NaCl(立方)；纤锌矿型↔NaCl(立方)
	ZnS	闪锌矿型↔纤锌矿型
	BaS	NaCl(立方)↔CsCl(立方)
硅石	石英	三角↔六角
硅酸盐	$MgSiO_3$	正交↔单斜
	$CaSiO_3$	单斜↔三斜
	$FeSiO_3$	正交↔单斜
水泥	$2CaO \cdot SiO_2$	三角↔正交↔单斜
陶瓷	BN	纤锌矿型↔石墨型
	C	纤锌矿型↔石墨型
	ZrO_2	四方纤锌矿型↔石墨型单斜

5.5　晶格振动与相变

5.5.1　晶格振动的基础知识

1. 弹性波

固体是由分立的原子构成的，这种不连续性在晶格振动的讨论中必须考虑进去。但是，当波长非常长时可以不考虑原子的性质而把固体当做连续介质。这种振动的传播称为弹性波。

弹性波在棒状样品中的传播如图 5.53 所示，其遵循一维波动方程[71]：

$$\frac{\partial^2 u}{\partial x^2}-\frac{\rho}{Y}\frac{\partial^2 u}{\partial t^2}=0 \qquad (5-5-1)$$

式中，x 为坐标，$u(x)$ 表示点 x 处的弹性位移，ρ 为质量密度，Y 为弹性模量，t 为时间。

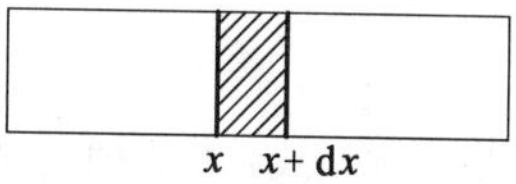

图 5.53 棒中的弹性波

用平面波形式的行波作为试探解：

$$u=A\exp[\mathrm{i}(kx-\omega t)] \qquad (5-5-2)$$

式中，k 是角波数($k=2\pi/\lambda$)，ω 是波的角频率，A 是波的振幅。

将式(5－5－2)代入式(5－5－1)，得到

$$\omega=v_s k \qquad (5-5-3)$$

其中

$$v_s=(Y/\rho)^{1/2} \qquad (5-5-4)$$

式(5－5－3)联系角频率与角波数的关系，称为色散关系。式(5－5－4)是用介质的性质描述的波速。

2. 色散关系

图 5.54 中的实线表明了弹性波的色散关系，它是一条斜率等于声速的直线。真空中的光波、液体和气体中的声波都满足类似的关系。对这一线性关系的偏离称为色散。当固体中的波长短到与原子间的距离不相上下时，就会有显著偏离直线的色散曲线，如图 5.54 中的虚线。当波长减小、k 增加时，晶格中原子的分立性显得十分重要，原子开始对波产生散射。k 越大，散射变得越强，波速减小得越多。这对于色散曲线的影响是使曲线更向下弯曲。

3. 晶格中一条原子直链的振动

在不太低的温度，当晶格中的原子振幅大于原子的德布罗意波长时，原子

[71] 一维波动方程的推导：应变定义为每单位长度的长度改变：

$$e=\mathrm{d}u/\mathrm{d}x \qquad (1)$$

应力定义为每单位面积上所受的力：

$$S=Ye \qquad (2)$$

式中，Y 为弹性模量。选择图 5.53 中所示的长度为 $\mathrm{d}x$ 的任意一段，根据牛顿第二定律写出这一段的运动方程：

$$(\rho A'\mathrm{d}x)\partial^2 u/\partial t^2=[S(x+\mathrm{d}x)-S(x)]A' \qquad (3)$$

将式(1)和式(2)代入式(3)，得到式(5－5－1)，即一维波动方程。

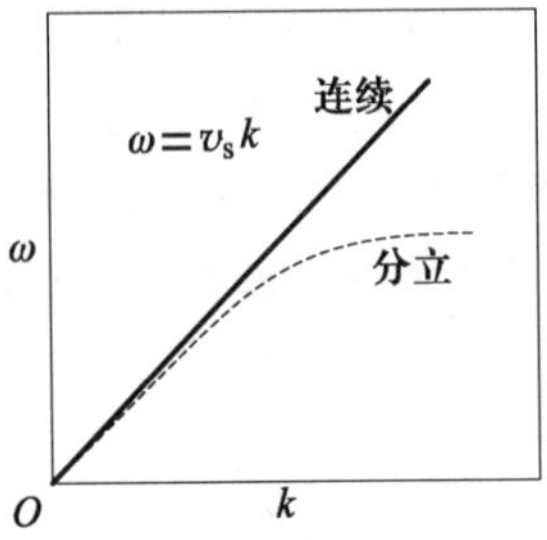

图 5.54　弹性波和晶格的色散曲线

振动服从经典力学原理。原子振动的主要特征可以简单地认为是一条直线原子链的振动(一维晶格模型)。

图 5.55 表示的是质量为 m_1 和 m_2 的两个原子(序号为 m'、m'')为一个结构基元，以 $\boldsymbol{a}$ 为平移矢量的一维双原子模型(例如，对 NaCl 晶体的一条棱，m_1 和 m_2 分别为 Na^+ 和 Cl^- 的质量)。序号为 $m'-1$、$m''-1$ 的两个原子和序号为 $m'+1$、$m''+1$ 的两个原子组成的两个结构基元是原子链上 m'、m''结构基元的最近邻结构基元。当晶格处于平衡时，每个原子严格地处于格点位置上。假设晶格开始振动，m'原子偏离它的平衡位置一个小量$(\mu_{m'}-\mu_{m''})$和$(\mu_{m'}-\mu_{m''-1})$，同样 m''原子也偏离它的平衡位置一个小量$(\mu_{m''}-\mu_{m'})$和$(\mu_{m''}-\mu_{m''+1})$，其中，$\mu_{m'}$和 $\mu_{m''}$分别是序号为 m'和 m''原子的坐标。为了提出重要的概念，假设 m'原子的振动只与最近邻原子相互作用，而与较远的原子没有相互作用，则 m'原子和 m''原子双原子链的一维动力学方程分别为

$$m_1\ddot{\mu}_{m'}=-\beta_1(\mu_{m'}-\mu_{m''})-\beta_2(\mu_{m'}-\mu_{m''-1})$$
$$m_2\ddot{\mu}_{m''}=-\beta_1(\mu_{m''}-\mu_{m'})-\beta_2(\mu_{m''}-\mu_{m'+1})\qquad(5-5-5)$$

式中，$\ddot{\mu}$ 是加速度，因此等号左边是质量乘以加速度；β_1 和 β_2 分别为 m'与 m''两个原子的弹性系数(弹性模量)。

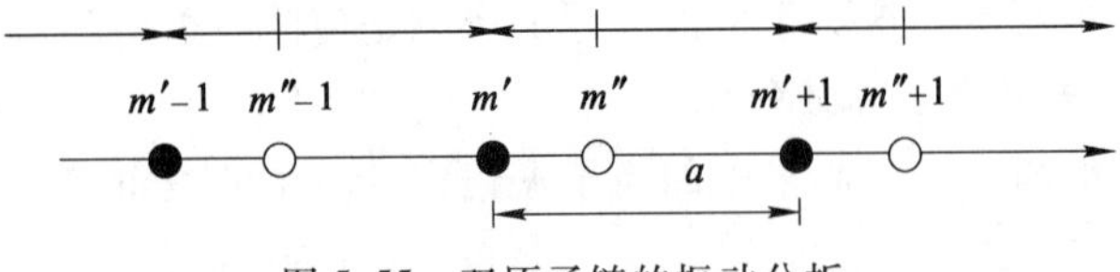

图 5.55　双原子链的振动分析

现在以行波形式的函数为试探解：

$$\mu_{m'}=A'\exp[\mathrm{i}(kam-\omega t)],\quad \mu_{m''}=A''\exp[\mathrm{i}(kam-\omega t)]\qquad(5-5-6)$$

式中，k 是原子波矢的模($k=2\pi/\lambda$)，振幅 A'和 A''与 m 无关，a 是晶格参数，m 是双原子链中原子的顺序号，am 一项起到半径矢量模的作用。此函数表示

所有原子均以相同的角频率 ω 振动，原子的位相是连锁的，以致从一个原子到下一个原子的位相规则地增加。

将式(5-5-6)代入式(5-5-5)，消去 $\exp[\mathrm{i}(kam-\omega t)]$因子，得到下列关于振幅 A'和 A''的直线方程组：

$$\left(\omega^2-\frac{\beta_1+\beta_2}{m_1}\right)A'+\left[\frac{\beta_1+\beta_2\exp(-\mathrm{i}ak)}{m_1}\right]A''=0$$

$$\left[\frac{\beta_1+\beta_2\exp(-\mathrm{i}ak)}{m_2}\right]A'+\left(\omega^2-\frac{\beta_1+\beta_2}{m_2}\right)A''=0 \tag{5-5-7}$$

$$\omega_{\mathrm{ac}}^2=\frac{1}{2}\omega_0^2\left(1-\sqrt{1-\gamma^2\sin^2\frac{ak}{2}}\right)$$

$$\omega_{\mathrm{opt}}^2=\frac{1}{2}\omega_0^2\left(1+\sqrt{1-\gamma^2\sin^2\frac{ak}{2}}\right) \tag{5-5-8}$$

其中，

$$\omega_0^2=\frac{(\beta_1+\beta_2)(m_1+m_2)}{m_1m_2},\quad \gamma^2=16\frac{\beta_1\beta_1}{(\beta_1+\beta_2)^2}\frac{m_1m_2}{(m_1+m_2)^2} \tag{5-5-9}$$

4. 一条双原子直链色散关系

式(5-5-8)表示了双原子链振动的角频率(ω)与角波数(k)之间的色散关系。双原子链振动有两个色散关系，因而有两条色散曲线，如图5.56所示。

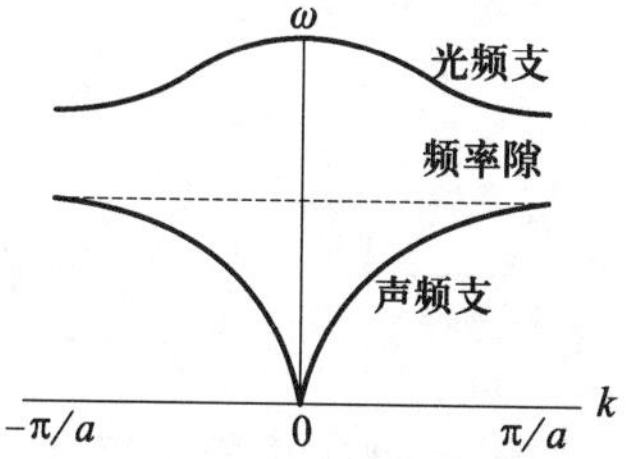

图5.56　双原子晶格的两条色散曲线

与式(5-5-8)中的减号相对应的是声频支振动，如图5.56中较低的曲线所示；而与加号相应的是光频支振动，如图5.56中较高的曲线所示。声频支振动的原点在 $k=0$、$\omega=0$ 处。当 k 增加时，曲线上升，先是线性的(类似于弹性波的斜率-声速，因此称为声频支振动)，而后上升的速率减小，最后曲线在 $k=\pi/a$ 处达到最大值。对于光频支振动，从 $k=0$ 的极大值开始，然后随着 $|k|$值增加而缓慢减小，在 $k=\pi/a$ 处达到最小值。这一条曲线的振动频率 ω_{opt}在整个 k 的范围内变化不显著，可以近似视为常数。NaCl 的光频支的振动

频率在红外区。当 NaCl 的光频模振动时，红外光将被晶格强烈地反射和吸收，这也是将这一条散射曲线称为光频支振动的原因。

声频支顶部和光频支底部之间的频率范围是禁戒的，晶格不可能传输这样的波。这个频率范围称为频率隙。在整个 k 的范围内，声频支的频率 ω_{ac} 始终小于光频支的频率 ω_{opt}。这就是说，在非常低的温度，只有晶体的声频支振动被激发；而在高温，主要是晶体光频支振动的贡献。将声频支振动的极大值表示为 $\omega_{ac}^{m}=\omega_{ac}(\pi/a)$，则德拜温度表示为

$$T_D = \hbar\omega_{ac}^{m}/k_B \qquad (5-5-10)$$

式中，k_B 为玻耳兹曼常数。即当 $T\leqslant T_D$ 时，晶体的振动可以忽略光频模的贡献。

5.5.2　晶格振动与相变

1. 晶格振动与多形性相变

按照热力学公式

$$F = E - TS = E' + 3Nk_BT\ln\left[1-\exp\left(-\frac{\hbar\omega}{k_BT}\right)\right] \qquad (5-5-11)$$ [72]

式中，F 是自由能，E 是晶体的总内能，E' 为晶体在 $T=0$ K 时的内能，S 是熵，ω 是晶格的振动频率，$\hbar$ 是约化普朗克常量（$1.054\,572\,66\times10^{-34}$ J·s）。

若在 $T=T_c$ 相变温度，α 相和 β 相达到平衡，$F_\alpha=F_\beta$，根据式（5－5－11）得到

$$\exp\left(-\frac{E'_\alpha-E'_\beta}{3Nk_BT_c}\right)=\frac{1-\exp\left[-\frac{\hbar\omega_\alpha}{k_BT_c}\right]}{1-\exp\left[-\frac{\hbar\omega_\beta}{k_BT_c}\right]} \qquad (5-5-12)$$

由式（5－5－12）可见，多形性相变与原子振动频率的突然变化密切相关。若 $E'_\beta>E'_\alpha$，根据式（5－5－12），$\omega_\alpha>\omega_\beta$，即当 β 相的晶格比 α 相的晶格更容

[72]　公式推导：根据热力学公式

$$F=E-TS \qquad (1)$$

在假设原子振动等频率的近似下，晶体的总内能 E 有以下形式：

$$E=E'+\hbar\omega n \qquad (2)$$

式中，ω 为振动频率，E' 为晶体在 $T=0$ K 的内能，n 是声子浓度。

$$S=k_B\ln P \qquad (3)$$

式中，P 为 n 个声子在 $3N$ 个自由度的可能分布数（N 为在第一布里渊区波矢的投影数）。

$$P=(3N+n-1)!\,/[(3n-1)!\,n!] \qquad (4)$$

将式(2)、式(3)和式(4)代入式(1)，根据斯特林公式 $\ln n! = n\ln n$，并根据能量最低的条件，令 $dF/dn=0$，得到式（5－5－11）。

易“破碎”时，就会发生 β 相向 α 相的转变。

根据玻耳兹曼定理，晶体中某一个相的概率 W 与温度 T 和体系的自由能 F 有关：

$$W=\exp\left(-\frac{F}{k_{\mathrm{B}}T}\right)=\exp\left(-\frac{E-TS}{k_{\mathrm{B}}T}\right) \qquad (5-5-13)$$

当 $\mathrm{d}E/\mathrm{d}S=T$ 时，这个相的概率最大。图 5.57 为 α 相和 β 相达成平衡的体系的内能 E 与熵 S 的关系图。α 相和 β 相的 $E=E(S)$ 曲线的公切线与 S 轴的夹角 θ 的正根 $\tan\theta$ 在数值上等于两相共存的温度，即相变温度 T_0。温度高于 T_0，β 相稳定；温度低于 T_0，α 相稳定；E'_β 和 E'_α 的差为相变的潜热 Q。

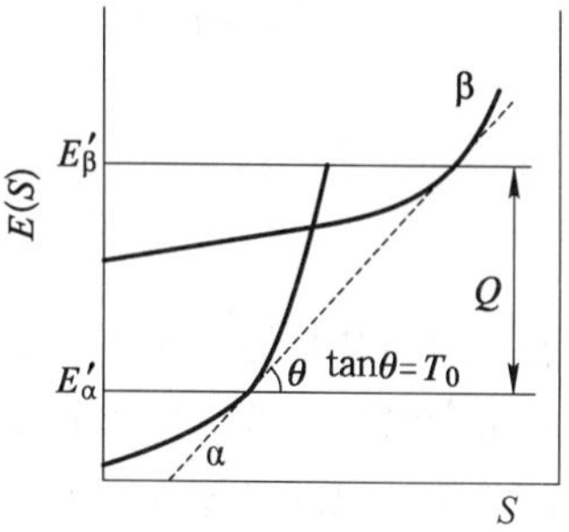

图 5.57 α 相和 β 相的 $E=E(S)$ 图

2. 电子 - 声子相互作用和相转变

当考虑相变机理时，通常不考虑电子体系对晶体自由能的贡献，这是由于高于德拜温度时电子热容对总的晶体热容的贡献可以忽略的结果。然而在有序 - 无序相变和铁电相变接近相变温度时，电子亚系统对晶体自由能有重要的贡献。这种贡献不是对热容的贡献，而是对相变临界反常的贡献。电子对相变临界反常贡献的微观机理是能带间电子 - 声子的相互作用。

在现代动态学理论中，铁电相变机理通常是与一个在 $k=0$ 的布里渊中心的横光频振动模失稳和相应声频支的非谐性有关。这个机理假设晶体中有两个临近能带，一个能带是空的，而另一个能带被电子填满。这两个临近能带的电子与一个光频振动模相互作用。相互作用一方面使光频声子的频率发生变化，另一方面使电子光谱(带隙宽度)发生变化。填满和空的能带的相互作用导致“混合”光频振动的失稳，因此发生对称性降低的相变。由于这种能带间电子 - 声子相互作用产生的相变与分子体系中由于轨道的电子简并消失导致由对称向不对称构型转变的姜 - 泰勒效应类似而称为姜 - 泰勒赝效应。

一个晶体的两个相邻能带($\sigma=1$、2)的带界能量为 ε_1 和 ε_2，因此相应的能带隙 $E_{g0}=\varepsilon_2-\varepsilon_1$。假设具有坐标 u 和频率 ω 的一些活化光频振动与能带中的

电子相互作用，计算结果表明，能带间电子－声子的相互作用改变了能带宽度：

$$E_g = 2\sqrt{\frac{E_{g0}^2}{4} + \frac{\tilde{V}^2}{N} u_0^2(T)} \qquad (5-5-14)$$

式中，E_g 是存在姜－泰勒赝效应时的能带隙宽度，$\tilde{V}$ 是能带间电子－声子相互作用常数，N 是低能带中电子数目，$u_0(T)$ 是晶体自由能最小值时的活化振动坐标。E_g 是活化光频振动能和电子亚系统能量之和。

在温度达到相变温度 T_c 时，$u_0^2(T)$ 函数衰变为零，相变温度为

$$k_B T_c = \frac{E_{g0} \operatorname{arcth} \tau}{4} \qquad (5-5-15)$$

式中，$\tau = \frac{2\tilde{V}^2}{M\omega^2 E_{g0}}$，$\omega$ 为频率，M 为质量因子。

1）光激活相变

上面讨论的模型解释了实验中观察到的非平衡电子对相变温度的影响。设想一个光导晶体在温度高于相变温度时有高对称性，低于相变温度后转变为低对称性。实验中，在晶体有光导响应的光谱区间照射晶体。假设光照晶体将电子由低能带转移到高能带，高能带的电子浓度提高了 Δn。根据式(5－5－15)，相变温度下降

$$\Delta T_c = \frac{E_g}{4k_B}\left[\left(\operatorname{arcth}\frac{\tau}{1+2\Delta n\tau}\right)^{-1} - (\operatorname{arcth}\tau)^{-1}\right] \qquad (5-5-16)$$

图 5.58 示出 $BaTiO_3$ 由四方到立方相变的居里温度在有光照条件下比没有光照条件下低了几开尔文。

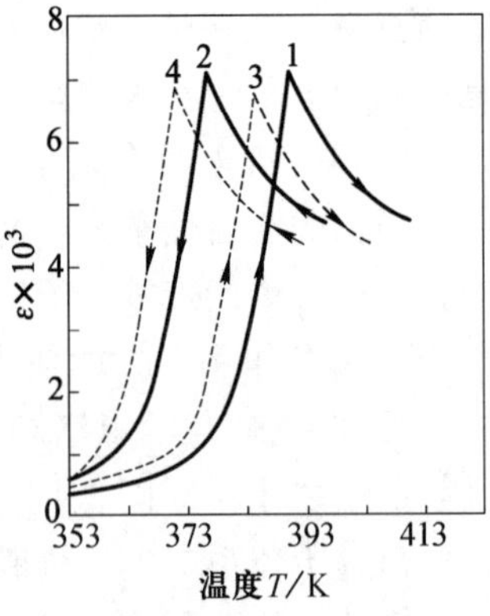

图 5.58　钛酸钡的光激活相转变

1、2 分别为在黑暗中加热和冷却条件下，3、4 分别为在晶体的光敏化光谱范围内光照下同样条件的介电常数与温度的关系

这种影响的物理意义是光线的光活化吸收改变了能带的电子填充状态，由于能带间电子－声子的相互作用，因此对自由能产生贡献。光活化照射不仅仅改变带中的自由电子浓度，也影响杂质或缺陷禁带中的所有能级的填充。在许多情况下，相变温度的光敏化改变主要是杂质的作用。

HgI_2 是另一个光敏化晶体的例子。低温相具有四方晶系结构，而高温为低对称性的正交晶系结构。因此光活化照射提高了相变温度。

2）居里温度和能带隙宽度

式(5－5－15)表明，铁电相变的居里温度 T_c 与能带隙宽度 E_{g0} 有关。将式(5－5－14)的 E_g 按照 u_0 和自发电极化强度 $\boldsymbol{P}_s$ 的偶次方多项式展开，保留到二次项，得到

$$E_g = E_{g0} + a\boldsymbol{P}_s^{\ 2}/2 \tag{5-5-17}$$

式中

$$a = 4\frac{\Omega_0^2}{\bar{e}^2}\frac{\tilde{V}^2}{E_{g0}} \tag{5-5-18}$$

a 是一个与电子－声子相互作用常数的平方成正比的常数。

由式(5－5－17)可以解释在一级和二级铁电相变的区间，E_g 的温度异常。在一级相变(例如 $BaTiO_3$ 的相变)中 $\boldsymbol{P}_s^2$ 发生突变，因此能带隙宽度也发生突变：$\Delta E_g = E_g - E_{g0} = a\boldsymbol{P}_s^2/2$。在二级相变(例如硫酸三甘氨酸的相变)中 $\boldsymbol{P}_s$ 与 $(T-T_c)^{1/2}$ 相关，因此正是能隙宽度的温度系数经历了一个有限的突变。

3）软模和预相变

一个振动模，其振动频率的平方(ω^2)在接近相变温度时趋近于零，则这个振动模称为软模。粒子(原子、离子)位移或晶体畸变型相变以及有序－无序相变均会产生软模。1940 年 Raman 和 Nedungadi 以拉曼散射最先发现，当温度从低于相变温度达到相变温度时，α－/β－石英的相转变附带着整个对称光频模式频率的降低。软模是一种集体的激发，其频率在达到转变点时异常地下降。图 5.59 示出 $SrTiO_3$ 中软模式频率与温度的依赖关系。在二级相变中软模式频率在相变温度处趋于零，然而在一级相变中相变发生在模式频率达到零之前。

晶格动态学的研究表明，铁电相变中的“软模”是由于电子－声子相互作用的非谐性导致的。

许多物质的物理性质在接近相变温度时发生异常，具有相变征兆的现象称为预相变现象。一般预相变是指变温的相变，但现在也注意到等温相变时的预相变。有关软模和预相变理论的进一步介绍不属于本书的范畴。

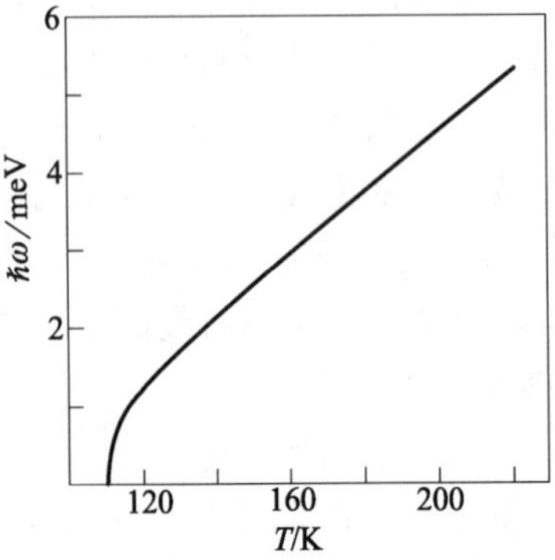

图 5.59　$SrTiO_3$ 中的软模式频率与温度的关系

进一步阅读的参考书

[1]　宫秀敏．相变理论基础及应用[M]．武汉：武汉理工大学出版社，2004.

[2]　WEST A R. 固体化学及其应用[M]．苏勉曾，谢高阳，申泮文，译．上海：复旦大学出版社，1989.

[3]　郑忠，胡纪华．固态反应动力学[M]．广州：广东科技出版社，1993.

[4]　徐祖耀．相变原理[M]．北京：科学出版社，1988.

[5]　VAINSHTEIN B K，FRIDKIN V M，INDENBOM V L. Structure of Crystals[M]. 3rd ed. Revised Edition. Modern Crystallography 2，Volume 2，B. [s. l.]：Springer Press，1982.

[6]　ONUKI A. Phase Transition Dynamics[M]. Cambridge：Cambridge University Press，2002，38－123.

[7]　胡荣祖，高胜利，赵凤起，等．热分析动力学[M]，北京：科学出版社，2008.

[8]　RAO C N R，GOPAKRISHNAN F R S J. 固态化学的新方向，结构、合成、性质、反应性及材料设计[M]．刘新生，译．长春：吉林大学出版社，1990.

思考题

1. 何谓一级相变和二级相变？它们在相图上有何特征？对比它们在转变过程中状态函数的变化特点。

2. 何谓序参量？在朗道二级相变理论中序参量与对称性有何关系？

3. 分析相变的热力学条件，说明相变的驱动力和阻力。

4. 何谓有序－无序相转变？分析发生有序化相变的条件，说明转变的动力和阻力。

5. 何谓连续相变和不连续相变？各举出一个相变的类型。

6. 何谓界面控制长大和扩散控制长大？试分析长大速率的影响因素。

7. 简述晶体缺陷在固态相变中的作用。

8. 何谓“动力学三因子”？何谓 TTT 图？

9. 什么是 JMA 动力学方程？该方程是在什么物理模型基础上建立的？

10. Cardew 动力学方程更适用于什么固体状态？该方程能获得哪些更多的动力学信息？

11. 何谓等温动力学方程？何谓变温动力学方程？两类方程有什么共同特点？两类方程的主要差别是什么？用什么实验技术测定变温动力学？

12. 何谓重构式相变？何谓移位式相变？各举一个实例。

13. 何谓晶畴？何谓取向畴？何谓反向畴？

14. 何谓钙钛矿结构族？举出钙钛矿结构族中的三种结构类型。

习题

1. 已知 α、β、γ、δ 相的吉布斯自由能 – 组成曲线，如习题图 5.1 所示，从热力学的角度判断浓度为 C_0 的 γ 相和 δ 相中应析出的相，并说明理由，同时说明所在温度下平衡相(稳定相)的浓度。

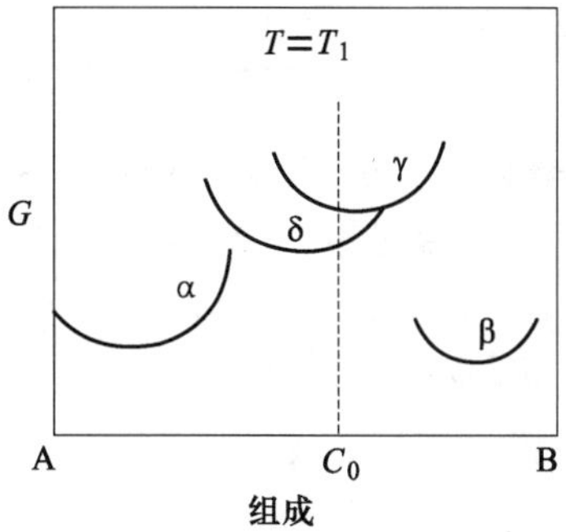

习题图 5.1　α、β、γ、δ 相的吉布斯自由能 – 组成曲线

2. 以沉淀为例，说明相变驱动力的作图法。

3. 假设液体在凝固时形成的临界核心是边长为 a 的正立方体。(1) 导出均匀成核时临界晶核边长和临界晶核形成功；(2) 证明在同样过冷度下均匀成核时球形晶核比立方晶核更易形成。

4. 已知铜的熔点为 1 083 ℃，结晶潜热为 1.88×10^{3} J/cm^{3}，液固界面的界面能为 1.44×10^{-5} J/cm^{2}。试计算铜在 853 ℃凝固时(均匀成核、晶胚为球形)的临界晶核半径，并计算临近晶核中有多少个 Cu 原子(铜的点阵常数为 0.36 nm)。

5. 假设固态相变中成核速率 k_N 和生长速率 k_G 为常数，则经过 t 时间后所形成的新相的体积分数 $\alpha=1-\exp[(-\pi/3)(k_N k_G^3 t^4)]$。已知 $k_N=1\ 000\ \text{cm}^{-3}\cdot\text{s}^{-1}$，$k_G=3\times10^{-5}$

cm/s，试计算：

(1) 发生相变速度最快的时间；(2) 过程中最大的相变速度($d\alpha/dt$)；(3) 获得 50% 转变量所需的时间。

6. 若金属 B 溶入 *fcc* 金属 A 中，试问合金有序化的成分更可能是 A_3B 还是 A_2B? 为什么?

7. $ZrMo_{2-x}W_xO_8$ 由立方相转变为三方相的动力学三因子列于习题表 5.1 中，其中 Ea_N 和 Ea_G 分别为 Cardew 方程的成核活化能和生长活化能；Ea_A 为 JMA 动力学方程活化能。

(1) 已知 $ZrMo_{1.8}W_{0.2}O_8$ 在 520 ℃的反应指数 $n=1.25$，$ZrMo_{1.4}W_{0.6}O_8$ 在 610 ℃的反应指数 $n=0.95$，利用 JMA 动力学方程计算 10 min 时上述两个化合物分别在 520 ℃和 610 ℃等温过程中，由立方到三方相变的转化率。(2) 根据成核活化能(Ea_N)和生长活化能(Ea_G)，分析 $ZrMo_{1.8}W_{0.2}O_8$ 和 $ZrMo_{1.4}W_{0.6}O_8$ 相变的控制步骤。

习题表 5.1　$ZrMo_{2-x}W_xO_8$ 的相变活化能和指前因子

样品	Ea_N/(kJ · mol^{-1})	A_N/min^{-1}	Ea_G/(kJ · mol^{-1})	A_G/min^{-1}	Ea_A/(kJ · mol^{-1})	A_A/min^{-1}
$ZrMo_{1.8}W_{0.2}O_8$	178.1	1.03×10^{12}	229.2	1.82×10^{13}	234.7	1.71×10^{14}
$ZrMo_{1.4}W_{0.6}O_8$	355.8	4.14×10^{19}	295.6	5.70×10^{15}	315.5	1.03×10^{17}

8. 根据图 5.49 描述黄铜矿($CuFeS_2$)和锡矿石(Cu_2FeSnS_4)的低温有序结构：(1) 晶胞中的化学式数目；(2) 阳离子的晶格位置和阳离子的配位多面体；(3) 阴离子的晶格位置和阴离子的配位多面体。在高温无序结构中，黄铜矿和锡矿石具有什么结构类型? 阴、阳离子是如何占据晶格位置的?

第6章 固体材料电子结构的量子化学研究方法

6.1 量子化与原子轨道

6.1.1 波粒二象性的产生

1. 能量

能量是物理学上一个重要的概念。在经典物理学中能量是作为物质运动的一般量度。物质运动有多种形式，其表现各异，但相互间可以发生转换，表明这些运动具有共性，存在内在的统一的量度，即能量。能量在表现形式上可以分为机械能、内能、电能、化学能等各种形式，表现在不同的运动中，并可以通过作功、传热等方式进行转换。

在狭义相对论中，爱因斯坦(Einstein)提出“质量就是能量，能量就是质量”的概念，这时候能量就和另一个重要的物理概念即质量联系在一起，并且他建立了一个重要的关系式：

$$E = mc^2 \qquad (6-1-1)$$

式中，E 为能量，m 为物质的质量，c 为光速。这个公式深刻地阐明了物质的能量性，表明两者存在某种深刻的联系，即质量和能量本质上就是同一个实体，只不过形式上具有不同的表述。可更深刻地认为质量就是内敛的能量，而能量就是外显的质量。

在狭义相对论中能量和质量达到了完美的统一，可是在自然界中能量却有众多的表现形式。例如水波、声波等，它们具有波动形式的能量，其波动形式可通过干涉和衍射实验得以证实。对于经典的物质，如石头、沙子等，它们是以粒子的形式存在。这两种能量在表现形式上是截然不同的。因此，它必然会使得人们更深入地思考：这两种表现形式是否存在连续性？如果是连续的，它们可能的边界又在哪里？对于边界的能量，它们又会呈现出怎样的表现形式，是体现粒子性还是波动性呢？

2. 波动和粒子的边界

首先从能量的数值上对波和粒子这两种表现形式进行分析。对于通常的水波、声波，其能量大小一般是在焦耳数量级上。而对于粒子质量所拥有的能量，可以通过爱因斯坦的质能方程计算得出。例如，1 g 物质的质量完全转换成能量，那么它的能量将高达 10^{14} J。这两种形式的能量在数值大小上有如此大的差异，难怪它们表现形式会全然不同。可以想象，如果由这两端出发，分别去寻找它们数值比较接近的区域，那里或许就是粒子和波的边界所在。从波的角度，就是尽量寻找高能量的波；而从粒子的角度，就是对物质进行分割，从而很大程度上地减少物质质量，以实现其能量的降低。其可能的边界就是很小的粒子——微观粒子。

3. 波粒二象性

几百年来，人们就对一种高能的波——光，是波还是粒子有长久的争论。早在 17 世纪，惠更斯(Huygens)就提出：光是一种机械波；光波是一种靠物质载体来传播的纵向波，传播它的物质载体是“以太”；波面上的各点本身就是引起媒质振动的波源。根据这一理论，惠更斯证明了光的反射定律和折射定律，也较好地解释了光的衍射、双折射现象和著名的“牛顿环”实验。

光的微粒学说的代表人牛顿(Newton)则认为：第一，光如果是一种波，它应该同声波一样可以绕过障碍物、不会产生影子；第二，冰洲石的双折射现象说明光在不同的界面上有不同的性质，波动说无法解释其原因。另一方面，牛顿把他的物质微粒观推广到了整个自然界，并与他的质点力学体系融为一体，为微粒说找到了坚强的后盾。

1882 年，德国天文学家夫琅禾费(Fraunhofer)首次用光栅研究了光的衍射现象。在他之后，德国另一位物理学家施维尔德(Schwerdt)根据新的光波学说，对光通过光栅后的衍射现象进行了成功解释。至此，光的波动学说牢固地建立起来了，似乎获得了彻底的、无可争辩的胜利。

但在 19 世纪末对光电效应现象的研究却又动摇了光的波动学说。斯托列托夫(Stoletov)的实验发现对每种用于实验的金属来说，入射光线的波长看来都有某个极限值。一旦波长超过这个极限值，不管照射的光线有多强，电子都不再发射出来。这是一件很奇怪的事情。很显然，电子从金属射出是因为光线以某种方式将能量传递给了它们。照射的光线越亮，电流的强度也越大，金属接受的能量越多，被轰出的电子也会越多。虽然随着光线波长的增加，光的能量有所下降，从而从金属轰出的电子数会相应地减少，但是不应该在小于某个波长就完全截止。这用波动学说是无法解释的。

之后，爱因斯坦提出光波具有一定的波长，它的数量级为几百个纳米，但其能量却只集中于一个电子所具有的微小体积之内。这意味着在光电效应中，光波表现出来的是颗粒的品性。因此，他宣称光无非是一束能量子流，而同一波长的量子是完全一样的，也就是说，它们携带着相等的一份能量。这种光量子被取名为光子，其能量可通过普朗克公式计算获得：

$$E = hv \qquad (6-1-2)$$

式中：E 为能量；h 为普朗克常量，$h = 6.626\times10^{-34}\ \mathrm{J\cdot Hz^{-1}}$；$v$ 为光的频率。

该公式还有一个更让化学家们常用的表达形式：

$$E = 1\ 240/\lambda \qquad (6-1-3)$$

式中：E 为能量，单位为 eV；λ 为光波波长，单位为 nm。

爱因斯坦的理论又掀起了历时两个世纪之久的光本质的争论。物理学家逐渐认识到光可能同时既是波又是粒子。

随着 19 世纪末、20 世纪初对微观物理学的研究，人们也越来越多地发现，很多质量很小的经典粒子也带有波的特性。

1927 年，戴维孙(Davisson)和革末(Germer)在观察镍单晶表面对能量为 100 eV 的电子束进行散射时，发现了散射束强度随空间分布的不连续性，即晶体对电子的衍射现象。几乎与此同时，汤姆孙(Thomson)和里德(Redd)用能量为 2 万 eV 的电子束透过多晶薄膜做实验时，也观察到衍射图样。电子衍射的发现证实了德布罗意(de Broglie)提出的电子具有波动性的设想。之后，物理学家们还发现，比电子更大的经典粒子中子也存在衍射等现象。

通过历史的发展，可以看出，能量具有两种似乎完全不同的表现形式：波和粒子。但对它们的边界体系进行探索可以发现，处于该区域的能量，其波动特性和粒子特性都可以同样地显著。这点可以结合爱因斯坦的质能方程和普朗克公式加以理解。将式(6-1-2)的能量表达形式代入式(6-1-1)中的左侧，可以获得一个物质波长和物质质量之间的关系式：

$$\lambda = h/(mc) \qquad (6-1-4)$$

式中，λ 为物质波波长，h 为普朗克常量，m 为物质的质量，c 为光速。

通过式(6-1-4)可以计算出一个宏观物体的物质波波长，如 1 $\mathrm{mm^3}$ 的铁块的物质波波长约为 10^{-40} m，即使是这么小的颗粒，它的物质波波长与它的尺寸相比仍然是微不足道的。因此，它体现出来的主要是粒子性，而其波动性几乎不能被感知。只有它的尺寸和物质波波长的数量级比较接近，它的波动性才能得以体现。当假设物质能连续分割，通过铁块的计算，可以估计在约 10^{-12} m 这个尺度附近的微粒能同时表现出波动性和粒子性的特征。而对于尺度比它大很多的物体，则主要表现出的是粒子性的特征，对于波长比它大很多的波，如水波、声波等，则显示出波动性的特征。

这些现象揭示了物质世界的一个本质特性，即物质在具有波动性的同时又具有粒子性，这就是波粒二象性。

6.1.2　量子化的产生

1. 黑体辐射和普朗克的量子理论

量子理论的首先突破出现在普朗克(Planck)对黑体辐射的研究。1900年普朗克结合当时的实验结果，用内插法得到了一个经验公式，该公式能在全波段和黑体辐射实验很好地吻合，可是它的理论解释又会是什么？经过两个月的探索，普朗克发现完全靠经典理论是无法对公式进行解释的。必须引入一个假定：即对于一定频率 v 的辐射，物体只能以 hv 为单位吸收或发射它，其中 h 是普朗克常量。也就是说，对于微观辐射的能量，虽然在形态上它具有波的形式，但对于它的吸收或发射却具有粒子性的行为，它只能“一个一个”地被给予或释放，而每一个这样的能量子就被简称为“量子”。这种能量不连续的概念是与经典力学完全不相容的。但这恰恰和物质的分割相类似，就像前面所说的铁块，如果拿一把普通的刀把它切成两块，每一块质量都必须是最小单元——一个铁原子的整数倍，而从这个角度看，物质也是量子化的。只是对于每一个宏观物质，这个基本单元太小了，以致不容易为人们所感知，因此在经典物理中能量被认为是连续的。

2. 薛定谔方程与一维势阱

对于量子力学的严格建立和推导本身就是一门独立的课程，本章主要基于其应用性进行介绍，因此对涉及复杂计算的内容将不从物理和数学上对其进行严格的推导，只希望读者能记住和熟悉其中的一些概念和意义，有兴趣的读者可以自行选择一些更有专门性的书籍来进一步地进行学习。

薛定谔方程是量子力学的一个重要核心内容，它对量子力学的重要性而言与牛顿方程在经典力学中的地位相当。薛定谔方程可以以下方式进行表达：

$$\hat{H}\varphi = E\varphi \tag{6-1-5}$$

或更具体地写成：

$$\left[-\frac{h^2}{2m}\nabla^2 + V(r)\right]\varphi(r) = E\varphi(r) \tag{6-1-6}$$

在式(6-1-6)中 $-\frac{h^2}{2m}\nabla^2$ 代表的是自由粒子的波动性表示项，$V(r)$是代表该

粒子所处的势能环境。物理学家一般利用式(6－1－6)来获得符合其条件的一系列 $\varphi_n(r)$ 及其对应的 E_n。$\varphi(r)$ 被称为本征波函数，或简称为波函数，它在量子力学中具有很重要的意义，被用来描述粒子在空间分布的情况。$|\varphi(r)|^2$ 具有粒子在空间分布的概率密度的含义，通常可用它来描述电子在化学体系中的运动分布情况，并形象地把它称为“轨道”。

用一个最简单的例子来说明如何应用量子力学的概念处理一个具体的问题。在图 6.1 中给出了一个一维势阱的模型示意图。

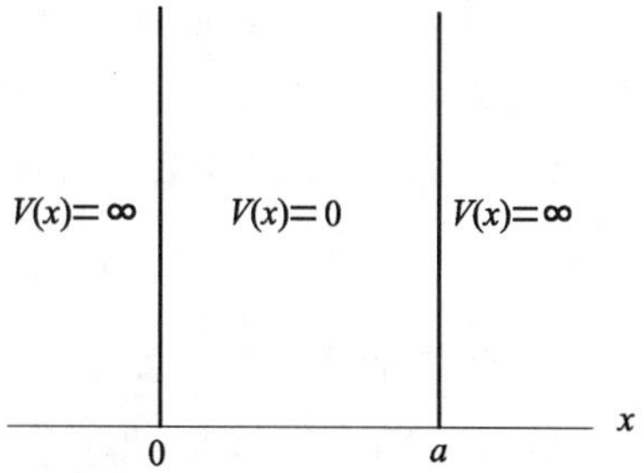

图 6.1　一维势阱的模型示意图

在该设想的模型中，势能能用以下公式来表示：

$$V(x)=\begin{cases}0, & 0<x<a\\ \infty, & x<0,x>a\end{cases} \qquad (6-1-7)$$

即在 0～a 的区间内，粒子的势能为 0，而在之外的区域，粒子的势能都为无穷大。可以写出在 0～a 区间的粒子薛定谔方程：

$$-\frac{h^2}{2m}\nabla^2\varphi(x)=E\varphi(x) \qquad (6-1-8)$$

由于在 0 点和 a 点之外，势能是无穷大的，所以粒子在那里是不能出现的，考虑波函数的连续性，所以在 0 点和 a 点的波函数值必须为 0。在这个限制条件下，可以解得一维势阱的波函数为

$$\varphi_n(x)=A\sin(n\pi x/a),(0<x<a),\quad n=1,2,3,\cdots \qquad (6-1-9)$$

同时，还可以获得每个波函数对应的能量值：

$$E_n=\frac{\hbar^2\pi^2n^2}{2ma^2},\quad n=1,2,3,\cdots \qquad (6-1-10)$$

在这里有一些概念和特性需要特别注意：

(1) 能满足薛定谔方程的波函数如果乘以一个常数，如 A，还将满足该薛定谔方程，并且对应同一能量值的波函数。这可以简单证明如下。

如有

$$-\frac{h^2}{2m}\nabla^2\varphi_n(x)=E_n\varphi_n(x) \qquad (6-1-11)$$

则

$$-\frac{h^2}{2m}\nabla^2A\varphi_n(x)=A\times-\frac{h^2}{2m}\nabla^2\varphi_n(x)=AE_n\varphi_n(x)=E_nA\varphi_n(x) \qquad (6-1-12)$$

即 $A\varphi_n(x)$ 也为满足式(6－1－8)的本征波函数，并且其对应的能量值为 E_n。

(2) 波函数的归一化。前面介绍过 $|\varphi(r)|^2$ 具有粒子在空间分布的概率密度的含义。为方便起见，可以将该概率密度定义成 1 个粒子的概率密度，那么就可以获得归一化的波函数。例如，对于一维势阱式(6-1-6)中的波函数，如果只有一个粒子存在，那么对 x 在 $0\sim a$ 范围内的粒子密度进行相加，结果必然为 1，其数学表达式如下：

$$\int_0^a |A\sin(n\pi x/a)|^2 \mathrm{d}x = 1 \tag{6-1-13}$$

由于增加这个限定条件，A 的数值不再可以是任意的一个数值，需通过对式(6-1-13)的求解获得：$|A| = \sqrt{2/a}$。利用归一化的波函数，就能很方便地对不同轨道或体系的粒子分布密度进行比较。

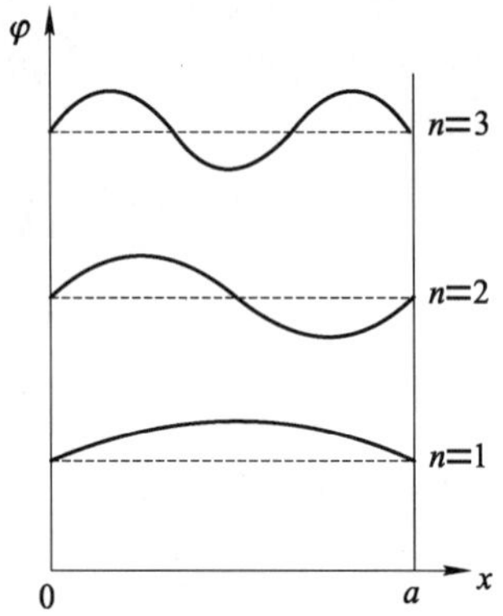

图 6.2　$n=1$、2、3 的一维势阱波函数

(3) 对 $n=1$、2、3 的波函数作图。从图 6.2 可以看出，$n=1$ 的波函数只在 $x=0$ 和 $x=a$ 处其数值为 0，而在中间部分，波函数的数值均不为 0。对于 $n=2$ 的波函数，在中部则有 1 个波函数数值为 0 的点，将这种波函数发生正负数值变化处、波函数数值为 0 的特殊点称为“结点”。对于 $n=3$ 的波函数，则存在 2 个结点。结点数越多，该波函数对应的能量值越高，这是一个很重要的规律，在分子轨道能量判断上也具有很重要的用途。

(4) 不同 n 值对应的波函数之间彼此是正交的。波函数的正交在量子化学中是一个很重要的概念。波函数正交在数学上的定义是

$$\int \varphi_k \varphi_l^* = 0 \tag{6-1-14}$$

关于这个公式积分的数学证明，有兴趣的读者可以自行运算一下。

很多读者可能没有学过线性代数，因此对广义线性空间的概念并不是很了解。这里可以用人们熟知的实际空间做个例子来简单介绍一下。一个最常用的空间就是三维空间，对于该空间可通过一个原点，选取彼此垂直的三个方向 $\boldsymbol{x}$、$\boldsymbol{y}$、$\boldsymbol{z}$，而空间内的任意一个矢量就都可以用这三个方向的矢量与某个常数乘积的加和形式来定义，如任意一个矢量可表达为 $\boldsymbol{r} = c_x\boldsymbol{x} + c_y\boldsymbol{y} + c_z\boldsymbol{z}$。这是高中就学习过的定义。对这个定义仔细分析可以发现，其中生成空间最关键的概念有以下几个。

① 原点：也就是 0 点。

② 基矢：是空间构建的基本单元，也就是 $\boldsymbol{x}$、$\boldsymbol{y}$、$\boldsymbol{z}$ 三个方向。基矢有两

个基本特征：一、基矢的数目和空间的维数相等，例如，三维空间就有三个基本方向，反之亦成立，由 n 个基矢可以构成一个 n 维空间；二、基矢之间必须彼此垂直，显然，对一个空间，可以有很多种基矢的取法。

③ 空间的尺度：也就是每个方向定义为单位 1 的长度。

④ 垂直：在经典空间中，垂直是通过投影运算来定义的。见图 6.3，由矢量 $\boldsymbol{r}$ 向 x 轴做垂线，与 x 轴相交的数值即为 $\boldsymbol{r}$ 在 x 轴上的投影。如投影值为 0，则 $\boldsymbol{r}$ 垂直于 x。

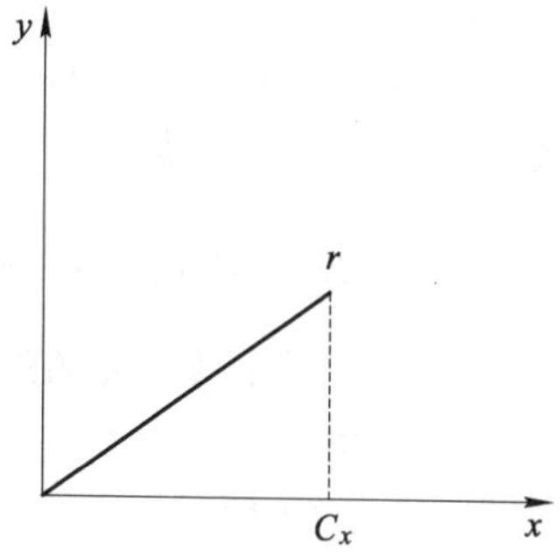

图 6.3 矢量 $\boldsymbol{r}$ 在 x 轴上的投影

⑤ 投影运算：投影运算虽然在空间的定义中没有出现，但前面说过要定义垂直，就需要有投影运算。在经典空间中可通过做垂线的方式来定义投影。而在更广义的空间中，投影运算的定义可以是形式多样的。

有了以上 5 个基本元素，就可以构造具有标度的线性空间。而空间中的任意矢量都可以通过基矢的加和形式来表达：

$$\boldsymbol{r} = c_1\boldsymbol{k}_1 + c_2\boldsymbol{k}_2 + c_3\boldsymbol{k}_3 + \cdots = \sum_{i=1}^{n} c_i\boldsymbol{k}_i \qquad (6-1-15)$$

例如，对于一维势阱的波函数，也可以构建一个函数空间。首先定义 $\varphi_0(x) = 0$ 作为原点，并定义函数空间的投影运算，即两个矢量 ψ_k 和 ψ_l 间的投影关系为 $t = \int \psi_k \psi_l^*$。由于一维势阱不同 n 值的波函数在该投影定义下彼此之间是正交的，因此它可以被选为一套该函数空间的基矢，而其所构建的将是一个 n 维的空间。波函数空间的概念和思想是量子化学中一个很重要的内容，这在以后的内容中会不断地用到。

（5）一维势阱中的粒子是在一维空间中运动，从其波函数的图像（见图 6.2）上看，由于空间的约束和粒子自身波动的特性，使其能量的分布不再是连续的，而其能量的取值只能分布在一系列 $n = 1, 2, 3, \cdots$ 特殊的能级上，$E_n = \dfrac{\hbar^2\pi^2 n^2}{2ma^2}$。如果 a 值很大，也就是电子可以在一个很大尺度上运动时，能量的间隔将很小，使得体系量子化特征并不明显，能量可近似看成是连续的。这也就是在经典力学体系中可以不考虑能量的量子化，而直接将其看成是连续的原因。可如果 a 值不是很大，则能量分布上将出现分立的能级。

一维势阱中的空间维度为一维，粒子受该维度的限制，产生了一个分立的量子数 n。如果所处的是二维空间，如在上述一维势阱模型中，在 y 方向也以同样尺度构造一个势阱，形成一个二维正方形势阱，那么将获得具有两个量子数 n_x、n_y 表示的分立的能量分布：

$$E_{n_x,n_y} = \frac{\hbar^2 \pi^2 (n_x^2 + n_y^2)}{8ma^2} \tag{6-1-16}$$

从上式可以看出，$n_x=1$、$n_y=0$ 的波函数对应的能量与 $n_x=0$、$n_y=1$ 的波函数对应的能量是相同的。这种对应同一能量值的不同波函数被称为简并波函数。简并的概念也是量子化学中的一个很重要的概念。

6.1.3　氢原子的电子轨道

原子是化学中最重要的组建单元，它由原子核和电子所组成，其中原子核带正电，而电子带负电并且围绕原子核做运动。要研究化合物的性质及其反应，首先就需要认识构筑化合物的基本单元——原子。

氢原子是一个最简单的体系，通过对它的研究，可以推广获得量子化学对原子描述的一些基本概念。

氢原子可以被描述成一个电子在由一个质子构成的以原子核为中心的三维空间中运动。因此从对称的角度上，可以构建一个如图6.4所示的极坐标来描绘其电子的运动形式，并写出相应的薛定谔方程：

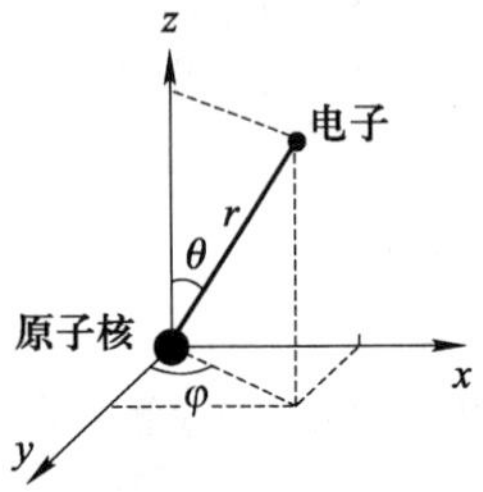

图6.4　氢原子的三维空间

$$-\frac{h^2}{2m}\nabla^2\varphi(r,\ \theta,\ \varphi) - \frac{Ze^2}{r} = E\varphi(r,\ \theta,\ \varphi) \tag{6-1-17}$$

与一维势阱的薛定谔方程相比较，等式左边多出了一个正负电荷相互作用的势能项。由于氢原子分子中电子所处的空间为三维空间，从前面的讨论可知道，在三维空间内运动的粒子将产生具有三个量子数的波函数。这三个量子数通常被记作 n、l、m，而对应的名称为主量子数、角量子数、磁量子数。三个量子数分别由 r、θ、φ 三维空间产生出来。从 r、θ、φ 三个参数的特征上看，r 是用来描述球的直径方向的参数，而 θ，φ 则是共同用来描述球面角度的函数。这三个量子数是量子化学中最重要的概念之一。下面就这三个量子数的一些特点进行介绍：

（1）主量子数 n 主要与 r 相关，用于描述电子在径向分布的特点，取值可为1，2，3，…。图6.5中给出了不同 n 值轨道在径向分布的波函数。从图中可以看出，和一维势阱波函数类似，不同 n 值的轨道的节面数（由于是三维空间，结点就转化成了节面）为 $n-1$。随 n 值的增大，轨道函数最大值逐渐向 r 值增大的方向延伸，也就是随着 n 值增大，电子运动的最可能区域将逐渐向外移动。因此可以形象地将 $n=1$ 的轨道称为第一壳层轨道，而 $n=2$ 的轨道称为第二壳层轨道，依次类推。

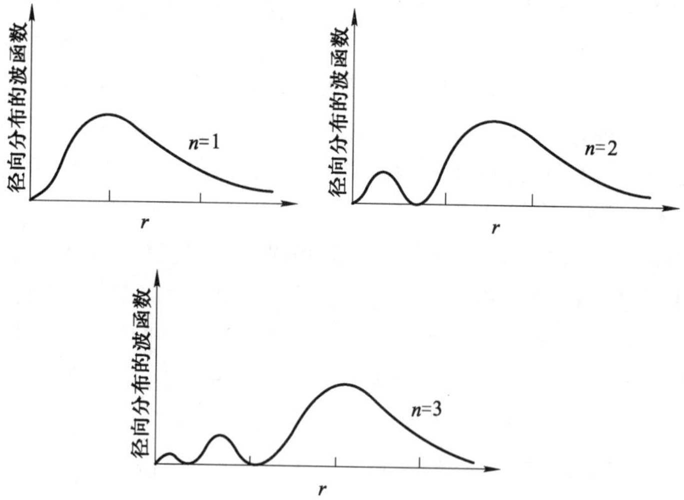

图 6.5 不同 n 值轨道在径向分布的波函数

（2）角量子数 l 和磁量子数 m 和 θ、φ 两个参数相关，可应用于描述电子在球面不同角度分布的情况。其中，角量子数 l 的取值受主量子数取值的约束，即 l 的取值范围只能为 $0 \sim n-1$ 区间内的整数值。例如：对于 $n=1$ 的轨道层，l 只有唯一的取值，即 0；而对于 $n=2$ 的轨道层，l 可以有 0、1 两个能量依次增加的取值，依次类推。对于不同 l 值的轨道，有一套习惯性的命名方式：

l	0	1	2	3
轨道名称	s	p	d	f

可以理解成，随着原子壳层的增大，电子运动的周长增大，而且电子受原子核的束缚减弱，因此其角度部分的分裂形式就变得多样化和复杂化。

磁量子数 m 的取值同样受 l 的值所限制，其取值范围为 $-l \sim l$。故对某一个轨道，其 m 的取值可以有 $2l+1$ 个。例如：s 轨道只包含 1 个 m 值为 0 的轨道；而 p 轨道由 3 个轨道构成，其 m 值可为 -1、0、1；而 d 轨道和 f 轨道可由 5 个和 7 个轨道所构成。

在没有外界作用的条件下，相同 n、l 值但不同 m 值的轨道能量是相同的，为彼此简并轨道，使得氢原子的总轨道的加和函数保持球形对称。而在外界配位作用下，这些轨道则可能发生分裂，使得电子分布密度的对称性降低。

由于角量子数 l 的取值受主量子数 n 取值的限制，而磁量子数 m 的取值又受角量子数 l 取值的限制，因此可以计算出每个原子壳层所拥有的轨道数目。例如：对于 $n=1$ 的第一壳层，l、m 的取值均只能为 0，因此该壳层只能包含 1 个 s 轨道；对于 $n=2$ 的第二壳层，则可以包含 1 个 s 轨道和 3 个不同 m 值的 p 轨道；依此类推，$n=3$ 的第三壳层，可以包含 1 个 s 轨道、3 个 p 轨道和 5 个 d 轨道；而 $n=4$ 的第四壳层，则可以包含 1 个 s 轨道、3 个 p 轨道、5 个 d 轨道，7 个 f 轨道；等等。

(3) 图形能直观、具体地给出事物的描述。对于氢分子的轨道，也可以用图形方式来描述。通常的做法采用电子概率分布的等值线来绘制轨道的形状。要求该等值线所包含区域内出现电子的概率为 90%。此外，用 m 作为量子指标的轨道波函数，除了 m 值为 0 的轨道外，其余轨道的波函数均为虚数形式，这一般不被化学家们所喜欢，为此量子化学描述中通常采用不同 m 值的波函数组合成实函数的形式来描述轨道，结合上面的作图方法，可以获得 s(图 6.6)、p(图 6.7)、d(图 6.8)的轨道图。在图中 +、- 符号代表了原子轨道波函数取值的正、负，这个符号在考虑轨道相互作用时具有很重要的作用。

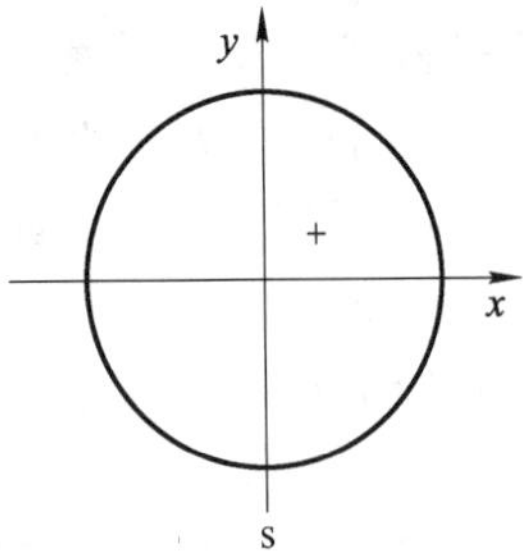

图 6.6　s 轨道电子云

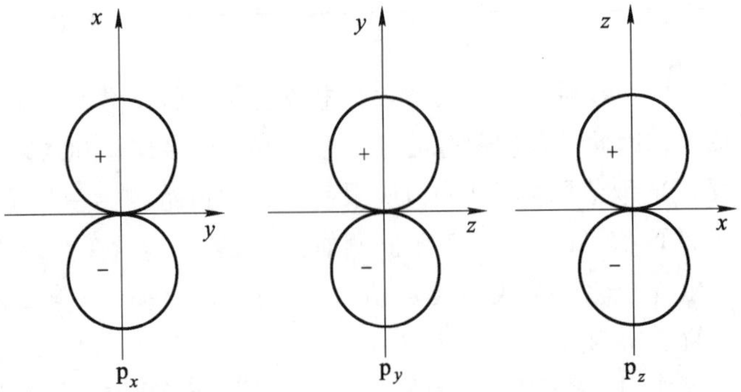

图 6.7　p 轨道电子云

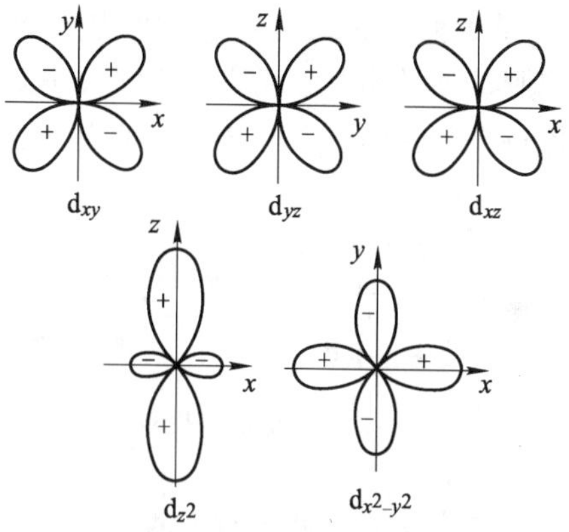

图 6.8 d 轨道电子云

6.1.4 电子的自旋及填充规律

用高分辨的分光仪观测原子光谱时可以发现，每一条谱线其实是由两条或多条波长十分接近的谱线所组成的，可称之为光谱的精细结构。例如，钠原子的 3p 到 3s 的跃迁原认为是波长为 589.3 nm 的一条谱线，可是在高分辨光谱观测下却发现，它由 589 nm 和 589.6 nm 两条线所构成。这说明电子具有一种特殊的运动，这种运动形式称为电子自旋。

1925 年，乌伦贝克（Uhlenbeck）和戈德斯密特（Gondsmit）通过对实验事实的分析，提出电子自旋的假设：每个电子都具有自旋角动量 s，它在空间任一个方向上的投影只能取 $+\hbar/2$ 或 $-\hbar/2$。电子自旋与物质的磁性性质具有重要的联系。

至此，可以知道氢原子周围的电子轨道状态可以用四个量子数，即主量子数、角量子数、磁量子数和自旋量子数来描述。那么电子填充在这些轨道上时需要遵循什么规则呢？下面将对电子在轨道上的填充的相关重要概念进行介绍：

（1）费米子。费米子是指满足费米－狄拉克分布的粒子，即系统中任意两个费米子不可能占据完全相同的量子态。从粒子的特性可以看出，费米子由于粒子所处的量子态必须不同的限制，它们将从能量最低的状态逐一向上填充。电子属于费米子，因此它的填充也必须满足费米子填充规则。

例如对于第一壳层，它包含 1 个 s 轨道，再考虑电子可以有两种自旋状态。因此第一壳层轨道所能容纳的电子数为 2。第二壳层包含 1 个 s 轨道和 3 个 p 轨道，同样结合自旋，可以知道它所能容纳的最大电子数为 8。

费米子的填充规则对化学家而言还有一种说法，就是泡利不相容原理，即在同一个轨道中填入的电子必须自旋相反。

(2) 对于相同 n、l 量子数的轨道上填充多个电子的情形，还有一个特殊的填充规则——洪德规则，即几个平行等价的轨道(不是一个轨道)电子尽可能占据不同的轨道且保持自旋相同。图 6.9 给出了 3 个电子在 d 轨道上遵循洪德规则排布的例子。

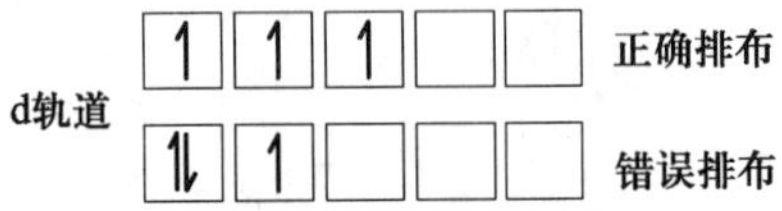

图 6.9　洪德规则排布

有了原子轨道及电子填充规则这两个有力的武器，就能很好地对不同元素的原子的性质及变化规律进行解释：

(1) 由于原子轨道第一壳层、第二壳层、第三壳层能容纳的最大电子数为 2、8、18，因此元素周期表(图 6.10)中的原子数目第一周期为 2，第二周期为 8，第三周期为 18，正体现了电子在不同壳层的填充规律，并可依次类推。

IA																	0
1 H	IIA											IIIA	IVA	VA	VIA	VIIA	2 He
3 Li	4 Be											5 B	6 C	7 N	8 O	9 F	10 Ne
11 Na	12 Mg	IIIB	IVB	VB	VIB	VIIB	VIII			IB	IIB	13 Al	14 Si	15 P	16 S	17 Cl	18 Ar
19 K	20 Ca	21 Sc	22 Ti	23 V	24 Cr	25 Mn	26 Fe	27 Co	28 Ni	29 Cu	30 Zn	31 Ga	32 Ge	33 As	34 Se	35 Br	36 Kr
37 Rb	38 Sr	39 Y	40 Zr	41 Nb	42 Mo	43 Tc	44 Ru	45 Rh	46 Pd	47 Ag	48 Cd	49 In	50 Sn	51 Sb	52 Te	53 I	54 Xe
55 Cs	56 Ba	57 La	72 Hf	73 Ta	74 W	75 Re	76 Os	77 Ir	78 Pt	79 Au	80 Hg	81 Tl	82 Pb	83 Bi	84 Po	85 At	86 Rn
87 Fr	88 Ra	89 Ac	104 Unq	105 Unp	106 Unh	107		109									

58 Ce	59 Pr	60 Nd	61 Pm	62 Sm	63 Eu	64 Gd	65 Tb	66 Dy	67 Ho	68 Er	69 Tm	70 Yb	71 Lu
90 Th	91 Pa	92 U	93 Np	94 Pu	95 Am	96 Cm	97 Bk	98 Cf	99 Es	100 Fm	101 Md	102 No	103 Lr

图 6.10　元素周期表

(2) 从元素周期表上看，同一族的元素，由于外壳层的填充电子数和电子排布是类似的，因此它们的化学性质在某种程度上也具有相似性。但是随着周期表自上而下，外层原子轨道的能量逐渐升高，因此同一族元素自上而下的原子电负性逐渐减小，体现出金属性逐渐增强的趋势。

（3）对于同一周期的元素，由于原子壳层数保持不变，但原子核中带正电荷的质子数却自左向右增加，造成原子核对周围电子的作用势逐渐增加，因此各元素外层原子轨道的能量按周期表自左向右降低。对于位于元素周期表左边的元素，由于外层原子轨道的能量高，易于失去电子，这些元素呈现金属特性；而位于元素周期表右边的元素，外层原子轨道的能量低，易于从别的元素那得到电子，呈现非金属的特性。

6.2　从原子到分子

6.1 节对原子的轨道和电子填充规律进行了介绍。然而对于化学家，他们研究的对象更多的是分子。因此在本节，将在前面原子轨道的基础上，进一步对量子化学如何分析处理分子体系的基本概念和重要原理进行介绍。

6.2.1　氢分子体系

氢分子体系的量子化学处理

为了建立和理解概念，可选取最简单的分子体系——由两个氢原子组成的氢分子体系，来看看量子化学是如何对该体系进行处理，并且从中可以获得哪些重要的信息。

图 6.11 中给出了一个氢分子体系的结构模型，其中两个氢分子的距离为 $R_{H_1H_2}$，另有两个电子围绕着原子核进行运动。由于实际化学体系的复杂性，量子化学一般处理过程中往往需要引入一定的近似，以保证体系能够被计算和处理。因此在实际量子化学处理过程中，一定要知道采用某种方法或模型进行计算时引入了哪些近似，这些近似合理性和精度的程度如何，这样才可以知道理论的可适用范围，以避免获得错误的解释。

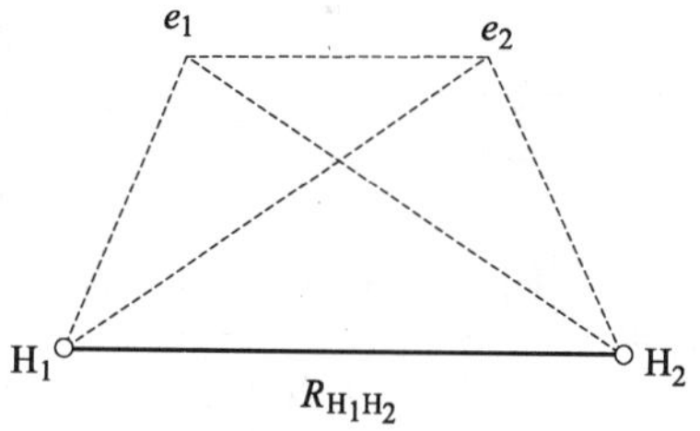

图 6.11　氢分子体系

这里首先介绍对分子体系处理的一个比较通用的近似——定核近似。这个近似最早由玻恩(Born)和奥本海默(Oppenheimer)提出，因此又被称为玻恩－奥本海默近似(Born-Oppenheimer approximation)。该近似假设在计算体系中原子核是固定不动的。这个近似的合理性来源于通常电子的运动速度远大于原子核的运动速度，因此它能很快地适应原子核的运动，使对于电子的轨道和填充几乎不受原子核运动的影响。这个近似几乎被所有量子化学体系计算分析所采用。

这里还需提及另一个比较通用的近似，即非相对论近似。由于相对论效应对于小的原子体系可以忽略不计，因此对于比较小的原子一般都不需要考虑其相对论效应。可是对于比较大的原子，由于其原子半径增大，外层的电子运动较快，因此需要在计算中考虑相对论效应的存在。

下面开始对一个距离固定为 $R_{H_1H_2}$ 的氢分子体系进行处理。在对相应的薛定谔方程求解之前，先对薛定谔方程[式(6-1-5)]进行稍微变形。在该方程的左、右两边同时左乘一个 φ^* 并进行积分，这样就可以获得能量的表达方程：

$$E=\frac{\int\varphi^*\hat{H}\varphi}{\int\varphi^*\varphi} \tag{6-2-1}$$

从这个方程可以看出，如果能知道分子的某一个波函数，就可以很方便地求解出其对应的能量。

可是如何能方便获得分子轨道的波函数呢？一个很常用的做法就是在已知原子轨道的基础上构建分子轨道，认为分子轨道是由原子轨道相互作用而形成的。典型的例子就是用原子轨道的线性组合方式来获得分子轨道，如对于氢分子体系，它的分子轨道可以用以下方程来表示：

$$\varphi=c_1\varphi_1+c_2\varphi_2 \tag{6-2-2}$$

式中，φ_1 和 φ_2 是氢原子 1 和氢原子 2 的 1s 原子轨道的波函数。如果用于计算的原子轨道波函数已经被归一化，就有

$$E=\frac{\int(c_1\varphi_1^*+c_2\varphi_2^*)\hat{H}(c_1\varphi_1+c_2\varphi_2)}{\int(c_1\varphi_1^*+c_2\varphi_2^*)(c_1\varphi_1+c_2\varphi_2)}=\frac{c_1^2\int\varphi_1^*\hat{H}\varphi_1+2c_1c_2\int\varphi_1^*\hat{H}\varphi_2+c_2^2\int\varphi_2^*\hat{H}\varphi_2}{c_1^2\int\varphi_1^*\varphi_1+2c_1c_2\int\varphi_1^*\varphi_2+c_2^2\int\varphi_2^*\varphi_2}$$

$$=\frac{c_1^2\int\varphi_1^*\hat{H}\varphi_1+2c_1c_2\int\varphi_1^*\hat{H}\varphi_2+c_2^2\int\varphi_2^*\hat{H}\varphi_2}{c_1^2+2c_1c_2\int\varphi_1^*\varphi_2+c_2^2} \tag{6-2-3}$$

为简化上式的写法，可以令

$$H_{11}=\int\varphi_1^*\hat{H}\varphi_1,\quad H_{12}=\int\varphi_1^*\hat{H}\varphi_2,\quad H_{22}=\int\varphi_2^*\hat{H}\varphi_2,\quad S_{12}=\int\varphi_1^*\varphi_2$$

则式(6-2-3)可写成

$$E=\frac{c_1^2H_{11}+2c_1c_2H_{12}+c_2^2H_{22}}{c_1^2+2c_1c_2S_{12}+c_2^2} \tag{6-2-4}$$

电子的填充将首先填充能量最低的轨道。因此下面将求解怎样的 c_1 和 c_2 能组合出能量最低的分子轨道。要使得能量最低，则必然要满足：

$$\frac{\partial E}{\partial c_1}=0\quad 和\quad \frac{\partial E}{\partial c_2}=0$$

将式(6-2-4)中 E 分别对 c_1 和 c_2 求导，得

$$(H_{11} - E)c_1 + (H_{12} - ES_{12})c_2 = 0 \qquad (6-2-5)$$

$$(H_{12} - ES_{21})c_1 + (H_{22} - ES)c_2 = 0 \qquad (6-2-6)$$

从数学上可知，要上面两个方程组有解，需满足：

$$\begin{vmatrix} H_{11} - E & H_{12} - ES_{12} \\ H_{12} - ES_{12} & H_{22} - E \end{vmatrix} = 0 \qquad (6-2-7)$$

这是量子化学中最重要的方程之一，称为久期方程。对于大多数分子体系，实际上并不真的去求解薛定谔方程，而是通过原子轨道（或特殊函数）线性组合分子轨道（LCAO－MO）的方法来获得轨道能量及相应的波函数。通过这种方式获得分子轨道，久期方程的求解就成为其核心内容。

对式（6－2－7）的久期方程进行求解，可获得分子轨道的能量值，即

$$E_1 = \frac{H_{11} + H_{12}}{1 + S_{12}} \quad 和 \quad E_2 = \frac{H_{11} - H_{12}}{1 - S_{12}} \qquad (6-2-8)$$

式中：H_{11}可近似看成是氢原子1s轨道的能量；H_{12}称为交换积分，通常是一个负数；S_{12}用于描述两个轨道 φ_1 和 φ_2 间的重叠情况，称为重叠积分，通常是一个小于1的正数。因此，$E_1 < H_{11}$，而 $E_2 > H_{11}$。可用如图6.12所示的轨道能级图来表示轨道能量的变化。

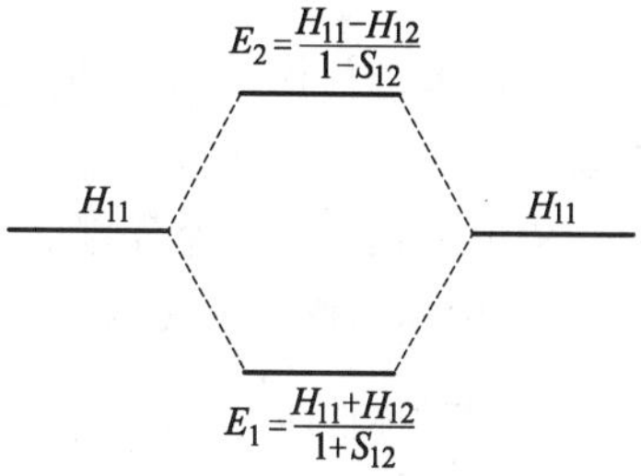

图6.12　H_2的分子轨道

由于每个轨道可以填充两个自旋量子数不相同的电子，因此氢分子的两个电子可填充在能量较低的分子轨道 Θ_1 上，使得系统的能量从孤立的两个氢原子的 $2H_{11}$ 减低为 $2E_1$。而 $2H_{11} - 2E_1$ 则为氢分子的键能，也即一个氢分子的生成热。

由于重叠积分 S_{12}一般为小于1的正数，对于图6.12中的轨道分裂，两个分子轨道能级的分母分别为 $1 - S_{12}$和 $1 + S_{12}$。这会使能量较高轨道 E_2 的能量上升值大于能量较低轨道 E_1 的能量下降值。因此，对于满电子的原子轨道，分子轨道的相互作用和能量分裂会使系统能量有所升高。

将这两个能量值代入式（6－2－5）和式（6－2－6）可获得相应的系数 c_1 和 c_2，从而获得对应的归一化分子轨道波函数：

$$\Theta_1 = \frac{1}{\sqrt{2 + 2S}}(\varphi_1 + \varphi_2) \quad 和 \quad \Theta_2 = \frac{1}{\sqrt{2 - 2S}}(\varphi_1 - \varphi_2) \qquad (6-2-9)$$

将这两个波函数沿两个氢原子连线方向作图，得到图6.13。

从图6.13中可以看出，对于 Θ_1 分子轨道，电子密度较大的区域主要集中

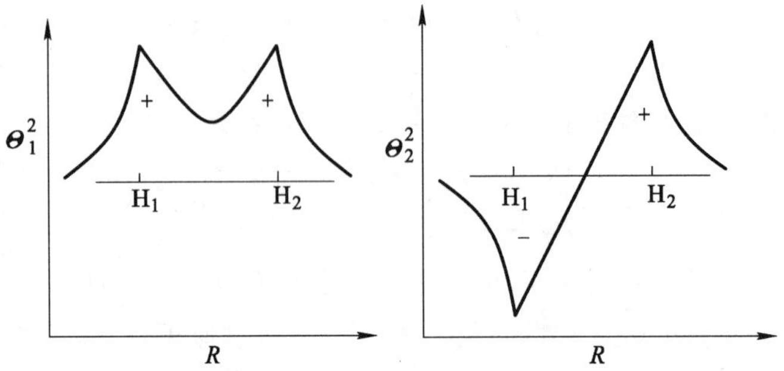

图 6.13　H_2 分子的波函数

在两个氢原子中间，整个波函数不存在节面。而 Θ_2 分子轨道波函数左边为负值，右边为正值，在两个原子的中间部分存在一个波函数值为 0 的节面，因此其能量较高。

6.2.2　成键三原则

从前面的讨论知道，$2H_{11}-2E_1$ 为氢分子的生成热，该生成热越大，体系越稳定。对于一个体系，怎样的轨道能有利于获得较低能量的轨道？一般而言，需要遵循以下三个原则。

1. 对称性匹配原则

所谓对称性匹配，即要求 $\int\varphi_1^*\varphi_2\neq 0$。如果重叠积分 $\int\varphi_1^*\varphi_2=0$，则同时会使得交换积分 H_{12} 也等于 0，从而 $E=H_{11}$，即分子轨道和原子轨道的能量没有发生变化，原子轨道的相互作用不能使系统能量有效降低。图 6.14 中给出了一些原子轨道间对称性匹配的例子，而在图 6.15 中则给出了一些原子轨道间对称性不匹配的例子。从图中可以看出，由于 p、d 轨道的波函数存在正负值区域，因此在对称性不匹配的情况下会使两个轨道乘积的总体加和为 0，产生无效重叠。

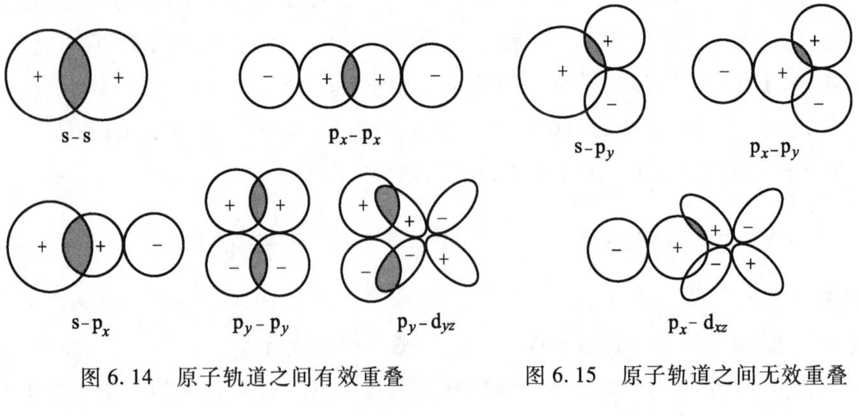

图 6.14　原子轨道之间有效重叠　　图 6.15　原子轨道之间无效重叠

2. 最大重叠

轨道重叠程度越大，则 H_{12}将负得越多，而且 S 值将增大。从分子轨道能量公式(6－2－8)可以看出这两个变化趋势都有利于分子成键轨道能量 E_1 的降低。

3. 原子轨道能量相近原则

在氢分子体系中，组成分子轨道的两个原子轨道能量相同。如果两个原子轨道能量不同，也就是研究的对象为异原子双分子体系时，也可以获得类似式(6－2－7)的久期方程，只是 H_{11}不再等于 H_{22}。求解该方程可以获得如下能量表达式：

$$E_1 = \frac{1}{2}\left[(H_{11}+H_{22})-\sqrt{(H_{11}-H_{22})^2+4H_{12}^2}\right]$$

$$E_2 = \frac{1}{2}\left[(H_{11}+H_{22})+\sqrt{(H_{11}-H_{22})^2+4H_{12}^2}\right] \quad (6-2-10)$$

可将式(6－2－10)改写成：

$$E_1 = H_{22}-\frac{1}{2}\left[\sqrt{(H_{11}-H_{22})^2+4H_{12}^2}-(H_{11}-H_{22})\right]$$

$$E_2 = H_{11}+\frac{1}{2}\left[\sqrt{(H_{11}-H_{22})^2+4H_{12}^2}-(H_{11}-H_{22})\right]$$

$$(6-2-11)$$

可以看出，若 $H_{11} \gg H_{22}$，则会有 $H_{11} \gg H_{12}$，进而有 $\sqrt{(H_{11}-H_{22})^2+4H_{12}^2}-(H_{11}-H_{22})$趋近于0，即 E_1 趋近于 H_{22}，也就是分子轨道能级与能量较低的那个原子轨道能级相当，系统总能量几乎不发生降低。而组成分子轨道的原子轨道能量越接近，则越有利于有效成键的形成。

6.2.3 电荷与成键

化学家一般喜欢的语言是电荷转移和成键，对于异原子双分子体系，如何能定量地体现出电荷的转移和成键呢？将式(6－2－11)的能量值进行类似于氢分子体系的处理，可获得组成分子轨道的原子轨道系数如下：

$$\frac{c_{11}}{c_{12}} = \frac{-2H_{12}}{\sqrt{(H_{11}-H_{22})^2+4H_{12}^2}+(H_{11}-H_{22})}$$

$$\frac{c_{21}}{c_{22}} = \frac{2H_{12}}{\sqrt{(H_{11}-H_{22})^2+4H_{12}^2}+(H_{11}-H_{22})} \quad (6-2-12)$$

从式(6－2－12)可以看出，如 $H_{11}=H_{22}$，则 $c_{11}=c_{12}$，$c_{21}=-c_{22}$，即组成分子轨道的两个原子轨道的系数绝对值相等。如 $H_{11} \gg H_{22}$，则会有 $H_{11} \gg H_{12}$，从而 c_{11}/c_{12}趋近于0，而 c_{21}/c_{22}趋近于负无穷大，即成键分子轨道 Θ_1 几乎都由能

量较低的 2 号原子的原子轨道组成，而反键分子轨道 Θ_2 则几乎都由能量较高的 1 号原子的原子轨道组成。例如，对于 HF 分子，它的分子轨道由氢的 s 轨道和氟的 p_x 轨道组成，并且两个原子各提供一个电子。由于每个分子轨道能够容纳两个电子，因此参与成键的两个电子将填充在低能量的 Θ_1 成键轨道上。而氟的 p_x 轨道能量较大程度上低于氢的 s 轨道能量，因此 Θ_1 轨道主要由氟的 p_x 轨道所组成。两个电子均填充在这个轨道上就相当于电子由氢原子向氟原子发生了转移。因此氟原子显 -1 价，而氢原子显 +1 价。这和人们所学的化学常识是相一致的。

1. 原子所拥有的电子数

可以定量地定义某一个原子所拥有的电子数：该分子体系中，对所有占据分子轨道中属于该原子的轨道系数的平方与对应的占据电子数间乘积进行求和（假设各分子轨道均已归一化处理）。

例如：对于 HF 分子体系，由于只有一个成键轨道，所以属于氢原子的电子数为 $c_{11}^2\times 2$，而该成键轨道中属于氟原子的电子数为 $c_{12}^2\times 2$；对于 $(HF)^-$ 体系，由于有 3 个键电子，第三个电子将填充到 Θ_2，则该体系中属于氢原子的电子数为 $c_{11}^2\times 2+c_{21}^2\times 1$，而该成键轨道中属于氟原子的电子数为 $c_{12}^2\times 2+c_{22}^2\times 1$。

2. 键的强弱

对键的强弱，量子化学又是如何给出定量化的定义呢？通常可用键级来量化原子间键的作用。键级的定义有很多种方法，比较常用的有密利根键级，如 HF 分子体系的密利根键级的定义为对所有占据分子轨道中 $c_{n1}\times c_{n2}\times S_{12}\times m$ 项进行加和。其中 c_{n1}、c_{n2} 为第 n 个占据分子轨道中氢的 s 轨道和氟的 p_x 轨道的轨道系数，S_{12} 为两个轨道间的重叠积分。对于 Θ_1 轨道，由于 c_{n1}、c_{n2} 是同号的，因此对键级的贡献为正值，被称为成键轨道。而对于 Θ_2 轨道，由于 c_{n1}、c_{n2} 是异号的，如有电子填充，将对键级提供负的贡献，因此被称为反键轨道。有了键级的定义，就能很方便地对体系的成键进行定量化的描述和比较了。

6.3　晶态固体材料的量子化学模型

6.3.1　四个氢原子组成的分子链

从一些最简单的体系氢原子链入手，通过对简单体系的处理，产生出基本概念和处理方法，并推广和应用到复杂的体系。为降低处理过程中的数学复杂性，首先介绍一种比较简单的量子化学计算的近似处理方法——休克尔理论。

休克尔理论

在这个理论中引入了几个简化近似：

(1) 非相邻原子间的相互作用比较小，可以忽略不计，也就是非相邻原子间的交换积分和重叠积分均为 0。

(2) 由于重叠积分 S 一般比 1 小很多，可以近似认为轨道自身的重叠积分为 1，而非轨道自身的重叠积分为 0。

在休克尔简化近似下，氢分子体系的能量和分子轨道波函数可分别简化为

$$E_1 = H_{11} + H_{12} \quad 和 \quad E_2 = H_{11} - H_{12} \tag{6-3-1}$$

$$\Theta_1 = \frac{1}{\sqrt{2}}(\varphi_1 + \varphi_2) \quad 和 \quad \Theta_2 = \frac{1}{\sqrt{2}}(\varphi_1 - \varphi_2) \tag{6-3-2}$$

可将库仑积分 H_{11} 记作 α，而交换积分 H_{12} 记作 β。

氢分子体系可以看做是两个氢原子组成的氢原子链。本节将该链扩展至 4 个氢原子(见图 6.16)。类似地可将该分子体系的波函数记为

$$\Theta_n = c_{n1}\varphi_1 + c_{n2}\varphi_2 + c_{n3}\varphi_3 + c_{n4}\varphi_4 = \sum_{i=1}^{4} c_{ni}\varphi_i \tag{6-3-3}$$

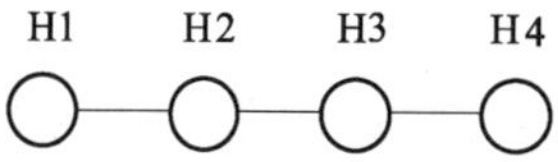

图 6.16 四个氢原子组成的氢原子链

对该体系进行类似氢分子的处理，并考虑休克尔近似，可获得该体系的久期方程：

$$\begin{vmatrix} \alpha - E & \beta & 0 & 0 \\ \beta & \alpha - E & \beta & 0 \\ 0 & \beta & \alpha - E & 0 \\ 0 & 0 & \beta & \alpha - E \end{vmatrix} = 0 \tag{6-3-4}$$

令 $x = \frac{\alpha - E}{\beta}$，则式(6-3-4)可转换为

$$\begin{vmatrix} x & 1 & 0 & 0 \\ 1 & x & 1 & 0 \\ 0 & 1 & x & 1 \\ 0 & 0 & 1 & x \end{vmatrix} = 0 \tag{6-3-5}$$

即

$$x^4 - 3x^2 + 1 = 0 \tag{6-3-6}$$

求解式(6-3-6)可得，$x_1 = 1.618$，$x_2 = 0.618$，$x_3 = -0.618$，$x_4 = -1.618$。

从而获得如下能级排布：

$$\begin{cases} E_1 = \alpha + 1.618\beta \\ E_2 = \alpha + 0.618\beta \\ E_3 = \alpha - 0.618\beta \\ E_4 = \alpha - 1.618\beta \end{cases} \tag{6-3-7}$$

该体系的分子轨道能级示意图如图 6.17 所示。

在图 6.17 中可用一个二维坐标系来表示轨道的能级，其中纵坐标是能量，横坐标是轨道的编号。可以看出，H_4 体系中氢原子的 4 个 s 轨道组合成了 4 个分子轨道，其中 2 个轨道的能量比原子轨道的能量 α 低，为成键轨道，2 个轨道的能量比原子轨道的能量高，为反键轨道。而该体系的 4 个电子都填充在了能量较低的 2 个分子轨道上，使得系统的能量总体降低。该体系的摩尔生成热可计算为

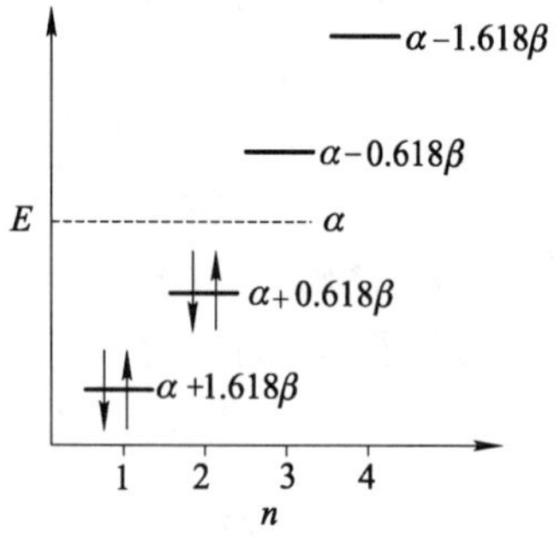

图 6.17　H_4 分子轨道能级示意图

$$\Delta H = (1.618 + 0.618) \times 2\beta N \tag{6-3-8}$$

其中，N 为阿伏加德罗常数，数值为 $6.022 \times 10^{23}\ \text{mol}^{-1}$。

与氢分子体系类似，通过获得的能量值可求解出相应的原子轨道组合系数，从而获得分子轨道的表达式。对 H_4 体系可获得归一化后的分子轨道如下：

$$\begin{cases} \Theta_1 = 0.372\varphi_1 + 0.602\varphi_2 + 0.602\varphi_3 + 0.372\varphi_4 \\ \Theta_2 = 0.602\varphi_1 + 0.372\varphi_2 - 0.372\varphi_3 + 0.602\varphi_4 \\ \Theta_3 = 0.602\varphi_1 - 0.372\varphi_2 + 0.372\varphi_3 - 0.602\varphi_4 \\ \Theta_4 = 0.372\varphi_1 - 0.602\varphi_2 + 0.602\varphi_3 - 0.372\varphi_4 \end{cases} \tag{6-3-9}$$

在获得归一化的分子轨道的基础上，就可以计算出每个原子上的电荷分布及原子间的成键情况。

根据原子上电子分布的计算方法，H_4 体系中 H1 原子的分配电子数应该为

$$0.372^2 \times 2 + 0.602^2 \times 2 = 1 \tag{6-3-10}$$

类似地可计算出其他原子的分配电子数也均为 1，即原子间没有发生电子转移，这和人们的化学常识也是一致的。

同样，还可以进行成键的键级计算，H1 和 H2 间及 H3 和 H4 间的成键键级为

$$(0.372 \times 0.602 \times 2 + 0.602 \times 0.372 \times 2) \times S = 0.896S \tag{6-3-11}$$

而 H2 和 H3 间的键级为

$$(0.602\times0.602\times2-0.372\times0.372\times2)\times S=0.448S \tag{6-3-12}$$

从计算结果可以看出 H2 和 H3 间的键级虽然仍然是正值，但它的值明显小于 H1 和 H2 间及 H3 和 H4 间的成键键级。因此该体系倾向于使 H1 和 H2 间及 H3 和 H4 间的键长缩短，而加长 H3 和 H4 间的距离，即倾向形成两个独立的 H_2 分子。这也和化学事实相符合。

6.3.2 有限长链体系的处理

如果将假想的 H_4 原子链进一步延长，考虑一个由 n 个原子组成的氢原子链，如图 6.18 所示。在考虑休克尔近似下，可以采用类似于 H_4 体系中的处理方法对它进行处理，首先获得类似于式(6-3-5)的久期方程表达式：

$$\begin{vmatrix} x & 1 & 0 & \cdots & 0 \\ 1 & x & 1 & 0 & \vdots \\ 0 & 1 & \ddots & \ddots & 0 \\ \vdots & 0 & \ddots & x & 1 \\ 0 & \cdots & 0 & 1 & x \end{vmatrix}=0 \tag{6-3-13}$$

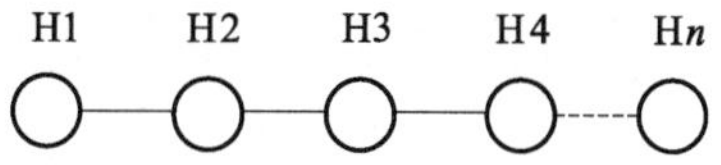

图 6.18 n 个氢原子组成的氢原子链

对该体系，求解上述久期方程，可以获得该方程解的通式：

$$x_m=-2\cos\left(\frac{m\pi}{n+1}\right)\quad(m=1,2,\cdots,n) \tag{6-3-14}$$

将 x 用轨道能量替代，表达式可变为

$$E_m=\alpha+2\beta\cos\left(\frac{m\pi}{n+1}\right) \tag{6-3-15}$$

同样，将能量值带回原方程可获得组成第 m 个归一化分子轨道的第 k 个原子轨道系数的通用表达式：

$$c_{mk}=\sqrt{\frac{2}{n+1}}\sin\left(\frac{km\pi}{n+1}\right) \tag{6-3-16}$$

即第 m 个分子轨道可以用如下函数表达：

$$\Theta_m=c_{m1}\varphi_1+c_{m2}\varphi_2+\cdots+c_{mn}\varphi_n=\sum_{k=1}^{n}c_{mk}\varphi_k \tag{6-3-17}$$

对该氢原子链，也可以给出类似图 6.17 的能级示意图。如对于氢原子数目 $n=20$ 的原子链，可作出如图 6.19 所示的能级示意图。根据能级的计算公式可以看出，对于假想的氢原子链体系，其分子轨道能级取值在 $\alpha-2\beta \sim \alpha+2\beta$ 之间(因为 $\cos(x)$ 的取值范围是 $-1 \sim 1$)。由于分子轨道能级被限制在 $\alpha-2\beta \sim \alpha+2\beta$ 之间，因此随着原子轨道数目的增加，组成分子轨道的能级分布也将变得越来越密集。

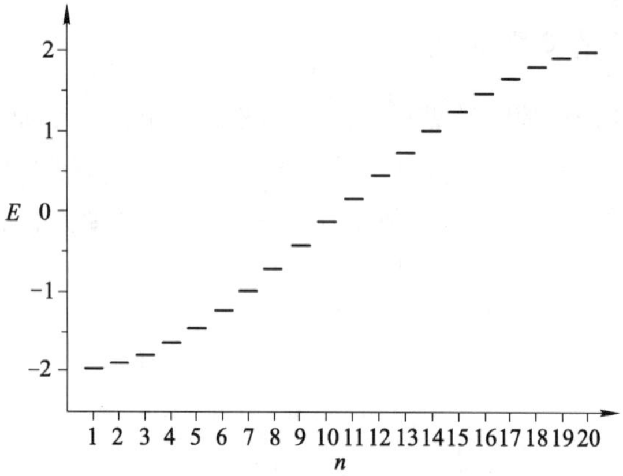

图 6.19　H_n 分子轨道能级示意图

6.4　晶体材料的布里渊区和能带

6.4.1　理想晶体的结构特点

在本节中，使用的晶态固体材料被假设为理想晶体。理想晶体是指该体系具有晶体的结构特点，但不存在实际的晶体边界。理想晶体从化学组成结构上具有以下特点：由最小构建单元即单胞和平移操作两个重要元素所构成。如图 6.20 所示，粗黑框部分构成了一个单胞，该单胞在沿 a、b、c 三个方向上按 na、nb、nc(其中 n 为整数)的尺度无限拓展，则构成了理想晶体。可以看出，理想晶体体系是一个无限体系，与前面所介绍的有限原子构成的分子体系是不同的。对于这样的无限体系，又要如何才能方便地实现计算处理呢?

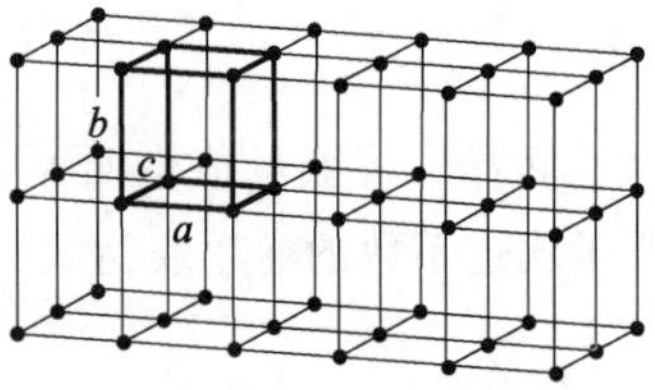

图 6.20　理想晶体

6.4.2 能带的产生

1. 氢原子无限链体系模型的建立

这里仍然先从一个最简单的一维体系即氢原子的无限链体系入手进行研究。如果将图 6.15 中的氢原子链的氢原子数目 n 增加到无穷大，则构成一个一维的氢原子晶体。其中每一个氢原子都构成一个原胞，而相邻氢原子的距离就是最小平移单元。也就是可以通过对 H1 原子向正负方向进行 na(n 为整数)平移产生出氢原子链(见图 6.21)。如果氢原子链的长度是∞，则平移一个距离 a 将和原来的构型完全重叠。

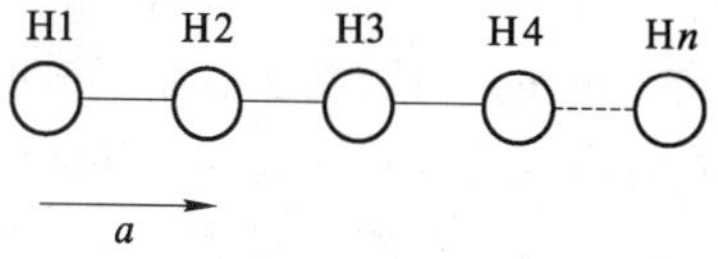

图 6.21 一维的氢原子晶体

对于 n 值趋于无穷大的氢原子链体系，可以近似地将该链看成一个首尾接近但不相连接的原子环(见图 6.22)，由于链中包含的原子数目是无穷大，因此原子间的曲率趋近于 0。所以用一个环来代替原子链，但每个原子的环境仍然和原子链中是一样的。仍然用原子轨道线性组合的方法来构建该体系的分子轨道，则对第 t 个分子轨道有如下表达式：

$$\Theta_t = c_{t1}\varphi_1 + c_{t2}\varphi_2 + \cdots + c_{tn}\varphi_n = \sum_{m=1}^{n} c_{tm}\varphi_m \qquad (6-4-1)$$

对类似于这样一个无穷体系应该如何简化处理呢？需要引入对称性处理的策略。对于氢原子无穷链体系，由于把直线链改成了环结构，因此从对称性上来看，它应该满足有一个 $n(n\to\infty)$ 次旋转轴。也就是说，对于该体系，做一次 $360/n$ 角度的旋转(记作 C_n^1)，将得到相同的一个构型，而如果对该构型进行 n 次 C_n^1 的旋转操作，将完全回复到初始的状态。

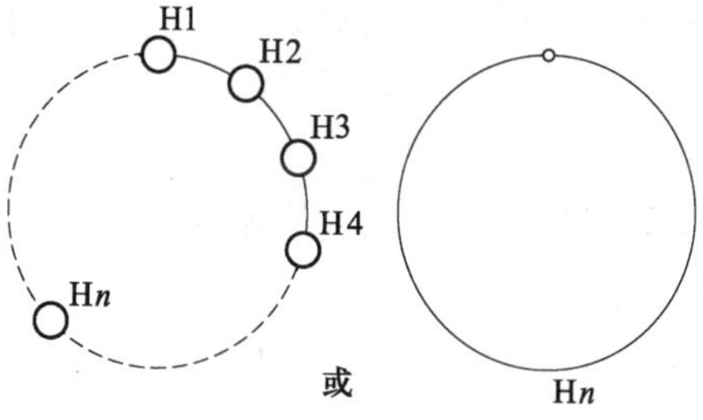

图 6.22 氢原子无穷链体系

2. 氢原子无限链体系分子轨道的解

可定义一个操作算符 $\hat{C}_n^1$ 表示对一个波函数进行 1 次 C_n^1 的旋转操作。由于对氢原子无穷链体系进行一次 C_n^1 旋转操作，它的绝对构型并不发生变化，但组成它分子轨道波函数的原子轨道却依次发生了一个位置上的变动，如 φ_1 变动到了 φ_2 位置，φ_2 变动到了 φ_3 位置。因此在 C_n^1 操作下它的波函数发生了如下变化：

$$\hat{C}_n^1\Theta_n = \sum_{m=1}^{n} c_{tm}\varphi_{m+1} \tag{6-4-2}$$

即与每个原子轨道的系数相乘的波函数变成了下一个氢原子的原子轨道波函数。此外，由于旋转后原子链的绝对构型并没有发生变化，因此旋转后新波函数的能量值应和原波函数的能量值是一样的，即为同一能量值的本征函数。因此该波函数只能为原来的波函数乘以一个常数 c，即

$$\hat{C}_n^1\Theta_n = \sum_{m=1}^{n} c_{tm}\varphi_{m+1} = c\sum_{m=1}^{n} c_{tm}\varphi_m \tag{6-4-3}$$

对该构型进行 n 次 C_n^1 的旋转操作，将完全回复到原始的构型，同时波函数也回复到起始的波函数。n 次 C_n^1 的结果可表示如下：

$$\hat{C}_n^1\cdots\hat{C}_n^1\Theta_n = \hat{C}_n^n\Theta_n = c^n\Theta_n = \Theta_n \tag{6-4-4}$$

也就是对该体系的任意一个分子轨道进行 n 次旋转操作，将得到完全一样的波函数。所以有常数 $c^n=1$。

对于实数空间，$c^n=1$ 只有 1、-1 两个解(当 n 为偶数时)，但在复数空间中，它可以有 n 个解。

在这里简单地复习一下复数空间中单位矢量的概念。复数一般具有 $z=x+\mathrm{i}y$ 的通式，当 $y=0$ 时，则对应的是实数空间。实数空间中绝对值的概念在复数空间中被扩展成模的概念，有 $|z|=(zz^*)^{1/2}$。其中，z^* 为 z 的共轭复数，$z^*=x-\mathrm{i}y$。如果复数 z 的模为 1，则 z 为复数空间的单位矢量。如图 6.23 所示，用实数 x 作为横坐标，用虚数 y 作为纵坐标，如果圆的半径为 1，则从原点到该圆上的点的连线均为复数空间中的单位矢量。

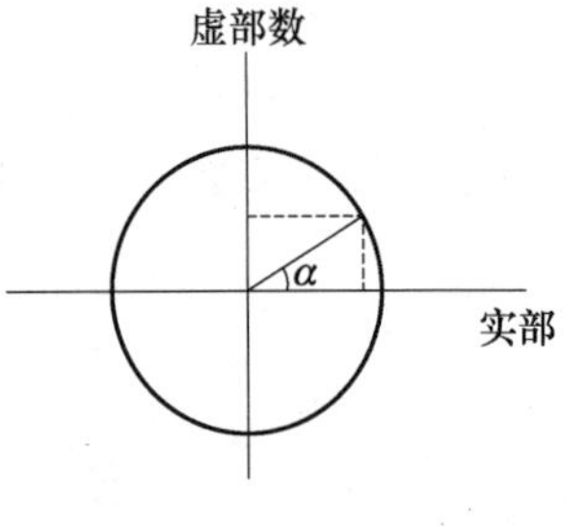

图 6.23　复数空间中的矢量

由于圆的半径为 1，所以复数空间中的单位矢量具有如下的通用表示形式：

$$z = \cos\alpha + \mathrm{i}\sin\alpha \tag{6-4-5}$$

上式也可以用指数形式表示为

$$z = \mathrm{e}^{\mathrm{i}\alpha} \tag{6-4-6}$$

对于复数空间中的单位矢量，它的任意次方仍然为复数空间中的单位矢

量，可证明如下：

$$|z^n| = e^{in\alpha} \times e^{-in\alpha} = e^{(in\alpha - in\alpha)} = e^0 = 1 \qquad (6-4-7)$$

要在复数空间中求解方程 $c^n=1$，由于在复数空间中有

$$z^n = e^{in\alpha} = \cos n\alpha + i\sin n\alpha = 1 \qquad (6-4-8)$$

若要求 $c^n=1$，则要有 $\cos n\alpha=1$，$\sin n\alpha=0$，即 $\alpha=\dfrac{2\pi}{n}$。所以满足 $c^n=1$ 在复数空间的解为

$$c = e^{i\frac{2\pi k}{n}} = \cos\frac{2\pi k}{n} + i\sin\frac{2\pi k}{n} \quad (k = 0,2,\cdots,n-1) \qquad (6-4-9)$$

再看式(6－4－3)，由于原子轨道依次发生了一个转动，而分子轨道的变化为乘以一个常数 c，因此有 $c_{t2}=cc_{t1}$，$c_{t3}=cc_{t2}$等。

如果对波函数进行 2 次 C_n^1 的旋转操作，则分子轨道系数需满足 $c_{t3}=c^2c_{t1}$，$c_{t4}=c^2c_{t2}$等。依次类推，对于分子轨道 k，它的第 m 个氢原子的轨道系数需满足 $c_{tm}=c^{m-1}c_{t1}$。所以第 t 个分子轨道可以写成以下形式：

$$\Theta_t = c_{t1}\varphi_1 + c_{t2}\varphi_2 + \cdots + c_{tn}\varphi_n = \sum_{m=1}^{n} c^{m-1}c_{t1}\varphi_m \qquad (6-4-10)$$

由于只剩下一个可独立变化的原子轨道系数，所以可将 c_{t1} 记作 c_t，并将式(6－4－9)中 c 的表达形式代入，则有

$$\Theta_t = \sum_{m=1}^{n} e^{i\frac{2(m-1)k\pi}{n}} c_t\varphi_m \qquad (6-4-11)$$

考虑休克尔近似下，对式(6－4－11)中的轨道进行归一化处理，要求 $\int\Theta_t^*\Theta_t = 1$，则

$$\int\left(\sum_{m=1}^{n} e^{-i\frac{2(m-1)t\pi}{n}} c_k^*\varphi_m^* \times \sum_{l=1}^{n} e^{i\frac{2(l-1)t\pi}{n}} c_k\varphi_l\right) = \sum_{m=1}^{n}\sum_{l=1}^{n} e^{-i\frac{2(m-1)t\pi}{n}} e^{i\frac{2(l-1)t\pi}{n}} c_k^* c_k \int\varphi_m^*\varphi_l = 1$$

由于上述积分项 $\int\varphi_m^*\varphi_l$ 只有在 $m=l$ 时数值才为 1，其他情况下均为 0，而在 $m=l$ 时，指数项互相抵消，故有

$$c_k = \frac{1}{\sqrt{n}} \qquad (6-4-12)$$

这样，就通过对称性的处理方法获得了氢原子无限链体系波函数的归一化表达式：

$$\Theta_t = \frac{1}{\sqrt{n}}\sum_{m=1}^{n} e^{i\frac{2(m-1)k\pi}{n}} \varphi_m \qquad (6-4-13)$$

在这里 k 是一个很重要的变量，它可取 1，2，…，n 的整数值。由于 n 趋近于无穷大，因此可近似地把 k 值看成是连续的，将分子轨道写成用 k 值作为变量

表达的函数，即

$$\Theta(k)=\frac{1}{\sqrt{n}}\sum_{m=1}^{n}\mathrm{e}^{\mathrm{i}\frac{2(m-1)k\pi}{n}}\varphi_m \qquad (6-4-14)$$

同样，可以根据变换后的薛定谔方程来求得相应的能量值：

$$E(k)=\langle\Theta(k)^*\mid\hat{H}\mid\Theta(k)\rangle \qquad (6-4-15)$$

在休克尔近似下相邻和非相邻的库仑积分项分别为 β 和 0，所以能量表达式可以写为

$$E(k)=\alpha+(\mathrm{e}^{\mathrm{i}\frac{2k\pi}{n}}\beta+\mathrm{e}^{-\mathrm{i}\frac{2k\pi}{n}}\beta) \qquad (6-4-16)$$

其中，两个 β 项分别来自左边和右边相邻原子的作用，而更远距离的相互作用则被休克尔近似假设为不存在。

用三角函数的形式来展开指数项，则有

$$E(k)=\alpha+2\beta\cos\left(\frac{2k\pi}{n}\right) \qquad (6-4-17)$$

可以用能量对 k 来作图，并将 k 视为连续的，则获得了氢原子链的连续的分子轨道能级图(见图 6.24)。从图中可以看出，分子轨道能级图对于 k 值和能量的变化像条起伏的带子，因此将其称为能带。

3. 能带的一些特征

从能带的能量跨度上来看，对于氢原子链，它的取值范围是 $-2\beta\sim2\beta$，从而 β 值在很大程度上决定了能带的起伏程度。如果 $\beta=0$，即每个氢原子间距都很大，氢原子轨道间不发生作用，则其能带将是一条无起伏的带子。而对于 $\beta\neq0$ 的情形，能带的能量跨度随 β 值的增大而增大。β 值在量子化学中刻画了轨道间相互作用的强度。因此沿链方向的轨道作用越强，β 值就越大，能带的能量跨度也就越大，反之亦然。

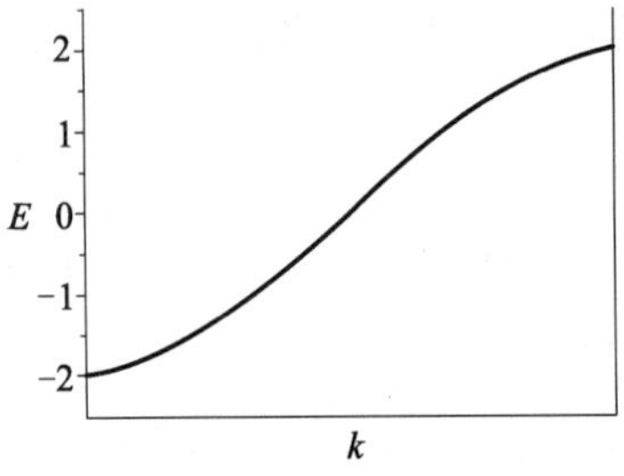

图 6.24　氢原子链的能带

对于实际的化学体系，一般金属间由于外层轨道较为弥散，外层轨道间轨道的相互作用和重叠程度较高，因此金属体系通常呈现出价层轨道能带起伏很大的特点；共价化合物体系中，体系通过轨道的重叠，形成成键轨道和反键轨道，而电子填充在成键轨道上使得体系能量降低。对于共价化合物体系，它们原子间价层轨道的相互作用比较强，轨道间重叠也比较大，因此该体系的能带有一定的起伏；对于离子型化合物体系，体系通过电子由阳离子向阴离子转移而实现体系能量的稳定，体系中原子轨道间重叠程度比较小，因此该体系的能带一般比较平。此外，化合物如果沿某个方向只存在弱的氢键或范德华力的作

用，在该方向上一般能带也体现出几乎居于同一很小能量值范围内的特点。

这里对获得能带的过程简要小结如下：

（1）通过旋转一次，构型和轨道能量不发生变化可推出，旋转后的波函数应该是原函数和一个常数 c 的乘积，因此组成分子轨道的原子轨道系数间应该有 $c_{tm}=c^{m-1}c_{t1}$ 的约束关系。

（2）通过所有分子轨道旋转 n 次将回到初始状态，可推出，上述常数 c 应该满足 $c^n=1$。c 在复数空间中的解为

$$c = e^{i\frac{2\pi k}{n}} = \cos\frac{2\pi k}{n} + i\sin\frac{2\pi k}{n}$$

（3）因此可获得归一化波函数的解，即

$$\Theta(k) = \frac{1}{\sqrt{n}}\sum_{m=1}^{n} e^{i\frac{2(m-1)k\pi}{n}}\varphi_m$$

（4）从而根据变形的薛定谔方程求得体系的能量：

$$E(k) = \alpha + 2\beta\cos\left(\frac{2k\pi}{n}\right)$$

并做 $E-k$ 关系图就可以获得能带。

（5）k 由旋转对称性的操作特性而产生，因此可以将它看做是平移对称性的一个特征指标。

6.4.3 二维和三维晶体的能带与布里渊区

1. 从一维晶体波函数推广至二维和三维晶体的波函数

要进一步将能带计算推广到二维和三维晶体体系中，需要将波函数和能量的表达式用通用的空间矢量坐标的形式来进行标准化。

这里将第 m 个原子定义成从初始原子通过 m 次矢量平移而产生的原子，即 m 用矢量 $\boldsymbol{r}_m$ 来替代，其中 $\boldsymbol{r}_m$ 为原点原子到第 m 个原子的矢量连线。所以，$\varphi_m=\varphi_0(r_0+r_m)$。同样也可以用矢量点乘 $\boldsymbol{r}_m\cdot\boldsymbol{k}$ 的方式来替代 $m\times\boldsymbol{k}$ 项，而 n 值则用体积 V 的形式来代替。可以写出波函数的新形式：

$$\Theta(k) = \frac{1}{\sqrt{V}}\sum_{m} e^{i\frac{2\pi(\boldsymbol{r}_m\cdot\boldsymbol{k})}{n}}\varphi_0(r_0+\boldsymbol{r}_m) \quad (6-4-18)$$

或把上式中加和指标 m 改成对所有 $\boldsymbol{r}$ 矢量求和，并用 $\boldsymbol{r}$ 替代，可获得以下的表示形式：

$$\Theta(k) = \frac{1}{\sqrt{V}}\sum_{r} e^{i\frac{2\pi(\boldsymbol{r}\cdot\boldsymbol{k})}{n}}\varphi_0(r_0+\boldsymbol{r}) \quad (6-4-19)$$

其中，$\boldsymbol{r}_m\cdot\boldsymbol{k}$ 对一维空间为两个整数的乘积 $m\times\boldsymbol{k}$；对二维空间，由于 x、y 空间的正交性质，有 $\boldsymbol{r}_m\cdot\boldsymbol{k}=m_1k_1+m_2k_2$；对三维空间，则为 $\boldsymbol{r}_m\cdot\boldsymbol{k}=m_1k_1+m_2k_2$

$+m_3k_3$。

2. $\boldsymbol{k}$ 空间的特性

对于(m_1, m_2, m_3)组成的 $\boldsymbol{r}$ 空间为晶体的晶格矢量空间，对三维体系具有$\boldsymbol{r}=m_1\boldsymbol{a}+m_2\boldsymbol{b}+m_3\boldsymbol{c}$。其中，$\boldsymbol{a}$、$\boldsymbol{b}$、$\boldsymbol{c}$ 为晶格沿三个晶轴方向的平移矢量。同样对于(n_1, n_2, n_3)也可以构建一个 $\boldsymbol{k}$ 空间，$\boldsymbol{r}=n_1k_a+n_2k_b+n_3k_c$。

由于需满足 $\boldsymbol{r}_m\cdot\boldsymbol{k}=m_1n_1+m_2n_2+m_3n_3$。因此有

$$\boldsymbol{a}\cdot\boldsymbol{k}_a=\boldsymbol{b}\cdot\boldsymbol{k}_b=\boldsymbol{c}\cdot\boldsymbol{k}_c=1 \qquad (6-4-20)$$

且

$$\boldsymbol{a}\cdot\boldsymbol{k}_b=\boldsymbol{a}\cdot\boldsymbol{k}_c=\boldsymbol{b}\cdot\boldsymbol{k}_a=\boldsymbol{b}\cdot\boldsymbol{k}_c=\boldsymbol{c}\cdot\boldsymbol{k}_a=\boldsymbol{c}\cdot\boldsymbol{k}_b=0 \qquad (6-4-21)$$

从上述定义可以看出，$\boldsymbol{k}$ 矢量组成的空间具有晶格空间的倒易空间的含义。因此对于三维晶格的 $\boldsymbol{k}$ 矢量要遵循晶格空间的倒易空间的空间群的对称性。

3. 布里渊区和高维空间的能带

由于 $\boldsymbol{k}$ 矢量遵循倒易空间的对称性，因此它的空间信息可以进一步被简化。首先，由于倒易空间也遵循平移对称性，因此在 $\boldsymbol{k}$ 矢量空间中只需要给出一个单胞的信息就足以表达整个 $\boldsymbol{k}$ 矢量空间中的信息，也即在单胞之外的 $\boldsymbol{k}$ 矢量空间只能重复出现与单胞内相同的波函数和能量值，并不能产生出任何新的内容。其次，根据 $\boldsymbol{k}$ 矢量空间单胞内的对称性，还可以进一步寻找出单胞内的独立对称单元，可使信息更为简单化。

例如，对于二维简单正方晶格体系，它的倒易晶格也是简单正方晶格（见图 6.25）。由于它在原点具有四重轴对称性，并且它在对角线方向具有镜面对称性，因此，对于该体系，只要八分之一的原胞（图 6.25 中灰色区域）就可以给出该体系所有的独立波函数及能量信息。这个包含最小独立信息的 $\boldsymbol{k}$ 矢量空间的区域就被称为第一布里渊区。

对于二维体系，由于 $\boldsymbol{k}$ 矢量空间是二维的，如果将能量对 $\boldsymbol{k}$ 矢量作图，将得到一个三维图形。而对于三维体系，得到的将是四维图形，这样高维的图形在绘制上很难实现。为简化起见，只选取 $\boldsymbol{k}$ 矢量空间具有代表性的线作为横坐标对能量作图，这样只绘制二维图形就足够了。例如，对于图 6.25，只需选取 $O\to x\to z\to O$ 三段线作为横坐标对能量作图，就有足够的代表性了。例如，对于硅单质体系，它属于面心立方格子结构，故有如图 6.26 所示的倒易空间素格子。在该格子中，可选取具代表性的各特征方向点，就可以计算并绘制出如图 6.27 所示的能带图[73]。能带图横坐标的每一个分割点与硅单质的第一布里渊区的特征点相对应。

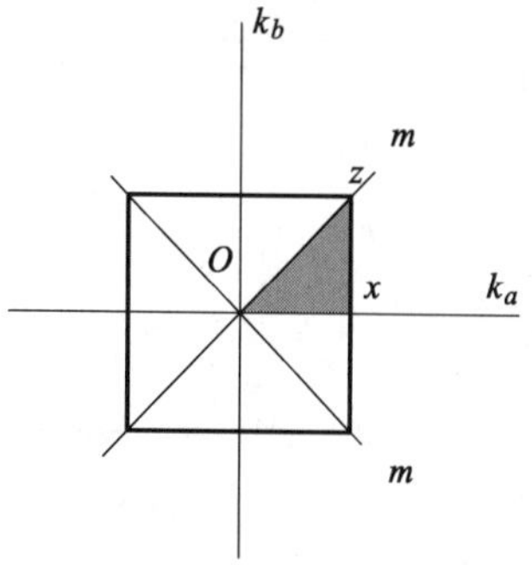

图 6.25 二维简单正方晶格体系的 $\boldsymbol{k}$ 空间

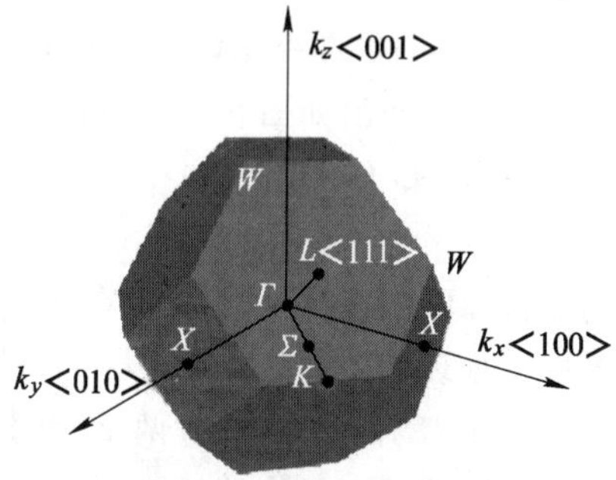

图 6.26 面心立方硅单质的倒易空间素格子

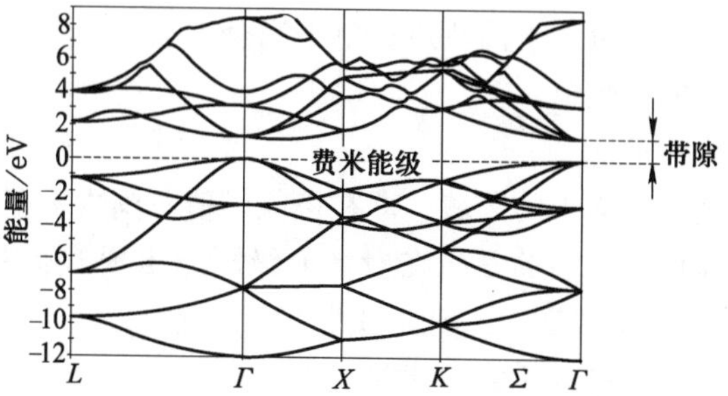

图 6.27 面心立方硅单质的能带图[73]

6.4.4 态密度和费米能级

介绍几个固体物理研究中的重要概念。

1. 态密度(Density Of State，DOS)

态密度(DOS)是指能量介于 E 和 $E+\Delta E$ 之间的晶体轨道数目 ΔZ 与能量差 ΔE 之比。因此，它是一个关于能量的函数，可记为 $\mathrm{DOS}(E)=(\Delta Z(E)/\Delta E)$。DOS－$E$ 关系反映出固体中电子能态的结构，固体中的性质如导电性、电子比热、顺磁磁化率等与之关系密切。

根据上述定义，如对于氢原子链体系，就可以画出它的态密度图(见图 6.28)。态密度也可以理解成在某一很小的能量区间内的晶体轨道数。从图 6.24 的能带图上看，能带上每一个 k 点对应于一个晶体轨道。因此，在能带比较平缓的区间，则该区间包含的晶体轨道数就多，对应的能带的态密度比较大；而在能带起伏程度大的区间，单位能量内包含的晶体轨道数就相应少些，

[73] Phillips J C. Physical Review，1962，125：1931－1936.

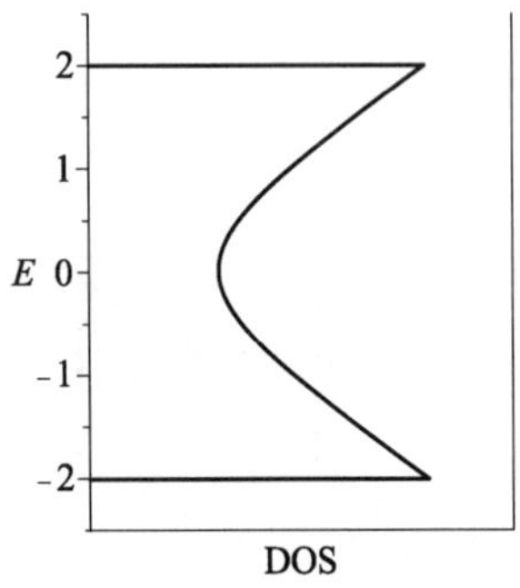

图 6.28　氢原子链体系的态密度图

能带的态密度度则比较小。图 6.24 的能带图呈现了中间陡、两边缓的变化趋势，因此，根据分析，就可以定性作出如图 6.28 所示的态密度图。

2. 费米能级(Fermi level)

从严格意义上来说，费米能级是指费米子系统在趋于势力学温度 0 K 时的化学势。在量子化学体系中，处理的主要对象是电子，而电子就是费米子。由于费米子不容许有两个相同量子数的粒子出现，因此，电子将按轨道从低向高、根据洪德规则和泡利不相容原理进行填充。费米能级就是指在势力学温度 0 K 时电子填充所占据的最高轨道的能量。在该能量之下的轨道被电子完全占据，而在该能量之上的轨道则为没有电子填充的空轨道。

3. 能隙(band gap)

能隙指的是态密度为零的区域，即在该能量值范围内不存在晶体轨道的分布。而常用的能隙概念更多的是指在费米能级附近出现的态密度为零的区域。如图 6.27 中硅单质的能级图，在硅单质费米能级的上方有一个约 1.0 eV 的区域没有能带分布，因此可以说它的能隙值为 1.0 eV。

6.5　原子轨道态密度及轨道相互作用

6.5.1　原子体系从有限到无穷

从前面的分析和计算可以看到，当研究的体系从分子变到无机晶体材料，其研究对象发生了较大的变化。从结构上看，体系从有限原子个数的分子变成原子数量无限的复杂体系，而相应的分子轨道也由分立的能级变成连续的能带。这个变化使人们不能再简单沿用分子体系的概念来描述晶体材料的电子结构特性，而需要引入一种“统计性”的语言。此外，晶体材料具有平移对称性的特点，在处理过程中，$\boldsymbol{k}$ 矢量空间的概念也被引入体系描述中。从前面的介绍可以看出，$\boldsymbol{k}$ 矢量空间被赋予了平移群特征指标、晶体倒易空间等多重含义。通过它能使复杂的晶体体系处理变得简化。

晶体体系与分子体系在描述特点上有较大的不同，但从化学家的直觉上看，晶体体系也只不过是一个放大的分子体系，两者之间并没有绝对的割裂。从小分子、大分子到晶体材料，虽然体系不断在增大，但化学家熟知的原子轨道、电荷、价键等的概念应该也在晶体体系中存在。只是应该如何从这个繁杂的体系中把人们所希望的信息形象化地、像在分子体系中那样方便地提取出来呢?

6.5.2 原子轨道在哪里——晶态材料中的轨道组成分析

由于晶体材料体系中分子轨道的数目是无穷大，因此无法如同在分子体系中一个一个列出具体的分子轨道并对它们的成分进行分析，从而知道某个或某些分子轨道是由哪些原子轨道组成并得知原子轨道间是如何相互作用的。在晶体材料体系，引入一个“态密度”的概念，这个概念将被用于替代分子体系中轨道的概念来对晶体材料体系中的轨道进行描述。如对于图 6.27 中的能带，能绘制出如图 6.29 所示的态密度图，图中的虚线代表费米能级。从图中可以很方便地看出在不同能量区间分子轨道的分布数目。

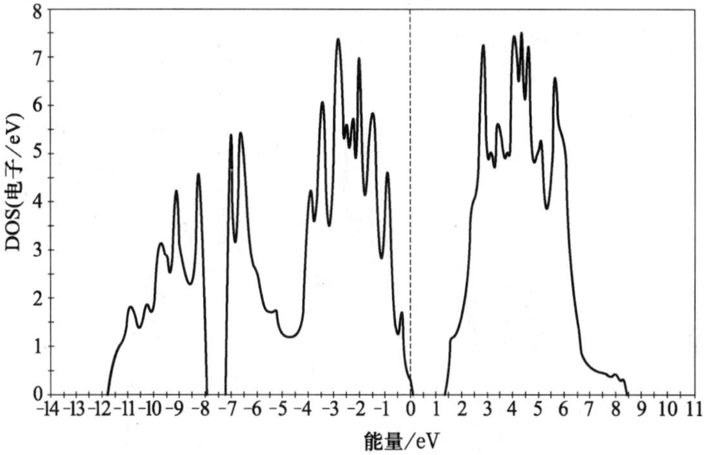

图 6.29 面心立方硅单质的态密度

1. k 空间的态守恒原理

由于理想晶体中的单胞是晶体结构的最基本组成单元，其余部分可通过单胞的平移产生。同样，在能带计算中晶胞间原子轨道的作用可以考虑成，首先通过平移对称性将同一原子轨道组合成具有 $\boldsymbol{k}$ 空间指标的离域原子轨道。由于 $\boldsymbol{k}$ 指标具有平移群的特征标的性质，因此，不同 $\boldsymbol{k}$ 空间指标的原子轨道间彼此正交，即不同 $\boldsymbol{k}$ 空间指标的原子轨道间不会发生相互作用，而原子轨道间的相互作用只需考虑对同一 $\boldsymbol{k}$ 空间指标下原子轨道间的相互作用。

在态守恒原理限制下，不考虑原子轨道的相互作用。若每个晶体单胞中有 n 个原子轨道，将在平移操作作用下形成 n 个具有同一 $\boldsymbol{k}$ 空间指标的轨道，这一系列轨道对于 $\boldsymbol{k}$ 坐标整体将形成 n 条能带。进一步考虑同一 k 点间 n 个原子轨道的相互作用，根据态守恒原理，也将组成 n 个该 k 点下的晶体轨道。在这种计算作用下，也可以用一个单胞中的原子轨道作为基本单元来进行晶体轨道组成的描述。而每个 k 点包含的原子轨道的内容也恰好将是一个单胞中的所有原子轨道，这称为 $\boldsymbol{k}$ 空间的态守恒原理。

2. *原子轨道投影态密度*

利用一个单胞中原子轨道的相互作用组成晶体轨道的方式使化学家们又能回到他们所熟悉和喜欢的工具上来。对于晶体中的原子轨道，也可以用类似晶体轨道态密度的处理方法来处理。对于某一个能量范围内的分子轨道，假设各轨道均已归一化，可对组成分子轨道的原子轨道的成分进行加和，从而获得该能量范围内原子轨道的态密度。这种做法如同将分子轨道向组成它的原子轨道的空间基矢做投影，因此将获得的结果称为原子轨道投影态密度。对于硅体系，由于硅元素主要由它的 s、p 轨道构成，图 6.30 和图 6.31 中分别给出了它的 s、p 轨道态密度和总态密度的比较。

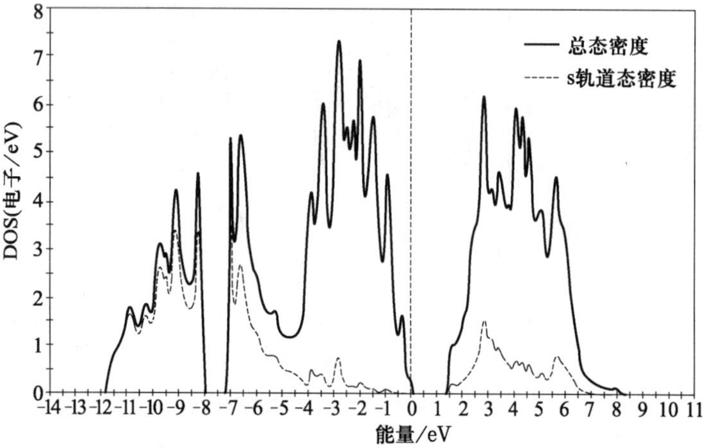

图 6.30　面心立方硅单质的 3s 轨道态密度与总态密度

从图 6.30 和图 6.31 中可以看出，硅的 s、p 轨道不再是处于分立的能级上，而是分布在一定的能量区间内。对于硅的体系，在费米能级之下主要是硅的成键轨道，而费米能级之上为反键轨道。在成键轨道区域，s 轨道主要占据能量较低的区域，而 p 轨道占据能量较高的区域。s、p 轨道在能量值为 −7 ~ −5 eV 的区间有一定的混合，但由于 −5 eV 以上区域主要由 p 轨道的成分组成，因此总体来说混合的程度并不大。所以与碳元素相比较而言，硅的 s、p 轨道杂化的程度相对较弱，这和人们的化学常识是相符的。

在费米能级附近的轨道，类似于在分子轨道中的前线轨道，它对材料的物

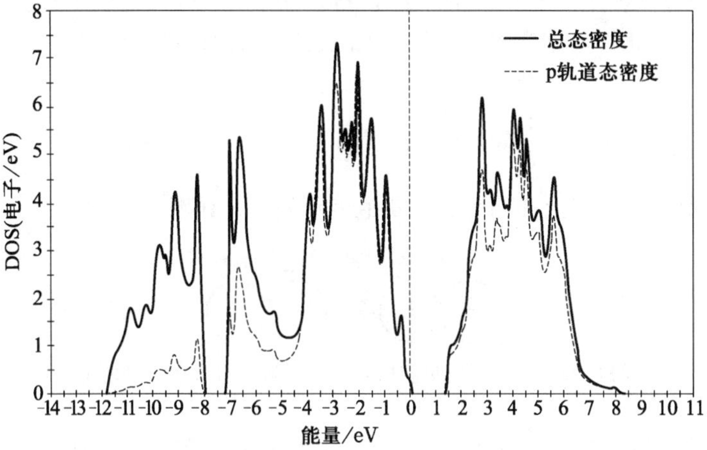

图 6.31　面心立方硅单质的 3p 轨道态密度与总态密度

理性能和化学性能都具有重要的决定作用。而对于硅体系，费米能级附近主要由硅的 p 轨道构成。

从上面分析可以看出，用态密度及原子轨道投影态密度的概念能很方便地像在分子体系中一样对轨道作用及分子轨道成分分析进行处理。

6.5.3　单胞的选取与能带的关系

根据 $\boldsymbol{k}$ 空间的态守恒原理知道，每个 k 点包含的轨道数和一个单胞中的原子轨道数是一致的。也就是能带的数目和一个单胞中的原子轨道数相一致。因此，晶体最小平移单元即单胞的选取将直接对能带的数目造成一定的影响。但从另一个角度而言，单胞的选取应该只是计算模型的选取，而不应该对晶体材料的电子结构有任何影响。如何合理解释这两个现象的不一致性呢？这就需要探讨一下单胞的选取对能带有什么具体的影响。

氢原子链仍将作为一个很好的例子。如图 6.32 所示，将图 6.21 中氢原子链的单胞扩大一倍，即取两个氢原子作为单胞来进行计算，考查一下对能带会造成怎样的影响。

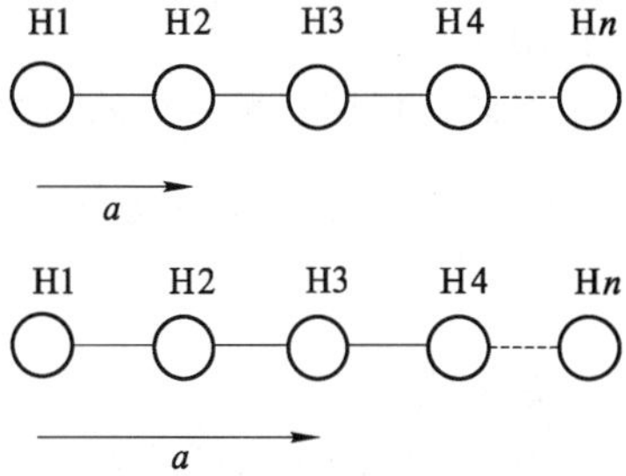

图 6.32　氢原子链扩大一倍的单胞结构示意图

为简化数学过程，与上述考虑休克尔近似的条件相同，对该体系进行处理。首先考虑单胞内轨道的相互作用。由于单胞内只有两个原子轨道，形成一个氢分子体系。可参照式(6－2－8)中的能量计算和式(6－2－9)中的轨道计算，并考虑休克尔近似，获得单胞内式(6－5－1)的能量和式(6－5－2)的分子轨道：

$$E_1 = \alpha + \beta \quad 和 \quad E_2 = \alpha - \beta \tag{6-5-1}$$

$$\Psi_1 = \frac{1}{\sqrt{2}}(\varphi_1 + \varphi_2) \quad 和 \quad \Psi_2 = \frac{1}{\sqrt{2}}(\varphi_1 - \varphi_2) \tag{6-5-2}$$

从图形上可以将上面两个分子轨道表示如下，如图 6.33 所示。

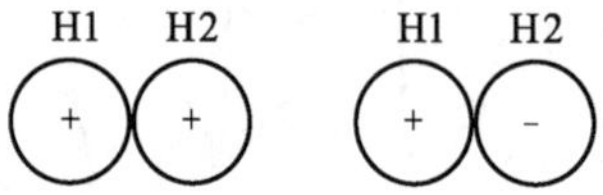

图 6.33　氢原子链单胞内两个原子轨道组合成分子轨道

进一步考虑两个分子轨道在平移群作用下生成晶体轨道。参考式(6－4－14)的晶体轨道表达式，可以获得由两个分子轨道组成的两个晶体轨道的表达式：

$$\Theta_1(k) = \frac{1}{\sqrt{N}}\sum_{m=1}^{N} e^{i\frac{2mk\pi}{N}}\Psi_{m1} \quad 和 \quad \Theta_2(k) = \frac{1}{\sqrt{N}}\sum_{m=1}^{N} e^{i\frac{2mk\pi}{N}}\Psi_{m2} \tag{6-5-3}$$

注意，在式(6－5－3)中用 N 替代了式(6－4－14)中的 n。在这里 N 代表由两个氢原子组成的单胞的编号。

同样，可以根据式(6－4－15)中变换后的薛定谔方程，并考虑休克尔近似来求得两条能带随 k 点变化的能量表达式：

$$\begin{aligned} E_1(k) &= (\alpha + \beta) + \frac{1}{2}(e^{i\frac{2k\pi}{n}}\beta + e^{-i\frac{2k\pi}{n}}\beta) \\ E_2(k) &= (\alpha - \beta) + \frac{1}{2}(e^{i\frac{2k\pi}{n}}\beta + e^{-i\frac{2k\pi}{n}}\beta) \end{aligned} \tag{6-5-4}$$

式(6－5－4)中前一项来自式(6－5－1)中分子轨道的初始能量，后一项中的系数$\frac{1}{2}$来自式(6－5－2)中的系数$\frac{1}{\sqrt{2}}$，而括号中的项目来源于单胞间的相互作用。

同样，可用三角函数的形式来展开式(6－5－4)中的指数项，则有

$$E_1(k) = (\alpha + \beta) + \beta\cos\left(\frac{2k\pi}{n}\right) \quad 和 \quad E_2(k) = (\alpha - \beta) - \beta\cos\left(\frac{2k\pi}{n}\right) \tag{6-5-5}$$

根据式(6－5－5)，在 k 点取值为第一布里渊区范围内，可以获得如图 6.34 所示的态密度图及如图 6.35 所示的能带图。

从图 6.34 的态密度图与图 6.28 的态密度图相比较可以看出，虽然单胞的选取发生了变化，但体系的态密度并没有发生变化，也就是电子的能级分布并

没有发生任何变化。这和直觉是一致的。

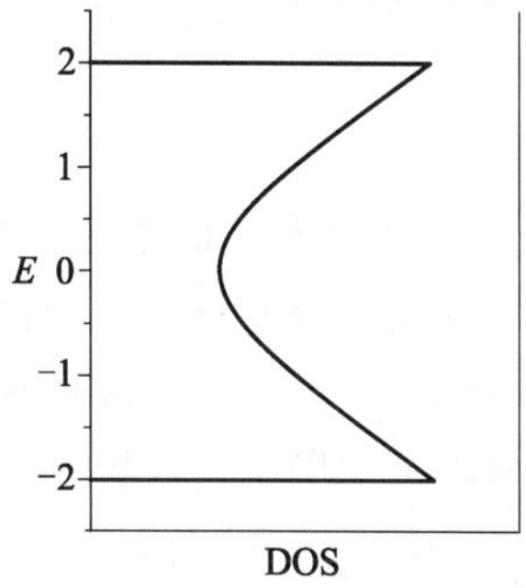

图 6.34　氢原子链单胞扩大一倍后计算获得的态密度图

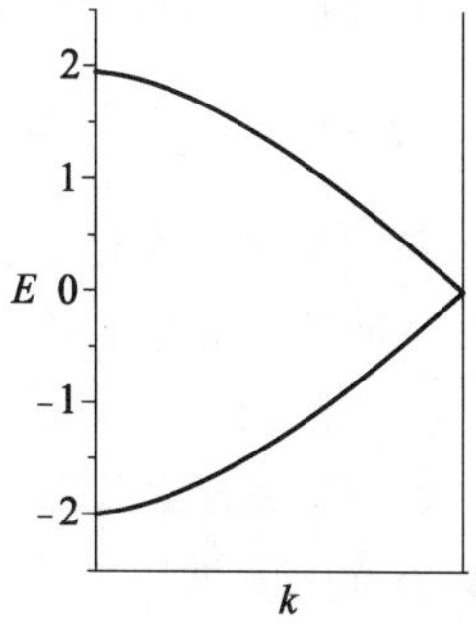

图 6.35　氢原子链单胞扩大一倍后计算获得的能带图

但是将图 6.35 的能带图和图 6.24 的能带图相比较发现，能带图发生了明显的变化，由一条能带变成了两条能带。但仔细比较可以发现，它只是在原来 k 坐标的中点处发生了折叠。

这点可以从 k 指标的倒易空间的特性上加以理解。由倒易空间的 $ak_a = 1$ 的规则可以看出，当晶体的单胞 a 扩大一倍后，相应的 k_a 将变成原来的一半。但由于实际结构并没有发生变化，所以它只是在原能带中点处发生了折叠，而能级分布并没有发生任何变化。

6.5.4　轨道间的相互作用

对于理想晶体材料体系，化学键又将如何刻画呢？在晶体材料体系中，将引入一个类似于分子体系中键级的概念——晶体轨道重叠布居（Crystal Orbital Overlap Population，COOP），来对体系中轨道的相互作用进行描述。由于在能带中，轨道的数目是无穷大的，因此，也用类似态密度的做法，将某一能量范围内的原子间键级加和值对能量作图。

例如，对氢原子链的体系，可以定性作出如图 6.36 所示的氢原子间的晶体轨道重叠布居图。从图中可以看出，晶体轨道重叠布居与能量图由左、右两个区域构成，左边区域为负值，代表反键轨道作用，右边区域为正值，代表成键轨道作用，且它的数值越大，代表成键或反键作用的趋势越强烈。

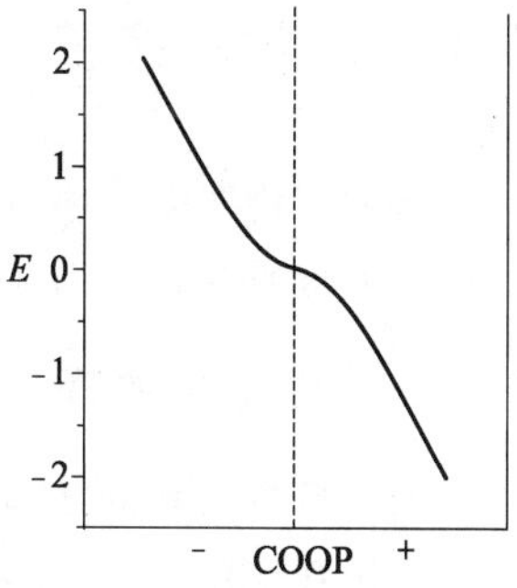

图 6.36　氢原子链体系的晶体轨道重叠布居

有了原子轨道投影态密度和晶体轨道重叠布居工具，就能如同在分子体系中一样方便地对体系的轨道组成及成键进行分析和处理了。

6.5.5　原子堆积方式与能量的稳定性

晶体材料的堆积特性也和其能带结构及电子结构造成的稳定性休戚相关。对于金属性强的体系，它具有外层电子数少、外层轨道能量高的特性。因此在堆积过程中，它倾向于尽可能紧密的堆积方式，从而使外层轨道尽量多地重叠。这样生成的能带就能有比较大的起伏，而少量的电子可以填充在能带的底部，从而使系统的能量尽可能地降低。

对于共价性化合物，由于外层电子数一般较多，如再采取密堆积的方式，则电子将有许多填充在比原子能级还高的轨道上，这样将使系统的能量变得不稳定。因此，它实际上采用了一种特殊的方式，即通过轨道作用使局域轨道分为成键轨道和反键轨道，使电子填充在成键轨道上，从而使系统的能量得以降低。但由于成键轨道通常是满电子轨道，成键轨道的进一步作用将使系统能量升高。所以对于共价性化合物，它存在一对矛盾，即一方面要尽可能通过大的轨道作用使成键轨道和反键轨道进行大的分裂，但同时要避免成键轨道间有过多的作用而使系统能量升高。因此，共价性化合物在堆积方式上将强调一种有取向的有效重叠，即通过特殊的取向，增大定域化轨道的作用，而又使堆积尽可能松散，避免成键轨道间的不利作用。所以取向堆积是共价性化合物的一个堆积特征。

对于离子型化合物，由于阴离子壳层轨道是完全占据的轨道，阴离子壳层轨道的进一步作用都将使系统的能量有所增加。因此，对于离子型化合物，一般阴离子间的距离都比原子间距会有很明显的增加，并且阳离子要通过填充，尽可能地将阴离子分割开来。而它的能带特征一般都是阴离子轨道很平整。

6.6　固体与表面

这一节将根据一些具体的例子探讨如何使用上面的工具对具体的材料和化学体系进行研究，从而获取一些需要的信息。

6.6.1　固体中的理论研究与分析[74]

PbI_2 具有层状的结构特征（见图 6.37），结构层与结构层之间存在弱的范德华力相互作用，每一结构层分别由两层碘夹一层铅的构型组成。铅在层中被

[74]　Wu L M, Wu X T, Chen L. Structural Overview and Structure-Property Relationships of Iodoplumbate and Iodobismuthate, Coord. Chem. Rev., 2009, 253, 2787 – 2804.

6 个碘所配位，形成正八面体的配位环境。

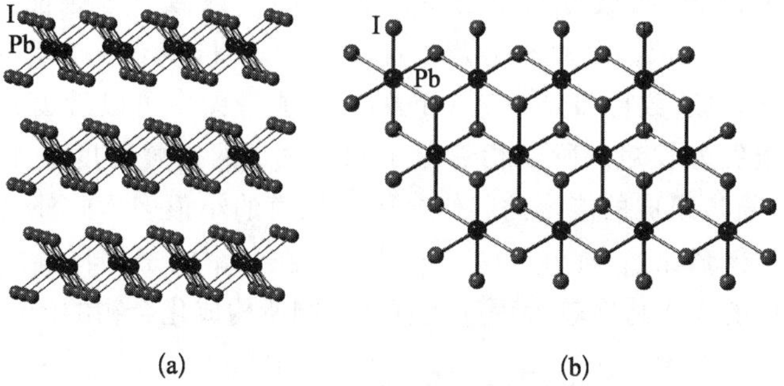

图 6.37 PbI_2 的晶体结构：(a) 堆积图；(b) (001)层面结构[74]

在该结构中，Pb 是第六周期元素。元素周期表中的元素自上而下，其外层 s、p 轨道的能量差值由于原子半径的增大及原子中核电荷数的增加而逐渐增加。如对于碳族元素，其最外层电子排布为 s^2p^2，从成键性质上来看，碳存在明显的 s、p 轨道的杂化，可以存在 sp、sp^2、sp^3 等多种杂化形式；但硅的 s、p 轨道的杂化程度就较弱，而锗的 s、p 轨道则几乎不发生杂化。到了锡元素，由于 s、p 轨道的能量差的增加，它已经能单独失去 p 轨道上的电子形成 +2 价的锡，而 s 轨道初步出现亚层轨道的特征。到了铅元素，s 轨道则独立以亚层轨道的形式存在，+2 价则成为铅元素的最稳定价态。

而对于碘而言，它的外层电子排布为 5 s^2p^5，差一个电子达到满壳层的稳定结构。

对费米能级附近的轨道进行定性分析，如将 Pb—I 之间的成键看成是纯粹的离子键，即认为 Pb 外层的 p 轨道的能量比 I 的 p 轨道的能量大很多，则 PbI_2 中 I 可以看成从 Pb 那里获取一个电子，生成 −1 价的 I^-。因此最高占据轨道将是 I 的 p 轨道，而最低空轨道将是 Pb 的 p 轨道。可画出如图 6.38 所示的轨道相互作用图。

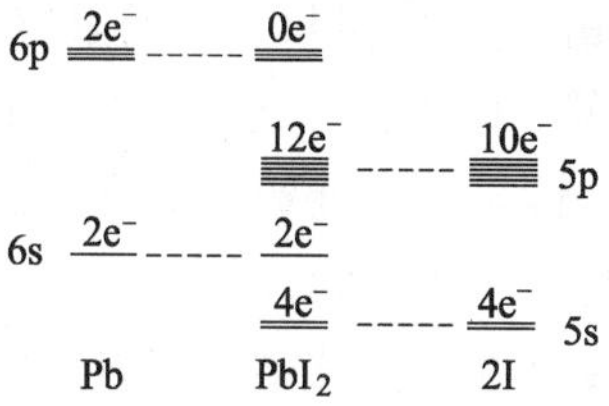

图 6.38 PbI_2 理想离子键状态下的原子轨道分析和电子转移

实际对 PbI_2 进行能带计算，可以获得如图 6.39 所示的能带图。从图中可以看出，在 -12 eV 区域有两条能带，在 -8 eV 区域有一条能带，在 -3 ~ 0 eV 区域有 6 条能带，而费米能级之上的 2 ~ 5 eV 区域有 3 条能带。这些与图 5.38 中 PbI_2 的轨道数目和分布是一致的。从能带图中可以看出，由于 s 轨道相对于 p 轨道更为收缩，所以相邻原子间 s 轨道的重叠程度也相对 p 轨道的小。因此，s 轨道组成的能带的起伏会比 p 轨道的小很多。此外，在费米能级附近主要是 I 和 Pb 的 p 轨道，由于 p 轨道存在几个电子伏特宽度的起伏，因此其起伏程度的大小将在较大程度上直接影响所构成化合物的能隙。

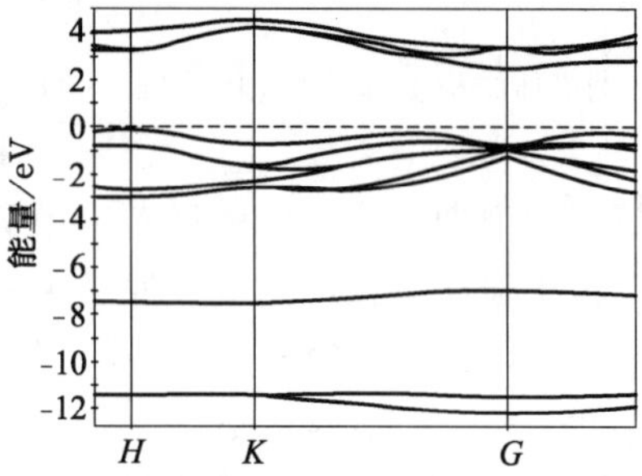

图 6.39　PbI_2 能带图

例如，对于碘代铅酸盐体系，存在如图 6.40 所示的一维 $[PbI_3^-]_n$ 无限链结构化合物，在该化合物中 Pb 具有和 PbI_2 类似的八面体配位环境，它可被看成是将 PbI_2 二维结构进行切割而形成的一维链状结构化合物。

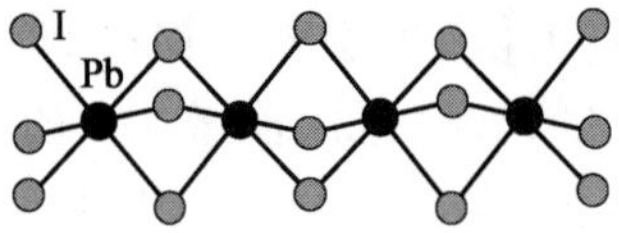

图 6.40　一维 $[PbI_3^-]_n$ 无限链结构图 [74]

与 PbI_2 相比较而言，由于一维 $[PbI_3^-]_n$ 无限链在一个方向上的延展被截断，因此在该方向上键的作用将变弱，使 I 和 Pb 的 p 轨道的起伏程度都有所降低，因此费米能级之下的能带顶的能级将下降，而费米能级之上的能带底的能级将上升。这一降一升将使一维 $[PbI_3^-]_n$ 无限链的能隙增大，即从实验上将观测到该化合物的能隙向紫外线方向移动。可以想象，如果将一维无限链变成一维有限链，那么该化合物的能隙也将随着链长度的减小而增加。

这种材料的能隙随着维度的减小或尺寸的减小而出现能隙增加的现象，就是纳米材料中尺寸效应的一个重要起源，被称为量子限制效应（quantum confinement effect)。

由于真正 Pb—I 间并不是纯粹离子型的成键，因此，它们的成分在一定程度上会有适当的混合。图 6.41 和图 6.42 中分别给出了 Pb 原子和 I 原子的态密度图。

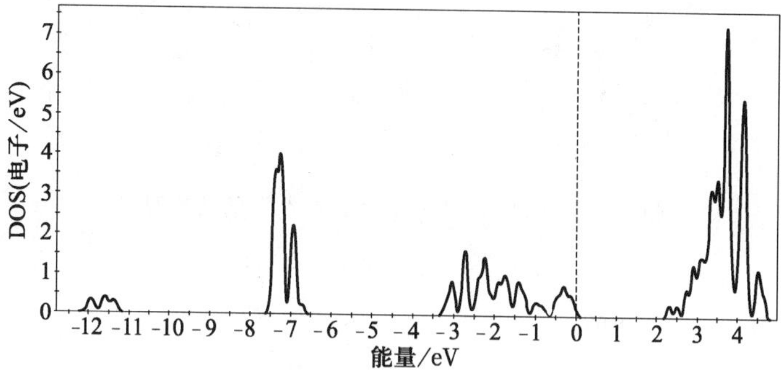

图 6.41 PbI_2 中 Pb 原子的态密度图

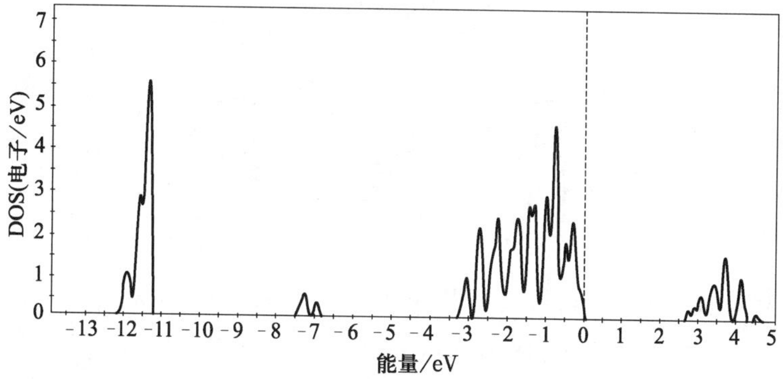

图 6.42 PbI_2 中 I 原子的态密度图

从图中可以看出，对于处于能量较低位置的 Pb 原子和 I 原子的 s 轨道，由于 s 轨道相对于 p 轨道更为收缩，因此它们具有一定的重叠，但重叠程度较小。对于 p 轨道而言，由于 I 原子的 p 轨道能量比 Pb 原子的 p 轨道能量低，因此它在低能量的费米能级之下的能带中占主要成分，而 Pb 原子的 p 轨道则在费米能级之上的高能量区域的能带中占主要成分。

对于类似的碘代铋酸盐体系，可通过引入异金属来对结构进行修饰。如通过引入 Cu 或 Ag 原子可以生成如图 6.43 所示的化合物$[Bi_2M_2I_{10}^{2-}]_n$(M = Cu 或 Ag)[74]。对其态密度进行分析(见图 6.44)可以发现，由于 Cu 的 d 轨道能带出现在 Bi 和 I 的 p 轨道的能带中间，从而使引入 Cu 的碘代铋酸盐化合物的能隙显著缩小，而由于 Ag 的 p 轨道的能量较高，出现在 Bi 的 p 轨道能带的上方，其对碘代铋酸盐体系的能隙没有显著的影响。

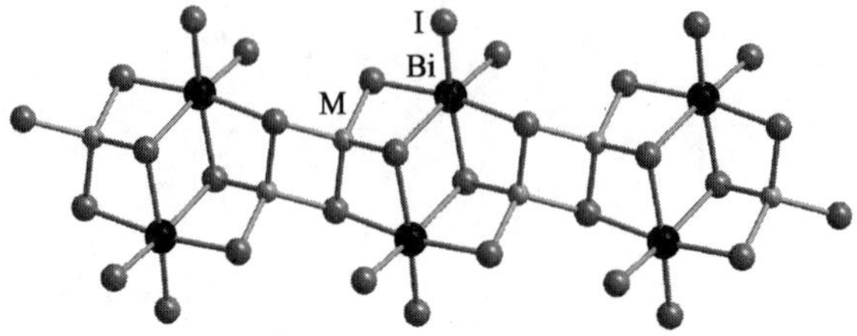

图 6.43　$[Bi_2M_2I_{10}^{2-}]_n$(M = Cu 或 Ag) 的结构图[74]

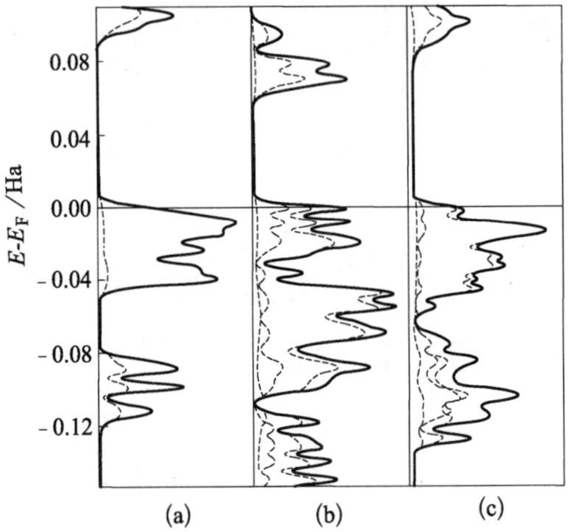

图 6.44　(a) $[Bi_4I_{14}]_n^{2n-}$、(b) $[Bi_2Cu_2I_{10}]_n^{2n-}$ 和 (c) $[Bi_2Ag_2I_{10}]_n^{2n-}$ 的总态密度图(实线)和投影态密度图(虚线)[74]

6.6.2　固体的表面

固相化学反应过程大多数是在固体的表面上或通过固体的表面而发生。因此固体表面的研究对固相反应研究具有重要的意义。此外，材料的很多性能，如吸附、表面发光等也与材料的表面结构有密切的关系。

如何从结构上刻画一个材料的表面呢？最简单的做法是将理想晶体从中间分割开来形成一个裸露的表面。可是这样一个模型从计算上却是难以实现的。因为这样的分割直接造成一个维度方向上平移对称性的破坏。对于一个无穷而没有任何对称性的体系是无法直接进行计算和处理的。

因此对表面的结构模型化处理通常有两种做法。

1. 簇模型法

假设表面的性质是局域性质，只和表面局域结构有关。这种处理方法更接近化学家的思维，并且能较为清晰地给出局域反应的特征。由于采用的是有限原子模型，因此分子轨道的图像很清晰，能被化学家较好地接受。例如，早期[75]对于二氧化钛表面吸附催化 NO 的研究就采用图 6.45 所示的簇模型法对表面不同吸附位点的构型进行研究，从而用类似分子体系反应的方法来获取反应过渡态构型及过渡态的势垒等信息(见图 6.46)。并且该计算方法随着簇模型选取的增大，其结果更接近于真实的体系。

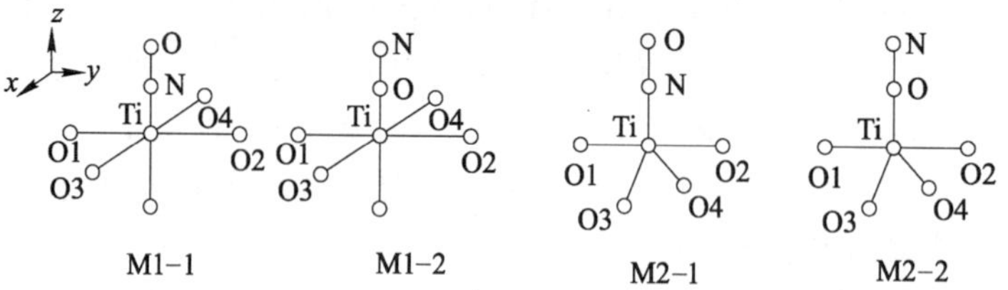

图 6.45 二氧化钛吸附 NO 的四种吸附模型

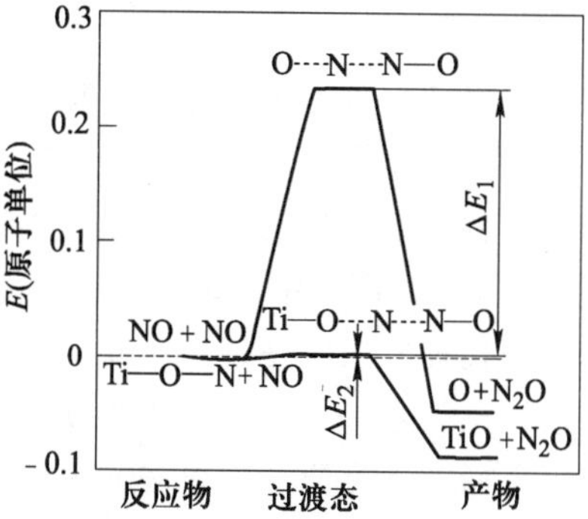

图 6.46 二氧化钛吸附分解 NO 的反应过渡态

但簇模型法也存在一定的局限性。如随着簇模型的增大，原子数将极具膨胀。将簇的尺寸取成 1 nm × 1 nm × 1 nm 时，计算体系包含约 50 个原子；如果将簇的尺寸取成 3 nm × 3 nm × 3 nm 的尺寸，则计算体系将包含约 1 500 个原子，这对于当前量子化学计算来说是一个相当大的原子数，现有计算机几乎无法实现这样高精度的量子化学计算。因此，簇计算模型较适合轨道定域性比较强的体系，而对于离域性较强的体系，如金属体系，可能会带来比较大的误差。

[75] 吴立明，黄尊行，章永凡，等. 催化学报，1998，19：411 - 414.

此外，簇模型法是从真实结构中“挖”出一个簇来进行计算。这就涉及簇的边界处理问题。例如，对于二氧化钛体系，要从其中“挖”出一个簇，必须把其中的一些键进行截断，而这种截断很容易产生不合理的结果。因为它将使一个成键轨道变成非键轨道，而通常非键轨道是具有较高活性的轨道，容易在最高占据轨道或最低空轨道位置出现，这样将直接影响到计算结果的轨道分析。因此，会带来不合理的模型边界，这是簇模型法的一个“硬伤”。

如何减小簇模型带来的不合理的模型边界的问题，人们也提出了不少的修正方法。比较常用的有两个：① 氢封闭的方法，如对二氧化钛体系在簇模型选取中尽量选取氧原子作为边界，并在每个氧原子上加上一个或两个氢原子，以饱和氧的配位环境，从而降低边界效应对簇模型的影响；② 外加电荷场的处理方法，对于一些离子性较强的体系，在截断原子的周围按原配位环境增加一定电量的点电荷，从而实现对原晶体环境的模拟，以降低边界效应对簇模型的影响。

簇模型选取的经验性较强，并且受原子数目的限制，模型不能选取得太大。此外，通常簇的边界需要一定的修正。因此人们一直在探索是否有其他的方法也可以建立描述表面的性质和反应。

2. 平板模型法

平板模型法的思想是基于平移对称性的处理。它采取的做法是从晶体沿某个表面进行两次分割。这样就从晶体中切出一块两个表面彼此平行的平板。还以二氧化钛的金红石结构为例，如对它的[100]面的性质进行研究，可选取如图6.47所示的平板模型[76]。在该模型中，沿[010]和[001]方向结构是无限延伸的，可用平移群对称性的处理方法来处理。因此平板模型将表面研究从三维体系降低成二维体系处理，从而避免了簇模型中必须出现的不合理的边界。

在平板模型的处理中，通常通过原子层厚度的选取使上下表面相同，形成对称表面。通过平板模型的建立可以看出，平板模型能较合理地模拟材料表面的真实情况。此外，从模型的选取方式可以看出，影响模型的一个重要参数是平板模型的厚度，所选取的原子层厚度越厚将越接近真实体系中的情况。研究发现对于能量分析，很少几层原子的平板就能给出与实验值接近的结果。对一般的体系，3 ~5 层原子构成的平板就能比较好地接近实验的结果，但对于离域性大的体系，则需要适当增加选取的原子层数。

平板模型从模型建立上更能接近真实体系，但由于平板模型给出的是二维的能带信息，因此，分子轨道的图像更为模糊，较难为化学家所接受或使用。另外，平板模型要求垂直于平面的两个方向是周期性无限延伸，这会使对于表面化学反应的处理，过渡态及反应路径寻找的难度加大，并且对于一些定域化

[76]　Labat F, Baranek P, Adamo C. J. Chem. Theory Comput., 2008, 4: 341 -352.

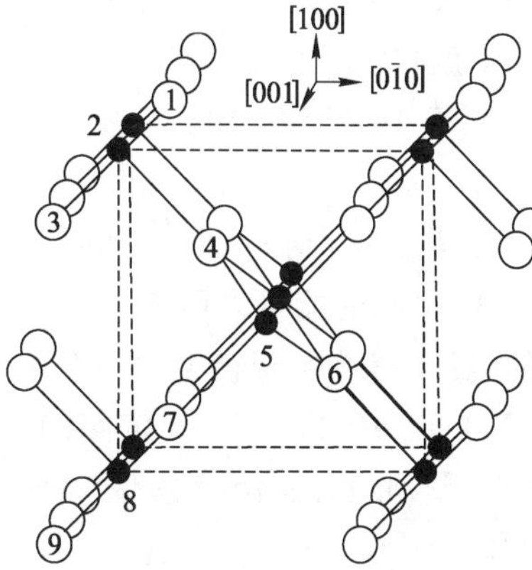

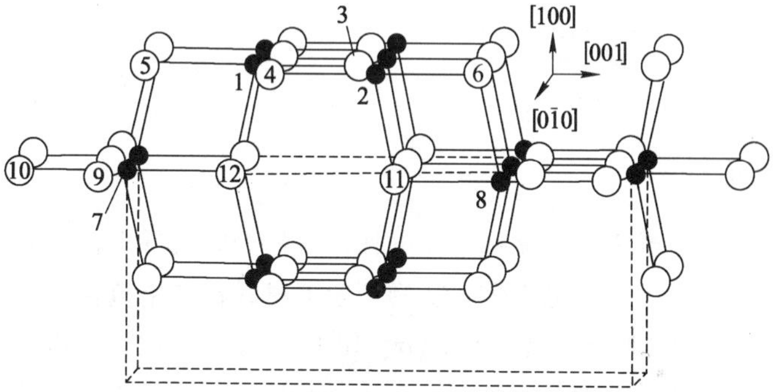

图 6.47　二氧化钛的平板模型结构图 [76]

的表面反应可能会给出错误的信息。

对于理论处理过程中任何模型的建立都要充分认识到模型的合理性和局限性，这样才能避免因采用不适当的模型带来的问题。

此外，固体表面的一个最大特征就是表面原子的弛豫。在理想表面中可假设表面原子保持着固体体相中原子的键长和键角。但由于固体表面原子在一个方向上的成键被截断，因此它的相应构型也会发生变化。实验研究发现，表面 2、3 个原子层的原子和体相结构的原子排布会有明显的区别。对于金红石体系，实验发现表面的钛原子会向内收缩，而氧原子会向外扩展，从而使表面能量比理想表面的能量有所降低，使表面趋于稳定。如果不考虑表面弛豫，将使计算结果有比较大的误差。所以，在表面计算过程中，一般需要对表层原子的构型进行优化，从而获得比较接近真实表面的合理结果。

下面来看一个具体的例子。对于 Bi_2S_3 纳米线的生长，前期研究发现，采用不同的合成方法获得的 Bi_2S_3 纳米线都是沿[001]方向生长的。为什么 Bi_2S_3

纳米线会喜欢这个特别的生长方向呢？这就涉及晶体生长的一个特征——表面能高的方向上晶体的生长速度快。

在理论计算上采用平板模型能很方便地实现表面能的计算。可将表面能 E_{sur} 定义为

$$E_{sur} = (E_{tol} - E_{cell})/S$$

其中，E_{tol} 为选取平板模型中单胞的能量，而 E_{cell} 为平板模型中单胞原子对应于相同数量的体系原子的能量，S 为平板模型中一个单胞的表面面积。通过计算就能获得 Bi_2S_3 的(100)、(010)、(001)表面的表面能分别为 3.588×10^4 kJ/m^2、3.496×10^4 kJ/m^2、4.231×10^{-4} kJ/m^2。由于(001)表面具有最大表面能，因此 Bi_2S_3 纳米线一般都沿该方向生长[77]。

6.7　导电性和磁性

6.7.1　导电性

物质具有传导电流的性能称为导电性。可根据物质导电性的好坏将物质分成三类：导体、半导体和绝缘体。从物理学上材料传导电流性能的性质可用电阻率(ρ，SI 单位为 $\Omega\cdot$m)或电导率(σ，SI 单位为 S $\cdot$ m^{-1})来描述，其中电阻率的定义是将某种材料制成长是 1 m、横截面积是 1 m^2 的导线时的电阻。而电导率(σ)则和电阻率(ρ)互为导数关系，有 $\rho = 1/\sigma$。根据定义可以知道，电导率的物理意义是表示物质导电的性能。电导率越大则导电性能越强，反之越小。表 6.1 中给出了一些元素的电导率。

表 6.1　元素的电导率

元素	金	铜	铝	铋	硅	金刚石
电导率 /(S $\cdot$ m^{-1})	45.2×10^6	59.6×10^6	37.8×10^6	8.3×10^5	1.2×10^{-3}	约 10^{-11}

从表 6.1 可以看出，不同物质的电导率存在很大的差异。导体、半导体和绝缘体也可以根据物质电导率的大小来较为定量地进行划分，将电导率大于 10^5 S $\cdot$ m^{-1}的材料称为导体，将电导率小于 10^{-6} S $\cdot$ m^{-1}的材料称为绝缘体，而介于两者之间的材料则被称为半导体。

[77]　Wang Y, Chen L, Wu L M, et al. J. Phys. Chem. C, 2009, 113: 16009 - 16014.

此外，从导电机制上参与导电的可以是电子或离子。本节主要介绍电子导电。对于电子导电，起着电流传输作用的主要载体是电子。因此电子在材料中的运动特征将直接影响到材料的导电性。电子在材料中对电流传输主要由两方面决定：① 参与传输的有效电子的数量，这种能有效参与电流传输的电子数越多，将越有利于电流在材料中的传输，也就使材料的电导率增大；② 电子在材料中沿电流运动方向运动的难易程度，也将直接影响到材料对电流的传输。

可是如何将电子的这两个特性与能带计算结果相联系呢？

1. 金属的导电性

在金属中，参与导电的主要是电子。电子在电场力 $-qE$ 的作用下发生移动。由于电子的移动会受到晶格原子的阻碍，可建立一个最简单的导电模型，即电子受电场加速开始运动，到电子与晶格中原子碰撞后运动停止，接着再开始下一轮运动，这就是经典电导理论的模型。可以假设参与导电的电子的浓度为 n，电子的质量为 m，电子在这样一个运动过程中的平均速度为 v，电子从运动到停止的平均时间为 t（称为弛豫时间），电场强度为 E，由于动量守恒，需要有

$$mv = Ft = -qEt \tag{6-7-1}$$

即

$$v = \frac{-qEt}{m} \tag{6-7-2}$$

因此电流密度 J 有以下表达式：

$$J = nvq = \frac{nq^2tE}{m} \tag{6-7-3}$$

则材料的电导率可用下式表示：

$$\sigma = \frac{J}{E} = \frac{nq^2t}{m} \tag{6-7-4}$$

这和前面的假设是一致的，即有效电子的浓度越高，则电导率越大，而电子从运动到停止的时间越长，也就是电子在晶格中受到的阻碍越小，则电导率越大。这里还需要引入一个概念，即平均自由程 l，也就是电子在从运动到停止的时间内走过的距离。该距离可以由平均运动速度和弛豫时间的乘积 vt 来表达。

前面用经典力学的方法对材料的电导率进行了处理，并知道电子浓度和弛豫时间是金属传导电子的两个重要因素。这两个指标还需要从量子力学中获得。

首先来看电子浓度，以金属钠为例。虽然金属钠有 11 个电子，但真正能参与导电的电子数并没有那么多。从前面态密度和费米能级概念的介绍可以知道，当势力学温度 0 K 时，电子刚好填充满费米能级之下的所有轨道。而当温

度大于 0 K 时，电子的分布满足费米 - 狄拉克分布：

$$f(E) = \frac{1}{e^{(E-E_F)kT} + 1} \qquad (6-7-5)$$

电子随能量的分布可用如图 6.48 所示的示意图来表示。电场所能移动的电子只是费米能级附近电场能大小范围内的电子。从前面的能带计算可以知道，能带的起伏一般在几个电子伏特的数量级。所谓电子伏特就是 1 个电子电位降低 1 V 所引起的能量变化。那么电场能一般又有多大呢？从前面的电导模型可以知道，从电子被加速到停止，在这样的一个运动过程中运行的平均自由程为 l。假设导线的长度为 d，在导线上加的电压差为 U，并且电压降在导线中是均匀的，则每次一个电子运动从电场获得的能量为(单位为 eV)：

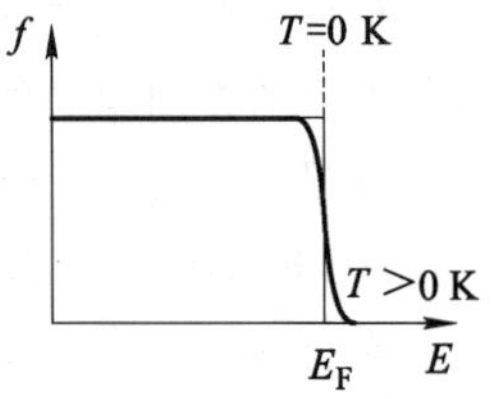

图 6.48　电子随能量的分布示意图

$$E_e = \frac{Ul}{d} \qquad (6-7-6)$$

从实验可知，一般对于金属导体，电子的平均运动自由程为 10 nm 的数量级，假设在一个 1 cm 长的导线上加上 1 000 V 的电压，则一次运动给电子带来的能量只有 10^{-3} eV。相比电子轨道能级差来说是一个很小的数值。因此，可以获得两个结论：① 在电流传导过程中，内壳层电子几乎不参与导电；② 在电场不是很大的情况下，可参与导电的电子主要是费米能级附近一个很小能量范围内的电子。因此费米能级附近的态密度将对电子浓度有很大的影响。

材料对电流的传导还可以用费米面的形式来形象地描述。可用无束缚的自由电子模型作为例子来介绍。由于电子没有处于任何势场中，因此它的能量全部为动能，即有

$$E = \frac{1}{2}mv^2 \qquad (6-7-7)$$

因此电子也可以用速度作为能量指标来代替，但要注意，速度是矢量，即有方向。对于三维空间，可以画出如图 6.49 所示的费米球图。从图中可以看出，费米面是电子所能填充的能量最高能级，也是电子运动速度最快时的速度。由于电子为自由电子，因此往各个方向运动的电子速度的总和为零，即电子运动不存在特殊取向。

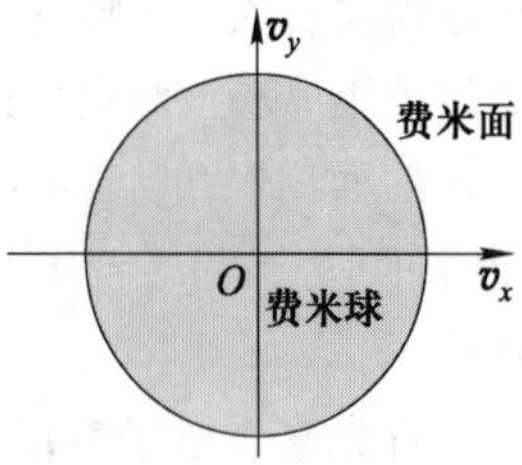

图 6.49　三维空间费米球图

在增加一个电场(假设为 $-x$ 方向的电场)的情况下，费米面将发生如图 6.50 所示的移动，而净

运动速度将不再为0，而有一个往 x 方向的速度为 v 的运动。这和前面的分析是一致的。从移动了的费米面的差值来看，高运动速度的电子数在这里起到最重要的作用。

对于金属而言，电子在电场作用下的平均运动自由程是一个对金属电流传输性质影响很大的因素。在温度升高的情况下，由于晶格的运动加剧，对电子的散射作用增强。因此，随着温度的升高，电子的平均运动自由程将减小，这导致了金属的电导率随着温度的升高而下降。

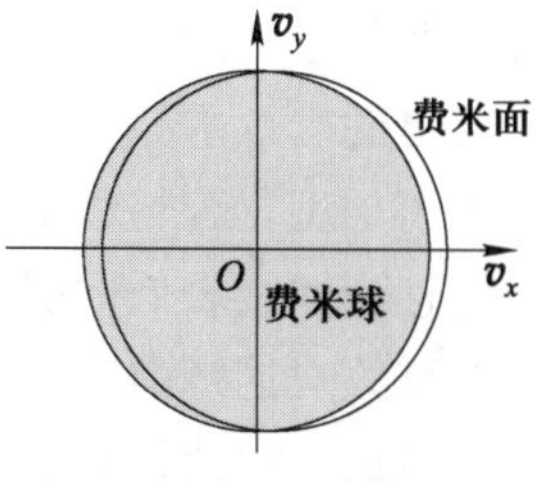

图 6.50 费米球沿 x 方向的运动

2. 半导体材料的导电性

从电导率的数值来看，一般将电导率为 $10^{-6}\sim10^{5}\ S\cdot m^{-1}$的材料称为半导体。半导体是所有各类固体材料中最令人感兴趣和最有用的一类。它呈现了丰富的物理现象。虽然对半导体的研究已经有很长时间了，但是真正广泛的应用，还是从 20 世纪 40 年代肖克利(Shockley)、巴丁(Bardeen)和布拉顿(Brattain)发明晶体管开始。晶体管的发明及其随后的电子器件的发展使半导体成为固体材料科学最活跃的领域。

半导体材料的能带结构特点是具有一个适中的能隙。在前面 6.4.4 小节已介绍过能隙的概念，半导体的能带结构可以用图 6.51 来表示。

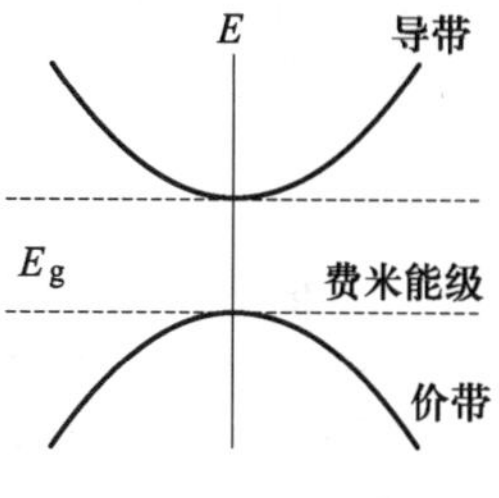

图 6.51 半导体的能带结构示意图

对半导体材料而言，通常把费米能级之下的能带称为价带，而费米能级之上的能带称为导带。价带顶部和导带底部的能量差则被称为半导体的能隙。因此从能带结构上看，金属、半导体和绝缘体是存在一定的区别的。对金属而言，不存在能隙。而半导体的能隙较小，在室温下可以通过热激发将电子由价带激发到导带中，从而实现导电。而绝缘体由于能隙较大，能被激发到导带中的电子数很少，因此电导率很小。对于小的分子或团簇，由其原子轨道组成的分子轨道所处能级比较分散，因此能隙是一定存在的。而到了固体体系，由于分子轨道能级的近连续化且长程作用，使能带发生起伏，因此对于金属，可出现能隙消失的现象。

此外，从能带结构上还可以很好地理解不同类型材料的组成和结构特点。对金属原子而言，由于其外层原子轨道的能级很高，外层电子数少，因此它们必须通过密堆积的形式使原子轨道重叠程度加大，从而导致能带有很大的起伏。这样外层少量的电子就能填充在能带能量较低的部分，从而尽可能地使体系的能量降低。对于半导体化合物而言，一方面它需要通过原子的有效接近使相邻原子轨道尽可能地重叠，以增加分子轨道的能级差，从而使电子填充到能量较低的分子轨道。另一方面，它又需要减少价带部分的能带起伏程度，以减少满电子轨道的能级分化带来的总能量的增高。因此，对于半导体化合物一般常用共价键的形式，使原子轨道能从一定的方向进行最有效的重叠，从而既增大轨道的有效重叠，又尽可能使原子的密度及其导致的价带能级起伏较小。而对于离子型化合物，由于其系统能量降低的机制是电子由原子能级较高的阳离子转移到能级较低的阴离子的轨道上，从而实现体系能量的降低。原子轨道之间的重叠对能量的降低贡献不大，而阴离子轨道之间的重叠可能会导致系统能量的增加。因此，对该类型化合物要尽量地用阴离子将阳离子间隔开。而通常该类化合物的价带在费米能级附近都很平整。

根据式(6－7－5)的费米－狄拉克分布，可以知道在温度大于 0 K 的情形下电子会有一部分填充到高能级的轨道上，并且随着温度的升高，填充到高能级轨道上的电子数也会增加，如图 6.52 所示。由于电子从价带进入导带，而价带处的电子发生缺失，这将形成带正电荷的空穴。因此电子和空穴在半导体中均可发生导电作用。通过理论计算可以获得在半导体中跃迁到导带中的电子浓度的计算公式：

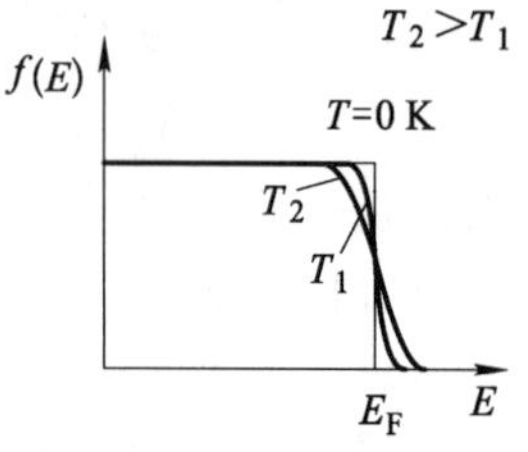

图 6.52　不同温度下电子的能量分布

$$n = 2\left(\frac{k_B T}{2\pi\hbar^2}\right)^{\frac{3}{2}}(m_e m_h)^{\frac{3}{4}} e^{-\frac{E_g}{k_B T}} \qquad (6-7-8)$$

从式(6－7－8)可以看出，导带中的电子浓度 n 随着温度的升高而迅速增大，特别是由于存在指数因子，当温度升高时，将有大量电子被激发而越过能隙。因此半导体的电导率呈现随温度升高而增大的趋势，这和金属体系电导率随温度的升高而降低的趋势恰好是相反的。此外，由于能隙值也处于指数部分，因此能隙的数值也将在很大程度上影响半导体导电性的好坏。

半导体的一个重要特性就是可以通过掺杂来改变半导体的性质。例如，对于硅原子掺杂，由于硅原子的外层电子数为 4，如果在其中引入具有 5 个外层电子的砷元素，则多余的一个电子可像只有一个电子那样在整个晶体中迁移，即该电子进入了导带。如果在其中引入的是外层电子数为 3 的镓元素，则在该位置将形成一个空穴，并且空穴也可以在晶体中发生移动。对于前者，由于半导体材料中导带的电子浓度大于价带中的空穴浓度，电子导电在其中占主体，称之为 n 型半导体(n 为英文中 negative 的缩写)；而对于后者，由于导带中的电子浓度小于价带中的空穴浓度，空穴导电在其中占主体，称之为 p 型半导体(p 为英文中 positive 的缩写)。

6.7.2 固体中的磁性

物质的磁性以及磁性的相关性质如磁电、磁热、磁光等性能引起了物理学家、化学家、材料学家的浓厚兴趣。磁性材料更在实际生活中得以广泛的应用，如早期的变压器、电动机，现在的计算机的磁存储介质，都和材料的磁性特性密不可分。

从量子化学角度而言，对磁性性质有直接影响的主要有两个量子数：磁量子数和自旋量子数。而其中对磁性起最主要作用的是电子的自旋量子数。本小节将主要针对与自旋量子数相关的概念进行介绍。电子具有自旋的特性，可定义成自旋向上和自旋向下两种方式。电子为费米子，每个轨道最多可以填充两个电子，并且这两个电子要求以自旋相反的形式填充在轨道上。因此它的填充方式将对材料的磁性有很重要的影响。

磁性的种类很多，很容易在实际应用中搞混。简单地可以将材料分成抗磁性材料和非抗磁性材料两大类。其中，抗磁性材料从电子结构特点上主要是电子均成对地填充在轨道上，没有单个自旋的电子存在。抗磁性其实是所有物质中都有的性质，只是在很多材料中它经常被顺磁性或铁磁性所掩盖。表 6.2 中给出了一些常见原子或粒子的抗磁性磁化率。可以看出，抗磁性的磁化率一般为负值，并且它的数值很小，在实验结果中一般只起校正作用。抗磁性磁化率的一个特点就是它随温度的变化很小，一般可近似看成不随温度变化。

表 6.2　一些原子或离子的抗磁性磁化率 χ_m

元素	$-\chi_m$ /(10^{-6} cm^3 · mol^{-1})	元素	$-\chi_m$ /(10^{-6} cm^3 · mol^{-1})	元素	$-\chi_m$ /(10^{-6} cm^3 · mol^{-1})
F^-	9.4	Ne	7.2	Na^+	6.1
Cl^-	24.2	Ar	19.4	K^+	14.6
Br^-	34.5	Kr	28	Rb^+	22
I^-	50.6	Xe	43	Cs^+	35.1
He	1.9	Li^+	0.7		

非抗磁性材料的最大特点就是轨道中具有成单电子。一般可根据轨道中电子的自旋约束分成两大类：一类为磁有序材料，一类为磁无序材料。可以理解成材料中具有成单电子的原子之间的电子自旋是否有相关性。如原子间的电子自旋之间没有任何关系，则该材料为磁无序材料，反之电子自旋之间有一定的约束。

例如，某一原子的电子自旋向上将影响到相邻原子中电子的自旋取向，该类材料为磁有序材料。当然，有序和无序是一个相对的概念，磁有序材料和磁无序材料可以在外界条件改变下而发生改变，通常影响最大的因素为温度和磁场。

对温度而言，在高温区域，由于原子的振动能量很高，因此原子间的相互约束将被减弱，因此通常温度越高，材料越倾向于磁无序状态。这也是磁性材料在高温下加热可发生退磁的原因。

另一个重要影响因素就是磁场。磁无序材料在外加磁场作用下，成单电子自旋将沿磁场方向反向排列，这种性质称为顺磁性。一般具有成单电子的材料都具有顺磁性，并且顺磁性的顺磁磁化率的强度直接和原子中成单电子的数目相关。

原子的磁性受电子自旋和磁量子数的取值的影响，其中电子自旋对磁性的贡献具有重要的作用。但磁量子数的贡献却因体系和原子的种类不同而不同。实验结果表明，对于第一过渡金属，磁量子数贡献不大。该类离子的磁性计算只需考虑电子自旋的贡献即可。在考虑电子自旋的贡献时，单个离子的有效磁化率可以用下式来进行计算：

$$p = 2[S(S+1)]^{1/2} \qquad (6-7-9)$$

其中，S 为电子总自旋量子数。由于单个电子的自旋量子数为 1/2，因此总自旋量子数则为成单电子的数目乘以 1/2。例如，对于 Mn^{3+}，由于它具有 $3d^4$ 的外层电子排布，在遵循洪德规则的条件下，它应该有 4 个成单电子，因此它的 S 值为 2。表 6.3 中给出了第一过渡金属的离子有效磁化率。

表 6.3　第一过渡金属的离子有效磁化率

（单位：玻尔磁子）

离子	电子排布	S	计算磁化率	实验磁化率
Ti^{3+}，V^{4+}	$3d^1$	0.5	1.73	1.7～1.8
V^{3+}	$3d^2$	1	2.83	2.8～2.9
Cr^{3+}，V^{2+}	$3d^3$	1.5	3.87	3.7～3.9
Mn^{3+}，Cr^{2+}	$3d^4$	2	4.90	4.8～5.0
Fe^{3+}，Mn^{2+}	$3d^5$	2.5	5.92	5.8～6.0
Fe^{2+}	$3d^6$	2	4.90	5.1～5.7
Co^{2+}	$3d^7$	1.5	3.87	4.3～5.2
Ni^{2+}	$3d^8$	1	2.83	2.9～3.9
Cu^{2+}	$3d^9$	0.5	1.73	1.7～2.2

对于稀土元素，它的轨道贡献，也就是磁量子数的作用一般就比较明显了。考虑磁量子数的作用一般依照以下洪德规则：

(1) 总自旋 S 取不相容原理所允许的最大值。

(2) 轨道角动量 L 取与这个 S 值不相矛盾的最大值。

(3) 壳层不够半满时，总角动量 J 的值等于 $|L-S|$；超过半满时，等于 $L+S$；壳层正好半满时，应用第一条规则，则 $L=0$，而 $J=S$。

例如，Ce^{3+} 有一个 f 电子；f 轨道的角量子数 l 的取值为 3，而磁量子数 m 的取值可能为 ±3、±2、±1、0。因此它的轨道角动量最大取值为 3，而电子自旋由于只有一个电子，因此 S 取值为 1/2。根据洪德规则第三条可计算出总角动量 $J=|L-S|=|3-0.5|=2.5$。Pr^{3+} 有两个 f 电子，根据洪德规则，它的 S 值为 1，由于电子不能同时占据 m 为 3 的轨道，因此，它的最大 L 取值为 2+3，则总角动量 $J=|L-S|=|5-1|=4$。当然，稀土的离子磁化率还受朗德因子 g_J 的影响，在此暂不予考虑。表 6.4 中给出了一些稀土 +3 价离子的磁化率理论值与实验值的对比。

表 6.4 稀土离子的磁化率理论值与实验值的对比

(单位：玻尔磁子)

离子	电子排布	J	计算磁化率	实验磁化率
Ce^{3+}	$4f^1 5s^2 5p^6$	2.5	2.54	2.4
Pr^{3+}	$4f^2 5s^2 5p^6$	4	3.58	3.5
Nd^{3+}	$4f^3 5s^2 5p^6$	4.5	3.62	3.5
Pm^{3+}	$4f^4 5s^2 5p^6$	4	2.68	—
Sm^{3+}	$4f^5 5s^2 5p^6$	2.5	0.84	1.5
Eu^{3+}	$4f^6 5s^2 5p^6$	0	0	3.4
Gd^{3+}	$4f^7 5s^2 5p^6$	3.5	7.94	8.0
Tb^{3+}	$4f^8 5s^2 5p^6$	6	9.72	9.5
Dy^{3+}	$4f^9 5s^2 5p^6$	7.5	10.63	10.6
Ho^{3+}	$4f^{10} 5s^2 5p^6$	8	10.60	10.4
Er^{3+}	$4f^{11} 5s^2 5p^6$	7.5	9.59	9.5
Tm^{3+}	$4f^{12} 5s^2 5p^6$	6	7.57	7.3
Yb^{3+}	$4f^{13} 5s^2 5p^6$	3.5	4.54	4.5

对于没有外加磁场下的磁有序现象，可进一步划分为三类：铁磁性、亚铁磁性和反铁磁性。它们的电子排布的特点可以用图 6.53 来定性地进行表示。

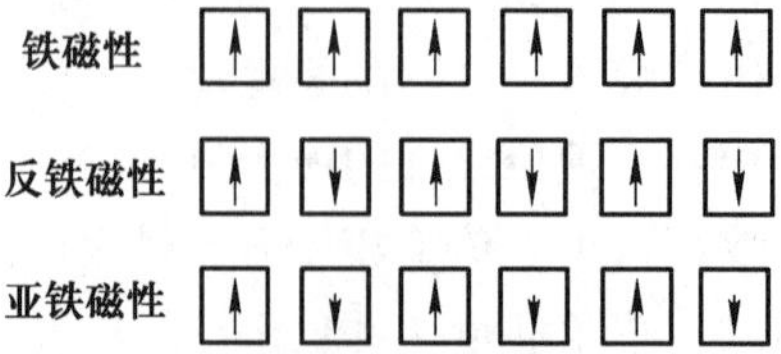

图 6.53　铁磁性、亚铁磁性和反铁磁性的电子自旋状态

从图中可以看出：铁磁性物质是指化合物中相邻原子的电子自旋彼此约束同向排列。由于有这种特殊的约束关系，因此使化合物的净磁矩大于 0，呈现出特殊的电子自旋取向排布，因此物质显示出磁性。反铁磁性是指化合物中相邻原子的电子自旋彼此约束为反向排列。由于相邻原子的电子自旋取向相反，因此彼此的磁矩相互抵消，从而不显示出具有特殊的磁性取向。亚铁磁性与反铁磁性类似，化合物中相邻原子的电子自旋彼此约束为反向排列。但与反铁磁性不同的是，这类化合物中相邻原子由不同磁矩的原子所构成，这时虽然它们之间的电子自旋磁矩能部分相互抵消，但抵消不完全，使化合物中仍然存在特殊取向的净磁矩。

6.8　计算程序和实例

6.8.1　固体量子化学计算程序的一般处理过程

固体量子化学研究就是利用量子化学的手段、概念和方法对固体化学中遇到的问题，从原子和电子的层次上加以深入认识和理解。进一步从原子和电子的层次上根据化合物的结构对其化学和物理性质的影响进行归纳和总结，为可控化学的实现提供重要的参考。目前能用于固体量子化学模拟计算的程序不下百个，采用的计算方法也千差万别，但它们的计算过程却有很多的相似之处。实现量子化学计算的一种比较理想的做法是，需求者掌握基本的量子化学知识和模型构建思想，而将计算程序作为一个黑箱来完成计算任务，结合量子化学概念和基本知识对计算结果进行分析，并对相关性能进行计算模拟和研究。作为非计算化学专业的人员，对计算的过程不需要有很细节的了解，只需要模块化地知道各个计算方法的特点、影响参数和适用范围。整个过程可用流程图表示如下，见图 6.54。

量子化学计算程序的实现一般都包含下面四个过程，见图 6.55。

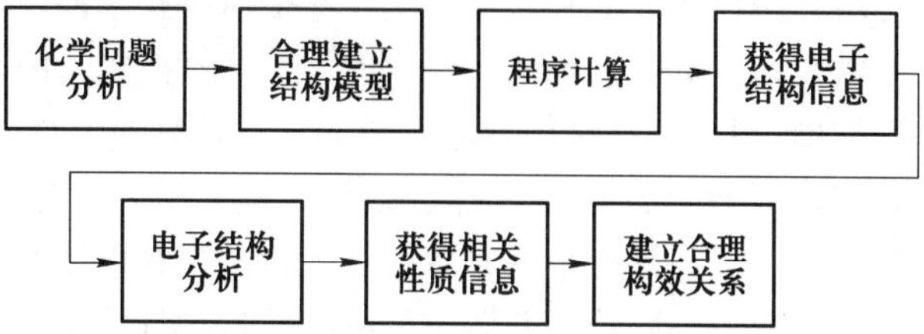

图 6.54 量子化学研究过程流程图

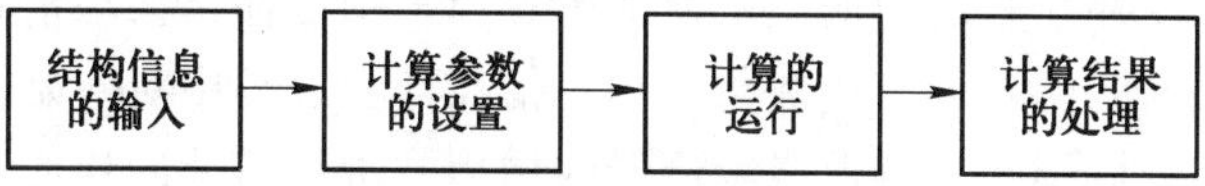

图 6.55 量子化学计算程序实现的流程图

1. 结构信息的输入

无论任何计算，都需要人们提供用于计算的结构。对晶体体系而言，一般需要输入单胞的参数、晶体的空间群信息、晶体中每个原子的原子种类和原子坐标。而计算用的结构信息通常可以从文献中获得。此外，数据库也是获得晶体结构信息的一个重要途径，如对于无机晶体的结构信息，可以从无机晶体结构数据库（Inorganic Crystal Structure Database，ICSD）中获得，参考网页 http：//icsd. ill. eu/icsd/。而无机－有机或有机晶体的数据库比较常用的有剑桥晶体学数据中心（Cambridge Crystallographic Data Centre，CCDC），参考网页 http：//www. ccdc. cam. ac. uk/。对于数据库中晶体信息一般以 cif（crystal information file）文件的形式提供。很多程序能直接读取 cif 格式的文件，有些比较古老的程序也可以用手动输入的方式来提供晶体的结构信息。

2. 计算参数的设置

计算参数的设置相对不同程序、不同计算方法来说差别都比较大。但是目前大多数程序都可以用默认值来完成主要参数的设置。对于固体量子化学计算，一般可能需要调节的计算参数有以下几类：

（1）计算方法的设置。现在大多数程序都包含一种以上的计算方法。各种计算方法都有其特点和优势。一般从大类上来分，计算方法可分为分子力学计算、半经验计算、密度泛函方法计算和从头计算四大类。但具体的小类又不胜枚举。一般非专业人员很难了解各种方法的特点，因此，在计算方法的选取上一般可以参考文献中类似体系的做法。

（2）原子参数的设置。原子参数对于分子力学计算和半经验计算，一般涉及经验性参数的设置。合理地选取参数需要较丰富的专业知识。对于初学者也可以考虑使用程序的默认参数或参考文献中类似体系、类似方法中所使用的参数。对于密度泛函方法计算和从头计算方法，一般有提供不同精度的多套原子参数。使用者可以在计算资源(计算机的计算速度、硬盘空间的大小、内存大小)允许的条件下合理地选择高精度的原子参数进行计算。

(3) 计算流程的设置。分单点计算、结构优化计算、过渡态寻找计算三类。其中，单点计算是指计算将采用原始的输入构型进行电子结构和相关信息的计算，在计算过程中不对原始构型做任何改变。这种计算比较适合对已知结构材料的特定性能进行计算。由于在晶体结构和采用的计算方法和参数下的最稳定结构上可以存在一定的偏差，因此单点计算中的晶格振动信息和热性质可能会存在比较大的误差。结构优化计算是指在计算过程中对初始输入的构型根据体系的总能进行调节，获得能量最低的构型并进行后续的性质计算。采用结构优化的计算方法能对未知结构化合物的信息进行模拟。如对表面弛豫的程度进行模拟计算，或对未知结构化合物的晶体结构进行预言等。过渡态寻找计算则主要是针对化学反应中过渡态的寻找而进行的专门性计算，通过该计算可获得反应过程中能垒及反应过程中结构变化等信息。

(4) 收敛限的设置。收敛限一般包括能量收敛限和构型收敛限两种。能量收敛限是指能量自洽场迭代过程中，能量值变化小于多少就认为该轨道符合稳定要求。而构型收敛限是指构型优化过程中，构型最大变化小于多少就认为该构型为稳定构型。这两项在程序说明书中通常会给出做一般计算及高精度计算所需要达到的收敛限值。一般而言，收敛限值越高，需要达到的收敛计算时间也将越长。

(5) $\boldsymbol{k}$ 空间的设置。在固体量子化学计算中，由于 $\boldsymbol{k}$ 空间是一个连续的空间，实际上并不能对整个 $\boldsymbol{k}$ 空间中的所有点来进行计算。通常的做法是在第一布里渊区内将 $\boldsymbol{k}$ 空间内的点进行网格化分隔，然后对网点上的每个 k 点的轨道进行计算。因此计算的 k 点越密集，计算结果将越接近真实 $\boldsymbol{k}$ 空间的情形，当然带来的结果也就是计算量的大大增加。

(6) 输出结果的设置。即希望程序能给出什么样的信息及给出方式的一些参数设置。对于大多数程序，一般都能给出体系能量、能带结构图、态密度图、态密度投影图、费米能级等和电子结构直接相关的信息。通过对这些信息的进一步处理可以获得更多的信息，如原子电荷分布、光谱模拟、声子振动谱、材料力学性能、磁性质、电性质、热性质等性能。不同程序能给出的性能会有所不同。此外，通过对输出结果中的一些选项进行设置，如能带图的能量区间范围、态密度投影图需给出的原子或原子轨道的态密度等，还可以调节输出的图像的格式。

3. 计算的运行

量子化学的计算过程主要在计算机上完成，因此它直接受到计算资源(计算机的计算速度、硬盘空间的大小、内存大小)等的限制。量子化学应用也是化学领域中由于计算机技术的发展而最为受益的一个学科。计算机技术将使量子化学计算的体系的大小、计算的精度都得以大大提高，从而为量子化学在化学中的应用带来越来越多的机会。近期，并行计算方法的引入，通过多个 CPU 同时来处理不同轨道的积分项，这些也使量子化学的计算效率得以大大提高。

4. 计算结果的处理

对量子化学计算结果的分析和处理，需要对量子化学的基本知识和基础概念有深刻的理解。在处理过程中一定要牢牢把握以结构与性能之间的关系为主线的思想对结果进行分析和处理。

6.8.2 一些常用程序的介绍

下面对固体量子化学的一些代表性程序进行介绍。

1. 半经验计算经典程序 CAESAR

CAESAR(Crystal And Electronic Structure AnalyzeR)程序是一个用半经验的休克尔和扩展休克尔方法进行能带计算和处理的程序。其官方网站为 http://www.primec.com/。该软件目前是一个免费软件，由美国 North Carolina State University 化学系的 M. H. Whangbo 教授组织编制。由于该软件采用了半经验的方法，因此在牺牲一些计算精度的前提下能给出比较清晰的轨道图像，很适合做一些半定量化学问题的分析和计算。该软件的运行操作系统为 Windows。

下载安装程序后，运行 CAESAR 2.0 程序就可出现如图 6.56 所示的程序主界面。在主界面上单击鼠标左键，则可出现如图 6.57 所示的选择菜单。CAESAR 程序的主要功能也就在这个菜单上得以体现。

(1) 菜单由上而下分为四个区，下面分别给予简要介绍。

第一区：只有一个 MASC 程序选项，它主要是用来创建为程序中提供结构信息的输入文件。它可以在程序中直接建立结构，或由 cif(晶体结构信息)文件导入晶体结构细节。通过保存生成一个以 ci 为扩展名的文件，而这个文件可在后续计算中使用。

第二区：该区主要是计算区以及利用生成的输入文件来实现计算。共有 7 个计算模块：① MC 主要用于分子体系的计算；② BC 和③ BC-batch 用于能带结构的计算，后者为一个批处理计算命令，也就是可以一次对多个计算任务进行排队计算；④ PC 为性质计算的控制程序；⑤ FC 为费米面的计算程序；⑥ DC 和⑦DC-batch 为电子密度分布的计算程序，后者也为一个排队计算的控制程序。

第三区：该区主要是进行结果处理的区域，分为 4 个模块：① MP 用于分析和绘制分子轨道；② PP 用于性质计算结果图形的生成，可绘制能带图、态

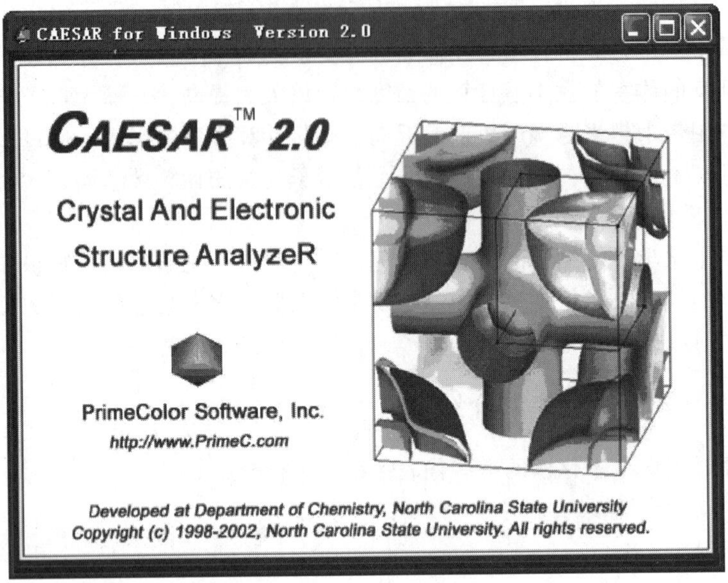

图 6.56　CAESAR 2.0 程序主界面

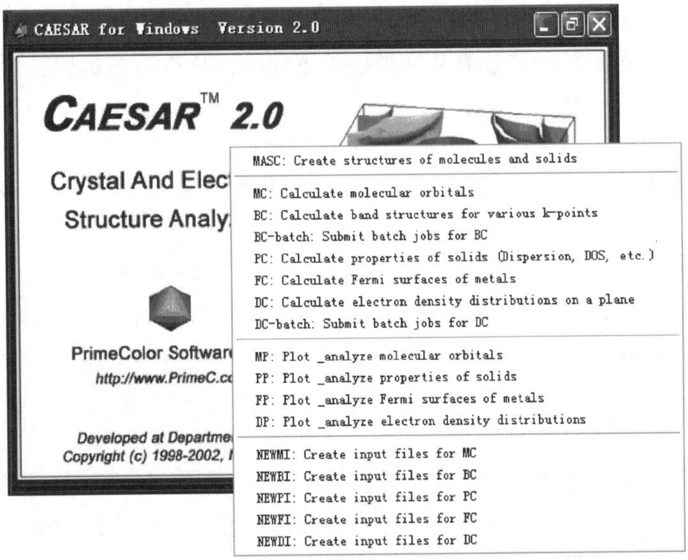

图 6.57　CAESAR 2.0 程序主界面上的选择菜单

密度(DOS)图、投影态密度(PDOS)图、晶体轨道重叠布居(COOP)图等；③ FP 用于费米面的分析；④ DP 则用于电子密度分布的分析。

第四区：该区是用来建立新的计算输入文件，其中包含 5 个模块：

① NEWMI 是用来创建孤立分子体系计算的输入文件的。由于 CAESAR 不但能处理固体中周期性体系的计算，还能提供小分子的半经验计算，因此这个功能主要是为小分子计算服务的。② NEWBI 则是为周期性体系计算提供生成输入文件的程序。通过这个程序能完成能带计算所需输入文件的信息。③ NEWPI 主要是用来控制生成性质计算，即能带图、态密度(DOS)图、投影态密度(PDOS)图、晶体轨道重叠布居(COOP)图的绘制参数设置的程序。④ NEWFI 是用来生成费米面输入文件的模块。⑤ NEWDI 则可用于生成电子密度分布图的输入文件。

(2) 例如，对于金红石体系：① 通过 ICSD 数据库获得它的晶体结构信息文件，并将其保存为 TiO2-Rutile. cif 文件。② 通过 CAESAR 的主界面运行 MASC 程序，通过"File"→"Open"菜单打开 TiO2-Rutile. cif 文件，则会出现如图 6.58 所示的对话框。

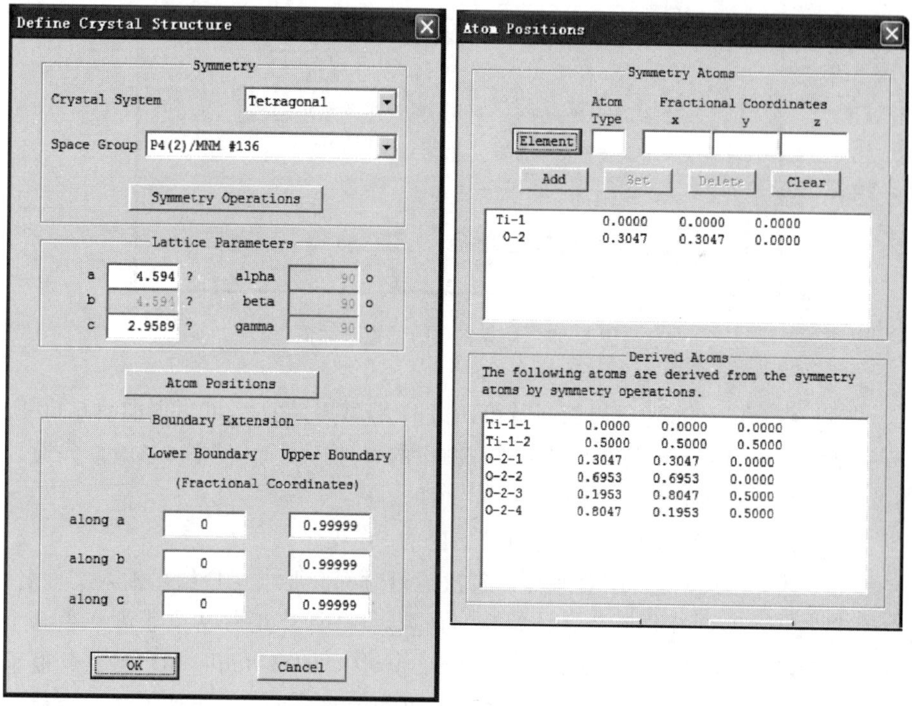

图 6.58 晶体结构信息的输入对话框

也可以通过手动选择，并在 Atom Positions 选项中通过输入原子类型和坐标的方式来输入晶体结构信息。

完成上述工作后将文件通过"File"→"Export"→"Caesar"菜单保存为 TiO2-

Rutile. ci 文件，以供后续计算使用。

(3) 在 Caesar 的主界面运行第四区的 NEWBI 程序，在 Memo 后面输入任务名称，并通过 Atom Positions 中的 Open 方式将 TiO2-Rutile. ci 文件中的结构信息导入。

(4) 在程序界面(见图 6. 59)的左边有 5 个计算参数设置选择，具体含义可参考程序手册。再通过 Save 按钮将文件保存为 TiO2-Rutile. bi 文件。

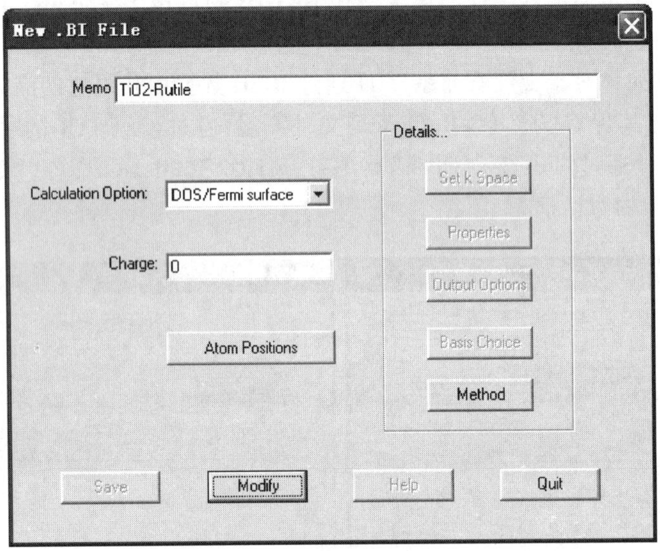

图 6. 59　计算参数的设置对话框

(5) 在 CAESAR 的主界面运行第四区的 NEWPI 程序，可出现如图 6. 60 所示的界面。在 Dispersion 选项中对能带图中的 $\boldsymbol{k}$ 进行设置(见图 6. 61)。并通过 Save 按钮将文件保存为 TiO2-Rutile. pi 文件。

(6) 在 CAESAR 的主界面运行第二区的 BC 程序。

(7) 计算结束后运行 PC 程序。每次运行时都会要求用户给出输入文件名，在给出输入文件名后，程序将自动开始计算。BC 计算正常结束后可产生两个文件：TiO2-Rutile. BO 和 TiO2-Rutile. BE，其中，TiO2-Rutile. BO 是一个很重要的文本文件，里面有很多输入和输出结果的信息。而 PC 计算正常结束后可产生两个文件：TiO2-Rutile. PG 和 TiO2-Rutile. PO。

(8) 在完成上述计算后，在 CAESAR 的主界面运行第二区的 PP 程序。然后读入 TiO2-Rutile. PG，即可作出如图 6. 62 所示的态密度图等。

2. 从头算能带计算程序 Mstudio Minlab

Mstudio Minlab 是一款目前也很通用的免费从头算能带计算程序，它的计

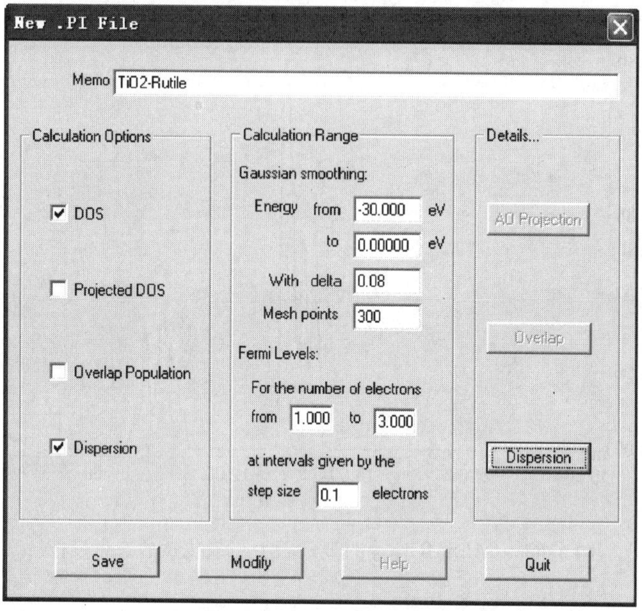

图 6.60　性质计算的参数设置

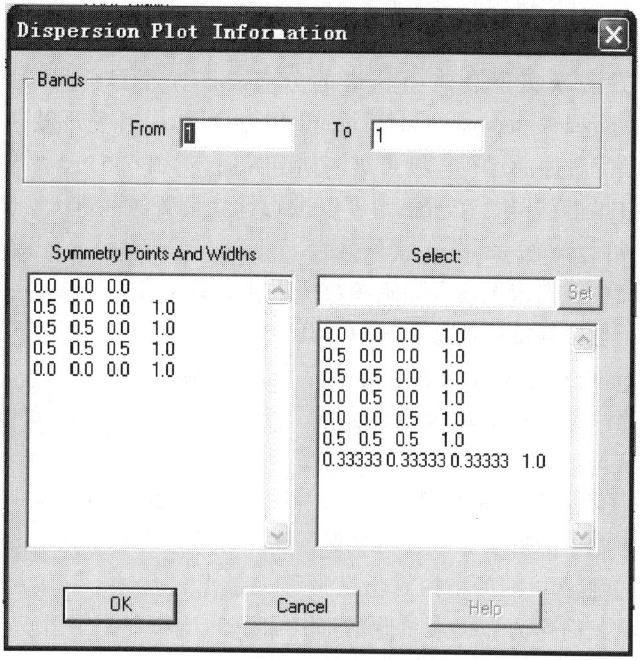

图 6.61　$\boldsymbol{k}$ 空间的设置

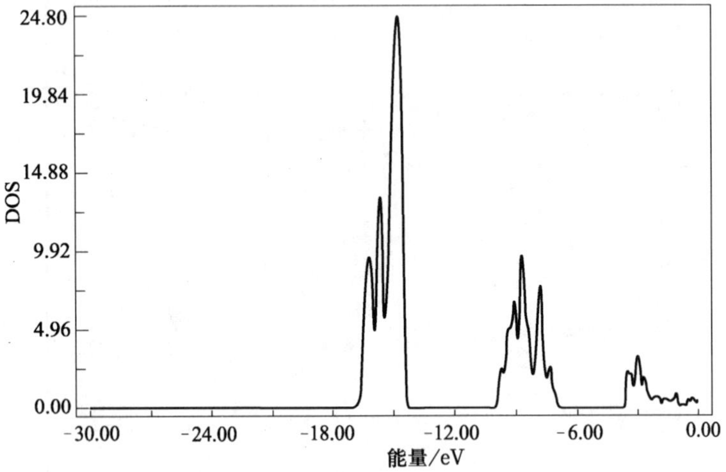

图 6.62　CAESAR 计算的金红石型二氧化钛的态密度图

算内核是基于 LMTART 程序，而该程序提供了一种很方便的输入和结果分析界面。LMTART 程序使用的是一种线性组合松饼 - 罐头势轨道(Linear Muffin-Tin Orbital，LMTO)的方法来实现计算。这种方法根据一种可调节半径的松散电子轨道的方法来实现晶体中轨道的分布。该程序目前可以从它的主页 http://www.physics.ucdavis.edu/~mindlab/index.html 免费下载获得。

下载安装完程序后运行，则可进入如下界面(见图 6.63)。

(1) 通过单击“开始”按钮，则可以进行计算设置，并进入如图 6.64 所示的计算设置界面。

在该界面中首先依次输入晶胞参数、平移矢量及最小平移重复单元中的原子参数和原子坐标等结构信息。其中有几点需要注意：

① 在 Minlab 程序中晶胞参数使用的是原子单位，而不是通常使用的 pm。因此需要使用一个简单的单位换算公式。原子单位长度和 pm 的换算公式是：1 a.u. = 52.9 pm。

② 该程序不具备处理空间群对称性的功能，因此需要通过别的结构分析程序产生出单胞中的所有原子，再将原子类型和原子坐标输入。

③ 对于单胞，可能的结构简化是平移矢量设置。对于复单胞，可通过平移矢量设置将其简化为最小素单胞的形式来节约计算资源。图 6.64 中的例子就是对于面心立方单胞的一种简化平移。

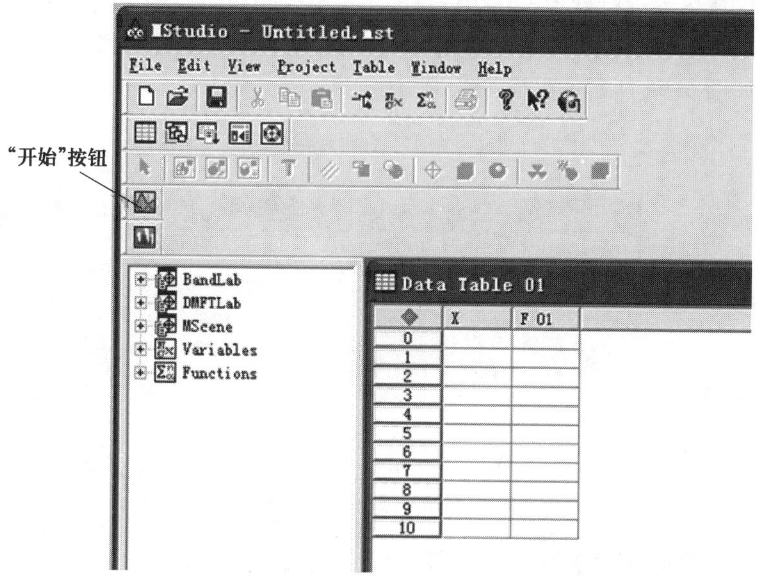

图 6.63 Mstudio Minlab 的主程序计算界面

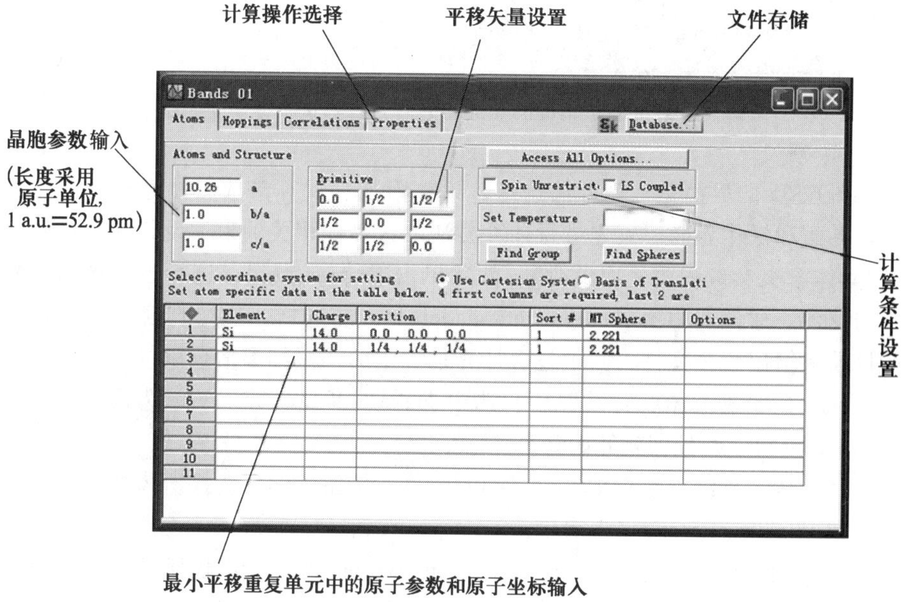

图 6.64 Mstudio Minlab 计算参数设置界面

（2）在完成结构信息输入后，就可以开始计算参数的设置。计算中结构附加参数设置主要包含计算条件设置区域、Hoppings 选项卡和 Correlations 选项卡三个区域内容进行设置，具体设置参数的含义可以参见程序使用手册。

(3) 在这些设置都完成后单击 Properties 选项卡中的计算操作选项，就可以进入如图 6.65 所示的界面。

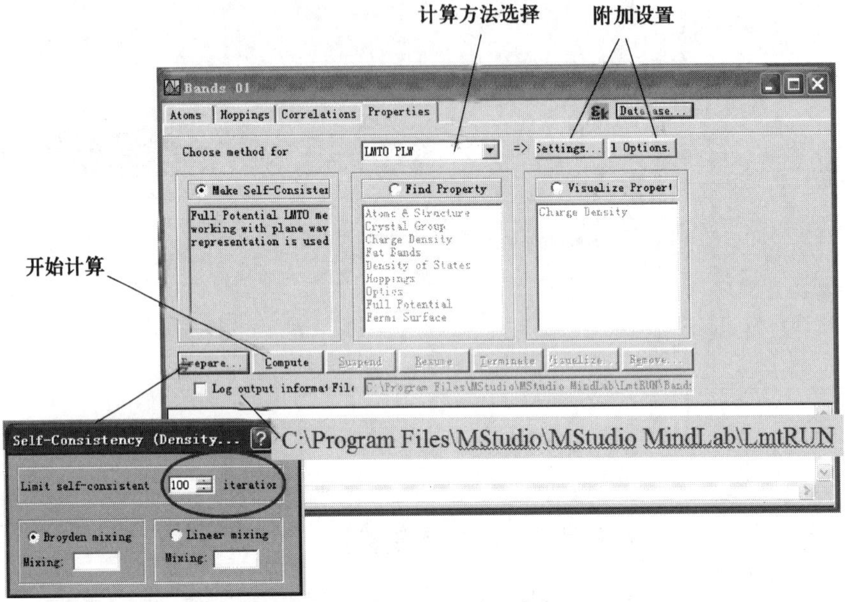

图 6.65　Mstudio Minlab 程序计算的运行设置

图 6.65 的界面是计算方法选择、计算附加、计算参数、计算分析的主要设置界面和操作界面。首先进行计算方法的选择和相关的附加设置中的参数设置(具体含义参考程序使用手册)，然后单击 Prepare 按钮，进行自洽场迭代次数的设置。建议选中 Log output information File 复选框，这样它就会在后面提示目录中给出一个文件，其中包含计算过程中的一些细节信息以供参考。

(4) 在完成上述所有设置后，选中 Make Self-Consistency 单选按钮并单击 Compute 按钮，则程序就开始计算。

(5) 待计算结束后选中 Find Property 单选按钮，然后选择所需要计算的性质，如 Density of States，再次单击 Compute 按钮。

(6) 在计算结束后，在 Visualize Property 下的区域会出现所计算的信息选项。选择想分析性质，单击 Visualize 按钮，则会出现一个新的窗口。在这个窗口中，可以参照程序手册，对图形绘制选项根据需要进行修改，然后单击窗口下方的 Visualize Using Currently Selected Options 按钮，则可获得所需要的结果图。

3. 材料计算分析软件包 Accelrys Materials Studio

Accelrys Materials Studio 是材料分析和研究中一个被广泛使用的商业性软件包，近年其使用面有明显的上升趋势。Accelrys Materials Studio 软件的网页为 http：//accelrys. com/products/materials-studio/。由于商业化的原因，它的界面、软件易用性和兼容性及功能都相当强大，而且它还支持多 CPU 的并行计算，能较充分地利用计算机的资源，符合现代计算的需求。

Materials Studio 软件包含了五大功能：量子计算、经典分子力学模拟、介观材料模拟、晶体材料分析与模拟和统计力学工具。这五大功能能很好地将微观尺度的研究与具体的化学和材料研究工作相结合。

在量子计算部分，它包含了 7 个程序包。分别为：

（1）CASTEP，该程序包主要针对周期性体系，利用平面波密度泛函的方法，可对固体材料、材料界面、材料表面等的性能进行综合计算分析与研究。

（2）DMol3，该程序包主要采用密度泛函方法，可对有机和无机分子、分子晶体、共价固体、金属固体和周期性表面的电子结构及相关性质进行计算和研究。

（3）Materials Studio User Interface to Gaussian，该程序包主要是为一个量子化学程序包 Gaussian 软件提供接口和图形界面服务。Gaussian 软件是量子化学计算中最流行的一个软件包，具有极其丰富的功能，包含 Hartree-Fock、密度泛函、电子相关校正、组态相互作用和高精度模拟计算等。Gaussian 软件早期主要面向分子体系计算，近年来也增加了周期性体系的部分计算功能。

（4）NMR CASTEP，利用第一性原理计算，用于分子或周期性固体中的核磁共振（Nuclear Magnetic Resonance，NMR）谱的模拟以及电场梯度张量的计算。

（5）ONETEP，利用线性尺度密度泛函方法增强计算精度的第一性原理计算软件包，可用于上千个原子的大体系模拟计算。

（6）QMERA，是一种通过量子力学和分子力学结合计算的方法。即在计算核心区域利用量子力学方法进行精确的计算，而在外层则用分子力学方法进行处理。通过两者的结合，可以处理相当大的体系。可应用于生物大分子体系、药物设计等方面。

（7）VAMP，是一个半经验程序计算包，能以较快的速度对有机、无机分子体系进行物理和化学性质的计算。

下面通过上面金红石体系的例子来体会一下 Materials Studio 中量子化学计算的实现。将使用 CASTEP 程序包作为工具来进行计算。

（1）首先运行 Materials Studio 软件，在如图 6.66 所示的界面中选中 Create a new project 单选按钮，即新建一个工作任务，并根据提示输入任务名称 TiO2-Rutile。

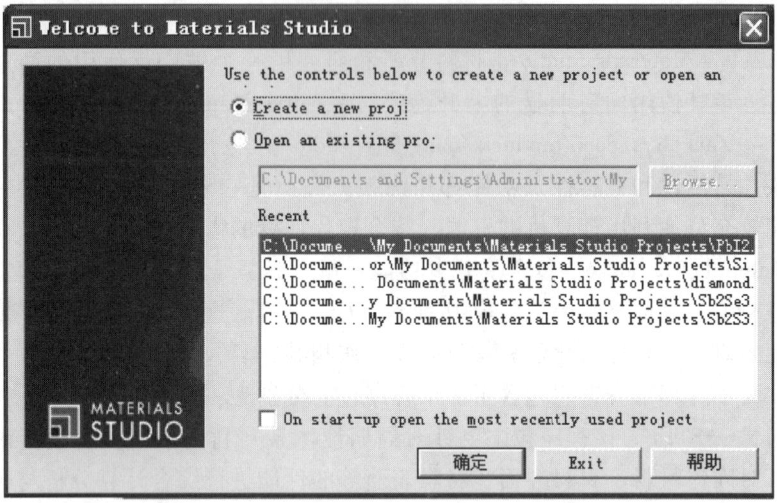

图 6.66　Materials Studio 软件新建工作任务

(2) 在菜单中通过"File"→"Import"选项(见图 6.67)将金红石的晶体信息文件 TiO2-Rutile.cif 导入 Materials Studio 软件。Materials Studio 软件由于可以同时打开很多个计算窗口，因此进行计算或分析的时候一定要将当前结构图形窗口放在最前面，以表示对当前结构进行计算或分析，这点需要特别注意。

图 6.67　Materials Studio 软件中 CASTEP 计算的运行

(3) 在正确导入结构信息后，单击 CASTEP 图标，并选择“Calculation”，则进入如图 6.68 所示的计算参数设置对话框。

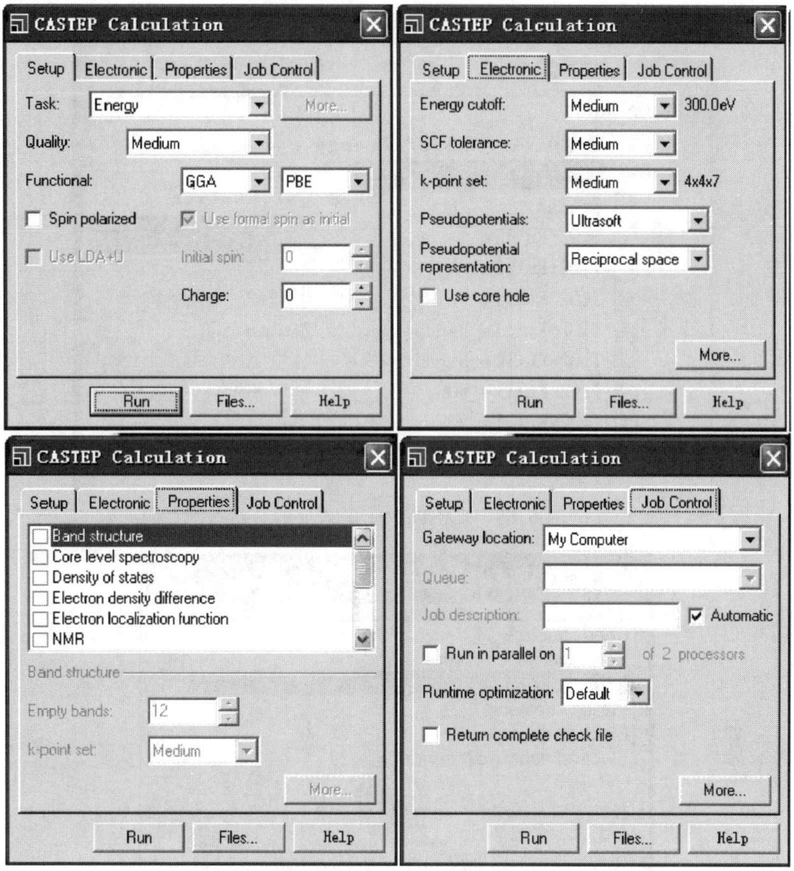

图 6.68　CASTEP 中计算参数的设置

(4) 计算参数设置对话框中包含 4 个设置对话框：① 在第一个对话框中可对计算方法进行设置，同时还可设置一些体系自旋和电荷的相关信息；② 在第二个对话框中可设置自洽场迭代、$\boldsymbol{k}$ 空间及原子基组信息；③ 在第三个对话框中可进行性质计算的相关设置；④ 第四个对话框中则可设置计算硬件的相关信息。具体的参数含义可以参照程序的帮助文件。

(5) 对于金红石体系，如果在性质计算中选择“Density of states”计算，并单击 Run 按钮运行计算，则计算机就开始相关的计算。

(6) 待计算结束后，在 Project 区域可显示如图 6.69 所示的界面。在将“TiO2-Rutile CASTEP Energy”目录中的结构图形窗口前置的前提下，在“TiO2-Rutile-Calculation”上单击鼠标右键，选择“Analysis”选项，则可出现如图 6.70

所示的对话框。选择“Density of states”，单击 View 按钮，则可以作出它的态密度图(见图 6.71)。

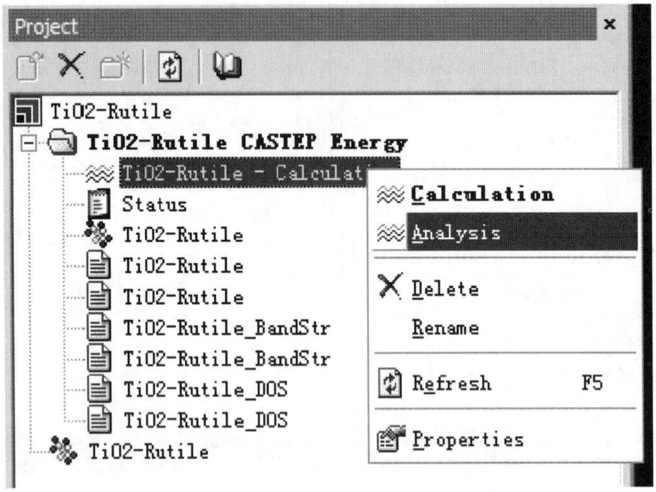

图 6.69　CASTEP 计算结果的分析

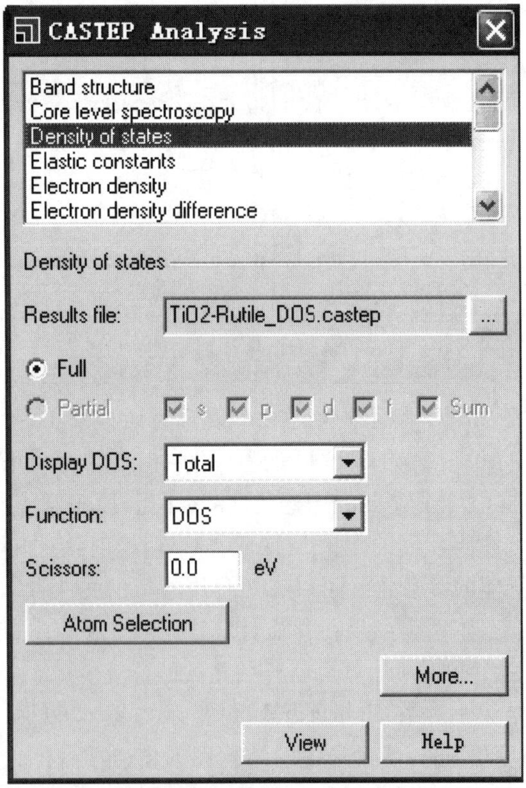

图 6.70　CASTEP 计算态密度的分析

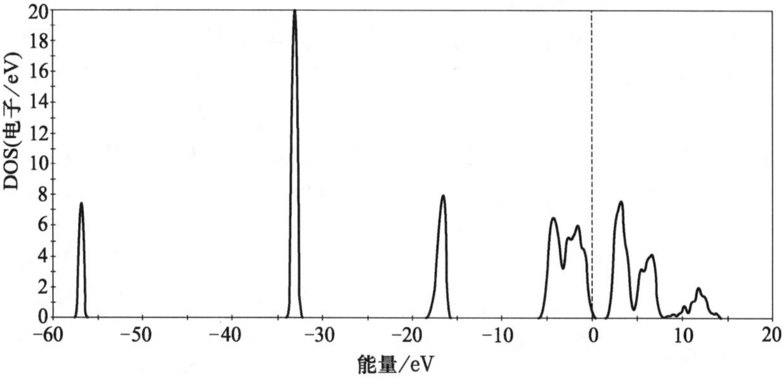

图 6.71　用 CASTEP 计算的金红石的总态密度

通过三个程序的使用，可以看出量子化学计算程序的使用并不是一件很神秘或很困难的事情。一般计算的实现都包含前面所说的几个过程：① 结构信息的输入；② 计算参数的设置；③ 计算的运行；④ 计算结果的处理。计算参数的设置对于初学者可以多多参考类似的文献；而计算结果的处理则需要有量子化学的基础，需要在不断学习的分析过程中获得更多的体会。

进一步阅读的参考书

[1] 基泰尔 C. 固体物理导论[M]. 项金钟，吴兴惠，译. 北京：化学工业出版社，2005.

[2] 陈栋，蒋平，徐至中. 固体物理学[M]. 上海：上海科学出版社，2003.

[3] 理查德 L，卡林. 磁化学[M]. 万纯娣，臧焰，胡永珠，等译. 南京：南京大学出版社，1990.

[4] 麦松威，周公度，李伟基. 高等无机结构化学[M]. 北京：北京大学出版社，2006.

[5] 奥汉德利 R C. 现代磁性材料原理与应用[M]. 周永洽，译. 北京：化学工业出版社，2002.

[6] 王志中，李向东. 半经验分子轨道理论与实践[M]. 北京：科学出版社，1981.

[7] 梁昆淼. 数学物理方法[M]. 北京：人民教育出版社，1960.

[8] 刘若庄. 量子化学基础[M]. 北京：科学出版社，1983.

[9] 曾谨言. 量子力学导论[M]. 北京：北京大学出版社，1992.

[10] 徐光宪，黎乐民. 量子化学基本原理和从头计算法[M]. 北京：科学出版社，1980.

[11] 陈光巨，黄元河. 量子化学[M]. 上海：华东理工大学出版社，2008.

[12]　黄昆 . 固体物理学[M]. 北京：人民教育出版社，1966.
[13]　蔡凤鑫,王志海 . 量子力学[M]. 开封：河南大学出版社，1990.
[14]　林建华,荆西平 . 无机材料化学[M]. 北京：北京大学出版社，2006.
[15]　田莳 . 材料物理性能[M]. 北京：北京航空航天大学出版社，2004.
[16]　霍夫曼 R. 固体与表面：一位化学家关于扩展结构中成键作用的见解[M]. 郭洪猷，李静，译 . 北京：化学工业出版社，1996.

第 7 章 固体中的缺陷与非化学计量化合物

严格具有点阵结构的晶体是理想状态，实际晶体总是对点阵结构存在偏离，这种偏离被视为是晶体的晶格缺陷。缺陷对晶体的光、电、磁、力学性质有很大的影响，例如，刚玉（Al_2O_3）晶体中掺杂 Cr^{3+} 生成的红宝石，是第一个实现激光输出的晶体。半导体材料（例如 Si）中的掺杂，可以调整材料的 p 型或 n 型导电性。对一些铜氧化物进行不等价掺杂，可以得到高温超导体材料。光学纤维和非线性光学材料中微量的杂质都会对其光学性质产生致命的影响。晶体的线缺陷和面缺陷会大幅度降低材料的机械性能。因此缺陷的化学与物理是材料科学的重要内容，也是固体无机化学的重要内容。

晶体的缺陷有不同的聚集状态，按照聚集状态的几何形状可以分为零维的点缺陷、一维的线缺陷和二维的面缺陷。表 7.1 列出晶体中缺陷的分类。

表 7.1 晶体中缺陷的分类

点缺陷（零维缺陷）	本征点缺陷	肖特基缺陷
		弗仑克尔缺陷
		非化学计量化合物
	杂质点缺陷	填隙原子
		取代原子

续表

点缺陷(零维缺陷)	电子点缺陷	准自由电子 空穴
	色心	缔合缺陷
线缺陷(一维缺陷)	位错	刃位错 螺型位错 混合位错
	位错处杂质原子	
面缺陷(二维缺陷)	外表面 晶界 相界 层错	
体缺陷(三维缺陷)	包裹体 沉淀 孪晶 孔洞	

缺陷聚集状态的有序化，又使缺陷聚集体成为晶体结构单元的一部分而融进主体晶格中，形成了一系列具有结构特点的非化学计量化合物。

本章首先主要讨论与化学计量相关的点缺陷和固溶体，简要介绍线缺陷和面缺陷的基本概念。在此基础上，再进一步介绍几种典型的非化学计量化合物。

一般情况下，晶体中的点缺陷数目非常少，常规的化学和结构研究方法不适宜研究缺陷。但是由于缺陷的存在使晶体的性质发生巨大的变化，因此常常利用现代物理研究方法的光、电、磁等谱学手段研究晶体缺陷。

7.1　实际晶体的点缺陷

图 7.1 表示了晶体生成点缺陷的自由能变与点缺陷浓度的关系。由于原子离开晶格位置形成点缺陷需要消耗一定的能量，因此点缺陷的生成焓大于零($\Delta H>0$)，并且与点缺陷的浓度呈正比。完善晶体的构型熵为零。此时，如果晶体有 1 mol 的原子，这个生成的点缺陷就可以占据晶体中的任何一个晶格位置，即有 10^{23} 个位置可以选择。这种对位置选择所引起的熵增称为构型熵变

(ΔS)。晶体点缺陷的构型熵变 ΔS 可以表示成体系微观状态数 W 的函数：$\Delta S = k_B \ln W$，其中，$W = (N + N_d)!/(N_d! N!)$，N 和 N_d 分别为晶体中正常格位原子的数目和点缺陷的数目，k_B 为玻耳兹曼常数。ΔS 随点缺陷浓度的对数变化趋势在低浓度范围，随点缺陷浓度的增加迅速增加，而在高浓度范围，这种贡献逐渐减小。

晶体生成点缺陷导致的自由能变 $\Delta G = \Delta H - T\Delta S$。虽然点缺陷的生成焓 ΔH 与点缺陷浓度呈正比关系，但是由于 $-T\Delta S$ 一项始终为负值，并且呈对数的变化趋势，因此在一定的浓度，ΔG 有最小值，这个浓度的最小值就是在这个温度下，晶体中点缺陷的平衡浓度。

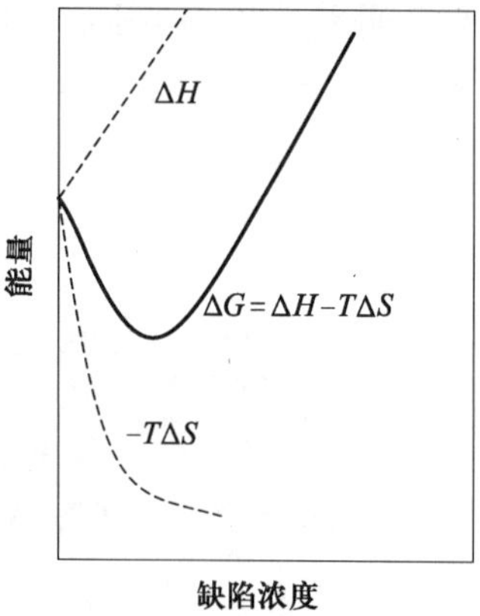

图 7.1　在完善晶体中引入点缺陷的能量变化与点缺陷浓度的关系

图 7.1 虽然是一个极度简化的描述，却明确地表明，完美的晶体是理想模型，而实际晶体中都有一定平衡浓度的点缺陷。由于晶体的结构不同，晶体的点缺陷类型可能不同，但晶体的自由能变与点缺陷浓度之间都存在与图 7.1 类似的关系，只不过点缺陷的平衡浓度位置有所差异。

7.1.1　点缺陷的分类与表示

1. 本征点缺陷

由于晶格结点上原子的热运动起伏，有一部分原子会获得足够的能量，离开正常位置，造成热缺陷。这种点缺陷是晶体的热力学性质造成的，因此是本征点缺陷。最重要的本征点缺陷为弗仑克尔(Frenkel)缺陷和肖特基(Schottky)缺陷。

1）弗仑克尔(Frenkel)缺陷

对于卤化银等阳离子/阴离子半径比值较小、离子之间极化作用较强的晶体，热激活使 Ag^+ 进入由大的卤素离子形成的晶格四面体间隙中；进入间隙中的 Ag^+ 与 4 个卤素离子形成较强的极化作用，被稳定在间隙中，形成由填隙 Ag^+ 和 Ag^+ 空位形成的缺陷对(如图 7.2 所示)，这种缺陷对称为阳离子弗仑克尔缺陷。

萤石结构如图 7.3 所示，CaF_2 晶胞中阴离子 F^- 的配位多面体为四配位的正四面体，而阳离子 Ca^{2+} 为八配位的立方配位多面体。8 个 [FCa_4] 正四面体围绕体心，在晶胞中形成一个本征的 12 配位的空隙。F^- 偏离晶格结点只需断

4 个键，而 Ca^{2+} 进入空隙要断 8 个键，因此萤石结构化合物形成 F_i' 阴离子填隙和阴离子空位的阴离子弗仑克尔缺陷。同理，反萤石结构化合物(如 Na_2O)则以阳离子弗仑克尔缺陷为主。

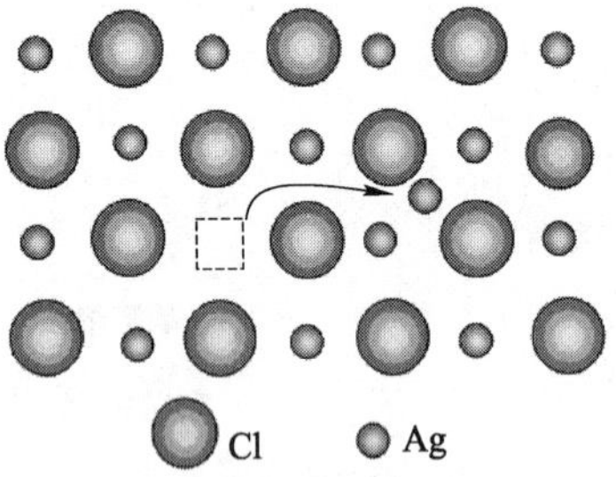

图 7.2　AgCl 中的阳离子弗仑克尔缺陷

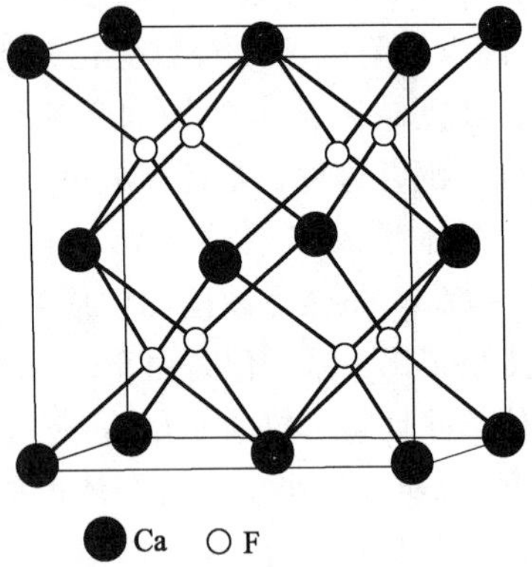

图 7.3　萤石结构类型晶胞

2）肖特基(Schottky)缺陷

对于 NaCl 等典型的离子晶体，高温状态下，Na^+ 和 Cl^- 同时离开晶格的结点位置，扩散到晶体的表面，形成新的 NaCl 晶格层面，而在晶格结点上同时留下 Na^+ 和 Cl^- 的空位点缺陷对。这个空位点缺陷对称为肖特基缺陷，如图 7.4 所示。

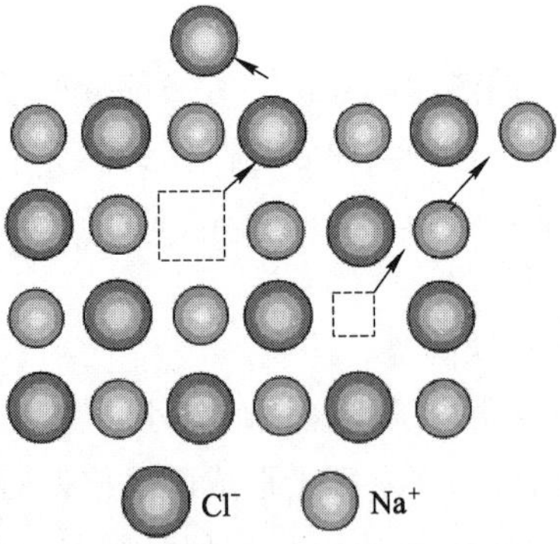

图 7.4　NaCl 中的肖特基缺陷

由点缺陷的形成机理可以预见，肖特基缺陷的形成会由于增加晶体的摩尔体积而降低密度，而弗仑克尔缺陷则不会使晶体的密度产生较大的变化。

在不同的晶体中，弗仑克尔缺陷和肖特基缺陷出现的概率有很大差别。平衡浓度占优势的点缺陷一定是生成吉布斯自由能(ΔG)比较低的点缺陷。表

7.2 列出了几种典型晶体中的主要本征点缺陷。碱金属卤化物和碱土金属卤化物主要是肖特基缺陷；银的卤化物、萤石结构的碱土金属氟化物和稀土氧化物主要是弗仑克尔缺陷。

表 7.2 一些晶体中的主要本征点缺陷

晶体	结构	主要本征点缺陷
碱金属卤化物	NaCl	肖特基缺陷
碱土金属卤化物	NaCl	肖特基缺陷
AgCl、AgBr	NaCl	阳离子弗仑克尔缺陷
卤化铯、TlCl	CsCl	肖特基缺陷
BeO	纤锌矿	肖特基缺陷
碱土金属氟化物、CeO_2、ThO_2	萤石	阴离子弗仑克尔缺陷
ZnCu	简单立方	替位缺陷

2. 杂质点缺陷

化合物中微量的非基本组成元素视为杂质，基本组成元素构成的晶体视为基质。例如，食盐的晶体组成为 NaCl，但是在 NaCl 的晶体中往往掺有微量的 KCl，则 K^+ 为杂质，而 NaCl 晶体为基质。K^+ 在 NaCl 晶体中占据了 Na^+ 的亚晶格位置，因此 K^+ 为杂质点缺陷。杂质点缺陷是外赋的点缺陷，其浓度只是不能大于该杂质在基质中的固溶度。如图 7.5 所示，杂质点缺陷有两种：① 杂质离子占据基质离子的晶格位置，生成取代点缺陷；替位缺陷是在电负性相近的元素形成的 AB 化合物中，若 A 原子占据了 B 原子的晶体格位，形成的特殊的取代点缺陷。② 杂质离子填入基质晶体晶格的间隙，称为填隙点缺陷。

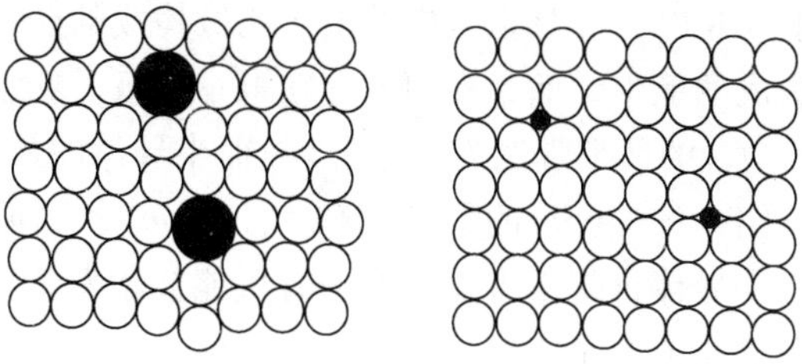

(a) (b)

图 7.5 (a) 取代点缺陷和(b) 填隙点缺陷示意图

杂质原子进入晶格，破坏了原有原子的排列周期性；如果是异价取代，还可能引入空位或引起价态变动。这些因素都会使晶格发生如图 7.6 所示的局域晶格畸变。无论是哪种畸变，都会导致晶格内产生晶格应力，局域能级发生变化。

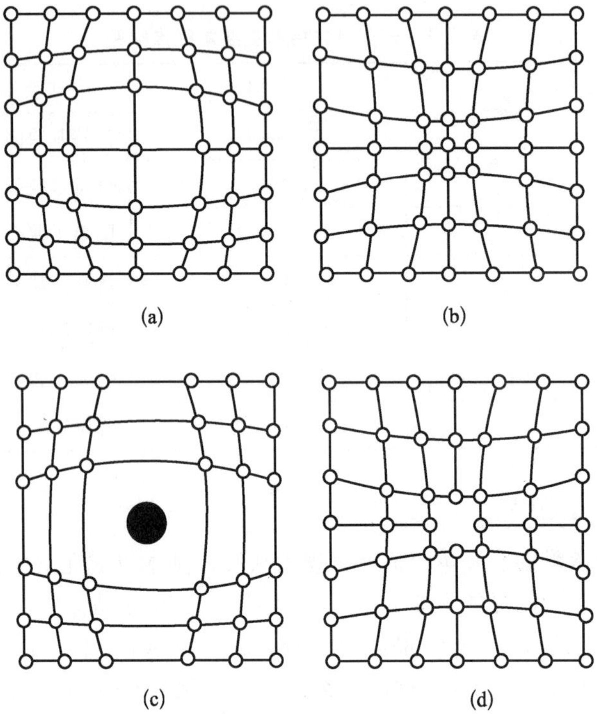

图 7.6　晶格畸变示意图：(a)、(b) 置换型；(c) 填隙型；(d) 产生空位

3. 电子点缺陷

由能带理论可知，无机非金属固体的电子能带结构由价带、禁带和导带构成。在热力学温度 0 K 时，导带是由空的电子能级构成的能带，价带是由填满电子的电子能级构成的能带，而禁带则不存在电子能级。绝缘体的禁带带隙较宽，例如，金刚石(C)的禁带带隙为 5.33 eV；而半导体的禁带带隙相对较窄，例如，具有金刚石结构的硅(Si)的禁带带隙为 1.14 eV。当温度升高时，由于热激发或光辐射，半导体价带中有少量电子有可能被激发到导带中，同时在价带中产生同等数量的空的电子能级。在本征半导体中，导带电子和价带上的空穴成对地同时产生与覆灭；在平衡状态下，导带中自由电子的浓度和价带空穴的浓度相等。当杂质进入晶体之后，破坏了晶体空间点阵的周期性，点缺陷周围的电子能级不同于正常点阵的电子能级，在禁带中产生缺陷能级。这些缺陷能级成为电子和空穴的陷阱，俘获自由电子和空的电子能级，形成电子点缺陷

“e′”和空穴点缺陷“h•”。符号中右上角的上标分别表示为，有效电荷数为 -1 和有效电荷数位为 +1。

4. 缔合点缺陷

带有有效核电荷的点缺陷，由于静电作用会缔合成缺陷缔合体，有关内容将在 7.1.3 小节讨论。

5. 点缺陷的表示

表示点缺陷的通用符号是克鲁格(Kröeger)与维克(Vink)于 1974 年提出的，即 K-V 符号。缺陷符号(A_a^b)分为主体部分 A、下标位置 a 和上标位置 b。主体部分 A 为缺陷的元素符号，晶格空位缺陷用字母 Vacancy 的第一个大写字母 V 表示。右下标位置 a 表示缺陷所处的晶格格位；处于晶格间隙的位置时，右下标用 interstitial 的第一个字母 i 表示；s 表示表面的位置。点缺陷的有效电荷表示在缺陷主体的右上标 b 位置。有效电荷的计算方法为缺陷主体的有效电荷减去亚晶格格位离子/原子的有效电荷。例如，在 NaCl 晶体中位于 Na^+ 亚晶格位上的 Ca^{2+} 点缺陷的有效电荷等于 +1((+2) - (+1) = +1，K-V 符号表示为“•”)。晶格空位 V 的电荷为零，因此 NaCl 晶体中位于 Na^+ 晶格位置上的空位的有效电荷为 -1((0) - (+1) = -1，K-V 符号表示为“′”)；电中性表示为“×”，通常电中性符号“×”可以省略。表 7.3 示出常见的简单点缺陷的种类和表示符号。

表 7.3 K-V 符号示例

缺陷符号	含义	缺陷符号	含义
V_{Na}'	Na^+ 空位点缺陷	$V_{Cl}^{\bullet}$	Cl^- 空位点缺陷
$K_{Na}^{\times}$	Na^+ 格位上的 K^+ 取代点缺陷	$Br_{Cl}^{\times}$	Cl^- 格位上的 Br^- 取代点缺陷
$Ag_i^{\bullet}$	晶格间隙中的 Ag^+ 填隙点缺陷	F_i'	晶格间隙中的 F^- 填隙点缺陷
$Ca_{Na}^{\bullet}$	Na^+ 格位上的 Ca^{2+} 取代点缺陷	O_F'	F^- 格位上的 O^{2-} 取代点缺陷
$As_{Ga}^{\times}$	GaAs 晶体中的 As 原子替位缺陷		

6. 影响晶体中本征点缺陷类型的因素

热缺陷的浓度和点缺陷反应的生成吉布斯自由能有关，而点缺陷反应的生成自由能与晶体的结构类型和化合物组成有关。由表 7.4 可见，典型 NaCl 离子型一价化合物生成肖特基缺陷的生成能较小，氧化物生成肖特基缺陷的生成能较大；共价性较强的离子化合物生成阳离子弗仑克尔缺陷的生成吉布斯自由能较小，具有萤石结构的化合物生成阴离子弗仑克尔缺陷的生成吉布斯自由能较小。不同结构类型的化合物，晶体中主要是存在生成吉布斯自由能较小的点缺陷。

表 7.4　一些化合物的缺陷反应和缺陷反应生成吉布斯自由能(ΔG)

化合物	反应	生成吉布斯自由能/10^{-19} J
AgBr	$Ag_{Ag} \rightleftharpoons Ag_i^{\bullet} + V_{Ag}'$	1.76
BeO	$0 \rightleftharpoons V_{Be}'' + V_O^{\bullet\bullet}$	9.61
MgO	$0 \rightleftharpoons V_{Mg}'' + V_O^{\bullet\bullet}$	9.61
NaCl	$0 \rightleftharpoons V_{Na}' + V_{Cl}^{\bullet}$	3.52 ~ 3.84
LiF	$0 \rightleftharpoons V_{li}' + V_F^{\bullet}$	3.84 ~ 4.23
CaO	$0 \rightleftharpoons V_{Ca}'' + V_O^{\bullet\bullet}$	9.61
CaF_2	$F_F \rightleftharpoons V_F^{\bullet} + F_i'$	3.68 ~ 4.49
	$Ca_{Ca} \rightleftharpoons V_{Ca}'' + Ca_i^{\bullet\bullet}$	11.2
	$0 \rightleftharpoons V_{Ca}'' + 2V_F^{\bullet}$	8.81
UO_2	$O_O \rightleftharpoons V_O^{\bullet\bullet} + O_i''$	4.81
	$U_U \rightleftharpoons V_U'''' + U_i^{\bullet\bullet\bullet\bullet}$	15.2
	$0 \rightleftharpoons V_U'''' + 2V_O^{\bullet\bullet}$	10.3

表 7.4 表明，在相同温度下，NaCl 离子型一价化合物主要存在肖特基缺陷，萤石结构化合物产生阴离子弗仑克尔缺陷，共价性强的离子化合物主要存在阳离子弗仑克尔缺陷。表 7.5 表明，在常温下点缺陷的浓度小于百万分之一；温度升高，点缺陷浓度增加。对于点缺陷生成吉布斯自由能较大的氧化物晶体，即使在高温，热缺陷的浓度也很小。

表 7.5　不同的温度和不同的一个点缺陷生成吉布斯自由能条件下的弗仑克尔缺陷浓度

温度/K \ 生成吉布斯自由能/J	1.60×10^{-19}	3.20×10^{-19}	6.40×10^{-19}	9.61×10^{-19}	1.28×10^{-18}
373	2×10^{-7}	3×10^{-14}	1×10^{-27}	3×10^{-41}	1×10^{-54}
773	6×10^{-4}	3×10^{-7}	1×10^{-13}	3×10^{-20}	8×10^{-37}
1 073	4×10^{-3}	2×10^{-5}	4×10^{-10}	8×10^{-15}	2×10^{-19}

续表

生成吉布斯自由能/J 温度/K	1.60×10^{-19}	3.20×10^{-19}	6.40×10^{-19}	9.61×10^{-19}	1.28×10^{-18}
1 273	1×10^{-2}	3×10^{-4}	1×10^{-8}	1×10^{-12}	1×10^{-16}
1 473	2×10^{-2}	4×10^{-4}	1×10^{-7}	5×10^{-12}	2×10^{-19}
1 773	4×10^{-2}	1×10^{-4}	2×10^{-6}	3×10^{-9}	4×10^{-12}
2 073	6×1^{-2}	4×10^{-3}	1×10^{-5}	5×10^{-8}	2×10^{-10}
2 273	8×10^{-2}	6×10^{-3}	4×10^{-5}	2×10^{-7}	1×10^{-9}

7.1.2 点缺陷反应方程式的书写原则

缺陷化学要使用化学的语言讨论晶体中点缺陷的产生、点缺陷的平衡和点缺陷的相互作用，因此首先要规范点缺陷反应方程式的书写原则。在点缺陷反应方程式中，反应物由生成点缺陷主成分的物质组成；箭头表示反应方向；箭头上方表示基质的化学式；生成物主要由点缺陷组成，为满足配平的要求，有时辅以基质成分或气体等。点缺陷反应方程式的配平要满足三个原则：① 质量守恒；② 电荷平衡；③ 生成物阴、阳离子亚晶格格位数的比值与基质亚晶格格位数的比值不变。前两个原则与化学反应方程式遵循的原则一样，第三个原则突出体现了点缺陷反应方程式描述的是晶体中点缺陷反应的特点。

例如，NaCl 中肖特基缺陷的生成：

$$\mathrm{NaCl} \xrightarrow{\mathrm{NaCl(s)}} V_{Na}' + V_{Cl}^{\bullet} + Na_{S}^{\times} + Cl_{S}^{\times}$$

产物中生成新的表面原子的同时消除了相同数量的表面原子，因此没有额外地产生新的表面原子，所以反应式简化为

$$0 \xrightarrow{\mathrm{NaCl(s)}} V_{Na}' + V_{Cl}^{\bullet} \qquad (7-1-1)$$

由于肖特基缺陷为本征点缺陷，生成点缺陷的成分为完善的基质晶体本身，而且生成的是一对空位对，质量为零，所以反应物为零；反应物与缺陷产物的电荷之和分别为零。基质中 Na^+ 和 Cl^- 亚晶格格位数比值为 1∶1；生成的空位的亚晶格格位比值不变。

又例如，AgCl 中生成弗仑克尔缺陷：

$$\mathrm{AgCl} \xrightarrow{\mathrm{AgCl(s)}} Ag_{i}^{\bullet} + V_{Ag}' + Cl_{Cl}^{\times} \qquad (7-1-2)$$

由于弗仑克尔缺陷为 $Ag_i^{\bullet}$ 和 V_{Ag}'缺陷对，因此反应物中必须有 Ag^+。又由于缺陷亚晶格格位比值相等的配平要求 $Cl_{Cl}^{\times}$ 的基质成分，因此根据质量守恒，

缺陷反应物为 AgCl。这样就满足了配平三原则。

例 3，少量的 $CaCl_2$ 掺入 NaCl 晶体中，Ca^{2+} 占据 Na^+ 的位置，则点缺陷反应方程式为

$$CaCl_2 \xrightarrow{NaCl(s)} Ca_{Na}^{\bullet} + V_{Na}' + 2Cl_{Cl}^{\times} \qquad (7-1-3)$$

高价阳离子杂质取代低价阳离子生成有效电荷为 +1 的取代点缺陷 $Ca_{Na}^{\bullet}$，为满足电荷平衡，可以产生一个带有 -1 电荷的空位 V_{Na}'。质量守恒和缺陷亚晶格格位比值相等都要求生成 $Cl_{Cl}^{\times}$ 的基质成分配平。

7.1.3　点缺陷的局域能级

1. 本征点缺陷的局域能级及色心

固体的电子能级结构由价带、导带和禁带构成。价带和导带分别由准连续的成键分子轨道和反键分子轨道构成；在价带和导带之间有一个不存在分子轨道的能量区间为禁带。对于离子性化合物，价带和导带分别主要由阴离子和阳离子的原子价轨道构成。本征点缺陷的存在破坏了晶体势场的周期性，相当于施加了一个局域的微扰势场，使晶体中电子的局域运动状态发生了改变，因此点缺陷在禁带中形成局域能级。

例如，NaCl 晶体的价带来源于 Cl^- 的 3p 轨道，而导带来源于 Na^+ 的 3s 轨道。如图 7.7 所示，Na^+ 处于 6 个 Cl^- 形成的八面体中心，当出现 Na^+ 空位 (V_{Na}') 时，点缺陷周围的 Cl^- 向八面体中心方向偏移，这使 Cl^- 的 3p 轨道之间的相互作用发生变化，从而在价带附近形成一个局域的点缺陷能级。由此可以知道，V_{Na}' 的能量状态是由于 Na^+ 空位对 Cl^- 能带的微扰造成的，点缺陷的基态局域能级位置应当位于价带顶附近的禁带中。同样可以知道，$V_{Cl}^{\bullet}$ 的能量状态是 Cl^- 空位对导带的微扰产生的，因此，$V_{Cl}^{\bullet}$ 的基态局域能级位于导带底附近的禁带中，如图 7.8 所示。

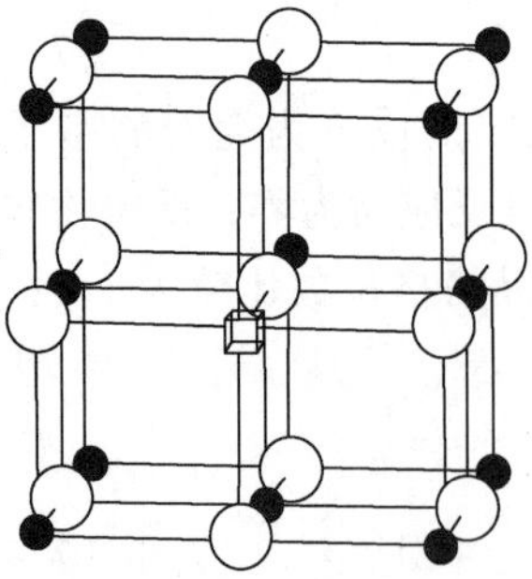

图 7.7　NaCl 晶体中 Na^+ 空位点缺陷的示意图

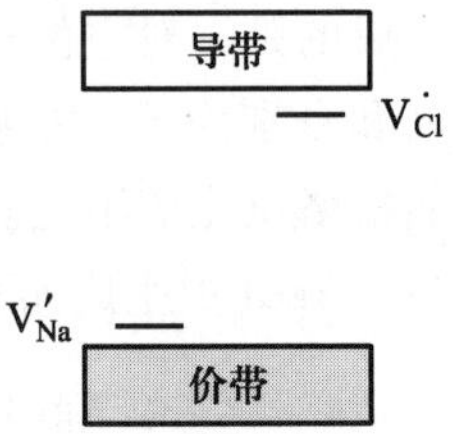

图 7.8　NaCl 晶体中 Na^+ 和 Cl^- 空位缺陷的基态能级示意图

禁带中的点缺陷能级相当于载流子的陷阱，可以束缚晶体中的载流子。NaCl 晶体中的 Cl^- 空位 $V_{Cl}^{\bullet}$ 能级是电子陷阱，俘获电子后点缺陷的有效电荷发生变化，生成电中性的点缺陷 $V_{Cl}^{\times}$，相当于缺陷 $V_{Cl}^{\bullet}$ 束缚一个电子 e'。同样，Na^+ 空位点缺陷 V_{Na}' 是空穴 $h^{\bullet}$ 的陷阱，俘获空穴 $h^{\bullet}$ 生成点缺陷 $V_{Na}^{\times}$。

NaCl 晶体有很宽的能带隙(9～10 eV)，在 X 射线或 γ 射线等强电离射线辐照下，NaCl 晶体价带中的电子可以被激发到导带，在价带中产生相同数量的空穴。如果晶体中只含有本征点缺陷，导带电子可以被 Cl^- 空位俘获形成 $V_{Cl}^{\times}$，价带中的空穴被 Na^+ 空位俘获形成 $V_{Na}^{\times}$：

$$0 \leftrightarrow V_{Na}^{\times} + V_{Cl}^{\times} \qquad (7-1-4)$$

被俘获的电子和空穴被点缺陷的有效电荷松弛地束缚着，体系的有效电荷弥散分布在点缺陷附近的离子上，体系与束缚电荷的相互作用比较弱，其能量状态类似于氢原子。与氢原子相似，体系中存在一系列分立的点缺陷局域能级。图 7.9 示出碱金属卤化物的能带结构示意图，其中激子能带表示的是卤化物负离子较低的激发态能级形成的能带。

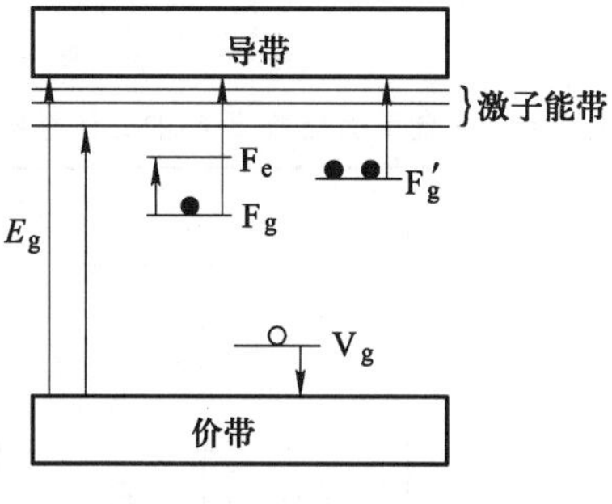

图 7.9　碱金属卤化物的能带结构示意图

●、○ 分别表示电子和空穴。F、V 表示色心。E_g 表示带隙能量。箭头表示禁带中有关点缺陷的能级之间的跃迁。脚标 g 表示基态，e 表示激发态

体系处于基态时，电子占据价带。适当能量(E_g)的光子激发价带中的电子到导带，同时产生相同数量的空穴，使体系具有光电导性质。能量较低的光子使负离子激发到能量较低的受激态，导致电子激发到激子能级上，在晶体光谱中造成吸收带。当导带中的电子或价带中的空穴被晶体中带有相反电荷的结构缺陷束缚时，便生成了色心(color center)。色心吸收光子的能量，受激到激发态，使晶体着色，因此称为色心。碱金属卤化物是研究得最早的一类色心。例如，X 射线照射 NaCl 晶体，Cl^- 空位缺陷俘获了一个电子，形成 F-心(此词来自于德语的颜色中心 Farben Zentre)。不同卤化物的色心有不同的颜色(见表 7.6)。NaCl 中的 F-心呈黄绿色。

在电离辐射照射下，晶体中同时存在电子和空穴俘获中心，是非热力学平衡体系。在可见光照射或加热条件下，被俘获的电子和空穴可以从点缺陷中释放出来。在一些体系中，电子与空穴复合可以产生荧光发射，人们利用这种发光过程制成了数字化医学成像系统，取得了很大成功。

除了用电离辐射之外，在碱金属蒸气中加热碱金属卤化物晶体也可以得到稳定的色心，例如：

$$Na(g) \xrightarrow{NaCl(s)} V_{Cl}^{\times}(F\text{-}心) + Na_{Na}^{\times} \qquad (7-1-5)$$

色心的形成过程可以描述为 Na 蒸气原子吸附到晶体表面，然后形成正常格位的 Na^+ 和 F-心：

$$\begin{aligned} &Na(g) \xrightarrow{NaCl(s)} V_{Cl}^{\bullet} + Na_{Na}' \\ &V_{Cl}^{\bullet} + Na_{Na}' \xrightarrow{NaCl(s)} V_{Cl}^{\times}(F\text{-}心) + Na_{Na}^{\times} \end{aligned} \qquad (7-1-6)$$

式(7－1－5)是一个热力学平衡过程，得到的 F-心是稳定的。表 7.6 表明不同基质产生不同颜色的色心，而与碱金属蒸气的种类无关。这进一步说明 F-心是阴离子空位俘获一个电子形成的缔合点缺陷。

表 7.6　碱金属卤化物 F-心的光谱数据

化合物	氟化物		氯化物		溴化物	
	λ_{max}	颜色	λ_{max}	颜色	λ_{max}	颜色
Na	224	—	388	黄绿	459	橙色
K	344	—	459	橙色	539	紫红
Rb	459	橙色	563	紫色	620	蓝绿
Cs			620	蓝绿	689	蓝绿

在电离辐射下，碱金属卤化物还可以产生很多其他类型的色心（见表 7.7），其中 F_A-心、H-心、V-心、M-心和 R-心都可以认为是简单点缺陷的缔合体。比较重要的有 V_K-心和 H-心，两者都可以看做是两个卤离子俘获空穴生成分子离子[X_2^-]；但是，前者是在两个卤离子亚晶格位置上的卤离子俘获一个空穴，而后者是在一个卤离子亚晶格位置上的卤离子与晶格间隙中的卤离子俘获一个空穴，如图 7.10 所示。

表 7.7 常见的几种色心和对应的点缺陷

色心	符号	缺陷种类
α-心	α	阴离子空位
F-心	$(V_X^{\bullet} e')$	俘获 1 个电子的阴离子空位
F′-心	$(V_X^{\bullet} 2e')$	俘获两个电子的阴离子空位
F_A-心	$(A_B V_X^{\bullet} e')$	与杂原子 A 相邻的俘获电子的阴离子空位
H-心	(Cl_{2Cl}^{-})	在一个卤离子亚晶格位置上的卤离子与晶格间隙中的卤离子俘获一个空穴[78]
V_K-心	$(Cl_{Cl}\text{-}Cl_{Cl}^{-})$	在两个卤离子亚晶格位置上的卤离子俘获一个空穴
V_1-心	$(V_M' h^{\bullet})$	一个阳离子空位缔合一个空穴
V_2-心	$(2V_M' 2h^{\bullet})$	相邻的两个阳离子空位缔合两个空穴
M-心	$(2V_X^{\bullet} 2e')$	一对相邻的 F-心
R-心	$(3V_X^{\bullet} 3e')$	在(111)晶面上的三个 F-心

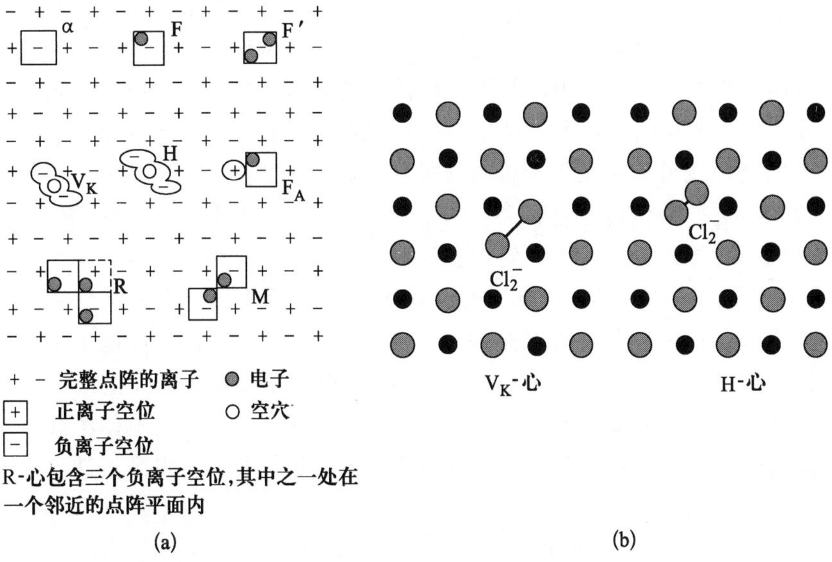

图 7.10 NaCl 结构的离子晶体中，(a) 几种色心的模型和 (b) H-心、V_K-心占据晶格位置的示意图

绝缘晶体中的色心是固体物理的重要研究领域。宝石的着色和调色是通过调整晶格空位的浓度，调整色心的浓度，从而调整色调和色度。色心激光晶体、光敏材料的制备和运用都是基于色心的光学特性、色心的电离和复合特性

[78] 林建华，荆西平．无机材料化学．北京：北京大学出版社，2006，91－112.

实现独特的物理性能。有时色心也会影响材料的性能，例如，色心影响了光学材料的品质。通过在一定压力的气氛下高温热处理，消除空位点缺陷，因此消除色心的影响，可提高光学材料的品质。[79]

2. 杂质点缺陷的局域能级及半导体

半导体中的点缺陷研究得最多，意义也最大。典型的元素半导体(Si、Ge)具有金刚石的四配位晶体结构；它们的带隙较窄(Si：1.14 eV，Ge：0.67 eV)，在常温下也表现出一定的导电性。典型的化合物半导体为ⅢA ~ ⅤA族和Ⅱ ~ Ⅵ族化合物，例如 GaAs、InSb 和 ZnO、CdS 等。它们的平均价电子数与 Si、Ge 相同，具有闪锌矿或纤锌矿结构。与元素半导体相比，化合物半导体的带隙较宽(GaAs：1.4 eV，ZnO：3.2 eV)。

在实际晶体中，含有不同浓度的杂质是不可避免的现象；在制备半导体时，有意地掺进一定浓度的杂质，是调整甚至改变材料的导电性能常用的方法。下面以单质 Si 为例，说明杂质对局域能级的影响。

单质硅中，每个 Si 原子都以 sp^3 杂化轨道与近邻的4个 Si 原子形成4个共价键，其中成键轨道构成能带中的价带，反键轨道构成导带。价带中的轨道全部被价电子占据，而导带中的轨道全部是空的。若硅的晶格中掺入一定浓度的ⅤA 族元素，例如磷，每个 P 原子与相邻的4个 Si 原子形成的4个成键价轨道和4个反键价轨道分别位于价带和导带中。P 有5个价电子，其中4个价电子进入价带，另一个价电子进入导带中。虽然 P 与 Si 相比较，多一个核电荷，这个核电荷对导带中的电子产生吸引的势能，但是这个引力场要弱一些。因此这个“多余”电子的能级被 P 原子的有效核电荷束缚在导带底以下禁带中的能量并不很大。这种情况类似于 H 原子，与 H 原子不同的是：① 电子不是在自由空间中运动，而是在固体中运动；② 正电荷的吸引势能被介电固体的介电常数所减小。用有效质量 m^* 代替电子的实际质量 m，用介电固体的介电常数 ε 代替真空介电常数 ε_0，对类氢能级的能量公式进行修正，得到点缺陷电子的能级和轨道半径：

$$E_n = -e^4 m^*/2(\varepsilon\hbar n)^2 = -13.6\ (m^*/m\varepsilon^2) \qquad (7-1-7)$$

$$r_n = \varepsilon(\hbar n)^2/e^2 m^* \qquad (7-1-8)$$

以 $\varepsilon = 12$，$m^*/m = 0.3$ 代入式(7-1-7)，计算磷掺杂在硅晶体中产生的点缺陷 $P_{Si}^{\times}$ 的电离能(施主电离能)E_D 为0.03 eV，与实验测定的电离能0.04 eV十分接近。点缺陷 $P_{Si}^{\times}$ 即使在很低的温度也会发生电离，施主能级中的电子跃迁到导带中，使电导率增加，因此点缺陷 $P_{Si}^{\times}$ 为施主点缺陷，意思是给出电子的点缺陷。施主电离方程表示为

[79] 吕孟凯. 固态化学. 济南：山东大学出版社，1996，317-322.

$$P_{Si}^{\times} + E_D \longrightarrow P_{Si}^{\bullet} + e' \qquad (7-1-9)$$

其中，$E_D = 0.04$ eV，E_D 为施主电离能。

同理，其他ⅤA 族杂质掺到ⅣA 族半导体中，都生成施主点缺陷。

若以ⅢA 族元素，例如 B，为杂质掺到锗的晶格中，生成杂质点缺陷 $B_{Ge}^{\times}$。由于 B 原子的价电子只有 3 个，在形成的 4 个价带成键轨道中将有一个空能级。这个空能级在价带中形成空穴 $h^{\bullet}$，具有一个正电荷。B 原子比 Ge 原子少一个正电荷，从整个晶体来看，杂质点缺陷处是一个负电中心束缚着一个空穴。这种情况也可以用式(7-1-7)和式(7-1-8)计算空穴的电离能和空穴的轨道半径。实验表明，$B_{Ge}^{\times}$的空穴电离能为 0.010 4 eV，空穴电离反应方程式表示为

$$B_{Ge}^{\times} + E_A \longrightarrow B_{Ge}' + h^{\bullet} \qquad (7-1-10)$$

其中，$E_A = 0.010\ 4$ eV，E_A 为受主电离能。

空穴的电离是 $B_{Ge}^{\times}$缺陷接受价带中的一个电子，生成 B_{Ge}'缺陷。因此 B_{Ge}'缺陷的局域能级是在距价带顶 0.010 4 eV 的禁带中。$B_{Ge}^{\times}$缺陷为受主点缺陷，空穴电离到价带中，相当于价带电子跃迁到局域能级中。空穴具有正电荷，价带中的空穴和导带中的电子是电荷符号相反的载流子。由于相对于本征半导体的带隙(Si：1.14 eV，Ge：0.67 eV)施主点缺陷 $P_{Si}^{\times}$和受主点缺陷 B_{Ge}'的电离能要比带隙的小很多，一般来说，点缺陷的电离决定了掺杂固体的电导。因此施主点缺陷和受主点缺陷半导体分别称为 n 型和 p 型半导体。

也可以从分子轨道理论角度理解局域能级的形成。晶体硅的能带是由 Si 的成键分子轨道形成价带，由 Si 的反键分子轨道形成导带。ⅤA 族元素的电负性较大，当电负性大的杂质原子与 Si 原子形成分子轨道时，反键轨道的能量低于导带底的能量，在导带附近的禁带中形成分立的施主能级，掺杂原子的剩余电子束缚在施主能级上，形成 n 型半导体。与此类似，硅晶体掺杂电负性小的三价铝、镓等元素，成键轨道的能量高于价带顶的能量，在价带附近的禁带中形成分立的空的受主能级，形成 p 型半导体。图 7.11 给出了 n 型和 p 型半导体的施主和受主能级的示意图。

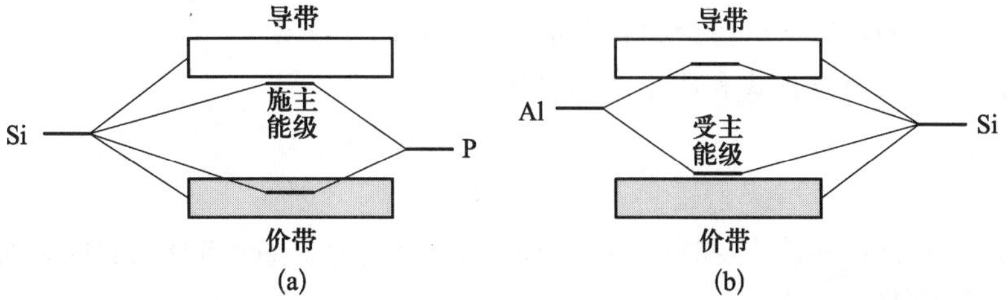

图 7.11 (a) n 型和(b) p 型半导体的点缺陷局域能级示意图

7.1.4　本征点缺陷的化学平衡

1. 点缺陷浓度的表示

点缺陷的浓度有两种表示方法：

① 体积浓度$[D]_V$ = 点缺陷 D 的个数/cm^3　　(7-1-11)

② 格位浓度$[D]_G$ = 点缺陷 D 的个数/1 mol 固体中所含的原子或分子数

$$= (M[D]_V)/(\rho N_A) \quad (7-1-12)$$

其中，M 为该固体的摩尔质量，ρ 为该固体的密度(g/cm^{-3})，N_A 是阿伏加德罗常数。

2. 本征点缺陷的(类)化学平衡

如图 7.1 所示，点缺陷的热力学类似于化学物质的热化学，因此当晶体中点缺陷的浓度很低时，可以类似于稀溶液的化学平衡，运用热化学的质量作用定律讨论点缺陷的平衡。

1）以 NaCl 为例讨论肖特基缺陷的缺陷平衡

肖特基缺陷平衡方程式和质量作用定律表示为

$$0 \rightleftharpoons V'_{Na} + V^{\bullet}_{Cl}, \quad K_S = [V'_{Na}][V^{\bullet}_{Cl}] \quad (7-1-13)$$

$$[V'_{Na}] = [V^{\bullet}_{Cl}] = K_S^{1/2}$$

其中，K_S 为肖特基缺陷平衡常数，可以表示为温度的指数函数：

$$K_S \propto e^{-\Delta G/(RT)} \propto e^{\Delta S/R} e^{-\Delta H/(RT)} = Ce^{-\Delta H/(RT)}$$

其中，ΔG、ΔS、ΔH 分别为 1 mol 肖特基缺陷的生成吉布斯自由能、生成熵和自由焓的变化，R、T 分别为摩尔气体常数和温度，C 为包含 $e^{\Delta S/R}$项的常数。所以

$$[V'_{Na}] = [V^{\bullet}_{Cl}] = C'e^{-\Delta H/(2RT)} \quad (7-1-14)$$

C'为包含 $e^{\Delta S/(2R)}$ 项的常数。

对单一原子晶体，例如金属中的空位浓度，也可以导出类似的表达式：

$$[V^{\times}] = C'e^{-\Delta H/(RT)} \quad (7-1-15)$$

金属的空位浓度与 NaCl 晶体的空位浓度和温度的函数关系相差 $e^{-\Delta H/2}$，是由于金属中只生成一种类型空位，而在 NaCl 中要生成 V'_{Na}和 $V^{\bullet}_{Cl}$两种类型空位，每一种空位点缺陷的生成焓为肖特基缺陷空位对生成焓的 1/2。

2）以 AgCl 为例，讨论弗仑克尔缺陷的缺陷平衡

点缺陷平衡方程式和质量作用定律表示为

$$AgCl \rightleftharpoons Ag^{\bullet}_i + V'_{Ag} + Cl^{\times}_{Cl}, \quad K_F = [Ag^{\bullet}_i][V'_{Ag}] \quad (7-1-16)$$

$$[Ag^{\bullet}_i] = [V'_{Ag}] = K_F^{1/2} = C''e^{-\Delta H/(2RT)} \quad (7-1-17)$$

其中，C''为包含 $e^{\Delta S/(2R)}$项的常数，ΔS、ΔH 分别为 1 mol 弗仑克尔缺陷对的生成熵和生成焓。

图 7.12 示出 AgCl 中弗仑克尔缺陷浓度与温度的阿伦尼乌斯关系：

$$\lg[Ag_i^{\bullet}] = \lg[V'_{Ag}] = \lg C'' - \Delta H/(2R)\lg e \times 1/T \quad (7-1-18)$$

弗仑克尔填隙缺陷浓度$[Ag_i^{\bullet}]$随温度的倒数按照指数的关系增大。由直线关系的斜率求出 AgCl 的弗仑克尔缺陷反应的生成焓为 130 kJ/mol。在接近 AgCl 的熔点 729 K 平衡时，弗仑克尔填隙缺陷$[Ag_i^{\bullet}]$的浓度约为0.6%，即在 200 个 Ag^+ 中大约有一个移出了它的八面体格位，占据了间隙的四面体格位。

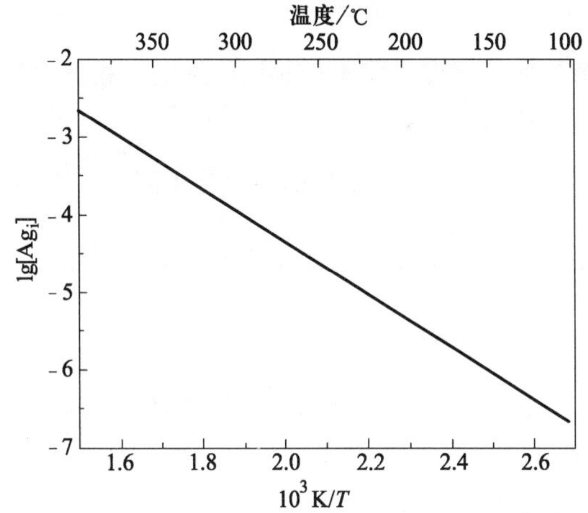

图 7.12　AgCl 晶体中的弗仑克尔缺陷浓度与温度的关系[80]

NaCl 晶体中肖特基缺陷反应的生成焓大约是 220 kJ/mol，这些数值对离子型晶体是很典型的。

3. 点缺陷的化学平衡

当点缺陷的浓度很低时，类似于理想溶液的化学平衡，各种电子缺陷、各种点缺陷和缺陷的缔合体都可以看做是像原子、离子、分子一样的化学组元，它们参加的反应和平衡都可以看做是类化学反应和类化学平衡，以后简称为点缺陷的化学反应和点缺陷的化学平衡。电解质溶液反应的一些规律，如质量作用定律，同离子效应、平衡的形成与移动等概念和讨论方法都可以用来讨论点缺陷的化学反应和点缺陷的化学平衡。

（1）本征半导体的电离平衡表示为

$$0 \rightleftharpoons e' + h^{\bullet}, \quad K_i = [n][p] = K_i^0 \exp[-E_g/(RT)] \quad (7-1-19)$$

其中，[n]、[p]分别为电子点缺陷和空穴点缺陷的平衡浓度；R 为摩尔气体常数；T 为热力学温度(K)；K_i^0 为比例常数。类似于水的电离平衡，K_i 是温度的函数，E_g 是相应晶体的带隙宽度。类似于纯水中$[H^+] = [OH^-]$，本征半导体中[n] = [p]。

---

[80]　Abbink，Martin. J. Phys. Chem. Solids，1966，27：205.

(2) 类似于弱电解质的电离平衡，施主、受主点缺陷的电离会影响本征点缺陷的平衡浓度。例如：

$$0 \rightleftharpoons V_M' + V_X^{\bullet}$$

$$V_X^{\times} \rightleftharpoons e' + V_X^{\bullet}$$

由于施主点缺陷 $V_X^{\times}$ 的电离，会抑制本征点缺陷的电离，使 V_M'的平衡浓度下降。

(3) 固体对杂质的溶解度也受平衡移动的影响，相反电荷晶格空位的存在可以增大固溶体的溶解度。例如：

$$Cu_2S \xrightarrow{ZnS} 2Cu_{Zn}' + V_S^{\bullet\bullet} + S_S^{\times}$$

$$+$$

$$2HCl(g) + ZnS \xrightarrow{ZnS} 2Cl_S^{\bullet} + V_{Zn}'' + Zn_{Zn}^{\times} + H_2S$$

$$\downarrow$$

$$0$$

由于在 HCl(g)气氛中生成 V_{Zn}''空位点缺陷和 $H_2S(g)$，促使平衡向右移动，使 Cu^+溶入 ZnS 中。

7.1.5　气氛对本征点缺陷浓度的影响

由于在晶体和固体材料的高温制备过程中，化合物的组成严格地由固相和其他相(最常见为气相)的平衡所决定，反应体系中气氛的控制可以影响点缺陷的平衡，从而控制点缺陷的浓度，因此固－气平衡的研究对于控制化合物的组成和性质具有重要意义。所谓高温，对氧化物来说，是指化合物熔点的70%以上至熔点以下的温度区间。只有在这个温度范围，晶体和环境之间的热力学平衡才能在短时间内达到，晶体的性质才与其制备的历史条件无关。后面的讨论如无特别说明，都是指高温热平衡态。

1. 晶体中肖特基缺陷的等温平衡

以具有肖特基缺陷的 MX 晶体为例，当晶体达到热平衡时，只有极少量的阴、阳离子空位缺陷对存在；并且假设施主点缺陷 $V_X^{\times}$和受主点缺陷 V_M'都只有一级电离，其能带结构如图 7.13 所示。

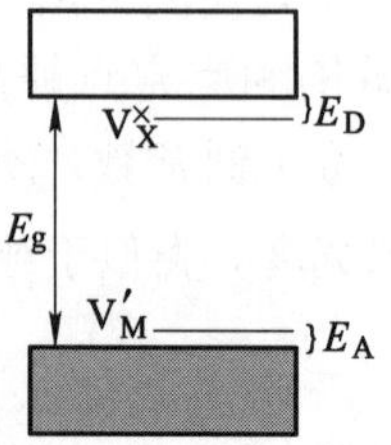

图 7.13　绝缘体的能带结构

晶体内有下列平衡：

$$0 \rightleftharpoons V_M + V_X, \quad \Delta H_S \quad K_S = [V_M][V_X] \tag{7-1-20}$$

$$V_X \rightleftharpoons V_X^{\bullet} + e', \quad E_D \quad K_D = [V_X^{\bullet}][n]/[V_X] \tag{7-1-21}$$

$$V_M \rightleftharpoons V_M' + h^{\bullet}, \quad E_A \quad K_A = [V_M'][p]/[V_M] \tag{7-1-22}$$

基质的价带电子向导带电离，准自由电子和空穴之间也存在平衡：

$$0 \rightleftharpoons e' + h^{\bullet}, \quad E_g \quad K_i = [n][p] \tag{7-1-23}$$

将以上平衡关系式按照［式(7－1－20)＋式(7－1－21)＋式(7－1－22)－式(7－1－23)］合并，并且将相应的平衡常数关系式联立，生成一对电离了的肖特基缺陷平衡：

$$0 \rightleftharpoons V_X^{\bullet} + V_M', \quad \Delta H_S' = \Delta H_S + E_D + E_A - E_g,$$

$$K_S' = [V_X^{\bullet}][V_M'] = K_S K_D K_A / K_i \tag{7-1-24}$$

上述 5 个平衡式中有 4 个是独立的。此时，晶体 MX 与气相 $X_2(g)$ 和 M(g)之间也处于固－气多相化学平衡中，表示为：

$$1/2X_2(g) + V_X \rightleftharpoons X_X, \quad \Delta H_X \quad K_X = 1/\{[V_X] \times p^{1/2}(X_2)\} \tag{7-1-25}$$

$$M(g) + V_M \rightleftharpoons M_M, \quad \Delta H_M \quad K_M = 1/\{[V_M] \times p(M)\} \tag{7-1-26}$$

其中，$p(X_2)$和$p(M)$分别为 X_2 和 M 气体的分压。

晶体与 $X_2(g)$和 M(g)气相的平衡也可以分别以另一种平衡关系表示：

$$1/2X_2(g) \rightleftharpoons X_X + V_M, \quad \Delta H_X' \quad K_X' = [V_M]/p^{1/2}(X_2) \tag{7-1-25'}$$

$$M(g) \rightleftharpoons M_M + V_X, \quad \Delta H_M' \quad K_M' = [V_X]/p(M) \tag{7-1-26'}$$

式(7－1－25′)、式(7－1－26′)和式(7－1－20)组合在一起，得到晶体与组成分压的平衡关系：

$$1/2X_2(g) + M(g) \rightleftharpoons M_M + X_X, \quad \Delta H_{MX}' = \Delta H_X' + \Delta H_M' - \Delta H_S,$$

$$K_{MX}' = K_X' K_M' / K_S = 1/\{p^{1/2}(X_2) \times p(M)\} \tag{7-1-27}$$

其实，晶体与气相的平衡关系式(式(7－1－25)～式(7－1－27))中只有 2 个平衡是独立的。

无论点缺陷浓度如何变化，整个晶体始终保持电中性，因此电中性条件有：

$$[n] + [V_M'] = [p] + [V_X^{\bullet}] \tag{7-1-28}$$

可见，要完整地描述 MX 晶体中的肖特基缺陷的平衡，共有 7 个独立的平衡关系式和 8 个未知数，即$[n]$、$[V_M']$、$[p]$、$[V_X^{\bullet}]$、$[V_M]$、$[V_X]$、$p^{1/2}(X_2)$和$p(M)$。假定所有的平衡常数 K 是已知的，则原则上可以通过解联立方程把每一个浓度项用平衡常数和气相的分压表示出来。根据式(7－1－25′)，设 $R = [V_M] = K_X' \times p^{1/2}(X_2)$ 作为独立变量，再根据式(7－1－27)，

$p(M)=K_S/(K'_M R)$。

2. Brouwer 近似法

要精确解出上述联立方程的解是十分困难的，因此在 1954 年，Brouwer 提出了一种近似处理的方法，其基本思路是当所选的组分分压 $p(X_2)$ 处于某一个范围内时，晶体中的点缺陷必有少数几种处于主导地位，其余点缺陷的浓度很小。于是式(7－1－28)表示的电中性条件就可以简化，因此可以近似求出各类点缺陷的浓度随 R 变化的函数关系。如果将 $p(X_2)$ 分压数值大小分为三个区间，简化电中性平衡式的条件为：

(1) 在偏离化学整比条件下，根据式(7－1－25′)，如果 $p(X_2)$ 很小时，晶体中阳离子空位 $[V_M]$、$[V'_M]$ 和 $[p]$ 的值相应较小；根据式(7－1－20)，晶体中的点缺陷主要是阴离子空位 V_X，且由于点缺陷 V_X 的电离能 E_D 较小，全部电离成 $V_X^{\bullet}$，因此电中性条件式(7－1－28)可以近似表示为

$$[n]=[V_X^{\bullet}] \gg [p],[V'_M] \qquad (7-1-29)$$

(2) 当 $p(X_2)$ 很大时，晶体中阴离子空位 $[V_X]$、$[V_X^{\bullet}]$ 和 $[n]$ 的值相应较小，点缺陷主要是全部电离的 V'_M 阳离子空位，电中性条件式(7－1－28)可以近似表示为

$$[p]=[V'_M] \gg [n],[V_X^{\bullet}] \qquad (7-1-30)$$

(3) 当 $p(X_2)$ 居中时，电中性条件可以有两种近似的表示方法。

① 对于典型的半导体，禁带宽度小，$K_i/K'_S \gg 1$，晶体中以价带电子激发到导带的电离为主，电中性条件为

$$[n]=[p] \qquad (7-1-31)$$

② 对于绝缘体，如果晶体的组成在化学整比附近，禁带宽度大，$K_i/K'_S \ll 1$，晶体中的点缺陷以肖特基缺陷的电离为主，电中性条件为

$$[V_X^{\bullet}]=[V'_M] \qquad (7-1-32)$$

表 7.8 中列出在各个气氛压力条件下点缺陷浓度对气氛分压函数($R=[V_M]=K'_X \times p^{1/2}(X_2)$)的函数关系，其中 $p(X_2)$ 居中时，又根据电中性两种条件得到两种点缺陷浓度的函数关系。

表 7.8　一些 MX 晶体中的各类点缺陷浓度与 X_2 气氛分压的函数 R 的关系

区间 / 缺陷	①	③		②
	$[n]=[V_X^{\bullet}]$	$[n]=[p]$	$[V_X^{\bullet}]=[V'_M]$	$[p]=[V'_M]$
$[V_X^{\bullet}]$	$K_i^{1/2}K'^{1/2}_S K_A^{-1/2}R^{-1/2}$	$K'_S K_i^{1/2}K_A^{-1}R^{-1}$	$K'^{1/2}_S$	$K'_S K_A^{-1/2}R^{-1/2}$
$[V'_M]$	$K'^{1/2}_S K_A^{1/2}K_i^{-1/2}R^{1/2}$	$K_A K_i^{-1/2}R$	$K'^{1/2}_S$	$K_A^{1/2}R^{1/2}$

续表

区间 / 缺陷	①	③		②
	$[n]=[V_X^{\bullet}]$	$[n]=[p]$	$[V_X^{\bullet}]=[V_M']$	$[p]=[V_M']$
[n]	$K_i^{1/2}K'^{1/2}_S K_A^{-1/2}R^{-1/2}$	$K_i^{1/2}$	$K_A K'^{1/2}_S K_i R^{-1}$	$K_i K_A^{-1/2}R^{-1/2}$
[p]	$K'^{-1/2}_S K_A^{1/2}K_i^{1/2}R^{1/2}$	$K_i^{1/2}$	$K_A K'^{-1/2}_S R$	$K_A^{1/2}R^{1/2}$
$[V_X]$		$K_S' K_i K_D^{-1} K_A^{-1} R^{-1}$		
$[V_M]$		R		

注：$R=[V_M]=K_X'\times p^{1/2}(X_2)$。

3. Brouwer 图

由表7.8可见，各点缺陷浓度的对数与 R 变量的对数都呈直线关系，且直线的斜率分别为0、±1/2 和 ±1。根据式(7－1－20)、式(7－1－23)和式(7－1－24)，$[V_M]$和$[V_X]$、$[V_M']$和$[V_X^{\bullet}]$、[n]和[p]各对共轭点缺陷浓度的对数的直线关系都是对称的，即它们都会相交，在 Brouwer 图中形成特征点。因此解出特征点的交点坐标，就可绘制 Brouwer 图。下面根据 Brouwer 近似条件和表7.8的结果，对典型的半导体 MX 化合物，以点缺陷浓度$[D]$与变量 R 的双对数 $\ln[D]\sim\ln R$ 作图，绘制 Brouwer 图。由于典型半导体的 $K_i>K_S'>K_S$，当 $p(X_2)$居中时，$[n]=[p]=K_i^{1/2}$。利用这一条件分别计算出：①区与③区的分界线在 $\ln R=\ln K_S'-\ln K_A$；③区与②区的分界线在 $\ln R=\ln K_i-\ln K_A$；③区的宽度为 $\Delta\ln R=\ln K_i-\ln K_S'$。在③区中，ln[n]和 ln[p]是一条截纵轴为 $1/2\ln K_i$ 的水平线，其端点在①区与③区的分界线上并与①区的 ln[n]和 ln[p]函数的端点相交；在③区与②区的分界线上与②区的 ln[n]和 ln[p] 函数的端点相交；$\ln[V_M']$ 和 $\ln[V_X^{\bullet}]$ 的交点位于③区的中线上，相交于 $\ln R=1/2(\ln K_S'+\ln K_i)-\ln K_A$ 与 $\ln[D]=1/2\ln K_S'$的交点；$\ln[V_M]$和 $\ln[V_X]$的函数在整个图形中分别是一条直线，相交于$\ln R=1/2\ln K_S$与 $\ln[D]=1/2\ln K_S$。再以③区中的特征点为端点，就可以很方便地绘出①区和②区的线性关系了，如图7.14所示。

在绝缘体中，电中性条件 $K_i/K_S'<1$，Brouwer 图中①区和②区的浓度关系表达式完全相同，差别仅在③区。此区中，电中性条件为$[V_X^{\bullet}]=[V_M']=K_S'^{1/2}$。也可以用同样的方法绘出 Brouwer 图。但由于某种原因，和 $K_i/K_S'>1$ 的情形相比，绝缘体和半导体各常数的相对大小不同了，故图上各线的相对位置也不同，欲进一步学习可以阅读进一步阅读的参考书10。

如改用 $p(M)$为独立变量，令 $R'=p(M)\times K_M'$，则利用式(7－1－27)，可以将上面得到的图和表换算成以 R'表示的表和以 $\ln R'$为横坐标表示的

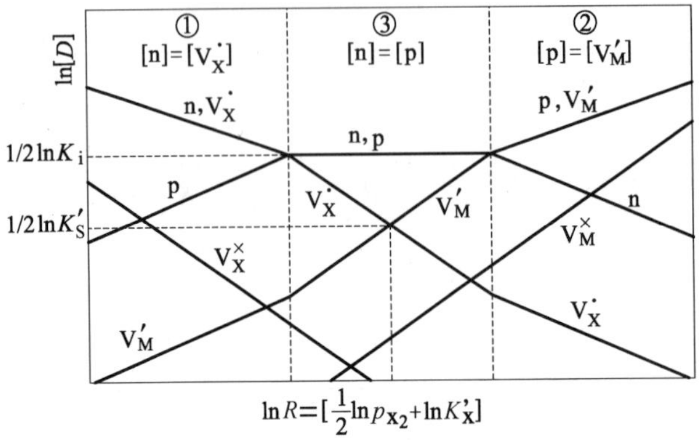

图 7.14　在 $K_i/K_S'>1$ 电中性条件下，MX 化合物的肖特基缺陷浓度与气氛分压函数 R 的等温图

Brouwer 图。

4. Brouwer 图的应用

如果已知各种平衡常数的数值，根据 Brouwer 近似，就可以获得对应某一 $p(X_2)$（例如 $p(O_2)$）分压时各种点缺陷的浓度。通常点缺陷的平衡常数值不易获得，Brouwer 图虽然还不能确切表示出分压与点缺陷浓度的具体数值，却直观地表示出组分分压对半导体和绝缘体化合物中点缺陷浓度的影响趋势，仍然具有指导意义。

依据图 7.14，可以对半导体得到以下几方面的认识：

（1）根据各类点缺陷在各分压区间的线段斜率，定性地判断点缺陷浓度随组分分压的变化趋势和晶体的主要点缺陷种类。在低蒸气压和高蒸气压气氛下，晶体中分别主要以阴离子空位点缺陷 $V_X^\bullet$ 和阳离子空位点缺陷 V_M' 为主要结构点缺陷，只有居中蒸气压条件下，$[V_M']$ 和 $[V_X^\bullet]$ 点缺陷浓度才可能相等。

（2）定性地判断晶体的非化学整比性。在低蒸气压区，晶体为贫阴离子化合物；在高蒸气压区，晶体为贫阳离子化合物；只有在蒸气压居中区间，在 $\ln[V_M']$ 和 $\ln[V_X^\bullet]$ 的线段相交的组分分压（$p(X_2)=K_S'K_i/(K_X'K_A)^2$）处，才能得到严格意义上的化学整比化合物。

（3）判断半导体的电导性，在低蒸气压区间，晶体为 n 型半导体；而在高蒸气压区间，晶体为 p 型半导体；在居中的蒸气压区间，晶体的 n = p，为本征半导体。

（4）判断电导率随组分蒸气压的变化趋势。在低蒸气压和高蒸气压区间，组分的分压对半导体的载流子浓度有较大影响。在蒸气压居中区间，MX 化合物的准自由电子和空穴的浓度对组分气氛分压不敏感，因此在这个分压区间产品的电导率重现性较好。

(5) 第③区的分压区间宽度取决于 K_i/K'_S的比值，即点缺陷生成焓较大而能带隙较小的晶体有利于增加第③区的宽度范围[81]。

Brouwer 近似法和 Brouwer 图对弗仑克尔缺陷、替位缺陷或其他种类的点缺陷也适用，并且这种方法还可以处理更复杂的 A_mB_n 化合物；不仅适用于单级电离的施主点缺陷和受主点缺陷，而且也适用于多级电离的施主点缺陷和受主点缺陷；所得结果始终是点缺陷浓度与平衡常数和组分分压的简单幂函数的乘积关系。

5. 等温条件下 PbS 中的缺陷平衡

在二元系统中，PbS 的缺陷平衡研究得比较充分，故以此为例，计算等温条件下，组分分压与点缺陷平衡浓度之间的关系。

PbS 有下列缺陷平衡：

$$0 \rightleftharpoons V_{Pb}^{\times} + V_S^{\times}, \quad \Delta H_{PbS} \quad K_{PbS} = [V_{Pb}^{\times}][V_S^{\times}] \tag{7-1-33}$$

$$V_{Pb}^{\times} \rightleftharpoons V'_{Pb} + h^{\bullet}, \quad E_A \quad K_A = [V'_{Pb}][p]/[V_{Pb}^{\times}] \tag{7-1-34}$$

$$V_S^{\times} \rightleftharpoons V_S^{\bullet} + e', \quad E_D \quad K_D = [V_S^{\bullet}][n]/[V_S^{\times}] \tag{7-1-35}$$

$$0 \rightleftharpoons e' + h^{\bullet}, \quad E_g \quad K_g = [n][p] \tag{7-1-36}$$

将式(7-1-33)~式(7-1-36)组合得到：

$$0 \rightleftharpoons V'_{Pb} + V_S^{\bullet}, \quad \Delta H'_{PbS} \quad K'_{PbS} = [V'_{Pb}][V_S^{\bullet}] \tag{7-1-37}$$

PbS 与 S_2 蒸气的平衡：

$$PbS \rightleftharpoons Pb_{Pb}^{\times} + V_S^{\times} + 1/2S_2(g), \quad \Delta H_{V_S} \quad K_{V_S} = [V_S^{\times}]p^{1/2}(S_2) \tag{7-1-38}$$

固体 PbS 的电中性条件：

$$[n] + [V'_{Pb}] = [p] + [V_S^{\bullet}] \tag{7-1-39}$$

布洛姆曾对 PbS－S 体系进行了实验研究和计算，获得该体系在不同温度下的各种平衡常数，如表 7.9 所示。

表 7.9 PbS－S 体系在不同温度下的各种平衡常数

温度/K	$N_V = N_C^*/cm^3$	$K_A = K_D/cm^{-3}$	K_g/cm^{-6}	K'_{PbS}/cm^{-6}	K_{PbS}/cm^{-6}	K_{V_S}/cm^{-3}
1 000	0.30×10^{20}	0.27×10^{20}	1.0×10^{36}	4.0×10^{34}	5.49×10^{31}	2.3×10^{14}
1 100	0.35×10^{20}	0.31×10^{20}	3.2×10^{36}	3.2×10^{35}	1.07×10^{33}	3.6×10^{15}
1 200	0.40×10^{20}	0.36×10^{20}	6.3×10^{36}	1.0×10^{36}	4.86×10^{33}	1.5×10^{16}

注：N_V、N_C 分别为单位体积样品的价带与导带中的空穴浓度和电子浓度。$N_V = N_C = 2(2\pi m^* k_B T/h^2)^{3/2}$，其中 m^* 取自由电子质量的 0.34 倍[81]。

[81] 苏勉曾. 固体化学导论. 北京：北京大学出版社，1987，136－170.

根据阿伦尼乌斯方程和表 7.9 的实验数据可以计算出式(7－1－33)～式(7－1－36)各项平衡的能量($E_A = E_D = 0.15$ eV，$E_g = 0.9$ eV，$\Delta H_{V_S} = 2.1$ eV，$\Delta H_{PbS} = 2.3$ eV，$\Delta H'_{PbS} = 1.6$ eV)。

在等温条件下，PbS 中的点缺陷浓度与组分 S_2(g)分压的关系可以用 Brouwer 近似处理为三个区域，其中低蒸气压和高蒸气压的电中性条件(即式(7－1－39))分别简化为$[n] = [V_S^{\bullet}]$和$[p] = [V'_{Pb}]$。由于 PbS 的 $K_g > K'_{PbS}$，带隙较小，在 S_2(g)蒸气压居中时，电子浓度和空穴浓度主要来自于价带电子的激发，因此电中性条件(即式(7－1－39))简化为$[n] = [p]$。在不同的电中性条件下，分别解式(7－1－33)～式(7－1－39)中任意 5 个独立方程组成的方程组，得到点缺陷浓度与组分 S_2(g)分压的关系，列于表 7.10 中。

表 7.10　等温条件下，PbS 中各类点缺陷浓度对 $p(S_2)$ 的函数关系

缺陷 \ 区间	① $[n] = [V_S^{\bullet}]$	③ $[n] = [p]$	② $[p] = [V'_{Pb}]$
$[V_S^{\bullet}]$	$K_D^{1/2}K_{V_S}^{1/2}p_{S_2}^{-1/4}$	$K_DK_g^{-1/2}K_{V_S}p_{S_2}^{-1/2}$	$K_DK_A^{1/2}K_{PbS}^{1/2}K_g^{-1}K_{V_S}^{1/2}p_{S_2}^{-1/4}$
$[V'_{Pb}]$	$K_AK_{PbS}K_D^{1/2}K_g^{-1}K_{V_S}^{-1/2}p_{S_2}^{1/4}$	$K_AK_{PbS}K_g^{-1/2}K_{V_S}^{-1}p_{S_2}^{1/2}$	$K_A^{1/2}K_{PbS}^{1/2}K_{V_S}^{-1/2}p_{S_2}^{1/4}$
$[n]$	$K_D^{1/2}K_{V_S}^{1/2}p_{S_2}^{-1/4}$	$K_g^{1/2}$	$K_gK_A^{-1/2}K_{PbS}^{-1/2}K_{V_S}^{1/2}p_{S_2}^{-1/4}$
$[p]$	$K_gK_D^{-1/2}K_{V_S}^{-1/2}p_{S_2}^{1/4}$	$K_g^{1/2}$	$K_A^{1/2}K_{PbS}^{1/2}K_{V_S}^{-1/2}p_{S_2}^{1/4}$
$[V_S^{\times}]$		$K_{V_S}p_{S_2}^{-1/2}$	
$[V_{Pb}^{\times}]$		$K_{PbS}K_{V_S}^{-1}p_{S_2}^{1/2}$	

要绘制等温条件下的 Brouwer 图，首先要求出图中的特征点。在 1 200 K，PbS 的 Brouwer 图的①、③区界限在 $\ln p(S_2) = 2(\ln K_D + \ln K_{V_S} - \ln K_g) = -4.9$；②、③区界限在 $\ln p(S_2) = 2(\ln K_g + \ln K_{V_S} - \ln K_A - \ln K_{PbS}) = -1.2$。在③区中，$\ln[n] = \ln[p] = 1/2\ln K_g = 42.4$，为一条水平线；$\ln[V'_{Pb}]$和 $\ln[V_S^{\bullet}]$的交点位于 $\ln p(S_2) = 2\ln K_{V_S} - \ln K_{PbS} = -3.1$；$\ln[D] = \ln[V_S^{\bullet}] = \ln[V'_{Pb}] = 41.4$。$\ln[V_{Pb}^{\times}]$和 $\ln[V_S^{\times}]$的函数在整个图形中分别是一条直线，相交于 $\ln p(S_2) = 2\ln K_{V_S} - \ln K_{PbS} = -3.1$，$\ln[D] = 38.8$。在第③区特征点的基础上，分别以 0、±1/2 和 ±1/4 的斜率，按照表 7.10 的函数关系，绘出 PbS 在 1 200 K 的 $\ln[D] \sim \ln p(S_2)$的 Brouwer 图，如图 7.15 所示。

当 S_2(g)的分压在第③区范围内时，载流子的浓度随 S_2(g)分压波动较小，

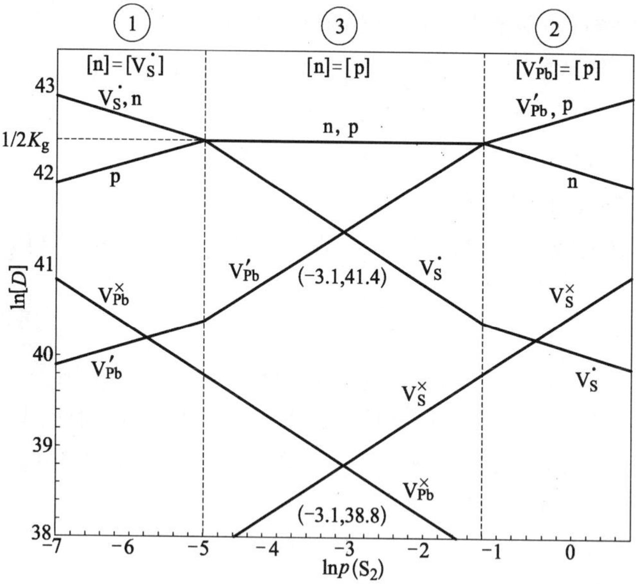

图 7.15 在 1 200 K 条件下，PbS 的 $\ln[D] \sim \ln p(S_2)$ 的 Brouwer 图

有利于工艺条件的控制。第③区范围的宽度 $[\ln p(S_2)]_{②-③} - [\ln p(S_2)]_{①-③} = 2[\ln K_g - \ln K'_{PbS}] = 2[\Delta \ln K^0 - (E_g - \Delta H'_{PbS})]/(RT)$，因此对于半导体，较小的能带隙 E_g 和较大的离子空位点缺陷的生成焓 $\Delta H'_{PbS}$ 有利于第③区范围的加宽。

Brouwer 图的特征点主要是指 Brouwer 的 $p(S_2)$ 的界限和 $\ln[D] \sim \ln p(S_2)$ 函数的交点。这些特征点都是平衡常数的函数，因此根据 $K \propto \exp[-\Delta H/(RT)]$，它们也是温度的函数。特征点的对数与温度的倒数成正比，因此若 $\Delta H<0$（ΔH 为有关平衡的能量项的总和），则温度越高，第③区的 $p(S_2, g)$ 分压范围越窄。这说明，对于不同温度下的 Brouwer 图，其特征点的位置不同。

6. 本征点缺陷与温度的关系

FeO、NiO、CoO、FeS 等过渡金属氧化物或硫化物属于 p 型半导体，通常形成阳离子空位型化合物 $M_{1-x}O$。在这类化合物中，空位点缺陷在不同的温度下分级电离。下面以 $M_{1-x}O$ 为例，讨论各种本征点缺陷浓度与温度的关系。假设 $M_{1-x}O$ 有如图 7.16 所示的能级结构并且 $M_{1-x}O$ 有下列缺陷平衡：

$$0 \rightleftharpoons V_O^{\times} + V_M^{\times}, \quad \Delta H_{MO} \quad K_{MO} = [V_M^{\times}][V_O^{\times}] \tag{7-1-40}$$

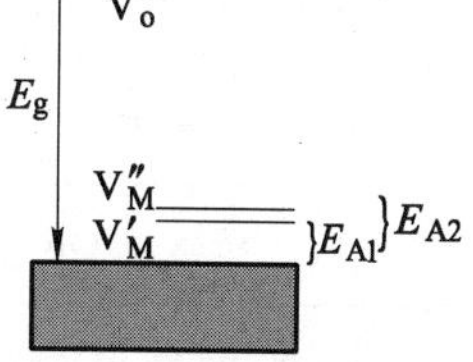

图 7.16 $M_{1-x}O$ 的能级结构

由于 $M_{1-x}O$ 化合物中，主要以 $V_M^{\times}$ 缺陷为主，因

此 $V_O^\times$ 缺陷的浓度可以忽略。则主要的电离平衡只有：

$$V_M^\times \rightleftharpoons V_M' + h^\bullet,\quad E_{A1}\quad K_{V_M}(1) = [V_M'][p]/[[V_M^\times] \tag{7-1-41}$$

$$V_M' \rightleftharpoons V_M'' + h^\bullet,\quad E_{A2}\quad K_{V_M}(2) = [V_M''][p]/[[V_M'] \tag{7-1-42}$$

$$0 \rightleftharpoons e' + h^\bullet,\quad E_g\quad K_g = [n][p] \tag{7-1-36}$$

晶体与气氛之间的相平衡有：

$$1/2O_2(g) \rightleftharpoons O_O^\times + V_M^\times,\quad \Delta H_{V_M}\quad K_{V_M} = [V_M^\times]/p^{1/2}(O_2) \tag{7-1-43}$$

电中性条件为

$$[n] + [V_M'] + 2[V_M''] = [p] \tag{7-1-44}$$

Brouwer 近似条件是在等压条件下，将温度区间分为高温区①和低温区②。若 $\Delta H_{V_M} < 0$，在高温区① K_{V_M}减小，不利于金属空位点缺陷的生成；加之高温下 $V_M^\times$ 全部电离，以生成 V_M''缺陷为主，$[V_M''] \gg [V_M']$ 和$[V_M''] \gg n$。电中性条件式(7－1－44)简化为

$$2[V_M''] = [p] \tag{7-1-45}$$

在低温区②情况正好相反，以第一级电离为主，主要生成$[V_M']$缺陷。电中性条件式(7－1－44)简化为

$$[V_M'] = [p] \tag{7-1-46}$$

利用上述电中性条件，求解方程式(7－1－36)、式(7－1－41)～式(7－1－43)，求出点缺陷浓度[n]、[p]、$[V_M']$、$[V_M'']$和$[V_M^\times]$在温度区间①和②与温度的关系（见表 7.11）。点缺陷浓度的对数与温度倒数的关系如图 7.17 所示。

表 7.11　$M_{1-x}O$ 点缺陷浓度与温度的关系

缺陷浓度	温度区间① $2[V_M''] = [p]$	温度区间② $[V_M'] = [p]$
[n]	$K_n^1\exp[-(E_g - \Delta H_{V_M} - E_{A1} - E_{A2})/(3RT)]$	$K_n^2\exp[-(2E_g - \Delta H_{V_M} - E_{A1})/(2RT)]$
[p]	$K_p^1\exp[-(\Delta H_{V_M} + E_{A1} - E_{A2})/(3RT)]$	$K_p^2\exp[-(\Delta H_{V_M} + E_{A1})/(2RT)]$
$[V_M']$	$K_{V_M'}^1\exp[-(2\Delta H_{V_M} + 2E_{A2} - E_{A1})/(3RT)]$	$K_p^2\exp[-(\Delta H_{V_M} + E_{A1})/(2RT)]$
$[V_M'']$	$K_{V_M''}^1\exp[-(\Delta H_{V_M} + E_{A1} + E_{A2})/(3RT)]$	$K_{V_M''}^2\exp[-E_{A1}/(RT)]$
$[V^\times]$	$K_{V_M}^\times\exp[-\Delta H_{V_M}/(RT)]$	

注：K_j^i(i=1，2；j=n，p，V_M'，V_M'')和 $K_{V_M}^\times$值为在等压下，相应平衡常数 K 中与温度无关的系数，其中包含反应的熵变，$\Delta H_{V_M} < 0$。

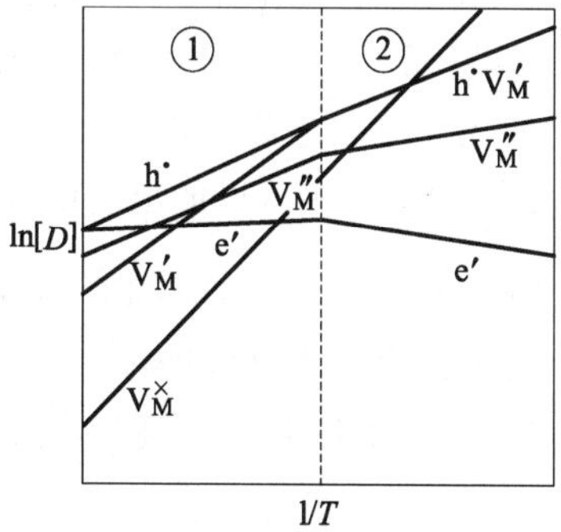

图 7.17　$M_{1-x}O$ 型晶体中点缺陷浓度与温度关系的示意图

7.1.6　杂质对缺陷平衡的影响

1. 电荷补偿

基于晶体的电中性原理，当晶体中发生异价掺杂时，必然要生成与点缺陷电荷相反的结构缺陷补偿异价杂质缺陷的电荷。下面以取代点缺陷为例，列出可能发生的电荷补偿机理。

（1）阴离子空位机理：低价阳离子取代点缺陷的电荷由阴离子空位缺陷补偿，以 ZrO_2 中引入 CaO 为例：

$$CaO \xrightarrow{ZrO_2} Ca_{Zr}'' + V_O^{\cdot\cdot} + O_O^{\times} \qquad (7-1-47)$$

（2）阳离子空位机理：高价阳离子取代点缺陷的电荷由阳离子空位缺陷补偿，以 MgO 中引入 Al_2O_3 为例：

$$Al_2O_3 \xrightarrow{MgO} 2Al_{Mg}^{\cdot} + V_{Mg}'' + 3O_O^{\times} \qquad (7-1-48)$$

（3）阳离子填隙机理：低价阳离子取代点缺陷的电荷由填隙阳离子缺陷补偿。

例一，ZrO_2 中引入 CaO：

$$2CaO \xrightarrow{ZrO_2} Ca_{Zr}'' + Ca_i^{\cdot\cdot} + 2O_O^{\times} \qquad (7-1-49)$$

例二，在石英中引入低价的 Al^{3+}，同时碱金属离子进入结构空隙中补偿电荷：

$$Al_2O_3 + Li_2O \xrightarrow{SiO_2} 2Al_{Si}' + 4O_O^{\times} + 2Li_i^{\cdot} \qquad (7-1-50)$$

（4）阴离子填隙机理：高价阳离子取代点缺陷的电荷由阴离子填隙缺陷补偿，以 Y_2O_3 中引入 ZrO_2 为例：

$$2ZrO_2 \xrightarrow{Y_2O_3} 2Zr_Y^{\bullet} + O_i'' + 3O_O^{\times} \qquad (7-1-51)$$

(5) 变价机理：对于某些可变价元素化合物(例如过渡元素)，形成点缺陷时，可以通过部分氧化或还原实现电荷补偿。

例一，在 TiO_2 中引入高价的 V_2O_5，可能出现低价的 Ti^{3+}：

$$V_2O_5 + 2TiO_2 \xrightarrow{TiO_2} 2V_{Ti}^{\bullet} + 2Ti_{Ti}' + 8O_O^{\times} + 1/2O_2\uparrow \qquad (7-1-52)$$

由反应式可见，较低的氧气分压有利于反应进行。

例二，在 NiO 中引入低价的 Li_2O，在高氧气分压下，可能生成高价的 Ni^{3+}：

$$Li_2O + 2NiO + 1/2O_2 \xrightarrow{NiO} 2Li_{Ni}' + 2Ni_{Ni}^{\bullet} + 4O_O^{\times} \qquad (7-1-53)$$

(6) 双置换补偿机理：晶格中同时出现两种有效电荷相反的结构缺陷，保持晶体的电中性，称为双置换补偿机理。

如在 TiO_2 晶体中，同时引入 Al_2O_3 和 V_2O_5 双置换补偿：

$$Al_2O_3 + V_2O_5 \xrightarrow{TiO_2} 2Al_{Ti}' + 2V_{Ti}^{\bullet} + 8O_O^{\times} \qquad (7-1-54)$$

2. 缺陷平衡的移动

在实际晶体中，不但有本征点缺陷，常常不可避免地有不同数量的杂质点缺陷。杂质点缺陷的存在必然影响本征点缺陷平衡的移动。下面在热力学平衡状态下，分别讨论不同类型的杂质对本征点缺陷浓度的影响。

1) 高价掺杂阳离子对 MX 晶体中阳离子弗仑克尔缺陷的影响

MX 晶体中阳离子弗仑克尔缺陷平衡为

$$MX \rightleftharpoons M_i^{\bullet\bullet} + V_M'' + X_X, \quad K_F = [M_i^{\bullet\bullet}][V_M''] \qquad (7-1-55)$$

杂质点缺陷生成反应：

$$F_2X_3 \xrightarrow{MX} 2F_M^{\bullet} + V_M'' + 3X_X \qquad (7-1-56)$$

晶体的电中性条件：

$$2[M_i^{\bullet\bullet}] + [F_M^{\bullet}] = 2[V_M''] \qquad (7-1-57)$$

式(7-1-55)有两个极限的解：

(1) 当 $F_M^{\bullet}$ 缺陷的浓度超过本征间隙离子缺陷浓度较多时，即 $[F_M^{\bullet}] \gg [M_i^{\bullet\bullet}]$ 时，式(7-1-57)电中性条件简化为

$$[V_M''] = [F_M^{\bullet}]/2 \qquad (7-1-58)$$

则式(7-1-55)的解近似为

$$[M_i^{\bullet\bullet}] = 2K_F/[F_M^{\bullet}] \qquad (7-1-59)$$

此时，晶体处于掺杂区，本征点缺陷的浓度取决于杂质点缺陷的浓度。

(2) 当 $F_M^{\bullet}$ 缺陷的浓度低于本征间隙离子缺陷浓度较多时，即 $[F_M^{\bullet}] \ll$

$[M_i^{\bullet\bullet}]$时，式(7－1－57)的电中性条件简化为

$$[M_i^{\bullet\bullet}] = [V_M''] \tag{7-1-60}$$

将式(7－1－60)代入式(7－1－55)，得到

$$[M_i^{\bullet\bullet}]^2 = K_F \quad [M_i^{\bullet\bullet}] = [V_M''] = K_F^{1/2} \tag{7-1-61}$$

此时，晶体处于本征区，本征点缺陷的浓度与杂质点缺陷的浓度无关。

杂质点缺陷对本征点缺陷平衡的影响反映了当杂质浓度较大时，杂质点缺陷反应生成的空位点缺陷抑制了本征点缺陷的平衡，使阳离子弗仑克尔缺陷平衡向逆方向移动。

2）低价掺杂阳离子对 MX 晶体中阳离子弗仑克尔缺陷的影响

若低价阳离子杂质 F_2X 掺入基质 MX 中，杂质点缺陷生成反应为

$$F_2X \xrightarrow{MX} 2F_M' + V_X^{\bullet\bullet} + X_X \tag{7-1-62}$$

杂质点缺陷反应生成的阴离子空位点缺陷 $V_X^{\bullet\bullet}$ 与本征点空位缺陷 V_M''缔合，促进本征点缺陷平衡向右移动，使 $M_i^{\bullet\bullet}$ 的浓度增加。因此在这种情况下，掺杂阳离子对本征点缺陷的影响与第 1)种情况相反。

$$[M_i^{\bullet\bullet}] = 1/2[F_M'] \tag{7-1-63}$$

$$[V_M''] = 2K_F/[F_M'] \tag{7-1-64}$$

图 7.18 显示出弗仑克尔缺陷浓度的对数与高、低价阳离子杂质浓度对数的关系。在本征区，杂质浓度远远小于本征点缺陷浓度，本征点缺陷浓度取决于本征点缺陷的平衡常数；在掺杂区，杂质浓度控制本征点缺陷浓度。高价杂质和低价杂质离子浓度增加分别使具有相反电荷的本征点缺陷浓度增加，而使相同有效电荷的本征点缺陷浓度减小。

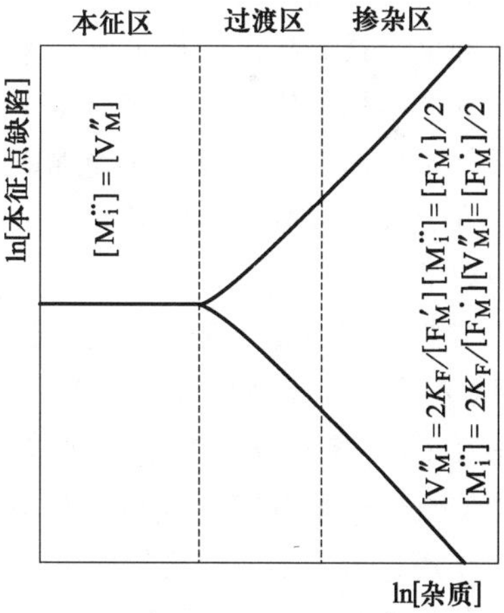

图 7.18　阳离子杂质缺陷对阳离子弗仑克尔缺陷浓度的影响

3）高、低价掺杂阳离子对 MX 晶体中肖特基缺陷的影响

根据本征点缺陷平衡移动的原理，同样可以讨论高价杂质和低价杂质离子对肖特基缺陷浓度的影响。杂质缺陷的生成反应与式(7－1－56)和式(7－1－62)相同，在控制区，掺入高价杂质阳离子 $F_M^{\bullet}$ 产成阳离子空位 V_M''，而掺入低价杂质阳离子 F_M'产生阴离子空位 $V_X^{\bullet\bullet}$，因此阳离子杂质缺陷对肖特基缺陷浓度的影响见图 7.19。

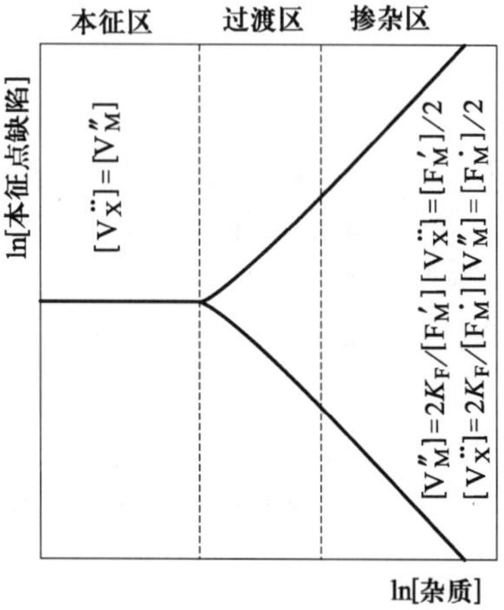

图 7.19　阳离子杂质缺陷对肖特基缺陷浓度的影响

3. 掺杂离子和金属组分分压同时对晶体中离子点缺陷和电子点缺陷的影响

本征半导体的电导率严格地依赖于温度与偶遇杂质的存在，在半导体工业生产中难以控制。常温下，非本征半导体的电导率比相似的本征半导体要高几个数量级，而且其电导率可以通过控制掺杂物的浓度准确地控制，因而可能设计和生产具有稳定的规定电导率的材料。通过向本征半导体中掺加施主点缺陷或受主点缺陷，可以制备非本征半导体。下面以氧化物 MO 晶体为例讨论掺杂离子和金属组分分压同时对晶体中离子点缺陷和电子点缺陷的影响。

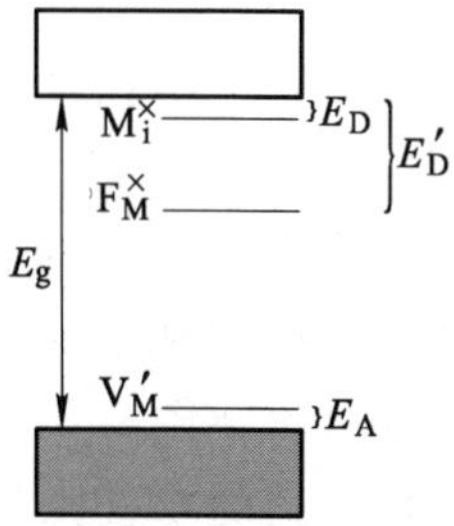

图 7.20　掺有施主杂质 $F_M^\times$ 的 MO 晶体的能带结构

假设 MO 晶体倾向于形成填隙金属原子点缺陷 $M_i^\times$ 和金属离子空位点缺陷 $V_M^\times$，同时掺有高价的施主杂质 $F_M^\times$，掺杂晶体具有如图 7.20 所示的能带结构。所有点缺陷浓度都比较小，在晶体中随机分布，不相互作用，也不形成缔合缺陷；并假设杂质原子 F 及其氧化物 F_2O_3 的蒸气压都很低，以致所有 F 原子都在固相中。

根据以上假设可以写出相平衡、缺陷平衡和缺陷电离平衡的关系式和平衡常数表示式。

固－气相平衡：

$$M(g) \rightleftharpoons M_i^\times, \quad K_g = [M_i^\times]/p(M) \qquad (7-1-65)$$

缺陷平衡：

$$MO \rightleftharpoons M_i^{\times} + V_M^{\times}, \quad K_F = [V_M^{\times}][M_i^{\times}] \tag{7-1-66}$$

缺陷电离平衡：

$$M_i^{\times} \rightleftharpoons M_i^{\bullet} + e', \quad K_1^i = [M_i^{\bullet}][n]/[M_i^{\times}] \tag{7-1-67}$$

$$V_M^{\times} \rightleftharpoons V'_M + h^{\bullet}, \quad K_2^i = [V'_M][p]/[V_M^{\times}] \tag{7-1-68}$$

本征激发：

$$0 \rightleftharpoons e' + h^{\bullet}, \quad K_i = [n][p] \tag{7-1-69}$$

杂质缺陷电离平衡：

$$F_M^{\times} \rightleftharpoons F_M^{\bullet} + e', \quad K_M = [F_M^{\bullet}][n]/[F_M^{\times}] \tag{7-1-70}$$

电中性条件：

$$[V'_M] + [n] = [M_i^{\bullet}] + [p] + [F_M^{\bullet}] \tag{7-1-71}$$

杂质质量守恒：

$$[F_M^{\bullet}] + [F_M^{\times}] = [F_M]_{tot} \tag{7-1-72}$$

设 $R_2 = [M_i^{\times}] = K_g p(M)$，由式(7-1-65)~式(7-1-72)8 个方程式和 8 个变量(n，p，$[V_M^{\times}]$，$[M_i^{\bullet}]$，$[V'_M]$，$[F_M^{\bullet}]$，$[F_M]$和 R_2)，可描述所讨论的缺陷平衡。以 R_2 为自变量，运用 Brouwer 近似图解法可将所有点缺陷浓度表示为 R_2 的函数并且绘出 Brouwer 图。

按照金属 M(g)蒸气压 p(M)的大小，Brouwer 近似将 Brouwer 图分成 5 个区域，每个区有不同的杂质质量守恒条件和电中性守恒条件，分别表述如下。

(1) 低 p(M)区：由式(7-1-65)和式(7-1-66)可知，此时$[V_M^{\times}] > [M_i^{\times}]$；受主有丰富的能级 $E_A(V'_M)$不但容纳了价带电离的电子，而且容纳了全部施主点缺陷电离的电子。若杂质原子浓度不高，式(7-1-71)的电中性条件可以近似简化为

$$[p] = [V'_M] \gg [n], [M_i^{\bullet}], [F_M^{\bullet}] \tag{7-1-73}$$

由于所有的施主点缺陷 $F_M^{\times}$ 都被电离成$[F_M^{\bullet}]$，因此式(7-1-72)杂质质量守恒条件简化为

$$[F_M^{\bullet}] = [F_M]_{tot} \tag{7-1-74}$$

(2) 次低 p(M)区：随着金属 M(g)蒸气压 p(M)逐步增加，金属离子空位浓度$[V_M^{\times}]$逐渐下降，相应的受主点缺陷 V'_M的能级数目也随之下降。在某个 p(M)时，式(7-1-71)的电中性条件中的$[p] < [F_M^{\bullet}]$。此时电中性条件近似为

$$[V'_M] = [F_M^{\bullet}] \gg [M_i^{\bullet}], [p], [n] \tag{7-1-75}$$

式(7-1-72)杂质质量守恒条件依然有效。

(3) 中 p(M)区：金属 M(g)的蒸气压 p(M)更高时，金属离子空位浓度$[V_M^{\times}]$下降为比杂质原子浓度小很多，因此只有少数施主点缺陷 $F_M^{\times}$ 的电子跃

迁到受主点缺陷的 $E_A(V_M')$ 能级。电中性条件仍然保持式(7－1－75)，但是式(7－1－72)杂质质量守恒条件改变为

$$[F_M^\times]=[F_M]_{tot} \tag{7-1-76}$$

(4) 次高 $p(M)$ 区：随着金属 M(g) 蒸气压 $p(M)$ 继续增加，金属离子空位浓度 $[V_M^\times]$ 降至非常小，以致施主点缺陷 $[F_M^\times]$ 的电子跃迁到导带变成占优势的过程，此时电中性条件表示为

$$n=[F_M^\bullet] \gg p,\ [M_i^\bullet],\ [V_M'] \tag{7-1-77}$$

式(7－1－76)杂质质量守恒条件仍然有效。

(5) 高 $p(M)$ 区：在这个区域，填隙点缺陷 $M_i^\times$ 在晶体中占据优势，其中一部分填隙点缺陷 $M_i^\times$ 将电子电离到导带，因此电中性条件为

$$[n]=[M_i^\bullet] \gg [p],\ [F_M^\bullet],\ [V_M'] \tag{7-1-78}$$

式(7－1－76)杂质质量守恒条件仍然有效。

在 Brouwer 近似的基础上，解式(7－1－65)～式(7－1－72)8 个方程式，得到各种点缺陷浓度和 R_2 的函数关系，并将这种关系列入表 7.12 中。再根据 Brouwer 近似条件求出各个 Brouwer 区域的边界和各区域中特征点的坐标，按照表 7.12 中的点缺陷浓度与 R_2 函数的双对数关系画出 Brouwer，见图 7.21。

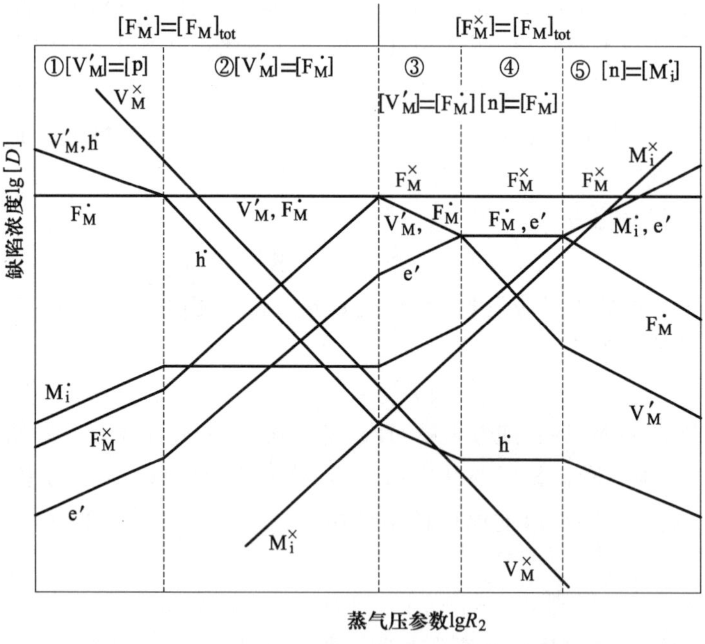

图 7.21　掺杂离子和金属组分分压与晶体中离子点缺陷和电子点缺陷的 Brouwer 图

表 7.12 Brouwer 近似条件下高价施主杂质的 MO 半导体中点缺陷浓度与 R_2 的函数关系

缺陷	杂质质量守恒：$[F_M^{\bullet}]=[F_M]_{tot}$			杂质质量守恒：$[F_M^{\times}]=[F_M]_{tot}$	
	电中性条件			电中性条件	
	① $[V_M']=[p]$	② $[V_M']=[F_M^{\bullet}]$	③ $[V_M']=[F_M^{\bullet}]$	④ $[n]=[F_M^{\bullet}]$	⑤ $[n]=[M_i^{\bullet}]$
$[M_i^{\times}]$			$K_g p(M)=R_2$		
$[V_M^{\times}]$			$K_F R_2^{-1}$		
$[M_i^{\bullet}]$	$\frac{K_1^i(K_2^iK_F)^{1/2}}{K_i}R_2^{1/2}$	$\frac{K_1^iK_2^iK_F}{K_i[F_M]_{tot}}$	$K_1^i\frac{K_F^{1/2}(K_2^i)^{1/2}}{K_M^{1/2}K_i^{1/2}[F_M]_{tot}^{1/2}}R_2^{1/2}$	$\frac{K_1^i}{K_M^{1/2}[F_M]_{tot}^{1/2}}R_2$	$(K_1^iR_2)^{1/2}$
$[n]$	$\frac{K_i}{(K_2^iK_F)^{1/2}}R_2^{1/2}$	$\frac{K_i[F_M]_{tot}}{K_2^iK_F}R_2$	$\frac{K_1^iK_M^{1/2}K_i^{1/2}[F_M]_{tot}^{1/2}}{K_F^{1/2}(K_2^i)^{1/2}}R_2^{1/2}$	$K_M^{1/2}[F_M]_{tot}^{1/2}$	$(K_1^iR_2)^{1/2}$
$[p]$	$(K_2^iK_F)^{1/2}R_2^{-1/2}$	$\frac{K_2^iK_F}{[F_M]_{tot}}R_2^{-1}$	$\frac{K_F^{1/2}(K_2^iK_i)^{1/2}}{K_M^{1/2}[F_M]_{tot}^{1/2}}R_2^{-1/2}$	$\frac{K_i}{K_M^{1/2}[F_M]_{tot}^{1/2}}$	$\frac{K_i}{(K_1^i)^{1/2}}R_2^{-1/2}$
$[V_M']$	$(K_2^iK_F)^{1/2}R_2^{-1/2}$	$[F_M]_{tot}$	$\frac{(K_2^iK_MK_F[F_M]_{tot})^{1/2}}{K_i^{1/2}}R_2^{-1/2}$	$\frac{K_2^iK_FK_M^{1/2}[F_M]_{tot}^{1/2}}{K_i}R_2^{-1}$	$\frac{(K_1^i)^{1/2}K_2^iK_F}{K_i}R_2^{-1/2}$
$[F_M^{\bullet}]$	$[F_M]_{tot}$	$[F_M]_{tot}$	$\frac{(K_2^iK_MK_F[F_M]_{tot})^{1/2}}{K_i^{1/2}}R_2^{-1/2}$	$K_M^{1/2}[F_M]_{tot}^{1/2}$	$\frac{K_M[F_M]_{tot}}{(K_1^i)^{1/2}}R_2^{-1/2}$
$[F_M^{\times}]$	$\frac{K_i[F_M]_{tot}}{K_M(K_2^iK_F)^{1/2}}R_2^{1/2}$	$\frac{K_i[F_M]_{tot}^2}{K_MK_2^iK_F}R_2$		$[F_M]_{tot}$	

由图 7.21 可见，在次低金属蒸气压的②区范围内，M 亚晶格电离缺陷的浓度[V'_M]取决于杂质施主点缺陷[$F_M^{\bullet}$]的浓度，而与金属的蒸气压 p(M)无关，因此这一区域称为可控原子缺陷区。

在次高 p(M)④区，受主点缺陷已经饱和，导带中的载流子以施主杂质点缺陷跃迁的电子为主，载流子的浓度与金属的蒸气压无关，而取决于杂质原子的浓度，因此这一气压区称为可控电子点缺陷区。由于在这个区域可以精确地通过杂质浓度来控制电子(空穴)浓度，从而控制产品的质量，减少甚至避免烧结气氛对性能的影响，因此在生产技术中具有重要意义。理论和实践都证明，增加杂质原子浓度，采用易于电离的杂质原子，采用不易产生电离的弗仑克尔缺陷的基质材料，有利于扩大可控电子点缺陷区的宽度，从而在比较宽的金属蒸气压范围内控制产品性能，得到重复性好的产品。

4. 杂质点缺陷的应用

1）可控价半导体

淡绿色的纯氧化镍是一种电导率低的本征半导体。1 000 ℃下，在空气中加热，重量有些增加，固体转为黑色的 $Ni_{1-x}O$，成为中等程度的良导体，其缺陷反应方程式表示为

$$2NiO + \frac{1}{2}O_2 \xrightarrow{NiO} 2Ni_{Ni}^{\bullet} + V_{Ni}'' + 3O_O^{\times} \qquad (7-1-79)$$

$Ni_{Ni}^{\bullet}$为受主点缺陷，电离方程式为

$$Ni_{Ni}^{\bullet} \rightleftharpoons Ni_{Ni}^{\times} + h^{\bullet} \qquad (7-1-80)$$

因此 $Ni_{1-x}O$ 为 p 型半导体。由于 $Ni_{1-x}O$ 的电导率取决于受主点缺陷的浓度，因此在制备过程中同时依赖于温度和氧的分压，电导率难以控制。可控价半导体的引进克服了这一困难。在可控价半导体中，载流子的浓度只与控制量的杂质浓度有关，进而可以控制半导体的电导率。例如，$Ni_{1-x}Li_xO$ 是 p 型可控价半导体，其缺陷反应方程式表示为

$$2NiO + Li_2O + \frac{1}{2}O_2 \xrightarrow{NiO} 2Ni_{Ni}^{\bullet} + 2Li'_{Ni} + 4O_O^{\times} \qquad (7-1-81)$$

在 $Ni_{1-x}Li_xO$ 可控价半导体中，受主点缺陷 $Ni_{Ni}^{\bullet}$的浓度与 Li'_{Ni}的浓度有关，因此它的电导率与 Li^+的浓度有关。

2）pn 结

假若一块硅单晶的一半是 n 型半导体，另一半是 p 型半导体，就形成了一个 pn 结。pn 结有如图 7.22 所示的能级结构。

n 型半导体的费米能级位于禁带上部，而 p 型半导体的费米能级位于禁带下部，当两种不同类型的半导体接触时，电子将由 n 型区流向 p 型区，空穴从

p 型区流向 n 型区，在 pn 结界面的两侧形成空间电荷区，n 型区的空间电荷层为正，p 型区的空间电荷层为负。达到平衡时，pn 结两端的费米能级相同，体系的能带弯曲，两边形成电势差 V_D，阻止载流子进一步扩散。当外加偏压的正端接在 p 型区，可以使 n 型区能带上移，能带的弯曲减小，电流随偏压上升而迅速增大，pn 结处于导通状态。反之，当外加偏压的正端接在 n 型区时，pn 结的势垒上升，流过的电流很小，pn 结处于关闭状态。在正常情况下，使用比较低的电压，电流只能沿一个方向流动，不能沿相反的方向流动，所以利用 pn 结的单向导通特性可以将其作为整流器件。利用 pn 结的特性还可以制备多种半导体器件，例如，npn 结三极管可以放大电流信号等。目前 pn 结已经代替了真空二极管，一种更复杂的 pnp 或 npn 结也几乎完全代替了真空三极管的晶体管主要组成部分。

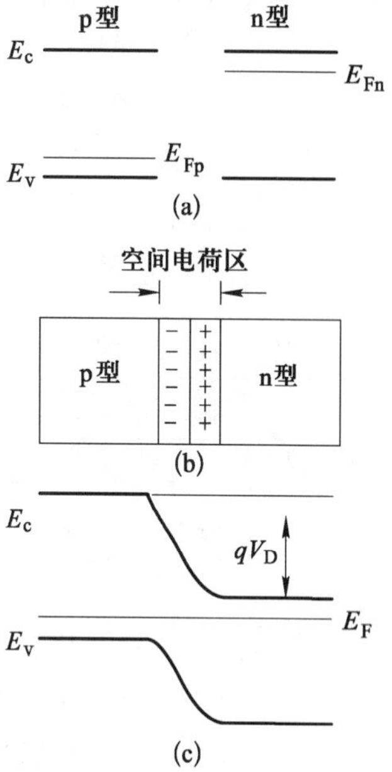

图 7.22　n 型半导体与 p 型半导体形成的 pn 结：(a) n 型半导体与 p 型半导体的能带；(b) pn 结的空间电荷区；(c) pn 结能带弯曲

3）光电导

有些半导体在光的照射下，电导率增加，有光电导性能。非晶态硒是一种极佳的光电导体，是光复印过程的基本部件。

7.2　固溶体化学

固溶体是结晶态固体中十分普遍的存在形式。由于固溶体的性质可以通过组成的改变而连续地调节，因此在固体材料的设计和改性中具有突出的作用。

固溶体是一种容许组成改变，而晶体结构对称性保持不变的结晶相。图 2.12 和图 2.14 是固溶体的典型相图，前者是形成完全互溶固溶体的相图，后者是形成部分互溶固溶体的相图。通常，固溶体中的主要成分被称为主晶相或基质，而将少量成分称为杂质相或溶质。

7.2.1　固溶体的特点

固溶体是单纯的结晶相，而不是多相物质。可以将其类比于固体溶液；杂质溶入主晶相的晶格类似于溶质溶解于溶剂中，达到了分子水平的均匀混合。

如表 7.13 所列举，固溶体和化学计量化合物在性质上有显著的差别。

表 7.13　固溶体和化学计量化合物在性质上的比较

性质	化学计量化合物	固溶体
组成的比例	恒定	在一定范围内可变
组成的成分	恒定	可变
晶体结构的对称性	不变	不变
晶胞参数	不变	在一定范围内连续变化
密度	不变	在一定范围内连续变化
物理性质	恒定	连续可变

固溶体是具有晶格点缺陷的晶体，因此固溶体中的点缺陷可以用缺陷化学处理；点缺陷也赋予了固溶体与其主晶相不同的物理性质和化学性质。例如，纯的 $\alpha-Al_2O_3$(白宝石)掺入少量 Cr_2O_3，形成固溶体后就成为激光发射材料，成为一种性能稳定的固体激光材料。在固体材料的烧结过程中加入杂质，形成部分互溶固溶体，可以促进晶格畸变、降低烧结温度等。

7.2.2　固溶体的分类

从晶体结构的角度，固溶体可以分为取代型固溶体和填隙型固溶体。

1. 取代型固溶体

溶质溶入固溶体后，进入主晶相的正常晶格格点位置，置换了主晶相的原子，形成了取代点缺陷，如图 7.5(a)所示。目前发现的固溶体以取代型为主，尤其在化合物中形成的固溶体更是如此。

2. 填隙型固溶体

溶质溶入固溶体主晶体晶格的间隙位置，形成填隙点缺陷，如图 7.5(b)所示。填隙型固溶体在金属体系中比较普遍。形成填隙型固溶体的溶质一般来说都具有较小的原子半径，因此主要是第一、二周期的某些原子。例如，常见的填隙杂质 H、Li、B、C、N、O 和 F 等的原子半径都小于 0.1 nm。金属钯能成为储氢材料，形成 $PdH_x(0\leqslant x\leqslant 0.7)$ 填隙型固溶体。在技术上最重要的填隙型固溶体是钢铁，其结构特点是形成各种类型 Fe 的含 C 填隙型固溶体。一些高熔点、高硬度的合金也形成了填隙型固溶体，例如 TaC、W_2C 等。

在无机非金属化合物中能否形成填隙型固溶体与杂质和主晶相的尺寸效应、化学价、化学亲和力和晶体结构有关。尺寸效应不但与杂质离子的尺寸有关，还与主晶体的晶体结构空隙的尺寸有关。例如，在 NaCl 类型结构的 MgO 中，全部八面体位置都被 Mg^{2+} 占据，全部空着的四面体空隙的尺寸显然要小于八面体的；在金红石结构中，有 1/2 的八面体空隙是空的；在沸石（如方沸石 $Na(AlSi_2O_6)$）类的具有框架结构的硅酸盐中，6 个硅氧四面体（SiO_4）或铝氧四面体（AlO_4）组成六元环，结构中存在较大的六元环空洞，空隙会更大。因此，可以预料，对于同样的杂质原子，形成填隙固溶体的可能性和固溶度大小的顺序是：沸石 > 金红石 TiO_2 > MgO。实验表明，如果在结构上只有四面体空隙，基本上可以排除生成填隙型固溶体的可能。这和 NaCl 结构类型晶体一般不生成弗仑克尔缺陷，而只生成肖特基缺陷的事实是一致的。填隙离子进入间隙位置时必然引起晶体结构中局部电价的不平衡，这可以通过引入不同电荷的点缺陷进行电荷补偿。Li_2TiO_3 是一个较为突出的例子，在高温下它具有岩盐结构，其中 Li^+ 和 Ti^{4+} 无序但统计均匀地分布在 O^{2-} 立方密堆积点阵的八面体空隙中。Li_2TiO_3 能够形成两个系列的固溶体：$Li_{2+4x}Ti_{1-x}O_3$（$0<x<0.08$）和 $Li_{2-4x}Ti_{1+x}O_3$（$0<x<0.19$）。前者填隙点缺陷 $(Li_i^{\bullet})_{4x}$ 的电荷由 Ti^{4+} 空位点缺陷 $(V_{Ti}'''')_x$ 补偿；后者填隙点缺陷 $(Ti_i^{\bullet\bullet\bullet\bullet})_x$ 的电荷由 Li^+ 空位点缺陷 $(V_{Li}')_{4x}$ 补偿。两者在电荷上具有如此大的差别却仍能相互交换，显然是由于两种离子的离子半径相近所致。由于填隙型固溶体会使晶体的局域结构发生较大的畸变和具有较大的应力，当杂质增加到一定浓度时，结构会变得不稳定，而造成分相。所以填隙型固溶体不能同时又是连续固溶体。

7.2.3 取代型固溶体的生成机理

固溶体属于缺陷化合物范畴，根据缺陷的生成机理，取代型固溶体可以分为等价等数置换固溶体、异价不等数置换空位机构固溶体、异价不等数置换填隙机构固溶体、异价等数置换变价机构固溶体、异价等数双置换补偿机构固溶体。等价等数置换固溶体生成等价等数取代点缺陷，例如，Al_2O_3 和 Cr_2O_3 形成连续固溶体 $Al_{2-x}Cr_xO_3$。如果 Cr_2O_3 为杂质，则生成取代缺陷 $(Cr_{Al}^{\times})_x$ 缺陷。上述其他固溶体生成机理可参阅 7.1.6 小节的电荷补偿机理示例。

7.2.4 固溶反应方程式的书写原则

固溶反应是主晶相和杂质反应生成有点缺陷的固溶体的反应，因此固溶反应方程式建立在缺陷反应方程式的基础上，既反映反应物与生成物在化学组成上的关系，又反映出生成物中点缺陷的存在形式。固溶反应方程式分两步完成，首先写出正确的缺陷反应方程式，再在此基础上完成固溶反应方程式。以 Al_2O_3 溶于 $SrTiO_3$ 形成固溶体为例，详述固溶反应方程式的书写过程。

（1）首先写出缺陷反应方程式：

$$Al_2O_3 \xrightarrow{SrTiO_3} 2Al'_{Ti} + 3V_O^{\bullet\bullet} + 3O_O + 2V''_{Sr} \quad (7-2-1)$$

（2）由缺陷反应方程式可见，在固溶体中生成取代点缺陷 Al'_{Ti}、空位点缺陷 $V_O^{\bullet\bullet}$ 和 V''_{Sr}，并且点缺陷个数的比例是 2:3:2。在固溶反应方程式中始终将杂质的化学计量数定义为 x，因此主晶相的化学计量数为 $1-2x$，则配平的固溶反应方程式为

$$xAl_2O_3 + (1-2x)SrTiO_3 \longrightarrow Sr_{1-2x}(Ti_{1-2x}Al_{2x})O_{3-3x} \quad (7-2-2)$$

产物固溶体的化学式要正确表示点缺陷的类型和化学计量的关系，括号中的元素表明它们占据相同的亚晶格格位。Sr 亚晶格和 O 亚晶格减少的格位数（$2x$ 和 $3x$）就表示 V''_{Sr} 和 $V_O^{\bullet\bullet}$ 的化学计量数。正确书写缺陷反应方程式是书写固溶反应方程式的基础，而缺陷反应产物目前仍然主要是通过实验确定，而不能主观臆断。因此当点缺陷反应还不确定时，有一些固溶反应的产物只能表示出与反应物的化学组成之间的化学计量关系，而无法写出准确的固溶反应方程式。

密度法是判断生成固溶体的点缺陷反应是采取空位机理还是填隙机理的传统方法。该实验的基本原理是首先准确测定固溶体在不同溶质浓度下的晶胞参数，然后按照不同的缺陷反应机理计算不同溶质浓度下的固溶体密度，再用比重瓶法精确测量上述不同溶质浓度固溶体的实验密度，据此判断缺陷反应机理。图 7.23 是用密度法测量 $CaO-ZrO_2$ 固溶体缺陷反应机理的实验结果示意图。

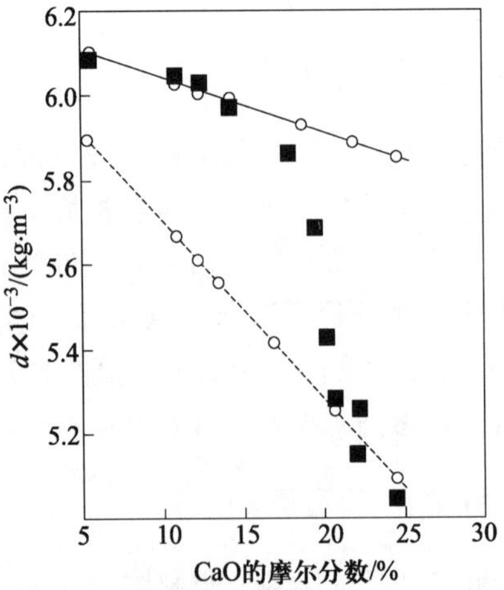

图 7.23　密度法测量在 2 073 K 等温条件下的 $CaO-ZrO_2$ 固溶体缺陷反应机理的实验结果

——：阳离子填隙模型；-----：阴离子空位模型；○：计算密度；■：比重瓶法测量的密度[82]

[82]　Diness，Roy. Solid State Commun.，1965，3：123.

图7.23表明在2 073 K，$CaO-ZrO_2$ 固溶体点缺陷反应有两种机理。当浓度小于15%时是如式(7-1-49)所示的阳离子填隙机理；而在杂质浓度大于20%时是如式(7-1-47)所示的阴离子空位机理。当然，密度测量不能给出原子层次的缺陷结构细节，而只给出一种整体的机理。探测点缺陷结构需要其他现代物理实验方法。

7.2.5 影响取代型固溶体固溶度的因素

1. 固溶度与温度的关系

多组分凝聚态体系相图描述了固溶度与温度的关系。对于连续固溶体，在两相平衡时，固溶体的固溶度随温度的变化趋势就是两相区的固相线随温度的变化趋势，如图2.12所示。对于部分互溶固溶体，在三相平衡线温度以下的单相区，固溶度随温度的升高而增大；在三相平衡线温度以上的单相区，固溶度随温度的变化趋势就是两相区的固相线随温度的变化趋势，如图2.14所示。对于有晶型转变的二元体系，固溶体的固溶度与温度的关系如图2.15(b)所示。由于固体反应的扩散控制，室温下，高温介稳态固体是经常存在的，因此在实验中测定的固溶度一定是某一个温度下固体的固溶度。

简单的异价离子取代会产生具有相反电荷的空位点缺陷，即使生成固溶体，其固溶度也较小。例如：在650 K温度时，$CdCl_2$ 和 $MnCl_2$ 在NaCl中的溶解度达到摩尔分数 $3\times10^{-2}\%$；在450 K约为摩尔分数 $2\times10^{-5}\%$。

2. 金属固溶体的固溶度与原子结构的关系

长期以来，冶金学对合金体系的研究获得了很多关于固溶体的规律的认识。这些规律对于研究非金属体系固溶体有十分重要的指导作用。影响合金固溶度的因素主要是原子尺寸因素和化学因素。

1) 原子尺寸因素

休姆-罗瑟里(Hume-Pothery)指出，当杂质和主晶体的原子半径相对差值超过15%时，不利于连续固溶体的生成。建立在弹性模型基础上的实验结果、衍射结果都表明，取代型固溶体的摩尔体积随杂质原子的浓度近似地呈线性变化。这就是著名的费伽德(Vegard)定律[83]。杂质原子进入晶格，必然引起晶体结构的局部畸变，从而导致晶胞体积的变化，并且提高晶体的摩尔吉布斯自由能。根据经典的弹性理论计算表明，在理想状态下每克原子的弹性能量(W)与杂质原子半径(r')和被取代原子半径(r)的比例有关，即

$$W = \frac{2}{3}G_s V\left[\left(\frac{r'}{r}\right)^3 - 1\right]^2 \qquad (7-2-3)$$

[83] (a) Vegard L. Z. Physik., 1921, 5, 17. (b) Vegard L, Dale H. Z. Krist., 1928, 57, 148.

其中，G_s 是剪切模量，V 是摩尔体积。

通常，当偏摩尔吉布斯自由能变超过 $4RT$ 时，实际上将不会发生固溶反应。如果将 $W=4RT$ 作为阈值代入式(7－2－3)，则

$$\frac{r'}{r}=\left(1\pm\sqrt{\frac{6RT}{G_sV}}\right)^{\frac{1}{3}} \qquad (7-2-4)$$

由于乘积 G_sV 随温度和金属种类的变化不大，因此设其为 251 kJ 并代入式(7－2－4)，则在 $T=1\ 000$ K 时，$r'/r\approx1\pm0.15$。这个简单的计算模型阐明了所谓的 15% 规则是由于晶体结构局部畸变产生的偏摩尔吉布斯自由能变的增加阻碍了固溶反应的进行[84]。原子尺寸因素是形成连续固溶体合金的首要因素，但是化学因素对固溶体的固溶度也有很大的影响，表现在许多固溶体中已观察到对费伽德定律的偏离。Lubarda 认为这种偏离是由于溶质和溶剂的晶体结构不同，溶质和溶剂在固溶体中的表观原子半径与它们分别在各自的金属单质中的半径不完全相同，溶质和溶剂的弹性特性不相同的结果[85]。

2）化学因素

相似相溶原则仍然适用于固溶体体系。元素的化学因素相似性表现在电负性相近和原子价相近。

（1）电负性相近的金属元素之间倾向于以金属键形成固溶体，而电负性差别较大的金属元素之间键的极性增强，倾向于形成金属间化合物。由于有多种计算元素电负性的方法，元素电负性的数值标度仍不一致，因此形成固溶体的电负性差值的阈值仍然是一个实验规律。例如，一些金属与镁形成固溶度大于 5% 的固溶体的电负性差值在 ±0.4 以内[85]。

（2）电负性差值只表征了每一个键的极性，而原子价(或称价电子数)则与每个原子形成共价键的数目有关。杂质和溶剂的原子价差别越大，每个杂质原子所能够生成的共价键数越多，越削弱基质金属键的强度。从热力学角度，在形成固溶体的过程中，生成焓值一般比较小。固溶体中电负性相近的原子的无序分布是一个熵增较大的过程，因此高温时熵增项($-T\Delta S$)推动固溶体反应进行。电负性差较大的元素之间倾向于短程有序，形成共价键，是一个熵增较小的过程；加之生成金属间共价键越多，放热效应($-\Delta H$)越大，越不利于固溶反应进行。例如，金属 Cu 溶解 Zn（约 31%，905 ℃）、Ga(约 16%，914 ℃)、Ge(约 12%，821 ℃)、As(约 7%，685 ℃)等各金属的固溶度随杂

[84] Physical Chemistry of Metals, Metallurgy and Metallurgical Engineering Series, Robert F. Mehl, Consulting Editor, Chapter 4, Solid Solutions and Intermetallic Compounds, McGraw-Hill Publishing Company Ltd., 74－109.

[85] Ludarda V A, Mech. Mater., 2003, 35: 53－68.

质与溶剂原子的原子价的差别逐渐增大而减小。金属的固溶度不是互易的，对于低价的杂质，原子价差别降低，固溶度的效果更明显。例如，Zn 在 Ag 中的固溶度为 37.8%（Zn），而 Ag 在 Zn 中的固溶度为 6.3%（Ag）。

以上对问题的讨论是建立在金属溶剂与杂质的晶体结构相同的基础上，如果温度变化，金属的晶体结构发生转变，则有可能不能形成连续固溶体。例如，铁有 α(A2 型)、β(A2 型)、γ(A1 型)和 δ(A2 型)四种变体，钴有 α(A3 型)和 β(A1 型)两种变体，只有在 1 183 ~ 1 673 K 温度范围内，γ－Fe 和 β－Co 可以无限互溶。在 873 K 时，铁有 A2 型结构而钴有 A1 型结构，由于 A2 型结构无法转变为 A1 型结构，因此连续固溶体转变为以 A2 型结构为基质的 $Fe_{1-x}Co_x(0 \leqslant x \leqslant 0.07)$有限固溶体和以 A1 型结构为基质的 $Fe_{1-x}Co_x(0.1 \leqslant x < 1)$有限固溶体。

3）晶体结构

金属固溶体保持着金属的晶体结构类型，即更倾向于采用等径圆球的堆积方式(A1、A2、A3、A4 和 A6 形式)，绝大多数采取 A1、A3 和 A2 等径圆球的密堆积方式，前两种是配位数为 12 的最密堆积方式。固溶体与单质在晶体结构上的差别是晶格上的原子格位不是由一种元素的原子占据，而是由多种金属元素按照化学计量关系统计地随机占据。在这个位置上，形成固溶体的每种金属原子占据的概率与固溶体的化学计量关系相同，即固溶体 $A_{1-x}B_x$ 在其晶格结点位置上出现 A 的概率是 $1-x$，而出现 B 的概率是 x，如图 7.24 所示。晶格结点上的原子在诸如原子序数、原子半径等很多效应上都相当于一个统计原子 $A_{1-x}B_x$。

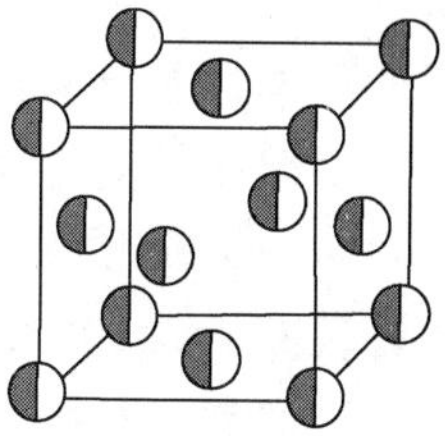

图 7.24　CuAu 合金无序结构中金属原子在格位上的概率

杂质原子统计地分布于金属的晶格格位上是一种统计处理方法，在这种处理方法下，X 射线衍射得到的是晶体的平均结构，而不是杂质原子附近的局域结构。在这种平均结构中金属原子随机地分布于晶格位置上，衍射得到的结果只是表明在一段时间内，原子在某个格位上出现的概率有多大。AuCu 固溶体在 693 K 以上为无序结构，保持面心立方的平均晶胞。从高温缓慢冷却或在低于 653 K 通过等温有序化，固溶体转变为金属间化合物 AuCu，形成对称性较低的四方晶系晶体，晶胞参数比值 $c/a = 0.93$，如图 5.44(b)所示。在 653 ~ 693 K 之间等温有序化，形成复杂的晶胞，其大小为原来简单晶胞的 10 倍，如图 5.45 所示。无序晶胞有序化得到的对称性较低的晶胞是无序晶胞的超结构。在无序结构的面心立方晶系中，当 hkl 衍射的衍射指数 h、k、l 非全奇、全偶时，晶体的衍射消失。有序化后，对于图 5.44(b)的四方素晶胞，消光的限制条件解除，出现了一些超结构衍射，反映了对称性的下降。

3. 非金属固溶体的固溶度与原子结构的关系

本节主要讨论取代型固溶体的固溶度与原子结构的关系。

通常是将金属固溶体的固溶度与原子结构的关系延伸到非金属固溶体，从离子尺寸因素、化学因素和晶体结构三方面考虑。

1）离子尺寸因素

（1）15% 规则：这是影响固溶度的最重要因素，非金属连续固溶体基本都符合 15% 规则，但这并不意味符合 15% 规则的体系都能形成连续固溶体。例如，$MgO-TiO_2$ 和 Li_2O-MoO_3 体系，虽然阳离子的半径差分别为 6% 和 12%，但是由于离子价态相差 2 和 5，因此都不互溶，而是生成了中间化合物。因此 15% 规则是必要条件，但不是充分条件。

在运用 15% 规则时，要选取离子半径值。但是在化合物中，由于离子半径的数值与离子的状态和化学环境有着非常密切的关系，因此只有当对主晶体中被取代离子的状态和化学环境十分清楚后才能准确地选择离子半径数值。金属离子的半径与其配位数有关，在选择杂质金属离子的半径值时，杂质金属离子的配位数要与主晶体被取代离子的配位数相同。

用键的长度代替离子半径也可以衡量尺寸因素。例如，在 $NiO-MgO$ 系统中，Ni—O 键比 Mg—O 键长 1%，两组元形成连续固溶体。在 $NiO-CaO$ 体系中键长差值为 15%，生成有限固溶体。在其他键长差值更大的系统中，固溶度可以忽略。林德门（Lindemann）观察到，当热振动的振幅达到原子间距的 15% 左右时，许多固体会熔化。这和 15% 规则有共同之处。离子晶体的晶格势能玻恩模型有利于人们理解这种现象[86]。15% 规则在非金属固溶体中是一个定性的规则，如同在金属固溶体中一样，它同样反映了取代点缺陷的局域结构畸变引起的晶格应力增加，导致固溶度减小的实验事实。

（2）费伽德定律同样适用于非金属固溶体，这种现象反映了局域晶格畸变对晶体体积的影响。在 $Al_2O_3-Cr_2O_3$ 体系中观察到对费伽德定律的正偏离（见图 7.25（b））。这种正偏离与该固溶体在 1 223 K 以下出现不互溶的圆拱区相关（见图 7.25（a））。

对费伽德定律正偏离的一种解释是，在将 1 573 K 的固溶体淬冷到室温时，固溶体中形成了富 Cr^{3+} 和富 Al^{3+} 的两类微晶畴。在微晶畴中，Cr^{3+} 和 Al^{3+} 分别短程有序地“同类相聚”，使得晶胞参数比 Cr^{3+} 和 Al^{3+} 完全无序分布的固溶体的晶胞参数出现正偏离。这种现象已经被用做预测未知的固溶体中可能存在不互溶圆拱区的根据。

［86］　曾人杰．无机材料化学．上册．厦门：厦门大学出版社，2001，199.

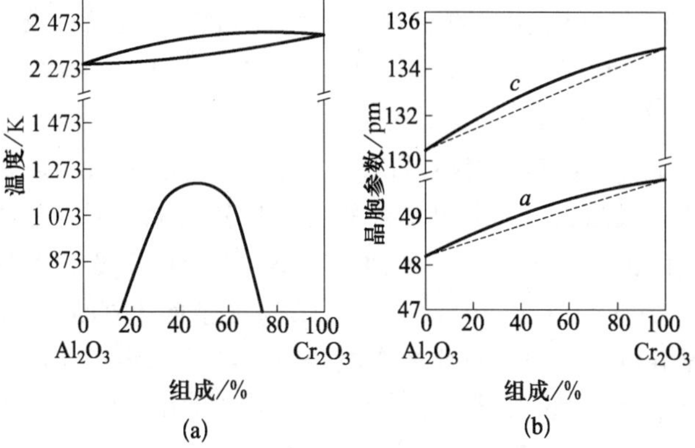

图 7.25 (a) $Al_2O_3-Cr_2O_3$ 组成－温度相图；(b) $Al_2O_3-Cr_2O_3$ 固溶体的晶胞参数－组成图

在非金属固溶体中对费伽德定律的负偏离可能是不同离子之间有净吸引作用的证据。这种短程有序目前还无法有效地在实验上观察到。

在阳离子半径相差很大而又发生相互置换的两种晶体中，常常发现较大的离子可以被较小的离子置换，但反过来则较困难。例如，偏硅酸钠 Na_2SiO_3 中有 50% 以上的 Na^+ 可以在高温(1 173 K)下被 Li^+ 置换，生成固溶体($Na_{2-x}Li_x$)SiO_3，但在 Li_2SiO_3 中，仅 10% Li^+ 能被 Na^+ 置换。镧系元素的离子半径相近，其氧化物中形成固溶体，使早期化学家从混合稀土中分离出单一稀土遇到了很大的困难。

2）化学因素

(1) 相似相溶原则仍然适用于非金属固溶体体系。在离子性明显的基质中，显然要遵循电负性相近的原子或离子相互取代的原则，即同种荷电离子相互取代。例如，高温陶瓷塞伦(Sialons)是以 Si_3N_4 为基质的异价等数双置换固溶体的例子，其中 Si^{4+} 部分地被 Al^{3+} 取代，而 N^{3-} 部分地被 O^{2-} 取代，生成 $(Si_{3-x}Al_x)(N_{4-x}O_x)$。

只有离子的价态相同的二元化合物才有可能形成连续固溶体，否则为了满足电中性的要求，必然在主晶体中产生新的带电荷的点缺陷。带电荷的填隙点缺陷和空位点缺陷都会使晶格产生较大的畸变，很少能生成连续固溶体，只有可能生成有限固溶体。

(2) 场强效应：在离子化合物基质固溶体中，离子的电场强度定义为 Z/d^2；其中 Z 为正离子的电价，d 为两个离子的间距。用离子的电场强度总结杂质和固溶度之间的关系，既考虑了离子半径的主要影响，又考虑了离子价态的因素。对二元氧化物体系的归纳表明，当 $\Delta(Z/d^2)$ 趋近于零时，能生成连续固溶体；$\Delta(Z/d^2)$ 小于 0.1 时会生成连续固溶体或造成有较大固溶度的区域。随着 $\Delta(Z/d^2)$ 的增大，二元体系由固溶体系转变为生成化合物的体系。$\Delta(Z/d^2)$ 越大，生成的化合物数目越多。

(3) 异价等数双置换固溶体可以通过高、低离子电荷杂质的双置换，满足电中性要求。因此在三元或更复杂的化合物基质中，可以形成丰富的固溶体系。例如，钙长石 $CaAl_2Si_2O_8$ 和钠长石 $NaAlSi_3O_8$ 形成连续固溶体 $(Ca_{1-x}Na_x)(Al_{2-x}Si_{2+x})O_8(0<x<1)$。钙钛矿结构类型的 $PbTiO_3-PbZrO_3$ 系统可以生成连续固溶体，是一类重要的介电陶瓷系统，称为锆钛酸铅陶瓷，简称 PZT。当 $PbTiO_3$ 中的 Pb 用 Ba、Sr、Ca、La 或 Na 等置换，Ti 用 Zr、Sn、La 或 Na 等置换时，会生成复合钙钛矿型连续固溶体。在满足离子尺寸要求的前提下，钙钛矿型结构 (ABO_3) 可以通过异价双置换机理满足电中性要求，生成许多如表 7.14 所列的复合钙钛矿型固溶体。可以预料，这些复合钙钛矿型固溶体还可再和 $PbZrO_3-PbTiO_3$ 连续固溶体基质反应生成更复杂的多元系统介电陶瓷，例如 $Ba(Zn_{1/2}Nb_{2/3})O_3-PbTiO_3$ 系统和 $(Na_{1/2}Bi_{1/2})TiO_3-PbTiO_3$ 系统等。

表 7.14　具有 ABO_3 钙钛矿型结构的固溶体

一般式	固溶式	一般式	固溶式
$A^{2+}(B^{2+}_{1/3}B^{5+}_{2/3})O_3$	$Ba(Zn_{1/3}Nb_{2/3})O_3$	$A^{2+}(B^{3+}_{1/2}B^{5+}_{1/2})O_3$	$Ba(Fe_{1/2}Nb_{1/2})O_3$
	$Ba(Mg_{1/3}Nb_{2/3})O_3$		$Pb(Fe_{1/2}Nb_{1/2})O_3$
	$Pb(Mg_{1/3}Nb_{2/3})O_3$		$Pb(Y_{1/2}Nb_{1/2})O_3$
	$Pb(Zn_{1/3}Nb_{2/3})O_3$	$A^{2+}(B^{3+}_{2/3}B^{6+}_{1/3})O_3$	$Pb(Fe_{2/3}W_{1/3})O_3$
$A^{2+}(B^{2+}_{1/2}B^{6+}_{1/2})O_3$	$Pb(Cd_{1/2}W_{1/2})O_3$	$(A^{+}_{1/2}A^{3+}_{1/2})B^{4+}O_3$	$(Na_{1/2}La_{1/2})TiO_3$
	$Pb(Mn_{1/2}W_{1/2})O_3$		$(K_{1/2}La_{1/2})TiO_3$
	$Pb(Mg_{1/2}W_{1/2})O_3$		$(Na_{1/2}Bi_{1/2})TiO_3$

3) 晶体结构因素

两晶相晶体结构相同是生成连续固溶体的必要条件，结构不同最多只能生成有限固溶体。例如，$NiO-MgO$ 形成连续固溶体，两组分都具有岩盐结构；$Cr_2O_3-Al_2O_3$ 生成连续固溶体，两组分都有刚玉型结构。镁橄榄石 Mg_2SiO_4 和硅锌矿 Zn_2SiO_4 的晶体结构大不相同，橄榄石具有近似六方密堆积的氧离子层，但在硅锌矿中没有密堆积的氧离子层。两者都含有 SiO_4 四面体，但 Mg 在橄榄石中是八面体配位，而锌在硅锌矿中为四面体配位。然而镁和锌都是配位数可变通的离子，它们均可以采取四面体或八面体配位。因此镁橄榄石 Mg_2SiO_4 和硅锌矿 Zn_2SiO_4 可形成有限固溶体，其相图如图 7.26 所示。在橄榄石固溶体 $(Mg_{2-x}Zn_x)SiO_4$ 中锌取代八面体位置上的镁，而在硅锌矿固溶体 $(Zn_{2-x}Mg_x)SiO_4$ 中镁取代四面体位置上的锌。

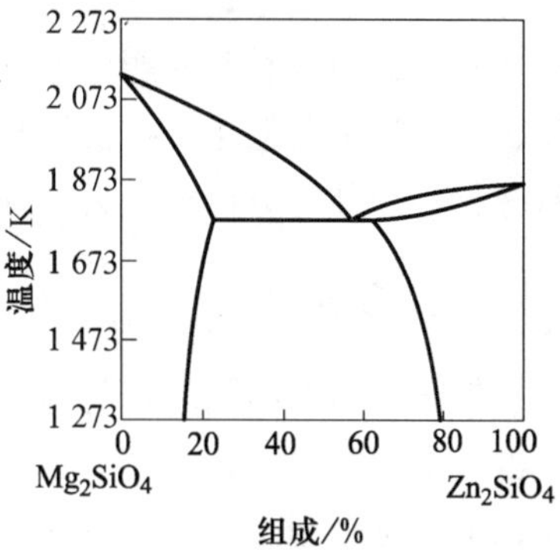

图 7.26 镁橄榄石 - 硅锌矿体系相图[87]

在置换固溶体中阴离子也能相互取代，如 AgCl - AgBr 固溶体，但是远不及阳离子形成取代固溶体普遍。可能是因为具有相似大小和配位/成键要求的阴离子不多的缘故。

具有萤石结构的立方 ZrO_2 固溶体是一个例外，可以和 +2 价和 +3 价的阳离子形成比较宽范围的有限固溶体。虽然杂质离子的半径比基质离子的大，但是立方 ZrO_2 固溶体的晶胞参数随着杂质浓度的增加线性减小。为了理解这种现象，Yashima 等根据 EXAFS(扩展的 X 射线吸收精细结构)光谱、漫散射和单晶结构分析等结果，提出了一个在氧空位缺陷簇基础上的离子堆积局域结构模型。该模型认为，低价取代杂质在固溶体中产生的氧离子空位随着杂质浓度的增加逐渐从无序分布发展到形成具有一定配置模式的缺陷簇，且簇中点缺陷的个数随着杂质点缺陷的浓度而增加。因此围绕空位缺陷簇的阳离子配位数也随之下降，导致阳离子与氧离子的平均核间距缩短和晶胞参数减小[88]。

目前，根据原子性质的关系还不能定量地预见固溶度，因此能否形成固溶体以及固溶度还要最后由实验确定。特别是在非平衡状态下，采用“软化学法”或其他制备方法，往往能制得比在平衡条件下宽得多的固溶度。例如，β - 矾土($Na_2O\sim8Al_2O_3$)的部分或全部 Na^+ 能被包括 Li^+、K^+、Ag^+、Cs^+ 在内的许多一价离子所交换，即使多数这样的离子交换不是在热力学上稳定的。

7.3 晶体中的线缺陷

计算表明，对于理想的金属晶体，切应力数值大约是 6.9×10^9 N/m²，而许多晶体的实验值低到约 6.9×10^5 N/m²，这表明金属结构中必定有某种缺陷。

[87] Segnit E R, Holland A E. J. Amer. Ceram. Soc., 1965, 48: 412.
[88] Yashima M, Ishizawa N, Yoshimura M. J. Am. Ceram. Soc., 1992, 75(6): 1541 - 1549.

因此人们提出了晶体的位错缺陷的概念来解释晶体的力学性质。位错是晶体中常见的线缺陷，位错原子发生错排的范围在一个方向上尺寸较大，而在另外两个方向上尺寸较小。因此是一个直径在 3 ~5 个原子间距、长几百到几万个原子间距的管状晶格畸变区。至今，位错理论不仅能定性地阐明金属力学性质的各种问题，而且有些问题已上升到可以定量处理。同时位错的存在与晶体的生长、表面吸附、催化、扩散及晶体的性质等均有密切的关系。常见位错缺陷有两种，一种称为刃位错，另一种称为螺型位错。

7.3.1　刃位错

实际晶体在结晶时，受到杂质、温度变化或振动产生的应力作用，或受到打击、切割等机械应力作用，使晶体内部质点排列变形，原子行列间相互位移，不再符合理想晶体的有序排列，形成的线缺陷又称为位错。图 7.27 给出刃位错的形成示意图及其原子模型。如图 7.27(a)所示，设有一完整晶体，受到一个方向的压力 τ，使晶格滑移。晶体 *BCEF* 面的 *ABCD* 面以上部分相对于晶体的下半部分向左滑移了一个原子间距。*BCEF* 面为滑移面，*ABCD* 面为滑

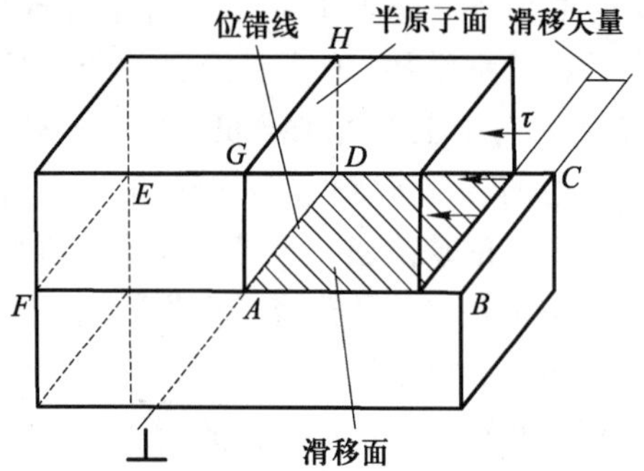

(a)

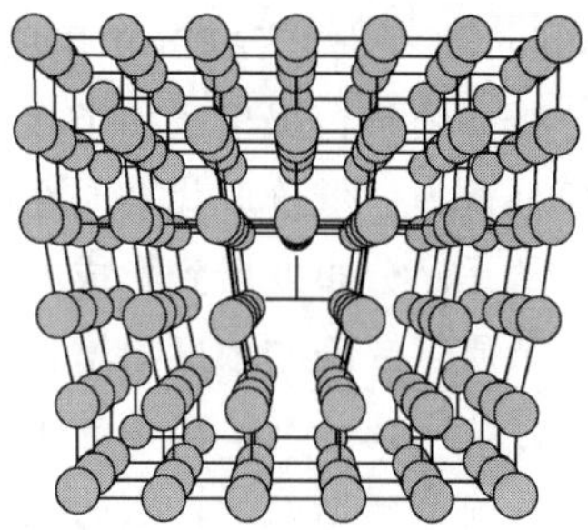

(b)

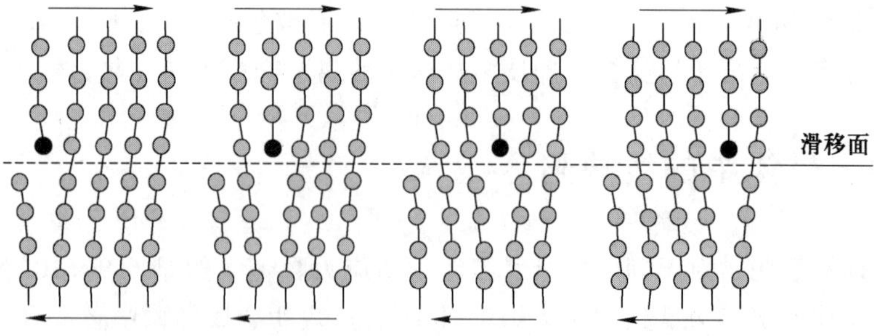

(c)

图 7.27　(a) 刃位错形成；(b) 刃位错原子模型；(c) 刃位错的迁移

移区，*ADEF* 面为未滑移区，*AD* 为未滑移区与已滑移区的交界线，称为位错线。如图 7.27(b)的刃位错原子模型所示，滑移面上部多出半个原子面，犹如插入的刀刃，因此称为“刃位错”，多出的半个原子面称为多余半原子面。位错线附近区域发生了原子错排。位错线的上部邻近范围受到压应力，而其下部受到拉应力，离位错线较远处原子排列正常。通常将多余半原子面位于晶体上半部分的刃位错称为正刃位错，用符号“⊥”表示，反之称为负刃位错，用“T”表示。在切应力的作用下，刃位错会发生滑移，当位错运动到晶体表面，就在晶体表面形成台阶，如图 7.27(c)所示。

刃位错有以下特点：① 伯氏矢量与位错线垂直。② 刃位错有正负之分，其正负用伯氏矢量的右手定则判定，在伯氏矢量正方向的多余半原子面为正，反之为负。③晶格的畸变在位错线处引起的畸变最大，离位错线越远，晶格畸变越小。原子严重错排的区域只有几个原子间距，因此位错是以位错线为中心的一个狭长的管道，而不是一条几何的线。④ 由于多余半原子面的挤压，使位错周围的晶格产生弹性应变，形成应力场。

7.3.2 伯格斯矢量和螺型位错

伯格斯(J. M. Burgers)于 1939 年发现了位错的一个特征矢量，称为伯格斯矢量，简称伯氏矢量。位错的伯氏矢量是这样确定的：先确定位错线的方向(一般规定位错线垂直纸面时，由纸面向外为正向)；按右手法则做伯格斯回路，即右手大拇指指向位错线正向，弯曲的四指为伯格斯回路的走向，即逆时针方向。从实际晶体中任意原子出发(如 *M* 点出发)，避开位错附近的严重畸变区作一闭合回路 *MNOPQ*，回路每一步连接相邻原子。按同样的方法在完整晶体中作同样的回路，这时终点 *Q* 和起点 *M* 不重合。由终点 *Q* 向起点 *M* 作一矢量 ***QM*** 即为伯氏矢量 ***b***，如图 7.28(a)、(b)所示。刃位错的伯氏矢量 ***QM*** 与位错线 *AD* 垂直，因此利用位错线与伯氏矢量的相对关系可以判断位错的类型。

按照伯氏矢量的确定方法确定图 7.28(c)所示晶体的伯氏矢量，由图 7.28(d)可见，回路的终点 *R* 与起点 *M* 不重合，因此 ***RM*** 为伯氏矢量 ***b***。伯氏矢量 ***RM*** 的方向与位错线 *AD* 的方向平行，这种类型的线缺陷为螺型位错。

如图 7.28(c)所示，螺型位错相当于将晶体下端固定，沿晶体右上角施加一个向后的推力，而沿晶体左上角施加一个拉力，使晶体右上部相对于左上部剪切，移动了一个原子间距。*EF* 线是位错线，平行于伯氏矢量 ***b***，而位错线附近的原子错排区间，原子呈螺旋状前进，每旋转一周，原子面上升一个原子间距，因此而得名螺型位错。

螺型位错有以下特点：① 伯氏矢量与位错线平行。② 根据伯氏矢量的右手定则，按照螺旋面的旋转方向，螺型位错有左旋螺旋和右旋螺旋之分。

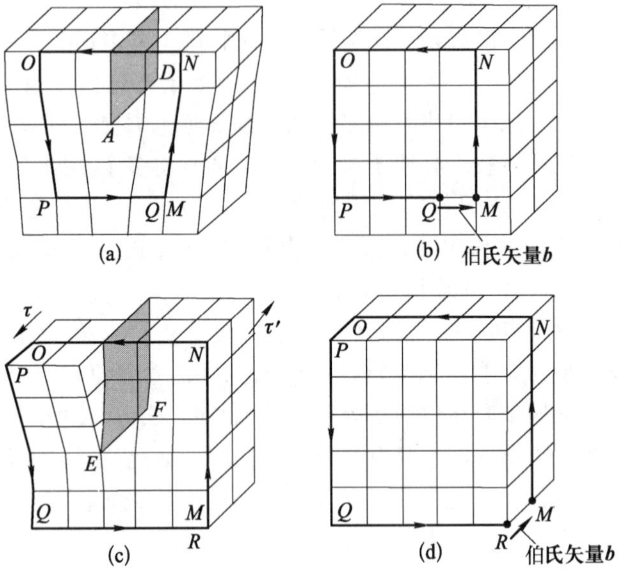

图 7.28　伯氏矢量的确定：(a)、(b) 刃位错；(c)、(d) 螺型位错

③ 螺型位错在位错线附近也形成应力场。④ 螺型位错也是以位错线为中心的一个狭长的管道，而不是一条几何的线。

7.3.3　晶体中的线缺陷

理论计算表明，位错引起吉布斯自由能的变化为正值，也就是说，热力学稳定状态的位错密度应为零。因此虽然点缺陷和错位缺陷都表现了晶体的不完善性，但它们并不属于同一类。点缺陷属于化学缺陷，是晶体结构内禀的部分，对化学反应和质量传输是重要的，可以用类化学平衡处理；而位错缺陷基本上是一种物理缺陷，它与材料的力学性质关系更大。然而，除了晶须和采用特殊工艺制备出无位错硅单晶等个别例子以外，几乎所有晶体中均存在位错缺陷。在充分退火金属中位错密度高达 $10^5 \sim 10^6\ cm^{-2}$(位错密度近似等于单位面积的位错线端点的数目)，剧烈冷变形金属中的位错密度可增至 $10^{10} \sim 10^{12}\ cm^{-2}$。位错的存在对于许多功能单晶，如半导体、激光晶体、光学及非线性光学材料等都是有害的。

为什么生长无位错或低位错密度的单晶是一件非常困难的事情呢？因为在晶体生长过程中，很容易引入位错。首先，用以生长单晶的籽晶粒几乎总是存在大量位错缺陷。由于位错的特点之一就是它不会终止于晶体内部，只会终止至晶体表面或晶界处，因此籽晶中与生长界面相交的所有位错都会延伸到新生长的晶体中去。另外，在晶体生长及其以后的降温过程中，位错的成核主要是由局部内应力造成的。局部内应力可分为热应力、机械应力和化学应力。热应力主要是由于晶体轴向和径向温度梯度过大或降温速率过快，晶体内、外或上、下部分存在较大的温差，热胀冷缩在晶体内部造成较大的内应力，可引发位错。机械应力是指在晶体生长过程中机械振动以及当用坩埚下降法或水平区熔法生长晶体时，由于坩埚材料和晶体之间不同的热膨胀系数，坩埚壁对晶体施加的应力引发位错成核。化学应力是指晶体中各处组分的不均匀性、杂质的分凝或偏析而在晶体内部造成的应力。这些因素都是位错成核的重要原因。相邻枝晶合并成的晶界、取向相同但点阵参数不等的晶粒间接处的应力以及过饱和空位的崩塌均有可能生成新的位错。

在共价键单质晶体中，由于位错线上、下一排原子都带有不饱和键，因此成为一排受主。当它们获得额外电子而带负电时，会吸引带正电的点缺陷而形成围绕位错线的圆柱形空间电荷区。在离子晶体中，刃位错沿位错线存在一定应变场，位错与点缺陷(尤其是杂质原子)相互作用，使杂质原子在位错处淀析，因此位错起了淀析核的作用。位错缺陷在晶体生长过程中也扮演着重要角色。垂直晶体表面的螺型位错在表面形成螺旋线形台阶，晶体生长可以沿着台阶不断扩展，螺型位错使晶体的生长加快，被认为是晶体生长的一种重要机理。

了解了位错的本质及其运动规律，就可以指导人们改进材料制备工艺，制备出低密度的单晶，或者有控制地引入位错缺陷，提高材料的物理性能和化学性能。现在可以利用晶格成像技术，利用光学和电子显微镜技术、X 射线衍射形貌术直接对位错缺陷进行观察和研究。由于位错缺陷的化学活性，一种经典和更成熟的方法是先将待研究的材料表面进行侵蚀，然后再在显微镜下观察产生的侵蚀花样，从而识别晶体中位错的数目和分布。

7.4 晶体中的面缺陷

所谓晶体的面缺陷，是指晶格在二维尺度上晶体的平移对称性终止或间断，因此晶体的表面和晶体的界面都属于面缺陷。此外，晶体的堆垛层错和结晶学切变结构也可以看做是面缺陷。

7.4.1 晶体的表面

晶体的表面是指晶体与本身蒸气之间的分界面。利用离子轰击加热退火处理方法和解离、热蚀和外延生长等方法对实际晶体的表面进行处理，并保持在 10^{-6} Pa 以上的超高真空下的表面状态才是清洁的表面，通常暴露在空气中的表面总是被外来物质所污染。

晶体清洁表面(下称晶体表面)的质点成键状态不同于体相，表面原子的配位数低，有一些空悬的化学键，使表面吉布斯自由能增加。为了使系统的总能量最低，系统会通过各种途径使其过剩吉布斯自由能降低到最小值。由于晶体的质点没有流动性，只能借助于原子的极化变形、离子的位移和重排并引起晶格畸变来降低表面能，这样就造成表面层的结构与内部结构的差异。通常人们将单位表面积的吉布斯自由能增量定义为表面能系数 γ，而表面张力 γ 描述了任一表面单元周界的受力情况。因此事实上表面能系数与表面张力的数值和量纲都相等。

以 NaCl 晶体为例，在表面张力的作用下，离子的极化与重排过程如图 7.29 所示。处于表面层的 Cl^- 的配位数不饱和，在表面方向具有空悬的键，表面能增高。为了降低表面能，表面离子被体相的离子极化，发生弛豫，变形性大的 Cl^- 被极化的程度较大，偶极距大，而变形性小的 Na^+ 偶极距较小。因此 Na^+ 基本上仍处于晶格位置上，而偶极距大的 Cl^- 偏离晶格位置，向外侧偏移，形成双电层。表面层中离子键型的共价性增强，使表面离子的不饱和性得到补偿，结果晶体表面能量趋于稳定。图 7.29(b)所示的模型是维尔威(VerWay)以 NaCl 晶体为例所做的计算结果。由图可见，体相中点阵平面间的距离为 0.281 nm，但是表面层最外层由 Cl^- 构成的晶体表面点阵距第二层晶体点阵平面的距离为 0.286 nm，由 Na^+ 构成的晶体表面点阵距第二层点阵平面的距离为 0.266 nm，因此，双电层的厚度为 0.02 nm。晶体的表面好似被一层 Cl^- 所屏蔽，并导致表面层在组成上为非化学计量。这样的表面结构已经被间接地由表面对氪气(Kr)的吸附和同位素交换反应所证实。晶体表面形成的双电层将诱发次内层离子的极化，这种作用随着向晶体的纵深推移而逐渐衰减。表面效应所能达到的深度与阴、阳离子的半径差相关。半径差较大时，大约延伸到第五层，半径差较小时，延伸到第二或第三层。

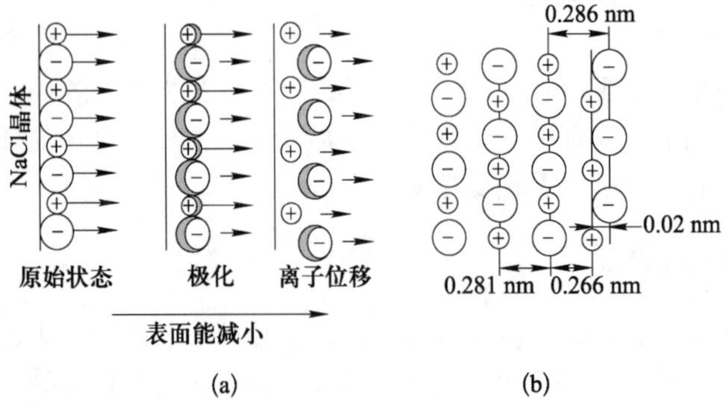

图 7.29 (a) 离子晶体表面的离子重排和(b) 双电层的形成示意图

实际晶体的表面结构除出现明显的起伏，还可能伴有裂纹和空洞。实际应用的晶体都处于一定的环境和气氛中，气相分子吸附到固体表面上，使固体表面成分发生变化。因此固体表面的组成不是其内部成分的延续，而是由于表面吸附的缘故，使内外成分发生变化，由表及里逐渐接近体相。非洁净表面的研究主要依赖于谱学方法，近年来分子动力学理论计算方法有了很大发展，可以模拟固体表面的吸附和脱附以及催化反应过程。

随着材料科学的发展，固体表面的结构和性能越来越受到重视。近年来表面微区成分分析、超高真空技术、高分辨电镜、原子力显微镜以及低能电子衍射等研究手段的发展，对固体表面的二维结构、组态、构型、能量和特性等方面的研究逐渐深入和发展。有关晶体表面的科学是表面物理与表面化学的重要组成部分，本书不作深入介绍，更丰富的内容可查阅有关专著。

7.4.2 晶体的界面

在多晶材料中，组成与结构相同的不同晶粒的结晶学取向不同，在晶粒交界处的接触面称为晶界(见图 7.30(a))。组成或结构不同的晶粒的接触面称为相界面或界面。本小节仅介绍晶界的类型。晶体的晶粒尺寸与晶界所占多晶体中体积分数的关系如图 7.30(b)所示。可见，当多晶体中晶粒的尺寸为 1 μm 时，晶界占多晶体总体积的 1/2。显然在细晶材料中晶界对材料的化学性质及机、电、热、光等物理性质都有着不可忽视的作用。

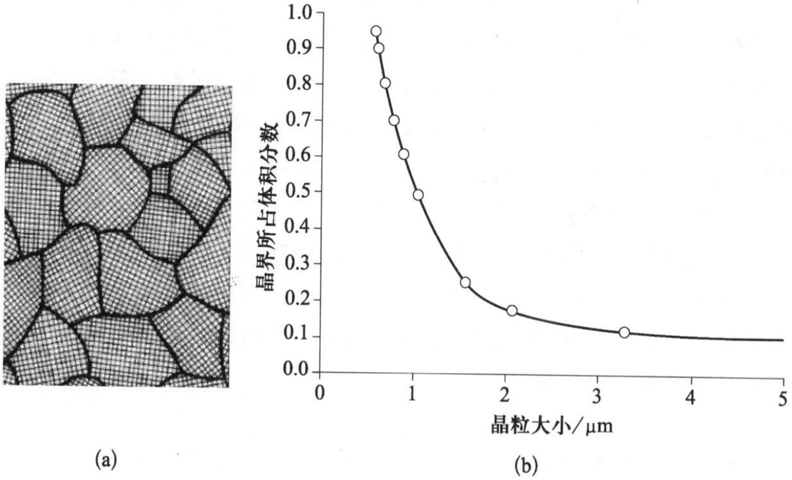

图 7.30 (a) 多晶体的晶界和(b) 晶粒大小与晶界所占体积分数

1. 小角度晶界

通常将两相邻晶界位相差 θ 小于 10°的晶界称为小角度晶界。界面处质点排列着一系列刃位错缺陷的晶界称为倾侧(倾斜)小角度晶界；当一颗晶粒绕垂直晶粒界面的轴旋转微小角度，则形成由螺型位错构成的扭转小角度晶界。单晶中的镶嵌结构间界或畴织构也可以用小角度晶界模型描述。当晶界上质点的排列接近无序状态时，就形成已不能用位错模型来描述的晶界，称为大角度晶界。

最简单的小角度晶界为对称倾侧小角度晶界，如图 7.31 所示。这种晶界可以看做由一系列等距离排列的刃位错组成。在含有伯氏矢量 **b** 刃位错的简单立方晶体中，该晶界将由一列平行于 Z 轴而等间距排列的位错组成，位错所在面为(100)面，位错两两间距为 D，倾侧角为 θ。根据这个模型，用下式计算倾侧角：

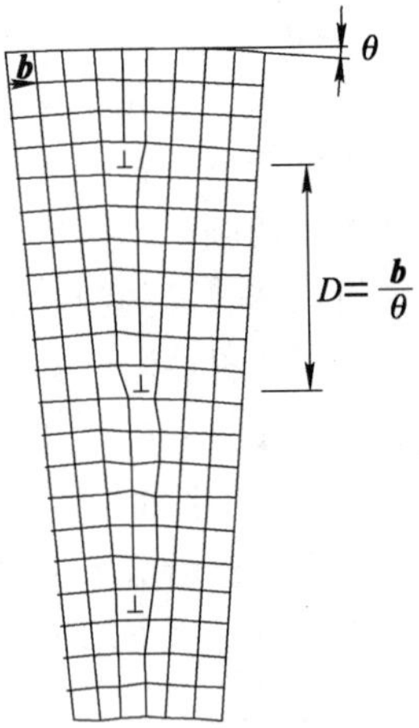

图 7.31　对称倾侧小角度晶界

$$\boldsymbol{b}/D = 2\sin\theta/2 \tag{7-4-1}$$

当倾侧角很小时：

$$\theta = \boldsymbol{b}/D \tag{7-4-2}$$

晶体中不在同一滑移面上的位错，在晶体冷却或退火过程中获得足够的热激发发生移动，由于它们应力场之间的交互作用，最后会使它们终止在平衡位置，排成一列而形成小角度晶界。晶界上的原子结构排列混乱、疏松；晶界上存在着很多原子空位、位错和悬空键等缺陷，使之处于应力畸变状态，故能量较高，在化学介质中不稳定，同时也使晶界处熔点低于晶粒。侵蚀法就是利用晶界易腐蚀的特点，选择适宜的浸蚀剂，在一定的时间内，对表面进行侵蚀，使位错露头点在表面形成蚀坑，然后用光学显微镜或者电子显微镜观察。在多晶体中，晶界是原子快速扩散的通道，并容易引起杂质原子的偏聚，因此一些材料的晶界组成和结构可能不同于体相。晶界既影响材料的化学性能，同时也影响材料的物理性能，例如晶粒增大，晶界减少，可以提高磁导率，降低矫顽力。因此利用晶界的一系列特性，通过控制晶界的组成、结构和组态等来制造新材料是材料科学活跃的领域。

2. 晶体的镶嵌结构

晶体的镶嵌结构是指在大约 1 μm 的范围内，晶体的结构是完善的，将这部分晶体结构称为畴。但是在畴之间的晶界处存在结构的失配，如图 7.32 所示。这种失配可能只是涉及畴的取向角之间极小的不同，因此可以用小角度晶界理论研究。晶体的镶嵌结构会导致晶体 X 射线衍射斑点或衍射线的展宽，因此在 X 射线衍射晶体结构测定中充分考虑了晶体镶嵌结构的影响。

3. 堆垛层错

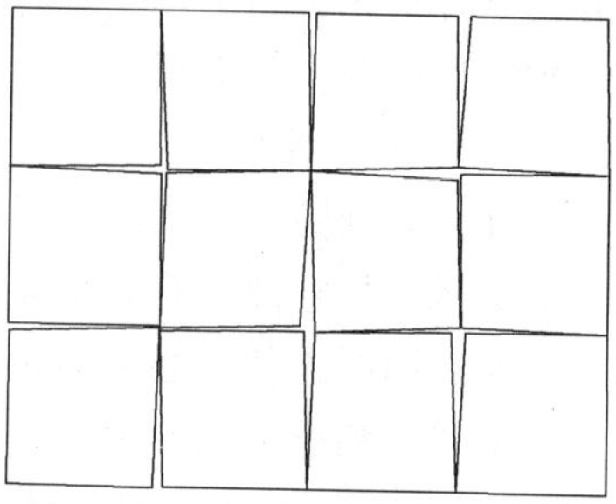

图 7.32 单晶中的畴

堆垛层错是二维缺陷，通常发生在有层状结构的材料中，尤其是在那些同时显示多型性的材料中。例如，金属钴既可以具有 ABCABC 堆积的立方密堆积结构，又可以具有 ABAB 堆积的六方密堆积结构。当由于存在堆积“错位”而中断了规律的堆积排列顺序时，就产生了堆积无序。例如，ABABABCABAB 的堆积中“BCA”层中断了规则的堆积排列，“C”是完全错位的层，而“B”和“A”没有正确的相邻层，它们构成了堆垛层错。

一维和二维缺陷虽然不是热力学稳定缺陷，但是在固体材料中却是普遍存在的，而且与材料的物理性质密切相关，甚至与固体化合物的化学反应活性等动力学性质相关，因此也逐渐引起固体化学家的兴趣。

7.5 非化学计量化合物及其缺陷结构

有一类无机固体化合物，其化学组成不具有简单整数比的化学计量关系，而是呈现一个很宽的组成范围。在这个组成范围内，晶体的性质可随组成变化，但对称性不变。这一类化合物被称为非化学计量化合物。非化学计量化合物与固体的本征点缺陷有联系，由运用缺陷类化学平衡处理缺陷平衡移动的结果表明，点阵结构不完善的非化学计量化合物在固体中是基本存在形式，而完善点阵结构的化学计量化合物只在特殊条件下存在；当本征点缺陷发生有序化，并且已经成为结构的一部分时，非化学计量化合物将产生超结构或一种新的结构类型。非化学计量化合物和固溶体的区别主要是前者具有一种新的结构类型，而后者是包含杂质点缺陷的具有基质平均结构的晶体。

7.5.1 扩展缺陷

由于缺陷的有序化，使晶体结构的对称性下降，出现超结构现象，表现为晶体对 X 射线的超结构衍射。晶体的中子衍射对测量低原子序数元素在晶体中的空间位置比 X 射线衍射更灵敏，因此也获得了一些空位缺陷和间隙原子的结构信息。但是衍射技术得到的是晶体的时间平均结构，无法得到有缺陷的化合物的局域结构信息。高分辨电镜技术能够观察到晶体表面的晶格相结构，因此是研究晶体缺陷的有力手段。研究表明，由于空位或间隙原子之间的相互作用，在一些化合物中简单的点缺陷有序化，形成较大的簇或聚集体。在一些非化学计量化合物中，缺陷的聚集体本身已经成为结构中的一部分。下面介绍几种主要的缺陷簇类型。

1. 双瓣填隙缺陷

在含有间隙铂原子的金属铂中，间隙铂原子不是占用面心立方晶格的晶棱中点的八面体空隙位置，而是要偏离这个格位中心大约 100 pm，向面心的位置偏移，同时迫使面心上的铂原子同时向[010]方向移动，形成如图 7.33(a)所示的双瓣填隙缺陷簇 Pt_i----V_{Pt}----Pt_i。α－Fe 具有体心立方晶胞，填隙 Fe 原子位于[110]方向的面对角线上，并接近一个立方体心晶格顶角的八面体格位，同时促使这个格位上的 Fe 原子沿着相同的方向偏移，形成如图 7.33(b)所示的双瓣填隙缺陷簇 Fe_i----V_{Fe}----Fe_i。

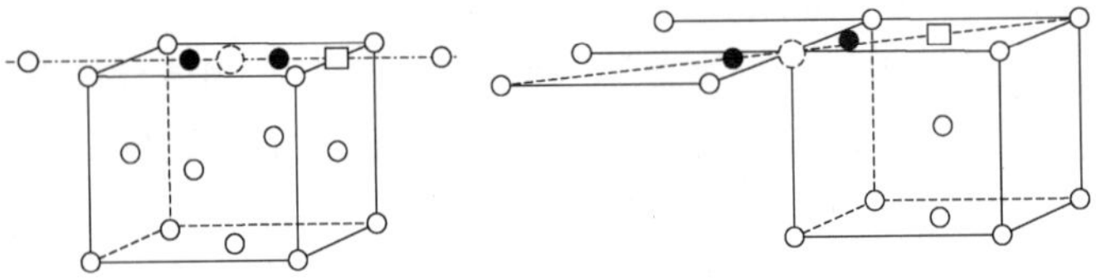

(a)　　　　(b)

图 7.33　(a) 面心立方铂金属和(b) 体心立方铁金属中的双瓣填隙缺陷
○：正常格位的金属原子；●：填隙金属原子；◌：八面体空位；□：八面体空隙

2. 科克－科恩(Coch-Cohen)簇

化学计量的方铁矿 FeO 有 NaCl 类型结构，Fe^{2+}占据八面体格位。实验表明，实际的氧化亚铁为正离子空位点缺陷的非化学计量化合物，其化学式为 $Fe_{1-x}O(0\leqslant x\leqslant 0.1)$。为了平衡 V''_{Fe}空位的负电性，部分 Fe^{2+}被氧化为 Fe^{3+}，缺陷结构表示式为$(Fe^{\times}_{Fe})_{1-3x}(Fe^{\bullet}_{Fe})_{2x}V''_xO$。衍射研究表明，$Fe^{3+}$占据的是四面体位置而不是八面体位置。在高温和低浓度缺陷条件下，缺陷 $Fe^{\bullet}_{Fe}$与 V''_{Fe}形成缺陷络合物：

$$Fe^{\bullet}_{Fe(\text{八面体})}\cdot V''_{Fe(\text{八面体})}+V_{i(\text{四面体})}\longrightarrow Fe^{\bullet\bullet\bullet}_{i(\text{四面体})}\cdot 2V''_{Fe(\text{八面体})} \tag{7-5-1}$$

但是中子衍射表明，在低温，这种简单的缺陷络合物有可能进一步有序化，形成被称为科克－科恩簇的更复杂的缺陷簇，如图 7.34 所示。

科克－科恩簇是由 4 个四面体配位的缺陷 $Fe^{\bullet\bullet\bullet}_{i(\text{四面体})}$和立方面心晶格的 13 个八面体空位 V''_{Fe}形成的具有 14 个静负电荷的复杂的簇。为了补偿负电荷，设想科克－科恩簇被置于一个有 14 个静正电荷的腔中，腔壁上的 $Fe^{\bullet}_{Fe}$缺陷占据正常的 Fe^{2+}晶格的位置，保持晶体的电中性，形成一个 2×2×2 个母体 NaCl 结构类型的超结构晶胞。

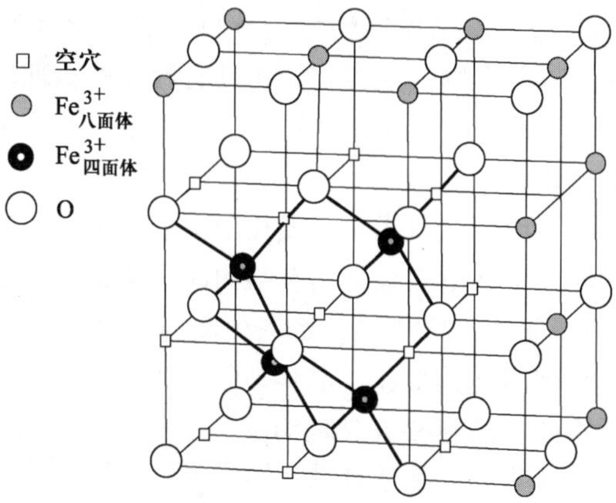

图 7.34 Koch 和 Cohen 提出的在 NaCl 型结构环绕下 $Fe_{1-x}O$ 中的缺陷簇[89]

3. Suzuki 相中的超结构

实验和计算都表明掺杂卤化物具有 2×2×2 的 NaCl 超结构[90]。结构如图 7.35 所示，点缺陷结构片和岩盐结构片交替堆垛，以致电荷补偿的阳离子空位占据二价阳离子杂质的次邻位置。

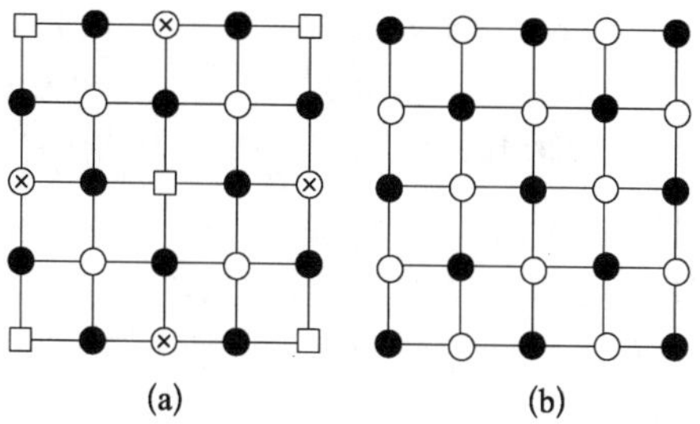

图 7.35 $MX_2 \cdot 6AX$ 卤化物相中的超结构：(a) 点缺陷结构片；(b) 岩盐结构片

□：阳离子空位；⊗：二价阳离子杂质 M

7.5.2 非化学计量化合物

非化学计量化合物又称为非整比化合物。从缺陷化学的角度理解，非化学计量化合物是一类由与化合物成分相同的元素取代，采取异价不等数置换机理或变价机理形成的取代固溶体，或由与化合物成分相同的间隙原子缺陷形成的

[89] Koch F, Cohen J. Acta Crystallogr. B, 1969, 25: 275.
[90] Suzuki K. J. Phys. Soc. Sapan, 1961, 16: 67.

填隙固溶体(见 7.1 节)。从晶体结构角度分析，非化学计量比的点缺陷必然导致广义的非化学计量化合物。这类化合物具有特征的物理性质，是许多材料性能的基础。但是当其对化学组成的偏离无法用化学分析方法测量时，在组成－温度相图上仍表现为整比相。

在这一小节，主要介绍在组成－温度相图上表现为组成连续变化的非化学计量化合物。这种非化学计量化合物具有结构缺陷聚集体的新的结构类型。

如图 7.36 所示，非整比相基本上是一种高温的稳定相。在高温下，化合物的组成在一定的范围内连续变化，晶体结构的对称性保持不变，晶胞参数表现为连续变化。在低温，缺陷的平衡浓度急剧下降，非整比相(非化学计量化合物)分裂为化学计量化合物，在相图上表现为一条竖直的直线，或称线相。当然在低温也可以得到非整比相，但是那是一种介稳态。例如，高温稳定的 $Fe_{1-x}O$ 相是非化学计量化合物，当温度低于 843 K，就分解为单质 Fe 和 Fe_3O_4 相。高温的 $Fe_{1-x}O$ 相也可以通过淬火稳定到室温，因为分解是一个活化能相当高的扩散控制过程。

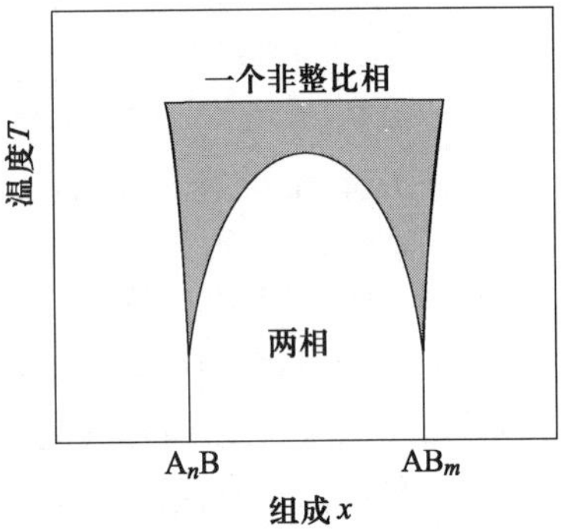

图 7.36　高温下的一个非整比相在较低温度下分离成两个化学计量化合物

由于体系的复杂性，非化学计量化合物的形成机理还没有形成十分完整的理论，但是非平衡和微畴假说仍然可以解释和预测化合物的一些性质，建立结构和组成的关系。

1. 非平衡和微畴假说

微畴假说假设一个组成为 x 的两相体系，其中一相刚从另一相(基质)中析出，形成体积只有大约 100 个晶胞的微晶晶粒。这些微晶之间可能存在短程有序，这类短程有序的晶区称为微畴(microdomain)。由于没有形成长程有序，X 射线衍射将不能发现存在两相，只能获得平均的晶体结构信息。如果体系的组成发生变化，则在一定范围内这两个相的相互共存不会立即发生变化，只是两个相的比例发生变化。可见，微畴假说实际上认为，非整比相是以微晶和基质形式存在的化学计量化合物的两相体系，但是衍射的实验技术还不能对此作出确切的判断。因此非化学计量化合物理论的发展期待新型实验技术的应用。电子衍射、高分辨电子显微镜及一些对局域结构灵敏的波谱技术在固体化学的研究中具有十分重要的作用。

大多数非化学计量化合物是氧化物，尤其令人感兴趣的是正离子能以多种价态存在的氧化物，例如过渡金属 Ti、V、Mo、W 及稀土和锕系元素的氧化物等。如图 7.37 所示，对 PrO_x 体系的研究表明，当 $x \geqslant 1.714$ 时，在高温形成宽组成范围的非化学计量化合物 α 相；对应于这个宽范围的组成，在低温存在 6 个线相(x = 1.714，1.778，1.800，1.818，1.833，2.000)。研究表明，高温的 α 相实际上由 α_1、α_2、α_3、α_4 四个不同的区组成，每个区都由不同的微畴组成，微畴的结构单元对应于低温下的化学计量化合物，如表 7.15 所示。

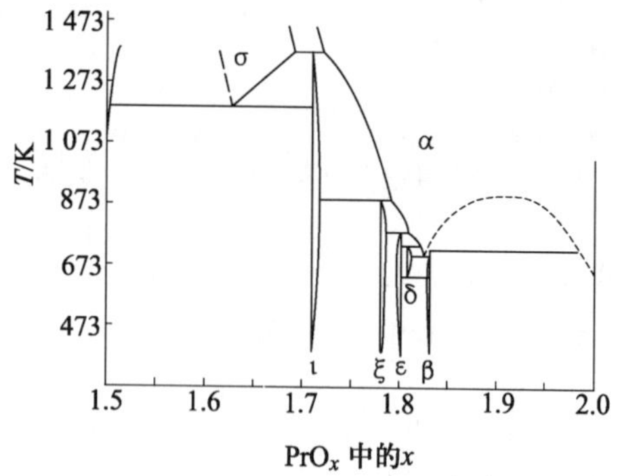

图 7.37 镨-氧体系相图示意图

表 7.15 α-氧化镨的相区和微畴结构

相区	微畴结构单元
α_1	$Pr_7O_{12}(\iota) + Pr_5O_9(\varepsilon)$
α_2	$Pr_7O_{12}(\iota) + Pr_{11}O_{20}(\delta)$
α_3	$Pr_7O_{12}(\iota) + Pr_6O_{11}(\beta)$
α_4	$Pr_7O_{12}(\iota) + PrO_2$

表 7.15 表明，高温的非化学计量化合物是由低温的线相组成的。高温下稳定的 ι 相是 α 相的基本结构单元。升高温度，每一个相区中微畴的相对比例发生变化。观察到的是表观均相的、组成连续变化的非化学计量化合物。

这些低温的线相组成可以用通式 Pr_nO_{2n-2} (n = 7，9，10，11，12) 表示，这些复杂的化学计量化合物的组成与结构的关系，是阐明宽范围非化学计量化合物的组成与结构关系的桥梁。

2. 岩盐结构金属氧化物

以 Ti-O 体系为例，在 TiO_x(x = 0.7 ~ 1.25)δ 相区，存在近整比的低对称性物相 TiO。其结构可以视为 NaCl 结构类型的空位有序缺陷化合物。

$TiO_{1.00}$的结构如图 7.38 所示。

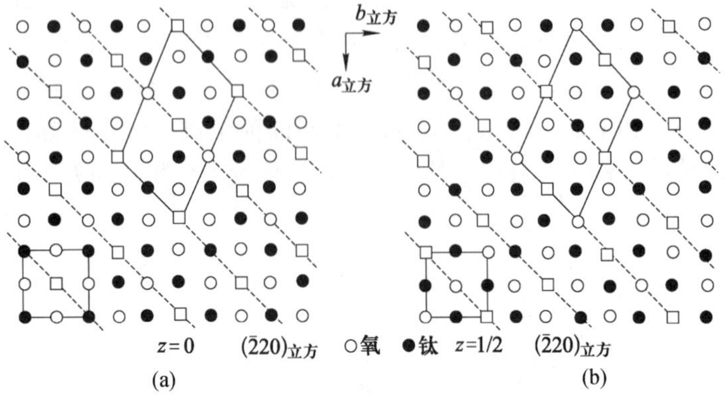

图 7.38　$TiO_{1.00}$低温形式的理想结构：(a)(0 0 1)晶面；(b)(0 0 1/2)晶面

实线画出与 NaCl 结构亚晶胞的关系和 TiO 单斜结构的单胞投影，虚线为$(\bar{2}20)$立方晶面的投影

这个低温形式的 $TiO_{1.00}$属于单斜晶系，图中画出沿 c 轴的单斜晶胞投影和相关的 NaCl 结构的单胞投影，单斜晶胞中包含 10 个钛原子和 10 个氧原子。这种结构可以看做钛和氧的面心立方亚晶胞穿插排列，但各失去正常晶体的 1/6 原子。这些空位全出现在每第三个$(\bar{2}20)$立方晶面上(图中的虚线)，在同一晶体 $z=0$ 的截面与 $z=1/2$ 的截面上缺失不同类的原子，而且都是间隔缺失的。正是由于空位的有序排列使晶体的对称性降低为单斜晶系。

TiO 相的富氧极限组成为 $TiO_{1.25}$，在较低温度下存在一个 $TiO_{1.25}$的有序相，参照图 7.38 来理解这个结构，相当于每个钛原子的$(\bar{2}20)_{立方}$晶面上都规则地缺失 1/5 个钛原子(隔 4 个缺 1 个)，而氧原子的$(\bar{2}20)_{立方}$晶面是完整的。因此，$Ti_4O_5(TiO_{1.25})$不具有 NaCl 型结构。实验表明，$TiO_{1.19}$理想的晶体结构是 TiO 低温结构和 $TiO_{1.25}$结构以交替的薄层沿$\{210\}_{立方}$晶面族关联连接起来的。

3. 萤石型结构的空位缺陷簇

在二元稀土氧化物 CeO_{2-x}、PrO_{2-x}和 TbO_{2-x}中，氧空位缺陷 $V_O^{\bullet\bullet}$ 有序化，形成包含空位对的缺陷簇，如图 7.39(a)所示。图 7.39(a)是观察具有畸变的萤石结构的 Pr_7O_{12}(空间群：$R\bar{3}$)沿立方体 <111> 体对角线方向的原子排列情况。3 次轴方向是三方晶胞的唯一堆积方向，氧原子采取 ABC 堆积方式。在萤石结构类型中，氧原子和金属原子沿 3 次轴的堆积方式为 ABaCAcBCbABaCA (其中大、小写英文字母分别表示氧原子和金属原子占据的位置)。在 Pr_7O_{12}结构中，氧空位缺陷 $V_O^{\bullet\bullet}$ 沿六方晶胞的堆积方向，只在 a 金属位置的一维方向上有序化，形成一维的氧空位缺陷簇，而 b 和 c 金属位置仍被金属占据。

在体心立方的稀土 C 型氧化物 RE_2O_3 中也存在类似的一维缺陷簇，但它们不是平行于一个方向的，而是存在于立方体的所有 <111> 方向并混杂堆积，如图 7.39(b)所示。因此在 C 型氧化物中所有金属都是 6 配位的，但氧空位对有两种取向，一种是在体对角线上，另一种是在面对角线上。

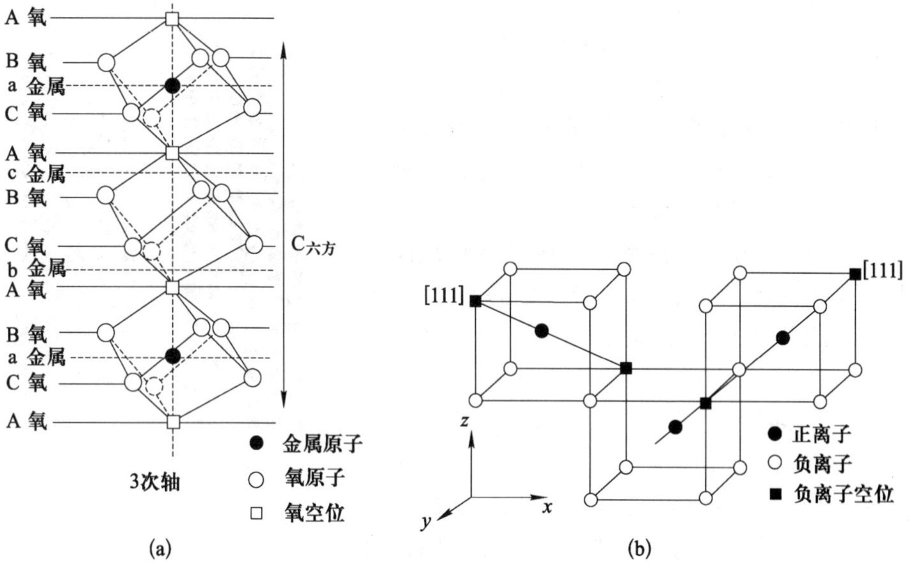

图 7.39　萤石结构中的空位对缺陷簇

(a) M_7O_{12}结构中的空位对金属串；(b) 在稀土 C 型氧化物 RE_2O_3 中的金属串沿所有四根 <111> 轴的交织堆积

4. 萤石型结构的填隙(Willis)缺陷簇

在萤石结构的 UO_2 体系中，能够形成一系列富氧化合物 UO_{2+x}($x=2\sim2.25$)。填隙氧缺陷 O_i'' 并没有占据萤石结构中空的立方体体心位置，而是沿着[110]方向，向立方体的一条边棱靠近，占据低对称性的间隙位置。同时，这条边棱上最近邻的氧原子分别沿[$1\bar{1}1$]和[$\bar{1}1\bar{1}$]方向进入立方体的间隙，正常的氧的位置成为氧空位 $V_O^{\bullet\bullet}$，形成氧空位∶氧间隙[110]∶氧间隙[111]＝2∶1∶2，具有 2 个负电荷的缺陷簇，如图 7.40 所示。也有可能形成氧空位：氧间隙[110]∶氧间隙[111]＝2∶2∶2，具有 4 个负电荷的缺陷簇；2 个位于[110]方向的氧间隙

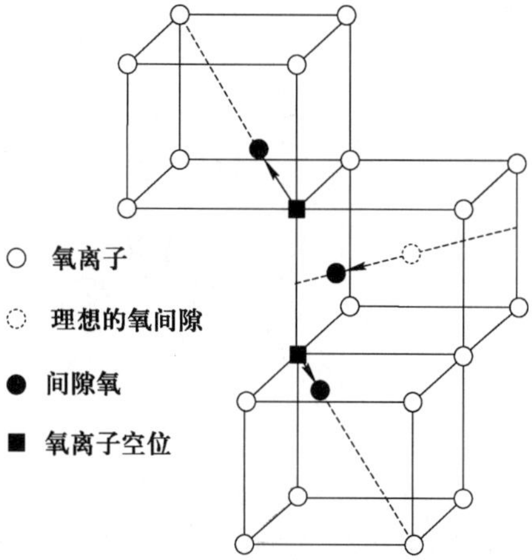

图 7.40　UO_{2+x}中的 2∶1∶2 填隙缺陷簇

图中立方体为 CaF_2 结构中的立方体空隙

缺陷以具有氧空位的棱边为 2 次轴，对称地配置。

5. 结晶学切变结构

在钛、钼和钨等高价氧化物中常常发现很宽范围的非化学计量化合物。在这些化合物中不是发生缺陷的有序化，而是形成结晶学切变结构(CS)，使缺陷消除。高分辨透射电镜是观察切变结构的重要手段(见图 7.41)，因此结晶学切变结构是研究复杂的非化学计量化合物的重要结构单元。

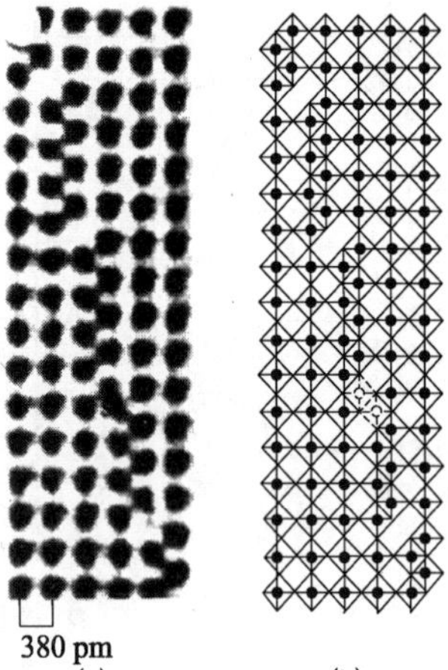

(a)　　(b)

图 7.41　(a) $(Ti, Cr)O_{1.92}$ 的高分辨透射电镜照片和 (b) (374)CS 平面的计算机模拟图[91]

以 ReO_3 为结构模型，可便于理解结晶学切变结构的形成过程，如图 7.42 所示。

理想的 ReO_3 结构是由 ReO_6 正八面体，共用所有的顶点氧原子，形成立方结构。在还原气氛下，某些氧化物被部分还原，结构中产生氧空位缺陷，如图 7.42(a)所示。在发生箭头所示方向的结晶学切变(CS)之后，变成了图 7.42(b)所示的结构。其中的空位点缺陷已通过共用边棱消除，同时有关的配位八面体由共用顶点变成共用八面体的棱边，并改变了化学计量关系。如把原先存在点缺陷的平面看成是一个切变平面(切变面)，则原结构的一部分沿着这个平面平行并垂直于这个平面发生了复合地移动，这种运动称为结晶学切变，该结构为结晶学切变结构。

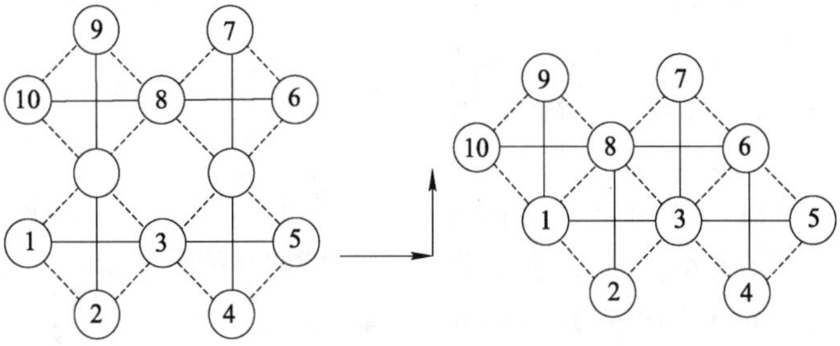

(a)　　(b)

图 7.42　通过 CS 消除缺陷的示意图

(a) 具有空位点缺陷(○)的一层共用顶角的俯视图；(b) 结晶学切变过程消除空位点缺陷

[91]　Bursill L A, Smith D J. Nature, 1984, 309(24): 319 - 321.

马格纳利相(Magneli)是一种具有结晶学切变结构的物相。在结晶学切变结构中，共边八面体连接的数目与切变(CS)平面的取向有关，而且CS平面要贯穿整个微晶体。图7.43是ReO_3中不同切变面的示意图，可见当CS为(h01)时，结晶学切变面上共有h对共边八面体。

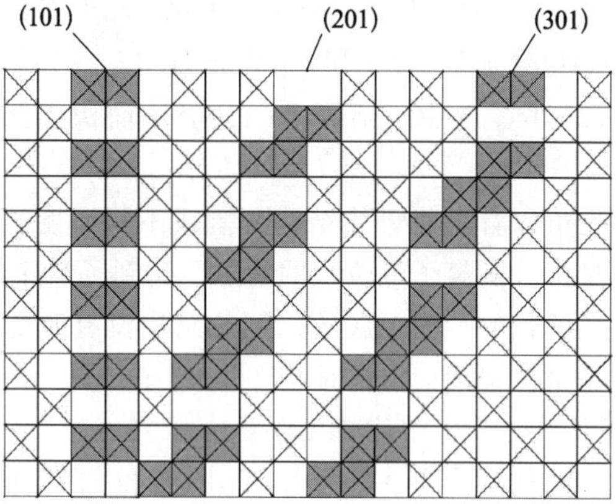

图7.43　ReO_3结构中的结晶学切变示意图

CS相的表达式取决于CS平面的面指数及CS夹层结构的厚度n。如果母相的化学式为MO_a，则CS相的化学式可以写为M_nO_{an-m}，其中，m为由于结晶学剪切而消除的氧原子位置的数目。

化合物Mo_8O_{23}具有$(\bar{1}20)$的结晶学切变结构，形成两对共用八面体，其结构沿c方向的投影如图7.44所示。

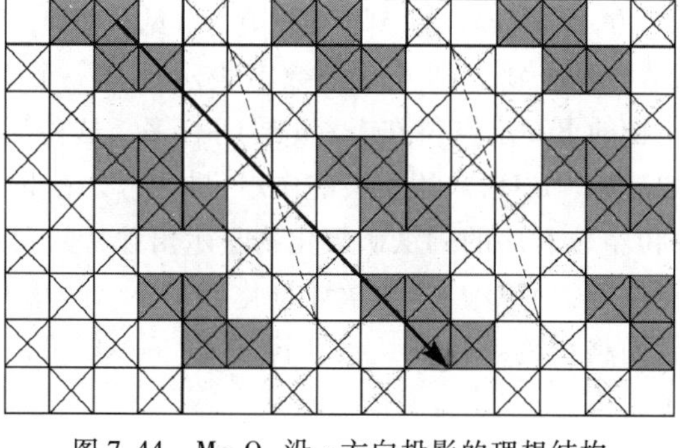

图7.44　Mo_8O_{23}沿c方向投影的理想结构

在ab晶面上，虚线画出一个二维晶胞。在c方向，相同的晶面以规则的间隔和倾斜的角度用共边八面体的顶角相连，堆积成一个无限的二维CS面。图中的箭头表示出CS平面每隔8个配位八面体层重复一次，因此这类CS夹层

结构的厚度 n 为8。由于结晶学切变结构氧原子的位置比母体结构少一个，因此属于 M_nO_{3n-1} 系列化合物。如果在 $(\bar{1}30)$ 晶面形成CS平面，CS结构由3对共边八面体构成，CS结构氧原子位置比母体结构少两个。通常在 $(\bar{1}k0)$ CS平面上的一组共用棱边八面体失去 $(k-1)$ 个氧的位置。如果在化学式为 MO_{3-x} 的氧化物中形成一系列有序的 $(\bar{1}k0)$ CS平面，则该CS相的通式为 $M_nO_{3n-(k-1)}$。例如，Mo_8O_{23} 和 Mo_9O_{26} 分别是 $n=8$ 和 $n=9$ 的 M_nO_{3n-1} 同系列化合物。已知的 n 还可为10、11、12、14。$W_{20}O_{58}$ 结构由 $(\bar{1}30)$ CS面构成，因此属于 M_nO_{3n-2} 系列化合物。

结晶学切变面也可以看做将母体结构分割成不同厚度的夹层的晶界缺陷。结晶学切变过程通过部分阴离子配位数的增加，达到了消除金属配位八面体上的阴离子空位点缺陷的目的，而金属的六配位结构没有改变，同时被CS层分割的夹层基本上也是未被扰动的母体结构。

6. 钙钛矿型氧化物的非化学计量化合物

钙钛矿型氧化物的化学式为 ABO_3，A为12配位的大阳离子，B为6配位的阳离子。钙钛矿型氧化物的非化学计量化合物有A－位空位型、B－位空位型、负离子空位型和负离子过剩型非化学计量化合物。

(1) A－位空位型：在12配位位置上的大阳离子A可以部分或全部地失去，构成重要的一族非化学计量化合物——钨青铜 (A_xWO_3)。$Na_{0.75}WO_3$ 具有立方钙钛矿结构，中子衍射表明，在双倍了的钙钛矿晶胞中，钠离子在6/8的A位是有序的。

(2) B－位空位型：B离子一般有较大的形式电荷和较小的半径，因此一旦产生B空位，必定要有补偿因素，如B—O共价成键或B—B相互作用。因此B位空位钙钛矿以六方或六方－立方混合的 AO_3 堆积更为常见。例如，$Ba_2SmU_{5/6}O_6(11)$、$Ba_2Sm_{2/3}UO_6(5)$ 超结构化合物，括号中的数字表示每有一个空位时的B－位正离子数。这类氧化物的B－位空位在h－h层间有序，这些层由共用面的 BO_6 八面体堆垛。例如，$Ba_5Ta_4O_{15}$ 采用5层的次序(hhccc)，在h－h层间的八面体的位置空缺。B－位空位有序的钙钛矿氧化物显示出独特的发光特性。

(3) 负离子空位型：ABO_{3-x} 非化学计量化合物不常采用CS机理，而是采取空位有序化的超晶格结构。例如，褐针镍矿 $Ca_2Fe_2O_5$ 可以视为1/6负离子位置空缺的钙钛矿结构。

(4) 负离子过剩型：这类非化学计量化合物不如负离子空位型常见，可能是由于在钙钛矿结构中引入间隙氧在能量上是不利的。$LaMnO_{3.12}$ 的衍射研究表明，该类非化学计量化合物的缺陷表示式为 $La_{0.94}(V_{La})_{0.06}Mn_{0.98}(V_{Mn})_{0.02}O_3$，由于金属位置的空缺，导致表观上氧的过剩。

进一步阅读的参考书

[1] 周公度.无机化学丛书，第十一卷，无机结构化学[M]. 北京：科学出版社，1982.

[2] 苏勉曾.固体化学导论[M]. 北京：北京大学出版社，1987.

[3] WEST.固体化学及其应用[M]. 苏勉曾，谢高阳，申泮文，译.上海：复旦大学出版社，1989.

[4] RAO C N R, GOPAKRISHNAN F R S J. 固态化学的新方向，结构、合成、性质、反应性及材料设计[M]. 刘新生，译.长春：吉林大学出版社，1990.

[5] 周东祥,张绪礼，李标荣.半导体陶瓷及应用[M]. 武汉：华中理工大学出版社，1991.

[6] 吕孟凯.固态化学[M]. 济南：山东大学出版社，1996.

[7] 叶于浦,顾菡珍，郑朝贵，等.无机化学丛书(第十四卷)，无机物相平衡，非整比化合物[M]. 北京：科学出版社，1997.

[8] 曾人杰.无机材料化学(上册)[M]. 厦门：厦门大学出版社，2001.

[9] 林建华,荆西平.无机材料化学[M]. 北京：北京大学出版社，2006.

[10] 于长凤,朱小平.缺陷化学概论[M]. 武汉：武汉理工大学出版社，2006.

[11] 蒲永平.功能材料的缺陷化学[M]. 北京：化学工业出版社，2007.

[12] 张其土.无机材料科学基础[M]. 上海：华东理工大学出版社，2007.

[13] 庞震.固体化学[M]，北京：化学工业出版社，2008.

思考题

1. 在实际晶体中存在哪几类缺陷？哪类缺陷可以用热力学的理论讨论？

2. 名词解释：点缺陷、线缺陷、面缺陷、肖特基缺陷、弗兰克尔缺陷、固溶体、非化学计量化合物、刃位错、螺型位错、晶体的表面、晶体的界面、晶体的镶嵌结构、堆垛层错、结晶学切变面。

3. 用缺陷反应方程式描述生成(1) F-心和(2) V_1-心的机理。

4. 列出简明表格，试阐述晶格缺陷、固溶体、非化学计量化合物三者之间的联系与异同点。

5. 区别刃位错和螺型位错的位错线方向和伯氏矢量的关系。

6. 举例说明非化学计量化合物与固体本征点缺陷的联系。举例说明非化学计量化合物与固溶体的联系与区别。

习题

1. 写出下列缺陷反应式：（1）NaCl 溶入 $CaCl_2$ 中形成空位点缺陷；（2）$CaCl_2$ 溶入 NaCl 中形成空位点缺陷；（3）NaCl 形成肖特基缺陷；（4）AgCl 形成阳离子弗仑克尔缺陷。

2. （1）在 MgO 晶体中，肖特基缺陷的生成自由能为 6 eV，计算在 298 K 和 1 873 K 时热缺陷的浓度。（2）如果 MgO 晶体中含有百万分之一的 Al_2O_3 杂质，则在 1 873 K 时，MgO 晶体中是热缺陷占优势还是杂质点缺陷占优势？说明原因。

3. 写出下列杂质掺入硅晶体中后，杂质点缺陷存在的形式、电离的方式以及在禁带中的位置：（1）Sb；（2）Se；（3）Al；（4）Sn。

4. 指出下列材料是 n 型还是 p 型半导体：（1）GaAs 中掺 Zn；（2）InAs 中含有稍微过量一点的 In；（3）$Li_{0.05}Cu_{0.95}O$；（4）$WO_{2.999}$。

5. 当把 Fe 加到 $Li_xNi_{1-x}O$ 半导体材料中时，生成 $Li_xFe_yNi_{1-x-y}O$，试预测对该材料电导率的影响。

6. 比较锗在下列各种掺杂情况下电导率的大小：（1）掺 0.1×10^{-6} 的 As；（2）掺 0.1×10^{-6} 的 As 和 0.05×10^{-6} 的 Al；（3）掺 0.1×10^{-6} 的 As 和 0.1×10^{-6} 的 Al；（4）掺 1×10^{-6} 的 Al。

7. 写出下列复合置换固溶反应的缺陷方程和复合置换固溶反应方程式：（1）钠长石 $NaAlSi_3O_8$ 和钙长石 $CaAl_2Si_2O_8$ 生成连续固溶体斜长石 $Ca_{1-x}Na_xAl_{2-x}Si_{2+x}O_8$。（2）塞伦是以 Si_3N_4 为基质的 Al_2O_3 固溶体。

8. 写出下列固溶反应的缺陷方程式和固溶反应方程式：（1）少量 NiO 溶于 MgO；（2）少量 Cr_2O_3 溶于 Al_2O_3；（3）少量 $PbZrO_3$ 溶于 $PbTiO_3$。

9. 写出下列过程的缺陷反应方程式和固溶反应方程式：（1）少量 TiO_2 溶入 $ZnFe_2O_4$，高价的 Ti^{4+} 取代 Fe^{3+}，生成金属不足置换固溶体。（2）Ag_2S 溶于富 AgBr 相区，形成非金属不足置换固溶体。

10. Al_2O_3 在 MgO 中形成有限固溶体，在低共熔温度 2 268 K 时，质量分数为 18% 的 Al_2O_3 溶入 MgO 中，假设 MgO 晶胞尺寸变化可忽略不计。试预计下列情况的密度变化：（1）O^{2-} 为填隙离子；（2）Al^{3+} 为置换离子。

11. 将 0.2 mol YF_3 加入 CaF_2 中形成固溶体，实验测得晶胞参数 $a=0.55$ nm，测得固溶体密度 $\rho=3.64$ g/cm^3，试计算说明固溶体的类型。（元素的相对原子质量：Y = 88.90，Ca = 40.08，F = 19.00）

12. 非化学计量 NiO 中，如果 $Ni^{3+}/Ni^{2+}=10^{-4}$，问每立方米中有多少载流子？已知 NiO 为 NaCl 结构类型，$Z=4$，晶胞参数 $a=5.6\times10^{-8}$ cm。

13. 杂质 Cr_2O_3 和 NiO 与主晶相 Al_2O_3 生成置换型固溶体。试计算下列两种情况下的缺陷浓度，写出缺陷反应方程式和固溶反应方程式。（1）在 Al_2O_3 中，添加 0.1 mmol/mol 的 Cr_2O_3，生成淡红宝石。（2）在 Al_2O_3 中，添加 5 mmol/mol 的 NiO，生成黄宝石。

14. ZnO 是六方晶系，$a=324.2$ pm，$c=519.5$ pm，每个晶胞中含两个 ZnO 分子，测得晶体密度分别为 5.740 g/cm^3、5.606 g/cm^3。判断这两种情况下各产生什么类型的固溶体。

15. 写出把 Al_2O_3 掺杂到 MgO 主晶体中的缺陷反应方程式和固溶反应方程式，并说明固溶体的密度和电导率随杂质浓度的变化趋势。

16. 金属铝具有面心立方晶胞，晶胞参数 $a=0.405$ nm。(1) 计算其理论密度；(2) 实验测定的密度为 2.69 g/cm^3，试分析其与理论值不同的原因；(3) 试求单位体积 (1 mm^3) 晶体中的空位数。

17. 非化学计量化合物 Fe_xO 中，$Fe^{3+}/Fe^{2+}=0.1$，求 Fe_xO 中空位浓度及 x 值。

18. 写出下列缺陷反应方程式和固溶反应方程式并判断该化合物是何种类型半导体。(1) 在还原性气氛中，氧化锌被锌还原成金属过剩化合物；(2) 在还原性气氛中，氟化钙被金属钙还原成金属过剩化合物。

19. 在晶体 MX_2 中存在着本征的弗仑克尔缺陷 $M_i^{\bullet\bullet}$ 和 V_M''。当少量 3 价离子 N^{3+} 的化合物 NX_3 掺杂到晶体中时，生成取代型杂质点缺陷 $N_M^{\bullet}$ 和阳离子空位点缺陷。写出晶体中的缺陷平衡和杂质点缺陷的缺陷反应方程式，利用质量作用定律讨论在不同杂质浓度条件下，本征点缺陷浓度随杂质浓度的变化。

20. 某些固体(如氧化镍、氧化钴)能从气相中吸附与阴离子组成相同的气态分子 X_2(如 O_2、Cl_2 等)，随即这些气态分子又转变为化学吸附态原子。这样在表面便生成 X^- 和相应的阳离子空位，表面处的晶体分子式变为 $M_{1-y}X$。(1) 试讨论这种晶体中的各种阳离子空位 V_M、V_M' 和 V_M'' 以及孔穴 $h^{\bullet}$ 的生成机制；(2) 试写出有关的缺陷反应方程式和相应的平衡常数；(3) 试推导出晶体中各种缺陷的浓度随气相分压 $p(X_2)$ 变化的关系式；(4) 讨论各类缺陷浓度随 $p(X_2)$ 的变化趋势。

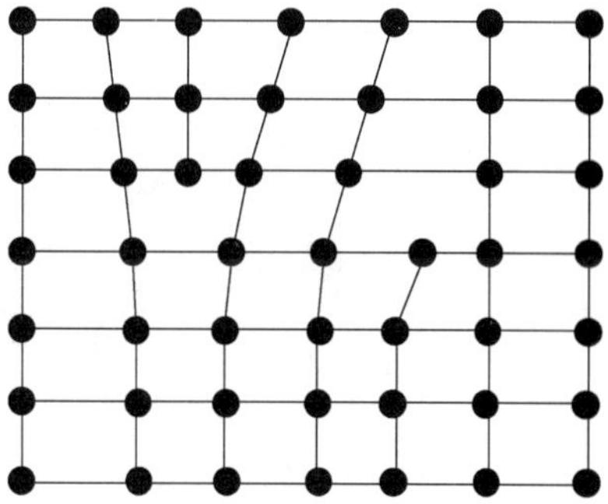

21. 在一定的条件下，氧化亚铜是典型的 p 型半导体材料，其电导率 σ 正比于氧分压 $p^{1/8}(O_2)$。用缺陷化学原理阐明这一实验结果(非化学计量的氧化亚铜可看成是 CuO 在 Cu_2O 中的固溶体)。

22. 在高温和氧分压较低的情况下，ZrO_2 和 Nb_2O_5 发生分解反应，生成 ZrO_{2-x} 和 Nb_2O_{5-y}。写出晶体中的缺陷平衡和晶体与环境的气－固平衡。讨论晶体中的电子浓度与氧分压的关系。

23. 右图是晶体二维图形，内含有一个正刃位错和一个负刃位错。围绕两个位错作伯格斯回路，最后可得多少伯格斯回路？围绕每个位错作伯格斯回路，其结果如何？

24. 在下述晶体中你预料何类缺陷占优势？(1) 用 $MgCl_2$ 掺杂的 NaCl；(2) 用 Y_2O_3 掺杂的 ZrO_2；(3) 用 YF_3 掺杂的 CaF_2；(4) 用 As 掺杂的 Si；(5) 在一种还原性气氛中

加热过的 WO_3。

25. PrO_x（$x \geqslant 1.714$）的高温非化学计量化合物 α 相对应于低温的哪几个线相？高温 α 相的不同区由哪几个线相的微畴组成？这些低温线相组成的通式是什么？

26. 在 $MoO_2 - MoO_3$ 体系中存在以 ReO_3 结构为基础的结晶学切变结构化合物 Mo_nO_{3n-1}。试写出沿（$\bar{1}20$）平面发生切变，具有（1）8 个和（2）9 个 MoO_6 八面体厚度，以及沿（$\bar{1}30$）平面发生切变，具有（3）10 个 MoO_6 八面体厚度的化学式，并画出第（3）个化合物 CS 平面沿 c 方向的结构投影图。

第 8 章

非晶态固体

固体按其内部结构可区分为晶态固体和非晶态固体。非晶态固体(amorphous[92] solid)是一般性术语，适用于原子在长程没有周期性排列的任何固体，也称为无定形体，或非晶体。常见的非晶态固体包括玻璃、很多高分子化合物(如聚苯乙烯塑料、树脂甚至是人们食用的棉花糖)、非晶态金属及合金、非晶态半导体、无定形碳等。玻璃态这一术语一般指从熔体冷却，在室温下还保持熔体结构的固体物质状态。除熔体冷却方法之外，溶胶－凝胶、气相分解和沉积、真空蒸发和溅射、离子注入、激光辐照等也是获得以结构无序为主要特征的固体物质的途径。习惯上非晶态固体和玻璃常作同义词，这是由于玻璃科学和物理通常仅包括无机非晶态固体，其他非晶态固体则由其他学科进行研究，例如聚合物科学、生物学等其他学科。为方便叙述，本章也把"玻璃"与"晶体"对应，而"非晶态固体"则与"晶态固体"对应使用。主要讨论玻璃态的结构、形成条件和性能，玻璃态向晶态的转化，并简述其他非晶态金属和合金，例如 Fe－Si－B 合金(高强度材料)、Fe－Si－B 化合物(磁性材料)等非晶态固体新材料。

[92] －morphous的意思是有一定形状，词头a－有non－的意思。结晶态固体 crystalline solid 也可是 morphous solid。

8.1 非晶态固体的一般特点

8.1.1 玻璃的形成特点

从冷却时物质的相变化出发介绍非晶态固体的形成。设想一个实验，构成一种物质的原子(原子集合)从气态开始相互聚集，经过液态，直至固化。实验结果可表示为比体积(即单位质量的体积)对温度的 $V-T$ 曲线，如图 8.1 所示。

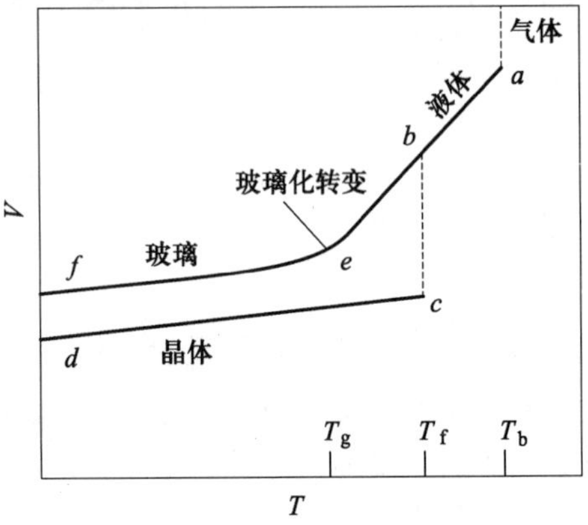

图 8.1　一定量物质的体积(或内能)随温度变化示意图

在 $V-T$ 曲线上，明显的拐点或弯曲标志着随温度的变化发生了相变。图 8.1 中在温度 T_b(沸点)时发生气体(体积取决于密封容器的大小)凝结成液体(体积确定，但形状由容器限制)的相变。液相体积随温度降低，发生连续变化。曲线的斜率定义了液体体积的热膨胀系数 $\alpha=\frac{1}{V}\left(\frac{\partial V}{\partial T}\right)_p$。随后，继续冷却，液体有两种固化方式：

(1) 体积不连续地变化到晶体，即发生结晶过程。此方式发生在凝固点 T_f(或熔点 T_m)。液体到晶体的转变可由体积突然收缩，$V-T$ 上的不连续(图 8.1 中 $b\rightarrow c$)来表明。因固体的热膨胀系数通常比液体的小，故 $c\rightarrow d$ 斜率比 $a\rightarrow b$ 的斜率小。

(2) 体积连续地变化到非晶态固体(玻璃)，$b\rightarrow e\rightarrow f$ 对应这个过程。在冷却速率足够大时(具体在后续的玻璃形成条件部分进行讨论)，体系经过 T_f 不发生相变，温度低于 T_f 时得到过冷液体。过冷液体继续冷却到温度 T_g 附近一狭窄温度区间时，实现第二种方式的固化，$V-T$ 斜率连续减小，之后与晶体的曲线基本平行，这一小的斜率表现出固体的低热膨胀的特征。

8.1.2 玻璃转变温度和黏度

1. 玻璃转变温度

上述 T_g 温度是玻璃的一个重要参数，称为玻璃转变(glass transition)温度(或玻璃转化温度、玻璃化(vitrification)温度)，相当于玻璃态曲线和过冷液体曲线相交的温度。实验证明，冷却速率不同时，相交的温度也不同，如图 8.2 所示。因此玻璃转变温度有一定范围，即有一定转变区域(详见 8.1.3 小节)。当冷却速率较快时，转变温度较高；而冷却速率较慢时，转变温度就较低。这样，不同冷却速率可以得到不同密度的玻璃，冷却速率越慢，玻璃的体积越小，即密度越大，反之亦然。

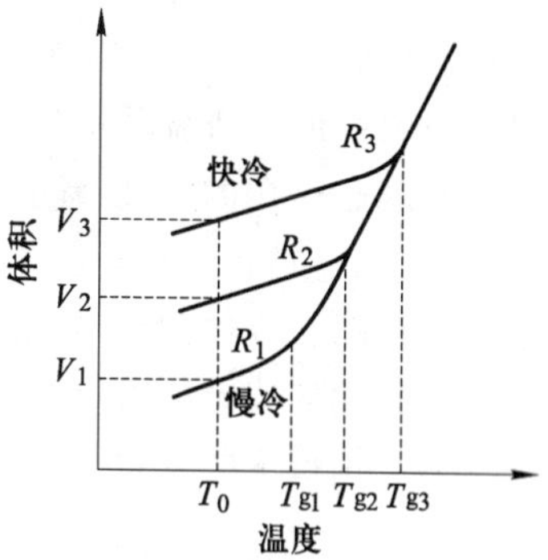

图 8.2 不同冷却速率下形成的玻璃

上面讨论的液体通常称为熔体(melt)。熔体是用来描述玻璃制造、炼钢过程中液体的术语，也用在热塑性塑料中。熔体本来的意思是固体通过加热而得到的液体[93]，而这个加热过程称为熔化。由于通常接触的熔体多是高于熔点温度不太远的液体，所以把熔体的结构看做与晶体接近更有实际意义。采用这个概念，玻璃的标准定义应当是熔体快速冷却而形成的固体。黏度[94]是研究熔体性质的一个重要的物理量。因而，掌握黏度的概念，对了解熔体玻璃的结构、形成和性质非常重要。

2. 黏度

黏度就是“稠密”的程度，例如：蜂蜜比较“稠”，具有高黏度；水比较“稀”，所以黏度小。黏度是流体(液体或气体)抵抗流动的量度，用 η 表示。当液体流动时，有

$$f = \eta S \frac{\mathrm{d}v}{\mathrm{d}x} \tag{8-1-1}$$

式中，f 为两层液体间的内摩擦力，S 为两层液体间的接触面积，$\mathrm{d}v/\mathrm{d}x$ 为垂直流动方向的速率梯度。因此，黏度的物理意义是单位接触面积、单位速率梯度下两层液体间的内摩擦力。黏度的单位是 Pa · s。黏度的倒数称为液体流动度

[93] 显然，熔体和固溶体的意义是不同的，注意区分。
[94] 研究黏度的学科是流变学(Rheology)。

ϕ，即 $\phi = 1/\eta$。简单地说，低黏度的东西容易流动。25 ℃时某些物质的黏度是[95]：水 8.9×10^{-4} Pa·s，硫酸 2.4×10^{-2} Pa·s，水银 1.5×10^{-3} Pa·s。组成变化的流体，其黏度也变化，例如，蜂蜜的黏度是 2 ~ 10 Pa·s。

非晶态物质（玻璃和熔体）的黏度随温度的变化是一个热活化过程[96]，符合 Arrhenius 公式：

$$\eta = A e^{Q/(RT)} \tag{8-1-2}$$

其中，Q 为活化能，T 为热力学温度，R 为摩尔气体常数，A 近似为常数。非晶态材料中的黏滞流动由其黏度对 Arrhenius 公式计算值的偏差来表征：低温下以玻璃态存在的 Q 为高值 Q_H，以液态存在的为低值 Q_L，Q 在两者之间变化[97]。以上理论考虑了质点的移动受到周围质点的控制，获得足够能量时方能有效移动，故被称为绝对速度理论。此外，还有自由体积理论、过剩熵理论等，有兴趣的读者可以参考有关文献。为深入理解从固体到黏滞流动液体的转变，另有构型子的概念，即非晶态材料的黏度与温度的关系用下式来描述：

$$\eta = A_1 T[1 + A_2 E^{B/(RT)}][1 + C E^{D/(RT)}] \tag{8-1-3}$$

式中，A_1、A_2、B、C、D 是与非晶态材料的连接键（joining bonds，也称为构型子 configuron[98]）有关的热力学参数。

若温度离玻璃转变温度 T_g 不太远，黏度 - 温度的关系式可由 Vogel-Tamman-Fulcher（VTF）公式近似：

$$\lg \eta = A + \frac{B}{T - T_0} \tag{8-1-4}$$

式中，A、B、T_0 均是与组成有关的常数。

如果温度显著地低于玻璃转变温度（$T < T_g$），则式（8-1-3）简化为 Arrhenius 型：

---

[95] 各物质的黏度数据取自 CRC Handbook of Chemistry and Physics，73rd ed，1992 - 1993。

[96] (a) Doremus R H. J. Appl. Phys.，2002，92(12)：7619. (b) Ojovan M I，Lee W E. Viscosity of Network Liquids within Doremus Approach，J. Appl. Phys.，2004，95：3803. (c) Ojovan M I，Travis K P，Hand R J. J. Phys.：Condensed Matter，2000，19(41)：415107. (d) Avramov I. J. Non-Cryst. Solids，2005，351：3163.

[97] 按照这一变化，非晶态材料可分成 Strong（$Q_H - Q_L < Q_L$）或 Fragile（$Q_H - Q_L \geq Q_L$）。非晶态材料的脆性（fragility）由 Doremus 脆性比 $R_D = Q_H/Q_L$ 来表征。Strong 材料，$R_D < 2$；Fragile 材料，$R_D \geq 2$。

[98] 非晶态物质的一些内部动能能够以颗粒间化学键的形式存在，断开颗粒间化学键与应变释放相关的振动中心体的局部调整就形成构型子（configuron），构型子是非晶态物质的基本构型激发（configurational excitation）。构型子的概念有助于理解从固态到黏滞流动液体的转变。构成非晶态的颗粒尺寸范围可以从电子到星系中星球或星系群中的星系。非晶态物质可进行例如固 - 液、固 - 气、液 - 气或气体到等离子的转变。在许多非晶态物质中，化学键合能产生短程有序而长程无序。短程有序往往是一种多面体的对称排列。长程无序则可以通过空间填充多面体的无序排列而实现。这些多面体在固体中键合在一起，并通过从固体到液体的转变而经历键的断开。基于构型子或构型微态（configurational microstate）的模型是一种理解黏度随温度而变化的方法。

$$\eta = A_L T e^{Q_H/(RT)} \tag{8-1-5}$$

且 $Q_H = H_d + H_m$。其中，H_d 为断开连接键的生成焓，H_m 为断开键的运动焓。$T < T_g$ 时，由于非晶态材料处于玻璃态并大多数连接键互相作用，故黏度的活化能高，取 Q_H。

如果温度远高于玻璃转变温度（$T > T_g$），式（8-1-3）也简化为 Arrhenius 型：

$$\eta = A_H T e^{Q_L/(RT)} \tag{8-1-6}$$

且 $Q_L = H_m$。当 $T > T_g$ 时，因为非晶态材料为熔体并且大多数连接键断开（利于流动），黏度的活化能低。

图 8.3(a) 表示 B_2O_3 熔体的黏度–温度曲线，图上标有两种不同的 Q，可见上述理论与实际符合得很好。影响熔体黏度的主要因素是温度和化学组成。图 8.3(b) 给出了几种不同成分玻璃的黏度随温度变化的曲线，从液态形成玻璃的过程是黏度增大的过程，黏度随温度变化很快。

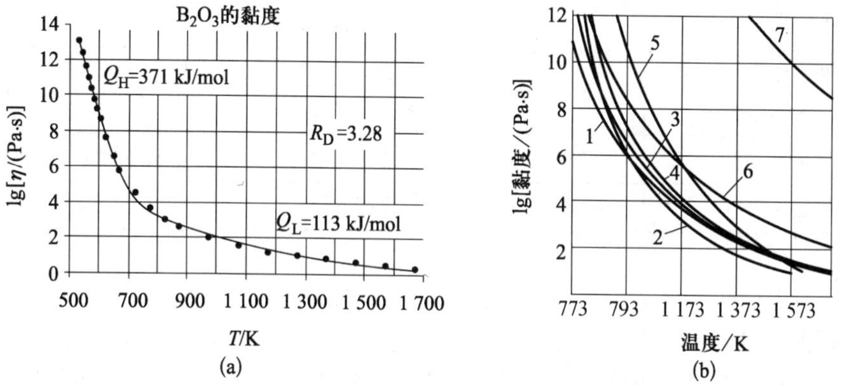

图 8.3 (a) B_2O_3 熔体；(b) 几种玻璃的黏度–温度曲线

1–铅晶质玻璃，2–绝缘用纤维玻璃，3–传统彩色电视显示屏玻璃，4–钠钙硅玻璃，5–低膨胀硼硅酸盐玻璃，6–E–玻璃（低碱金属含量的硼硅酸盐），7–石英玻璃[99]

3. 玻璃转变温度与黏度

非晶态固体都有玻璃转变温度。表 8.1 列举了一些非晶态固体的玻璃转变温度，这些值只是平均值，因为 T_g 是随冷却速率而变化的（见图 8.2）。但不管是哪种玻璃，T_g 大体都在黏度为 10^{12} Pa·s 的地方（也有用 T_{13} 来表示玻璃的转变温度的），因此玻璃转变温度定义为黏度在 10^{12} Pa·s 下时的温度（T_g 还有多种定义，例如根据热膨胀、热容量等性质的突然变化定义）。类似地，玻璃

[99] http://www.glassproperties.com/viscosity/.

工艺上重要的温度参考点都是通过黏度来定义的。

表 8.1　一些非晶态固体的玻璃转变温度

材料	T_g/K	文献	材料	T_g/K	文献
轮胎橡胶(Tyre rubber)	203	[100]	聚甲基丙烯酸酯(无规立构)	378	[101]
聚丙烯(无规立构)	253	[101]	聚碳酸酯	418	[101]
聚醋酸乙烯酯(PVAc)	303	[101]	硫化物(AsGeSeTe/S)	518	[102]
聚对苯二甲酸乙二醇酯(PET)	343	[101]	氟锆酸盐玻璃(ZBLAN)	508	[102]
聚乙烯醇(PVA)	358	[101]	二氧化碲	553	[102]
聚氯乙烯(PVC)	353	[101]	聚降冰片烯(Polynorbornene)	488	[101]
聚苯乙烯(PolyStyrene, PS)	368	[101]	聚羟基丁酸酯(PHB)	288	[101]
聚丙烯(全同立构)	273	[101]	钠钙硅玻璃	793 ~ 873	[102]
氟铝酸盐	673	[102]	熔石英	1 448	[102]

使用这些概念来进一步分析图 8.1 所示的加热过程。晶体加热到熔点后变成液体，固体和液体共存时维持熔点的温度，固体完全变成液体后温度升高。但是，非晶态固体加热时，低温时和晶体一样是不流动的固体，黏度几乎不可能测定。在玻璃转变温度 T_g 附近，黏度快速下降，高于玻璃转变温度就称为液体。图 8.1 中在 T_g 附近发生玻璃↔液体的转变，降温时是过冷液体的凝固温度，升温时是玻璃熔化的温度。

8.1.3　玻璃的热历史和弛豫

图 8.1 中的 T_f 相当于黏度在 10^7 Pa · s 左右的温度，到此温度时玻璃开始软化，故又称软化温度(软化点)。熔体自高温冷却时会通过由 T_f 和 T_g 构成的温度区，此区域称为玻璃转变温度区(也称玻璃转变范围)。

[100]　Galimberti, Maurizio, Caprio. Tyre Comprising a Cycloolefin Polymer, Tread Band and Elasomeric Composition Used Therein, 2003.

[101]　Wilkes C E, Summers J W, Daniels C A, et al. PVC Handbook. Hanser Verlag, 2005.

[102]　http: //en. wikipedia. org/wiki/glass_ transition.

玻璃转变温度区($T_g \sim T_f$)内，如图 8.3 所示，玻璃的黏度随温度变化得更快。在这个区内，玻璃的属于结构灵敏的性能都出现明显的连续反常变化，而这与晶体熔融时性能的突变有本质的不同。图 8.4 表示玻璃性质随温度变化的关系。由图可见，玻璃的性质随温度的变化可分为三类：第一类性质，如电导、黏度等按照曲线 I 变化；第二类性质，如热容、膨胀系数、密度、折射率等按曲线 Ⅱ 变化；第三类性质，如热导率和一些机械性质(如弹性常数等)按曲线 Ⅲ 变化，它们在 $T_g \sim T_f$ 转变范围内有极大值的变化。玻璃的热历史主要是指玻璃转变温度区($T_g \sim T_f$)的热历史。

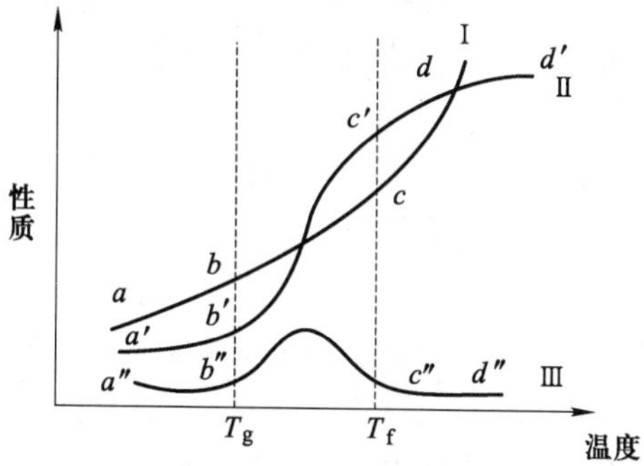

图 8.4　玻璃在转变温度范围内的性能变化

较低的黏度利于原子(质点)之间按照化学键和结晶化学等一系列要求进行重排，这是一个结构重排的微观过程，这个局部重排过程通常称为玻璃的结构弛豫(structural relaxation)。玻璃的弛豫概括着玻璃中发生的一切趋于平衡的过程[103]，是非晶态物质广泛存在的一个普遍现象。弛豫的结果使玻璃的结构更趋稳定。弛豫过程的弛豫时间 τ 与温度有关，处在熔点附近的液体和远低于 T_g 的玻璃之间，τ 值迅速连续地变化 30 个数量级[104]。因此温度低于玻璃转变温度时，τ 变得非常大，玻璃失去弛豫能力；换言之，温度变化速率对结构和性能的影响相当小。而在 T_g 附近，玻璃内部的结构基团间具有一定的永久位移的能力。如进行热处理，可在一定程度上消除以往产生的内应力或内部结构状态的不均匀性，但由于黏度极大，质点重排的速度很慢，所以时间上察觉不出结构上的变化。玻璃的退火点就定义为黏度相当于 10^{12} Pa · s 的温度(等同于 T_g)，它是退火的上限温度。温度高于 T_f 时，黏度小，质点的流动和扩散较

[103]　据此定义，玻璃的分相和析晶及其逆过程也包括在弛豫中。通常的情况下，玻璃的弛豫并不讨论玻璃相变过程。除了结构弛豫外，还有讨论力场作用下弛豫现象的机械弛豫、电场作用下的电弛豫。本章中所说的玻璃的弛豫一般是指玻璃的结构弛豫。

[104]　Baltă P, Baltă E. 玻璃物理化学导论 . 侯立松，孙洪维，朱从善，等译 . 北京：中国建筑工业出版社，1983.

快，结构立即改变以适应温度的变化，结构变化几乎是瞬时的，可经常保持其平衡状态。在玻璃工艺学上，玻璃的熔化温度对应于黏度 =10 Pa · s 的温度。在此温度下，玻璃能以一般要求的速度熔化。玻璃液的澄清、均化得以完成。成形温度范围是指准备成形操作与成形时能保持制品形状所对应的温度范围，黏度相当于 $10^3 \sim 10^7$ Pa · s 的温度。

在转变温度区($T_g \sim T_f$)内，熔体黏度介于上述两者之间，质点可适当移动，弛豫时间短。因此熔体的结构状态以及一些结构灵敏的性质由在 $T_g \sim T_f$ 内保持的某一温度决定。当玻璃冷却至室温时，它保持着这个某一温度相应的结构与性质。这个某一温度就是著名的“假想温度”。20 世纪 40 年代，A. Q. Tool 首先提出“假想温度”的概念来度量玻璃所处的物理化学状态。在某一温度玻璃处于平衡时，描述玻璃结构状态的假想温度等于其实际温度。因此高于 T_f 时，玻璃的假想温度总等于实际温度；低于 T_g 时，玻璃的假想温度总是高于实际温度。在 $T_g \sim T_f$ 内，根据玻璃加热速率或冷却速率的不同，假想温度可高于或低于实际温度，假想温度的变化速率表征着结构变化的速率，是结构弛豫的度量。在 $T_g \sim T_f$ 内，温度越低，结构达到平衡的时间越长(弛豫时间越长)。不同冷却速率实际上是有不同的弛豫终止温度及不同的弛豫程度，因此不同冷却速率下玻璃转变温度不同。这就是玻璃转变特有的动力学方面的影响。

玻璃的热历史对于玻璃的一系列物理化学性能有显著影响，包括后面要介绍的玻璃的分相、析晶等行为。除了假想温度及其相应的物理化学平衡的概念外，还有其他不同理论解释热历史引起的玻璃性能变化的种种现象。例如，利用结晶态物质在晶格缺陷方面的理论来解释，认为熔体在高温时含有大量的肖特基型空位，空位浓度随温度降低而减小，到 T_g 以下被冻结。因此，所谓假想温度的平衡态就是空位浓度的平衡态。

8.1.4　玻璃态与液态的区别

一般把玻璃归类为固体而不是液体，因为玻璃展现出固体的所有机械性质。实验结果及理论分析(黏度、弛豫等)都不支持玻璃过很长时间会有一定程度流动性的观点。玻璃在通过玻璃转变温度区时某些热力学参数如体积、熵、焓的变化是连续的，即缺乏一级相变的特征，所以有人将玻璃看做液体。观察到的玻璃转变是受到动力学影响的一个基本平衡点的转变，在性质上接近二级相变，热力学强度函数如热膨胀系数、热容等是不连续的。固体的相平衡理论不能完全适用于玻璃，换言之，玻璃的转变不能归于传统的固体相平衡理论。玻璃转变的理论(玻璃转变的性质和玻璃态的性质)，是凝聚态物理学中未解决的难题之一。

玻璃转变的热容变化与类似材料的熔融时相比，通常是在相同的数量级上，这表明相应运动的自由度也是可比的。玻璃和晶体中，很可能只是原子的振动自由度不同而已(两者的转动和平移模式均受限)。这一点可能解释晶态固体和非晶态固体在几乎所有实验的时间尺度下所表现出的刚性。

玻璃的原子结构具有一些过冷液体的特性，习惯上常称为过冷的液体。但是，玻璃在低于玻璃转变温度时，表现出固体的性质。过冷液体则表现为液体，尽管是低于材料的凝固点的液体；如果加入晶体将其作为核，就能快速晶化。显然两者的表现是不同的。因此从这个意思上来说，认为玻璃是过冷液体是不确切的。

8.2 非晶态固体的结构

8.1 节是非晶态固体的形成和性质区别于晶体和液体的宏观特点，本节介绍玻璃态物质结构上的特点。研究玻璃态结构有助于深入理解玻璃态的形成和性质。可以原子空间分布角度来描述玻璃态结构。从结构上看，玻璃态结构是一种介乎液态与结晶固态之间的物理状态，与结晶态相比，它具有长程无序、近程有序的特点。长程无序的特点，加之玻璃态物质系统众多，制备方法不同，涉及无机、有机、金属诸领域，因此结构化学上的特性各异。同时，反映玻璃态结构信息的新的研究手段又在不断发展和不断出现。所以，一方面可能同时存在几种玻璃的结构模型，另一方面单个结构模型也在不断修正和补充发展。在这些模型中影响较大的是[105]晶子学说和连续无规则网络学说，以及从熔体发展起来、作为无规则网络学说的补充和发展的聚合物理论。还有其他模型，例如，对氧化物玻璃中玻璃网络生成体含量少于 50% 时的“反常”玻璃的“多面体密堆积模型”，对金属玻璃的“硬球无规密堆模型”，对于聚合有机玻璃的“无规则线团模型”等。

8.2.1 玻璃态的近程有序(玻璃对于熔体结构的继承性)

当晶体熔化为液体时体积变化较小，一般不超过 10%（相当于质点间平均距离增加 3% 左右)；而当液体汽化时，体积要增大数百倍至数千倍(例如，水增大 1 240 倍)。所以晶体与液体的体积密度相近，或者说液体中质点的平均距离比较接近于固体。这样的结论不支持单从流动性考虑而认为液体中质点之间的作用力很小、与气体相似的观点。晶体的熔融热不大，比液体的汽化热小得多。例如，Na 晶体、Zn 晶体、冰的熔融热分别为 2.51 kJ/mol、6.70 kJ/

[105] 这里的影响较大是指对共价结合的非晶态固体。例如，非晶 Si、Ge 等非晶态半导体材料，氧化物玻璃，硫系玻璃和其他非氧化物玻璃，日常生活中常见的硅酸盐系统的普通“窗玻璃”和玻璃器皿等。参见：泽仑. 非晶态固体物理学. 黄昀，等译. 北京：北京大学出版社，1998.

mol、6.03 kJ/mol；而水的汽化热为 40.46 kJ/mol。这也说明晶体和液体内能差别不大，质点在固体和液体中的相互作用力(质点间的结合能)是接近的。另外，从固、液态热容量相近的实验数据可以说明，质点在液体中的热运动性质(状态)和在固体中差别不大，基本上仍是在平衡位置附近作简谐振动。可以用 X 射线衍射技术和其他手段证明，液体是固体和气体的中间相，液体结构在汽化点和凝固点之间变化很大，在高温(接近汽化点)时与气体接近，在稍高于熔点时与晶体接近。在高于熔点不太多的温度下，液体内部质点的排列并不是像气体那样杂乱无章，相反，却是具有某种程度的规律性，体现出液体结构中近程有序和远程无序的特征。

从液体(熔体)冷却下来的过冷液体在形成玻璃后，原子已经失去了进一步迁移的能力，因此玻璃也是长程无序的，即在较大距离上没有周期性，玻璃和液体的近程有序性可由 X 衍射分析所提供的径向分布函数[106]的特征来证实。

以非晶态硒为例，首先说明非晶态固体的径向分布函数图形。图 8.5 中，横坐标 r 表示以任意一个原子中心作原点，其他原子离该原点的距离；纵坐标 $4\pi r^2\rho(r)$ 是径向分布函数(其中 $\rho(r)$ 为距离等于 r 的球壳上原子的平均密度)。从图中可以看出，在几百 pm 的范围内，径向分布函数有明显的起伏，因此在这个短距离内原子排列是有一定规律的，即近程有序。但在更大距离时，径向分布函数连续上升显示了无序的特点，因此是长程无序的。径向分布函数峰值下的面积表示最邻近原子的平均数目(即平均配位数)，峰值的宽度则反映最

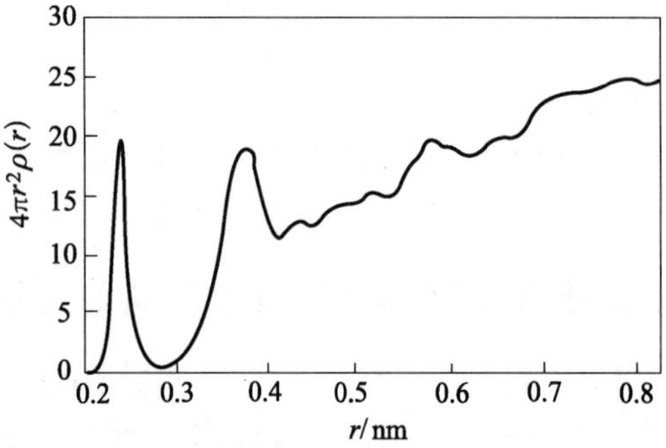

图 8.5　非晶态硒的径向分布函数与核间距的关系

[106]　径向分布函数(Radial Distribution Function，RDF)，表示原子出现在半径为 r 的球面附近单位厚度球壳内的概率。定义：取固体中任意一个原子中心作原点，计算在离该原点距离为 r 到 $r+dr$ 的球壳内原子的数目 c_i。把固体中每个原子作为原点，都可以得到这样一个 c_i 值。所有原子的平均值为 $\frac{1}{n}\sum_{i=1}^{n}c_i$。若 $\rho(r)$ 为距离等于 r 的球壳上原子的平均密度，则有 $4\pi r^2\rho(r)\,dr=\frac{1}{n}\sum_{i=1}^{n}c_i$，称 $4\pi r^2\rho(r)$ 为径向分布函数。

邻近间距的可几分布。对于完全无序分布的气态原子来说，$\rho(r)$应是常量，因此径向分布函数应该是一条无起伏的二次曲线。

图 8.6 是 SiO_2（石英玻璃）的径向分布函数（RDF）图形。图中表示了在几百 pm 的范围内 Si—O、O—O、Si—Si 的有序排列情况。例如，第一个峰值距离为 162 pm，这应该是硅氧四面体中 Si—O 的距离，峰值下面积的大小用相对值表示于图的上部。利用 X 射线衍射理论，可用这个相对面积计算出 i、j（分别表示 i、j 类原子）原子的平均配位数。计算表明在石英玻璃中仍然存在着硅氧四面体，而且最邻近四面体之间的 Si—O—Si 连接也是有一定规律的。

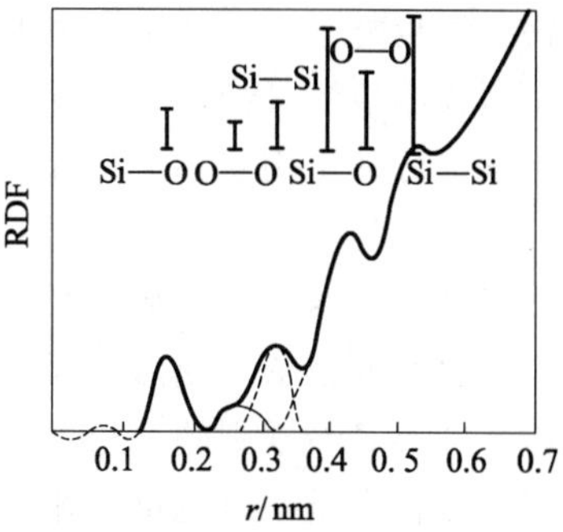

图 8.6　非晶态 SiO_2 的径向分布函数与核间距的关系

8.2.2　经典的玻璃结构理论

1. 晶子学说和无规则网络学说

玻璃结构的晶子（crystallite）[107]学说是列别捷夫于 1921 年提出的，他将玻璃在软化点以下的折射率突变归于石英的晶型 α↔β 转变[108]，并提出玻璃结构是高分散的微晶子以不规则形式排列的集合体。模型得到波拉依－柯雪茨等 X 射线结构分析的支持。该模型的要点为，玻璃是由带有点阵变形的有序排列，即晶子构成；这些晶子分散在无定形介质中，且晶子到无序区的过渡是逐步完成的，两者之间无明显界线。晶子的化学性质和数量取决于玻璃的化学组成，可以是独立原子团或一定组成化合物和固溶体等，与该玻璃物系的相平衡有关。以图 8.7 为例说明这个模型。在方石英的主峰位置（即 $\sin\theta/\lambda = 0.12$ 附近），石英玻璃有一条很宽的衍射峰。按照 X 射线衍射理论，衍射线的变宽是晶粒尺寸细化的结果，晶粒尺寸越小，

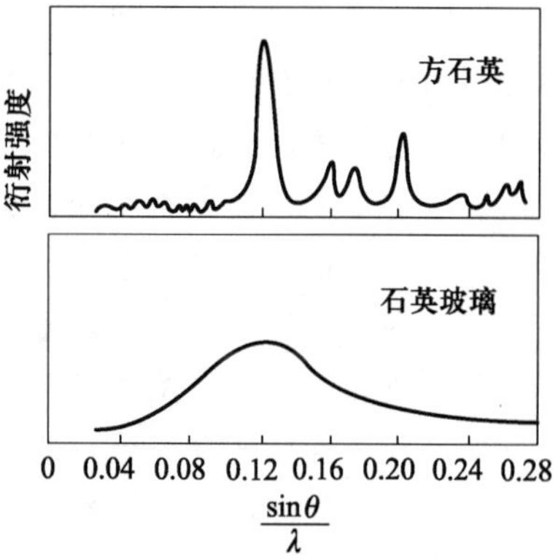

图 8.7　方石英与石英玻璃的 X 射线衍射图

［107］　也有翻译成“微晶”的，这个学说就称为微晶学说。

［108］　硅酸盐玻璃加热到 573℃时，其折射率发生急剧变化，而石英正好在 573℃发生 α↔β 的转变。

衍射线越宽，当晶粒尺寸小于 0.1 μm 时，X 射线变宽已很明显。此外玻璃的漫散线的位置又恰好在方石英的主峰位置上，因此晶子学说认为玻璃中晶子的化学成分和结构与相应的晶体一致，而 X 射线变宽到漫散程度则是晶子尺寸很小引起的结果。

然而，这个学说从一开始就面临的问题是难以确定晶子大小和晶界处的结构。最初波拉依－柯雪茨对 X 射线衍射曲线作了理论计算并提出，晶子的结构在中心是最规则的，相当于一个晶胞的大小，即 0.8～1.5 nm。随着研究的深化，特别是衍射光谱技术的发展，这个学说所提出的有序区域(即晶子)的尺度不断缩小，目前已缩小为一到二个多面体(例如[SiO_4]四面体)结构单元，约1 nm。这样小的有序区分散在无序环境中，无明显的晶界，取向完全无序，这就与下面介绍的无规则网络模型取得了一致。晶子学说的主要贡献是反映了玻璃结构的微晶无序，第一次提出了玻璃结构中的不均匀性，并能对某些性能的不连续性进行解释。

查哈里阿森(Zachariasen)于 1932 年提出了玻璃结构的(连续)无规则网络(Continuous Random Network)[109]学说。他是应用哥希密特(Goldschmidt)离子结晶化学原则，并参照氧化物玻璃的某些性能(如硬度、热传导、电绝缘性等)与晶体相似而提出的。他认为，玻璃中的原子间距和原子间作用力一定与具有同样组成的晶体相近，玻璃结构的无序性(即内部质点缺乏远程有序排列)，使玻璃比相应的晶体有过剩的内能，但这个内能不会太高，否则将引起玻璃快速析晶。为此，必须假设玻璃中有和晶体一样的配位多面体。多面体间的化学键也可能与晶体类似，即具有三维方向连续发展的网络结构，但是玻璃中的多面体的相对取向不像晶体那样有序，而是无规则的，表现在键长、键角不同程度的偏离。这样才能获得无序结构而又使内能不致增加过大。由此，他提出著名的玻璃形成的查哈里阿森(Zachariasen)规则，即氧化物(A_mO_n)形成玻璃时，应具备如下四个条件：

(1) 网络中每个氧离子最多与两个阳离子 A 相连。

(2) 氧多面体中，A 离子配位数必须小，即为 4 或 3。

(3) 氧多面体相互连接只能共顶而不能共棱或共面。

(4) 每个氧多面体至少有三个顶角是与相邻多面体所共有，以形成连续的无规则空间结构网络。

瓦伦(B. E. Warran)等用 X 射线衍射结构分析结果有力地支持了这一学说的基本观点，而后许多研究者用结构化学观点对这个学说进行了发展和改进，例如笛采尔(Dietzel)、孙观汉、阿本等的工作。根据各氧化物在形成玻璃结构

[109]　Zachariasen W H. J. Am. Chem. Soc., 1932, 54: 3841.

网络中所起的作用不同，进一步将其区分为玻璃网络形成体(glass network former)[110]、玻璃网络外体(glass outside body)[111]、玻璃网络中间体(glass network intermediate)[112]。

图8.8(b)显示出按照无规则网络学说对石英玻璃的二维描述，与石英晶体的结构(图8.8(a))相比，缺乏长程有序，但是Si和其周围的O所构成的多面体(在三维中，Si和4个O构成[SiO_4]四面体)仍然是有序的。配位多面体，如[SiO_4]、[BO_3]、[BO_4]、[PO_4]等，是构成玻璃的最基本的结构单元，大小为0.3~0.4 nm。无规则网络学说和晶子学说对数百pm大小的近程范围内的排列有序，有着共同的观点。

SiO_2玻璃网络结构中，连接两个配位多面体的O称为桥氧(O_b，bridging oxygen)。图8.8(c)是多组分玻璃结构的例子，图中，Na^+处于网络外，Si和Al在网络中。玻璃网络外体Na_2O的引入，使像图8.8(b)那样的网络断开，多面体中出现非桥氧(O_{nb}，non-bridging oxygen)。可以设想，随着Na_2O的增多，硅氧网络将按下列顺序发生型变：三维网络状→层状→链状。这一作用称为断网。关于硅酸盐玻璃网络的特征，可用下面几个参数描述。

(1) R：指每个网络形成离子所占有的氧离子的平均数。例如：对于SiO_2来说，$R=2$；对于含摩尔分数12% Na_2O、摩尔分数10% CaO和摩尔分数78% SiO_2的钠钙硅酸盐玻璃来说，$R=(12+10+78\times2)/78=2.28$。

(2) Z：指每个网络形成离子的多面体中配位的氧离子数，例如对于SiO_2来说，$Z=4$。

(3) X：指每个网络形成离子的配位多面体中的非桥氧离子数。

(4) Y：指每个网络形成离子的配位多面体中的桥氧离子数。

---

[110] 玻璃网络形成体：指能单独形成玻璃，在玻璃中能构成各自特有的网络体系的氧化物，如B_2O_3、SiO_2、GeO_2、P_2O_5、V_2O_5、As_2O_5等。这类氧化物参与形成玻璃结构，一般不会从玻璃的网络骨架中析出。

[111] 玻璃网络外体：也称玻璃调整剂(glass adjusting agent)，指不具有玻璃形成倾向，不进入结构网络，而是处于网络之外，对玻璃起调整性质作用的氧化物，如MgO、Li_2O、BaO、CaO、SrO、Na_2O、K_2O等。这类离子的化学键容易断裂，形成游离的金属离子从网络结构中析出。不能单独形成网络，但能使网络发生改变的氧化物，常见的有氧化钠、氧化钾、氧化镁、氧化钙、氧化钡、三氧化二镧、二氧化钍等。这些氧化物在一定条件下会使玻璃网络发生下列改变：① 使中间氧化物全部或部分由六配位变为四配位，例如[AlO_6]⟶[AlO_4]，并与[SiO_4]组成统一网络。这种作用也称为补网。② 使部分或全部硼氧配位由[BO_3]⟶[BO_4]，从而组成[SiO_4]-[BO_4]统一网络。③ 使硅氧网络按下列顺序发生型变：三维网络→层状→链状。这一作用称为断网。以上变化是由网络修饰物引起的。④ 网络修饰物中的碱金属(R)离子，尤其是场强较高的离子如镧(Ⅲ)离子、钍(Ⅳ)离子等，使周围网络中的氧按碱金属本身的配位数来排列，这一作用称为积聚。

[112] 玻璃网络中间体：指一般不能单独形成玻璃，性质介于玻璃网络形成体和玻璃网络外体之间的氧化物，如Al_2O_3、Sb_2O_3、ZrO_2、TiO_2、PbO、BeO、ZnO等。这类金属氧化物一般以一定强度的化学键与玻璃网络形成体氧化物结合，不易从玻璃的网络结构中析出，在功能上起着改善玻璃结构的功能。

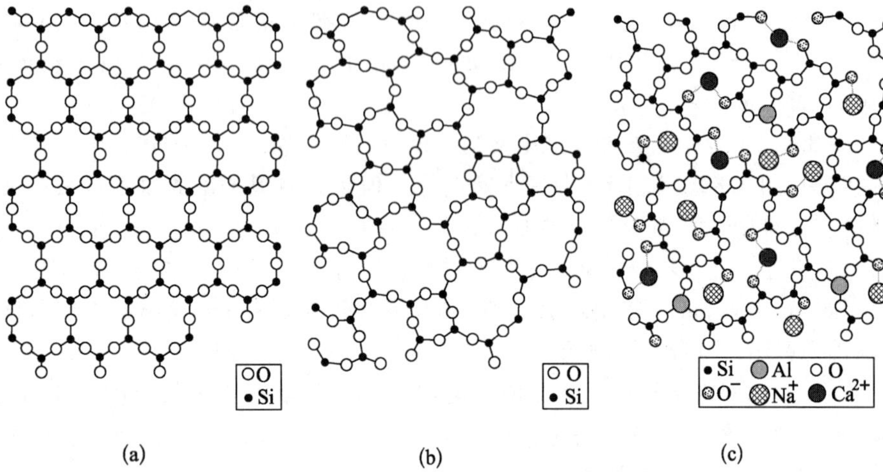

图 8.8　(a) 石英晶体、(b) 非晶态 SiO_2、(c) $Na_2O-Al_2O_3-SiO_2$ 系玻璃的结构

它们之间有如下关系：

$$\begin{cases} Z = X + Y & (8-2-1) \\ R = X + \dfrac{1}{2} & (8-2-2) \end{cases}$$

在硅酸盐玻璃中，若碱金属及碱土金属氧化物的含量比 Al_2O_3 更多，那么 Al^{3+} 在 $[AlO_4]$ 四面体中心存在[113]，所以附加 Al_2O_3 所引进的氧离子与网络形成离子之比只有 1.5，即 R 值会减小，按式(8-2-1)和式(8-2-2)所示，X 值下降，Y 值就增加，即结构中非桥氧离子就可以转变为桥氧离子。图 8.8(c)中 $[AlO_4]$ 与 $[SiO_4]$ 组成统一网络，就起到了把断裂的网络重新连接起来的作用(这种作用也称为补网)。表 8.2 给出了一些不同玻璃组成的 X、Y、R 值。因为 Y 代表每个四面体及其邻近四面体之间的桥氧离子的平均数。因此当 $Y \leqslant 2$ 时，对硅酸盐来说就构不成三维网络，此时四面体间最多只能连接成不同长度的四面体链。

表 8.2　一些氧化物玻璃的网络参数 X、Y 和 R 值

组成	R	X	Y
SiO_2	2	0	4
$Na_2O \cdot 2SiO_2$	2.5	1	3

[113]　对折光率数据的研究指出，这种作用只是 $Al_2O_3/Na_2O \leqslant 1$ 时才能出现，这个比值如果大于 1，多余的 Al^{3+} 就以配位数 6 而成为网络修饰离子了。这种作用称为铝反常，此外还有硼反常、硼铝反常等。

续表

组成	R	X	Y
$Na_2O \cdot 1/2Al_2O_3 \cdot 2SiO_2$	2.2	0.4	3.6
$Na_2O \cdot Al_2O_3 \cdot 2SiO_2$	2	0	4
$Na_2O \cdot SiO_2$	3	2	2
P_2O_5	2.5	1	3

无规则网络学说强调了玻璃结构的无序、连续和均匀性，即玻璃结构是拓扑无序的。然而更多的实验证明，玻璃中无序结构的形成，即氧多面体之间的联结不完全是拓扑无序的，玻璃中存在着由邻近若干四面体和三角体连接的有一定有序性的结构集团，如有畸变的环和链等。

2. 玻璃的聚合物理论

1944 年 Bernal 提出了硬球模型，用以描述单纯的 SiO_2 熔体结构，并指出这一模型也适用于高分子（聚合物），但未作进一步的论述。后来 Lacy、Masson、P. Balta 和 E. Balta 等从聚合物角度对硅酸盐熔体结构作了定量研究，发展成理论。按这一理论，熔体中多种阴离子团，例如$[SiO_4]^{4-}$、$[Si_2O_7]^{6-}$、$[Si_3O_{10}]^{8-}$、$[SiO_3]_4^{8-}$等同时存在，此外还有“三维晶格碎片”$[SiO_2]_n$。它们共边缘有断键，内部有缺陷。这些硅氧集团除$[SiO_4]^{4-}$“单体”外，统称聚硅酸根离子，亦即聚合物。Lacy 给出硅酸盐中构成各种聚合物的五种硅氧四面体的结构元件，即

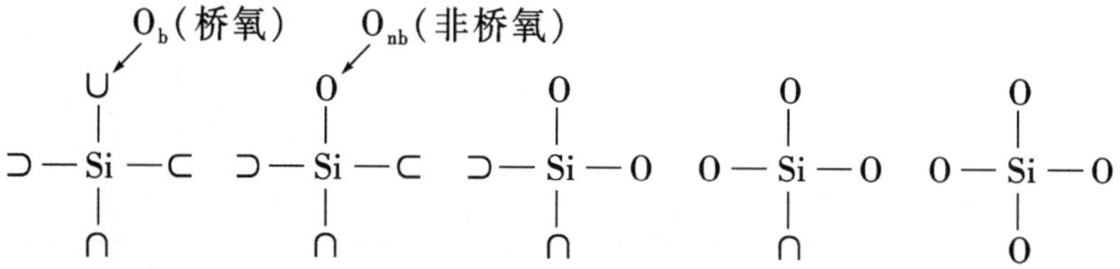

这些结构元件的相对含量由硅氧比 R 决定，当 $2<R<4$ 时，这五种元件同时并存。由这些元件按照一定的限制（例如，共棱、共面是不允许的，又如两个 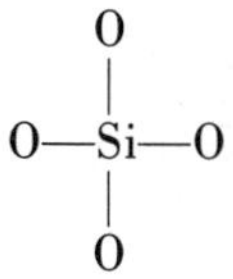 不能直接相连），可得到多种“结构单元”。Lacy 计算到八聚体，共得到 300 余种聚合体。尽管聚合物形象相当多，但总的来说，不外乎单体、二聚体、三聚体等各级聚合物，它们的出现概率或分布由硅氧比决定，由这些结构单元（聚合体）组成熔体。Masson 认为熔体中聚合物是按几何级数分

布的，聚合物的总生成量有赖于熔体总的化学组成。硅酸盐熔体的聚合结构单元如表 8.3 所示。图 8.9 为某一硼硅酸盐熔体中聚合物的分布随温度的变化。

表 8.3　硅酸盐熔体的聚合结构单元

O:Si	名称	负离子团类型	共氧离子数	每个硅的负电荷数	负离子团结构
4:1	岛状硅酸盐	$[SiO_4]^{4-}$	0	4	
3.5:1	组群状硅酸盐	$[Si_2O_7]^{6-}$	1	3	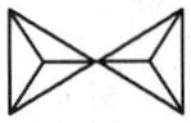
3:1	六节环 （三节环）	$[Si_6O_{18}]^{12-}$ $[Si_3O_9]^{6-}$	2	2	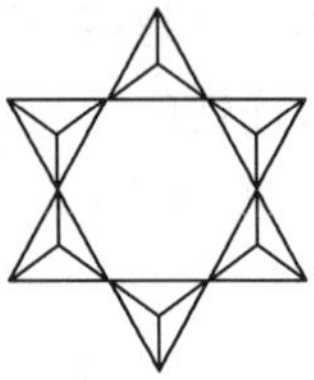
3:1	链状硅酸盐	$\frac{1}{\infty}[Si_2O_6]^{4-}$	2	2	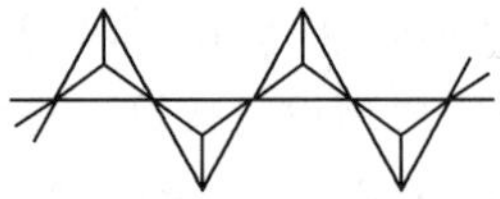
2.75:1	带状硅酸盐	$\frac{1}{\infty}[Si_4O_{11}]^{6-}$	$2\frac{1}{2}$	1.5	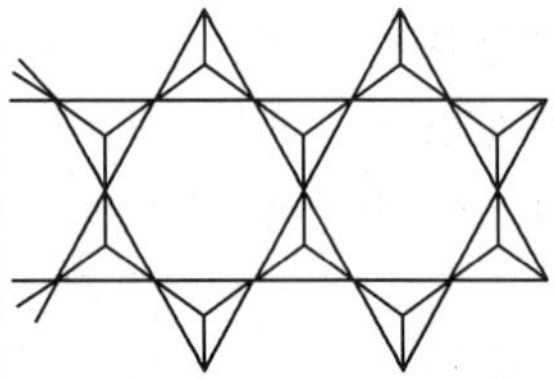
2.5:1	层状硅酸盐	$\frac{2}{\infty}[Si_4O_{10}]^{4-}$	3	1	如上，二维方向无限延伸
2:1	架状硅酸盐	$\frac{3}{\infty}[SiO_2]$	4	0	如上，三维方向无限延伸

从熔体冷却而转变为玻璃体的过程是一个连续过程，由于过程中没有析晶，因而结构上没有突变。据此，不仅在熔体中，并且在玻璃中也将有多种聚合物同时存在。当然玻璃中各种聚合物的分布不同于熔体中。原因是：在温度下降时发生缩聚作用使低聚物减少，高聚物增多。因此玻璃结构并不完全与熔体结构相同，除非玻璃是由高温熔体急冷制成。

Lentz(1964)最早提出用三甲基硅烷化反应(TMS)的方法研究硅酸盐矿物的结构，后经 Masson、中村良三等关于玻璃结构的研究，提供了玻璃中聚合物存在和分布的直接证据。

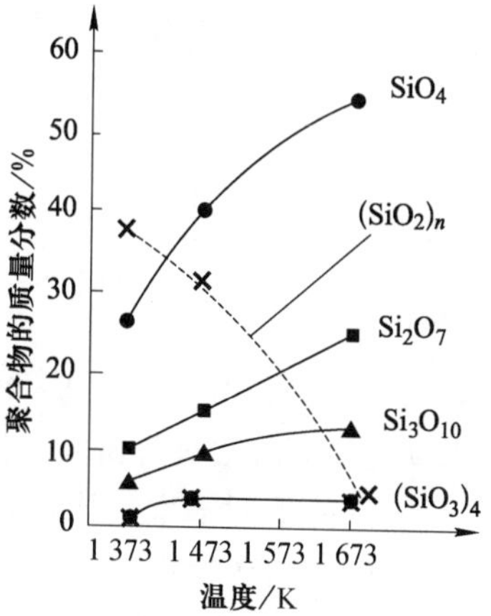

图 8.9 某一硼硅酸盐熔体中聚合物的分布随温度的变化

除短程有序外，聚合物的存在是玻璃最共同的结构特性[114]。早已被人们接受的“无规则网络”概念十分形象化，将聚合物理论在一定程度上延伸到玻璃结构，为网络结构提供了新的支持，同时也丰富了“不规则”概念的实质性内容。无规则网络是由多种最基本结构单元组成(而不是仅仅一种构成)的多种聚合物构成。

3. 玻璃的结构层次和研究手段

1) 近程结构

近程结构论述原子在小于 1 nm 的微小范围内的排列，即一个配位多面体或一些配位多面体组成的基团构成的范围。这个范围内的原子排列是有序的。配位多面体中心原子与最近邻原子的连接以键长、键角和配位数 3 个参数来表征。例如，石英玻璃及硅酸盐玻璃中结构单元与石英晶体及硅酸盐晶体一样是 [SiO_4] 四面体，在 [SiO_4] 四面体中 Si—O 键长和 O—Si—O 键角的分布很窄，即无序性非常小。

按照无规则网络学说，配位多面体通过顶点的“桥氧”相连而聚合成一定大小的结构稳定的基团。例如链状的

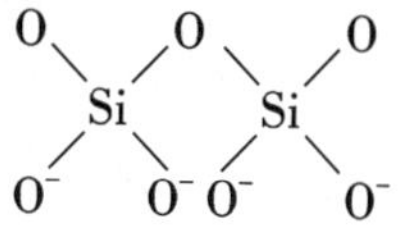

和环状的

[114] Balta P, Balta E. 玻璃物理化学导论. 侯立松，等译. 北京：中国建筑工业出版社，1983.

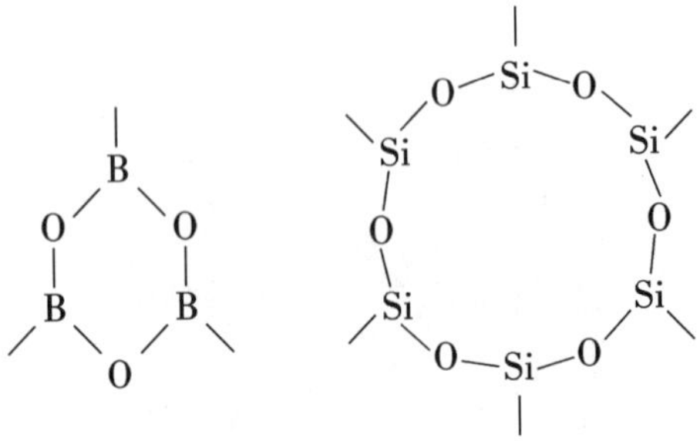

等基本结构单元(basic structural unit)，其大小为 1 ~ 1.5 nm。基本结构单元在玻璃中形变较小，易于用振动光谱等方法进行研究。振动光谱可以区别出几个配位多面体(常为四面体)尺度下的不同基本结构单元。上面讨论的聚合物理论从另一个角度指出了玻璃中单体和各聚合体的存在。20 世纪上半叶以来，衍射技术和光谱技术一直是作为研究近程结构的主要工具，结果证明玻璃结构在 1 nm 以内的近程区域是有序的。

2）中程结构

中程结构(中介程结构)是从 1 ~ 2 nm 范围的结构，描述基本结构单元之间相互连接而形成的结构(第二配位层以上的处于 0.5 ~ 1 nm)。在这个范围内的有序性和均匀性是玻璃结构研究的主要问题之一。玻璃的性质在很大程度上取决于不同基本结构单元所构成的聚合单元(clustered unit)或称结构亚单元(structural subunit)的分布方式，即各聚合单元存在的量和聚集方式。在总结光谱研究的结果后，White[115] 设想带有一些残余有序的基本结构基团在较大尺度上无规则排列形成中程结构，这种结构的统计分布构成均匀玻璃，具有共性的部分相聚集就可能造成玻璃的相变(分相或析晶，详见后续章节内容)。

图 8.10 是几个可能的聚合单元分布。用 Q^n 来表示配位多面体 Q 及其桥氧个数 n(即表 8.2 中的 Y)。例如，对[SiO_4]四面体而言，Q^3 表示 Si 连接三个桥氧一个非桥氧。Q^n 的分布对应于桥氧和非桥氧的分布，那么玻璃中可能的分布为：① 均匀统计分布(非限定无序)，其分布仅由组成和统计学确定(见图 8.10(a))；② 二相分布(限定无序)，此时各集团之间非桥氧互相排斥，而导致稀度最大，反过来又使更低 Q^n 的聚合单元形成，构成不大于两种类型聚合单元的均匀分布(见图 8.10(b))；③ 集结型分布，非桥氧多的聚合单元集结，最终导致分成两相的玻璃(见图 8.10(c))。但是，EXAFS 的研究结果发现，网络修饰体含量高的氧化物玻璃是由网络形成体构成的网络区域和由网络修饰体构成的网络间隙(inter-network)区域构成，因而玻璃中存在非桥氧的通道(channel)。Na_2O-SiO_2 系统玻璃结构的分子动力学模拟也证实了这个通道的

[115]　White W B. J. Non-Cryst. Solids, 1985, 71: 203.

存在。

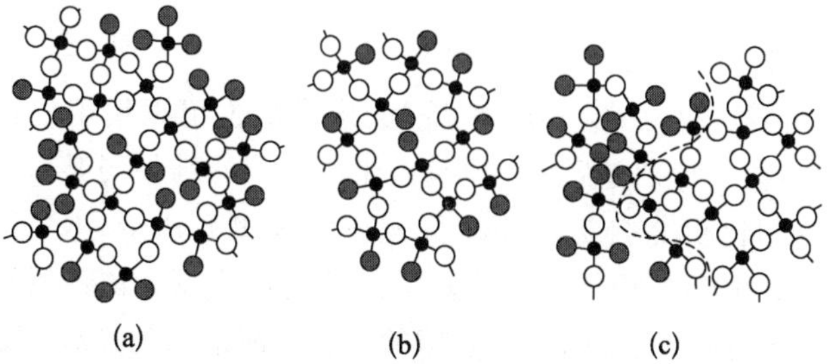

图 8.10　二元碱金属 - 二氧化硅玻璃的无序结构示意图：(a) 各种基本结构单元的无序分布；(b) 均有一个非桥氧的基本结构单元的分布；(c) 带四个桥氧的和带两个非桥氧的两种基本结构单元聚集的二相分布
（图中○表示桥氧，●表示非桥氧）

上面讨论的将聚合物理论应用于玻璃结构并考虑到熔体中聚合物间存在的非桥氧与网络外体阳离子的相互作用，较为深入地分析了玻璃态在中程范围内结构变化所引起的现象。然而聚合物分布的研究手段主要借助于 TMS 反应方法，在聚合体较大时，或者说基本结构单元连成较大的聚合基团时，反应产物的溶解度非常低；而振动光谱方法又只能探测到类似分子的结构集团信息。高分辨电镜和魔角旋转核磁共振(MASNMR)等技术的发展正用于这个尺度的研究。

近程和中程有序(类似于液晶相)，并且至少在一个方向是长程无序的相称为次晶态(paracrystalline state)材料，由无规则网络学说改进的模型得到的次晶态模型[116]进行描述。该模型成功地应用于合成高分子材料、液晶、生物高分子、生物膜等方面。

3）长程结构

长程结构又称亚微观结构、超细非均相，指大于 2 nm 的结构。在长程上结构无序，但可存在由相分离(下面要讨论)等引起的密度变化的不均匀。长程结构的发现是近代玻璃研究的重大成就，一般大小在几到几十 nm，甚至几百 nm 范围。有研究者把 1 nm 以上的中程结构，包括原子簇(cluster)、晶子(crystallite)等有序结构也归于长程结构。长程结构是玻璃中相当普遍的现象，影响玻璃的晶化、黏度等许多性能，其研究对发展新材料有重要意义。研究方法主要使用电子显微技术。

[116]　次晶态模型定义为：高应变的次晶颗粒(grain)被非晶态材料所包围。这是一个比连续无规则网络模型能量更高的状态。这一模型与多晶相的重要区别在于其缺乏颗粒边界和高应变的晶格参数，后者使得难于计算分子和晶格的动力学。这一模型在描述例如局部非晶态半导体材料方面是有效的。参考：Voyles，et al. J. Ap. Phys.，2001，90，4437.

8.2.3　其他非晶态固体的结构模型

1. 金属玻璃的硬球无规密堆模型

上述连续无规则网络模型和“微晶”无序模型也可以用于描述非晶态金属和金属合金的结构，特别是后者。但是由于所计算的结果与某些非晶合金实测结果(如 RDF)相比更为接近，硬球无规密堆模型（Dense Random Packing of Hard Sphere，DRPHS)使用得更为普遍。该模型把非晶态体系看做是一些均匀连续、致密填充、混乱无规的原子硬球的集合。所谓均匀连续，是指不存在微晶周围原子为晶界所分开的情况；致密填充是指没有可以容纳另一个球的空洞；混乱无规是指在相隔五个或更多球的直径距离内，球的位置之间仅有很弱的相关性。在早期的液态金属结构的研究中，就出现过硬球模型，1936 年就曾采用物理方法建立了液体结构的三维模型，1959 年，Bernal[117] 对这一模型做了进一步的改进，确立了硬球无规密堆模型，并系统地研究了液体的微观几何结构。研究结果表明，硬球无规密堆模型提供了液态与非晶态金属结构最满意的模型。

硬球无规密堆模型的特征为：各向同性相互作用的同种离子在二维空间紧密排列时，总是得到规则排列的“晶体”，只有在三维空间中才能做无规排列，其具有极大的短程密度(无规密堆有明确的堆积密度上限 0.636 6，而密堆晶体达 0.740 5)；具有一些不同类型的局域短程有序，以原子为中心作其最近邻的连心线。以这些连心线为棱边所构成的图 8.11 所示的多面体，称为 Bernal 多面体，无规密堆模型由 Bernal 多面体组成。如果计算其组成中的四面体和八面体，四面体多(86.2%)、八面体少(15.8%)，这是非晶态结构的重要特征。非晶态结构中四面体有错列型和相掩型两种排列方式(见图 8.11(f)、(g))，据此进行的理论计算与实验测得的径向分布函数非常接近。

2. 有机玻璃的无规线团模型

非晶态高分子聚合物(简称非晶高聚物)的形态依赖于温度，当温度低于玻璃转变温度 T_g 时为玻璃态，高于 T_g 时为橡胶态乃至黏流态。非晶高聚物的结构是指玻璃态、橡胶态、熔融态及结晶高聚物中非晶区中的结构。非晶高聚物与上面讨论的“小分子”非晶态结构特征是相同的，对高分子链的结构单元来说，在较大区域内只有近程有序而缺乏长程有序。高分子链是由很大数目的链结构单元(一般聚合物的聚合度 n 为 10^4，聚乙烯的 n 达 10^5 以上)通过共价键连接起来的，与小分子相比，高聚物在非晶态时除了可以呈现为玻璃态外，由于其主链能够通过 C—C 键间的内旋转运动，在一定温度下还可呈现为高弹

[117]　Bernal J D. Nature，1959，183：141.

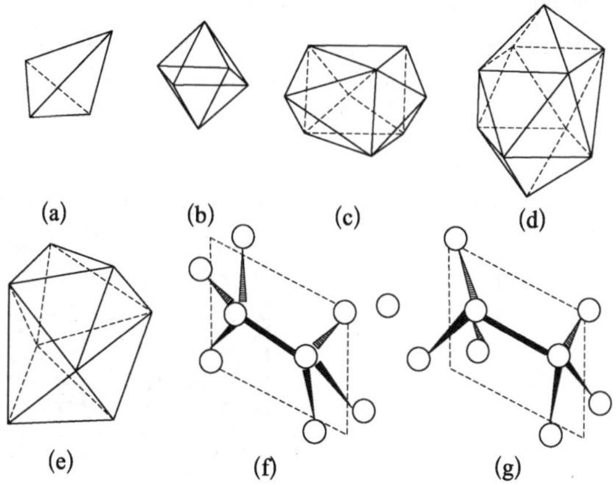

图 8.11 Bernal 多面体：(a) 四面体、(b) 八面体、(c) 三角柱（附带 3 个半八面体）、(d) 阿基米德反棱柱（附带 2 个半八面体）、(e) 四角十二面体，以及(f) 错列型和(g) 相掩型两种四面体排列方式

态。短链节在空间的相互排列以及高聚物分子本身的有序性是值得考虑的结构特点。

对非晶高聚物最早的结构描述，影响较大的是 Flory 在 1949 年[118]从统计热力学出发提出的无规线团(random coil)模型。聚合物的单体亚单元(monomer subunits)取向杂乱，同时还会和相邻的聚合物成键，无规线团不具有特定的形状，线团分子之间是无规缠结的，但具有由所有总体的大分子链统计分布的形状，如图 8.12 所示，因而非晶态高聚物在聚集态结构上是均相的。小角中子散射(SANS)手段测定本体或溶液中高分子链的旋转半径的研究，有力地支持了这一模型：高聚物无论在固体中还是在溶液中，分子链均呈无规线团状存在，在非晶态固体中高分子线团的尺寸同分子量的 1/2 次方成正比，即符合无规行走模型(见图 8.13)。

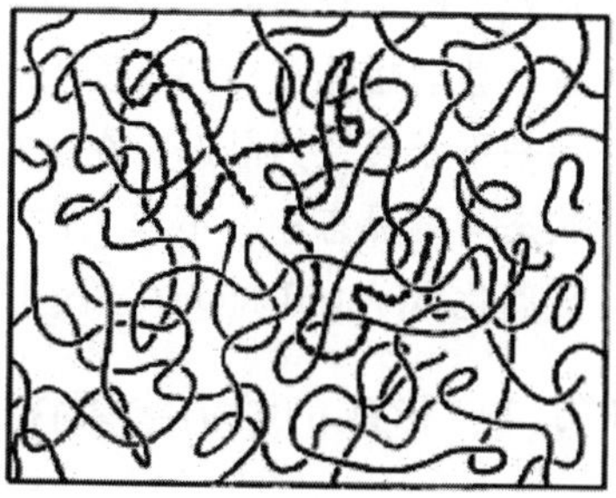

图 8.12 无规线团模型

此外，还有根据非晶高聚物中存在的微观有序性而提出的链束模型，对高

[118] Flory P J. Principles of Polymer Chemistry. Cornell University Press, 1953. Flory(1910 年 6 月 19 日—1985 年 9 月 9 日)，美国化学家，在高分子、聚合物领域贡献巨大，他于 1974 年获得诺贝尔化学奖。

聚物的非晶部分的亚晶态模型(见 8.2.1 小节)等。Yeh(1972)提出的折叠链缨状胶束粒子模型(即两相球粒模型)，就侧重处理非晶高聚物内存在的一定程度的局部有序性。这种有序性包括粒子相和粒间相两部分，而粒子相又分为有序区和粒界区两部分，如图 8.14 所示。

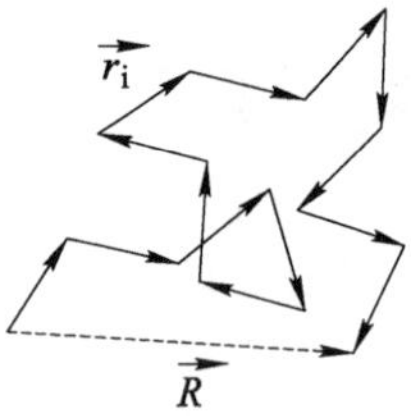

图 8.13　理想链(ideal chain)的无规行走模型

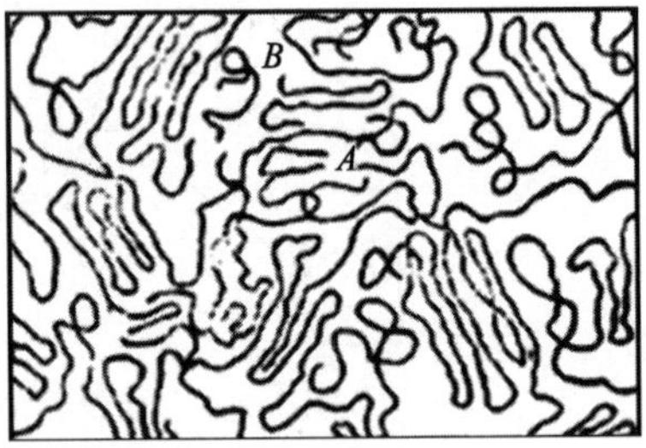

图 8.14　折叠链缨状胶束粒子模型(A－有序区，B－粒界区)

8.3　非晶态固体的形成条件(玻璃化条件)

众多的物质，包括高分子、形成网络的氧化物、合金等都展现了玻璃形成的特征。当今普遍认为，只要冷却速率足够快，几乎任何物质都能形成玻璃。从热力学观点来说，玻璃态是一种介稳定(或亚稳定)状态，比起结晶态，它总是处于能量较高的状态，玻璃态有自发地转变成结晶态的倾向。从动力学观点看，玻璃熔体在冷却过程中，黏度的快速增加抑制了晶核的形成和长大，使玻璃来不及转变为晶态。在室温下很多玻璃是长期稳定的，这反映了玻璃的能量状态与结晶态相差不远。在一定外加条件下来实现这种过程称为退玻璃化或反玻璃化(devitrification)过程。

8.3.1　形成的动力学条件

Tamman 最早提出从晶态相的成核和生长的角度出发来讨论玻璃的形成能力。Dietzel、Stevels 等研究者不断发展了 Tamman(塔曼)学说。熔体冷却过程中的结晶过程可分为成核和生长两个基本过程(这两个过程详见 8.4 节)，晶体成核速率 I 是指单位时间内单位体积熔体中所生成的晶核数($cm^{-3}\cdot s^{-1}$)，晶体生长速率 U 是指单位时间内晶体的线增长速率(cm/s)。I 与 U 均与过冷度($\Delta T=T_m-T$)有关(T_m 为熔点，即体系平衡结晶温度；T 为实际温度)，如图 8.15 所示。图中的曲线称为物质的析晶特征曲线(也称为 Tamman 曲线)。

由图 8.15 可见，I 与 U 曲线上都存在最大值。曲线的温度范围因熔体不同而异；晶核生成的最大速率所对应的温度 $T_{I,\max}$ 低于晶体生长最大速率所对应的温度 $T_{U,\max}$，对不同熔体来说这两个温度间隔宽窄不同。Tamman 认为正是这个温度间隔造成了玻璃态的形成，即在 $T_{I,\max}$ 的条件下，晶体生长速率很小，而在最合适晶体长大的温度条件下，晶体成核速率又很小，所以只有在两条曲线的相交区域才是容易结晶的温度范围，但是在该区域内 U、I 的值均很小，因此很容易过冷而形成玻璃。像 SiO_2、B_2O_3、GeO_2 等物质就是如此。反之，这个区域重叠越大，越容易析晶，而难于形成玻璃。例如，对于金属材料，其 U、I 曲线的起始部分重合，故金属材料的结晶能力非常强，很难形成非晶态。但是，采取增加冷却速率(即增加黏度增大的速率)以迅速越过析晶区域的方法，使得冷却速率大于质点排列成晶体的速率，也可使析晶本领大的物质如金属合金玻璃化。因此，生成玻璃的关键是熔体的冷却速率。

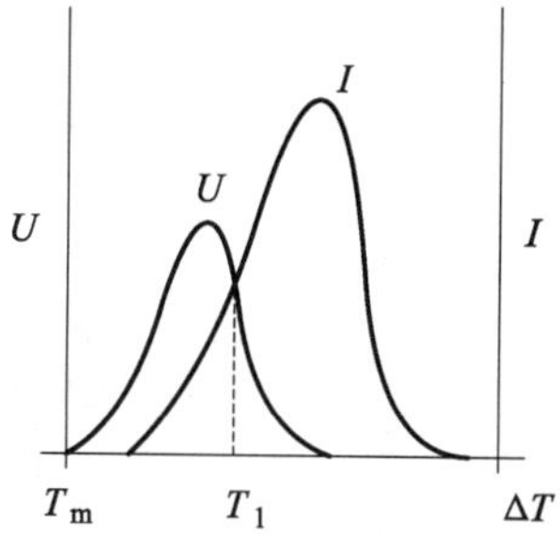

图 8.15 晶体成核速率 I、晶体生长速率 U 与过冷度 ΔT 的关系曲线

Uhlmann 在 1969 年提出将冶金工业中使用的 $3T$ (Temperature-Time-Transformation，温度－时间－转变)图来研究玻璃的转变，确定物质形成玻璃能力的大小，成为玻璃形成动力学理论中重要的方法之一。在考虑冷却速率时，必须选定可测出的晶体大小。实验证明，当晶体混乱地分布于熔体中时，晶体的体积分数(晶体体积/玻璃总体积) V^β/V 为 10^{-6} 时，为仪器可检测出来的浓度。由于晶体的体积分数与成核和生长过程的动力学参数有关，对于给定的温度和时间，可通过式(8－3－1)估计防止一定的体积分数的晶体析出所必需的冷却速率(对于均匀成核过程，不考虑非均匀成核)。

$$V^\beta/V \approx \pi IU^3t^4/3 \qquad (8-3-1)$$

式中，V^β 为析出晶体体积，V 为熔体体积，I 为晶核形成速率，U 为晶体生长速率，t 为时间。如果只考虑均匀成核，为避免得到 10^{-6}(体积分数)的晶体，在一系列温度下，计算出晶体成核速率和晶体生长速率；把计算得到的 I 和 U 代入式(8－3－1)，求出对应的时间 t。用过冷度($\Delta T = T_m - T$)为纵坐标，冷却时间 t 为横坐标，作出如图 8.16 所示的 $3T$ 图。在 $3T$ 图中，曲线的凸面部分为该熔点的物质在一定过冷度下形成晶体的区域；而 $3T$ 曲线凸面部分外围是一定过冷度下形成玻璃体的区域。$3T$ 曲线的“鼻尖”(Nose)点对应了析出晶体体积分数为 10^{-6} 时的最短时间。为避免形成给定的晶体体积分数，可由式(8－3－2)粗略估计该物质形成玻璃的临界冷却速率。

$$\left(\frac{\mathrm{d}T}{\mathrm{d}t}\right)_C \approx \frac{\Delta T_N}{t_N} \tag{8-3-2}$$

其中，$\Delta T_N = T_m - T_N$，T_m 为熔点，T_N 和 t_N 分别为“鼻尖”点的温度和时间。

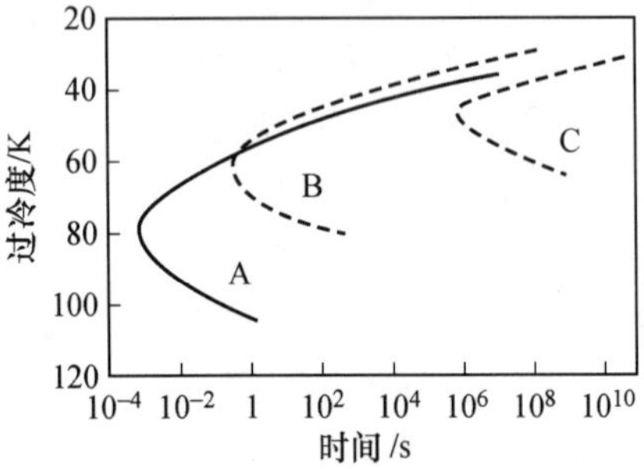

图 8.16 具有不同熔点物质的 3T 图

（曲线 A：T_m = 356.6 K，曲线 B：T_m = 318.8 K，曲线 C：T_m = 276.6 K）

若熔体的数量大，则冷却速率小；若熔体的数量小，则冷却速率大。因此，在研究物质的玻璃生成能力时，必须指明熔体的冷却速率与熔体数量(或体积)的关系。样品的厚度直接影响到样品的冷却速率，因此过冷却形成玻璃样品的厚度是另一个描述玻璃形成能力的参数。如不考虑样品表面的热传递，则玻璃样品的厚度 Y 大致有下述数量级：

$$Y_c \approx (D_{Th} t_N)^{1/2} \tag{8-3-3}$$

式中，D_{Th}为样品的热扩散系数。

形成玻璃的方法总的来说分为熔融法和非熔融法。熔融法是形成玻璃的传统方法，即玻璃原料经熔融和在常规条件下进行冷却而形成玻璃态物质，在玻璃工业生产中大量采用这种方法。这一方法冷却速率较慢，工业生产一般为 40 ~ 60 K/h，实验室样品急冷也仅为 1 ~ 10 K/s，这样的冷却速率不能使金属、合金或一些离子化合物形成玻璃。玻璃形成的动力学观点的表达方式很多，其中两种因素是主要的：① 为了增加结晶的势垒，在凝固点(热力学熔点 T_m)附近的熔体黏度的大小，是决定能否形成玻璃的主要标志；② 在相似的黏度 - 温度曲线情况下，具有较低的熔点，即 T_g/T_m 值较大时，玻璃态易于获得。图 8.17 为一些化合物和单质的玻璃转变温度(T_g)与熔点温度(T_m)的关系。直线的斜率为 $T_g/T_m = 2/3$。通常将其称为三分之二规则，作为衡量物质形成玻璃能力的粗略参数之一。由图 8.17 可见，这些玻璃形成物质的点都比较靠近直线。一般来说，易形成玻璃的氧化物位于直线的上方(除 GeO_2 和 As_2O_5 与直线有些偏离外)，而较难形成玻璃的氧化物则位于直线的下方。

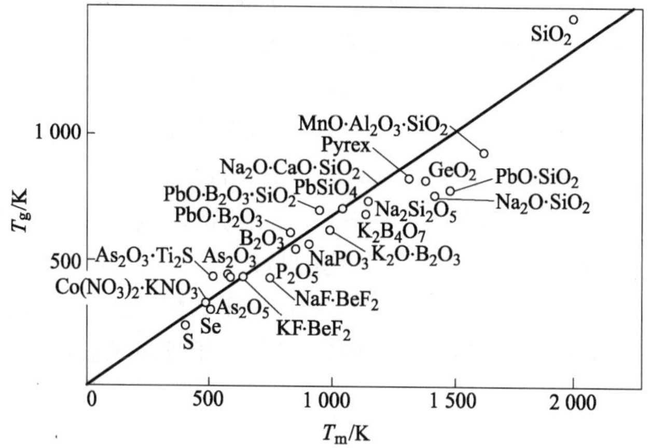

图 8.17 一些化合物和单质的玻璃转变温度与熔点温度的关系

8.3.2 形成的结晶化学条件

对玻璃结构以及决定构造的基本因素，如从化学键性质、质点堆积等结晶化学的角度的不断深入认识，是玻璃形成理论中研究得最广泛、最深入的领域。

1. 熔体结构因素

从熔体结构考虑，按照熔体的聚合物理论，熔体自高温冷却，原子、分子的动能减小，它们必将进行聚合并形成阴离子团，从而使熔体黏度增大。一般认为，如果熔体中的阴离子基团是低聚合的，因结构简单的小阴离子基团(特别是离子)便于位移、转动，容易调整成晶体就不易形成玻璃。反之，如果熔体中的阴离子基团是高聚合的，在熔点附近黏度很大，由于黏度大，冷却时链或层互相交错，使之很难形成对称性良好的长程有序排列，容易形成玻璃。例如：B_2O_3 熔体是一种链状结构，由于阴离子基团聚合程度较高，在冷却过程中也不易排列成为晶体，易于形成玻璃；而 LiCl 熔体中自由的 Li^+ 和 Cl^- 在冷却时很容易形成晶体。但熔体的阴离子基团的大小并不是能否形成玻璃的必要条件，低聚合的阴离子因特殊的几何构型或因其间有某种方向性的作用力存在，只要析晶激活能比热能相对大很多，都有可能形成玻璃。对于无机玻璃，因其凝固点(T_m)一般较高，大阴离子应该是形成玻璃的重要条件之一。

2. 化学键强度因素

按照无规则网络学说的 Zachariasen 规则，不同氧化物形成玻璃的能力不同，它们在玻璃体中的作用也不一样，可以归纳为玻璃网络形成体、玻璃网络中间体、玻璃网络外体。这样分类是从化学键的强度对形成玻璃的影响来进行的。对于键强的描述，Dietzel 引入"场强"的概念，$F = Z/a^2$（a 为阴、阳离子半径之和，Z 为阳离子价数），指出玻璃网络形成体、玻璃网络中间体氧化物和玻璃网络外体的场强分别为 1.4 ~ 2.0、0.5 ~ 1.0和 0.1 ~ 0.40。而孙观汉使用阳离子与氧的"单键强度"（即 MO_x 的分解能除以阳离子 M 的配位数），指出玻璃网络形成体的单键强度 > 377 kJ/mol[119]，网络外体的单键强度 < 251 kJ/mol，玻璃网络中间体在两者之间。各种氧化物的单键强度见表 8.4。键强是衡量玻璃形成的条件之一，对许多氧化物是适用的，但有一定局限性。例如，计算分解能的方法和数据不够严格，某些阳离子的配位数还不确定。另外，由于原子间距难以确定，因此利用单键强度或阳离子场强来衡量玻璃形成能力并不很精确。

表 8.4　各种氧化物的单键强度

分类	金属元素	价态	MO_x 分解能 /(10^2 kJ · mol^{-1})	配位数	单键能 /(10^2 kJ · mol^{-1})
玻璃网络形成体	B	3	14.9	3	4.97
	Si	4	17.7	4	4.43
	Ge	4	18.0	4	4.51
	Al	3	16.8 ~ 13.2	4	4.22 ~ 3.30
	B	3	14.9	4	3.73
玻璃网络形成体	P	5	18.4	4	4.63 ~ 3.68
	V	5	18.8	4	4.68 ~ 3.76
	As	5	14.6	4	3.64 ~ 2.93
	Sb	5	14.2	4	3.55 ~ 3.59
	Zr	4	20.3	6	3.38
玻璃网络中间体	Ti	4	18.2	6	3.05
	Zn	2	6.02	2	3.01
	Pb	2	6.06	2	3.05
	Al	3	13.2 ~ 16.8	6	2.22 ~ 2.80
	Th	4	21.5	8	2.67

[119]　原文为 90 kcal/mol，换算成 kJ/mol 单位，取整后如此。同样的，玻璃网络外体为单键强度 < 60 kcal/mol。

续表

分类	金属元素	价态	MO_x 分解能 /(10^2 kJ · mol^{-1})	配位数	单键能 /(10^2 kJ · mol^{-1})
玻璃网络中间体	Be	2	10.45	4	2.63
	Zr	4	20.27	8	2.55
	Cd	2	4.97	2	2.51
玻璃网络外体	Sc	3	15.1	6	2.51
	La	3	16.9	7	2.42
	Y	3	16.7	8	2.09
	Sn	4	11.6	6	0.92
	Ga	3	11.2	6	1.88
	In	3	10.8	6	1.80
	Th	4	21.5	12	1.80
	Pb	4	9.70	6	1.63
	Mg	2	9.28	6	1.54
	Li	1	6.02	4	1.50
	Pb	2*	6.06	4	1.50
	Zn	2*	6.02	4	1.50
	Ba	2	10.9	8	1.38
	Ca	2	10.7	8	1.34
	Sr	2	10.7	8	1.34
	Cd	2	4.97	4	1.25
	Na	1	5.02	6	0.83
	Cd	2	4.97	6	0.83
	K	1	4.81	9	0.54
	Rd	1	4.81	10	0.50
	Hg	2	2.84	6	0.46
	Cs	1	4.76	12	0.42

注：2* 表示配位数不完全确定。

3. 化学键的价键性质因素

从化学键的键性来看，离子键化合物是由互相分离的正、负离子构成的。这种化合物在熔融时原子间的相对位置易改变，黏度很小，因此当熔体冷却到结晶温度以下时，离子相遇组成晶格的概率比较大，故离子化合物的析晶激活能不大，容易调整成晶体。金属键比离子键配位数更高，熔融时常以单个原子存在，故黏度也很小，原子容易运动，熔体冷却时可迅速结晶。共价键有方向性与饱和性，作用范围较小。但是单纯共价键的化合物大多为分子结构，而作用于分子间的为范德华力。由于范德华力无方向性，组成晶格的概率比较大，一般易在冷却过程中形成分子晶格，所以共价键化合物一般也不易形成玻璃。易生成玻璃态的一些化合物，主要是具有极性共价键的化合物。斯曼克尔(Smekal)认为，能形成玻璃态的化合物的键型必须是混合的，可归纳为三类：① 有部分共价键及部分离子键的无机化合物；② 单质，如 Se、S 具有由共价键连接起来的链状结构，而链状结构间是范德华力；③ 具有复杂分子结构的有机化合物，分子内是共价键，而分子间是很弱的范德华力。

8.4　非晶态固体的晶化

人们最早是从玻璃态形成角度研究玻璃析晶行为的，如 Tamman(1903)的经典的工作。自 20 世纪 50 年代 Stookey[120]最早控制玻璃晶化而制成微晶玻璃以来，玻璃晶化现象的研究已取得了长足进展。许多作者对玻璃形成体系晶化的成核和生长作过全面的综述[121]。

8.4.1　成核理论

熔体到凝固点时先在熔体内某些区域产生晶核，即结晶中心，晶核在热力学上是完全不同相的极小的“萌芽”。晶核可以是熔体中外在的物相(称为成核位，nucleation site)，如气泡、容器的器壁、夹杂物或籽晶等。这种发生在另一相接触面上的成核称为不均匀成核(heterogeneous nucleation，或非自发成核、异相成核)。在没有择优成核位的、直接由均匀单一母相中形成新相的成核称为均匀成核(homogeneous nucleation，或自发成核)。均匀成核自发随机发生，但是需要介质过冷(或过热)。饱和蒸汽中产生液滴也是需要成核的。大多数成核过程

[120]　Stookey S D. British Patent, 1956, 752: 243.

[121]　(a) Symposium on Nuleation and Crystallization in Glasses and Melts, American Ceramics Society Inc., 1964. (b) Advances in Nucleation and Crystallization in Glass, Symposium of Glass Division of the Am. Ceram. Soc., Special Publication, No. 5, Colombus, 1971. (c) Nucleation and Crystallization in Glasses, 1982. (d) James P F. Glasses and Glass-ceramics, Champman and Hall, 1989, 59.

为物理过程而不是化学过程，但有例外(如电化学成核)。固体材料中晶化的成核、非晶态的成核(详见8.5节)甚至空位团的成核都是非常重要的。

1. 均匀成核

在物质内部发生均匀成核要比非均匀成核难很多，产生核就意味着产生新的相边界。液体冷却到低于异相成核温度(熔点)而高于均匀成核温度(纯物质的冻结温度)时就称为过冷，这有利于制备非晶态固体和其他亚稳结构。过冷产生过饱和，而过饱和是成核的驱动力。当新产生的固体的压力低于蒸气压，并产生液相和新的固相之间的单位体积吉布斯自由能 G_v 变化时，就会产生过饱和。这一吉布斯自由能的变化通过产生新的体积能量的增量和产生新的界面能量的消耗来平衡。当总的吉布斯自由能变 ΔG 为负值时，利于成核。形成界面要消耗一些能量(各相界面能)，如果一个假定的核过小(称为不稳定核或核胚)，形成新体积所释放的能量不足以产生其界面，成核就不能继续进行。临界核的大小由其半径 r^* 表示，当 $r=r^*$ 时，成核过程就能进行下去，如图8.18所示。例如，对于球状的核，释放了 G_v(J/cm^3)的能量(为负值)，但是它必须抵消表面能 σ(J/cm^2)，形成半径为 r 的核胚所需要的能量为

$$\Delta G = \frac{4}{3}\pi r^3 G_v + 4\pi r^2 \sigma \qquad (8-4-1)$$

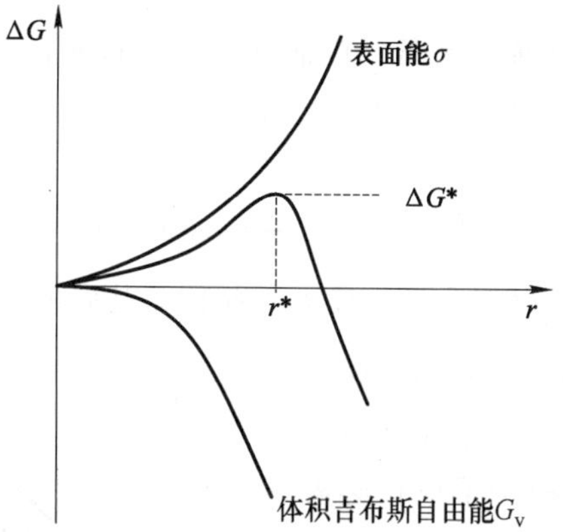

图8.18 临界核半径和临界核生成吉布斯自由能示意图

分子迁移到核胚上需要能量(因 $\frac{dG}{dr}>0$)，直到半径达到

$$r^* = -\frac{2\sigma}{G_v} \qquad (8-4-2)$$

此时 $\frac{dG}{dr}=0$。

新增加分子到大于临界核半径的核胚上释放能量而不是消耗能量，为有用功。换言之，临界核的生长不再受成核限制，而可能是(提供分子的)扩散或反应动力学限制。临界核生成吉布斯自由能为 $\mathrm{d}G/\mathrm{d}r=0$ 时的最大吉布斯自由能变：

$$\Delta G^{*}=\frac{16\pi\sigma^{3}}{3G_{\mathrm{v}}^{\;2}} \tag{8-4-3}$$

热起伏会提供足够的能量来形成稳定的核，核能够长大直到恢复热力学平衡。过冷度大利于相变，通过近似公式 $\Delta G=\Delta H_{\mathrm{s}}(T_{\mathrm{m}}-T)/T_{\mathrm{m}}$，将 ΔG 与过冷度 ΔT 联系起来，有

$$r^{*}=\frac{2\sigma T_{\mathrm{m}}}{\Delta H_{\mathrm{s}}}\frac{1}{\Delta T} \tag{8-4-4}$$

$$\Delta G^{*}=\frac{16\pi\sigma^{3}T_{\mathrm{m}}^{2}}{3\Delta H_{\mathrm{s}}^{2}}\frac{1}{\Delta T^{2}} \tag{8-4-5}$$

其中，ΔH_{s} 为摩尔熔融热，T_{m} 为熔点。过冷度越大，临界核半径越小，需要的能量也越小。均匀成核速率随温度降低而快速增大，因此均匀成核温度可严格定义。

2. 非均匀成核

非均匀成核比均匀成核常见。它在相边界或不纯物的有利位置上发生并需要较低的能量。有效表面能量低，因而减少了吉布斯自由能势垒，利于成核。非均匀成核的吉布斯自由能为均匀成核吉布斯自由能与接触角函数 $f(\theta)$ 的乘积：

$$\Delta G_{非均匀成核}=\Delta G_{均匀成核}f(\theta) \tag{8-4-6}$$

其中，$f(\theta)=\frac{1}{2}+\frac{3}{4}\cos\theta-\frac{1}{4}\cos^{3}\theta$，$\theta$ 是晶核与基底的接触角。当 $0\leqslant\theta\leqslant\pi$，$f(\theta)<1$，使非均匀成核的热力学势垒减少(如图 8.19 所示)，并且过冷度降低，即由于润湿角减少了成核必需的能量而易于成核。需要注意，非均匀成核中临界核半径并没有改变，但是体积明显变小，这是因为润湿角影响了核胚或核的形状。

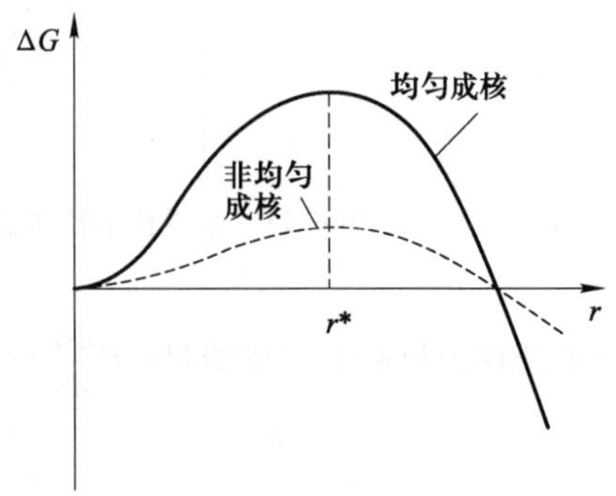

图 8.19　均匀成核和非均匀成核的热力学势垒的比较

3. 成核速率

成核速率(I)与临界晶核的平均数目(n^{*})以及分子到晶核的扩散(β)有关：

$$I = n^{*}\beta \tag{8-4-7}$$

其中，临界晶核的平均数目为

$$n^{*} = N\exp\left(\frac{-\Delta G^{*}}{k_{B}T}\right) \tag{8-4-8}$$

其中，ΔG^{*} 为所需临界吉布斯自由能(为热力学势垒)，N 为单位体积内的潜在成核位，k_B 为玻耳兹曼常数。向临界晶核增加一个原子的速率 β 可由 Volmer-Weber 理论估算：

$$\beta = A\exp\left(\frac{-(Q+\Delta G^{*})}{k_{B}T}\right) \tag{8-4-9}$$

其中，A 为原子的形状及其可结合的面积的混合项，可表达为

$$A = 2n_{v}V^{1/3}(k_{B}T/h)(\gamma/k_{B}T)^{1/2}$$

式中，n_v 是单位体积液体的晶化组分相的原子数目(严格地讲，为化学式单元"formula unit"的数目)，V 为每分子式单元的体积，γ 是晶体与液体界面单位面积吉布斯自由能(表面张力)，h 为普朗克常量。A 值一般为 $10^{41}\sim10^{42}\ m^{-1}\cdot s^{-1}$，在成核温度范围内按常数处理，近似为 $A = n_{v}(k_{B}T/h)$；Q 为原子迁移活化能(原子扩散势垒，为成核的动力学势垒)，指数项指出了原子到核的位置的扩散。但是，Volmer-Weber 理论存在的问题是，忽略了形成的颗粒需要 $r>r^{*}$，假定了尺寸分布不变而没有考虑到快速发生波动的情况。将式(8-4-5)、式(8-4-6)、式(8-4-8)、式(8-4-9)代入式(8-4-7)后得到成核速率为

$$I(T) = A\exp\left(\frac{-Q}{k_{B}T}\right)\exp\left(\frac{-16\pi\gamma_{sl}^{3}}{3\Delta H_{s}^{2}}\frac{1}{k_{B}T}\frac{T_{m}^{2}}{\Delta T^{2}}f(\theta)\right) \tag{8-4-10}$$

成核速率与温度的关系如图 8.20 所示。很低的温度下，扩散速率小，随着温度上升，扩散加速，分子能快速到达成核位促进核的生长。温度明显低于熔点时，分子波动低，处于低能态没有足够的能量迁移到晶核附近，成核速率由扩散控制；但是温度增高、分子波动增大的同时，分子也趋向于脱离晶核，引起成核速率下降，所以出现图中实线的曲线形状。

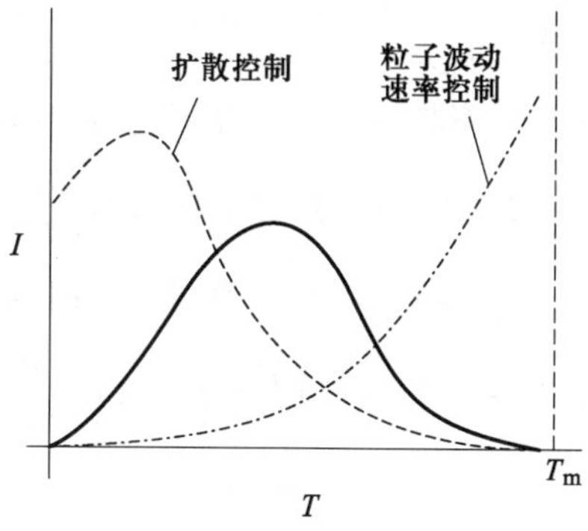

图 8.20 成核速率 I 与温度 T 的关系

实际上，在给定温度下，核胚在过冷液体中不能马上达到平衡尺寸，因而稳态成核速率 I 仅是逐渐趋近，这种效应由诱导时间表征，诱导时间随温度降低而增长。在玻璃转变温度附近，玻璃

的这个不稳定情形变得特别重要。诱导时间 τ 为[122]

$$\tau = \frac{16h}{\pi}\frac{\sigma}{\Delta G_v^2 a^4}\exp\left(\frac{\Delta G}{k_B T}\right) \tag{8-4-11}$$

其中，a 为平均颗粒尺寸。

8.4.2　晶体的生长模型

晶体与液体界面的性质对晶体生长的动力学和形貌有决定性影响，因此提出的晶体生长模型都以界面状态和与其有关的行为的假设为出发点。首先简述晶体生长的标准模型。

1. 标准生长模型

1）正常生长

所有原子到达晶体－液体界面都与晶体结合而变成固体，这一过程在晶体表面所有位置上均匀发生，这样的生长称为正常生长。原子为穿过晶体和围绕其液体之间的界面，必须获得活化能 ΔG_a。穿过界面到达晶体上的原子与在液体中相比，能量减少 $\Delta G = \Delta G_v/V_m$（$V$ 是一个原子所占的体积，V_m 是晶相的摩尔体积分数）；一个原子从固体到液体的能量等于 $\Delta G_a + \Delta G_v/V_m$，则晶体生长速率可表达为

$$U = \lambda v_0 \exp\left(\frac{-\Delta G_a}{k_B T}\right)\left[1 - \exp\left(\frac{\Delta G}{RT}\right)\right] \tag{8-4-12}$$

v_0 是由于热能而引起的每个原子的振动频率，单原子在液体中振动频率的数量级为 $10^{11} \sim 10^{13}$ Hz；λ 为原子间距；R 为摩尔气体常数。式(8－4－12)表明随温度 T 的降低（或者过冷度 ΔT 的增大），热力学项 $1 - \exp\left(\frac{\Delta G}{RT}\right)$ 增加，而动力学项 $\left(\frac{-\Delta G_a}{k_B T}\right)$ 下降，则生长速率将会在某一温度出现最大值。在指定温度下，生长速率将为常数，生长速率不随时间而变化。过冷度 ΔT 不大（温度较高）时，$\Delta G \ll RT$，热力学项约为 $\frac{\Delta G}{RT}$，U 正比于热力学驱动力 ΔG，而通过近似公式 $\Delta G = \Delta H_s \Delta T/T_m$，有对单相组成 $U \propto \Delta T$[123]。过冷度大时，$\Delta G \gg RT$，动力学项远小于 1，则 $U = \lambda v_0 \exp\left(\frac{-\Delta G_a}{k_B T}\right)$，因此 $\lg U \propto 1/T$。

[122]　Schmelzer J, Fokin, Yuritsyn, Zanotto. Nucleation Theory and Applications, Nucleation and Crystallization Kinetics in Silicate Glasses: Theory and Experiment, Wiley-VCH Verlag GmbH & Co. K GaA, 2005, 76－83.

[123]　指数函数 e^x 可以用等价的无穷级数的方式定义：$e^x = 1 + x + x^2/2! + x^3/3! + x^4/4! + \cdots$。

2）表面成核生长

正常生长理论的假定，实际上要求晶体－液体界面在原子尺度上是粗糙的[124]，如果界面在原子尺度上是光滑的，每一层必须分别成核才能继续生长下去，这一过程称为表面成核生长。其生长速率为

$$U = A_1\exp\left(\frac{-\Delta G_a}{k_B T}\right)\exp\left(\frac{-W^*}{k_B T}\right) \qquad (8-4-13)$$

式中，A_1 为常数，W^* 为热力学势垒。表面成核生长与温度的依赖性较正常生长复杂。最大生长速率不在熔点附近发生，过冷度小时，速率非常低。

3）螺型位错生长

正常生长和表面成核生长模型是基于对晶体－液体界面在原子尺度上粗糙和光滑的两种极端情况的描述。界面缺陷数目（即生长位置数目）有限的情形出现于螺型位错与界面相交处，螺型位错生长模型描述这种位置处的生长。对单组分液体，界面上这种位置的分数 f 近似为 $f\approx\frac{\Delta T}{2\pi T_m}$，正常生长速率乘以 f 为螺型位错生长速率。

$$U \approx \frac{\Delta T}{2\pi T_m}A\exp\left(\frac{-\Delta G_a}{k_B T}\right)\left[1-\exp\left(\frac{\Delta G}{RT}\right)\right] \qquad (8-4-14)$$

界面的性质，即它是光滑的还是粗糙的，取决于熔化熵 ΔS_f。Uhlmann 对这个理论作了综述，对低熔化熵 $\Delta S_f(<2R)$ 的材料，最紧密堆积的平界面，在原子尺度上也是粗糙的，界面的推进无明显势垒，生长速率的各向异性将很小，生长动力学由正常生长模型描述。高熔化熵 $\Delta S_f(>4R\sim6R)$ 的材料，最紧密堆积的表面是光滑的，堆积紧密程度低的表面是粗糙的，生长速率的各向异性就大，可用螺型位错或表面成核生长模型描述。

2. 扩散控制的生长

单组分系统，以及晶相组成与液体组成相同的系统，由于界面向组成为常数的区域推进，因而生长速率为常数，控制生长过程的速率与界面的位置和时间无关，这就是所谓界面控制的生长。而多组分系统中，析晶相组成不同于原始液体的组成时，其生长几乎都是扩散控制的生长；生长速率常随时间的平方根而减小。但当扩散区域大小不随时间变化时，生长速率（仍为扩散控制）与时间无关。

---

[124] 粗糙表面与平滑表面：晶体的表面在宏观为一能量较低的平面，但表面原子的缺陷、局部表面原子的缺少或部分表面有多余原子，以表面存在的点阵点数与实有原子数的比 x 来表示，这些缺陷的存在可提高表面的熵，是必然存在的。每种材料在特定的 x 值下表面能最低，其中 $x=0.5$ 的表面稳定的称为粗糙表面，大多数的金属材料是属于粗糙表面；x 值仅在 0 或 1 附近稳定的称为平滑表面，大多是非金属材料。在这里，粗糙表面理解成晶体－液体界面远大于原子的尺寸即可，如果两者接近就认为是光滑的。

Christensen 等[125]在研究 K_2O-SiO_2 熔体中方石英的晶化时，使用下面这个相当简单的模型，把生长速率与界面的浓度梯度联系起来：

$$U = D\left(\frac{dC}{dt}\bigg|_{x=0}\right)/(C_e - C_s) \approx -D\frac{(C_0 - C_e)}{\delta(C_e - C_s)} \qquad (8-4-15)$$

其中，D 是互扩散系数，δ 是界面上有效边界层厚度，C_0 是整体液体的浓度，C_e 是平衡液相浓度，C_s 为固体浓度，dC/dt 为正常生长表面的浓度梯度。

Scherer 和 Uhlmann[126]研究半径为 r 的枝晶(dendrite)簇延 Z 方向的扩散控制的生长，考虑了相邻枝晶之间扩散范围的重叠作用，为解扩散方程

$$-D\frac{\partial C}{\partial z}\bigg|_{z=0} = u(C_e - C_s) \qquad (8-4-16)$$

作了几点假设：① 沿着枝晶径向无扩散；② 远离枝晶尖端的液体浓度接近于 C_0；③ 枝晶尖端的溶质条件不变；④ 界面浓度取决于 C_e；⑤ 浓度梯度在 $z=0$ 处是曲率半径 ρ 的函数。图 8.21 是他们给出枝晶尖端组成梯度的三种形式。按图 8.21(a)，把以上假定代入式(8-4-16)得

$$U = \frac{D}{2rS(a)}\left(\frac{C_0 - C_e}{C_e - C_s} - a^2\right) \qquad (8-4-17)$$

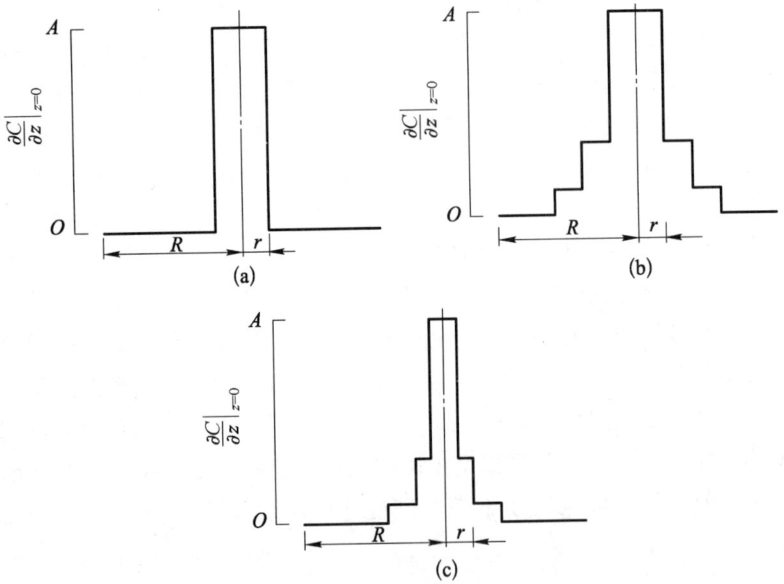

图 8.21　晶体生长的浓度分布示意图

[125]　Christensen N H, Cooper A R, Rawal B S. J. Am. Ceram. Soc., 1973, 56: 557.
[126]　Scherer G W, Uhlmann D R. J. Cryst. Growth, 1975, 30: 304.

其中 $S(a)=\sum_{n=1}^{\infty}\frac{J_1(\lambda_n a)}{[\lambda_n J_0(\lambda_n)]^2}$，$a=r/R$，$J_n$ 为 n 阶贝塞尔(Bessel)函数，λ_n 为 $J_n(\lambda_n)$ 的根。这一分析的结果表明，生长速率取决于互扩散系数、枝晶的大小和形状、整个液体、晶体及其界面的浓度。常假定枝晶在给定的偏离平衡下以最大速度生长。析晶相组成不同于原始液体组成的系统中，枝晶或纤维状(包括球晶中的纤维状)晶簇的扩散控制生长决定晶体生长的主要形貌。广义地讲，球晶是饱和枝晶的一个特殊类型，因为螺型位错或局部的浓度梯度等因素都会造成球晶纤维的分叉。

上述仅举例说明了生长过程的复杂性。晶体生长的最新进展可参阅有关文献[127]。

8.5 玻璃态固体中的分相

玻璃态的相分离(phase separation，也称分相)现象是指两个或两个以上的玻璃态相的不混溶现象，由一个均匀的相在一定温度范围内分成不互溶相或部分混溶的两相(或两相以上)，是一个相变过程。20 世纪初，Guertler 发现某些二价金属氧化物硼酸盐中存在液态的不互溶现象。1926 年 Turner 和 Winks 首次发现分相现象存在于硼酸盐玻璃中，这之后尤其是 20 世纪中叶以来，人们对玻璃态的分相现象进行了广泛深入研究，发现分相是十分普遍的现象，存在于玻璃、过饱和固溶体或合金、高分子系统中。图 8.22 示出在 SiO_2 - 溶质二元体系的熔体中，A、B、C 不同体系点的熔体分相的形貌，A 为 SiO_2 基底上 NiO 或 Ni 形成孤岛状“液滴”，C 为 NiO 或 Ni 聚集体，B 为两者的交联结构。图 8.22(b)所示的分相区内存在两个分相机理不同的部分，虚线内部分为旋节分解(Spinodal)区，虚线外实线内的另一部分为亚稳区。这两个区域的划分是由二元系统所对应的自由能 - 组成曲线确定的。分相现象分别按照在液相温度以上和以下发生，分成两种基本类型，即稳定不混溶和亚稳不混溶类型。前者常给玻璃生产带来困难，使玻璃产生分层或强烈乳浊现象。有关分相问题的理解和描述的关键在于：① 液体不混溶热力学扩展到液相线以下的亚稳态不混溶；② 由于亚稳不混溶的玻璃态物质的黏度大，动力学就显得更为重要。下面分别介绍液体不混溶热力学和动力学。

[127] Herlach D M, Galenko P, Holland-Moritz D. Metastable Solids from Undercooled Melts, 2007.

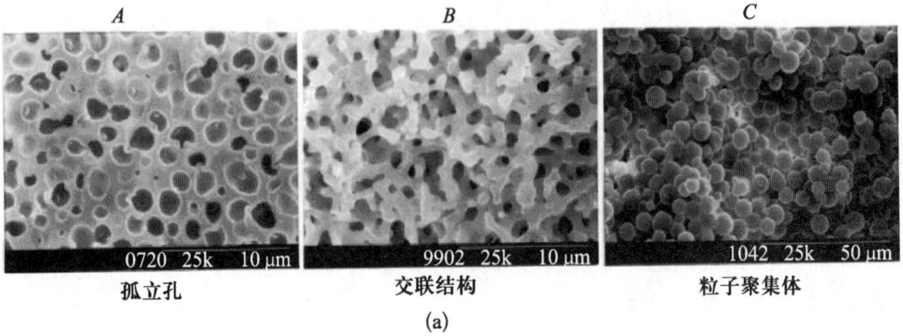

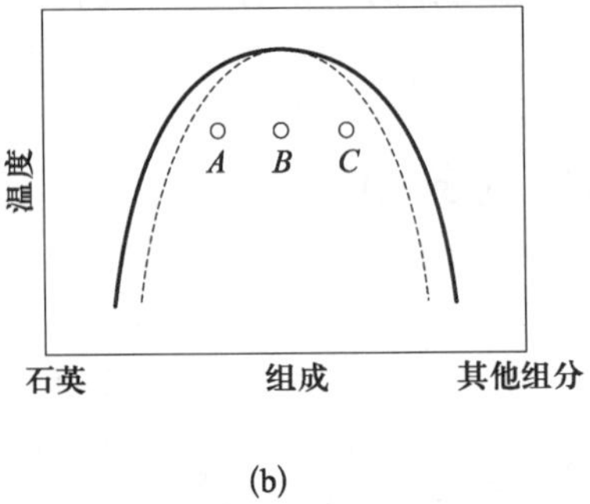

图 8.22　(a) SiO_2 - NiO 系凝胶的分相的 SEM 观察形貌及 A、B、C 组成点相图；(b) 分相区中位置示意图[128]

8.5.1　分相的热力学理论

Cahn 和 Charles 最早根据相平衡理论从热力学角度解释了分相的机理。以二元体系为例，玻璃或熔体的亥姆霍兹自由能 F[129] 与组成 C 的关系，可由图 8.23(a)、(b)曲线表述。图 8.23(c)是根据不同温度的亥姆霍兹自由能 - 组成曲线建立的相图[130]。

如图 8.23(a)所示，组成 C_0 的熔体中，如果组成发生波动而出现不均匀组成 C_i，那么亥姆霍兹自由能变化将由 C_0 处的切线和 C_i 处亥姆霍兹自由能差 ΔF 确定。如果 ΔF 在曲线上方，即 $\Delta F<0$；否则 $\Delta F>0$。当 $\Delta F>0$ 时，组成的波动将引起能量的增加，因而是不稳定的，不发生分相。一般来说，对曲线

[128]　Nakamura N, Takahashi R, Sato S, Sodesawa T, Yoshida S. Phys. Chem. Chem. Phys., 2000, 2: 4983.

[129]　这里的 F 为亥姆霍兹自由能，而习惯上用吉布斯自由能 G。

[130]　亥姆霍兹自由能 - 组成曲线建立相图的两个基本原理：(1) 在温度和组成不变的条件下，具有最小亥姆霍兹自由能的状态是最稳定的。(2) 当两相平衡时，两相的亥姆霍兹自由能 - 组成曲线上具有公切线，切线上的切点分别表示两平衡相的成分。

上所有点，若$\frac{\partial^2 F}{\partial C^2}>0$，则 $\Delta F>0$。当体系的温度 T 大于临界温度 T_c 时，熔体亥姆霍兹自由能－组成曲线有图 8.23(a)中所示的形状，所以熔体为单相均匀体，如图 8.23(c)中 $T>T_c$ 部分所示。

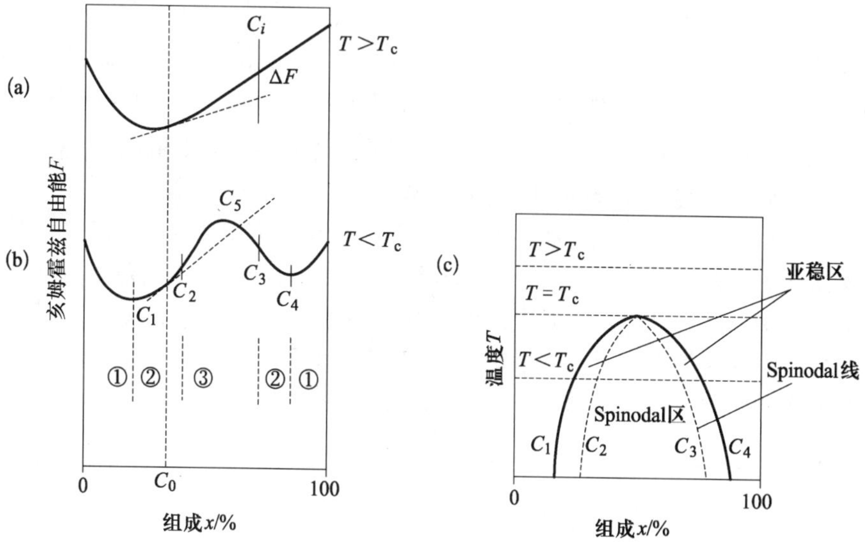

图 8.23　二元系统$(C)X+(1-C)Y$中(a) $T>T_c$ 和(b) $T<T_c$ 时亥姆霍兹自由能－组成曲线及其(c)相图[131]

如果 $T<T_c$，熔体的亥姆霍兹自由能－组成曲线将有如图 8.23(b)所示的形式，熔体将出现相分离(相图见图 8.23(c)的拱形曲线部分)。亥姆霍兹自由能曲线可以分成三个区间：

(1) 对于原始组成 $C_0<C_1$ 和 $C_0>C_4$，有$\frac{\partial^2 F}{\partial C^2}>0$，熔体是稳定的，不均匀区域的存在不会使能量下降，即不发生分相。

(2) 对于组成 $C_1<C_0<C_2$，C_2 是拐点$\left(\frac{\partial^2 F}{\partial C^2}=0\right)$。$C_5$ 是曲线在 C_0 处的切线与亥姆霍兹自由能曲线的交点。C_1 和 C_2 之间的区称为亚稳区(介稳区，Binodal 区)。如果出现不均匀相的组成为 $C_i<C_5$，则 $\Delta F>0$，非均匀化是不稳定的；否则，$C_i>C_5$，$\Delta F<0$，组成的变化将趋向于 C_4，能量降低，分成二相在能量上是有利的。对 $C_3<C_0<C_4$，情况相同。在亚稳区内，形成第二相而导致的能量变化取决于第二相的组成，如图 8.23(b)所示。对组成 C_0 熔体，如第二相组成高于 C_5，能量将净减少。但是存在一个分相的势垒，在这个区

[131]　Mazurin O V, Porai-Koshits E A. Phase Separation in Glass, 1984.

域内，相分离服从成核和生长机理，仅当非均匀化达到临界值时生长才能进行。可见这个区域内的分相不是必然发生的，这也是称为“亚稳区”的由来。

(3) 对于组成 $C_2 < C_0 < C_3$，这样的亥姆霍兹自由能－组成曲线形状总有 $\frac{\partial^2 F}{\partial C^2}<0$，分相将导致能量的降低。分相不存在非均匀化的势垒，很小的组成波动都将导致非均匀化的加剧。因而，熔体将趋于相分离。图 8.23(b) 中 C_2 和 C_3 为自由能－组成曲线的拐点，各温度下的拐点对应相图(见图 8.23(c))中的 Spinodal 线。由 Spinodal 线围成的区域称为不稳分解区(Spinodal 区)[132]，分相服从旋节分解机理(Spinodal 分解机理)。

上述分相的热力学理论被广泛采用。但是由于热力学数据的缺乏，目前还无法从热力学角度计算出某个系统的不混溶区。许多专家从不同角度预测分相的倾向，例如从统计热力学方法、化学势法、数学拟合法等，取得了一些有益的结果。早些时候 Scatchard 和 Hildebrand 用正规溶液理论计算分相区，后经多位研究者的修正，与实验结果符合得较好。朗道的“连续相变理论”被用于分相[133]。

8.5.2　玻璃分相的动力学

分相热力学指出了组成的波动将出现两种结果：① 生成微量的更加稳定的新相；② 相的组成和密度发生极微小的涨落。在亚稳区内，分相的机理是亚稳的，只有波动大到足以引起不稳定的核心形成时才能发生分相，核的形成过程与 8.4 节讨论的结晶过程中的成核一样，形成核的必要能量随 $1/(\Delta T)^2$ 迅速下降(ΔT 为过冷度)，核的存在降低了生成新的表面所需要的能量。按成核和生长机理相变理论，一个均相系统中形成新相的过程可分成两个步骤：① 过渡(transient)期，成核速率对时间有大的依赖性；② 稳定(stationary)期，成核速率 I_{st} 为常数。具有这些特点的相变动力学的最一般形式为

$$I(t) = I_{st}\exp(-\tau_I/t) \qquad (8-5-1)$$

其中，I 为成核速率，τ_I 为过渡期的时间(诱导时间)，t 为时间。

新相中心的数目与时间的依从关系为

$$N(t) = \int_0^t I(t')\,dt' \qquad (8-5-2)$$

导时间的表达式为

[132] Spinodal 中文译为旋节线、亚稳界线、拐点。因此 Spinodal 区的分相机理中文出现多个名称，例如调幅分解、不稳定分解、拐点分解、旋节分解等。另外，在液相线以上的不混溶称稳定不混溶区，以下的称介稳不混溶区，都存在这里的亚稳区和 Spinodal 区。

[133] 丁勇，姜中宏．无机材料学报，1989，1(3)：5.

$$\tau_{\mathrm{I}} = \frac{\alpha\eta\delta^5 r^{*2}}{2\sigma v^2} \qquad (8-5-3)$$

其中，α 为常数，η 为切向黏度，δ 是原子迁移量数量级的值，r^* 为临界核半径，v 为每个结构单元的体积，σ 是表面能。又由式(8－4－4)可见，随温度上升，黏度下降，而 r^* 增大。这些因素的共同作用决定了 τ_{I} 存在最小值。核形成后，通过扩散作用长大，其动力学过程与结晶动力学一样。分相速率取决于成核的数目及其分布情况。

如果通过降温使单相熔体接近 Spinodal 线，生成的相具有类似波动的形状。许多作者在实验基础上，得到了在 Spinodal 区内的一定范围内适用的分相动力学经验公式，而目前影响最大的是 Cahn 等导出的动力学公式(称为 Cahn-Hilliard 方程)[134]。Cahn 等[135]认为，Spinodal 区新相形成没有热力学势垒，分解只受扩散控制。

在 Spinodal 区内给定的温度下，$R(\beta)$有临界值 R_c 存在，当波矢值 β 小于临界值 β_c 时，$R(\beta)$为正，反之为负。成分波动分布随时间而变，经一段足够长的时间后，Spinodal 分解的最大速率发生在波数 $\beta=\beta_{\max}$，在该处 $\mathrm{d}R(\beta)/\mathrm{d}\beta=0$，Spinodal 分解将为波长 λ_m(与 β_m 对应)的波动所控制。分相开始时存在连通结构，随着起伏增加，这些本来界限不清的区域逐步明显，两相浓度扩大而成为颗粒。因此不能将连通结构当做 Spinodal 分解的证据。成核密度与体积分数逐渐增大，也能使微滴相连成一些连通的结构[136]。图 8.24 比较了成核生

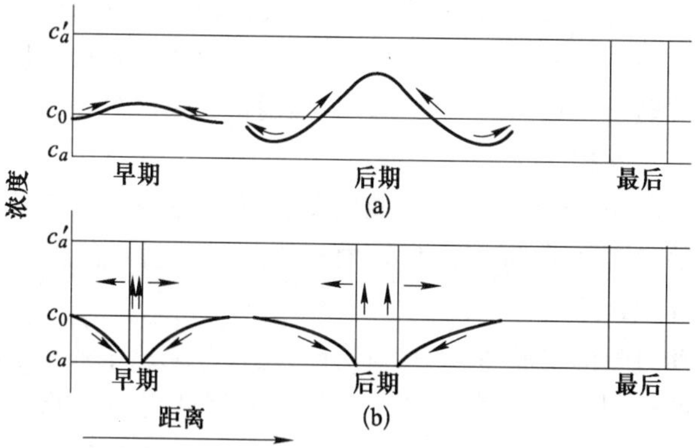

图 8.24 (a) 成核生长和(b) 旋节分解机理之间的浓度变化

[134] (a) Cahn J W, Hilliard J E. J. Chem. Phys., 1958, 28: 258. (b) Zhu J, Chen L Q, Shen J, Tikare V, Onuki A. Phys. Rev. E, 1999, 60: 3564.

[135] http://en.wikipedia.org/wiki/John_W._Cahn.

[136] Haller W. J. Chem. Phys., 1965, 12, 686.

长和旋节分解机理之间的浓度变化。图 8.24(a)表示 Spinodal 区内分相时第二相浓度的变化，相变开始时浓度波动程度很小，但空间范围很大，随着相变的进行，浓度波动程度越来越大，浓度随时间持续变化，直到最终分相。图 8.24(b)表示亚稳区分相时第二相成核－生长的浓度变化。这种分相浓度变化的特点是，开始相变成核时浓度变化程度大，而核所涉及的空间范围小，分相自始至终第二相成分不随时间变化。分相形成的第二相始终有明显的界面，但它是玻璃而不是晶体。表 8.5 总结了两种相变机理的主要差别。

表 8.5　两种相变机理的主要差别[137]

	亚稳	旋节分解
成分	第二相组分不随时间变化	第二相组分随时间连续向两个极端组成变化，直至达到平衡组成
有序	颗粒尺寸和位置在母液中无序	第二相分布在尺寸上和间距上均有规则
界面	在分相开始界面有突变	分相开始界面是弥散的逐渐明显
能量	分相需要位垒	不存在位垒
扩散	正扩散	负扩散
时间	分相所需时间长，动力学障碍大	分相所需时间短，动力学障碍小

分相的显微结构不仅取决于玻璃转变温度范围内的热历史，而且受整个熔化历史，包括周围气氛的影响。因而，溶胶－凝胶法制备的玻璃分相行为可能与熔化制得的玻璃不一定相同，例如，熔化制得的玻璃分相，而溶胶－凝胶法制得的玻璃完全不分相。

Kluge 和 Wiederman 利用不可逆热力学推导出另一套分相动力学公式，并通过电镜观察的证实。Brain 考虑玻璃内部连续应变引起的内应力对分相的影响，扩展了 Spinodal 理论。

玻璃分相动力学的实验研究中，将分相过程分成三个典型过程：波动、扩散和粗化。扩散过程由于非均匀尺寸非常小而复杂得多，原则上可用小角 X 射线衍射(SAXS)和可见光吸收(VLS)研究。电子显微镜是研究粗化的最有效手段。这些研究方法和结果在文献[128]中给出了详细的综述。

[137]　关于分相的形貌，有的文献中认为第二相分离成孤立的球形颗粒形貌的属亚稳机理，而旋节分解机理在 Spinodal 区内则呈有高度连续性的非球形颗粒。但是，由图 8.22 看到事实上不尽然。形貌取决于分离的二相的相对含量。在复杂系统中，由于动力学的原因，多级分相也可能发生(例如，陶瓷中的典型的分相花釉——铁红釉就有多次液相分离现象)，使得分相形貌更为多样。

8.5.3 玻璃分相的本质原因——结构因素

Warren 和 Pincus 最早尝试解释分相原因并定量描述 $MeO-SiO_2$（Me 为金属离子）系统硅酸盐熔体的稳定不混溶的原因。他们认为在熔体中存在未饱和的氧原子或离子以及非桥氧离子，每个金属离子都有与 Si^{4+} 争夺那些相对高负电荷的 O^{2-}，从而屏蔽自己的倾向。阳离子争夺氧的能力可用离子势 Z/r 来描述（Z、r 分别为阳离子的电荷和离子半径）。玻璃形成体一般有较大的离子势，如果网络修饰体也具有大到足以和玻璃形成体争夺未饱和 O^{2-} 的离子势（1.00 ~ 1.40）时，系统就可能分相。换言之，不混溶的趋势大小取决于网络修饰体的离子势，离子势越大，不混溶的倾向越强。用场强 Z/d^2（d 为阴、阳离子间距，Z 为阳离子电荷）能更合适地解释二组分体系的不混溶趋势。对于二元硅酸盐熔体，其临界分相温度 T_c（作为分相趋势的测量）与 Z/d^2 对应，按顺序 K→Na→Ba→Sr→Ca→Mg 增加。

Levin 和 Block 指出了围绕各种阳离子形成的氧多面体构型的重要性。如果多面体的形状和大小都相似，则倾向于互溶，但如差别很大，则不互溶。图 8.25 给出了他们提出的两种构型。构型（b）比构型（a）更有利于阳离子获得必要的氧配位，因为构型（b）中网络外体阳离子为满足配位所需 [SiO_4] 四面体数目只有构型（a）的一半，结构也比较紧密。采取哪种构型，由阳离子与氧之间的静电键强度 Z/CN（Z、CN 分别为阳离子的电荷和配位数）决定。Z/CN 大者采取构型（a），即易于分相，它倾向于在非桥氧多的环境中富集。Kiefer 和 Angell 对 Si – Mn（分相）和 Si – K（不分相）的氧化物系统进行分子动力学的模拟，支持了这个观点。

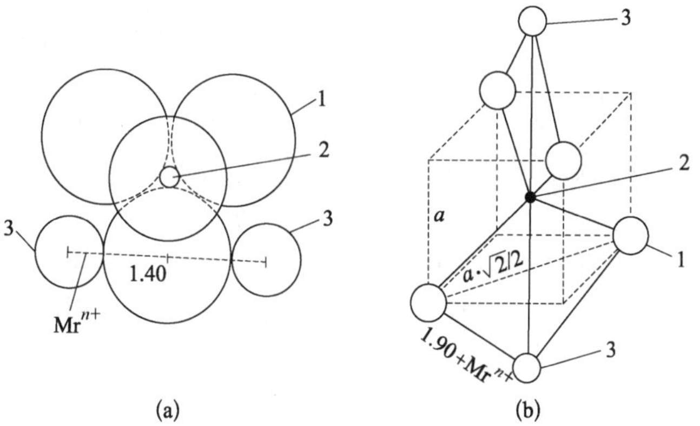

图 8.25 阳离子在由 SiO_2 和 B_2O_3 形成的结构单元附近的排布图

1 表示 O^{2-}；2 表示 B^{3+} 或 Si^{4+}；3 表示 Mr^{n+}

Charles 从分相热力学理论出发，试图选出那些随成分变化而使体系吉布斯自由能变化的因素。他认为，不能忽略桥氧原子在硅原子周围的重新排列所引起的能量变化。SiO_2 熔于碱金属或碱土金属氧化物，可能产生两种热效应：其一是桥氧 O_b 转变为非桥氧 O_{nb}，这一反应是放热的；其二是剩下的桥氧原子仍保持键状态，但为适应溶液中的环境条件而排列情况改变，最可能的变化是 Si—O—Si 夹角的变化。一般是夹角减小，这是吸热过程，而夹角增大则在一定程度上是放热过程。随 SiO_2 添入量的增多，首先是 $O_b \rightarrow O_{nb}$ 放热大于吸热，偏摩尔熔解热 $\Delta H(SiO_2) < 0$，接着金属氧化物引入的游离氧的浓度越来越小，当上述两种效应达到平衡，即 $\Delta H(SiO_2) = 0$ 之后，硅氧聚合程度足够高时，大多数桥氧原子仍存在，由于阳离子库仑力的作用而使 Si—O—Si 键角改变的吸热过程逐渐占优势，$\Delta H(SiO_2) > 0$。这种吸热效应达到一个极大值后就开始下降，一直下降到纯 SiO_2 时的零。极大值的出现位置和大小，取决于 SiO_2 聚合体中对键角变化程度起决定作用的阳离子的静电场强度。如果吸收的热等于或超过混合熵对体系吉布斯自由能的贡献的增加时，就倾向于发生不混溶现象。Charles 进而设想熔体中有孤岛状纯 SiO_2 的三维晶格被金属阳离子所包围（成聚合物），后者对前者施以静压力，使其体积减小。他利用其他作者的数据，计算得到偏摩尔体积的变化约为 0.21%。由此可以认为：聚合物体积只需发生微小变化就足以获得不互溶现象所必需的内能变化。

如上所述，对于不混溶问题的处理，注意力首先集中于金属阳离子与非桥氧或网络外游离氧离子的成键方式上，其他作者也作了类似处理，而 Charles 的模型则已经涉及熔体中聚合结构的范围。另外，有作者则引入复杂组成 $[Si_xO_y]^{n-}$（在 SiO_2 和金属氧化物反应时形成，并互相作用）来解释分相，例如，负离子 $[Si_xO_y]^{n-}$ 间的多种可能引起不混溶的相互作用。

应用有机聚合物溶液不混溶的理论，并考虑到硅酸盐熔体中聚合物间的偶极子相互作用，解释分相。按照有机聚合物溶液理论，设溶液中聚合物分子由 n 个溶剂分子组成，溶剂分子或聚合物（准）分子的结构单位与周围 Z 个其他单位发生作用（例如，通过范德华力），相互作用系数为

$$\gamma = Z(a_{11} + a_{22} - 2a_{12})/2k_BT \qquad (8-5-4)$$

其中，a_{11} 为两个溶剂分子间的相互作用能，a_{22} 为两个聚合物分子间的相互作用能，a_{12} 表示一个溶剂分子和一个聚合物分子间的相互作用能。由相互作用特点决定的溶剂的混合焓变可表达为聚合物体积分数（Φ_2）的函数，即

$$\Delta H_m = \gamma RT\Phi_2 \qquad (8-5-5)$$

根据 $\Delta G = \Delta H - T\Delta S$，只有当 γ 值大于零时，ΔH_m 大于零，ΔG 随组成的变化才可能出现图 8.23(b) 所示的形状，即有可能分相。$\Delta H < 0$，因为 $-T\Delta S < 0$，ΔG 随组成变化的曲线将下凹，而不出现拐点（见图 8.23(a)），结果系统为均

匀相。当 γ 值大于某一临界值 γ_c

$$\gamma_c = \frac{1}{2}\left(1 - \frac{1}{\sqrt{n}}\right) \qquad (8-5-6)$$

时，自由焓变随成分变化的曲线上出现极大值，这是均相混合物中出现不混溶或不稳定区域的特征。Belta 按上述理论计算了 Na_2O-SiO_2 的微分相区域，发现随温度降低，分子量大的聚合物聚合在 SiO_2 含量高的微分相中，而分子量小的聚合物则集中在 SiO_2 含量较低的相中。对于不同聚合度中所含的—O—Na^+偶极子数目，当 SiO_2 的浓度增大，即聚合度增大时，平均每个四面体的偶极子数目减少。Si—O_b 键长缩短，键能(或相互作用能)a_{22}增大，同时 O_{nb}的局部电荷减少，使—O—Na^+偶极子的偶极矩减小，即相互作用能 a_{12}减小。结果是 γ 增大，从而使微分相的倾向增大。

8.5.4 分相对于晶化的影响

许多玻璃在热处理过程中先于晶化的成核和生长就表现出分相现象。一般认为分相通过产生一个比原始玻璃更易析晶的相而有助于随后的析晶。Li_2O-SiO_2 等玻璃能整体析晶，但未发现分相，很明显分相不是产生内部晶化成核的必要条件。一些系统，如 Na_2O-SiO_2 发生分相但没有内部成核。在 $Al_2O_3-SiO_2$ 以及复杂的铝硅酸盐玻璃中，TiO_2 促进先于微晶化的分相，并富集于某一相中，钛酸盐从这一相中晶化并为微晶化提供非均匀成核位，ZrO_2、WO_3、P_2O_5 等作为晶核剂在一些组成中或多或少地引起玻璃分相。Uhlmann 曾讨论了分相影响成核的可能途径：

(1) 液相分离为成核提供一种驱动力，而这是单相液体所不具备的。

(2) 液相分离所产生的界面为晶相的成核提供有利的成核位。

(3) 即使在很大的过冷度下，液相分离中的一相也较母相具有明显的高原子迁移率。

(4) 液相分离使作为晶核剂引入的成分富集于其中一相中，然后晶核剂从液相转变为晶相而起晶核的作用。

综合分析这些可能，可以归为“组成”和“界面”两个范畴。“组成”影响的情况下，晶化成核发生在分相后的某一相中，并由这相的组成决定。例如，分相产生的组成变化可以影响均匀成核的 W' 和 ΔG。“界面”影响的情况下，晶化成核将(由于各种原因)优先在相界面发生，即非均匀成核。

目前，玻璃分相对晶体生长动力学的影响还不是很清楚，研究结果较为复杂，本书不作介绍。

8.6 非晶态固体材料简介

玻璃是典型的非晶态固体，其他的还有非晶态金属、非晶态半导体、非晶硅、非晶态碳等。

8.6.1 玻璃及有控制的晶化材料——微晶玻璃

1. 氧化物玻璃

表 8.6 中给出一些玻璃的组成及其物理性质。其中，钠钙硅玻璃(soda-lime glass)为目前最广泛使用的玻璃。因价格便宜，平板玻璃、瓶罐玻璃等使用这一系统玻璃。Na_2O 的引入量大，熔化温度下降至 1 000 ℃附近，易于加工成型，但引入量过多，使玻璃在水中溶解性增大，故引入 CaO 进行改善。对可见光透明是玻璃最大的特点。一般的玻璃因为制造时加进了碳酸钠，所以波长短于400 nm 的紫外线并不透过。以纯正的二氧化硅制造的玻璃一般称为石英玻璃，成本较高。一般玻璃对于红外线是透过的。利用玻璃对于可见光和红外线的透过和玻璃纤维的全反射原理，可以制作通信用途的光导纤维[138](光纤传输材料)。

玻璃中通常引入其他成分。例如铅玻璃，是在玻璃中加入铅，使玻璃的折射率增大。著名的 Pyrex 玻璃是硼硅酸盐玻璃的典型代表，则是引入硼以改变玻璃的热(低膨胀)、电性质以及玻璃的化学稳定性，常用做仪器玻璃。引入钡也可增加玻璃的折射率。制造光学镜头的玻璃则是加入钍的氧化物来大幅度增加折射率。吸收红外线的玻璃(例如放映机中的隔热玻璃)，可以向玻璃中引入铁。玻璃中引入铈则会吸收紫外线。在玻璃中引入各种金属和金属氧化物可以改变玻璃的颜色，即颜色玻璃。

玻璃的种类繁多，除了上面提到的外，还有汽车风挡玻璃、防弹玻璃用的钢化玻璃、夹层玻璃、夹丝玻璃、导电玻璃、变色玻璃、调光玻璃[139]、激光玻璃、偏光玻璃、封接玻璃等。除了日常生活中能见到玻璃的应用，如食器、白炽灯泡、荧光灯管、保温瓶胆、温度计、镜子等，在现代的应用中，还有液

[138] http://zh.wikipedia.org/wiki/%E5%85%89%E5%B0%8E%E7%BA%96%E7%B6%AD.

[139] Polyvision 隐私玻璃，也称电控液晶玻璃、电控调光玻璃或 PDLC 玻璃，还可称为魔法玻璃或变色玻璃。当电控产品关闭电源时，调光里面的液晶分子会呈现不规则的散布状态，使光线无法射入，让调光玻璃呈现不透明的乳白色外观；通电后，里面的液晶分子呈现整齐排列，光线可以自由穿透，此时电控调光玻璃呈现透明状态。电控调光玻璃最早由肯特州立大学发明，并由美国 Polytronix，Inc. 公司于 1990 年最早实现商业化量产，距今已有 20 年的历史；由于制造成本居高不下，所以，目前大多应用于高档酒店、别墅、各类高级商业场所及各类隐私保护领域等。由于 Polytornix，Inc. 旗下的电控调光玻璃品牌的名称为 Polyvision 隐私玻璃，所以，在业界，Polyvision 也被视为是电控调光玻璃的代名词。

表 8.6 常见玻璃的组成和性质

性质	钠钙硅玻璃（玻璃容器）	硼硅酸盐玻璃（例如 Pyrex）	绝热玻璃	特种光学玻璃	石英玻璃	氧化锗玻璃	硒化锗玻璃
化学组成（质量分数）/%	74 SiO_2, 13 Na_2O, 10.5 CaO, 1.3 Al_2O_3, 0.3 K_2O, 0.2 SO_3, 0.2 MgO, 0.01 TiO_2, 0.04 Fe_2O_3	81 SiO_2, 12.5 B_2O_3, 4 Na_2O, 2.2 Al_2O_3, 0.02 CaO, 0.06 K_2O	63 SiO_2, 16 Na_2O, 8 CaO, 3.3 B_2O_3, 5 Al_2O_3, 3.5MgO, 0.8 K_2O, 0.3 Fe_2O_3, 0.2 SO_3	41.2 SiO_2, 34.1 PbO, 12.4 BaO, 6.3 ZnO, 3.0 K_2O, 2.5 CaO, 0.35 Sb_2O_3, 0.2 As_2O_3	SiO_2	GeO_2	$GeSe_2$
黏度 $\log(\eta, Pa \cdot s) = A + B/(t(℃) - T_0)$	550 ~ 1 450 ℃: $A = -2.309$, $B = 3\ 922$, $T_0 = 291$	550 ~ 1 450 ℃: $A = -2.834$, $B = 6\ 668$, $T_0 = 108$	550 ~ 1 400 ℃: $A = -2.323$, $B = 3\ 232$, $T_0 = 318$	500 ~ 690 ℃: $A = -35.59$, $B = 60\ 930$, $T_0 = -741$	1 140 ~ 2 320 ℃: $A = -7.766$, $B = 27\ 913$, $T_0 = -271.7$	515 ~ 1 540 ℃: $A = -11.044$, $B = 30\ 979$, $T_0 = -837$	
T_g/K	846	809	824	~813	1 413	799 ± 27	668
热膨胀系数/(10^{-6} K^{-1}), 373 ~ 573 K	9	3.5	10	7	0.55	7.3	
密度(293 K)/($g \cdot cm^{-3}$)	2.52	2.235	2.550	3.86	2.203	3.65	4.16
折射率 n_D(293 K)	1.518	1.473	1.531	1.650	1.459	1.608	1.7
色散(293 K), $10^4 \times (n_F - n_C)$	86.7	72.3	89.5	169	67.8	146	

续表

性质	钠钙硅玻璃（玻璃容器）	硼硅酸盐玻璃（例如 Pyrex）	绝热玻璃	特种光学玻璃	石英玻璃	氧化锗玻璃	硒化锗玻璃
弹性模量(293 K)/GPa	72	65	75	67	72	43.3	
剪切模量(293 K)/GPa	29.8	28.2		26.8	31.3		
液相温度/K	1 313	1 343			1 988	1 388	
热容(293 K)/(J·mol^{-1}·K^{-1})	49	50	50	51	44	52	
表面张力(约 1 573 K)/(mJ·m^{-2})	315	370	290				
化学稳定性 ISO 719	3	1	3				

http://en. wikipedia. org/wiki/glass,"High temperature glass melt property database for process modeling"; Eds.: Thomas P. Seward III and Terese Vascott; The American Ceramic Society, Westerville, Ohio, 2005, ISBN 1 – 57498 – 225 – 7.

晶显示器(Liquid Crystal Display, LCD)、阴极射线管显示器、等离子显示器(plasma display panel)、计算机磁盘等。在核废料的处理中玻璃也得到了应用。

利用玻璃的分相现象除了可制得五彩缤纷的陶瓷釉，制备新品种玻璃如多孔玻璃以外，还可以进行重金属的除去。

2. 微晶玻璃

微晶玻璃是20世纪60年代发展起来的新产品，由于实际上它是利用玻璃制作的熔融、成型方法，加之通过控制玻璃的结晶而生产出来的多晶陶瓷，所以也称为玻璃陶瓷。玻璃的熔融、成型比起通常的陶瓷成型方法有很多有利条件，因而工艺上比陶瓷简单。如果玻璃中出现结晶现象(失透或退玻璃化)，就会导致玻璃透明度的降低，这是在传统的玻璃工业中要尽量防止的。而微晶玻璃恰好利用这一现象生产出具有比各种玻璃及传统陶瓷的机械物理性能优越得多的产品。微晶玻璃的特点是结构非常致密，基本上无气孔，在玻璃相的基体上存在着很多非常细小的弥散结晶。还有透明微晶玻璃。

微晶玻璃的制造工艺有两种。其中，一种制造工艺是经过通常的玻璃熔融、成型之后，还要进行两个阶段的热处理：

(1) 在利于成核的温度下(如图8.15中最大成核速率的温度附近)使之产生大量晶核。

(2) 然后再缓慢加热到有利于结晶长大的温度(如图8.15中的最大生长速率的温度附近)保温，使晶核长大，最后冷却。

微晶玻璃中的晶粒尺寸约为1 μm，最小可到0.02 μm(一般无机多晶材料晶粒为2~20 μm)。为了促使微晶形成，在配料中常常加入各种不同的成核剂。

另一种微晶玻璃的制造工艺是玻璃粉末的“烧结法”，可不加入晶核剂。微晶玻璃的原始组成不同，其晶相的种类也不同，例如有β硅灰石、β石英、氟金云母、二硅酸锂等。各种晶相赋予微晶玻璃不同的性能，在上述晶相中，β硅灰石晶相具有建筑微晶玻璃所需的性能，为此常选用 $CaO-Al_2O_3-SiO_2$ 系统为建筑材料的微晶玻璃原始组成系统。微晶玻璃用途也很多，主要有建筑装饰材料，还有低膨胀系数或负膨胀系数的微晶玻璃、生物微晶玻璃等。

8.6.2 非晶态金属

对于金属或合金，由于原子的扩散速率很大，因此一般的冷却速率是无法形成玻璃的。1960年Duwez等发展了一种泼溅淬火(splat quenching)技术，将液滴泼溅在热导率极高的冷板上，使冷却速率高达 10^6 K/s [140]，急冷制成 $Au_{75}Si_{25}$ 非晶合金薄带。自此以后，熔体急冷方法得到进一步改进和发展。而Chen和

[140] Jun W K, Willens R H, Duwez P. Nature, 1960, 187: 869-870.

Polk 在 1970 年制成了塑性的铁基非晶条带，不仅有高强度和韧性，更显示了极佳的磁性。这项发明为非晶合金的工程应用开辟了道路，一项重要的新型工程材料诞生。由于最初非晶态金属是采用从其液体状态直接冷却得到，故又称为非晶态金属或“金属玻璃”、“玻璃态金属”。制备非晶态金属的方法有物理气相沉积法、固相烧结法、离子辐射法、甩带法和机械法。大块金属玻璃(BMG)是一种具有较低冷却速率极限的非晶态金属，所以该种金属合金可以制备出尺度超过 1 mm 的金属片或金属圆柱。

图 8.26 是典型的临界冷却速率、最大玻璃形成厚度与 T_g/T_m(称为约化玻璃转变温度，reduced glass transition temperature)的关系图。T_g/T_m 越小，形成玻璃要求的冷却速率越大，相应地，制品的最大厚度越小。如果将 T_g、T_m 代入“2/3”规则(见图 8.17)，非晶形成能力最大的 Pd－Cu－Ni－P 非晶合金却在直线下部而偏离线性直线关系，这说明“2/3”规则不可推广至金属玻璃形成中，影响非晶态形成的因素是复杂的。非晶态形成的判定依据也是非晶成分设计的依据：

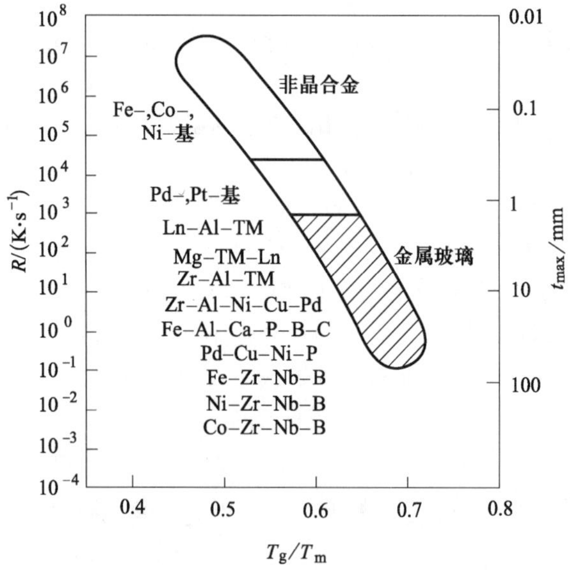

图 8.26　典型的非晶合金的临界冷却速率 R、
最大玻璃形成厚度 t_{max} 与 T_g/T_m 间的关系

① Turnbull 提出的约化玻璃转变温度。一般大块非晶的约化转变温度都大于 0.56。

② Davis 的共晶线准则。认为共晶线的谷底是最容易形成非晶的区域。

③ 井上明久的 BMG 形成的经验规则。(a) 合金系至少含两个以上的组分；(b) 主要组分间的原子半径比应大于 12%；(c) 组分元素间存在大的负混合热，化合物在能量上是稳定的。

非晶合金材料与普通晶态金属材料相比，在力学、物理学、化学性质和机械性能等方面都发生了显著变化。其新的奇异性能主要表现在以下几方面：

(1) 非晶合金具有比普通金属更高的强度，例如 Fe－Si－B 合金。有的研究者认为位错是具有周期性点阵结构的晶体中的一种特有缺陷，在非周期性构造的非晶合金中不应存在位错。在非晶合金中不存在普通金属中存在的晶界，非晶合金的高强度可能与此有关。

(2) 一般具有高的电阻率和小的电阻温度系数，有些非晶合金如 Nb－Si－B、Mo－Si－B、Ti－Ni－Si 等，在低于其临界转变温度可具有超导电性。目前非晶合金最令人瞩目的是其具有优良的磁学性能，包括软磁性能和硬磁性能。非晶合金是理想的软磁材料，其软磁特性明显地优于现在广泛使用的普通软磁合金。含铁和钴等元素的非晶合金有特别的矫顽力，很容易磁化或退磁，且涡流损失少，是极佳的软磁材料。其中代表性的是 Fe－Si－B 合金。

(3) 非晶合金比普通金属具有更强的耐化学腐蚀能力。例如，Ni－P 非晶合金在硝酸中耐腐蚀性能是纯 Ni 的 1 000 倍。不锈钢在盐酸溶液中会发生晶界腐蚀，并出现坑蚀，但非晶合金在盐酸溶液中几乎完全不被腐蚀。代表性材料为 Fe－Cr－P－C 化合物。

进一步阅读的参考书

[1] 作花济夫．玻璃非晶态科学[M]．蒋幼梅，钱钧，武忠仁，等译．李家治，校．北京：中国建筑工业出版社，1986.

[2] 泽仑 R. 非晶态固体物理学[M]．黄昀，等译．章立源，校．北京：北京大学出版社，1998.

[3] 杨久俊．无机材料科学[M]．郑州：郑州大学出版社，2009 .

[4] 季惠明．无机材料化学[M]．天津：天津大学出版社，2007.

[5] 靳正国，郭瑞松，师春生，等．材料科学基础(修订版)[M]．天津：天津大学出版社，2008.

[6] 干福熹．现代玻璃科学技术(上册)[M]．上海：上海科学技术出版社，1988.

[7] 干福熹．现代玻璃科学技术(下册)——特种玻璃与工艺[M]．上海：上海科学技术出版社，1990.

[8] 舒尔兹 H. 玻璃的本质结构和性质[M]．黄照柏，译，北京：中国建筑工业出版

社，1984 .
[9]　赵彦钊，殷海荣．玻璃工艺学[M]. 北京：化学工业出版社，2006.
[10]　中国知网，http：//www1. chkd. cnki. net/kns50/XSearch. aspx? Key Word = % E7% 8E% BB% E7% 92% 83% E7% BB% 93% E6% 9E% 84.
[11]　ZALLEN R. The Physics of Amourphous Solids [M]. Weinheim：John Wilet & Sons，1983.
[12]　ELLIOTT S R. Physics of Amorphous Materials [M]. 2nd ed. Michigan：Longman Scientific & Technical，1990.
[13]　CUSACK N. The Physics of Structurally Disordered Matter：An Introduction [M]. Michigan：Hilger in association with the University of Sussex Press，1987.
[14]　MARCH N H，STREET R A，TOSI M P. Amorphous Solids and the Liquid State[M]. California：Plenum Press，1985.
[15]　ADLER D A，SCHWARTZ B B，STEELE M C. Physical Properties of Amorphous Materials. [s. l.]：Springer，1985.
[16]　INOUE A，HASIMOTO K. Amorphous and Nanocrystalline Materials. [s. l.]：Springer，1985.

思考题

1. 如何区别熔体和固溶体?

2. 何谓玻璃转化温度，其物理意义是什么? 是不是所有的熔体到固体时都有这个温度或温度区?

3. 非晶态固体和晶态固体的结构从近程、长程考虑有什么不同? 若从中程角度考虑，又有什么不同?

4. 原子分布有序性和均匀性有什么意义? 试从这两个角度考察连续无规则网络学说模型。

5. 非晶态固体主要有哪些相变? 各有什么特点?

6. 分相的成核生长与结晶的成核生长有什么异同?

7. 莱顿弗罗斯特(Leidenfrost)效应(1756 年发现)是指液体不会润湿炙热(金属)表面，而仅仅在其上形成一个蒸气层的现象。试根据成核理论解释。

8. 可以直接将非晶态固体看做是过冷液体吗? 为什么?

9. 从热力学和动力学考察退玻璃化问题。

10. 试将玻璃态的晶子学说用于解释金属玻璃的结构。

第9章

无机固体材料的合成与制备

9.1 概述

无机固体材料的合成与制备包含两层意思：一是无机固体化合物的合成，二是无机材料的制备。对于前者，涉及无机固体反应和无机固体合成技术；后者更多的是围绕薄膜、烧结体、单晶等具有一定形态的材料的制备及其物理性能的展开。由于无机材料的制备在很多情况下是与无机固体反应同时进行；换言之，无机固体反应产物的形态有时就是工程材料的使用形态，因此两者既有联系又有区别，不可截然分开。本书重点关注无机固体反应和合成技术，同时也介绍各种材料形态的制备方法和原理。

9.1.1 固态反应的类型

固态反应狭义定义为由固态反应物生成固态产物的反应过程，而不管反应过程中间是否有非固态出现。广义固态反应的定义为凡有固体物质参加的反应都是固态反应。这个定义不仅包括了固－固反应，也包括了固－气、固－液、固体表面反应和固态电化学，固相转变，固态烧结，固态分解，气相沉积等。上述固态反应的一个特点就是非均相反应，即反应体系是一个多相体系。因此固态反应既与固体所特有的结构和物质的性质有关，又与反应体系的不均匀性以及物质的扩散有关。

有液相或气相参加的反应是经常遇到的。就是在纯固体反应中，有时也会有气相或液相出现。例如，晶体内部少数结构基元可能具有较大的能量，致使发生局部反应，放出的热量又会局部加热反应物，使局部温度上升，达到低共熔点而出现液相。在高温，固体的蒸气压升高，出现气相，更易于理解。反应中出现液相或气相，会影响固态反应进程。因此，从广义上来说，气化、升华、多形型相转变、固态烧结、气相沉积等物理变化也属于固体化学范畴。

当反应体系为液相或气相时，由于反应物可以发生原子水平的混合，即反应物是均相，在反应体系的整个区域中，反应的进行是均匀的，因此反应速率可以用质量作用定律描述，生成物转化率只与时间有关，而与体系的空间坐标无关。如果反应物为固相，就不可能发生均相反应，物质在两相界面间的传输涉及物质的扩散，固体反应的速率既与时间有关，又与物质的空间坐标有关。常规的固相合成为高温扩散控制反应。随着特种合成实验技术及理论化学等的发展和实际应用方面的需求，目前已从常规的合成方法发展到对特定结构和特殊性能无机材料的定向设计合成和制备，发展了众多特种条件下的合成方法。

1. 高温合成

这是传统的固体化合物合成方法，最初用于制备陶瓷而称为制陶法。固相反应的起始温度通常相当于开始扩散的温度，远低于反应物的熔融温度或系统的低共熔温度。对于氧化物和盐类，反应温度为 60% ~90% 的熔点。传统获得高温的方法是使用各种高温电阻炉，加热温度可达到 1 273 ~3 273 K。现代获得高温的方法还有：聚焦炉，温度在 4 000 ~6 000 K；闪光放电灯，温度达 4 273 K 以上；等离子体电弧，温度在 2×10^4 K；激光，温度在 10^5 ~10^6 K；原子核的分裂核聚变，温度达 10^6 ~10^9 K；高能粒子，温度达 10^{10} ~10^{14} K。

等离子体合成也称放电合成，是利用等离子体的特殊性质进行化学合成的一种技术。等离子体一般分为两类：

（1）高压平衡等离子体也称热等离子体、高温等离子体。获得热等离子体的方法主要有直流或交流的各种高强度电弧放电、高频电感耦合放电、高频电容耦合放电，温度可达 6 000 ~10 000 K。

（2）低压非平衡等离子体也称冷等离子体、低温等离子体。获得低温等离子体的方法主要靠低气压下放电的办法获得，如辉光放电、微波诱导放电、电容耦合微波放电等。

传统的无机功能材料和化合物，如各类复合氧化物、含氧酸盐类、二元或多元金属、陶瓷化合物等许多都是通过 1 273 ~1 773 K 间固相反应合成的。现代先进陶瓷的合成需要更高的温度。

2. 软化学合成

传统的固体化合物应用领域涉及陶瓷、硅酸盐、半导体及铁氧体的材料科学，因此传统的合成方法为高温、高压的合成条件。但是随着功能材料、先进材料的发展，材料合成也更加注重在温和条件下合成具有特定性质和形态的化学方法。所谓传统的化学方法都是在较为温和的条件下进行的，相对于传统材料合成方法，称之为"软化学合成"，而将高温、高压等极端合成条件称为"硬化学合成"。软化学合成的内容很多，而且也在不断发展。目前主要涉及前驱体法、溶胶－凝胶法、微乳液法、局部化学离子交换法、局部化学氧化还原法等。每种合成方法还涉及许多不同的化学途径，这些细节将在有关内容中结合实例介绍。软化学合成能够弥补硬化学合成的不足，能够控制固体产物的形态，例如，纳米颗粒、薄膜，控制晶体形貌。软化学法可以合成介稳态的中间化合物、多孔化合物和插层化合物。利用化学方法合成材料，就要涉及配位化学、胶体化学等学科；使用有机溶剂、有机试剂或表面活性剂等化学试剂。因此随着材料科学的发展，有机化学和高分子化学在无机固体材料的合成和制备中的应用会越来越广泛。

3. 水热合成

该方法是在一定温度下的密闭体系中，以水为溶剂，在水的自生压力下，原始混合物进行反应的过程。通常在不锈钢反应釜中进行。水热合成法按照反应温度分为低温低压水热合成(373 K 以下)、中温中压水热合成(373 ~ 573 K)和高温高压水热合成(>573 K，0.3 GPa)。溶剂热合成是模仿水热合成的方式，以非水溶剂为介质在一定温度下的密封容器中进行的非均相反应。

4. 高压合成

高压合成是利用外加的高压力，使物质产生多型相转变或不同物质间的化合而得到新相、新化合物或新材料的方法。为了保持生成物的高压状态，通常的高压合成都同时采取高温。目前通常所采用的高压固态反应的压力范围从1 GPa 到几十 GPa 或几百 GPa。静高压通常采取油压机作为动力，推动高压装置中的高压构件挤压样品，或者向体系中加注高压水产生静高压。微型金刚石对顶砧高压装置可产生几十 GPa 到三百多 GPa 的静高压。利用强放电、爆炸等产生的强冲击波在 μs 和 ps 量级的瞬间以很高的速度作用到物体上，可使物体内部压力达到几十 GPa 以上，甚至上千 GPa，同时伴随着骤然升温。

在高压合成的物相比大气压下合成的物相有更高的密度，有时会产生独特的高配位数。表 9.1 列出了一些化合物在常压与高压下的结构特点。

表 9.1　一些化合物的常压相和高压相

化合物分子式	常压结构和阳、阴离子配位数	转变条件		高压结构和阳、阴离子配位数
		p/100 MPa	T/K	
C	石墨 3	130	3 273	金刚石 4
CdS	纤锌矿 4:4	30	293	岩盐 6:6
KCl	岩盐 6:6	20	293	CSCl 8:8
SiO_2	石英 2:4	120	1 473	金红石 3:6
Li_2MoO_4	硅铍石 4:4:3	10	673	尖晶石 6:4:4
$NaAlO_2$	有序纤锌矿 4:4:4	40	673	有序岩盐 6:6:6

高压下一些异常的离子价态变得稳定。例如，在高氧压气氛下，可以合成具有 Cu^{3+} 的 $LaCuO_3$。高压下获得的异常高价态离子还有 Cr^{4+}、Cr^{5+}、Ni^{3+} 和 Fe^{4+}。在高压还原气氛下，一些异常的低价态离子也会稳定存在，例如，在钙钛矿氧化物$(Sr, Ba)_{1-x}Eu_xTiO_3$ 中观察到压致稀土元素由 Eu^{3+} 到 Eu^{2+} 的变价和混合价的存在。高压合成在工业上的重要成果是制备了金刚石和立方氮化硼。

5. 真空条件下的合成

真空包括 10^{-12} ~ 10^{-5} Pa 压强范围，产生真空的装置有水泵、机械泵、扩散泵、冷凝泵、吸气剂离子泵、齿轮分子泵等。真空条件下的化学气相沉积是指气态物质在同一固体表面上进行化学反应生成固态沉积物的过程，是近些年发展起来的一种合成无机材料的新技术。例如化学气相沉积硅、金属或陶瓷。

6. 电化学合成

热能是推动化学反应最常用的能量形式，电化学合成是以电能控制和推动化学反应的方法。很多电池的电极材料是插层化合物，是使用电化学法制备的。

9.1.2　固态反应的机理

固态反应是非均相反应，因此与熟悉的均相反应有很大的差别。主要表现在：

（1）反应物不能以原子程度混合，反应时除了固体化学键的断裂和重建以外，还需要固态物质彼此的扩散与渗透，所以空间坐标比反应物浓度更重要。

（2）固态反应一般在界面上进行，因此晶体的形状、结构、表面及内部缺陷对反应影响很大。

（3）固态反应过程由复杂的晶核形成的化学过程和晶核成长及扩散的物理过程构成，反应机理复杂。

在典型的固态反应中，通常有三个步骤：

（1）扩散传质，即反应物扩散到相界面上。

（2）相界面反应，反应物在相界面接触并发生化学反应生成产物。

（3）晶核形成及增长。

刚生成的产物是无定型的，通过结构基元的位移和重排而形成产物晶体。以上每一步骤都有一个活化能，活化能越高，反应速度越慢，固态反应的速度由最大活化能的步骤决定，这一步骤称为定速步骤。由于步骤(2)和(3)在第5章已有介绍，本节重点介绍扩散传质的机理。

1. 固体中的扩散

扩散是由于体系内存在化学势梯度或电化学势梯度而发生的原子或离子的定向流动和互相混合的过程。在任何物质中无论处于何种聚集状态，均能观察到原子或分子的扩散活动。例如，在高达约1 073 K的高温，NaCl的电导率为1 mS · cm^{-1}。已知电导率 $\sigma = neu$，其中，u 为载流子的迁移率，在这里载流子为 Na^+ 空位。因此，高温下NaCl的电导率是在电场梯度下离子扩散的表现。

另一个在浓度梯度下扩散的例子是在高温下的退火现象。例如，用纯铜将一块Cu－Zn合金包裹起来，在它们之间用钼丝作上标志，如图9.1所示。退火后钼丝间的距离比初始时缩短了。钼丝的移动是由于单位时间内Zn从Cu－Zn合金向纯铜扩散的原子数大于纯铜向合金中扩散的原子数，即铜和锌相向扩散的束流不相等所致。以上两例都说明了扩散的事实，扩散的结果是使体系的化学势能或电化学势能趋于相等，体系的组分浓度趋于平衡。

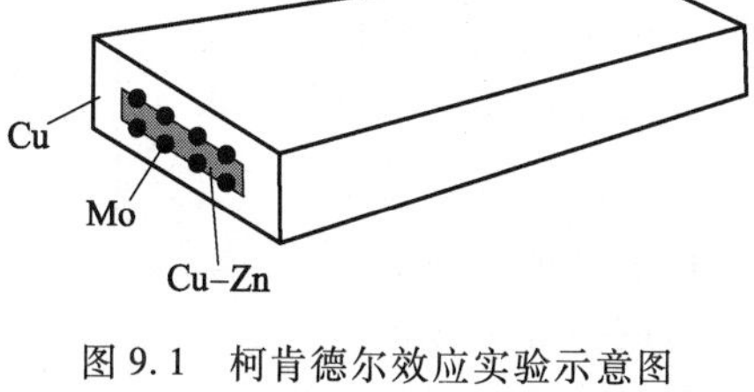

图9.1 柯肯德尔效应实验示意图

2. Fick第一定律

Fick第一定律是描述不均匀体系物质流扩散的规律性的基本公式，扩散速率公式为

$$\mathrm{d}m/\mathrm{d}t = J = -D(\mathrm{d}c/\mathrm{d}x) \qquad (9-1-1)$$

式中，$\mathrm{d}m/\mathrm{d}t$ 为单位时间内通过单位截面的物质的量，量纲是 mol · cm^{-2} · s^{-1}；$\mathrm{d}c/\mathrm{d}x$ 为沿 x 方向的浓度梯度，量纲是(mol · cm^{-3}) · cm^{-1} = mol · cm^{-2}；D 为比例常数，为扩散系数，量纲是 cm^2 · s^{-1}。式中的负号表示扩散的方向是

朝着减小浓度梯度的方向进行。

D 在 293 ~ 1 773 K 温度范围内的值在 10^{-20} ~ 10^{-4} $cm^2 \cdot s^{-1}$ 范围内。D 是物质的特征值，反映了物质的结构、物性并提供了扩散机理的关键信息。测定扩散系数是固体扩散研究工作的中心工作。

在结构完善的晶体中，扩散是难以进行的。但是根据热力学原理，在 0 K 以上，任何晶体都含有一定浓度的缺陷。原子在固体内部的扩散就是以缺陷为媒介进行的。从理论上可以证明，在没有浓度梯度的自扩散体系中晶体组分 i 的化学势 μ_i 的局域变化就是扩散的推动力。

3. 扩散系数与温度的关系

实验表明，扩散系数与温度的关系为

$$D = D_0 \exp[-Q/(RT)] \qquad (9-1-2)$$

式中，D_0 为扩散的实验频率因子，Q 为扩散的实验活化能($kJ \cdot mol^{-1}$)。

一般情况下，$Q = 125 \sim 135\ kJ \cdot mol^{-1}$，相当于 1 ~ 2 eV。根据式(9－1－1)和式(9－1－2)可知，温度 T 越高，扩散系数 D 越大，则扩散速率 J 越大。以 $\ln D$ 对 $1/T$ 作图，得到线性关系，斜率为扩散活化能 Q 值，与 $\ln D$ 轴的截距为实验频率因子 $\ln D_0$。

图 9.2 为 NaCl 单晶中 Na^+ 的自扩散系数与温度的关系，曲线可以分成两部分，由两条不同斜率的直线相交组成，表明在不同的温度区间，物质是不同的扩散机理占优势，因此不同扩散机理的实验频率因子 D_0 与扩散活化能不同。在低温区的自扩散主要是由于晶体中的杂质缺陷生成的空位缺陷的迁移。因此这条直线的斜率为空位缺陷的迁移能 E_m，纵轴的截距为杂质浓度决定的空位浓度的对数。在高温区，本征肖特基缺陷成为晶体中的主要缺陷，电导率曲线的斜率对应于肖特基空位缺陷的生成能和迁移能($E_f/2 + E_m$)，纵轴的截距为肖特基空位缺陷和杂质缺陷生成的空位缺陷浓度之和的对数。因此高温区的活化能和频率因子都比低温区的大。

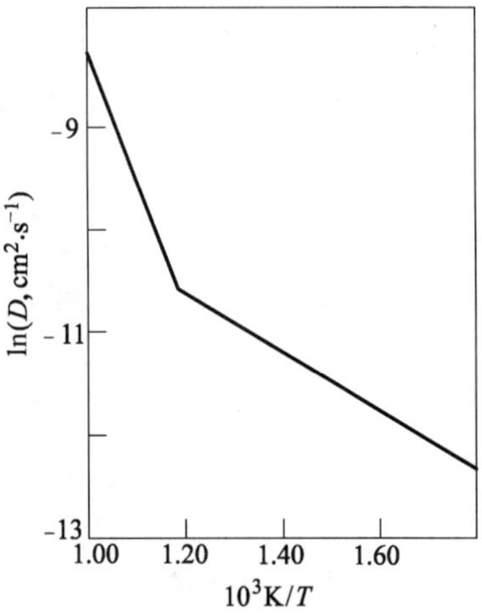

图 9.2　NaCl 单晶中 Na^+ 的自扩散系数与温度的关系[141]

[141]　Mapother D, Crooks H N, Maurer B. J. Chem. Phys., 1950, 18: 1231.

4. 扩散机理与扩散活化能

1）扩散机理

在实际晶体中存在着各种点缺陷、位错缺陷等。扩散可以以这些缺陷为媒介进行。在多晶体中，不同方向的晶粒聚集在一起，构成大量的晶粒间界和微晶表面。原子的扩散也可以沿着这些晶粒间界、微晶表面进行。通过点缺陷进行的扩散称为体扩散；沿着位错缺陷、晶粒间界、微晶表面进行的扩散称为短程扩散。

（1）体扩散是以点缺陷为媒介，以原子的热运动为推动力进行的无规行走。原子运动的不同途径产生了不同的扩散机理，几种体扩散机理图示于图9.3中。

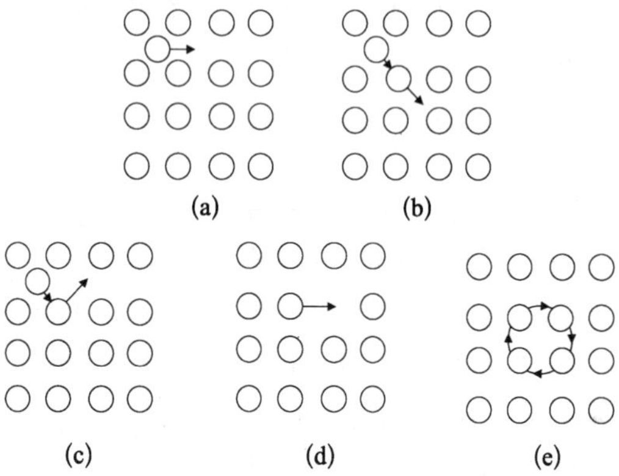

图 9.3　体扩散机理：（a）直接间隙扩散；（b）间接直线间隙扩散；（c）间接非直线间隙扩散；（d）空位扩散；（e）环形扩散

图9.3(a)为直接间隙扩散，处于间隙位置的杂质原子可以从一个间隙直接地跳到相邻的另一个间隙位置上。这样的位移并不需要改变晶格结点上其他结构基元的排列。由于在移动时填隙缺陷总要挤过相邻原子构成的狭窄的“窗口”，因而会使晶格发生变形。填隙缺陷原子半径越小，“窗口”越大，这种扩散活化能越低，反之会越高。例如，Fe－C 体系中的 C 原子在 α－Fe 或 γ－Fe 基质中的扩散。

图9.3(b)、(c)分别表示了间接直线间隙扩散和间接非直线间隙扩散机理。这两种机理都是处于间隙位置的填隙缺陷原子把相邻的基质原子推到间隙，自己取而代之地占据格位的位置。AgCl 中 Ag^{+} 的扩散和 UO_{2+x} 中 O^{2-} 的扩散都属于这种间接间隙扩散机理。

图9.3(d)表示空位扩散机理。空位扩散机理是以空位为媒介而进行的扩散，空位周围相邻的原子跃入空位，该原子原有的格位就成了新的空位。与这

个新空位相邻的原子再跃入这个空位，依次类推，就形成了空位在晶格中无规的行走；而原子则沿着空位运动相反的方向也作无规的行走，从而发生原子的扩散。例如在高温，NaCl 的离子电导就属于这种空位扩散机理。

图 9.3(e)表示环形扩散机理。在密堆积的晶格中，两个相邻的原子同时互相地调换位置。例如，在 $CaO-Al_2O_3-SiO_2$ 体系中的扩散就是按照这种机理进行的。

(2) 短程扩散是以结构缺陷为媒介的扩散。晶界扩散是物质沿晶界的扩散，表面扩散是物质在固体沿表面方向的扩散，位错扩散是物质沿位错线的扩散。

2) 扩散的实验活化能

以 NaCl 晶体的空位扩散为例，理解扩散活化能的本质。

图 9.4 给出了 NaCl 的 1/8 晶胞。这是一个 Na^+ 和一个 Cl^- 处于交替顶角位置的简单立方体。

如图 9.4 所示，有一个角上的 Na^+ 要占据另一个角上的 Na^+ 的空位。根据 NaCl 的晶胞参数 $a=564$ pm，可以计算出由 Cl1、Cl2 和 Cl3 构成的三角形窗口的半径为 45 pm，位于立方体心的空隙位置的半径为 59 pm。由此可见，在 NaCl 晶体中 Na^+ 的跳跃是一个困难而复杂的过程。首先，Na^+ 必须挤过一个半径为 45 pm 的狭小的三角形缝隙，然后再置身于半径为 59 pm 的四面体空隙位置。在这个位置，有两个相距很近的 Na^+，因此势能很高。填隙离子很快地又挤过另一个由 Cl1、Cl2 和 Cl4 组成的、半径为 45 pm 的狭小的三角形缝隙，才能够到达对面的八面体空位。可见 Na^+ 的迁移确实需要很大的活化能来克服迁移途中的势垒，如图 9.5(a)所示。

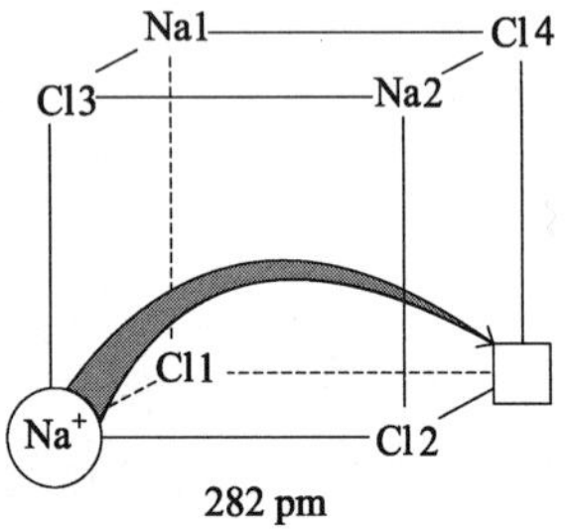

图 9.4　Na^+ 在 NaCl 晶格中的迁移

实验测定，NaCl 的阳离子迁移活化能为 0.65 ~ 0.85 eV，阴离子迁移活化能为 0.90 ~ 1.10 eV。

图 9.5(c)相当于间隙扩散机理的势能曲线，例如 AgCl 的间隙扩散机理过程。由于在 AgCl 晶体中主要存在弗仑克尔缺陷，Ag^+ 处于间隙位置。这个位置上的离子处于亚稳态，具有较高的势能。间隙离子从一个亚稳态迁移到另一个亚稳态，只需要再吸收较少的活化能。因此 AgCl 中，间隙 Ag^+ 的扩散活化能只有 0.05 ~ 0.16 eV。可见不同的扩散机理其扩散活化能的差别很大。

在同一体系中，在不同的温度区间，原子会以不同的机理进行扩散。一般来说，晶格体相中的扩散原子受到晶格场的束缚，扩散活化能都比较大。在晶

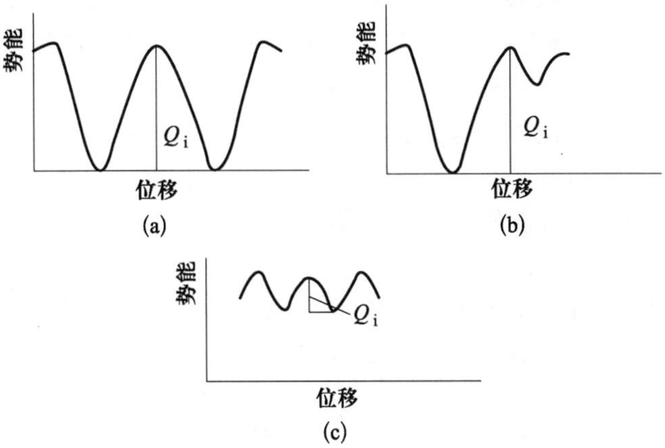

图 9.5 原子迁移的势垒。(a) 从一个格位到相邻的另一个格位；(b) 从一个格位到相邻的另一个间隙；(c) 从一个间隙到相邻的另一个间隙

体的位错缺陷、晶粒间界和表面上，是结构组分活动剧烈的地方，晶体场对扩散原子的束缚相对较弱，固体的表面有未饱和的剩余价键，这一切都使扩散原子有较高的势能，因此有较小的扩散活化能。

图 9.6 给出金属银中各类扩散的扩散系数随温度的变化。各类扩散的活化能(kJ/mol)：Q_b(体扩散)为 192.5，Q_g(晶界扩散)为 84.6，Q_s(表面扩散)为 43.1。另据报道，银的位错扩散活化能为 82.4 kJ/mol。可以预期，位错扩散系数 D_d 应大于晶界扩散系数。因此在较低的温度，扩散系数乃至扩散速度的顺序应为

$$D_b < D_g < D_d < D_s, \quad J_b < J_g < J_d < J_s \tag{9-1-3}$$

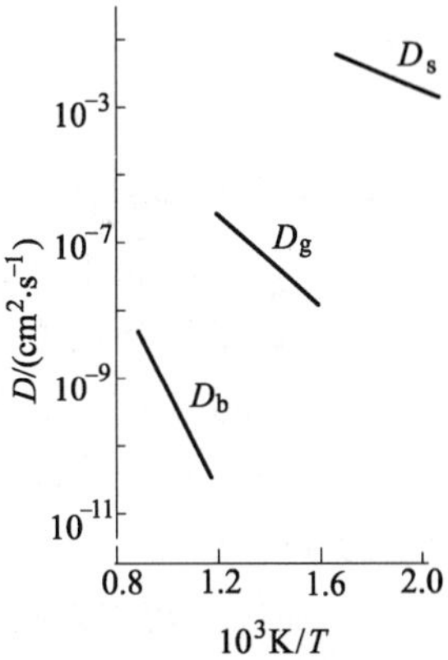

图 9.6 银的扩散系数：D_b 为体扩散，D_g 为晶界扩散，D_s 为表面扩散

在低温下，表面扩散、位错扩散和晶界扩散占优势，但随着温度升高，体扩散的影响越来越大。粉碎能使晶体的比表面增大，促使一部分物质从体扩散转变为表面扩散，因而加速扩散的进行。

5. 影响固体扩散的因素

1) 温度的影响

由扩散系数的一般表达式(见式(9-1-2))可知，扩散系数与温度呈指数关系。温度越高，扩散系数越大，越容易迁移。扩散活化能 Q 值越大，温度

对扩散系数的影响越敏感。升、降温的热过程也对扩散系数有影响，例如，硅酸盐玻璃中的 Na^+、K^+、Ca^{2+} 在玻璃中的扩散系数随玻璃的热历史有明显的差别。在急冷的玻璃中扩散系数一般高于同成分充分退火的玻璃中的扩散系数，这可能与玻璃中网络结构疏密程度有关。对于晶体材料，温度和热历史对扩散也可以引起类似的影响。如晶体被淬火时，高温时出现的高浓度空位缺陷在低温下保留下来，并在较低温度范围内显示出本征扩散。

2）组成的影响

当扩散体系中存在两种或两种以上扩散物质时，它们将同时扩散，对体系扩散总的贡献可用互扩散系数 $\tilde{D}$ 表示：

$$\tilde{D} = x_2 D_1 + x_1 D_2 \tag{9-1-4}$$

其中，x_1、x_2 分别为两个扩散物种的摩尔分数，D_1、D_2 分别为两个扩散物种的自扩散系数。在大多数实际固体中，往往具有多种化学组成，物质的扩散并不局限于一种原子或离子的迁移，而是两种或两种以上离子或原子迁移的集体行为，用互扩散系数(见式(9-1-4))表示，因此固体的化学组成影响固体的扩散速率。对于离子化合物的固溶体，不能直接使用式(9-1-4)，而应进一步考虑体系电中性等复杂因素。

3）化学键的影响

构成晶体的化学键性质不同，扩散系数也不同。空位扩散机制的自扩散活化能由空位形成能和原子迁移能构成，故活化能常随材料熔点的升高而升高。但当间隙原子比格点原子小很多或晶体结构很开放时，例如 H、C、N、O 在金属中的扩散和萤石结构中阴离子的扩散，间隙机制占优势，原子迁移能与材料熔点没有关系。共价键对空位的迁移有较大的影响，例如，Ge 的自扩散活化能为289 $kJ \cdot mol^{-1}$，而 Ag 的自扩散活化能却只有 184 $kJ \cdot mol^{-1}$。

4）晶体结构的影响

一般情况下，密堆积结构中的扩散比在非密堆积结构中的要慢，例如，在 1 183 K 时，$\alpha-Fe$ 的自扩散系数为 $\gamma-Fe$ 的 280 倍。溶质原子在不同晶体结构固溶体中的扩散系数也不相同，例如 1 183 K 时，碳在 $\alpha-Fe$ 中的扩散系数约为在 $\gamma-Fe$ 中的 100 倍。间隙固溶体中的扩散活化能比置换固溶体中的小。各向异性的晶体中的原子扩散也是各向异性的，例如，在 538 K，对称性很低的菱形铋金属中，沿菱形晶轴 C 方向的自扩散系数比垂直方向的自扩散系数低 100 万倍。对于多晶材料，短程扩散系数要比体扩散系数大。

5）杂质的影响

利用杂质对扩散的影响是人们改善扩散的主要途径。一般而言，高价阳离子的引入可造成晶格中出现阳离子空位并产生晶格畸变，从而使阳离子的扩散系数增大。当杂质含量增加时，非本征扩散与本征扩散温度转折点升高。这表明较高温度时杂质扩散仍超过本征扩散。但是杂质对扩散的影响还必须考虑晶体结构与缺陷的缔合、晶格畸变等众多因素，情况较为复杂。

6. 固体间的其他传质机理

在高温反应过程中，也经常发生有气相或液相参加的传质过程。以在 1 273 ~ 2 223 K 发生的碳热还原反应为例，在该反应过程中，有气相的低价氧化物参与了反应。图 9.7 表示了在反应中发生的传质过程，式(9－1－5) ~ 式(9－1－8)是高温下发生的反应。

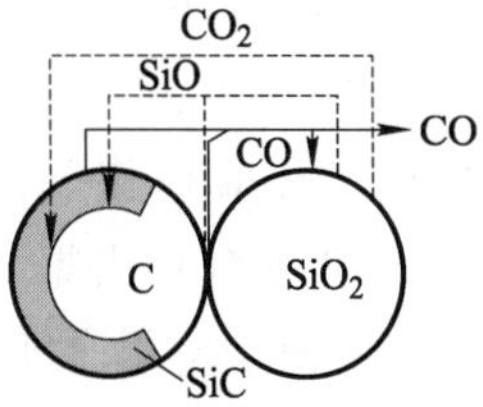

图 9.7 高温制备 SiC 的传质机理

$$C(s)+SiO_2(s)\longrightarrow SiO(g)+CO(g) \qquad (9-1-5)$$

$$SiO_2(s)+CO(g)\longrightarrow SiO(g)+CO_2(g) \qquad (9-1-6)$$

$$C(s)+CO_2(g)\longrightarrow 2CO(g) \qquad (9-1-7)$$

$$2C(s)+SiO(g)\longrightarrow SiC(s)+CO(g) \qquad (9-1-8)$$

在 1 850 K，在碳和 SiO_2 的接触点，发生式(9－1－5)所示的反应，生成了气相的 SiO 和 CO；CO 作为碳源的传质气体，与 SiO_2 反应，生成气体产物 SiO 和 CO_2，在 SiO_2 反应物表面不生成产物层。气相的 SiO 作为硅源的传质气体，在 C 表面发生式(9－1－8)所示的反应，生成 SiC 固体产物层。随着固体产物层厚度的增加和反应物接触点的消耗，反应速率逐渐减慢。

除了碳化物以外，硼化物，氮化物也通过碳热还原法合成。在反应机理中也产生气体状态的低氧化物 $B_2O_2(g)$、$Al_2O(g)$参与传质过程。在不同的反应温度，合成 B_4C 的反应机理发生变化。在低于 1 973 K，有熔体 $B_2O_3(l)$参加，传质过程为

$$7C(s)+2B_2O_3(l)\longrightarrow B_4C(s)+6CO(g) \qquad (9-1-9)$$

温度高于 1 973 K，有气体 $B_2O_2(g)$参加，传质过程为

$$5C(s)+2B_2O_2(g)\longrightarrow B_4C(s)+4CO(g) \qquad (9-1-10)$$

9.2 高温固相反应

传统的高温固相反应目前仍然是最经济、最常用的固体合成方法。用于合成固体化合物的高温固相反应不但要求反应本身必须是热力学上自发的反应，而且要求在设定的反应温度下，反应具有一定的速率，反应能够实际发生。以 MgO 和 Al_2O_3 为原料合成 $MgAl_2O_4$ 尖晶石为例分析合成反应的机理。

9.2.1　成核和长大

尖晶石 $MgAl_2O_4$ 和反应物 MgO 及 Al_2O_3 的晶体结构有相似性和相异性。在 MgO 和 $MgAl_2O_4$ 中，O^{2-} 均为立方密堆积排列。而在 Al_2O_3 中，O^{2-} 为畸变的六方密堆积排列。Al^{3+} 在 Al_2O_3 和 $MgAl_2O_4$ 中，均占据八面体格位，而 Mg^{2+} 在 MgO 中占据八面体格位，在 $MgAl_2O_4$ 中却占据四面体格位。

即使是使用研细的粉末为原料，原料的颗粒也处于微米量级，达不到分子级混合。因此通常还要压成片状，以提高粉末的接触面积。在高温下，由于原料氧化物非常稳定，没有液相和气相产生，因此反应只能在满足化学计量关系的反应物颗粒的界面发生。

固相反应的成核一般涉及化学键的重组与原子的重排，需要很高的活化能。如果产物与反应物中的一种或两种结构类似，减少了成核作用所必需的结构重排的数量，则有利于成核。MgO 与 $MgAl_2O_4$ 尖晶石的 O^{2-} 排列相似，Al_2O_3 与尖晶石的 Al^{3+} 排列相似，因此只需要 Mg^{2+} 由八面体格位跳到四面体格位，尖晶石核就在 MgO 晶体表面形成，如图 9.8(a)所示。在一个适当取向的 $Al_2O_3/MgAl_2O_4$ 界面 O^{2-} 的排列有类似的情形。Al^{3+} 在 Al_2O_3 和 $MgAl_2O_4$ 中均占据八面体格位，因此只需要 Mg^{2+} 的迁移，如图 9.8(b)所示。

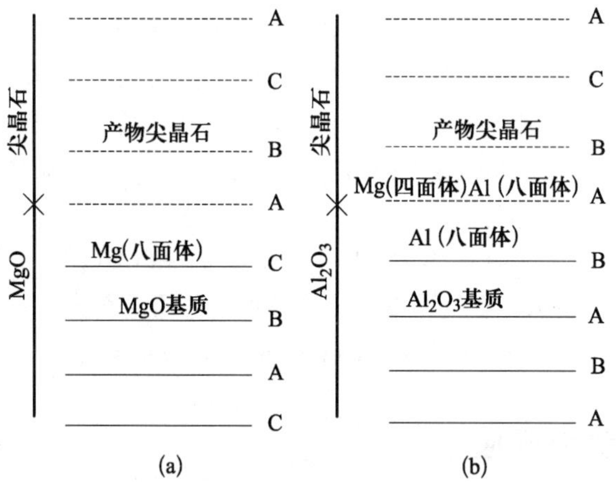

图 9.8　$MgAl_2O_4$ 尖晶石在(a) MgO 和(b) Al_2O_3 表面的成核

字母 A、B、C 代表氧密堆积层的排列

在 $Al_2O_3/MgAl_2O_4$ 界面，基质和晶核在结构上的相似性只限于二维界面，这种生长称为外延生长。在 $MgO/MgAl_2O_4$ 界面有 O^{2-} 排列的结构相似性，而且这种相似性延伸到第三维，反应物和产物有共同的 O^{2-} 排列堆积方式，因而被称为拓扑生长。拓扑生长比外延生长更具专一性。外延生长和拓扑生长是固态反应、晶体生长、定向薄膜沉积、插层反应和相转移中的普遍现象，因为它们的成核过程要比那些在反应物和产物之间没有结构定向关系的反应容易得多。

上述定向成核过程还有一个附加条件，即两种结构的尺度、原子间距离等也应相近。可以估算，若要发生定向成核作用，成核相和反应物基体相之间界面上的晶格参数相差不得超过15%。

只有当足够大量的离子以正确的排列集聚在一起超过了临界半径，才能形成稳定的晶核。最初形成几个原子层厚度的晶核相对容易，但是同时产物层也将反应物分隔开了。Al_2O_3 和 MgO 都是稳定的反应惰性物质，在通常高温无法熔化或气化，因此没有其他迂回途径规避产物层，它们相互接触。继续进行反应必须先经过艰难的反应物离子互相扩散到反应物/产物界面的过程，然后产物才能继续长大或增厚。这时在产物层两侧有两个界面：$Al_2O_3/MgAl_2O_4/MgO$。Mg^{2+} 要离开 $MgAl_2O_4/MgO$ 界面，经过 $MgAl_2O_4$ 产物层，到达 $Al_2O_3/MgAl_2O_4$ 界面。在 $Al_2O_3/MgAl_2O_4$ 界面，Al^{3+} 则发生相反方向的扩散。可以假定离子的扩散速率是反应速率的决定步骤。因为扩散速率很慢，即使在高温，反应速率也随着产物层的厚度而降低。

离子在晶格中的扩散速率符合下列形式的抛物线定律：

$$\frac{dx}{dt} = \frac{k}{x} \quad 或 \quad x = (2kt)^{1/2} \qquad (9-2-1)$$

式中，x 为反应量(此处是尖晶石层的生长厚度)，k 是反应速率常数，t 是反应时间。

如图 9.9 所示，人们对 $NiAl_2O_4$ 尖晶石的反应过程进行了仔细的考察，证明 $NiAl_2O_4$ 的生成速率符合上述公式。它属于扩散控制机理，温度越高，扩散速率越快，反应进行得越完全；但是随着时间的增加，产物层的厚度增加，反应速率逐渐变慢。为了加速反应，常常在反应的过程中间，研磨反应混合物，目的是破坏产物层的界面，暴露出新的反应界面，使反应物接触，增加各种缺陷浓度，提高扩散速率，因此提高产物的转化率。

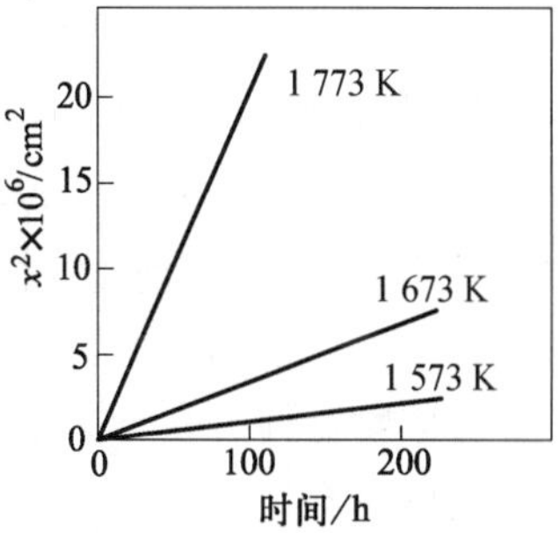

图 9.9 NiO 和 Al_2O_3 反应中，产物 $NiAl_2O_4$ 层厚度 x 与温度和时间 t 的关系

上述 MgO 和 Al_2O_3 的反应机理称为 Wagner 机理。为了使电荷平衡，每 3 个 Mg^{2+} 扩散到右边界面，就有 2 个 Al^{3+} 扩散到左边界面。在理想情况下，在两个界面

上进行的反应可以写成如下形式。

在 $MgO/MgAl_2O_4$ 界面：

$$2Al^{3+} - 3Mg^{2+} + 4MgO = MgAl_2O_4 \qquad (9-2-2)$$

在 $MgAl_2O_4/Al_2O_3$ 界面：

$$3Mg^{2+} - 2Al^{3+} + 4Al_2O_3 = 3MgAl_2O_4 \qquad (9-2-3)$$

总反应：

$$4MgO + 4Al_2O_3 = 4MgAl_2O_4 \qquad (9-2-4)$$

从上面的反应方程可以看出反应式(9-2-3)中尖晶石产物的量相当于反应式(9-2-2)中的 3 倍。因而，右边界面的增长速率应该是左边界面增长速率的 3 倍。在 MgO 和 Fe_2O_3 反应生成 $MgFe_2O_4$ 尖晶石的反应中发现两个界面的移动速率比为 1:2.7，与理论值 1:3 很接近。

综上所述，对于扩散控制机理反应，影响成核生长反应速率的主要因素有：

(1) 反应固体原料的表面积及各种原料颗粒之间的接触面积。

(2) 产物相的成核速率。

(3) 离子通过各种物相特别是产物物相的扩散速率。

显然要使固体反应速率加快，必须把这些因素扩大到最大程度。对于扩散控速的固相反应，提高扩散速率是增加反应速率的首要因素。

9.2.2　影响固态反应的措施

1. *反应物的比例和矿化剂*

对同一固态反应，不同的反应物比例会导致反应速率不相同。例如 SiO_2 和 Na_2CO_3 在 1 093 K 的固态反应中，当$[SiO_2]:[Na_2CO_3]=1$ 时，反应速率常数 $k=1.83\times10^{-4}\ m^{-1}$；当$[SiO_2]:[Na_2CO_3]=2$ 时，反应速率常数 $k=1.29\times10^{-4}\ m^{-1}$。这是由于增加扩散组分 Na_2CO_3 有利于扩散的进行，增大了反应速率常数。

反应物比例的改变有时会导致反应机理的改变。例如：$CaCO_3$ 和 MoO_3 反应，当$[CaCO_3]:[MoO_3]=1$ 时，反应为扩散机理；当$[CaCO_3]:[MoO_3]=15$ 时，反应为升华控制机理。

矿化剂表面上看来不参加反应，但却能促进反应速率。一般矿化剂的含量在 1%～2%。矿化剂能够改变反应速率，实际上是它参与了反应，参与的方式有：

(1) 与反应物(或其中之一)形成固溶体，促使反应物的晶格活化。

(2) 在更低的温度形成低共溶物，促使液相生成，从而加速扩散进行。

(3) 与反应物之一形成活性中间化合物，而导致体系势能提高，促使反应物活化。

（4）矿化剂本身离子对反应物离子的极化，使反应物晶格变形而活化。

总之，矿化剂的存在促进了反应物的活化和传质过程，也可能作为结晶中心，促进晶核的形成和增长，加速固态反应。

2. 颗粒的大小和形状

反应物的颗粒越小，比表面积越大，例如，几克 MgO 单晶的表面积约为一张邮票大小，若分散为细粉，则它的表面积约等于几百米跑道的面积。MgO 和 Al_2O_3 的动力学研究表明，平均半径为 1 μm、45 ~ 53 μm 和 90 ~ 105 μm 反应物的反应速率常数分别为 $140\times10^{-3}\ h^{-1}$、$8.17\times10^{-3}\ h^{-1}$、$2.08\times10^{-3}\ h^{-1}$。

颗粒形状对反应速率的影响，已在 JMA 动力学的积分方程中描述，晶核生长的维数越高，生长速率越快。

3. 温度

温度对固态反应速率的影响，可以用阿伦尼乌斯方程描述，由于活化能都为正值，因此升高温度总会增加反应速率。提高温度也增加扩散速率。若反应物的熔点为 T_m，则当温度达到 $0.3T_m$ 时，表面扩散已经开始；当温度升高到 $0.5T_m$ 时，体扩散已明显进行。通常固态反应温度控制在$(0.7\sim0.8)T_m$，此时已有明显的反应速率。温度太高也会带来一些问题，如反应物升华、反应物与容器反应等。因此在高温进行反应要特别注意反应容器的选择。在高温时，容器材料对反应物应该是化学惰性的，例如贵金属铂和金，其中铂比金硬度大、熔点高(约 1 973 K)。更高的反应温度可以在真空条件下使用铌、钽等高熔点金属作为容器。强碱性固体在低于 873 ~ 973 K，可以使用镍质容器。各种惰性、耐熔的无机材料也可作为容器，例如 Al_2O_3、SiO_2 和稳定化的 ZrO_2 等制作的坩埚，但它们在高温易被碱金属氧化物所腐蚀。

4. 反应物的活化状态

活化状态包括：

（1）反应物的晶型。反应物的晶格能越大，则反应越困难。在合成镁铝尖晶石中，使用 $\gamma-Al_2O_3$ 在 973 K 发生反应，而使用 $\alpha-Al_2O_3$ 要在 1 173 K 才发生反应。这是因为 $\alpha-Al_2O_3$ 的晶格能比 $\gamma-Al_2O_3$ 的大。类似的情况在 TiO_2 中也出现，金红石的反应温度要比板钛矿和锐钛矿的反应温度高。

（2）反应物的初生态。初生态的反应物具有更多的内部和表面缺陷，晶格不完整，处于更高的能量不稳定状态，即活化状态。要得到初生态的活化反应物通常采用两种方法：① 利用反应物的分解活化。例如，利用 $MgCO_3$ 的分解生成初生态 MgO 的反应能力比直接用 MgO 晶体更大。值得注意的是，要想获得较高活性的初生态反应物，应尽可能在较低的分解温度下和较短的时间内获得。如果温度过高、时间过长会导致初生态的反应物钝化。② 在反应物的相转变温度反应。这是由于反应物发生相转变时，晶体中的原子或分子发生明显位移，结构发生较大变化，缺陷增多，晶体中的键被削弱甚至断裂，反应活性强烈增大。例如，846 K β－石英转变为 α－石英；在 1 143 K α－石英转变为 α－鳞石英。因此 Fe_2O_3 和 SiO_2 反应，在 873 K 时 Fe_2O_3 向 SiO_2 的扩散速率大大增加，在 1 173 K 时 Fe_2O_3 和 SiO_2 的反应速率急剧增加。

(3) 反应物的表面处理。不同的表面处理方法或用不同的试剂处理表面，都会使反应物的表面结构发生变化，表面反应活性改变。

(4) 反应物的陈化时间：陈化时间越长，反应活性越低。这是由于陈化减少了反应物的缺陷浓度所致。

5. 压力

压力对固态反应的影响可以分为两方面：一是气相压力对固态反应的影响。如果固态反应中产生气相，增加气相压力不利于平衡正向移动，不利于反应进行。二是成型压力对固态反应的影响是通过增加粉末接触面积体现出来的。对于纯固态反应，增加压力，接触面积增加，有利于反应正向进行。

6. 力学化学效应

稳态的固体物质受到机械力如冲击、压延、研磨等作用，接受了机械能，使其本身结构和物理化学性质发生变化，这种现象称为力学化学。而由于机械力作用使固体物质结构和性能发生变化的作用称为力学化学效应。力学化学效应破坏了原本完整的晶体结构，缺陷增多，反应活性提高。例如，锐钛矿转变为金红石的相转变温度随着研磨而下降。$BaCO_3$ 和 TiO_2 反应生成 $BaTiO_3$ 的反应，由于增长反应物的研磨时间会导致产率的提高。

力学化学效应能增大固体反应活性的原因主要是：① 颗粒尺寸减小，比表面增加；② 晶体结构破坏，内部缺陷增加，内应力增大；③ 机械能部分转变为表面能，部分转变为内能，使固体总能量增加。

值得注意的是，并不是研磨时间越长，反应活性越高。过度研磨，形成二次粒子，小颗粒结成大颗粒，消除了部分表面，使缺陷得到调整，应力得到缓和，都会导致活性下降。

9.3　软化学合成

固体化学的软化学合成保持了固体反应的烧成步骤，加强了烧成前的预处理过程。在进行煅烧前，首先通过准确的分子设计，合成和制备具有预期组成、结构和化学性质的前驱体(precursor)，尽量扩大反应物的接触面积，缩短原子的扩散距离。表 9.2 列出根据不同的预处理过程制备尖晶石类晶体在反应温度、可加工性方面的比较。

表 9.2 不同预处理过程制备尖晶石类晶体的比较

制备方法	前驱体的颗粒度	反应温度/K	材型	示例
粉末混合法	1 μm	2 073，1 400 ~ 1 600	颗粒，烧结体	$MgAl_2O_4$
共沉淀法	固溶体，原子尺度	1 000	粉末	$ZnAl_2O_4$
溶胶－凝胶法	1 nm	1 623	300 nm，纤维，氧化物涂层	$MgAl_2O_4$
金属有机化合物水解法	分子尺度，共价分子	1 373	高纯度，高均匀度，光学玻璃	$MgAl_2O_4$

软化学合成的前驱体常常被设计为硝酸盐、碳酸盐、草酸盐、氢氧化物、水合物、含氰配合物以及含有机配体的金属化合物。在这些前驱体化合物中，反应物以所需要的化学计量存在，前驱体与目标产物的晶体具有一定的拓扑结构相似性，因此高温焙烧所需的温度较低，形态可控。

9.3.1 前驱体类型与其化学反应

1. 复合金属配合物前驱体与分解反应

AB_2O_4 尖晶石类化合物均是重要的磁性材料，这类化合物软化学合成中的化合物前驱体都是具有确定的原子组成（A:B = 1:2）的配合物或复盐，使反应物原子达到原子级均匀混合，见表 9.3。

表 9.3 合成 AB_2O_4 尖晶石类化合物的化合物前驱体与反应条件

AB_2O_4	前驱体	焙烧温度/K
$ZnFe_2O_4$	$ZnFe_2(C_2O_4)_4$	1 273
$MgCr_2O_4$	$(NH_4)_2Mg(CrO_4)_2 \cdot 6H_2O$	1 373
$NiCr_2O_4$	$(NH_4)_2Ni(CrO_4)_2 \cdot 6H_2O$	1 373
$MnCr_2O_4$	$MnCr_2O_7 \cdot 4C_5H_5N$	1 373
$CoCr_2O_4$	$CoCr_2O_7 \cdot 4C_5H_5N$	1 473
$CuCr_2O_4$	$(NH_4)_2Cu(CrO_4)_2 \cdot 2NH_3$	973
$ZnCr_2O_4$	$(NH_4)_2Zn(CrO_4)_2 \cdot 2NH_3$	1 673
$FeCr_2O_4$	$(NH_4)_2Fe(CrO_4)_2$	1 423

在较低的温度下加热，前驱体分解，得到目标产物，例如反应

$$Zn^{2+} + 2Fe^{3+} + 4C_2O_4^{2-} \xlongequal{\quad} ZnFe_2(C_2O_4)_4 \downarrow \qquad (9-3-1)$$

$$ZnFe_2(C_2O_4)_4 \xlongequal{\quad} ZnFe_2O_4 + 4CO + 4CO_2 \uparrow \qquad (9-3-2)$$

草酸盐配合物还可制备尖晶石 MCo_2O_4（M = Zn，Ni，Mg，Mn，Cu，Cd）。重铬酸钴、锰盐的吡啶配合物，在加热过程中 Cr^{6+} 被还原为 Cr^{3+}，最后合成亚铬酸盐尖晶石化合物。镧－铁、镧－钴复合羧酸盐热分解，可以制备出化学组分高度均匀的钙钛矿型氧化物半导体。此外金属硝酸盐、金属碳酸盐也经常作为前驱体制备化学组分高度均匀的氧化物固溶体。

2. 溶胶－凝胶前驱体与水解－聚合反应

胶体溶液是热力学不稳定但动力学稳定的体系。如果在胶体溶液中加入电解质或两种带相反电荷的胶体溶液相互作用，这种动力学上的稳定性立即被破坏，胶体溶液就会聚沉而成为凝胶。这种制备无机化合物的方法为溶胶－凝胶法。溶胶－凝胶法由分子态→水解→聚合→溶胶→凝胶→陈化→干燥脱水→烧结致密→产物的一系列工艺过程组成。每一步都是一个复杂的物理化学过程，所以可以通过对其反应过程机理的了解和有效的控制来合成一些特定结构和聚集态的固体化合物或材料。下面仅对形成溶胶的水解－聚合反应加以简单描述。

1）水解－聚合反应

当溶胶－凝胶合成的反应物是金属盐类的水溶液时，溶剂化的金属离子 M^{z+}(aq) 首先发生水解反应：

$$[M—OH_2]^{z+} \rightleftharpoons [M—OH]^{(z-1)+} + H^+ \rightleftharpoons [M{=}O]^{(z-2)+} + 2H^+ \qquad (9-3-3)$$

在通常的水溶液中，金属离子可以有三种配体。即水（OH_2）、羟基（—OH）和氧基（=O）。若 N 为以共价键方式与阳离子 M^{z+} 键合的水分子数目（配位数），则其粗略分子式可记为 $[MO_NH_{2N-h}]^{(z-h)+}$，式中 h 定义为水解物质的量之比。当 $h=0$ 时，母体是水合离子 $[M(OH_2)_N]^{z+}$；当 $h=2N$ 时，母体为氧合离子 $[MO_N]^{(2N-z)-}$；如果 $0<h<2N$，则母体可以是氧－羟基配合物 $[MO_x(OH)_{N-x}]^{(N+x-z)-}$（$h>N$）、羟基－水配合物 $[M(OH)_h \cdot (OH_2)_{N-h}]^{(z-h)+}$（$h<N$），或者是羟基配合物 $[M(OH)]^{(N-z)-}$（$h=N$）。

在不同的条件下，这些配合物可通过不同方式聚合形成二聚体或多聚体，有些可进一步聚合成骨架结构，而另一些则不能无限缩聚成固体。这主要是因为在缩合期间羟基的缩合强度是变化的。例如 Cr(Ⅲ)的二聚反应：

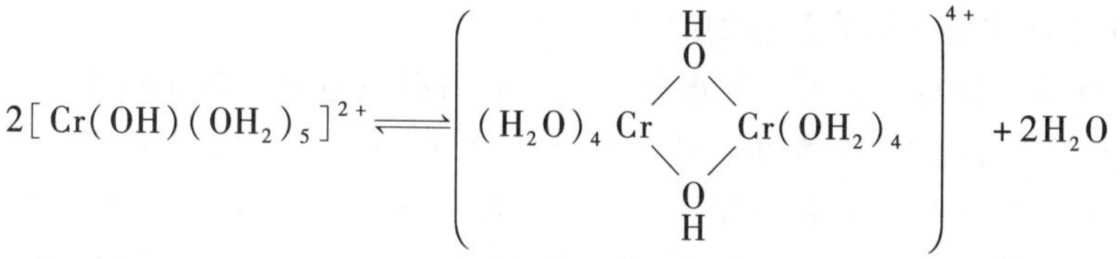

(9-3-4)

在单聚体中羟基上的部分电荷是负的($\delta(OH)=-0.02$)，而在二聚体中$\delta(OH)=+0.01$。这意味着二聚体中的OH已经失去了再聚合的能力。零电荷母体($h=z$)可通过羟基无限缩聚形成固体，最终产物为氢氧化物$M(OH)_z$。

由水-羟基配位的无机母体来制备凝胶时，pH梯度、浓度、加料方式、温度、控制的成胶速率等都是需要考虑的影响因素。有些金属可形成稳定的羟桥，进而生成一种具有确定结构的、很好的$M(OH)_z$晶体。而有些金属不能形成稳定的羟桥，因而当加入碱时只能生成水合的无定形凝胶沉淀$MO_{x/2}(OH)_{z-x}\cdot yH_2O$。这类$MO_{x/2}(OH)_{z-x}\cdot yH_2O$当连续失水时，通过氧聚合最后形成氧化物$MO_{z/2}$。

一个经典的例子是以具有一定组成的非晶态共沉淀作为复合氧化物的前驱体。例如，晶态ZrO_2的熔点高于2 773 K，因此反应温度非常高。利用溶胶-凝胶法制备Y_2O_3稳定的ZrO_2，可以先在高温将锆石(ZrO_2)与SiO_2反应，转化为易溶盐，再共沉淀，得到共沉淀前驱体。共沉淀法可以使反应物以任何比例均匀混合。共沉淀反应物颗粒小，反应比表面大，各种缺陷丰富，提高反应速率，降低反应温度，制备过程如下：

$$ZrO_2(s)+SiO_2(s)\xrightarrow{NaOH(s)+煅烧}Na_2ZrO_3(s)+Na_2SiO_3(s)\xrightarrow{HCl(aq)+分离}$$
$$ZrOCl_2\xrightarrow{YCl_3(aq)+OH^-}Zr(OH)_4(s)+Y(OH)_3(s)\xrightarrow{H_2O+蒸馏，煅烧，研磨}$$
$$Zr_{1-x}Y_xO_2$$

聚合反应的另一种方式是氧基聚合，形成M—O—M。这种聚合过程要求在金属的配位层中没有水配体，即$[MO_x(OH)_{N-x}]^{(N+x-z)-}$($x<N$)。例如，$[MO_3(OH)]$单体(M = W、Mo)按亲核加成机理($A_N$)形成四聚体$[M_4O_{12}(OH)_4]^{4-}$，反应中形成边桥氧(${}_2(O)_2$)或面桥氧(${}_2(O)_3$)。

几乎所有金属都可以形成烷氧基有机化合物($M(OR)_n$)，因此金属烷氧基化合物($M(OR)_n$)是金属氧化物溶胶-凝胶合成中常用的反应物的分子母体。$M(OR)_n$与水充分反应可形成氢氧化物或水合氧化物：

$$M(OR)_n+nH_2O=\!=\!=M(OH)_n+nROH \qquad (9-3-5)$$

实际上反应中伴随的水解和聚合反应是十分复杂的。

2）影响水解 - 聚合反应的因素

前驱体的种类、烷氧基与水的比例、催化剂的种类、溶剂的种类、温度、pH 和前驱体组成的相对浓度与绝对浓度都会对水解反应和聚合过程产生影响。

(1) 前驱体的立体效应和诱导效应。硅酯的立体化学影响其水解的稳定性。烷氧基的分枝或烷烃链的增长都会降低硅烷的水解速率，因此硅酯的水解速率如下：

$$Si(OMe)_4 > Si(OEt)_4 > Si(O^nPr)_4 > Si(O^iPr)_4$$

随着取代原子的诱导效应对硅原子的电子密度的影响增加，硅原子上的电子密度随取代基逐渐减小的顺序为

$$\equiv Si—R > \equiv Si—OR > \equiv Si—OH > \equiv Si—O—Si$$

在水解 - 聚合过程中，硅酯的取代原子对过渡态的稳定化和去稳定化有很大的影响。在酸催化过程中，水解 - 聚合的速率与硅原子的电子密度随取代基变化趋势一致。在碱催化过程中，趋势与硅原子上的电子密度相反。

因此随着水解 - 聚合过程的进行，OH 基和 OSi 基数目逐渐增加，硅原子变得越来越亲电性。这意味着，在酸性介质中，$Si(OR)_4$ 单体比部分水解的 $Si(OR)_{4-x}(OH)_x$ 或者具有更多 Si—O—Si 键的聚合体水解速率更快。在碱性介质中，则有相反的趋势。

在碱性条件下，水解反应在几个中心有两、三个 Si—O—Si 键的硅原子上发生，得到更多分枝的骨架结构或高聚合度；在酸性条件下，水解反应在仅有一个 Si—O—Si 键的端基硅原子上发生，得到类似于链型的骨架结构。有机取代基的硅酯 $RSi(OR)_3$ 比 $Si(OR)_4$ 在酸性条件比在碱性条件下更活泼。

(2) 烷氧基/H_2O 的比率(R_w)。以四硅酸酯的水解为例：

$$Si(OR)_4 + 2H_2O \longrightarrow SiO_2 + 4ROH \qquad (9-3-6)$$

该反应的烷氧基/H_2O 的比率为 2($R_w = 2$)。若不发生聚合，$Si(OR)_4$ 的完全水解需要 4 mol 的水即 $R_w = 1$。因此，一般情况下，减小 R_w 有利于水解反应，增加 R_w 有利于聚合反应。在 $R_w > 2$ 时，水解产物是 $[SiO_x(OH)_y(OR)_z]_n(2x+y+z=4)$。$R_w$ 与催化剂的种类非常影响硅酸盐材料的性质。

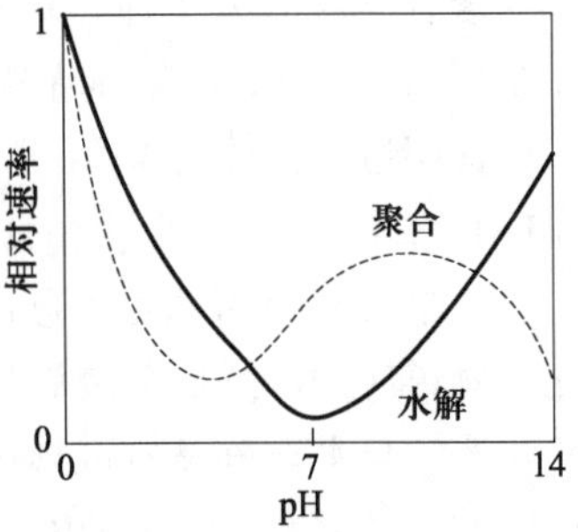

图 9.10　水解和聚合速率与 pH 的关系

(3) 催化剂(pH)。一般情况下，烷氧基硅的溶胶 - 凝胶反应是酸催化或碱催化。在酸和碱中反应的机理不同，水解和聚合的速率也与 pH 相关(见图 9.10)。

在 pH = 7，水解的速率最小；在 pH = 4.5，聚合的速率最小。pH 小时，溶胶粒子

没有大的静电势垒，利于溶胶粒子相互接近。pH 是四烷氧基硅($Si(OR)_4$)水解和聚合相对速率的决定因素，在 pH <5，有利于水解，聚合是控速步骤，自发生成大量的带有活性Si—OH 基团的单体或小的低聚物。相反，pH >5，水解是控速步骤，聚合速率更快，水解的物种被立即消耗掉。

(4) 溶剂。溶剂对反应混合物的均匀化起着重要作用，尤其在反应开始阶段。溶剂的极性、偶极矩、黏度、质子溶剂或非质子溶剂的行为影响着反应速率和最终溶胶－凝胶材料的结构。极性的、显著的质子化溶剂(H_2O、醇、甲酰胺)利用氢桥稳定$[Si(OR)_x(OH)_y]_n$ 这些极性的硅酸的物种，非极性溶剂(四氢呋喃、二氧杂环乙烷)通常用于合成三烷氧基硅烷$[R'Si(OR)_3]$或不完全的水解体系。

3) 溶胶－凝胶法的特点

(1) 通过各种反应物溶液的混合，很容易获得需要的均相多组分体系。

(2) 可大幅度降低材料制备的温度，从而能在较温和的条件下合成出陶瓷、纳米复合材料、玻璃等功能材料。

(3) 由于溶胶的前驱体可以提纯，而且溶胶－凝胶过程能在低温下可控制地进行，因而可制备高纯或超高纯物质，且可避免在高温下对反应容器的污染等。

(4) 溶胶或凝胶的流变性质有利于通过某种技术如喷射、旋涂、浸拉、浸渍等制备各种膜、纤维或沉积材料。

由于溶胶－凝胶过程可以使通常在相当高的温度下才能制备出来的一些无机材料和固体化合物在室温或略高的温度下制备，因而可通过在先驱体中引入某些组分而构造出许多新型的多相复合体系和有机－无机杂化材料。这方面的工作已在新型光学材料、催化材料、多功能复合材料、生物材料方面展现出诱人的前景。利用类似的方法，人们还将纳米微粒、原子簇、半导体量子点等引入玻璃或陶瓷体系，构造出许多新型复合功能材料。例如，用溶胶－凝胶法制备由铁电体基体与金属纳米弥散相复合的一类新型材料。一些新的研究工作还将材料复合的范围延伸到生物体系，以期获得兼具生物功能与无机物稳定性的新型材料。

9.3.2 拓扑化学反应

拓扑化学反应法是另一种软化学过程，这类化学反应的性质取决于反应物或反应中间前驱体的晶体结构，而不是仅仅取决于反应物的化学性质。拓扑化学反应也称为局部化学反应或规整化学反应、包括脱水反应、同晶置换反应、插入反应、离子交换反应、分解反应、氧化还原反应等。

1. 脱水反应(dyhydrolysis)

制备具有奇异的晶体结构的 $Mo_{1-x}W_xO_3$ 晶体是一个典型的事例。具有

ReO_3 结构的 WO_3 能够溶于具有层状结构的 MoO_3 中，但是由于两种组分的升华性的差异，无法用传统的高温固相法获得单相的 $Mo_{1-x}W_xO_3$。但是利用水合物 $MoO_3 \cdot H_2O$ 和 $WO_3 \cdot H_2O$ 的同构性，先将 MoO_3 和 WO_3 溶于浓酸中，再使混合溶液在一定条件下结晶出 $Mo_{1-x}W_xO_3 \cdot H_2O$ 水合物固溶体晶体，该晶体在 500 K 下即可脱水形成具有调制结构的 $Mo_{1-x}W_xO_3$ 晶体。

另一个典型的例子是介稳态立方 $\gamma-ZrMo_2O_8$ 的合成[142]。$\gamma-ZrMo_2O_8$ 具有立方晶系的晶体结构，空间群为 $Pa\bar{3}$。由于该化合物在 11 ~ 573 K 温度范围内的各向同性热膨胀系数为 -5.0×10^{-6} K，被视为调节复合材料膨胀系数的重要热收缩化合物，因而受到重视。该化合物在整个温度区间都处于介稳状态，若直接固相合成只能得到热力学稳定的三方 $ZrMo_2O_8$。由水合化合物 $ZrMo_2O_7(OH)_2\cdot(H_2O)_2$ 晶体脱水，首先合成正交晶体结构的 $LT-ZrMo_2O_8$ 晶体，空间群为 $Pmn2_1$。$LT-ZrMo_2O_8$ 的晶体结构是由 6 个 ZrO_6 八面体角顶的氧和 3 个 WO_4 四面体角顶的氧原子共享而构成的骨架结构。该结构与 $\gamma-ZrMo_2O_8$ 立方晶体的拓扑结构相同，因此在较低的温度下首先转化为介稳态 $\gamma-ZrMo_2O_8$ 立方晶体结构，而不是稳定的三方 $ZrMo_2O_8$。因此合成 $\gamma-ZrMo_2O_8$ 必须首先合成 $ZrMo_2O_7(OH)_2\cdot(H_2O)_2$ 水合晶体以及关键的 $LT-ZrMo_2O_8$。合成反应如下：

$$7ZrOCl_2 + 2(NH_4)_6Mo_7O_{24} + 22H_2O \xlongequal{} 7ZrMo_2O_7(OH)_2\cdot(H_2O)_2 + 12NH_4Cl + 2HCl \tag{9-3-7}$$

$$ZrMo_2O_7(OH)_2\ \ (H_2O)_2 \xrightarrow{\text{加热}} LT-ZrMo_2O_8 + 3H_2O \xrightarrow{\text{加热}} \gamma-ZrMo_2O_8 \tag{9-3-8}$$

合成水合前驱物 $ZrMo_2O_7(OH)_2\cdot(H_2O)_2$ 可以在高氯酸、盐酸或硝酸溶液中进行。加热 $ZrMo_2O_7(OH)_2\cdot(H_2O)_2$，晶体脱水，在约 400 K 生成 $LT-ZrMo_2O_8$。在约 700 K 转化为介稳的 $\gamma-ZrMo_2O_8$。硫酸和乙酸介质不能合成 $ZrMo_2O_7(OH)_2\cdot(H_2O)_2$，因此也不能合成立方 $\gamma-ZrMo_2O_8$。

2. 同晶置换反应（isomorphous substitution）

同晶置换反应也是局部化学反应之一，这种反应是在母体结构保持不变的前提下进行离子置换。例如，叶蜡石 $Al_2(OH)_2[Si_2O_5]_2$ 具有层型硅酸盐结构，是由 AlO_6 八面体共边连接构成的层面被两层 SiO_4 四面体共顶点连接构成的层面夹在中间，形成三明治层型结构板面。同晶置换是将部分 AlO_6 八面体中的 Al^{3+} 被低价态的 Mg^{2+} 金属离子取代，或部分四面体中的 Si^{4+} 被低价态的 Al^{3+} 金属离子取代，则三明治层型结构板面就具有负电荷，为了平衡电荷，板面间

[142]　(a) Lind C, Wilkinson A P, Rawn C J, et al. J. Mater. Chem., 2001, 11: 3354-3359. (b) Allen S, Warmingham N R, Gover R K B, Evans J S O. Chem. Mater., 2003, 15: 3406-3410.

就会插入吸附阳离子 Na^+ 或 K^+，形成蒙脱石或白云母层型化合物。

3. 插入反应(intercalation)

一般情况下，插入反应发生在一维或二维的链状或层状化合物中。石墨、过渡金属硫化物、黏土和磷酸盐等层状化合物的插入反应可以制备新颖的各向异性固体材料，尤其引起人们的关注。

层状化合物在结构上的基本特征是层间的相互作用力较弱，而层内的化学键较强。把外来的客体物质引入主体结构的反应称为插入反应，产物为插入化合物；插入反应为可逆反应，其逆过程为脱插反应。在层状物质的插入反应中，客体可以是质子、金属原子、离子，甚至大的分子或高分子。主体的层型物质可以是类似于石墨、氯氧化物(FeOCl)、过渡金属二硫化物等中性的分子层，靠分子间作用力结合起来；也可以是类似于黏土、过渡金属磷酸盐等具有负电荷的层状结构板面与层板间可交换的阳离子，靠静电力结合；或者是像层型双氢氧化物(LDH)一样，具有正电荷的层状结构板面与层板间可交换的阴离子，靠静电力结合起来。石墨的插入反应具有典型意义，石墨层是单分子层，因此可以生成几百种插入化合物。在石墨插入化合物中，客体插入到固体基质晶格中，不产生晶体结构的重大改变，只是使石墨层间距(335 pm)增大，有时伴有氧化还原反应。

插入反应的主体一般以固体形式存在，而客体可以以气体、液体或溶液的形式存在。

实现插入反应可采用如下方法：

(1) 主体与客体的直接反应。例如，金属二硫属化物的合成是固态的主体化合物在 873 ~ 1 073 K 与金属蒸气的反应，或者是将碱金属溶于氨水与主体化合物反应。后者虽然有很多优点，但是常常氨也被插入。液体化合物，例如丁基锂(LiBu)是最常使用的锂的客体化合物。固态客体通常溶于极性有机溶剂中，以溶液的形式与主体反应。虽然极性溶剂加速插入反应速率，但也与客体同时插入主体，使反应复杂化。几乎所有的金属有机化合物在插入反应中都是还原剂，生成稳定的阳离子。例如，丁基锂的插入反应为

$$x\mathrm{LiBu} + \mathrm{MX}_n \longrightarrow \mathrm{Li}_x\mathrm{MX}_n + x/2\mathrm{C_8H_{18}} \qquad (9-3-9)$$

因此金属有机化合物客体和晶格主体的氧化还原能力要匹配。例如二茂钴(Cp_2Co)的第一电离能为 5.5 eV，能够插入 TaS_2 和 FeOCl 中；Cp_2Fe 的还原性较弱(第一电离能为 6.88 eV)，只能插入氧化性较强的 FeOCl 或 $\alpha-RuCl_3$ 主体晶格。石墨是唯一已知既可以作为氧化剂，以氧化反应插入(例如与金属钾反应生成 C_8K)，也可以作为还原剂，以还原反应插入(例如与 Br_2 反应生成 C_8Br)的主体晶格。不同主体的插入反应速率不同，有时有的主体需要几周甚至几个月的时间才能完成插入反应；有的甚至需要较高的温度。

(2) 电化学(电解)插入。电化学法与常规方法相比，其优点表现为简单、可控、在室温反应速率快。典型的例子是锂电池的充放电反应。在锂电池中，$LiCoO_2$ 为阳极，石墨为阴极，锂盐溶于疏质子有机溶剂作为电解质，发生如下电池反应：

阳极：

$$Li_{0.35}CoO_2 + 0.65Li^+ + 0.65e^- \underset{充电}{\overset{放电}{\rightleftharpoons}} LiCoO_2 \qquad (9-3-10)$$

阴极：

$$C_6Li_x \underset{充电}{\overset{放电}{\rightleftharpoons}} 石墨 + xLi^+ + xe^- \qquad (9-3-11)$$

电池反应：

$$Li_{0.35}CoO_2 + C_6Li_x \underset{充电}{\overset{放电}{\rightleftharpoons}} 石墨 + LiCoO_2 \qquad (9-3-12)$$

阳极化合物 $LiCoO_2$ 也是层型二硫属化物的衍生物，由于 MO_2 中氧元素相对于硫属元素的电负性高、可极化性低，使得 AcB ---- AcB 排列的相邻氧原子层间的排斥力增大，结构不稳定。Li^+ 的插入屏蔽了负电性的排斥，稳定了 $LiCoO_2$ 的结构，而且 Li^+ 在层间具有大的流动性，在电场作用下可以插入或脱插层间，形成 Li_xCoO_2，但是 Li^+ 不会全部脱插，形成不稳定的 CoO_2。锂电池的正、负极材料还有层状结构或尖晶石结构的 $LiNiO_2$、$LiMnO_2$、$LiMn_2O_4$ 和乙炔黑等。

(3) 与钙钛矿结构相关的三元化合物 $A_xB_yO_z$ 的氧化还原。这种插入可以使用电化学方法，也可以使用氧或氢的氧化还原反应。化学式为 $A_nB_nO_{3n-1}$ 和 $A_{n+1}B_nO_{3n+1}$(A = La, Nb, Sr, Ba; B = Fe, Co, Ni, Cu)两个系列的化合物发生以下氧化还原半反应：

$$A_xB_yO_z + 2\delta OH^- \longrightarrow A_xB_yO_{z+\delta} + \delta H_2O + 2\delta e^- \qquad (9-3-13)$$

其中，δ 为填隙氧的化学计量。

例如 $A_nB_nO_{3n-1}$ 系列的 $Sr_2M_2O_5$ 氧化为金属型的 $SrMO_3$(M = Co, Ni)。$A_{n+1}B_nO_{3n+1}$ 系列的 La_2CuO_4 以 La_2CuO_4 为电解池阳极，NaOH(约 1 mol · dm^{-3})为电解质，贵金属(如 Pt)为电解池阴极制备超导体 $La_2CuO_{4+\delta}$；也可以在高温和高氧压下处理，发生氧化反应，制备超导体 $La_2CuO_{4+\delta}$。M_2NiO_4(M = Nd, La)和 $La_3Ni_2O_7$ 可以分别氧化为 $M_2NiO_{4+\delta}$(M = Nd, La)半导体和 $La_3Ni_2O_{7+\delta}$ 金属化合物。

(4) 离子交换。离子交换反应涉及的是具有可交换性质的吸附离子。对于多孔性、具有可交换离子的物质，离子交换反应发生在外来离子与存在于空腔中的吸附离子之间。

近晶性黏土(smectic clay)可以分类为2:1层型和1:1层型。前者具有蒙脱石或白云母层型结构。改变八面体或者四面体中取代离子的浓度会改变结构板面的电子密度和板面层间距，因此也会改变这类黏土的溶胀性质。这些黏土分散在水中会形成稳定的触变性胶体。

黏土类已插入客体的层型化合物，常常可以通过浸在另一种可插入离子的浓溶液中，发生插入离子的交换反应，即离子交换。在制备大分子客体的插入化合物的步骤中，常常先插入易于插入的离子(例如碱金属离子)，再利用离子交换反应，用大的客体分子和金属离子交换，间接制备大分子客体插层化合物。例如$Mn_{0.8}PS_3[Ru(bipy)_3]_{0.2}$(bipy = 2，2′ - 联吡啶)是通过$Mn_{0.8}PS_3(K)_{0.4}(H_2O)_y$中的$K^+$与$[Ru(bipy)_3]^{2+}$交换制备的。

1:1层型结构是$Al_2(OH)_4(Si_2O_5)$高岭石型结构。其结构层特点是由硅 - 氧四面体构成的层型板面和由铝 - 氧八面体共边构成的层型板面构成电中性的结构层，结构层与层之间是头尾相连的氢键作用力。因此客体分子必须也能够和主体层形成强的氢键。

(5) 剥离 - 再配列法。水滑石类层状双金属氢氧化物$[M^{2+}_{1-x}M^{3+}_x(OH)_2](A^{n-})_{x/n} \cdot mH_2O$(LDH)由$MO_6$($M = Ca^{2+}$，$Mg^{2+}$，$Zn^{2+}$，$Ni^{2+}$，$Mn^{2+}$，$Co^{2+}$，$Fe^{2+}$)八面体共边连接而形成主体层板。由于三价离子($Al^{3+}$、$Cr^{3+}$、$Mn^{3+}$、$Fe^{3+}$、$Ga^{3+}$、$Co^{3+}$等)或者四价过渡金属离子取代了部分的二价金属离子，使金属层板带正电荷，因而需要引入阴离子(如NO_3^-、X^-、$C_2O_4^-$、OH^-等；或有机阴离子，如RSO_3^-、$RCOO^-$等)进入层间以平衡电荷，通常还有部分结晶水存在于层间位置。

由于LDH具有很高的电荷密度，大量的层间阴离子和水分子有很强的静电作用和亲水作用，导致LDH层板剥离非常困难。Adachi-Pagano等[143]首次报道了LDH的剥离，采用离子交换法先将阴离子表面活性剂插入水滑石层间。在393 K把[Zn - Al - DS](DS为$CH_3CH_2(CH_2)_{11}SO_4$，即十二烷基磺酸盐)分散在正丁醇中回流16 h，得到完全剥离的透明胶状溶液。LDH在甲酰胺中剥离可存在两个步骤：快速溶胀和随后的缓慢剥离过程。利用剥离得到的纳米片组装得到新复合体通常有两种方法：① 利用Layer-by-layer的组装技术。例如，将剥离的CoAl - LDH的纳米片制备成多层LDH纳米片/聚阴离子聚合物复合膜。② 采用絮凝方法，也就是直接加入带有相反电荷的纳米片或带相反电荷的并且能破坏胶体平衡的溶剂，依靠静电引力使纳米片重新组装成层状结构。例如，通过絮凝组装方法合成CMC(羧甲基纤维素)/LDH纳米复合体[144]。

---

[143] Adachi-Pagano M，Forano C，Besse J P. Chem. Commun.，2000，1：91.

[144] Kang H，Ma S，Yang X，et al，J. Phys. Chem. C，2009，113：9157.

（6）澎润 - 回复法。膨润是剥离的前奏，LDH 在甲酰胺中的剥离过程分为快速膨润和缓慢剥离两个过程。膨润相只有在震荡或超声条件下才能成功剥离，得到正电纳米片。在膨润相状态，由于甲酰胺的大量侵入使层间距撑大，甚至达到几十 nm，对大分子的插层是很有利的，Yang 等利用膨润 - 回复法把大环化合物磺化硫杂杯四芳烃阴离子(TCAS)插入层间，合成 TCAS/LDH 复合体[145]。

层型结构化合物的插入反应还可以用于新型微空材料的合成。以黏土或磷酸氢盐层状物质为主体，与客体物质的溶液混合，在一定的 pH 和温度条件下，发生插入反应。然后把插入的产物进行热处理，使客体与主体发生交联反应。由于客体的量受主体电荷等因素的影响，决定了客体的量是有限的。客体与主体交联后就像一根一根柱子一样把两层支撑起来，柱间的空间和层间的空间构成了新的孔道。选用不同大小的客体就可以制造不同孔径大小和分布的新型孔型材料[146]。

9.3.3　水热与溶剂热合成

1. 反应特点

水热与溶剂热合成与固相合成的差别在于“反应性”不同，主要反映在反应机理不同。一般情况下固相反应机理以扩散控制为其特点，而水热与溶剂热反应主要以液相反应为其特点。不同的反应机理可能导致不同的产物结构，也为反应过程的调制提供了机会。

在高温、高压下，水或其他溶剂处于临界或超临界状态，反应活性提高，物质在溶剂中的物性和化学反应性能均有很大改变，因此溶剂热化学反应大异于常态，溶剂热反应热力学需用非平衡热力学研究。水热与溶剂热合成方法有可能代替固相反应以及难于进行的合成反应，并产生一系列新的合成反应。

水热与溶剂热条件下中间价态、介稳态以及特殊物相易于生成，因此能合成与开发特种介稳结构、特种聚集态及离子的低价态、中间价态和特殊价态的新化合物。还有可能调整合成条件，制备取向好、完美的晶体或粒度分布均匀的粉末。

2. 反应介质的性质

1）作为溶剂时水的性质

在高温、高压水热体系中水的性质将发生三低二高的变化，即有如下变化：

（1）密度变低。在标准状况下，水的密度为 1 g · cm^{-3}，但是在 823 K、25 MPa 条件下，水的密度为 0.15 g · cm^{-3}。

[145]　Huang G L, Zhao X H, Yang X J, et al. Chem. Mater., 2010, 22: 1870.
[146]　Gil A, Gandia L M, Vicente M A. Catal. Rev. -Sci. Eng., 2000, 42: 145.

(2) 表面张力变低。

(3) 黏度变低。在标准状况下，水的黏度为 1 mPa · s，但是在 823 K、25 MPa条件下，水的黏度为 0.03 mPa · s。

(4) 离子积变大。在标准状况下，水的离子积 $pK_w = 14$，但是在 823 K、25 MPa 条件下，水的 $pK_w = 13$。在 1 273 K、1 GPa 条件下，水的 $pK_w = 7.85$。

(5) 蒸气压变高。图 9.11 给出不同填充度下水的压力－温度图。

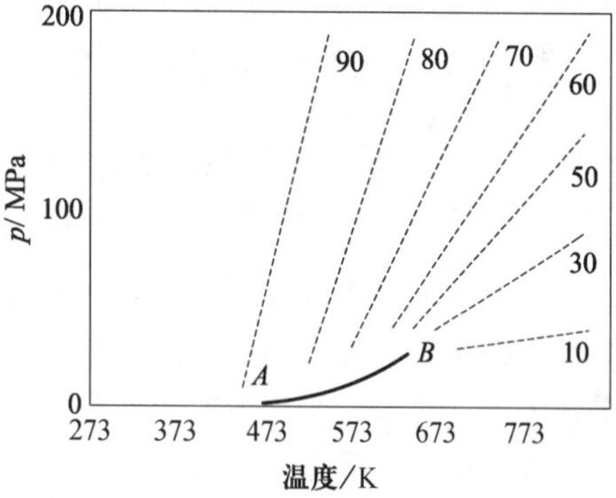

图 9.11 定容下水的压力－温度关系
（虚线表示在密闭容器内的压力变化，数字表示常温、常压时水充填容器的百分数）

水的临界温度为 647 K，在此温度以下，有气、液两相共存；高于临界温度，则只有超临界水单相存在。曲线 *AB* 是水的饱和蒸气压曲线。在 *AB* 压力曲线以下的压力范围不存在液态水，气相中水蒸气也没有达到饱和；在 *AB* 线以上区域，不存在气相水，液态水实际上是超临界水。图 9.11 中的虚线表示在一定填充度下和一定温度下密闭容器内的压力。图 9.11 是纯水的压力－温度关系图，当反应物在水中的溶解度很小时，图中曲线的关系变化不大。

以水为溶剂时，介电常数是一个重要的性质。水的介电常数随温度升高而下降，随压力升高而增加。图 9.12 为水的介电常数随温度和压力变化的关系。

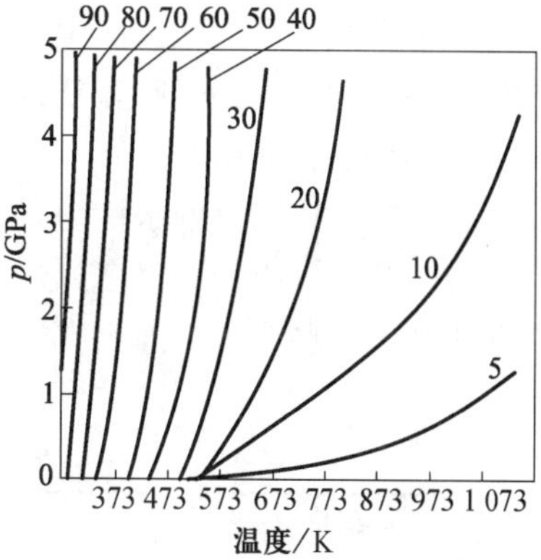

图 9.12 水的介电常数随温度和压力变化的关系，图中数字为介电常数

随温度升高，水的介电常数下降的影响，比随压力升高，水的介电常数增加的影响更大：在临界区域内，823 K、25 MPa，水的相对介电常数为 2，而在标准状况下，水的相对介电常数为 80。在通常状况下，电解质在水溶液中完全电离，然而随着温度和压力上升，水的介电常数下降，电解质的解离度下降。对于大多数物质，这种转变常常发生在 473 ~ 773 K 之间。例如 NaBr 水溶液在

773 K 和 0.1 GPa 条件下，解离常数 $\lg K \approx -1.8$。

2）溶剂水对水热反应的影响

高温、高压下水热反应具有三个特征。

第一是使重要离子间的反应加速。水是离子反应的介质，在密闭加压条件下加热到沸点以上时，离子反应的反应速率常数 k 随温度的增加呈指数函数增加；水的电离常数也随水热反应温度的上升而增加，十分有利于水解反应。

第二是氧化还原电势明显变化。例如，金属和高温、高压的纯水反应得到新的氧化物：

$$2Cr + 3H_2O = Cr_2O_3 + 3H_2 \qquad (9-3-14)$$

$$Zr + 2H_2O = ZrO_2 + 2H_2 \qquad (9-3-15)$$

由于超临界水具有完全溶解空气或氧气、完全溶解气相反应的产物和完全溶解有机物而对无机物溶解度不高的特性，使得超临界水中的有机物可以被均相氧化，且通过注入压力或降温可选择性除去溶液中的物质。

第三是水热反应可以制备许多用其他方法无法制备的单晶，例如，水热合成 CrO_2 是一个明显的例子。

$$Cr_2O_3 + CrO_3 \xrightarrow[H_2O]{623\ K,\ 440\ Pa} 3CrO_2 \qquad (9-3-16)$$

$$CrO_3 \xrightarrow[H_2O]{623\ K,\ 440\ Pa} CrO_2 + \frac{1}{2}O_2 \qquad (9-3-17)$$

水热条件下的合成比较容易控制反应的化学环境和实施化学操作，因此易于合成介稳化合物和特殊物相。例如，JDF－L1（$Na_4Ti_2Si_8O_{22} \cdot 4H_2O$）是目前唯一人工合成的含五配位钛化合物。吉林大学徐如人院士领导的研究组运用水热法在多孔材料、分子筛和复合氧化物领域取得了大量卓越的成果。

3）溶剂热反应

将水热反应的溶剂水换为有机溶剂的反应为溶剂热反应。在有机溶剂中进行合成，溶剂种类如此繁多，性质差异很大，为合成提供了更多的选择机会。表 9.4 列出一些非水溶剂反应的实例。

表 9.4　非水溶剂反应实例

溶剂	合成的化合物
NH_3	氮化物，氨基化合物，酰亚胺基化合物，CsOH，Cs_2Se_2
HF	$MO_{3-x}F_x$（M = Mo，W）
HCl，HBr	$AuTe_2Cl$，AuSeCl，AuSeBr，$Mo_3S_7Cl_4$
Br_2	SbSBr，SbSeBr，BiSBr，BiSeBr，$MoOBr_3$

续表

溶剂	合成的化合物
S_2Cl_2	MoS_2Cl_3，$Mo_3S_7Cl_4$
S_2Br_2	$Mo_3S_7Br_4$
$SeBr_2$	SbSeBr，BiSeBr
$H_2S+(C_2H_5)_3NHCl$	$\beta-Ag_2S$
C_2H_5OH	SbI_3，BiI_3
CS_2	单斜 Se
CCl_4	$SeCl_4$，$TeCl_4$

溶剂不仅为反应提供了场所，而且会影响物质的溶剂化过程，影响反应物活性物种在液相中的浓度、解离程度以及聚合态分布，从而影响反应速率甚至改变反应过程。由于有机溶剂的性质与水的性质有很大的不同(见表9.5)，因此溶剂热反应可以合成很多在水热条件下不能得到的化合物和材料。中国科技大学钱逸泰院士研究组在这方面取得了重要的成果。

表9.5 一些溶剂的临界常数

溶剂	临界温度/K	临界压力/100 kPa	溶剂	临界温度/K	临界压力/100 kPa
H_2O	647	221.2	NH_3	405	111.0
Cl_2	417	77.1	HCl	324	83.2
CO_2	304	73	SO_2	430	78.7
H_2S	373	90.1	CS_2	552	79
C_2H_5OH	516	63.8	CH_3NH_2	429	40.7
CH_3OH	513	81	HCOOH	581	—

3. 水热反应类型

1）高温、高压下的被迫水解

$$f[M(H_2O)_b]^{z+} \longrightarrow [M_f(H_2O)_{bf-g}(OH)_g]^{(fz-g)+} + gH^+ \qquad (9-3-18)$$

在高温、高压下，水的电离度增加，促使金属离子水解趋势增加，导致大量初产物$[M_f(H_2O)_{bf-g}(OH)_g]^{(fz-g)+}$增加，形成过饱和溶液，随即发生均相成核过程，因此可以制备单一分散度的超细粉末。

水热法制备 Y_2O_3 稳定的 ZrO_2 粉末是以 $ZrOCl_2$ 和 YCl_3 为反应物，在水溶液中掺入尿素作为沉淀剂。在 433～493 K、5～7 MPa 条件下，尿素分解释放 NH_3，产生 10 nm 的精细粉末。

还可以由铁的三乙醇胺配合物在 523 K 释放出 Fe^{3+}，在 NaOH 和 H_2O_2 存在的条件下制备具有一定形状的 Fe_3O_4。

2）晶化反应

在水热条件下将固体氧化物或氢氧化物等非晶态物质通过溶解和重结晶得到生长良好的单晶。例如沸石晶体的制备：

$$NaAl(OH)_4(aq) + Na_2SiO_3(aq) + NaOH(aq) \xrightarrow{\text{室温}} Na_a(AlO_2)_b(SiO_2)_c \cdot NaOH(\text{凝胶}) \xrightarrow{298\sim448\ K} Na_x(AlO_2)_x(SiO_2)_y \cdot mH_2O(\text{沸石晶体})$$

工业中大水晶的制备是水热制单晶的典型例子。

3）金属单质的水热反应

$$Hf + 2H_2O = HfO_2 + 2H_2 \qquad (9-3-19)$$

由于水热反应影响了反应过程，在 733 K，H 原子迅速扩散，通过反应产物钝化层 HfO_2 与金属反应产生氢化物 $HfH_{1.5}$，然后氢化物被水氧化，产生 20～40 nm的单斜 HfO_2 颗粒。

4）合成反应

通过数种组分在水热或溶剂热条件下直接化合或经中间态发生化合反应：

$$Nd_2O_3 + 10H_3PO_4 = 2NbP_5O_{14} + 15H_2O \qquad (9-3-20)$$

5）脱水反应

在一定温度和压力下，物质脱水结晶的反应：

$$Mg(OH)_2 + SiO_2 \xrightarrow[8\sim23\ MPa]{623\sim643\ K} \text{温石棉} \qquad (9-3-21)$$

6）晶型转变反应

如长石→高岭石、橄榄石→蛇纹石。

7）离子交换反应

沸石阳离子交换，硬水的软化，长石中的离子交换，高岭石、白云母、温石棉的 OH^- 交换为 F^-。

8）分解反应

$$FeTiO_3 = FeO + TiO_2 \qquad (9-3-22)$$

$$ZrSiO_4 + NaOH = ZrO_2 + Na_2SiO_3 \qquad (9-3-23)$$

9）反应烧结和烧结反应

制备含有 OH^-、F^-、S^{2-} 等挥发性物质的陶瓷材料或者同时进行化学反应和烧结反应，例如氧化铝－氧化锆复合体的制备。

4. 水热(溶剂热)技术及应用

高压容器是进行水热反应实验的基本设备。中温、中压(373～513 K，1～20 MPa)水热反应是实验室中使用最普遍的条件。这种反应釜由不锈钢材料制成，釜内根据需要可以放入聚四氟乙烯内衬。反应物放在内衬中，密闭高压釜，将其置于恒温控制的烘箱中保温，属于等静压外热内压式装置。

水热(溶剂热)反应控制系统属于高压实验系统，尤其要注意安全。要保证温度控制系统的长期有效控制和高压釜密封系统的密闭性。

装满度是指反应混合物占密闭反应容器空间的体积分数，图 9.11 显示出装满度与温度和压力的关系。因此温度、压力和装满度共同影响着水热(溶剂热)反应的条件，影响着实验的安全以及合成实验的成败。为安全起见，反应釜的填满度一般控制在 60%～80%，防止事故发生。80% 以上的填满度，在 513 K 压力下有突变。

目前非水体系溶剂热合成多孔材料的工作也取得了进展。水热法也成功合成了复合氧化物与复合氟化物以及无机/有机杂化材料，更详细的内容可参考进一步阅读的参考书 1。

9.3.4 化学气相输运反应

该方法的基本特征是形成一种挥发性的不稳定的中间产物，其中起码包含最终产物中的一种元素。这种元素沿温度梯度的方向，通过气相进行化学输运。最简单的化学输运反应是将反应物 A 和气相输运剂 B 熔封在被抽真空的石英管中的一端。将此石英管放入有 50～100 K 温度梯度的管式炉内。A 和 B 反应生成气态物质 AB(g) 充满于整个石英管内，并且在另一高温端或低温端分解而沉积出晶体。

A 和输运剂 B 生成气相产物 AB(g) 的平衡常数如果太大，则 AB(g) 过于稳定而不会在有限的温度梯度内分解，也不会将 A 输运到另一端。因此气相输运反应的平衡常数应该小一些。如果生成反应为吸热反应，则 AB(g) 将在高温端生成，在低温端分解，将 A 输运到低温端。如果生成反应为放热反应，则 AB(g) 将在低温端生成，在高温端分解，将 A 输运到高温端。这种方法可以用于新化合物的合成、单晶生长和化合物的提纯。

化学输运吸热反应的一个例子是铂与氧气在 1 473 K 或更高温度下生成气态 $PtO_2(g)$ 的反应

$$Pt(s) + O_2 \xlongequal{} PtO_2(g) \qquad (9-3-24)$$

$PtO_2(g)$ 扩散到低温处即沉积出良好的 Pt 金属晶体。观察用金属铂作加热元件的加热炉，就常常发现在炉壁的较冷部位有铂晶体沉积。由于 $CrI_2(g)$ 的生成是放热反应，金属 Gr 就在较高温处沉积。用这种方法还可以从碳化物、氮化物和氧化物中提取出相应的金属。

如果一个反应是放热反应，另一个反应为吸热反应，则可以设计气相输运法使两种物质沿着温度梯度向相反的方向输运。例如，WO_2 和 W 可以利用 I_2 和 H_2O 作为气相物质进行分离，最后 W 沉积在 1 273 K 处，WO_2 沉积在 1 073 K 处，有关反应为

$$WO_2(s) + I_2(g) \xrightleftharpoons[1\ 073\ K]{1\ 273\ K} WO_2I_2(g) \qquad (9-3-25)$$

和

$$W(s) + 2H_2O(g) + I_2(g) \xrightleftharpoons[1\ 273\ K]{1\ 073\ K} WO_2I_2(g) + 4HI(g) \qquad (9-3-26)$$

另一个例子是利用 HCl 作输运剂，分离 Cu 和 Cu_2O，有关反应为

$$Cu_2O(s) + 2HCl(g) \xrightleftharpoons[1\ 173\ K]{773\ K} 2CuCl(g) + H_2O(g) \qquad (9-3-27)$$

$$Cu(s) + HCl(g) \xrightleftharpoons[773\ K]{873\ K} CuCl(g) + \frac{1}{2}H_2(g) \qquad (9-3-28)$$

由于 Cu_2O 生成 CuCl 是放热反应，而 Cu 生成 CuCl 是吸热反应，所以 Cu_2O 在高温处沉积，Cu 在低温处沉积。

如果气相输运反应和随后的化学反应耦合，则可以用于制备新的化合物或者加速反应速率。例如亚铬酸镍 $NiCr_2O_4$ 的制备，如果使用 Ni 和 Cr_2O_3 为反应物，则反应速率很慢。但是在 O_2 存在的条件下，生成气体 $CrO_3(g)$，它迁移到 NiO 上，将加速反应进行：

$$Cr_2O_3(s) + \frac{3}{2}O_2(g) \rightleftharpoons 2CrO_3(g) \qquad (9-3-29)$$

$$2CrO_3(g) + Ni(s) \rightleftharpoons NiCr_2O_4(s) + \frac{3}{2}O_2 \qquad (9-3-30)$$

金属铌和 SiO_2 在真空中加热到 1 373 K 也不发生反应。但是在痕量 H_2 存在的条件下，生成气态 SiO 并迁移到铌上而发生反应：

$$SiO_2(s) + H_2 \rightleftharpoons SiO(g) + H_2O \qquad (9-3-31)$$

$$3SiO(g) + 8Nb \rightleftharpoons Nb_5Si_3 + 3NbO \qquad (9-3-32)$$

这些例子说明了气相作为一种输运剂的重要性及它对反应速率的重要影响，即使在一般等温条件下的"固态"反应中，气相常常也是很重要的。

9.4　特殊合成方法

9.4.1　微波辐射合成和烧结

微波在无机固相反应中已广泛地应用于陶瓷材料(包括超导材料)的烧结

及固体快离子导体、超细纳米粉体材料、分子筛的合成等。

微波是一种频率在 300 MHz～300 GHz、相应的波长为 1 m～1 mm 的电磁波，电磁波谱的范围位于红外辐射和无线电波之间。国际无线电通信学会（CCIP）规定家用或工业用微波设备的微波频率是 2 450 MHz（波长 12.2 cm）和 915 MHz（波长 32.8 cm）。家用微波炉使用的频率都是 2 450 MHz，915 MHz 的频率主要用于工业加热。

表 9.6 和表 9.7 的实验结果表明，极性分子溶剂吸收微波而能被快速加热，而非极性溶剂（正己烷、正庚烷和 CCl_4）几乎不升温；有些固体物质能强烈吸收微波，被迅速加热、升温，而有些物质几乎不吸收微波，升温幅度很小。

表 9.6 50 mL 溶剂在 500 W 微波功率、2 450 MHz 频率下作用 1 min 的升温情况

溶剂	升温/K	沸点/K	溶剂	升温/K	沸点/K
水	81	373	乙酸	110	392
甲醇	65	338	乙酸乙酯	73	350
乙醇	78	351	氯仿	49	334
正丙醇	97	370	丙酮	56	329
正丁醇	109	390	DMF	131	426
正戊醇	126	410	乙醚	32	308
正己醇	92	431	正己烷	25	341
1－氯丁烷	76	351	正庚烷	26	371
1－溴丁烷	95	374	CCl_4	28	350

表 9.7 微波加热固体物质产生的温度变化

物质	升温/K	微波作用时间/min	物质	升温/K	微波作用时间/min
Al	577[A]	6	CaO	83[B]	30
C	1 283[A]	1	CeO_2	99[B]	30
Co_2O_3	1 290[A]	3	CuO	701[B]	0.5
CuCl	619[A]	13	Fe_2O_3	88[B]	30
$FeCl_3$	41[A]	4	Fe_3O_4	510[B]	2
$MnCl_2$	53[A]	1.75	La_2O_3	107[B]	30
NaCl	83[A]	7	MnO_2	321[B]	30
Ni	384[A]	1	PbO_2	182[B]	7
NiO	1 305[A]	6.25	Pb_3O_4	122[B]	30
$SbCl_3$	224[A]	1.75	SnO	102[B]	30

续表

物质	升温/K	微波作用时间/min	物质	升温/K	微波作用时间/min
$SnCl_2$	476[A]	2	TiO_2	122[B]	30
$SnCl_4$	49[A]	8	V_2O_5	701[B]	9
$ZnCl_2$	609[A]	7	WO_3	532[B]	0.5

注：A 表示在 1 kW 微波炉内(2 450 MHz)中，用 25 g 样品，并放入 1 000 mL 水以吸收过剩的微波能；B 表示在 500 W 微波炉内，用 5 ~ 6 g 样品。

微波加热大体上可以认为是介电加热效应。微波介电加热是材料在电磁场中由介质损耗而引起的体加热，主要起作用的是偶极极化和非均相体系中外电场对相界面电荷极化而产生的界面极化。描述材料介电性质的两个重要参数是介电常数 ε' 和介电损耗 ε''。ε' 用来描述分子被电场极化的能力，也可以认为是样品阻止微波能通过能力的量度。ε'' 是电磁辐射转变为热能的效率的量度。介电损耗 ε'' 和介电常数 ε' 的比值定义为介电损耗因子(即介电损耗正切，$\tan\delta = \varepsilon''/\varepsilon'$)，它表示在给定的频率和温度下，一种物质把电磁能转变为热能的能力。当微波能进入样品时，样品的介电耗散因子决定了样品吸收能量的速率。可透射微波的材料(如玻璃、陶瓷、聚四氟乙烯等)或是非极性介质，由于微波可完全透过，不吸收微波能，发热很少或不发热。金属材料可反射微波，其吸收的微波能为零。

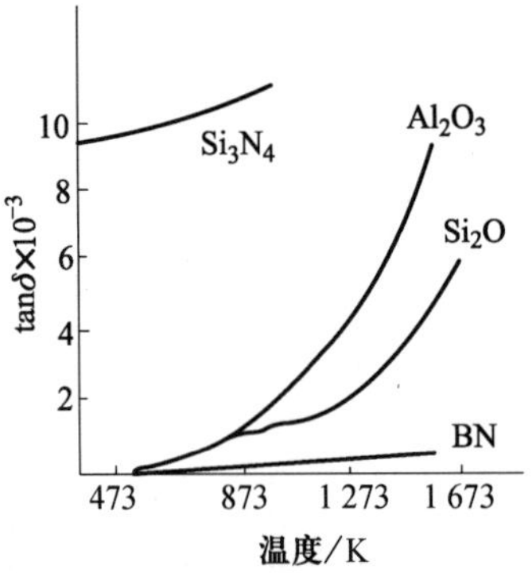

图 9.13　几种材料的介电损耗因子($\tan\delta$)与温度的关系

物质的介电损耗性质随着温度的升高而增加。一些粉体物质例如碳、SiC 和 V_2O_5 在室温就与微波发生耦合、发热；但是像 ZrO_2、Al_2O_3 等物质在室温的介电损耗较小，只有在高温下才有较高的介电损耗，如图 9.13 所示。

在微波辐射固相反应中，可以做到物质的内部和外部同时加热，样品的温度梯度可减少到一定程度，这是加快反应速率和减少杂质产生的措施之一。如果反应产物介电损耗较大，反应产物还可以作为反应自催化剂加速固相反应。对于固体电解质材料的微波固相反应，由于离子本身具有传导性质，进而产生电流，会产生大的电导损耗，再加之电荷分布不均匀也会产生介电损耗，这两者都会使温度升高，导致固体电解质的快速升温。

若起始反应物料是在室温下，介电损耗因子较小，不能有效地与微波耦合的物质，可以采用杂化微波辐射方式，即利用微波与易吸波介质的强烈耦合作用产生高温，提高反应体系的温度，达到微波能与样品有效耦合的温度，从而引发料坯自身的介电损耗，诱发待烧结料坯的微波合成反应。例如，8% $Y_2O_3-ZrO_2$和 Al_2O_3 在室温下不能与微波有效耦合，利用杂化微波辐射方式，以 SiC 为吸波介质，将 8% $Y_2O_3-ZrO_2$ 和 Al_2O_3 的温度提高到 700 ℃以上，诱导 8% $Y_2O_3-ZrO_2$ 和 Al_2O_3 在高温与微波耦合，可以得到 99% 和 95% 烧结密度的陶瓷体。由于是体加热，烧结温度分别下降了 150 ℃和 300 ℃[147]。能够作为吸收介质的物质还有碳化硼、硼化硅、氮化钛、氧化铀等。

吸波介质在微波辐照和升温的同时，会伴随有化学反应发生，例如：

$$4CuO(\text{黑}) = 2Cu_2O(\text{砖红色}) + O_2 \quad (9-4-1)$$

$$3PbO_2(\text{黑}) = Pb_3O_4(\text{红}) + O_2 \quad (9-4-2)$$

$$V_2O_5(\text{黄}) = V_2O_{5-x}(\text{紫黄色}) + O_2 \quad (9-4-3)$$

$$Ni_2O_3(\text{黑}) = NiO(\text{绿}) + O_2 \quad (9-4-4)$$

$$SiC(\text{黑}) + O_2 = SiO_2(s) + C \quad (9-4-5)$$

$$SiC + \frac{3}{2}O_2 = SiO_2 + CO \quad (9-4-6)$$

反应一旦发生，物质的介电损耗 ε''将会发生很大的变化。

9.4.2　燃烧合成

燃烧反应基于放热化学反应的基本原理，具有高的活化能并释放出很大的热量。燃烧反应首先利用外部热量诱导局部化学反应发生。一旦反应被外界引燃，快速释放出大量的热能足以支持反应自发进行，不再需要外界提供能量。反应速率非常快($10^3 \sim 10^6\ K \cdot s^{-1}$)以致可以认为发生了绝热反应，产生的热量全部用来加热体系，没有向环境的辐射。

燃烧合成有两种形式。

1）自蔓延模式

又称为自蔓延高温合成(Self-propagating High-temperature Synthesis，SHS)，顾名思义，就是只要在反应物的一个点上被引燃，形成化学反应前沿(燃烧波)，接着化学反应就在自身放出热量的支持下继续进行，进而燃烧波蔓延至整个反应体系，最后合成所需材料。自蔓延合成中，大于 90% 的能量来源于反应自身释放的能量。

SHS 反应可以认为是绝热反应，反应焓全部用来加热反应物，因此可以用绝热燃烧温度(T_{ad})来表征绝热反应放热程度和燃烧反应的温度上限。当 T_{ad} < 1 473 K,不会发生燃烧；当 T_{ad} >2 473 K，发生自蔓延燃烧。在 1 473 K < T_{ad} <

[147]　Ramesh P D，Brandon D，Schachter L. Mater. Sci. Eng. A，1999，266：211－220.

2 473 K 温度范围内，燃烧波不能蔓延，但是可以通过对反应物事先预热等措施，使 SHS 反应发生。

例如：

$$Si + C \longrightarrow SiC(T_{ad} = 1\ 800\ K;\ T_{ig} = 1\ 573\ K) \qquad (9-4-7)$$

或者

$$Ti + Al \longrightarrow TiAl(T_{ad} = 1\ 518\ K;\ T_{ig} = 913\ K) \qquad (9-4-8)$$

当初始温度等于 298 K 时，都不能发生 SHS 反应。

$$Ti + C \longrightarrow TiC\ (T_{ad} = 3\ 246\ K;\ T_{ig} = 1\ 300\ K) \qquad (9-4-9)$$

能够发生 SHS 反应。但是，当反应式(9－4－8)的体系加热到 373 K 以上时，能够发生 SHS 反应。

由于反应速率快，很难控制反应速率。然而采取下列措施有可能调整反应速率：

(1) 添加不发生反应的添加物，增加热质量，降低 T_{ad}。添加物可以是反应产物(例如在 Ti 和 B 的放热反应中，添加 TiB_2)或者是惰性物质。

(2) 增加反应物的颗粒度，减慢燃烧波的传播速率，同时减慢反应速率。

SHS 作为材料制备新技术具有以下特点：

(1) 节能、高效。SHS 反应本身放出的能量，对于低热系统为 418～836 $J \cdot g^{-1}$，对于高热系统为 4 180～8 360 $J \cdot g^{-1}$。在合成过程中温度一般为 2 273～3 273 K，最高可达 4 773 K，不需从外界补充能量。合成始终处于高温中，反应速率快。

(2) 反应过程中材料经历了很大的温度变化，使生成物中的缺陷和非平衡相比较集中，产物更具活性。

(3) 可以制备某些非化学计量比化合物、中间产物和介稳相等。

(4) SHS 工艺采用一次直接原位合成，相对于多次复杂加工，污染少，合成产品纯度高。

一个 SHS 反应进行的关键是引燃。SHS 的引燃需要高能量。引燃技术包括：① 采用点火剂，燃烧波引燃，例如铝热法的点燃方式。② 辐射脉冲点火。辐射源可以为氙灯、激光、电热爆炸、微波能、化学自燃和线性加热等。

SHS 以其独特的优越性取得了令人瞩目的成就，合成了包括碳化物(TiC、BC_4、Cr_3C_2、WC)、氮化物(AlN、Si_3N_4、BN、VN、Sialon、TiCN)、硼化物(ZrB_2、TiB_2)、硅化物($MiSi_2$)、硫化物(NbS_2)、氢化物(TiH_2)、磷化物(AlP)、氧化物和复合氧化物(Cr_2O_3、$BaTiO_3$、$LiNbO_3$、ZrW_2O_8)、复合物(TiC－TiN、TiC－TiB_2、TiC－Al_2O_3－SiC)、合金(NiAl、TiNi)、超导体($YBa_2Cu_3O_{7-x}$)、有机物($C_7H_{14}N_2O_4$)等 500 多种物质。发展了材料制备中的 SHS 烧结技术、致密化技术、熔铸技术、焊接技术和涂层技术等。

2）共燃烧模式

类似于热爆炸，一旦整个反应体系被加热到引燃温度(T_{ig})，反应瞬时在整个体系发生，不发生蔓延过程。燃烧反应是一种链式反应。发生燃烧应具备的三个基本要素为可燃物、氧和热量。燃烧反应可以是固体－固体混合物压成片，放在耐热容器中，去气，在真空中引燃；也可以在惰性气氛下引燃，例如由单质反应生成碳化物、硼化物和硅化物；也可以在固体－气体之间发生反应。在这种反应中，反应物气体由环境气氛中经过多孔物质筛分提供，即“过滤燃烧”过程。

9.4.3 电化学合成

电化学合成就是利用电能控制和推动化学反应的方法。电化学合成本质上是电解，故也称为电解合成。电解合成的过程是电氧化还原过程，与传统的化学过程相比有下列优点：

① 在电解中可以提供高电子转移的动能，使之达到一般化学试剂所不具有的那种氧化还原能力。例如，氟单质是最强的氧化剂，因此氟的制备显然要用电解的合成方法。实际上，许多强氧化剂，例如 O_3、OF_2、过二硫酸等，都是用电解的方法制备的。

② 合成反应体系及其产物不会被还原剂(或氧化剂)及其相应的氧化产物(或还原产物)所污染。

③ 由于能方便地控制电极电势和电极材质，因而可选择性地进行氧化或还原，从而制备出特定价态的化合物，这是任何其他方法所不及的。例如，由水溶液中电解制备$[MoOCl_2]^{2-}$、K_3MoCl_6、$Mo(OH)_4$、$[MoOCl_5]^{2-}$化合物等。

④ 能制备出其他方法不能制备出的许多物质和聚集态。

电解合成以水溶液或熔融盐为电解质进行电解，制备了大量金属、非金属单质和化合物。近年来也开展了以有机和无机的非水溶剂盐溶液为电解质进行电解的研究，制备了许多颇具特色的化合物。1998 年 George Marnellos 和 Michael Stonkides 在“Science 2，Oct. 1998”上报道了一条在常压与 570 ℃下籍电解法制 NH_3 的新合成路线。在该电解设备中使用无孔封底 SCY 陶瓷管($SrCe_{0.95}Yb_{0.05}O_3$)为质子导体，以多孔多晶体 Pd 膜作为阴极与阳极实施电解合成 NH_3。

很多电池的电极材料是插层化合物，导电离子在层间可以较自由地移动。这类化合物结构刚性差，高温下分解，故不能用高温固体法合成，但可以采用电化学法使反应在接近室温下进行。利用电化学法控制合成插层化合物 Li_xTiS_2 是一个很好的例子。该电化学过程以非水溶剂(二氧戊烷)＋$LiClO_4$ 为电解质，以 TiS_2 为正极，以金属 Li 片为负极。电极反应如下。

负极：

$$\mathrm{Li} \longrightarrow \mathrm{Li}^{+} + \mathrm{e}^{-} \quad (9-4-10)$$

正极：

$$\mathrm{TiS_2} + x\mathrm{Li}^{+} + x\mathrm{e}^{-} \longrightarrow \mathrm{Li}_x\mathrm{TiS_2} \quad (9-4-11)$$

电池反应：

$$x\mathrm{Li} + \mathrm{TiS_2} \longrightarrow \mathrm{Li}_x\mathrm{TiS_2} \quad (9-4-12)$$

La_2CuO_4 是超导体的基质材料，该基质材料不具有超导性能，只有在晶格中引入填隙氧（O_i''），同时产生 Cu^{3+}（$Cu_{Cu}^{\bullet}$）或空穴（$h^{\bullet}$），材料才具有超导性能。填隙氧可以通过将材料在高温和高氧分压下处理的方法引入，也可以通过电化学法利用电势推动来引入。电池以 La_2CuO_4 为负极，NaOH 水溶液（$\approx 1\ \mathrm{mol \cdot dm^{-3}}$）为电解质，$O_2$ 为正极，贵金属（如 Pt）为惰性电极。电极反应如下。

负极：

$$2\mathrm{Cu}^{2+}(\mathrm{Cu_{Cu}^{\times}}) + 2\mathrm{OH}^{-} \longrightarrow 2\mathrm{Cu}^{3+}(\mathrm{Cu_{Cu}^{\bullet}}) + \mathrm{O}_i'' + 2\mathrm{e}^{-} + \mathrm{H_2O} \quad (9-4-13)$$

正极：

$$\mathrm{O_2} + 2\mathrm{H_2O} + 4\mathrm{e}^{-} \longrightarrow 4\mathrm{OH}^{-} \quad (9-4-14)$$

电池反应：

$$4\mathrm{La_2CuO_4} + \frac{x}{2}\mathrm{O_2} \longrightarrow 4\mathrm{La_2CuO_{4+x}} \quad (9-4-15)$$

反应在室温下进行，加载电压在几百毫伏的量级，反应时间约为 10 h。

9.5 单晶的制备

从化学平衡观点出发，单晶体的形成过程实质上是固体→晶体、液体→晶体、气体→晶体控制相变的过程。

结晶过程是热力驱动下的非平衡过程，但是相变热力学、动力学和相图对单晶的制备都有理论指导意义，相关内容可阅读第 5 章，本节在上述基本理论的基础上，主要就制备单晶的方法和技术问题展开。

9.5.1 制备单晶方法的分类

晶体生长技术相互渗透，不断改进和发展。图 9.14 列出重要的晶体生长方法，一种晶体选择何种技术生长，取决于晶体的物理化学性质和应用要求。本节选择典型的方法介绍，使读者对生长单晶的原理有所了解。

- 晶体生长方法分类
  - 气相生长
    - 物理气相沉积
      - 升华–凝结法
      - 分子束外延法
      - 离子束沉积法
      - 激光磨蚀法
    - 化学气相沉积
      - 热丝法
      - 等离子体气相沉积法
      - 气相外延法
      - 金属有机化学气相沉积法
      - 气相输运法
    - 气–液–固生长法
  - 溶液生长
    - 低温溶液生长
      - 变温法
      - 流动法
      - 移去溶剂法
      - 凝胶法
      - 水热法
    - 助熔剂生长（高温溶液）
      - 自发结晶法
      - 顶部籽晶法
      - 液相外延法
  - 熔体生长
    - 籽晶提拉法
      - 自动提拉法
      - 导模提拉法
      - 液封提拉法
      - 冷坩埚技术
      - 基座法
    - 坩埚下降法与热交换法
    - 泡生法
    - 焰熔法
    - 区熔法
      - 水平区熔
      - 悬浮区熔
  - 固相生长
    - 多形体相变法
    - 应变退火法
    - 烧结法

图 9.14 重要晶体生长方法和技术

9.5.2　用化学气相输运法制备单晶

该方法的原理见 9.3.4 小节，下面以制备 ZnSe 晶体为例，说明利用此法制备单晶的过程。

ZnSe(s) 与输运剂 I_2(g)生成 ZnI_2(g) 和 Se_2(g)的反应为吸热反应，$\Delta H^{\ominus} > 0$。用化学气相输运法生长 ZnSe 单晶的装置示意图如图 9.15 所示。

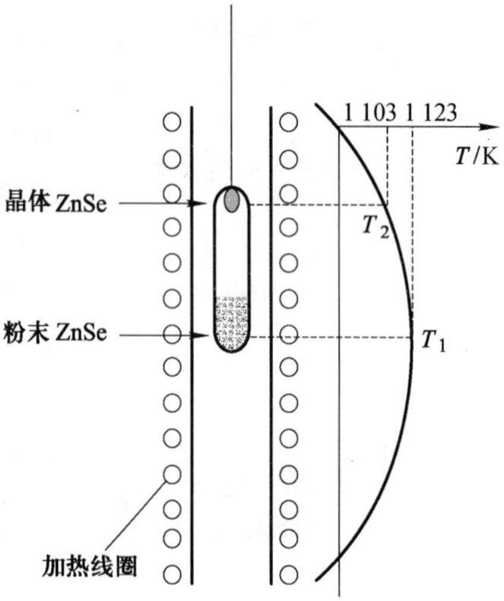

图 9.15　化学气相输运法生长 ZnSe 单晶装置示意图

预先将原料 ZnSe 多晶粉末在真空中 1 123 K 烘干。将烘干的原料与碘混匀放在石英安瓿中，然后抽真空并熔封。将安瓿垂直地悬挂在管式电路中，精密地测量并控制炉内温度的分布，使安瓿下端(固体源区) 的温度 T_1 =1 123 K，安瓿的上端(沉积区或单晶结晶区)温度 T_2 =1 103 K。安瓿内物质发生下列可逆反应：

$$ZnSe(s) + I_2(g) \underset{830\ ℃}{\overset{850\ ℃}{\rightleftharpoons}} ZnI_2(g) + \frac{1}{2}Se_2(g) \qquad (9-5-1)$$

由于该反应的 K_p 接近于 1，根据范特霍夫方程 $\ln K_p(1\ 103\ K) - \ln K_p(1\ 123\ K) = -\frac{\Delta H^{\ominus}}{R}\left(\frac{1}{1\ 103} - \frac{1}{1\ 123}\right)$，固体源区的温度(1 123 K)高于沉积区的温度(1 103 K)，K_p(1 123 K) > K_p(1 103 K)，发生由左向右的正反应。I_2 蒸气将 ZnSe 传输到温度较低的安瓿的上端。在安瓿的上端温度为 1 103 K，反应的逆过程为放热反应，$\Delta H^{\ominus} < 0$，K_p(1 103 K) > K_p(1 123 K)，上述反应的逆反应发生，生成 ZnSe(s)。由于安瓿的上端为锥形，并焊接有一根散热的石英棒，使得锥尖处的温度稍低，该处物质的蒸气压首先达到饱和，控制晶体的生长速率，就会有单晶形成。在该条件下，晶体的平均生长速率约为 0.5 g/天，单晶的尺寸在几 mm 到几十 mm 之间。

这种生长单晶方法的特点是：在远低于材料熔点的温度下，利用微量的输运剂循环不断地将大量的原料从“热端”稳定地输运到“冷端”，生成单晶。由于单晶是在低温下缓慢长大的，单晶的完整性很好。

9.5.3 由溶液生长

由溶液生长既包括低温水溶液(非水溶剂溶液)中生长，也包括有助熔剂的高温盐溶液中单晶的生长。

1. 基本原理

由溶液中生长单晶的原理可以结合二组分体系相图 9.16 加以理解。若固体 A 为溶质，液体 B 为溶剂，与晶体 A 在溶剂 B 中生长单晶相关的相平衡区只是图中线段 $\alpha\beta$ 所对应的初晶区。若将这一部分相图以溶解度的形式表示为图 9.17 所示的溶液状态图，曲线 $\alpha\beta$ 表示在各种温度下 A 溶解在 B 中所生成的饱和溶液的浓度。$\alpha\beta$ 曲线下面是不饱和溶液区或称为溶液的热力学稳定区；$\alpha\beta$ 曲线是固相 A 与溶液共存、热力学平衡的相边界；$\alpha\beta$ 曲线的上面是固相 A 与溶液共存的两相区。对于热力学平衡体系，在两相区内饱和溶液与固相 A 共存，但实际上常常可以采取适当的措施造成溶液的过饱和，使在平衡溶解度曲线 $\alpha\beta$ 上方实际存在一条过溶解度曲线 $\alpha'\beta'$。过溶解度曲线 $\alpha'\beta'$ 把两相区划分为溶液的亚稳区和不稳定区。在亚稳区，常常可以控制溶液中含有超过溶解度的溶质而不析出晶体，溶液处于过饱和状态。从热力学观点看，过饱和状态是不稳定的，溶液状态距离过溶解度越远，就越不稳定。过溶解度曲线不是热力学曲线，它的位置是不确定的，外界因素的变化(如搅拌程度等)会影响该曲线的位置。

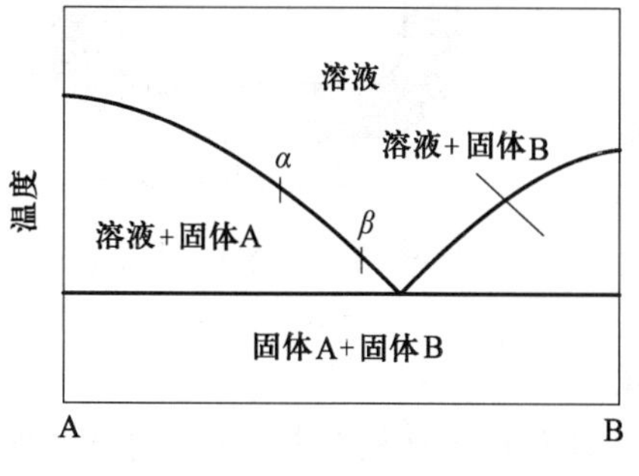

图 9.16 二组分体系相图

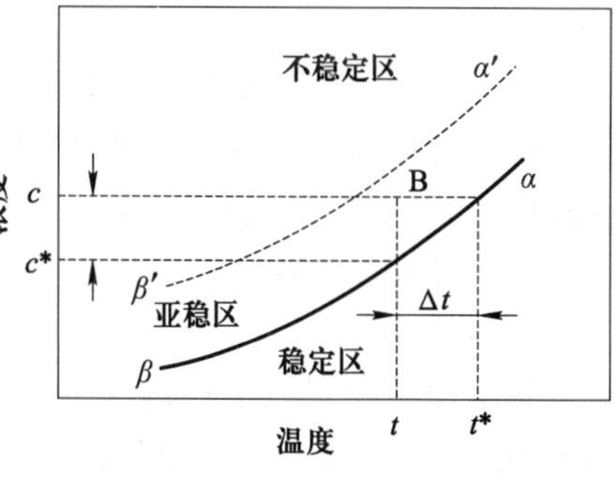

图 9.17 溶液状态图

在两相的不稳定区，结晶作用会自发地发生，会产生很多结晶中心，不利于单晶的生长。当一个溶液处于图 9.17 中 B 点的状态，该状态的过饱和程度可以用 $\Delta c = c - c^*$ 或 $\Delta t = t^* - t$ 来表示，而 Δc 和 Δt 正是晶体生长的推动力。溶液中生长单晶的基本原理就是采取适当的措施诱导晶体在亚稳区有控制地成核和生长，并要求在整个生长过程中使溶液都保持在过饱和溶液的亚稳区。

2. 溶液中晶体的生长方法

1）变温法

变温法分为降温法和升温法两种。对随温度升高溶解度增加较大的晶体采用降温法，而对随温度升高溶解度减小较大的晶体采用升温法。在晶体生长过程中逐渐改变温度，使析出的溶质不断在籽晶上生长。该法的技术关键是：溶液要充分过热（过冷），以消除微晶；找准饱和点；高精度控温，降温速率不能太快；严格密封。

2）蒸发法（移去溶剂法）

比较适合于溶解度较大而溶解度随温度变化较小或随温度升高溶解度减小的物质。其基本原理是将溶剂不断蒸发、移去，而使溶液保持过饱和状态，从而使晶体在籽晶上不断生长。

3）凝胶法

凝胶法适合于生长溶解度十分小的难溶物质的晶体，例如水合酒石酸钙晶体（见图 9.18）。由于凝胶生长是在室温下进行的，因此也适合于生长对热很敏感的物质的晶体。凝胶法就是将反应物分置于凝胶反应器两端，以凝胶为扩散和支持介质，反应溶液分别从两侧通过凝胶向中间慢慢扩散，相遇、反应，使一些在溶液中进行的化学反应通过凝胶扩散慢慢在反应界面进行结晶，析出很小的晶体。

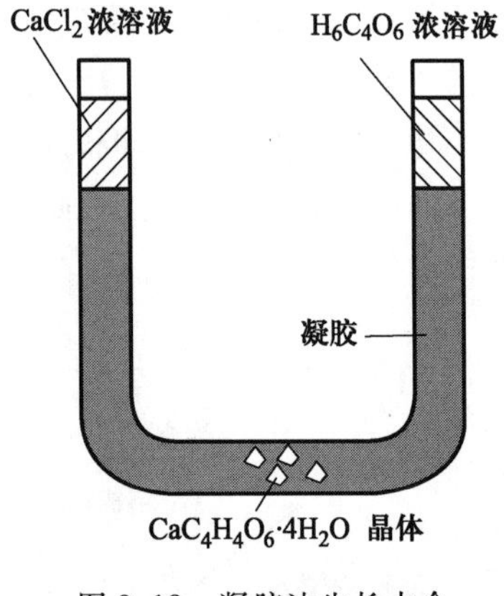

图 9.18　凝胶法生长水合酒石酸钙晶体

4）水热法已在 9.3.3 小节给以介绍。水热法主要用来生产水晶，也可用来合成磷酸铝（$AlPO_4$）、磷酸镓（$GaPO_4$）、方解石以及宝石等近百种晶体。

5）助熔剂法

结晶物质在高温下溶解于低熔点的助熔剂溶液内，形成均匀的饱和溶液。然后通过降温法或蒸发法，进入过饱和状态，使晶体结晶。助熔剂法降低了生长温度，特别是对于生长高熔点和非同成分熔化的化合物晶体更显出其优越性。选择合适的助熔剂是该法生长的关键，具有最低共熔点的二组分、三组分体系相图对于选择助熔剂有指导意义。但是除了降低溶质的熔点，理想的助熔剂还应该具有下列性质：① 对晶体材料具有足够的溶解能力，在生长温度范围内，溶解度要有足够大的变化。② 在尽可能宽的温度范围内，所要的晶体是唯一的稳定相，助熔剂在晶体中的固溶度应尽可能小。③ 具有尽可能小的黏度。④ 具有尽可能低的熔点和尽可能高的沸点。⑤ 具有尽可能小的挥发性、腐蚀性和毒性，并不与坩埚起反应。⑥ 易溶于对晶体无腐蚀作用的溶剂中，如水、酸、碱等，以便易于将晶体从助熔剂中分离。

实际上使用的助熔剂很难同时满足上述要求，助熔剂的选择可以参考相关文献和在实验中积累经验。

(1) 无籽晶缓冷法(降温法)是助熔剂法最简单的方法。例如，钇铁石榴石 $Y_3Fe_5O_{12}$(YIG) 单晶是人工合成的一种亚铁磁材料。该材料在 1 828 K 下分解为 $YFeO_3$ 和 Fe_2O_3，因而不能利用该材料的纯熔体生长单晶，但可以利用助熔剂缓慢冷却方法制备这种单晶，其条件为：以 Y_2O_3、Fe_2O_3、PbO、PbF_2、B_2O_3 和 CaO 为原料，其摩尔分数分别为 10%、20.5%、37%、27%、5.5% 和 0.1%。原料放入 500 cm^3 的坩埚中，加盖密封，置于电阻炉中。升温加热，将材料熔融，并在 1 573 K 下保温 4 h，使体系均匀。然后以 0.5 ℃/h 的速率缓慢降温到 1 223 K，将坩埚移出炉外，继续冷却至室温。用热的稀硝酸溶液或热的稀硝酸与醋酸的混合液洗去助熔剂。在该方法中，少量加入的 CaO 对单晶的形成十分重要。在优化的条件下通过该方法得到的 YIG 单晶可达 106 g。

(2) 等温蒸发法是将体系加热到熔点以上、沸点以下的温度，使易挥发的助熔剂缓慢挥发，这样溶质逐渐达到过饱和而结晶析出。这种方法适合于制备那些只在很窄的温度区间内稳定存在的化合物。但这种方法的缺点在于蒸发出来的助熔剂带有腐蚀性，破坏炉体内部，污染环境。例如，用等温蒸发法生长铝镁尖晶石 $MgAl_2O_4$ 单晶：将 80.6 g MgO(摩尔分数为 15.7 %) 和 204.0 g Al_2O_3(摩尔分数为 15.7 %)作为原料，与助熔剂 2 100.0 g PbF_2(摩尔分数为 67.4%) 和 10.0 g B_2O_3(摩尔分数为 1.0 %) 混合，放入一个 500 cm^3 的铂坩埚中，用铂盖紧密盖住坩埚。坩埚盖上留一个小孔，以控制助熔剂的蒸发速率。将坩埚放在电炉中，加热 8 h 将炉温升到 1 523 K，让助熔剂在 10 ~ 15 天内慢慢蒸发。冷却后，用稀硝酸溶去残余的助熔剂，可以得到 1 cm 大小完美的铝镁尖晶石单晶。

9.5.4　由熔体生长

1. 原理

对于固液同成分熔融的化合物，在生产中最多使用的是由熔体生长的方法，例如，Si、GaAs、$LiNbO_3$、Nb：YAG 等现代电子和光电子技术应用的单晶体。熔体生长法的原理是将结晶物质加热到熔点以上熔化，然后在一定温度梯度下进行冷却。用各种方式缓慢移动固 - 液界面，使熔体逐渐凝固成晶体。熔体生长和助熔剂生长的不同之处在于晶体生长过程中起主要作用的不是质量输运而是热量输运。结晶驱动力是过冷度而不是过饱和度。熔体生长过冷区集中在界面附近狭小的范围，而熔体的其余部分则处于过热状态。结晶过程释放出的潜热只能通过生长着的晶体输运出去。由于通过固体的热量传输过程远比通过扩散进行的质量传输过程快，所以熔体生长要比助熔剂生长快得多。

2. 由熔体中生长的具体方法

这里仅举典型例子说明在熔体中生长单晶的原理的运用。

1）提拉法

将原料在坩埚中加热熔化后，引入籽晶（籽晶装在一根可以旋转和升降并通水冷却的提拉杆上），然后缓慢向上提拉和转动籽晶，同时缓慢降低加热功率，籽晶逐渐长粗。提拉法制备单晶的装置如图 9.19 所示。

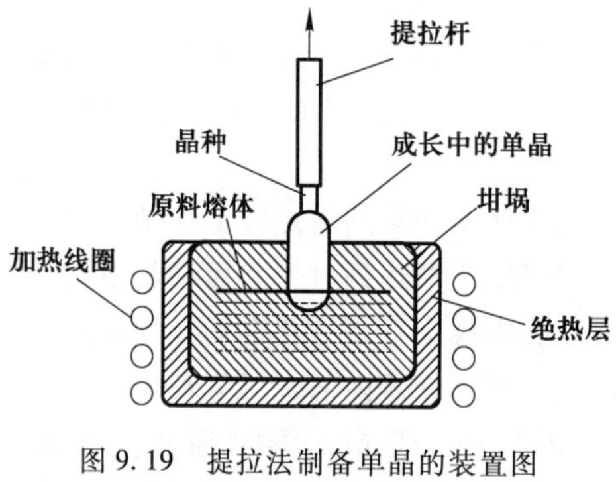

图 9.19　提拉法制备单晶的装置图

2）坩埚下降法

盛料的容器从高温区进入低温区，使熔体的定向凝固由熔体通过一个温度梯度来完成，晶体在冷端首先析出。坩埚下降法有两种操作方式：一种为 Stockbarger 法。这种方法是使熔体相对于温度梯度移动，如图 9.20(a) 所示。另一种为 Bridgman 法。该方法是将熔体放在熔炉本身的温度梯度以内，使熔炉温度按照一定降温速率（dT/dt）慢慢冷却，如图 9.20(b) 所示。结晶过程由坩埚一端(可放籽晶)开始而逐渐扩展到整个熔体。

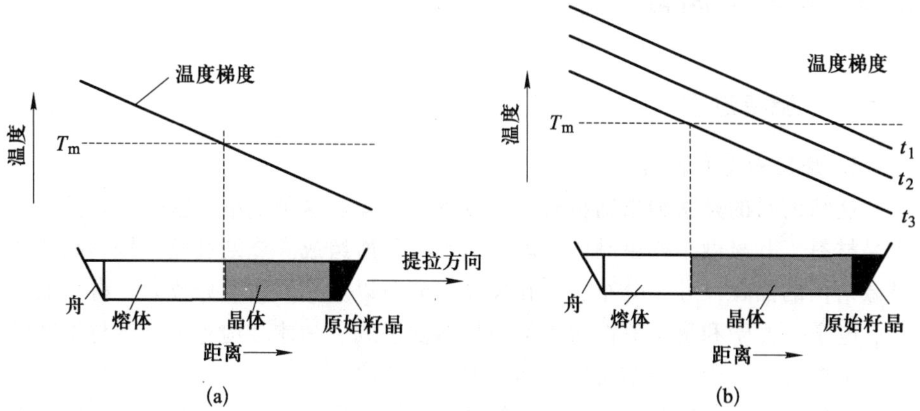

图 9.20 (a) Stockbarger 法;(b) Bridgman 法生长晶体(T_m 为熔点;t_1、t_2、t_3 为时间)

3) 区熔法

如图 9.21 所示,将熔区限制在一段狭窄范围内,随着熔区由始端(经常加籽晶)沿料锭向另一端缓慢移动,晶体生长过程逐渐完成。垂直区熔法利用熔体自身的表面张力支撑熔区,不用坩埚,可以制备高纯而完整的单晶。

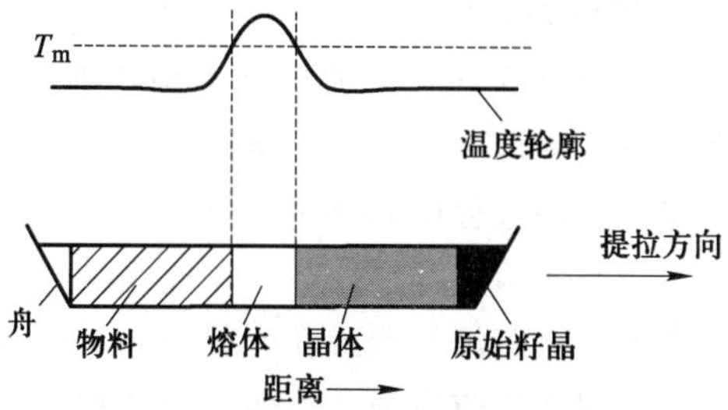

图 9.21 水平式区熔法生长单晶示意图

4) 焰熔法

该法主要生产宝石。粉料以一定的速率自上而下通过氢氧焰产生的高温区,刚玉熔化后落在籽晶上部,形成液层,籽晶向下移动而使液层结晶。

晶体的生长是一种技艺,除生长设备外,晶体生长工作人员的技术起着举足轻重的作用,需要工作人员专注的投入和经验的积累。只有先进设备加上技术熟练、经验丰富的、耐心的晶体生长工作人员,才有希望获得完美的合成晶体。

9.6　材料的制备

9.6.1　烧结过程

1. 烧结的基本概念

烧结的目的是将粉末物料转变为致密的块体。这种烧结致密的块体是一种多晶材料，其显微结构由晶体、玻璃体和气孔所组成。烧结过程直接影响块体显微结构的晶粒尺寸与分布、气孔尺寸与分布以及晶界体积分数等。材料的力学、电学、光学和磁学等性质不但与材料的组成、晶体结构有关，还与材料的显微结构有关，因此烧结是材料加工的重要工序。

粉料成型后形成具有一定外形的坯体，颗粒之间只有点接触，坯体内一般包含 25% ~60% 的气体(若用等静压成型则气孔率小一些)。在高温下烧结的主要变化是颗粒间接触面积扩大，颗粒聚集，颗粒中心距离逼近，逐渐形成晶界、气孔形状变化、体积缩小，从连通的气孔变成各自孤立的气孔并逐渐缩小，以致最后大部分甚至全部气孔从坯体中排除，这就是烧结所包含的主要物理过程。

烧结程度可以用坯体收缩率、气孔率、吸水率或烧结体的体积密度与理论密度之比(相对密度)等指标来表征。

烧成与烧结的概念不完全相同。烧成包括多种物理和化学变化，如脱水、坯体内气体分解、多相反应和熔融、溶解、烧结等。显然，烧成的含义及包含的范围更宽，烧结仅仅是烧成过程中的一个重要部分。严格地说，烧结是一个物理过程，但是实际生产和实验过程中往往不可能是纯物质的烧结。为了促进烧结，往往在纯物质中添入一些添加剂或在原料中添入少量的杂质，在固态物质烧结过程中就会伴随有固相反应或局部熔融出现液相。因此实际生产中，烧结、固相反应是同时穿插着进行的。

2. 烧结过程推动力

粉料在粉碎与研磨过程中消耗的机械能以表面能形式储存在粉体中。又由于粉碎引起晶格缺陷导致晶粒内能的增加，例如，据测定 MgO 通过振动磨研磨 120 min 后内能增加 10 $kJ \cdot mol^{-1}$。一般粉体表面积在 1 ~10 $m^2 \cdot g^{-1}$，表面积大而使粉体具有较高的活性。粉体与烧结体相比是处于能量不稳定状态。根据近代烧结理论的研究认为，粉体物料的表面能大于多晶烧结体的晶界能，是烧结的推动力。粉体经烧结后晶界能取代了表面能是多晶材料稳定存在的原因。烧结推动力(几焦耳每克)与相变(几千焦耳每摩尔)和化学反应(几百千焦耳每摩尔)的能量相比还是极小的，所以烧结必须在高温下才能进行。

物质的烧结能力不同，目前常用晶界能 γ_{GB} 和表面能 γ_{SV} 的比值来衡量烧结的难易程度。某物质的 γ_{GB}/γ_{SV} 比值越小越容易烧结，反之越难烧结。为了促进烧结，必须使 $\gamma_{SV} >> \gamma_{GB}$。一般 Al_2O_3 的表面能 γ_{SV} 约为 1 J·m^{-2}，而晶界能 γ_{GB} 为 0.4 J·m^{-2}，两者之差较大，比较容易烧结。而一些共价键化合物(如 Si_3N_4、SiC、AlN 等)原子之间强烈的方向性使晶界能 γ_{GB} 增高，导致 γ_{GB}/γ_{SV} 的比值高，烧结推动力小，不易烧结。另外，外界因素也影响烧结的能力，例如，清洁的 Si_3N_4 粉末 γ_{SV} 为 1.8 J·m^{-2}，但它极易在空气中被氧污染而使 γ_{SV} 降低。

为了促进烧结，使 $\gamma_{SV} >> \gamma_{GB}$。减小粉体颗粒的粒径是增加表面能、增加烧结推动力的途径之一。因此超细微粉体(颗粒直径在 1 μm 以下)能够大大改善材料的烧结性。

3. 烧结机理

烧结过程就是物质的传质过程，传质的方式包括蒸发－凝聚传质机理、扩散传质机理、流动传质机理和溶解－沉淀传质机理。

1）蒸发－凝聚传质机理

蒸发－凝聚传质机理如图 9.22 所示。在球形颗粒表面有正曲率半径，而在两个颗粒连接处有一个小的负曲率半径的颈部。根据开尔文公式(9－6－1)可以得出，物质将从饱和蒸气压高的凸形颗粒表面蒸发，通过气相传递到饱和蒸气压低的凹形颈部，从而使颈部逐渐被填充。

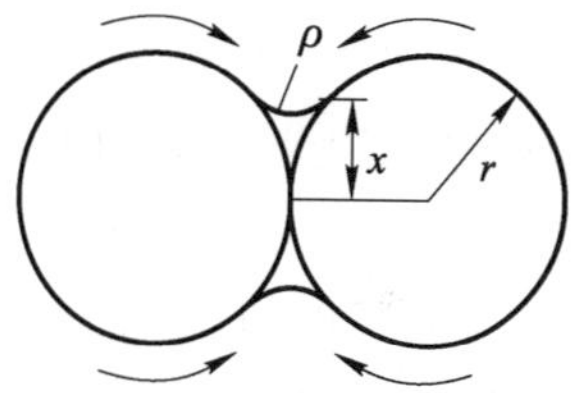

图 9.22 蒸发－凝聚传质

$$\ln \frac{p_1}{p_0} = \frac{\gamma M}{dRT}\left(\frac{1}{\rho} + \frac{1}{x}\right) \quad (9-6-1)$$

式中，p_1 为曲率半径为 ρ 处的饱和蒸气压，p_0 为球形颗粒表面的饱和蒸气压，γ 为表面张力，d 为密度。

根据公式(9－6－1)的关系，只有当颗粒半径在 10 μm 以下时，饱和蒸气压差才较明显地表现出来。在约 5 μm 以下时，由曲率半径差异而引起的压差已十分显著，因此一般粉末烧结过程较合适的粒度至少为 10 μm。气相传质过程要求把物质加热到可以产生足够蒸气压的温度，因而提高温度对烧结有利。

蒸发－凝聚传质的特点是烧结时颈部区域扩大，球的形状变为椭圆，气孔形状改变，但球与球之间的中心距不变，即坯体不发生收缩，坯体密度不变。

2）扩散传质机理

在大多数材料中，由于高温下蒸气压低，传质更易通过固态内质点扩散过程来进行。在扩散传质中要使颗粒中心距离缩短必须有物质向气孔迁移，气孔作为空位源。空位进行定向迁移，物质向空位的相反方向迁移。

物质的扩散途径可以沿着颗粒的表面进行，即表面扩散；也可以沿着两颗粒之间的界面或者在晶粒内部进行，即界面扩散或体扩散。由于表面的扩散速率 > 界面的扩散速率 > 体扩散速率，表面的质点首先迁移到颗粒的颈部，并在表面产生晶格空位；界面的质点再迁移到表面，并在界面产生晶格空位；最后晶格体内的质点迁移到界面，并在晶格体相内形成空位。表面的空位浓度 > 界面的空位浓度 > 晶格体相的空位浓度。如此形成一条由体相到界面再到表面的空位通道，而晶格质点沿着这条通道由体相最终扩散并聚集到两颗粒之间的颈部，并且使两颗粒的中心距离缩短，气孔率下降，体积收缩，相对密度增加。

扩散传质过程按照烧结温度及扩散进行的程度可分为烧结初期、中期和后期三个阶段。在大约为熔点的 30% 的温度，表面扩散的传质作用较显著，此时进入烧结初期。此时坯体内有大量连通气孔，体积收缩率约为 1% 。烧结进入中期，颗粒开始黏结，颈部扩大，气孔相互连通，形成圆柱形管道；晶界开始移动，晶粒正常生长。这一阶段以晶界和晶格扩散为主，坯体气孔率降低为 5% 左右。烧结进入后期，气孔已完全孤立，晶粒已明显长大，坯体收缩达到 90% ~100% 。

烧结速率常数与温度的关系符合阿伦尼乌斯关系，因此温度对烧结过程有决定性作用。同样在扩散传质机理中小颗粒原料致密化的速率很高，起始粒度的控制是十分重要的因素。

3）流动传质机理

由于粉末中总含有少量杂质，因而大多数材料在烧结中都会或多或少地出现液相；即使在没有杂相的纯固相体系中，高温下还会出现“接触”熔融现象。液相烧结与固相烧结的共同点是，烧结的推动力都是表面能。不同点是，由于液相中质点的扩散系数比固相中大几个数量级，扩散路程增加，因此可能发生整排原子的移动或整个颗粒的形变，因而液相烧结的致密化速率高。液相烧结过程的速率与液相的数量、液相的性质（黏度、表面张力等）、液相与固相的润湿情况、固相在液相中的溶解度等有密切的关系。研究表明，高温下液相的黏度越小，颗粒半径越小，烧结就越快。颗粒尺寸从 10 μm 减小至 1 μm，烧结速率增大 10 倍；黏度和黏度随温度的迅速变化是需要控制的最重要因素。一个典型的钠钙硅玻璃，若温度变化 100 K，黏度变化约 1 000 倍。如果坯体烧结速率太低，可以通过加入液相黏度较低的组分来使其提高。

4）溶解 - 沉淀传质机理

在固液两相的烧结中，当固相在液相中存在可溶性，这时烧结传质过程就有部分固相溶解，而在另一部分固相上沉积，直至晶粒长大和获得致密的烧结体。研究表明，发生溶解 - 沉淀传质的条件是：① 有显著数量的液相（总体积的 30% ~40%）；② 固相在液相内有显著的可溶性；③ 液体润湿固相。

溶解 - 沉淀传质的推动力仍是表面能，只是由于液相润湿固相，每个颗粒之间的空间都组成了一系列的毛细管，表面张力以毛细管力的方式将颗粒拉紧。毛细管中的熔体起着把分散在其中的固态颗粒结合起来的作用。颗粒相对移动，发生重新排列，颗粒的堆积更紧密。然后，被薄的液膜分开的颗粒之间搭桥，在那些点接触处有高的局部应力导致塑性变形和蠕变，促进颗粒进一步重排。最后在较小的颗粒或颗粒接触点处溶解，通过液相传质，而在较大的颗粒的自由表面上沉积，出现晶粒长大和晶粒形状的变化，同时颗粒不断进行重排而致密化。影响溶解 - 沉淀传质的因素有：颗粒的起始粒度，细小颗粒对促进烧结有显著作用。此外粉末特性（溶解度、润湿性能）、液相数量、烧结温度也有重要影响。

总之，烧结是一个很复杂的过程，在一定的条件下，实际的固相或液相烧结中，这四种传质过程可以单独进行、几种传质同时进行或几种机理互相起作用，但是一种机理会起主导作用。因此必须对烧结全过程的各个方面（原料、粒度、粒度分布、杂质、成型条件、烧结气氛、温度和时间）等都有充分的了解，才能真正掌握和控制整个烧结过程。

4. 影响烧结的因素

1）原料颗粒粒度

从上述的烧结机理可见，无论在固态烧结还是在液态烧结中，细颗粒由于增加了烧结的推动力、缩短了原子扩散距离和提高了颗粒在液相中的溶解度而导致烧结过程的加速。从理论上计算，当起始粒度从 2 μm 缩小到 0.5 μm 时，烧结速率增加 64 倍，相当于粒径小的粉料烧结温度降低 150 ~300 K。从防止二次再结晶考虑，起始粒径必须细而且均匀。一般氧化物材料最适宜的粉末粒径为 0.05 ~0.5 μm。

2）烧结温度

烧结温度是影响烧结的重要因素。提高烧结温度无论对固相扩散或对溶解 - 沉淀等传质方式都是有利的。但是温度过高会促使二次结晶，降低烧结相对密度，使制品性能恶化。由于各种晶体键合情况不同，因此烧结温度相差很大；即使同一种晶体，颗粒的形貌、缺陷结构和分布等因素不同，烧结温度也不同，一般为材料熔点的 30% ~90%。

3）烧结时间

由烧结机理可知，只有体扩散导致坯体致密化。在烧结高温阶段主要以体扩散为主，因此尽可能快地从低温升到高温以创造体扩散的条件，在高温短时烧结是制造致密陶瓷材料的好方法，但还要结合考虑材料的传热系数、二次结晶温度、扩散系数等各种条件，合理制定烧结制度。

4）原料的选择与预处理条件

在通常条件下，原料以盐类形式加入，经过加热、预处理形成氧化物形式后进行烧结。用能够生成微晶较小、结构常数较大、结构松弛、缺陷较多、粒度小的氧化物的盐类作为原料可以提高烧结致密度，例如，常用的盐类有硝酸盐、碳酸盐等。在较低温度预处理盐类的原料，能够得到活性较高的氧化物。预处理温度过高会导致氧化物结晶度高，烧结活性降低，烧结致密度下降。

5）添加剂的作用

若添加剂与烧结主体形成置换固溶体，主晶格畸变越严重，缺陷浓度越大，促进烧结的作用越明显。因此形成有限固溶体比形成连续固溶体更有利于烧结。若添加剂与烧结体的某些组分生成液相，提高了传质速率，降低了烧结温度，会提高烧结速率。若添加剂与烧结主体生成化合物，可以抑制二次结晶，充分排除晶界上的气孔，促进烧结致密化。加入适当的添加剂还可能扩大烧结温度范围。但是加入何种添加剂，加入多少是适宜的，都需要通过实验确定。

6）气氛的影响

烧结气氛一般分为氧化、还原和中性三种。一般来说，在由扩散控制的氧化物烧结中气氛的影响与扩散控制因素有关，与气孔内气体的扩散和溶解能力有关。在烧结温度，通过气氛的控制，可以控制烧结体的缺陷浓度，进而提高烧结速率。例如，Al_2O_3 是由 O^{2-} 扩散控制烧结过程。因此在还原性气氛中烧结时会提高晶格表面的 O^{2-} 空位浓度，促进烧结速率。另外进入封闭气孔的气体的原子尺寸越小，越容易扩散，气孔消除越容易。如像氩或氮的大分子气体最终容易残留在气孔中，而氢和氦小分子气体扩散性强，与烧结无关。若有易挥发性物质时，组分分压的控制更为重要。

7）成型压力的影响

一般来说，成型压力大，颗粒间接触紧密，有利于烧结。但若压力过大，使粉料超过塑性变形限度，就会发生脆性断裂，不利于烧结。

由此可见，要获得好的烧结材料，必须对原料粉末的尺寸、形状、结构和其他物性有充分的了解，并经过试验确定工艺制度；然后与材料显微结构的相互联系进行综合考察，真正理解烧结过程，再优化得到最佳的工艺制度。

5. 烧结技术

1）普通烧结

指对成型坯体不外加压力的烧结。普通烧结的温度一般为 70% ~80% 的熔点温度。由于随着气孔的收缩，一方面气孔中的气压逐渐增高，抵消了作为烧结推动力的界面能的作用；另一方面封闭气孔只能由晶格内扩散物质填充，因此无压烧结制品一般会有不小于 5% 的气孔。

2）热压烧结

在烧结的同时加上一定的外压力称为热压烧结。热压烧结的温度一般为50% ~60%的熔点温度。热压烧结的制品可以提高烧结品的相对密度，尤其对于以共价键结合为主的材料，如碳化物、硼化物、氮化物等。由于它们在烧结温度下有高的分解压力和低的原子迁移率，用无压烧结是很难使其致密化的。例如，对于 BN 在 200 MPa 下压力成型，在 2 773 K 无压烧结，相对密度仅达到66%；而压力为25 MPa，在1 973 K 下热压烧结可以达到97%相对密度的 BN 材料。热压烧结的致密化速率远大于普通烧结的致密化速率；但热压密度不能无限增大，热压的终点密度与热压的压力、不同温度材料的屈服值、颗粒尺寸表面张力和单位体积气孔数有关。

以上两种烧结方法的加热升温是依靠发热体对样品的对流、辐射加热，故其升温速率一般较慢（小于 50 ℃ · min^{-1}）。等离子体烧结升温速率快（升温速率可达 100 K · s^{-1}），气氛温度高（可达 2 273 K 或更高），烧结速率快。微波烧结也是一种快速烧结方法（一般升温速率为 500 K · min^{-1}），但微波烧结具有独特的加热机理，与材料本身的介电特性有关，样品本身可被视为热源。

9.6.2 薄膜的制备

膜（membrane）更为确切些称为隔膜，它是把两个物相空间隔开而又使之相互关联、发生质量和能量传输过程的一个中间介入相。膜也可以看成是分隔两相的半透位垒，这种位垒可以是固态、液态或气态，结构上既可以是多孔的，也可以是致密的。膜两边的物质粒子由于尺寸大小的差异、扩散系数的差异或溶解度的差异等，在一定的压力差、浓度差、电位差或电化学势差的驱动下发生传质过程，由于传质速率的不同而造成选择性透过，导致混合物的分离。由于无机膜，特别是陶瓷膜和陶瓷基复合膜耐高温、化学稳定、耐腐蚀、力学强度高、结构稳定和易于清洗再生等优点在能源、化工、冶金、食品、医药、生物技术和环境治理等领域都得到了广泛的应用。

无机膜的制备可以通过真空蒸发和阴极溅射等物理气相沉积法，但大部分制备都涉及化学过程。常见的制备方法有：粉体干压成型烧结法、流延法、轧辊法、注浆成型法、挤压成型法、泡沫塑料浸渍浆料法、悬浮粒子法、溶胶－凝胶法、相分离/离析法、阳极氧化法、有机高聚物热解法、化学气相沉积法、物理气相沉积法、无电极电镀法等。下面仅以溶胶－凝胶法和化学气相沉积法为例，介绍膜的制备过程。

1. 溶胶－凝胶法

溶胶－凝胶（sol-gel）法采用无机盐或金属有机化合物，如醇盐为前驱物。首先将前驱物溶于溶剂（水或有机溶剂）中，通过在溶剂内发生水解或醇解作用，反应物缩合、聚集形成溶胶。膜层的涂覆必须在溶胶阶段完成，涂覆的方法可以是旋转涂膜法(spin coating)、浸渍提拉法(dip coating)、注射喷涂法和喷雾法等。然后经蒸发，溶胶膜层转变为凝胶膜层，再经干燥、灼烧得到无机陶瓷膜，进一步学习可以参考进一步阅读的参考书 1。

2. *化学气相沉积法*

化学气相沉积(CVD)法是一种气相生长技术，已卓有成效地广泛应用于各种单晶态、多晶态和非晶态无机功能薄膜材料。该方法是利用气态(蒸气)物质在一热固体表面(称为衬底或基体)上进行化学反应，形成一层固态淀积物的过程。

最简单的 CVD 反应是氢化物或羰基化合物的热分解反应，如 SiH_4 的热解制硅外延薄膜；但广泛使用的还是化学合成反应，常用的有氢还原反应、氧化反应、加水分解和与氨反应等。为成功地利用 CVD 过程，首先需要选择适宜的化学反应体系，以及能在一定温度下，以气态(蒸气)形式实现该反应的反应剂。这些气态反应物种称为源物质或前驱物。

一般情况下应优先选择常温下是气态的物质为源物质；或者选用高蒸气压的液态源，在恒温加热条件下，以惰性气体或另一种反应气将液态源的蒸气载带至反应釜内。没有合适的气体、液态源时，只好采用固态源。由金属有机化合物为源物质的化学气相沉积(MOCVD)法已经逐渐取代以卤化物体系为源的 CVD 法。MOCVD 法的源物质可以是气态、液态甚至是固态；另外 MOCVD 过程沉积温度低，没有腐蚀性，进一步学习可以参考进一步阅读的参考书 1。

9.6.3　纳米粉体制备

粒径在 1～100 nm 的纳米微粒的集合为纳米粉体。纳米微粒为介观粒子，呈现出不同于宏观与微观规律的表面与界面效应、小尺寸效应、量子尺寸效应和宏观量子效应。纳米粒子的一系列特性为人们认识自然和发展新材料提供了新的机遇，而其关键就在于纳米材料的制备。纳米材料的制备既可以用化学方法，也可以用物理方法。物理方法包括低温粉碎法、超声波粉碎法、高能球磨法、爆炸法、真空蒸发法、等离子体法等。化学方法包括固相热分解法、沉淀法、络合沉淀法、水解法、水热法、溶剂热法、醇盐法、溶胶－凝胶法、微乳液法、溶剂蒸发法、喷雾热分解法、冷冻干燥法、还原法、γ 射线辐照法、模板合成法、化学沉积法、气相水解法、激光气相合成法等。下面仅以微乳液法和固相热分解法为例介绍纳米粉体制备的过程，其他制备方法可通过检索系统、检索文献获得。

1. *微乳液法*

微乳液是由油(通常是碳氢化合物)、水、表面活性剂(有时存在助表面活性剂)组成的透明、各向同性、低黏度的热力学稳定分散体系。制备过程从制备反应物的微乳液开始，将反应物溶解在微乳液体系的分散相中。例如制备纳米 $BaFe_{12}O_{19}$，首先以正辛烷为溶剂，分别以十六烷基三甲基溴化铵(CTAB)和 1-丁醇为表面活性剂和助表面活性剂，制备 $Ba(NO_3)_2$ 和 $Fe(NO_3)_3$ 混合水溶液的水/油微乳液Ⅰ；再以同样的体系制备 $(NH_4)_2CO_3$ 的水/油微乳液Ⅱ为沉淀剂。将微乳液Ⅰ和微乳液Ⅱ混合，沉淀反应在水/油液滴的纳米反应器中进行，生成纳米尺度的碳酸钡铁产物粒子沉淀。经过洗涤、干燥，煅烧得到纳米尺度的 $BaFe_{12}O_{19}$。

又如，用微乳液法制备 Fe_2O_3 纳米粉末的流程如下：

$$Fe^{3+}\text{盐溶液}\xrightarrow[\text{有机溶剂}]{\text{表面活性剂}}\text{水/油微乳液}\xrightarrow[\text{NaOH}]{\text{沉淀剂}}\text{水/油微乳液及过量水的混合物}\xrightarrow{\text{除去水相}}\text{有机相}\xrightarrow{\text{回流}}Fe_2O_3\text{有机溶胶}\xrightarrow{\text{蒸干}}Fe_2O_3\text{ 纳米粉末}\xrightarrow[\text{除去表面活性剂}]{673\text{ K}}\text{纯的 }Fe_2O_3\text{ 纳米粉末}$$

在制备工艺流程中可以通过控制反应物与表面活性剂之比、沉淀剂用量、pH 等控制离子的尺寸。另外，不同的反应过程将采取不同的工艺使纳米粒子与微乳液分离，并且防止纳米粉末的团聚。

2. 固相热分解法

通常是将盐类或氢氧化物加热，使其分解，得到各种氧化物超微粉末。如将 $Si(NH)_2$ 在 1 173 ~ 1 473 K 加热，分解生成无定形 Si_3N_4，在 1 473 ~ 1 773 K 晶化处理，制备高纯超微 Si_3N_4 粉末，平均粒径为 0.1 μm。用稀土草酸盐在水蒸气存在下热分解制得 14 种稀土氧化物超微粉末等。在上述微乳液法制备 $BaFe_{12}O_{19}$ 纳米粉末的最后一步，也采取了固相热分解法。

进一步阅读的参考书

[1] 徐如人，庞文琴. 无机合成与制备化学[M]. 北京：高等教育出版社，2001.
[2] 林建华，荆西平. 无机材料化学[M]. 北京：北京大学出版社，2006.
[3] 张克立，孙聚堂，袁良杰，等. 无机合成化学[M]. 武汉：武汉大学出版社，2004.
[4] 金钦汉. 微波化学[M]. 北京：科学出版社，1999.
[5] 张其土. 无机材料科学基础[M]. 上海：华东理工大学出版社，2007.
[6] 崔正刚，殷福珊. 微乳化技术及应用[M]. 北京：中国轻工业出版社，1999.
[7] SCHUBERT U, HÜSING N, LAINE R M. Materials Syntheses: A Practical Guide [M]. [s. l.]: Springer, 2008.
[8] 日本化学会. 无机固态反应[M]. 北京：科学出版社，1985.

[9]　SCHUBERT U, HÜSING N. Synthesis of Inorganic Materials[M]. 2nd ed. [s. l.]: WILEY - VCH Verlag GmbH & Co. KGaA, 2005.
[10]　介万奇. 晶体生长原理与技术[M]. 北京: 科学出版社, 2010.

思考题

1. 固态反应在广义和狭义上是如何定义的？固态反应类型与气态或液态反应类型的最大区别在哪里？

2. 软化学合成是一个宽泛的概念，试举出 5 种软化学合成的方法，并描述其基本原理。

3. 固体合成中运用什么技术获得高温和高压条件？各举出与三种实验技术相应的实验设备。

4. 在扩散控制的固态反应中，采取哪些措施可以有效地提高反应速率？

5. 溶胶 - 凝胶合成由哪些过程组成？有哪些因素影响水解 - 聚合反应？溶胶 - 凝胶合成有哪些特点？

6. 哪些方法可以实现层状化合物的插入反应？查文献，举出两个实例。

7. 作为水热反应的溶剂，水的性质发生了哪些变化？如何影响了物质的性质？

8. 化学输运反应的平衡常数有什么特点？试以化学热力学分析化学输运反应的原理。

9. 微波反应中，哪些物质适宜作为吸波物质？如何利用微波“杂化”烧结氧化铝陶瓷？

10. 什么叫自蔓延高温合成？试举出 3 个自蔓延高温合成的实例。

11. 单晶合成的热力学驱动力是什么？纯物质制备单晶和溶液中制备单晶的驱动力是否相同？分别就上述不同反应物制备单晶举出 3 个制备方法，描述其基本原理。

12. 什么叫烧结？如何表征烧结程度？

13. 烧结的推动力是什么？有哪些烧结机理？

14. 影响烧结程度的主要因素是什么？还有哪些改善烧结条件的调节因素？

15. 利用文献检索系统，查阅薄膜和纳米粉体制备技术的进展。

第二篇

无机新材料的设计合成

第 10 章

热收缩化合物与超低膨胀材料

一般情况下，物质受热时体积膨胀，冷却时体积收缩，即热胀冷缩。热收缩似乎是反常的现象，但是热收缩却与人们的日常生活密切相关。例如，在 273 ~ 277 K 温度范围内，水的体积随温度升高而减小（273 K 时冰的密度为0.916 710 $g\cdot cm^{-3}$，277 K 时水的密度为 1.000 000 $g\cdot cm^{-3}$）。热收缩现象在固体化合物中也时有出现，例如，表 10.1 中列出熟悉的热收缩或称负热膨胀化合物。

表 10.1　常见的负热膨胀化合物

结构特征	组成	平均线膨胀系数 /(10^6 K^{-1})	温度范围 /K
各向异性热收缩化合物			
石榴石结构 (garnet)	$NaZr_2P_3O_{12}$	-0.4	275 ~ 1 273
	$NaTi_2P_3O_{12}$	-0.55	298 ~ 773
	$CaZr_4P_6O_{24}$	-0.16	298 ~ 773
	$Sc_2(WO_4)_3$	-1.4	73 ~ 873
	$CsZr_2(PO_4)_3$	0	73 ~ 1 273
	$KZr_2(PO_4)_3$	-0.29	73 ~ 1 773

续表

结构特征	组成	平均线膨胀系数 /(10^6 K^{-1})	温度范围 /K
各向异性热收缩化合物			
石榴石结构	$LiZr_2(PO_4)_3$	-4	73 ~ 773
(Garnet)	$NbZr(PO_4)_3$	-2.07	73 ~ 1 473
钙钛矿结构	$LuCoO_3$	-6	73 ~ 273
(peroviskite)	$PbTiO_3$	-5.4	173 ~ 873
白榴石结构	$KAlSi_2O_6$(合成)	-20.8	1 073 ~ 1 473
(leucit)	$KAlSi_2O_6$(天然)	-28.3	1 173 ~ 12 273
	$RbAlSi_2O_6$	-6	1 073 ~ 1 473
β-锂霞石结构	$Li_2Al_2Si_2O_8$	-6.2	298 ~ 1 273
硅石变体	$AlPO_4$(方石英)	-3	1 273 ~ 1 773
(silica polymorph)	$AlPO_4$(石英)	-7.57	873 ~ 1 573
	$FePO_4$(石英)	-5	973 ~ 1 473
	SiO_2(鳞石英)	-4.3	1 173 ~ 1 773
	SiO_2(方石英)	-1.7	1 273 ~ 1 573
	SiO_2(石英)	-12	1 373 ~ 1 773
	热液石英	-1.5	73 ~ 673
刚玉(corundum)	Ti_2O_3	-7.5	73 ~ 273
各向同性热收缩化合物			
焦磷酸盐	ThP_2O_7	-8.1	573 ~ 1 473
	UP_2O_7	-6.3	873 ~ 1 773
	ZrV_2O_7	-10.8	373 ~ 773
焦钨酸盐	ZrW_2O_8	-8.7	0 ~ 1 050
	HfW_2O_8	-8.7	0 ~ 1 050
玻璃	SiO_2-TiO_2	0.05 ~ -0.03	298 ~ 1 073

物质的热膨胀性质不但是一个基本的理论问题，更是每一种材料都要面临的普遍性问题。发现和制备更多的热收缩化合物，在深入了解热收缩机理的基础上，设计、合成、生产具有非常低的膨胀系数或者零膨胀系数的可控热膨胀

材料，可以最大限度地减少高温材料的内应力，增加材料的抗热冲击强度。在日常生活用品及精密的电子、光学和结构材料的应用与技术领域中具有重要意义。

10.1 热膨胀性质的物理基础

10.1.1 热膨胀系数

物体的热膨胀性质用体膨胀系数和线膨胀系数表示。

1. 体膨胀系数 β

体膨胀系数 β 定义为

$$\beta = \frac{1}{V}\left(\frac{\partial V}{\partial T}\right)_p \tag{10-1-1}$$

式中，V、T、p 分别表示固体的体积、温度和压力。

根据式(10-1-1)和热力学麦克斯韦关系式 $(\partial V/\partial T)_p = -(\partial S/\partial p)_T$，有

$$\beta = \frac{1}{V}\left(\frac{\partial V}{\partial T}\right)_p = -\frac{1}{V}\left(\frac{\partial S}{\partial p}\right)_T = \chi_T\left(\frac{\partial S}{\partial V}\right)_T \tag{10-1-2}$$

式中，χ_T 为等温压缩率，是一个大于零的值，即

$$\chi_T = -(\partial V/\partial p)_T/V > 0 \tag{10-1-3}$$

通常加热化合物的等温热膨胀($\beta > 0$)过程，熵增加($\Delta S > 0$)，根据式(10-1-2)，体积也增加($\Delta V > 0$)。而热收缩化合物($\beta < 0$)的等温加热过程，熵增加($\Delta S > 0$)，体积反而减小($\Delta V < 0$)，因此热收缩就成为一种反常的现象了。

在一定的温度范围内($T_0 \to T$)，平均体膨胀系数 $\bar{\beta}$ 为

$$\bar{\beta} = \frac{\Delta V}{V_0 \Delta V} = \frac{V_T - V_0}{V_0(T - T_0)} \tag{10-1-4}$$

2. 线膨胀系数 α

线膨胀系数 α 定义为

$$\alpha = \frac{1}{l}\left(\frac{\partial l}{\partial T}\right)_p \tag{10-1-5}$$

式中 l、T、p 分别表示物体的长度、温度和压力。

1) 立方晶系的线膨胀系数

在立方晶系中($a = b = c$)，改变温度，晶胞发生各向同性的热膨胀。线膨胀系数表示为

$$\alpha = \frac{1}{a}\left(\frac{\partial a}{\partial T}\right)_p \tag{10-1-6}$$

在一定的温度范围内($T_0 \to T$)，平均线膨胀系数 $\bar{\alpha}$ 为

$$\bar{\alpha} = \frac{\Delta a}{a_0 \Delta T} = \frac{a_T - a_0}{a_0(T - T_0)} \tag{10-1-7}$$

立方晶系体膨胀系数与线膨胀系数的关系为

$$\beta = 3\alpha \tag{10-1-8}$$

2）非立方晶系的线膨胀系数

在非立方晶系的材料中，改变温度，晶胞不同方向的晶轴引起各向异性的热膨胀。对于正交晶系，a、b、c 三个晶轴方向的线膨胀系数分别为

$$\alpha_1 = \alpha_a = (1/a)/(\partial a/\partial T)_p;\quad \alpha_2 = \alpha_b = (1/b)/(\partial b/\partial T)_p;$$
$$\alpha_3 = \alpha_c = (1/c)/(\partial c/\partial T)_p \tag{10-1-9}$$

具有轴对称性的晶体(四方、六方、三方晶系)，只有 c 轴和 a 轴两个独立的晶轴，因此独立的膨胀系数为

$$\alpha_{\perp} = \alpha_a = \alpha_1 = \alpha_2 = (1/a)/(\partial a/\partial T)_p;\quad \alpha_{/\!/} = \alpha_c = \alpha_3 = (1/c)/(\partial c/\partial T)_p \tag{10-1-10}$$

10.1.2　热力学格林艾森函数

根据热力学麦克斯韦关系$(\partial S/\partial V)_T = (\partial p/\partial T)_V$，式(10－1－2)变换为

$$\beta = \chi_T\left(\frac{\partial p}{\partial T}\right)_V = \left(\frac{\partial p}{\partial T}\right)_V\left(\frac{-\partial \ln V}{\partial p}\right)_T \tag{10-1-11}$$

当 $T \to 0$ 时，等温压缩率 χ_T 趋向于定值，因此由式(10－1－11)可见，低温下，β 与温度的关系相似于热压力系数$(\partial P/\partial T)_V$ 与温度的关系。

热压力系数$(\partial P/\partial T)_V$ 可以表示为比等容热容和热力学格林艾森函数(grüneisen function)乘积的形式：

$$\left(\frac{\partial p}{\partial T}\right)_V = \left(\frac{C_V}{V}\right)\gamma \tag{10-1-12}$$

$$\gamma = \left(\frac{\partial p}{\partial (U/V)}\right)_V = -\left(\frac{\partial \ln T}{\partial \ln V}\right)_S \tag{10-1-13}$$

其中，U 是内能。

式(10－1－12)中，比等容热容(C_V/V)表示温度升高 1 ℃，材料内能的增加量；式(10－1－13)表明，热力学格林艾森函数 γ 的热力学意义为，在等容条件下增加的内能改变压力的能力，或等熵条件下压缩体积使温度升高的能力。

将式(10－1－12)代入式(10－1－11)，并且 $\chi_T C_V = \chi_S C_p$，则

$$\beta = (\chi_T C_V/V)\gamma = (\chi_S C_p/V)\gamma \qquad (10-1-14)$$

其中，χ_S 是绝热压缩系数，C_p 是等压热容。

因此格林艾森函数也可以表示为

$$\gamma = \beta V/\chi_S C_p = \beta V/\chi_T C_V \qquad (10-1-15)$$

式(10-1-15)建立了格林艾森函数与体积、等容(等压)热容、等温(等熵)压缩率和膨胀系数之间的关系，并且可以通过测定压缩率、膨胀系数和热容的实验值得到 γ 值。格林艾森函数 γ 是量纲为一的量，其符号决定了膨胀系数的符号。对于许多简单的材料，γ 在室温附近很宽的温度范围内变化很小，一般在 1~3 之间，因此常常被认为是一个格林艾森常数。

10.1.3 非立方晶系的格林艾森函数

式(10-1-11)表明，热膨胀是热应力的弹性反应。与热膨胀相对应的三个独立的热应力 σ_λ 定义为

$$\sigma_\lambda = (1/V)(\partial F/\partial \eta_\lambda)_{\eta',T} \qquad (10-1-16)$$

其中，η_λ 为应变坐标轴($\ln a$、$\ln b$ 或 $\ln c$)；F 为力；下标 η' 表示所有其他应变保持不变；σ_λ 为压应力，在各向同性条件下 $\sigma_1 = \sigma_2 = \sigma_3 = -p$(压应力为负值)。

热应力系数与各向异性的格林艾森函数 γ_λ 相关：

$$\left(\frac{\partial \sigma_\lambda}{\partial T}\right)_\eta = -\frac{C_\eta}{V}\gamma_\lambda, \quad \gamma_\lambda = -\left(\frac{\partial \sigma_\lambda}{\partial (U/V)}\right)_\eta \qquad (10-1-17)$$

格林艾森函数 γ_λ 写作 γ_1、γ_2、γ_3 或 γ_a、γ_b、γ_c。式中，C_η 是等应变热容，负号是由于 σ_λ 为压应力。

在各向异性的晶体中，作用在一个方向上的应力在所有三维方向都有响应，因此热应力的弹性反应比各向同性晶体中要复杂得多，尤其是 α_λ 和 γ_λ 的符号并不必须是相同的。弹性反应用等温柔量矩阵 $s^T_{\lambda\mu}$ 或绝热柔量矩阵 $s^S_{\lambda\mu}$ 表示为[148]

$$s^T_{\lambda\mu} = \left(\frac{\partial \eta_\lambda}{\partial \sigma_\mu}\right)_{\sigma',T}, \quad s^S_{\lambda\mu} = \left(\frac{\partial \eta_\lambda}{\partial \sigma_\mu}\right)_{\sigma',S} \qquad (10-1-18)$$

类似于式(10-1-14)，在各向异性晶体中，膨胀系数 α_1 与格林艾森函数 γ_λ 有以下关系：

$$\alpha_1 = \frac{C_\eta}{V}(s^T_{11}\gamma_1 + s^T_{12}\gamma_2 + s^T_{13}\gamma_3) = \frac{C_p}{V}(s^S_{11}\gamma_1 + s^S_{12}\gamma_2 + s^S_{13}\gamma_3)$$

$$(10-1-19)$$

---

[148] 柔量(compliance 或 elastic compliance)：一个弹性常数，它等于应变(或应变分量)与应力(或应力分量)之比。对一个完善的弹性材料来说，它是弹性模量的倒数，即材料每单位应力的变形率。常见的实验测定的柔量有拉伸柔量、剪切柔量、蠕变柔量等。

其中，s_{11}、s_{22}、s_{33}总是正值，s_{12}、s_{23}、s_{13}通常是负值。在一个方向施以拉力，在这个方向伸展，但是在其他方向收缩(泊松比通常是正值)。因此有时即使所有的 γ_λ 是正值，也可能发生热收缩。

具有轴对称性的晶体只有 c 轴和 a 轴两个独立的晶轴，其格林艾森函数 γ_λ 为

$$\gamma_\perp = \gamma_a = \gamma_1 = \gamma_2 = -\left(\frac{\partial \sigma_1}{\partial(U/V)}\right)_\eta = \frac{1}{2}\frac{(\partial S/\partial \ln a)_{T,c}}{C_\eta} \tag{10-1-20}$$

$$\gamma_{/\!/} = \gamma_c = \gamma_3 = -\left(\frac{\partial \sigma_3}{\partial(U/V)}\right)_\eta = \frac{(\partial S/\partial \ln c)_{T,a}}{C_\eta} \tag{10-1-21}$$

将式(10-1-20)和式(10-1-21)代入式(10-1-19)，得

$$\alpha_\perp = \frac{C_\eta}{V}\{(s_{11}^T + s_{12}^T)\gamma_\perp + s_{13}^T\gamma_{/\!/}\} = \frac{C_p}{V}\{(s_{11}^S + s_{12}^S)\gamma_\perp + s_{13}^S\gamma_{/\!/}\} \tag{10-1-22}$$

$$\alpha_{/\!/} = \frac{C_\eta}{V}\{2s_{13}^T\gamma_\perp + s_{33}^T\gamma_{/\!/}\} = \frac{C_P}{V}\{2s_{13}^S\gamma_\perp + s_{33}^S\gamma_{/\!/}\} \tag{10-1-23}$$

定义各向异性的压缩率：

$$\chi_\perp = s_{11} + s_{12} + s_{13},\quad \chi_{/\!/} = 2s_{13} + s_{33} \tag{10-1-24}$$

将式(10-1-24)代入式(10-1-22)和式(10-1-23)，得到类似于式(10-1-14)的热膨胀系数，热容、绝热柔量与格林艾森函数之间的关系为

$$\alpha_\perp = \frac{C_p}{V}\{\chi_\perp^S\,\gamma_\perp + s_{13}^S(\gamma_{/\!/} - \gamma_\perp)\} \tag{10-1-25}$$

$$\alpha_{/\!/} = \frac{C_p}{V}\{\chi_{/\!/}^S\gamma_{/\!/} + 2s_{13}^S(\gamma_{/\!/} - \gamma_\perp)\} \tag{10-1-26}$$

大部分材料的弹性性质主要取决于静态的晶格能函数，温度的变化对其影响较小。因此作为一级近似，柔量 $s_{\mu\nu}$ 作为常数处理，热膨胀与温度的关系仅与热容和 γ_λ 相关。

10.1.4　晶格热振动的准-谐振近似

固体材料的热膨胀本质归结为点阵结构中质点间平均距离随温度升高而增大。实际上，在晶格振动中相邻质点间的作用力是非谐振性的。在双原子分子模型中，化学键的势井模型如图 10.1 所示，为非对称性。在基态(T_1)，两原子之间的核间距为 r_0。当温度升高(T_2)，两原子沿着化学键的方向伸长，分子处于高一级的振动能级，核间距 $r > r_0$。这个模型解释了热膨胀是晶格质点热振动的微观本质。

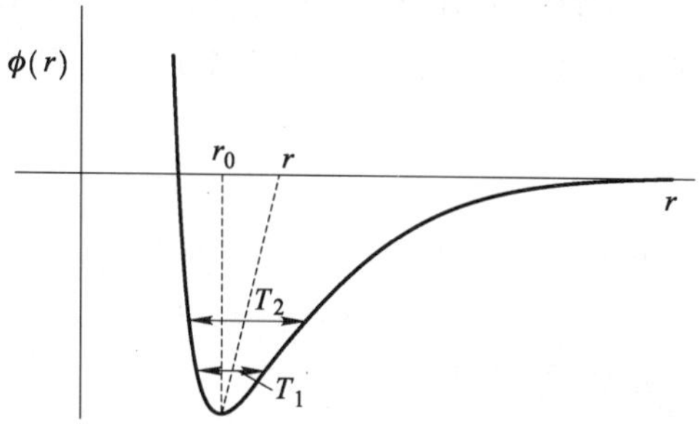

图 10.1　晶体中双原子伸缩振动非谐振势井($T_2>T_1$)

作为一级近似，热膨胀的非谐性特征可以用体积与晶格振动频率的关系描述。振动自由能、熵和热容是频率为 $\omega_j(V)$ 的独立振动模的自由能 f_j、熵 s_j 和热容 c_j 的加和，s_j 和 c_j 只与 $\hbar\omega_j/(kT)$ 有关。

晶格振动频率 ω_j 的体积微分定义为振动模 j 的格林艾森参数 γ_j，它反映了晶体振动模势井的非简谐性：

$$\gamma_j = -\mathrm{d}(\ln\omega_j)/\mathrm{d}(\ln V) \qquad (10-1-27)$$

根据热力学的麦克斯韦关系，热压力系数有如下关系：

$$\left(\frac{\partial p}{\partial T}\right)_V = \left(\frac{\partial S}{\partial V}\right)_T = \frac{1}{V}\sum_j c_j\gamma_j \qquad (10-1-28)$$

其中，c_j 由爱因斯坦热容函数给出。

结合式(10－1－28)、式(10－1－13)的热力学格林艾森函数变成 c_j 权重的 γ_j 的平均值，即

$$\gamma = \sum_j c_j\gamma_j/\sum_j c_j \qquad (10-1-29)$$

材料的热膨胀性质与振动模 j 的贡献有关，c_j 表示振动模 j 对总的等容热容的贡献。根据式(10－1－27)，如果 γ_j 是负值，频率 ω_j 随体积增加；根据式(10－1－28)，s_j 对熵的贡献减少。如果这样的振动模被激发得足够多，以致超过了 γ_j 是正值的模，根据式(10－1－29)，在一定的温度范围内表现为热收缩。

10.2　固体的热收缩机理

10.2.1　键长

热膨胀是固体晶格中原子热振动的结果。热振动过程中，每个原子的位置

r_i 是随时间变化的。但时间平均统计，原子是围绕着其平均位置 $\langle r_i \rangle$ 振动的。运用不同的实验方法，可以得到晶格中两近邻原子之间的距离（键长）是不同的。

1. 表观键长

由 X 射线或中子衍射实验测定得到的两个原子平均位置 $\langle r_i \rangle$ 之间的距离为

$$|\langle r_2 \rangle - \langle r_1 \rangle| = |\langle r_2 - r_1 \rangle| \tag{10-2-1}$$

与晶胞参数有关，因此直接与体热膨胀有关。

2. 真实键长

两个原子之间距离的平均值为 $\langle |r_2 - r_1| \rangle$，由扩展 X 射线吸收精细结构得到的径向分布函数获得。

例如，图 10.2 是真实键长为 R 的 AB 分子围绕中心摆动的示意图。真实键长 $\langle |r_2 - r_1| \rangle$ 没有变化，仍然为 R；但是 A 和 B 的平均位置投影在 x 轴上，表观键长 $|\langle r_2 \rangle - \langle r_1 \rangle| = R\cos\theta$，却缩短了。

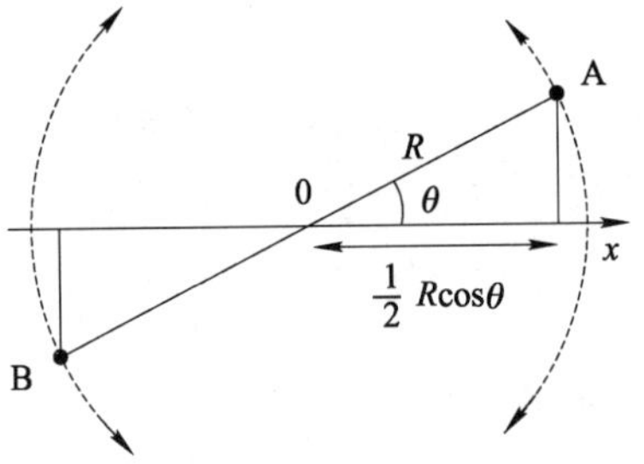

图 10.2　固定键长为 R 的摆动减小了 A、B 原子平均位置之间的距离

由于两个原子垂直于 $\langle r_2 - r_1 \rangle$ 的相对运动分量只是对真实键长有贡献，因此表观键长总是比真实键长短。随着温度增加，振幅增大（θ 增大），表观键长进一步缩短。即使真实键长随温度增加而小幅度增加，表观上也可能发生热收缩。

同样，真实键角和表观键角也不相同，也可以测定，但更复杂，没有一般的规律。

10.2.2　热收缩机理

1. 声子振动机理

固体热膨胀性质的本质是原子热振动的结果。双原子势能模型可以定性地说明分子热振动对热膨胀的影响。

1）键伸长效应(bond-stretching effect)

如图 10.3 所示，在体积不变的情况下，两原子平均位置之间的距离 r_0 也不变。升高温度，原子沿着键的方向的振幅增加。B 原子的瞬时位置相对于平均位置摆动。当 A、B 原子之间的瞬时距离 $r<r_0$ 时，原子之间的排斥力大于当 $r>r_0$ 时的吸引力，因此有净的排斥力，即随着温度增加 r 增加时，排斥力增加，$(\partial p/\partial T)_V$ 大于 0。键伸长效应也可以用图 10.1 所示的双原子伸缩振动非谐振势井描述。

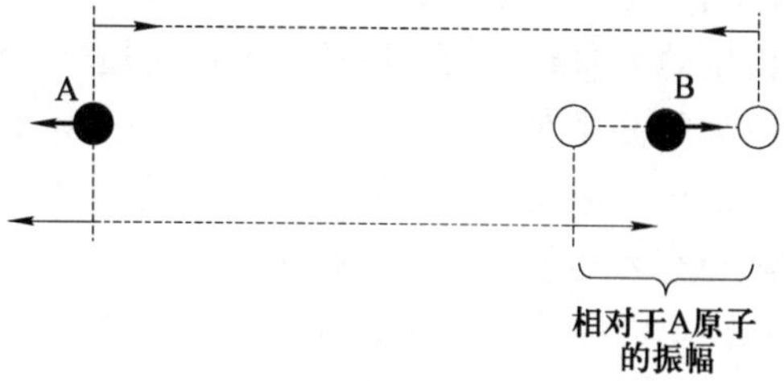

图 10.3　键伸长效应示意图

（●：平均位置；○：瞬时位置。→：瞬时的力；→：平均的力）

高温下，双原子分子的键伸长，沿着键的方向相对运动分量的振动模 j 产生的力常数 $\varphi''(r)$ 减弱，振动频率 ω_j 降低，而体积增加。根据式(10－1－27)，γ_j 大于 0。

2）压应力效应(tension effect)

如图 10.4 所示，当原子平均位置之间的距离固定，即键长不变的条件下，原子垂直于键的方向振动，称为原子的横向振动(transverse vibration)。原子的横向振动使原子瞬时位置之间的距离增加，产生了一个平均的压应力，因此热压力系数$(\partial p/\partial T)_V$是负值。若压应力不变，其弹性响应是晶体体积减小，即减小两个原子平均位置之间的距离。随着温度升高，$(\partial p/\partial T)_V$ 的负值增大，因此压应力效应引起热收缩效应。

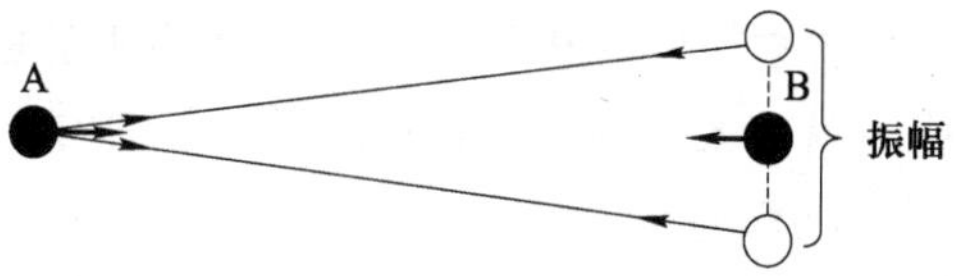

图 10.4　压应力效应示意图

（●：平均位置；○：瞬时位置。→：瞬时的力；→：平均的力）

振动模的格林艾森参数 γ_j 对压应力效应的反应，可根据式(10－1－27)判断。压应力效应使原子之间的距离增加，即体积增加；同时增加了键中的压应力，使振动模 j 的频率(ω_j)提高(像拉小提琴的弦)，因此 γ_j 是负值，得到负的热膨胀系数。

一般情况下，横向振动模比纵向振动模(键伸长)的能量低，属于声子能量范畴，在更低的温度受到激发。在低温，热力学格林艾森参数 γ 主要是横向振动模的 γ_j 的贡献，因此固体的热收缩性质常常在极低温下观察。

3) 键 - 旋转效应(bond-rotation effect)

当两个原子既有沿着键的纵向振动，又有横向的相对运动分量时，键的伸长效应和压应力效应同时对热膨胀有贡献。这时键中时间平均的方向性压应力和推力产生倾向于使键的方向离开相对运动方向的扭矩，即键 - 旋转机理。但这个机理比前两个机理的重要性小，因为不同的振动模倾向于以不同的方向旋转键。当键的方向取决于对称性时，例如，在立方晶体中，净的作用为零。对非立方晶系，键的旋转有时是重要的，例如在正交聚乙烯的模中。

一般情况下，在简单的晶体结构中，原子振动主要产生纵向和横向振动，前者产生键伸长效应，后者产生压应力效应。纵向振动改变了键长，因此需要较高的能量激发。横向振动不改变键长，其激发能量与声子能量相当，因此其热收缩机理称为声子振动机理。

2. 具有热收缩性质的简单结构

1) 立方晶系

目前还没有发现密堆积结构(配位数等于 12)和体心立方结构(配位数等于 8)的热收缩晶体。在萤石结构中，阴离子配位数为 4，阳离子配位数为 8，在低温也没有发现热收缩现象。

(1) 在碱金属卤化物的岩盐结构中(配位数等于 6)，高温的 γ_∞ 都大约为 1.5，因此是热膨胀性质。在低温，晶体的 γ 值与阳离子有关而与阴离子无关。由于 Li^+ 的离子半径非常小，使阴离子之间的相互作用力增强，Li^+ 的横向振动压应力效应减弱，Li^+ 盐的 γ 随温度变化较小；Na^+ 盐、K^+ 盐的 γ 在低温大约分别为 1.0 和 0.35；只有 Rb^+ 盐的 γ 值为负值(约 -0.1)。在岩盐结构的其他化合物(MgO、PbSe)中也没发现热收缩现象。

(2) 在金刚石、闪锌矿、纤锌矿等只有配位数为 4 的原子的晶体结构中，低能量的横向振动模贡献较大，并且在较宽的低温范围内表现为热收缩。例如 Si、Ga、GaAs、CuCl、$CuFeS_2$ 等。

如图 10.5 所示，不同化合物 γ 函数负值与化合物的共价性程度有关。化合物的离子性越强，γ 越负，而且负热膨胀的温度范围越宽。例如，离子性强的 CuCl 的体膨胀系数 β 在 60 K 达到最负值，约为 -8×10^{-6} K，负膨胀的最高温度达到 100 K。具有金刚石结构的 Si 观察到热收缩性质，而共价性更强的金刚石却没有热收缩性质。在高温，虽然有些四配位晶体的压缩系数和 γ_∞ 都较

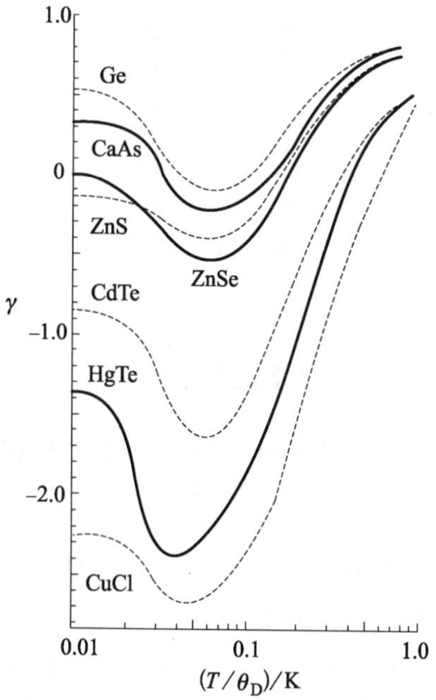

图 10.5　具有闪锌矿结构晶体的格林艾森函数 γ 与约化温度(T/θ_D)的关系[149]

小，但是都没有负膨胀性质。

(3) 方石英和类似的晶体：方石英是由 SiO_4 四面体共享顶角氧原子构成的骨架结构。高于 543 K，低温方石英变体相变为具有立方对称性的高温方石英变体。由于结构中存在二配位的氧原子，而具有开放的结构。在高温，β－方石英相的膨胀系数很小甚至是负的。可以用如图 10.6 所示的声子振动机理的压应力效应解释。

(4) 立方赤铜矿结构(Cu_2O，Ag_2O)：赤铜矿结构可以描述为由两套骨架结构穿插构成。每套骨架结构由 Cu 原子形成立方最密堆积结构类型(ccp)，O 原子占据四面体空隙，形成 OCu_4 四面体配位。也可以描述为 OCu_4 四面体共享顶点 Cu 原子，通过 O—Cu—O 桥键，形成类似于方石英结构类型的骨架结构。两套相同的骨架结构相互穿插，却没有 Cu—O 键将两套骨架结构相连。温度低于 200 K，膨胀系数是负值，接近 75 K，负值达到最大($-3\times10^{-6}\ K^{-1}$)。高温时，可能是由于两套骨架结构之间发生相互作用，膨胀系数转为正值。

Ag_2O 在 10～450 K 温度范围内都是热收缩。扩展 X 射线精细结构分析

[149]　θ_D：德拜温度，$\theta_D=\hbar\omega_{max}/k\approx7.6\times10^{-12}\omega_{max}$。

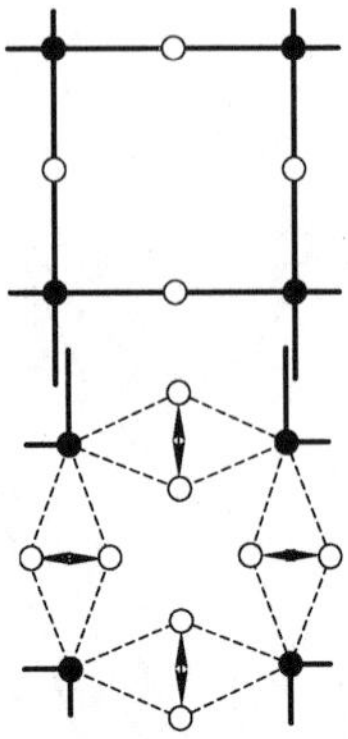

图 10.6　桥氧原子横向热运动使原子核间距收缩的模型

（○：桥氧原子；●：金属原子）

(AEXAFS)证明，虽然随着温度升高 Ag—O 键长有所增长，Ag—Ag 距离仍然缩短，表明热收缩也是压应力效应机理。

将 Cu_2O 中的 Cu 由(CN)置换，O 由 Zn 置换，就得到了立方 $Zn(CN)_2$ 结构($Pn\bar{3}m$ 空间群)。如图 10.7(b)所示，$Zn(CN)_2$ 也是由两套骨架结构穿插构成。每套结构骨架由 $Zn(C/N)_4$ 四面体共享氰(CN)基团，构成由(C/N)取代 O 的类似方石英的骨架，如图 10.7(a)所示。$Zn(CN)_2$ 在 100 ~ 400 K 温度范围内是强热收缩化合物，平均线膨胀系数为 $-16.0(2)\times10^{-6}\ K^{-1}$。

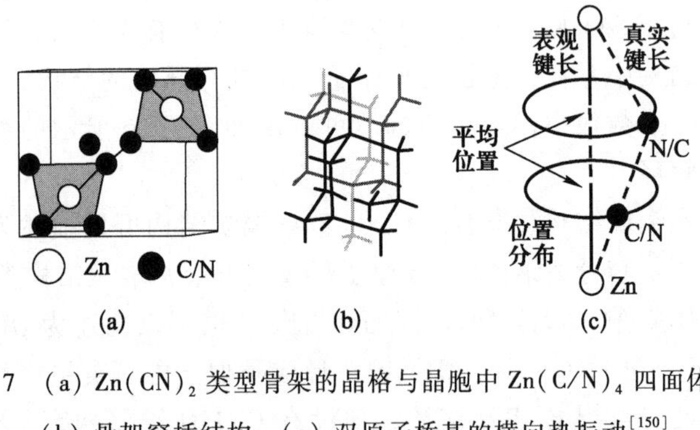

图 10.7　(a) $Zn(CN)_2$ 类型骨架的晶格与晶胞中 $Zn(C/N)_4$ 四面体配位；(b) 骨架穿插结构；(c) 双原子桥基的横向热振动[150]

高能 X 射线散射实验获得的原子对分布函数(PDF)结果观察到了声子横向振动机理导致的晶胞热收缩。X 射线衍射只能测定图 10.7(c)中的表观键长，而 PDF 观察到了(CN)基团在不同温度下的瞬时位置分布。结果表明，(CN)

[150]　Chapman K W, Chupas P J, Kepert C J. J. Am. Chem. Soc., 2005, 127: 15630 - 15636.

基团的平均横向位移由 100 K 的 46 pm 到 400 K 的 58 pm，平均横向位移随温度增加率为 4 pm/100 K。即使随着温度升高，Zn—C/N 真实键长增加，(CN)基团的声子横向振动仍然使表观键长产生较大的热收缩效应。

2）热收缩晶体的结构特点

有利于声子振动机理的晶体结构必须有利于横向振动模的激发，因此：

(1) 必须具有开放的、低密度的骨架结构，最好没有填隙离子、原子或分子。为低能横向振动模提供空间条件。

(2) 具有低配位数的原子，尤其是二配位的原子有利于晶体的横向振动。

(3) A—B 原子之间的键强度大，使 A—B 原子之间的键伸长效应小。例如 M—O($M = W^{6+}$，V^{5+}，Si^{4+})键。

(4) 没有或不发生低对称性或降低结构体积的相变。

3）各向异性材料

体膨胀系数 β 为负值的非立方晶系材料是热收缩材料。也有一些非立方晶系热收缩材料的 β 是正值，但是三个晶轴中有一个或两个晶轴线膨胀系数是负值。非立方晶系中的膨胀行为更丰富，但是基本的机理与立方晶系中是类似的。

(1) 层型结构：六方石墨晶体是一个最典型的例子。分子层的 a、b 二维方向很难变形，因此石墨的 s_{11}、s_{12}、s_{13} 比 s_{33} 小很多($s_{11} = 0.98$，$s_{12} = -0.16$，$s_{13} = -0.13$，$s_{33} = 27.5$)，s_{13} 与 $s_{11} + s_{12}$ 具有相同的数量级。根据式(10-1-24)，$\chi_{\perp}$ 为小的正值(0.69)，$\chi_{/\!/}$ 为大的正值(27.18)。这反映了层内碳原子靠共价键紧密结合，因此垂直于主轴的分子层的刚性强；层间靠分子间力结合，平行于主轴方向晶体有大的压缩性。实验表明，石墨在 40 K 的 $\gamma_{\perp}$ 约为 -5.3，到 273 K 升高为 -1，显然这主要是分子层内压应力效应的结果；而在 40 K 的 $\gamma_{/\!/}$ 约为 3.4，到 273 K 降低为 0.8。根据式(10-1-25)和式(10-1-26)计算，垂直于六次轴的膨胀系数 $\alpha_{\perp}$ 在室温以下很宽的温度范围内是负值，而平行主轴的膨胀系数 $\alpha_{/\!/}$ 是正值。这与其层型结构有关，平行于主轴(即垂直于强的分子层内作用力)的被极化原子的振动模有低的频率和大的振幅；而垂直于主轴的振动模有相对高的频率和小的振幅。在低温，低频振动模优先被激发，既生成了垂直于平面的压缩的热应力(键伸长效应)，又同时在平面内产生相当强度的压应力效应。然而由于层内的硬度强于层间的，结果负的 $\alpha_{\perp}$ 比正的 $\alpha_{/\!/}$ 小很多。在高温(650 K)，垂直于主轴的振动完全被激发，层内的键伸长效应显著，因此 $\alpha_{\perp}$ 为正值了。

与石墨的晶体结构不同，α-As 晶体的二维分子层不是一个平面，而是垂直于 c 轴的褶皱的面。格林艾森函数是正值，并且几乎是各向同性的，在 0 K 大约为 4.0，而在 270 K，由于高频振动模被激发，格林艾森函数降到 1.5。由

于 s_{13} 的负值较大（ -56 ），$\alpha-As$ 晶体低于室温时的 $\alpha_{\perp}$ 是负值。在低温，式(10－1－25)、式(10－1－26)中的($\gamma_{/\!/}-\gamma_{\perp}$)非常小，因此 $\alpha_{\perp}$ 与 $\chi_{\perp}$ 的符号相同。到 270 K ($\gamma_{/\!/}-\gamma_{\perp}$)增加到 0.08，使 $\alpha_{\perp}$ 为正值；一直到 677 K，$\alpha_{\perp}$ 都始终为接近于零的正值。

Zn 和 Cd 是另一个大的负值 s_{13} 使晶体热收缩的例子。Zn 和 Cd 具有立方密堆积结构，但是在(0001)晶面内的最近邻距离比平面之间的短，表明晶面内成键更强些。因此视为类似石墨的“层型分子”，但是在层内和层间都有金属键。虽然在所有温度 $\gamma_{\perp}$ 和 $\gamma_{/\!/}$ 都是正值，但始终 $\gamma_{\perp}$ 约小于 $0.8\gamma_{/\!/}$；又由于两个金属的 s_{13} 的负值比较大(Zn：$s_{13}=-7.0$；Cd：$s_{13}=-8.9$)使 $\alpha_{\perp}$ 为负值。从上面几个实例可见，对大部分模型(不是全部)，低于室温，任何负膨胀都存在于硬度大的方向，但其数值比其他方向的正膨胀的数值小。

(2) 链型结构(例如结晶高分子)：在最简单的棍棒捆绑模型中，链是直线形的和硬的，而棍棒之间的链接是弱的，因此晶体的弹性只在平行链的一个方向上硬度大。在低温，沿着成键强度大的方向被激发的极化振动比其他方向的低频极化振动弱。与简单的层型结构的振动机理相同但结果相反，$\gamma_{/\!/}$ 是负值而 $\gamma_{\perp}$ 是正值。因此在温度高到足以激发化学键的振动之前，硬度大的平行于链方向的热膨胀 $\alpha_{/\!/}$ 是小的负值。

三方 Se 和 Te 提供了 $\alpha_{/\!/}$ 为负值的单原子实例。分子链是螺旋状的，每个螺旋由 6 个相邻原子配置成六边形。因此有两个独立的维度 a 和 c，还有一个螺旋半径 R。Se 的膨胀即使在室温也是强烈各向异性的($\alpha_{/\!/}=-13\times10^{-6}\ K^{-1}$，$\alpha_{\perp}=69\times10^{-6}\ K^{-1}$)；Te 的链内价键弱一些，但 $\alpha_{/\!/}$ 仍然在室温是负值，$\alpha_{/\!/}=-2.3\times10^{-6}\ K^{-1}$，$\alpha_{\perp}=29.5\times10^{-6}\ K^{-1}$。衍射表明螺旋半径随温度强烈收缩：$\alpha_R\approx-35\times10^{-6}\ K^{-1}$。

正交聚乙烯是研究得最多的有机结晶高分子的例子。平面的碳链沿着 c 方向伸长，碳骨架是平面的，如图 10.8 所示。低频振动主要是垂直于碳骨架平面极化。这些低频振动部分来自于高分子链的扭转畸变产生的弱的链内作用，另一部分来自于链间的相互作用。沿着链的方向被极化的振动主要与强的链内作用有关。它们的频率高，振幅小，在低温和中等温度不被激发。低温下被激发的原子振动模主要是垂直于链的高振幅低频振动。可见在链方向的热膨胀是由压应力效应控制的，因此正交聚乙烯的 α_c 是负值。计算得到的低温 γ_c 是一个大的负值，在高温负值变小。链间相互作用同时受伸长效应和压应力效应影响。通常伸长效应更明显，因此在垂直于高分子链伸展方向的 α_a、α_b 是比 α_c 至少大一个数量级的正值。高于 100 K，在 ab 面还有一个不太明显的各向异性，$\alpha_a>\alpha_b$。

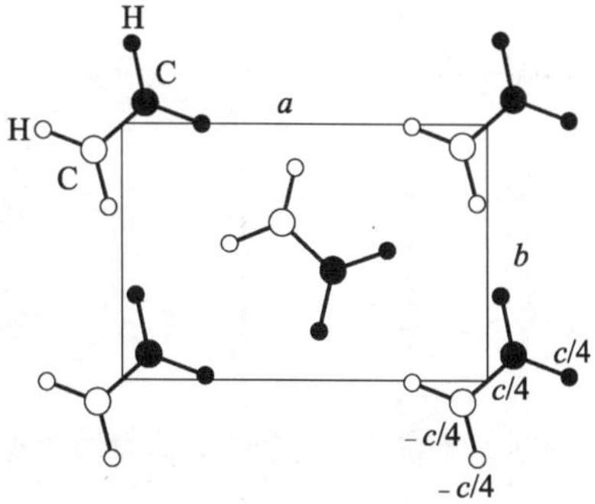

图 10.8　理想的正交聚乙烯的晶胞投影

(a = 747.8 pm，b = 497.0 pm，c = 251.5 pm)

10.3　复杂结构的热振动模型

对于复杂的氧化物体系，二配位原子的横向振动机理还需要具有一定的晶体结构条件才能够实现；有些各向异性的热收缩化合物也会有多种热收缩机理。为了分析这些复杂氧化物的结构和热收缩性的规律，人们提出一些热收缩结构模型。

10.3.1　刚性单元振动模型和准刚性单元振动模型

大量的研究表明，在较高温度，大部分的负膨胀化合物都具有二配位的桥氧原子。这些含氧化合物晶体可以看做是由或多或少刚性的配位多面体(SiO_4、WO_4、ZrO_6 等)共享顶点桥氧构成的骨架结构。在晶体热振动中，配位多面体内的键长和键角不发生变化，低频率的激发使桥氧原子横向振动，配位四面体和配位八面体耦合，产生桥氧原子大振幅的摆动。这样的横向振动称为刚性单元振动模型(Rigid Unit Mode，RUM)。这个概念可以通过图 10.9 所示的二维正方格子来加以理解。

在图 10.9(a)中，刚性的 MO_4 正方格子共享顶角氧原子相连成二维晶格，M—O—M 键角为 π，二维晶格参数为 a_0；在 10.9(b)中，表示了桥氧原子的横向振动，导致 M—O—M 键角减小，弯曲为 $\pi-2\theta$。不同温度下原子坐标发生变化，因此使晶格参数减小为 a'，即

$$a' = a_0\langle\cos\theta\rangle_T \approx a_0\left(1-\frac{1}{2}\langle\theta^2\rangle_T\right) \qquad (10-3-1)$$

运用这个模型需要首先具体判断化合物中是否有 RUM。对于某些化合物(例如 ZrW_2O_8)有大量的 RUM。在其他结构中(例如 ZrV_2O_7)，在桥氧摆动时

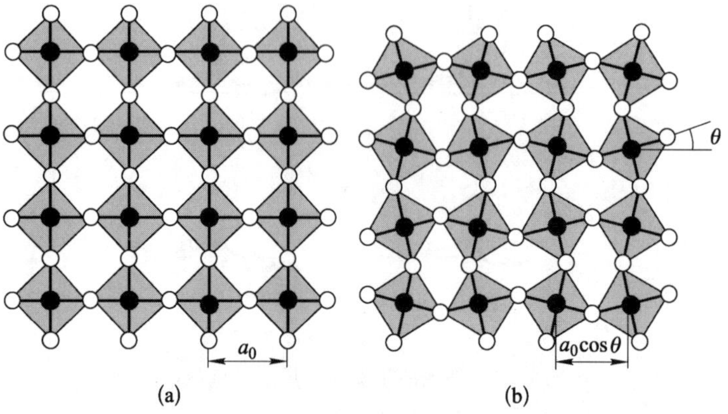

图 10.9　(a) 一个刚性 MO_4 单元的二维正方格子；
(b) M—O—M 键角弯曲($\pi - 2\theta$) rad 的静态格子
(●：M；○：O)

配位多面体有很小的畸变，没有 RUM。ZrV_2O_7 结构的振动称为准刚性单元振动模型(Quasi-Rigid Unit Mode，QRUM)。正交 $Sc_2(WO_4)_3$ 是一类具有 QRUM 结构的热收缩化合物，由 X 射线衍射观察到，随着温度升高，配位四面体摆动的角度增加(如图 10.10 所示)，晶胞体积减小。

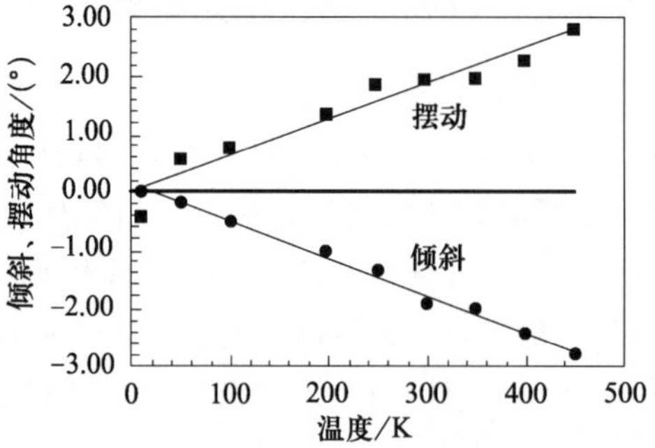

图 10.10　$Sc_2(WO_4)_3$ 中 WO_4 配位四面体表观静态倾斜角度和摆动角度与温度的关系[151]

二配位桥氧原子是 RUM 和 QRUM 的必要条件，但是还需要晶体结构提供开放的空间和有利于氧桥横向振动的灵活性骨架结构。不是所有的骨架结构都是灵活的骨架结构，一个灵活的骨架结构就是可以允许多面体灵活地前后摇

[151]　Evans J S O，Mary T A，Sleight A W. J. Solid State Chem.，1998，137：148 - 160.

摆，而不发生变形的晶体结构或只发生很小变形的称为半灵活的骨架结构。因此也有许多具有氧桥结构化合物不具有热收缩性质[152]。在既没有 RUM，又没有 QRUM 的结构中，可能不会有大的负热膨胀。

10.3.2 最大体积模型

在典型的离子型化合物中，由于相同电荷离子的排斥作用，M—O—M 键角倾向于最大化(π)。在这种情况下，RUM 或 QRUM 模型能够解释热收缩性质。但是对于 Si、P、V 等元素，由于重键较弱，在低温 M—O—M 键角往往小于 π。

在低温的晶格特点类似于图 10.9(b)时，M—O—M 键角等于$(\pi-2\theta)$ rad。借助图 10.9 也可以解释晶体在低温的热膨胀与高温相变以后的热收缩性质。对于离子性较弱的键型，图 10.9(b)表示一个氧键角始终是弯曲的平衡结构，这种静态结构能量在 $\theta=\pm\chi$ 时具有最小值(如图 10.11 所示)。

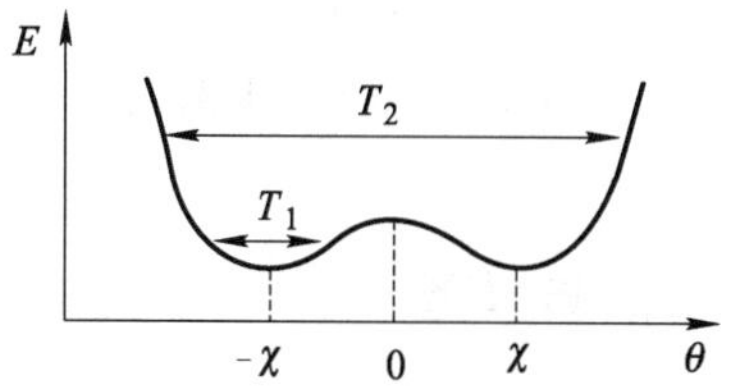

图 10.11 具有弯曲的氧键角($\pm\chi$)晶体的静态能量

在低温，平均结构会接近静态的一个极小值；但随着温度升高，振幅增加，时间平均的角度$\langle\theta\rangle_T$ 向零移动。温度不同，摆动为$\langle\theta\rangle_T$ 的平均角度不同，但不等于零。因此，$\theta=\langle\theta\rangle_T+\varepsilon$，其中时间平均值$\langle\varepsilon\rangle_T=0$。因此式(10-1-31)中的

$$\begin{aligned}\langle\cos\theta\rangle_T&=\langle\cos(\langle\theta\rangle_T+\varepsilon)\rangle_T\\&=\cos\langle\theta\rangle_T\langle\cos\varepsilon\rangle_T-\sin\langle\theta\rangle_T\langle\sin\varepsilon\rangle_T\\&\approx\cos\langle\theta\rangle_T\left\{1-\frac{1}{2}\langle\varepsilon^2\rangle_T\right\}-0\end{aligned}\qquad(10-3-2)$$

式(10-1-32)中的收缩因子为$\left\{1-\frac{1}{2}\langle\varepsilon^2\rangle_T\right\}$，而新增加的因子 $\cos\langle\theta\rangle_T$ 随温度升高而增加。通常情况下，后者起主要作用，即随着温度升高，平均的氧键角$\langle\theta\rangle_T$ 增大。因此总的效果是低温下，正热膨胀。当温度高于相变温度 T_c，振动超过了能量阈值，$\langle\theta\rangle_T$ 变成零。标志着相变后只具有收缩因子的状

[152] Tao J Z, Sleight A W. J. Solid State Chem., 2003, 173: 442-448.

态，变成负热膨胀。

例如，低温 α – 石英为三方晶系(如图 10.12 所示)，在相当宽的温度范围内，在 a 和 c 方向都为正热膨胀。高于 846 K，相变为高温 β – 石英。中子衍射实验表明，β – 石英为 α – 石英的无序结构，晶胞体积达到最大。这时$\langle\theta\rangle_T$变成零，β – 石英具有很小的负热膨胀。

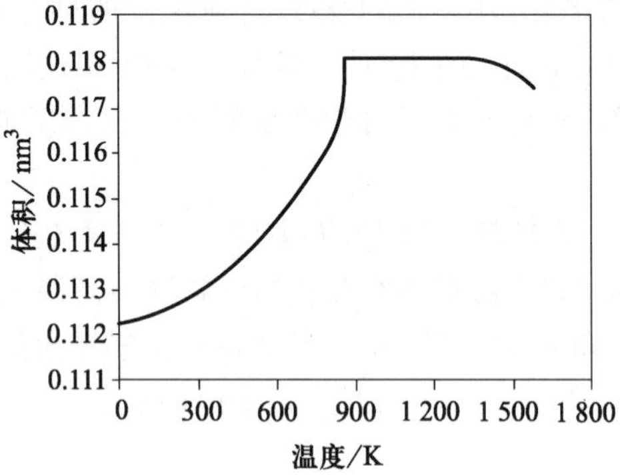

图 10.12　石英的热膨胀

10.3.3　结构块的耦合旋转模型

图 10.13 表示 NZP($NaZr_2(PO_4)_3$)具有各向异性的晶体结构。a、b 晶胞参数随温度升高减小，而 c 晶胞参数增加。

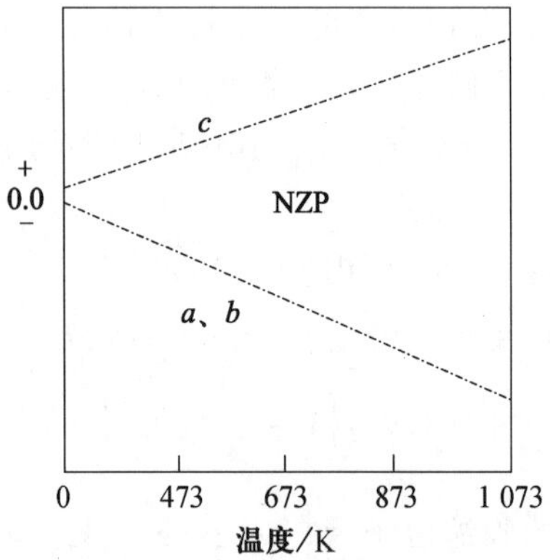

图 10.13　NZP 的晶胞参数随温度的变化

NZP 型化合物具有六方晶胞的石榴石结构(空间群 $R\bar{3}c$)，基本结构单元是由两个配位八面体[ZrO_6]和三个配位四面体[PO_4]构成，相当于化学式[$Zr_2P_3O_{12}$]。基本结构单元[$Zr_2P_3O_{12}$]沿平行于 c 轴连接成螺旋链形，[PO_4]

将这些螺旋链沿垂直于 c 轴的方向连接成三维结构，Na^+ 位于三维结构所成的八面体空位中心，如图 10.14 所示。NZP 结构的重要特点是[ZrO_6]和[NaO_6]八面体沿着 c 轴共面，连接成一维管状结构。[PO_4]四面体将管状结构沿着垂直于 c 轴的方向连接成三维结构。

由于 Zr—O 与 P—O 原子对之间都生成很强的共价键，在几百摄氏度的温度范围之内，它们的核间距的变化都可以忽略不计。阳离子的排斥作用将共面上的氧原子保持在接触状态，而 Na—O 距离随温度的变化而变化。因此热膨胀行为主要来自于 Na—O 键随温度升高热膨胀的效应。随着温度升高，Na—O 键沿着 c 轴方向膨胀，晶胞参数沿 c 轴增加。管状结构的半径不增加，必然导致连接管状结构的[PO_4]四面体旋转，将管状结构与管状结构拉紧，在 a、b 晶轴方向收缩，如图 10.15 所示。

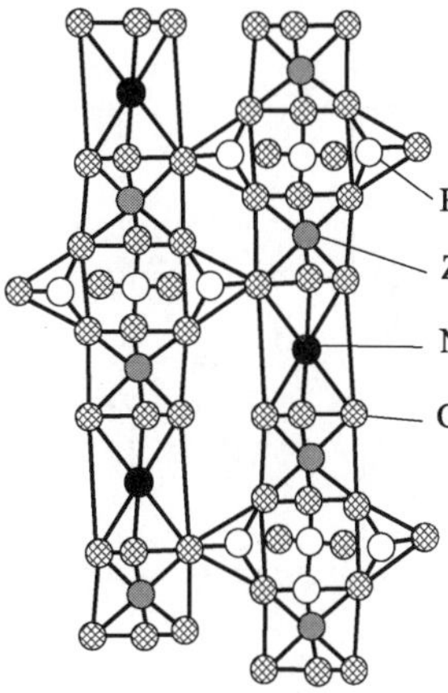

图 10.14　NZP 的管状结构

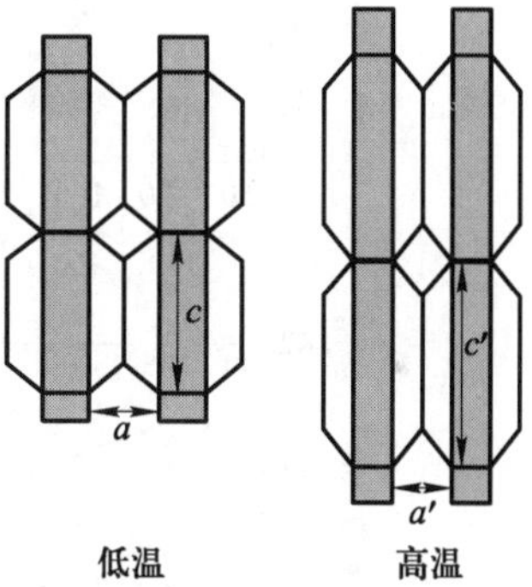

图 10.15　在骨架结构中各向异性热膨胀示意图（阴影部分表示 NZP 的管状结构）

平均体膨胀系数为负值是这种不同晶轴正、负热膨胀耦合的结果。

β - 锂霞石有着同样的热收缩机理，共边的多面体将结构沿 c 轴拉紧，沿 a、b 轴膨胀。

10.3.4　铁电 - 顺电相变模型

根据键价理论，键长与键价有如图 10.16(a)所示的非线性关系。对于一个完全对称的 MO_6 正八面体，M—O 的平均键长总是短于畸变的八面体的平均键长(例如三个长键、三个短键)。例如，四方 $PbTiO_3$ 具有钙钛矿型的晶体结构，由严重畸变的[TiO_6]配位八面体共顶点连接构成结构骨架。在室温，Ti—O 键长为 176.6 pm、4×197.9 pm 和 239 pm。升高温度，相变为立方晶系，八面体对称化，平均 Ti—O 键长从 201.2 pm 下降到 198.3 pm。因此在一定的温度范围内，固体中原子之间的平均键长可以随温度的升高和配位多面体的对称性提高而变短。键长的均匀化也可以理解为键价的均匀化。在室温，[TiO_6]配位八面体中有一个重键(176.6 pm)和一个单键(239 pm)。高于 490 ℃，转变为立方相，[TiO_6]配位八面体完全对称，6 个 Ti—O 键的键价均匀。如图 10.16(b)所示，由于[TiO_6]配位八面体中 4 个等键长的八面体平面与晶胞的 *ab* 面平行，随温度升高键长增长，表现为 *a*、*b* 晶轴热膨胀；*c* 轴与重键和单键平行，比 *a* 轴长，随着温度升高，键长的平均化导致 *c* 轴热收缩。*c* 轴较大幅度的热收缩导致平均线热膨胀系数(按$(a^2c)^{1/3}$计算)$\alpha_l = -3.3 \times 10^{-6}\ K^{-1}$。

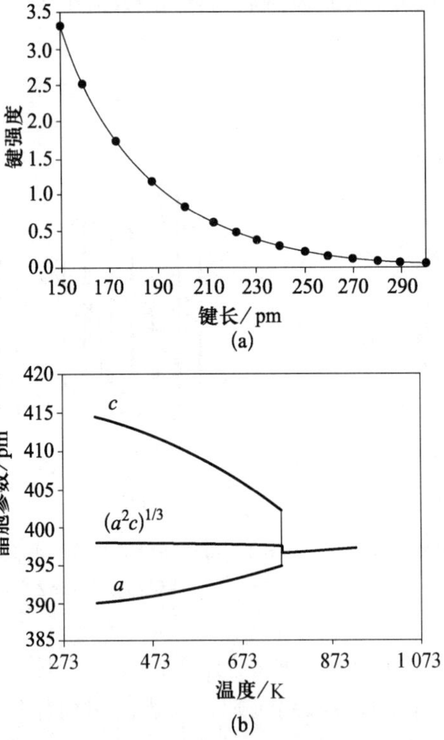

图 10.16　(a) 典型的键长 - 键强度关系图；
(b) $PbTiO_3$ 晶胞参数随温度的变化

最近的研究表明，$PbTiO_3$ 类型铁电化合物的晶胞体积增大是由于强烈的自发极化而导致配位多面体的晶格畸变程度(*c*/*a*)增加所致。因此铁电 - 顺电相变热收缩的机理是与化合物的位移自发极化的大小密切相关[153]。

[153]　Chen J，Xing X，Sun C，et al. J. Am. Chem. Soc.，2008，130：1144 - 1145.

10.4 重要热收缩化合物结构及热膨胀性质的调制

对配位八面体或四面体构成骨架结构的热收缩化合物，若具有二配位氧的骨架结构，必然对化学式有一定的要求。只具有共享顶点配位八面体或四面体的骨架结构，化学式分别为 AO_3 或 AO_2；配位八面体和四面体共享顶点的骨架结构，化学式可以为 AM_2O_7（$[AO_{6/2}]\cdot 2[MO_{4/2}]$）、$A_2M_3O_{12}$（$2[AO_{6/2}]\cdot 3[MO_{4/2}]$）、$AMO_5$（$[AO_{6/2}]\cdot[MO_{4/2}]$）。对于 $A_2M_3O_{12}$，每一个氧原子同时与 A 离子和 M 离子配位，只具有 A—O—M 氧桥键；对于 AM_2O_7，既具有 A—O—M 氧桥键，又具有 M—O—M 氧桥键；对于 AMO_5，既具有 A—O—M 氧桥键，又具有A—O—A 氧桥键。这些类型的晶体结构都可以有负热膨胀类型的化合物。AM_2O_8 在非常宽的温度范围内都具有负热膨胀性质，其结构中具有 A—O—M 氧桥键，因此是人们予以极大关注的化合物类型。

10.4.1 ZrW_2O_8 热收缩化合物及其相似结构[154]

1. 立方钨酸锆

在 0 ~ 1 473 K 的温度范围内，立方 ZrW_2O_8 都表现出大的各向同性的热收缩。立方 ZrW_2O_8 晶体具有开放的骨架结构，密度较低（ − 272.85 ℃ 时为 5.034 5 $g\cdot cm^{-3}$，419.85 ℃时为 5.126 8 $g\cdot cm^{-3}$），图 10.17 是用多面体表示的 ZrW_2O_8 的晶体结构模型。ZrW_2O_8 的晶体结构是由 ZrO_6 八面体和 WO_4 四面体共顶点组成的骨架网状结构。每个 ZrO_6 八面体的氧原子都与 WO_4 四面体共享，而每个 WO_4 四面体中只有其中的 3 个氧原子和 ZrO_6 八面体共享，另一个是端基氧。因此每个化学式组成单元中有 6 个氧原子是二配位的 Zr—O—W 桥氧，WO_4 四面体中的端基氧为 ZrW_2O_8 晶体结构提供了灵活性。

图 10.18 为中子衍射与热膨胀计测定的 ZrW_2O_8 的晶胞参数随温度的变化。在 50 ~ 350 K ZrW_2O_8 的体膨胀系数 $\beta\approx -27\times10^{-6}\ K^{-1}$。从 450 K 直到分解温度（1 050 K），$\beta\approx -13\times10^{-6}\ K^{-1}$。在 430 K 发生有序 - 无序相变。低于相变温度，$2[WO_4]$四面体对指向立方晶胞体对角线的 3 次旋转轴的同一个方向，具有 $P2_13$ 空间群对称性，为取向有序结构（见图 10.17）。高于相变温度，$2[WO_4]$四面体对以相同的概率指向体对角线两个相反的方向，具有 $Pa\bar{3}$ 空间群对称性，为取向无序结构。

[154] Evans J S O, Mary T A, Sleight A W, et al. Chem. Mater., 1996, 8: 2809 − 2823.

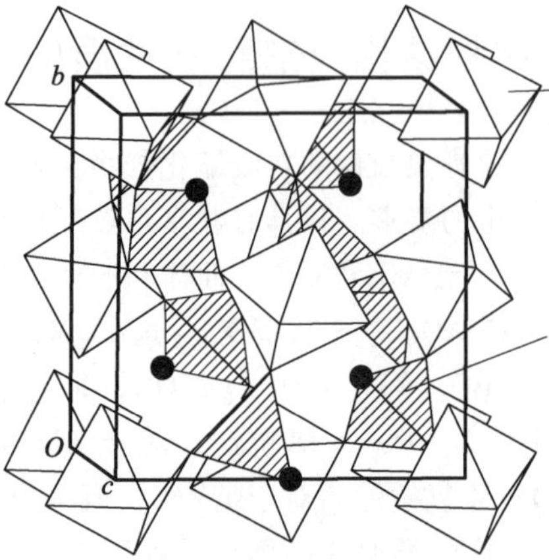

图 10.17　ZrW_2O_8 的晶体结构

（●：2［WO_4］四面体对的端基氧）[154]

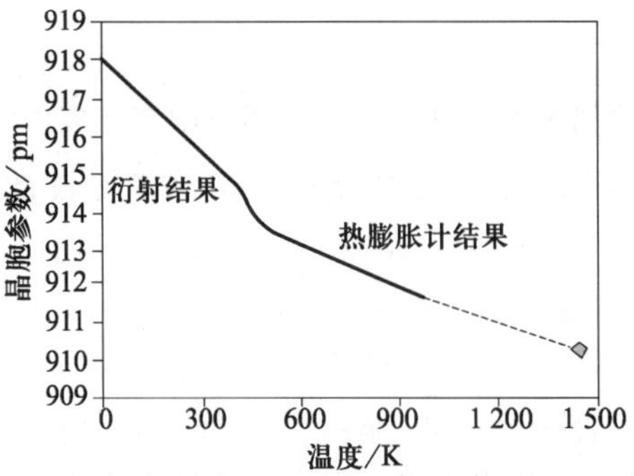

图 10.18　ZrW_2O_8 的晶胞参数与温度的关系

多种实验手段（弹性与非弹性中子衍射、拉曼光谱和热容测定）和理论计算表明，ZrW_2O_8 在如此低温的热收缩主要是由于在 4.7 meV（55 K，39 cm^{-1}）有一组振幅很大的低频横向振动模，其格林艾森函数的负值很大（$\gamma_j = -33$）[155]。这些低频率晶格声子振动模在低温被激活，使晶格在非常宽的温度内发生热收缩。

刚性单元振动模型的横向热振动机理（RUM）解释了 ZrW_2O_8 的负热膨胀性质。中子衍射实验表明，在整个温度范围内，WO_4 和 ZrO_6 配位多面体中的键长和键角都没有明显的变化，因此可以视为刚性单元。由于结构的开放性和端

［155］　Evans J S O，David W I F，Sleight A W. Acta Cryst.，1999，B55：333－340.

基氧的灵活性，ZrO_6 配位八面体可以围绕晶体的 3 次轴顺时针－反时针地转动。图 10.19 中的两条曲线分别表示，在 ZrW_2O_8 结构中，ZrO_6 配位多面体顺时针转动和反时针转动时晶胞参数的变化。显然顺时针转动使体积减小的变化率要大于反时针转动使体积增大的变化率，这种情况可以类比于一种振动频率的格林艾森参数 γ_{j1} 是负值，其绝对值大于另一种振动频率的格林艾森参数 γ_{j2} 的正值，因此总的格林艾森参数 γ 为负值。如图 10.19 所示，这种转动会导致晶胞体积减小。

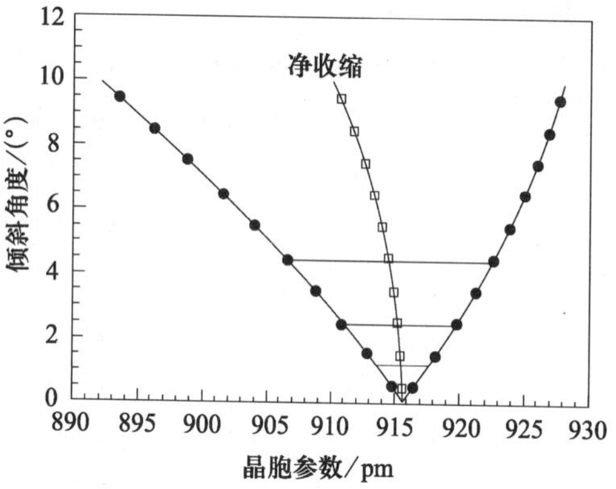

图 10.19　ZrW_2O_8 结构中多面体的倾斜角度与晶胞参数的关系[154]

图 10.19 也可以视为谐振子在不对称势井中的势能曲线。温度升高，谐振子的能量升高，ZrO_6 配位多面体的摆动的角度增大，但是由于顺时针收缩和反时针膨胀曲线的不对称性，使总的结果是晶胞参数减小。

随着温度的升高和晶胞体积的减小，晶胞内 W1┄O3(1 和 3 为晶格中的晶格位置)之间的距离减小。当温度达到使 W1┄O3 的距离接近于键长时，有序的 $\alpha-ZrW_2O_8$ 结构就转变为无序的 $\beta-ZrW_2O_8$ 结构。拉曼和太赫兹－时间域光谱(terahertz time-domain spectroscopy)实验表明，由于结构中 RUM 单元和一些横向振动模的减少，导致 $\beta-ZrW_2O_8$ 的负热膨胀系数小于 $\alpha-ZrW_2O_8$ 的负热膨胀系数[156]。

2. 正交 ZrW_2O_8

介稳态的正交 $ZrMo_2O_8$(空间群 $Pmn2_1$)[157]是制备立方 ZrW_2O_8 的中间化合物，与立方 ZrW_2O_8 具有相同的原子配位多面体和连接方式，因此也具有负热

[156] Liang E J, Liang Y, Zhao Y, et al. J. Phys. Chem. A, 2008, 112: 12582－12587.
[157] Allen S, Warmingham N R, Gover R K B, Evans J S O. Chem. Mater., 2003, 15: 3406－3410.

膨胀性质，室温的 $\beta = -1.2 \times 10^{-6}\ K^{-1}$。

压力大于 0.21 GPa，立方 ZrW_2O_8 相变为另一个正交 ZrW_2O_8（空间群 $P2_12_12_1$）[158]，晶胞体积大约减小 5%。由于相邻 WO_4 四面体的相互作用加强，端基氧都变成了二配位的桥氧，W 和 O 的平均配位数增加，结构的开放性和灵活性下降，压应力效应也下降，使负热膨胀性减小。低于 150 K，热膨胀几乎是各向同性的，$\beta \approx -5 \times 10^{-6}\ K^{-1}$。室温时 $\beta \approx -1 \times 10^{-6}\ K^{-1}$；高于 350 K，有明显的各向异性：$\alpha_a \approx 11.5 \times 10^{-6}\ K^{-1}$，$\alpha_b \approx 4.5 \times 10^{-6}\ K^{-1}$，$\alpha_c \approx -10.5 \times 10^{-6}\ K^{-1}$。

3. 立方 ZrW_2O_8 热膨胀性质的调制[159]

具有立方 ZrW_2O_8 结构类型的化合物还有立方 $ZrMo_2O_8$[160] 和立方 HfW_2O_8[157]。因此只要保持立方 ZrW_2O_8 结构类型，就能够保持优良的各向同性热收缩性质。不同组成的立方 AM_2O_8 化合物的热稳定性、有序－无序相变温度、抗压力性和热膨胀系数有差别。制备立方 ZrW_2O_8 结构类型的固溶体，是调制负热膨胀系数和化合物其他性质所采取的通常的方法。目前已见报道的在 W 晶体学位置上的等价取代固溶体只有 $ZrW_{2-y}Mo_yO_8$（$0 \leqslant y \leqslant 2$）连续固溶体[161]。形成 c－$ZrW_{2-y}Mo_yO_8$ 固溶体后，可以改善 c－ZrW_2O_8 热收缩材料的制备条件，提高热稳定性，降低有序－无序相变温度和调整热膨胀系数。立方 $ZrWMoO_8$ 热稳定性达到 1 473 K，其有序－无序相变温度被调整到室温以下（270 K），室温时 $\beta = -15 \times 10^{-6}\ K^{-1}$。

α'－$ZrWMoO_8$ 为三方晶系，在 a、b 二维方向也具有立方 ZrW_2O_8 结构类型的配位多面体连接方式，在 c 方向为分子间作用力。因此在二维方向也具有负热膨胀性，$\alpha_a = -6.3 \times 10^{-6}\ K^{-1}$（520 ~ 920 K），而在 c 方向为正热膨胀，$\alpha_c = 39.4 \times 10^{-6}\ K^{-1}$（520 ~ 920 K）[162]。

Zr 晶体学位置的等价取代固溶体有 $Zr_{1-x}M_xW_2O_8$（M = Hf，Sn，Ti），其中 $Zr_{1-x}Hf_xW_2O_8$（$0 \leqslant x \leqslant 1$）为连续固溶体。随着固溶体中 Hf 元素浓度的增加，$Zr_{1-x}Hf_xW_2O_8$ 的有序－无序相变温度线性增加，晶胞参数线性减小[163]。

在 W 晶体学位置上的低价取代固溶体只有 $Zr(W_{1-y}Mo_y)_{2-x}V_xO_{8-x/2}$（$0 \leqslant y \leqslant 2$，$x < 0.34$）有限固溶体[164,165]。Zr 晶体学位置的低价阳离子取代固溶体主要开展了以 +3 价的 Sc、Y、Eu、Er、Yb、Lu、In、Ga、Al 为溶质的有限固溶

[158] Evans J S O, Hu Z, Sleight A W, et al. Science, 1997, 275: 61－65.
[159] 赵新华，陶举周．硅酸盐学报，2009，37(5)：24－30.
[160] Lind C, Wilkinson A P, Rawn C J, et al. J. Mater. Chem., 2001, 11: 3354－3359.
[161] Huang L, Xiao Q G, Zhao X H, et al. Eur. J. Inorg. Chem., 2005: 4521－4526.
[162] Allen S, Ward R J, Evans J S O, et al. Acta Cryst., 2004, B60: 32－40.
[163] Yamamura Y, Masago K, Kato M, et al. J. Phys. Chem. B, 2007, 111: 10118－10122.
[164] Chen X, Tao J Zh, Zhao X H et al. Acta Cryst., 2009, C65: i74－i76.
[165] Chen X, Deng X B, Zhao X H, et al. J. Solid State Chem., 2011, 184: 1090－1095.

体的研究[163,166]。低价取代固溶体大幅降低了有序 - 无序相变温度，提高了空位缺陷浓度，改善了烧结性、加工性和高温导电性[167,168]。$Hf_{1-x}Lu_xW_2O_8$ 具有和$Zr_{1-x}Lu_xW_2O_8$ 相似的性质，有序 - 无序相变温度比 ZrW_2O_8 的高 24 K。

10.4.2 立方 AM_2O_7(A = Th，Zr，Hf，Sn；M = P，V)[169]

立方 AM_2O_7 的晶体结构和立方 AW_2O_8 的结构十分相似，只是在 AM_2O_7 结构中，两个配位四面体共用一个顶点氧，形成了$[MO_3O_{1/2}]_2$ 焦钒酸根基团。由于配位四面体失去了端基氧原子，结构中失去了 RUM 结构的特点，成为 QRUM 结构。这种结构包含稍微变形的多面体单元耦合的三维旋转和 2/3 非线性的 V—O—V 桥键。用最大体积模型解释 ZrV_2O_7 的热膨胀行为，类似于图 10.9(b)所示的二维模型，当温度升高时，平均氧键角可以张大，发生正热膨胀。到了375 K，相变为高温相，ZrV_2O_7 形成对称性更高的最大体积晶胞。继续升高温度，由于 QRUM 横向声子振动，发生热收缩($\alpha = -7.1 \times 10^{-6}\ K^{-1}$，400 ~ 500 K)。

图 10.20 示出 AM_2O_7(A = Ti，Zr，U，Th；M = P，V)结构化合物的热膨胀性质。图中表现出，随着晶胞参数由 TiP_2O_7 到 ZrV_2O_7 的增加，UP_2O_7 在高

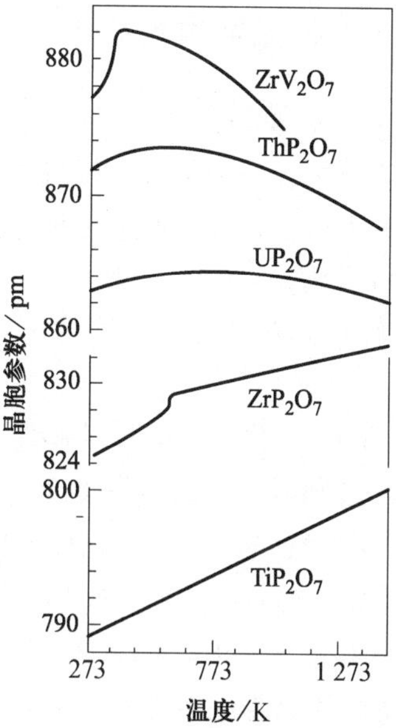

图 10.20 一些立方 AM_2O_7 结构类型化合物的热膨胀

[166] Li H H，Huang L，Zhao X H，et al. J. Solid State Chem.，2007，180：852 - 857.
[167] Li H H，Jing X P，Zhao X H，et al. Solid State Commun.，2007，142：434 - 436.
[168] Zhao R Q，Wang X Sh，Zhao X H，et al. J. Alloys Compd.，2009，470：379 - 382.
[169] Khosrovani N，Sleight A W. J. Solid State Chem.，1997，132：355 - 360.

温表现出热收缩性质，若晶胞参数再增加，负热膨胀的趋势加大。在这种结构中，只有配位多面体的形状发生变形，链接起来的四面体和八面体才能够发生协同的摇摆运动，即 QRUM 横向声子振动。当配位多面体增大，使多面体内阴离子之间距离减小了的变形才容易发生。因此在立方 AM_2O_7 系列中，容易摆动的、大的配位多面体才更容易发生热收缩。

ZrP_2O_7 相变发生在 550 K，高于相变温度有较小的正热膨胀。AM_2O_7 类型结构的化合物能够形成固溶体，从而调节材料的相变温度和热膨胀系数。制备固溶体 $ZrV_{2-x}P_xO_7$，当 $x = 1 \sim 1.8$ 时，在室温观察不到相变，在室温的热膨胀接近于零，在更高的温度热膨胀系数为负值[170]。在高压，ThP_2O_7、UP_2O_7 和 HfP_2O_7 中发现负热膨胀。

ZrV_2O_7 和 ZrW_2O_8 的化学性质和配位结构都十分相似，因此也能形成有限固溶体 $ZrW_{2-x}V_xO_{7-x/2}$。立方 $ZrW_{2-x}V_xO_{7-x/2}$ 的平均晶体结构为 ZrV_2O_7 和 ZrW_2O_8 结构的两套亚晶格，按照化学计量重叠构成[164]。随着 x 增加，立方 $ZrW_{2-x}V_xO_{7-x/2}$ 的相变温度下降，负热膨胀系数减小，当 $x = 0.20$ 时接近于零膨胀（$-1.6 \times 10^{-6}\ K^{-1}$，393 ~ 500 K）。

10.4.3　$Sc_2(WO_4)_3$ 及其相似结构的晶体

$Sc_2(WO_4)_3$ 结构属于正交晶系（空间群 *Pnca*）[151]，ScO_6 八面体和 WO_4 四面体共顶点氧相连构成骨架结构，每个氧都是桥氧原子。$Sc_2(WO_4)_3$ 的晶胞参数随温度的变化如图 10.21 所示，a 和 c 随温度升高收缩，而 b 轴热膨胀。总的晶胞体积热收缩，热收缩系数 $\beta = -6.5 \times 10^{-6}\ K^{-1}$（50 ~ 450 K），其负热膨胀性质可以用 QRMU 模型解释。在低温，转变为密度增加的单斜晶系，有正热膨胀性质。

虽然 $Sc_2(WO_4)_3$（Sc^{3+} 半径为 88.5 pm）的体膨胀系数为负值，但是各向异性使不同晶轴的膨胀性质差别较大（$\alpha_a = -6.3 \times 10^{-6}\ K^{-1}$，$\alpha_b = -5.5 \times 10^{-6}\ K^{-1}$，$\alpha_c = +7.5 \times 10^{-6}\ K^{-1}$）。根据最大体积模型，大的阳离子会加强负热膨胀。图 10.22 表明 $Lu_2W_3O_{12}$ 与 $Sc_2W_3O_{12}$、$Sc_2Mo_3O_{12}$、$Zr_2WP_2O_{12}$ 不同，随温度升高，c 轴也是负热膨胀（$\alpha_a = -9.9 \times 10^{-6}\ K^{-1}$，$\alpha_b = -2.2 \times 10^{-6}\ K^{-1}$，$\alpha_c = -8.3 \times 10^{-6}\ K^{-1}$）；块的体热膨胀系数 $\beta = -20.4 \times 10^{-6}\ K^{-1}$。$Y_2(WO_4)_3$ 也在三个晶轴方向热收缩（Lu^{3+} 和 Y^{3+} 的半径约为 0.1 nm）。

$A_2(WO_4)_3$ 结构类型化合物的相变温度与组成密切相关，例如，$Sc_2(WO_4)_3$ 和 $Zr_2WP_2O_{12}$ 为 10 K，而 $Fe_2(MoO_4)_3$ 为 772 K。$Sc_2(WO_4)_3$ 结构

---

［170］　Korthuis V，Khosrovani N，Sleight A W. Chem. Mater.，1995，7：412 – 417.

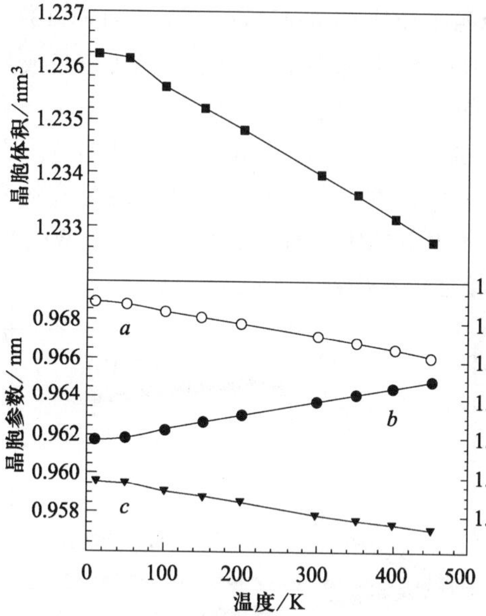

图 10.21　$Sc_2(WO_4)_3$ 晶胞体积与晶胞参数与温度的关系

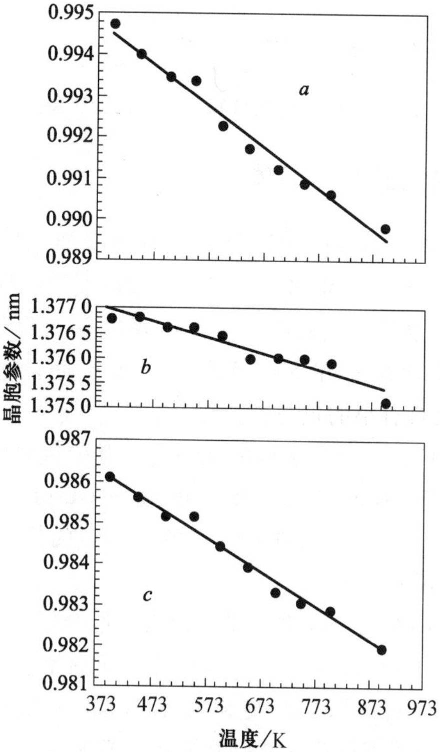

图 10.22　$Lu_2W_3O_{12}$ 的晶胞参数与温度的关系

类型中 Sc 的位置可以被半径从 $r = 67.5$ pm 的 Al^{3+} 到 $r = 107.5$ pm 的 Gd^{3+} 的许多离子取代。W 位置可以被 Mo 取代，异价取代还可以形成 $Zr_2(WO_4)(PO_4)_2$。相变温度直接与 A 位置阳离子的电负性有关。A 位置阳离子的电负性越大，相变温度越低，因此相变温度可以通过制备 $AA'(WO_4)_3$ 固溶体来控制。图 10.23 是一个 $InAl(WO_4)_3$ 的例子。不同膨胀性质的化合物形成固溶体，由于电负性较小的 In 取代了电负性较大的 Al，抑制了 $In_2(WO_4)_3$ 的相变，同时也调整了热膨胀性质，接近于零热膨胀性质。

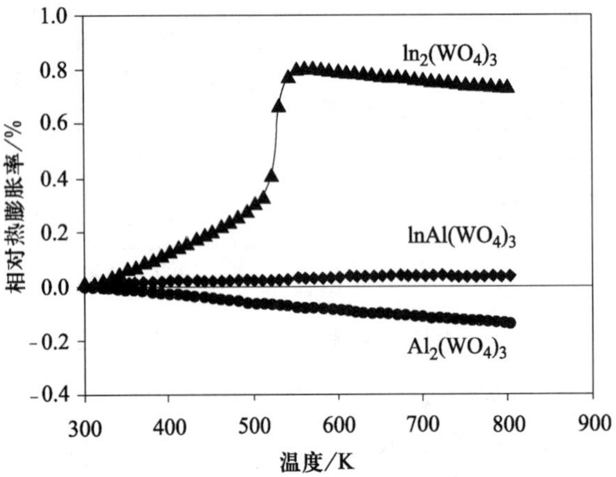

图 10.23　三种 $A_2(WO_4)_3$ 化合物的相对热膨胀率与温度的关系

10.4.4　硅酸盐结构及其固溶体

硅石(SiO_2)在高温具有方石英结构，具有热收缩性质，并且可以用 RUM 机理解释。方石英的 Si^{4+} 分别被 Al^{3+} 和 P^{5+} 取代，生成具有方石英结构的 $AlPO_4$，高于 1 100 K 也是热收缩化合物。Al 取代 Si 可以形成各种类型骨架型结构开放的沸石。八面沸石在 50 ~ 500 K 温度区间的膨胀系数 $\alpha \approx -4 \times 10^{-6}\ K^{-1}$。Na 沸石也具有小的负热膨胀系数。

Al^{3+} 取代 Si^{4+} 还可以生成许多硅酸盐体系，其中重要的低热膨胀或负热膨胀结构是堇青石($Mg_2Al_4Si_5O_{12}$)、β - 锂霞石($LiAlSiO_4$) 和 β - 锂辉石($LiAlSi_2O_6$)等。这些晶体具有六方晶系，各向异性的热膨胀性质与 NZP 化合物相反，如图 10.24 所示。

各向异性硅酸盐体系的热收缩可以用结构块耦合旋转机理解释。

X 射线结构测定还表明，在高温，Li^+ 由四面体位置迁移到八面体位置。这必然要使八面体的空位膨胀，而使 *a*、*b* 轴增加，*c* 轴缩短。因此 β-锂霞石的热膨胀还与 Li^+ 从四面体位置迁移到八面体位置相关。

市场上大量的超低热膨胀陶瓷主要是上述硅酸盐体系固溶体材料在特殊的

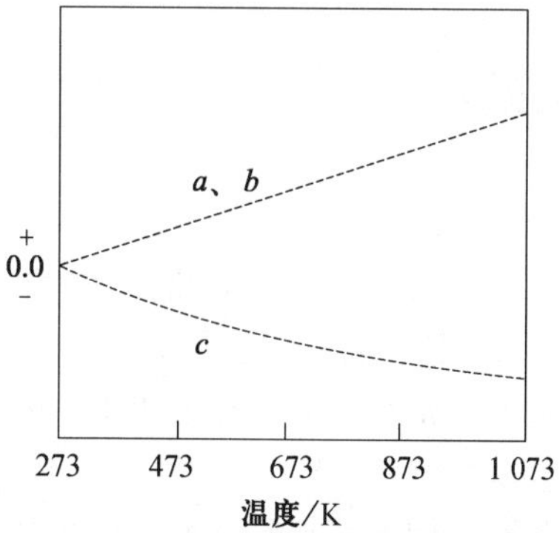

图 10.24 β-锂霞石($LiAlSiO_4$)的晶胞参数随温度的变化

加工工艺条件下制备的产品。锂的铝硅酸盐成分对于控制低热膨胀玻璃陶瓷的热膨胀系数也发挥关键作用。

10.4.5 磷酸盐及其固溶体

NZP 结构化合物是以 $NaZr_2(PO_4)_3$ 为基质的一系列固溶体，Na^+ 可以被 Cs^+、Cu^+、H^+、Li^+ 取代，也可以被异价离子取代，形成有空位缺陷的固溶体，同时热膨胀性质得到调制。例如 $Ca_{0.25}Sr_{0.25}Zr_2(PO_4)_3$ 为零热膨胀系数化合物，$NbTi(PO_4)_3$ 为负热膨胀系数化合物，$Ca_{0.25}Na_{0.5}Zr_2(PO_4)_3$ 为明显的正热膨胀系数化合物。

$NbOPO_4$ 化合物是目前唯一发现的化学式 AMO_5 的热收缩化合物。四方 $NbOPO_4$ 在 473 K 以下为正热膨胀；高于 473 K 发生相变，$\alpha_\perp$ 变为小的负值。单斜 $NbOPO_4$ 在 565 K 相变以前在一个方向为热收缩；相变为正交晶系后，三个晶轴方向全为热收缩[171]。

10.4.6 钙钛矿结构铁电材料

四方 $PbTiO_3$ 可以形成许多固溶体(例如，$Pb_{1-x}La_xTiO_3$、$Bi(Zn_{1/2}Ti_{1/2})O_3$、$BiFeO_3$ 以及三种钙钛矿化合物形成的更复杂的固溶体)。这些钙钛矿结构铁电材料在接近顺电相变温度的升温过程中会发生热收缩，但是溶质离子的引入也会降低相变温度。形成的 $PbTiO_3-BiFeO_3$ 或 $PbTiO_3-BiFeO_3-Bi(Zn_{1/2}Ti_{1/2})O_3$ 固溶体可以提高铁电-顺电相变温度，使其高于 973 K，同时在相当宽的温度范围内保持接近零的热膨胀系数。形成的 $PbTiO_3-Bi(Ni_{1/2}Ti_{1/2})O_3$ 固溶体还可以形成接近零热膨胀的具有铁电/压电性质的多功能性陶瓷[172]。

---

[171] Amos T G, Sleight A W. J. Solid State Chem., 2001, 160: 230-238.
[172] Hu P, Chen J, Xing X R, et al. J. Am. Chem. Soc., 2010, 132: 1925-1928.

10.5　其他热收缩效应

在极低的温度，热振动机理对热膨胀的贡献按照 T^{-3} 的函数关系下降，因此非热振动机理在低温起主要作用。这些非热振动对热膨胀的贡献包括：“肖特基(Schottky)”贡献、分子旋转贡献、电子效应。对于殷钢等磁性材料，电子效应在很高的温度对热膨胀都有很大的抵消作用，因此成为零热膨胀材料。

1. “肖特基(Schottky)”贡献

不同晶体中，形成各种不同的热缺陷体系。这些体系与电子能级的晶体场劈裂或者与核能级作用，每个体系有着一定数目的局域能级 ε_l。这些局域能级的占有率由玻耳兹曼分布函数($\exp(\varepsilon_l/k_BT)$)决定，因此决定于局域能级 ε_l 之间的能量间隔。在非常低的温度，全部体系都具有最低能级 ε_0。随着温度提高，能级被激发到更高的能量状态，并且最终全部能量状态都被占据。与热膨胀有关的贡献依赖于能级与体积的关系：$\gamma_l = -d[\ln(\varepsilon_l - \varepsilon_0)]/d(\ln V)$。当能量间隙随压力增加减小时，$\gamma_l$ 为负值，使 β 减小。

例如，在晶体场作用下，Tm^{3+} 的 4f 基态能级部分分裂，导致立方晶体 TmSb 是三能级“肖特基”体系。在 2～16 K 温度范围内，$\gamma_l = -1.2$。在无序的固体中，无序的离子有多个可能占据的位置。如果两个位置的能垒足够小，就可能发生量子隧穿效应，因此使基态能级劈裂。通常能垒高度与体积的变化十分敏感，因此格林艾森函数很大。对于负热膨胀，当体积减小时，两个位置之间的能垒需要提高，因此分裂的能级更接近了，并且熵增加了。例如，在 KBr－0.03% CN^- 固溶体中，低于 0.5 K 变成负热膨胀，在大约 0.1 K 时格林艾森函数达到 －300。

2. 分子旋转贡献

当分子间的作用力十分弱时，固体中的分子近似为自由的或受束缚的陀螺。例如，CH_4 低于 9 K 是负热膨胀，到 7.5 K 时，α 达到 -10×10^{-6} K^{-1}。C_{60} 在极低温度(≤3.4 K)是负热膨胀，据认为是由于温度降低，分子的转动停止了，改变为关于某个确定方向摆动的机理[173]。

3. 电子效应

殷钢(Invar 合金≈$Fe_{65}Ni_{35}$)是一种著名的零热膨胀钢材，从 30～400 K 体膨胀系数低于 2×10^{-6} K^{-1}，低于 30 K 时，体膨胀系数是负值。还有一些合金(如 Fe－Cr－Ni－Mn－Co 的合金、FePt、FePd 等)也具有类似的热膨胀性质。近期的研究认为，低热膨胀合金的膨胀机理是磁化作用对体积的影响，即磁弹

[173]　Loktev V M. Low Temp. Phys.，1999，25：823.

效应。在完全有序的铁磁状态，电子自旋完全平行，晶胞体积最大。向部分铁磁有序的状态加压，使有序度减小，$(\partial S/\partial p)_T$ 为正值，按照式(10-1-2)，β 为负值，发生负热膨胀，几乎抵消了正常的热膨胀，因此得到近乎于零的热膨胀。

“混合电子构型”或“价态浮动”效应用来解释 $Sm_{2.72}C_{60}$[174] 从 4.2 K ~ 32 K 的强烈的热收缩效应。Sm 的 $4f^65d^0$ 构型的体积比 $4f^55d^1$ 构型的大，随着温度升高，具有 $4f^65d^0$ 电子构型的原子的数量逐渐减少，而具有 $4f^55d^1$ 电子构型的原子的数量逐渐增加，因此体积逐渐减小。YbCuAl 在低于 60 K 和 $Sm_{0.75}Y_{0.25}S$ 在 4.2 ~ 350 K 的热收缩也都是这种机理。YbGaGe 从 100 ~ 400 K 都是零热膨胀。随着温度升高，电子由 Yb 的 4f 轨道激发到 Ga 的 4p 轨道，Yb 由 +2 价变到 +3 价，离子的体积减小，抵消了热膨胀效应[175]。YbGaGe 是金属间化合物，是导电体，因此有可能会成为类似殷钢一类的重要高技术工业材料[176]。

材料科学的发展，促使物质热膨胀性质的研究已经进入了新的阶段。目前科学界已经开始关注固体的薄膜、表面、界面[177]、纳米颗粒[178]等微观结构的热膨胀性质；由于蛋白质的热膨胀性质与水的热收缩性质相关，随着化学进入生命科学领域，蛋白质的热收缩性质也在受到重视[179]。

进一步阅读的参考书

[1] BARRERA N G D, BRUNO J AO, ALLAN N L. Negative Thermal Expansion[J]. J. Phys.: Condens. Matter, 2005, 17: R217-R252.

[2] SLEIGHT A W. Compounds That Contract on Heating[J]. Inorg. Chem., 1998, 37: 2854-2860.

[3] EVANS J S O. Negative Thermal Expansion Materials[J]. J. Chem. Soc., Dalton Trans., 1999: 3317-3326.

[4] 赵新华. 热致收缩化合物[J]. 化学通报，1998，11: 19-24.

[174] Arvanitidis J, Papagelis K, Margadonna S, et al. Nature, 2003, 425: 599-602.

[175] Salvador J R, Guo F, Hogan T, et al. Nature, 2003, 425: 702-705.

[176] Sleight A. Nature, 2003, 425: 674-676.

[177] (a) Mikkelsen A, Jiruse J, Adams D L. Phys. Rev. B, 1999, 60: 7796. (b) Busch B W, Gustafsson T. Phys. Rev. B, 2000, 61: 16097. (c) Ismail, Plummer E W, Lazzeri M, et al. Phys. Rev. B, 2001, 63: 233401. (d) Ismail, Hofmann Ph, Baddorf A P, et al. Phys. Rev. B, 2002, 66: 245414. (e) Marzari N, Vanderbilt D, Payne M C, et al. Phys. Rev. Lett., 1999, 82: 3296. (f) Lazzeri M, de Gironcoli S. Phys. Rev. B, 2002, 65: 245402.

[178] (a) Li W H, Wu S Y, Yang C C, et al. Phys. Rev. Lett., 2002, 89: 135504. (b) Kwon Y-K, Berber S, Tom ánek D. Phys. Rev. Lett., 2004, 92: 015901.

[179] (a) Melchiona S, Briganti G, Londei P, et al. Phys. Rev. Lett., 2004, 92: 158101. (b) Pan Y S, Birkedal H, Pattison P, et al. J. Phys. Chem. B, 2004, 108: 6458.

第 11 章 热电材料的设计合成

11.1 热电材料简介

11.1.1 热电设备及热电材料

热－电转换设备是指通过固体材料的热电转换性能来实现无机械的“电”制冷或“热”发电的设备。其中，无机械的“电”制冷设备，由于无须压缩机等机械部件，整个制冷器只由热电堆和导线连接而成，因此该类制冷设备具有易小型化、快速启动、方便操作、稳定可靠、无噪声、易维护等特点，被广泛地应用于电子设备冷却(如 CPU 冷却)、分析测试仪器探头冷却、车载冰箱、医学设备等领域。而其逆转换设备，无机械的“热”发电设备，更具有重要的应用。该设备具有小型化、稳定、环境友好等优点。目前该类设备已在极地、太空、野外作业、军事技术等方面具有广泛的应用。从 1969 年成功发射的阿波罗 12 号开始，三十多年来美国国家航空航天局(NASA)在太阳系的探索活动中一直采用热电材料来提供电源。另外，中国的登月计划的“嫦娥二号”卫星中也使用了热电设备来提供电力。

但是由于现有材料的热电转换效率还不高，限制了热电材料的大范围推广。科学家预测，如果材料的热电性能能较大幅度地提高，热电制冷技术将取代传统的氟利昂制冷方式，而热电发电也将为人类所面临的环境与能源危机带来新的曙光，并将孕育一次产业革命。

11.1.2　导电材料的热电效应

导电材料的热电效应是指导电材料将电与热实现相互转换的现象。它被发现于 19 世纪初，曾经有三个物理学家从不同体系对热电效应进行了定义，分别被称为泽贝克效应、佩尔捷效应和汤姆孙效应。其中，泽贝克效应是指导电材料由于温度差而产生电流的现象，佩尔捷效应和汤姆孙效应则是指由于电流产生的热转移现象。

1. 泽贝克效应

如图 11.1 所示，由两种不同的导电材料 A 和 B 组成一个闭合的回路，当两个连接点 1 和 2 分别处于不同的温度 T_1 和 T_2 下，回路中会产生一个电势差 U_{AB}，使得有回路电流 I 产生。这个回路电势差的方向及大小直接与材料的性质相关。将这个由于温度差而产生电压差的现象称为泽贝克效应。定义泽贝克系数 S_{AB} 为

$$S_{AB} = \lim_{\Delta T \to 0}\left(\frac{\Delta U_{AB}}{\Delta T}\right) = \frac{dU_{AB}}{dT} \qquad (11-1-1)$$

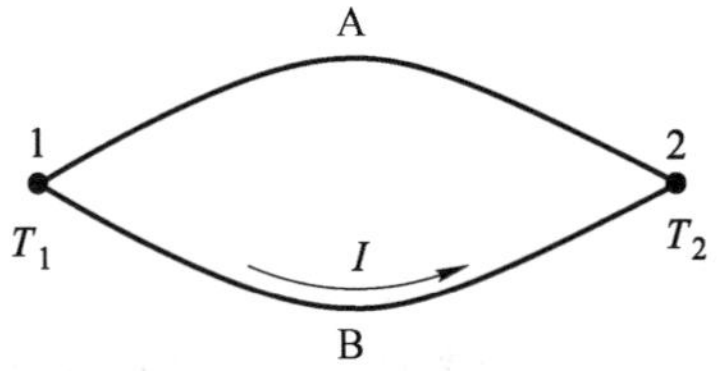

图 11.1　泽贝克效应示意图

泽贝克系数是指在材料两端温度差 ΔT 很小的情况下，电压随温度变化的比值。假设 $T_1 > T_2$，当电压 $U_1 > U_2$ 时，则 S_{AB} 为正值，反之 S_{AB} 为负值。上述回路的泽贝克系数也可以表示成两种材料的泽贝克系数的差值，即有

$$S_{AB} = S_A - S_B \qquad (11-1-2)$$

从上式可以看出，如果将泽贝克系数为正值和负值的材料组成回路将有效地增强系统的总泽贝克效应。

2. 佩尔捷效应

对于如图 11.2 所示的体系，如果在回路中通过的电流强度为 I，则会有一部分的热量 Q 从 2 端被带走，而在 1 端被释放，这个现象被称为佩尔捷效应。从描述中可以看出，佩尔捷效应其实是泽贝克效应的逆过程。被带走的热量值

可通过下式来进行计算：

$$Q = \Pi_{AB} I t \qquad (11-1-3)$$

其中，Π_{AB}称为佩尔捷系数。

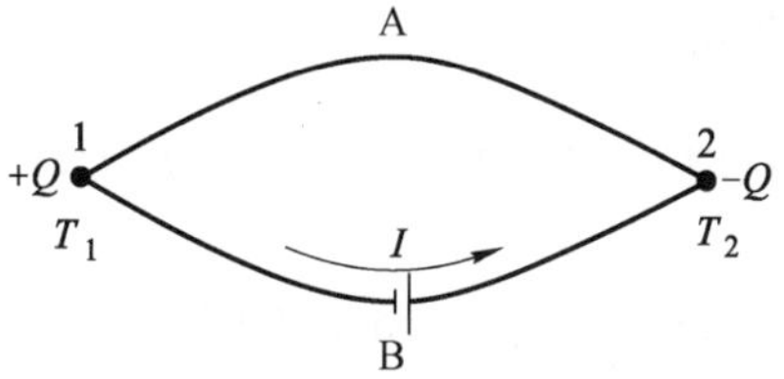

图 11.2　佩尔捷效应示意图

从式(11-1-3)可以看出，被带走的热量与电流强度 I 的大小及时间 t 成正比。同样，上述回路的佩尔捷系数可以表示成两种材料的佩尔捷系数的差值，即有

$$\Pi_{AB} = \Pi_B - \Pi_A \qquad (11-1-4)$$

在泽贝克效应和佩尔捷效应为完全可逆过程时，泽贝克系数和佩尔捷系数有如下关系：

$$\Pi_{AB} = T S_{AB} \qquad (11-1-5)$$

其中，T 为环境的绝对温度，单位是 K。

3. *汤姆孙效应*

在图 11.2 所示的热电回路中，假设 $T_1 > T_2$，并且回路中温度从 T_1 变化到 T_2 存在着一个温度梯度 $\mathrm{d}T/\mathrm{d}x$。如果流经一个很小区域的电流强度为 I，带来的热量变化为 Q，时间为 t，则热量变化 Q 可用下式表示：

$$Q = \mu I \frac{\mathrm{d}T}{\mathrm{d}x} t \qquad (11-1-6)$$

即热变化的大小与电流大小、体系的温度梯度、时间成正比。而变化率 μ 被称为汤姆孙系数。

对于图 11.2 所示的回路，如果温度梯度是均匀变化的，且材料 A、B 的长度均为 l，则对材料 A、B 分别有

$$Q_A = -\mu_A I \frac{(T_1 - T_2)}{l} t \qquad (11-1-7)$$

$$Q_B = \mu_B I \frac{(T_1 - T_2)}{l} t \qquad (11-1-8)$$

而整个回路的热量变化可计算如下：

$$Q = Q_B - Q_A = (\mu_B - \mu_A) I \frac{(T_1 - T_2)}{l} t \qquad (11-1-9)$$

在可逆情形下，汤姆孙系数和泽贝克系数有如下关系：

$$\mu_{AB} = T\frac{dS_{AB}}{dT} \qquad (11-1-10)$$

11.1.3　热电性能指数

对于如图 11.3 所示的 p、n 两种材料组成的热电器件所发生的热变化，可以用下式来表示：

$$\begin{cases} Q_p = S_pIT - \lambda_pA_p(dT/dx) \\ Q_n = -S_nIT - \lambda_nA_n(dT/dx) \end{cases} \qquad (11-1-11)$$

式中，等号后的第一项代表材料由于热电效应实现的热输运，后一项为材料的热扩散带来的热传输，其中 λ 为热输运系数，A 为截面积。

考虑系统的泽贝克效应，可获得体系电流：

$$I = \frac{ST_1}{R} \qquad (11-1-12)$$

其中，R 为电阻率。

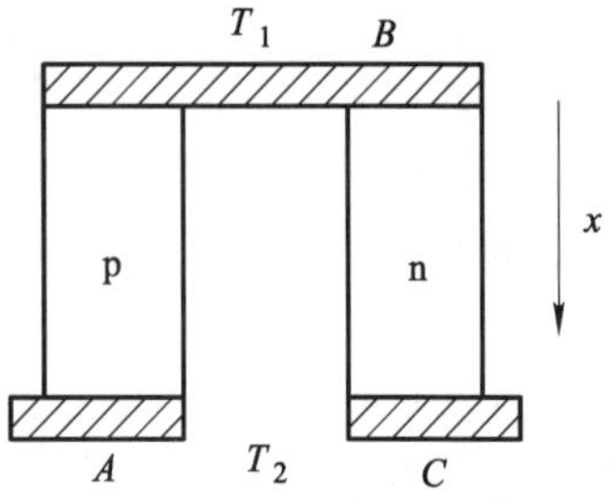

图 11.3　由 p 和 n 两种材料构成的热电器件示意图

将式(11-1-12)代入式(11-1-11)可求得该热电体系所能传输的热量，即

$$Q = \frac{S^2T_1^2}{2R} - K(T_2 - T_1) \qquad (11-1-13)$$

其中，K 为材料的热导率。

式(11-1-13)的前一项是热电效应的热输运，有利于热从低温向高温传输；而后一项则是热扩散的热输运，是热从高温向低温的自然传输。可以知道，当温差大于一定值时，Q 将不再能实现从低温向高温传输。分析 $Q=0$ 的情形，有

$$(T_2 - T_1)_{Q=0} = \frac{S^2T_1^2}{2KR} \qquad (11-1-14)$$

定义热电材料的热电性能指数(热电优值)ZT 为

$$ZT = \frac{S^2T}{KR} \qquad (11-1-15)$$

用 ZT 值能很好地评价一个热电材料在一定温度下的热电性能。从该评价指标可以看出，一个理想热电性能的材料要求同时具有高的泽贝克系数、低的热导率和良好的导电性能。但对于一个材料，要同时满足三个条件是无法实现的，通常只

能要求材料在三个性能间实现平衡，从而综合地使材料具有较高的 ZT 值。

11.2 热电材料的现状与发展

良好热电性能的材料要求在材料的泽贝克系数、热导率和导电性能之间能较好地实现协调。材料从导电性上可以分为导体材料、半导体材料及绝缘体材料。金属材料虽然具有良好的导电性，但是通常它的热导率很高，而且泽贝克系数比较小；而绝缘体材料虽然具有较小的热导率和大的泽贝克系数，但是它的导电性较差，因此综合热电性能仍然不理想。从材料分布上看，具有良好热电性能的材料一般居于窄带隙半导体到弱金属性材料的范围内。

在 20 世纪 40 ~ 60 年代，该领域的研究主要集中于对 Bi_2Te_3 体系材料的研究；到了 20 世纪 60 ~ 90 年代，人们发现 PbTe 和 Si_xGe_y 体系也具有良好的热电性能。到了 21 世纪，热电材料的探索和发现取得了较大的突破，其主要包含三个领域的研究：① 一些典型热电体系的研究与改性，如 $CoSb_3$ 体系中通过引入碱土和稀土离子能显著改善该体系的热电性能，PbTe 通过混合 Ag 和 Sb 元素也能实现热电品质因子的显著提高等。② 随着纳米和薄膜技术的提高，将这两种技术用于复合热电材料和纳米热电材料的设计与改性成为一个较快增长的领域。③ 新颖热电化合物的探索与合成。随着对热电机制与结构关系的深入理解，人们通过结构的设计有导向地合成一些可能具有良好热电性能的材料。下面将针对这三个方面分别给予介绍。

11.2.1 典型热电材料的研究与改性

高性能热电材料探索研究的一个重要工作就是针对一些具有较好热电性能的体系，通过组分调控、掺杂、形成固溶体等方法，对它的载流子浓度、晶格振动及晶界进行调控，以优化其热电的性能指标。

1. Bi_2Te_3 体系

Bi_2Te_3 是比较经典的热电材料并在实际中得以利用。Bi 和 Te 原子的外层电子排布分别为 $6s^26p^3$ 和 $5s^25p^4$，因此在形成 Bi_2Te_3 化合物时两者可分别通过得、失电子，形成 +3 和 -2 价态的满壳层稳定结构，并且表现出半导体性质。由于 Bi 和 Te 的电负性分别为 2.02 和 2.10，比较相近，因此 Bi_2Te_3 半导体的能隙较小，符合可能具有良好热电性能的条件。Bi 和 Te 均为比较重的原子，导热性相对较差。Bi_2Te_3 的空间群为 $R\bar{3}m$[180]。它的晶体结构如图 11.4 所示，

[180] Adam A. Mater. Res. Bull., 2007, 42(12): 1986 - 1994.

为层状结构化合物。每个 Bi_2Te_3 层分别由 5 层原子堆积构成，组成顺序分别为 Te－Bi－Te－Bi－Te，满足 Bi 和 Te 的原子比例为 2∶3。处于 Bi_2Te_3 单层内部的 Te 原子配位数为 6，而层表面的 Te 原子由于只有来自单面的配位，因此配位数为 3。从结构上看，Bi_2Te_3 具有各向异性，因此它们的热电性能也存在有各向异性。在 Bi_2Te_3 结构中可通过调节 Bi 和 Te 原子的含量来实现对其半导体性能的调控。在 Bi 含量大于 40% 时，由于体系为富电子体系，因此体现出 n 型半导体的性质；而 Te 含量大于 60%，体系显示 p 型半导体的性质（见图 11.5）[181]。

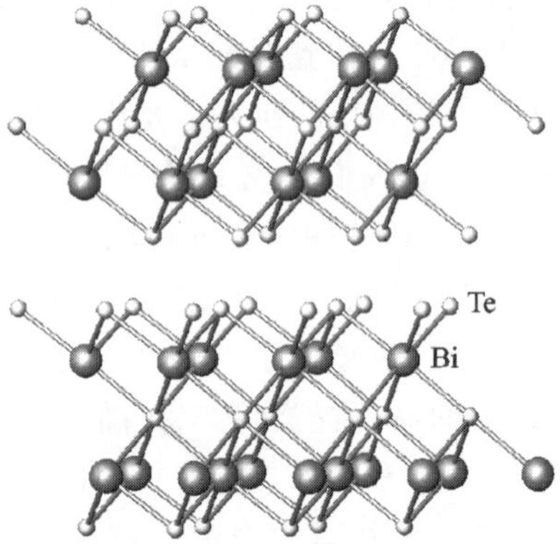

图 11.4　Bi_2Te_3 的晶体结构[180]

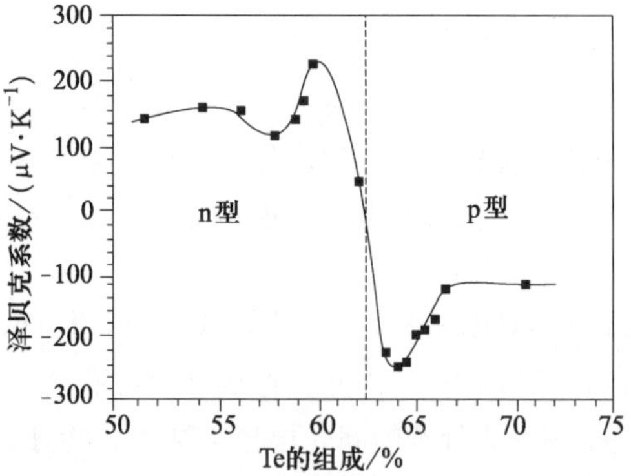

图 11.5　Bi_2Te_3 的泽贝克系数与组成的关系[181]

因此对于 Bi_2Te_3，可方便地通过调节 Bi 和 Te 原子含量来设计合成不同热

[181]　Fleurial J P, Gailliard L, Triboulet R, et al. J. Phys. Chem. Solids, 1988, 49: 1237－1247.

电性能的材料。此外，对于该体系，可以通过掺入同族元素形成固溶体的方法进行热电性能的改性，研究较多的有$(Bi_{1-x}Sb_x)_2Te_3$和$Bi_2(Te_{1-x}Se_x)_3$固溶体体系。还可以掺入Pb、Cd、Sn等杂质形成p型材料或掺入I、Br、Al、Li等元素形成n型材料。

2. PbTe

PbTe也是一类比较经典的热电材料。Pb原子的价电子为$6s^26p^2$。由于$6s^2$惰性电子对效应，Pb可以形成稳定的+2价化合物。通过Pb的两个电子向Te转移，形成稳定的PbTe。该化合物表现出半导体的性质。与Bi_2Te_3类似，PbTe也为能隙较小的材料，并且Pb和Te均为比较重的原子，导热性相对较差。该结构综合指标上符合可能具有良好热电性能的条件。

PbTe为NaCl型的立方面心结构，空间群为$Fm\bar{3}m$[182]。与Bi_2Te_3类似，PbTe也可通过调节Pb和Te原子的含量来实现对其半导体性能的调控，但调控范围相对小些，并且对温度有一定的依赖性。对于n型PbTe材料，它的品质因子在温度为150 ℃时达到最大值，对应的载流子浓度为$5\times10^{18}\ cm^{-3}$；而对于p型PbTe材料，它的品质因子在温度为400 ℃时达到最大值，对应的载流子浓度为$6\times10^{19}\ cm^{-3}$[183]。

3. Si_xGe_y

1976年美国在空间站的SNAP－10核反应堆中首次应用Si_xGe_y固溶体作为热发电器件核心材料。该体系最大的优点是高温稳定性。研究发现，Si_xGe_y固溶体制作的热电设备在温度高达1 300 K的条件下没有明显的分解。

Si_xGe_y体系为连续固溶体[184]。由于熔融体在冷却时的“分级结晶”现象，不能用常规的自然冷却方法，而是采用如图11.6所示的区域熔炼法制备单一组分的固溶体。

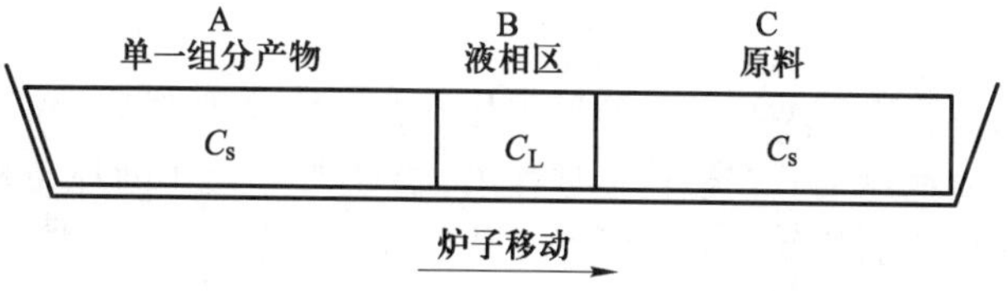

图11.6　区域熔炼法制备单一组分Si_xGe_y

首先将原料按目标组分的比例混合均匀装入容器，再将该目标组分所对应的熔化温度的高温区自左向右移动，则可在反应舟的析出端(左端)生成所要

[182]　Bouad N, Chapon L, Marin-Ayral R M, et al. J. Solid State Chem., 2003, 173: 189－195.
[183]　Allgaier R S. J. Appl. Phys., 1961, 32: 2185－2189.
[184]　Bergman C, Chastel R, Castanet R. J. Phase Equilib., 1992, 13: 113.

的单一目标组分 Si_xGe_y 固溶体材料。为防止发生过冷析出，一般移动的速度控制在 0.5 ~1 mm/h。

Si_xGe_y 固溶体体系也可通过掺杂的方式来进行其热电性能的改性。对于 p 型热电材料可通过掺入质量分数约为 0.08% 的硼元素，而 n 型的热电材料可通过掺入质量分数约为 0.55% 的磷元素。图 11.7 给出了不同 Ge 含量下磷元素掺杂的 Si_xGe_y 固溶体热电材料的热电性能指数[185]。

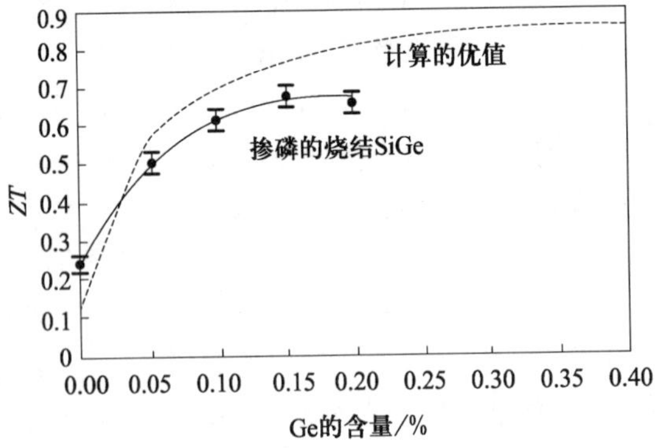

图 11.7　Si_xGe_y 固溶体的组分与热电性能指数的关系[185]

4. I 型笼合物热电材料体系

I 型笼合物也是一类重要的热电材料。它具有 $A_xB_yC_{46-y}$ 的通式，其中 A 元素通常为碱金属(Na，K，Rb，Cs)或碱土金属(Ca，Sr，Ba)，而 C 通常为 13 ~15 族元素，过渡金属 B(Ni，Cu，Zn，Cd)占据 C 原子的位置。该类化合物结晶形式采用立方晶系的 $Pm\bar{3}n$ 空间群，一个单胞中包含有 8 个 A 原子、46 个 B 和 C 原子。B、C 两种原子作为笼的骨架原子，组成了两种类型的笼，其中大笼由 24 个原子组成，而小笼则由 20 个原子组成，A 类原子填充在笼中(见图 11.8)[186]。

在该类化合物中，A 类原子的离子性很强。它受骨架原子的键束缚较弱，可以在笼中自由地运动。在热传递过程中，A 类原子能不断地与骨架原子发生碰撞，使骨架原子的热振动发生散射，从而大大降低了骨架原子的导热性，使其热电性能得以提高。[187]

11.2.2　纳米及薄膜热电材料

利用材料纳米化提高热电性能的设想，不论在理论计算还是实验上都已得

[185]　Vining C B. J. Appl. Phys.，1991，69：331 -341.
[186]　Liu Y，Wu L M，Li L H，et al. Angew. Chem. Int. Edit.，2009，48：5305 -5308.
[187]　Nick P B，Lone M，Georg K，et al. J. Chem. Phys.，1999，111：3133 -3144.

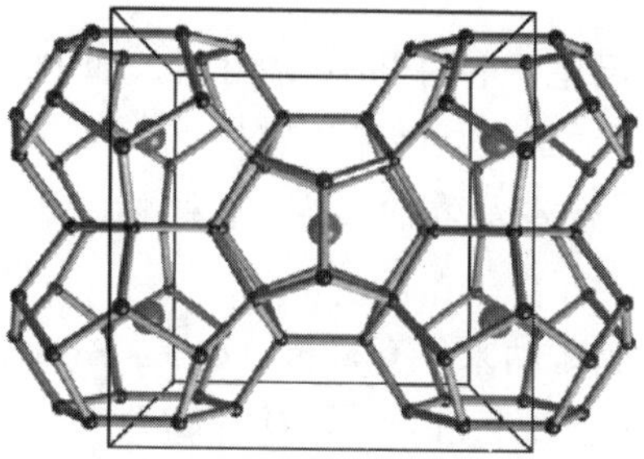

图 11.8 $A_xB_yC_{46-y}$的晶体结构
（大球为 A 位置，小球为 C 位置）

到预测或验证。如 Hicks 等[188]从理论上计算出，对于 Bi_2Te_3，其块材的最高 $Z_{3D}T$ 值为 0.5；宽度为 1 nm 的二维量子井的最佳计算 $Z_{2D}T$ 值为 2.5，而 0.5 nm 的二维量子井的最佳计算 $Z_{2D}T$ 值为 5.0。Venkatasubramanian 等[189]则从实验上证实，材料低维化后 ZT 值的确有所提高。材料纳米化提高 ZT 值的原因是[190,191]：

（1）纳米超晶格热电材料费米面附近的电子能态密度增大，从而导致材料的泽贝克系数增大。

（2）可以利用多能谷立方晶格费米面附近的各向异性改善其热电输运性能。

（3）可以增加声子在势垒势阱界面的散射，但对增加界面的电子散射不显著。

（4）通过调制掺杂技术在超晶格材料势垒层中掺杂施主杂质，电子由势垒层进入势阱层的导带，而电离施主则留在势垒层中，势阱中运动的电子不会受到电离施主的散射，可显著增加载流子的迁移率，从而可提高电导率。

纳米热电材料的研究基于两个策略：

（1）利用量子限域现象以提高泽贝克系数，并在某种程度上独立地控制泽贝克系数和电导率。

（2）利用数量巨大的晶界以有效提高声子散射，从而在小幅度降低电导率的同时大幅度降低热导率。

目前，该领域的探索着重集中在以下几个体系：

（1）适用于普冷温区制冷的 Bi_2Te_3 基材料，如 Bi_2Te_3/Sb_2Te_3 超晶格薄

[188] Hicks L D, Dresselhaus M S, Dresselhaus M S. Phys. Rev. B, 1993, 47: 16631－16634.
[189] Venkatasubramanian R, Siivola E, Colpitts T, et al. Nature, 2001, 413: 597－602.
[190] Balandin A, Wang K L. Phys. Rev. B, 1998, 58: 1544－1549.
[191] Broido D A, Reinecke T L. Appl. Phys. Lett., 1997, 70: 2834.

膜[189]、Bi_2Te_3 纳米线[192]。

(2) 适用于中温区温差发电的 PbTe 基材料，如 $PbTe/PbSe_{0.98}Te_{0.02}$ 量子点超晶格[193]、$Pb_{1-x}Eu_xTe$ 二维超晶格开关[194]。

(3) 适用于高温区温差发电的 SiGe 基材料，如 $Si_{0.80}Ge_{0.20}B_{0.06}$ 纳米复合物[195]。

(4) 稀土掺杂的方钴矿纳米复合材料，如 $La_xFe_4Sb_{12}$($x=0.5$, 1.0, 1.5) 纳米复合物[196]、$La_x(Ni, Co)_4Sb_{12}$ 纳米复合物[197]。此外，还有砷化物基材料，如含有 ErAs 纳米颗粒的 $In_{0.53}Ga_{0.47}As$ 热电材料[198]。

对于纳米尺度热电材料的探索，可以从以下几个方面开展：

(1) 利用水热、湿化学反应等方法，合成纳米级的热电材料。如制备纳米尺度的 Bi_2Te_3、Sb_2Te_3、PbTe、Ag_2Te 等，然后采用热压炉进行热压成块。

(2) 在现有各种纳米材料的基础上进行掺杂，如用稀土离子对 Co_4Sb_{12} 进行掺杂，用 Bi 对 Sb_2Te_3 进行掺杂，或是用 Sb 对 Bi_2Te_3 进行掺杂，等等。

(3) 还可以尝试合成三元甚至四元的纳米热电材料，如用水热法合成出了 200 nm 以下的 $AgPb_{18}SbTe_{20}$ 纳米热电粉末，且所用原料便宜，反应条件温和[199]。

(4) 使用高温固相法先合成出目标合金锭，然后采用研磨加球磨的方式制备成纳米颗粒；或是直接以相应的各种金属单质粉粒为起始物，直接经球磨制成纳米级目标颗粒，再采用热压的方法压制成块，以进行各种热电性能的表征。

以 $(Bi, Sb)_2Te_3$ 为例[200]，首先用 Bi、Sb、Te 三种单质为起始物，采用高温固相法制备 BiSbTe 合金锭，该合金锭为单晶；然后合金锭经球磨制成几十 nm 的颗粒；再经热压压制成碟形片用于热导率测试，之后切割成长方体块，用于电导率和泽贝克系数测试；HRTEM 图表明纳米颗粒经热压后仍保持几十 nm 的尺寸，并没有融合成大块。

以下是几个材料纳米化并掺杂后或是仅仅纳米化后 ZT 值得以增大的例子：

(1) p 型 $Bi_xSb_{2-y}Te_3$ 纳米复合物。Poudel 等[201,202]分别以 p 型 BiSbTe 合金

---

[192] Zhou J H, Jin C G, Seol J H, et al. App. Phys. Lett., 2005, 87: 133109.
[193] Wood C. Rep. Prog. Phys., 1988, 51: 459.
[194] Hicks L D, Harman T C, Sun X, et al. Phys. Rev. B, 1996, 53: R10493 – R10496.
[195] Joshi G, Lee H, Lan Y C, et al. Nano Lett., 2008, 8: 4670 – 4674.
[196] Bao S Q, Yang J Y, Zhu W, et al. Mater. Lett., 2006, 60: 2029 – 2032.
[197] Yang J Y, Chen Y H, Zhu W, et al. J. Phys. D: Appl. Phys., 2005, 38: 3966.
[198] Kim W, Zide J, Gossard A, et al. Phys. Rev. Lett., 2006, 96: 045901.
[199] Aoa W Q, Suna W A, Li J Q, et al. J. Alloys Compd., 2009, 475: L22 – L24.
[200] Lan Y C, Minnich A J, Chen G, et al. Adv. Funct. Mater., 2010, 20: 357 – 376.
[201] Poudel B, Hao Q, Ma Y, et al. Science, 2008, 320: 634 – 638.
[202] Ma Y, Hao Q, Poudel B, et al. Nano Lett., 2008, 8: 2580 – 2584.

锭或以 Bi、Sb、Te 三种单质为初始原料，经球磨制备成 50 nm 以下的纳米颗粒，随后使用热压炉热压制成块状的碟形片后，其 373 K 下的 *ZT* 值分别高达 1.4 和 1.3，相比原先合金锭的 1.0，则分别有 40 % 和 30% 的提高。

（2）SiGe 合金纳米复合物。Wang 等[203]以 Si、Ge、P 单质为初始原料，经球磨制得 n 型 $Si_{80}Ge_{20}P_2$ 纳米粉，其尺寸在 5 ~ 15 nm；热压并没有使原先颗粒急剧长大，更没有让纳米颗粒融合成块，其尺寸与热压前的颗粒相近，热压所得块材包含大量的大小为 10 ~ 20 nm 的晶界。所得的 *ZT* 值由块材的 1.0 增大至 1.3。

（3）方钴矿型纳米复合物。因方钴矿型化合物具备类似笼状的开放结构[204a]，所以能填充外来原子用以增强声子散射，这样就能使热导率大幅下降。例如，由球磨和热压制备的 Yb 填充的 n 型 $Yb_xCo_4Sb_{12}$ 纳米复合物的 *ZT* 值可以达到1.2，而未掺杂的块材 Co_4Sb_{12} 仅为0.2[204b]。图11.9显示与温度相

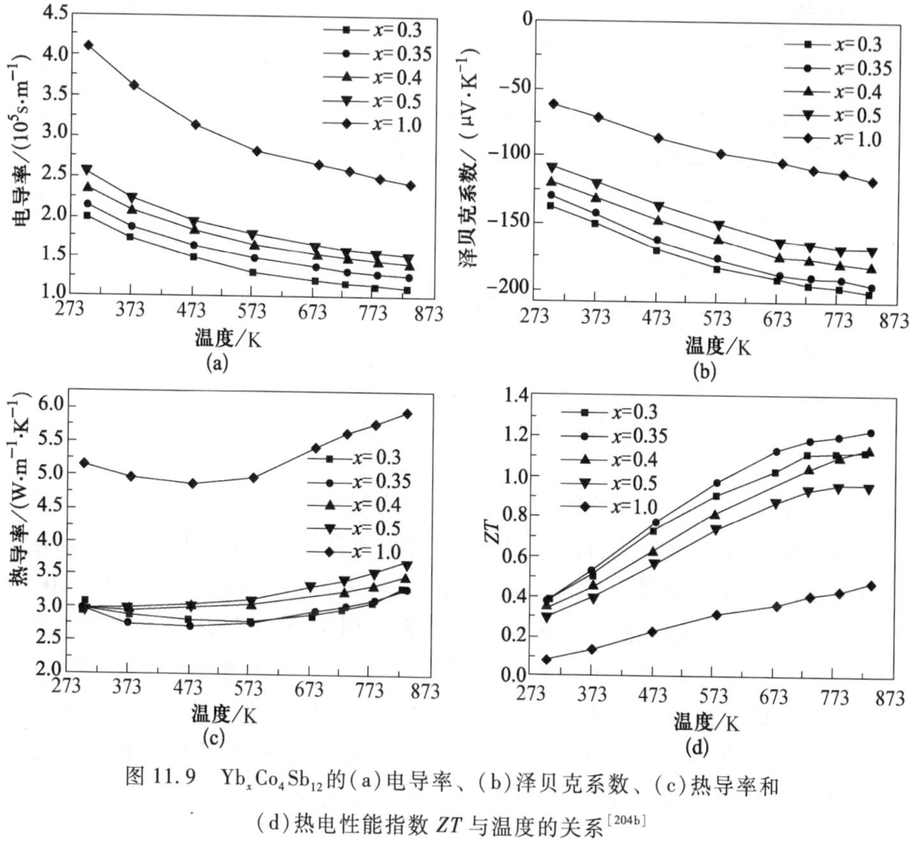

图 11.9 $Yb_xCo_4Sb_{12}$的(a)电导率、(b)泽贝克系数、(c)热导率和(d)热电性能指数 *ZT* 与温度的关系[204b]

[203] Wang X W, Lee H, Lan Y C, et al. Appl. Phys. Lett., 2008, 93: 193121.

[204] (a) Meisner G P, Morelli D T, Hu S, et al. Phys. Rev. Lett., 1998, 80: 3551. (b) Yang J, Hao Q, Wang H, et al. Phys. Rev. B, 2009, 80: 115329.

关的 $Yb_xCo_4Sb_{12}$ 的各种热电性能，从图可知，随着 Yb 含量的下降，热压块材的电导率、泽贝克系数以及热导率在大体上也减小，但在 $x=0.35$ 时，823 K 的 ZT 峰值最大为 1.2。

（4）$PbTe/PbSe_{0.98}Te_{0.02}$ 量子点超晶格复合物。该超晶格由分子束外延法（Molecular Beam Epitaxy，MBE）制备[205]。如图 11.10(a)所示，其结构像三明治一样，上下两面是非常薄的 PbTe 薄膜缓冲层，整个结构生长在 BaF_2 基底上。使用 Bi 作为 n 型掺杂物后，其 ZT 值在 300 K 时约为 1.6，而在 570 K 时，其 ZT 值高达约 3.5。图 11.10(b) 是其 ZT 图，表明在室温至 600 K 内，ZT 值随着温度的增大而增大，其最大值可达 3.0 以上[206]。

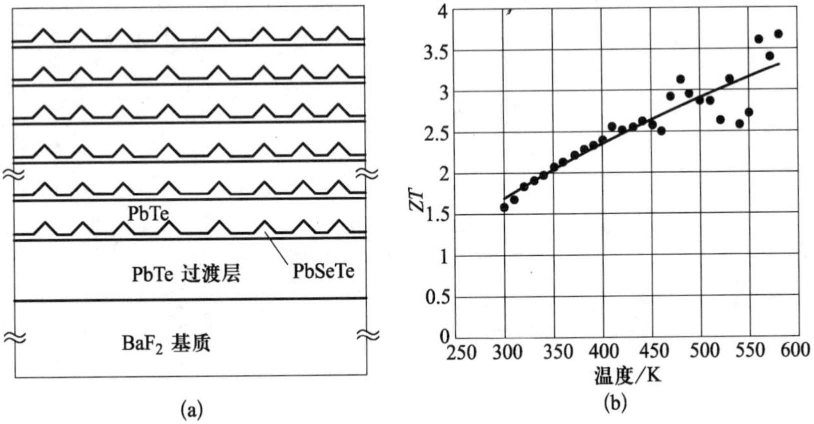

图 11.10　(a)量子阱超晶格示意图；(b) n 型 $PbSe_{0.98}Te_{0.02}/PbTe$ 量子阱超晶格的 ZT 与温度的关系[206]

（5）单晶硅材料。直径为 52 nm 的硅纳米线，其泽贝克值、电阻率与块材 Si 相近，而热导率仅为块材的 1/100，其室温下的 ZT 值可达 0.6[207]；该硅纳米线由电化学腐蚀 Bi 掺杂的硅晶片而成，其长度可达几十 μm，直径为 50 nm 左右。TEM 图表明这种硅线的表面非常粗糙，但 EDS 图则显示其结晶度非常好，且呈现出单晶性质。采用集中电子束的方法把 Pt/C 复合物沉积在两端，把单根硅线固定在膜上并尽量减少接触热阻，其热电性能如图 11.11 所示，可知在 300 K 时的 ZT 值为 0.6，而纯单晶块体硅在室温下的 ZT 值仅约为 0.008。类似的结果还有 Boukai 等[208]报道的 20 nm 的硅纳米线，其在 200 K 时的 ZT

[205]　Harman T C，Walsh M P，Laforge B E，et al. J. Electron. Mater.，2005，34(5)：L19 – L22.
[206]　Dresselhaus M S，Chen G，Tang M Y，et al. Adv. Mater.，2007，19：1043 – 1053.
[207]　Hochbaum A I，Chen R K，Delgado R D，et al. Nature，2008，451：163.
[208]　Boukai A I，Bunimovich Y，Tahir-Kheli J，et al. Nature，2008，451：168 – 171.

值可达 1.0。

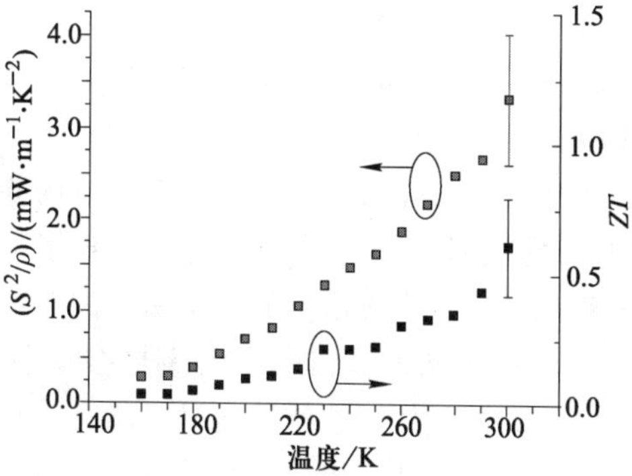

图 11.11 热电性质和 ZT 值与温度的关系(S：泽贝克系数；ρ：电阻)[207]

(6) Ag－Pb－Sb－Te 体系。由 Ag、Pb、Sb、Te 四种单质经球磨制备的 50 nm 以下的 $Ag_{0.8}Pb_{22.5}SbTe_{20}$ 纳米化合物，其 700 K 时的 ZT 值可达 1.5[209]。$AgPb_mSbTe_{m+2}$ 化合物属于 NaCl 结构类型($Fm\bar{3}m$ 对称性)，Ag、Pb、Sb 三个原子在 Na 的位置上混合占据，而 Te 则占据 Cl 的位置，如图 11.12(a) 所示。该样品经等离子烧结(SPS)并在 653 K 下退火 30 天后，其内部仍存在明显的纳米晶界，且晶界大小仅为 10～50 nm。图 11.12(b) 是 ZT 值与退火温度和时间的相关图，数据表明，退火的时间对于该体系的 ZT 值也有较大影响。时间越长，ZT 值相应越大，样品在 700 K 退火 30 天后的最大 ZT 值约是 1.5。

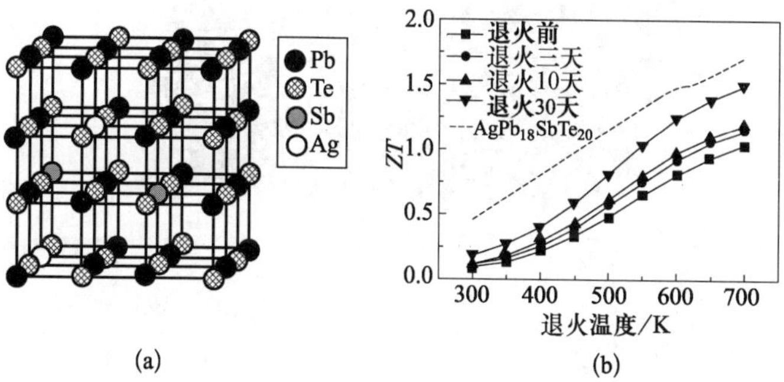

图 11.12 (a) $Ag_{0.8}Pb_{22.5}SbTe_{20}$ 晶胞；(b) $Ag_{0.8}Pb_{22.5}SbTe_{20}$ 纳米化合物的 ZT 值与退火温度和时间的关系[209a](图中数据取自[209b])

[209] (a) Zhou M, Li J F, Kita T. J. Amer. Chem. Soc., 2008, 130: 4527. (b) Hsu K F, Loo S, Guo F, et al. Science, 2004, 303: 818.

11.2.3　新颖热电材料的设计与改性

通过对新颖晶体结构材料和其热电性能关系进行系统的研究，更深入地认识热电机制，同时通过进一步理解热电理论，有意识地设计合成一些新颖的结构化合物，从而实现在高性能热电材料体系的新突破。

目前的结构设计主要是针对在减小晶格热导率(κ_l)的同时，保持高电导率和泽贝克系数。结构设计主要是基于设计电子晶体和声子玻璃结构的材料，使材料能有效地对电子实现传输，但对声子能发生明显的散射作用。由于强金属性阳离子与骨架作用很弱，在笼中存在剧烈无序热振动(rattling atom)，对声子的散射远远强于对电子的散射作用，使该类材料能具有小的热导率和大的电导率。具体研究思路为，通过设计窄带隙的半导体或准金属材料体系，并通过引入金属性强的阳离子，使其生成低维、网络、笼状或孔道晶体结构。此外还可以通过杂原子的掺入，破坏晶格骨架原子的长程热振动，以降低其热导率。

例如，近年来发现的 $CsBi_4Te_6$ 正是通过在 Bi/Te 体系中引入 Cs 原子、形成新化合物的方法来获取高热电性能的材料[210]。$CsBi_4Te_6$ 的结构如图 11.13 所示，该结构类似于通过 Cs 原子的分割使 Bi_2Te_3 结构重新组合，生成一个复杂的层状结构。同时，由于 Cs 原子与 Bi/Te 的热碰撞作用，能有效地降低它的热导率，使该化合物在低温下具有较高的 ZT 值(见图 11.14)。

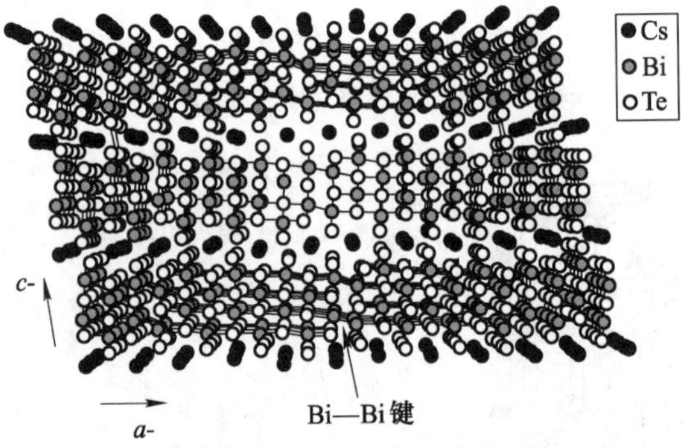

图 11.13　$CsBi_4Te_6$ 的晶体结构

另一个典型的例子是 $Eu(Zn_{1-x}Cd_x)_2Sb_2$ 化合物[211]。该化合物具有如图 11.15 所示的层状结构，在该结构中离子性强的稀土元素 Eu 位于层间，起着与 Cs 原子在 $CsBi_4Te_6$ 体系中相似的作用，而$(Zn_{1-x}Cd_x)_2Sb_2$ 骨架层通过 Zn、

[210]　Chung D Y, Hogan T, Brazis P, et al. Science, 2000, 287: 1024－1027.
[211]　Zhang H, Baitinger M, Tang M B, et al. Dalton Trans., 2010, 39: 1101－1104.

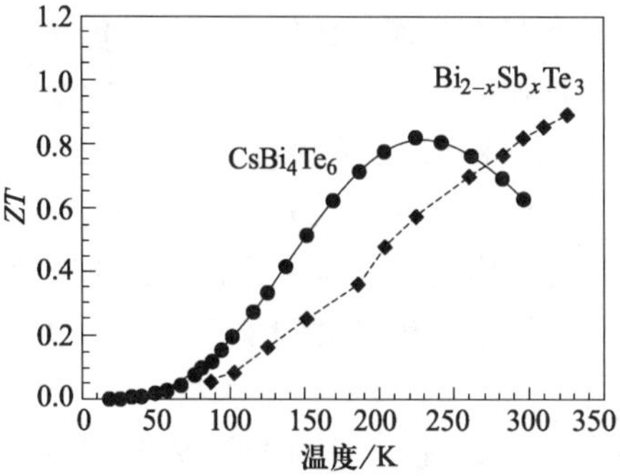

图 11.14 $CsBi_4Te_6$ 和 $Bi_{2-x}Sb_xTe_3$ 的 ZT 值与温度的关系

Cd 的混合占据，可进一步消除骨架的长程声子振动，从而也实现骨架热导率的降低。因此，该化合物能获得较高的 ZT 值(见图 11.16)。

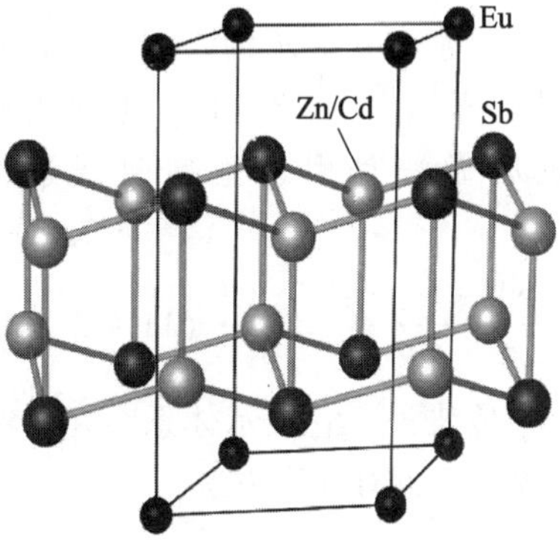

图 11.15 $Eu(Zn_{1-x}Cd_x)_2Sb_2$ 的晶体结构[211]

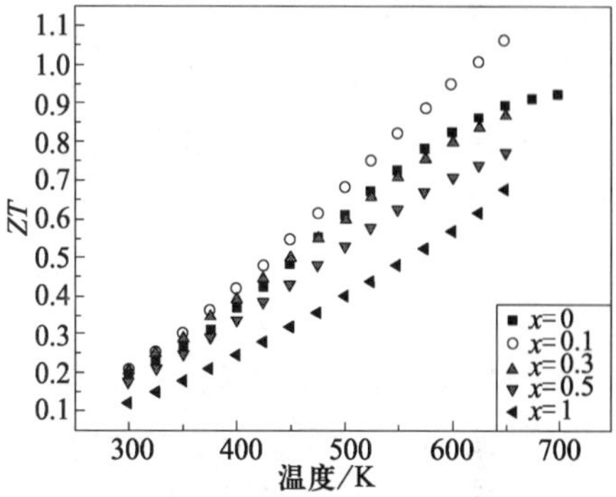

图 11.16 $Eu(Zn_{1-x}Cd_x)_2Sb_2$ 的 ZT 值与温度的关系[211]

由于理论上无法预言新化合物的存在，因此通过热电设计思想有目的地探索和发现新的可能具有高热电性能的材料具有重要的意义。同时，新结构热电化合物的发现也可以为热电理论的理解提供新的素材。

11.3 理论研究对热电材料的指导作用

11.3.1 热电性质计算的理论基础

1. 泽贝克系数、电子热导和电导率的理论计算

泽贝克系数、电子热导和电导率的理论计算主要有以下几种方法：

① 通过近似解玻耳兹曼(Boltzmann)输运方程。需要密度泛函理论(DFT)

计算能带结构的辅助，此种方法使用比较广泛而且能比较准确地预测一些常见的热电材料的电子输运性质。

② 使用 Mott 公式简化玻耳兹曼推导的泽贝克系数的计算。

③ 采用 Hubbard 模型。该方法成功地解释了强电子关联作用对 CoO_2、$NaCo_2O_4$ 等过渡金属氧化物热电材料的泽贝克系数的影响。

本小节只对近似解玻耳兹曼输运方程推导电导、电子热导以及泽贝克系数进行介绍。

假设体系中只存在一类载流子(电子或空穴)。还假设载流子的分布不受声子散射的影响，也就是说，可以把载流子和声子分开处理。此时，玻耳兹曼方程表示的是载流子在电场和散射作用下达到平衡的状态[212]。

$$\frac{\partial k}{\partial t}\frac{\partial f(\varepsilon)}{\partial k}+\frac{\partial r}{\partial t}\frac{\partial f(\varepsilon)}{\partial r}=-\left(\frac{\partial(f(\varepsilon)-f_0(\varepsilon))}{\partial t}\right) \tag{11-3-1}$$

其中，f 和 f_0 分别是微扰和未微扰的分布函数，整个右式表示的是载流子在相互碰撞，与杂质和晶界作用后分布的变化。为了解式(11－3－1)，必须得到右边的表达式。通常，最简单也是最普遍的做法是引入弛豫时间近似(RTA)，即

$$\left(\frac{\partial(f(\varepsilon)-f_0(\varepsilon))}{\partial t}\right)\approx\frac{f(\varepsilon)-f_0(\varepsilon)}{\tau(i,k)} \tag{11-3-2}$$

其中，$\tau(i,\ k)$是弛豫时间，i 是第 i 条能带，k 是波矢。它表示体系会在 τ 时间内恢复到费米分布。对于弛豫时间 $\tau(i,\ k)$的估算也有几个方法。

晶格散射过程的形变势能(deformation-potential)模型[213]：

$$\tau=\frac{h^4v(i,k)^2\rho\varepsilon(i,k)^{-1/2}}{(8\pi^2)^{3/2}k_BT\Delta^2(m^*)^{3/2}} \tag{11-3-3}$$

其中，ρ 是样品密度，Δ 是形变势能常数，h 和 k_B 分别是普朗克常量和玻耳兹曼常数，m^* 是载流子的有效质量，v 是载流子的群速度。

Conwell 和 Weisskopf 发现杂质散射过程如下[214]：

$$\tau=\frac{8\sqrt{2}(m^*)^{1/2}\varepsilon(i,k)^{3/2}\xi^2}{\pi^{3/2}N_iNe^4}\left[1+\left(\frac{3\xi k_BT}{e^2N_i^{1/3}}\right)^2\right]^{-1} \tag{11-3-4}$$

式中，ξ 是静态介电常数，N 是单位体积原子数，而 N_i 是杂质浓度。

从式(11－3－3)和式(11－3－4)可以看到，原则上弛豫时间会随能带和波矢方向而变化。但深入的研究表明弛豫时间几乎是和波矢方向无关的。实际

[212] Nolas G S, Sharp J, Goldsmid H J. Thermoelectrics: Basic Principles and New Materials Developments, Vol 45. Berlin: Springer-Verlag, 2001, 36－42.

[213] Bardeen J, Shockley W. Phys. Rev., 1950, 80: 72－80.

[214] Conwell E, Weisskopf V F. Phys. Rev., 1950, 77: 388－390.

上，人们普遍地把弛豫时间当做一个常数来看待[215]。

当$|f-f_0| \ll f_0$时，式(11-3-1)右边的f就可以用f_0替代。同时，用电场梯度和温度梯度来代替费米分布函数，式(11-3-1)就可以写成如下形式：

$$\frac{f(\varepsilon)-f_0(\varepsilon)}{\tau(i,k)} = v(i,k)\frac{\partial f_0(\varepsilon)}{\partial \varepsilon}\left(\frac{\partial \mu}{\partial r}+\frac{\varepsilon-\mu}{T}\frac{\partial T}{\partial r}\right) \quad (11-3-5)$$

其中，费米分布函数是

$$f_0(\varepsilon) = \left[\exp\left(\frac{\varepsilon-\mu}{k_B T}\right)+1\right]^{-1} \quad (11-3-6)$$

载流子的群速度为

$$v(i,k) = \frac{1}{\hbar}\frac{\partial \varepsilon}{\partial k} \quad (11-3-7)$$

$\partial\mu/\partial r$是沿矢量r方向的电场梯度，而$\partial T/\partial r$则是沿r方向的温度梯度。

在E到$E+\mathrm{d}E$的能量范围内，体系的单一载流子数由费米-狄拉克(Fermi-Dirac)分布决定：

$$N(\varepsilon) = \frac{1}{\mathrm{e}^{\left(\frac{\varepsilon-\mu}{k_B T}\right)}+1}$$

那么带$\pm e$电量的载流子以速度v沿r方向产生的电流密度为

$$J = \pm\frac{1}{\Omega}\int ev(i,k)f(\varepsilon)\mathrm{d}\varepsilon \quad (11-3-8)$$

负的是由电子产生的电流，正的则为空穴电流。同时，产生的热流动速率为

$$w = \frac{1}{\Omega}\int v(i,k)(\varepsilon-\mu)f(\varepsilon)\mathrm{d}\varepsilon \quad (11-3-9)$$

考虑到没有电、热的流动，$f=f_0$，那么f可以用$f-f_0$来替代。把式(11-3-5)代入式(11-3-8)和式(11-3-9)得到

$$J = \mp\frac{1}{\Omega}\int ev(i,k)v(i,k)\tau(i,k)\frac{\partial f_0(\varepsilon)}{\partial \varepsilon}\left(\frac{\partial \mu}{\partial r}+\frac{\varepsilon-\mu}{T}\frac{\partial T}{\partial r}\right)\mathrm{d}\varepsilon \quad (11-3-10)$$

$$w = \frac{1}{\Omega}\int v(i,k)v(i,k)(\varepsilon-\mu)\tau(i,k)\frac{\partial f_0(\varepsilon)}{\partial \varepsilon}\left(\frac{\partial \mu}{\partial r}+\frac{\varepsilon-\mu}{T}\frac{\partial T}{\partial r}\right)\mathrm{d}\varepsilon \quad (11-3-11)$$

为了得到电导，将温度梯度$\partial T/\partial r$设为0，那么式(11-3-10)除以电场梯度$\pm(\partial\mu/\partial r)e^{-1}$就得到电导

$$\sigma(T,\mu) = \frac{e^2}{\Omega}\int v(i,k)v(i,k)\tau(i,k)\left(-\frac{\partial f_0(\varepsilon)}{\partial \varepsilon}\right)\mathrm{d}\varepsilon \quad (11-3-12)$$

[215] Madsen G K H, Singh D J. Comput. Phys. Commun., 2006: 175: 67-71.

假如 $J=0$，式(11－3－10)变为

$$\frac{\partial \mu}{\partial r}\int v(i,k)v(i,k)\tau(i,k)\frac{\partial f_0(\varepsilon)}{\partial \varepsilon}\mathrm{d}\varepsilon+$$

$$\frac{1}{T}\frac{\partial T}{\partial r}\int v(i,k)v(i,k)\tau(i,k)(\varepsilon-\mu)\frac{\partial f_0(\varepsilon)}{\partial \varepsilon}\mathrm{d}\varepsilon=0 \qquad (11-3-13)$$

那么$(\partial\mu/\partial r)/e(\partial T/\partial r)$也就是泽贝克系数

$$S=\frac{1}{eT}\frac{\int v(i,k)v(i,k)\tau(i,k)(\varepsilon-\mu)\frac{\partial f_0(\varepsilon)}{\partial \varepsilon}\mathrm{d}\varepsilon}{\int v(i,k)v(i,k)\tau(i,k)\frac{\partial f_0(\varepsilon)}{\partial \varepsilon}\mathrm{d}\varepsilon} \qquad (11-3-14)$$

电子热导率为$-w(\partial T/\partial r)^{-1}$，由式(11－3－11)和式(11－3－13)得

$$\kappa_e=-\frac{1}{\Omega T}\int v(i,k)v(i,k)\tau(i,k)(\varepsilon-\mu)^2\frac{\partial f_0(\varepsilon)}{\partial \varepsilon}\mathrm{d}\varepsilon \qquad (11-3-15)$$

2. 晶格热导与声子散射

1）晶格热导

在固体中，除了载流子对热导有贡献外，晶格热导通常是不能忽略的，即

$$\kappa_{tot}=\kappa_e+\kappa_l \qquad (11-3-16)$$

借用德拜模型，晶格热导表示为

$$\kappa_l=\frac{1}{3}C_v Vl \qquad (11-3-17)$$

其中，热容为

$$C_v=9Nk_B\left(\frac{T}{\theta_D}\right)^3 f_D\left(\frac{\theta_D}{T}\right) \qquad (11-3-18)$$

$$f_D\left(\frac{\theta_D}{T}\right)=\int_0^{\theta_D/T}\frac{x^4\mathrm{e}^x}{(\mathrm{e}^x-1)^2} \qquad (11-3-19)$$

θ_D 就是德拜温度，用下式定义：

$$\theta_D=\frac{hv_D}{k_B},\quad v_D=\left(\frac{3N}{4\pi}\right)^{1/3} \qquad (11-3-20)$$

h 是普朗克常量，N 表示单位体积的原子个数。V 是固体中声音传播的速度，是由固体的弹性常数和密度决定的，$V=\sqrt{\frac{G}{\rho}}$。

2）声子散射机制

l 被称为平均自由程长度，依据不同的声子散射过程有不同的表达式。下

面介绍一下声子常见的几个散射机制[216]。

由于声子能被晶界、缺陷、声子甚至电子散射，而不同的散射过程的弛豫时间又各不相同，研究不同散射过程的弛豫时间是非常复杂的，所以在具体计算时，通常假设各种散射过程是独立发生的，既体系的总的热导是各个输运机制热导的代数和。

$$\kappa_l = \kappa_{l1} + \kappa_{l2} + \cdots \qquad (11-3-21)$$

(1) 三声子散射过程。对于声子来说最重要的散射是三声子过程。它包括两种类型：正常的 N 过程(能量和动量都守恒的过程)和 Umklapp 过程(U 过程，动量或波矢不守恒)。图 11.17 表示了这两个过程。

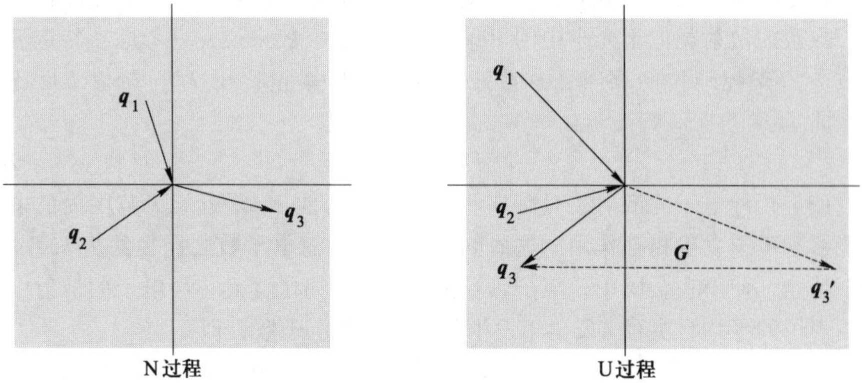

图 11.17 声子散射的 N 过程和 U 过程

N 过程中两声子 $\boldsymbol{q}_1$、$\boldsymbol{q}_2$ 产生一个新声子 $\boldsymbol{q}_3$：

$$\boldsymbol{q}_1 + \boldsymbol{q}_2 = \boldsymbol{q}_3 \qquad (11-3-22)$$

而 U 过程的两声子 $\boldsymbol{q}_1$、$\boldsymbol{q}_2$ 产生的新声子 $\boldsymbol{q}_3'$会落在布里渊区之外，为了能让 $\boldsymbol{q}_3$ 落在布里渊区里，就要引进一个倒易晶格矢量 $\boldsymbol{G}$：

$$\boldsymbol{q}_1 + \boldsymbol{q}_2 = \boldsymbol{q}_3 + G \qquad (11-3-23)$$

N 过程前后的热流方向都相同，同时能量没有损失，也就是说，N 过程不会损失热，不产生热阻。而 U 过程前后热流的方向相反，使热流减小，这是声子热阻产生的原因。Peierls 曾指出 U 过程发生的概率正比于 $1/T$，但实际是，在低温下，U 过程几乎难以发生，因为当温度远低于德拜温度时，几乎没有声子的波矢能达到或超过布里渊区长度的一半。可能发现 U 过程的情况是当两个声子的波矢至少要超过布里渊区长度的四分之一，而且还要假设它们的

[216] 刘剑. 电子型高温超导体 $Nd_{2-x}Ce_xCuO_4$ 单晶及热电材料 $Bi_{2-x}Pb_xSr_2Co_2O_y$ 和 Bi_xTiS_2 多晶的热电性质研究. 合肥：中国科学技术大学，2008.

方向差不多相同，那么发现这种声子的概率是 $\exp(-\theta_D/aT)$，$a\approx 2$，相应的平均自由程 l 就为

$$l \propto [\exp(-\theta_D/aT)]^{-1} \tag{11-3-24}$$

在实验上，随着温度的降低，热阻会不断减小，然后又增大，这个现象被认为是发生了晶界的散射，是由于声子的平均自由程增大到和样品直径相当，在更低的温度下平均自由程为常数，如果样品是多晶，则平均自由程大概为微晶的尺寸，即

$$l \approx L \tag{11-3-25}$$

(2) 缺陷散射机制。空位、填隙原子、杂质原子或同位素原子等点缺陷会扰乱规则的晶格结构。在低温下，这种不规则区域的尺度比声子的波长小很多，导致的散射类似于光学中的 Rayleigh 散射。一般来说，只考虑在特定温度下波矢占支配地位的声子，这些声子的散射概率正比于 T^4，所以 l 反比于 T^4，即

$$l \propto 1/T^4 \tag{11-3-26}$$

(3) 传导电子的散射。只有那些能量在费米能 E_F 附近 k_BT 范围内的电子才能够和声子发生相互作用。这些电子的数目同总电子数之比大约为 k_BT/E_F。这一特点，使得在金属中，声子热导主要表现为声子受到传导电子的散射。显然，声子的平均自由程 l 反比于发生相互作用的电子数，即

$$l \propto T^{-1} \tag{11-3-27}$$

原则上，一旦获得所研究的目标材料的能带结构信息，就可以对式(11-3-12)、式(11-3-14)、式(11-3-15)进行数值计算获得不同温度、不同浓度下的电导、热导和泽贝克系数。现在获得 DFT 计算软件包已经变得非常容易了，常见的密度泛函软件如 VASP、WIEN2K、CASTEP 都可以用来计算能带结构以及固体的弹性模量，再选择恰当的声子散射机制就可以估算出晶格热导的贡献。

11.3.2　当前理论研究的缺点或应用的困难

实际上，问题的解决并不像上述那么理想。一方面即使推导过程没有考虑到载流子和声子的相互作用，并且只适合于单一载流子的情况，用式(11-3-12)、式(11-3-14)、式(11-3-15)精确求解玻耳兹曼输运方程仍然很困难。另一方面，被广泛使用的密度泛函理论存在对能隙的低估，而多数的热电性能较好的材料是窄能隙的半导体，如果不能精确计算出能隙，将会影响式(11-3-12)、式(11-3-14)、式(11-3-15)的应用范围。

1. DFT 对能隙的低估

低估能隙是密度泛函理论，也即 Kohn-Sham 方程自身的缺陷。对于有实验

数据的材料，低估不是一个大问题，因为可以适当手动调节能隙的大小，而对于预测新材料来说就是比较严重的问题。当然 DFT 理论也在不断地改进，如含时的密度泛函理论(TD - DFT)[217]、DFT 与 GW 的联合[218]以及泛函的改进，如各种 GGA、LDA 与 HF 的杂化泛函、EV - GGA[219]等都可能获得对半导体能带较好的描述。虽然这些方法都可能改进对能隙的计算，但也面临着如何选择某个方法以及如何确定哪个方法更好的问题。还有一种 OEP - KLI 理论[220]，是由 Krieger、Li 和 Iafrate 提出的最优有效势(optimized effective potential)的方法，这个方法目前并没有广泛使用，有多大的可靠性也难以确定。

2. 忽略了声子曳引热电势

前面忽略了晶体中声子和电子的非弹性碰撞，也就忽略了声子对电子的曳引作用。特别是在低温下，必须考虑到声子曳引热电势 S_g。声子曳引的理论分析十分复杂，在此仅做一个结论性的分析。根据 MacDonald 的总结，声子对泽贝克系数的贡献是[221]

$$S_g \approx \pm \frac{1}{3} \frac{C_g}{Ne} \alpha \qquad (11-3-28)$$

其中，N 是载流子的浓度，C_g 是单位体积的晶格热比，α 表示声子与载流子的碰撞概率。在室温下，声子之间会有一定的相互散射，α 应该比较小。当温度升高，声子数目增加，声子 - 声子之间的散射增强，那么声子和载流子的作用减弱，声子曳引作用也就减弱。在足够低的温度下，声子曳引效应比较强。但是考虑到晶格热比在低温下按 $(T/\theta_D)^3$ 减小，C_g 会迅速趋于零，所以在温度足够低时，声子曳引热电势的贡献趋于零，这个温度大约在 $0.1\theta_D$。

如式(11 - 3 - 28)所指出的，载流子浓度在分母上，这意味着在低温下半导体的声子曳引效应可以相当显著(与其低载流子浓度有关)，甚至可以到 mV/K 的量级，相比之下，金属的声子曳引贡献一般不超过 10 μV/K。

最后，泽贝克系数被修正为

$$S_{tot} = S_{scatter} + S_g \qquad (11-3-29)$$

3. 数值计算的困难

式(11 - 3 - 14)虽然适用于多数载流子可自由移动的体系，如大多数金属和半导体，但是应用数值计算起来比较复杂。如果电导在费米能级(μ)附近变化不剧烈的情况下可以使用简化的式(11 - 3 - 14)，也就是扩散热电势的 Mott

[217] Peuckert V. J. Phys. C: Solid State Phys., 1978, 11: 4945 - 4956.

[218] Hybertsen M S, Louie S G. Phys. Rev. B, 1986, 34: 5390 - 5414.

[219] Engel E, Vosko S H. Phys. Rev. B, 1993, 47: 13164 - 13174.

[220] Krieger J B, Li Y, Iafrate G J. Phys. Rev. A, 1992, 45(1): 101 - 126.

[221] MacDonald D K C, Pearson W B, Templeton I M. Proc. R. Soc. A, 1958, 248: 107.

公式。

$$S_{\mathrm{Mott}} = \frac{\pi^2 k_B T}{3e\mu}\left(\frac{\mathrm{d}\ln n(\varepsilon)}{\mathrm{d}\ln\varepsilon} + \frac{\mathrm{d}\ln v^2(i,k)}{\mathrm{d}\ln\varepsilon} + \frac{\mathrm{d}\ln\tau(i,k)}{\mathrm{d}\ln\varepsilon}\right)\Big|_{E=\mu} \tag{11-3-30}$$

式中，$n(\varepsilon)$是电子态密度。这一公式被广泛用于解释各种材料在高温区的热扩散行为。

另外，对于强电子关联作用的体系，如过渡金属的氧化物，不少研究者[222-224]采用 Hubbard 模型来解释强电子关联作用对泽贝克系数的影响。

表 11.1　不同条件下 Hubbard 模型得到的泽贝克系数[225]

应用范围	泽贝克系数(S_{corr})
$k_B T \gg U_0,\ U_1,\ t$	$S_{\mathrm{corr}} = -\frac{k_B}{e}\ln\left(\frac{2-\rho}{\rho}\right)$
$U_0 \gg k_B T \gg U_1,\ t$	$S_{\mathrm{corr}} = -\frac{k_B}{e}\ln\left(2\frac{1-\rho}{\rho}\right)$
$U_0 > U_1 \gg k_B T,\ t$	$S_{\mathrm{corr}} = -\frac{k_B}{e}\ln\left(2\frac{(1-\rho)^2}{\rho(1-\rho)}\right)$
$U_0 > U_b \gg k_B T,\ t$	$S_{\mathrm{corr}} = -\frac{k_B}{e}\ln\left(2\frac{(1-b\rho-\rho)^{b+1}}{\rho(1-b\rho)^b}\right)$

表 11.1 中 U_0 是原子在位库仑相互作用，U_1 是最邻近相互作用，U_b 是更远的邻近相互作用，b 决定了两个相互作用位置的间隔，ρ 是电子数与原子数之比，t 是一个电子在相邻位置间的转移积分。

11.3.3　能从理论上的计算中得到什么

首先要对比理论计算的数值(泽贝克系数、电导、热导等)和实验测量值，看看理论值会产生多大误差。

[222]　Oguri A，Maekawa S. Phys. Rev. B，1990，41(10)：6977－6988.
[223]　Palsson G，Kotliar G. Phys. Rev. Lett.，1998，80(21)：4775－4778.
[224]　Merino J，Mckenzie R H. Phys. Rev. B，2000，61：7996－8008.
[225]　Chaikin P M，Beni G. Phys. Rev. B，1976，13(2)：647－651.

虽然已经假设弛豫时间是一个常数，但是具体数值还是不知道。Blake等[226]使用实验的电导率，再根据式(11－3－12)来估计弛豫时间。另外，材料的载流子浓度的微小改变可能会严重影响输运性质，所以Blake等使用实验测量的浓度，在只有霍尔系数而没有实验浓度的情况下，不断改变计算用的载流子浓度(费米能级)直到计算的霍尔系数和实验的一致。他们计算的一些笼合物的结果见表11.2。

表11.2 几种笼合物的泽贝克系数的计算值与实验值(括号中)

样品	载流子浓度	100 K	300 K	500 K
$Ba_8Ga_{16}Ge_{30}$	3.1×10^{20}	－22(－15)	－66(－66)	－133(－130)
$Ba_8Ga_{16}Si_{30}$	4.6×10^{20}	－15(－12)	－48(－47)	－84(－80)
$Sr_8Ga_{16}Ge_{30}$	8.5×10^{20}	－34(－20)	－88(－71)	－118(－115)

从表11.2中可以看到，泽贝克系数的计算值同实验值吻合得非常好。但是，也应该清楚，到现在为止近似处理仍然不能计算 *ZT* 值。从实用的意义上讲，理论对化学工作者的主要作用不是为了精确计算某几个系数，而是能够增加对材料性能背后机理的认识，并指出什么样的改变可能提高该材料的热电性能。所以，如何提高 *ZT* 值才是重要的问题。

理论研究的一个重要特点就是不仅可以研究现有的材料，也能够研究未知的材料，提供预测性的结果。而且高性能计算机的普及，使得密度泛函理论的运算变得越来越迅速，通常能比实验更快得到输运性质的结果。下面就概括性地介绍Half-Heusler(HH)类型化合物、拥有准一维结构的化合物(如In_4Se_3)以及含CoO_2层的化合物(如Na_xCoO_2)在理论计算方面取得的结果。详细的内容可参阅相应文献。

(1) Yang等[227]计算了一系列的HH化合物(ABX，A为3族、6族元素或稀土元素，X为14族或15族元素，B是处于A和X之间的元素)的电子输运性质。他们主要关注的是材料最大的功率因数(室温300 K)对应的掺杂浓度，目的是为了找到已知材料的最优掺杂浓度。他们的计算结果和实验结果对比见表11.3。

[226] Blake N P, Latturner S, Bryan J D. J. Chem. Phys., 2001, 115(17): 8060－8073.
[227] Yang J, Li H, Wu T, et al. Adv. Funct. Mater., 2008, 18: 2880－2888.

表 11.3　一些 HH 化合物的计算和实验的最优掺杂浓度以及泽贝克系数的对比

样品	实验的最优掺杂和泽贝克系数/(μV · K^{-1})	计算的最优掺杂和泽贝克系数*/(μV · K^{-1})
n - ZrNiSn	1% Sb 取代 Sn(- 103)	0.9% (- 138, - 131)
n - NbCoSn	6% Sb 取代 Sn(- 90)	4.5% (- 113, - 96)
p - HfPtSn	1% Co 或 Ir 取代 Pt(Co: 120, Ir: 130)	1.4% (150, 178)
p - TiCoSb	15% Fe 取代 Co(153.6)	15.7% (111, 112)
p - ZrCoSb	10% Sn 取代 Sb(150)	7% (129, 110)

注：* 表示括号中计算的泽贝克系数前一个是按计算的浓度得到，后一个是按实验浓度得到。

从表 11.3 看到，计算值和实验值还是比较相符的。计算结果为这一系列 HH 化合物的掺杂实验提供了一个有效的指导，缩小了尝试的范围。

(2) 目前，热电材料的低维化研究的趋势比较明显。因为低维化不仅可以降低材料的晶格热导，也增加了单独优化电导、热导以及泽贝克系数的可能性。2009 年 Nature 杂志报道的 In_4Se_{3-x} ($x = 0.65$)[228] 化合物就是一种含准一维 In 链的化合物。它是由 *bc* 面上的 $(In_3)^{5+}$ 簇和 Se 共价形成的层状结构靠范德华力沿 *a* 轴堆积而成的。这种层状堆积方式和 Bi_2Te_3 有些相似，但是 Bi_2Te_3 没有准一维的链。实验测量表明在 705 K 时 $In_4Se_{2.35}$ 的 *ZT* 值高达 1.48。该论文的作者对 $In_4Se_{2.35}$ 作了较详细的理论分析，目的是为了明白这么高的 *ZT* 值的微观机制。

理论计算表明在 *bc* 面上，沿 *b* 轴方向的准一维 In 链上发生了电荷密度波动(CDW)，使得 *bc* 面有较低的热导和较高的泽贝克系数。*bc* 面的载流子的浓度为 $10^{17} \sim 10^{18}$ cm^{-3}，不仅比 *ab* 面低而且比其他窄能隙半导体的 $10^{19} \sim 10^{20}$ cm^{-3} 低很多。计算结果表明很可能通过优化载流子的浓度得到更高的 *ZT* 值。

(3) 氧化物热电材料的最大特点是可以在氧化气氛里高温下长期工作，其大多无毒性，也无环境污染等问题。一般制备简单，制样时在空气中直接烧结即可，因而得到人们的关注。Terasaki 等[229] 认为 $Na_{0.5}CoO_2$ 是一种很有应用前景的热电材料，他们发现 $Na_{0.5}CoO_2$ 室温下的泽贝克系数为 100 μV/K，电阻为 0.2 mΩ · cm,这和传统掺杂半导体的数值相当。Xiang 等[230] 对 $Na_{0.68}CoO_2$ 作计算后，提出极化可能是该材料的泽贝克系数在磁场中受抑制的原因。Koshibae

[228]　Rhyee J S, Lee K H, Lee S M, et al. Nature, 2009, 459(7249): 965 - 968.
[229]　Terasaki I, Sasago Y, Uchinokura K. Phys. Rev. B, 1997, 56(20): R12685 - R12687.
[230]　Xiang H J, Singh D J. Phys. Rev. B, 2007, 76: 195111.

等[231]使用Hubbard模型来解释磁场的影响，他们发现 Co^{3+} 和 Co^{4+} 不同的高自旋(HS)和低自旋(LS)的组合会得到不同的泽贝克系数。他们得到的重要结果列在表11.4中。

表11.4　Co^{3+} 和 Co^{4+} 高自旋(HS)和低自旋(LS)对泽贝克系数的影响

Co^{3+}	Co^{4+}	泽贝克系数/($\mu V \cdot K^{-1}$)
HS	HS	-79
HS + LS	HS	-84
LS	HS + LS	214
LS	LS	154
HS + IS + LS	HS + IS + LS	5

表11.4中的IS指处于高自旋和低自旋之间的自旋状态。在 Co^{3+} 和 Co^{4+} 处于低自旋状态时泽贝克系数非常大，而在磁场作用下必然破坏低自旋的状态而使泽贝克系数减小。实验也证实该化合物中 Co^{3+} 的LS态是稳定的。

[231] Koshibae W, Tsutsui K, Maekawa S. Phys. Rev. B, 2000, 62: 6869-6872.

第 12 章
无机二阶非线性光学材料的研究进展

12.1 非线性光学简介

非线性光学(NonLinear Optics, NLO)是现代光学的一个新领域，是研究在强光作用下物质的响应与场强呈现的非线性关系的科学，这些光学效应称为非线性光学效应。在众多的非线性光学效应中，倍频效应(又称二阶非线性光学效应)是最引人注目也是研究得最多的非线性效应。1961 年 Franken 等利用红宝石激光器获得的相干强光($\lambda = 694.3$ nm)，其透过石英晶体时产生了 $\lambda = 347.2$ nm 的二次谐波，其光波频率恰好是基频光频率的两倍，即所谓的倍频效应，从而开创了二阶非线性光学及其材料的新领域。自发现倍频效应以来，非线性光学领域吸引了大批科技工作者，使这一学科得到了空前的发展。在 30 多年后的今天，非线性光学已经发展成为以量子电动力学、经典电动力学为基础，结合光谱学、固体物理学、化学等多门学科的综合性学科[232]。

当较弱的光电场作用于介质时，介质的电极化强度 $\boldsymbol{P}$ 与光电场 E 呈线性关系，即

$$\boldsymbol{P} = \varepsilon_0 \chi E \qquad (12-1-1)$$

[232] 张克从，王希敏．非线性光学晶体材料科学．2 版．北京：科学出版社，2005.

其中，ε_0 为真空介电常数，χ 为介质的线性极化系数。当作用于介质的光为强光(如激光)时，介质的极化将是非线性的，在偶极近似的情况下，原子或分子的微观极化关系可表示为

$$\boldsymbol{P} = \alpha E + \beta E^2 + \gamma E^3 + \cdots \quad (12-1-2)$$

其中，第一项为线性项，第二项以后为非线性项，α 为分子的线性光学系数(一阶非线性光学系数)，β、γ 分别为分子的二阶和三阶非线性光学系数(又称分子的二阶或三阶极化率)，它们是描述分子的非线性性质的重要物理量。当外电磁场 $\boldsymbol{E}$ 足够强时，这些高次项不能再被忽略，也就是说，电极化强度与光电场不再是线性相关，而是非线性关系了。类似地，对于一个由多个原子或分子组成的宏观样品来说，外部光电场作用产生的电极化强度可表示为

$$\boldsymbol{P}(r,\ t) = \varepsilon_0 \chi^{(1)} \cdot E + \varepsilon_0 \chi^{(2)} :\ EE + \varepsilon_0 \chi^{(3)} \vdots EEE + \cdots \quad (12-1-3)$$

其中，$\chi^{(n)}$ 的含义与式(12-1-2)中的 α、β、γ 类似。在各非线性效应中，对二阶非线性效应的研究进行得最早、最深入，应用开发也最为广泛[233]。

非线性光学的迅速发展源于非线性行为的物质载体——非线性光学材料的应用。非线性光学材料在光电通信、光学信息处理和集成电路等方面有重要的应用。利用谐波产生、参量振荡与放大、光混频等效应制造的诸如混频器、光开关、光信息存储器、光限制器等元件采用光子代替电子进行数据的采集、存储和加工，因为光子的开关速度可达到 fs 级，比电子过程快几个数量级，因此在光频下工作可大大增加信息处理的带宽，如光盘的信息存储容量就得到了极大的提高[234]。

目前非线性光学的研究主要集中在两个方面：一是开拓新的理论，探究非线性光学效应的机理，为设计制造出性质优良的非线性光学新材料提供理论依据。二是新型优良的非线性光学材料的制备和应用，在这一领域已经有不少材料投入了实际应用。但是波段红移和非线性光学系数之间的矛盾，使非线性光学材料的进一步优化遇到了极大的困难，这一问题的解决必然会极大推动非线性光学材料的优化制备与实际应用，这一问题因而也成为非线性光学学科中迫切需要解决的焦点问题。

12.2　非中心对称结构与晶体材料的物理性质

晶体材料的物理性质与其晶体结构的对称性有很大的关系。与二阶非线性光学性能(倍频效应)相对应的化合物必须具有非中心对称的晶体结构。这类结构还可能具有其他物理特性，如压电、热释电及铁电性质(见图 12.1)[235]。

[233]　钱士雄，王恭明．非线性光学－原理与进展．上海：复旦大学出版社，2001.
[234]　张玉龙，唐磊．人工晶体－生长技术、性能与应用．北京：化学工业出版社，2005.
[235]　Ok K M，Chi E O，Halasyamani P S. Chem. Soc. Rev.，2006，35(8)：710－717.

因此非中心对称结构化合物是一类非常重要的材料。

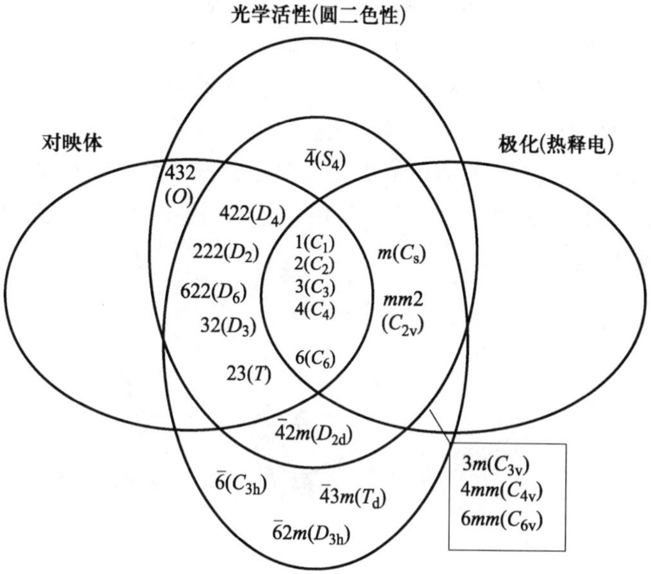

图 12.1　非中心对称结构点群与物理性能的关系

在 32 种点群中有 21 种属于非中心对称的(non-centrosymmetric)点群，它们分别是 1、2、3、4、6、$\bar{4}$、$\bar{6}$、m、$mm2$、$3m$、$4mm$、$6mm$、$\bar{4}2m$、$\bar{4}3m$、$\bar{6}2m$、422、222、622、32、23、432。除 432 外，其余 20 种点群的化合物均可能具有倍频效应(second-harmonic generation)或压电性质(piezoelectric)；10 种点群是极性的(polar)，可能具有热释电(pyroelectric)及铁电性质(ferroelectric)；15 种点群有光学活性和圆二色性(circular dichroism)；11 种点群是对映结构的(enantiomorphic)。

12.3　一些典型的无机二阶非线性光学材料

化合物结构中若存在一些不对称结构基元，如 BO_3 三角形、d^0 过渡金属的 MO_6 畸变八面体、含孤对电子的阴离子(如亚硒(碲)酸根、碘酸根等)，如果这些单元的排列使得其极化作用没有相互抵消，则它们可能具有倍频效应。d^0 过渡金属的 MO_6 八面体的畸变是由于次级杨 - 特勒(Jahn-Teller)效应造成的，而杨 - 特勒效应则是由于 d^0 过渡金属空的 d 轨道与已充填的氧原子的 p

轨道混合而引起的[236]。金属离子偏离八面体的中心，一般有三种偏离方式：沿八面体的一条边（C_2 轴向，M—O 键长为两长两短两正常），沿八面体的一个三角面（C_3 轴向，M—O 键长为三长三短）及沿八面体的一个顶点（C_4 轴向，M—O 键长为一长一短四正常）（见图 12.2）。含孤对电子的阳离子如 I^{5+} 等也可发生杨－特勒效应而形成不对称单元，这是由于金属离子的 s－p 轨道混合及其与氧离子的 p 轨道作用而造成的，孤对电子占据金属配位多面体如 IO_3 三角锥空旷的一侧（见图 12.3），阳离子 Te^{4+} 还可能是四配位（四角锥形）或五配位的（五角锥形）。

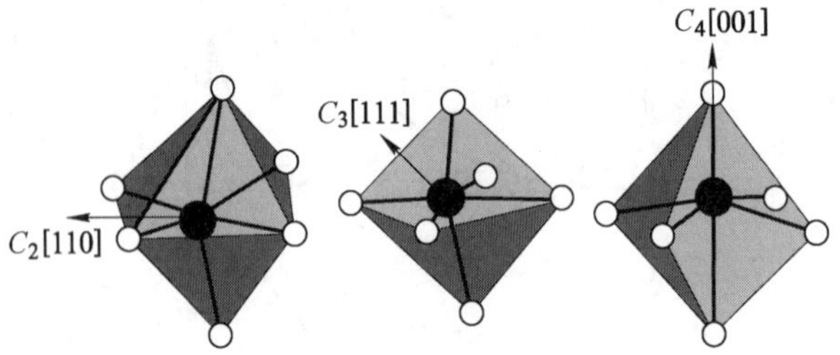

图 12.2　d^0 过渡金属的 MO_6 八面体的畸变方式

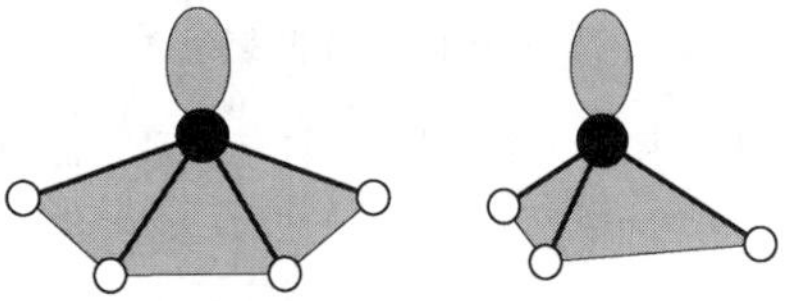

图 12.3　含孤对电子的阳离子的两种配位多面体（三配位与四配位）

除了必须具有非对称中心结构，性能优良的二阶非线性光学晶体材料还应具有较高的热稳定性、大的倍频系数、较宽的透过波段、适中的损伤阈值并且能实现相位匹配；此外还容易生长其大尺寸晶体。无机化合物在以上几点具有综合优势，目前它们主要集中在硼酸盐、磷酸盐、具有 d^0 过渡金属的 MO_6 畸变八面体的氧化物、含孤对电子的化合物［如亚硒（碲）酸盐、碘酸盐］及硫属化合物等。下面将介绍几种典型的无机二阶非线性光学晶体。

福建物质结构研究所在硼酸盐非线性光学晶体研究方面作出了很大的贡献，开发的 BBO（$\beta-BaB_2O_4$）、LBO（LiB_3O_5）晶体被誉为“中国牌”晶体[237,238]。

[236]　Halasyamani P S. Chem. Mater.，2004，16：3586－3592.
[237]　陈创天，吴柏昌，江爱栋，等. 中国科学（B），1984（7）：598.
[238]　Chen C T，Wu Y，Jiang A D，et al. J. Opt. Soc. Am. B，1989，6：616－621.

LBO 含有由 $B_3O_7^{5-}$ 构筑单元相互连接形成的三维网状结构(见图 12.4)，Li^+ 位于结构的孔洞中。$B_3O_7^{5-}$ 由两个 BO_3 三角形及一个 BO_4 四面体共顶点连接而成六元环。LBO 的非线性系数为 KDP 的 2 ~ 3 倍。

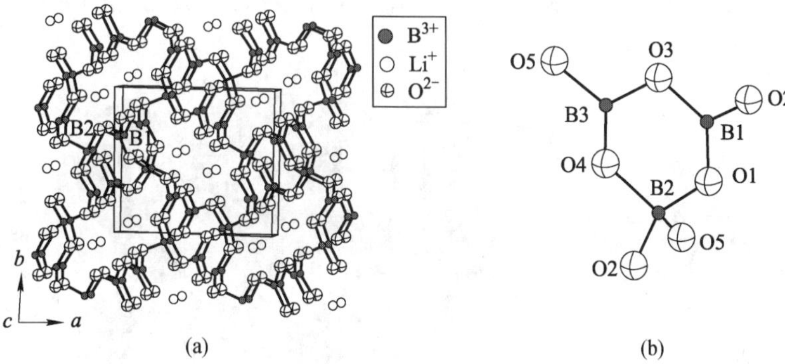

图 12.4 (a) LBO 的三维结构和(b) $B_3O_7^{5-}$ 构筑单元

BBO 结构中含有由三个 BO_3^{3-} 三角形共顶点而成的平面 $B_3O_6^{3-}$ 单元(见图 12.5)。这些 $B_3O_6^{3-}$ 单元在 c 轴方向平行排列，而形成柱状结构，因此存在 π---π 堆积作用，Ba^{2+} 将这些 $B_3O_6^{3-}$ 圆柱隔开。一般认为 BO_3^{3-} 三角形对二阶非线性光学系数贡献较大。由于具有更多的 BO_3^{3-} 三角形，BBO 的非线性光学性能比 LBO 的好，其倍频系数为 KDP 的 6 倍，透过波段为 190 ~ 3 500 nm，可用于深紫外区。其他硼酸盐晶体还有 CBO (CsB_3O_5)、BIBO (BiB_3O_6)、KBBF($KBe_2BO_3F_2$)等。

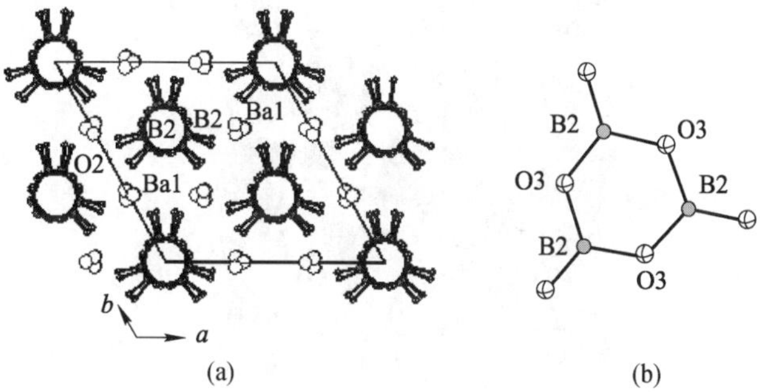

图 12.5 (a)β – BaB_2O_4 的结构和(b)一个 $B_3O_6^{3-}$ 结构单元

最重要的磷酸盐晶体为 KDP(KH_2PO_4)与 KTP($KTiOPO_4$)。KDP 中 P 原子连接两个 O^{2-} 及两个—OH，具有畸变四面体构型。KDP 的优点是容易生长大尺寸晶体，其缺点是倍频系数较小而且易潮解。将畸变 TiO_6 八面体引入 KDP 中可以得到性能优越的 KTP 晶体[239]。KTP 的结构由 PO_4 四面体与沿轴向畸变的 TiO_6 八面体相互连接而成三维结构，K^+ 位于结构中的六元环孔洞中(见图 12.6)。由于 TiO_6 与 PO_4 两者极化作用的相互叠加，KTP 的粉末倍频系数是 KDP 的 8 倍。

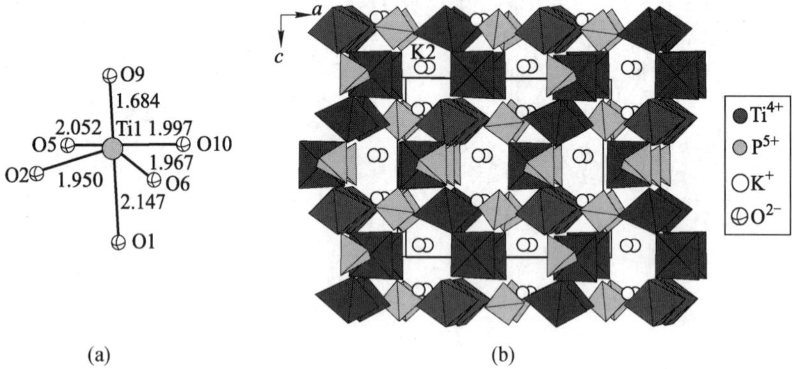

图 12.6　(a) KTP 的一个 TiO_6 单元的八面体结构及其(b) 三维结构

将硼酸盐与磷酸盐结合在一起，可以得到另一类非线性光学晶体——硼磷酸盐。这里仅以 BPO_4 与 $SrBPO_5$ 为例说明[240,241]。BPO_4 属于 $I\bar{4}$空间群，其三维结构由 BO_4 与 PO_4 交替共顶点相连接而成，每个 BO_4 周围有 4 个 PO_4，反之亦然(见图 12.7)。BPO_4 的粉末倍频系数为 KDP 的 2 倍[240]。

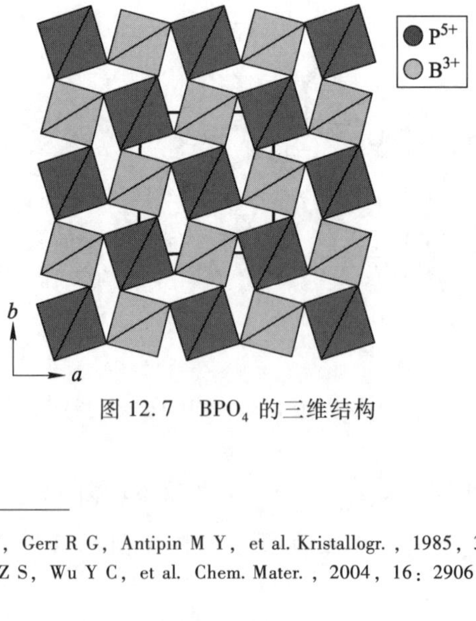

图 12.7　BPO_4 的三维结构

[239]　Voloshina I V, Gerr R G, Antipin M Y, et al. Kristallogr., 1985, 30: 668 - 676.
[240]　Li Z H, Lin Z S, Wu Y C, et al. Chem. Mater., 2004, 16: 2906 - 2908.

$SrBPO_5$ 属于三方晶系 $P3_221$ 空间群，其结构中含一维$[BPO_5]^{2-}$阴离子链，Sr^{2+}位于链之间。BO_4 四面体通过共顶点形成 c 轴方向的一维链，PO_4 四面体挂在链的两侧，每个 PO_4 四面体与两个 BO_4 四面体相连(见图 12.8)。$SrBPO_5$ 晶体(尺寸 25 mm × 15 mm × 10 mm)的倍频系数与 KDP 相当[241]。

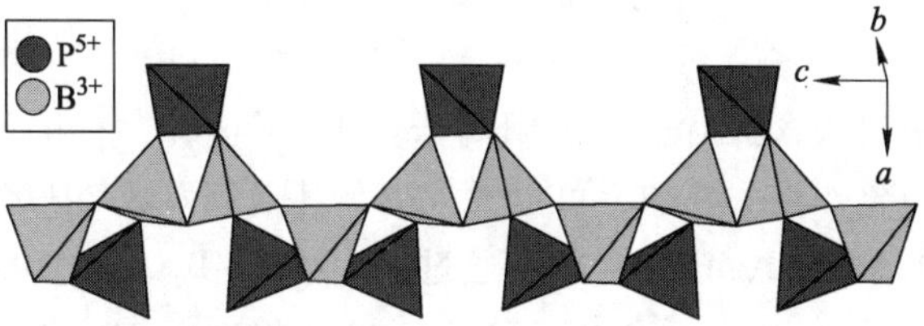

图 12.8　$SrBPO_5$ 中的$[BPO_5]^{2-}$一维链

碘酸盐晶体也是非常重要的倍频晶体。例如，KIO_3 晶体是一种多功能晶体，它具有优良的压电、热释电、电光和非线性光学性能，它的非线性光学系数比 KDP 晶体的大一个数量级，晶体虽然通过水溶液方法生长，但它不易潮解，光学均匀性优良。

12.4　新型无机非线性光学晶体的结构设计

通过总结前人的工作，人们发现将两种或三种非线性活性基团复合在同一化合物中，不但可以提高获得非中心对称结构化合物的概率，同时这些非线性活性基团的协同极化作用可以大大提高化合物的非线性系数，从而获得新型结构的非线性光学材料。将在下面对几类化合物进行介绍。

12.4.1　硼酸盐体系的拓展

在深紫外 KBBF 晶体的启发下，Ye 等以高温固相法合成了一系列铍硼酸盐 $NaBeB_3O_6$ 和 $ABe_2B_3O_7$(A = K, Rb)[242]，其中 $KBe_2B_3O_7$ 有 α、β、γ 三种构型。α - $KBe_2B_3O_7$ 属于单斜 $C2/c$ 空间群，有对称中心，因此无倍频效应。$NaBeB_3O_6$ 属于正交 $Pna2_1$ 空间群；其结构为由 $Be_2B_6O_{14}$ 单元之间通过 B—O—B相连而成三维结构，Na^+位于十二元环孔洞中。$Be_2B_6O_{14}$单元是由两个 BeO_4 四面体共边形成二聚体，两侧分别与两个 B_3O_7 基团共顶点氧相连构成的。$RbBe_2B_3O_7$ 与 β - $KBe_2B_3O_7$ 同构，具有正交晶系的 $Pmn2_1$ 的空间群，其

[241]　Pan S L, Wu Y C, Fu P Z, et al. Chem. Mater., 2003, 15: 2218 - 2221.
[242]　Wang S C, Ye N, Zhao D, et al. J. Am. Chem. Soc., 2010, 132(25): 8779 - 8786.

三维骨架结构是由 BeO_4、BO_3 和 B_2O_5 结构单元连接而成。γ - $KBe_2B_3O_7$ 属于单斜 $P2_1$ 空间群，BeO_4 共边形成含六元环的二维层，B_3O_6 单元为连接体将二维结构连接成骨架结构，K^+ 位于孔洞中。$NaBeB_3O_6$、β - $KBe_2B_3O_7$、γ - $KBe_2B_3O_7$ 和 $RbBe_2B_3O_7$ 的粉末倍频系数分别是 KDP 的 1.60 倍、75%、68% 和 79%，且均相位匹配，它们在 200 ~ 800 nm 无吸收，因此可用做深紫外区倍频材料。

在硼酸盐中引入含孤对电子的阳离子如 Pb^{2+} 与 Bi^{3+}，由于两种或三种非线性活性基团极化作用的叠加，可以大大提高其倍频系数。陈玲等报道了一个新型倍频材料 $Pb_2B_5O_9I$，该化合物是通过 $PbI_2/PbO/B_2O_3$ 在真空石英管中高温固相反应而得。结构由 $[B_5O_9]$ 单元间通过 Pb^{2+} 相连成 3D 结构，I^- 位于结构的空隙中。该化合物的倍频系数为 KDP 的 13.5 倍，是 $M_2B_5O_9X$（M = Ca，Sr，Ba，Pb；X = Cl，Br，I）家族中最大的，且能实现相位匹配。研究结果表明该系列化合物的倍频系数有如下顺序：Pb > Ba > Sr > Ca；I > Br > Cl[243]。

程文旦等以 Bi_2O_3、CdO 和 H_3BO_3 在高温固相条件下合成了 $Cd_4BiO(BO_3)_3$。它属于 *Cm* 空间群，其结构为由 CdO_6、CdO_7、BiO_6 和 BO_3 三角形相连而成的三维网状结构。它的粉末倍频系数为 KDP 的 6 倍，可实现相位匹配，在 1 500 ~ 4 000 cm^{-1} 透过，稳定性高达 900 ℃，在 885 ℃共熔，是一种性能优良的二阶非线性光学晶体[244]。

将硼酸盐与锗酸盐复合在一起而成硼锗酸盐，也可能发现新型非线性光学材料。虽然目前报道的许多硼锗酸盐具有非中心对称结构，但其非线性光学性能的研究却很少，下面仅介绍 $K_2[Ge(B_4O_9)] \cdot 2H_2O$ 和 $CsGeB_3O_7$。

杨国显等通过水热合成得到 $K_2[Ge(B_4O_9)] \cdot 2H_2O$。该化合物属于单斜 *Cc* 空间群，其结构由 B_4O_9 簇单元与 GeO_4 交替相连而形成含十元环手性孔道的三维骨架。K^+ 与结晶水位于十元环孔道中。化合物的粉末倍频系数为 KDP 的两倍。结晶水除去后骨架仍保持稳定[245]。

毛江高等用高温固相合成方法得到了阳离子半径更大的 $CsGeB_3O_7$。化合物属于正交 $Pna2_1$ 空间群。其结构由 B_3O_7 簇单元与 GeO_4 四面体交替相连而形成沿 *a* 轴方向的十元环手性孔洞，Cs^+ 位于孔洞之中。B_3O_7 簇由一个 BO_4 四面体与两个 BO_3 三角形共顶点相连而成 B_3O_3 六元环。$CsGeB_3O_7$ 的粉末倍频系数为 KDP 的 1.5 倍。它是一个绝缘体，带隙为 5.76 eV，透过波段为 300 ~ 2 500 mm，化合物可稳定到 700 ℃，在 764 ℃出现熔解吸热峰[246]。

[243] Huang Y Z, Wu L M, Chen L, et al. J. Am. Chem. Soc., 2010, 132: 12788 - 12789.
[244] Zhang W L, Cheng W D, Zhang H, et al. J. Am. Chem. Soc., 2010, 132(5): 1508 - 1509.
[245] Zhang H X, Zhang J, Yang G Y, et al. Inorg. Chem., 2004, 43: 6148 - 6150.
[246] Kong F, Jiang H L, Hu T, Mao J G. Inorg. Chem., 2008, 47: 10611 - 10617.

12.4.2 金属亚硒(碲)酸盐类非线性光学材料

在含孤对电子阴离子基团如 Se(Ⅳ)O_3^{2-} 及 Te(Ⅳ)O_3^{2-} 等中，孤对电子占据空旷的一侧，氧原子占据另一侧，由于孤对电子的极化作用，这种不对称配位基团可导致非心结构的产生，从而得到新型非线性光学材料。当它们与 d^0-电子构型的过渡金属 M 结合后，由于 MO_6 八面体的畸变作用与孤对电子的极化作用在某些情况下存在协同效应，可以提高获得非心结构的概率，并大大提高化合物的二阶非线性光学性能。一些金属亚硒(碲)酸盐的结构特征与非线性系数列于表 12.1 中。

表 12.1 部分金属亚硒(碲)酸盐的结构特征及其非线性系数

化合物	空间群	结构特征	倍频系数	参考文献
$TeSeO_4$	Ia	由 Se(Ⅳ)O_3^{2-} 与 Te(Ⅳ)O_5^{2-} 多面体共顶点相连而成的三维网络	$400\times SiO_2$	[247]
Bi_2TeO_5	$Abm2$	由 BiO_3、BiO_5 及 TeO_3 多面体通过共顶点、边或面相连而成的三维网络	$300\times SiO_2$	[248]
$Na_2Mo_3Te_3O_{16}$	$I2$	由 Mo_3O_{14} 三聚体与 $Te_3O_8^{4-}$ 阴离子交替相连而成的一维阴离子链	$500\times SiO_2$	[249]
$Ag_2Mo_3Te_3O_{16}$	$I2$	由 Mo_3O_{14} 三聚体与 $Te_3O_8^{4-}$ 阴离子交替相连而成的一维阴离子链	$8\times KDP$	[250]
$(NH_4)_2WTe_2O_8$	$P2_1$	由 WO_6 八面体与 TeO_4 多面体相连而成的二维层	$250\times SiO_2$	[251]
$Na_2W_2TeO_9$	Ia	TeO_3 盖在二维钨氧层的同一侧	$500\times SiO_2$	[252]
$Rb_2W_3TeO_{12}$	$P31c$	TeO_3 盖在二维钨氧层的同一侧	$200\times SiO_2$	[253]
$Cs_2W_3TeO_{12}$	$P6_3$	TeO_3 盖在二维钨氧层的同一侧	$400\times SiO_2$	[253]
$BaMo_2TeO_9$	$P2_1$	由 Mo_2O_{10} 三聚体与 TeO_3 多面体相连而成的二维层	$600\times SiO_2$	[254]
BaW_2TeO_9	$P2_1$	由 W_2O_{10} 三聚体与 TeO_3 多面体相连而成的二维层	$500\times SiO_2$	[254]
$Cd_4V_2Te_3O_{15}$	$P2_12_12_1$	镉碲氧层由“孤立”的 VO_4 四面体及 VO_4 四面体共顶点连接而成的一维链进一步桥连而成三维网络	$1.4\times KDP$	[255]

续表

化合物	空间群	结构特征	倍频系数	参考文献
$Mn(MoO_3)(SeO_3)(H_2O)$	$Pmc2_1$	Mn－SeO_3链与 1D Mo－O 链相连而成三维结构	3×KDP	[256]
$B_2Se_2O_7$	$P2_12_12_1$	$B_2O_7^{8-}$ 阴离子通过 Se(IV)相连而成的三维结构	2.2×KDP	[257]

简单氧化物如 $TeSeO_4$ 与 Te_2SeO_7 均具有非中心对称结构，它们的倍频系数分别为 SiO_2 的 400 倍与 200 倍[247]。Te_2SeO_7 为层状结构，由 Se(Ⅵ)O_4 四面体与Te(Ⅳ)O_5不对称的基本结构单元构成[247]。$TeSeO_4$ 中 Se(Ⅳ)O_3 与 Te(Ⅳ)O_5 通过共顶点连接成三维网状结构。由于 $TeSeO_4$ 同时含有 Se(Ⅳ)O_3 与 Te(Ⅳ)O_5 两种孤对电子基本结构单元的极性作用，其倍频效应大于 Te_2SeO_7 的倍频效应。

表 12.1 中的化合物都具有非中心对称的空间群，除此之外，还由于不同化合物所具有的不同的结构特点，表现出不同的倍频系数。Bi_2TeO_5 化合物中同时含有 Bi^{3+} 和 Te^{4+} 两种孤对电子阳离子，其倍频系数为 α－SiO_2 的 300 倍[248]。

$Na_2Mo_3Te_3O_{16}$化合物由于 MoO_6 八面体与 $Te_3O_8^{4-}$ 的极化方向一致，该化合物的非线性光学系数为 α－SiO_2 的 500 倍[249]。用 Ag^+替代 Na^+，得到同构化合物 $Ag_2Mo_3Te_3O_{16}$，该化合物热稳定性高达 760 ℃，带隙为 2.85 eV，其粉末倍频系数为 KDP 的 8 倍[250]。

Halasyamani 等还合成了一系列 W(Ⅵ)的亚碲酸盐，由于阳离子大小不同，它们具有不同的结构与性能。

$[NH_4]_2WTe_2O_8$ 的 WO_6 八面体沿 C_3 轴向畸变，3 个 W—O 键比另 3 个长得多。化合物的 SHG 系数大约为 α－SiO_2 的 250 倍[251]。

$Na_2W_2TeO_9$ 的 WO_6 八面体通过共顶点相连而成皱形状钨氧层，层之间进一步由 TeO_3^{2-} 相连。$Na_2W_2TeO_9$ 的粉末倍频系数大约为 SiO_2 的 500 倍[252]。

$Cs_2W_3TeO_{12}$与 $Rb_2W_3TeO_{12}$虽然空间群不同，但其结构非常相似。两者均为层状结构，其中 WO_6 八面体之间通过共顶点形成含 W_3O_3 六元环和 W_6O_6 十

[247]　Porter Y, Bhuvanesh N S P, Halasyamani P S. Chem. Mater., 2001, 13: 1910.
[248]　Ok K M, Bhuvanesh N S P, Halasyamani P S. Inorg. Chem., 2001, 40: 1978－1980.
[249]　Chi E O, Ok K M, Porter Y, et al. Chem. Mater., 2006, 18: 2070.
[250]　Zhou Y, Hu C L, Mao J G, et al. Dalton Trans., 2009: 5747－5754.
[251]　Kim J H, Baek J, Halasyamani P S. Chem. Mater., 2007: 19, 5637.
[252]　Goodey J, Broussard J, Halasyamani P S. Chem. Mater., 2002, 14: 3174－3180.

二元环的钨氧层，TeO_3^{2-} 基团位于层的同一侧，每个 TeO_3^{2-} 与 W_3 通过 3 个氧原子共面与 W_6O_6 十二元环连接(见图 12.9)。两化合物的层间 O┈O 距离分别为 325 pm(Cs)与 318 pm(Rb)。Cs 与 Rb 化合物的 SHG 系数分别是 α－SiO_2 的 400 倍与 200 倍[253]。

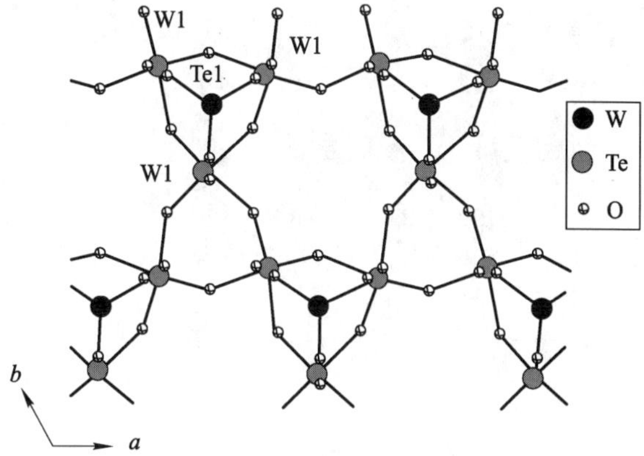

图 12.9 $Rb_2W_3TeO_{12}$的阴离子层

$BaMo_2TeO_9$ 与 BaW_2TeO_9 均结晶于极性空间群 $P2_1$。$BaMo_2TeO_9$ 的 MoO_6 八面体朝 C_3 轴畸变，而 BaW_2TeO_9 的 WO_6 八面体则同时具有 C_3 轴和 C_2 轴畸变。$BaMo_2TeO_9$ 与 BaW_2TeO_9 的非线性光学系数分别为 α－SiO_2 的 600 倍与 500 倍，这么大的 SHG 效应是由于 MoO_6 和 WO_6 畸变八面体与孤对电子两者的协同极化作用引起的[254]。

毛江高等合成了 $Cd_4V_2Te_3O_{15}$、$Mn(MoO_3)(SeO_3)(H_2O)$ 和 $Se_2B_2O_7$ 具有倍频性质的化合物。$Cd_4V_2Te_3O_{15}$的 SHG 系数为 KDP 的 1.4 倍，这主要是 VO_4 四面体与 Te(Ⅳ)O_3 基团的贡献。该化合物可以稳定到 840 ℃，透过波段为 0.6～10.0 μm[255]。$Mn(MoO_3)(SeO_3)(H_2O)$的 MoO_6 八面体沿 C_2 轴方向畸变，Mo—O 键呈两长两短两中分布。$Mn(MoO_3)(SeO_3)(H_2O)$的 SHG 系数为 KDP 的 3 倍，可以稳定到 300 ℃[256]。

将硼酸盐与含孤对电子的 Se(Ⅳ)结合在一起，得到新型非线性化合物 $Se_2B_2O_7$。结构中 $B_2O_7^{8-}$ 基团通过 Se(Ⅳ)相连而成三维结构(见图 12.10)。每个 Se(Ⅳ)连接 3 个二聚体，而每个二聚体与 4 个 Se(Ⅳ)相连，因此该结构为

[253] Goodey J, Ok K M, Broussard J, et al. J. Solid State Chem., 2003, 175: 3.
[254] Ra H S, Ok K M, Halasyamani P S. J. Am. Chem. Soc., 2003, 125: 7764.
[255] Jiang H L, Huang S P, Mao J G, et al. Chem. Eur. J., 2008, 14: 1972.
[256] Zhang S Y, Jiang H L, Mao J G, et al. Inorg. Chem., 2009, 48: 11809－11820.

一个混合(3，4)连接的网络。化合物稳定到300 ℃，带隙为4.64 eV，其二阶非线性光学系数为KDP的2.2倍[257]。

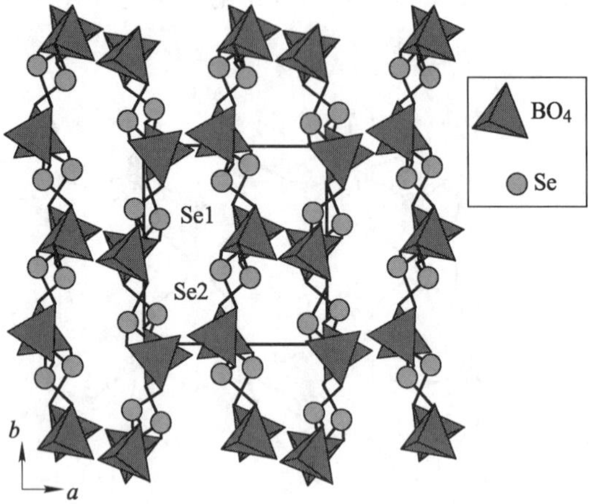

图12.10 $Se_2B_2O_7$的三维结构

12.4.3 金属碘酸盐类非线性光学材料

目前包括α-$LiIO_3$、α-HIO_3、KIO_3等碘酸盐晶体，在非线性光学材料的应用领域具有非常重要的地位。这些晶体均以IO_3^-配位多面体作为结构的基本单位堆积而成，阳离子位于IO_3^-的间隙中。由于碘酸根中I(Ⅴ)具有光学活性的孤对电子，此类晶体具有较大的非线性光学系数。一些最近合成的碘酸盐的结构特征及其SHG系数总结于表12.2中。

表12.2 碘酸盐的结构特征及其SHG系数

化合物	空间群	结构特征	倍频系数	参考文献
NaI_3O_8	$P\bar{4}$	$I_3O_8^-$阴离子通过Na^+相连而成的二维层	α-$LiIO_3$	[258]
$Cs_2I_4O_{11}$	$P6_3$	IO_3盖于IO_5基团构成的层的同一侧	300×SiO_2	[259]

[257] Kong F, Huang S P, Mao J G, et al. J. Am. Chem. Soc., 2006, 128: 7750.
[258] Phanon D, Gautier-Luneau. Angew. Chem. Int. Ed., 2007, 46: 8488.
[259] Ok K M, Halasyamani P S. Angew. Chem. Int. Ed., 2004, 43: 5489.

续表

化合物	空间群	结构特征	倍频系数	参考文献
$Ln_3Pb_3(IO_3)_{13}(\mu^3-O)$ (Ln = La, Pr, Nd)	*R3c*	由 LaO_9、PbO_6、IO_3 构成的三维网络	2.0/1.0/0.8 × KDP	[260]
$Li_2Ti(IO_3)_6$	*P6₃*	0D $[Ti(IO_3)_6]^{2-}$ 阴离子被 Li^+ 分隔开	500 × SiO_2	[261，262]
$Na_2Ti(IO_3)_6$	*P6₃*	0D $[Ti(IO_3)_6]^{2-}$ 阴离子被 Na^+ 分隔开	400 × SiO_2	[261]
$Cs(VO)_2(IO_3)_3O_2$	*Ima2*	1D $[(VO)_2(IO_3)_3O_2]^-$ 阴离子链被 Cs^+ 分隔开	500 × SiO_2	[263]
$NaVO_2(IO_3)_2(H_2O)$	$P2_1$	1D $[VO_2(IO_3)_2]^-$ 阴离子链	20 × KDP	[264]
$BaNbO(IO_3)_5$	*Cc*	0D $[NbO(IO_3)_5]^{2-}$ 阴离子被 Ba^{2+} 分隔开	14 × KDP	[265]
$LiMoO_3(IO_3)$	$P2_1$	IO_3 挂在 2D MoO_3 层的两侧，所有 IO_3 的极化朝同一方向	4 × KDP	[266]
$RbMoO_3(IO_3)$	$Pna2_1$	一维 Mo—O 链通过 IO_3 连接而成三维阴离子骨架，Rb^+ 占据结构中的小空隙	400 × SiO_2	[267]
$CsMoO_3(IO_3)$	$Pna2_1$	1D Mo—O 链通过 IO_3 连接而成三维阴离子骨架，Cs^+ 占据结构中的小空隙	400 × SiO_2	[267]
$Nd(MoO_2)(IO_3)_4(OH)$	$P2_1$	由 NdO_8、MoO_6、IO_3 构成的三维网络	300 × SiO_2	[268]

NaI_3O_8 属于四方 $P\bar{4}$ 空间群，结构中一个 IO_4 与两个 IO_3 配位多面体通过共顶点构成 $I_3O_8^-$。Na^+ 将 $I_3O_8^-$ 连接成二维层状结构(见图 12.11)。每个 $I_3O_8^-$ 桥连 4 个 Na^+。NaI_3O_8 的 SHG 系数与 $\alpha-LiIO_3$ 相当，透过波段为 2.5 ~ 12.5 μm[258]。

[260] Hu T, Kong F, Mao J G, et la. Inorg. Chem., 2009, 48(5): 2193-2199.
[261] Chang H Y, Kim S H, Ok K M, et al. J. Am. Chem. Soc., 2009, 131: 6865-6873.
[262] Chang H Y, Kim S H, Ok K M, et al. J. Am. Chem. Soc., 2009, 131: 2426-2427.
[263] Sykora R E, Ok K M, Halasyamani P S, et al. Chem. Mater., 2002, 14: 2741.
[264] Yang B P, Hu C L, Mao J G, et al. Chem. Mater., 2010, 22: 1545-1550.
[265] Sun C F, Hu C L, Mao J G, et al. J. Am. Chem. Soc., 2009, 131: 9486.
[266] Chen X, Zhang L, Chang X, et al. J. Alloy. Compd., 2007, 428: 54.
[267] Sykora R E, Ok K M, Halasyamani P S, et al. J. Am. Chem. Soc., 2002, 124: 1951.
[268] Shehee T C, Sykora R E, Ok K M, et al. Inorg. Chem., 2003, 42: 457.

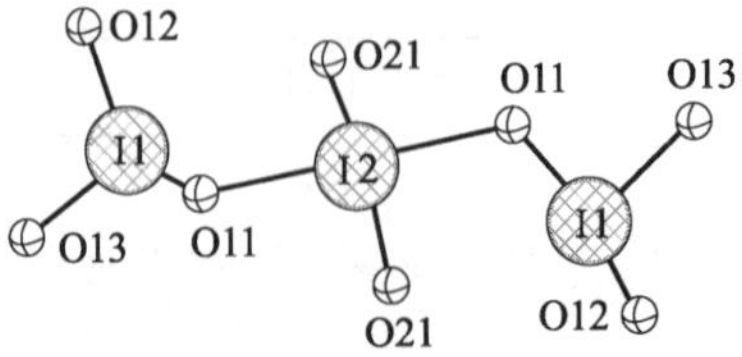

图 12.11　NaI_3O_8 的 $I_3O_8^-$ 结构单元

$Cs_2I_4O_{11}$ 的结构特征是由 IO_5 和 IO_3 不对称的结构基本单位相连成二维 I_4O_{11} 层。6 个 IO_5 基团通过共顶点形成含六元环的层，IO_3 结构基本单位排列于 IO_5 层的同一侧，每个 IO_3 与 3 个 IO_5 相连，由于所有 IO_3 结构基本单位的极化朝同一方向，$Cs_2I_4O_{11}$ 具有较大的 SHG 系数，约为 α - SiO_2 的 300 倍[259]。

Halasyamani 等还得到另一种 β - $Cs_2I_4O_{11}$。它属于单斜 $P2_1/n$ 空间群[269]。由于结构是中心对称的，该化合物没有倍频效应。

毛江高等研究人员设想将含孤对电子的 Pb(II)引入到稀土碘酸盐体系，可以通过两种不同孤对电子的协同极化作用得到新结构，获得新型 NLO 材料。基于这个思路，他们首次得到一系列 Ln(Ⅲ) - Pb(Ⅱ)混金属碘酸盐，$Ln_3Pb_3(IO_3)_{13}(\mu_3—O)$(Ln = La，Ce，Pr，Nd)[260]。该系列化合物属于 *Cc* 空间群，其结构特征是 LnO_9 和不对称的 PbO_6 多面体通过非中心对称的 IO_3 结构基本单位连接成复杂的三维网络结构。La、Pr、Nd 化合物的 SHG 系数分别为 KDP 的 2 倍、1 倍与 80%，其热稳定性分别达到 552 ℃、541 ℃和 529 ℃。

与金属亚硒碲酸盐相似，d^0 - 过渡金属离子引入到碘酸盐体系后，可以通过 d^0 - MO_6 八面体与孤对电子两者极化作用的协同效应，增大获得非中心对称性结构的概率并提高化合物的非线性光学性能。目前 Ti(Ⅳ)、V(Ⅴ)、Mo(Ⅵ)已被成功引入到碱金属、碱土金属及稀土碘酸盐中。

Halasyamani 等报道了 $A_2Ti(IO_3)_6$(A = Li，Na，K，Rb，Cs，Tl)。Li 与 Na 的化合物均无中心对称性(空间群 $P6_3$)；Ti^{4+} 为 C_3 轴畸变，$Ti(IO_3)_6^{2-}$ 中所有 IO_3^- 的孤电子对平行指向同一个方向(见图 12.12)，产生大的偶极矩，导致化合物的 SHG 系数约为 α - SiO_2 的 500 倍与 400 倍[261]。其他化合物有中心对称性(空间群 $R\bar{3}$)，无倍频效应。

Halasyamani 等还报道了一系列碱金属 - V - IO_3 化合物：$A[VO_2(IO_3)_2]$(A = K，Rb)、$A(VO)_2(IO_3)_3O_2$(A = NH_4，Rb，Cs)[263]。它们均为一维结构，前两个化合物是中心对称的(空间群分别为 $P2_1/n$ 与 $P\bar{1}$)，无倍频效应；

[269]　Ok K M，Halasyamani P S. Inorg. Chem.，2005，44：9353.

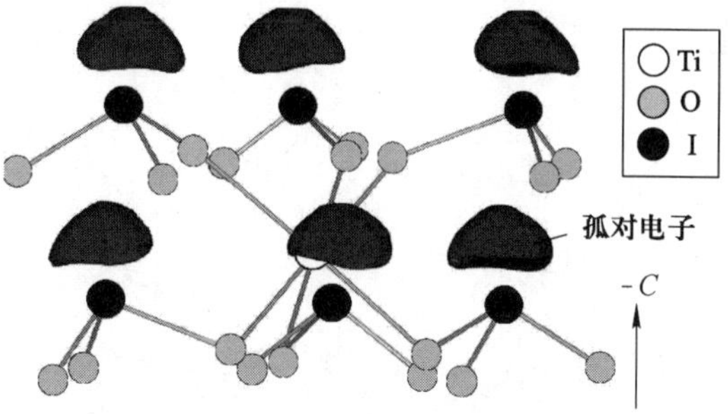

图 12.12 $Ti(IO_3)_6^{2-}$ 中 IO_3^- 孤电子对的电子区域函数(ELF)等面图

后 3 个同构化合物则为非中心对称结构(空间群 *Ima*2)。在 $A(VO_2)(IO_3)_3O_2$ 中，V^{5+}形成 VO_6 配位八面体；其中一个氧为端基氧，两个氧为 μ_2—O，另外 3 个氧分别与 3 个 IO_3 共享。这些 VO_6 八面体之间通过共顶点相连而成 *a* 方向的一维链，相邻两个 VO_6 又分别被一个或两个 IO_3^- 交替侧向桥连(见图 12.13)。在$A(VO_2)(IO_3)_3O_2$ 中，VO_6 八面体与 $I(1)O_3$ 结构基本单位的极化一致，均朝向 *c* 轴方向，而 $I(2)O_3$ 结构基本单位的极化相互抵消，SHG 测试表明 $Cs(VO)_2(IO_3)_3O_2$ 的倍频系数为 $\alpha-SiO_2$ 的 500 倍[263]。

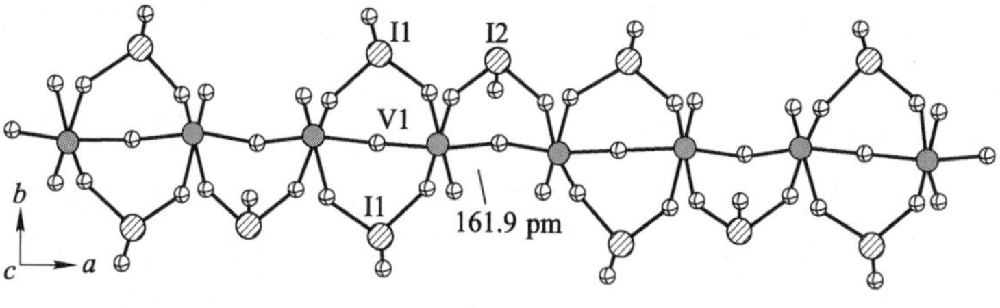

图 12.13 $Cs(VO)_2(IO_3)_3O_2$ 结构中$[(VO)_2(IO_3)_3O_2]^-$的一维链

毛江高等利用 d^0 电子结构的钒(Ⅴ)与含孤电子对的 I(Ⅳ)复合合成了一维阴离子结构的 $NaVO_2(IO_3)_2(H_2O)$，钒(Ⅴ)与两个端基氧原子(O7，O8)及与 3 个 IO_3 共享 3 个氧原子(O1，O2，O6)配位，其配位构型为三角双锥。每个$I(1)O_3$ 共享两个氧桥连两个 V(Ⅴ)，而 $I(2)O_3$ 只共享一个氧桥连一个 V(Ⅴ)。V(Ⅴ)之间由 $I(1)O_3$ 桥连形成扭曲很大的“之”型一维阴离子链(见图 12.14)，结构中所有碘酸根的极化方向一致(－*b* 方向)，产生较大的宏观极化率，因此化合物表现出优异的二阶非线性光学性能，其粉末倍频系数高达 KDP 的 20 倍，而且是相位匹配的，热稳定性达 220 ℃[264]。

Nb^{5+} 与碘酸根复合得到了一种性能优异的非线性光学材料——

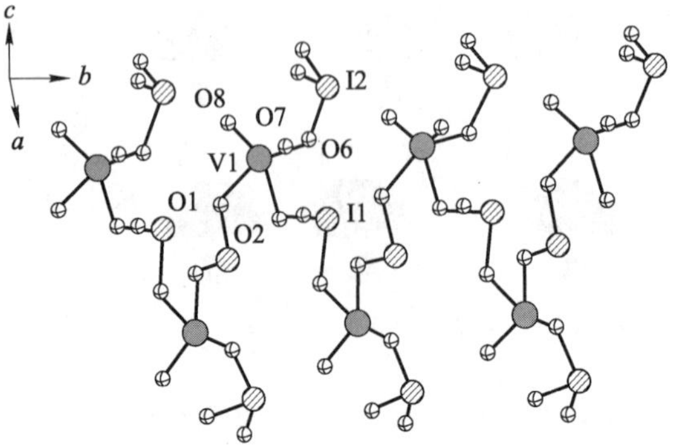

图 12.14　$NaVO_2(IO_3)_2(H_2O)$结构中$[VO_2(IO_3)_2(H_2O)]^-$的一维链

$BaNbO(IO_3)_5$[265]。其结构为零维的$[NbO(IO_3)_5]^{2-}$阴离子被 B^{2+}a 分隔开(见图 12.15)。Nb(Ⅴ)原子与 5 个碘酸根及一个端基氧原子配位，NbO_6 八面体沿 C_4 轴方向畸变，Nb—O 键长呈一短(173.3(7) pm)、一长(230.8(8)pm)与四正常(202.0(8) ~205.3(8)pm)。由于 NbO_6 八面体的畸变方向与碘酸根的极化方向一致，该化合物具有很高的二阶非线性光学系数，约为 KDP 的 14 倍。更为重要的是，它是相位匹配的，其带隙为 3.64 eV，透过波段为 0.35 ~2.5 μm，在 420 ℃之前不分解。因此，它是一种很有潜在应用开发价值的材料。

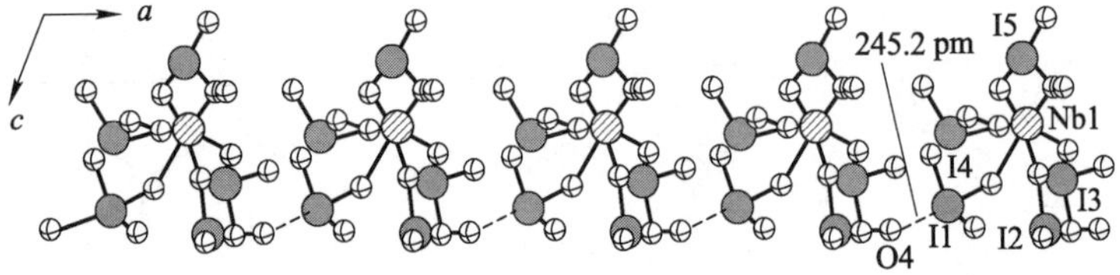

图 12.15　$BaNbO(IO_3)_5$ 化合物中的阴离子链

$LiMoO_3(IO_3)$属于单斜 $P2_1$ 空间群，结构中存在 MoO_6 八面体通过共顶点氧相连而成的 WO_3 型层，IO_3 挂在层的两侧(见图 12.16)。由于所有 IO_3 中 I 的孤对电子朝向同一方向，该化合物具有很好的非线性光学性能，其 SHG 效应为 $4\times KH_2PO_4$(KDP)[266]。

Halasyamani 等报道了 $AMoO_3(IO_3)$(A = K，Rb，Cs)[267]。K 化合物是中心对称的(空间群 *Pbca*)，而 Rb 与 Cs 化合物同构且非中心对称(空间群 $Pna2_1$)。K 化合物为层状结构，而 Rb 与 Cs 化合物具有三维网状结构。在 $RbMoO_3(IO_3)$中钼氧链由 IO_3 结构基本单位相连成三维结构，Rb^+位于所形成的孔道内。这些结构的不同是由于阳离子大小的不同导致钼氧链中 MoO_2^+ 的排

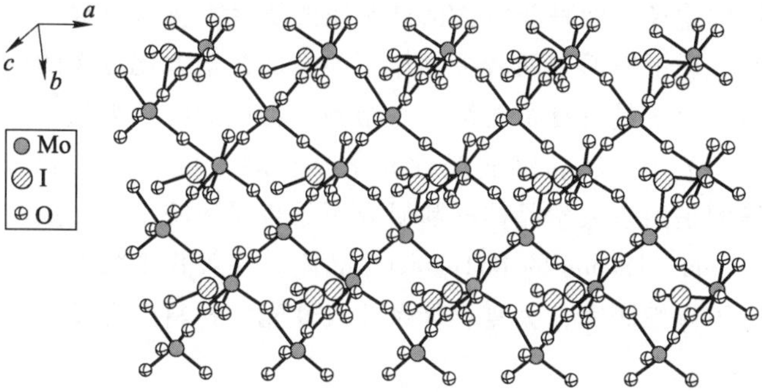

图 12.16 $LiMoO_3(IO_3)$中的$[MoO_3(IO_3)]^-$阴离子层结构

列不同而引起的。Rb 与 Cs 化合物的 SHG 效应约为 $\alpha-SiO_2$ 的 400 倍，它们分别稳定到 494 ℃与 486 ℃，带隙大约为 3.1 eV。

同构稀土钼碘酸盐 $RE(MoO)_2(IO_3)_4(OH)$(RE = La, Nd, Sm, Eu)的结构是手性的，属于单斜空间群 $P2_1$。其结构是由 LnO_8 多面体、MoO_6 八面体通过 IO_3 结构基本单位相连而成的三维网络(见图 12.17)，Mo(VI)与 2 个端基氧、1 个 OH 及 3 个 IO_3 结构基本单位相连，MoO_6 八面体的畸变介于 C_3 与 C_2 轴之间。Nd 化合物的 SHG 效应为 $\alpha-SiO_2$ 的 300 倍[268]。

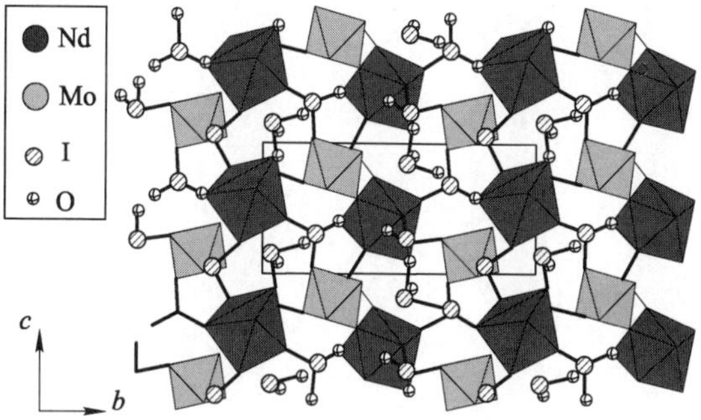

图 12.17 $Nd(MoO_2)(IO_3)_4(OH)$的结构图

12.5 总结与展望

综上所述，无机非线性光学晶体的研究已从简单的无机盐如硼酸盐、磷酸盐及碘酸盐扩展到两种非线性活性基团复合的体系，如硼磷酸盐、硼锗酸盐及孤对电子与 d^0 - 过渡金属畸变八面体复合的体系。这些复合物的研究不仅拓宽了无机非线性光学晶体的研究领域，而且为实现设计合成新型非线性光学材料提供了合理的途径。两种非线性活性基团的复合不仅可以提高获得非中心对称结构的概率，还可以通过两者极化作用的叠加，增大化合物的倍频系数。当然这些复合体系由于具有复杂的组成与结构，也可能给其大尺寸晶体的生长带来困难。目前，关于这些新型非线性光学材料的大尺寸晶体生长的研究仍很少。令人鼓舞的是山东大学晶体材料研究所的蒋民华院士等已成功生长出尺寸为 30 mm × 23 mm × 18 mm 的 $BaTeMo_2O_9$ 晶体，并对其非线性光学性能及相关物理性能进行了详细研究，为复合体系非线性光学材料的开发与应用开辟了一条道路[270,271]。

思考题

1. 无机化合物作为非线性光学晶体材料有哪些优势?
2. 在 32 种晶类中有多少种晶类才有可能具有非线性光学效应?
3. 目前得到应用的金属碘酸盐类非线性光学材料有哪些? 这些晶体在结构上有什么特点?
4. 利用两种非线性活性基团复合的体系目前主要有哪些?

[270]　Zhang W G, Tao X T, Zhang C Q, et al. Cryst. Growth Des., 2008, 8: 304 – 307.

[271]　Zhang W G, Tao X T, Zhang C Q, et al. Cryst. Growth Des., 2009, 9: 2633 – 2636.

第 13 章 透明陶瓷与发光材料

玻璃、塑料、晶体、金属和陶瓷都可以成为光学材料。按照光学材料的性能，可以包括透光材料、反光材料、发光材料、非线性光学材料及功能光学材料等。本章只就透光材料和发光材料的现状和进展予以简单介绍。光学材料是利用物体与电磁辐射相互作用，将外界电磁辐射转化为可利用能量的一类材料。在应用领域，光学材料包括光电材料、发光材料、激光材料等光功能转化材料。光学材料的研究涉及材料对光辐射的反射和吸收、材料在光作用下的发光性质、光辐射能量在材料中的传播和作用等。由于闪烁材料在器件应用方面以单晶片为主，而陶瓷、薄膜、液体等应用范围较狭窄。基于无机化合物晶体的物理化学稳定性、机械加工性及良好的闪烁发光性能，单晶材料绝大多数是无机化合物。

13.1 透明陶瓷

透明陶瓷(transparent ceramic)是指采用陶瓷工艺制备的具有一定透光性的多晶材料，又称光学陶瓷。通常认为光线透过率超过10%的陶瓷为透明陶瓷，在10%以下的陶瓷为透光陶瓷(或半透明陶瓷)。

根据透明陶瓷的用途和功能可将其分为透明结构陶瓷和透明功能陶瓷两大类。透明结构陶瓷主要用于高压钠光灯管、高温透视窗罩、透明装甲等方面，以 Al_2O_3、Y_2O_3、ZrO_2、AlON 及 $MgAl_2O_4$ 为主要代表；透明功能陶瓷主要用于激光、显示技术、医学等方面，其中比较常用的是激光透明陶瓷(Nd：YAG)、电光透明陶瓷(PLZT)和闪烁陶瓷(YGO、GGG、Gd_2O_2S)。

陶瓷一般由晶粒、晶界、气孔等组成。陶瓷中存在大量气孔、杂质、晶界等不均匀的显微结构，对光的散射和双折射现象特别严重，因此大部分多晶陶瓷是不透明的。1962 年，美国 GE 公司的 Coble 博士[272 a]通过采用高纯、超细原料，并控制微结构，首次成功研制出半透明多晶氧化铝陶瓷。1955 年，日本 I Kesue[272 b]通过采用高纯、超细原料，掺入尽可能少的添加剂和在工艺上严格控制，将气孔充分排除并适当控制晶粒尺寸，使制品接近于理论密度，从而制备出高透明 Nd：YAG 陶瓷，并实现了陶瓷激光输出。

13.1.1　透光率的影响因素

图 13.1 为多晶陶瓷中光散射模型示意图。陶瓷表面凹凸不平，投射到其表面的光线一部分因反射而折回原介质中，另一部分折射进入多晶陶瓷中。光在多晶陶瓷中因微观结构的不均匀性使光强进一步衰减。造成入射光强度损失的诸多因素中，主要有反射、(双)折射、吸收。对于非立方晶系，这种现象更为严重，因此大部分透明陶瓷常选用具有立方结构的材料以提高透明度。

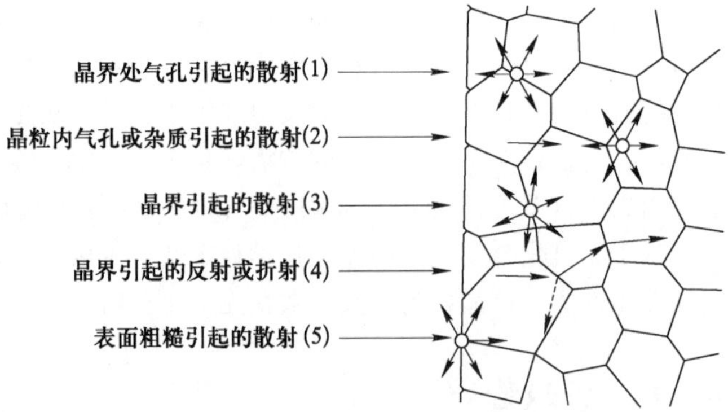

图 13.1　多晶陶瓷中的主要光线散射效应[273]

当光通过某一介质时，由于介质的吸收、散射和折射等损失而使其强度衰

[272]　(a) Coble R L. Transparent Alumina and Method of Preparation, US Patent 3026210, 1962. (b) I Kesue A, Kinoshita T, Kamata K, et al. J. Am. Ceram. Soc., 1995, 78: 1033－1040.

[273]　吉亚明，蒋丹宇，冯涛，等. 无机材料学报，2004，19(2)：275－282.

减。对透明陶瓷而言，这种衰减与材料的化学组成有关。透明光学材料应具有宽的带隙(带隙宽度大于入射光的能量)，是光各向同性(或十分接近各向同性)的立方晶系或折射率差异十分微小的复相材料体系。此外，陶瓷的透明性主要取决于材料的显微组织结构。因此，透明陶瓷应该没有或尽量减少气孔和晶界等光吸收中心的散射中心，同时还应是单相的，由均质晶体组成，并具有较高的光洁度。陶瓷的晶界组织结构和残余气孔是制备透明陶瓷过程中影响其透明度的主要因素。大量研究表明，原料组成、制粉方式、烧结条件、烧成气氛等不仅影响到陶瓷的致密度，而且对陶瓷的透光性都有较大的影响。综合起来，透明陶瓷应具备以下性质：① 致密度高(理论密度的 99.9% 以上)。② 晶界上不存在气孔。如存在，其尺寸和数量应该控制在不影响光学质量的范围内。③ 晶界上没有杂质及玻璃相，或晶界的光学性质与晶粒之间差别微小。④ 晶粒大小适中而且均匀，晶粒内无气孔。⑤ 晶粒对入射光的选择吸收微小。⑥ 无光学各向异性，晶体结构最好是立方晶系。⑦ 表面光洁度高。

13.1.2 透明陶瓷的制备方法

要消除造成光散射的各种不利因素，使陶瓷材料具有好的透光性，必须选择合适的制备方法和制备工艺。透明陶瓷的制备工艺基本相同，包括粉体前驱体的合成与制备、成型工艺、烧结工艺等。制备透明陶瓷必须克服陶瓷体中的气孔、杂质、晶界等缺陷造成的光散射，获得良好的透光性。粉末前驱体的合成和最后的高温烧结是两个关键步骤。

1. 粉体前驱体的制备

透明陶瓷要求粉体前驱体的纯度高($>99.99\%$)、组成均匀、晶粒细(平均尺寸为 100 ~ 500 nm)，比表面积大($\geq 5\ m^2/g$)。目前采用的制备方法主要有固相反应法和软化学法。

(1) 固相反应法是将配好的原料先在球磨机中研磨，然后进行热处理，得到目标前驱体的方法。该方法需要较长的制备时间、较高的反应温度，球磨工艺不容易实现组分的均匀，在高温煅烧阶段易使粉体团聚、结块，需要有研磨等后处理工艺，且所得粉体的活性比液相法和气相法合成的低。

(2) 软化学法中比较普遍使用的成熟方法是液相化学共沉淀法。该方法工艺简单，在较低温度下(相对于固相法)可得到表面活性好、各组分在分子水平上均匀混合、组成可精确控制的粉体。用共沉淀法制得的粉体前驱体烧结温度大大降低，烧结速率显著提高。采用该方法制备粉体前驱体时应注意调整 pH，以保证各组分同时、完全沉淀，并应控制颗粒长大、吸附和团聚等问题。

此外，固体无机化学中十分活跃的软化学法，例如溶胶 - 凝胶法(sol-gel)、微乳液法、气相法、燃烧法、喷雾热解法等超细粉粒制备方法都具有潜在的应用前景。

2. 高温烧结

高温烧结工艺是获得高度致密、气孔率低、透明度高、具有一定显微结构的透明陶瓷的关键步骤。透明陶瓷的烧结工艺主要有热压烧结、热等静压烧结、气氛烧结(包括氢气烧结和氧气烧结)、真空烧结、激光烧结、等离子体压力烧结等，以及将上述工艺中的任意两种工艺相结合的分步烧结工艺。

1）热压烧结

一种单向加压的压力烧结方法。烧结过程中施加一定的压力，促使材料加速流动、重排以及致密化。与无压烧结相比，热压烧结由于在烧结过程中施加了外力，促进了材料的致密化，抑制了晶粒的异常长大，陶瓷体中晶粒较细小、均匀。热压烧结生产规模小、成本高、容易造成缺陷并引入杂质，此外，该法不适用于制备形状复杂的产品。

2）热等静压烧结

炉腔往往制成柱状，内部可通高压气氛，气体为压力传递介质，样品必须封装，否则高压气体会渗入样品内部而使样品无法致密。该方法适用于烧结形状复杂的制品，产品致密度高，晶粒细小，陶瓷体各部分结构、性能均相同。应当注意的是，热等静压烧结有时会使陶瓷体存在色心，需要采取适当的方法排除，以保证产品的光学性能。

3）气氛烧结

在氧化或还原气氛中烧结陶瓷，可以抑制易挥发成分的挥发，保证产品符合化学计量比要求，可以控制发光中心离子的荷电状态，可以减少空位等缺陷，提高闪烁陶瓷的透明性。

4）真空烧结

在烧结前对炉体抽真空，在一定真空度下进行烧结。真空烧结陶瓷制品致密度较高，透明性好。

最近，Guo、Tang、Huang 等报道了采用真空烧结技术，制备出透明 Yb：YAG、Nd：YAG 和 Y_2O_3 陶瓷，陶瓷透光性接近理论值[274－275]

13.1.3　各种透明陶瓷的制备

镁铝尖晶石($MgAl_2O_4$)的制备

镁铝尖晶石具有良好的物理性能、机械性能和化学稳定性，尤其是具有优良的光学性能、抗辐照性能、耐高温抗腐蚀性能及其良好的电绝缘性，使它成

[274]　Guo W，Cao Y，Huang Q，et al. J. Euro. Ceram. Soc.，2011，31：2241－2246.

[275]　(a) Tang F，Cao Y，Guo W，et al. Opt. Mater.，2011，33：1278－1282. (b) Huang Z，Guo W，Liu Y，et al. Mater. Chem. Phys.，2011，128：44－49.

为一种重要的具有军事和民用价值的功能材料。

尖晶石透明陶瓷的制备主要经过粉末的制备和陶瓷的制备两个工艺过程。

1）粉末的制备

由于 MgO 和 Al_2O_3 的反应速度很慢，所以采用固相反应法制备适合透明镁铝尖晶石的粉体几乎是不可能的。目前镁铝尖晶石粉体的制备方法多数采用液相法，包括共沉淀法、均匀沉淀法、凝胶沉淀法、冷冻干燥法、喷雾干燥法、水热合成法、醇盐－溶胶－凝胶法等。

最近出现了一种新的尖晶石粉末的制备方法[276]，这种方法能控制起始的粒径和粒径分布、纯度和化学配比，它可以通过一个三步工艺的连续过程完成。

（1）以次丁氧醇铝（有机铝）[$Al(CH_3CH(O)CH_2CH_3$：ASB)]为原料，在 353 K 进行水解，生成勃姆石。

（2）把乙酸、丙酮镁加入上面的溶液中，用丙酮镁中的 Mg 和勃姆石表面的 Al 进行交换，这时产生了 Mg 掺杂的勃姆石微粒，尺寸在 40～70 nm。

（3）将 Mg 掺杂的勃姆石脱水，转变为 Mg 掺杂的 $\gamma-Al_2O_3$（Mg/Al_2O_3）。再升温到 1 173 K，则 Mg/Al_2O_3 转变为 $MgAl_2O_4$。进一步升温到 1 273～1 473 K 改进 $MgAl_2O_4$ 粒子的结晶性，增大粒子尺寸。

在以上的工艺中，水解的温度、所加丙酸的量以及搅拌的时间等都对最终尖晶石粉的粒径产生影响。

2）陶瓷的制备

可以采取热压/HIP 工艺制备 $MgAl_2O_4$ 陶瓷，也可以采取烧结/HIP 工艺制备。

（1）热压/HIP 工艺制备：① 将 $MgAl_2O_4$ 粉末和少量的 LiF 烧结助剂混合后，在真空度低于 10^{-3} Pa 进行热压烧结，其后进行 HIP 处理可得到透明的尖晶石陶瓷。② 将表面积为 77 m^2/g 和 24 m^2/g 尖晶石粉末与 1.0%（质量分数）的烧结助剂 LiF 进行球磨后，只用热压工艺也可以得到高透明的 $MgAl_2O_4$ 陶瓷[276]。

（2）烧结/HIP 工艺制备：在 $MgAl_2O_4$ 粉末中掺入适当的胶黏剂、润滑剂和表面活性剂。用湿磨和干磨的方法混匀，过筛。两种混匀后的粉末在一个振动台上装入模具，保证粉末能均匀填充。在 48 MPa 的单轴压力下压制成一个圆盘，其后 206.8 MPa 的冷等静压使它进一步致密为坯料，此时的密度可以达到理论密度的 50% 以上。冷压的尖晶石坯料在 $MoSi_2$ 的电阻炉中进行烧结。烧结后的尖晶石进行 HIP 处理。使用的温度为 1 873～2 123 K，所用压力为 104.4～206.8 MPa。

在烧结过程中，烧结气氛对尖晶石的透明性有重要影响。在 H_2 中烧结是

[276]　赵密，郭英奎，等．哈尔滨理工大学学报，2000，5(2)：121.

不透明的，在 Ar 中烧结是透明的但有雾状，在真空中烧结是淡灰色透明的，在 O_2 和空气中烧结则是完全透明的。

热压/HIP 工艺设备投资高，特别是要用大尺寸平板时就需要有大型的热压设备，但热压/HIP 工艺产量比较高，抵消了设备的高投入。它的优点是热压中没有横向收缩，而横向收缩容易导致破裂、密度梯度和翘曲。烧结/HIP 工艺的优点是设备投资小，它可以使用传统的陶瓷烧结成型技术生产复杂形状的产品。它的缺点是原料粉末要经过仔细的处理。坯体的密度必须大于理论密度的 50%。要达到这样的初始密度不是很容易的，这就需要有胶黏剂和润滑剂。但在高温烧结前胶黏剂和润滑剂必须除去，不然会影响材料的光学和力学性能，这就要经过长时间的排胶处理。对于大尺寸的制品则需要更长时间。

图 13.2(a)为较大尺寸镁铝尖晶石透明陶瓷，图 13.2(b)为镁铝尖晶石透明陶瓷的透射曲线。图 13.2(b)显示，镁铝尖晶石透明陶瓷由于在多晶体内存在残余气孔以及杂质所引起的光散射使其在短波范围内的透光率低于理论值，但在红外区域内的透光率可接近理论值。

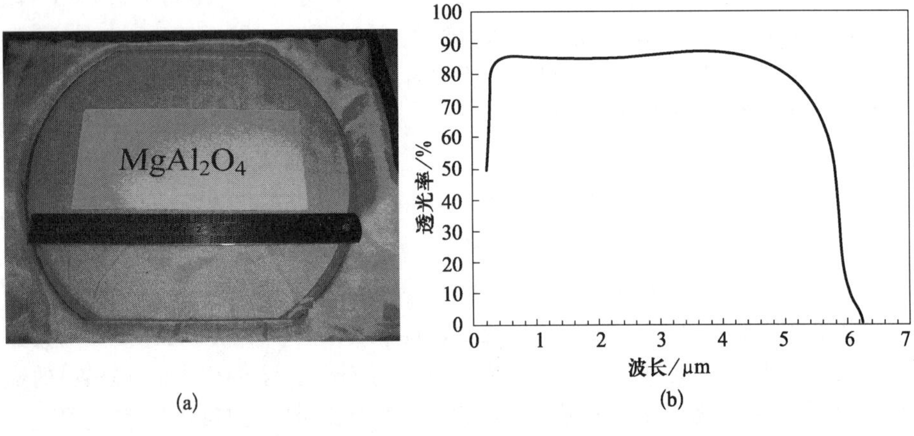

图 13.2　镁铝尖晶石(a) 透明陶瓷及其(b) 透射曲线[277]

13.2　发光陶瓷材料

13.2.1　闪烁光学材料的设计合成

1. 有关发光材料的物理概念

作为光学材料的一大家族，发光材料能将外界电磁辐射转变为可见光或近

［277］　http：//www.brightcrystals.com/ReadNews.asp？NewsID=4889.

可见光。由于闪烁发光材料除了具有常规发光材料的各种性质外，还对发光衰减提出更高的要求，因此，本节以闪烁发光材料为例，对发光材料的研究和设计进行介绍。下面简单介绍发光材料研究中常用的基本概念。

1）发光材料的光谱特征

在表征发光材料性质时，发射光谱和吸收光谱用得最多。发射光谱是以某波长或某波段的光照射到样品上，再考察波长范围内样品发出的光辐射的强度－波长曲线图(见图 13.3 中的曲线 *a*)。吸收光谱表征材料对各波段入射光的吸收程度，测试时是以入射光作为参考光，测试入射光经过材料后不同波长辐射的损失量。激发光谱是吸收光谱的特例，它以材料某一发射光作为监测信号(监测光)，测试各个波长的入射光通过材料后，材料发射的该监测光的强度(见图13.3 中的曲线 *b*)。显然，激发光谱的最强峰对应的光辐射能最有效地产生监测光。实际测试中，粉末样品难以采用透光率来测试吸收曲线，但可以利用对入射光的反射来估计吸收，相应的谱线称为反射光谱，它表征材料对入射光各波长辐射的反射率(见图 13.3 中的曲线 *c*)。发射光波长通常大于激发光的波长，这种效应称为斯托克位移(Stoke′s shift)。减少的能量转化成热，这个过程称为弛豫，也称为无辐射跃迁。

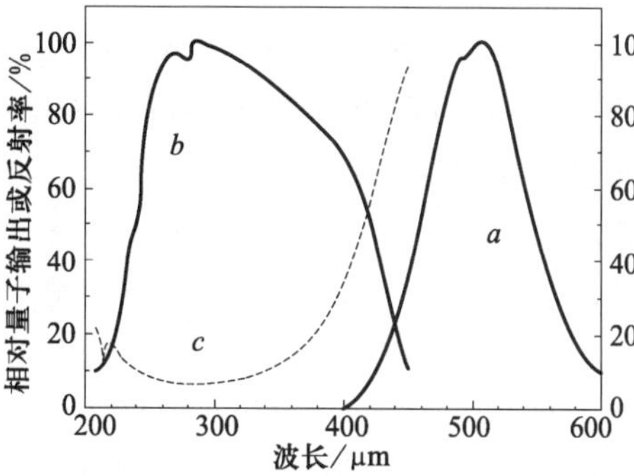

图 13.3　荧光材料 $(BaCaMg)_5(PO_4)_3Cl$：Eu^{2+} 的发射光谱(曲线 *a*)、激发光谱(曲线 *b*)和反射光谱(曲线 *c*)，$\lambda_{EX}=270$ nm，$\lambda_{EM}=500$ nm

2）发光强度的衰减

发光材料在外界激发源消失后，发光现象仍保留一段时间才消失的现象称为余晖现象。激发光停止后发光亮度(或强度)衰减 10% 时所经历的时间称为余晖时间，简称余晖。依发光持续时间，可将发光区分为荧光(fluorescence)和磷光(phosphorescence)。荧光的衰减时间小于 10^{-8} s。当停止激发后，发光强度随时间 *t* 的改变称为衰减曲线，可以通过如下指数方程或其加和来拟合：

$$I(t) = \sum_{i=1}^{n} A_i \exp(-t/\tau_i) \qquad (13-2-1)$$

其中，τ 称为衰减时间常数，对单指数方程，相当于光强降低到初始光强的 1/e 所需的时间。

3）发光材料的组成与发光中心

发光材料的本征结构称为基质，例如 ZnS、$CaWO_4$ 和 $K_2Pt(CN)_4$ 等。发光中心是通过跃迁发出光辐射的部位。如果发光中心属于外来杂质离子，如 Mn^{2+}、Sn^{2+}、Pb^{2+}、Eu^{2+}，那么这些杂质离子就称为激活剂(activator)。另外，如果所加入杂质离子参与能量传递过程，但不属于发光中心，则这些离子称为敏化剂(sensitizer)。

4）位形坐标模型

自由离子的吸收光谱与发射光谱能量相同，并且都是窄带谱或锐线谱($0.01\ cm^{-1}$)。但发光材料中由于晶格振动的影响，离子的发射光谱不但存在斯托克位移，而且是宽带谱。与发光中心相联系的电子跃迁可以和基质晶体中的原子(离子)交换能量，而发光中心离子与周围晶格离子之间的相对位置、振动频率以及中心离子的能级会受到晶体场的影响，因此应当把发光中心离子及其周围晶格离子看做一个整体。由于原子核质量比电子大得多，运动也慢得多，故在电子跃迁中，可以认为晶体中原子间的相对位置和运动速率是不变的(即 Franke-Condon 原理)，从而可以使用位形坐标(configurational coordinate)模型来讨论发光中心的吸收和发射过程。

发光中心基态的位形坐标如图 13.4 所示，纵坐标表示晶体中发光中心的势能，其中包括电子和离子的势能以及相互作用在内的整个体系的能量；横坐标则表示中心离子和周围离子的位形(configration)，其中包括离子之间相对位置等因素在内的一个笼统的位置概念，一般也可简单使用核间距作横坐标。位形坐标图以连续的曲线表示势能与发光中心离子核间距函数的定量变化关系。曲线极小值代表平衡态，而连接曲线上同高度的各水平线表示粒子的不同量子振动态。无论是基态还是激发态，都各自包含多个量子振动态。

5）发光效率

发光效率有三种表示方法。

(1) 量子效率：发光物质辐射的量子数 $N_{发光}$ 与激发光源输入的量子数 $N_{吸收}$(如果是光致发光，则是光子数；如果是阴极射线发光，则是电子数，以此类推)的比值。

(2) 能量效率：发光能量与激发源输入能量的比值。对于光致发光，由于 $E=hv$，由能量效率的定义可以推出能量效率在光致发光中等于 $v_{发光}/v_{吸收}$。

(3) 光度效率：发光的流明数与激发源输入流明数的比值。

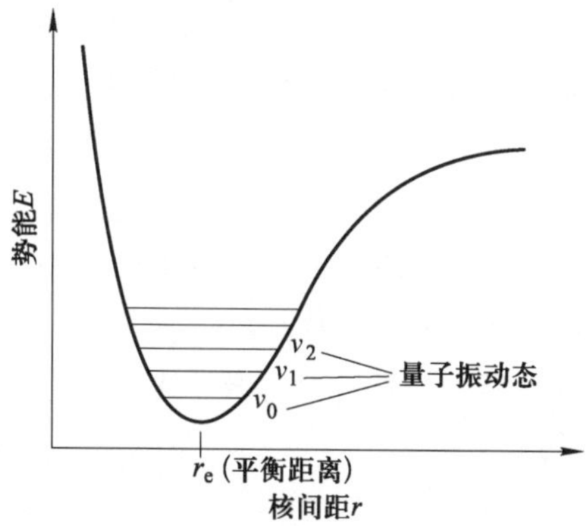

图 13.4　发光中心基态势能图(以位形坐标表示)

作为一门历史悠久的学科，很难通过简短的文字囊括所有内容，建议有兴趣的读者进一步参考相关专业书籍。

2. 闪烁发光材料简介

历史上，高能射线的发现有赖于涂有荧光粉的成像屏，例如 1895 年，伦琴就是利用涂有 $K_2Pt(CN)_4$ 的成像屏发现了 X 射线——X 射线激发荧光粉 $K_2Pt(CN)_4$ 而发出绿光。但是，这类成像屏对高能射线的吸收效率很差，不能作为探测射线的有效工具。因此，出于利用高能射线为社会服务的需要，闪烁发光材料的研究和开发应运而生。

闪烁发光材料或闪烁体(scintillator)是能够有效吸收 X 射线、α 射线，β 射线和 γ 射线等高能射线并转化为波长在可见光范围内或者接近可见光辐射的材料。闪烁体可分为无机闪烁体和有机闪烁体两大类。根据形态、成分以及结构特点，无机闪烁体又可进一步分为闪烁晶体、闪烁玻璃、闪烁陶瓷和闪烁气体。无机闪烁晶体已广泛应用于高能物理、核物理、空间物理、核医学、地质勘探和安全检查等各个辐射探测领域。

根据发光过程的能量转换机制划分，闪烁体主要可以分成自激活、离子掺杂和半导体三大体系。

1) 自激活体系

钨酸钙 $CaWO_4$(CWO)、钨酸铅 $PbWO_4$(PWO)和锗酸铋 $Bi_4Ge_3O_{12}$(BGO)是典型的自激活闪烁发光材料[278]，这类材料在高能射线入射时能产生激子(电子和空穴)，而材料自身的基团或者离子能够作为发光中心，接受激子传递的能量而发光。

[278]　Moses W W. Nuclear Instruments and Methods in Physics Research Section A: Accelerators, Spectrometers, Detectors and Associated Equipment, 2002, 487(1-2): 123-128.

BGO 属于立方晶系，闪铋矿结构，发光中心 Bi^{3+} 与氧形成六配位的畸形八面体结构，其基态电子组态为 $6s^2$，对应光谱项为 $^1S_0$，当电子跃迁到 p 轨道后，所得激发组态 $6s^16p^1$ 构成的激发态能级由低到高对应的光谱项为 $^3P_0$、$^3P_1$、$^3P_2$ 和 $^1P_1$。根据光谱选律，$^3P_0 \to {}^1S_0$ 跃迁是禁阻的，因此 BGO 激发谱的两个峰，即约 290 nm 和约 250 nm 处，分别归结于 $^1S_0 \to {}^3P_1$ 和 $^1S_0 \to {}^1P_1$ 跃迁；而发射荧光（发光峰 480 nm 左右）来源于 $^3P_1 \to {}^1S_0$ 的辐射跃迁[279]。图 13.5 为 BGO 以 480 nm 为监测波长所得的激发光谱（左边）和在 X 射线（钨靶）激发下的发射光谱（右边）。

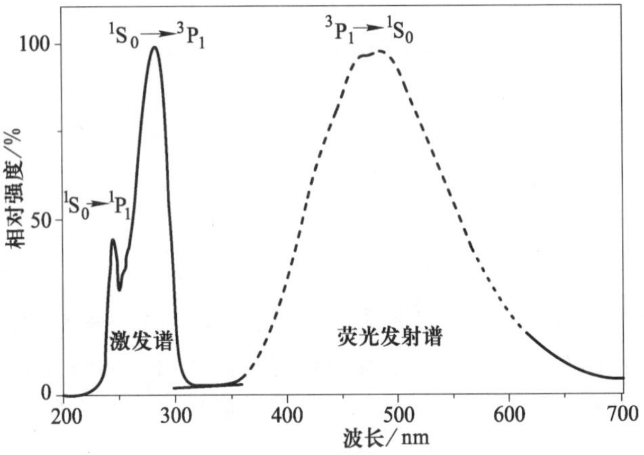

图 13.5　BGO 室温激发 - 发射光谱

从锗酸铋的发光机制出发，能否有效利用无辐射跃迁的能量是提高其发光效率的主要途径。因为从激发谱（$^1S_0 \to {}^3P_1$ 跃迁）和发射谱（$^3P_1 \to {}^1S_0$）的相应波长及光谱分布看，相当多的能量在 $^3P_1$ 不同振动能级间的跃迁被无辐射损耗掉，从而造成发射光谱中心波长的大斯托克位移，并且具有很宽的分布。因此，阳离子取代改进材料的目标有两个：① 有效利用被损耗的能量，与 Bi^{3+} 协同发光；② 取代 Bi^{3+}，成为新的发光中心，具有更高的能量转移效率。当然，也可以通过阴离子掺杂，改善 Bi^{3+} 的配位结构，以期调整发光中心的能级分布。

钨酸盐家族大部分在高能射线激发下都可以发射可见光（如钨酸钙、钨酸镉、钨酸铅和钨酸锌）。综合考虑价格、密度、光产额、衰减时间和光伤阈限等因素，钨酸铅综合性能最高，被选作强子对撞机（LHC）高分辨率电磁量能器用闪烁晶体。钨酸铅（PWO）属于白钨矿结构，钨为四面体配位，铅为八面体配位，如图 13.6 所示。钨氧四面体（WO_4^{2-}）受激发光形成发射谱中的蓝光波

[279]　廖晶莹，叶崇志，杨培志．化学研究，2004，4：52 - 58.

段(发光峰位于 420 nm 附近)。但是 PWO 的发光还存在着 500 nm 左右和 650 nm 左右的绿光和红光波段，并且这些发光峰随晶体生长和后期处理的条件而变[280]。相比 BGO，钨酸铅的发光机制就要复杂得多，目前普遍的结论是这些发光带来自于空位缺陷，这些缺陷可以独立存在，可以缔合，甚至可以与发光基团 WO_4^{2-} 结合，从而增加了发光机制研究的复杂程度。

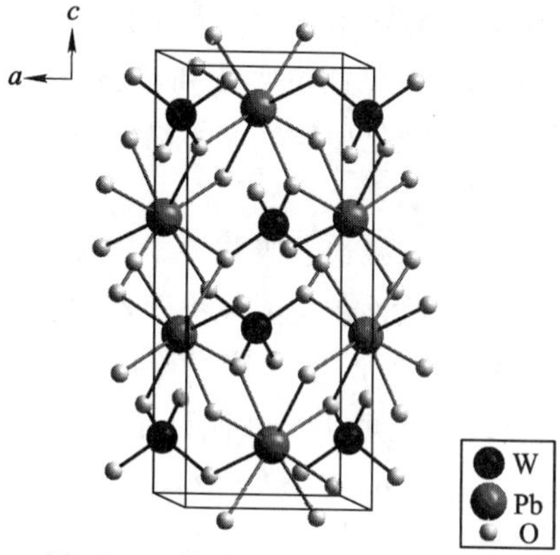

图 13.6 钨酸铅的晶体结构示意图

在发光衰减中，和其他钨酸盐材料衰减常数为微秒级别不同，钨酸铅虽然室温发光弱，却具有纳秒级别的衰减分量，其发光衰减一般可以拟合成三个分量。研究表明，蓝光最快，为几纳秒；而绿光次之，十几纳秒左右；红光则衰减最慢，达 38 ns 左右。

显然，钨酸铅的改进必须着眼于缺陷的调整，从而提高本征发光的分量。围绕这个主题，从离子掺杂、工艺改进和理论计算三方面探讨缺陷的作用机制和改造技术，提高钨酸铅的光产额是这类材料今后发展的主要目标。

自激活体系的设计和改进主要基于如下原则：

(1) 本征离子或基团是高效的高能射线能量吸收和转移单元。

(2) 本征离子或基团具有合适的激发态能级分布，能够最大限度利用吸收的高能射线能量。

(3) 外来缺陷、离子和基团对结构的调制作用最终会导致发光中心能级结构的变化。

相对于其他闪烁体，自激活体系的改进范围比较狭窄，因为本征发光的存在和主要地位难以改变，这就限制了在其他体系常用的各种技术手段，如掺杂等的作用效果。

自激活体系除了本征发光外，在合成过程，特别是大单晶生长过程中形成

[280] 袁晖，冯锡淇. 无机材料学报，1996，3：385－395.

的缺陷会严重影响最终的闪烁发光性能，如降低光产额、降低辐照损伤阈限、显现其他颜色等，因此，自激活闪烁发光材料的生产过程必须严格控制原料纯度，并且要摸索建立合适的晶体生长和加工工艺。

2）离子掺杂体系

离子掺杂体系是闪烁体的最大的家族，其实，从广义上说，以离子掺杂进行改进的其他体系（自激活和半导体）也可以归属于这一类。狭义上，离子掺杂体系是基质本身不发光，只提供能量吸收和转移，掺杂离子作为发光中心，被基质敏化或者其他掺杂离子敏化而发光。常见的离子掺杂体系有卤化物和含氧酸盐（硅酸盐、铝酸盐等）两大类。

闪烁体要求满足发光强、衰减快、吸收大、物理化学性能稳定的要求。对离子掺杂体系而言，发光和衰减性质主要取决于作为发光中心的掺杂离子，例如 Ce^{3+} 5d→4f 能级的允许跃迁所产生的荧光可以实现约 18 ns 的快衰减。因此，如果能找到符合吸收大、物理化学性能稳定，并且能和 Ce^{3+} 实现高效能量耦合的基质，就有望获得优良的闪烁发光材料。掺铈硅酸盐[281]和铝酸盐的发展就是基于这种设计思想。

1983 年，Takagi 等首次报道了 Ce：Gd_2SiO_5（GSO）可用做闪烁晶体，不过这种晶体由于(100)晶面容易解理，发光弱，因此实用价值不大。目前综合性能更好的硅酸盐体系是硅酸镥（Ce：Lu_2SiO_5，简写为 LSO）。1990 年，C. L. Melcher 等对该体系做了正电子层析用器件应用方面的探索工作，发现其具有优异的综合性能，因此有人认为 LSO 是下一代的闪烁发光材料。

从结构看，硅酸镥为稀土正硅酸盐类晶体，单斜晶系，空间群 $C2/c$。晶体结构中镥离子有两种配位结构，分别标记为 Lu1 和 Lu2，配位数分别为 7 和 6。两种配位多面体都分别有一个端基氧，七配位的多面体比六配位的多一个共用的桥氧。显然，由于 Ce^{3+} 的 5d 能级会受到配位环境的影响，因此可以预料其发光应当存在两个发光成分。实际结果是，发光除了存在 400 nm 和 425 nm 双峰结构外，有时还有 500 nm 的发光峰。通过对比这两者的激发光谱，发现存在严重差异。考虑到硅酸镥中镥离子两种配位结构差别不是很大，仅从 5d 电子的配位环境出发，不大可能造成如此大的跃迁差异，因此 Naud 等提出了间隙 Ce 发光理论，将 500 nm 的发光归因于间隙 Ce。400 nm 左右的宽峰被归因于 5d－4f 跃迁，其宽化源于配位环境的影响。低温下，4f 能级由于轨道－自旋耦合导致能级分裂，该发光峰还可以出现精细的劈裂结构。掺铈硅酸镥的衰减时间测试表明，快衰减的贡献来源于两个宽带，发光中心为 420 nm 的衰减时间是 32 ns，而 500 nm 的衰减时间为 54 ns。这个结论支持了

---

[281] 秦来顺，任国浩．人工晶体学报，2003，4：286－294.

发光双成分的论点，但也突出了 500 nm 发光来源研究的重要性——因为间隙铈的观点如果成立，那么如何控制这种本质属于缺陷的结构就是一个挑战。这主要因为铈的分凝系数很小，在生长器件用单晶的时候很容易造成晶体中铈离子分布极不均匀，其缺陷性分布(间隙、空位、反向取代等)就更为复杂。此外，Ce^{3+} 易失去一个电子而变成 Ce^{4+}，后者会在可见区产生吸收[282]，降低光产额，同时 Ce^{3+} 的浓度猝灭效应明显，掺杂浓度不能过高。因此各种文献报道的硅酸镥闪烁性能参差不齐，晶体的质量就是一个重要因素。

离子掺杂体系在生长器件用晶体的时候，由于掺杂的分凝、杂质自身的团聚，杂质导致缺陷等因素，晶体很容易出现能俘获激子的本征缺陷。由于被俘获的电子或空穴需要获得额外的能量才能脱离陷阱，重新复合发光，这就等效于延长了发光衰减时间。仍以硅酸镥体系为例，有研究指出，如果在强紫外线照射几个小时后，晶体在室温下残留的荧光可以持续一个多小时。显然，这对实际闪烁器件的应用极为不利。

纯的卤化物不是良好的闪烁体，其发光属于辐照诱导缺陷发光类型，实际应用往往需要掺铊，强化发光。例如 CsI：Tl 晶体发光中心包括铊离子和辐照诱导缺陷发光中心；而后者可以是晶体经辐照后形成 Tl^0、V(空穴)以及各种间距不同的 Tl^0-V 对与 Tl^+-V 对等缺陷中心。由于卤化物体系发光机制的复杂性，其衰减时间差别很大，如 NaI：Tl 为 230 ns，而 CsI：Tl 则达到 1.25 μs。卤化物体系的最大优势就是发光很强，而且生长工艺相对简单，因此是目前商业化高能射线探测器的主流，广泛应用于衍射仪、荧光光谱仪、能量分析仪等设备。这些设备的共同点就是对信号的时间分布不敏感，或者说类似一种近稳态测试，最重要的需求就是信号强度要大，从而尽管发光机制复杂，衰减时间也复杂，但发光强度远大于其他体系的卤化物的发光强度，成为首选。

关于离子掺杂体系，除了要注意前述的两个原则——选好发光中心和基质外，还必须有合适的材料生产技术。由于闪烁发光材料一般是以单晶的形式使用的，自激发体系的晶体生长机制相对简单，其关键在于控制原料纯度和气氛，但是对于离子掺杂体系，掺杂过程是一个出现分凝和缺陷的过程，因此如何实现离子掺杂的优势和单晶生长过程的劣势之间的均衡，仍然是一个挑战。

3）半导体体系[283]

虽然从发光中心的属性看，半导体发光可以归因于本征发光和掺杂发光，

[282] 赵凤刚，汪国年，胡丽丽. 硅酸盐通报，2006，5：123－127.

[283] (a) Nikl M，Yoshikawa A，Vedda A，et al. J. Cryst. Growth，2006，292(2)：416－421. (b) Demidenko V A，Gorokhova E I，Khodyuk I V，et al. Radiation Measurements，2007，42(4－5)：549－552. (c) Rodnyi P A. Radiation Measurements，2001，33(5)：605－614. (d) Voloshinovskii A S，Mikhailik V B，Rodnyi P A. Radiation Measurements，1995，24(4)：383－385. (e) 施朝淑，陈永虎，张国斌，等. 发光学报，2002(03)：217－222.

但是，与常见含氧酸盐等的发光不同，在半导体中，不存在孤立的原子、离子或基团作为发光中心。能级结构是以整个半导体为范畴的，因此从原子能级组合及电子尽可能占据低能轨道出发，得到的能带模型成为解释半导体发光的有力工具，如图 13.7 所示。这就使得半导体发光材料自成体系，其吸收、激发、发射等光谱性质的解释基于能带模型，而不是单个原子的电子组态分布。

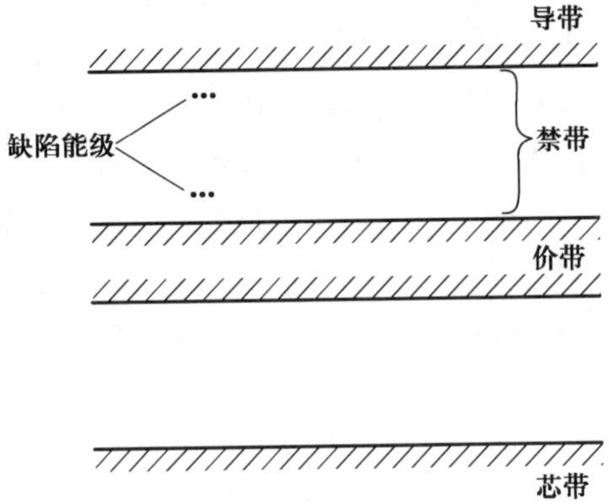

图 13.7　半导体能带模型示意图

一般来说，半导体的吸收和发射光谱源于电子的价带→导带跃迁，吸收边对应禁带宽度。但是，即使是高纯半导体材料，内部仍然存在着杂质。这些杂质会在本征能带结构中引入新的能级。根据杂质关于电子的给予和接受能力差异，有施主能级和受主能级之分。这些能级一般分布在禁带中，从而调整了本征带间跃迁，在低能侧出现新的吸收带。另外，半导体中电子跃迁除了价带→导带外，也可以发生在芯带→导带、芯带→价带之间，这些跃迁可能伴随着声子发射，产生声子伴线，从而增加了半导体光谱性质的复杂性，可望获得满足各种需求的闪烁发光材料。

目前，典型的半导体闪烁发光材料有两类：基于价带→芯带跃迁的卤化物和基于弱束缚激子（Wannier exciton，万尼尔激子）的 Ⅱ - Ⅵ 化合物等[283b、c,284,285]。

[284]　Tanaka M，Nishikino M，Yamatani H，et al. Appl. Phys. Lett.，2007，91：231117.

[285]　(a) Simpson P J，Tjossem R，Hunt A W，et al. Nucl. Instrum. Methods Phys. Res. Sect. A：Accelerators，Spectrometers，Detectors and Associated Equipment，2003，505(1-2)：82-84. (b) Gorokhova E I，Anan'Eva G V，Demidenko V A，et al. Journal of Optical Technology，2008，75(11)：741-746. (c) Simpson P J，Tjossem R，Hunt A W，et al. Nucl. Instrum. Methods Phys. Res. Sect. A：Accelerators，Spectrometers，Detectors and Associated Equipment，2003，505(1-2)：82-84. (d) Derenzo S E，Weber M J，Klintenberg M K. Nucl. Instrum. Methods Phys. Res. Sect. A：Accelerators，Spectrometers，Detectors and Associated Equipment，2002，486(1-2)：214-219.

(1) 卤化物的价带→芯带跃迁发光。BaF_2 在 1983 年被发现具有 0.6 ns 的快发光带，发光峰位置在 220 nm。通过研究低温(6 K)光谱性质，发现 BaF_2 发光存在 220 nm 快衰减成分和 300 nm 慢衰减成分(0.6 μs)，220 nm 带是由于 Ba^{2+} 5p 芯带电子被激发到导带(能隙 = 18 eV)后，产生的芯空穴迅速与价带电子复合所产生的快发光，而 300 nm 带源于常规缺陷能级调制下的带间跃迁，即价带电子激发后被禁带中的缺陷能级俘获形成的自陷激子发射。两成分的激发光谱完全不同。BaF_2 的这种价带→芯带跃迁(cross luminescence 或者 auger free luminescence)称为第二能隙间的跃迁，以区分于常见的第一能隙间(价态→导带)跃迁或缺陷能级调制的跃迁(即所谓禁带中的缺陷能级跃迁)。这种价带→芯带跃迁的特点是：

① 激发光频率必须不小于芯带 - 导带间隙。

② 快速衰减，因为价带密布电子，可以迅速填充芯带空穴而实现电子 - 空穴复合发光，衰减时间为几纳秒甚至更低。

③ 不会有温度猝灭现象。

④ 发光效率高。

通过对氟化物的系列研究，进一步发现要实现第一能隙间的跃迁发光，除了外来激发光要满足要求外，半导体结构还必须满足第一能隙宽度不小于芯带 - 价带顶的间隙。在纯半导体材料中，第一能隙宽度就是禁带宽度。根据上述规则，理论计算表明碱土氟化物仅有 BaF_2 满足这个条件，而 Ca、Mg 和 Sr 则没有，这和实验结果一致。这条规则已成为发展第二能隙跃迁型快衰减半导体材料的指导原则，通过新化合物合成(获得新的能带结构)及杂质能级引入(改变第一能隙宽度和调整第一能隙慢成分)，已获得了一大批潜在的闪烁发光材料，如 BaF_2: Ce、BaF_2: Eu、BaF_2: Dy 和 $KMgF_3$ 等。

(2) 激子跃迁发光。在晶格中，电子和空穴很难处于自由状态，其波函数可以互相耦合，从而作为一个整体运动，此时总电荷为零，不表现出光电导。为了与自由电子和空穴相区别，这种状态下的载流子就称为激子。激子之间存在着库仑静电力作用，按库仑静电力的作用范围相对于晶格常数的大小，激子可以分为 Frenkel 激子(强束缚作用)和 Wannier 激子(弱束缚作用)，后者在半导体中最为常见。

在外来辐射作用下，激子可以实现基态 - 激发态的跃迁而产生吸收谱，并从激发态跃迁回基态而产生发射谱，分别对应于电子和空穴的分离 - 复合过程。显然，激子结合能的大小是决定光谱峰位置的关键因素。由于半导体的激子结合能一般很小，室温下的热振动就足以提供比结合能大得多的能量，从而观测不到激子发光或者激子发光很弱。而在低温下，随着热振动的降低，外来辐射对激子基态 - 激发态跃迁的调节作用越发明显，就可以观测到相应的吸收和发光，如图 13.8 所示。高纯氧化锌(ZnO)的近带边激子发射光谱和吸收光谱测试表明，随温度升高，吸收和发射光谱都出现红移，并且发射光谱强度下降，缺陷能级影响的跃迁(即蓝绿光部分)不断增强，在高能区形成严重的拖尾。

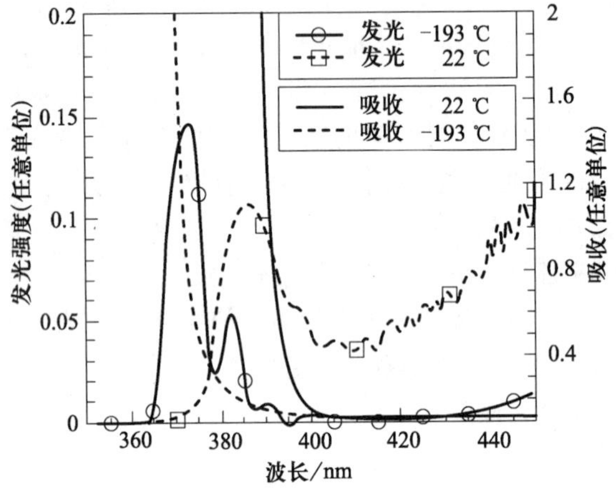

图 13.8　不同温度下 ZnO 单晶的紫外激子发射光谱和吸收光谱[283a]

以脉冲 X 射线为激发光源，发现 n 型掺杂的 ZnO：Ga 粉末的蓝光带的衰减时间随温度升高而减小，温度越高，响应速率越快，如图 13.9 所示。但是，发光强度随温度增高下降得更快。这是因为随温度增高，激子结合性下降，相应的发光中心的浓度下降，同时激子(电子或空穴)被热激活缺陷俘获并产生非辐射复合的概率增加，这就降低了激子发光的光产额，不过，由于激子运动加快，并且能量增高，促进了电子－空穴复合发光进程，因此发光衰减更为迅速。

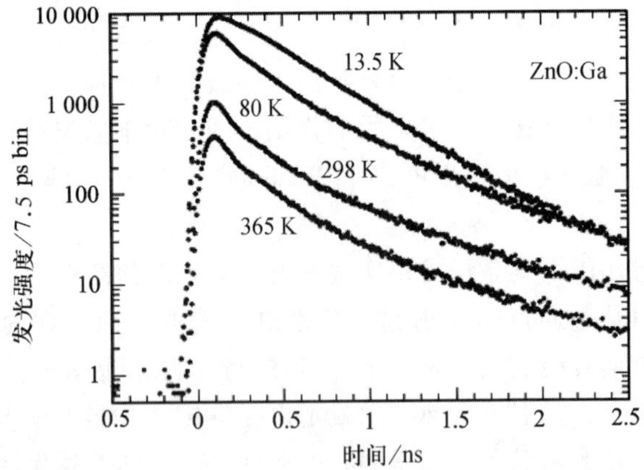

图 13.9　不同温度下 ZnO：Ga 的脉冲 X 射线激发荧光衰减曲线[285d]

实际半导体中存在着大量杂质和缺陷，从而会产生非辐射复合中心以及自由激子－束缚激子、施主－受主缺陷能级、束缚激子不同能态之间的辐射跃迁。实际激子发光机制极为复杂，从而导致不同样品具有不同的辐射发光效率和衰减时间数值。

氧化锌的激子结合能高于室温热振动，在室温下也可以观察到激子的蓝光发射，这是传统半导体所缺乏的性质。在低温下，其他半导体材料（CuI、PbI_2、CdS：In 等）的发光产额与锗酸铋相比，仅相当于锗酸铋的几分之一，但氧化锌却是锗酸铋的 2 倍。因此氧化锌是目前发现的最有潜力的万尼尔激子发光型闪烁材料。不过，氧化锌的激子吸收和发射光谱的峰值差别较小，这就产生严重的自吸收；而且随温度增高，其激子光产额下降很快，室温下仅相当于锗酸铋的约 20%。因此，需要利用掺杂等手段引入杂质能级，以期实现对氧化锌激子发光的调制，从而获得超快衰减和高效发光的新型闪烁材料。

激子发光的优势是衰减时间在皮秒级别。辐射发光和非辐射猝灭过程在不同的中心上发生。因此，如果能提高辐射发光中心相对于非辐射复合中心的比例，获得可观的辐射发光效率，就有望得到任何衰减时间和发光效率要求的无机闪烁材料。

3. 闪烁发光材料的应用

基于高能射线的吸收、快速衰减等性质，闪烁体探测器技术是出入境安检、反恐探测的安检设备。在医疗成像中，常见的医用成像诊断设备有 X 射线层面照相术（X－CT）和正电子发射断层扫描（PET）。高能物理研究与核物理实验研究中实现电磁量能器探测功能的也是闪烁晶体。此外，需要探测宇宙高能粒子的空间物理研究、基于射线穿透性质的工业无损探伤等，也必须利用闪烁材料来实现信息的获取。

总之，闪烁发光材料已经广泛应用于人类生活、生产和科研活动中。但是，现有的闪烁材料既有其应用价值，也有其缺陷，而且技术的进步和生活质量的提高，必然会对闪烁材料的性能提出更高的要求。如医用层析成像，要更有效地提高时间分辨率和空间分辨率，就需要闪烁晶体同时具有快速衰减、高光产额、大吸收系数的性质，但目前各种闪烁晶体都难以同时达到这三个优点。另外，在高能射线辐照下，能否长期稳定使用就取决于材料发光机制中缺陷起作用的程度。如何确保生产和使用过程中闪烁发光机制的稳定性，也是闪烁探测器所获信息稳定和真实可靠的关键因素。因此，闪烁发光材料的研究和开发一直是国内外的研究热点。

13.2.2 透明闪烁陶瓷

传统的闪烁体以单晶材料为主。但是闪烁晶体或多或少都存在缺点，如余晖问题、弛豫、易潮解、易解理、有毒性、热膨胀系数高、机械强度低、超高纯原料价格昂贵等。而对于一些潜在的无机闪烁体，传统的晶体生长技术难以制备；提拉法生长的闪烁晶体可能由于掺杂离子浓度梯度，导致梯度化衰减时间等问题难以克服。透明陶瓷制备技术使得发展多晶闪烁陶瓷变为可能。

1. 闪烁体的种类

多晶陶瓷制备技术可以实现均匀掺杂，且工艺简单，生长成本低。闪烁陶瓷材料本身具有良好的机械加工性能，目前成为新型闪烁材料研究的热点和前沿。表 13.1 列出了几类具有代表性的闪烁陶瓷和闪烁单晶材料的性能。

表 13.1　X－CT 用闪烁体

闪烁体	密度/($g\cdot cm^{-3}$)	$\rho Z_{eff}^4\times10^6$/($g\cdot cm^{-3}$)	光产额/($ph\cdot MeV^{-1}$)	衰减时间 e/μs	余晖/(%/3 ms)	峰值波长/nm
$CdWO_4$	7.9	134	20 000	5	<0.1/0.02	495
$Bi_3Ge_4O_{12}$ (BGO)	7.1	227	9 000	0.3		480
CsI：Tl	4.5	38	66 000	0.8 到 >6	>2/0.3	550
Gd_2O_2S：Pr，Ce，F	7.3	103	35 000	4	<0.1/<0.01	510
Gd_2O_2S：Pr(UFC)	7.3	103	50 000	3	0.02/0.002	510
$(Y,Gd)_2O_3$：$(Eu,Pr)_{0.06}$ (Hilight)	5.9	44	44 000	1 000	4.9/<0.01	610
$Gd_3Ga_5O_{12}$：Cr，Ce	7.1	58	40 000	140	<0.1/0.01	730
Lu_2O_3：Eu，Tb	9.4	211	30 000	>1 000	>1/0.3	610

注：ρ 为密度；Z_{eff} 为有效原子序数；闪烁晶体对 γ 射线的制动力与 ρZ_{eff}^4 近似成正比[286]。

[286]　van EIJK C W E. New Scintillators, New Light Sensors, New Applications, Proceeding of the Internation Conference on Inorganic Scintillators and Their Application, 1997, 3－12.

稀土离子由于具有丰富的能级和4f电子跃迁特性，使稀土离子掺杂的材料成为巨大的发光材料宝库。不同稀土离子掺杂的发光材料可以获得蓝色、绿色、红色以及紫外、红外波长的光，使稀土发光材料广泛应用于发光显示、新光源、X射线探测、核物理中的探测和记录等各种高新技术中。

(1) $(Y, Gd)_2O_3$：Eu(YGO)：YGO材料是当前应用最成功的透明闪烁陶瓷。通过在$(Y, Gd)_2O_3$中掺入不同的稀土离子如Tm^{3+}、Tb^{3+}、Eu^{3+}、Sm^{3+}等可分别获得蓝色、绿色和红色发光的$(Y, Gd)_2O_3$基材料。这种材料综合发光性能优良，制备相对简便，化学性质稳定。缺点是衰减时间较长。

(2) Gd_2O_2S：Pr，Ce，F(GOS)：这种闪烁陶瓷在成像应用中很有前途。在X射线激发下，Pr^{3+}发生4f－4f跃迁($^3Po \rightarrow {}^3H_J$和$^1D_J \rightarrow {}^3H_J$)，引起的峰值发射位于510 nm，特征衰减时间为3 μs。Ce^{3+}、F^-共掺杂导致无辐射复合和俘获中心的减少，从而降低了余晖，然而降低余晖的同时也降低了光输出[287,288,275]。这种材料高的X射线吸收系数($52\ cm^{-1}$)允许将探测元件制作得较薄，可以提高分辨率。该闪烁体的主要缺点是：① GOS为六方晶体结构，光学非各向同性，由于双折射效应仅能做成半透明材料，同时光散射降低探测效率，逸出光还会对光探测器造成损害；② 辐照损伤值相对较低(约3.0%)，和$CdWO_4$相当，但较YGO和GGG却更高。

(3) $Gd_3Ga_5O_{12}$：Cr，Ce(GGG)：$Gd_3Ga_5O_{12}$：Cr，Ce(GGG)属于立方晶系，光学上各向同性，不存在双折射现象。由于石榴石晶体结构十分复杂，GGG陶瓷很难制备，产品中含有较多的缺陷，这些缺陷与发光中心争夺能量，降低了发光效率。

通常以Cr^{3+}或Ce^{3+}作为GGG闪烁陶瓷的发光中心。Cr^{3+}处于GGG相对较弱的晶体场中，其宽带发射($^4T_2 \rightarrow {}^4A_2$)的中心波长为730 nm，余晖衰减0.14 ms。向GGG：Cr^{3+}中共掺杂Ce^{3+}，可有效抑制余晖，降低辐照损伤。这是由于Ce^{3+}的空穴俘获和Ce^{4+}的电子俘获作用抑制了基质晶格中的缺陷浓度。但是，Ce^{3+}掺杂后增加了非辐射跃迁的比例，降低了光输出[289,290,291]。

(4) Lu_2O_3：Eu^{3+}：Lu_2O_3属于立方晶系，光学上各向同性，吸收系数大，密度高达9.4 g/cm^3，接近于光学上透明材料的最大值。以Eu^{3+}作为氧化镥闪烁陶瓷的发光中心，Eu^{3+}发生4f－4f电子跃迁，形成窄带发射，发光波长位

---

[287]　Stecen J. Duclos. Scintillator Phosphors for Medical Imaging, The Electrochemical Society Interface, 1998.

[288]　Garcia-Murillo A, Luyer C L, et al. Nucl. Instr. Meth. A, 2002, 181: 181.

[289]　Moses W W Proceeding of Scint99, Internationa Conference on Inorganic Scintillators and Their Application, Moscow State University, 1999: 11－21.

[290]　Grabmaier B C. J. Lumin., 1994, 60－61: 967.

[291]　Greskovich. US Pat, 5057692. 1991－10－15.

于 610 nm。Lu_2O_3：Eu^{3+}的光输出与 CsI：Tl 相当，是其光输出的 60%；余晖衰减时间较长，约为 1.3 ms。Ce^{3+}的能级与导带重叠，因此向 Lu_2O_3 中掺杂 Ce^{3+}未观察到 Ce^{3+}的发光[292,287,293]。

（5）碱土铪酸盐闪烁陶瓷：碱土铪酸盐[$MhfO_3$(M = Ca，Sr，Ba)]属于立方钙钛矿结构。铪酸盐材料密度大、衰减快、光输出较高。通常掺杂 Ce^{3+}作为发光中心，利用 Ce^{3+}的 5d－4f 宇称允许跃迁，产生高强快速荧光。$SrHfO_3$：Ce^{3+}是该系列闪烁陶瓷中性能最优秀的材料，其最大发射波长为 390 nm，光产额约为 20 000 光子/MeV，衰减时间为 40 ns[292]。$BaHfO_3$：Ce^{3+}密度大（8.35 g/cm^3），但其透光性较差，仅为半透明状态，因此其光输出较低[294,295,296]。

2. 闪烁陶瓷的制备工艺

闪烁材料的重要性能指标[293]包括透明性、X 射线阻挡能力、光输出、衰减时间、余晖和辐照损伤等。对于不同的应用场合，对各类性能有不同的要求和侧重点，固然要选择不同种类的粉体作为闪烁体的原料，实现闪烁体的重要性能指标，还要选择最优的制备工艺。

闪烁陶瓷的制备工艺与上述透明陶瓷一样，必须克服陶瓷体中的气孔、杂质、晶界等缺陷造成的光散射，获得良好的透过性。

（1）粉体的制备：闪烁陶瓷对粉体的要求有纯度高(>99.99%)、组成均匀、发光中心离子均匀掺杂、晶粒细(平均尺寸为 100～500 nm)、比表面积大(≥5 m^2/g)。目前采用的粉体制备方法主要有固相反应法和共沉淀法。采用固相反应法制备的闪烁陶瓷前驱体有 Gd_2O_2S：Pr[297,298] 等。$SrHfO_3$：Ce[294,295]、GGG[299]、Lu_2O_3：Eu[291,287]等均可采用共沉淀法合成粉体。

此外，有人采用燃烧法、喷雾热解法、溶胶－凝胶法(sol-gel)、气相法等制备闪烁透明陶瓷粉体。

（2）粉体的成型工艺：采用合适的成型工艺可获得致密度体积分数≥50 %、具有一定机械强度和外形尺寸的陶瓷坯体，这有利于提高闪烁陶瓷的透明性和光输出[291]。目前，闪烁陶瓷的成型方法主要是模压成型和冷等静压成型[289,293,294,295]。

[292]　Lempichi A，Brecher C，et al. Nucl. Instr. Meth. A，2002，488：579.
[293]　Weber M J. Nucl. Instr. Meth. A，2004，527：9.
[294]　Greskovich C，Duclos S. Annu. Rev. Mater. Sci.，1997，27：69.
[295]　Loureim S M，Gao Y，et al. GE Technique Report，2003.
[296]　Dole S L，Venkataramani S. US Pat，5124072，1992－06－23.
[297]　Nakamura R，Yamada N. J. Ceram. Soc. Japn.，1997，105(10)：847.
[298]　Nakamura R，Yamada N，et al. Jpn. Appl. Phys.，1999，38：6923.
[299]　Guangiun Z，Tao L，et al. Mater. Lett.，2002，56：1098.

(3) 烧结工艺：烧结工艺是获得高度致密、气孔率低、透明度高、具有一定显微结构的闪烁陶瓷的关键步骤。闪烁陶瓷的烧结工艺主要有热压烧结、真空烧结、气氛烧结、热等静压烧结、激光烧结等，以及将上述工艺中的任意两种工艺相结合的分步烧结工艺。热压烧结生产规模小、成本高、容易造成缺陷和引入杂质，此外，该法不适用于制备形状复杂的产品。已用热压烧结工艺制备出 Lu_2O_3：Eu 闪烁陶瓷等[291]。$SrHfO_3$：Ce 和 $BaHfO_3$：Ce 等就是采用真空烧结与热压烧结或热等静压烧结相结合的分步烧结工艺制备的[297,294,300]。$SrHfO_3$：Ce 和 $CaHfO_3$：Ce 在 1 773 ~ 2 273 K 的还原气氛下烧结，其中氧分压 ≤1 Pa，H_2 含量的体积分数为 10%。即使是在空气气氛下烧结，也需要再在还原气氛下改善其性能，这样才能使 Ce 处于三价状态，起到发光中心的作用[306]。热等静压烧结适用于烧结形状复杂的制品，产品致密度高，晶粒细小，陶瓷体各部分结构、性能均相同。采用热等静压烧结的 Gd_2O_2S：Pr，Ce，F 闪烁陶瓷的光透过率达 60%，X 射线阻止高，光输出是 $CdWO_4$ 单晶闪烁体的 1.8 倍[299]。

13.2.3 透明激光陶瓷

按不同的基质，目前商用激光器主要分为玻璃激光器和晶体激光器，现在又出现了一种新的激光基质——透明陶瓷。将透明陶瓷用做激光材料是近十几年中蓬勃发展起来的研究课题，并以迅猛的势头向占据激光晶体材料首席长达 40 年之久的 Nd：YAG 单晶发出了强有力的挑战。

激光透明陶瓷具有很多单晶和玻璃所不具备的优点。和单晶相比，透明陶瓷具有掺杂浓度高、掺杂均匀性好、烧结温度低、周期短、成本低、尺寸大、形状自由度大以及可以实现多层多功能激光器等优点；和玻璃相比，透明陶瓷具有单色性好、结构组成更为理想、热导率高和可承受的辐射功率高等优点。

目前应用最为广泛和性能最好的激光材料是 Nd：YAG 晶体，透明陶瓷激光材料中研究最多的也是 Nd：YAG 材料。目前 Nd：YAG 透明陶瓷和单晶的物理性能和光学性能相差无几[291]。本小节着重介绍 Nd：YAG 透明激光陶瓷。

1. *钇铝石榴石的结构*

石榴石为硅酸盐矿物，其化学式为 $X_3Y_2(SiO_4)_3$（$X = Ca^{2+}$，Mg^{2+}，Fe^{2+}，Mn^{2+}；$Y = Al^{3+}$，Fe^{3+}，Cr^{3+}）。石榴石属于立方晶系，空间群为 $O_h^{10} - Ia3d$，每个晶胞中含 8 个化学式量。在石榴石晶体结构中，Al^{3+} 可以完全取代 Si^{4+}。这类石榴石的化学式可以用 $[A_3^{3+}][B_2^{3+}][C_3^{3+}]O_{12}$ 来表示。

钇铝石榴石 $Y_3Al_5O_{12}$(YAG) 的晶格常数为 1.200 2 nm。在单位晶胞中有 8

[300] Macedo Z S, Silva R S, et al. Nucl. Insru. Meth. B, 2004, 218: 153.

个化学式量，每个 Y^{3+} 各处于由 8 个 O^{2-} 配位的十二面体的 *A* 格位，16 个 Al^{3+} 各处于由 6 个 O^{2-} 配位的八面体的 *B* 格位，另外 24 个 Al^{3+} 各处于由 4 个 O^{2-} 配位的四面体的 *C* 格位。八面体的 Al^{3+} 形成体心立方结构，四面体的 Al^{3+} 和十二面体的 Y^{3+} 处于立方体的面等分线上，八面体和四面体都是变形的，其结构模型见图 13.10。石榴石的晶胞可看做是十二面体、八面体和四面体连接起来的骨架结构。

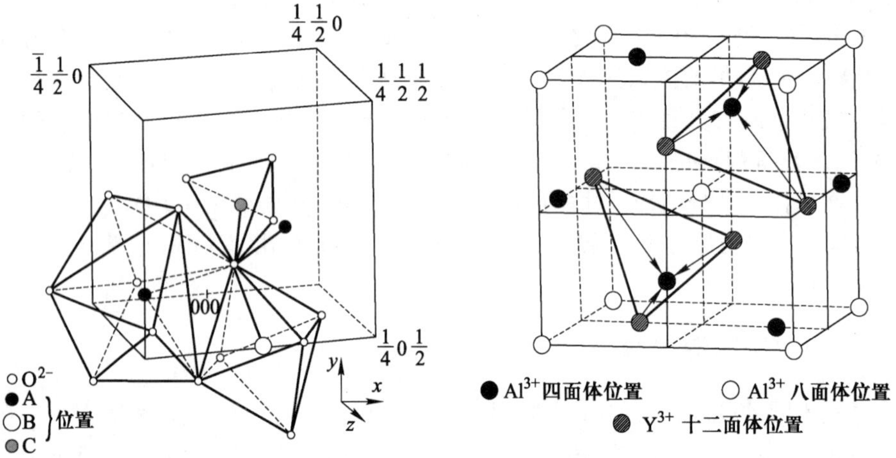

(a)　　　　(b)

图 13.10　YAG 晶胞中(a) 配位多面体的连接方式和(b) Y^{3+} 和 Al^{3+} 的位置

YAG 晶体中各配位多面体中的离子可以被取代，形成固溶体，实现对掺杂离子的光谱性能的裁剪。取代十二面体的离子半径范围为 0.083 0 ~ 0.129 0 nm，取代八面体的离子半径范围为 0.053 0 ~ 0.098 0 nm，取代四面体的离子半径范围为 0.027 9 ~ 0.059 0 nm。其中最为重要的是稀土离子的掺杂。由于稀土离子与 Y^{3+} 具有相近的有效离子半径，容易进入 YAG 晶格中，以固溶的方式取代 Y^{3+} 的位置。出于调整晶格常数或调整掺杂离子所处的晶体场，对处于八面体位置和四面体位置的 Al^{3+} 也可以进行取代。

2. Nd：YAG 透明激光陶瓷的制备

1）Nd：YAG 粉体的制备

目前 Nd：YAG 透明激光陶瓷的粉体制备方法主要包括固相反应法、共沉淀法、溶胶 - 凝胶法、水热法、高分子网络法、喷雾煅烧法、硝酸盐热分解法、溶剂热法和燃烧合成法等。本小节重点介绍共沉淀法制备 Nd：YAG 粉体。

共沉淀法包括：常规共沉淀法和均匀沉淀法。

（1）常规共沉淀法：以 $NH_4Al(SO_4)_2 \cdot 12H_2O$、$Y(NO_3)_3 \cdot 6H_2O$、$Nd(NO_3)_3 \cdot 6H_2O$ 和 NH_4HCO_3（均为分析纯）为原料。用去离子水配制 $NH_4Al(SO_4)_2$、$Y(NO_3)_3$ 和 $Nd(NO_3)$ 混合溶液（其中，（Nd，Y）∶Al = 3∶5）和 NH_4HCO_3 沉淀剂溶液。共沉淀法可以采用正向滴定或反向滴定两种方式进行。正向滴定是将沉淀剂滴入到盐混合溶液中，反向滴定是将盐混合溶液滴入到沉淀剂中。在同时存在两种以上的阳离子时，反向滴定法能够获得均匀程度更好的先驱沉淀物。因此在室温下把 Nd、Y、Al 混合盐溶液缓慢滴加到 NH_4HCO_3 溶液中，滴定速度 <2 mL/min，滴定同时不断搅拌。滴加完毕后继续搅拌 1 h，使反应完全。将所获得的沉淀在室温下熟化 36 h 后，用去离子水和无水乙醇反复洗涤沉淀，然后在 393 K 的烘箱内干燥沉淀物，研磨过 200 目筛。在氧化气氛中于不同的温度下煅烧前驱体 2 h。

图 13.11 是在不同温度下前驱体经过煅烧后所得粉体的 XRD 图谱。从图中看出，温度升高到 1 173 K 以上，粉体中的物相全部转化为 YAG 相，且一直保持单一的 YAG 相。随着温度的升高，衍射峰半高宽减小，粉体的结晶度提高。

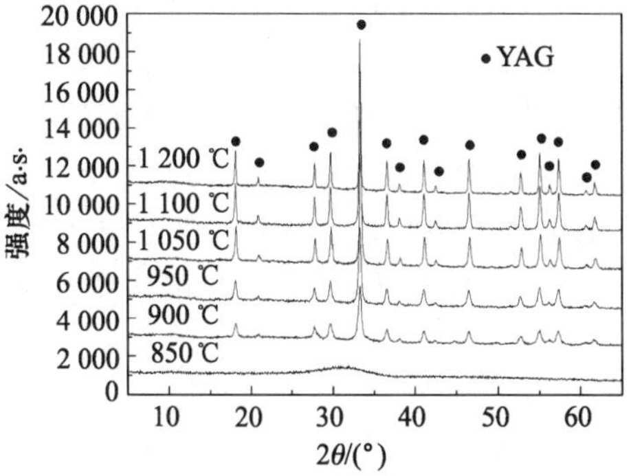

图 13.11　前驱体经煅烧后所得粉体的 XRD 图谱

YAG 在 1 373 K 煅烧 2 h 的 TEM 分析显示，粉体基本呈椭球形，粒径约为 100 nm，颗粒分散性较好。高分散度的颗粒具有较大的表面能，而表面能是烧结的动力。因此良好分散度的原料粉可以保证其具有良好的烧结活性。

（2）均匀沉淀法：可以用尿素作为沉淀剂[301]，也可以用碳酸氢铵作为沉淀剂。Li 等[302]认为用碳酸氢铵（AHC）制备的 YAG 粉体优于用尿素（Urea）制

[301]　Naoya Matsushita, Noriyoshi Tsuchiya, Katsuto Nakatsuka. J. Am. Ceram. Soc., 1999, 82(8): 1977－1984.

[302]　Li X, Liu H, Wang J Y, Zhang X D, Cui H M. J. Am. Ceram. Soc., 2000, 83(4): 961－963.

备的粉体。制备的前驱体在 1 073 K 煅烧后可以得到 YAG 相，在 1 173 K 煅烧后可以得到纯的 YAG 粉体。用 AHC 制备的粉体烧结活性高。

2000 年，日本的神岛化学公司采用一种改进的尿素共沉淀法制备了 Nd：YAG 粉体[303,304]，其烧结出的透明 Nd：YAG 陶瓷在 1 064 nm 处的散射损耗接近 0.002 cm^{-1}，其吸收、发射和荧光寿命等光学特性与单晶几乎一致。

我国与日本的激光透明陶瓷研究还有很大的差距。在低成本制备高光学质量、大尺寸激光透明陶瓷上，国内材料科研工作者依然是任重而道远。

2）成型工艺

成型工艺对陶瓷成品的烧结和最后达到的透明性具有一定的影响。陶瓷在成型前的材料形态一般为粉体，因此 YAG 透明陶瓷常用的成型工艺包括制粒和成型两个程序。

（1）制粒是将 Nd：YAG 粉料与一定量的黏结剂、分散剂、成型剂等混合，制成具有一定大小和形状的颗粒。常用的制粒方法可分为三类：普通制粒法、压块制粒法和喷雾制粒法。而喷雾制粒法是较为简便且效果好的方法。实验表明，浆料喷雾造粒后的粉体制粒成为球形或近球形颗粒。

（2）透明陶瓷成型可以采用与普通陶瓷相似的各种方法：干压成型、等静压成型、挤出成型、注浆成型、注射成型以及流延成型等，只是成型过程中对污染物的控制要求更高。制粒和成型的更多知识可阅读有关参考书[305]。

3）烧结工艺

要想获得高透明的陶瓷，关键是使材料本身致密、气孔率超低、晶粒大小适宜均匀、晶界薄而干净，且要控制致密化和晶粒长大这两个相互竞争的过程。

目前 Nd：YAG 激光透明陶瓷的烧结方式有气氛烧结（包括氢气烧结、真空烧结等）、热等静压烧结等。

通常即使在正常的烧结温度和较高的素坯密度下，也难以得到完全致密的烧结体，因此一般选用烧结助剂来改善烧结性能。在烧结制备 Nd：YAG 时，一般选用的烧结助剂包括二氧化硅和氧化镁。添加剂的浓度一般控制在 10 ~ 100 nm 之间，以便在 1 873 ~ 2 123 K 完成烧结。烧结助剂在陶瓷中作为晶界的相分布。在陶瓷烧结过程中，添加 Mg^{2+} 或 Si^{4+} 烧结助剂能够降低烧结温度，阻滞晶界移动，抑制晶粒长大；同时 Mg^{2+} 和 Si^{4+} 异价等数取代 Al^{3+} 生成氧空位（$V_{O}^{\cdot\cdot}$）和铝空位（V_{Al}'''），使气孔经晶界移出速度加快，提高烧结速率。实际上，使用不等价阳离子取代引入晶格缺陷是增加扩散系数的常用方法。

[303]　Yanagitani T, Yagi H, Ichikawa M. Jpn. Patent, 10101333, 1998 - 04 - 21.
[304]　Yanagitani T, Yagi H, Hiro Y. Jpn. Patent, 10 - 101411, 1998 - 01 - 21.
[305]　王零森. 特种陶瓷. 2 版. 长沙：中南大学出版社，2005，598.

表13.2为与Nd：YAG陶瓷相关离子的离子半径。由于Nd^{3+}的半径比Y^{3+}的半径大得多，因此Nd^{3+}进入Y^{3+}位将引起较大的晶格畸变。结果在掺杂区产生应力导致折射率、热膨胀系数等晶体性质的改变。这一情况在制备用于高功率激光的高掺杂浓度的Nd：YAG时将更为严重[306]。由于Mg^{2+}的半径大于Al^{3+}的半径，会造成更大的晶格畸变，所产生的应力会导致折射率和热膨胀系数有更大的变化，同时产生的氧空位也引入了色心。Si^{4+}进入YAG晶格，可在很大程度上抵消由于Nd^{3+}进入Y^{3+}十二面体引起的晶格畸变，对YAG晶格有稳定作用。此外，Si^{4+}在YAG晶体中的溶解度高于Mg^{2+}的溶解度，这一点也较为有利[307]。同时铝空位作为缺陷能级也会带来紫外区的吸收，从而引起光散射和热声子发射。因此通过选择合适的烧结助剂，不但能平衡价态、补偿晶格畸变，还能避免空位色心的产生。

表13.2 Nd：YAG陶瓷中相关离子的离子半径比较

离子种类	Y^{3+}	Al^{3+}	Mg^{2+}	Si^{4+}	Nd^{3+}
配位数	8	6	6	6	8
离子半径/nm	0.102	0.054	0.072	0.040	0.112

图13.12所示是烧结温度与坯体致密度和晶粒尺寸的关系曲线图。坯体在各温度段的烧结时间是5 h。从图中看出，坯体的快速致密化是在1 573～1 973 K，在1 973 K坯体的相对密度约为99%，之后随着温度的升高，坯体的相对密度继续增大，但趋于平缓。晶粒尺寸随着温度的升高而增大，从1 773晶粒生长加速。在1 773 K，晶粒尺寸为0.4 μm左右，到2 053 K，晶粒尺寸为4.5 μm左右。

曹永革课题组采用干压+冷等静压成型，在真空烧结后制备了原子分数为1%的Nd：YAG透明陶瓷。从图13.13中可以看出，样品具有很好的透明性。2 mm厚原子分数为1%的Nd：YAG透明陶瓷在激光输出的波段1 064 nm的透过率约为83%（见图13.14），接近理论透过率，在其他波段(400～1 200 nm)，样品的透过率也在82%以上，高透明性降低了材料中的散射系数，使激光输出成为可能。原子分数为1%的Nd：YAG陶瓷的荧光寿命是229 μs，而原子分数为1%的Nd：YAG单晶的荧光寿命是230 μs，Nd：YAG透明陶瓷的性能和单晶相差无几。

[306] Ikesue A, Kamata K. J. Am. Ceram. Soc., 1996, 79(7): 1921－1926.
[307] Ikesue A, Kamata K. J. Ceram. Soc. Jpn., 1995, 103(5): 489－493.

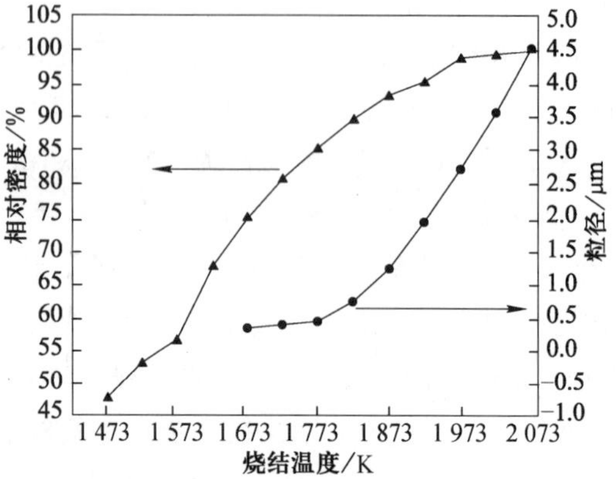

图 13.12　烧结温度与坯体致密度和晶粒尺寸的关系曲线图

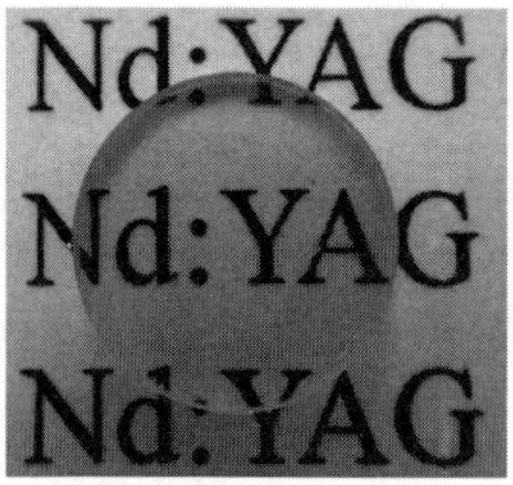

图 13.13　真空烧结后的 Nd：YAG 透明陶瓷

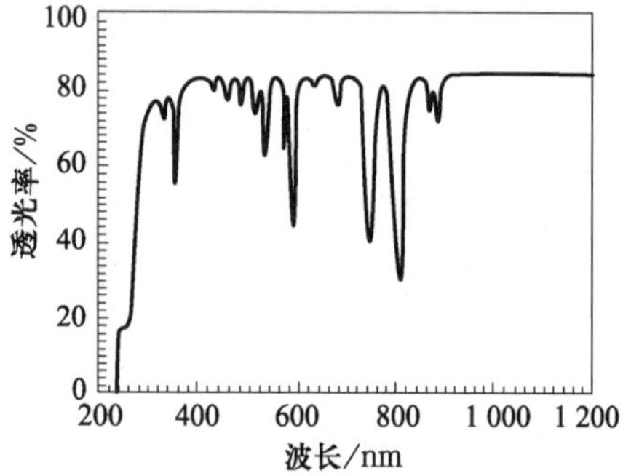

图 13.14　2 mm 厚原子分数为 1t% 的 Nd：YAG 透明陶瓷在 200～1 200 nm 波段的透过率曲线

除了透明多晶 Nd：YAG 激光陶瓷以外，曹永革课题组还分别制备了 Yb：YAG、Eu：YAG 以及 Dy：YAG 等激光陶瓷。

13.3　频率转换发光玻璃陶瓷复合材料

透明玻璃陶瓷由无机物前驱玻璃发生部分晶化而得到，是氧化物玻璃相与纳米晶相构成的复合材料。它综合了光学晶体与光学玻璃的优点，可具有与晶体相近甚至更好的光谱性能，而又有类似于玻璃材料制备技术简单、成本低和可高浓度掺杂的明显优势，且容易做成大尺寸高功率以及异型器件。此外，其力学性能和热稳定性(主要取决于玻璃相基体，如 SiO_2)也很优越。

13.3.1　影响玻璃陶瓷透光性的主要因素

高透光性是光功能玻璃陶瓷获得良好性能的前提条件。通常，复相材料的透明度与光在不同相界面处的散射有关。根据瑞利(Rayleigh)散射理论[308]，颗粒的大小和两相折射率之比，对复相材料透光性影响很大。第二相颗粒的尺度以及两相折射率的差别越大，材料就越容易失透。要获得透明度高的玻璃陶瓷，往往要求第二相(晶化相)颗粒尺度远低于可见光波长，一般达纳米量级[309]。

13.3.2　透明玻璃陶瓷的制备技术

制备透明玻璃陶瓷的方法主要有以下三种：

(1) 熔融急冷法。这是制备玻璃陶瓷的传统方法，现在仍然广泛使用。其工艺过程是：在粉体原料中加入一定量的晶核剂，于高温均匀熔融后，将熔体倒入模具冷却成型，经适当退火消除内应力，得到前驱玻璃相；此后，在一定温度下热处理，通过特定第二相的可控晶化获得玻璃陶瓷。该工艺简便快捷，成本较低，但原料高温熔融过程中的组分挥发和坩埚污染易使材料最终组分偏离设计值。

(2) 溶胶-凝胶法。将易于水解的金属化合物(无机盐或金属醇盐)在溶剂中与水发生反应，经过水解和缩聚生成凝胶，再经干燥以及加热晶化后得到所需材料[310]。近十多年来，这种方法成为玻璃与陶瓷等先进材料制备技术的研究热点。该方法具有处理温度低(特别适用于高熔点材料)、组分可以精确控制并在分子水平上均匀分布等优点。但块体材料的化学稳定性和机械性能较差使其应用受到限制；此外，材料里易残留大量的羟基和碳，对材料的发光有很大的负面影响。

(3) 激光诱导晶化法。利用激光对玻璃样品进行连续辐照，可以使少量的玻璃相在激光斑点区域受热熔融，随后在冷却过程中发生晶相成核与长大，在玻璃基体中形成具有相同化学组分的晶体。近来，随着激光技术的迅速发展，采用不同波长、不同模式的激光器开展玻璃相内诱导晶体可控生长的研究屡见报道[311]，显示了激光诱导晶化法在制备特殊结构玻璃陶瓷方面的独特优势。

---

[308]　Beall G H, Duke D A. J. Mater. Sci., 1969, 4(4): 340-352.

[309]　Chen D Q, Wang Y S, Yu Y L et al. J. Phys.: Condens. Matter., 2005, 17(41): 6545-6557.

[310]　(a) 李彬，肖红，张维刚，等．硅酸盐学报，1990，18(5)：414-421. (b) James P F. J. Non-Cryst. Solids, 1995, 181(1-2): 1-15.

[311]　(a) 戴晔，余昺鲲，邱建荣．激光与光电子学进展，2008，45(6)：33-40. (b) Hu X, Song J, Zhou Q, et al. Chin. Opt. Lett., 2008, 6(5): 388-390. (c) Miura K, Qiu J, Mitsuyu T. Opt. Lett., 2000, 25(6): 408-410. (d) Dai Y, Zhu B, Qiu J, et al. Appl. Phys. Lett., 2007, 90(18): 18110.

值得指出的是，该法目前尚处于初始发展阶段，技术方面还有许多不成熟之处，如对诱导出的晶体的形状、尺度和种类还不能进行有效的控制。

13.3.3　几种重要的光功能透明玻璃陶瓷

1. 氟氧化物玻璃陶瓷

透明氟氧化物玻璃陶瓷是通过可控晶化，使稀土离子(作为发光中心)掺杂的氟化物纳米晶在氧化物玻璃基体中均匀析出而获得。这种材料不仅具有氟化物晶体高的发光效率(由其低声子能量决定)，而且具有类似于氧化物玻璃的机械强度和化学稳定性以及易于加工的特点。稀土离子掺杂的氟氧化物玻璃陶瓷由 Auzel 及其合作者于 1975 年首次报道[312]，是当时红外激发蓝光上转换效率最高的材料之一。但由于受到当时研究条件的限制，晶化析出的氟化物微晶的粒度偏大，对可见光的散射较强，导致材料的透明度不高，影响了在上转换发光中的应用。

近年来，随着制备工艺和结构表征手段的提高，人们已开发出了多种透明的氟氧化物玻璃陶瓷材料，并在材料制备技术及发光性能研究方面取得了很大的进展。

(1) 含 $Pb_xCd_{(1-x)}F_2$ 纳米晶的玻璃陶瓷是一类被较早和较多关注的材料。1993 年，Wang 和 Ohwaki[313]报道了 Er^{3+}/Yb^{3+} 共掺玻璃陶瓷在 970 nm 激光激发下，其红外至可见光波段上转换发光的强度比未经晶化处理的氟氧化物母体玻璃强 100 倍，说明晶化时稀土离子进入低声子能量的氟化物晶化相中。这种玻璃陶瓷的绿色和红色上转换发光效率分别比相应氟化物玻璃强 2 倍和 10 倍，几乎与当时最好的上转换晶体材料 Er^{3+}/Yb^{3+}：BaY_2F_8 相当。1995 年，Tick 等[314]研究表明，Pr^{3+} 掺杂的该类材料可以作为 1 310 nm 发射的放大器，其量子效率为 7%，相比之下 ZBLAN 玻璃的量子效率仅为 4%。2002 年，Samson 等[315]对 Nd^{3+} 掺杂的该类材料进行激光实验研究并获得激光输出，表明该类材料可应用于光纤放大器。2004 年，Lavín 等[316]首次实现 Nd^{3+} 在该类玻璃陶瓷中的紫外光及可见光区域的上转换发光。2005 年，Mortier 等[317]研究 Ce^{3+} 掺杂对 Er^{3+} 发光性能的影响，结果表明 Ce^{3+} 通过能量传递能够减弱 Er^{3+} 的上转换发光而增强其 1 530 nm 处的红外发光，这对于提高红外发光效率具有重要意义。近年来，Lahoz 等对 Ho^{3+} 掺杂的玻璃陶瓷体系进行研究，发现它具有多

[312]　Auzel F，Pecilc D，Morin D. J. of the Electrochem. Soc.，1975，122(1)：101 - 107.
[313]　Wang Y H，Ohwaki J. Appl. Phys. Lett.，1993，63(24)：3268 - 3270.
[314]　Tick P A，Borrelli N F，Cornelius L K，et al. J. Appl. Phys.，1995，78(11)：6367 - 6374.
[315]　Samson B N，Tick P A，Borrelli N F. Opt. Lett.，2001，26(3)：145 - 147.
[316]　Lavín V，Iparraguirre I，Azkargorta J，et al. Opt. Mater.，2004，25(2)：201 - 208.
[317]　Dantelle G，Mortier M，Vivien D，et al. Chem. Mater.，2005，17(8)：2216 - 2222.

功能应用的前景，如可作为高效白光雪崩上转换介质，或在 750 nm、1 200 nm 和 1 470 nm 等波段实现多通道光纤放大增益等[318]。

(2) 1998 年，Dejneka[319]制备了含尺度为 10 ~ 20 nm Eu：LaF_3 纳米晶的透明玻璃陶瓷，此材料的前驱玻璃相（晶化热处理前）只有红光发射，Eu：LaF_3 相晶化析出后则出现蓝、绿、红光发射；相对于含 $Pb_xCd_{(1-x)}F_2$ 纳米晶的玻璃陶瓷，这种材料中稀土离子在纳米晶的固溶度和稳定性都有所提高。2003 年，Biswas 等[320]利用溶胶－凝胶法制备了 Er^{3+}/Yb^{3+} 共掺的 LaF_3-SiO_2 玻璃陶瓷，并在 980 nm 激光激发下得到了较强的红绿色上转换发光。2004 年，Ribeiro 等研究了 Eu^{3+}/Tm^{3+} 共掺的 LaF_3-SiO_2 玻璃陶瓷的光谱特性。

(3) 国内对光功能氟氧化物玻璃陶瓷也开展了不少研究，并取得系列成果。2006 年 Fan 等[321]首次制备了 Er^{3+} 掺杂的含 Ba_2LaF_7 三元组分纳米晶的玻璃陶瓷，发现其可见光上转换发光强度随热处理温度升高而增加，且材料组分对发光性能有很大的影响。2008 年，Qiu 等[322]报道了若干稀土掺杂的氟氧化物玻璃陶瓷的近红外量子剪裁下转换发光，如在含 Tb^{3+}/Yb^{3+}：CaF_2 纳米晶透明玻璃陶瓷中发现了 Tb^{3+} 到 Yb^{3+} 共合作能量转移，其最高量子效率可达 155%，该类材料在提高硅太阳电池光电转换效率方面有潜在应用前景。

(4) $NaYF_4$ 被认为是目前上转换效率最高的材料之一，由于存在相变，$NaYF_4$ 单晶体的生长极其困难。王元生课题组通过晶化控制，获得含 Er^{3+}：$NaYF_4$ 纳米晶的透明玻璃陶瓷。该材料不仅具有很强的上转换发射光谱，而且其红光和绿光强度可以全程调谐[323]（见图 13.15），为发展 $NaYF_4$ 块材及其应用开辟了一个新途径。

王元生课题组还通过组分与结构调控，获得含 YF_3 纳米晶的透明玻璃陶瓷；通过一定比例的 Tm/Yb 双掺，在 976 nm 激发下，Yb^{3+} 敏化 Tm^{3+}，实现强的蓝光和紫外上转换发射[324]；在 Nd/Tm/Yb 三掺体系中，通过792 nm 直接激发 Nd^{3+}：$^4F_{5/2}$，$^2H_{9/2}$能级，以 Yb^{3+} 作为能量传递桥接中心，同样也能实现

[318] (a) Lahoz F, Martín I R. Appl. Phys. Lett., 2005, 86(5): 051106. (b) Driesen K, Tikhomirov V K, Görller-Walrand G, et al. Appl. Phys. Lett., 2006, 88(7): 073111. (c) Lahoz F, Hernández S E, Capuj N E, et al. Appl. Phys. Lett., 2007, 90(20): 201117.

[319] Dejneka M J. J. Non-Cryst. Solids., 1998, 239(1-3): 149-155.

[320] Biswas A, Maciel G S. J. Non-Cryst. Solids, 2003, 316(2-3): 393-397.

[321] (a) Qiao X, Fan X, Wang J, et al. J. Non-Cryst. Solids, 2005, 351(5): 357-363. (b) Fan X, Wang J, Qiao X, et al. J. Phys. Chem. B, 2006, 110(12): 5950-5954.

[322] (a) Ye S, Zhu B, Qiu J R, et al. Appl. Phys. Lett., 2008, 92(14): 141112. (b) Ye S, Zhu B, Luo J, et al. Opt. Express, 2008, 16(12): 8989-8994. (c) Chen JX, Ye S, Wang X, et al. Chin. Phys. Lett., 2008, 25(6): 2078-2080.

[323] Liu F, Ma E, Chen D Q, et al. J. Phys. Chem. B, 2006, 110(42): 20843-20846.

[324] Chen D Q, Wang Y S, Yu Y L, et al. Opt. Lett., 2007, 32(21): 3068-3070.

Tm^{3+}强的蓝光和紫外上转换发射[325]；该研究成果为制备在激光加工和高密度激光存储领域具有重要应用前景的全固态蓝光/紫外上转换激光器提供了材料基础。通过调整含 Er/Tm/Yb：YF_3 纳米晶玻璃陶瓷的稀土掺杂比例，在 976 nm 激发下，获得了强的与标准等能白光发射坐标十分接近的上转换白光发射[326]，该材料在固体三维显示和背光源领域具有潜在应用价值。此外还获得了含 Nd^{3+}：YF_3 纳米晶的玻璃陶瓷[327]、双掺 Er^{3+}/Tm^{3+}：YF_3 纳米晶的玻璃陶瓷[328]、Pr/Yb：YF_3 纳米晶的玻璃陶瓷[329]，为各种频率转换光学材料的研制打下了基础。

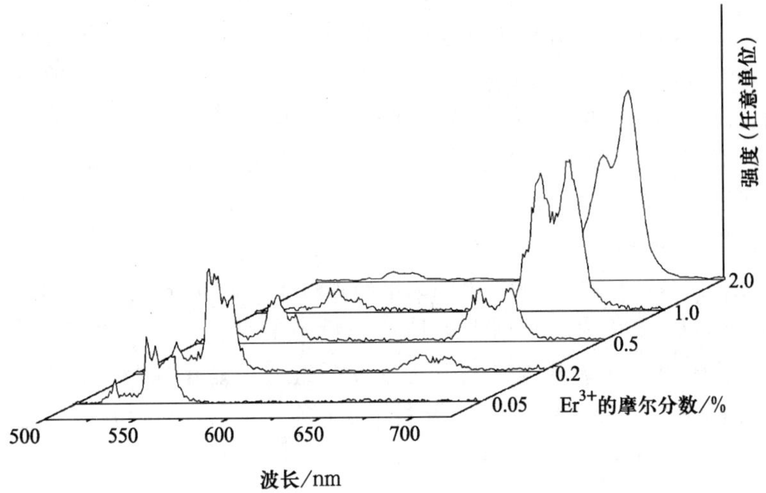

图 13.15　Er^{3+}掺杂浓度对含 Er^{3+}：$NaYF_4$ 纳米晶玻璃陶瓷的红、绿色上转换发光强度的影响

2. 氧化物玻璃陶瓷

(1) 莫来石型透明氧化物玻璃陶瓷的基本组分是(60% ~ 90%)SiO_2 -(40% ~ 10%)Al_2O_3，为了防止晶化热处理时材料失透，在前驱玻璃添加少量 BaO、Na_2O、K_2O、Rb_2O、Cs_2O 等助剂。由于析出的晶体基本是莫来石单相且发光中心往往富集其中，因此玻璃陶瓷显示出莫来石的一些光学特点。该类材料可望应用于可调谐激光器及太阳能收集器。

(2) 尖晶石型透明氧化物玻璃陶瓷以尖晶石为主晶相，为了促进析晶，一

[325] Chen D Q, Wang Y S, Yu Y L, et al. Opt. Lett., 2007, 32(21): 3068 - 3070.
[326] Chen D Q, Wang Y S, Zheng K L, et al. Appl. Phys. Lett., 2007, 91(25): 251903.
[327] Chen D Q, Wang Y S, Ma E, et al. J. Appl. Phys., 2007, 102(2): 023504.
[328] Chen D Q, Wang Y S, Bao F, et al. J. Appl. Phys., 2007, 101(11): 113511.
[329] Chen D Q, Wang Y S, Yu Y L, et al. Opt. Lett., 2008, 33(16): 1884 - 1886.

般以 TiO_2 或 ZrO_2 或者两者同时添加作成核剂。掺杂 Cr^{3+}、Co^{2+} 及 Ni^{2+} 的尖晶石透明玻璃陶瓷均显示出类似单晶的发光特性[330]。此外，值得一提的是，Ni^{2+} 掺杂的材料因其 $^3T_{2g}(3F)\rightarrow{}^3A_{2g}(3F)$ 跃迁，在近红外区域（1 200 ~ 1 700 nm）具有宽的发射（FWHM 可达 250 nm 左右），作为光纤放大器材料具有可观的潜在应用价值[330c]。

（3）近年来，人们不断地制备出一些含新颖纳米晶的透明氧化物玻璃陶瓷。2002 年，Samson 等[331]获得 Ni^{2+} 掺杂的含 $Li(Ga, Al)_5O_8$ 或 $(Ga, Al_2)O_3$ 晶相的玻璃陶瓷，热处理后，Ni^{2+} 从玻璃相环境进入高强度晶场的纳米晶相中，可以输出功率约 100 μW 的激光。2003 年，Vasilevskaya 等[332]制备了 Cr^{3+} 掺杂的含 $Li_2Ge_7O_{15}$ 纳米晶的玻璃陶瓷，经过适当热处理后，大部分 Cr^{3+} 进入晶相环境，使得材料的发光性能与 $Li_2Ge_7O_{15}$ 单晶体十分接近。2004 年，Sharonov 等[333]制备了 Cr^{3+} 掺杂的含 $KAlSiO_6$ 纳米晶的玻璃陶瓷，并对 Cr^{3+} 在制备过程中发生变价的原因进行了讨论。2005 年，Suzuki 等[334]制备了 Ni^{2+} 掺杂的含 $LiGa_5O_8$ 纳米晶的玻璃陶瓷，其 1 300 nm 处的发射宽度可达到 300 nm，室温寿命在 500 μs 左右，受激发射截面与寿命的乘积值达到 $3.7\times10^{-24}\ cm^2\cdot s$，该材料可望在调谐激光器以及波分复用传输系统中光纤放大器上得到应用。2008 年，Qiu 等在 Ni^{2+} 掺杂的玻璃陶瓷中掺入 Cr^{3+}，通过 Cr^{3+} 向 Ni^{2+} 的有效能量传递，大大提高了 Ni^{2+} 的红外发射强度[335]。

（4）稀土掺杂的 YAG 单晶是优良的激光材料。2004 年，Nishi 等[336]获得了 Er^{3+} 掺杂的含 YAG 纳米晶的玻璃陶瓷，对其进行的阴极射线光谱（cathodoluminescence spectroscopy）研究表明，几乎所有的 Er^{3+} 都进入 YAG 晶相，但是由于 YAG 晶相的尺度达到微米量级，材料的透明性较差。如何获得含 YAG 纳米晶的玻璃陶瓷是一个值得关注的研究课题。

3. 半导体量子点玻璃陶瓷

稀土离子的能级结构由 4f 壳层电子的库仑相互作用和自旋轨道相互作用

---

[330] (a) Tanaka K, Mukai T, Ishihara T, et al. J. Am. Ceram. Soc., 1993, 76(11): 2839-2845. (b) Beall G H, Pinckney L R. J. Am. Ceram. Soc., 1999, 82(1): 5-16. (c) Suzuki T, Horibuchi K, Ohish Y. J. Non-Cryst. Solids, 2005, 351(27-29): 2304-2309.

[331] Samson B N, Pinckney L R, Wang J, et al. Opt. Lett., 2002, 27(15): 1309-1311.

[332] Vasilevskaya T N, Kaplyanskiĭ A A, Kulinkin A B, et al. Phys. Solid State, 2003, 45(5): 961-968.

[333] Sharonov M Y, Bykow A B, Owen S, et al. J. Opt. Soc. Am. B, 2004, 21(11): 2046-2052.

[334] Suzuki T, Murugan G S, Ohishi Y. Appl. Phys. Lett., 2005, 86(13): 131903.

[335] (a) Wu B, Zhou S, Ruan J, et al. Appl. Phys. Lett., 2008, 92(15): 151102. (b) Wu B, Zhou S, Ruan J, et al. Opt. Express, 2008, 16(4): 2508-2513. (c) Zhou S, Jiang N, Dong H, et al. Nanotechnology, 2008, 19(1): 015702.

[336] Nishi M, Tanabe S, Fujita K, et al. Solid State Comm., 2004, 132(1): 19-23.

决定，由于宇称和电旋禁戒作用导致稀土离子具有较低的光学吸收截面（如 Er^{3+} 的吸收截面大约为 $10^{-21}cm^2$），从而影响其发光性能。半导体材料由于其电子具有从导带到价带强烈的吸收跃迁（吸收截面可高达 $10^{-15}cm^2$），可作为激光器、存储器等光电子器件。将稀土离子掺杂到含半导体量子点的玻璃陶瓷材料中，利用半导体具有的高吸收截面，通过半导体与稀土离子间共振或声子辅助非共振能量转移来改善稀土离子的发光，是目前国际上发光材料研究的一个热点方向，该类材料在光纤放大器、三原色发光器件等方面具有潜在的重大应用价值。

目前国内外制备这类稀土掺杂的复合材料的研究还处于起步阶段，而且基本上都采用溶胶－凝胶法。2001 年，Selvan 等[337]制备了 Eu^{3+} 掺杂的含 CdS 量子点的玻璃陶瓷，Eu^{3+} 的发射强度随着 CdS 量子点的生成大大地增强，表明两者之间存在着有效的能量传递过程。2002 年，Chiodini 等[338]制备了 Er^{3+} 掺杂的含 SnO_2 量子点的玻璃陶瓷，发光研究表明部分 Er^{3+} 进入 SnO_2 晶相中，但他们并未对材料的能量传递过程进行研究。2004 年，Yanes 等[339]制备了 Eu^{3+} 掺杂的同类材料，并获得了 SnO_2 量子点通过能量传递来激发 Eu^{3+} 发光的证据。2005 年，Bang 等[340]制备了 Eu^{3+} 掺杂的含 ZnO 量子点的玻璃陶瓷，光致激发谱和发射谱测量结果表明，ZnO 量子点缺陷态与稀土离子间的能量转移可大大增加 Eu^{3+} 的发光强度。

王元生课题组在含半导体量子点透明玻璃陶瓷方面，通过控制晶化过程，在非晶氧化硅基体中成功地析出掺杂 Er^{3+} 的 CdS 量子点，并实现了半导体量子点向稀土离子的能量转移[341]。采用溶胶－凝胶原位晶化的方法，获得了稀土 Eu^{3+} 掺杂的含 ZnO 量子点的纳米复合玻璃陶瓷。该材料中 ZnO 量子点吸收紫外光后，通过向稀土 Eu^{3+} 传递能量而提高 Eu^{3+} 的红光发光强度（约 10 倍）[342]。

由于目前已报道的该类材料基本都采用溶胶－凝胶法制备，块体材料的化学稳定性和机械性能较差，且材料中残余的有机组分和碳（极难完全消除）对光学性能有不良影响，这些因素严重制约了材料的实际应用。因此，发展新的材料制备技术，深入研究稀土离子与半导体量子点之间的能量传递过程，通过结构调控实现性能优化，是急需加强的研究方向。

[337] Selvan S T, Hayakawa T, Nogami M, J. Non-Cryst, Solids, 2001, 291(1-2): 137-141.
[338] Chiodini N, Palear A, Brambilla G, et al. Appl. Phys. Lett., 2002, 80(23): 4449.
[339] Yanes A C, Castillo J D, Torres M, et al. Appl. Phys. Lett., 2004, 85(12): 2343.
[340] Bang J, Yang H, Holloway P H. J. Chem. Phys., 2005, 123(8): 084709.
[341] Chen D Q, Wang Y S, Ma E, et al. Script. Mater., 2006, 55(10): 891-894.
[342] Yu Y L, Wang Y S, Chen D Q, et al. Nanotechnology, 2008, 19(5): 055711.

进一步阅读的参考书

[1] BLASSE G. Scintillator Materials[J]. Chemical Materials. 1994, 6(9): 1465 – 1475.

[2] 徐叙瑢,苏勉曾. 发光学与发光材料[M]. 北京: 化学工业出版社, 2004.

[3] 孙家跃,杜海燕, 胡文祥. 固体发光材料[M]. 北京: 化学工业出版社, 2003.

[4] 施剑林,冯涛. 无机光学透明材料: 透明陶瓷[M]. 上海: 上海科学普及出版社, 2008.

[5] 唐绍裘. 陶瓷粉末制备技术的发展趋势[J]. 中国陶瓷工业, 2002, 9(3): 37 – 39.

[6] 张建奇,方小平. 红外物理[M]. 西安: 西安电子科技大学出版社, 2004: 5.

[7] 余怀之. 红外光学材料[M]. 北京: 国防工业出版社, 2007. 1 – 390.

[8] 华南工学院. 陶瓷材料物理性能[M]. 北京: 中国建筑工业出版社, 1980.

[9] 华南工学院, 南京化工学院, 武汉建筑工业学院. 陶瓷工艺学[M]. 中国建筑工业出版社, 1981.

第 14 章
锂离子电池正极材料的设计合成

1991 年实现商品化以来，作为新一代的绿色高能电池的锂离子电池，广泛应用于移动电话、笔记本计算机、摄录机、电子仪表、武器装备等设备。近年来，锂离子电池在例如电动汽车、混合动力车等应用领域中的应用不断扩大，产量飞速增长，其已成为 21 世纪对国民经济和人民生活具有重要意义的高新技术产品。

锂离子电池[343]严格地讲应称为锂离子二次电池(lithium-ion secondary battery)[344]或锂离子可充电电池(lithium-ion rechargeable battery)，以区别于具有同样原理的锂离子一次电池。前者是一种以非水电解质中的锂离子起导电作用的二次电池，是继铅蓄电池、镍氢(镍镉等)电池而发展起来的新一代电池。目前，主流的锂离子电池是以锂的金属氧化物为正极、以石墨等碳材料为负极。取代液态电解质而采用高分子凝胶作为电解质的锂离子聚合物电池也是锂离子电池的一种。然而，目前锂离子电池还是以小容量、低功率电池为主。中大容量、中高功率的锂离子电池尚未大规模生产，使

---

[343] 锂离子电池区别于爱迪生发明的“锂电池”，后者是一类由锂金属或锂合金为负极材料、使用非水电解质溶液的电池。

[344] 二次电池也称为蓄电池(storage battery)、充电电池(rechargeable battery)，以进行充电而储存电能、能够反复使用为特征的(化学)电池。因为放电时在阴极发生氧化反应，所以在二次电池的 Cathode 又称为正极，而 Anode 称为负极，在英文资料翻译时需要注意。

锂离子电池在中大容量 UPS(不间断电源)、中大型储能电池、电动工具、电动汽车中尚未得到广泛应用。目前负极材料的比容量已达到正极材料的两倍，锂离子电池发展的瓶颈是正极材料的比容量低，制约了锂离子电池的发展。本章就此以历史沿革为线索，介绍几种典型的正极材料组成、结构与性能的关联性，力图阐述正极材料的设计、合成的目的，并顾及其发展趋势。

14.1　锂离子电池概述

14.1.1　锂离子电池的发展史

1976 年宾厄姆顿(Binghamton)大学的 Whittingham 提出锂离子电池[345]。Whittingham 使用二硫化钛作正极、金属锂作负极。20 世纪 80 年代，使用金属锂作为负极活性物质的金属锂二次电池得到商品化。但是由于金属锂的活性极高，存在其可逆性和反应性问题。特别是由于接连发生日本 NTT(日本电信电话公司)手提电话的起火事件等，致使实用化没有推广开。

当时为解决锂离子电池的安全隐患，不得不探索发展均从含锂材料出发的新型正极和负极材料。20 世纪 80 年代，格勒诺布尔理工学院(INPG)和法国国家科学研究中心(CNRS)的 Yazami 等[346]首次发现锂的石墨插层(intercalation)化合物。他们报道在锂/高分子电解质/石墨半电池中锂对石墨的插层是可逆的[347]。1981 年，贝尔实验室开发了石墨负极[348]，提供了一种替代锂金属的电池。同时，1981 年三洋电机也申请了黑铅碳质作负极材料锂离子电池的专利，1994 年得以实用化。在正极方面，由 Goodenough 领导的小组研究了锂金属氧化物的应用[349]。

吉野彰等注意到白川英树发现的导电性塑料聚乙炔[350]，1981 年将其与锂离子组合用于非水电解质二次电池的负极，并与 Goodenough 等找到的锂金属氧化物正极进行组合，于 1985 年开发出非水系电解质、负极聚乙炔、正极钴酸锂($LiCoO_2$)的锂离子二次电池[351]。1986 年，通过石墨负极、碳酸乙烯电解

---

[345]　Whittingham M. Science，1976，192(4244)：1126－1127.

[346]　(a) Yazami R，Touzain P. International Meeting on Lithium Batteries，1982，C. L. U. P. Ed. Milan，Abstract # 23. (b) Yazami R，Touzain P. J. Power Source，1983，9(3－4)，365－371.

[347]　插层的可逆性包括热力学(递阶结构)和动力学(扩散)两个方面，详细了解可参见北师大版《无机化学》(上册)中关于 K 对石墨的插层。

[348]　Basu，Samar. Rechargeable battery，Bell Telephone Laboratories，1981.

[349]　可在美国专利局网站 http：//patft. uspto. gov/中以 Goodenough，John 为关键字查找到。

[350]　因这一发现白川英树获得 2000 年度诺贝尔化学奖。

[351]　アルバックグループ広報誌「ULVAC」2008，3：54.

质的组合，获得更安全且电压接近金属锂二次电池的锂离子电池[352]。到此为止，由这些材料定型了目前的锂离子二次电池的基本构造。1991 年吉野彰所属的旭化成和索尼公司等一起将锂离子电池实用化。

1998 年前后，使用胶状的聚合物电解质的锂离子聚合物电池在市场上亮相。起初多家公司购买了聚合物电池的开发公司贝尔通信研究所(Bellcore)的专利并参与了该电池的研究开发，但一般认为没有哪一家公司真正将贝尔通信研究所的聚合物实用化。以三洋电机为首各公司均上市销售的锂离子聚合物电池，其外包装不是常见到的铁、铝等罐，而是以铝网膜为特点。为防止发生事故，混合动力汽车电池也曾使用聚合物锂电池(例如韩国现代的 Elantra 的 hybrid LPi)。

关于正极材料，以下的事例值得记述。

1980 年，Goodenough 等发现锰尖晶石是优良的正极材料[353]，具有低价、良好的导电导锂性能，其三维结构给出良好的结构稳定性。尽管纯锰尖晶石循环性能差，但是通过化学改性可以克服它。目前锰尖晶石已经商业化[354]。

1989 年，Goodenough 和得克萨斯州大学奥斯丁分校的 Manthiram 发现采用聚合阴离子的正极将产生更高的电压[355]。

1996 年，Goodenough、Padhi 发现具有橄榄石结构的磷酸盐，如磷酸铁锂($LiFePO_4$)，比传统的正极材料更具优越性[356]，因此已成为当前主流的正极材料。

2002 年，麻省理工学院(MIT)的 Yet-Ming Chiang(蒋业明[357])等通过增加材料的电导率而对锂离子电池的性能进行了提高，他们掺杂了铝、铌、锆等。这一增加的确切机理成为争论的主题[358]。2004 年，蒋业明等又使磷酸铁锂的颗粒直径小于 100 nm，这样粒子密度增加了几乎一百倍，增加了正极的表面积，改进了容量和性能。其商品化导致市场竞争激烈，并导致目前尚未完结的磷酸铁锂专利权之争。

14.1.2 锂离子电池的构造

如图 14.1 所示，锂离子电池在结构上主要有五大块：正极、负极、有机

[352] 日本二次电池代表性专利 http://www.jpo.go.jp/shiryou/s_ sonota/map/denki15/2/2 - 2 - 1 - g.htm.

[353] Mizushima K, Jones P C, Goodenough J B, et al. Mater. Res. Bull., 1980, 15(6): 783 - 789.

[354] Voelcker J. Lithium Batteries Take to the Road, IEEE Spectrum., 2007.

[355] Manthiram A, Goodenough J B. Journal of Power Sources, 1989, 26(3 - 4): 403 - 408.

[356] Radhi A K, Nanjundaswamy K S, Goodenough J B. J. Electrochem. Society, 1997, 144(4): 1188 - 1194.

[357] 0.5 g 材料创业起家的 A123 Systems 公司的三个创建人之一。

[358] http://www.economist.com/node/10789409.

电解质溶液、隔膜、外壳与电极引线。电池内部采用螺旋绕制结构，用高分子薄膜隔离材料在正、负极间间隔而成。正极包括由正极材料及铝箔组成的电流收集极。负极包括由负极材料和铜箔的电流收集极。电池内充有有机电解质溶液。锂离子电池的原理图如图 14.2 所示。

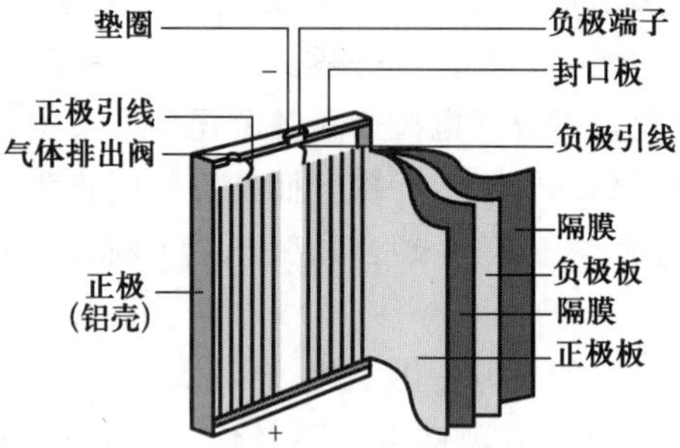

图 14.1　锂离子电池内部结构[359]

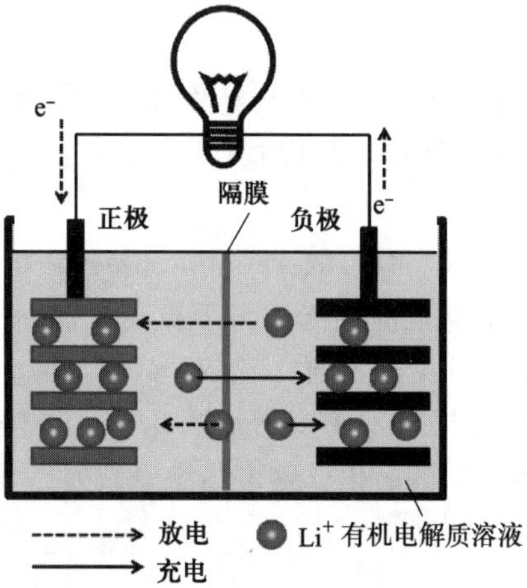

图 14.2　锂离子电池原理图

锂离子电池的三个主要功能部件为正极[360]、负极和有机电解质溶液[361]。有代表性的锂离子电池负极为碳，正极为钴酸锂等过渡金属氧化物，电解质为乙烯碳酸酯、丙烯碳酸酯、二乙基碳酸酯(diethyl carbonate)等有机溶剂与六氟

[359]　取自日本社团法人电池工业会网站 http：//www. baj. or. jp/knowledge/structure. html.

[360]　正极一般由正极材料(称为活性物质)、黏结剂和导电材料混合而成，除特别说明外，“正极”也指正极材料。

[361]　Silberberg M. Chemistry：The Molecular Nature of Matter and Change. 4th ed. New York：McGraw-Hill Education，2006，935.

磷酸锂($LiPF_6$)盐。不限于此。一般，负极、正极、电解质各材料只要能使锂离子移动，且通过电荷的授受可以充放电，均可能使用，因此种类非常多。目前，商用常见负极材料是石墨，正极材料是层状的氧化物(如锂钴氧化物)、聚阴离子化合物(如磷酸铁锂)或尖晶石型氧化物(如尖晶石型锰酸锂)。典型的电解质为有机碳酸盐与锂离子的络合物。这种非水电解质通常使用非配位性阴离子锂盐(溶质)，除了上述 $LiPF_6$ 外，还有四氟硼酸锂($LiBF_4$)、六氟砷酸锂的一水合物($LiAsF_6 \cdot H_2O$)、高氯酸锂($LiClO_4$)、三氟甲基磺酸锂($LiCF_3SO_3$)，也有用 $LiN(SO_2Rf)_2 \cdot LiC(SO_2Rf)_3$(其中 $Rf = CF_3$，C_2F_5)的；溶剂方面，为使电解质具有高导电性和安全性，在高介电常数、高沸点溶剂的乙烯碳酸酯、丙烯碳酸酯等环形碳酸酯系中，使用低黏性的碳酸二甲酯、碳酸甲乙酯等低锁链的碳酸酯，也有用一些低级脂肪酸酯的情况。

如图 14.2 所示，锂离子电池内部的电化学反应通过正极、负极、电解质进行。锂离子均可进入正极材料和负极材料内部。锂离子进入正、负极内部称为插入(insertion)或插层(intercalation)；相反地，出去的过程称为抽出(extraction)或脱出(deintercalation)[362]。电池充电时，锂离子从正极出来而进入负极；放电时反过来，锂离子从负极出来而进入正极。工作时，电子流向外部回路。以 $LiCoO_2$、石墨为例，充放电时发生的正极半反应为(充电向右)

$$LiCoO_2 \rightleftharpoons Li_{1-x}CoO_2 + xLi^+ + xe^- \qquad (14-1-1)$$

负极的半反应为

$$xLi^+ + xe^- + 6C \rightleftharpoons Li_xC_6 \qquad (14-1-2)$$

总反应是有极限的。过放电将使钴酸锂过饱和而生成氧化钴(Ⅱ)，可能发生以下不可逆反应[363]：

$$Li + LiCoO_2 \longrightarrow Li_2O + CoO \qquad (14-1-3)$$

5.2 V 以上过充电，将生成二氧化钴(Ⅳ)[364]

$$LiCoO_2 \longrightarrow Li^+ + CoO_2 + e^- \qquad (14-1-4)$$

CoO_2 是一种极不稳定的物质，容易分解释放出氧气。

锂离子电池中，锂离子在正、负极材料中进出，过渡金属氧化物($Li_{1-x}CoO_2$)中的过渡金属(Co)充电时被氧化(从 Co^{3+} 变为 Co^{4+})，放电时被还原(从 Co^{4+} 变为 Co^{3+})。

---

[362] intercalation 一词，在化学中是“Thereversible insertion of a molecule between two others”，而在地质学中是“A layer introduced into apre-existing sequence”，所以用于层状物时 insertion 比较确切，但是越来越多的文献混用这两个词。另外，中文有说，“通常将锂离子进入正极材料的过程称为嵌入，离开的过程称为脱嵌；锂离子进入负极材料的过程称为插入，离开的过程称为脱插。”本文不加以区分。

[363] Choi H C, et al. J. Phys. Chem. B, 2003, 107(24): 5806-5811.

[364] Amatucci G G, Tarascon J M, Kein L C. J. Electrochem. Soc., 1996, 143(3): 1114-1123.

14.1.3　正极材料的种类

可用于锂电池正极材料的钴的价格昂贵，以大幅度的低成本为目标，开发了锰、镍、磷酸铁等正极材料。正极材料列于表 14.1。需要指出，锂离子电池是一个系统。负极、电解质的种类及其与正极的搭配组合，从安全性等方面出发考虑的电池本身以及周边回路的设计等，均得到广泛深入的研究，在此不赘述。正、负极材料的容量和电压关系见图 14.3，图中给出了各种材料的电子导电性。

表 14.1　正极材料的种类和特点[365]

正极材料	电压/V	比容量/($mA \cdot h \cdot g^{-1}$)	比能量/($kW \cdot h \cdot kg^{-1}$)	特点	主要缺点	参考文献
层状 $LiCoO_2$	3.7	140	0.518	工作电压为 3.5～4.2 V，理论比容量为 274 mA·h/g，实际比容量在 140 mA·h/g 左右。具有电化学性能稳定、易于合成等优点，是目前商品锂离子电池的主要正极材料	价格昂贵(钴的全球储量十分有限)，容量较低，毒性较大，存在一定的安全性问题	[366]
$LiNiO_2$	4.0	180	0.400	理论比容量和 $LiCoO_2$ 接近，但是实际比容量明显高于后者	难于合成	
尖晶石 $LiMn_2O_4$	4.0	100	0.400	结构稳定，并且成本低廉、合成工艺简单、安全性能好、资源丰富、无污染等，是目前最有前途的正极材料之一	首次充电容量低；循环性能尤其是高温循环性能差，在电解质溶液中有一定的溶解性，储存性能差	

[365]　特点和主要缺点为作者根据文献整理，不一一列出出处。
[366]　http://en.wikipedia.org/wiki/Lithium-ion_battery.

续表

正极材料	电压/V	比容量/(mA·h·g^{-1})	比能量/(kW·h·kg^{-1})	特点	主要缺点	参考文献
层状 $LiMnO_2$	3.5	180	0.630	理论容量高(理论容量为285 mA·h/g，实际容量为190 mA·h/g)，可逆容量大，安全性能好	合成条件较为苛刻，在电化学循环过程中由层状结构向类尖晶石结构转化	
橄榄石型 $LiFePO_4$	3.3	150	0.495	原料廉价，工作电压适中(3.4 V)；平台特性好，电压极平稳；理论容量大(170 mA·h/g)；结构稳定，安全性能极佳；高温性能和热稳定性明显优于已知的其他正极材料；循环性能好；充电时体积缩小，与碳负极材料配合时的体积效应好；与大多数电解质溶液系统兼容性好，储存性能好；无毒	导电性差，振实密度低，Fe^{2+} 极易被氧化成 Fe^{3+}，使得制备高纯相的材料有很多困难	
$LiCo_{1/3}Ni_{1/3}Mn_{1/3}O_2$	3.6	160	0.576	在2～4.2 V范围内容量稳定在140 mA·h/g[367]		[368]
$Li(Li_aNi_xMn_yCo_z)O_2$	4.2	220	0.920	在3.0～4.3 V范围内，以0.2 C的放电倍率下充放电，首次充放电容量分别为178.9 mA·h/g和167.5 mA·h/g，并表现出优良的循环性能和高倍率放电性能	比容量高和热稳定性好	[369]

[367] Matthew R, Owen J. ACS Comb. Sci., 2011, 13(2): 126-134.
[368] Breger J, Meng Y S, Hinuma Y, et al. Chem. Mater., 2006, 18(20): 4768-4781.
[369] Chernova N A, Ma M, Xiao J, et al. Chem. Mater., 2007, 19(19): 4682-4693.

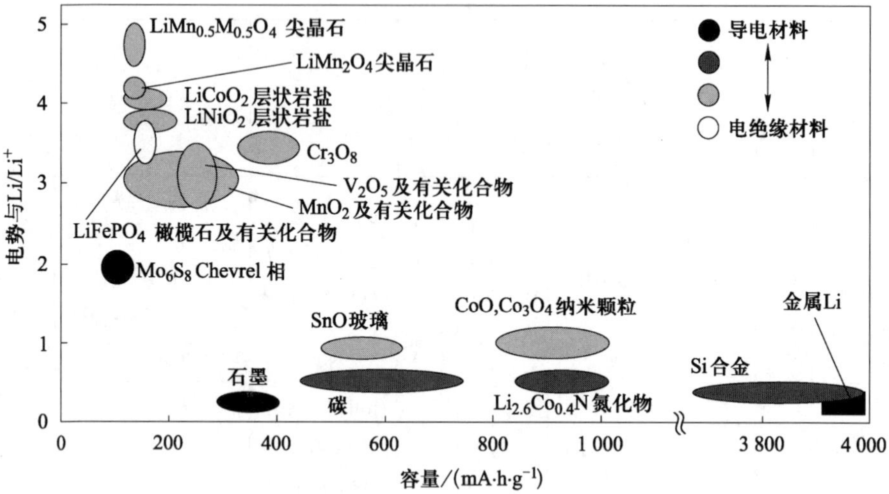

图 14.3　电极材料的容量和电压的关系[370]

14.2　层状岩盐型氧化物的正极材料

14.2.1　LiCoO$_2$

化学式为 LiCoO$_2$ 的锂钴氧化物也称钴酸锂。通常由氧化锂(或者碳酸锂)和氢氧化钴(或者三氧化二钴)通过固相反应获得。反应温度不同，生成物分别为 HT－LiCoO$_2$(高温型，生成温度为 800 ℃，三方晶系，晶格常数 a = 281.73 pm，c = 1405.78 pm，空间群 $R\bar{3}m$)[371]和 LT－LiCoO$_2$(低温型，生成温度为 400 ℃，立方晶系，晶格常数 a = 800.2 pm，空间群 $Fd3m$)[372]。三方晶系的 HT－LiCoO$_2$ 为层状岩盐 α－NaFeO$_2$ 型结构(如图 14.4 所示)。HT－LiCoO$_2$ 中，O 为面心立方最密堆积排列(占 6c 位)，而 Co 和 Li(分别占 3b 和 3a 位)，即处于由 O 所构成的八面体空隙，而形成[CoO$_6$]和[LiO$_6$]。简化地看，每个 Co(Li 也是)沿着一个公共轴排列(立方晶系岩盐构造的 <111> 方向规则排列)，即[CoO$_6$]八面体通过共边连接成层板(layer)，由层板以 ABA 的形式堆积；Li 处于层间(interlayer)，在此二维空间 Li 可以进行扩散(脱出和插

[370]　Kanno R. GS Yuasa Technical Report，2006，3(1)：1－11.

[371]　Levasseur S，Menetrier M，Suard E，et al. Solid State Ionics，2000，128(1)：11－24.

[372]　Gummow R J，Liles D C，Thackeray M M，et al. Mat. Res. Bull.，1993，28(11)：1177－1184.

层）发生式（14－1－1）所示的电池反应而起到正极材料的作用。

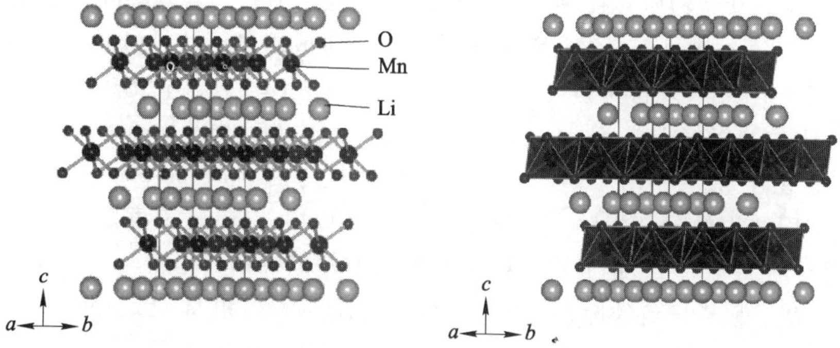

(a) (b)

图 14.4 （a）$LiCoO_2$ 结构图和其（b）层板堆积图

原位 X 射线研究表明[373]，在充、放电过程中，c 轴方向层间距[374]增大（常用 c/a 来表征），到 50% 锂离子脱出时，有层间发生平移而向单斜晶系转化的可能。

理想的低温型 LT－$LiCoO_2$ 为尖晶石结构，O 也为面心立方最紧密堆积，但不同于层状高温型的是 Li 和 Co 进入不同的位置（详见下述尖晶石型锰酸锂）。但是在粉末 X 射线衍射图上，两者非常接近，难于区分。显然，高温型和低温型 $LiCoO_2$ 结构上的这种差异对合成是不利的，因此有报道认为实际合成的低温型 LT－$LiCoO_2$ 结构是层状岩盐结构与尖晶石结构的"中间结构"[375]。报道指出，LT－$LiCoO_2$ 稳定性差，循环性能差，不适用于充放电。

14.2.2 $LiNiO_2$

Ni 和 Co 的性质接近，价格相对低，世界上已探明的可采储量约为 Co 的 14.5 倍。理论比容量和 $LiCoO_2$ 接近，但是实际比容量明显高于后者。这种优势使其被认为是有前途的材料之一。层状 $LiNiO_2$ 也是 $\alpha-NaFeO_2$ 型结构，属 $R\bar{3}m$ 空间群，晶格常数（PDF 09－0063）$a=287.8$ pm，$c=1419$ pm。Ni、O、Li 的堆积形式和 HT－$LiCoO_2$ 中 Co、O、Li 相同，可以将图 14.4 中的 Co 换成

［373］（a）Reimers J N，Dahn J R. J. Electrochem. Soc.，1992，139(8)：2091－2097.（b）Ohzuku T，Ueda A. J. Electrochem. Soc.，1994，141(11)：2972－2977.（c）Nakai J，Takahashi K，Shiraishi Y，et al. J. Power Sources，1997，68(2)：536－539.

［374］层间距（basal spacing，layer distance）是指两层之间的距离。

［375］（a）Gummow R J，Liles D C，Thackeray M M，et al. Mat. Res. Bull.，1993，28(11)：1177－1184.（b）Garcia B，Barboux P，Ribot F，et al. Solid State Ionics，1995，80(1－2)：111－118.（c）Shao-Horn Y，Hackney S A，Johnson C S，et al. J. Solid State Chem.，1998，140(1)，116－127.

Ni 来理解。

层状岩盐型物质共有的一个特征是在 Li 层中有过渡金属、在过渡金属层中有 Li 的不规则排列，这称为阳离子无序分布或阳离子混排(cation mixing)。这一点在 Ni 中表现得尤为突出。合成镍酸锂时，Ni^{2+} 较难氧化成 Ni^{3+}，部分占据 3*b* 位的 Ni^{2+} 造成 Ni—O 层板的正电性降低，为达电荷平衡，需占据 Li 的 3*a* 位。由于 Li^+、Ni^{2+}、Ni^{3+} 半径的差异(对应为 76 pm、68 pm、56 pm)，易于造成层结构的局部塌陷，特别是充放电过程中；Li^+ 难于再插入塌陷的位置[376]。充放电时 Li^+ 的脱出、插层过程中也发生一系列相变。一般认为，对 $Li_{1-x}NiO_2$，随着 x 值的增大，发生从六方相 H1→单斜相 M→六方相 H2→六方相 H3 的相变，其中 H1→M→H2 可逆，而 H2→H3 不可逆[377]，因而导致电极循环稳定性的下降。该材料的热稳定性和安全性差的原因也是脱锂相受热时容易发生相变和分解所致。实验表明，为提高镍酸锂的性能，Al 等掺杂改性可能是最有效的手段。从稳定性和容量角度出发，Al 的掺入量达到 0.15% 可能最适宜。$LiNi_{0.8}Co_{0.15}Al_{0.05}O_2$ 表现出 200 mA · h/g 的高放电容量。但是也在充放电时出现大的体积变化。

镍酸锂系材料和 $LiCoO_2$ 一样，充放电时伴随 Li^+ 的脱出，发生体积变化，镍酸锂可达 2% ~3%，如图 14.5 所示。Ukyo[378] 认为材料颗粒 2% ~3% 的变化将在活性物质表面产生相当大的应力(电池中活性物质上数伏电压的作用下锂离子的插入、脱插就会产生这样大的体积变化)，这是活性物质破坏而发生电池劣化的原因之一。

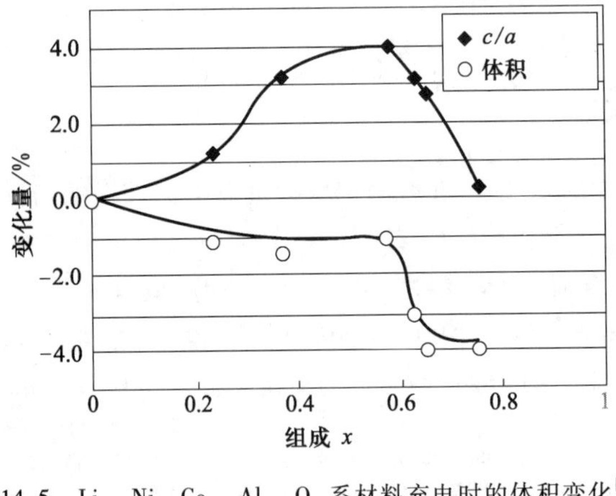

图 14.5　$Li_{1-x}Ni_{0.8}Co_{0.15}Al_{0.05}O_2$ 系材料充电时的体积变化[378]

[376]　Ohzuku T, Ueda A, Hagayama M. J. Electrochem. Soc., 1993, 147(7): 1862 - 1870.
[377]　Zhou Q M, Sacken U V. J. Power Source, 1995, 54: 221 - 223.
[378]　Ukyo Y. 粉碎, 2010, 53: 21 - 24.

另一方面，即便不考虑上述锂插入、脱离巨大的体积变化，充电状态(大量 Li 脱离状态)的活性物质化学活性非常大，即处于热力学不稳定的状态。例如 $LiNiO_2$ 系，锂离子完全脱离时 Ni 被氧化成极其不稳定的 $Ni^{(IV)}O_2$。

14.2.3 Ni－Co－Mn 三元系

所谓三元系电池正极材料是指层状 $LiMO_2$(其中 M = Mn，Co，Ni 中的两种或三种)，是目前有希望的材料之一。一般通过 $M(OH)_2$(M = Ni，Co，Mn)与 LiOH 混合，700～800 ℃的氧气气氛下固相合成。这类材料是在 $LiNiO_2$ 中 Ni 位置上以 Co、Mn、Ni 置换的固溶体，代表性组成为 $LiNi_{1/3}Co_{1/3}Mn_{1/3}O_2$ 和 $LiNi_{0.5}Mn_{0.5}O_2$[379]。其主要特征为[367]：

(1) 基本结构与上述 $LiCoO_2$ 和 $LiNiO_2$ 一样，为 $\alpha-NaFeO_2$ 型结构。Li 层中通常有 10% 程度的阳离子混排。

(2) 容量在 2.5～4.2 V 下为 110～150 mA·h/g(见表 14.1)。充电时热稳定性比 $LiCoO_2$ 的高。

(3) 离子存在的氧化态：Ni^{2+} 和 Mn^{4+}(XPS 结果)。有 Ni^{3+}/Mn^{3+} 和 Ni^{2+}/Mn^{4+} 动态变化分布的报道，但是 Ni^{2+} 和 Mn^{4+} 的存在为该系与 $LiCoO_2$ 和 $LiNiO_2$ 所不同的特征。充放电时 Ni^{2+}/Ni^{4+} 参与氧化还原。

(4) 4.2 V 附近有单斜晶系的组成为 $Li_{0.5}(Ni_{0.5}Mn_{0.5})O_2$ 的相出现。

(5) 终止电压设为 4.3～4.7 V，容量增加，接近理论容量(280 mA·h/g)，但是由于缺乏电子导电性，电压下降很大。

该系统也存在阳离子混排的问题[380]，需要考虑其与充放电容量的关系。上述层状岩盐型氧化物的问题决定了在合成过程中，有必要提高温度而使反应完全，从而提高结晶性，但是锂的挥发性将造成锂缺损，而产生镍被还原的同时，Ni 进入 Li 的位置。为此，出发原料要加入过剩的锂，此时过渡金属层中若有 Mn，则过渡金属层中也将出现无序分布。该材料合成的难点是需要在锂量减少过程中停止反应。有通过离子交换法合成 $LiNi_{0.5}Mn_{0.5}O_2$ 而不存在阳离子混排，容量和循环性能均表现优秀的报道[381]。

$LiNi_{0.5}Mn_{0.5}O_2$ 充放电机理上，不但要考虑层状岩盐型构造，还需要进行包括岩盐相 Li_2MnO_3 固溶体在内的综合性考察。再考虑到充放电有关的各离子的化合价以及充放电与超晶格关系等，因此该系统的研究成为结晶化学、固体化学的有趣课题。

[379] (a) Whittingham S. Science, 1976, 192 (4224): 1226. (b) Ohzuku T, Makimura Y. Chem. Lett., 2001, 30(8): 744－745.

[380] Ngala K, Chernova N A, Ma M, et al. J. Mater. Chem., 2004, 14(2), 214－224.

[381] Kang K, Meng Y S, Breger J, et al. Science, 2006, 311(5763): 977－980.

14.3　锰酸锂正极材料——尖晶石型锰酸锂

锰酸锂 $LiMn_2O_4$ 与 $LiCoO_2$ 和 $LiNiO_2$ 相比理论容量低，但是 Mn 的价格低、环境负荷小、充放电稳定性等优点(见表 14.1)令人瞩目。$LiMn_2O_4$ 具有尖晶石型结构，立方晶系，$a = 830.4$ pm(JCPDS 54-0258)，空间群 $Fd\bar{3}m$。如图 14.6 所示，氧原子(占据 32e 位)采取立方最紧密堆积，Li 和 Mn 分别占据由 O 构成的四面体(8a 位)和八面体空隙(16d)。研究业已表明，Li 在[MnO_6]八面体构成的三维通道内扩散时，经过 8a 位旁的八面体空隙 16c 位，呈现沿 8a→16c→8a 的锯齿状路线迁移。

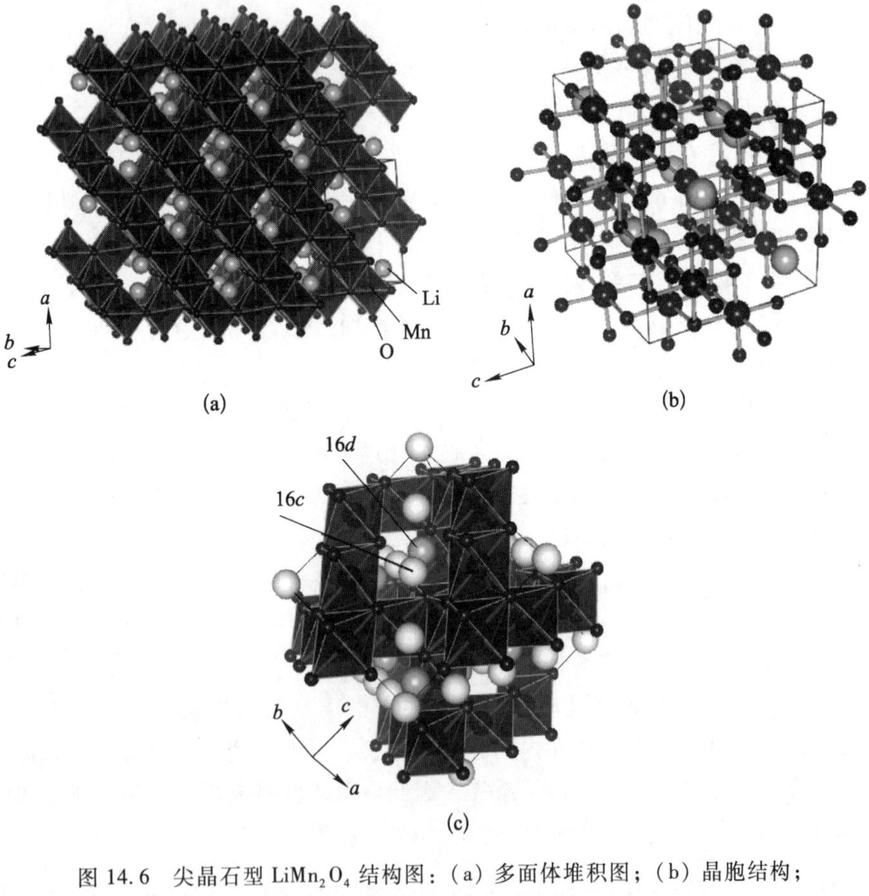

图 14.6　尖晶石型 $LiMn_2O_4$ 结构图：(a) 多面体堆积图；(b) 晶胞结构；(c) Li^+ 的扩散通道(白色球为假想球，表示 16c 位)

通常 $LiMn_2O_4$ 由碳酸锂与二氧化锰在空气中烧成制备，但是合成方法不同，电池特性不同。再者，也可能引入多于化学计量比的 Li，生成四方晶系的 $Li_2Mn_2O_4$，晶胞参数 $c/a>1$，放电电压约为 3 V[382]，但体积膨胀大(6%)，循环性能差。4 V 的 $LiMn_2O_4$ 却在 Li^+ 抽出的情况下能够保持尖晶石结构。$LiMn_2O_4$ 的循环性能下降的原因，主要的有杨－特勒(Jahn-Teller)效应造成[MnO_6]八面体变形，Mn^{3+} 歧化反应造成 Mn^{2+} 溶解，高氧化性 Mn^{4+} 与电解质反应产生 H^+ 而加速 Mn^{2+} 溶出等[383]。为此，广泛地开展着掺杂工作，包括 Li 取代 Mn。

因为 $LiMn_2O_4$ 的理论容量仅为上述层状岩盐相的 $LiCoO_2$、$LiNiO_2$ 的一半多，因此容量与后者同程度的 $LiMnO_2$(285 mA · h/g)受到关注。$LiMnO_2$ 主要存在正交晶系(空间群 *Pmnm*)和单斜晶系(*C*2/*m*)的两种结构[384]，分别记作 o－$LiMnO_2$ 和 m－$LiMnO_2$。它们均为层状结构，前者层板由[MnO_6]八面体呈锯齿状排列构成，为类层状岩盐结构(因 Mn^{3+} 的杨－特勒畸变造成 O 为扭曲的立方密堆积)。正交结构比单斜结构稳定，但总体上两者结构均不稳定。具有 α－$NaFeO_2$ 型结构的 $LiMnO_2$ 是通过对 $NaMnO_2$ 进行离子交换合成的，其电化学特性已有报道[385]。

另外一个重要的锰酸锂盐是岩盐相的 Li_2MnO_3。Li_2MnO_3 相为单斜晶系，$a=492.8$ pm，$b=853.3$ pm，$c=960.4$ pm，$\beta=99.5°$(JCPDS 27－1252)，空间群 *C*2/*c*。O 以面心立方最紧密形式堆积，一层为占据八面体空隙的 Li 层(占总 Li 量的 3/4)，另一层为 Li－Mn 层(Li/Mn = 1/2)，Li、Mn 均占八面体空隙，两种层板在立方母格子的(111)方向交替重复(α－Na_2SnO_3 型结构)。Thackeray 等的工作表明，向 $LiMO_2$ 或者尖晶石的锰酸锂基底(Matrix)中引入该相可提高复合材料的循环稳定性和热稳定性[386]。

易于变价的 Mn 使得锰酸盐结构众多，某些 $LiMnO_2$ 充放电后易于转变变为尖晶石型，而尖晶石的超晶格结构问题，加之实际存在的将单斜晶系 $LiMnO_2$ 视为高温相、将正交晶系 $LiMnO_2$ 视为低温相之类的结晶学上难于理解的问题等，都值得从各个角度对锰酸锂进行研究。

---

[382] Thackeray M M, David W I F, Goodenough J B, et al. Mater. Res. Bull., 1983, 18(4): 461－472.

[383] (a) Gummow R J, de Kock A, Thackeray M M. Solid State Ionics, 1994, 69(1): 59－67. (b) Xia Y, Zhou Y, Yoshio M, J. Electrochem. Soc., 1997, 144(8): 2593－2600.

[384] 也有其他晶型的 $LiMn_2O_4$ 的报道。例如 Sugiyama J, Noritake T, Hioki T, et al. Mater. Sci. Eng.: B, 2001, 84(3): 224－232.

[385] Armstrong A R, Bruce P G. Nature, 1996, 381(6): 499－500.

[386] (a) Thackeray M M, Johnson C S, Vaughey J T, et al. J. Mater. Chem., 2005, 15(23): 2257－2267. (b) Johnson C S, Li N, Lief C, et al. Chem. Mater., 2008, 20(19): 6095－6106.

14.4 橄榄石型正极材料

$LiFePO_4$ 为橄榄石结构分类中的一种[387]，化学式属 $LiMPO_4$（M = Fe，Co，Mn，Ti 等）。就橄榄石结构的化合物而言，可以用做锂离子电池的正极材料的并非只有 $LiMPO_4$ 一种，就目前所知，与 $LiMPO_4$ 相同皆为橄榄石结构的正极材料还有 A_yMPO_4（A 为碱金属）、$Li_{1-x}MFePO_4$、$LiFePO_4 \cdot MO$ 等三种化合物，都可能用做锂离子电池的正极材料[388]。因此应当说橄榄石型化合物的研究是以 $LiFePO_4$ 为代表的。

自然界中 $LiFePO_4$ 矿物名为 triphylite（磷酸锂铁矿），所以常将其结构称为 triphylite 结构。图 14.7 表示 $LiFePO_4$ 的晶体结构。正交晶系，晶胞参数 a = 1033.2 pm，b = 601 pm，c = 778.7 pm，空间群 *Pnma*。O 为近似六方最紧密堆积，Li 和 Fe 占据八面体空隙（全数的一半），P 占据四面体空隙（全数的 1/8）。近似的[PO_4]四面体和近似的[FeO_6]八面体通过共顶点和共边（每个[PO_4]仅与一个[FeO_6]共边）相连，在 b 轴方向形成供 Li^+ 迁移的“笔直”的通道。当锂离子和电子从 $LiFePO_4$ 抽出后，所剩的 $FePO_4$ 骨架（自然界有矿物 heterosite，即异磷铁锰矿）具有与 triphylite 相同的结构（空间群），但体积减小 7%。放电曲线上 3.3 V 平台对应于这两相的反应。自然界中此类矿物的存在是其结构稳定的证据[387]。这种稳定的两相使得 $FePO_4$ 具有良好的循环性能；骨架中的 O 即使在过充电及高温下也不易分解，高温安全性也是该材料本质上所具有的优良性能。

$LiFePO_4$ 的理论容量约 170 mA · h/g（理论容量密度为 560 mW · h/g。在最早关于橄榄石型正极材料的 Goodenough 的论文[356]中，尽管在 0.05 mA/cm^2 的电流密度下充放电，容量也仅为 120 mA · h/g，其原因是：① $LiFePO_4 - FePO_4$ 两相界面层 Li^+ 扩散性差，不论是插入还是脱出，Li^+ 都要经历一个由外到内或者是由内到外的结构上的相转变过程；② 近乎六方最紧密堆积的 O^{2-} 给 Li^+ 仅提供有限的通道，即沿着 b 轴方向 Li^+ 扩散受限；③ 橄榄石基体中因 Fe^{2+} 在结构中孤立存在，通过金属原子之间长距离的电子导电性很低，几乎没有电子导电性（10^{-9} S/cm）[389]。

[387] $LiFePO_4$ 矿物学中的学名为 triphylite，是从希腊字的 tri -（三）以及 fylon（叶）两个字根而来，在矿石中的颜色可为灰色、红麻灰色、棕色或黑色。$LiMnPO_4$ 的学名为 lithiophilite（磷锰锂矿）。锂抽出型的矿物 $FePO_4$、$MnPO_4$ 分别称为“heterosite”和“purpurite（紫磷铁锰矿）”（cf. Tang P，Holzwarth N A W. Phys. Review. B，2003，68(16)：165107 - 165107.

[388] http：//zh. wikipedia. org/wiki/% E7% A3% B7% E9% 85% B8% E9% 8B% B0% E9% 90% B5。另，所谓的磷酸铁锂专利之争尚未完结，在这个网页也能看到介绍。

[389] 相比之下，$LiCoO_2$ 的电子导电性为 10^{-3} S/cm，$LiMn_2O_4$ 的电子导电性为 10^{-5} S/cm。

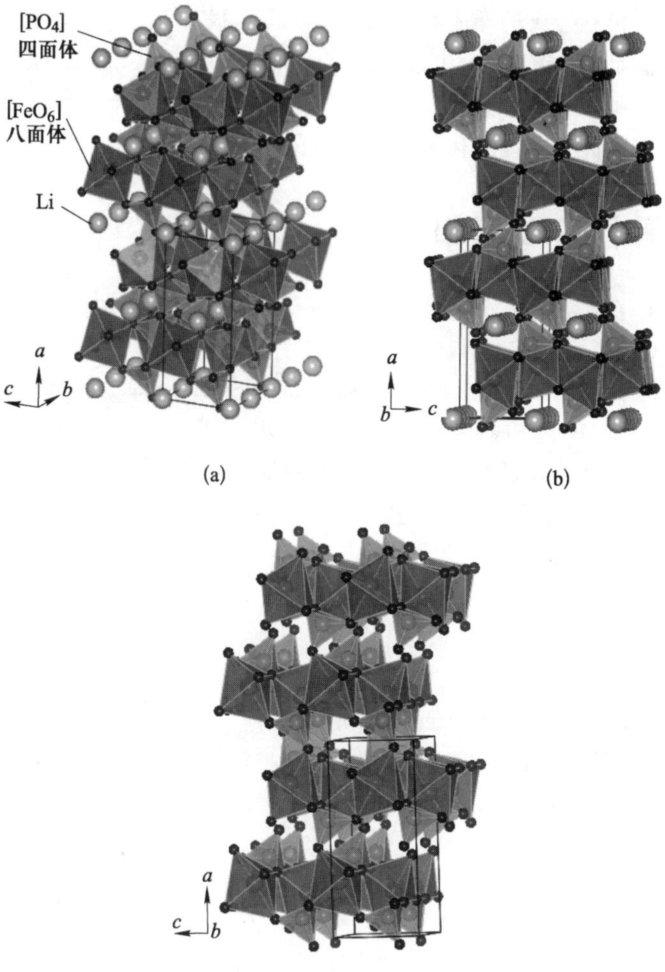

图 14.7 (a)、(b) $LiFePO_4$ 和(c) $FePO_4$ 的结构

$LiFePO_4$ 导电性差的最大缺点逐渐通过纳米级碳涂层、颗粒尺寸的减少、碳热还原法、取代 Fe 的掺杂等克服[390]。另外一个大问题是材料合成中 Fe^{2+} 非常容易氧化成 Fe^{3+} 而导致不纯物的生成。伴随着提高导电性的工作，也发展了各种合成方法，以克服 $LiFePO_4$ 合成中的困难，并降低成本。

在对包括橄榄石型在内的所谓不含稀有金属的正极材料综述后，Okada 和 Yamaki 对于下一代电池的描述为[390]：

[390] Okada S, Yamaki J. Iron-based Rare-Metal-Free Cathodes, Lithium Ion Rechargeable Batteries, Wiley-VCH Verlag GmbH & Co. KGaA, 2009.

(1) 不含稀有金属的低成本、低环境负荷正极。

(2) 为满足 Li^+ 或者 Na^+ 扩散所需的大瓶颈，希望共顶角连接的骨架。

(3) 含聚阴离子或者氟化物，以满足高放电电压正极材料。

(4) 含聚阴离子或抗氧化物质，以避免在高温下放热而还原。

进一步阅读的参考书

[1] Ozawa K. Lithium Ion Rechargeable Batteries [M]. Weinheim: Wiley-VCH Verlag GmbH & Co. KGaA, 2009.

[2] Wakihara M, Yamamoto O. Lithium Ion Batteris-Fundamentals and Performance [M]. Tokyo, Weinheim: Kodansha Ltd., Wiley-VCH, 1998.

[3] 黄可龙,王兆翔，刘素琴．锂离子电池原理与关键技术[M]. 北京：化学工业出版社，2007.

思考题

1. Li^+ 在 $LiCoO_2$、$LiMn_2O_4$、$LiFePO_4$ 中的扩散通道有何不同?

2. 充放电时 $LiFePO_4$ 的氧化还原电对是什么?

3. 增大扩散通道，可能提高 Li^+ 在 $LiFePO_4$ 中的扩散速率。试分析如果引入少量 Na^+，对材料会有什么影响?

第 15 章 多孔材料催化剂的合成与制备

15.1 引言

多孔材料(porous material)是具有相互贯通或封闭孔洞结构的一类材料，如果其孔洞的长度与孔径比值非常小，形成的是由多边形孔在平面上构成的二维网络结构；如果其孔洞长度与孔径比值较大，形成的是由大量多面体孔在空间上形成的三维网络结构。由于孔洞的存在，多孔材料一般具有相对密度低、比强度高、比表面积高、隔音、隔热、渗透性好等特点，在航天、航空、化工、建材和医药等领域均具有广泛的应用前景。自然界中很多物质都具有多孔结构，如软木、海绵、珊瑚、海胆及一些多孔矿物。随着现代技术的发展，人们可以人工合成具有特殊性能的多孔材料，并广泛应用到各个领域。

根据国际纯粹与应用化学联合会(IUPAC)的规定，按多孔材料的孔径大小又可细分为：微孔材料(microporous material)，即孔径小于 2 nm 的一类多孔材料；介孔材料(mesoporous material)，即孔径介于 2 ~ 50 nm 的一类多孔材料；大孔材料(macroporous material)，即孔径大于 50 nm 的一类多孔材料。多孔材料的特点就是具有特殊的孔道结构，由孔道产生的内表面积很高，并且孔径和孔壁连续可调。利用这一特点使其在很多领域中得到应用，如利用孔道对有害物质进行吸附和分离，可应用在水质净化、汽车尾气处理等环保领域；利用孔道对生物分子(如蛋白质、酶)进行固定和分离，可应用在生物医药领域；利用孔道作“微反应器”，在孔内组装纳米尺度的化合物，可应用在光电器件、微电子技术、传感器等领域。而其中最重要且最具特色的应用之一是作为催化剂，由于多孔材料的孔道内表面积很大，具有很多的催化位点，可以提高催化反应活性。同时，由于孔径的限制，体积较大的反应物或生成物很难进出孔道，因此对反应物和生成物的选择性极高。大孔材料由于孔径较大，不适合作为择形催化反应(shape-selective catalysis)的催化剂，因此常用做择形催化反应的催化剂的为微孔或介孔分子筛。

15.2　微孔分子筛的制备及催化性质

微孔分子筛是最典型的微孔材料，是石油工业和精细工业上常用的催化剂。常见的微孔分子筛为结晶态的硅酸盐或硅铝酸盐，其晶体结构中存在规则有序的孔道，是由硅氧四面体[SiO_4]或铝氧四面体[AlO_4]通过氧桥键相连构成的。例如，以方钠石(SOD)笼为结构单元构成的分子筛骨架结构如图 15.1 所示[391]。首先由[SiO_4]或[AlO_4]等初级单元通过氧桥键相连构成笼结构单元，如截角八面体的 SOD 笼结构。再由 SOD 笼为结构单元构成各种骨架结构的分子筛，如 SOD 笼间通过共面连接形成 SOD 结构(如方钠石)，SOD 笼间通过双四元环连接形成 LTA 结构(如 Linde－A 沸石)，SOD 笼间通过双六元环连接形成 FAU(如八面沸石)和 EMT 结构(如 MEC－2 沸石)。由于分子筛的孔径受自身的骨架结构限制，通常在 1 nm 以下。随着分子筛合成技术的提高，磷铝酸盐类分子筛也被成功合成，其中由我国科学家徐如人院士合成的 JDF－20 具有二十元环超大孔结构是目前国际上孔径最大的磷酸铝分子筛[392]。分子筛

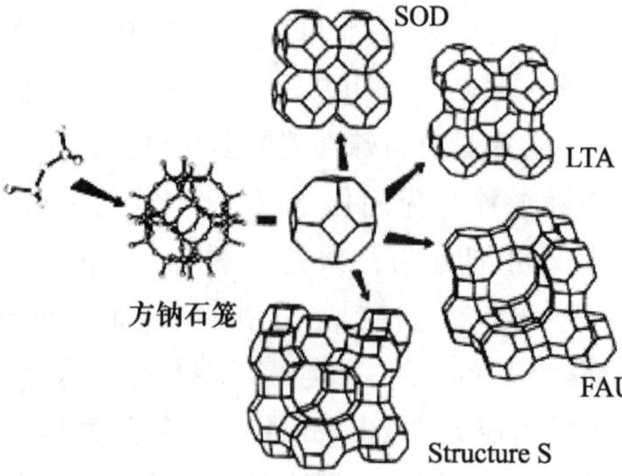

图 15.1　由方钠石(SOD)笼结构单元构成的四种分子筛骨架结构[391]

[391]　Newsam J M. Science, 1989, 231: 1093.
[392]　Huo Q, Xu R, Li S, et al. J. Chem. Soc., Chem. Commun., 1992, 12: 875.

的骨架元素(Si、Al、P)也可以由其他元素(如B、Ga、Ge、In等)取代，形成具有超大孔空旷骨架结构分子筛，进一步扩展了微孔分子筛的种类。

15.2.1 微孔分子筛的制备

1. 硅铝酸盐的水热合成

通常利用水热法(hydrothermal synthesis)或有机溶剂热法(solvothermal synthesis)制备微孔分子筛。以合成硅酸盐或硅铝酸盐为例，以硅源[如$Na_2O \cdot xSiO_2$，正硅酸乙酯(TEOS)]和铝源[如$Al(OH)_3$、$NaAlO_2$]为起始原料，在碱性水溶液(如NaOH)中混合，有时还需加入模板剂，在一定条件下陈化后，再在密闭反应釜中于一定温度下晶化，生成晶体结构的沸石，后经洗涤、干燥、灼烧等处理得到微孔分子筛。其主要的反应过程可分为硅铝酸盐凝胶的生成过程及在水热条件下的晶化过程。反应过程可用下式表示：

$$Na_2O \cdot xSiO_2 + NaAlO_2 + NaOH \xrightarrow{\text{陈化}(T_1)} \text{硅铝酸盐凝胶} \xrightarrow{\text{晶化}(T_2)} \text{沸石分子筛}$$

其中，反应物料的组成与比例、模板剂的种类、反应的pH、陈化与晶化的温度和时间等因素都会影响最终分子筛产物的结构和晶体大小。例如，以$Na_2O-SiO_2-Al_2O_3-H_2O$体系合成沸石分子筛，当晶化温度在363～373 K时，主要生成A型、X型或Y型沸石；当晶化温度在393～473 K时，主要生成菱沸石、钠菱沸石等；当晶化温度在473～573 K时，主要生成方钠石、小孔丝光沸石等；当晶化温度在573～733 K时，主要的晶化产物为方沸石、钠沸石等。下面简单介绍一些在石油加工和精细化工上广泛应用的分子筛催化剂的合成过程。

1) 合成八面沸石型(FAU)分子筛[393]

八面沸石型(FAU)分子筛为三维十二元环孔道，属于立方晶系($Fd3m$)，分为低硅型的X型沸石和高硅型的Y型沸石。X型(LSX)分子筛的Si/Al在1～1.5之间，以铝酸钠($NaAlO_2$)、氢氧化钾(KOH)、氢氧化钠(NaOH)与硅酸钠(Na_2SiO_3)为原料，反应过程为：先将铝酸钠溶于水后，与氢氧化钾和氢氧化钠的水溶液进行混合，再将上述溶液加入到硅酸钠溶液中。搅拌均匀后，在聚丙烯瓶或Teflon瓶中343 K下陈化3 h，再于366～373 K下晶化2 h。过滤后用去离子水洗涤，在383 K干燥，得到粒径在2～6 μm的LSX型分子筛[393]。

Y型(Linde－Y)分子筛的Si/Al在1.5～3之间，以铝酸钠、氢氧化钠和硅酸钠(Na_2SiO_3)为原料，反应过程为：将氢氧化钠与铝酸钠溶于水后，加入到硅酸钠溶液中混合均匀，室温陈化一昼夜制成胶态导向剂。再将氢氧化钠和

[393] Kuhl G H. Zeolites，1987，7：451.

铝酸钠溶于水后，与硅酸钠溶液相混，强烈搅拌至凝胶生成，制成母液。将导向剂在剧烈搅拌下缓慢加入母液中，搅拌 20 min 后，在聚丙烯瓶中室温陈化一昼夜，再在 373 K 下晶化直至固液相分开。过滤后用去离子水洗涤，在 383 K 干燥，得到粒径小于 1 μm 的 Linde－Y 型分子筛。

2）合成 β 型分子筛[394]

β 型分子筛为十二元环孔道，属于四方晶系（$P4_122$）。以四乙基氢氧化铵（TEAOH），氯化钠（NaCl）、氯化钾（KCl）、氢氧化钠、二氧化硅（SiO_2）、铝酸钠为原料，反应过程为：将 TEAOH 与氯化钠和氯化钾的水溶液混合，在搅拌下加入二氧化硅制成溶液 A。再将铝酸钠与氢氧化钠水溶液混合后制成溶液 B。将溶液 A 与溶液 B 相混并搅拌至凝胶，置于不锈钢反应釜中，在 408 K 下晶化 15～20 h。离心分离产物并用去离子水洗涤，在 350 K 下干燥，得到粒径在 0.1～0.3 μm 的 β 型沸石分子筛。

3）合成 ZSM－5 型（MFI）分子筛

ZSM－5 具有二维十元环孔道，属于正交晶系（*Pnma*）。以四丙基氢氧化铵（TPAOH）、铝酸钠、硅酸（NaOH、$SiO_2 \cdot 0.5H_2O$）为原料，反应过程为：将 TPAOH 与氢氧化钠水溶液混合，在搅拌下加入硅酸。室温混合 1 h 后，在 373 K 下陈化 16 h，制成胶态晶种。再将铝酸钠与氢氧化钠的水溶液混合，搅拌下加入硅酸，并室温下振荡 1 h，制成母液。将晶种加入到母液中振荡 1 h 后，置于不锈钢反应釜中，453 K 下晶化 40 h，过滤后用去离子水洗涤，在 378 K 下干燥 24 h，得到粒径为 6 μm 的 ZSM－5 分子筛。

2. 磷酸铝分子筛的有机溶剂热合成

磷酸铝分子筛的骨架由［AlO_4］四面体和［PO_4］四面体连接而成。与沸石的水热合成不同，微孔磷酸铝分子筛的水热合成绝大多数在微酸性或中性溶液中进行，且需要有机胺或季铵盐做模板剂或结构导向剂。吉林大学的徐如人院士等通过有机溶剂热方法（solvothermal synthesis）合成了已知结构、不同孔径的磷酸铝分子筛（如 $AlPO_4$－5）及一系列新结构（一维链状、二维层状、三维微孔骨架结构）的磷酸铝分子筛（如 JDF－20）。与水热合成路线类似，反应物料、模板剂、pH、温度、时间等因素也会影响最终分子筛产物，不同的是，反应溶剂的种类及极性也会对磷酸铝分子筛的结构产生影响。例如，以三乙胺为模板的磷酸铝合成体系，在强极性溶剂中得到的是 $AlPO_4$－5，在中强极性溶剂中得到的是 JDF－20，在中弱极性溶剂中产生链状磷酸铝 $AlPO_4$－L。

实例：合成 $AlPO_4$－5 型分子筛[395]（六方晶系，*P6/mcc*）。以 H_3PO_4、三

［394］ Camblor M A，Pérez-Pariente J. Zeolites，1991，11：202.

［395］ Girnus L，Jancke K，Vetter R，et al. Zeolites，1995，15：33.

乙胺、三异丙醇铝、HF与少量 C_3H_7OH 为原料。反应过程为：将三乙胺逐滴加入 H_3PO_4 的水溶液中，在273 K下加入异丙醇铝并在室温下搅拌2 h。再与HF的水溶液混合并搅拌2 h后，置于不锈钢反应釜中，在453 K下晶化6 h（或微波加热15 min），过滤后用去离子水洗涤并干燥，在873 K灼烧至产物呈无色，得到粒径为50 μm的 $AlPO_4-5$ 分子筛。$AlPO_4-5$ 型分子筛也可以通过有机溶剂热方法合成，将三丙胺与三异丙醇铝的乙二醇溶液均匀混合，再将 H_3PO_4 加入到上述溶液中形成凝胶。搅拌30 min后，置于不锈钢反应釜中，在453 K下晶化，过滤洗涤后烘干，得到同样晶型的 $AlPO_4-5$ 分子筛[396]。

3. 磷酸铝分子筛的离子液合成

离子热合成法(ionothermal synthesis)是一种新的分子筛合成技术，2004年Cooper等首次以离子液为溶剂和模板剂，在常压下通过晶化反应合成磷酸铝分子筛[397]。除反应物料、温度、时间等影响因素外，添加剂的引入也会改变分子筛的晶体结构。例如，以1-丁基-3-甲基溴化咪唑体系([bmim]Br)合成磷酸铝分子筛，不添加有机胺，可得到十元环孔道的 $AlPO_4-11$ 分子筛(AEL结构)。加入少量有机胺时，可生成十二元环孔道的 $AlPO_4-5$ 分子筛(AFI结构)[398]。

实例：合成 $AlPO_4-11$ 分子筛[399]。首先制备[bmim]Br离子液：水浴318 K条件下，向N-甲基咪唑中滴加溴丁烷至过量，氮气保护下，提高温度到353 K，搅拌回流6 h，除去未反应的溴丁烷后，得到[bmim]Br离子液。将 H_3PO_4 水溶液、三异丙醇铝、三乙胺、HF水溶液与[bmim]Br离子液混合均匀，在463~553 K油浴上加热5 h，过滤后用去离子水和丙酮洗涤，得到 $AlPO_4-11$ 分子筛。

4. 晶化机理

晶化过程是合成分子筛的重要步骤，目前主要有两种晶化机理：固相转变过程和液相转变过程。前者认为在晶化过程中，硅铝水凝胶中的硅铝酸根是在固相条件下，重排并晶化成沸石晶体，液相组分不参加晶化过程；后者认为在晶化过程中，硅铝水凝胶固相溶解后，由溶液中的硅酸根离子与铝酸根离子重新晶化成沸石晶体。此外，有人还提出双相转变机理，即认为沸石晶化的固相化学转变和液相转变都是存在的。

固相转变机理认为，由硅酸盐和铝酸盐生成的硅铝酸盐水凝胶虽然在液相体系下反应生成沸石分子筛，但是在整个晶化过程中，凝胶相没有溶解产生硅酸根离子和铝酸根离子，液相体系也没有参与沸石的成核与晶体生长，凝胶固

[396] Huo Q S, Xu R R. J. Chem. Soc., Chem. Commun., 1990, 783.
[397] Cooper E R, Andrews C D, Wheatley P S, et al. Nature, 2004, 430: 1012.
[398] Xu R S, Zhang W P, Guan J, et al. Chem. Eur. J., 2009, 15: 5348.
[399] Wang L, Xu Y P, Wei Y, et al. J. Am. Chem. Soc., 2006, 128: 7432.

相只是在水热条件下自身重排并晶化生成沸石分子筛。例如，ZSM－35 与 ZSM－5 可通过凝胶固相直接晶化合成，在晶化过程中固相中 Si/Al 不发生任何变化，而在液相中也检测不到硅酸根离子与铝酸根离子的存在，证明了该晶化过程是通过固相转变进行的[400]。

液相转变机理认为，形成的凝胶部分或全部溶解在溶液中，生成硅酸根离子与铝酸根离子，在水热条件下聚合形成沸石晶体的晶核，并长大形成沸石晶体。例如，NaY 沸石的水热合成时，生成的凝胶在晶化过程中首先完全溶解变为澄清溶液，之后又生成固态的沸石晶体[401]。

5. 二次合成与修饰改性

分子筛的修饰与改性主要通过二次合成技术实现，既提高了分子筛的催化性能及(水)热稳定性，又可以改变微孔骨架结构和金属离子组成。例如，八面沸石(FAU)是常用的石油裂解催化剂，Na－X 型沸石通过离子交换形成(RE，H)X 型沸石，其对正己烷的裂解活性提高 7 800 倍。目前的改性方法主要有沸石分子筛的阳离子交换改性、沸石分子筛的骨架脱铝改性、分子筛骨架的杂原子同晶置换以及分子筛孔道与表面修饰。下面具体介绍这些改性方法在催化方面的应用。

1）阳离子交换改性

通过不同直径的金属阳离子的交换，改变分子筛孔道大小，实现选择性分离及催化。例如，Na－A 型分子筛的孔径为 0.4 nm，通过与 Cs^+、K^+、Ca^{2+} 金属阳离子的交换，分子筛的孔径为 0.2 nm、0.3 nm、0.5 nm。在石油工业中，由于石油馏分包含分子直径为 0.49 nm 的正构烷烃和分子直径大于 0.5 nm 的异构烷烃、环烷烃、芳香烃分子。因此，通过离子交换使 4A(NaA 型)分子筛转变为 5A(CaA 型)分子筛，实现对石油中正构烷烃的分离，并且可以作为择形催化反应的催化剂。

2）脱铝改性

沸石的 Si/Al 将影响其(水)热稳定性和化学稳定性，一般 Si/Al 高的沸石分子筛具有更强的耐热、耐水蒸气和耐酸能力。此外，一些分子筛催化活性随 Si/Al 的增加而提高。通过分子筛骨架脱铝改性可以实现对 Si/Al 的改变。例如，通过高温下的(水)热处理[402]或者化学方法[403]对分子筛进行脱铝补硅。

[400] Xu W Y，Li J Q，Li W Y，et al. Zeolites，1989，9：468.

[401] Ueda S，Kageyama N，Koizumi M. Crystallization of Zeolite Y from Solution Phase，Proc. 6th Int. Zeol. Conf.，Butterworth，Guildford，1984：905.

[402] Scherzer J. The Preparation and Characterization of Aluminum Deficient Zeolites，ACS Symp. Ser.，1984，248：157.

[403] Beyer H K，Belurykaya I M，Hange F. J. Chem. Soc. Faraday Trans. 1，1985，81：2889.

3）杂原子同晶置换

部分过渡元素(如 Cr、Fe、Ga、Ti 等)通过同晶置换可以替代分子筛骨架中的硅、铝或磷元素，生成含有杂原子的新型分子筛，并且具有很高的催化活性。例如，含 Ti 的分子筛 TS－1、TS－2、Ti－β 型分子筛等是应用很广的氧化催化剂，可选择性的催化酚类、烯烃和胺的氧化反应。Ti－β 型分子筛可通过 $TiCl_4$ 与含硼－β 型沸石的气－固相置换后，再水解脱去硼，或者让含硼－β 型沸石与稀酸作用脱硼，再与 $TiCl_4$ 反应制得[404]。

4）孔道与表面修饰

只有体积和形状合适的反应物分子才能进入沸石孔道进行吸附或催化，因此分子筛具有择形催化性能。分子筛的孔口尺寸取决于其晶体结构，因此可通过反应物的情况选择合适的分子筛晶体，如具有八元环、十元环和十二元环的沸石分子筛的最大孔径为 0.45 nm、0.63 nm 和 0.80 nm。此外，也可以通过表面修饰的方法调节沸石孔径，即在沸石孔道内嵌入其他分子或原子团，使沸石孔道变窄(内表面修饰法)，或者使用分子尺寸大于沸石孔径的修饰剂与沸石外表面作用，使沸石孔口变窄(外表面修饰)。例如，利用硅烷与氢型沸石表面的羟基反应，使分子筛孔道表面附着氧化硅，使孔道变窄[405]。或者通过化学气相沉积(CVD)的方法，使 $Si(OCH_3)_4$ 与分子筛表面和孔口的羟基作用，生成 SiO_2 并降低孔口尺寸[406]。

15.2.2 微孔分子筛的催化性质

1. 分子筛的择形催化反应的类型

微孔分子筛由于具有较大的比表面积和有序的孔结构，因此可作为固体酸催化剂或催化剂载体(如负载 Pd 金属催化剂)，又由于孔道直径的限制，可选择性地催化反应物，具有择形催化性能。根据分子筛孔道直径的限制对象，可以把分子筛的择形催化反应分为三种类型：对反应物的限制，对生成物的限制，以及对过渡态(中间体)的限制[407]。

1）对反应物的限制

当有几种反应物参与催化反应时，只有那些体积比分子筛孔径小的反应物分子可以通过分子筛孔径并进行催化反应。例如，当直链的正庚烷与支链的异庚烷(2－甲基己烷)通过分子筛孔道进行催化裂解反应时，只有体积小于分子筛孔径的正庚烷通过分子筛孔道并裂解成丁烷和丙烷，而具有支链的异庚烷由

[404] Rigutto M S, de Ruiter R, Niederer J P M, et al. Stud. Surf. Sci. Catal., 1994, 84: 2245.
[405] Barrer R M, Vansant E F, Peeters G J. J. Chem Soc., Faraday Trans. 1, 1978, 74: 1871.
[406] Niwa M, Itoh H, Kato S, et al. J. Chem. Soc., Chem. Commun., 1982: 819.
[407] Csicsery S M. Zeolites, 1984, 4: 202.

于体积过大，无法通过分子筛孔道进行反应，如图 15.2(a)所示。

2）对生成物的限制

当反应物在分子筛孔道内通过催化反应合成出几种生成物时，只有那些体积比分子筛孔径小的生成物可以通过孔道而得到，其他生成物由于体积过大而很难在分子筛孔道内扩散。例如，甲苯与甲醇反应生成二甲苯，生成物具有三个异构体：邻二甲苯、间二甲苯和对二甲苯。其中邻二甲苯和间二甲苯因为体积过大而无法在分子筛孔道内扩散，而对二甲苯由于体积小于分子筛孔径，可以扩散出分子筛成为最终产物，如图 15.2(b)所示。

3）对中间体的限制

当反应物首先需要形成过渡态(中间体)，然后才能形成生成物时，只有那些体积小于分子筛孔径的中间体才能够形成并最后转化成生成物，体积较大的中间体无法生成，因此也得不到相应的生成物。例如，1，3-二甲苯间的烷基转移反应可以生成1，2，4-三甲苯和1，3，5-三甲苯，但由于生成1，3，5-三甲苯的中间体的体积过大，因此该反应无法在分子筛孔道内进行，而生成1，2，4-三甲苯的中间体的体积小于分子筛孔径，因此可以发生该反应并生成最终产物1，2，4-三甲苯，如图 15.2(c)所示。

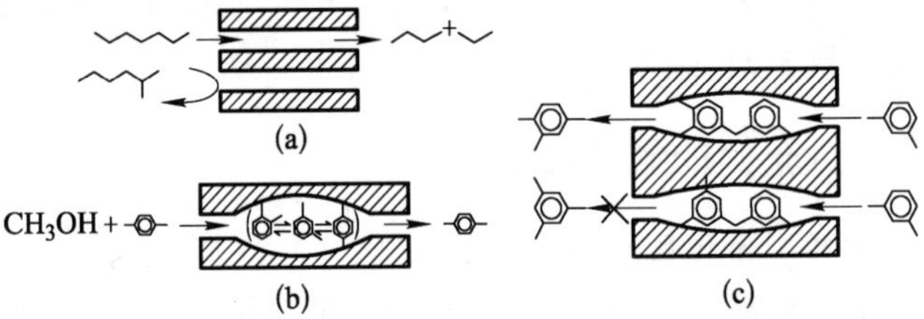

图 15.2　分子筛的三种择形催化反应：(a) 对反应物的限制；(b) 对生成物的限制；(c) 对中间体的限制[407]

由上所述，选择合适的分子筛催化剂，不但可以提高催化反应活性，还可以利用其孔道直径进行择形催化反应，下面简单介绍一些常见的分子筛催化剂及其催化反应。

2. 分子筛催化剂及其催化反应

1）沸石分子筛固体酸催化剂

沸石分子筛催化剂具有优异的酸催化性能，其酸性部位可以通过阳离子交换生成含铵离子的分子筛，再通过高温分解脱氨产生质子酸，如 NH_4Y 在高温下发生脱氨生成 HY。也可以直接通过阳离子交换产生质子酸，如 NaZSM-5 在酸性介质中生成 HZSM-5 分子筛。此外，硅铝酸盐中的氧化铝表面上也可以形成酸中心(Lewis 酸)，因此分子筛的 Si/Al 也将影响其酸催化活性。

（1）HY 型分子筛的合成及催化应用。HY 型分子筛可以通过 NaY 型分子筛与铵盐溶液（如 NH_4Cl）混合后发生阳离子交换反应生成 NH_4Y 型分子筛，再在高温（500～800 ℃）下焙烧脱氨制得。HY 型分子筛具有良好的酸催化活性及催化选择性，广泛的应用在石油的催化裂化、烷基化等酸催化反应中。最近的研究发现，在 HY 型分子筛催化 1－四氢萘酮脱氢生成 1－萘酚的反应中，通过产物萘/萘酚的比值可鉴定各种碳氢化合物的氢转移能力[408]。

（2）Hβ 型分子筛的合成及催化反应。Hβ 型分子筛可以通过 Naβ 型分子筛与铵盐溶液（如 NH_4NO_3）进行阳离子交换反应，再在高温（500～800 ℃）下焙烧脱氨制得。Hβ 型分子筛同样是良好的固体酸催化剂，被广泛应用在石油的催化裂化、烷基化等酸性催化反应中。最近的研究发现，在 Hβ 型分子筛催化苯甲醚与三氯乙醛生成三氯甲基（4－甲氧苯基）甲醇的反应中，用草酸改性 Hβ 型分子筛可进一步提高其催化性能[409]。

（3）HZSM－5 型分子筛的合成及催化反应。HZSM－5 型分子筛可以通过 NaZSM－5 型分子筛与酸性溶液（如 HCl）进行阳离子交换反应制得。HZSM－5 是目前最重要的分子筛催化材料，可催化裂解烷烃、裂化轻汽油的芳构化、乙醇脱水等反应，广泛应用于石油、精细化工等领域。最近的研究发现，在 HZSM－5 型分子筛催化丙醛合成芳香族化合物的反应中，减少 HZSM－5 分子筛的粒径有利于降低焦炭的产生[410]。

2）磷酸铝分子筛催化剂

磷酸铝 $AlPO_4-n$ 系列分子筛由于具有中性骨架结构，因此不具备酸催化活性，只能够作为催化剂载体使用。因此，可以通过杂原子置换反应，向分子筛骨架中引入杂原子取代 Al 或 P 来调节分子筛的酸性。例如，用 Si 原子取代部分 P 原子得到 SAPO 分子筛，而用过渡金属原子取代可得到 MeAPO 分子筛（Me 为 Co、Fe、Mg 等元素）。

实例：SAPO－11 分子筛可通过在合成磷酸铝分子筛的过程中加入硅源（如硅溶胶）制得，原料的加入次序对产物质量有一定影响。SAPO－11 分子筛是目前为数不多的可应用到石油化工中的磷酸铝分子筛催化剂，能够显著提高汽油馏分的辛烷值。最近的研究发现，在起始的凝胶中加入甲胺，制得的 SAPO－11 分子筛在长链烷烃加氢异构化反应中的催化活性有所提高[411]。

3）分子筛负载金属催化剂

含有金属元素的分子筛催化剂可以通过在合成分子筛的过程中直接加入金

[408] Prasomsri T，Tailleur R E G，Alvarez W E，et al. Appl. Catal. A：General，2010，389：140.
[409] Bai G Y，Dou H Y，Qiu M D，et al. Catal. Lett.，2010，138：187.
[410] Hoang T Q，Zhu X L，Lobban L L，et al. Catal. Commun.，2010，11：977.
[411] Bértolo R，Fernandes A，Ribeiro F，et al. Reac. Kinet. Mech. Cat.，2010，99：183.

属前驱体制得，也可以先合成分子筛，再通过置换反应引入金属催化剂。

(1) TS－1 型分子筛的合成及催化反应。TS－1 型分子筛可以通过直接合成的方法制得。例如，用钛源(如钛酸四乙酯)与硅源(如正硅酸乙酯)在模板剂(TPAOH)作用下直接通过水热反应合成。TS－1 型分子筛在丙烯环氧化、苯乙酮氨肟化等反应中具有很好的催化性能。最近的研究发现，在有机硅烷表面活性剂的参与下制得的特殊结构的 TS－1 型分子筛，相比商业 TS－1，具有更好的催化环乙烯环氧化反应的性能[412]。

(2) Ti－ZSM－5 型分子筛的合成及催化反应。Ti－ZSM－5 型分子筛可以通过先制备 B－ZSM－5 型分子筛，再通过脱硼处理后，高温下与钛盐(如 $TiCl_4$)反应制得。Ti－ZSM－5 型分子筛在苯酚羟基化、氯丙烯环氧化等反应中具有很好的催化性能。最近的研究发现，在较低的晶化温度下合成 B－ZSM－5 后，再通过气－固相取代反应得到的 Ti－ZSM－5 型分子筛具有更好的催化性能和再生能力[413]。

4) 具有手性识别的分子筛催化剂

如果在微孔(或介孔)分子筛孔道内锚装或嫁接具有手性催化性能的基团，分子筛将具有微孔手性(不对称)催化性能。如在 USY 分子筛孔道内锚装手性 Rh^+ 配合物，其对 N－酰基苯基苯胺的不对称加氢催化具有很好的催化活性[414]。

15.3　介孔分子筛的制备及催化性质

微孔分子筛由于具有较大的比表面积和规则的孔结构，具有很好的择形催化性能，然而分子筛的孔径大小与自身的晶体结构有关，因此无法超过 2 nm。有些大分子反应物由于体积过大，无法通过微孔分子筛的孔道进行吸附或催化反应。1992 年，Mobil 公司的 Kresge 和 Beck 等利用阳离子表面活性剂为模板，成功地合成了孔径在 1.5～10 nm 范围内可调控的新型介孔二氧化硅(M41S 系列)[415]，包括六方结构的 MCM－41、立方结构的 MCM－48 和层状结构的 MCM－50。至此，通过介孔分子筛，有望实现对体积较大的反应物进行(择形)催化的可能性。

[412] Li S S, Zhang A F, Liu M, et al. Chin. Chem. Lett., 2011, 22: 303.
[413] Gao J, Liu M, Wang X S, et al. Ind. Eng. Chem. Res., 2010, 49: 2194.
[414] Corma A, Iglesias M, del Pino C, et al. J. Chem. Soc., Chem. Commun., 1991, 1253.
[415] Kresge C T, Leonowicz M E, Roth W J, et al. Nature, 1992, 359: 710.

15.3.1 介孔分子筛的制备

1. 介孔分子筛的合成过程

介孔分子筛是孔径在2~50 nm的一类分子筛，与微孔分子筛不同，其孔道结构与晶体结构无关。目前，以表面活性剂在一定条件(温度、pH)下自组装形成的胶束为模板，利用溶胶-凝胶技术，使无机物前驱体水解缩聚，并与表面活性剂协同作用，可以生成孔道规则有序、孔径分布较窄的介孔分子筛。表面活性剂可通过高温或者有机溶剂萃取的方法去除。下面简单介绍两种典型的介孔分子筛的合成过程。

1) MCM-41介孔分子筛的合成[415]

硅源可以是硅的有机醇盐(如TEOS)，也可以是无机物(硅酸钠)，表面活性剂多为阳离子型(如十六烷基三甲基溴化铵，CTAB)。反应过程为：先将CTAB在溶剂中溶解，用NaOH调节pH到10~11，将TEOS逐滴加入到CTAB溶液中，室温反应一段时间后，在反应釜中水热反应，晶化温度控制在室温至423 K范围内，反应时间最短为1 h，长可至几天。之后过滤、洗涤、干燥，在773~1 073 K范围内惰性气体保护下焙烧数小时，去除模板剂，得到MCM-41分子筛。

2) SBA-15介孔分子筛的合成[416]

硅源为TEOS，表面活性剂为非离子型的聚氧丙烯聚氧乙烯共聚物(P123)。反应过程为：滴加TEOS到P123的水溶液中，313 K水浴加热24 h，在373 K陈化48~72 h，过滤后用去离子水洗涤，干燥后得到SBA-15介孔分子筛。表面活性剂可通过823 K加热5 h去除。

2. 有序介孔分子筛的合成机理

关于有序介孔材料的合成机理种类较多，这里主要介绍Mobil公司科学家最早提出的两种可能机理：液晶模板机理和协同作用机理。图15.3为通过两种机理合成MCM-41介孔分子筛的过程[417]。

(1) 液晶模板机理认为，表面活性剂的液晶相在加入无机反应物前就已经形成。以MCM-41的合成为例，表面活性剂在亲水和疏水基团的作用下，先形成球状胶束，再形成棒状胶束，当表面活性剂浓度较大时，棒状胶束按六方有序排列形成液晶结构，这时添加的无机反应物单分子或齐聚物与胶束表面的亲水基团作用(吸附)，沉积在胶束棒之间的空隙内，通过聚合形成孔壁。该机理可以合理解释模板剂烷基链长及添加剂[如1，3，5-三甲基苯(TMB)]的

[416] Zhao D Y, Feng J L, Huo Q S, et al. Science, 1998, 279: 548.
[417] Beck J S, Vartuli J C, Roth W J, et al. J. Am. Chem. Soc., 1992, 114: 10834.

加入对 MCM－41 孔径的影响。

（2）协同作用机理认为，表面活性剂在溶液中自组装形成的液晶结构是在无机反应物加入后才形成的，是胶束与无机物种间相互作用的结果。以 MCM－41 合成为例，表面活性剂通过与 TEOS 水解产物的协同作用，再按六方有序排列并聚合形成 MCM－41 分子筛。该机理可以合理解释合成过程中的相转变现象。

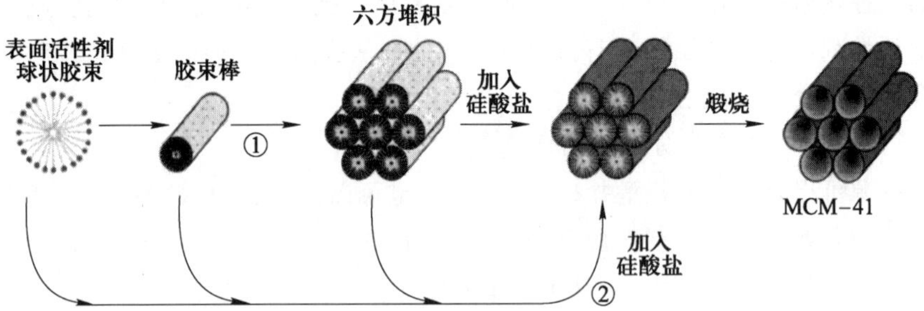

图 15.3　介孔二氧化硅 MCM－41 合成的两种可能机理：① 液晶模板机理；② 协同作用机理[417]

3. 孔道调节及表面修饰

介孔材料的孔道结构、孔径大小与表面活性剂的种类密切相关。例如，以混合的非离子表面活性剂为模板合成介孔材料，混合模板剂为二段聚合物 $C_nH_{2n+1}(OCH_2CH_2)_xOH$，$C_nEO_x$（$n = 12 \sim 18$，$x = 2 \sim 100$）和三段聚合物 $EO_xPO_{70}EO_x$（$x = 5 \sim 100$）。当表面活性剂中亲水基团 EO 增加，产物由层状结构向二维六方、三维六方、立方等结构转变[418]。另一方面，可通过对表面活性剂烷烃链长的控制，调节介孔分子筛的孔径大小，也可以加入有机助剂（如 TMB）来扩大孔径。溶液的 pH、水热温度等条件也会影响介孔分子筛的孔径大小。

由于合成的介孔分子筛一般为全硅分子筛，缺少 Lewis 酸位点，不具有酸催化性能，离子交换能力较低，（水）热稳定性较差。因此，可通过表面化学修饰的方法提高其稳定性，同时可以引入其他元素，使其更适用于工业上的催化反应。常见的表面修饰方法可分为原位合成和合成后处理。

1）原位合成（in situ synthesis）

在合成介孔分子筛的过程中，直接加入有机化合物或金属有机盐，生成的介孔分子筛的孔壁表面和孔壁内就含有该有机化合物或金属颗粒。也可以在合

[418]　Kim J M，Sakamoto Y，Hwang Y K，et al. J. Phys. Chem. B，2002，106：2552.

成过程中使用金属有机表面活性剂作为模板，在除掉表面活性剂后，生成的介孔分子筛骨架内也会含有该金属颗粒。只是金属有机表面活性剂不易合成且价格较贵，因此该方法应用不多[419]。利用原位合成技术得到的骨架内含有有机化合物的介孔分子筛，其(水)热稳定性将得到很大程度的改善。如在制备 MCM-41 的过程中，加入 2-丙烯酰胺基-2-甲基丙磺酸(AMPS)，得到的 aminopropyl-MCM 不但具有较高的热稳定性(>773 K)，还具有较高的溶剂稳定性[420]。但是，原位合成法修饰的介孔分子筛的孔道结构有时会发生改变。例如，根据 3-巯丙基三乙氧基硅烷加入量的不同，合成的介孔分子筛结构可由 $P6mm$ 变成 $Ia\bar{3}d$(以 P123 为模板)或由 $Fm3m$ 变成 $P6_3/mmc$(以 F127 为模板)[421]。

2) 合成后处理(post-synthesis)

在合成介孔分子筛后，通过锚装或嫁接技术，可以在介孔分子筛孔道表面组装有机化合物或金属有机化合物，从而实现对介孔分子筛的表面改性。例如，在 SBA-15 合成后，加入硅烷偶联剂，其一端为能水解的基团(如卤素、烷氧基)，水解后与 SBA-15 表面的 Si—OH 聚合，另一端可以是需要的活性基团(如—CN、—SH、$—NH_2$ 等)[422]。后合成处理修饰的介孔分子筛的孔道结构不会发生变化，但其孔径会相应减小。如上述修饰后的 SBA-15 的孔径从约 10 nm 减小到 5.1 ~ 5.6 nm。

15.3.2 介孔分子筛的催化性质

介孔分子筛可以通过原位合成或合成后处理来实现孔道的表面改性。改性后的分子筛可具有酸催化性能，如 Al-MCM-41。也可以通过引入金属催化剂来实现特定的催化反应，如 Ti-MCM-41。下面简单介绍金属颗粒和有机化合物修饰的介孔分子筛的合成及催化反应。

1. Ti-MCM-41 分子筛的合成及催化反应

Ti-MCM-41 可以通过原位水热方法合成。如用 TEOS 为硅源，钛酸乙酯为钛源，CTAB 为模板，混合 2 h 后，在室温陈化一昼夜，813 K 加热除去模板后制得。也可以通过后合成处理，将合成的 MCM-41 与钛酸异丙酯在 2-丙醇溶液中混合后，挥发除去有机溶剂，383 K 干燥 1 h，723 K 加热 3 h 制得。最近的研究表明，不同方法合成的 Ti-MCM-41 对光降解 2，4，6-三氯苯酚的催化能力不同，其光降解的催化路径也不一样[423]。

[419] King N C，Dickinson C，Zhou W Z，et al. J. Chem. Soc. DaltonTrans.，2005，1027.
[420] Macquarrie D J. Chem. Commun.，1996，1961.
[421] Hodgkins R P，Garcia-Bennett A E，Wright P A. Microp. Mesop. Mater.，2005，79：241.
[422] Yiu H H P，Wright P A，Botting N P. J. Mol. Catal. B Enzym.，2001，15：81.
[423] Aboul-Gheit A K，Abdel-Hamid S M，Mahmoud S A，et al. J. Mater. Sci.，2011，46：3319.

2. 聚乙烯基胺/SBA－15 分子筛的合成及催化反应

聚乙烯基胺/SBA－15(PVAm/SBA－15)可以通过原位聚合方法合成，将 P123、H_3PO_4 和水混合均匀后，缓慢加入 TEOS，并在 308 K 搅拌 24 h，373 K 陈化 24 h，产物过滤后用去离子水洗涤，368 K 干燥 12 h 制得。模板可通过先在523 K 加热 3 h，再在 823 K 加热 4 h 除去。最近的研究表明，PVAm/SBA－15 可以在乙醇溶剂中催化羰基化合物和氰乙酸乙酯的 Knoevenagel 缩合反应，并研究了反应温度、溶剂和聚乙烯基胺含量对催化性能的影响[424]。

15.4　小结

综上所述，多孔材料是一种性能优异的催化剂材料。一方面，由于多孔材料具有很多内部孔道，因此具有很大的(内)比表面积，增加了催化位点，提高了催化剂活性，同时也可以作为催化剂载体使用。另一方面，多孔材料由于具有规则有序的孔道结构，且孔径均一，因此可以限制反应物的进入、生成物的脱出以及中间体的生成，具有择形催化性能。通常利用水热或有机溶剂热的方法合成微孔分子筛。最近的研究发现，利用离子热合成法可以在常压下合成微孔分子筛，有望扩展分子筛的合成技术及种类。然而，对于空间尺寸较大的反应物分子，由于微孔分子筛的孔径较小，无法通过分子筛的孔道进行吸附或催化反应。因此，在 20 世纪 90 年代初，利用溶胶－凝胶技术，以表面活性剂为模板，成功合成出孔径在 2～50 nm 的介孔分子筛。由于该方法得到的是全硅介孔分子筛，因此还需要表面修饰后，才能作为催化剂使用。随着多孔材料的制备技术和种类的扩展，将进一步提高其作为催化剂的应用范围，为人类社会作出更大的贡献。

进一步阅读的参考书

[1] 徐如人，庞文琴，于吉红．分子筛与多孔材料化学[M]．北京：科学出版社，2004.

[2] OCCELLI M，ROBSON H. Synthesis of Microporous Materials[M]. New York：Van Nostrand Reinhold，1992：6.

[3] ROBSON H. Verified Synthesis of Zeolitic Materials[M]. 2nd ed. [s. l.]：Elsevier，2001：199.

[4] 中国科学院大连化学物理所分子筛组．沸石分子筛[M]．北京：科学出版

[424] Kalbasi R J，Kolahdoozan M，Rezaei M. Mater. Chem. Phys.，2011，125：784.

社，1978.
[5] 徐如人，庞文琴，屠昆岗．沸石分子筛的结构与合成[M]．长春：吉林大学出版社，1987.

附　录

附录 1　晶体中点对称元素的部分基本点对称操作的矩阵表示*

点对称操作	点对称元素取向	矩阵表示	点对称操作	点对称元素取向	矩阵表示
E		$\begin{bmatrix}1 & 0 & 0\\0 & 1 & 0\\0 & 0 & 1\end{bmatrix}$	C_4	平行[001]	$\begin{bmatrix}0 & \bar{1} & 0\\1 & 0 & 0\\0 & 0 & 1\end{bmatrix}$
C_2	平行[001]	$\begin{bmatrix}\bar{1} & 0 & 0\\0 & \bar{1} & 0\\0 & 0 & 1\end{bmatrix}$	C_6	平行[001]	$\begin{bmatrix}\frac{1}{2} & -\frac{\sqrt{3}}{2} & 0\\\frac{\sqrt{3}}{2} & \frac{1}{2} & 0\\0 & 0 & 1\end{bmatrix}$
C_3	平行[001]	$\begin{bmatrix}-\frac{1}{2} & -\frac{\sqrt{3}}{2} & 0\\\frac{\sqrt{3}}{2} & -\frac{1}{2} & 0\\0 & 0 & 1\end{bmatrix}$	I_1	C_1 通过原点，i 位于原点	$\begin{bmatrix}\bar{1} & 0 & 0\\0 & \bar{1} & 0\\0 & 0 & \bar{1}\end{bmatrix}$

续表

点对称操作	点对称元素取向	矩阵表示	点对称操作	点对称元素取向	矩阵表示
I_2	C_2 轴通过原点，平行［001］，i 位于原点	$\begin{bmatrix}1 & 0 & 0\\0 & 1 & 0\\0 & 0 & \bar{1}\end{bmatrix}$	I_6	C_6 轴通过原点，平行［001］，i 位于原点	$\begin{bmatrix}-\frac{1}{2} & -\frac{\sqrt{3}}{2} & 0\\\frac{\sqrt{3}}{2} & -\frac{1}{2} & 0\\0 & 0 & \bar{1}\end{bmatrix}$
I_3	C_3 轴通过原点，平行［001］，i 位于原点	$\begin{bmatrix}\frac{1}{2} & \frac{\sqrt{3}}{2} & 0\\-\frac{\sqrt{3}}{2} & \frac{1}{2} & 0\\0 & 0 & -1\end{bmatrix}$	i	位于原点	$\begin{bmatrix}\bar{1} & 0 & 0\\0 & \bar{1} & 0\\0 & 0 & \bar{1}\end{bmatrix}$
I_4	C_4 轴通过原点，平行［001］，i 位于原点	$\begin{bmatrix}0 & 1 & 0\\\bar{1} & 0 & 0\\0 & 0 & \bar{1}\end{bmatrix}$	σ	镜面过原点且法线平行于［001］	$\begin{bmatrix}1 & 0 & 0\\0 & 1 & 0\\0 & 0 & \bar{1}\end{bmatrix}$

注：* 表示在直角坐标系中的对称操作。

附录 2　32 个晶体学点群的极射赤平投影图

序号	点群符号	等效点系	对称元素配置	序号	点群符号	等效点系	对称元素配置
1	C_1–1	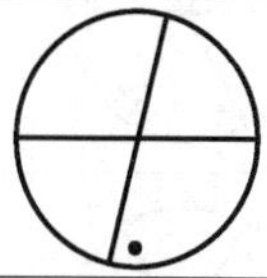	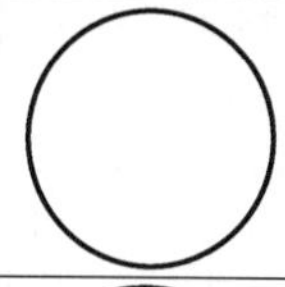	9	C_4–4	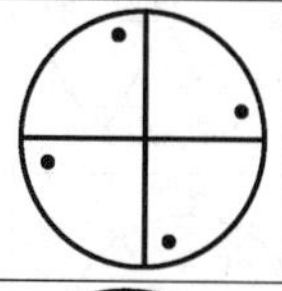	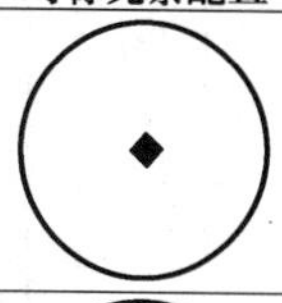
2	C_i–$\bar{1}$	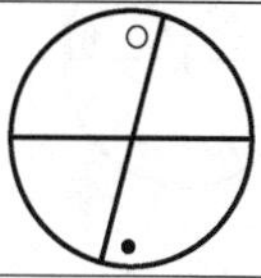	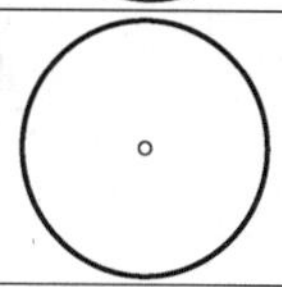	10	S_4–$\bar{4}$	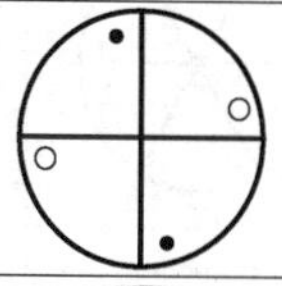	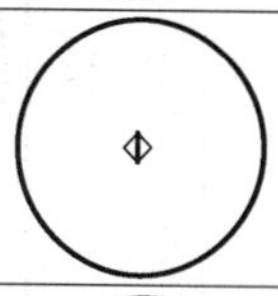
3	C_2–2	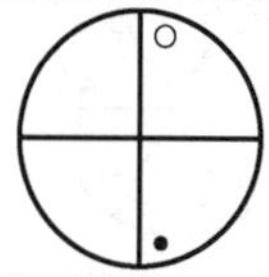	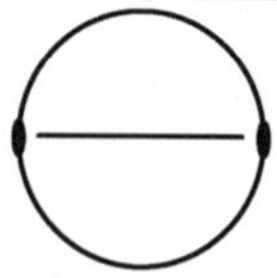	11	C_{4h}–4/m	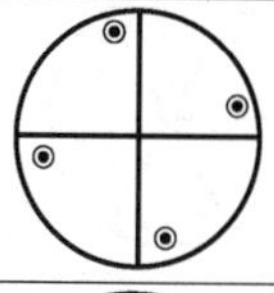	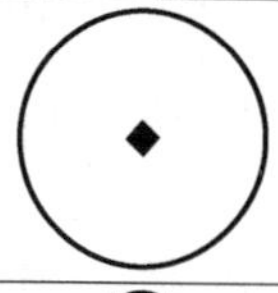
4	C_s–m	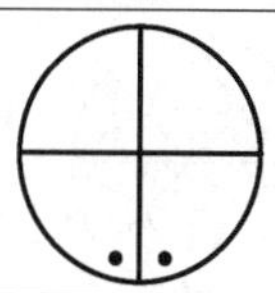	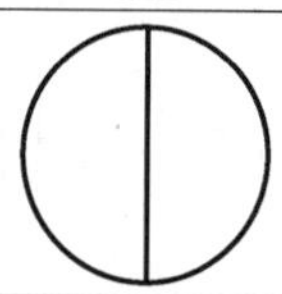	12	D_4–422	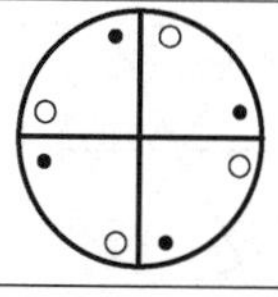	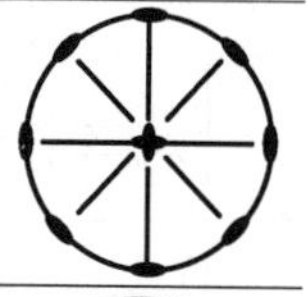
5	C_{2h}–2/m	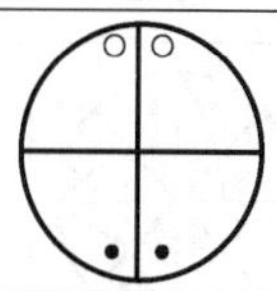	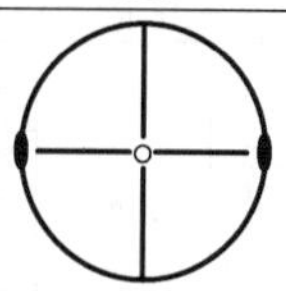	13	C_{4v}–4mm	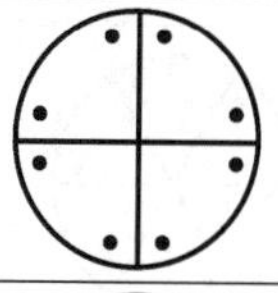	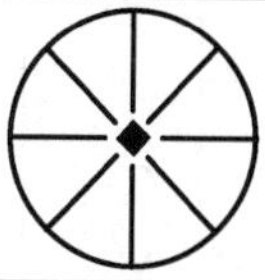
6	D_2–222	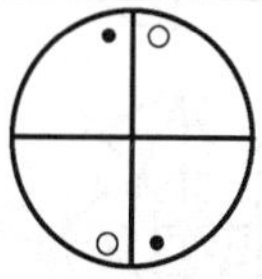		14	D_{2d}–$\bar{4}2m$	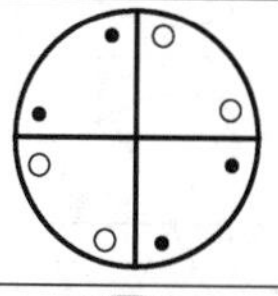	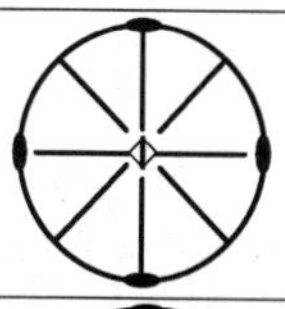
7	C_{2v}–mm2	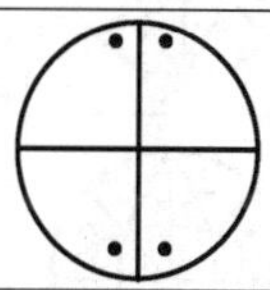	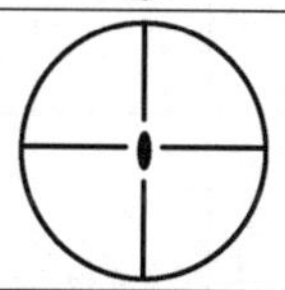	15	D_{4h}–4/mmm	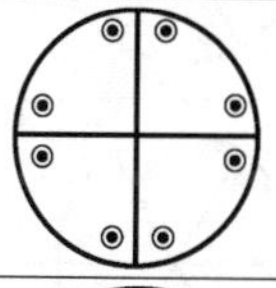	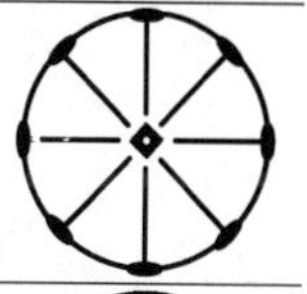
8	D_{2h}–mmm	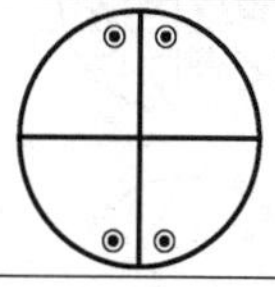	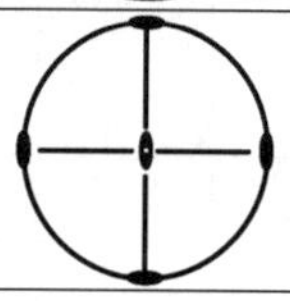	16	C_3–3	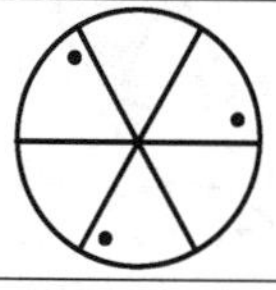	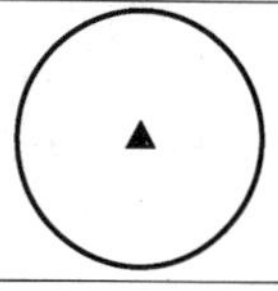

续表

序号	点群符号	等效点系	对称元素配置	序号	点群符号	等效点系	对称元素配置
17	C_{3i}–$\overline{3}$	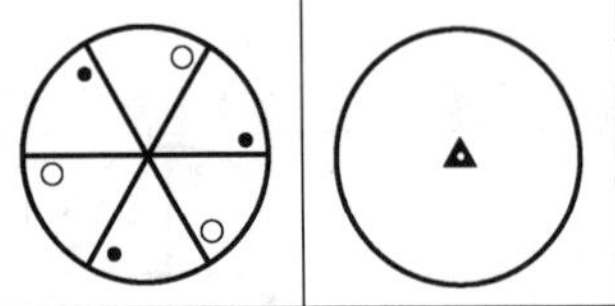		25	C_{6v}–6*mm*	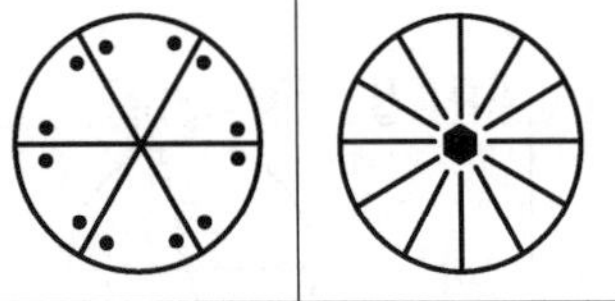	
18	D_3–32	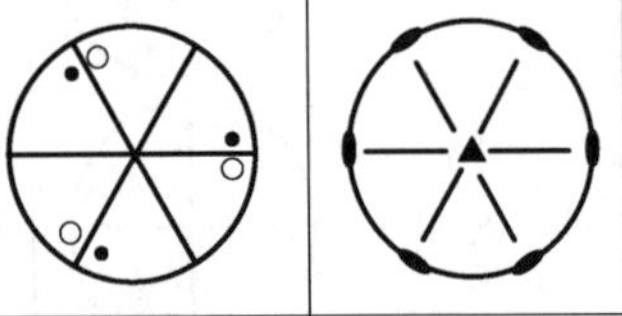		26	D_{3h}–$\overline{6}m2$	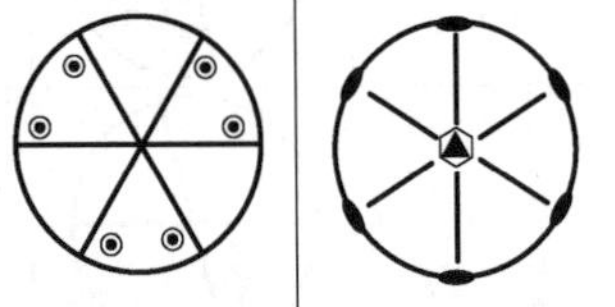	
19	C_{3v}–3*m*	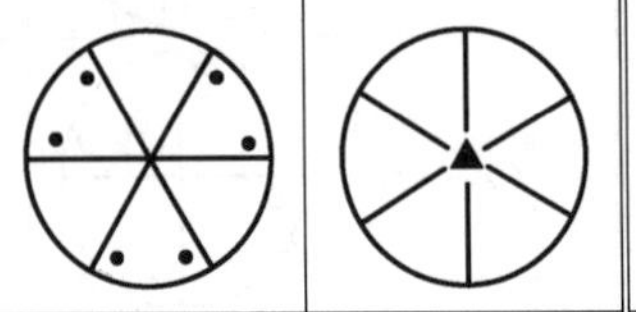		27	D_{6h}–6/*mmm*	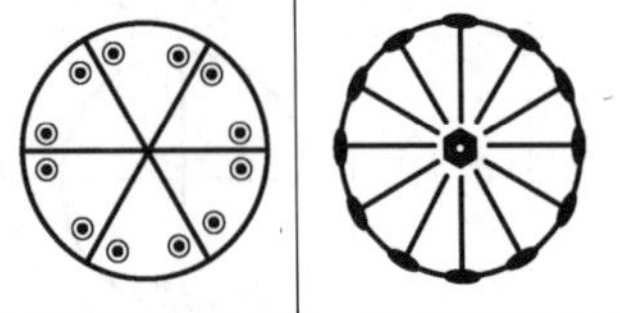	
20	D_{3d}–$\overline{3}$m	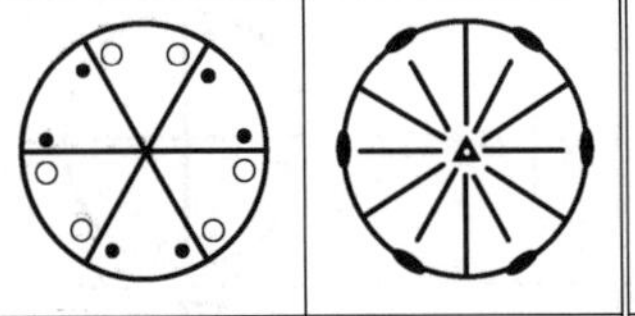		28	*T*–23	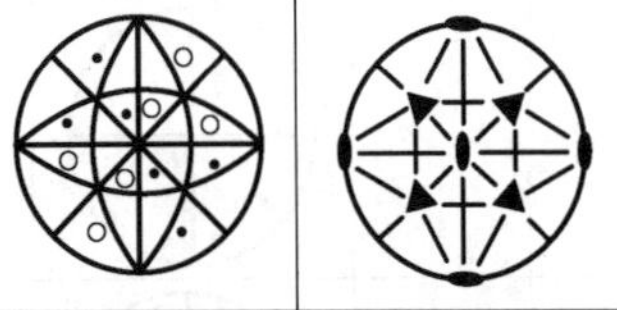	
21	C_6–6	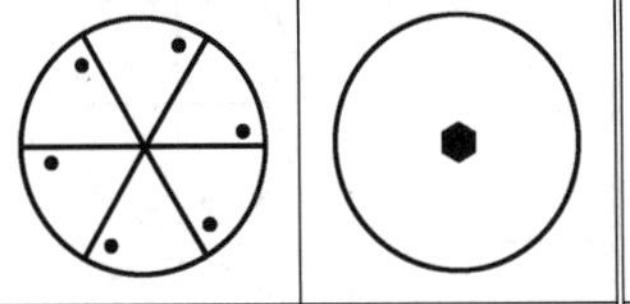		29	T_h–$m\overline{3}$	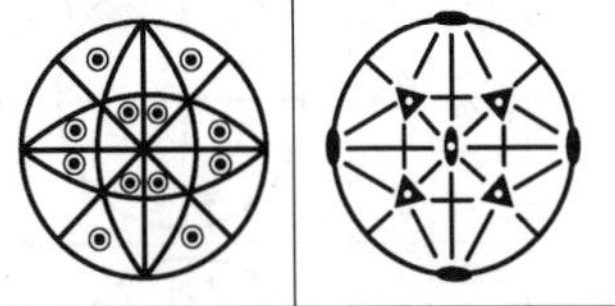	
22	C_{3h}–$\overline{6}$	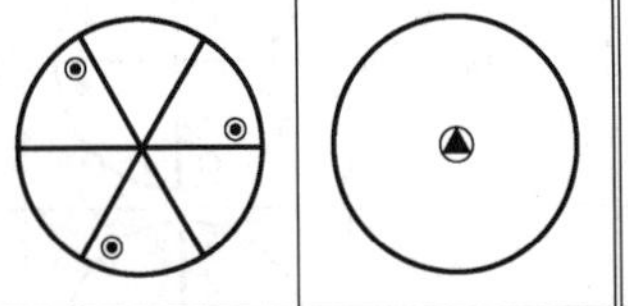		30	*O*–432	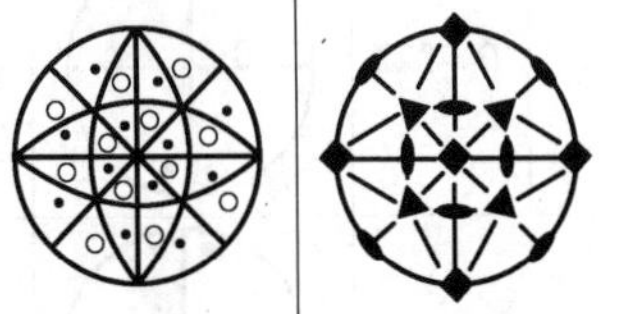	
23	C_{6h}–6/*m*	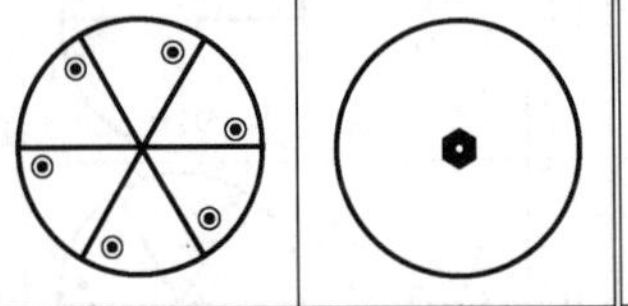		31	T_d–$\overline{4}3m$	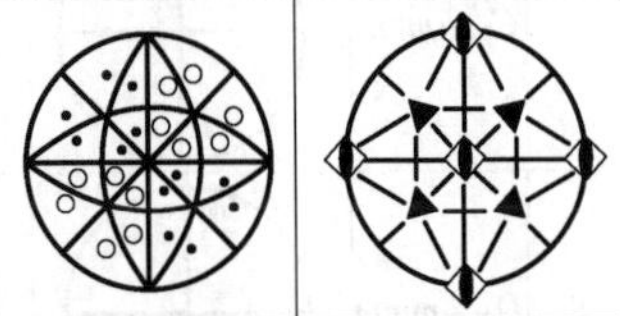	
24	D_6–622	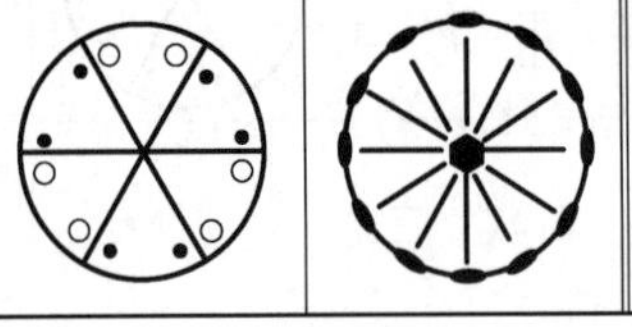		32	O_h–$m\overline{3}m$	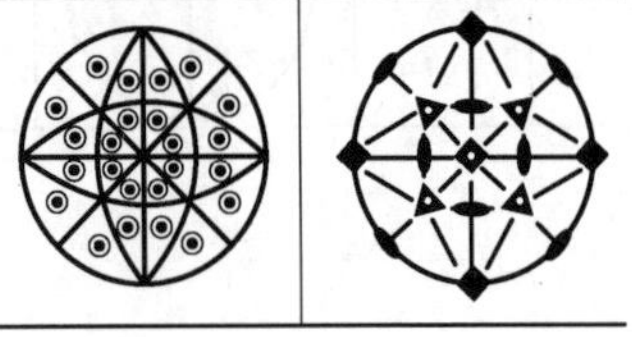	

附录 3　230 种晶体学空间群的符号

晶系 (Crystal system)	点群 (Point group) 国际符号 (HM)	点群 (Point group) 申夫利斯符号 (Schfl.)	空间群 (Space group)								
三斜晶系	1	C_1	$P1$								
	$\bar{1}$	C_i	$P\bar{1}$								
单斜晶系	2	$C_2^{(1-3)}$	$P2$	$P2_1$	$C2$						
	m	$C_s^{(1-4)}$	Pm	Pc	Cm	Cc					
	$2/m$	$C_{2h}^{(1-6)}$	$P2/m$	$P2_1/m$	$C2/m$	$P2/c$	$P2_1/C$	$C2/c$			
正交晶系	222	$D_2^{(1-9)}$	$P222$	$P222_1$	$P2_12_12$	$P2_12_12_1$	$C222_1$	$C222$	$F222$	$I222$	$I2_12_12_1$
	$mm2$	$C_{2v}^{(1-22)}$	$Pmm2$	$Pmc2_1$	$Pcc2$	$Pma2$	$Pca2_1$	$Pnc2$	$Pmn2_1$	$Pba2$	$Pna2_1$
			$Pnn2$	$Cmm2$	$Cmc2_1$	$Ccc2$	$Amm2$	$Abm2$	$Ama2$	$Aba2$	$Fmm2$
			$Fdd2$	$Imm2$	$Iba2$	$Ima2$					
	mmm	$D_{2h}^{(1-28)}$	$Pmmm$	$Pnnn$	$Pccm$	$Pban$	$Pmma$	$Pnna$	$Pmna$	$Pcca$	$Pbam$
			$Pccn$	$Pbcm$	$Pnnm$	$Pmmn$	$Pbcn$	$Pbca$	$Pnma$	$Cmcm$	$Cmca$
			$Cmmm$	$Cccm$	$Cmma$	$Ccca$	$Fmmm$	$Fddd$	$Immm$	$Ibam$	$Ibca$
			$Imma$								

续表

晶系 (Crystal system)	点群 (Point group) 国际符号 (HM)	点群 (Point group) 申夫利斯符号 (Schfl.)	空间群(Space group)								
四方晶系	4	$C_4^{(1-6)}$	$P4$	$P4_1$	$P4_2$	$P4_3$	$I4$	$I4_1$			
	$\bar{4}$	$S_4^{(1-2)}$	$P\bar{4}$	$I\bar{4}$							
	$4/m$	$C_{4h}^{(1-6)}$	$P4/m$	$P4_2/m$	$P4/n$	$P4_2/n$	$I4/m$	$I4_1/a$			
	422	$D_4^{(1-10)}$	$P422$	$P42_12$	$P4_122$	$P4_12_12$	$P4_222$	$P4_22_12$	$P4_322$	$P4_32_12$	$I422$
			$I4_122$								
	$4mm$	$C_{4v}^{(1-12)}$	$P4mm$	$P4bm$	$P4_2cm$	$P4_2nm$	$P4cc$	$P4nc$	$P4_2mc$	$P4_2bc$	$I4mm$
			$I4cm$	$I4_1md$	$I4_1cd$						
	$\bar{4}2m$	$D_{2d}^{(1-12)}$	$P\bar{4}2m$	$P\bar{4}2c$	$P\bar{4}2_1m$	$P\bar{4}2_1c$	$P\bar{4}m2$	$P\bar{4}c2$	$P\bar{4}b2$	$P\bar{4}n2$	$I\bar{4}m2$
			$I\bar{4}c2$	$I\bar{4}2m$	$I\bar{4}2d$						
	$4/mmm$	$D_{4h}^{(1-20)}$	$P4/mmm$	$P4/mcc$	$P4/nbm$	$P4/nnc$	$P4/mbm$	$P4/mnc$	$P4/nmm$	$P4/ncc$	$P4_2/mmc$
			$P4_2/mcm$	$P4_2/nbc$	$P4_2/nnm$	$P4_2/mbc$	$P4_2/mnm$	$P4_2/nmc$	$P4_2/ncm$	$I4/mmm$	$I4/mcm$
			$I4_1/amd$	$I4_1/acd$							
三方晶系	3	$C_3^{(1-4)}$	$P3$	$P3_1$	$P3_2$	$R3$					
	$\bar{3}$	$C_{3i}^{(1-2)}$	$P\bar{3}$	$R\bar{3}$							
	32	$D_3^{(1-7)}$	$P312$	$P321$	$P3_112$	$P3_121$	$P3_212$	$P3_221$	$R32$		
	$3m$	$C_{3v}^{(1-6)}$	$P3m1$	$P31m$	$P3c1$	$P31c$	$R3m$	$R3c$			
	$\bar{3}m$	$D_{3d}^{(1-6)}$	$P\bar{3}1m$	$P\bar{3}1c$	$P\bar{3}m1$	$P\bar{3}c1$	$R\bar{3}m$	$R\bar{3}c$			

续表

晶系 (Crystal system)	点群 (Point group) 国际符号 (HM)	点群 (Point group) 申夫利斯符号 (Schfl.)	空间群 (Space group)								
六方晶系	6	$C_6^{(1-6)}$	$P6$	$P6_1$	$P6_5$	$P6_2$	$P6_4$	$P6_3$			
	$\bar{6}$	$C_{3h}^{(1)}$	$P\bar{6}$								
	$6/m$	$D_{3h}^{(1-2)}$	$P6/m$	$P6_3/m$							
	622	$D_6^{(1-6)}$	$P622$	$P6_122$	$P6_522$	$P6_222$	$P6_422$	$P6_322$			
	$6mm$	$C_{6v}^{(1-4)}$	$P6mm$	$P6cc$	$P6_3cm$	$P6_3mc$					
	$\bar{6}m2$	$D_{3h}^{(1-4)}$	$P\bar{6}m2$	$P\bar{6}c2$	$P\bar{6}2m$	$P\bar{6}2c$					
	$6/mmm$	$D_{6h}^{(1-4)}$	$P6/mmm$	$P6/mcc$	$P6_3/mcm$	$P6_3/mmc$					
立方晶系	23	$T^{(1-5)}$	$P23$	$F23$	$I23$	$P2_13$	$I2_13$				
	$m\bar{3}$	$T_h^{(1-7)}$	$Pm\bar{3}$	$Pn\bar{3}$	$Fm\bar{3}$	$Fd\bar{3}$	$Im\bar{3}$	$Pa\bar{3}$	$Ia\bar{3}$		
	432	$O^{(1-8)}$	$P432$	$P4_232$	$F432$	$F4_132$	$I432$	$P4_332$	$P4_132$	$I4_132$	
	$\bar{4}3m$	$T_d^{(1-6)}$	$P\bar{4}3m$	$F\bar{4}3m$	$I\bar{4}3m$	$P\bar{4}3n$	$F\bar{4}3c$	$I\bar{4}3d$			
	$m\bar{3}m$	$O_h^{(1-10)}$	$Pm\bar{3}m$	$Pn\bar{3}n$	$Pm\bar{3}n$	$Pn\bar{3}m$	$Fm\bar{3}m$	$Fm\bar{3}c$	$Fd\bar{3}m$	$Fd\bar{3}c$	$Im\bar{3}m$
			$Ia\bar{3}d$								

附录 4　有效离子半径

Sq—平面正方形配位；Py—锥形配位；HS—高自旋态；LS—低自旋态

离子	配位数	半径/nm	离子	配位数	半径/nm	离子	配位数	半径/nm	离子	配位数	半径/nm
Zr^{4+}	Ⅳ	0.059	W^{5+}	Ⅵ	0.062	U^{6+}	Ⅷ	0.086	Te^{2-}	Ⅵ	0.221
	Ⅴ	0.066	W^{6+}	Ⅳ	0.042	Tm^{2+}	Ⅵ	0.103	Te^{4+}	Ⅲ	0.052
	Ⅵ	0.072		Ⅴ	0.051		Ⅶ	0.109		Ⅳ	0.066
	Ⅶ	0.078		Ⅵ	0.06	Tm^{3+}	Ⅵ	0.088		Ⅵ	0.097
	Ⅷ	0.084	V^{2+}	Ⅵ	0.079		Ⅷ	0.0994	Te^{6+}	Ⅳ	0.043
	Ⅸ	0.089	V^{3+}	Ⅵ	0.064		Ⅸ	0.1052		Ⅵ	0.056
Zn^{2+}	Ⅳ	0.06	V^{4+}	Ⅴ	0.053	Tl^{+}	Ⅵ	0.15	Tc^{4+}	Ⅵ	0.0645
	Ⅴ	0.068		Ⅵ	0.058		Ⅷ	0.159	Tc^{5+}	Ⅵ	0.06
	Ⅵ	0.074		Ⅷ	0.072		Ⅻ	0.17	Tc^{7+}	Ⅳ	0.037
	Ⅷ	0.09	V^{5+}	Ⅳ	0.0355	Tl^{3+}	Ⅳ	0.075		Ⅵ	0.056
Yb^{2+}	Ⅵ	0.102		Ⅴ	0.046		Ⅵ	0.0885	Tb^{3+}	Ⅵ	0.0923
	Ⅶ	0.108		Ⅵ	0.054		Ⅷ	0.098		Ⅶ	0.098
	Ⅷ	0.114	U^{3+}	Ⅵ	0.1025	Ti^{2+}	Ⅵ	0.086		Ⅷ	0.104
Yb^{3+}	Ⅵ	0.0868	U^{4+}	Ⅵ	0.089	Ti^{3+}	Ⅵ	0.067		Ⅸ	0.1095
	Ⅶ	0.0925		Ⅶ	0.095	Ti^{4+}	Ⅳ	0.042	Tb^{4+}	Ⅵ	0.076
	Ⅷ	0.0985		Ⅷ	0.1		Ⅴ	0.051		Ⅷ	0.088
	Ⅸ	0.1042		Ⅸ	0.105		Ⅵ	0.0605	Ta^{3+}	Ⅵ	0.072
Y^{3+}	Ⅵ	0.09		Ⅻ	0.117		Ⅷ	0.074	Ta^{4+}	Ⅵ	0.068
	Ⅶ	0.096	U^{5+}	Ⅵ	0.076	Th^{4+}	Ⅵ	0.094	Ta^{5+}	Ⅵ	0.064
	Ⅷ	0.1019		Ⅶ	0.084		Ⅷ	0.105		Ⅶ	0.069
	Ⅸ	0.1075	U^{6+}	Ⅱ	0.045		Ⅸ	0.109		Ⅷ	0.074
Xe^{8+}	Ⅳ	0.04		Ⅳ	0.052		Ⅹ	0.113	Sr^{2+}	Ⅵ	0.118
	Ⅵ	0.048		Ⅵ	0.073		Ⅺ	0.118		Ⅶ	0.121
W^{4+}	Ⅵ	0.066		Ⅶ	0.081		Ⅻ	0.121		Ⅷ	0.126

续表

离子	配位数	半径/nm	离子	配位数	半径/nm	离子	配位数	半径/nm	离子	配位数	半径/nm
Sr^{2+}	IX	0.131	Sb^{5+}	VI	0.06	Ra^{2+}	XII	0.17	Pb^{2+}	VI	0.119
	X	0.136	S^{2-}	VI	0.184	Pu^{3+}	VI	0.1		VII	0.123
	XII	0.144	S^{4+}	VI	0.037	Pu^{4+}	VI	0.086		VIII	0.129
Sn^{4+}	IV	0.055	S^{6+}	IV	0.012		VIII	0.096		IX	0.135
	V	0.062		VI	0.029	Pu^{5+}	VI	0.074		X	0.14
	VI	0.069	Ru^{3+}	VI	0.068	Pu^{6+}	VI	0.071		XI	0.145
	VII	0.075	Ru^{4+}	VI	0.062	Pt^{2+}	IV(Sq)	0.06		XII	0.149
	VIII	0.081	Ru^{5+}	VI	0.0565		VI	0.08	Pb^{4+}	IV	0.065
Sm^{2+}	VII	0.122	Ru^{7+}	IV	0.038	Pt^{4+}	VI	0.0625		V	0.073
	VIII	0.127	Ru^{8+}	IV	0.036	Pt^{5+}	VI	0.057		VI	0.0775
	IX	0.132	Rh^{3+}	VI	0.0665	Pr^{3+}	VI	0.099		VIII	0.094
Sm^{3+}	VI	0.0958	Rh^{4+}	VI	0.06		VIII	0.1126	Pa^{3+}	VI	0.104
	VII	0.102	Rh^{5+}	VI	0.055		IX	0.1179	Pa^{4+}	VI	0.09
	VIII	0.1079	Re^{4+}	VI	0.063	Pr^{4+}	VI	0.085		VIII	0.101
	IX	0.1132	Re^{5+}	VI	0.058		VIII	0.096	Pa^{5+}	VI	0.078
	XII	0.124	Re^{6+}	VI	0.055	Po^{4+}	VI	0.094		VIII	0.091
Si^{4+}	IV	0.026	Re^{7+}	IV	0.038		VIII	0.108		IX	0.095
	VI	0.04		VI	0.053	Po^{6+}	VI	0.067	P^{3+}	VI	0.044
Se^{2-}	VI	0.198	Rb^{+}	VI	0.152	Pm^{3+}	VI	0.097	P^{5+}	IV	0.017
Se^{4+}	VI	0.05		VII	0.156		VIII	0.1093		V	0.029
Se^{6+}	IV	0.028		VIII	0.161		IX	0.1144		VI	0.038
	VI	0.042		IX	0.163	Pd^{+}	II	0.059	Os^{4+}	VI	0.063
Sc^{3+}	VI	0.0745		X	0.166	Pd^{2+}	IV(Sq)	0.064	Os^{5+}	VI	0.0575
	VIII	0.087		XI	0.169		VI	0.086	Os^{6+}	V	0.049
Sb^{3+}	IV(Py)	0.076		XII	0.172	Pd^{3+}	VI	0.076		VI	0.0545
	V	0.08		XIV	0.183	Pd^{4+}	VI	0.0615	Os^{7+}	VI	0.0525
	VI	0.076	Ra^{2+}	VIII	0.148	Pb^{2+}	IV(Py)	0.098	Os^{8+}	IV	0.039

续表

离子	配位数	半径/nm	离子	配位数	半径/nm	离子	配位数	半径/nm	离子	配位数	半径/nm
OH^-	Ⅱ	0.132	Nd^{3+}	Ⅷ	0.1109	Mo^{6+}	Ⅵ	0.059	La^{3+}	Ⅵ	0.1032
	Ⅲ	0.134		Ⅸ	0.1163		Ⅶ	0.073		Ⅶ	0.11
	Ⅳ	0.135		Ⅻ	0.127	Mn^{2+}	Ⅳ(HS)	0.066		Ⅷ	0.116
	Ⅵ	0.137	Nb^{3+}	Ⅵ	0.072		Ⅴ(HS)	0.075		Ⅸ	0.1216
O^{2-}	Ⅱ	0.135	Nb^{4+}	Ⅵ	0.068		Ⅵ(LS)	0.067		Ⅹ	0.127
	Ⅲ	0.136		Ⅷ	0.079		Ⅵ(HS)	0.083		Ⅻ	0.136
	Ⅳ	0.138	Nb^{5+}	Ⅳ	0.048		Ⅶ(HS)	0.09	K^+	Ⅳ	0.137
	Ⅵ	0.14		Ⅵ	0.064		Ⅷ	0.096		Ⅵ	0.138
	Ⅷ	0.142		Ⅶ	0.069	Mn^{3+}	Ⅴ	0.058		Ⅶ	0.146
Np^{2+}	Ⅵ	0.11		Ⅷ	0.074		Ⅵ(LS)	0.058		Ⅷ	0.151
Np^{3+}	Ⅵ	0.101	Na^+	Ⅳ	0.099		Ⅵ(HS)	0.0645		Ⅸ	0.155
Np^{4+}	Ⅵ	0.087		Ⅴ	0.1	Mn^{4+}	Ⅳ	0.039		Ⅹ	0.159
	Ⅷ	0.098		Ⅵ	0.102		Ⅵ	0.053		Ⅻ	0.164
Np^{5+}	Ⅵ	0.075		Ⅶ	0.112	Mn^{5+}	Ⅳ	0.033	Ir^{3+}	Ⅵ	0.068
Np^{6+}	Ⅵ	0.072		Ⅷ	0.118	Mn^{6+}	Ⅳ	0.0255	Ir^{4+}	Ⅵ	0.0625
Np^{7+}	Ⅵ	0.071		Ⅸ	0.124	Mn^{7+}	Ⅳ	0.025	Ir^{5+}	Ⅵ	0.057
No^{2+}	Ⅵ	0.11		Ⅻ	0.139		Ⅵ	0.046	In^{3+}	Ⅳ	0.062
Ni^{2+}	Ⅳ	0.055	N^{3-}	Ⅳ	0.146	Mg^{2+}	Ⅳ	0.057		Ⅵ	0.08
	Ⅳ(Sq)	0.049	N^{3+}	Ⅵ	0.016		Ⅴ	0.066		Ⅷ	0.092
	Ⅴ	0.063	N^{5+}	Ⅲ	-0.0104		Ⅵ	0.072	I^-	Ⅵ	0.22
	Ⅵ	0.069		Ⅵ	0.013		Ⅷ	0.089	I^{5+}	Ⅲ(Py)	0.044
Ni^{3+}	Ⅵ(LS)	0.056	Mo^{3+}	Ⅵ	0.069	Lu^{3+}	Ⅵ	0.0861		Ⅵ	0.095
	Ⅵ(HS)	0.06	Mo^{4+}	Ⅵ	0.065		Ⅷ	0.0977	I^{7+}	Ⅳ	0.042
Ni^{4+}	Ⅵ(LS)	0.048	Mo^{5+}	Ⅳ	0.046		Ⅸ	0.1032		Ⅵ	0.053
Nd^{2+}	Ⅷ	0.129		Ⅵ	0.061	Li^+	Ⅳ	0.059	Ho^{3+}	Ⅵ	0.0901
	Ⅸ	0.135	Mo^{6+}	Ⅳ	0.041		Ⅵ	0.076		Ⅷ	0.1015
Nd^{3+}	Ⅵ	0.0983		Ⅴ	0.05		Ⅷ	0.092		Ⅸ	0.1072

续表

离子	配位数	半径/nm	离子	配位数	半径/nm	离子	配位数	半径/nm	离子	配位数	半径/nm
Ho^{3+}	Ⅹ	0.112	Fe^{2+}	Ⅵ(LS)	0.061	Er^{3+}	Ⅸ	0.1062	Cr^{4+}	Ⅵ	0.055
Hg^{+}	Ⅲ	0.097		Ⅵ(HS)	0.078	Dy^{2+}	Ⅵ	0.107	Cr^{5+}	Ⅳ	0.0345
	Ⅵ	0.119		Ⅷ(HS)	0.092		Ⅶ	0.113		Ⅵ	0.049
Hg^{2+}	Ⅱ	0.069	Fe^{3+}	Ⅳ(HS)	0.049		Ⅷ	0.119		Ⅷ	0.057
	Ⅳ	0.096		Ⅴ	0.058	Dy^{3+}	Ⅵ	0.0912	Cr^{6+}	Ⅳ	0.026
	Ⅵ	0.102		Ⅵ(LS)	0.055		Ⅶ	0.097		Ⅵ	0.044
	Ⅷ	0.114		Ⅵ(HS)	0.0645		Ⅷ	0.1027	Co^{2+}	Ⅳ(HS)	0.058
Hf^{4+}	Ⅳ	0.058		Ⅷ(HS)	0.078		Ⅸ	0.1083		Ⅴ	0.067
	Ⅵ	0.071	Fe^{4+}	Ⅵ	0.0585	D^{+}	Ⅱ	-0.01		Ⅵ(LS)	0.065
	Ⅶ	0.076	Fe^{6+}	Ⅳ	0.025	Cu^{+}	Ⅱ	0.046		Ⅵ(HS)	0.0745
	Ⅷ	0.083	F^{-}	Ⅱ	0.1285		Ⅳ	0.06		Ⅷ	0.09
H^{+}	Ⅰ	-0.038		Ⅲ	0.13		Ⅵ	0.077	Co^{3+}	Ⅵ(LS)	0.0545
	Ⅱ	-0.018		Ⅳ	0.131	Cu^{2+}	Ⅳ	0.057		Ⅵ(HS)	0.061
Ge^{2+}	Ⅵ	0.073		Ⅵ	0.133		Ⅳ(Sq)	0.057	Co^{4+}	Ⅳ	0.04
Ge^{4+}	Ⅳ	0.039	F^{7+}	Ⅵ	0.008		Ⅴ	0.065		Ⅵ(HS)	0.053
	Ⅵ	0.053	Eu^{2+}	Ⅵ	0.117		Ⅵ	0.073	Cm^{3+}	Ⅵ	0.097
Gd^{3+}	Ⅵ	0.0938		Ⅶ	0.12	Cu^{3+}	Ⅵ(LS)	0.054	Cm^{4+}	Ⅵ	0.085
	Ⅶ	0.1		Ⅷ	0.125	Cs^{+}	Ⅵ	0.167		Ⅷ	0.095
	Ⅷ	0.1053		Ⅸ	0.13		Ⅷ	0.174	Cl^{-}	Ⅵ	0.181
	Ⅸ	0.1107		Ⅹ	0.135		Ⅸ	0.178	Cl^{5+}	ⅢPY	0.012
Ga^{3+}	Ⅳ	0.047	Eu^{3+}	Ⅵ	0.0947		Ⅹ	0.181	Cl^{7+}	Ⅳ	0.008
	Ⅴ	0.055		Ⅶ	0.101		Ⅺ	0.185		Ⅵ	0.027
	Ⅵ	0.062		Ⅷ	0.1066		Ⅻ	0.188	Cf^{3+}	Ⅵ	0.095
Fr^{+}	Ⅵ	0.18		Ⅸ	0.112	Cr^{2+}	Ⅵ(LS)	0.073	Cf^{4+}	Ⅵ	0.0821
Fe^{2+}	Ⅳ(HS)	0.063	Er^{3+}	Ⅵ	0.089		Ⅵ(HS)	0.08		Ⅷ	0.092
	Ⅳ(Sq, HS)	0.064		Ⅶ	0.0945	Cr^{3+}	Ⅵ	0.0615	Ce^{3+}	Ⅵ	0.101
				Ⅷ	0.1004	Cr^{4+}	Ⅳ	0.041		Ⅶ	0.107

续表

离子	配位数	半径/nm	离子	配位数	半径/nm	离子	配位数	半径/nm	离子	配位数	半径/nm
Ce^{3+}	VIII	0.1143	C^{4+}	III	-0.008	Ba^{2+}	VIII	0.142	Am^{3+}	VIII	0.109
	IX	0.1196		IV	0.015		IX	0.147	Am^{4+}	VI	0.085
	X	0.125		VI	0.016		X	0.152		VIII	0.095
	XII	0.134	Br^{-}	VI	0.196		XI	0.157	Al^{3+}	IV	0.039
Ce^{4+}	VI	0.087	Br^{3+}	IV(Sq)	0.059		XII	0.161		V	0.048
	VIII	0.097	Br^{5+}	III(Py)	0.031	B^{3+}	III	0.001		VI	0.0535
	X	0.107	Br^{7+}	IV	0.025		IV	0.011	Ag^{+}	II	0.067
	XII	0.114		VI	0.039		VI	0.027		IV	0.1
Cd^{2+}	IV	0.078	Bk^{3+}	VI	0.096	Au^{+}	VI	0.137		IV(Sq)	0.102
	V	0.087	Bk^{4+}	VI	0.083	Au^{3+}	IV(Sq)	0.068		V	0.109
	VI	0.095		VIII	0.093		VI	0.085		VI	0.115
	VII	0.103	Bi^{3+}	V	0.096	Au^{5+}	VI	0.057		VII	0.122
	VIII	0.11		VI	0.103	At^{7+}	VI	0.062		VIII	0.128
	XII	0.131		VIII	0.117	As^{3+}	VI	0.058	Ag^{2+}	IV(Sq)	0.079
Ca^{2+}	VI	0.1	Bi^{5+}	VI	0.076	As^{5+}	IV	0.0335		VI	0.094
	VII	0.106	Be^{2+}	III	0.016		VI	0.046	Ag^{3+}	IV(Sq)	0.067
	VIII	0.112		IV	0.027	Am^{2+}	VII	0.121		VI	0.075
	IX	0.118		VI	0.045		VIII	0.126	Ac^{3+}	VI	0.112
	X	0.123	Ba^{2+}	VI	0.135		IX	0.131			
	XII	0.134		VII	0.138	Am^{3+}	VI	0.0975			

* Revised Effective Ionic Radii and Systematic Studies of Interatomic Distances in Halides and Chalcogenides, R. D. Shannon, Acta Crystallographica., 1976, A32: 751-767.

附录 5　物理化学常数

名称	符号	数值和单位
真空光速	c_0	$2.997\,924\,58\times10^{8}\ \mathrm{m\cdot s^{-1}}$
普朗克常量	h	$6.626\,075\times10^{-34}\ \mathrm{J\cdot s}$
	$\hbar\left(\hbar=\dfrac{h}{2\pi}\right)$	$1.054\,572\,66\times10^{-34}\ \mathrm{J\cdot s}$
元电荷	e	$1.602\,177\,33\times10^{-19}\ \mathrm{C}$
电子质量	m_e	$9.109\,389\,7\times10^{-31}\ \mathrm{kg}$
阿伏加德罗常数	N_A	$6.022\,136\,7\times10^{23}\ \mathrm{mol^{-1}}$
摩尔气体常数	R	$8.314\,510\ \mathrm{J\cdot mol^{-1}\cdot K^{-1}}$
玻耳兹曼常数	k_B	$1.380\,658\times10^{-23}\ \mathrm{J\cdot K^{-1}}$
玻尔磁子	μ_B	$9.274\,015\,4\times10^{-24}\ \mathrm{A\cdot m^2}$
玻尔半径	a_0	$5.291\,772\,49\times10^{-11}\ \mathrm{m}$
真空介电常数	ε_0	$8.854\,188\times10^{-12}\ \mathrm{F\cdot m^{-1}}$
法拉第常数	F	$9.648\,530\,9\times10^{4}\ \mathrm{C\cdot mol^{-1}}$
电子伏	eV	$1.602\,177\times10^{-19}\ \mathrm{J}$

索 引

材料的制备

非晶态固体

晶体结构对称性

晶体结构

晶体电子结构

晶体缺陷

相　变

相平衡与相图